世界常用农药质谱/核磁谱图集

Mass Spectrometry/ Nuclear Magnetic Resonance Spectra Collection of World Commonly Used Pesticides

国家出版基金项目
NATIONAL PUBLICATION FOUNDATION

世界常用农药核磁谱图集

Nuclear Magnetic Resonance Spectra Collection of World Commonly Used Pesticides

庞国芳 等著

Editor -in-chief   Guo- fang Pang

·北京·

《世界常用农药质谱/核磁谱图集》由4卷构成，书中所有技术内容均为作者及其研究团队原创性研究成果，技术参数和图谱参数均与国际接轨，代表国际水平。图集涉及农药种类多，且为世界常用，参考价值高。

本图集为《世界常用农药质谱/核磁谱图集》其中一卷，具体包括1000多种化合物中英文名称、分子式、CAS号、分子量、结构式、样品的核磁共振谱图及谱图上的共轭峰对应的官能团[样品都包含^{1}H核磁共振谱图、^{13}C核磁共振谱图。对于含有磷原子（P）或氟原子（F）的样品提供^{31}P核磁共振谱图和^{19}F核磁共振谱图]、核磁测定条件（标准品供应商、氘代试剂种类及供应商、核磁频率、采集次数等）。

本书可供科研单位、质检机构、高等院校等各类从事农药残留与食品安全检测的科研人员、专业技术人员参考。

图书在版编目（CIP）数据

世界常用农药核磁谱图集 / 庞国芳等著 . —北京：化学工业出版社，2018.4
（世界常用农药质谱 / 核磁谱图集）
ISBN 978-7-122-31463-5

Ⅰ．①世⋯ Ⅱ．①庞⋯ Ⅲ．①农药 - 色谱 - 质谱 - 图集
Ⅳ．① TQ450.1-64

中国版本图书馆 CIP 数据核字（2018）第 015448 号

责任编辑：成荣霞　　　　　　　　　　　　　　文字编辑：孙凤英
责任校对：王素芹　　　　　　　　　　　　　　装帧设计：王晓宇

出版发行：化学工业出版社（北京市东城区青年湖南街 13 号　邮政编码 100011）
印　　刷：大厂聚鑫印刷有限责任公司
装　　订：三河市胜利装订厂
880mm×1230mm　1/16　印张 81½　字数 2585 千字　2018 年 8 月北京第 1 版第 1 次印刷

购书咨询：010-64518888（传真：010-64519686）　　售后服务：010-64518899
网　　址：http://www.cip.com.cn
凡购买本书，如有缺损质量问题，本社销售中心负责调换。

定　　价：338.00 元

《世界常用农药质谱/核磁谱图集》
编写人员（研究者）名单

世界常用农药色谱 – 质谱图集：液相色谱 – 四极杆 – 静电场轨道阱质谱图集

庞国芳　范春林　陈辉　金铃和　常巧英

世界常用农药色谱 – 质谱图集：气相色谱 – 四极杆 – 静电场轨道阱质谱图集

庞国芳　范春林　吴兴强　常巧英

世界常用农药色谱 – 质谱图集：气相色谱 – 四极杆 – 飞行时间二级质谱图集

庞国芳　范春林　李建勋　李晓颖　常巧英　胡雪艳　李岩

世界常用农药核磁谱图集

庞国芳　张磊　张紫娟　聂娟伟　金冬　方冰　李建勋　范春林

Contributors/Researchers for *Mass Spectrometry/ Nuclear Magnetic Resonance Spectra Collection of World Commonly Used Pesticides*

Chromatography-Mass Spectrometry Collection of World Commonly Used Pesticides: Collection of Liquid Chromatography Coupled with Quadrupole Orbitrap Mass Spectrometry

Guo-fang Pang, Chun-lin Fan, Hui Chen, Ling-he Jin, Qiao-ying Chang

Chromatography-Mass Spectrometry Collection of World Commonly Used Pesticides: Collection of Gas Chromatography Coupled with Quadrupole Orbitrap Mass Spectrometry

Guo-fang Pang, Chun-lin Fan, Xing-qiang Wu, Qiao-ying Chang

Chromatography-Mass Spectrometry Collection of World Commonly Used Pesticides: Collection of Tandem Mass Spectra for Gas Chromatography Coupled with Quadrupole Time-of-flight Mass Spectrometry

Guo-fang Pang, Chun-lin Fan, Jian-xun Li, Xiao-ying Li, Qiao-ying Chang, Xue-yan Hu, Yan Li

Nuclear Magnetic Resonance Spectra Collection of World Commonly Used Pesticides

Guo-fang Pang, Lei Zhang, Zi-juan Zhang, Juan-wei Nie, Dong Jin, Bing Fang, Jian-xun Li, Chun-lin Fan

序

　　农药的发明和应用是人类健康与农业现代化的重要保障。通过长期努力，我国现今农药产量已达世界第一并大量出口到世界各个国家和地区。由于我国生态文明社会建设的需要，今后人们对农药（包括生物农药）质量与对环境生态和食品质量影响的要求将会愈来愈严，迫切需要现代化分析手段对众多农药品种有一个权威性的结构鉴定方法。

　　自20世纪40年代以来，核磁共振技术得到了快速的发展，先后有7位科学家共5次获得诺贝尔奖。核磁共振（NMR）仪与质谱（MS）仪成为最重要的现代分析仪器，在药物开发、天然产物研究、生命科学研究、医疗诊断等领域的科学研究和生产生活中发挥着重要且不可替代的作用，广泛应用于物质的分子结构研究、代谢组学研究、生理生化研究、生命科学研究、医学医疗研究、固体材料研究以及物质的物理性质研究等，还应用于葡萄酒、果汁、蜂蜜等风味产品和复杂天然产物的成分鉴别与溯源研究。

　　科研工作者和相关技术人员虽然在长期研发生产过程中产生了数量众多的农药及其代谢物的核磁谱图，但由于使用的核磁共振仪历经低分辨到高分辨数个代差，文献种类多、文章数量大、时间跨度长、信息较分散，相关数据库中收集的农药核磁谱图也不尽完整。在浩瀚的文献海洋里检索所需的农药核磁数据往往花费大量时间。按照各学报编辑惯例，各论文的核磁谱图往往不随文发表，有些农药的核磁数据或谱图也无法查到，浪费了大量时间。因此很有必要出版一部《世界常用农药核磁谱图集》，为从事农药研究、生产和分析检测的专业人员提供一部完整、实用、统一的专业书籍。

　　目前，全球研发生产的农药品种已超过1600种，常用农药超过1000种，新一代的农药品种（包括生物农药）还在不断地研发出来并进入市场。本谱图集采集了1015种世界常用农药的氢谱、碳谱、磷谱、氟谱共2318幅，为我国第一部农药核磁谱图集，也是目前全球收集农药品种最多、谱图最全的农药核磁谱图专业书籍。作者庞国芳院士及其团队和加盟的海外专家学者都长期积累了核磁图谱分析的丰富理论和实践经验，保证了本书高质量的学术水平。尤其庞国芳院士研究团队长期从事食品中农兽药残留的检测工作，出版了《世界常用农药色谱－质谱集》等专著。该著作主题清晰，层次分明，内容翔实、图文并茂，尤其注重谱图与数据的系统性、准确性和实用性，填补了国内外出版业在此领域的空白。深信该书的出版将对提高和完善各种农药化学品质量控制、农药及农药标准品的研发与生产、农药残留分析鉴定、环境生态监控等提供重要的科学依据。我特推荐此书给我国农药、兽药、食品与环境生态安全机构，医学和生命研究部门，以及各高等院校、研究院所、管理部门等相关科教工作者阅读与参考使用。

李正名

（中国工程院院士，南开大学讲席教授）

2017 年 10 月，于南开

核磁共振波谱（nuclear magnetic resonance spectroscopy），即耳熟能详的 NMR 光谱，是反映强磁场下电磁波与原子核自旋之间相互作用这一基本物理现象的吸收光谱，通过研究特定原子核的电磁性质，测定所含原子或分子的物理性质和化学性质，得到有关分子的结构、动力学、反应状态和化学环境等详细信息。自核磁共振现象发现以来，已经有 7 位科学家在核磁共振研究过程中共 5 次获得诺贝尔奖。1944 年诺贝尔物理学奖授予美国哥伦比亚大学的 Rabi，以表彰他用共振方法纪录原子核磁特性的贡献。美国哈佛大学的 Purcell 与斯坦福大学的 Bloch 因开辟了核磁共振波谱分析技术的历史，获得 1952 年诺贝尔物理学奖。瑞士苏黎世高等工业学院的 Ernst 研制出脉冲傅里叶变换核磁共振谱仪，在发展高分辨 NMR 光谱方面做了深入广泛的研究和突出的贡献，为有机化合物的鉴定和结构测定提供了重要手段，为发展高分辨核磁共振波谱学做出了杰出贡献，促进了 ^{13}C、^{15}N、^{29}Si 核磁及固体核磁技术的应用，获得 1991 年诺贝尔化学奖。瑞士苏黎世高等工业学院科学家 Wüthrich 因发明了利用核磁共振技术测定溶液中生物大分子三维结构的方法而获得 2002 年诺贝尔化学奖。美国伊利诺大学香槟分校的 Lauterbur 和英国诺丁汉大学的 Mansfield 成功开发的核磁共振成像技术（MRI），成为医学诊断和研究的一项重大突破，他们因此获得了 2003 年的诺贝尔生理学或医学奖。随着高温超导材料和计算机的快速发展，核磁共振检测和谱图分析技术得到迅速发展，核磁共振波谱仪的分辨率、稳定性和灵敏度大大提高，功能日益强大。目前核磁共振仪不仅可分析各种小分子有机化合物，还可以分析多肽或天然产物等中等大小的有机分子，甚至分子量达数万的蛋白质分子；不仅用于单一原子核的一维核磁谱图，还可用于相同或不同原子核的二维核磁共振谱等高级谱图，甚至到使用三维或四维技术的蛋白质与核酸结构解析。随着以上技术的发展，核磁共振分析技术已从最初的溶液体系扩展到固体材料，广泛应用于物质的分子结构研究、代谢组学研究、生理生化研究、生命科学研究、医学医疗研究、固体材料研究以及物质的物理性质研究等，成为最重要的现代分析技术之一。

核磁共振技术在食品安全检测领域也得到了广泛的应用，与质谱等技术一起，在食品成分、食品添加剂、农兽药残留、风味食品溯源和掺假鉴别分析等方面起到越来越重要的作用，为构筑食品安全防线做出了重要的贡献。庞国芳院士研究团队2000年开始使用气相色谱-质谱联用技术和液相色谱-质谱联用技术，对世界常用的1300多种农药及化学污染物残留进行了高通量检测技术研究，建立了水果、蔬菜、粮食、茶叶、中草药、食用菌、动物组织、水产品、奶制品、蜂蜜、果汁和果酒等一系列食用农产品中农药残留高通量检测技术，实现了标准化并广泛应用于农药残留普查和侦测，大大提升了农药残留监控能力和食品安全监管水平。庞国芳以所积累的上万幅质谱图为基础，出版了《世界常用农药色谱-质谱图集》多卷，该系列图书成为农药检测行业重要的工具书。然而，截止到目前尚未有全面系统的农药核磁谱图集。为此，我们认为有必要尽快出版一部关于世界常用农药的核磁谱图集，作为《世界常用农药色谱-质谱图集》的姊妹篇，为从事农药生产、研发、分析、应用等工作的有关技术人员提供一本方便、实用、全面、准确的参考工具书。

本农药核磁谱图集编著工作自2016年4月启动后，迅速组成了由中、美两国在有机合成、有机分析、核磁谱图解析方面具有丰富经验的专业团队，充分利用现代云储存技术，采取分工与集成相结合、本地操作和远程操作相结合的方式，历经6个月的时间，完成了1100余种常用农药的核磁谱图采集，3000余幅各种核磁谱图解析、审核与精选，以及谱图集的编纂工作。谱图采集工作由李建勋在中国检验检疫科学研究院进行。谱图采集使用安捷伦600MHz核磁共振仪，配备7510-AS自动进样器，装备有手动调谐的氢、氟、碳、磷、氮探头，配有Vnmrj 4.2A软件系统。谱图解析工作由张紫鹃博士、聂娟伟、金冬博士完成，由张紫娟博士进行确认，尽量与文献报道的数据对照；疑难谱图由张紫鹃博士、张磊博士进行解析和校正；所有谱图给你张磊博士进行最终确认和精选后由方冰博士整理成册。

本谱图集精选和收集了国内外常用的1015种农药、农药代谢物与常见污染物的氢谱、碳谱、氟谱、磷谱。采集了含氢化合物的 ^{1}H NMR 谱图1007幅、含碳化合物的 ^{13}C NMR 谱图1015幅、含氟农药的 ^{19}F NMR 谱图147幅、含磷农药的 ^{31}P NMR 谱图149幅，共计2318幅。为方便读者使用，每一种农药均给出了中文名称、英文名称、CAS登录号、分子式、分子量与结构式。核磁样品大部分为中国检验检疫科学研究院庞国芳院士研究组和中国农业大学高精尖创新中心现有库存产品，或从市场采购补充以满足研究需求。部分农药产品以及市场上没有的品种、不易得到的品种和新农药品种由天津阿尔塔科技有限公司提供。检测过程中发现的部分结构错误的产品、变质的产品经过天津阿尔塔科技有限公司合成或纯化处理后进行了重新检测。产品的结构、名称、CAS 登录号等信息通过 SciFinder、国家标准等数据库查询与确认，以保证产品信息的准确性。为反映市场上产品的实际情况，并为科研和生产人员提供具有实际参考意义的谱图信息，对于市售异构体混合物产品直接采集核磁谱图，未进行异构体的分离，同时尽量采集了项目期间能得到的单个异构体产品的核磁谱图，以便研究人员将其与混合物谱图进行比较。采谱前将样品溶于氘代氯仿（$CDCl_3$）、氘代甲醇（CD_3OD）、氘代 DMSO（DMSO-d_6）或氘代水（D_2O）中，某些样品同时采集了在不同溶剂中的核磁谱图，也一并收集到本谱图集中供大家参考。核磁样品量一般取 5 ～ 10mg，氢谱对碳去耦，弛豫时间为 1s，谱宽一般为 –1 ～ 14，扫描次数一般为 8 次；碳谱对氢去耦，弛豫时间为 1s，谱宽一般为 –10 ～ 230，扫描次数根据出峰情况由 1024 次至超过 20000 次不等，一般要求至所有碳原子在谱图上能够明显显示和确认为止；磷谱对氢去耦，弛豫时间为 1s，谱宽一般为 –50 ～ 200，扫描次数一般为 256 次；氟谱对碳去耦，弛豫时间为 1s，谱宽一般为 –200 ～ 30，扫描次数一般为 16 次。某些贵重产品因为量比较少，或者由于是多组分的混合物，碳谱峰未能全部显示出来，或者难以进行准确的确定归属，我们认为仍然不失其参考价值，也一并收集在本谱图集中。对于没有文献报道数据对照的、特别复杂的混合物及复杂天然产物农药，因为量太少无法得到较好谱图的产品以及标准品本身纯度太低的产品，由于需要更多的工作进行合成纯化、结构确认和峰的归属，因而暂未收列在本谱图集内。

为了方便读者检索查阅，本书附加了化合物中文名称索引、分子式索引和 CAS 登录号索引。

由于时间所限，而且化合物数量较大，难免有疏漏之处，敬请读者指正。

2017 年 8 月 10 日

目录 ｜ CONTENTS ｜

C

D

E

G

H

I

K

U
page-1171

V
page-1174

X
page-1184

Z
page-1186

另附　56 种多氯联苯类化合物
page-1189

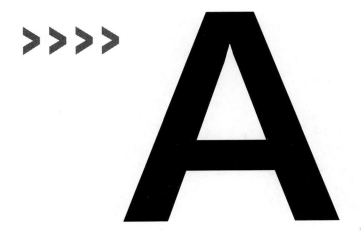

abamectin（阿维菌素）

基本信息

| CAS 登录号 | 71751-41-2 | 分子量 | 887.11 |
| 分子式 | $C_{49}H_{74}O_{14}$ | | |

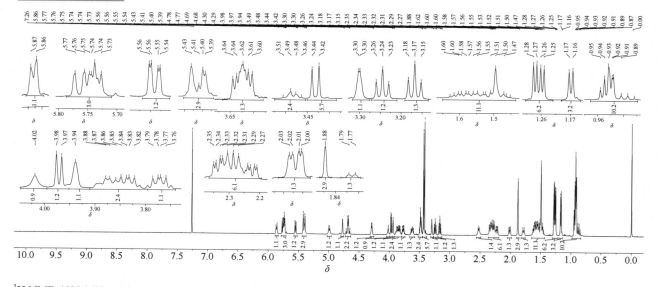

¹H NMR 谱图

¹H NMR (600 MHz, CDCl₃, δ) 5.86 (1H, =CH, d, J_{H-H} = 9.8 Hz), 5.79~5.71 (3H, 3=CH, m), 5.55 (1H, =CH, dd, J_{H-H} = 9.9 Hz, J_{H-H} = 2.3 Hz), 5.44~5.36 (3H, 2=CH, OH, m), 4.99 (1H, OCH, d, J_{H-H} = 9.4 Hz), 4.77 (1H, OCH, d, J_{H-H} = 3.4 Hz), 4.68 (2H, 2OCH, q, J_{H-H} = 14.3 Hz), 4.29 (1H, OCH, d, J_{H-H} = 6.2 Hz), 4.02 (1H, OH, br), 3.97 (1H, OCH, d, J_{H-H} = 6.3 Hz), 3.94 (1H, OCH, s), 3.91~3.80 (2H, 2OCH, m), 3.77 (1H, OCH, dd, J_{H-H} = 9.2 Hz, J_{H-H} = 6.3 Hz), 3.67~3.58 (1H, OCH, m), 3.52~3.45 (2H, 2OCH, m), 3.44 (3H, OCH₃, s), 3.42 (3H, OCH₃, s), 3.30 (1H, OCH, d, J_{H-H} = 1.9 Hz), 3.25 (1H, OCH, t, J_{H-H} = 9.0 Hz), 3.17 (1H, OCH, t, J_{H-H} = 9.1 Hz), 2.56~2.49 (1H, CH, m), 2.37~2.19 (6H, 6 CH, m), 2.02 (1H, CH, dd, J_{H-H} = 11.7 Hz, J_{H-H} = 3.3 Hz), 1.88 (3H, =CCH₃, s), 1.78 (1H, CH, d, J_{H-H} = 13.0 Hz), 1.65~1.44 (11H, 8 CH, =CCH₃, m), 1.28 (3H, CHC$\underline{H}$₃, d, J_{H-H} = 6.7 Hz), 1.26 (3H, CHC$\underline{H}$₃, d, J_{H-H} = 6.7 Hz), 1.16 (3H, CHC$\underline{H}$₃, d, J_{H-H} = 7.2 Hz), 0.98~0.84 (10H, 3CH₃, CH, m)

¹³C NMR 谱图

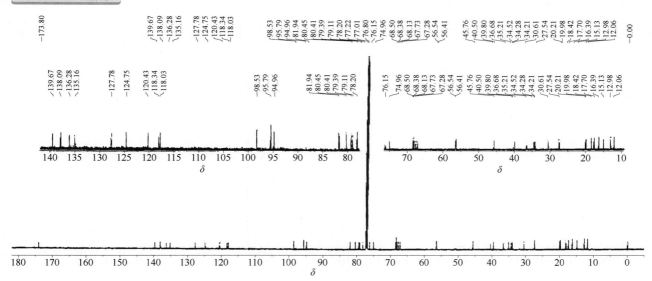

¹³C NMR (151 MHz, CDCl₃, δ) 173.80, 139.67, 138.09, 138.05, 136.28, 135.16, 127.78, 124.75, 120.43, 118.34, 118.03, 98.53, 95.79, 94.96, 81.94, 80.45, 80.41, 79.39, 79.11, 78.20, 76.15, 74.96, 68.50, 68.38, 68.13, 67.73, 67.28, 56.54, 56.41, 45.76, 40.50, 39.80, 36.68, 35.21, 34.52, 34.28, 34.21, 30.61, 27.54, 20.21, 19.98, 18.42, 17.70, 16.39, 15.13, 12.98, 12.06

(*S*)-abscisic acid（天然脱落酸）

基本信息

CAS 登录号	21293-29-8	分子量	264.32
分子式	C₁₅H₂₀O₄		

¹H NMR 谱图

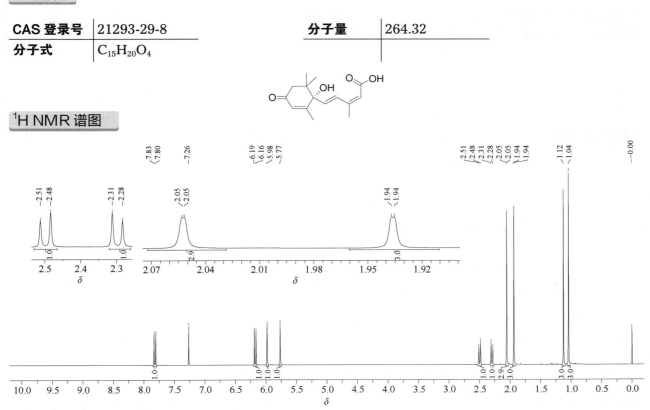

¹H NMR (600 MHz, CDCl₃, δ) 7.82 (1H, ═CH, d, J_{H-H} = 16.1 Hz), 6.18 (1H, ═CH, d, J_{H-H} = 16.1 Hz), 5.98 (1H, ═CH, s), 5.77 (1H, ═CH, s), 2.50 (1H, COCH, d, J_{H-H} = 17.2 Hz), 2.30 (1H, COCH, d, J_{H-H} = 17.1 Hz), 2.05 (3H, ═CCH₃, d, J_{H-H} = 0.7 Hz), 1.94 (3H, ═CCH₃, d, J_{H-H} = 0.9 Hz), 1.12 (3H, CH₃, s), 1.04 (3H, CH₃, s)

¹³C NMR 谱图

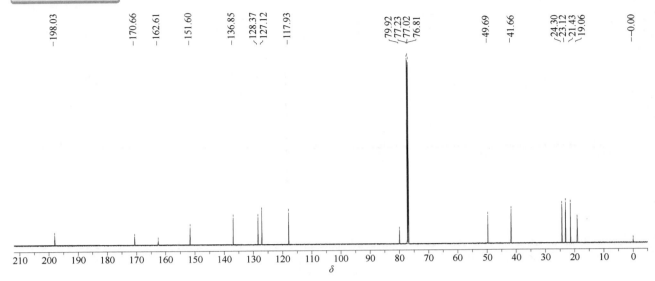

¹³C NMR (151 MHz, CDCl₃, δ) 198.03, 170.66, 162.61, 151.60, 136.85, 128.37, 127.12, 117.93, 79.92, 49.69, 41.66, 24.30, 23.12, 21.43, 19.06

acenaphthene（威杀灵）

基本信息

CAS 登录号	83-32-9	分子量	154.21
分子式	C₁₂H₁₀		

¹H NMR 谱图

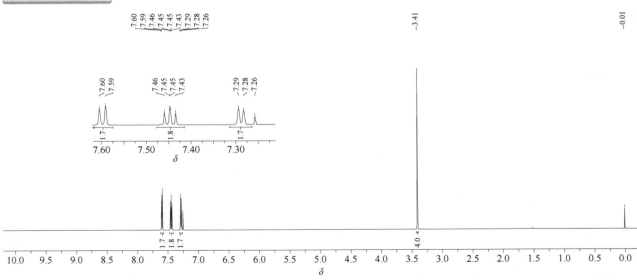

¹H NMR (600 MHz, CDCl₃, δ) 7.60 (2H, 2ArH, d, J_{H-H} = 8.2 Hz), 7.45 (2H, 2ArH, dd, J_{H-H} = 8.0 Hz, J_{H-H} = 7.0 Hz), 7.29 (2H, 2ArH, d, J_{H-H} = 6.8 Hz), 3.41 (4H, 2CH₂, s)

¹³C NMR 谱图

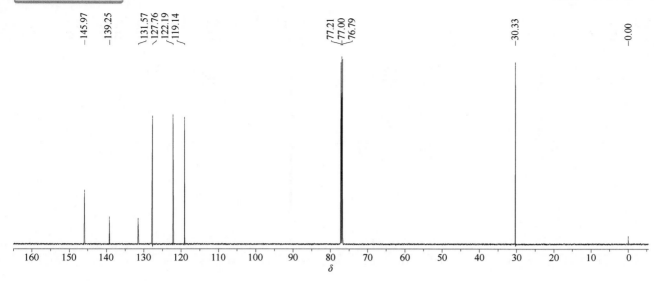

¹³C NMR (151 MHz, CDCl₃, δ) 145.97, 139.25, 131.57, 127.76, 122.19, 119.14, 30.33

acephate（乙酰甲胺磷）

基本信息

CAS 登录号	30560-19-1	分子量	183.17
分子式	C₄H₁₀NO₃PS		

¹H NMR 谱图

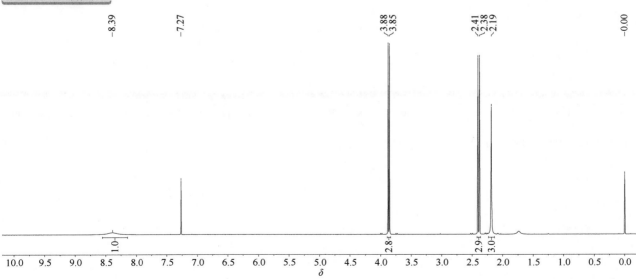

¹H NMR (600 MHz, CDCl₃, δ) 8.39 (1H, NH, br), 3.88(3H, OCH₃, d, ³J_{H-P} = 13.2 Hz), 2.41 (3H, SCH₃, d, ³J_{H-P} = 16.0 Hz), 2.19 (3H, COCH₃, s)

^{13}C NMR 谱图

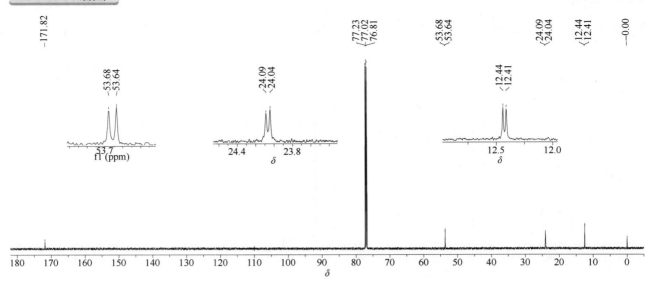

^{13}C NMR (151 MHz, CDCl$_3$, δ) 171.82, 53.68(d, $^2J_{\text{C-P}}$=6.6 Hz), 24.09(d, $^3J_{\text{C-P}}$=6.7 Hz), 12.44(d, $^2J_{\text{C-P}}$=4.4 Hz)

^{31}P NMR 谱图

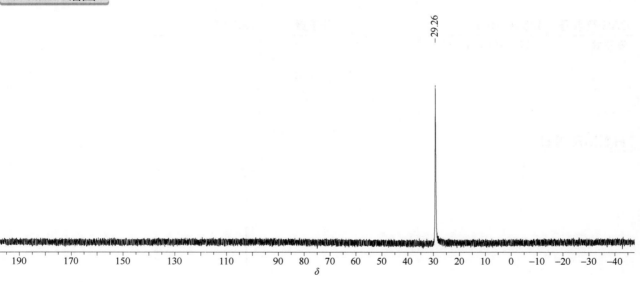

^{31}P NMR (243 MHz, CDCl$_3$, δ) 29.26

acequinocyl（灭螨醌）

基本信息

CAS 登录号	57960-19-7	分子量	384.52
分子式	$C_{24}H_{32}O_4$		

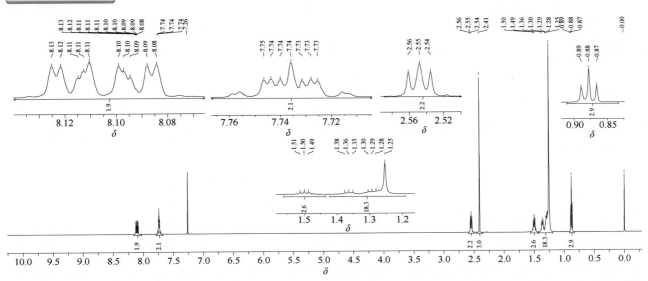

^1H NMR 谱图

^1H NMR (600 MHz, CDCl$_3$, δ) 8.16~8.03 (2H, 2ArH, m), 7.79~7.67 (2H, 2ArH, m), 2.59~2.50 (2H, C≡CC$\underline{H}_2$C$_{11}$H$_{23}$, m), 2.41 (3H, COCH$_3$, s), 1.56~1.19 (20H, C≡CCH$_2$C$_{10}$$\underline{H}_{20}CH_3$, m), 0.88 (3H, C≡CCH$_2C_{10}H_{20}C\underline{H}_3$, t, J_{H-H}= 7.0 Hz)

^{13}C NMR 谱图

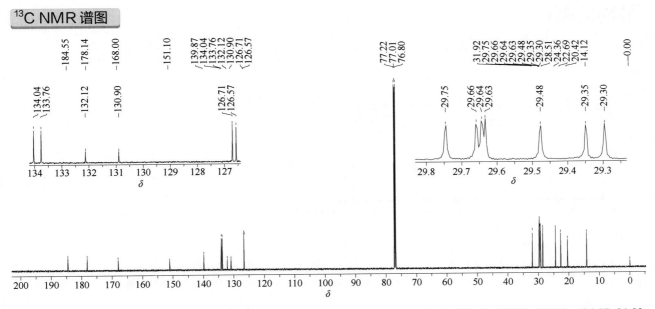

^{13}C NMR (151 MHz, CDCl$_3$, δ) 184.55, 178.14, 168.00, 151.10, 139.87, 134.04, 133.76, 132.12, 130.90, 126.71, 126.57, 31.92, 29.75, 29.66, 29.64, 29.63, 29.48, 29.35, 29.30, 28.51, 24.36, 22.69, 20.42, 14.12

acetamiprid（啶虫脒）

基本信息

CAS 登录号	135410-20-7	分子量	222.68
分子式	$C_{10}H_{11}ClN_4$		

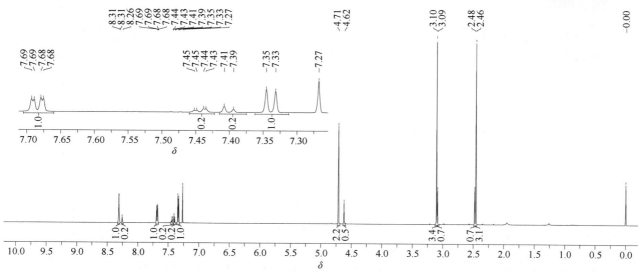

¹H NMR 谱图

¹H NMR (600 MHz, CDCl₃, δ) 包括两组异构体，比例约为 9∶2。异构体 A: 8.31 (1H, ArH, d, J_{H-H} = 1.9 Hz), 7.68 (1H, ArH, dd, J_{H-H} = 8.2 Hz, J_{H-H} = 2.3 Hz), 7.34 (1H, ArH, d, J_{H-H} = 8.2 Hz), 4.71 (2H, CH₂, s), 3.10 (3H, CH₃, s), 2.46 (3H, CH₃, s). 异构体 B: 8.26 (1H, ArH, s), 7.44 (1H, ArH, d, J_{H-H} = 8.2 Hz), 7.40 (1H, ArH, d, J_{H-H} = 8.2 Hz), 4.62 (2H, CH₂, s), 3.09 (3H, CH₃, s), 2.48 (3H, CH₃, s)

¹³C NMR 谱图

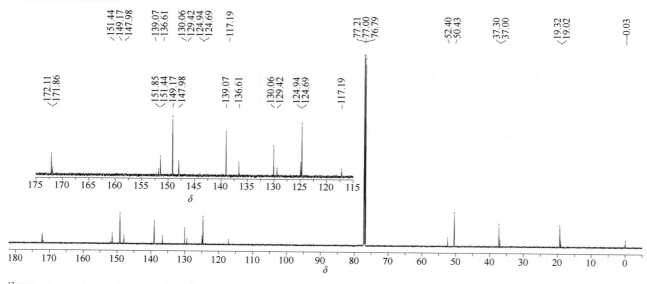

¹³C NMR (151 MHz, CDCl₃, δ) 异构体 A: 172.11, 151.44, 149.17, 139.07, 130.06, 124.69, 117.19, 50.43, 37.30, 19.32. 异构体 B: 171.86, 151.85, 147.98, 136.61, 129.42, 124.94, 117.19, 52.40, 37.00, 19.02

acetamiprid-*N*-desmethyl（*N*-脱甲基啶虫脒）

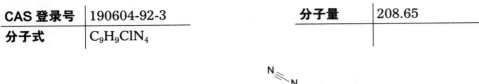

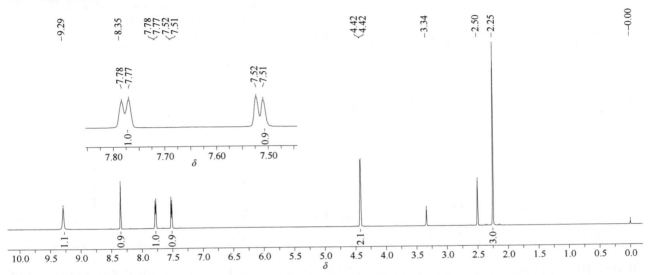

^{1}H NMR 谱图

^{1}H NMR (600 MHz, DMSO-d$_6$, δ) 9.29 (1H, NH, br), 8.35 (1H, ArH, s), 7.77 (1H, ArH, d, J_{H-H} = 8.1 Hz), 7.51 (1H, ArH, d, J_{H-H} = 8.1 Hz), 4.42 (2H, CH$_2$, d, J_{H-H} = 4.8 Hz), 2.25 (3H, CH$_3$, s)

^{13}C NMR 谱图

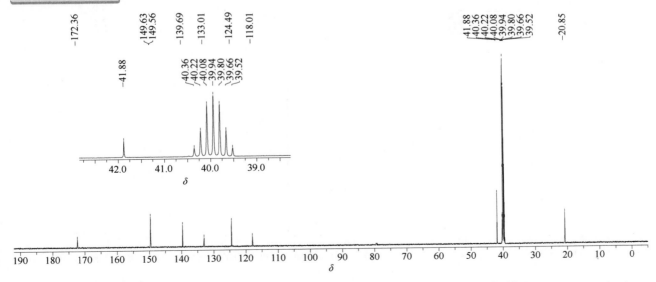

^{13}C NMR (151 MHz, DMSO-d$_6$, δ) 172.36, 149.63, 149.56, 139.69, 133.01, 124.49, 118.01, 41.88, 20.85

acetochlor（乙草胺）

基本信息

CAS 登录号	34256-82-1	分子量	269.77
分子式	$C_{14}H_{20}ClNO_2$		

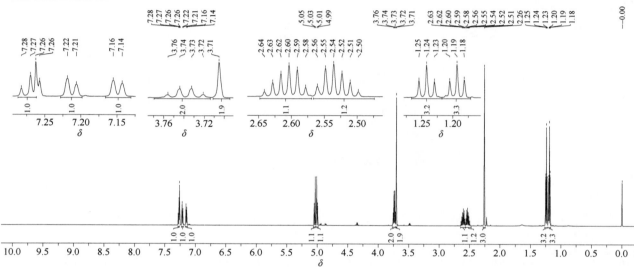

¹H NMR 谱图

¹H NMR (600 MHz, CDCl₃, δ) 7.29~7.26(1H, ArH, m), 7.22(1H, ArH, d, J_{H-H}= 7.6 Hz), 7.15(1H, =CH, d, J_{H-H}= 7.4 Hz), 5.04(1H, NCH, d, J_{H-H}= 10.0 Hz), 5.00(1H, NCH, d, J_{H-H}= 10.0 Hz), 3.74(2H, OCH₂, q, J_{H-H}= 7.0 Hz), 3.71(2H, CH₂Cl, s), 2.61(1H, ArC$\underline{H}_2$CH₃, dq, J_{H-H}= 15.0 Hz, J_{H-H}= 7.5 Hz), 2.53(1H, ArC$\underline{H}_2$CH₃, dq, J_{H-H}= 15.0 Hz, J_{H-H}= 7.5 Hz), 2.26(3H, CH₃, s), 1.24(3H, ArCH₂C$\underline{H}_3$, t, J_{H-H}= 7.5 Hz), 1.19(3H, OCH₂C$\underline{H}_3$, t, J_{H-H}= 7.0 Hz)

¹³C NMR 谱图

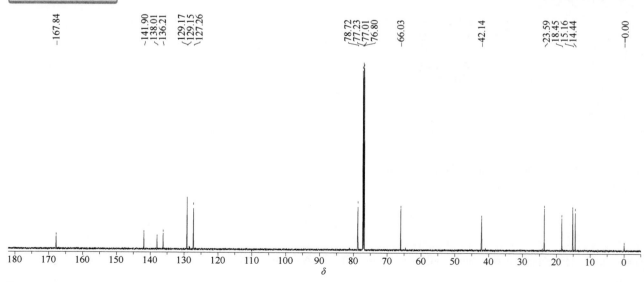

¹³C NMR (151 MHz, CDCl₃, δ) 167.84, 141.90, 138.01, 136.21, 129.17, 129.15, 127.26, 78.72, 66.03, 42.14, 23.59, 18.45, 15.16, 14.44

acibenzolar-*S*-methyl（活化酯）

基本信息

CAS 登录号	135158-54-2	分子量	210.28
分子式	$C_8H_6N_2OS_2$		

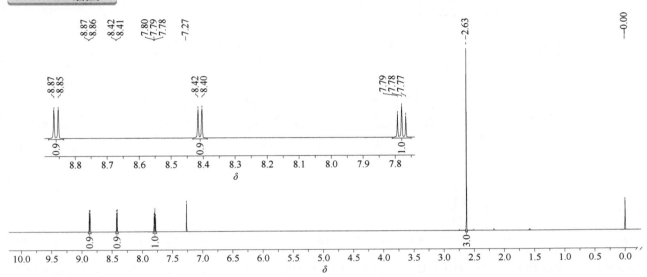

¹H NMR 谱图

¹H NMR (600 MHz, CDCl₃, δ) 8.86 (1H, ArH, d, J_{H-H} = 8.1 Hz), 8.41 (1H, ArH, d, J_{H-H} = 7.3 Hz), 7.78 (1H, ArH, dd, J_{H-H} = 8.1 Hz, J_{H-H} = 7.3 Hz), 2.63 (3H, CH₃, s)

¹³C NMR 谱图

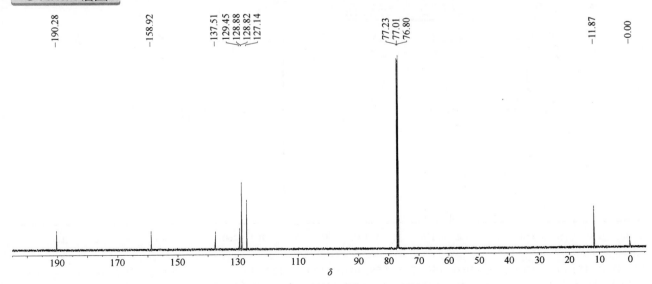

¹³C NMR (151 MHz, CDCl₃, δ) 190.28, 158.92, 137.51, 129.45, 128.88, 128.82, 127.14, 11.87

acifluorfen（三氟羧草醚）

基本信息

CAS 登录号	50594-66-6	分子量	361.66
分子式	$C_{14}H_7ClF_3NO_5$		

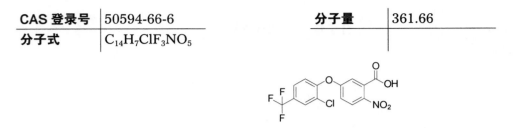

^{1}H NMR 谱图

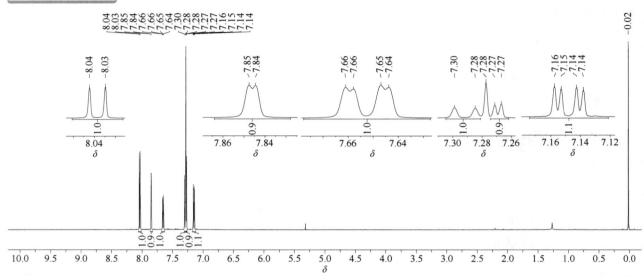

1H NMR (600 MHz, CDCl$_3$, δ) 8.04 (1H, ArH, d, J_{H-H} = 9.0 Hz), 7.85 (1H, ArH, d, J_{H-H} = 1.8 Hz), 7.65 (1H, ArH, dd, J_{H-H} = 8.5Hz, J_{H-H} = 1.9 Hz), 7.29 (1H, ArH, d, J_{H-H} = 8.5 Hz), 7.27 (1H, ArH, d, J_{H-H} = 2.7 Hz), 7.15 (1H, ArH, dd, J_{H-H} = 9.0 Hz, J_{H-H} = 2.7 Hz)

^{13}C NMR 谱图

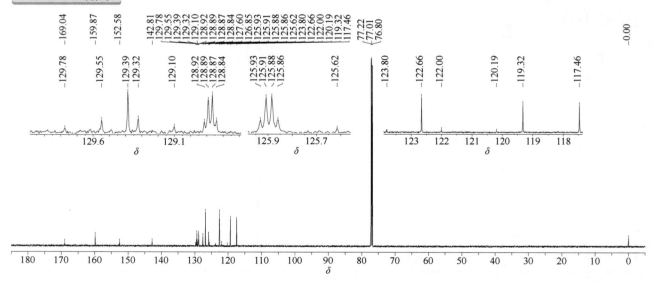

^{13}C NMR (151 MHz, CDCl$_3$, δ) 169.04, 159.87, 152.58, 142.81, 129.39, 129.44 (q, $^2J_{C-F}$ = 33.9 Hz), 128.88 (q, $^3J_{C-F}$ = 3.8 Hz), 127.60, 126.85, 129.44 (q, $^3J_{C-F}$ = 3.8 Hz), 122.90 (q, J_{C-F} = 272.2 Hz), 122.66, 119.32, 117.46

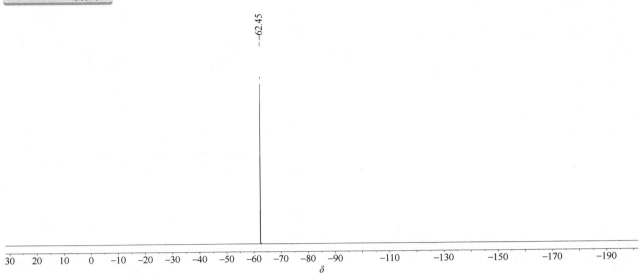

−62.45

¹⁹F NMR (564 MHz, CDCl$_3$, δ) −62.45

aclonifen（苯草醚）

基本信息

CAS 登录号	74070-46-5	分子量	264.66
分子式	C$_{12}$H$_9$ClN$_2$O$_3$		

¹H NMR 谱图

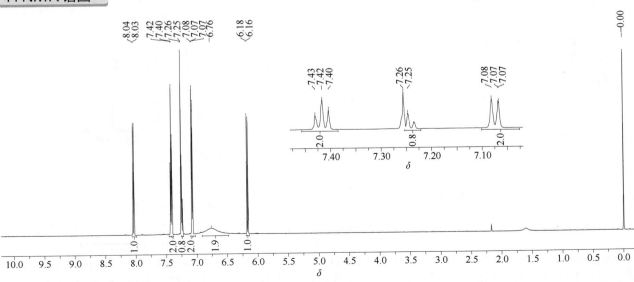

¹H NMR (600 MHz, CDCl$_3$, δ) 8.04 (1H, Ar, d, J_{H-H} = 9.7 Hz), 7.43(2H, 2ArH, t, J_{H-H} = 8.4 Hz), 7.26 (1H, ArH, t, J_{H-H} = 8.0 Hz), 7.08(2H, 2ArH, d, J_{H-H} = 7.7 Hz), 6.76 (2H, NH$_2$, br), 6.18(1H, ArH, d, J_{H-H} = 9.7 Hz)

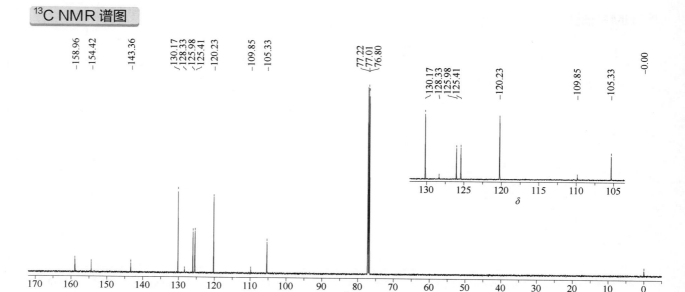

¹³C NMR (151 MHz, CDCl₃, δ) 158.96, 154.42, 143.36, 130.17, 128.33, 125.98, 125.41, 120.23, 109.85, 105.33

acrinathrin（氟丙菊酯）

基本信息

CAS 登录号	101007-06-1	分子量	541.44
分子式	$C_{26}H_{21}F_6NO_5$		

¹H NMR 谱图

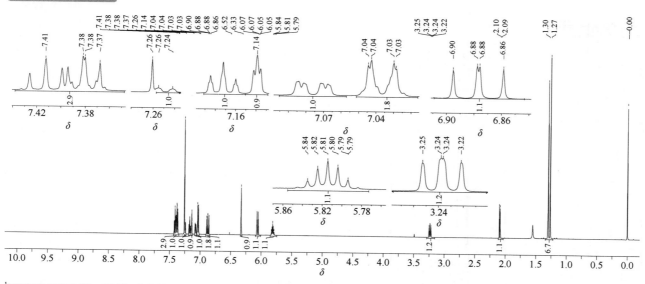

¹H NMR (600 MHz, CDCl₃, δ) 7.44~7.35 (3H, 3ArH, m), 7.25 (1H, ArH, d, J_{H-H} = 7.7 Hz), 7.17 (1H, ArH, t, J_{H-H} = 7.4 Hz), 7.14 (1H, ArH, t, J_{H-H} = 2.0 Hz),7.08 (1H, ArH, dd, J_{H-H} = 7.9 Hz, J_{H-H} = 2.1 Hz), 7.05~7.02 (2H, 2ArH, m), 6.88 (1H, C<u>H</u>=CHCO, dd, J_{H-H} = 11.5 Hz, J_{H-H} = 10.4 Hz), 6.33 (1H, CNCH, s), 6.06 (1H, CH=C<u>H</u>CO, dd, J_{H-H} = 11.6 Hz, J_{H-H} = 0.6 Hz), 5.81 (1H, CH(CF₃)₂, hept, $^3J_{H-F}$ = 6.1 Hz), 3.23 (1H, CH=CH—C<u>H</u>, dd, J_{H-H} = 9.8 Hz, J_{H-H} = 8.9 Hz), 2.09 (1H, CHC<u>H</u>CO, d, J_{H-H} = 8.4 Hz), 1.30 (3H, CH₃, s), 1.27 (3H, CH₃, s)

¹³C NMR 谱图

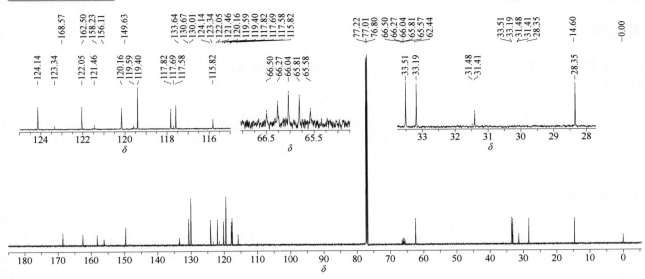

¹³C NMR (151 MHz, CDCl₃, δ) 168.57, 162.50, 158.23, 156.11, 149.63, 133.64, 130.67, 130.01, 124.14, 122.05, 120.55 (q, J_{C-F} = 282.4 Hz), 120.16, 119.40, 117.82, 117.58, 115.82, 66.04 (hept, $^{2}J_{C-F}$ = 34.7 Hz), 62.44, 33.51, 33.19, 31.41, 28.35, 14.60

¹⁹F NMR 谱图

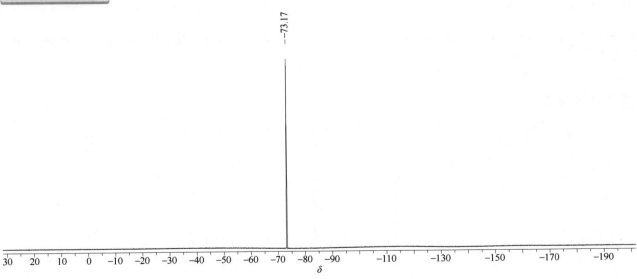

¹⁹F NMR (564 MHz, CDCl₃, δ) −73.17

akton（土虫畏）

基本信息

CAS 登录号	1757-18-2	分子量	375.63
分子式	C$_{12}$H$_{14}$Cl$_3$O$_3$PS		

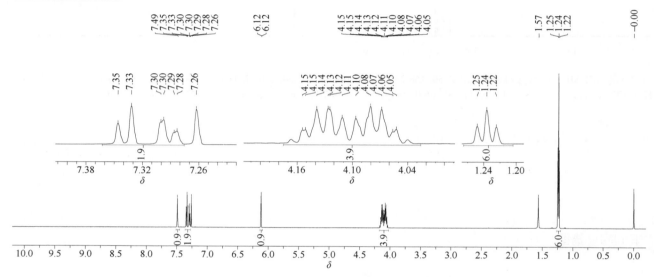

^{1}H NMR 谱图

^{1}H NMR (600 MHz, CDCl$_3$, δ) 7.49 (1H, ArH, s), 7.36~7.28 (2H, 2ArH, m), 6.12 (1H, CH, d, $^5J_{H\text{-}P}$ = 0.5 Hz), 4.19~3.99 (4H, 2CH$_2$, m), 1.24 (6H, 2CH$_3$, t, $J_{H\text{-}H}$ = 7.1 Hz)

^{13}C NMR 谱图

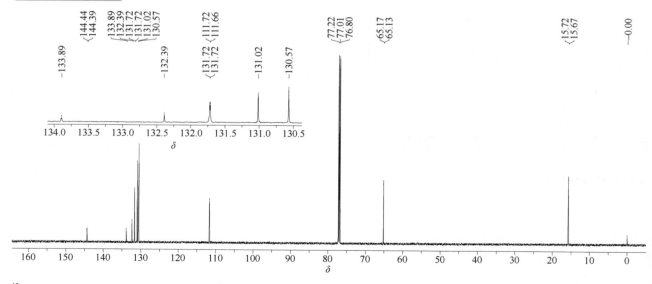

^{13}C NMR (151 MHz, CDCl$_3$, δ) 144.41 (d, $^2J_{C\text{-}P}$ = 8.0 Hz), 133.89, 132.39, 131.72, 131.72, 131.02, 130.57, 111.69 (d, $^3J_{C\text{-}P}$ = 9.6 Hz), 65.15 (d, $^2J_{C\text{-}P}$ = 5.6 Hz), 15.70 (d, $^3J_{C\text{-}P}$ = 8.1 Hz)

³¹P NMR 谱图

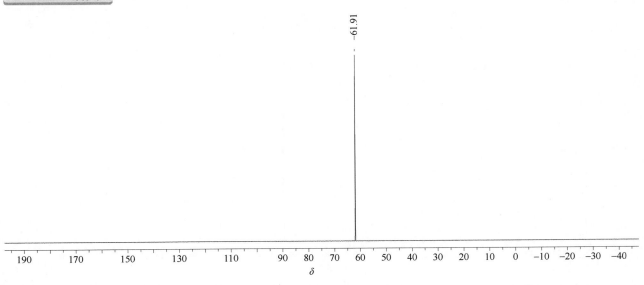

³¹P NMR (243 MHz, CDCl₃, δ) 61.91

alachlor（甲草胺）

基本信息

CAS 登录号	15972-60-8	分子量	269.77
分子式	C₁₄H₂₀ClNO₂		

¹H NMR 谱图

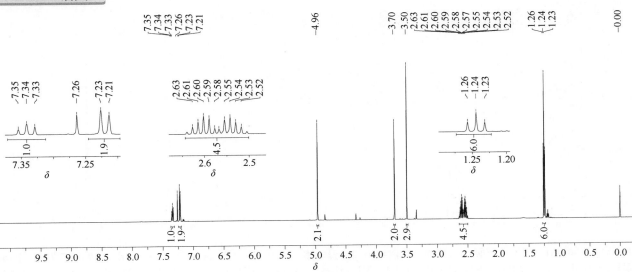

¹H NMR (600 MHz, CDCl₃, δ) 7.34 (1H, ArH, t, $J_{\text{H-H}}$ = 7.7 Hz), 7.22 (2H, 2ArH, d, $J_{\text{H-H}}$ = 7.7 Hz), 4.96 (2H, CH₂, s), 3.70 (2H, CH₂, s), 3.50 (3H, OCH₃, s), 2.60 (2H, 2H*H*CH₃, hex, $J_{\text{H-H}}$ = 7.6 Hz), 2.54 (2H, 2C*H*HCH₃, hex, $J_{\text{H-H}}$ = 7.6 Hz), 1.24 (6H, 2CH₂C*H*₃, t, $J_{\text{H-H}}$ = 7.6 Hz)

^{13}C NMR 谱图

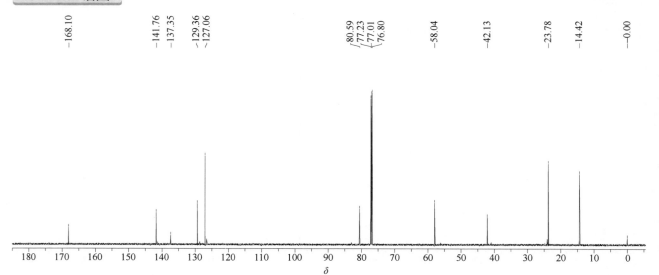

^{13}C NMR (151 MHz, CDCl$_3$, δ) 168.10, 141.76, 137.35, 129.36, 127.06, 80.59, 58.04, 42.13, 23.78, 14.42

alachlor oxalamic acid（甲草胺马来酸）

基本信息

CAS 登录号	171262-17-2		分子量	265.31
分子式	C$_{14}$H$_{19}$NO$_4$			

^{1}H NMR 谱图

^{1}H NMR (600 MHz, CDCl$_3$, δ) **两组异构体，比例约 1：2。异构体 A:** 9.16 (1H, OH, br, s), 7.31 (1H, ArH, t, J_{H-H} = 7.7 Hz), 7.16 (2H, 2ArH, d, J_{H-H} = 7.7 Hz), 4.97 (2H, CH$_2$, s), 3.48 (3H, CH$_3$, s), 2.57 (4H, 2CH$_2$, q, J_{H-H} = 7.6 Hz), 1.21 (6H, 2CH$_3$, q, J_{H-H} = 7.6 Hz). **异构体 B:** 9.16 (1H, OH, br, s), 7.31 (1H, ArH, t, J_{H-H} = 7.7 Hz), 7.19 (2H, 2ArH, d, J_{H-H} = 7.7 Hz), 5.14 (2H, CH$_2$, s), 3.34 (3H, CH$_3$, s), 2.53 (4H, 2CH$_2$, q, J_{H-H} = 7.6 Hz), 1.19 (6H, 2CH$_3$, q, J_{H-H} = 7.6 Hz)

18

¹³C NMR 谱图

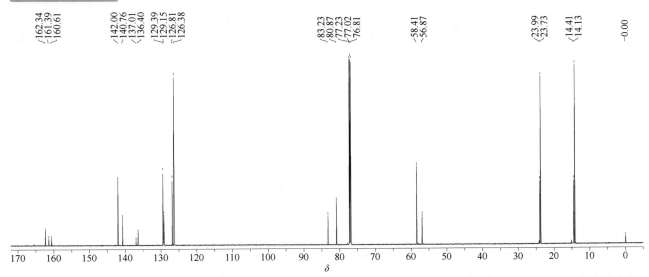

¹³C NMR (151 MHz, CDCl₃, δ), 两组异构体 162.34, 161.39, 160.61, 142.00, 140.76, 137.01, 136.40, 129.39, 129.15, 126.81, 126.38, 83.23, 80.87, 58.41, 56.87, 23.99, 23.73, 14.41, 14.13

alanycarb（棉铃威）

基本信息

CAS 登录号	83130-01-2	分子量	399.53
分子式	C₁₇H₂₅N₃O₄S₂		

¹H NMR 谱图

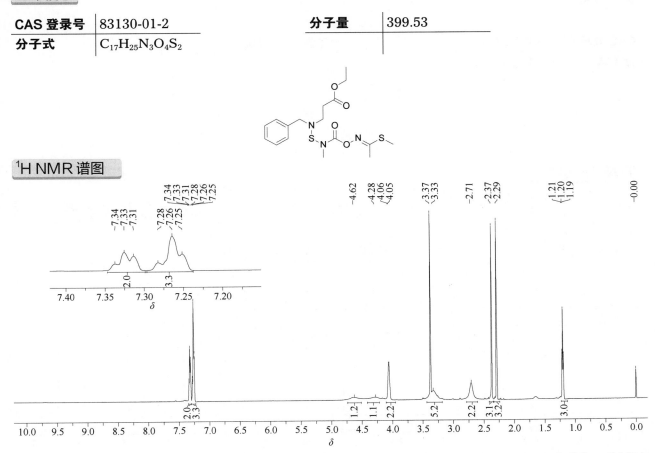

¹H NMR (600 MHz, CDCl₃, δ) 7.33 (2H, 2ArH, t, J_{H-H} = 7.0 Hz), 7.27 (1H, ArH, t, J_{H-H} = 7.7 Hz), 7.26 (2H, 2ArH, d, J_{H-H} = 7.0 Hz), 4.62 (1H, NCH, br), 4.28 (1H, NCH, br), 4.05 (2H, OCH₂, q, J_{H-H} = 6.5 Hz), 3.37 (3H, NCH₃, s), 3.33 (2H, NCH₂, br), 2.71 (2H, CH₂, s), 2.37 (3H, CH₃, s), 2.29 (3H, CH₃, s), 1.20 (3H, CH₂C$\underline{H}$₃, t, J_{H-H} = 7.0 Hz)

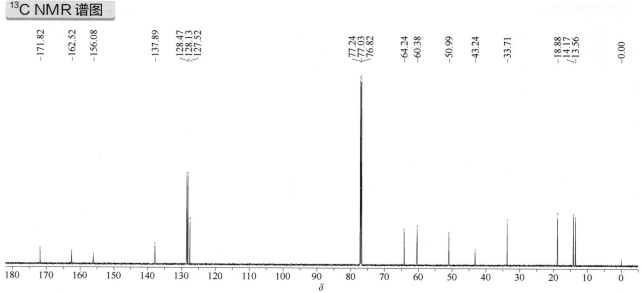

¹³C NMR (151 MHz, CDCl₃, δ) 171.82, 162.52, 156.08, 137.89, 128.47, 128.13, 127.52, 64.24, 60.38, 50.99, 43.24, 33.71, 18.88, 14.17, 13.56

albendazole（丙硫多菌灵）

基本信息

CAS 登录号	54965-21-8	分子量	265.33
分子式	C₁₂H₁₅N₃O₂S		

¹H NMR 谱图

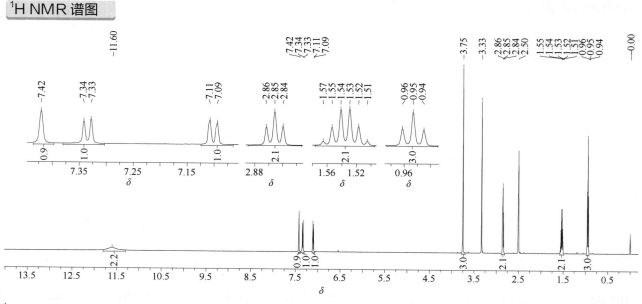

¹H NMR (600 MHz, DMSO-d₆, δ) 11.60 (2H, 2NH, br), 7.42 (1H, ArH, s), 7.33 (1H, ArH, d, J_{H-H} = 8.2 Hz), 7.10 (1H, ArH, d, J_{H-H} = 8.2 Hz), 3.75 (3H, OCH₃, s), 2.85 (2H, SCH₂, t, J_{H-H} = 7.1 Hz), 1.54 (2H, SCH₂C$\underline{H}$₂, hex, J_{H-H} = 7.2 Hz), 0.95 (3H, CH₂C$\underline{H}$₃, t, J_{H-H} = 7.3 Hz)

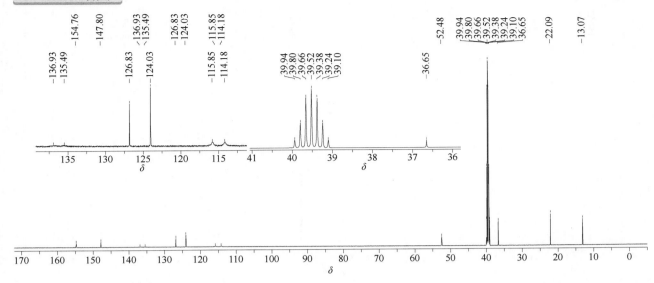

¹³C NMR (151 MHz, DMSO-d₆, δ) 154.76, 147.80, 136.93, 135.49, 126.83, 124.03, 115.85, 114.18, 52.48, 36.65, 22.09, 13.07

aldicarb（涕灭威）

基本信息

CAS 登录号	116-06-3	分子量	190.26
分子式	C₇H₁₄N₂O₂S		

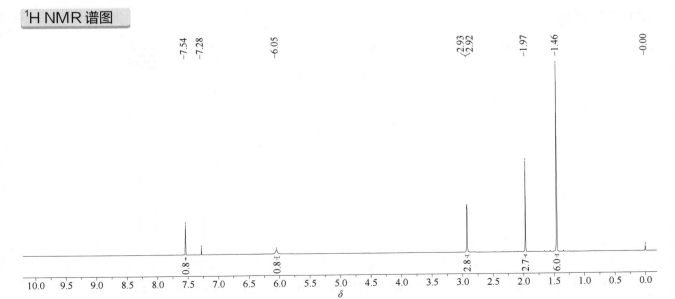

¹H NMR 谱图

¹H NMR (600 MHz, CDCl₃, δ) 7.54 (1H, NCH, s), 6.05 (1H, NH, br), 2.92 (3H, NHCH₃, d, *J*_{H-H} = 4.8 Hz), 1.97 (3H, SCH₃, s), 1.46 (6H, 2CH₃, s)

¹³C NMR 谱图

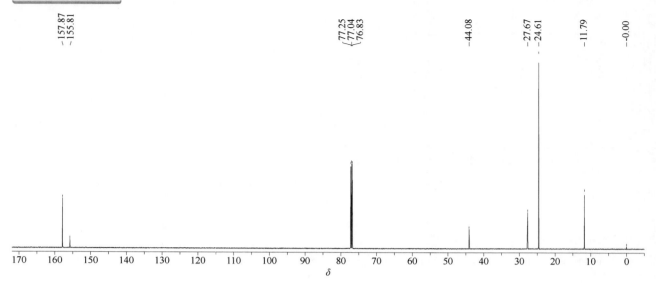

¹³C NMR (151 MHz, CDCl₃, δ) 157.87, 155.81, 44.08, 27.67, 24.61, 11.79

aldicarb sulfone（涕灭威砜）

基本信息

CAS 登录号	1646-88-4	分子量	222.26
分子式	C₇H₁₄N₂O₄S		

¹H NMR 谱图

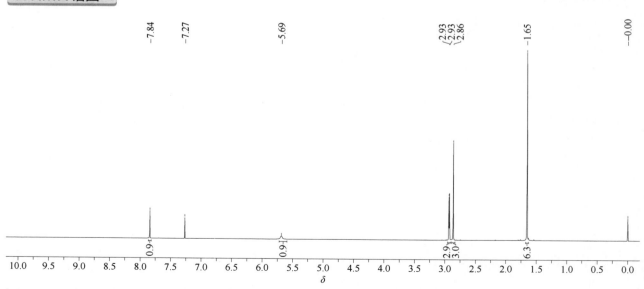

¹H NMR (600 MHz, CDCl₃, δ) 7.84 (1H, NCH, s), 5.69(1H, NH, br), 2.93 (3H, NHC*H*₃, d, J_{H-H} = 4.9 Hz), 2.86 (3H, SCH₃, s), 1.65 (6H, 2CH₃, s)

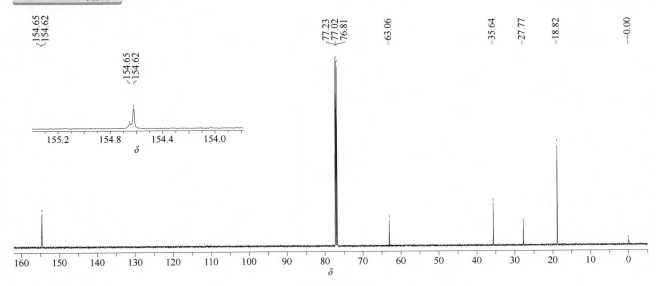

¹³C NMR (151 MHz, CDCl₃, δ) 154.64, 154.62, 63.06, 35.64, 27.77, 18.82

aldicarb-sulfoxide（涕灭威亚砜）

基本信息

CAS 登录号	1646-87-3	分子量	206.26
分子式	$C_7H_{14}N_2O_3S$		

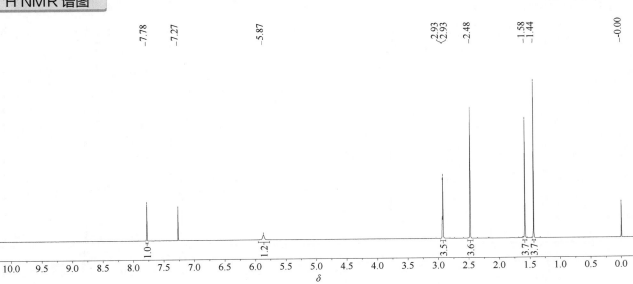

¹H NMR 谱图

¹H NMR (600 MHz, CDCl₃, δ) 7.78 (1H, N=CH, s), 5.87 (1H, NH, br), 2.93 (3H, NCH₃, d, J_{H-H} = 4.8 Hz), 2.48 (3H, SCH₃, s), 1.58 (3H, CCH₃, s), 1.44 (3H, CCH₃, s)

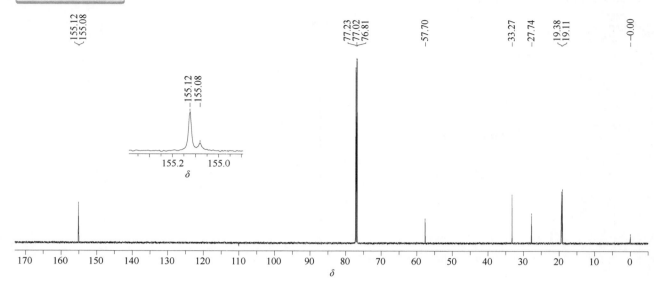

¹³C NMR (151 MHz, CDCl$_3$, δ) 155.12, 155.08, 57.70, 33.27, 27.74, 19.38, 19.11

aldrin（艾氏剂）

基本信息

CAS 登录号	309-00-2	分子量	364.90
分子式	C$_{12}$H$_8$Cl$_6$		

¹H NMR 谱图

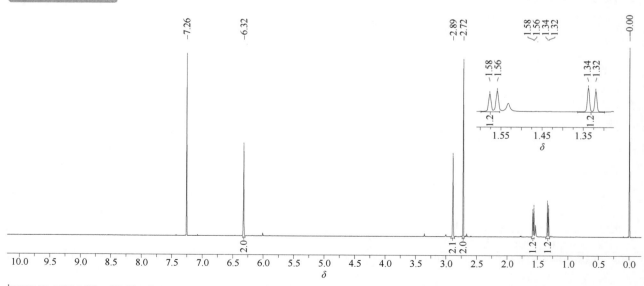

¹H NMR (600 MHz, CDCl$_3$, δ) 6.32 (2H, CH=CH, s), 2.89 (2H, CH, s), 2.72 (2H, 2CH, s), 1.57 (1H, CH$_2$, d, $J_{\text{H-H}}$ = 10.8 Hz), 1.33 (1H, CH$_2$, d, $J_{\text{H-H}}$ = 10.8 Hz)

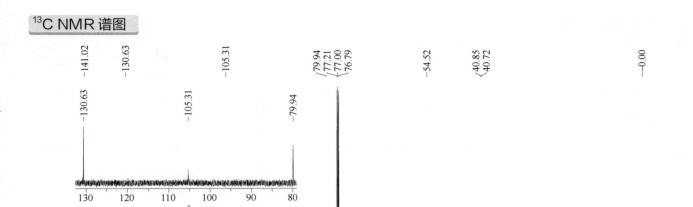

¹³C NMR (151 MHz, CDCl$_3$, δ) 141.02, 130.63, 105.31, 79.94, 54.52, 40.85, 40.72

allethrin（丙烯菊酯）

基本信息

CAS 登录号	584-79-2		分子量	302.41
分子式	C$_{19}$H$_{26}$O$_3$			

¹H NMR 谱图

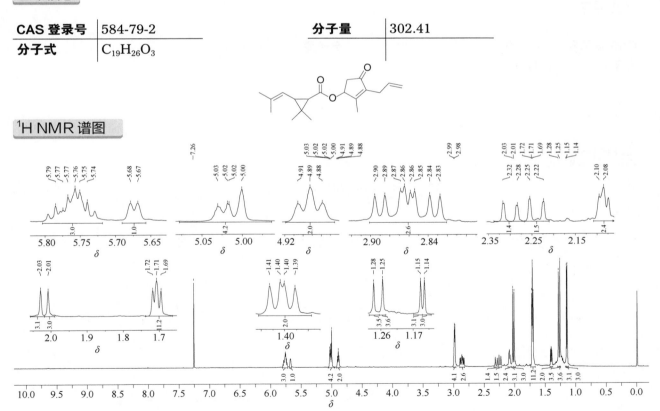

¹H NMR (600 MHz, CDCl$_3$, δ) 两组异构体，比例约为 1：1。5.80~5.72 (3H, 3 =CH, m), 5.67 (1H, =CH, d, J_{H-H} = 6.1 Hz), 5.04~5.00 (4H,4 =CH, m), 4.89 (2H, 2OCH, t, J_{H-H} = 8.0 Hz), 2.98 (4H,2 =CHC$\underline{H}_2$, d, J_{H-H} =6.1 Hz), 2.90~2.82 (2H, 2OCHC$\underline{H}$H, m), 2.30 (1H, OCHC$\underline{H}$H, d, J_{H-H} = 20.0 Hz), 2.24 (1H, OCHC$\underline{H}$H, d, J_{H-H} = 20.0 Hz), 2.11~2.06 (2H, 2CH, m), 2.03 (3H,CH$_3$,s), 2.01 (3H,CH$_3$, s), 1.74~1.66 (12H,4 CH$_3$,m), 1.40 (2H, 2CH, dd, J_{H-H} = 7.5 Hz, J_{H-H} = 5.5 Hz), 1.28 (3H,CH$_3$, s), 1.25 (3H,CH$_3$, s), 1.15 (3H,CH$_3$, s), 1.14 (3H,CH$_3$, s)

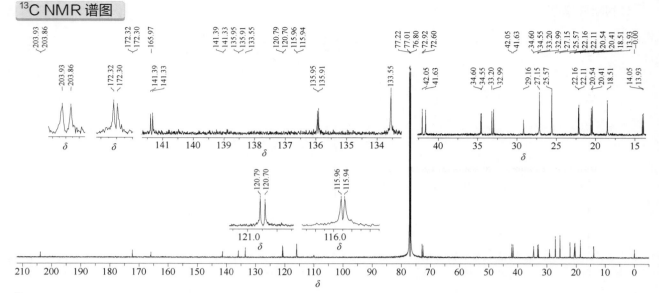

^{13}C NMR (151 MHz, CDCl3, δ) 两组异构体 203.93, 203.86, 172.32, 172.30, 165.97, 141.39, 141.33, 135.95, 135.91, 133.55, 120.79, 120.70, 115.96, 115.94, 72.92, 72.60, 42.05, 41.63, 34.60, 34.55, 33.20, 32.99, 29.16, 27.15, 25.57, 22.16, 22.11, 20.54, 20.41, 18.51, 14.05, 13.93

allidochlor（二丙烯草胺）

基本信息

CAS 登录号	93-71-0		分子量	173.64
分子式	C$_8$H$_{12}$ClNO			

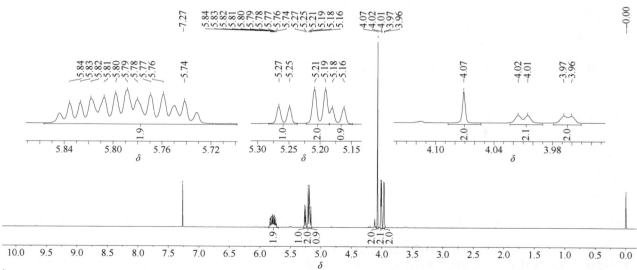

^{1}H NMR 谱图

^{1}H NMR (600 MHz, CDCl$_3$, δ) 5.88~5.70 (2H, 2CH$_2$=C$\underline{H}$, m), 5.26(1H, C$\underline{H}_2$=CH, d, J_{H-H} = 10.3 Hz), 5.20 (2H, C$\underline{H}_2$=CH, d, J_{H-H} = 10.5 Hz), 5.17 (1H, C$\underline{H}_2$=CH, d, J_{H-H} = 11.3 Hz), 4.07(2H, CH$_2$Cl, s), 4.01(2H, NCH$_2$, d, J_{H-H} = 5.8 Hz), 3.96 (2H, NCH$_2$, d, J_{H-H} = 4.8 Hz)

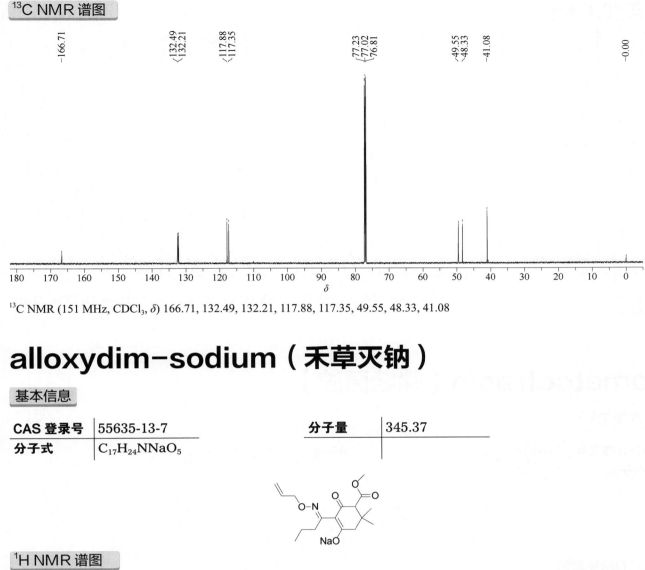

^{13}C NMR (151 MHz, CDCl$_3$, δ) 166.71, 132.49, 132.21, 117.88, 117.35, 49.55, 48.33, 41.08

alloxydim-sodium（禾草灭钠）

基本信息

CAS 登录号	55635-13-7		分子量	345.37
分子式	C$_{17}$H$_{24}$NNaO$_5$			

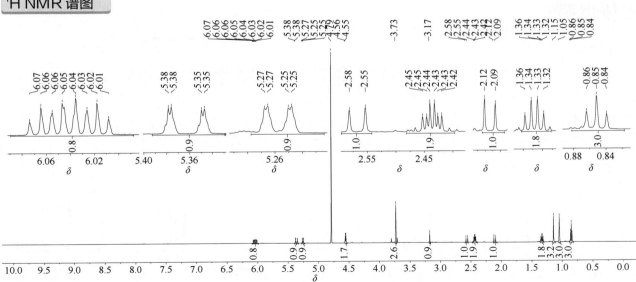

^{1}H NMR 谱图

^{1}H NMR (600 MHz, D$_2$O, δ) 6.04 (1H, CH$_2$=C$\underline{H}$, ddd, $J_{\text{H-H}}$= 10.3 Hz, $J_{\text{H-H}}$= 10.9 Hz, $J_{\text{H-H}}$= 5.7 Hz), 5.36 (1H, C$\underline{H}_2$=CH, dd, $J_{\text{H-H}}$= 17.3 Hz, $J_{\text{H-H}}$= 1.5 Hz), 5.26 (1H, C$\underline{H}_2$=CH, dd, $J_{\text{H-H}}$= 15.3 Hz, $J_{\text{H-H}}$= 1.4 Hz), 4.56 (2H, OCH$_2$, d, $J_{\text{H-H}}$= 5.7 Hz), 3.73(3H, OCH$_3$, s), 3.17 (1H, CO(CH), s), 2.57 (1H, CH, d, $J_{\text{H-H}}$= 16.9 Hz), 2.44 (2H, C$\underline{H}_2$CH$_2$CH$_3$, dt, $J_{\text{H-H}}$= 7.7 Hz, $J_{\text{H-H}}$= 4.2 Hz), 2.11 (1H, CH, d, $J_{\text{H-H}}$= 16.8 Hz), 1.38~1.30 (2H, CH$_2$C$\underline{H}_2$CH$_3$, m), 1.15 (3H, CCH$_3$, s), 1.05 (3H, CCH$_3$,s), 0.86 (3H, CH$_2$CH$_2$C$\underline{H}_3$, t, $J_{\text{H-H}}$= 7.4 Hz)

¹³C NMR 谱图

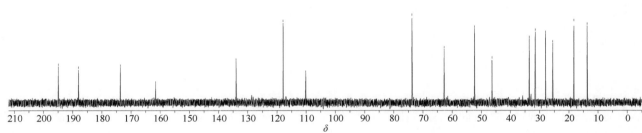

¹³C NMR (151 MHz, D₂O, δ) 194.90, 188.04, 173.63, 161.62, 133.97, 117.87, 110.09, 73.74, 62.66, 52.27, 46.34, 33.51, 31.46, 27.96, 25.47, 18.25, 13.68

ametoctradin（唑嘧菌胺）

基本信息

CAS 登录号	865318-97-4	分子量	275.39
分子式	C₁₅H₂₅N₅		

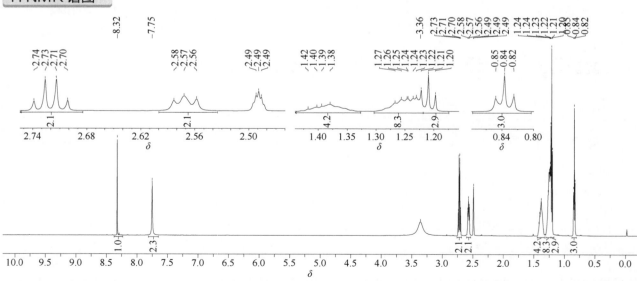

¹H NMR 谱图

¹H NMR (600 MHz, DMSO-d₆, δ) 8.32 (1H, ArH, s), 7.75 (2H, NH₂, br), 2.72 (2H, CH₂CH₃, q, J_H-H = 7.5 Hz), 2.60~2.54 (2H, CH₂(CH₂)₆CH₃, m), 1.45~1.32 (4H, 2CH₂, m), 1.30~1.22 (8H, (CH₂)₄CH₃, m), 1.20 (3H, CH₂CH₃, t, J_H-H = 7.5 Hz), 0.84 (3H, (CH₂)₄CH₃, t, J_H-H = 6.9 Hz)

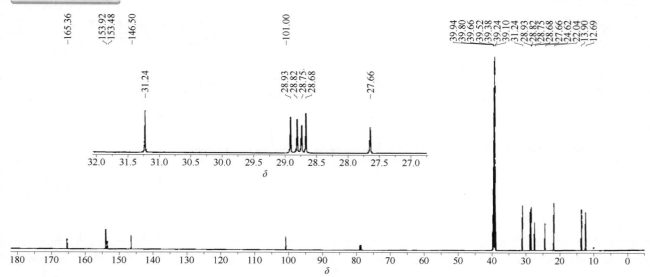

^{13}C NMR (151 MHz, DMSO-d$_6$, δ) 165.36, 153.92, 153.48, 146.50, 101.00, 31.24, 28.93, 28.82, 28.75, 28.68, 27.66, 24.62, 22.04, 13.90, 12.69

ametryn（莠灭净）

基本信息

CAS 登录号	834-12-8	分子量	227.33
分子式	C$_9$H$_{17}$N$_5$S		

¹H NMR 谱图

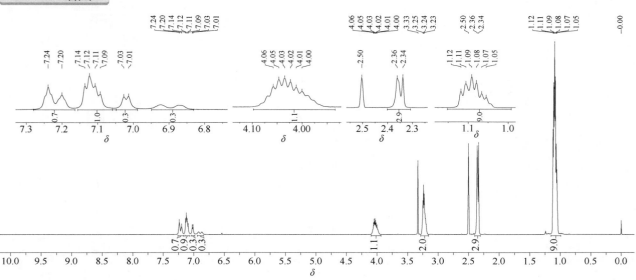

^{1}H NMR (600 MHz, DMSO-d$_6$, δ) 互变异构体 7.26~6.82 (2H, 2NH, m, br), 4.10~3.93 (1H, CH, m), 3.28~3.16 (2H, CH$_2$, m), 2.40~2.32 (3H, SCH$_3$, m), 1.15~0.99 (9H, CH(CH_3)$_2$ & CH$_2$CH_3, m)

¹³C NMR 谱图

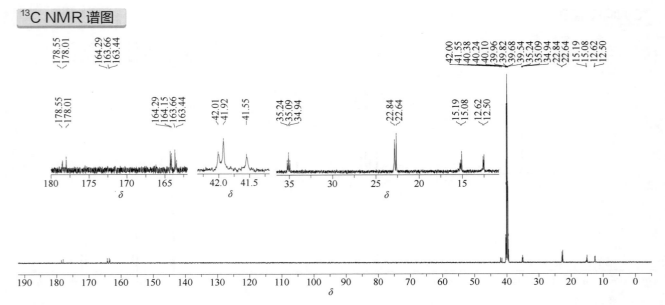

¹³C NMR (151 MHz, DMSO-d₆, δ) 178.55, 178.01, 164.29, 164.15, 163.66, 163.44, 42.01, 41.92, 41.55, 35.24, 35.09, 34.94, 22.84, 22.64, 15.19, 15.08, 12.62, 12.50（注：分子异构化造成碳数增加。）

amicarbazone（胺唑草酮）

基本信息

CAS 登录号	129909-90-6	分子量	241.29
分子式	C₁₀H₁₉N₅O₂		

¹H NMR 谱图

¹H NMR (600 MHz, CDCl₃, δ) 7.75 (1H, NH, br), 4.13 (2H, NH₂, br), 3.10 (1H, CH, hept, J_{H-H} = 6.8 Hz), 1.43 (9H, 3CH₃, s), 1.33 (6H, 2CH₃, d, J_{H-H} = 6.7 Hz)

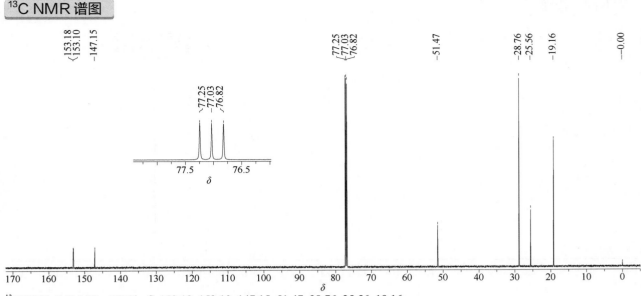

¹³C NMR (151 MHz, CDCl₃, δ) 153.18, 153.10, 147.15, 51.47, 28.76, 25.56, 19.16

amidosulfuron（酰嘧磺隆）

基本信息

CAS 登录号	120923-37-7	分子量	369.37
分子式	C₉H₁₅N₅O₇S₂		

¹H NMR 谱图

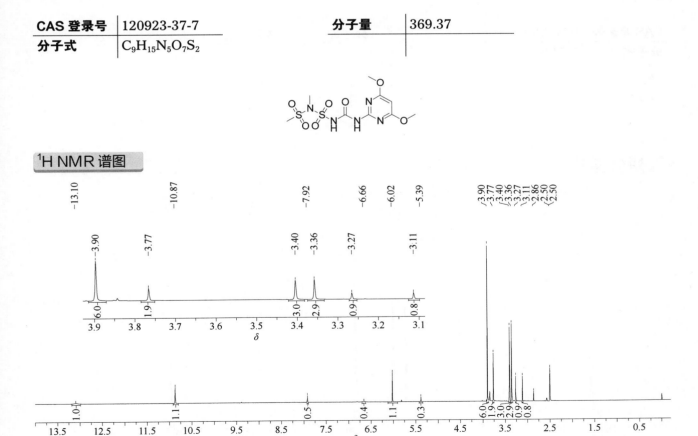

¹H NMR (600 MHz, DMSO-d₆, δ) 两组异构体，比例约为 3∶1。异构体 A: 13.10 (1H, NH, br), 10.87 (1H, NH, br), 6.02 (1H, ArH, s), 3.90 (6H, 2OCH₃, s), 3.40 (3H, CH₃, s), 3.36 (3H, CH₃, s). 异构体 B: 7.92 (1H, NH, br), 6.66 (1H, NH, br), 5.39 (1H, ArH, s), 3.77 (6H, 2OCH₃, s), 3.27 (3H, CH₃, s), 3.11 (3H, CH₃, s)

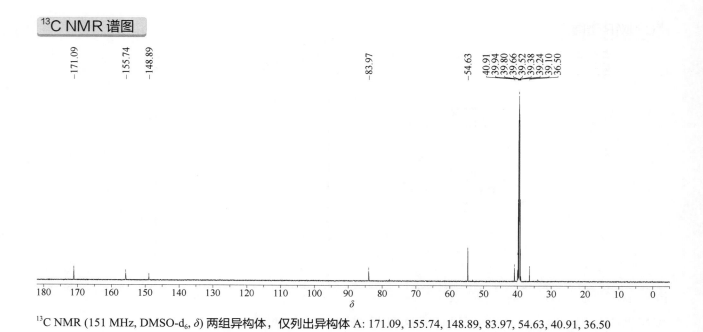

¹³C NMR (151 MHz, DMSO-d₆, δ) 两组异构体，仅列出异构体 A: 171.09, 155.74, 148.89, 83.97, 54.63, 40.91, 36.50

2-aminobenzimidazole（2- 氨基苯并咪唑）

基本信息

CAS 登录号	934-32-7	分子量	133.15
分子式	$C_7H_7N_3$		

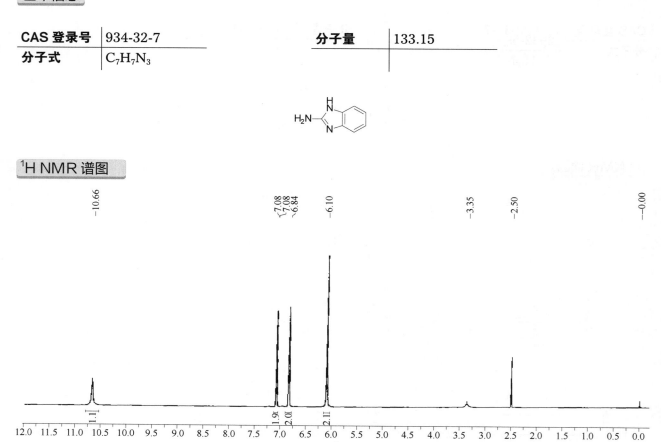

¹H NMR 谱图

¹H NMR (600 MHz, DMSO-d₆, δ) 10.66 (1H, NH, br), 7.08 (2H, 2ArH, d, J_{H-H} = 3.3 Hz), 6.84 (2H, 2ArH, d, J_{H-H} = 3.3 Hz), 6.10 (2H, NH₂, br)

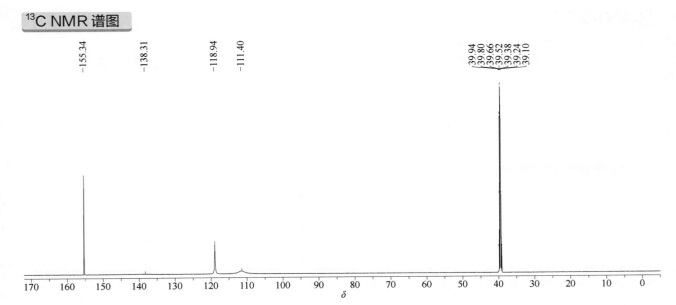

¹³C NMR (151 MHz, DMSO-d₆, δ) 155.34, 138.31 (br), 118.94, 111.40 (br)

aminocarb（灭害威）

基本信息

CAS 登录号	2032-59-9	分子量	208.26
分子式	C₁₁H₁₆N₂O₂		

¹H NMR 谱图

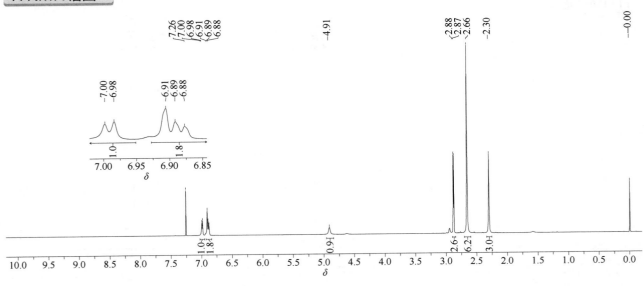

¹H NMR (600 MHz, CDCl₃, δ) 7.00 (1H, ArH, d, J_{H-H} = 9.4 Hz), 6.91(1H, ArH, s), 6.89 (1H, ArH, d, J_{H-H} = 9.4 Hz), 4.91 (1H, NH, br), 2.88 (3H, NHC$\underline{H}$₃, d, J_{H-H} = 4.8 Hz), 2.66 (6H, 2NCH₃, s), 2.30 (3H, ArCH₃, s)

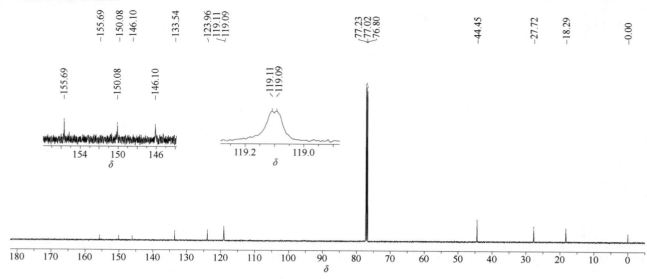

¹³C NMR (151 MHz, CDCl$_3$, δ) 155.69, 150.08,146.10, 133.54, 123.96, 119.11, 119.09, 44.45, 27.72, 18.29

aminopyralid（氯氨吡啶酸）

基本信息

CAS 登录号	150114-71-9		分子量	207.01
分子式	C$_6$H$_4$Cl$_2$N$_2$O$_2$			

¹H NMR 谱图

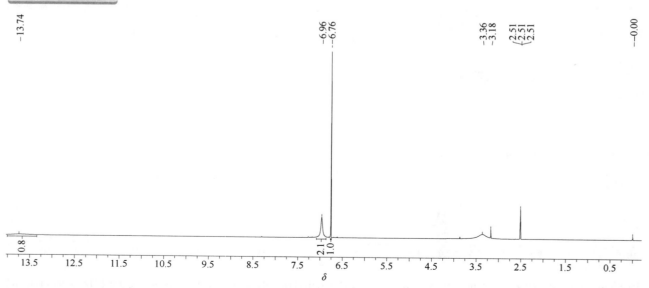

¹H NMR (600 MHz, DMSO-d$_6$, δ) 13.75 (1H, COOH, br), 6.96 (2H, NH$_2$, br), 6.76 (1H, ArH, s)

¹³C NMR 谱图

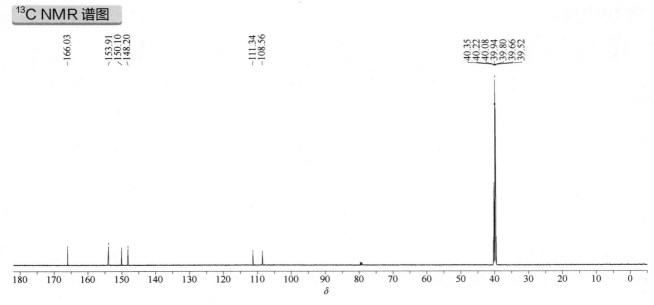

¹³C NMR (151 MHz, DMSO-d₆, δ) 166.03, 153.91, 150.10, 148.20, 111.34, 108.56

amiprofos-methyl（甲基胺草磷）

基本信息

CAS 登录号	36001-88-4	分子量	304.30
分子式	C₁₁H₁₇N₂O₄PS		

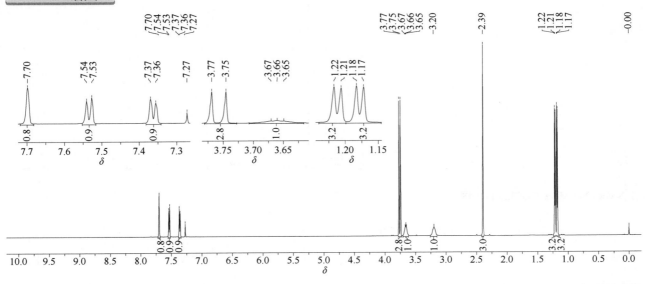

¹H NMR 谱图

¹H NMR (600 MHz, CDCl₃, δ) 7.70 (1H, ArH, s), 7.53 (1H, ArH, d, J_{H-H} = 8.4 Hz), 7.36 (1H, ArH, d, J_{H-H} = 8.4 Hz), 3.76 (3H, OCH₃, d, $^{3}J_{H-P}$ = 14.2 Hz), 3.71~3.62 (1H, NCH, m), 3.20 (1H, NH, br), 2.39 (3H, ArCH₃, s), 1.21 (3H, CHC<u>H</u>₃, d, J_{H-H} = 6.4 Hz), 1.18 (3H, CHC<u>H</u>₃, d, J_{H-H} = 6.4 Hz)

^{13}C NMR 谱图

^{13}C NMR (151 MHz, DMSO-d_6, δ) 166.03, 153.91, 150.10, 148.20, 111.34, 108.56

amiprofos-methyl（甲基胺草磷）

基本信息

CAS 登录号	36001-88-4	分子量	304.30
分子式	$C_{11}H_{17}N_2O_4PS$		

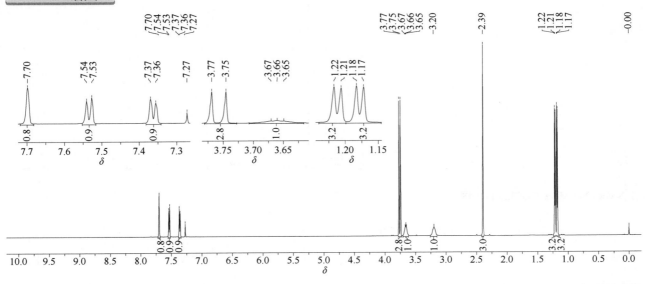

^{1}H NMR 谱图

^{1}H NMR (600 MHz, CDCl$_3$, δ) 7.70 (1H, ArH, s), 7.53 (1H, ArH, d, J_{H-H} = 8.4 Hz), 7.36 (1H, ArH, d, J_{H-H} = 8.4 Hz), 3.76 (3H, OCH$_3$, d, $^{3}J_{H-P}$ = 14.2 Hz), 3.71~3.62 (1H, NCH, m), 3.20 (1H, NH, br), 2.39 (3H, ArCH$_3$, s), 1.21 (3H, CHC<u>H</u>$_3$, d, J_{H-H} = 6.4 Hz), 1.18 (3H, CHC<u>H</u>$_3$, d, J_{H-H} = 6.4 Hz)

¹³C NMR 谱图

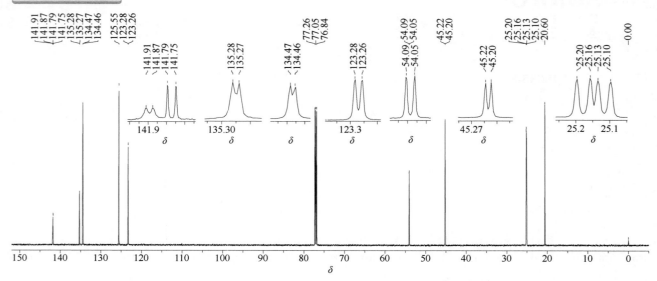

¹³C NMR (151 MHz, CDCl$_3$, δ) 141.89 (d, $^3J_{\text{C-P}}$ = 6.2 Hz), 141.77 (d, $^2J_{\text{C-P}}$ = 6.2 Hz), 135.27 (d, $^4J_{\text{C-P}}$ = 1.6 Hz), 134.47 (d, $^4J_{\text{C-P}}$ = 1.6 Hz), 125.55, 123.27 (d, $^3J_{\text{C-P}}$ = 4.0 Hz), 54.07 (d, $^2J_{\text{C-P}}$ = 5.4 Hz), 45.21 (d, $^2J_{\text{C-P}}$ = 3.0 Hz), 25.18 (d, $^3J_{\text{C-P}}$ = 5.8 Hz), 25.12 (d, $^3J_{\text{C-P}}$ = 5.8 Hz), 20.60

³¹P NMR 谱图

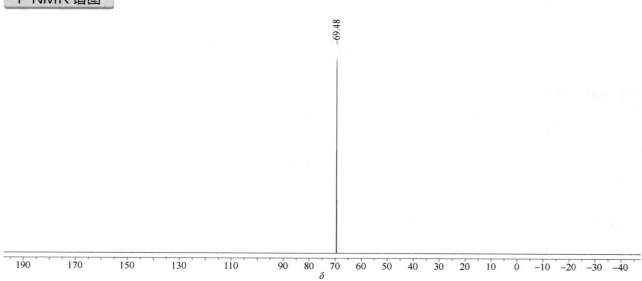

³¹P NMR (243 MHz, CDCl$_3$, δ) 69.48

amisulbrom（吲唑磺菌胺）

基本信息

CAS 登录号	348635-87-0	分子量	466.31
分子式	C$_{13}$H$_{13}$BrFN$_5$O$_4$S$_2$		

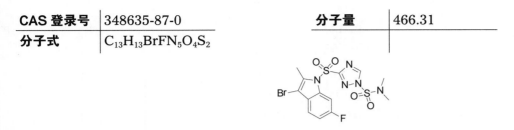

^{1}H NMR 谱图

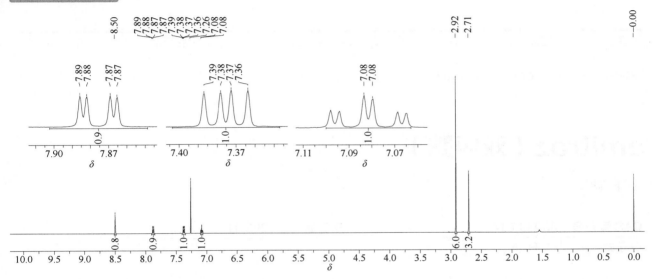

^{1}H NMR (600 MHz, CDCl$_3$, δ) 8.50 (1H, ArH, s), 7.88 (1H, ArH, dd, $^3J_{H\text{-}F}$ = 10.0 Hz, $J_{H\text{-}H}$ = 2.2 Hz), 7.38 (1H, ArH, dd, $J_{H\text{-}H}$ = 8.6 Hz, $^3J_{H\text{-}F}$ = 5.3 Hz), 7.08 (1H, ArH, td, $J_{H\text{-}H}$ = 8.8 Hz, $J_{H\text{-}H}$ = 2.2 Hz), 2.92 (6H, N(CH$_3$)$_2$, s), 2.71 (3H, ArCH$_3$, s)

^{13}C NMR 谱图

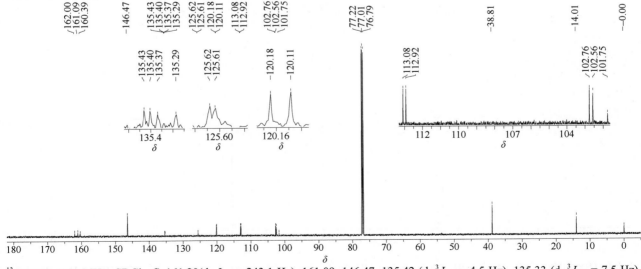

^{13}C NMR (151 MHz, CDCl$_3$, δ) 161.20(d, $J_{C\text{-}F}$ = 243.1 Hz), 161.09, 146.47, 135.42 (d, $^3J_{C\text{-}F}$ = 4.5 Hz), 135.33 (d, $^3J_{C\text{-}F}$ = 7.5 Hz), 125.61 (d, $^5J_{C\text{-}F}$ = 1.7 Hz), 120.15 (d, $^3J_{C\text{-}F}$ = 9.8 Hz), 113.00 (d, $^2J_{C\text{-}F}$ = 24.2 Hz), 102.66 (d, $^2J_{C\text{-}F}$ = 29.7 Hz), 101.75, 38.81, 14.01

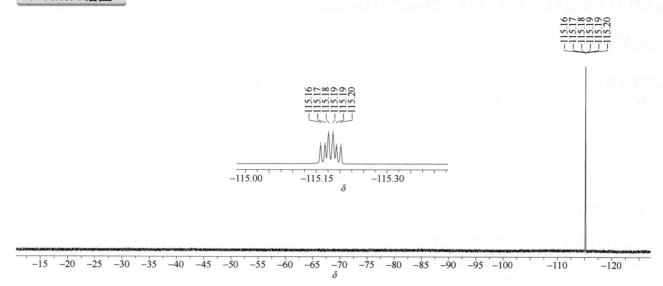

¹⁹F NMR (564 MHz, CDCl₃, δ) −115.18 (td, $^3J_{\text{H-F}}$ = 9.5 Hz, $^3J_{\text{H-F}}$ = 5.3 Hz)

amitraz（双甲脒）

基本信息

CAS 登录号	33089-61-1	分子量	293.41
分子式	C₁₉H₂₃N₃		

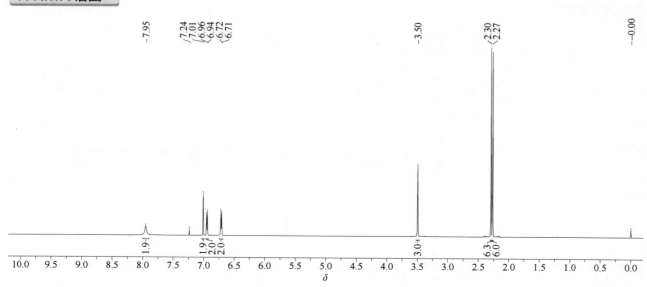

¹H NMR 谱图

¹H NMR (600 MHz, CDCl₃, δ) 7.95 (2H, 2NCH, s), 7.01 (2H, 2ArH, s), 6.94 (2H, 2ArH, d, $J_{\text{H-H}}$ = 7.8 Hz), 6.71 (2H, 2ArH, d, $J_{\text{H-H}}$ = 7.8 Hz), 3.50 (3H, SCH₃, s), 2.30 (6H, 2CH₃, s), 2.27 (6H, 2CH₃, s)

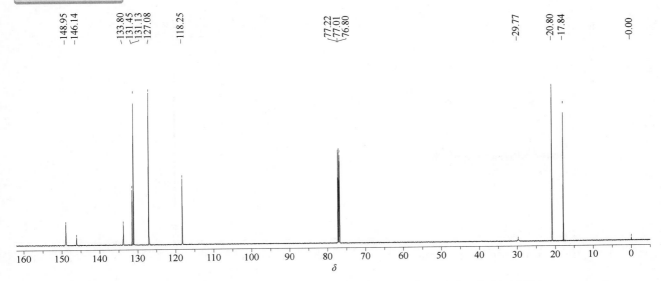

^{13}C NMR (151 MHz, CDCl$_3$, δ) 148.95, 146.14, 133.80, 131.45, 131.13, 127.08, 118.25, 29.77, 20.80, 17.84

amitrole（杀草强）

基本信息

CAS 登录号	61-82-5	分子量	84.08
分子式	C$_2$H$_4$N$_4$		

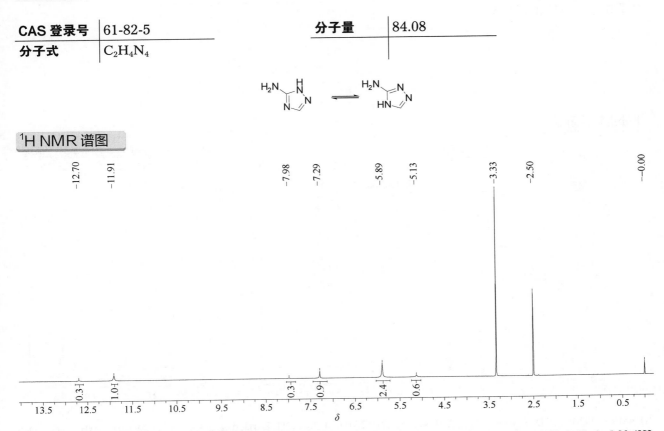

^{1}H NMR 谱图

^{1}H NMR (600 MHz, DMSO-d$_6$, δ) 两组异构体，比例约为 3:1。异构体 A: 11.91 (1H, NH, br), 7.29 (1H, ArH, s), 5.89 (2H, NH$_2$, br). 异构体 B: 12.70 (1H, NH, br), 7.98 (1H, ArH, s), 5.13 (2H, NH$_2$, br)

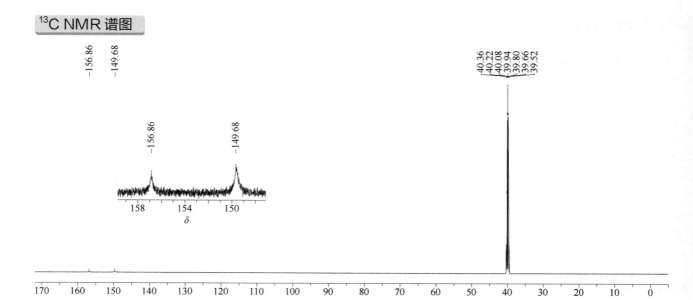

¹³C NMR (151 MHz, DMSO-d₆, δ) 156.86, 149.68

ancymidol（环丙嘧啶醇）

基本信息

CAS 登录号	12771-68-5	分子量	256.30
分子式	C₁₅H₁₆N₂O₂		

¹H NMR 谱图

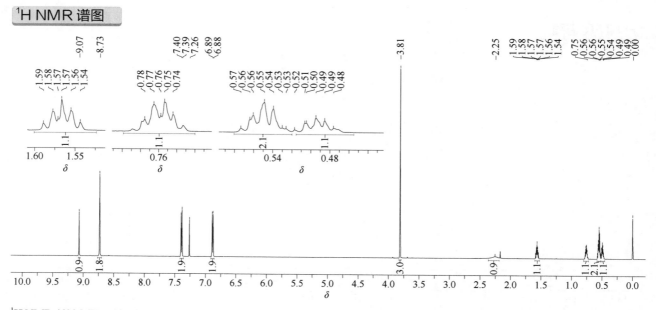

¹H NMR (600 MHz, CDCl₃, δ) 9.07 (1H, ArH, s), 8.73 (2H, 2ArH, s), 7.40 (2H, 2ArH, d, $J_{\text{H-H}}$ = 8.8 Hz), 6.89 (2H, 2ArH, d, $J_{\text{H-H}}$ = 8.8 Hz), 3.81 (3H, OCH₃, s), 2.25 (1H, OH, br), 1.57 (1H, CH, dq, $J_{\text{H-H}}$ = 13.7 Hz, $J_{\text{H-H}}$ = 6.6 Hz), 0.80~0.72 (1H, CH, m), 0.58~0.52 (2H, 2CH, m), 0.52~0.45 (1H, CH, m)

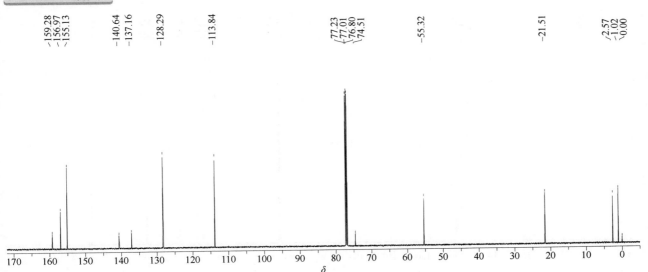

¹³C NMR (151 MHz, CDCl₃, δ) 159.28, 156.97, 155.13, 140.64, 137.16, 128.29, 113.84, 74.51, 55.32, 21.51, 2.57, 1.02

anilofos（莎稗磷）

基本信息

CAS 登录号	64249-01-0		分子量	367.84
分子式	C₁₃H₁₉ClNO₃PS₂			

¹H NMR 谱图

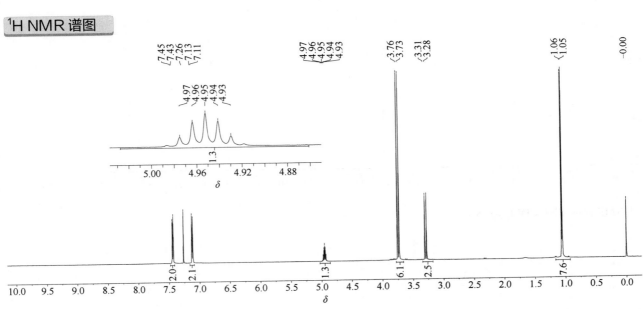

¹H NMR (600 MHz, CDCl₃, δ) 7.44 (2H, 2ArH, d, J_{H-H} = 8.5 Hz), 7.12 (2H, 2ArH, d, J_{H-H} = 8.5 Hz), 4.95 (1H, NCH, hept, J_{H-H} = 6.8 Hz), 3.74 (6H, 2OCH₃, d, $^3J_{H-P}$ = 15.2 Hz), 3.29 (2H, CH₂, d, $^3J_{H-P}$ = 16.1 Hz), 1.06 (6H, CH(C$\underline{H}$₃)₂, d, J_{H-H} = 6.8 Hz)

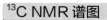

¹³C NMR 谱图

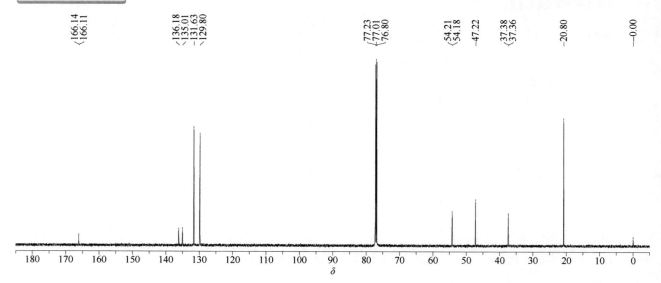

¹³C NMR (151 MHz, CDCl₃, δ) 166.13 (d, $^3J_{\text{C-P}}$ = 4.8 Hz), 136.18, 135.01, 131.63, 129.80, 54.19 (d, $^2J_{\text{C-P}}$ = 5.4 Hz), 47.22, 37.37 (d, $^2J_{\text{C-P}}$ = 3.0 Hz). 20.80

³¹P NMR 谱图

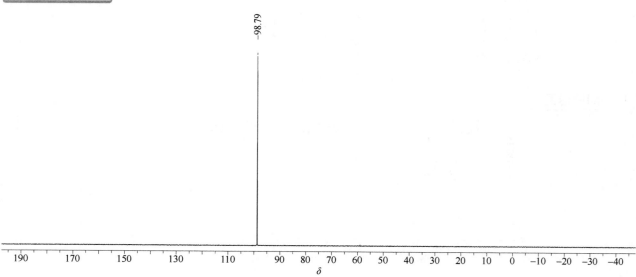

³¹P NMR (243 MHz, CDCl₃, δ) 98.79

anthraquinone（蒽醌）

基本信息

CAS 登录号	84-65-1		分子量	208.22
分子式	$C_{14}H_8O_2$			

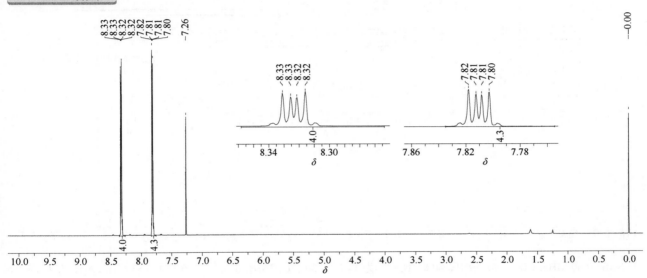

¹H NMR 谱图

¹H NMR (600 MHz, CDCl₃, δ) 8.32 (4H, 4ArH, dd, J_{H-H} = 5.7 Hz, J_{H-H} = 3.3 Hz), 7.81 (4H, 4ArH, dd, J_{H-H} = 5.8 Hz, J_{H-H} = 3.3 Hz)

¹³C NMR 谱图

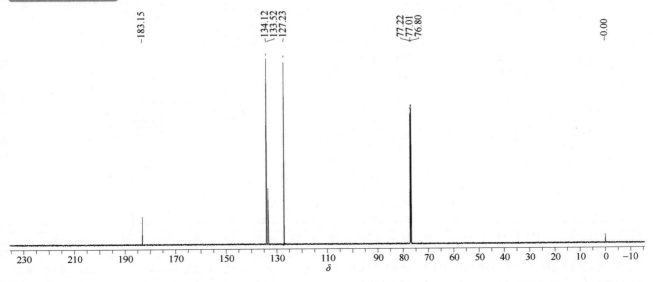

¹³C NMR (151 MHz, CDCl₃, δ) 183.15, 134.12, 133.52, 127.23

aramite（杀螨特）

基本信息

CAS 登录号	140-57-8	分子量	334.85
分子式	C$_{15}$H$_{23}$ClO$_4$S		

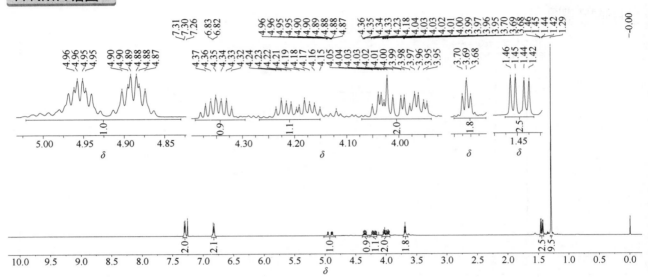

^{1}H NMR 谱图

^{1}H NMR (600 MHz, CDCl$_3$, δ) 两组异构体，比例约为 1 : 1。7.30 (2H, 2ArH, d, $J_{\text{H-H}}$ = 8.6 Hz), 6.83 (2H, 2ArH, d, $J_{\text{H-H}}$ = 8.5 Hz), 4.98~4.83 (1H, CH/CH$_2$, m), 4.35 (1H, CH/CH$_2$, td, $J_{\text{H-H}}$ = 11.8 Hz, $J_{\text{H-H}}$ = 5.9 Hz), 4.27~4.10 (1H, CH/CH$_2$, m), 4.07~3.87 (2H, CH/CH$_2$, m), 3.69 (2H, CH$_2$, t, $J_{\text{H-H}}$ = 6.1 Hz), 1.44 (3H, CH$_3$, dd, $J_{\text{H-H}}$ = 17.6 Hz, $J_{\text{H-H}}$ = 6.5 Hz), 1.29 (9H, C(CH$_3$)$_3$, s)

^{13}C NMR 谱图

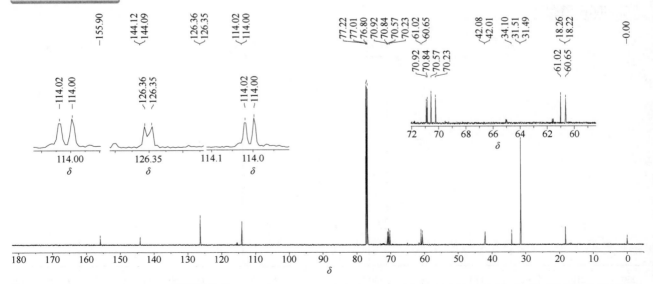

^{13}C NMR (151 MHz, CDCl$_3$, δ) 两组异构体 155.90, 144.12, 144.09, 126.36, 126.35, 114.02, 114.00, 70.92, 70.84, 70.57, 70.23, 61.02, 60.65, 42.08, 42.01, 34.10, 31.51, 31.49, 18.26, 18.22

aspon（丙硫特普）

基本信息

CAS 登录号	3244-90-4	分子量	378.42
分子式	$C_{12}H_{28}O_5P_2S_2$		

¹H NMR 谱图

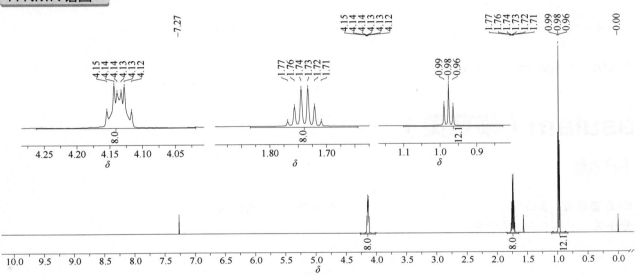

¹H NMR (600 MHz, CDCl₃, δ) 4.17~4.10 (8H, OCH₂, m), 1.80~1.68 (8H, 4C$\underline{H}_2$CH₃, m), 0.98 (12H, 4CH₃, t, J_{H-H} = 7.4 Hz)

¹³C NMR 谱图

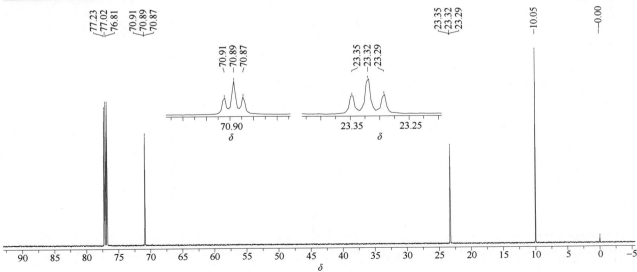

¹³C NMR (151 MHz, CDCl₃, δ) 70.90 (d, ²J_{C-P} = 3.0 Hz), 70.88 (d, ²J_{C-P} = 3.0 Hz), 23.34 (d, ²J_{C-P} = 4.1 Hz), 23.31 (d, ²J_{C-P} = 4.1 Hz), 10.05

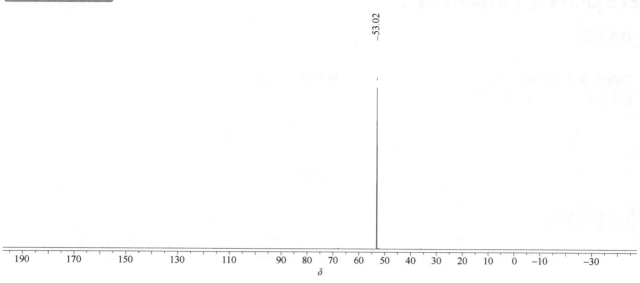

−53.02

³¹P NMR (243 MHz, CDCl$_3$, δ) 53.02

asulam（磺草灵）

基本信息

CAS 登录号	3337-71-1	分子量	230.24
分子式	C$_8$H$_{10}$N$_2$O$_4$S		

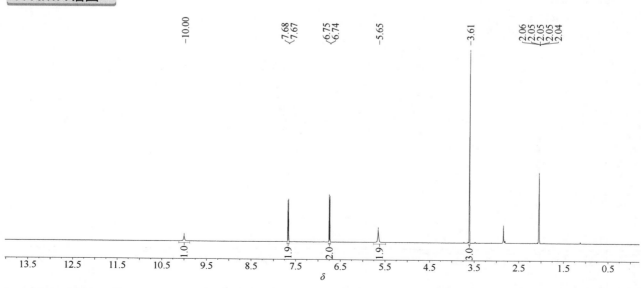

¹H NMR 谱图

−10.00 ⟨7.68 / 7.67 ⟨6.75 / 6.74 −5.65 −3.61 2.06 / 2.05 / 2.05 / 2.04

1.0 1.9 2.0 1.9 3.0

¹H NMR (600 MHz, aceton-d$_6$, δ) 10.00 (1H, NH, br), 7.67 (2H, 2ArH, d, J_{H-H} = 8.8 Hz), 6.75 (2H, 2ArH, d, J_{H-H} = 8.8 Hz), 5.65 (2H, NH$_2$, br), 3.61 (3H, OCH$_3$, s)

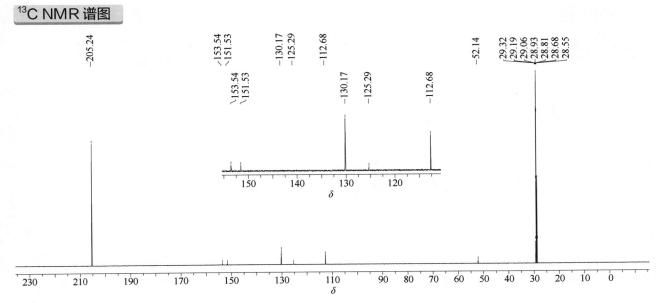

¹³C NMR (151 MHz, aceton-d₆, δ) 205.24, 153.54, 151.53, 130.17, 125.29, 112.68, 52.14

atraton（莠去通）

基本信息

CAS 登录号	1610-17-9	分子量	211.26
分子式	C₉H₁₇N₅O		

¹H NMR 谱图

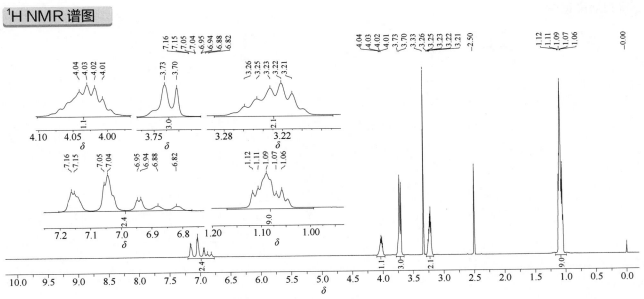

¹H NMR (600 MHz, DMSO-d₆, δ) 多组异构体重叠。7.20~6.77 (2H, 2NH, m), 4.09~3.96 (1H, CH, m), 3.76~3.67 (3H, OCH₃, m), 3.28~3.16 (2H, CH₂, m), 1.16~0.99 (9H, NH(CH₃)₂ & CH₂CH₃, m)

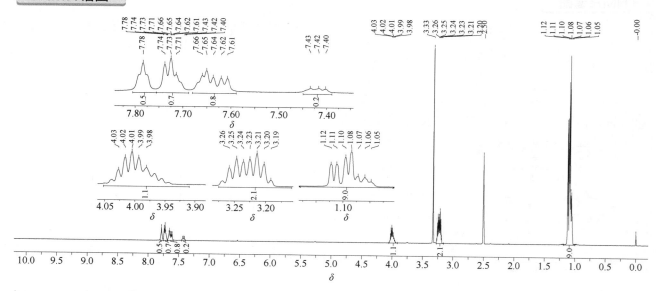

170.29, 170.17, 166.73, 166.47, 166.17, 166.08, 165.84, 165.47, 52.95, 41.58, 41.37, 41.20, 39.85, 39.71, 39.57, 39.43, 39.29, 39.16, 39.02, 34.78, 34.62, 22.36, 22.19, 14.76, 14.66

¹³C NMR (151 MHz, DMSO-d₆, δ) 多组异构体重叠。170.29, 170.17, 166.73, 166.47, 166.17, 166.08, 165.84, 165.47, 52.95, 41.58, 41.37, 41.20, 34.78, 34.62, 22.36, 22.19, 14.76, 14.66

atrazine（莠去津）

基本信息

CAS 登录号	1912-24-9	分子量	215.68
分子式	C₈H₁₄ClN₅		

¹H NMR 谱图

¹H NMR (600 MHz, DMSO-d₆, δ) 多组异构体重叠。7.80~7.30 (2H, 2NH, m), 4.04~3.95 (1H, CH, m), 3.28~3.15 (2H, CH₂, m), 1.16~0.96 (9H, CH(CH₃)₂, CH₂CH₃, m)

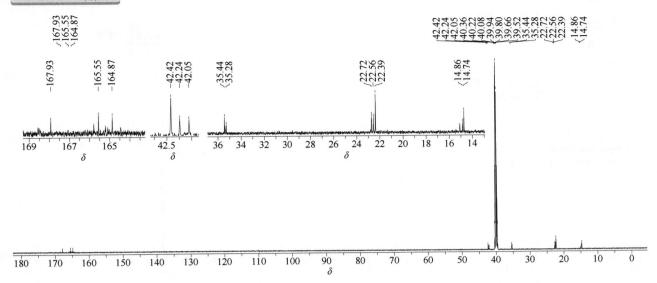

¹³C NMR (151 MHz, DMSO-d₆, δ) 主要异构体，167.93, 165.55, 164.87, 42.42, 35.44, 22.39, 14.74

atrazine-desethyl（脱乙基莠去津）

基本信息

CAS 登录号	6190-65-4	分子量	187.63
分子式	C₆H₁₀ClN₅		

¹H NMR 谱图

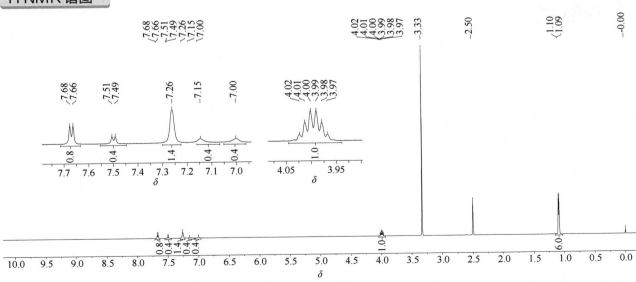

¹H NMR (600 MHz, DMSO-d₆, δ) 多组异构体重叠。7.70~6.90 (3H, 3NH, m), 3.99 (1H, CH, hept, J_{H-H} = 6.4 Hz), 1.09 (6H, 2CH₃, d, J_{H-H} = 6.4 Hz)

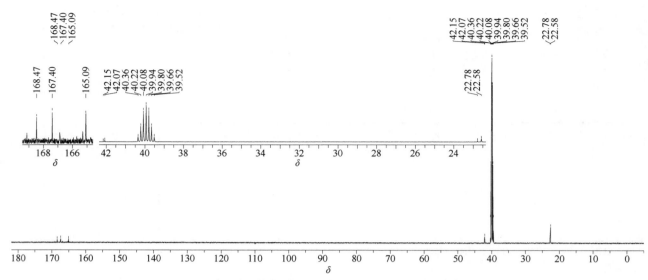

^{13}C NMR (151 MHz, DMSO-d$_6$, δ) 多组异构体，主要异构体 168.47, 167.40, 165.09, 42.07, 22.58

atrazine-desethyl-desisopropyl
（脱乙基异丙基莠去津）

基本信息

CAS 登录号	3397-62-4	分子量	145.55
分子式	C$_3$H$_4$ClN$_5$		

^{1}H NMR 谱图

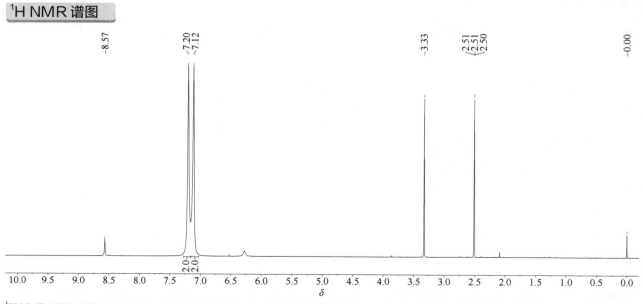

^{1}H NMR (600 MHz, DMSO-d$_6$, δ) 7.20 (2H, NH$_2$, s), 7.12 (2H, NH$_2$, s)

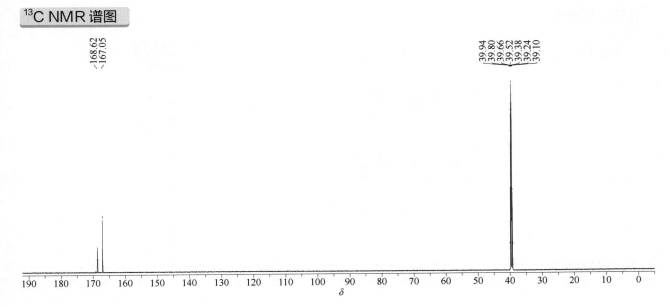

¹³C NMR (151 MHz, DMSO-d₆, δ) 168.62, 167.05

atrazine-desisopropyl（脱异丙基莠去津）

基本信息

CAS 登录号	1007-28-9	分子量	173.60
分子式	C₅H₈ClN₅		

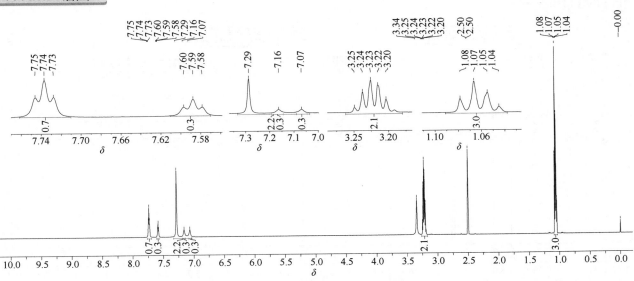

¹H NMR 谱图

¹H NMR (600 MHz, DMSO-d₆, δ) 多组异构体，部分重叠，比例约为 2∶1。异构体 A: 7.75 (1H, NH, t, J_{H-H} = 5.5 Hz), 7.29 (2H, NH₂, br), 3.23 (2H, NHC$\underline{H}_2$CH₃, quin, J_{H-H} = 7.1 Hz), 1.07 (3H, NCH₂C$\underline{H}_3$, t, J_{H-H} = 7.1 Hz). 异构体 B: 7.59 (1H, NH, t, J_{H-H} = 5.5 Hz), 7.16 (1H, NH, br), 7.07 (1H, NH, br), 3.22 (2H, NHC$\underline{H}_2$CH₃, quin, J_{H-H} = 7.1 Hz), 1.05 (3H, NCH₂C$\underline{H}_3$, t, J_{H-H} = 7.1 Hz)

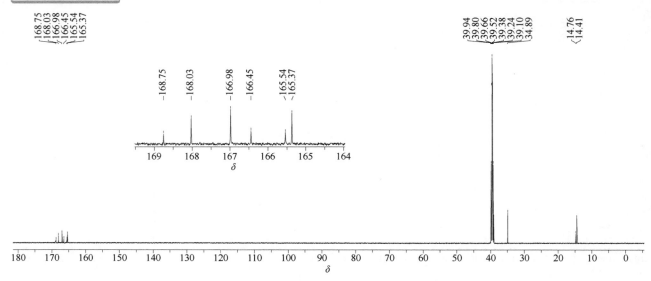

¹³C NMR (151 MHz, DMSO-d₆, δ) 多组异构体，异构体 A: 168.03, 166.98, 165.37, 34.89, 14.41. 异构体 B: 168.75, 166.45, 165.54, 34.89, 14.76

azaconazole（戊环唑）

基本信息

CAS 登录号	60207-31-0	分子量	300.14
分子式	C₁₂H₁₁Cl₂N₃O₂		

¹H NMR 谱图

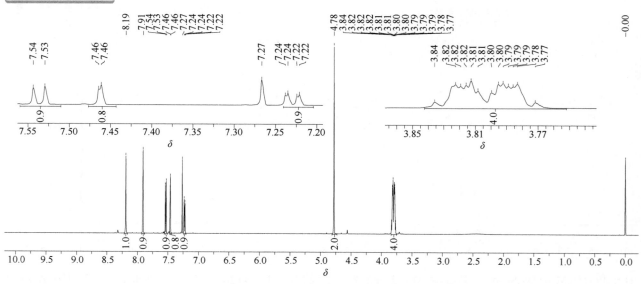

¹H NMR (600 MHz, CDCl₃, δ) 8.19 (1H, ArH, s), 7.91 (1H, ArH, s), 7.54 (1H, ArH, d, J_{H-H} = 8.4 Hz), 7.46 (1H, ArH, d, J_{H-H} = 1.9 Hz), 7.24 (1H, ArH, dd, J_{H-H} = 8.4 Hz, J_{H-H} = 1.9 Hz), 4.78 (2H, NCH₂, s), 3.84~3.75 (4H, 2OCH₂, m)

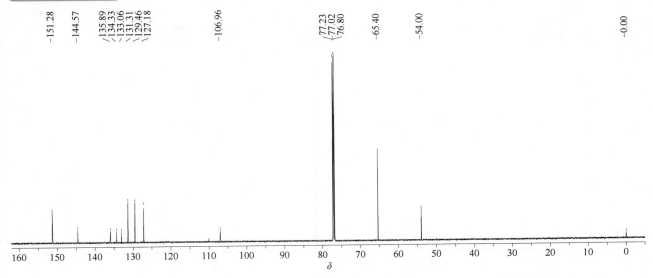

^{13}C NMR (151 MHz, CDCl$_3$, δ) 151.28, 144.57, 135.89, 134.33, 133.06, 131.31, 129.46, 127.18, 106.96, 65.40, 54.00

azamethiphos（甲基吡啶磷）

基本信息

CAS 登录号	35575-96-3	分子量	324.67
分子式	C$_9$H$_{10}$ClN$_2$O$_5$PS		

¹H NMR 谱图

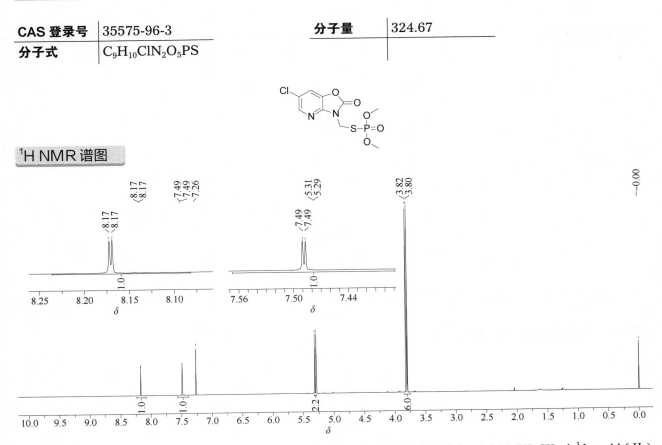

^{1}H NMR (600 MHz, CDCl$_3$, δ) 8.17 (1H, ArH, d, $J_{H\text{-}H}$ = 2.0 Hz), 7.49 (1H, ArH, d, $J_{H\text{-}H}$ = 2.0 Hz), 5.30 (2H, CH$_2$, d, $^3J_{H\text{-}P}$ = 14.6 Hz), 3.81 (6H, 2CH$_3$, d, $^3J_{H\text{-}P}$ = 12.8 Hz)

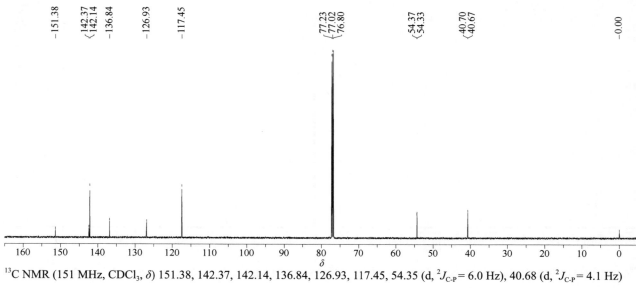

^{13}C NMR (151 MHz, CDCl$_3$, δ) 151.38, 142.37, 142.14, 136.84, 126.93, 117.45, 54.35 (d, $^2J_{\text{C-P}}$ = 6.0 Hz), 40.68 (d, $^2J_{\text{C-P}}$ = 4.1 Hz)

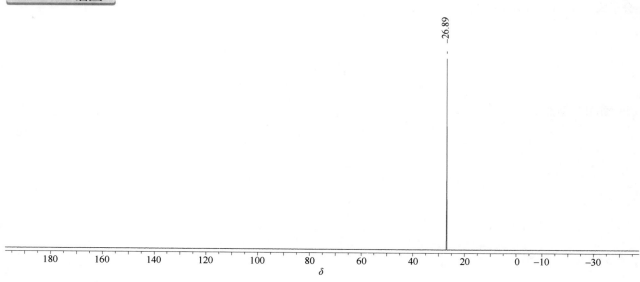

^{31}P NMR (243 MHz, CDCl$_3$, δ) 26.89

azimsulfuron（四唑嘧磺隆）

基本信息

CAS 登录号	120162-55-2	分子量	424.40
分子式	$C_{13}H_{16}N_{10}O_5S$		

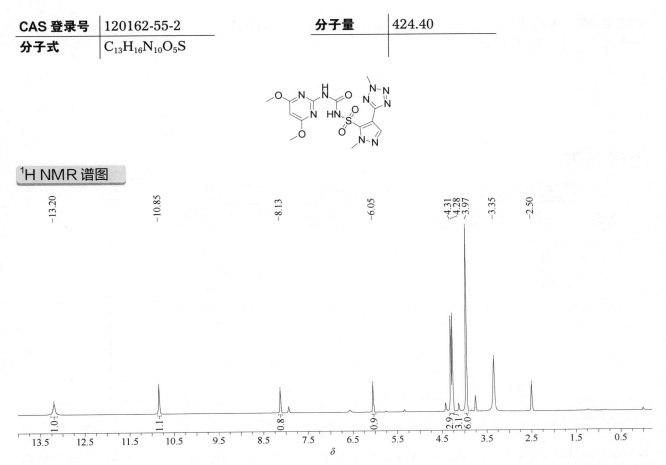

¹H NMR 谱图

¹H NMR (600 MHz, DMSO-d₆, δ) 13.20 (1H, NH, s), 10.85 (1H, NH, s), 8.13 (1H, ArH, s), 6.05 (1H, ArH, s), 4.31 (3H, CH₃, s), 4.28 (3H, CH₃, s), 3.97 (6H, 2OCH₃, s)

¹³C NMR 谱图

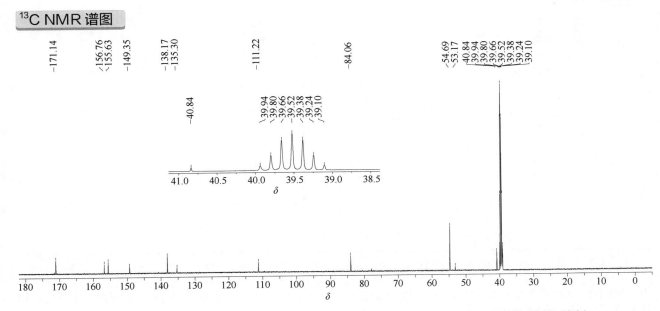

¹³C NMR (151 MHz, DMSO-d₆, δ) 171.14, 156.76, 155.63, 149.35, 138.17, 135.30, 111.22, 84.06, 54.69, 53.17, 40.84

azinphos-ethyl（乙基谷硫磷）

基本信息

CAS 登录号	2642-71-9	分子量	345.38
分子式	C₁₂H₁₆N₃O₃PS₂		

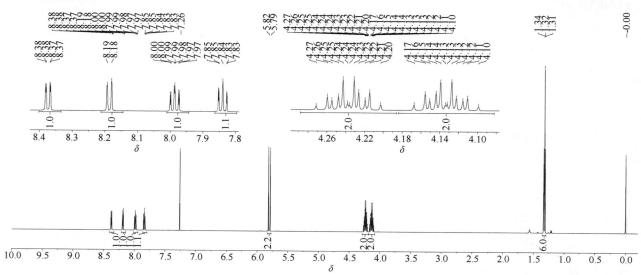

¹H NMR 谱图

¹H NMR (600 MHz, CDCl₃, δ) 8.37 (1H, ArH, dd, J_{H-H} = 7.9 Hz, J_{H-H} = 1.3 Hz), 8.19 (1H, ArH, d, J_{H-H} = 8.1 Hz), 8.02~7.96 (1H, ArH, m), 7.87~7.80 (1H, ArH, m), 5.81 (2H, SCH₂, d, $^3J_{H-P}$ = 16.2 Hz), 4.32~4.05 (4H, 2CH₂, m), 1.32 (6H, 2CH₃, t, J_{H-H} = 7.1 Hz)

¹³C NMR 谱图

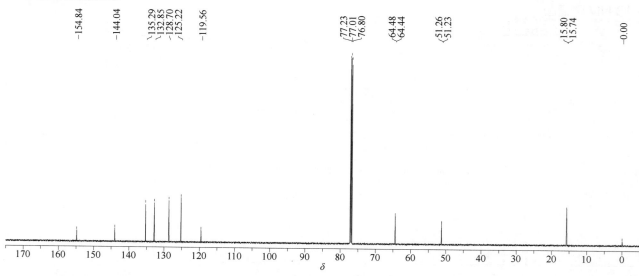

¹³C NMR (151 MHz, CDCl₃, δ) 154.84, 144.04, 135.29, 132.85, 128.70, 125.22, 119.56, 64.46 (d, $^2J_{C-P}$ = 5.8 Hz), 51.25 (d, $^2J_{C-P}$ = 3.7 Hz), 15.77 (d, $^3J_{C-P}$ = 8.4 Hz)

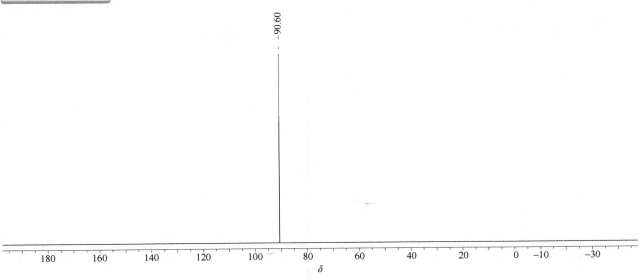

³¹P NMR (243 MHz, CDCl₃, δ) 90.60

azinphos-methyl（甲基谷硫磷）

基本信息

CAS 登录号	86-50-0	分子量	317.32
分子式	C₁₀H₁₂N₃O₃PS₂		

¹H NMR 谱图

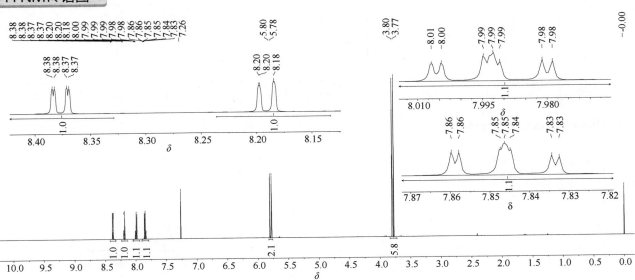

¹H NMR (600 MHz，CDCl₃, δ)8.38 (1H, ArH, dd, J_{H-H} = 7.9 Hz, J_{H-H} = 1.2 Hz), 8.24~8.13 (1H, ArH, m), 8.05~7.94 (1H, ArH, m), 7.86~7.83 (1H, ArH, m), 5.79 (2H, CH₂, d, $^3J_{H-P}$ = 16.2 Hz), 3.79 (6H, 2CH₃, d, $^3J_{H-P}$ = 15.3 Hz)

¹³C NMR 谱图

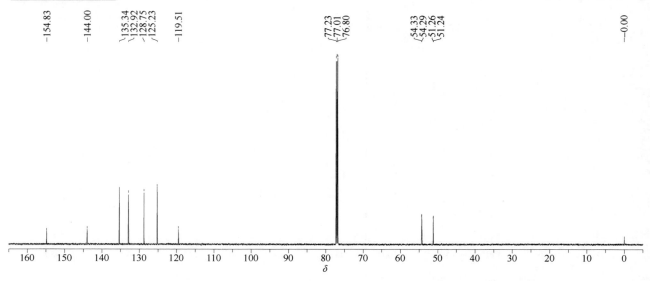

¹³C NMR (151 MHz, CDCl$_3$, δ)154.83, 144.00, 135.34, 132.92, 128.75, 125.23, 119.51, 54.31 (d, $^2J_{C-P}$= 5.3 Hz), 51.25 (d, $^2J_{C-P}$= 3.7 Hz)

³¹P NMR 谱图

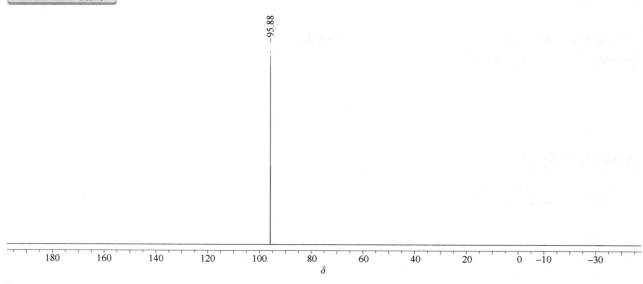

³¹P NMR (243 MHz, CDCl$_3$, δ) 95.88

aziprotryne（叠氮津）

CAS 登录号	4658-28-0	分子量	225.28
分子式	$C_7H_{11}N_7S$		

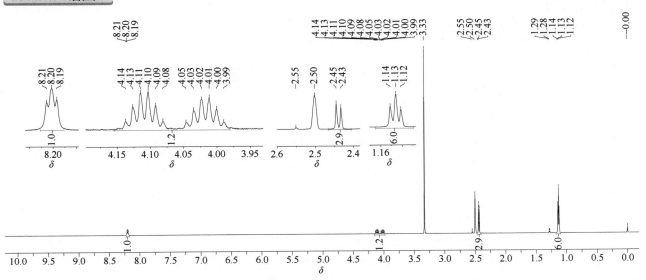

^{1}H NMR 谱图

^{1}H NMR (600 MHz, DMSO-d_6, δ) 多组异构体重叠。8.21~8.19 (1H, NH, m), 4.14~3.98 (1H, C$\underline{H}$(CH$_3$)$_2$, m), 2.45~2.42 (3H, OCH$_3$, s), 1.15~1.11 (6H, CH(C$\underline{H}_3$)$_2$, m)

^{13}C NMR 谱图

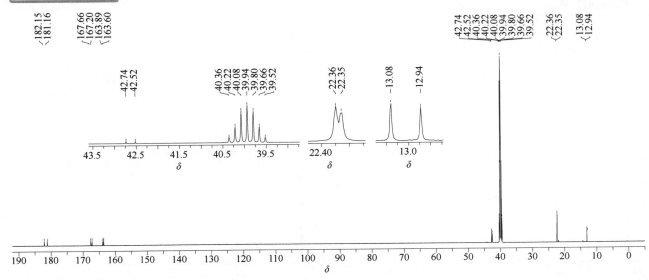

^{13}C NMR (151 MHz, DMSO-d_6, δ) 多组异构体 182.15, 181.16, 167.66, 167.20, 163.89, 163.60, 42.74, 42.52, 22.36, 22.35, 13.08, 12.94

azobenzene（偶氮苯）

基本信息

CAS 登录号	103-33-3	分子量	182.22
分子式	$C_{12}H_{10}N_2$		

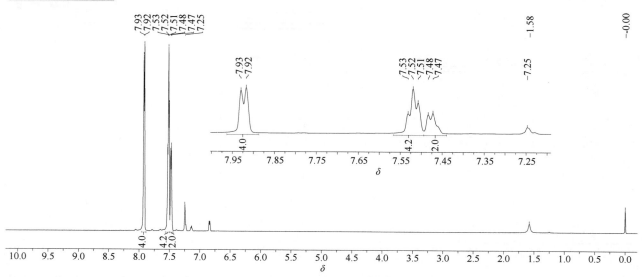

¹H NMR 谱图

¹H NMR (600 MHz, CDCl₃, δ) 7.92 (4H, 4ArH, d, J_{H-H} = 7.5 Hz), 7.52 (4H, 4ArH, t, J_{H-H} = 7.2 Hz), 7.48 (2H, 2ArH, d, J_{H-H} = 6.8 Hz)

¹³C NMR 谱图

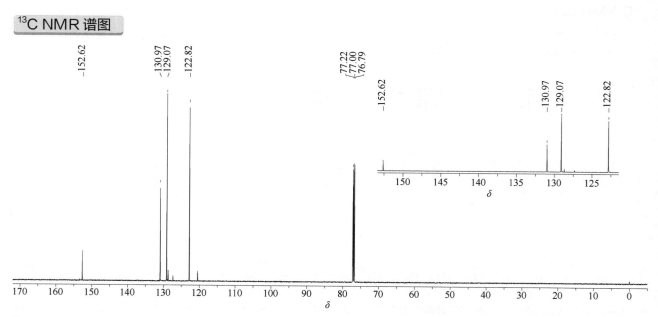

¹³C NMR (151 MHz, CDCl₃, δ) 152.62, 130.97, 129.07, 122.82

azocyclotin（三唑锡）

基本信息

CAS 登录号	41083-11-8	分子量	436.24
分子式	C$_{20}$H$_{35}$N$_3$Sn		

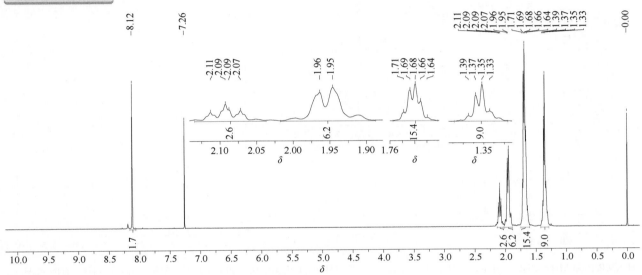

¹H NMR 谱图

¹H NMR (600 MHz, CDCl$_3$, δ) 8.12 (2H, 2ArH, s), 2.09 (3H, 3CH, dd, J_{H-H} = 13.8 Hz, J_{H-H} = 10.8 Hz), 1.95 (6H, 2CH, d, J_{H-H} = 10.6 Hz), 1.74~1.60 (15H, 15CH, m), 1.43~1.29 (9H, 9CH, m)

¹³C NMR 谱图

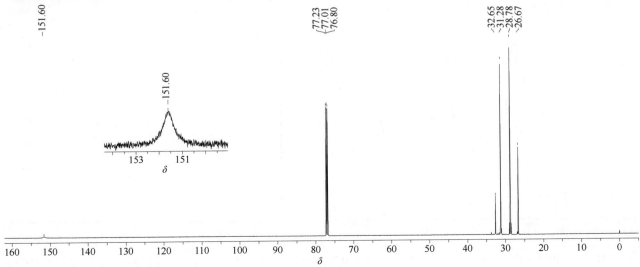

¹³C NMR (151 MHz, CDCl$_3$, δ) 151.60 (br), 32.65, 31.28, 28.78, 26.67

azoxystrobin（嘧菌酯）

基本信息

CAS 登录号	131860-33-8	分子量	403.39
分子式	$C_{22}H_{17}N_3O_5$		

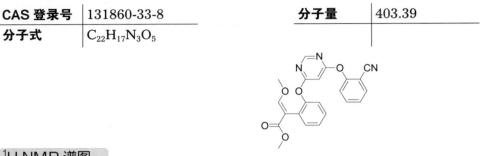

¹H NMR 谱图

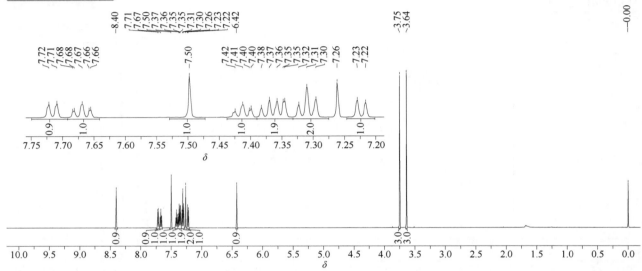

¹H NMR (600 MHz, CDCl₃, δ) 8.40 (1H, ArH/=CH, s), 7.72 (1H, ArH, d, m/dd), 7.69~7.64 (1H, ArH, m), 7.50 (1H, ArH/=CH, s), 7.41 (1H, ArH, m/dt), 7.39~7.33 (2H, 2ArH, m), 7.31 (2H, 2ArH, t, J_{H-H} = 8.2 Hz), 7.22 (1H, ArH, d, J_{H-H} = 8.1 Hz), 6.42 (1H, ArH, s), 3.75 (3H, CH₃, s), 3.64 (3H, CH₃, s)

¹³C NMR 谱图

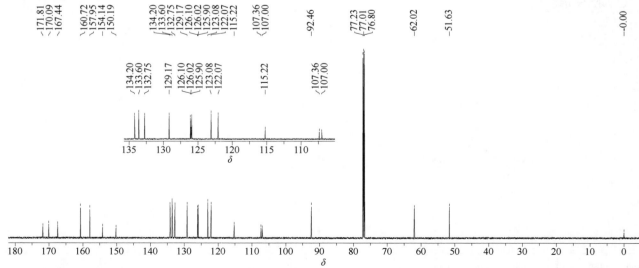

¹³C NMR (151 MHz, CDCl₃, δ) 171.81, 170.09, 167.44, 160.72, 157.95, 154.14, 150.19, 134.20, 133.60, 132.75, 129.17, 126.10, 126.02, 125.90, 123.08, 122.07, 115.22, 107.36, 107.00, 92.46, 62.02, 51.63

>>>> B

barban（燕麦灵）

基本信息

CAS 登录号	101-27-9	分子量	258.10
分子式	$C_{11}H_9Cl_2NO_2$		

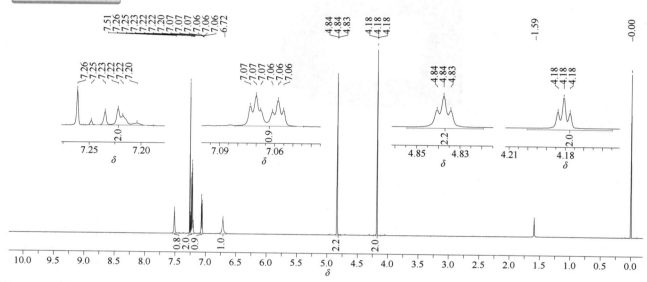

^{1}H NMR 谱图

^{1}H NMR (600 MHz, CDCl$_3$, δ) 7.51 (1H, ArH, s), 7.27~7.18 (2H, 2ArH, m), 7.06 (1H, ArH, dt, J_{H-H} = 7.5 Hz, J_{H-H} = 1.8 Hz), 6.72 (1H, NH, s), 4.84 (2H, COOCH$_2$, t, J_{H-H} = 1.9 Hz), 4.18 (2H, ClCH$_2$, t, J_{H-H} = 1.9 Hz)

^{13}C NMR 谱图

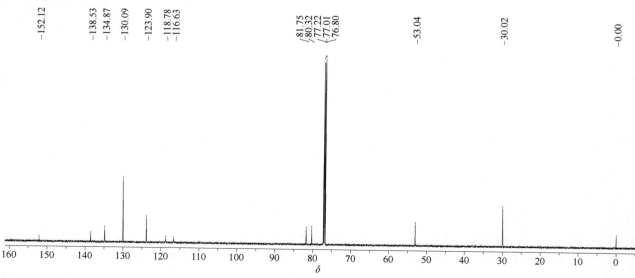

^{13}C NMR (151 MHz, CDCl$_3$, δ) 152.12, 138.53, 134.87, 130.09, 123.90, 118.78, 116.63, 81.75, 80.32, 53.04, 30.02

basic violet 3（结晶紫）

CAS 登录号	548-62-9	分子量	407.98
分子式	C₂₅H₃₀ClN₃		

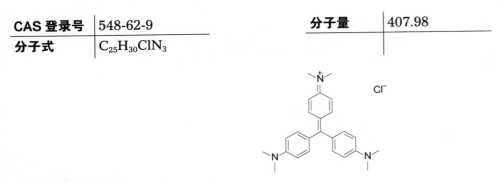

¹H NMR 谱图

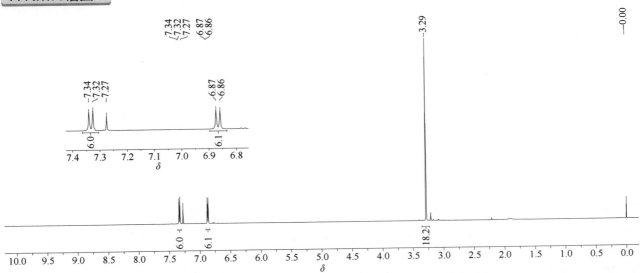

¹H NMR (600 MHz, CDCl₃, δ) 7.33 (6H, 6ArH, d, $J_{\text{H-H}}$ = 9.0 Hz), 6.87 (6H, 6ArH, d, $J_{\text{H-H}}$ = 9.0 Hz), 3.29 (18H, 6CH₃, s)

¹³C NMR 谱图

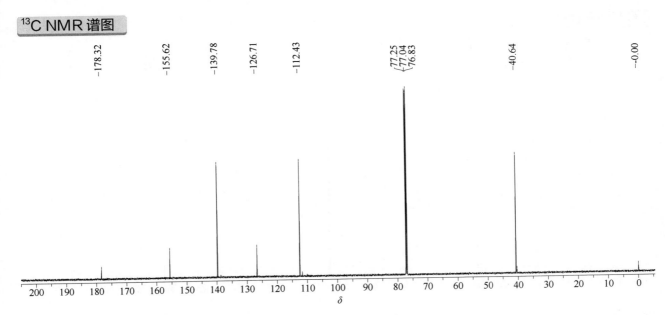

¹³C NMR (151 MHz, CDCl₃, δ) 178.32, 155.62, 139.78, 126.71, 112.43, 40.64

BDMC（4- 溴 -3,5- 二甲苯基 -*N*- 甲基氨基甲酸酯）

基本信息

CAS 登录号	672-99-1	分子量	258.11
分子式	$C_{10}H_{12}BrNO_2$		

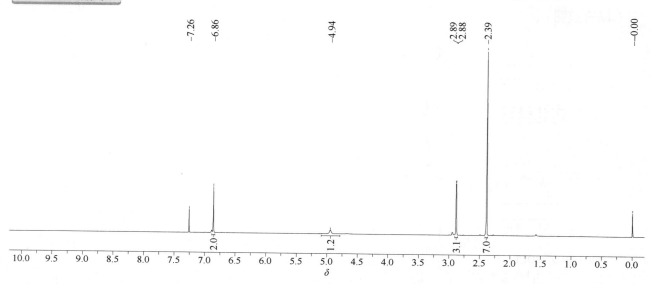

¹H NMR 谱图

¹H NMR (600 MHz, CDCl₃, δ) 6.86 (2H, 2ArH, s), 4.94 (1H, NH, s), 2.88 (3H, NHC*H*₃, d, J_{H-H} = 4.9 Hz), 2.39 (6H, 2ArCH₃, s)

¹³C NMR 谱图

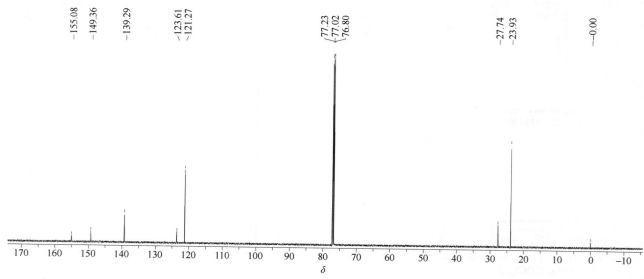

¹³C NMR (151 MHz, CDCl₃, δ) 155.08, 149.36, 139.29, 123.61, 121.27, 27.74, 23.93

beflubutamid（氟丁酰草胺）

基本信息

CAS 登录号	113614-08-7	分子量	355.33
分子式	$C_{18}H_{17}F_4NO_2$		

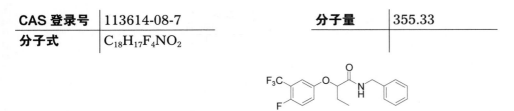

¹H NMR 谱图

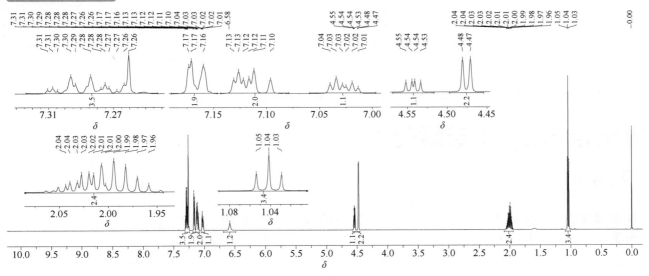

¹H NMR (600 MHz, CDCl₃, δ) 7.33~7.24 (3H, 3ArH, m), 7.19~7.15 (2H, 2ArH, m), 7.15~7.08 (2H, 2ArH, m), 7.04~7.01 (1H, ArH, m), 6.58 (1H, NH, br), 4.54 (1H, OCH, dd, J_{H-H} = 6.7 Hz, J_{H-H} = 4.5 Hz), 4.48 (2H, NHC$\underline{H}_2$, d, J_{H-H} = 5.9 Hz), 2.09~1.94 (2H, C$\underline{H}_2$CH₃, m), 1.04 (3H, CH₃, t, J_{H-H} = 7.4 Hz)

¹³C NMR 谱图

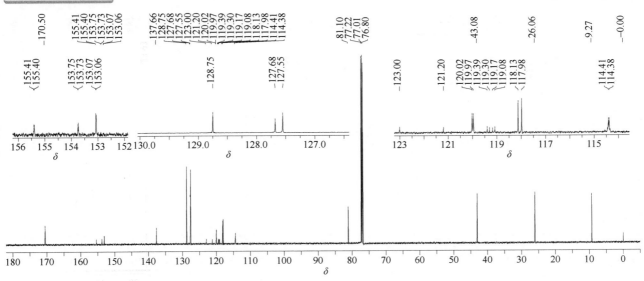

¹³C NMR (151 MHz, CDCl₃, δ) 170.50, 154.57 (dq, J_{C-F} = 250.8 Hz, $^3J_{C-F}$ = 2.1 Hz), 153.06 (d, $^4J_{C-F}$ = 2.6 Hz), 137.66, 128.75, 127.68, 127.55, 122.10 (q, J_{C-F} = 272.5 Hz), 119.99 (d, $^3J_{C-F}$ = 8.0 Hz), 119.23 (dq, $^2J_{C-F}$ = 33.3 Hz, $^2J_{C-F}$ = 14.2 Hz), 118.05 (d, $^2J_{C-F}$ = 22.4 Hz), 114.39 (d, $^3J_{C-F}$ = 4.7 Hz), 81.10, 43.08, 26.06, 9.27

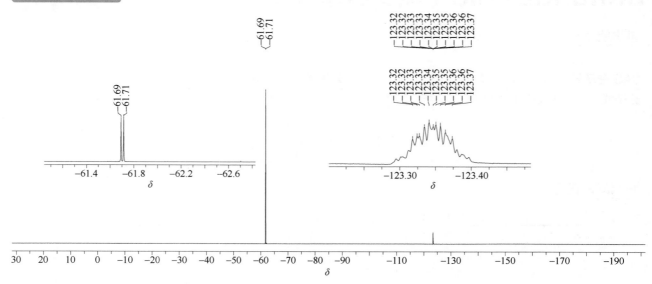

¹⁹F NMR (564 MHz, CDCl$_3$, δ) −61.70 (d, $^4J_{\text{F-F}}$ = 12.9 Hz), −123.30~−123.39 (m)

benalaxyl（苯霜灵）

基本信息

CAS 登录号	71626-11-4	分子量	325.40
分子式	C$_{20}$H$_{23}$NO$_3$		

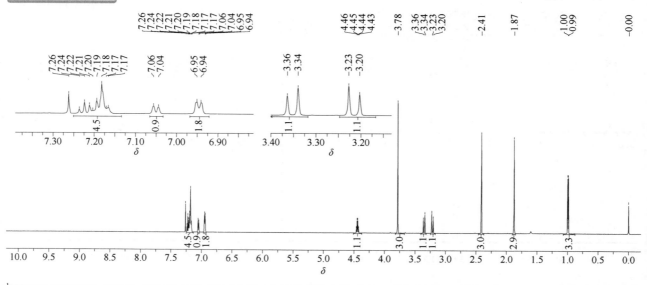

^{1}H NMR 谱图

^{1}H NMR (600 MHz, CDCl$_3$, δ) 7.25~7.13 (5H, 5ArH, m), 7.05 (1H, ArH, d, $J_{\text{H-H}}$= 7.4 Hz), 6.95 (2H, 2ArH, d, $J_{\text{H-H}}$= 6.0 Hz), 4.45 (1H, NC$\underline{H}$CH$_3$, q, $J_{\text{H-H}}$= 7.4 Hz), 3.78 (3H, OCH$_3$, s), 3.35 (1H, ArC$\underline{H}$H, d, $J_{\text{H-H}}$= 14.5 Hz), 3.22 (1H, ArC$\underline{H}$H, d, $J_{\text{H-H}}$= 14.5 Hz), 2.41 (3H, ArCH$_3$, s), 1.87 (3H, ArCH$_3$, s), 0.99 (3H, NCHC$\underline{H}$_3, d, $J_{\text{H-H}}$= 7.4 Hz)

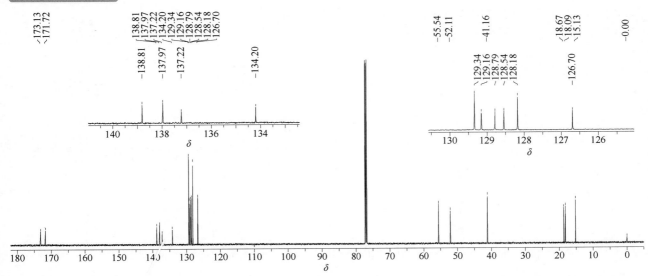

¹³C NMR (151 MHz, CDCl₃, δ) 173.13, 171.72, 138.81, 137.97, 137.22, 134.20, 129.34, 129.16, 128.79, 128.54, 128.18, 126.70, 55.54, 52.11, 41.16, 18.67, 18.09, 15.13

benalaxyl-M（精苯霜灵）

基本信息

CAS 登录号	98243-83-5		分子量	325.41
分子式	C₂₀H₂₃NO₃			

¹H NMR 谱图

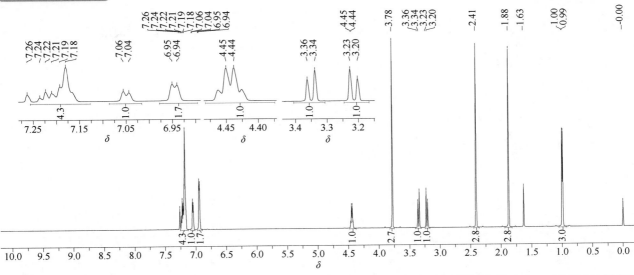

¹H NMR (600 MHz, CDCl₃, δ) 7.26~7.13 (5H, 5ArH, m), 7.05 (1H, ArH, d, J_{H-H} = 7.3 Hz), 6.95 (2H, 2ArH, d, J_{H-H} = 6.1 Hz), 4.44 (1H C*H*CH₃, q, J_{H-H} = 7.4 Hz), 3.78 (3H, OCH₃, s), 3.35 (1H, COC*H*H, d, J_{H-H} = 14.5 Hz), 3.21 (1H, COC*H*H, d, J_{H-H} = 14.5 Hz), 2.41 (3H, ArCH₃, s), 1.88 (3H, ArCH₃, s), 0.99 (3H CHC*H*₃, d, J_{H-H} = 7.3 Hz)

¹³C NMR 谱图

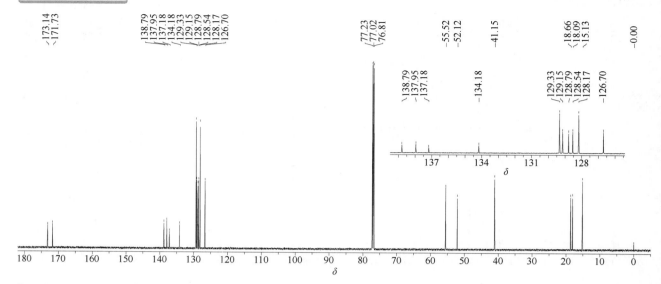

¹³C NMR (151 MHz, CDCl₃, δ) 173.14, 171.73, 138.79, 137.95, 137.18, 134.18, 129.33, 129.15, 128.79, 128.54, 128.17, 126.70, 55.52, 52.12, 41.15, 18.66, 18.09, 15.13

benazolin（草除灵）

基本信息

CAS 登录号	3813-05-6	分子量	243.67
分子式	C₉H₆ClNO₃S		

¹H NMR 谱图

¹H NMR (600 MHz, DMSO-d₆, δ) 13.38(1H, OH, br), 7.73(1H, ArH, dd, J_{H-H} = 7.8 Hz), 7.42(1H, ArH, dd, J_{H-H} = 8.2 Hz), 7.23(1H, ArH, t, J_{H-H} = 7.8 Hz), 5.01(2H, NCH₂, s)

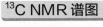

^{13}C NMR 谱图

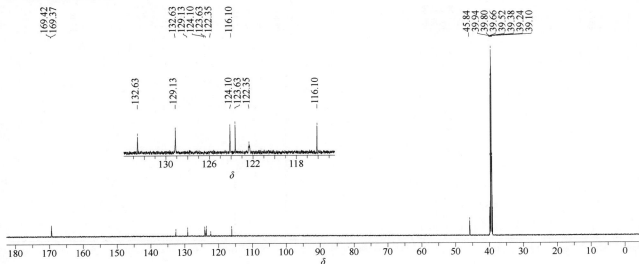

^{13}C NMR (151 MHz, DMSO-d$_6$, δ) 169.42, 169.37, 132.63, 129.13, 124.10, 123.63, 122.35, 116.10, 45.84

benazolin-ethyl（草除灵乙酯）

基本信息

CAS 登录号	25059-80-7	分子量	271.72
分子式	C$_{11}$H$_{10}$ClNO$_3$S		

^{1}H NMR 谱图

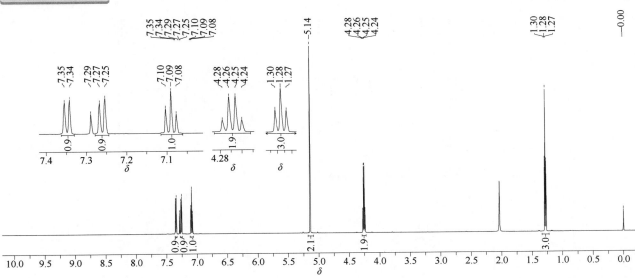

^{1}H NMR (600 MHz, CDCl$_3$, δ) 7.34 (1H, ArH, d, J_{H-H} = 7.8 Hz), 7.26 (1H, ArH, d, J_{H-H} = 8.1 Hz), 7.09 (1H, ArH, t, J_{H-H} = 7.9 Hz), 5.14 (2H, NCH$_2$, s), 4.26 (2H, OC$\underline{H}_2$CH$_3$, q, J_{H-H} = 7.1 Hz), 1.28 (3H, OCH$_2$C$\underline{H}_3$, t, J_{H-H} = 7.1 Hz)

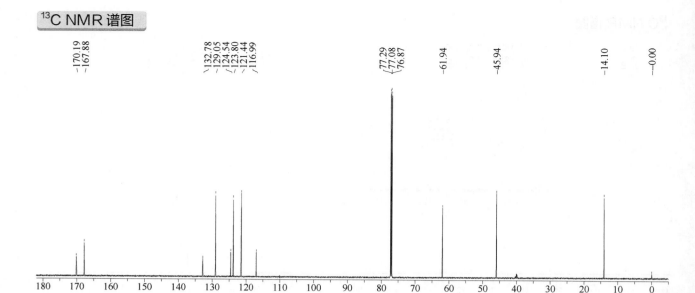

¹³C NMR (151 MHz, CDCl₃, δ) 170.19, 167.88, 132.78, 129.05, 124.54, 123.80, 121.44, 116.99, 61.94, 45.94, 14.10

bendiocarb（噁虫威）

基本信息

CAS 登录号	22781-23-3	分子量	223.23
分子式	C₁₁H₁₃NO₄		

¹H NMR 谱图

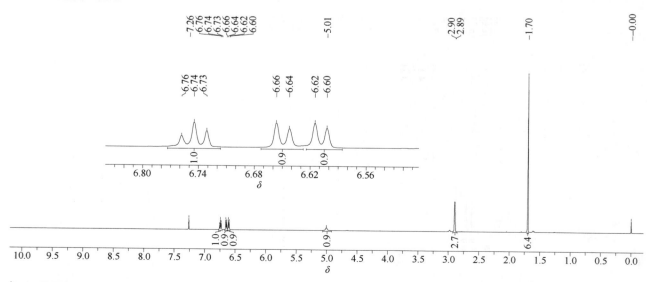

¹H NMR (600 MHz, CDCl₃, δ) 6.74 (1H, ArH, t, J_{H-H} = 8.1 Hz), 6.65 (1H, ArH, d, J_{H-H} = 8.4 Hz), 6.61 (1H, ArH, d, J_{H-H} = 7.8 Hz), 5.01 (1H, N_H_CH₃, s), 2.90 (3H, d, NHC_H_₃, J_{H-H} = 4.8 Hz), 1.70 (6H, C(C_H_₃)₂, s)

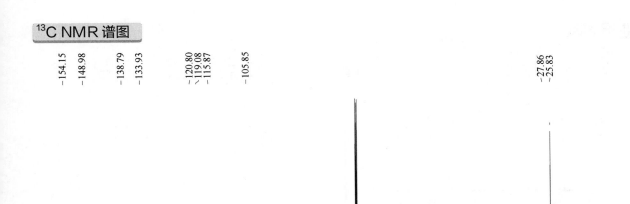

¹³C NMR (151 MHz, CDCl$_3$, δ) 154.15, 148.98, 138.79, 133.93, 120.80, 119.08, 115.87, 105.85, 27.86, 25.83

benfluralin（氟草胺）

CAS 登录号	1861-40-1	分子量	335.28
分子式	C$_{13}$H$_{16}$F$_3$N$_3$O$_4$		

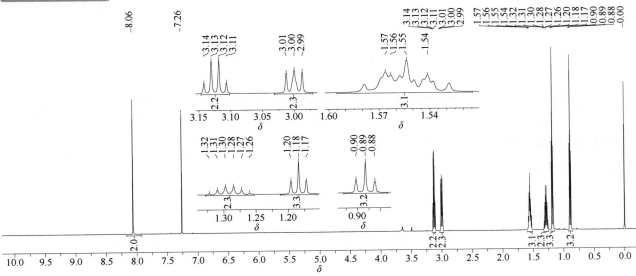

¹H NMR (600 MHz, CDCl$_3$, δ) 8.06 (2H, 2ArH, s), 3.12 (2H, NC$\underline{H}_2$CH$_3$, q, $J_{\text{H-H}}$ = 7.1 Hz), 3.00 (2H, NC$\underline{H}_2$CH$_2$CH$_2$CH$_3$, t, $J_{\text{H-H}}$ = 7.5 Hz), 1.59~1.53 (2H, NCH$_2$C$\underline{H}_2$CH$_2$CH$_3$, m), 1.33~1.25 (2H, NCH$_2$CH$_2$C$\underline{H}_2$CH$_3$, m), 1.18 (3H, NCH$_2$C$\underline{H}_3$, t, $J_{\text{H-H}}$ = 7.1 Hz), 0.89 (3H, NCH$_2$CH$_2$CH$_2$C$\underline{H}_3$, t, $J_{\text{H-H}}$ = 7.4 Hz)

¹³C NMR 谱图

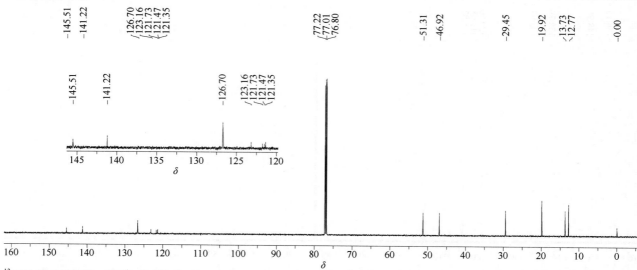

¹³C NMR (151 MHz, CDCl₃, δ) 145.51, 141.22, 126.70, 123.16, 121.60 (q, $^2J_{C-F}$ = 38.4 Hz), 51.31, 46.92, 29.45, 19.92, 13.73, 12.77

¹⁹F NMR 谱图

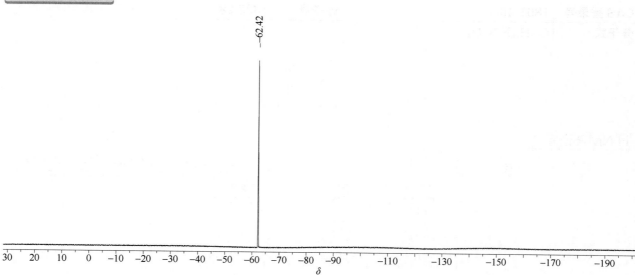

¹⁹F NMR (564 MHz, CDCl₃, δ) −62.42

benfuracarb（丙硫克百威）

基本信息

CAS 登录号	82560-54-1	分子量	410.53
分子式	$C_{20}H_{30}N_2O_5S$		

¹H NMR 谱图

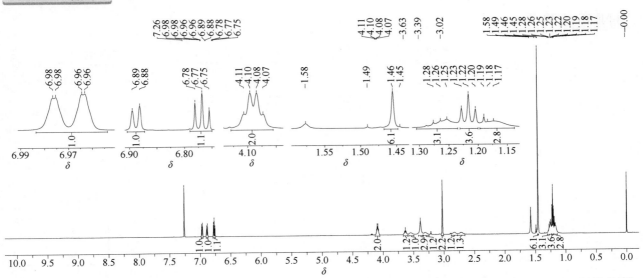

¹H NMR (600 MHz, CDCl₃, δ) 6.97 (1H, ArH, dd, J_{H-H} = 7.3 Hz, J_{H-H} = 0.7 Hz), 6.89 (1H, ArH, d, J_{H-H} = 8.0 Hz), 6.77 (1H, ArH, t, J_{H-H} = 7.7 Hz), 4.09 (2H, C*H*₂CH₃, q, J_{H-H} = 6.7 Hz), 3.63 (1H, NC*H*(CH₃)₂, br), 3.54 (1H, NC*H*H, br), 3.39 (3H, NCH₃, s), 3.31 (1H, NC*H*H, br), 3.02 (2H, ArCH₂, s), 2.83 (1H, COC*H*H, br), 2.72 (1H, COC*H*H, br), 1.46 (6H, 2CH₃, s), 1.27 (3H, CHC*H*₃, br), 1.22 (3H, CH₂C*H*₃, t, J_{H-H} = 7.1 Hz), 1.17 (3H, CHC*H*₃, br)

¹³C NMR 谱图

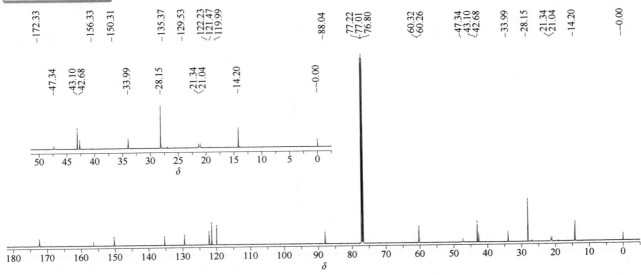

¹³C NMR (151 MHz, CDCl₃, δ) 172.33, 156.33, 150.31, 135.37, 129.53, 122.23, 121.47, 119.99, 88.04, 60.32, 60.26, 47.34, 43.10, 42.68, 33.99, 28.15, 21.34, 21.04, 14.20

benfuresate（呋草黄）

基本信息

CAS 登录号	68505-69-1		分子量	256.32
分子式	C₁₂H₁₆O₄S			

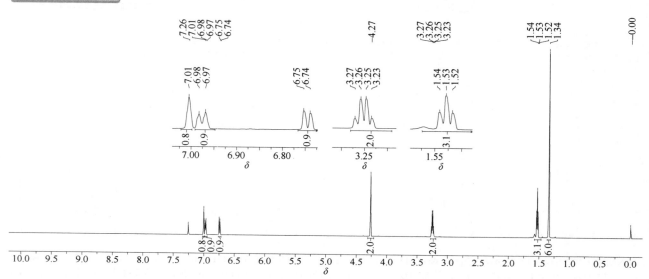

¹H NMR 谱图

¹H NMR (600 MHz, CDCl₃, δ) 7.01 (1H, ArH, s), 6.97 (1H, ArH, d, J_{H-H} = 8.6 Hz), 6.74 (1H, ArH, d, J_{H-H} = 8.5 Hz), 4.27 (2H, OCH₂, s), 3.25 (2H, SCH₂, q, J_{H-H} = 7.3 Hz), 1.53 (3H, CH₂C$\underline{H}$₃, t, J_{H-H} = 7.3 Hz), 1.34 (6H, 2CH₃, s)

¹³C NMR 谱图

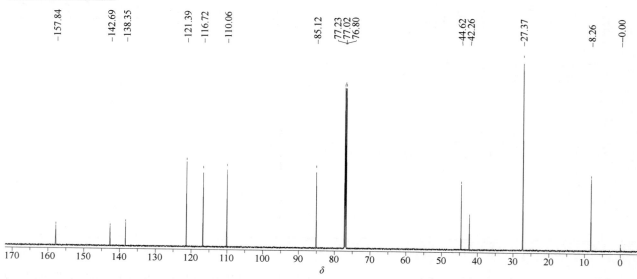

¹³C NMR (151 MHz, CDCl₃, δ) 157.84, 142.69, 138.35, 121.39, 116.72, 110.06, 85.12, 44.62, 42.26, 27.37, 8.26

benodanil（麦锈灵）

基本信息

CAS 登录号	15310-01-7	分子量	323.13
分子式	C$_{13}$H$_{10}$INO		

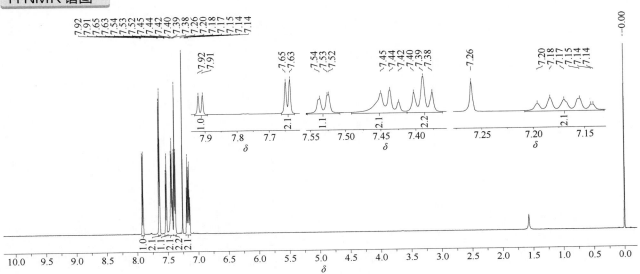

^{1}H NMR 谱图

^{1}H NMR (600 MHz, CDCl$_3$, δ) 7.91 (1H, ArH, d, J_{H-H}= 8.0 Hz), 7.64 (2H, 2ArH, d, J_{H-H}= 7.9 Hz), 7.56~7.51 (1H, ArH, m), 7.48~7.42 (2H, NH, ArH, m), 7.39 (2H, 2ArH, t, J_{H-H}= 7.9 Hz), 7.21~7.13 (2H, 2ArH, m)

^{13}C NMR 谱图

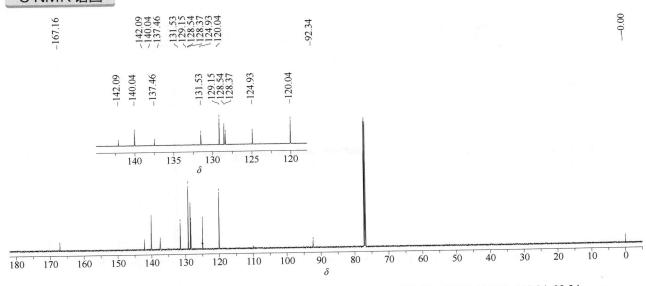

^{13}C NMR (151 MHz, CDCl$_3$, δ) 167.16, 142.09, 140.04, 137.46, 131.53, 129.15, 128.54, 128.37, 124.93, 120.04, 92.34

benoxacor（解草嗪）

基本信息

CAS 登录号	98730-04-2	分子量	260.11
分子式	$C_{11}H_{11}Cl_2NO_2$		

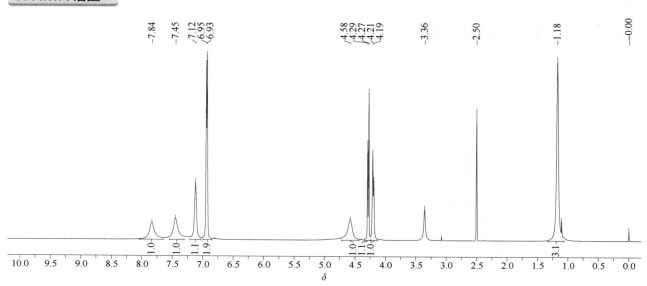

^{1}H NMR 谱图

^{1}H NMR (600 MHz, DMSO-d_6, δ) 7.84 (1H, ArH, br), 7.45 (1H, ArH, br), 7.12 (1H, CHCl, br), 6.95 (1H, ArH, s), 6.93 (1H, ArH, s), 4.58 (1H, CH, br), 4.28 (1H, CH, d, J_{H-H} = 11.0 Hz), 4.20 (1H, CH, d, J_{H-H} = 10.7 Hz), 1.18 (3H, CH$_3$, br)

^{13}C NMR 谱图

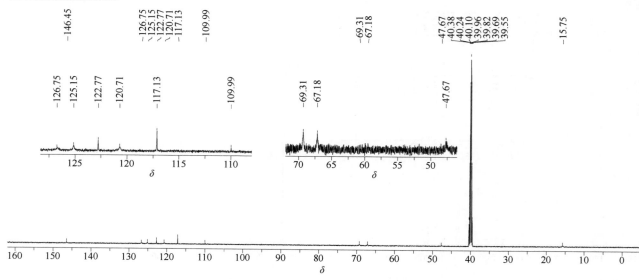

^{13}C NMR (151 MHz, DMSO-d_6, δ) 146.45, 126.75, 125.15, 122.77, 120.71, 117.13, 109.99, 69.31, 67.18, 47.67, 15.75

bensulfuron-methyl（苄嘧磺隆）

基本信息

CAS 登录号	83055-99-6	分子量	410.40
分子式	$C_{16}H_{18}N_4O_7S$		

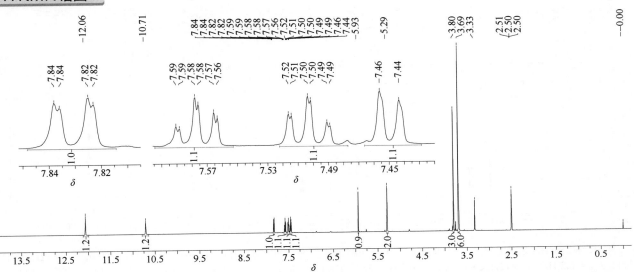

¹H NMR 谱图

¹H NMR (600 MHz, DMSO-d₆, δ) 12.06 (1H, NH, s), 10.71 (1H, NH, s), 7.83 (1H, ArH, dd, J_{H-H} = 7.8 Hz, J_{H-H} = 1.2 Hz), 7.58 (1H, ArH, td, J_{H-H} = 7.6 Hz, J_{H-H} = 1.4 Hz), 7.50 (1H, ArH, td, J_{H-H} = 7.6 Hz, J_{H-H} = 1.4 Hz), 7.45 (1H, ArH, d, J_{H-H} = 7.7 Hz), 5.93 (1H, ArH, s), 5.29 (2H, CH₂, s), 3.80 (3H, CH₃, s), 3.69 (6H, 2CH₃, s)

¹³C NMR 谱图

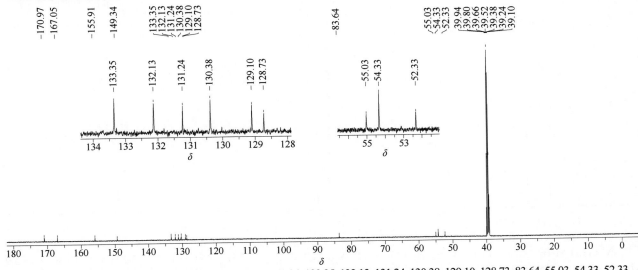

¹³C NMR (151 MHz, DMSO-d₆, δ) 170.97, 167.05, 155.91, 149.34, 133.35, 132.13, 131.24, 130.38, 129.10, 128.73, 83.64, 55.03, 54.33, 52.33

bensulide（地散磷）

基本信息

CAS 登录号	741-58-2	分子量	397.51
分子式	$C_{14}H_{24}NO_4PS_3$		

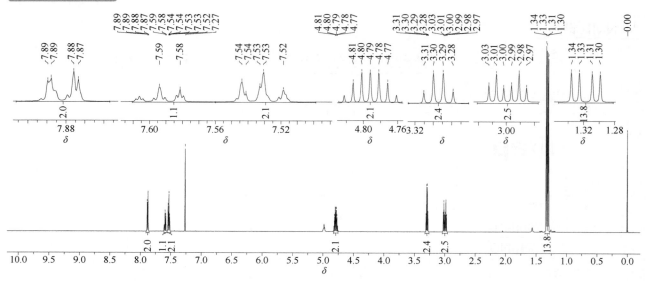

¹H NMR 谱图

¹H NMR (600 MHz, CDCl₃, δ) 7.89~7.87 (2H, 2ArH, m), 7.61~7.57 (1H, ArH, d, m), 7.56~7.50 (2H, 2ArH, m), 4.79 (2H, 2CH, hept, J_{H-H} = 6.2 Hz), 3.29 (2H, CH₂, q, J_{H-H} = 6.4 Hz), 3.00 (2H, CH₂, dt, $^3J_{H-P}$ = 19.5 Hz, J_{H-H} = 6.4 Hz), 1.32 (12H, 4CH₃, dd, $^4J_{H-P}$ = 16.1 Hz, J_{H-H} = 6.2 Hz)

¹³C NMR 谱图

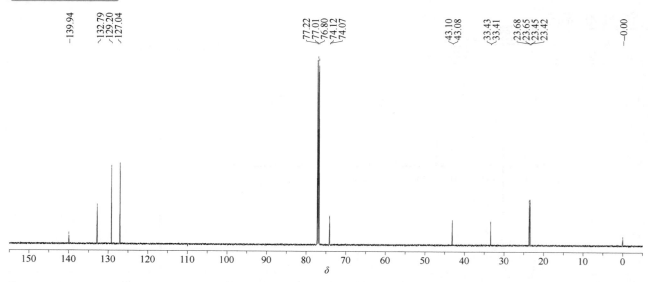

¹³C NMR (151 MHz, CDCl₃, δ) 139.94, 132.79, 129.20, 127.04, 74.09 (d, $^2J_{C-P}$ = 7.3 Hz), 43.09 (d, $^3J_{C-P}$ = 3.2 Hz), 33.42 (d, $^2J_{C-P}$ = 3.9 Hz), 23.67 (d, $^3J_{C-P}$ = 4.5 Hz), 23.43 (d, $^3J_{C-P}$ = 5.3 Hz)

³¹P NMR 谱图

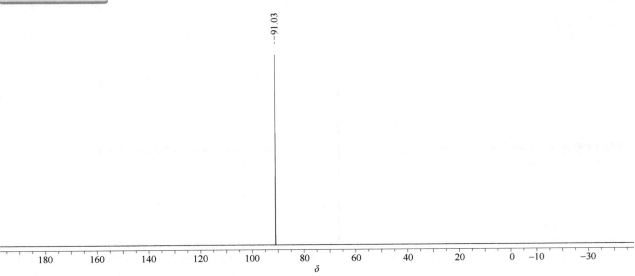

^{31}P NMR (243 MHz, CDCl$_3$, δ) 91.03

bensultap（杀虫磺）

基本信息

CAS 登录号	17606-31-4	分子量	431.61
分子式	C$_{17}$H$_{21}$NO$_4$S$_4$		

¹H NMR 谱图

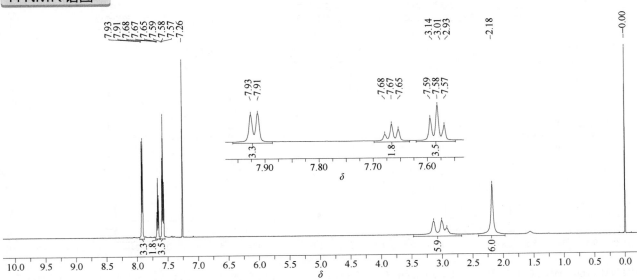

^{1}H NMR (600 MHz, CDCl$_3$, δ) 7.92 (4H, 4ArH, d, $J_{\text{H-H}}$ = 7.7 Hz), 7.67 (2H, 2ArH, t, $J_{\text{H-H}}$ = 7.4 Hz), 7.58 (4H, 4ArH, t, $J_{\text{H-H}}$ = 7.8 Hz), 3.14 (2H, CH$_2$, br), 3.01 (2H, CH$_2$, br), 2.93 (1H, NCH, s), 2.18 (6H, N(CH$_3$)$_2$, br)

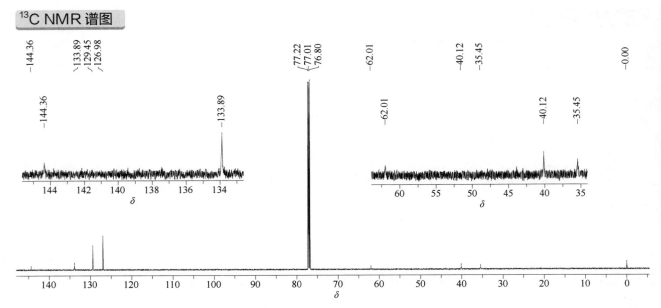

¹³C NMR (151 MHz, CDCl₃, δ) 144.36, 133.89, 129.45, 126.98, 62.01, 40.12, 35.45

bentazone（灭草松）

基本信息

CAS 登录号	25057-89-0	分子量	240.28
分子式	C₁₀H₁₂N₂O₃S		

¹H NMR 谱图

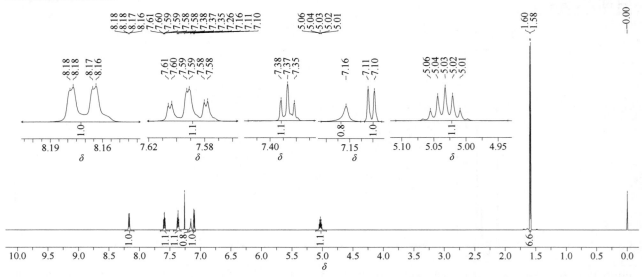

¹H NMR (600 MHz, CDCl₃, δ) 8.17 (1H, ArH, dd, J_{H-H} = 7.9 Hz, J_{H-H} = 1.1 Hz), 7.59 (1H, ArH, td, J_{H-H} = 7.9 Hz, J_{H-H} = 1.5 Hz), 7.37 (1H, ArH, t, J_{H-H} = 7.7 Hz), 7.16 (1H, NH, s), 7.10 (1H, ArH, d, J_{H-H} = 8.0 Hz), 5.03 (1H, C$\underline{H}$(CH₃)₂, hept, J_{H-H} = 7.0 Hz), 1.59 (6H, CH(C$\underline{H}$₃)₂, d, J_{H-H} = 7.0 Hz)

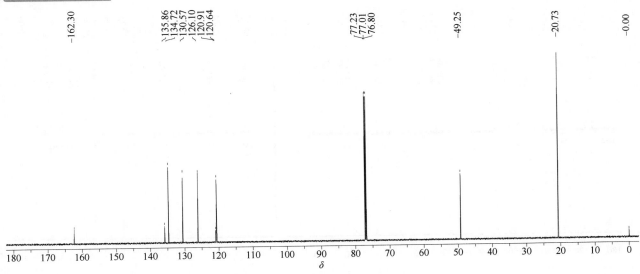

^{13}C NMR (151 MHz, CDCl$_3$, δ) 162.30, 135.86, 134.72, 130.57, 126.10, 120.91, 120.64, 49.25, 20.73

benthiavalicarb-isopropyl（苯噻菌胺）

基本信息

CAS 登录号	177406-68-7	分子量	381.47
分子式	C$_{18}$H$_{24}$FN$_3$O$_3$S		

^{1}H NMR 谱图

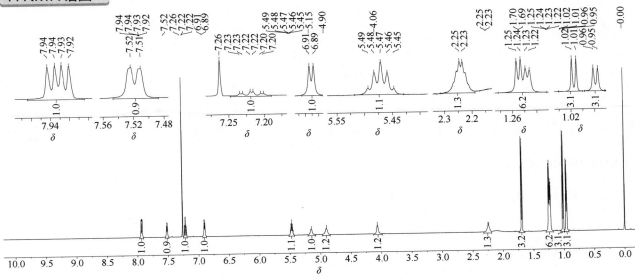

^{1}H NMR (600 MHz, CDCl$_3$, δ) 7.93 (1H, ArH, dd, J_{H-H} = 8.9 Hz, $^3J_{H-F}$ = 4.8 Hz), 7.52 (1H, ArH, d, $^3J_{H-F}$ = 7.9 Hz), 7.22 (1H, ArH, td, J_{H-H} = 8.9 Hz, $^4J_{H-F}$ = 2.4 Hz), 6.90 (1H, NHCO, d, J_{H-H} = 7.6 Hz), 5.47 (1H, CH, quin, J_{H-H} = 6.8 Hz), 5.15 (1H, NHCOO^{i}Pr, br), 4.90 (1H, CH, br), 4.06 (1H, CH, br), 2.30~2.19 (1H, CH, m), 1.69 (3H, CH$_3$, d, J_{H-H} = 6.9 Hz), 1.24 (3H, CH$_3$, d, J_{H-H} = 6.2 Hz), 1.22 (3H, CH$_3$, d, J_{H-H} = 6.1 Hz), 1.01 (3H, CH$_3$, d, J_{H-H} = 6.8 Hz), 0.96 (3H, CH$_3$, d, J_{H-H} = 6.9 Hz)

¹³C NMR 谱图

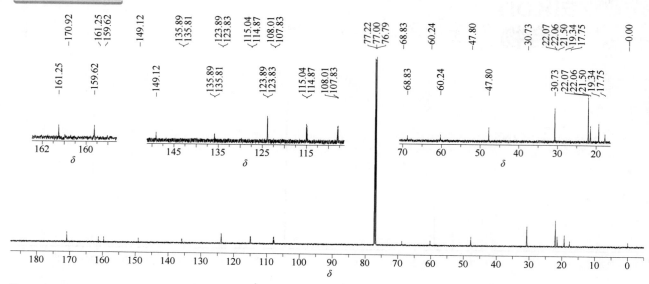

¹³C NMR (151 MHz, CDCl$_3$, δ) 170.92, 161.25, 159.62, 149.12, 135.85 (d, $^3J_{C\text{-}F}$ = 11.5 Hz), 123.86 (d, $^3J_{C\text{-}F}$ = 9.5 Hz), 114.95 (d, $^2J_{C\text{-}F}$ = 24.9 Hz), 107.92 (d, $^2J_{C\text{-}F}$ = 26.7 Hz), 68.83, 60.24, 47.80, 30.73, 22.07, 22.06, 21.50, 19.34, 17.75

¹⁹F NMR 谱图

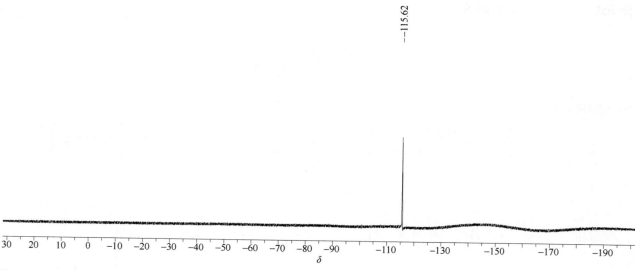

¹⁹F NMR (564 MHz, CDCl$_3$, δ) –115.62

benzalkonium chloride（苯扎氯胺）
（注：混合物，链长 8~18）

CAS 登录号	63449-41-2	**分子量**	—
分子式	$C_9H_{13}ClNR(R＝C_8H_{17}～C_{18}H_{37})$		

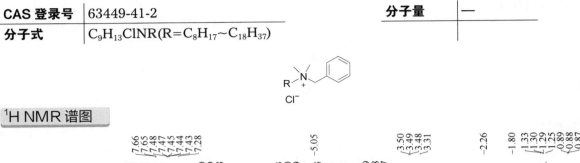

^{1}H NMR 谱图

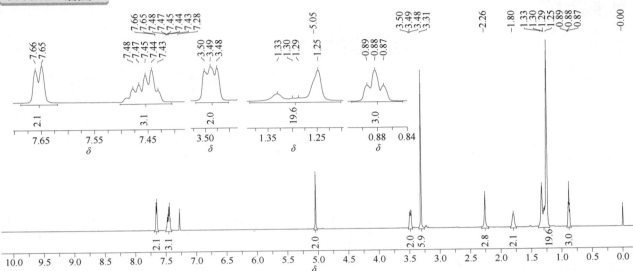

^{1}H NMR (600 MHz, CDCl$_3$, δ) 7.65 (2H, 2ArH, d, J_{H-H} = 7.1 Hz), 7.50~7.41 (3H, 3ArH, m), 5.05 (2H, ArCH$_2$N, s), 3.52~3.45 (2H, NCH$_2$, m), 3.31 (6H, N(CH$_3$)$_2$, s), 2.26 (3H, 3CH, s), 1.80 (2H, CH$_2$, s), 1.39~1.20 (20H, CH/CH$_2$, m), 0.88 (3H, CH$_3$, t, J_{H-H} = 6.7 Hz)

^{13}C NMR 谱图

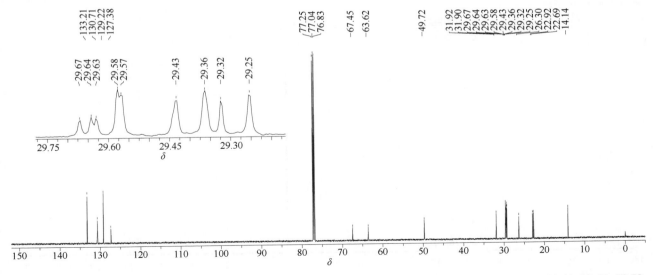

^{13}C NMR (151 MHz, CDCl$_3$, δ) 133.21, 130.71, 129.22, 127.38, 67.45, 63.62, 49.72, 31.92, 31.90, 29.67, 29.64, 29.63, 29.58, 29.57, 29.43, 29.36, 29.32, 29.25, 26.30, 22.92, 22.69, 14.14

benziothiazolinone（噻霉酮）

基本信息

CAS 登录号	2634-33-5	分子量	151.19
分子式	C₇H₅NOS		

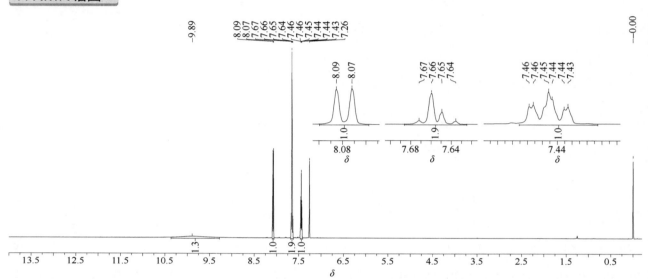

¹H NMR 谱图

¹H NMR (600 MHz, CDCl₃, δ) 9.89 (1H, NH, br), 8.08 (1H, ArH, d, *J*_{H-H} = 8.0 Hz), 7.69~7.62 (2H, 2ArH, m), 7.47~7.41 (1H, ArH, m)

¹³C NMR 谱图

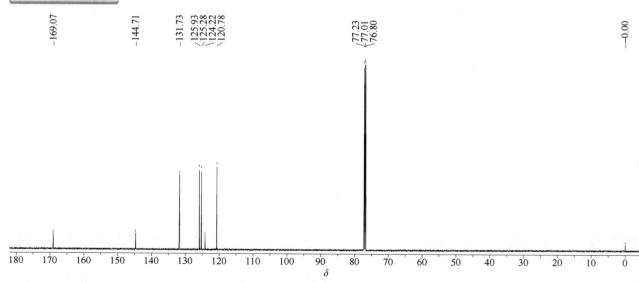

¹³C NMR (151 MHz, CDCl₃, δ) 169.07, 144.71, 131.73, 125.93, 125.28, 124.22, 120.78

benzofenap (吡草酮)

基本信息

CAS 登录号	82692-44-2	分子量	431.31
分子式	$C_{22}H_{20}Cl_2N_2O_3$		

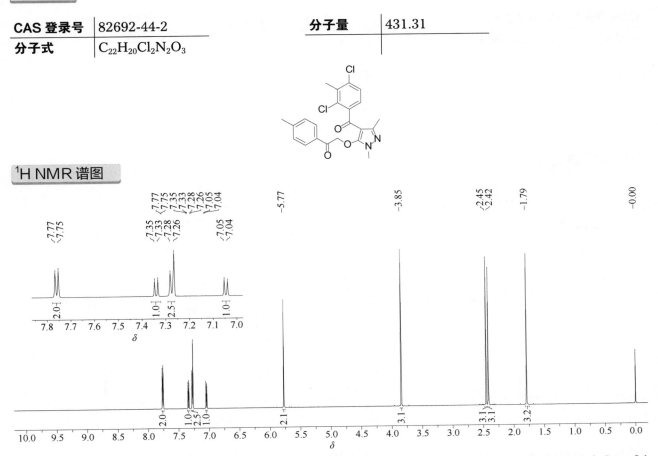

¹H NMR 谱图

¹H NMR (600 MHz, CDCl₃, δ) 7.76 (2H, 2ArH, d, J_{H-H} = 8.1 Hz), 7.34 (1H, ArH, d, J_{H-H} = 8.2 Hz), 7.27 (2H, 2ArH, d, J_{H-H} = 8.1 Hz), 7.05 (1H, ArH, d, J_{H-H} = 8.2 Hz), 5.77 (2H, OCH₂, s), 3.85 (3H, NCH₃, s), 2.45 (3H, CH₃, s), 2.42 (3H, CH₃, s), 1.79 (3H, CH₃, s)

¹³C NMR 谱图

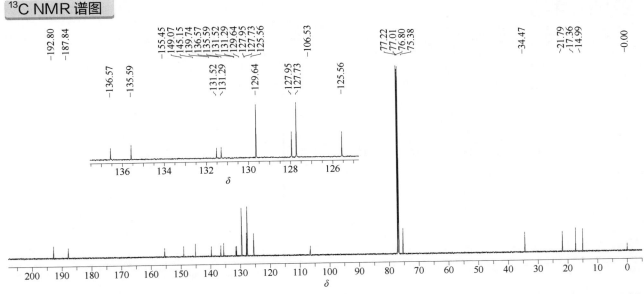

¹³C NMR (151 MHz, CDCl₃, δ) 192.80, 187.84, 155.45, 149.07, 145.15, 139.74, 136.57, 135.59, 131.52, 131.29, 129.64, 127.95, 127.73, 125.56, 106.53, 75.38, 34.47, 21.79, 17.36, 14.99

benzoximate（苯螨特）

基本信息

CAS 登录号	29104-30-1	分子量	363.79
分子式	$C_{18}H_{18}ClNO_5$		

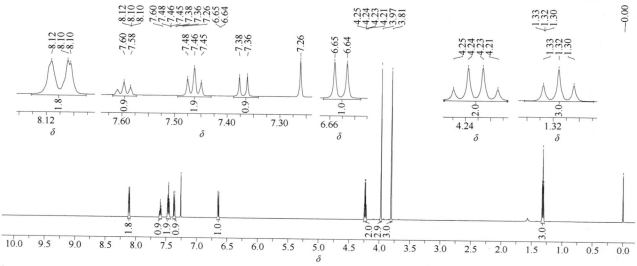

¹H NMR 谱图

¹H NMR (600 MHz, CDCl₃, δ) 8.13~8.09 (2H, 2ArH, m), 7.59 (1H, ArH, t, J_{H-H} = 7.4 Hz), 7.46 (2H, 2ArH, t, J_{H-H} = 7.8 Hz), 7.37 (1H, ArH, d, J_{H-H} = 9.0 Hz), 6.65 (1H, ArH, d, J_{H-H} = 9.0 Hz), 4.23 (2H, OC$\underline{H}$₂CH₃, q, J_{H-H} = 7.0 Hz), 3.97 (3H, OCH₃, s), 3.81 (3H, OCH₃, s), 1.32 (3H, OCH₂C$\underline{H}$₃, t, J_{H-H} = 7.0 Hz)

¹³C NMR 谱图

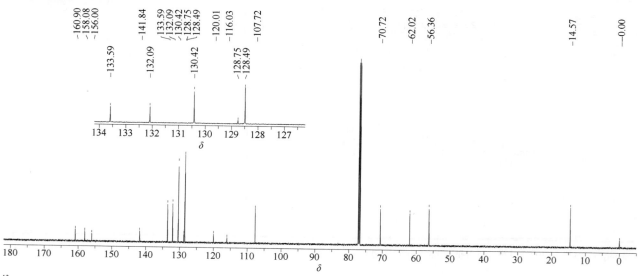

¹³C NMR (151 MHz, CDCl₃, δ) 160.90, 158.08, 156.00, 141.84, 133.59, 132.09, 130.42, 128.75, 128.49, 120.01, 116.03, 107.72, 70.72, 62.02, 56.36, 14.57

benzoylprop（新燕灵）

CAS 登录号	22212-56-2	分子量	338.19
分子式	C$_{16}$H$_{13}$Cl$_2$NO$_3$		

^{1}H NMR 谱图

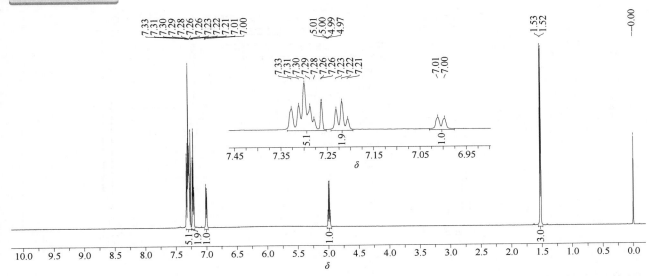

^{1}H NMR (600 MHz, CDCl$_3$, δ) 7.34~7.25 (5H, 5ArH, m), 7.22 (2H, 2ArH, t, J_{H-H} = 7.5 Hz), 7.00 (1H, ArH, d, J_{H-H} = 8.6 Hz), 5.00 (1H, CH, q, J_{H-H} = 7.3 Hz), 1.52 (3H, CH$_3$, d, J_{H-H} = 7.3 Hz)

^{13}C NMR 谱图

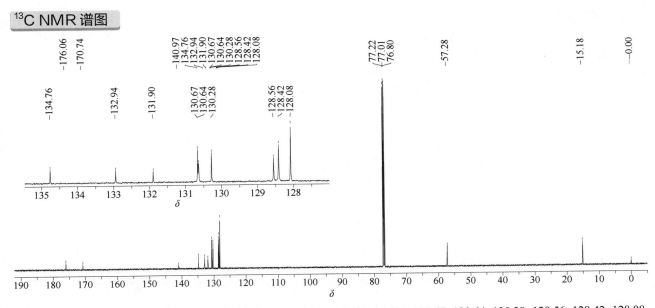

^{13}C NMR (151 MHz, CDCl$_3$, δ) 176.06, 170.74, 140.97, 134.76, 132.94, 131.90, 130.67, 130.64, 130.28, 128.56, 128.42, 128.08, 57.28, 15.18

benzoylprop-ethyl（新燕灵乙酯）

基本信息

CAS 登录号	22212-55-1	分子量	366.24
分子式	$C_{18}H_{17}Cl_2NO_3$		

¹H NMR 谱图

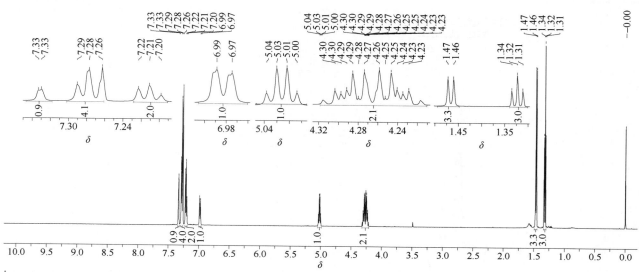

¹H NMR (600 MHz, CDCl₃, δ) 7.33 (1H, ArH, d, J_{H-H} = 1.9 Hz), 7.30~7.25 (4H, 4ArH, m), 7.21 (2H, 2ArH, t, J_{H-H} = 7.5 Hz), 6.98 (1H, ArH, d, J_{H-H} = 8.5 Hz), 5.02 (1H,C$\underline{H}$CH₃, q, J_{H-H} = 7.3 Hz), 4.32~4.21 (2H,C$\underline{H}_2$CH₃, m), 1.47 (3H, CHC$\underline{H}_3$, d, J_{H-H} = 7.4 Hz), 1.32 (3H, CH₂C$\underline{H}_3$, t, J_{H-H} = 7.2 Hz)

¹³C NMR 谱图

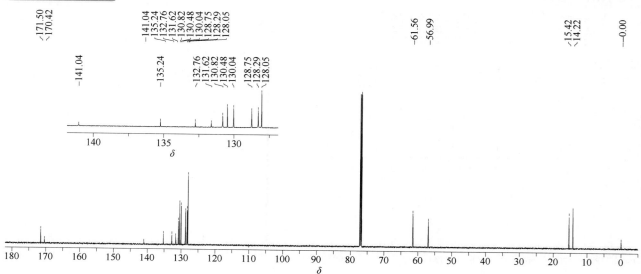

¹³C NMR (151 MHz, CDCl₃, δ) 171.50, 170.42, 141.04, 135.24, 132.76, 131.62, 130.82, 130.48, 130.04, 128.75, 128.29, 128.05, 61.56, 56.99, 15.42, 14.22

benzthiazuron（噻草隆）

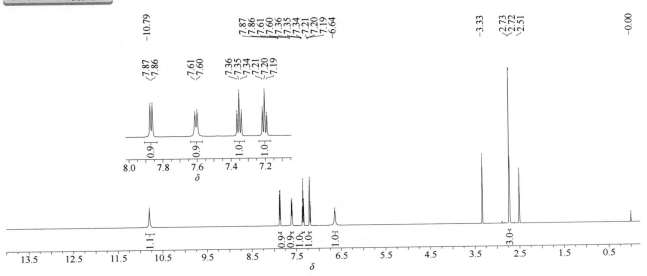

^{1}H NMR 谱图

^{1}H NMR (600 MHz, DMSO-d_6, δ) 10.79 (1H, NH, s), 7.87 (1H, ArH, d, J_{H-H} = 7.8 Hz), 7.60 (1H, ArH, d, J_{H-H} = 7.9 Hz), 7.35 (1H, ArH, t, J_{H-H} = 7.8 Hz), 7.20 (1H, ArH, t, J_{H-H} = 7.8 Hz), 6.64 (1H, NH, s), 2.73 (3H, CH$_3$, d, J_{H-H} = 4.6 Hz)

^{13}C NMR 谱图

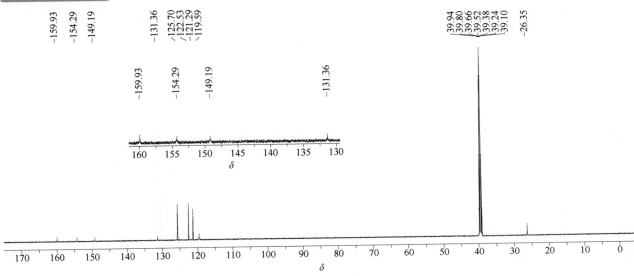

^{13}C NMR (151 MHz, DMSO-d_6, δ) 159.93, 154.29, 149.19, 131.36, 125.70, 122.53, 121.29, 119.59, 26.35

benzyladenine（苄基腺嘌呤）

基本信息

CAS 登录号	1214-39-7	分子量	225.26
分子式	$C_{12}H_{11}N_5$		

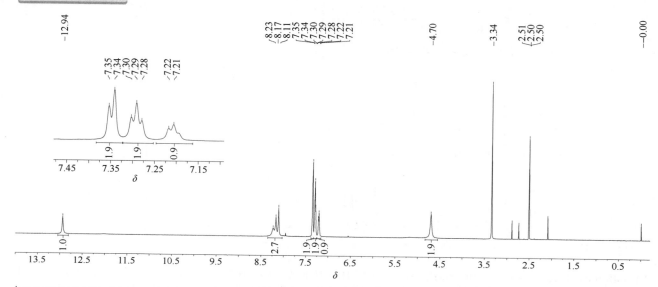

¹H NMR 谱图

¹H NMR (600 MHz, DMSO-d$_6$, δ) 12.94 (1H, NH, br), 8.23 (1H, NH, br), 8.17 (1H, ArH, s), 8.11 (1H, ArH, s), 7.35 (2H, 2ArH, d, J_{H-H} = 7.4 Hz), 7.28 (2H, 2ArH, t, J_{H-H} = 7.2 Hz), 7.21 (1H, ArH, t, J_{H-H} = 6.8 Hz), 4.70 (2H, CH$_2$, br)

¹³C NMR 谱图

¹³C NMR (151 MHz, DMSO-d$_6$, δ) 154.28, 152.36, 149.59, 140.28, 138.84, 128.17, 127.17, 126.55, 118.81, 42.88

bifenazate（联苯肼酯）

基本信息

CAS 登录号	149877-41-8	分子量	300.36
分子式	$C_{17}H_{20}N_2O_3$		

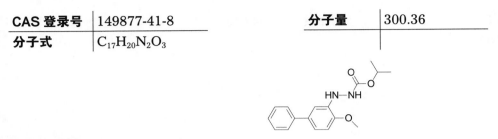

^{1}H NMR 谱图

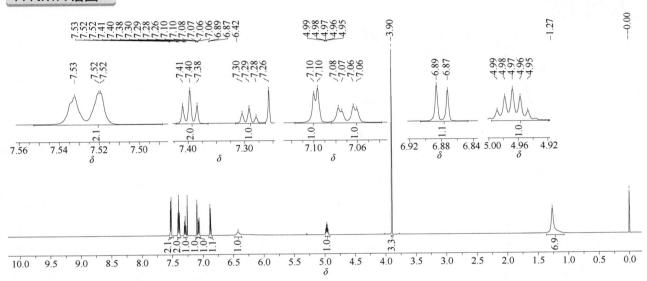

^{1}H NMR (600 MHz, CDCl$_3$, δ) 7.55~7.49 (2H, 2ArH, m), 7.40 (2H, 2ArH, t, J_{H-H} = 7.7 Hz), 7.29 (1H, ArH, t, J_{H-H} = 7.4 Hz), 7.10 (1H, ArH, d, J_{H-H} = 2.1 Hz), 7.07 (1H, ArH, dd, J_{H-H} = 8.3 Hz, J_{H-H} = 1.9 Hz), 6.88 (1H, ArH, d, J_{H-H} = 8.3 Hz), 6.42 (1H, NH, br), 4.97 (1H, C$\underline{H}$(CH$_3$)$_2$, hept, J_{H-H} = 6.3 Hz) , 3.90 (3H, OCH$_3$, s), 1.30~1.00 (7H, CH(C$\underline{H}_3$)$_2$ & N$\underline{H}$, br)

^{13}C NMR 谱图

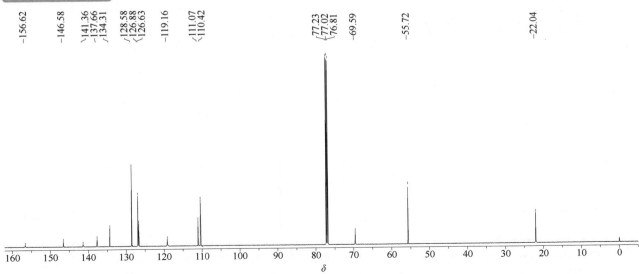

^{13}C NMR (151 MHz, CDCl$_3$, δ) 156.62, 146.58, 141.36, 137.66, 134.31, 128.58, 126.88, 126.63, 119.16, 111.07, 110.42, 69.59, 55.72, 22.04

bifenox（甲羧除草醚）

基本信息

| **CAS 登录号** | 42576-02-3 | | **分子量** | 342.13 |
| **分子式** | $C_{14}H_9Cl_2NO_5$ | | | |

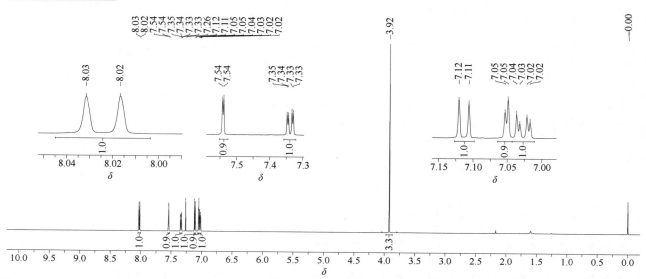

¹H NMR 谱图

¹H NMR (600 MHz, CDCl₃, δ) 8.02 (1H, ArH, d, J_{H-H} = 8.9 Hz), 7.54 (1H, ArH, d, J_{H-H} = 2.5 Hz), 7.34 (1H, ArH, dd, J_{H-H} = 8.7 Hz, J_{H-H} = 2.5 Hz), 7.11 (1H, ArH, d, J_{H-H} = 8.7 Hz), 7.05 (1H, ArH, d, J_{H-H} = 2.7 Hz), 7.03 (1H, dd, J_{H-H} = 9.0 Hz, J_{H-H} = 2.7 Hz), 3.92 (3H, OCH₃, s)

¹³C NMR 谱图

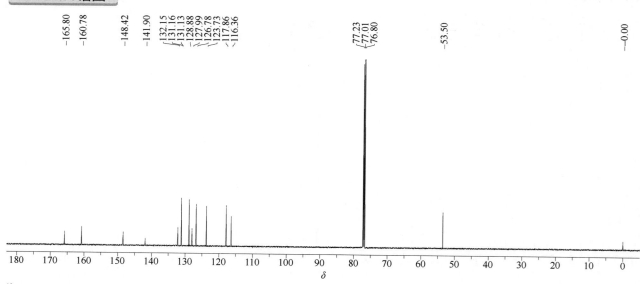

¹³C NMR (151 MHz, CDCl₃, δ) 165.80, 160.78, 148.42, 141.90, 132.15, 131.16, 131.13, 128.88, 127.99, 126.78, 123.73, 117.86, 116.36, 53.50

bifenthrin（联苯菊酯）

基本信息

CAS 登录号	82657-04-3	分子量	422.87
分子式	C₂₃H₂₂ClF₃O₂		

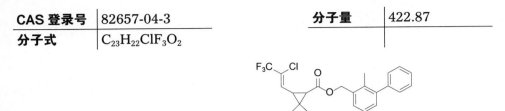

¹H NMR 谱图

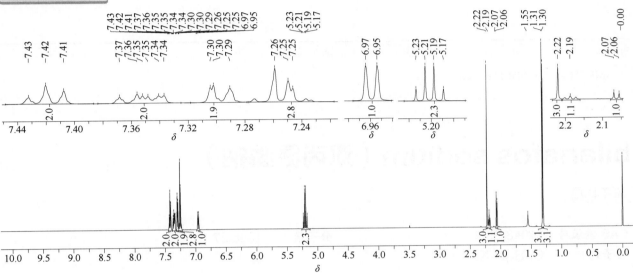

¹H NMR (600 MHz, CDCl₃, δ) 7.42 (2H, 2ArH, t, J_{H-H} = 7.4 Hz), 7.38~7.32 (2H, 2ArH, m), 7.32~7.28 (2H, 2ArH, m), 7.28~7.22 (2H, 2ArH, m), 6.96 (1H, =CH, d, J_{H-H} = 9.4 Hz), 5.20 (2H, OCH₂, q, J_{H-H} = 12.5 Hz), 2.22 (3H, ArCH₃,s), 2.19 (1H, C$\underline{H}$C=C,dd, J_{H-H} = 9.4 Hz, J_{H-H} = 8.9 Hz), 2.06 (1H,CHCO₂, d, J_{H-H} = 8.4 Hz), 1.31 (3H, CH₃, s), 1.30 (3H, CH₃, s)

¹³C NMR 谱图

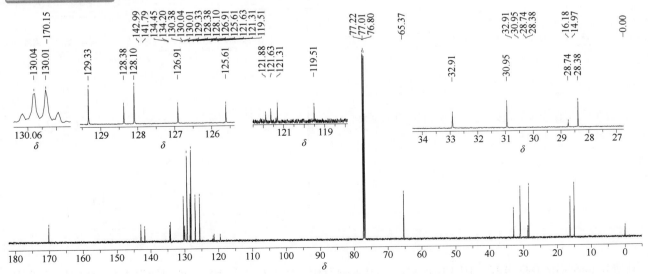

¹³C NMR (151 MHz, CDCl₃, δ) 170.15, 142.99, 141.79, 134.45, 134.20, 130.38, 130.03 (q, ³J_{C-F} = 4.4 Hz), 129.33, 128.38, 128.10, 126.91, 125.61, 121.76 (q, ²J_{C-F} = 37.8 Hz), 120.41 (q, J_{C-F} = 271.8 Hz), 65.37, 32.91, 30.95, 28.74, 28.38, 16.18, 14.97

95

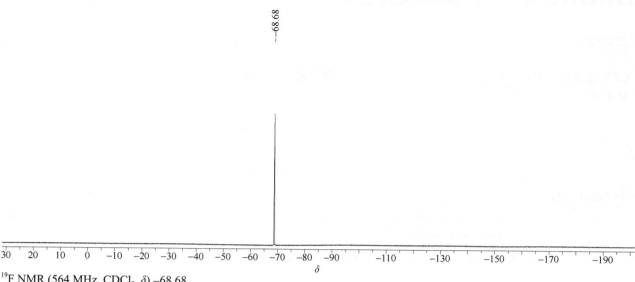

—68.68

¹⁹F NMR (564 MHz, CDCl₃, δ) −68.68

bilanafos sodium（双丙氨膦钠）

基本信息

CAS 登录号	71048-99-2	分子量	345.27
分子式	C₁₁H₂₁N₃NaO₆P		

¹H NMR 谱图

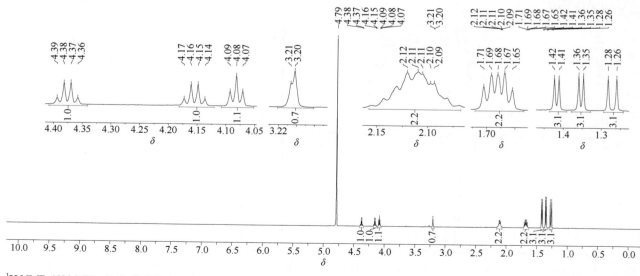

¹H NMR (600 MHz, D₂O, δ) 4.38 (1H, CH, q, J_{H-H} = 7.2 Hz), 4.15 (1H, CH, q, J_{H-H} = 7.2 Hz), 4.08 (1H, CH, t, J_{H-H} = 6.6 Hz), 3.20 (1H, OH, d, J_{H-H} = 2.6 Hz), 2.16~2.07 (2H, CH₂, m), 1.72~1.63 (2H, CH₂, m), 1.42 (3H, CH₃, d, J_{H-H} = 7.2 Hz), 1.35 (3H, CH₃, d, J_{H-H} = 7.3 Hz), 1.27 (3H, CH₃, d, $^2J_{H-P}$ = 13.5 Hz)

¹³C NMR 谱图

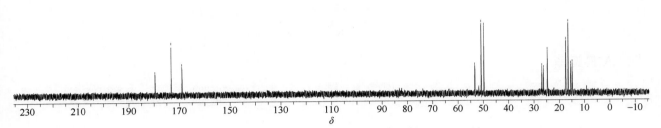

¹³C NMR (151 MHz, D$_2$O, δ) 179.58, 173.22, 168.97, 53.31 (d, $^2J_{C-P}$ = 13.1 Hz), 50.80, 49.76, 26.54 (d, J_{C-P} = 90.6 Hz), 24.67, 17.38, 16.43, 15.15 (d, J_{C-P} = 93.6 Hz)

³¹P NMR 谱图

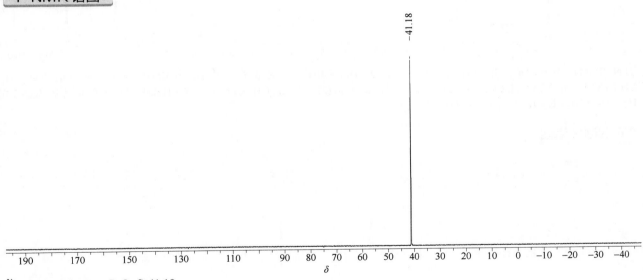

³¹P NMR (243 MHz, D$_2$O, δ) 41.18

binapacryl（乐杀螨）

基本信息

CAS 登录号	485-31-4	分子量	322.31
分子式	$C_{15}H_{18}N_2O_6$		

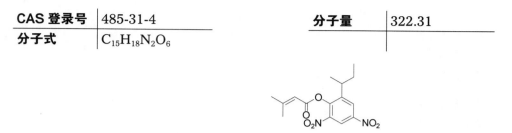

¹H NMR 谱图

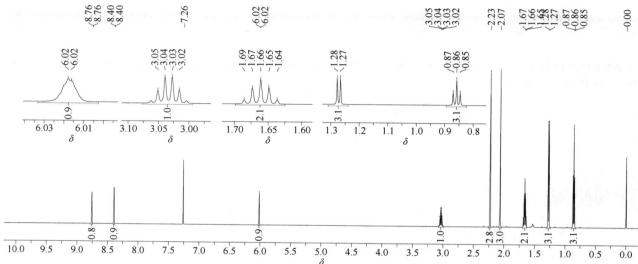

¹H NMR (600 MHz, CDCl₃, δ) 8.76 (1H, ArH, d, J_{H-H}= 2.7 Hz), 8.40 (1H, ArH, d, J_{H-H}= 2.7 Hz), 6.02(1H, C=CH, m), 3.07~2.99 (1H, CH₃C$\underline{H}$CH₂, m), 2.23 (3H, CCH₃, s), 2.07 (3H, CCH₃, s), 1.66 (2H, CHC$\underline{H}$₂CH₃, quin, J_{H-H}= 7.3 Hz), 1.27 (3H, CHC$\underline{H}$₃,d, J_{H-H}= 7.0 Hz), 0.86 (3H, CH₂C$\underline{H}$₃, t, J_{H-H}= 7.4 Hz)

¹³C NMR 谱图

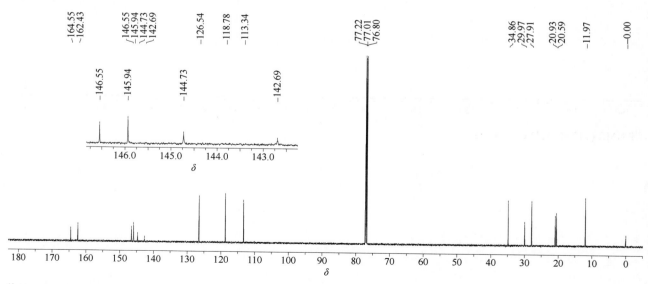

¹³C NMR (151 MHz, CDCl₃, δ) 164.55, 162.43, 146.55, 145.94, 144.73, 142.69, 126.54, 118.78, 113.34, 34.86, 29.97, 27.91, 20.93, 20.59, 11.97

(S)-bioallethrin ((S)- 生物丙烯菊酯)

基本信息

CAS 登录号	28434-00-6	分子量	302.41
分子式	C₁₉H₂₆O₃		

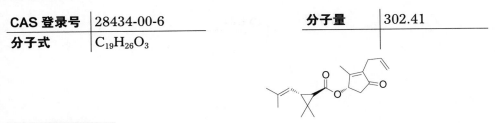

¹H NMR 谱图

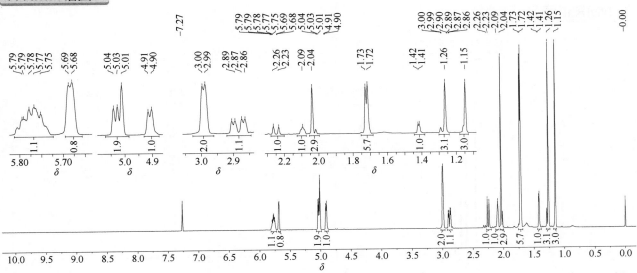

¹H NMR (600 MHz, CDCl₃, δ) 5.78 (1H, ＝CH, hex, J_{H-H} = 7.6 Hz), 5.68 (1H, OCH, d, J_{H-H} = 5.1 Hz),5.03 (1H, ＝CH, d, J_{H-H} = 8.3 Hz), 5.01 (1H, ＝CH, s), 4.90 (1H, ＝CH, d, J_{H-H} = 7.5 Hz), 2.99 (2H, CH₂, d, J_{H-H} = 6.4 Hz), 2.88 (1H, CH, dd, J_{H-H} = 18.6 Hz, J_{H-H} = 6.1 Hz), 2.24 (1H, CH, d, J_{H-H} = 18.7 Hz), 2.09 (1H, CH, s), 2.04 (3H, CH₃, s), 1.73 (3H, CH₃, s), 1.72 (3H, CH₃, s), 1.41 (1H, CH, d, J_{H-H} = 4.7 Hz), 1.26 (3H, CH₃, s), 1.15 (3H, CH₃, s)

¹³C NMR 谱图

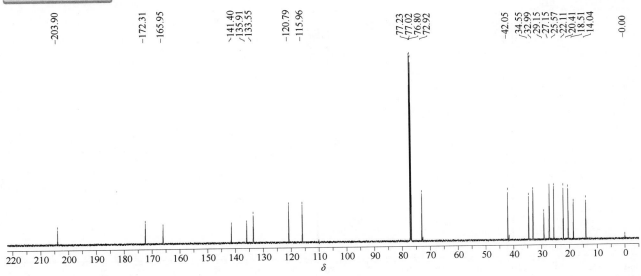

¹³C NMR (151 MHz, CDCl₃, δ) 203.90, 172.31, 165.95, 141.40, 135.91, 133.55, 120.79, 115.96, 72.92, 42.05, 34.55, 32.99, 29.15, 27.15, 25.57, 22.11, 20.41, 18.51, 14.04

biphenyl（联苯）

基本信息

CAS 登录号	92-52-4		分子量	154.21
分子式	$C_{12}H_{10}$			

¹H NMR 谱图

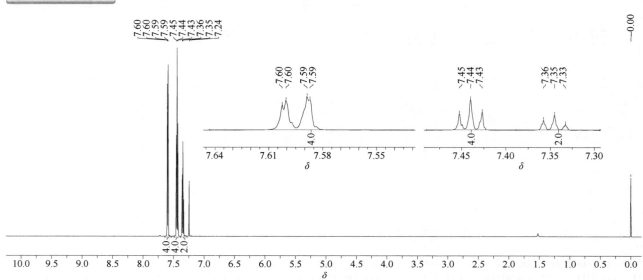

¹H NMR (600 MHz, CDCl₃, δ) 7.64~7.53 (4H, 4ArH, m), 7.44 (4H, 4ArH, t, J_{H-H} = 7.7 Hz), 7.39~7.28 (2H, 2ArH, t, J_{H-H} = 7.4 Hz)

¹³C NMR 谱图

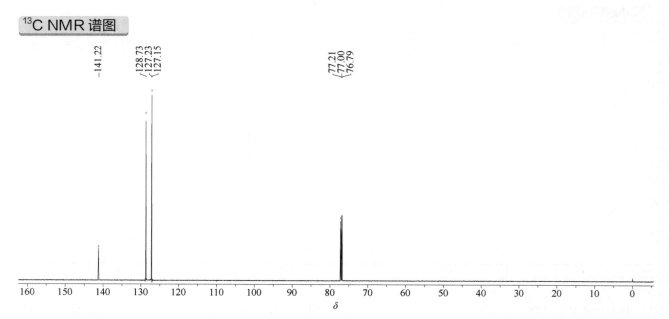

¹³C NMR (151 MHz, CDCl₃, δ) 141.22, 128.73, 127.23, 127.15

bitertanol（联苯三唑醇）

基本信息

CAS 登录号	55179-31-2	**分子量**	337.42
分子式	$C_{20}H_{23}N_3O_2$		

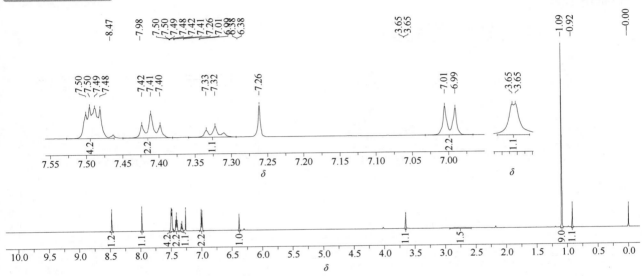

¹H NMR 谱图

¹H NMR (600 MHz, CDCl₃, δ) 两组异构体，比例约为 9∶1。异构体 A: 8.47 (1H, ArH, s), 7.98 (1H, ArH, s), 7.49 (4H, 4ArH,dd, J_{H-H} = 8.0 Hz, J_{H-H} = 3.9 Hz), 7.41 (2H, 2ArH, t, J_{H-H}= 7.7 Hz), 7.33 (1H, ArH, d, J_{H-H} = 7.4 Hz), 7.00 (2H, 2ArH, d, J_{H-H} = 8.6 Hz), 6.38 (1H, NCH, d, J_{H-H} = 1.1 Hz), 3.65 (1H, C*H*OH, d, J_{H-H} = 1.3 Hz), 2.75 (1H, OH, br), 1.09 (9H, C(CH₃)₃,s) (注：没有列出异构体 B，0.92 的峰是异构体 B 的叔丁基的甲基峰)

¹³C NMR 谱图

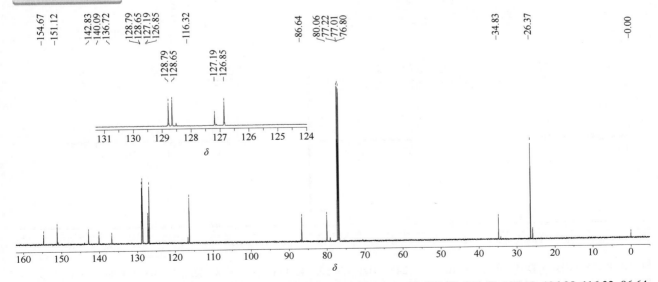

¹³C NMR (151 MHz, CDCl₃, δ) 异构体 A: 154.67, 151.12, 142.83, 140.09, 136.72, 128.79, 128.65, 127.19, 126.85, 116.32, 86.64, 80.06, 34.83, 26.37

bixafen (联苯吡菌胺)

基本信息

CAS 登录号	581809-46-3	分子量	414.21
分子式	$C_{18}H_{12}Cl_2F_3N_3O$		

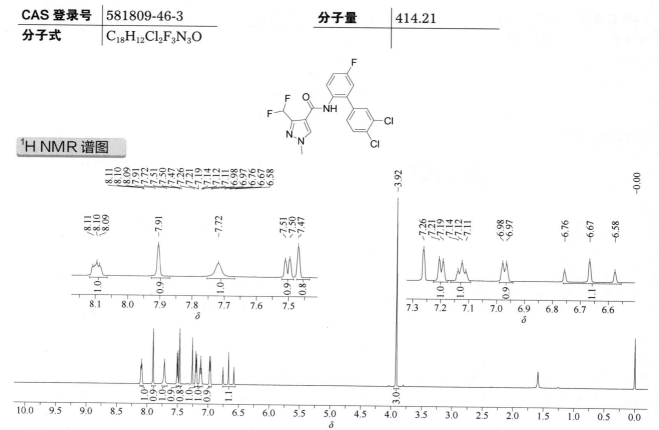

^{1}H NMR 谱图

^{1}H NMR (600 MHz, CDCl$_3$, δ) 8.10 (1H, ArH, m), 7.91 (1H, ArH, s), 7.72 (1H, NH, br), 7.50 (1H, ArH, d, J_{H-H} = 8.1 Hz), 7.47 (1H, ArH, s), 7.20 (1H, ArH, d, J_{H-H} = 8.2 Hz), 7.12 (1H, ArH, t, J_{H-H} = 8.1 Hz), 6.97 (1H, ArH, d, J_{H-H} = 8.5 Hz), 6.67 (1H, CHF$_2$, t, $^2J_{H-F}$ = 54.1 Hz), 3.92 (3H, NCH$_3$, s)

^{13}C NMR 谱图

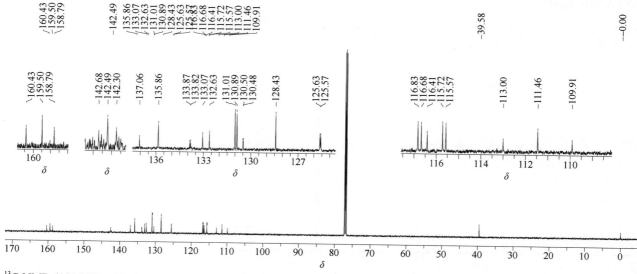

^{13}C NMR (151 MHz, CDCl$_3$, δ) 159.61 (d, J_{C-F} = 247.7 Hz), 159.50, 142.49 (t, $^2J_{C-F}$ = 28.7 Hz), 137.06, 135.86, 133.85(d, $^3J_{C-F}$ = 8.3 Hz), 133.07, 132.63, 131.01, 130.89, 130.49 (d, $^4J_{C-F}$ = 3.1 Hz), 128.43, 125.60 (d, $^3J_{C-F}$ = 8.3 Hz), 116.76 (d, $^2J_{C-F}$ = 22.7 Hz), 116.41, 115.65 (d, $^2J_{C-F}$ = 22.7 Hz), 111.46 (t, J_{C-F} = 233.3 Hz), 39.58

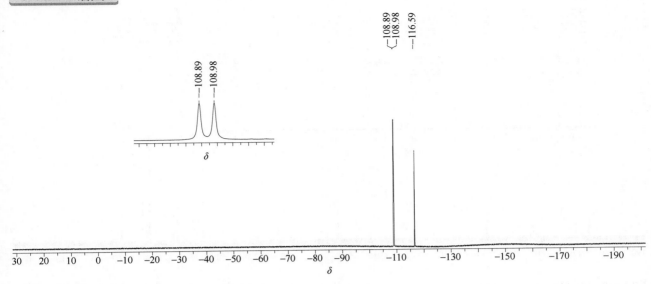

^{19}F NMR (564 MHz, CDCl$_3$, δ) $-$108.94 (d, $^2J_{\text{H-F}}$ = 54.1 Hz), $-$116.59

blasticidin-S（稻瘟散）

基本信息

CAS 登录号	2079-00-7	分子量	422.44
分子式	C$_{17}$H$_{26}$N$_8$S$_5$		

^{1}H NMR 谱图

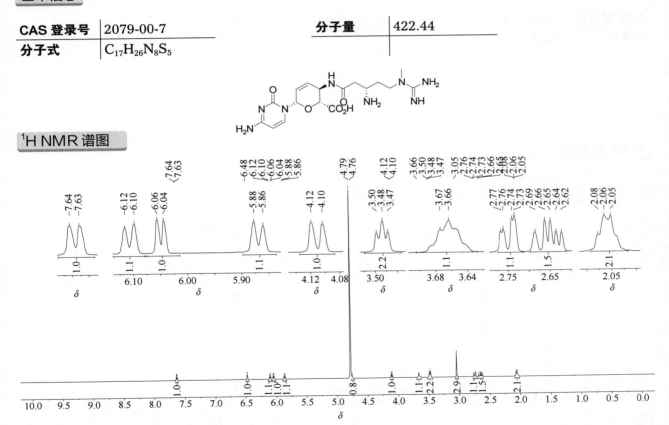

^{1}H NMR (600 MHz, D$_2$O, δ) 7.64 (1H, ArH, d, $J_{\text{H-H}}$ = 7.0 Hz), 6.48 (1H, NCHO, s), 6.11 (1H, ＝CH, d, $J_{\text{H-H}}$ = 10.4 Hz), 6.05 (1H, ArH, d, $J_{\text{H-H}}$ = 7.0 Hz), 5.87 (1H, ＝CH, d, $J_{\text{H-H}}$ = 10.3 Hz), 4.78~4.74 (1H, ＝CC$\underline{H}$NHCO, m), 4.11 (1H, d, C$\underline{H}$COOH, $J_{\text{H-H}}$ = 9.3 Hz), 3.67 (1H, CH, d, $J_{\text{H-H}}$ = 6.3 Hz), 3.48 (2H, CH$_2$, t, $J_{\text{H-H}}$ = 7.7 Hz), 3.05 (3H, CH$_3$, s), 2.79~2.71 (1H, CH, m), 2.70~2.61 (1H, CH, m), 2.09~2.02 (2H, CH$_2$, m)

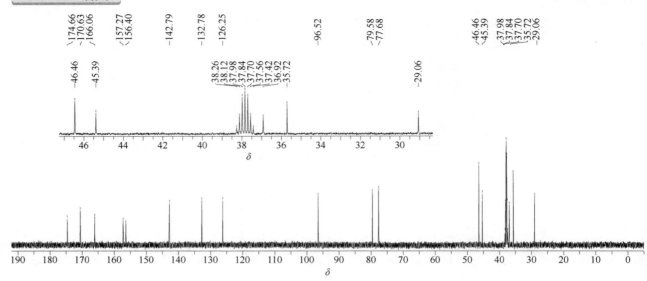

¹³C NMR (151 MHz, D₂O, δ) 174.66, 170.63, 166.06, 157.27, 156.40, 142.79, 132.78, 126.25, 96.52, 79.58, 77.68, 46.46, 45.39, 36.92, 35.72, 29.06（含 DMSO 残留）

boscalid（啶酰菌胺）

基本信息

CAS 登录号	188425-85-6	分子量	343.21
分子式	C₁₈H₁₂Cl₂N₂O		

¹H NMR 谱图

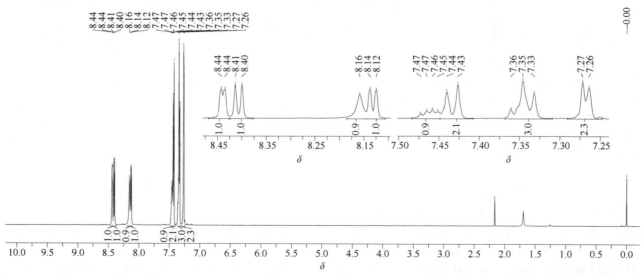

¹H NMR (600 MHz, CDCl₃, δ) 8.44 (1H, ArH, d, J_{H-H} = 4.4 Hz), 8.40 (1H, ArH, d, J_{H-H} = 8.3 Hz), 8.16 (1H, NH, br), 8.13 (1H, ArH, d, J_{H-H} = 7.6 Hz), 7.46 (1H, ArH, dd, J_{H-H} = 8.5 Hz, J_{H-H} = 4.4 Hz), 7.43 (2H, 2ArH, d, J_{H-H} = 8.1 Hz), 7.35 (1H, ArH, t, J_{H-H} = 7.6 Hz), 7.34 (2H, 2ArH, d, J_{H-H} = 8.3 Hz), 7.26 (2H, 2ArH, d, J_{H-H} = 4.7 Hz)

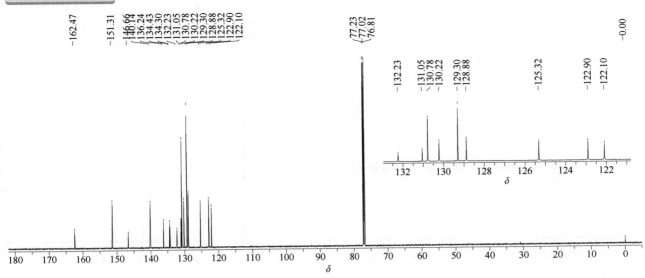

¹³C NMR (151 MHz, CDCl₃, δ) 162.47, 151.31, 146.66, 140.14, 136.24, 134.43, 134.30, 132.23, 131.05, 130.78, 130.22, 129.30, 128.88, 125.32, 122.90, 122.10

bromacil（除草定）

基本信息

CAS 登录号	314-40-9	分子量	261.12
分子式	C₉H₁₃BrN₂O₂		

¹H NMR 谱图

¹H NMR (600 MHz, CDCl₃, δ) 10.70 (1H, NH, br), 4.94 (1H, NCH, br), 2.33 (3H, ═CCH₃, s), 2.15~2.02 (1H, CH<u>H</u>, m), 1.85~1.74 (1H, C<u>H</u>H, m), 1.45 (3H, CHC<u>H</u>₃, d, J_{H-H} = 6.9 Hz), 0.86 (3H, CH₂CH₃, t, J_{H-H} = 7.5 Hz)

¹³C NMR 谱图

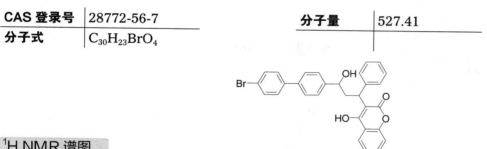

¹³C NMR (151 MHz, CDCl₃, δ) 198.57, 159.82, 152.42, 148.15, 52.85, 25.96, 19.87, 17.48, 11.31

bromadiolone（溴敌隆）

基本信息

CAS 登录号	28772-56-7	分子量	527.41
分子式	C₃₀H₂₃BrO₄		

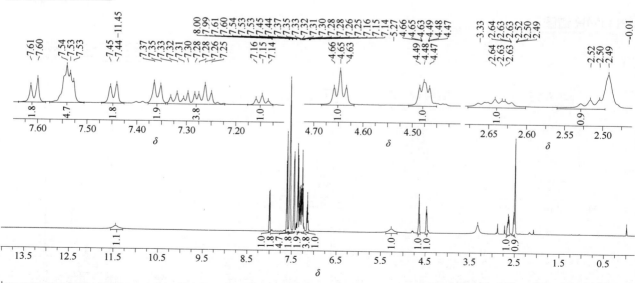

¹H NMR 谱图

¹H NMR (600 MHz, DMSO-d₆, δ) 11.45 (1H, OH, br), 8.00 (1H, ArH, d, J_{H-H} = 7.9 Hz), 7.61 (2H, 2ArH, d, J_{H-H} = 8.4 Hz), 7.56~7.52 (5H, 5ArH, m), 7.45 (2H, 2ArH, d, J_{H-H} = 7.6 Hz), 7.36 (2H, 2ArH, d, J_{H-H} = 8.0 Hz), 7.34~7.22 (3H, 3ArH, m), 7.15 (1H, ArH, t, J_{H-H} = 7.3 Hz), 5.27 (1H, OH, br), 4.65 (1H, OCH, t, J_{H-H} = 7.4 Hz), 4.51~4.45 (1H, OCH, m), 2.68~2.60 (1H, CH, m), 2.51 (1H, CH, d, J_{H-H} = 7.4 Hz), 2.49 (1H, CH, s)

¹³C NMR 谱图

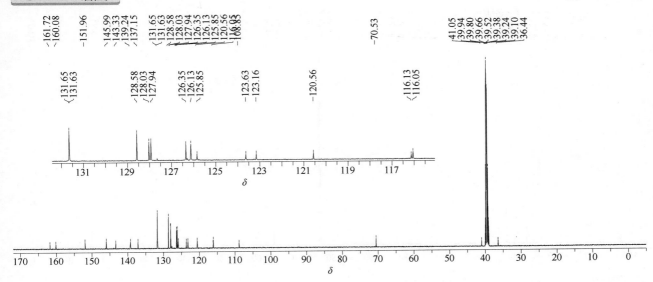

¹³C NMR (151 MHz, DMSO-d₆, δ) 161.72, 160.08, 151.96, 145.99, 143.33, 139.24, 137.15, 131.65, 131.63, 128.58, 128.03, 127.94, 126.35, 126.13, 125.85, 123.63, 123.16, 120.56, 116.13, 116.05, 108.85, 70.53, 41.05, 36.44

bromfenvinfos（溴苯烯磷）

基本信息

CAS 登录号	33399-00-7	分子量	404.02
分子式	C₁₂H₁₄BrCl₂O₄P		

¹H NMR 谱图

¹H NMR (600 MHz, CDCl₃, δ) 7.44 (1H, ArH, d, J_{H-H} = 2.1 Hz), 7.42 (1H, ArH, d, J_{H-H} = 8.3 Hz), 7.28 (1H, ArH, dd, J_{H-H} = 8.3 Hz, J_{H-H} = 2.1 Hz), 6.05 (1H, =CH, d, $^4J_{H-H}$ = 0.7 Hz), 4.18~4.06 (4H, 2CH₂, m), 1.26 (6H, 2CH₃, td, J_{H-H} = 7.1 Hz, $^4J_{H-P}$ = 1.0 Hz)

¹³C NMR 谱图

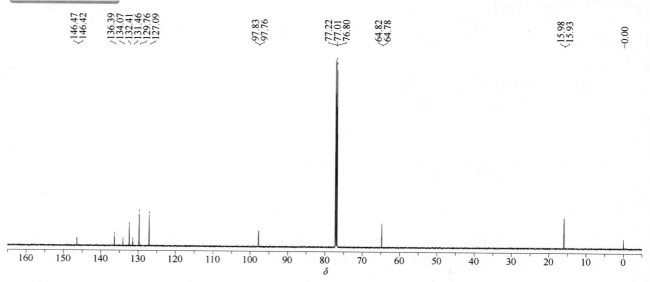

^{13}C NMR (151 MHz, CDCl$_3$, δ) 146.45 (d, $^2J_{\text{C-P}}$ = 7.6 Hz), 136.39, 134.07, 132.41, 131.46, 129.76, 127.09, 97.80 (d, $^3J_{\text{C-P}}$ = 9.6 Hz), 64.80 (d, $^2J_{\text{C-P}}$ = 6.2 Hz), 15.95 (d, $^3J_{\text{C-P}}$ = 7.1 Hz)

³¹P NMR 谱图

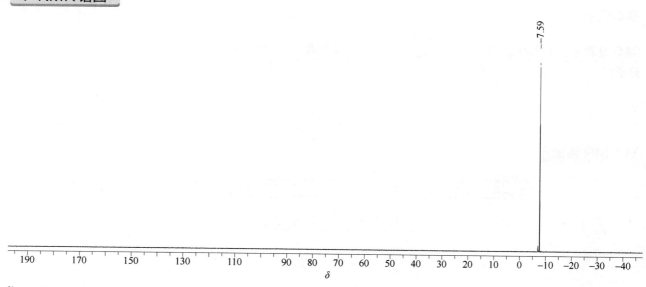

^{31}P NMR (243 MHz, CDCl$_3$, δ) −7.59

bromfenvinfos–methyl（甲基溴苯烯磷）

基本信息

CAS 登录号	13104-21-7	分子量	375.97
分子式	$C_{10}H_{10}BrCl_2O_4P$		

¹H NMR 谱图

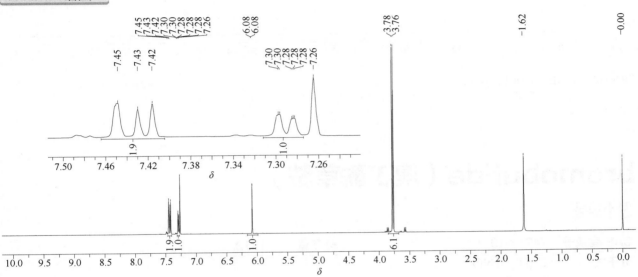

¹H NMR (600 MHz, CDCl₃, δ) 7.45 (1H, ArH, s), 7.42 (1H, ArH, d, J_{H-H} = 6.0 Hz), 7.29 (1H, ArH, d, J_{H-H} = 12.0 Hz), 6.08 (1H, =CH, s), 3.77 (6H, 2OCH₃, d, $^3J_{H-P}$ = 11.5 Hz)

¹³C NMR 谱图

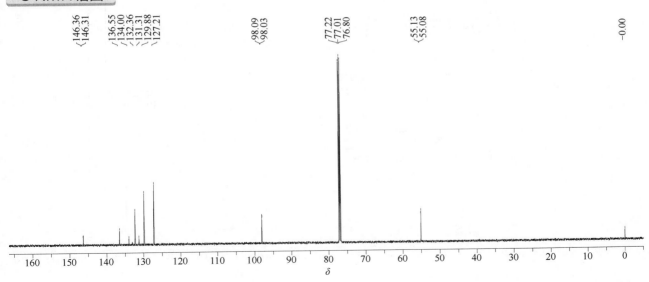

¹³C NMR (151 MHz, CDCl₃, δ) 146.33 (d, $^2J_{C-P}$ = 7.5 Hz), 136.55, 134.00, 132.36, 131.31, 129.88, 127.21, 98.06 (d, $^3J_{C-P}$ = 9.4 Hz), 55.10 (d, $^2J_{C-P}$ = 6.3 Hz)

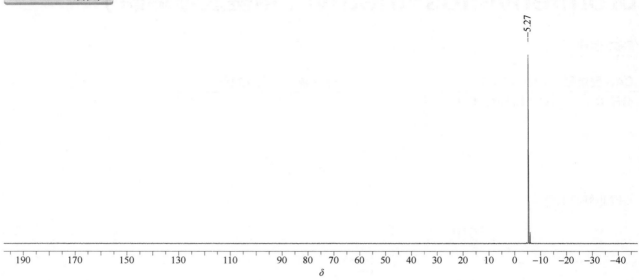

−5.27

³¹P NMR (243 MHz, CDCl₃, δ) −5.27

bromobutide（溴丁酰草胺）

基本信息

CAS 登录号	74712-19-9	分子量	312.25
分子式	C₁₅H₂₂BrNO		

¹H NMR 谱图

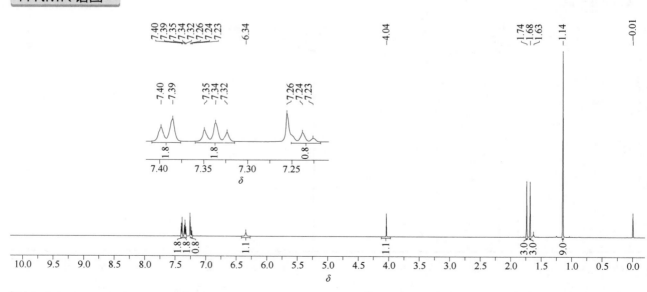

¹H NMR (600 MHz, CDCl₃, δ) 7.40 (2H, 2ArH, d, J_{H-H} = 8.0 Hz), 7.34 (2H, 2ArH, t, J_{H-H} = 7.7 Hz), 7.24 (1H, ArH, t, J_{H-H} = 7.2 Hz), 6.34 (1H, NH, br), 4.04 (1H, BrCH, s), 1.74 (3H, NCCH₃, s) 1.68 (3H, NCCH₃, s), 1.14 (9H, C(CH₃)₃, s)

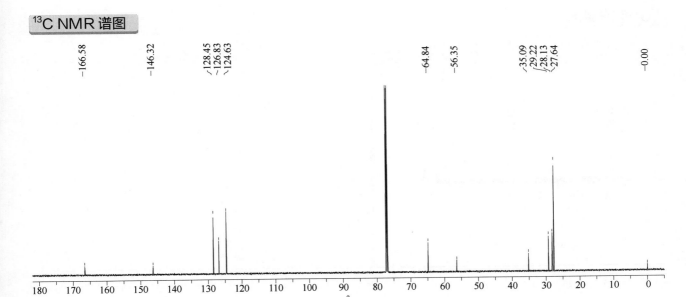

¹³C NMR (151 MHz, CDCl₃, δ) 166.58, 146.32, 128.45, 126.83, 124.63, 64.84, 56.35, 35.09, 29.22, 28.13, 27.64

bromocyclen（溴烯杀）

基本信息

CAS 登录号	1715-40-8	**分子量**	393.73
分子式	C₈H₅BrCl₆		

¹H NMR 谱图

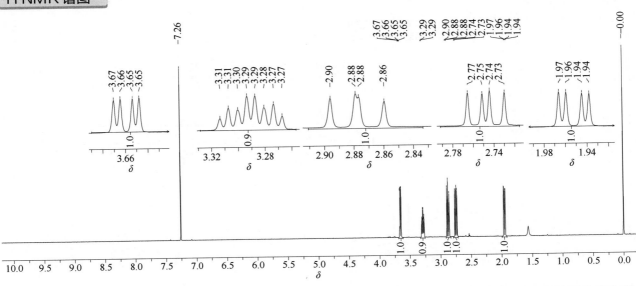

¹H NMR (600 MHz, CDCl₃, δ) 3.66 (1H, BrCH, dd, J_{H-H} = 10.1 Hz, J_{H-H} = 3.6 Hz), 3.33~3.25 (1H, BrCH, m), 2.88 (1H, CH₂, dd, J_{H-H} = 11.6 Hz, J_{H-H} = 10.3 Hz), 2.75 (1H, CH₂, dd, J_{H-H} = 12.8 Hz, J_{H-H} = 8.6 Hz), 1.95 (1H, CH, dd, J_{H-H} = 12.9 Hz, J_{H-H} = 4.1 Hz)

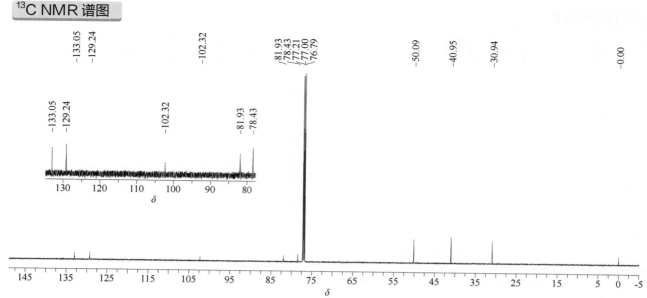

¹³C NMR (151 MHz, CDCl₃, δ) 133.05, 129.24, 102.32, 81.93, 78.43, 50.09, 40.95, 30.94

bromofenoxim（杀草全）

基本信息

CAS 登录号	13181-17-4	分子量	461.02
分子式	$C_{13}H_7Br_2N_3O_6$		

¹H NMR 谱图

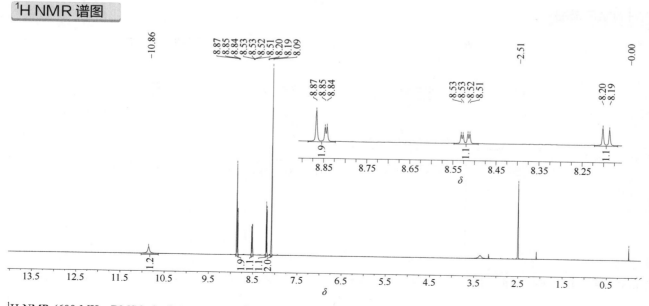

¹H NMR (600 MHz, DMSO-d₆, δ) 10.86 (1H, NH, br), 8.87 (1H, =CH, s), 8.84 (1H, ArH, d, J_{H-H} = 2.7 Hz), 8.52 (1H, ArH, dd, J_{H-H} = 9.4 Hz, J_{H-H} = 2.7 Hz), 8.19 (1H, ArH, d, J_{H-H} = 9.4 Hz), 8.09 (2H, 2 BrC=CH, s)

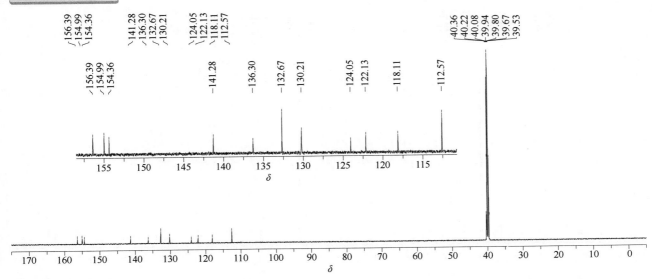

¹³C NMR (151 MHz, DMSO-d₆, δ) 156.39, 154.99, 154.36, 141.28, 136.30, 132.67, 130.21, 124.05, 122.13, 118.11, 112.57

bromophos-ethyl（乙基溴硫磷）

基本信息

CAS 登录号	4824-78-6	分子量	394.05
分子式	C₁₀H₁₂BrCl₂O₃PS		

¹H NMR 谱图

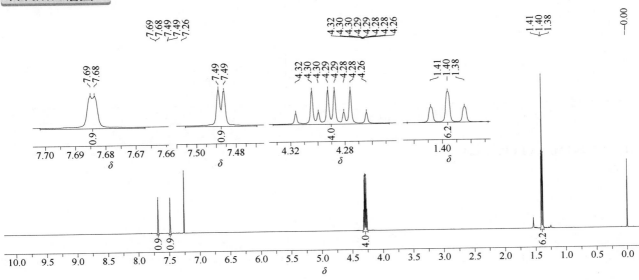

¹H NMR (600 MHz, CDCl₃, δ) 7.68 (1H, ArH, d, ⁵J_{H-P} = 0.8 Hz), 7.49 (1H, ArH, d, ⁴J_{H-P} = 1.6 Hz), 4.29 (4H, 2CH₂, dq, ³J_{H-P} = 10.0 Hz, J_{H-H} = 7.1 Hz), 1.40 (6H, 2CH₃, t, J_{H-H} = 7.1 Hz)

^{13}C NMR 谱图

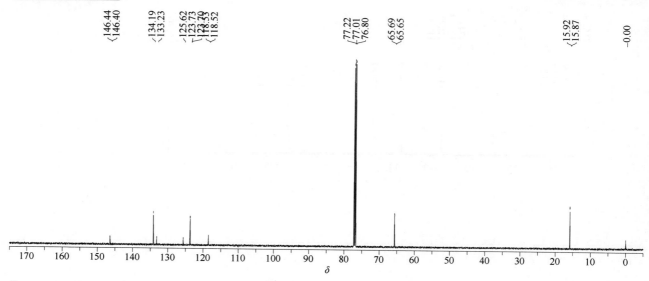

^{13}C NMR (151 MHz, CDCl$_3$, δ) 146.42 (d, $^2J_{\text{C-P}}$ = 6.6 Hz), 134.19, 133.23, 125.62, 123.71 (d, $^3J_{\text{C-P}}$ = 3.5 Hz), 118.53 (d, $^3J_{\text{C-P}}$ = 2.3 Hz), 65.67 (d, $^2J_{\text{C-P}}$ = 6.0 Hz), 15.90 (d, $^3J_{\text{C-P}}$= 7.5 Hz)

^{31}P NMR 谱图

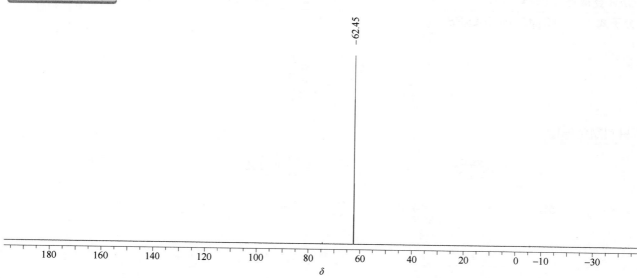

^{31}P NMR (243 MHz, CDCl$_3$, δ) 62.45

bromophos（溴硫磷）

基本信息

CAS 登录号	2104-96-3	分子量	365.97
分子式	$C_8H_8BrCl_2O_3PS$		

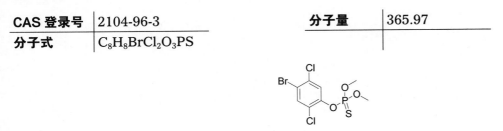

^{1}H NMR 谱图

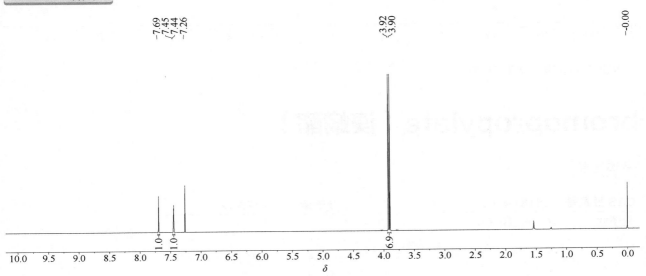

^{1}H NMR (600 MHz, CDCl$_3$, δ) 7.69 (1H, ArH, s), 7.45 (1H, ArH, d, $^4J_{H\text{-}P}$ = 1.4 Hz), 3.91 (6H, 2CH$_3$, d, $^3J_{H\text{-}P}$ = 13.9 Hz)

^{13}C NMR 谱图

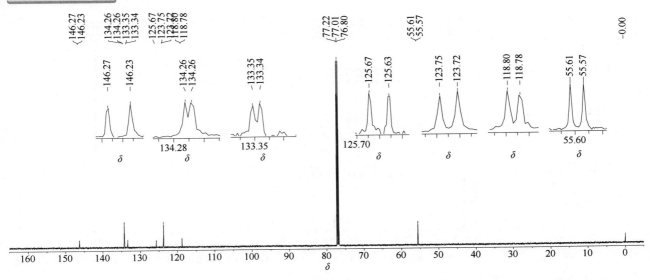

^{13}C NMR (151 MHz, CDCl$_3$, δ) 146.25 (d, $^2J_{C\text{-}P}$= 6.6 Hz), 134.26 (d, $^4J_{C\text{-}P}$= 1.3 Hz), 133.35 (d, $^4J_{C\text{-}P}$= 2.0 Hz), 125.67, 123.73 (d, $^3J_{C\text{-}P}$= 3.5 Hz), 118.79 (d, $^3J_{C\text{-}P}$= 2.4 Hz), 55.59 (d, $^2J_{C\text{-}P}$= 5.8 Hz)

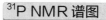

^{31}P NMR 谱图

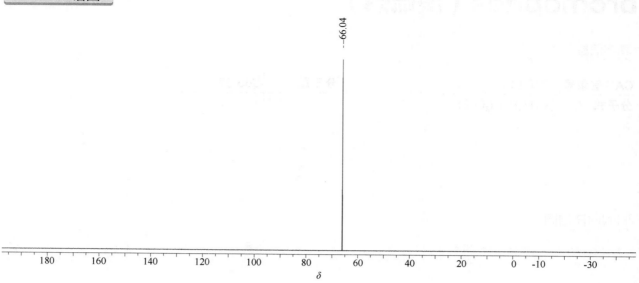

^{31}P NMR (243 MHz, CDCl$_3$, δ) 66.04

bromopropylate（溴螨酯）

基本信息

CAS 登录号	18181-80-1	分子量	428.12
分子式	C$_{17}$H$_{16}$Br$_2$O$_3$		

^{1}H NMR 谱图

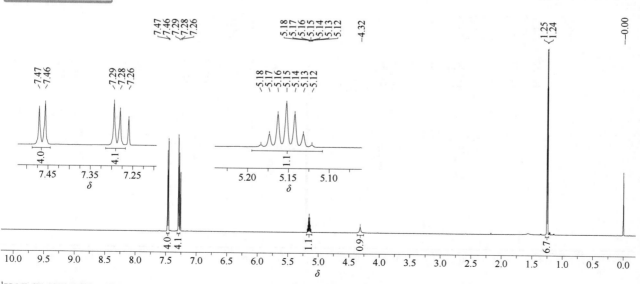

^{1}H NMR (600 MHz, CDCl$_3$, δ) 7.46 (4H, 4ArH, d, $J_{\text{H-H}}$ = 8.6 Hz), 7.29 (4H, 4ArH, d, $J_{\text{H-H}}$ = 8.6 Hz), 5.15 (1H, CH, hept, $J_{\text{H-H}}$ = 6.3 Hz), 4.32 (1H, OH, br), 1.25 (6H, CH$_3$, d, $J_{\text{H-H}}$ = 6.3 Hz)

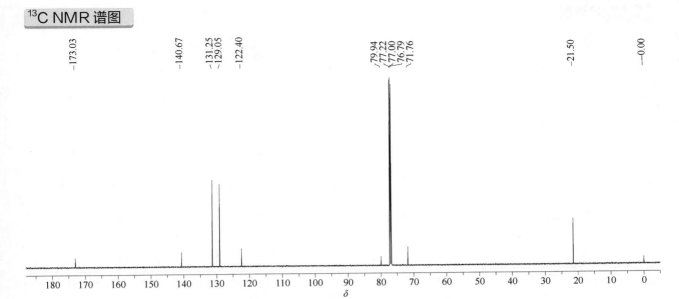

-173.03 -140.67 -131.25 -129.05 -122.40 -79.94 77.22 77.00 76.79 -71.76 -21.50 -0.00

¹³C NMR (151 MHz, CDCl₃, δ) 173.03, 140.67, 131.25, 129.05, 122.40, 79.94, 71.76, 21.50

bromothalonil（溴菌腈）

基本信息

CAS 登录号	35691-65-7	分子量	265.93
分子式	$C_6H_6Br_2N_2$		

¹H NMR 谱图

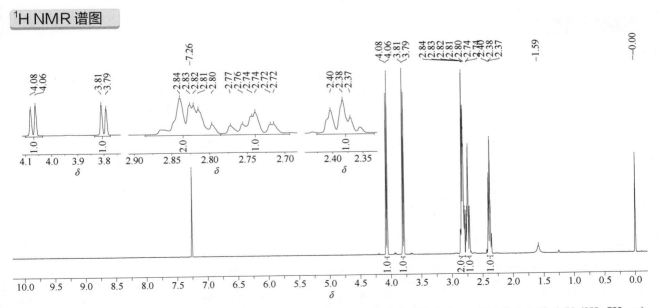

¹H NMR (600 MHz, CDCl₃, δ) 4.07 (1H, BrCH, d, J_{H-H} = 11.1 Hz), 3.80 (1H, BrCH, d, J_{H-H} = 11.1 Hz), 2.89~2.78 (2H, CH₂, m), 2.78~2.69 (1H, CH, m), 2.42~2.35 (1H, CH, m)

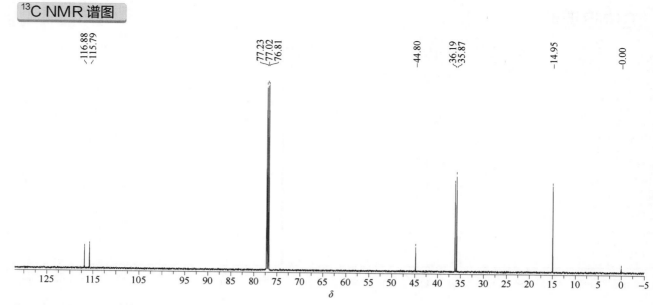

¹³C NMR 谱图

¹³C NMR (151 MHz, CDCl₃, δ) 116.88, 115.79, 44.80, 36.19, 35.87, 14.95

bromoxynil（溴苯腈）

基本信息

CAS 登录号	1689-84-5	分子量	276.92
分子式	C₇H₃Br₂NO		

¹H NMR 谱图

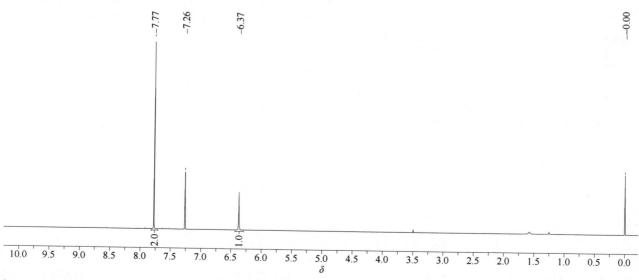

¹H NMR (600 MHz, CDCl₃, δ) 7.77 (2H, 2ArH, s), 6.37 (1H, OH, s)

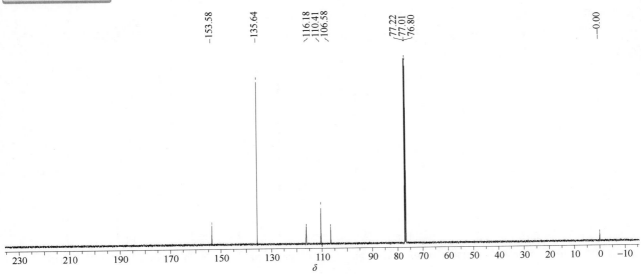

¹³C NMR (151 MHz, CDCl₃, δ) 153.58, 135.64, 116.18, 110.41, 106.58

bromoxynil octanoate（辛酰溴苯腈）

基本信息

CAS 登录号	1689-99-2	分子量	403.11
分子式	C₁₅H₁₇Br₂NO₂		

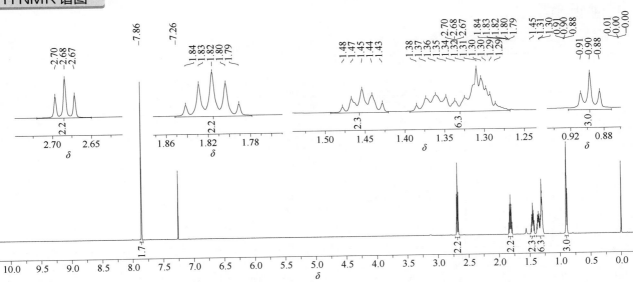

¹H NMR 谱图

¹H NMR (600 MHz, CDCl₃, δ) 7.86 (2H, 2ArH, s), 2.68 (2H, OOCCH₂, t, J_{H-H} = 7.5 Hz), 1.82 (2H, OOCCH₂C<u>H</u>₂, quin, J_{H-H} = 7.2 Hz), 1.49~1.42 (2H, OOCCH₂CH₂C<u>H</u>₂, m), 1.40~1.25 (6H, CH₃(C<u>H</u>₂)₃, m), 0.90 (3H, CH₃, t, J_{H-H} = 6.8 Hz)

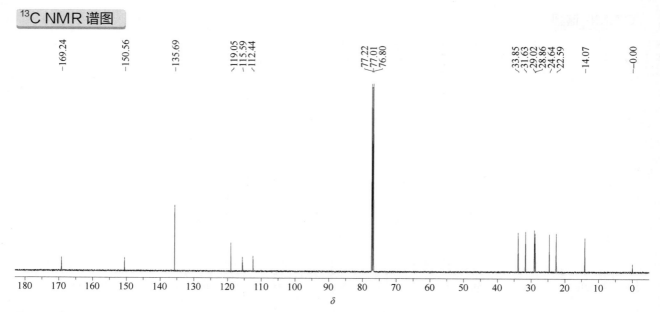

−169.24
−150.56
−135.69
−119.05
−115.59
−112.44
77.22 77.01 76.80
−33.85 −31.63 −29.02 −28.86 −24.64 −22.59
−14.07
−0.00

^{13}C NMR (151 MHz, CDCl$_3$, δ) 169.24, 150.56, 135.69, 119.05, 115.59, 112.44, 33.85, 31.63, 29.02, 28.86, 24.64, 22.59, 14.07

brompyrazon（杀莠敏）

基本信息

CAS 登录号	3042-84-0	分子量	266.10
分子式	C$_{10}$H$_8$BrN$_3$O		

^{1}H NMR 谱图

7.67 7.47 7.46 7.45 7.44 7.39 7.38 7.37 7.37 7.36 7.36 6.96

−3.37

−2.50

−0.00

7.47 7.46 7.45 7.44 — 4.0

7.39 7.38 7.37 7.37 7.36 — 1.0

^{1}H NMR (600 MHz, DMSO-d$_6$, δ) 7.67 (1H, ArH, s), 7.49~7.43 (4H, 4ArH, m), 7.40~7.35 (1H, ArH, m), 6.96 (2H, NH$_2$, br)

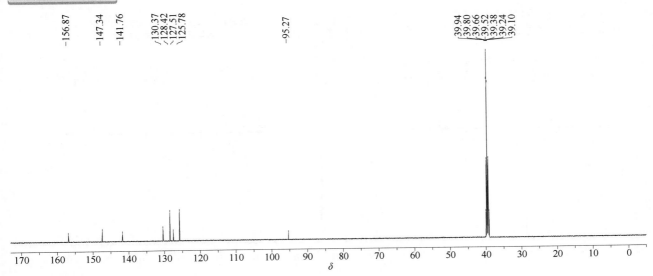

156.87
147.34
141.76
130.37
128.42
127.51
125.78
95.27
39.94
39.80
39.66
39.52
39.38
39.24
39.10

¹³C NMR (151 MHz, DMSO-d₆, δ) 156.87, 147.34, 141.76, 130.37, 128.42, 127.51, 125.78, 95.27

bromuconazole（糠菌唑）

基本信息

CAS 登录号	116255-48-2	分子量	377.06
分子式	C₁₃H₁₂BrCl₂N₃O		

¹H NMR 谱图

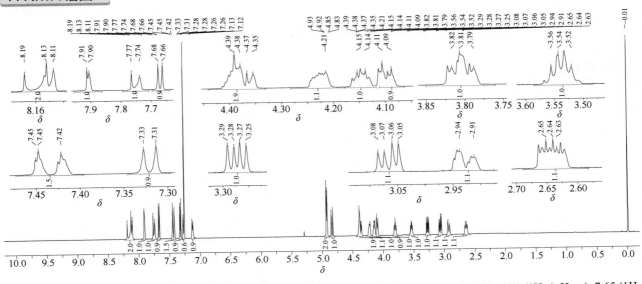

¹H NMR (600 MHz, CDCl₃, δ) 两组异构体 8.21~8.08 (2H, 2ArH, m), 7.95~7.85 (1H, ArH, m), 7.78~7.71 (1H, ArH, m), 7.65 (1H, ArH, d, J_{H-H} = 8.5 Hz), 7.47~7.40 (2H, 2ArH, m), 7.32 (1H, ArH, d, J_{H-H} = 8.5 Hz), 7.28~7.26 (1H, ArH, m), 7.12 (1H, ArH, d, J_{H-H} = 8.5 Hz), 4.95~4.90 (2H, CH₂/CH, m), 4.84 (1H, NCH₂, d, J_{H-H} = 14.6 Hz), 4.42~4.33 (2H, CH₂/CH, m), 4.26~4.19 (1H, CH₂/CH, m), 4.17~4.12 (1H, CH₂/CH, m), 4.12~4.07 (1H, CH₂/CH, m), 3.83~3.78 (1H, CH₂/CH, m), 3.58~3.48 (1H, CH₂/CH, m), 3.27 (1H, CH₂, dd, J_{H-H} = 14.6 Hz, J_{H-H} =7.6 Hz), 3.07 (1H, CH₂, dd, J_{H-H} = 15.3 Hz, J_{H-H} =6.8 Hz), 2.96~2.87 (1H, CH₂/CH, m), 2.69~2.58 (1H, CH₂/CH, m)

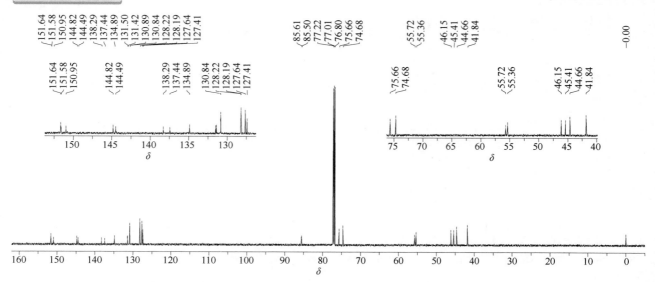

¹³C NMR (151 MHz, CDCl₃, δ) 两组异构体 151.64, 151.58, 150.95, 144.82, 144.49, 138.29, 137.44, 134.89, 131.50, 131.42, 130.89, 130.84, 128.22, 128.19, 127.64, 127.41, 85.61, 85.50, 75.66, 74.68, 55.72, 55.36, 46.15, 45.41, 44.66, 41.84

bronopol（溴硝醇）

基本信息

CAS 登录号	52-51-7		分子量	199.99
分子式	C₃H₆BrNO₄			

¹H NMR 谱图

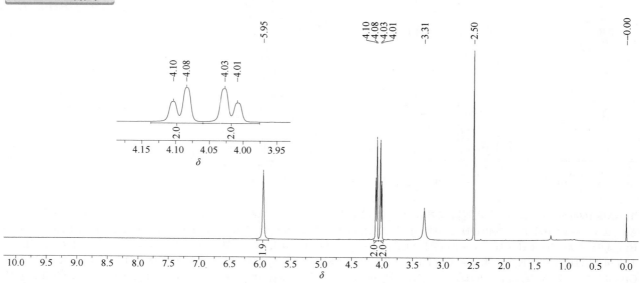

¹H NMR (600 MHz, DMSO-d₆, δ) 5.95 (2H, 2OH, br), 4.09 (2H, 2CH<u>H</u>, d, J_{H-H} = 11.6 Hz), 4.02 (2H, 2C<u>H</u>H, d, J_{H-H} = 11.3 Hz)

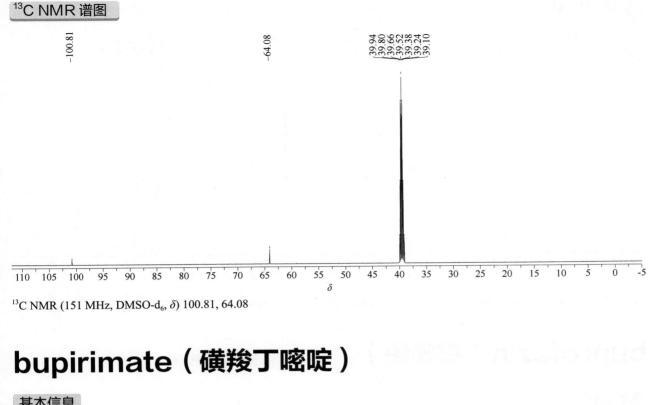

¹³C NMR (151 MHz, DMSO-d$_6$, δ) 100.81, 64.08

bupirimate（磺羧丁嘧啶）

基本信息

CAS 登录号	41483-43-6	分子量	316.42
分子式	C$_{13}$H$_{24}$N$_4$O$_3$S		

¹H NMR 谱图

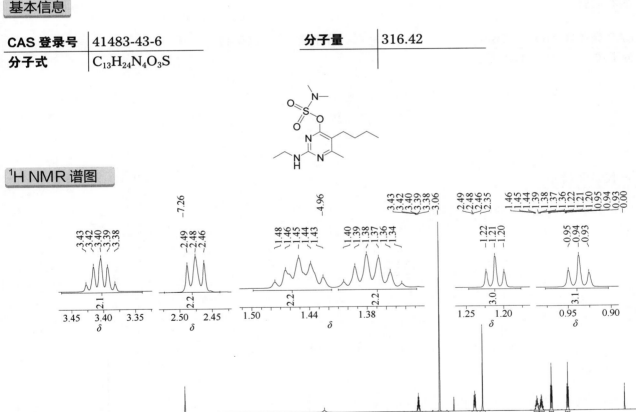

¹H NMR (600 MHz, CDCl$_3$, δ) 4.96 (1H, NH, br s), 3.47~3.34 (2H, NHC$\underline{H}_2$, m), 3.06 (6H, N(CH$_3$)$_2$, s), 2.48 (2H, ArCH$_2$, t, $J_{H\text{-}H}$ = 7.6 Hz), 2.35 (3H, ArCH$_3$, s), 1.40~1.42 (2H, ArCH$_2$C$\underline{H}_2$, m), 1.38 (2H, ArCH$_2$CH$_2$C$\underline{H}_2$, hex, $J_{H\text{-}H}$ = 7.2 Hz), 1.21 (3H, NHCH$_2$C$\underline{H}_3$, t, $J_{H\text{-}H}$ = 7.2 Hz), 0.94 (3H, CH$_2$CH$_2$C$\underline{H}_3$, t, $J_{H\text{-}H}$ = 7.2 Hz)

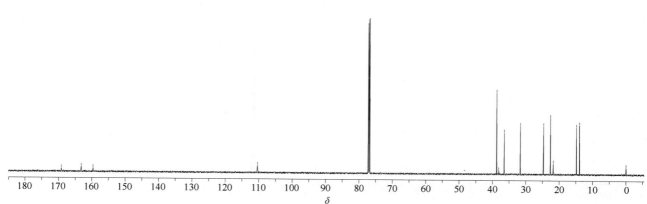

^{13}C NMR (151 MHz, CDCl$_3$, δ) 169.16, 163.19, 159.61, 110.37, 38.80, 38.14, 36.43, 31.65, 24.72, 22.66, 21.80, 14.85, 13.95

buprofezin（噻嗪酮）

基本信息

CAS 登录号	69327-76-0	分子量	305.44
分子式	C$_{16}$H$_{23}$N$_3$OS		

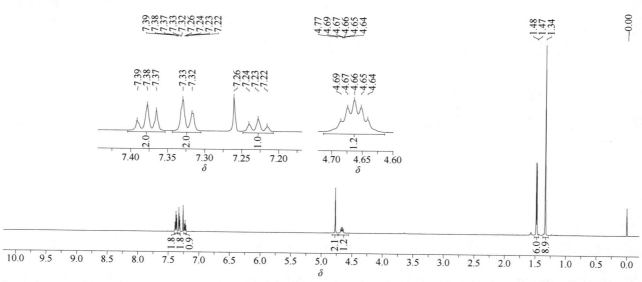

^{1}H NMR 谱图

^{1}H NMR (600 MHz, CDCl$_3$, δ) 7.38 (2H, 2ArH, t, $J_{H\text{-}H}$ = 8.0 Hz), 7.33 (2H, 2ArH, d, $J_{H\text{-}H}$ = 8.0 Hz), 7.24 (1H, ArH, t, $J_{H\text{-}H}$ = 8.0 Hz), 4.77 (2H, SCH$_2$, s), 4.66 (1H, C$\underline{H}$(CH$_3$)$_2$, hept, $J_{H\text{-}H}$ = 6.5 Hz), 1.48 (6H, CH(C$\underline{H}_3$)$_2$, d, $J_{H\text{-}H}$ = 6.5 Hz), 1.34 (9H, C(CH$_3$)$_3$, s)

¹³C NMR 谱图

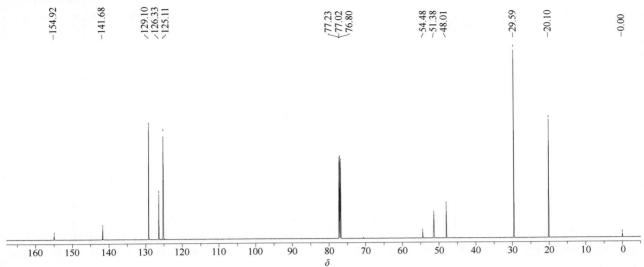

¹³C NMR (151 MHz, CDCl₃, δ) 154.92, 141.68, 129.10, 126.33, 125.11, 54.48, 51.38, 48.01, 29.59, 20.10. (注：C═N 的 C 没有出峰)

butachlor（丁草胺）

基本信息

CAS 登录号	23184-66-9	分子量	311.85
分子式	C₁₇H₂₆ClNO₂		

¹H NMR 谱图

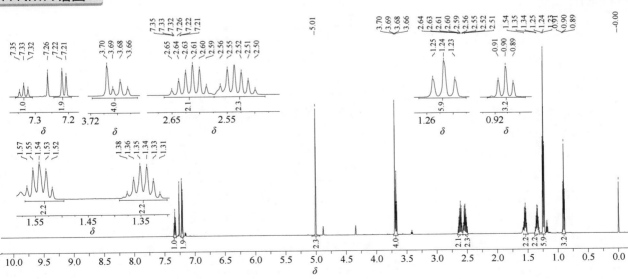

¹H NMR (600 MHz, CDCl₃, δ) 7.33 (1H, ArH, t, J_{H-H} = 7.8 Hz), 7.22 (2H, 2ArH, d, J_{H-H} = 7.8 Hz), 5.01 (2H, NCH₂, s), 3.70 (2H, ClCH₂, s), 3.68 (2H, OC$\underline{H}_2$CH₂, t, J_{H-H} = 6.7 Hz), 2.62(2H, ArCH₂,dq, J_{H-H} = 15.1 Hz, J_{H-H} = 7.8 Hz), 2.53 (2H, ArCH₂,dq, J_{H-H} = 15.0 Hz, J_{H-H} = 7.6 Hz), 1.54 (2H, C$\underline{H}_2$CH₂CH₃, quin, J_{H-H} = 7.4 Hz), 1.35 (2H, CH₂C$\underline{H}_2$CH₃, hex, J_{H-H} = 7.4 Hz), 1.24 (6H, ArCH₂C$\underline{H}_3$, t, J_{H-H} = 7.5 Hz), 0.90 (3H, CH₂CH₂C$\underline{H}_3$, t, J_{H-H} = 7.3 Hz)

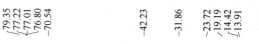

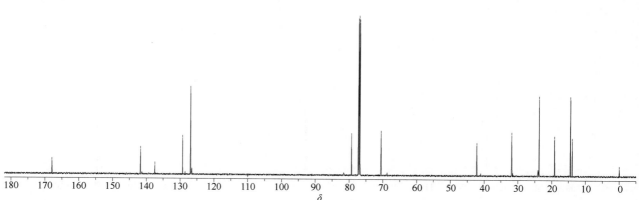

¹³C NMR (151 MHz, CDCl₃, δ) 167.94, 141.74, 137.46, 129.30, 126.98, 79.35, 70.54, 42.23, 31.86, 23.72, 19.19, 14.42, 13.91

butafenacil（氟丙嘧草酯）

基本信息

CAS 登录号	134605-64-4	分子量	474.82
分子式	C₂₀H₁₈ClF₃N₂O₆		

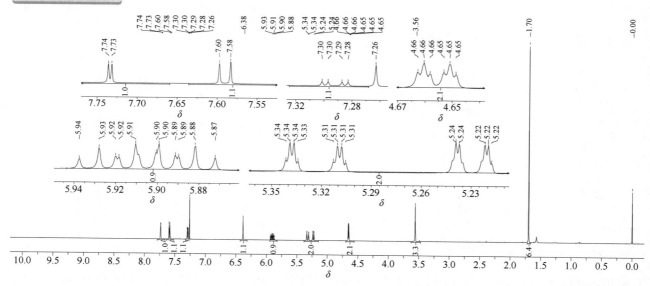

¹H NMR 谱图

¹H NMR (600 MHz, CDCl₃, δ) 7.73 (1H, ArH, d, J_{H-H} = 2.6 Hz), 7.59 (1H, ArH, d, J_{H-H} = 8.5 Hz), 7.29 (1H, ArH, dd, J_{H-H} = 8.5 Hz, J_{H-H} = 2.6 Hz), 6.38 (1H, COCH, s), 5.94~5.83 (1H, C$\underline{H}$=CH₂, m), 5.38~5.15 (2H, CH=C$\underline{H}$₂, m), 4.66 (2H, COOCH₂, dt, J_{H-H} = 5.7 Hz, J_{H-H} = 1.3 Hz), 3.56 (3H, NCH₃, s), 1.70 (6H, C(CH₃)₂, s)

¹³C NMR 谱图

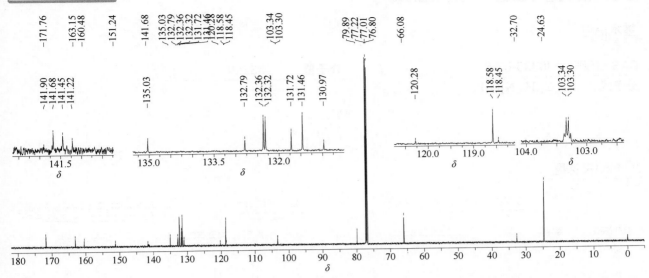

¹³C NMR (151 MHz, CDCl$_3$, δ) 171.76, 163.15, 160.48, 151.24, 141.57 (q, $^2J_{\text{C-F}}$ = 34.7 Hz), 135.03, 132.79, 132.36, 132.32, 131.72, 131.46, 130.97, 119.37 (q, $J_{\text{C-F}}$ = 274.8 Hz), 118.58, 103.32 (q, $^3J_{\text{C-F}}$ = 3.4 Hz), 79.89, 66.08, 32.70, 24.63

¹⁹F NMR 谱图

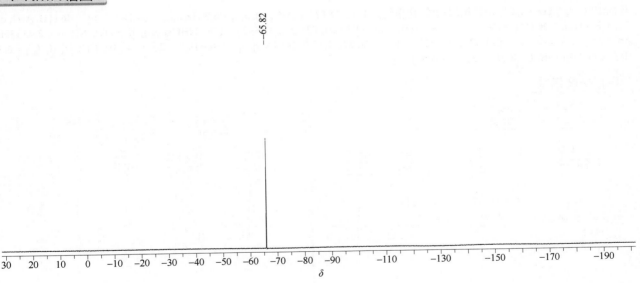

¹⁹F NMR (564 MHz, CDCl$_3$, δ) −65.82

butamifos（抑草磷）

基本信息

CAS 登录号	36335-67-8	分子量	332.36
分子式	$C_{13}H_{21}N_2O_4PS$		

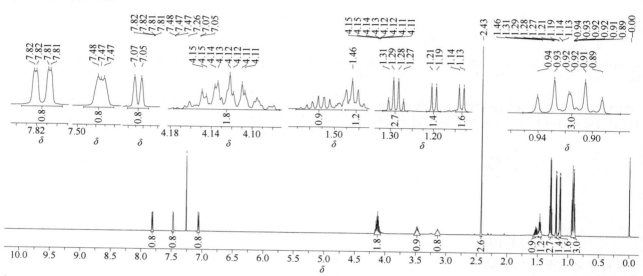

¹H NMR 谱图

¹H NMR (600 MHz, CDCl₃, δ) 两组异构体，比例约为 1:1。7.81 (1H, ArH, dd, J_{H-H} = 8.3 Hz, J_{H-H} = 1.4 Hz), 7.49~7.46 (1H, ArH, d, J_{H-H} = 8.3 Hz), 7.06 (1H, ArH, d, J_{H-H} = 8.3 Hz), 4.18~4.08 (2H, CH₂,m), 3.53~3.43 (1H, NHC$\underline{H}$, m), 3.15 (1H, NH, br), 2.43 (3H, ArCH₃,s), 1.56~1.48 or 1.48~1.42 (2H, OC$\underline{H}_2$CH₃,m), 1.29 (3H, CHC$\underline{H}_2$CH₃, q, J_{H-H} = 6.9 Hz), 1.20, 1.14 (3H, CHC$\underline{H}_3$, d, J_{H-H} = 6.5 Hz), 0.93, 0.91 (3H, CH₂C$\underline{H}_3$, t, J_{H-H} = 7.4 Hz)

¹³C NMR 谱图

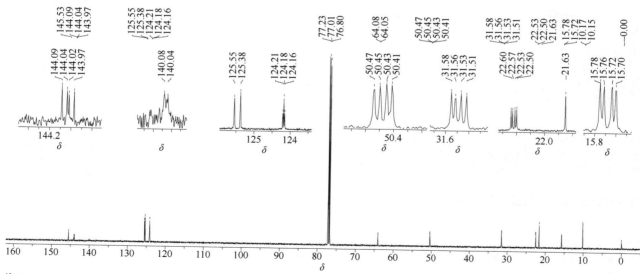

¹³C NMR (151 MHz, CDCl₃, δ) 两组异构体 145.53, 144.06(d, $^3J_{C-P}$ = 7.4 Hz), 144.00 (d, $^3J_{C-P}$ = 7.4 Hz),125.46 (d, $^2J_{C-P}$= 25.7 Hz), 124.20 (d, $^4J_{C-P}$ = 4.2 Hz), 124.17 (d, $^4J_{C-P}$ = 4.2 Hz), 64.07 (d, $^2J_{C-P}$ = 4.3 Hz), 50.46 (d, $^2J_{C-P}$ = 3.1 Hz), 50.42 (d, $^2J_{C-P}$ = 3.1 Hz), 31.57 (d, $^3J_{C-P}$ = 3.1 Hz), 31.52 (d, $^3J_{C-P}$ = 3.1 Hz), 22.58 (d, $^3J_{C-P}$ = 4.4 Hz), 22.52 (d, $^3J_{C-P}$ = 4.4 Hz), 21.63, 15.77 (d, $^3J_{C-P}$ = 2.8 Hz), 15.71 (d, $^3J_{C-P}$ = 2.8 Hz), 10.17, 10.15

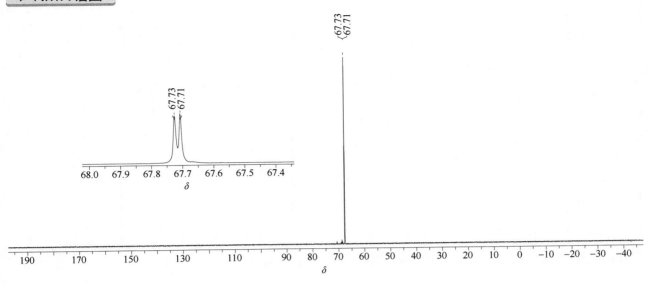

³¹P NMR (243 MHz, CDCl₃, δ) 67.73, 67.71

butocarboxim（丁酮威）

基本信息

CAS 登录号	34681-10-2	分子量	190.26
分子式	$C_7H_{14}N_2O_2S$		

¹H NMR 谱图

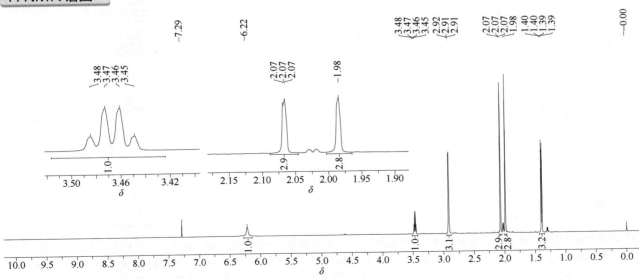

¹H NMR (600 MHz, CDCl₃, δ) 6.22 (1H, NH, br), 3.47 (1H, CH, q, J_{H-H} = 7.1 Hz), 2.92 (3H, NHC$\underline{H}$₃, d, J_{H-H} = 4.4 Hz), 2.07 (3H, SCH₃, s), 1.98 (3H, CCH₃, s), 1.39 (3H, CHC$\underline{H}$₃, d, J_{H-H} = 7.1 Hz)

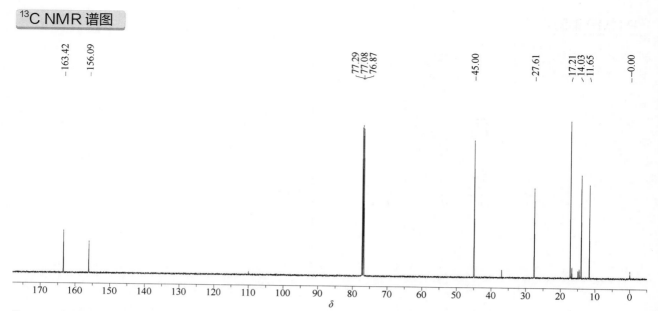

¹³C NMR (151 MHz, CDCl₃, δ) 163.42, 156.09, 45.00, 27.61, 17.21, 14.03, 11.65

butocarboxim sulfoxide（丁酮威亚砜）

基本信息

CAS 登录号	34681-24-8	分子量	206.26
分子式	C₇H₁₄N₂O₃S		

¹H NMR 谱图

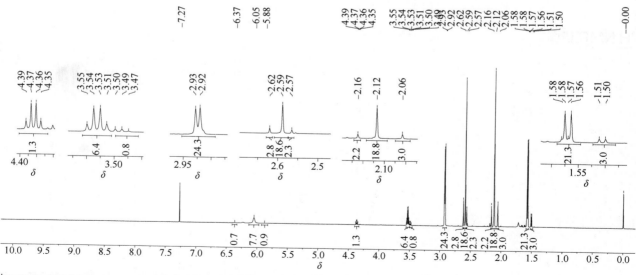

¹H NMR (600 MHz, CDCl₃, δ) 三组异构体，比例约为 7∶1∶0.8。异构体 A: 6.05 (1H, NH, br), 3.53 (1H, CH, q, J_{H-H} = 7.1 Hz), 2.92 (3H, NHC<u>H</u>₃, d, J_{H-H} = 4.8 Hz), 2.59 (3H, CH₃, s), 2.12 (3H, CH₃, s), 1.57 (3H, CHC<u>H</u>₃, d, J_{H-H} = 7.1 Hz)。异构体 B: 5.88 (1H, NH, br), 4.37 (1H, CH, q, J_{H-H} = 7.7 Hz), 2.95~2.90 (3H, NHC<u>H</u>₃, m), 2.62 (3H, CH₃, s), 2.06 (3H, CH₃, s), 1.51 (3H, CHC<u>H</u>₃, d, J_{H-H} = 7.2 Hz)。异构体 C: 6.37 (1H, NH, br), 3.50 (1H, CH, q, J_{H-H} = 7.3 Hz), 2.92 (3H, NHC<u>H</u>₃, d, J_{H-H} = 4.8 Hz), 2.57 (3H, CH₃, s), 2.16 (3H, CH₃, s), 1.58 (3H, CHC<u>H</u>₃, d, J_{H-H} = 7.3 Hz)

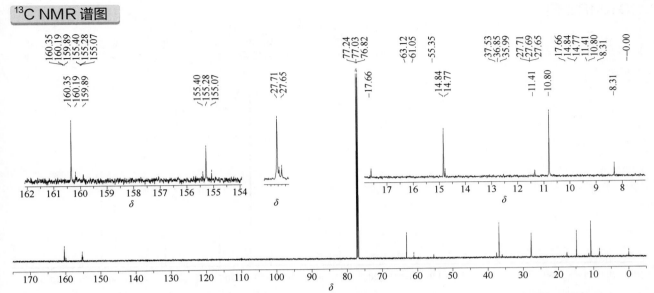

¹³C NMR (151 MHz, CDCl₃, δ) 三组异构体。异构体 A: 160.35, 155.28, 63.12, 36.85, 27.71, 14.84, 10.80. 异构体 B: 160.19, 155.07, 61.05, 37.53, 27.65, 17.66, 8.31. 异构体 C: 159.89, 155.40, 55.35, 35.99, 27.69, 14.77, 11.41

butopyronoxyl（避虫酮）

基本信息

CAS 登录号	532-34-3	分子量	226.27
分子式	C₁₂H₁₈O₄		

¹H NMR 谱图

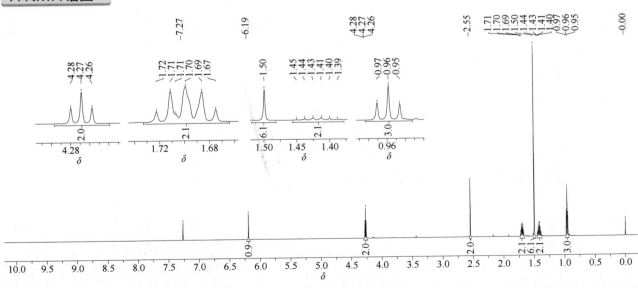

¹H NMR (600 MHz, CDCl₃, δ) 6.19 (1H, ═CH, s), 4.27 (2H, OCH₂, t, J_{H-H} = 6.7 Hz), 2.55 (2H, COCH₂, s), 1.70 (2H, CH₂, dt, J_{H-H} = 7.4 Hz, J_{H-H} = 6.7 Hz), 1.50 (6H, 2CH₃, s), 1.46~1.38 (2H, CH₂, m), 0.96 (3H, CH₃, t, J_{H-H} = 7.4 Hz)

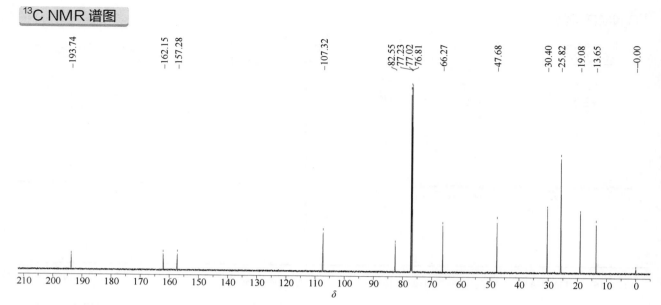

¹³C NMR (151 MHz, CDCl₃, δ) 193.74, 162.15, 157.28, 107.32, 82.55, 66.27, 47.68, 30.40, 25.82, 19.08, 13.65

butoxycarboxim（丁酮砜威）

基本信息

CAS 登录号	34681-23-7	**分子量**	226.26
分子式	C₇H₁₄N₂O₄S		

¹H NMR 谱图

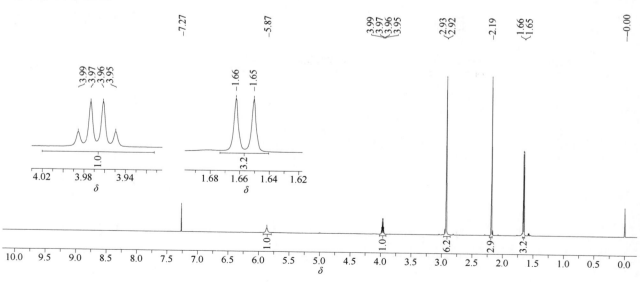

¹H NMR (600 MHz, CDCl₃, δ) 5.87 (1H, NH, br), 3.97 (1H, CH, q, J_{H-H} = 7.2 Hz), 2.94~2.91 (6H, NHC<u>H</u>₃, SCH₃, m), 2.19 (3H, CH₃, s), 1.66 (3H, CHC<u>H</u>₃, d, J_{H-H} = 7.2 Hz)

¹³C NMR 谱图

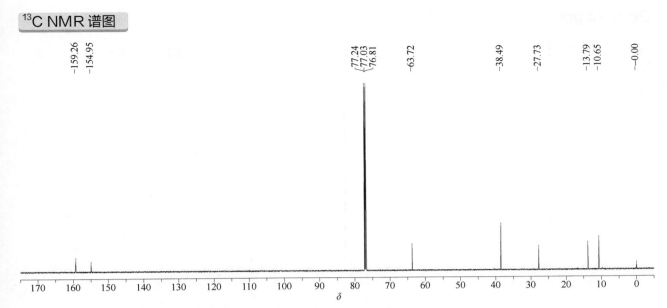

¹³C NMR (151 MHz, CDCl₃, δ) 159.26, 154.95, 63.72, 38.49, 27.73, 13.79, 10.65

butralin（仲丁灵）

基本信息

CAS 登录号	33629-47-9	分子量	295.33
分子式	C₁₄H₂₁N₃O₄		

¹H NMR 谱图

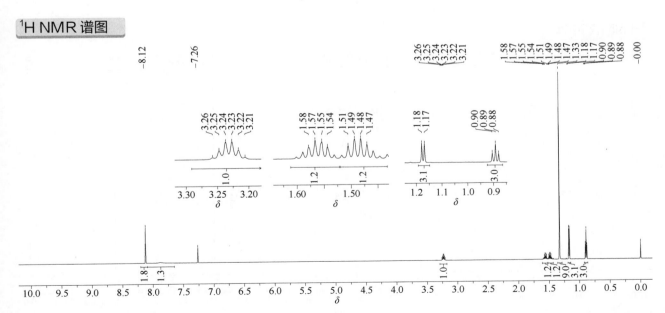

¹H NMR (600 MHz, CDCl₃, δ) 8.12 (2H, ArH, s), 7.93 (1H, NH, br), 3.24 (1H, NCH, hex, J_{H-H} = 7.0 Hz), 1.56 (1H, CH₂, dq, J_{H-H} = 14.1 Hz, J_{H-H} = 6.8 Hz), 1.49 (1H, CH, J_{H-H} = 13.9 Hz, J_{H-H} = 7.1 Hz), 1.33 (9H, C(CH₃)₃, s), 1.17 (3H, CHC$\underline{H}_3$, d, J_{H-H} = 6.3 Hz), 0.89 (3H, CH₂C$\underline{H}_3$, t, J_{H-H} = 7.4 Hz)

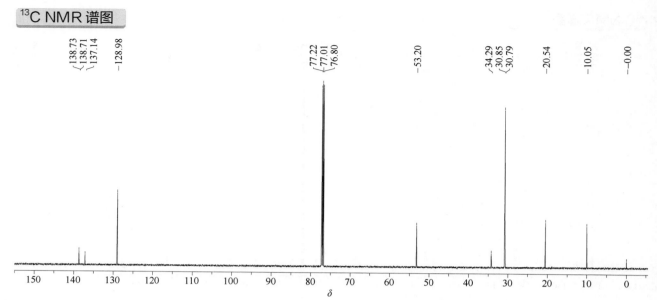

¹³C NMR (151 MHz, CDCl₃, δ) 138.73,138.71, 137.14, 128.98, 53.20, 34.29, 30.85, 30.79, 20.54, 10.05

buturon（炔草隆）

基本信息

CAS 登录号	3766-60-7	分子量	236.70
分子式	C₁₂H₁₃ClN₂O		

¹H NMR 谱图

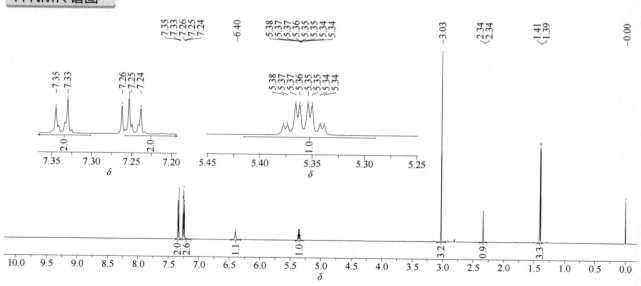

¹H NMR (600 MHz, CDCl₃, δ) 7.34 (2H, 2ArH, d, J_{H-H} = 8.8 Hz), 7.25 (2H, 2ArH, d, J_{H-H} = 8.8 Hz), 6.40 (1H, NH, s), 5.36 (1H, CH₃C<u>H</u>, qd, J_{H-H} = 7.0 Hz, J_{H-H} = 2.3 Hz), 3.03 (3H, NCH₃ s), 2.34 (1H, CCH, d, J_{H-H} = 2.4 Hz), 1.40 (3H, C<u>H</u>₃CH, d, J_{H-H} = 7.0 Hz)

¹³C NMR 谱图

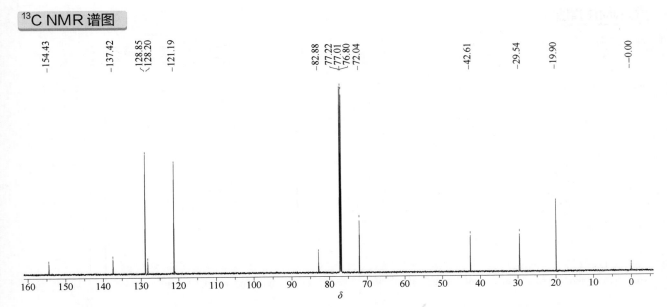

¹³C NMR (151 MHz, CDCl₃, δ) 154.43, 137.42, 128.85, 128.20, 121.19, 82.88, 72.04, 42.61, 29.54, 19.90

butylate（丁草特）

基本信息

CAS 登录号	2008-41-5	分子量	217.37
分子式	C₁₁H₂₃NOS		

¹H NMR 谱图

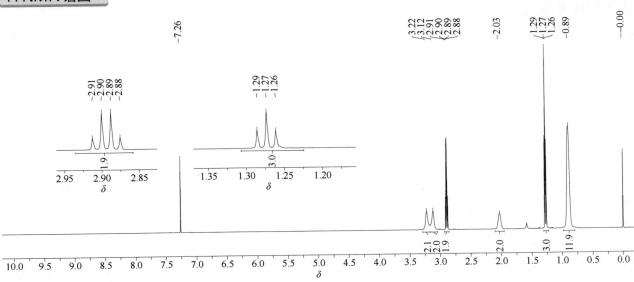

¹H NMR (600 MHz, CDCl₃, δ) 3.22 (2H, NCH₂, br), 3.12 (2H, NCH₂, br), 2.89 (2H, C<u>H</u>₂CH₃, q, J_{H-H} = 7.4 Hz), 2.03 (2H, 2C<u>H</u>(CH₃)₂, br), 1.27 (3H, CH₂C<u>H</u>₃, t, J_{H-H} = 7.4 Hz), 0.89 (12H, 2CH(C<u>H</u>₃)₂, br)

¹³C NMR 谱图

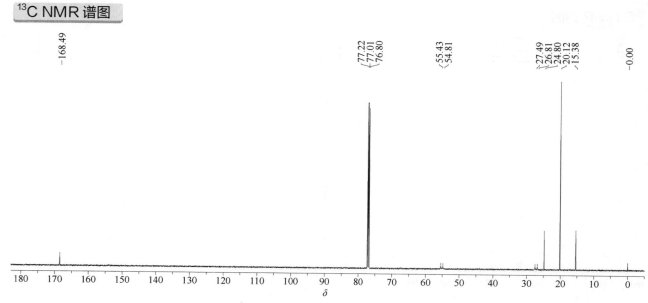

¹³C NMR (151 MHz, CDCl₃, δ) 168.49, 55.43, 54.81, 27.49, 26.81, 24.80, 20.12, 15.38

tert-butyl-4-hydroxyanisole（丁羟茴香醚）

基本信息

CAS 登录号	25013-16-5	分子量	180.24
分子式	C₁₁H₁₆O₂		

¹H NMR 谱图

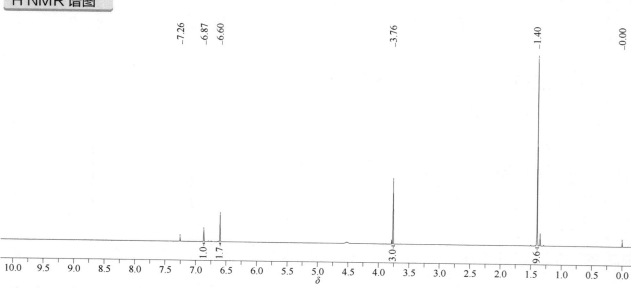

¹H NMR (600 MHz, CDCl₃, δ) 6.87 (1H, ArH, s), 6.60 (2H, 2ArH, s), 3.76 (3H, OCH₃, s), 1.40 (9H, 3CH₃, s)

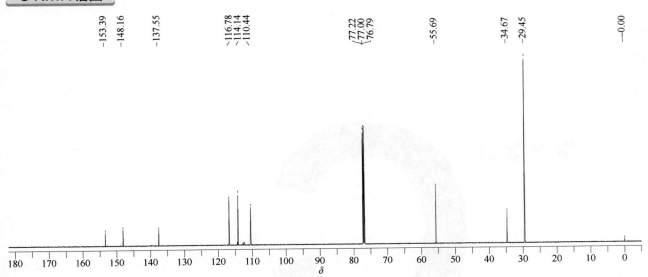

¹³C NMR (151 MHz, CDCl₃, δ) 153.39, 148.16, 137.55, 116.78, 114.14, 110.44, 55.69, 34.67, 29.45

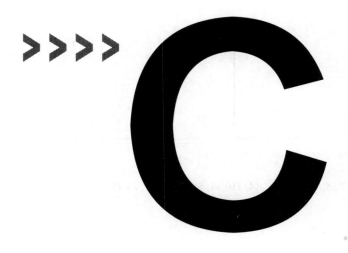

cacodylic acid（二甲胂酸）

基本信息

CAS 登录号	75-60-5	**分子量**	138.00
分子式	$C_2H_7AsO_2$		

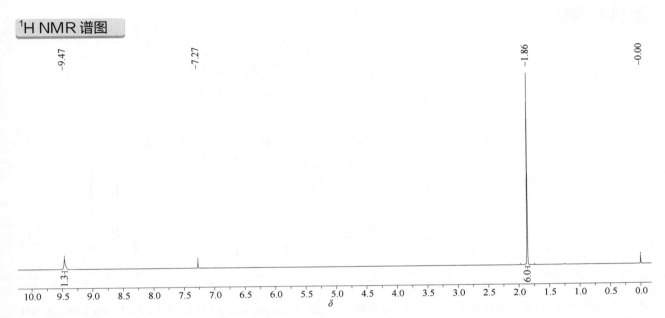

¹H NMR 谱图

¹H NMR (600 MHz, CDCl₃, δ) 9.47 (1H, OH, br), 1.86 (6H, 2CH₃, s)

¹³C NMR 谱图

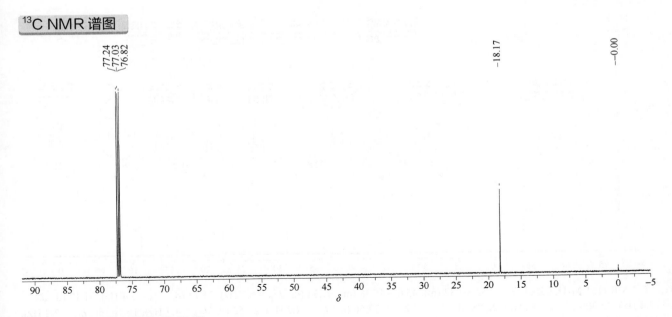

¹³C NMR (151 MHz, CDCl₃, δ) 18.17

cadusafos（硫线磷）

基本信息

CAS 登录号	95465-99-9	分子量	270.39
分子式	$C_{10}H_{23}O_2PS_2$		

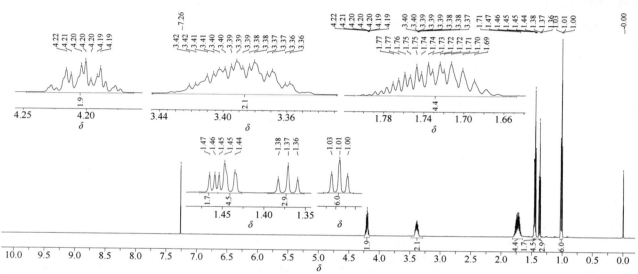

¹H NMR 谱图

¹H NMR (600 MHz CDCl₃, δ) 4.25~4.16 (2H, OCH₂, m), 3.48~3.29 (2H, SCH₂, m), 1.82~1.65 (4H, 2CHC$\underline{H}$₂CH₃, m), 1.48~1.43 (6H, 2CHC$\underline{H}$₃, m), 1.37 (3H, OCH₂C$\underline{H}$₃, t, J_{H-H} = 7.1 Hz), 1.01 (6H, 2CHCH₂C$\underline{H}$₃, t, J_{H-H} = 7.4 Hz)

¹³C NMR 谱图

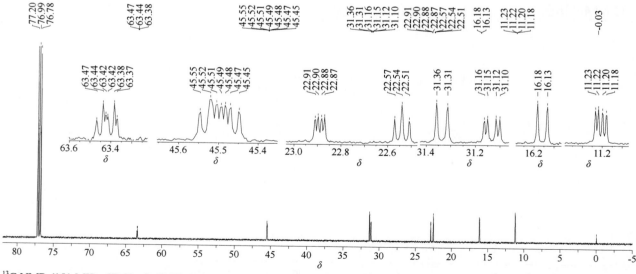

¹³C NMR (151 MHz, CDCl₃, δ) 63.57~63.32 (m), 45.61~45.38 (m), 31.34 (d, $^2J_{C-P}$ = 6.7 Hz), 31.14 (d, $^2J_{C-P}$ = 7.4 Hz), 31.12 (d, $^2J_{C-P}$ = 7.4 Hz), 22.90(d, $^3J_{C-P}$ = 4.2Hz), 22.88 (d, $^3J_{C-P}$ = 4.2Hz), 22.56 (d, $^3J_{C-P}$ = 4.7 Hz), 22.52 (d, $^3J_{C-P}$ = 4.7 Hz), 16.16 (d, $^3J_{C-P}$ = 7.4 Hz), 11.22 (d, $^4J_{C-P}$ = 2.6 Hz), 11.19 (d, $^4J_{C-P}$ = 2.6 Hz)

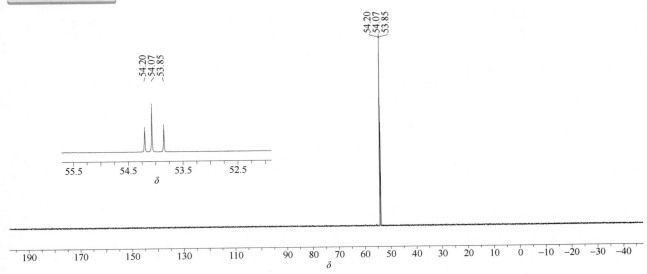

^{31}P NMR (243 MHz, CDCl₃, δ) 54.20, 54.07, 53.85

cafenstrole（唑草胺）

基本信息

CAS 登录号	125306-83-4	分子量	350.44
分子式	C₁₆H₂₂N₄O₃S		

¹H NMR 谱图

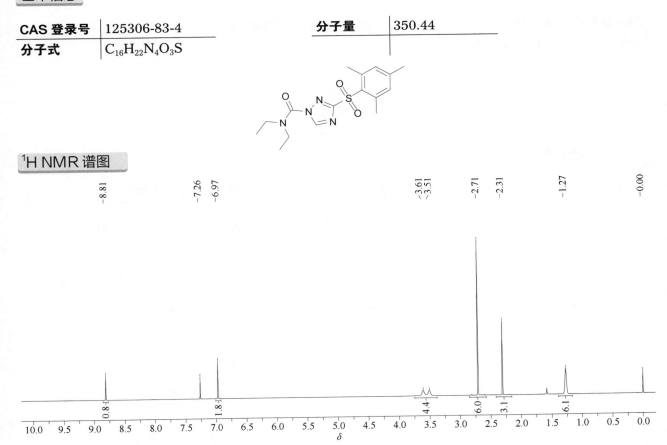

¹H NMR (600 MHz, CDCl₃, δ) 8.81 (1H, CH═N, s), 6.97 (2H, ArH, s), 3.61 (2H, NCH₂, br), 3.51(2H, NCH₂, br), 2.71 (6H, 2o-ArCH₃, s), 2.31 (3H, p-ArCH₃, s), 1.27 (6H, CH₂CH₃, br)

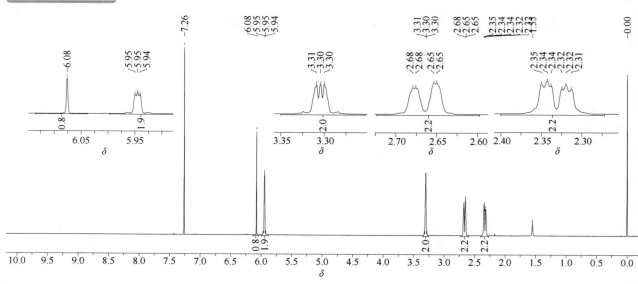

¹³C NMR (151 MHz, CDCl$_3$, δ) 164.42, 147.77, 147.75,144.50, 141.32, 132.33, 132.23, 44.13, 44.00, 22.86, 21.15, 13.94, 12.29

captafol（敌菌丹）

基本信息

CAS 登录号	2425-06-1	分子量	349.06
分子式	C$_{10}$H$_9$Cl$_4$NO$_2$S		

¹H NMR 谱图

¹H NMR (600 MHz, CDCl$_3$, δ) 6.08 (1H, CHCl$_2$, s), 6.00~5.88 (2H, CH$_2$C*H*＝C*H*CH$_2$, m), 3.35~3.25 (2H, 2COCH, m), 2.66 (2H, CHC*H*HC*H*HCH, dd, J_{H-H} =15.4 Hz, J_{H-H} = 2.1Hz), 2.40~2.27 (2H, CHC*H*HC*H*HCH, m)

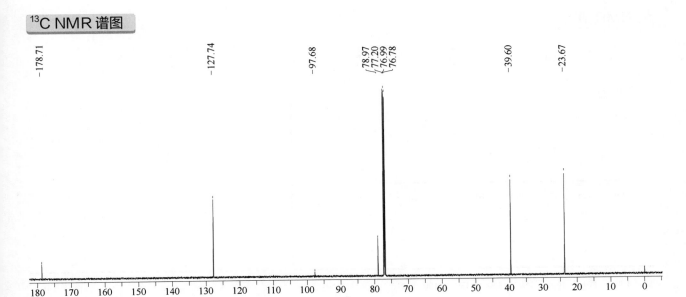

^{13}C NMR (151 MHz, CDCl$_3$, δ) 178.71, 127.74, 97.68, 78.97, 39.60, 23.67

captan（克菌丹）

基本信息

CAS 登录号	133-06-2	分子量	300.59
分子式	C$_9$H$_8$Cl$_3$NO$_2$S		

^{1}H NMR 谱图

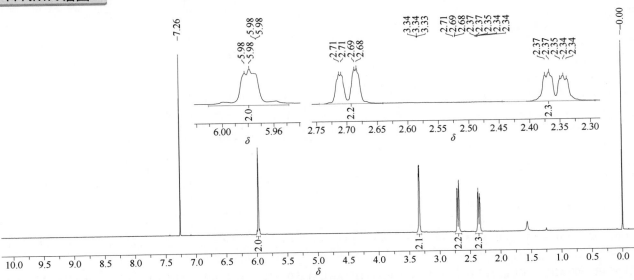

^{1}H NMR (600 MHz, CDCl$_3$, δ) 6.01~5.95 (2H, 2C=CH, m), 3.37~3.30 (2H, CH/CH$_2$, m), 2.70 (2H, CH/CH$_2$, dd, $J_{\text{H-H}}$ = 15.3 Hz, $J_{\text{H-H}}$ = 2.2 Hz), 2.40~2.31 (2H, CH/CH$_2$, m)

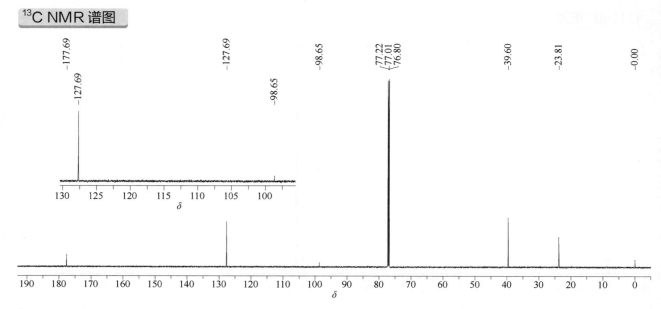

¹³C NMR (151 MHz, CDCl₃, δ) 177.69, 127.69, 98.65, 39.60, 23.81

carbanolate（氯灭杀威）

基本信息

CAS 登录号	671-04-5	分子量	213.66
分子式	C₁₀H₁₂ClNO₂		

¹H NMR 谱图

¹H NMR (600 MHz, CDCl₃, δ) 7.16 (1H, ArH, s), 6.96 (1H, ArH, s), 5.04 (1H, NH, br), 2.91 (3H, CH₃, d, J_{H-H} = 4.9 Hz), 2.21 (6H, 2ArCH₃, s)

^{13}C NMR 谱图

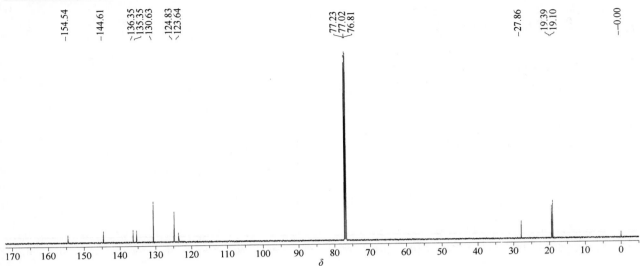

^{13}C NMR (151 MHz, CDCl$_3$, δ) 154.54, 144.61, 136.35, 135.35, 130.63, 124.83, 123.64, 27.86, 19.39, 19.10

carbaryl（甲萘威）

基本信息

CAS 登录号	63-25-2	分子量	201.23
分子式	C$_{12}$H$_{11}$NO$_2$		

^{1}H NMR 谱图

^{1}H NMR (600 MHz, CDCl$_3$, δ) 7.95 (1H, ArH, d, $J_{\text{H-H}}$ = 6.9 Hz), 7.89~7.83 (1H, ArH, m), 7.71 (1H, ArH, d, $J_{\text{H-H}}$ = 8.3 Hz), 7.55~7.42 (3H, 3ArH, m), 7.29 (1H, ArH, d, $J_{\text{H-H}}$ = 7.5 Hz), 5.19 (1H, NH, s), 2.95 (3H, d, $J_{\text{H-H}}$ = 4.9 Hz)

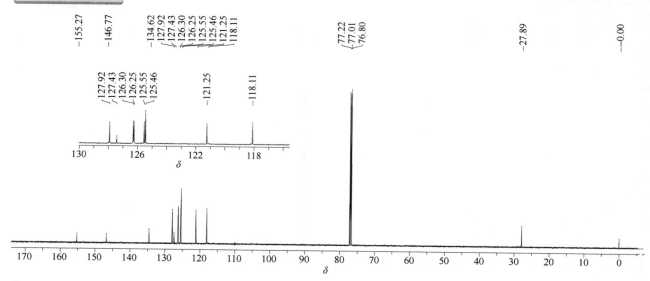

^{13}C NMR (151 MHz, CDCl$_3$, δ) 155.27, 146.77, 134.62, 127.92, 127.43, 126.30, 126.25, 125.55, 125.46, 121.25, 118.11, 27.89

carbendazim（多菌灵）

基本信息

CAS 登录号	10605-21-7	分子量	191.19
分子式	C$_9$H$_9$N$_3$O$_2$		

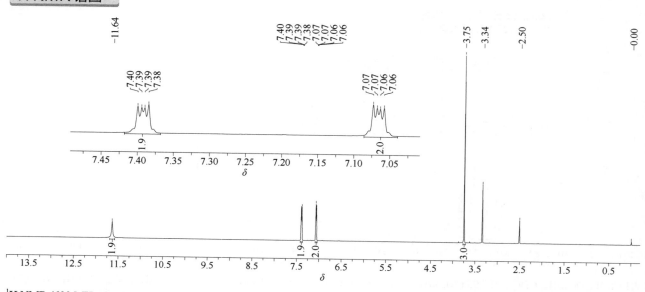

^{1}H NMR 谱图

^{1}H NMR (600 MHz, DMSO-d$_6$, δ) 11.64 (2H, 2NH, br), 7.39 (2H, 2ArH, dd, J_{H-H} = 5.8 Hz, J_{H-H} = 3.2 Hz), 7.06 (2H, 2ArH, dd, J_{H-H} = 5.9 Hz, J_{H-H} = 3.2 Hz), 3.75 (3H, OCH$_3$, s)

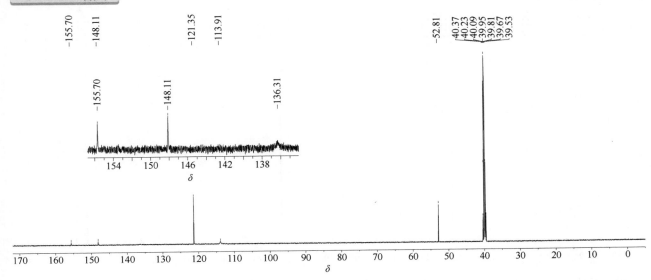

¹³C NMR (151 MHz, DMSO-d₆, δ) 155.70, 148.11, 136.31, 121.35, 113.91

carbetamide（卡草胺）

基本信息

CAS 登录号	16118-49-3	**分子量**	236.27
分子式	C₁₂H₁₆N₂O₃		

¹H NMR 谱图

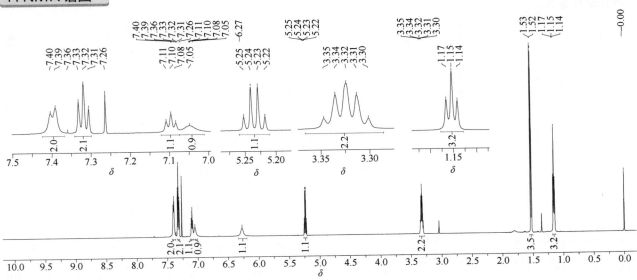

¹H NMR (600 MHz, CDCl₃, δ) 7.40 (2H, 2ArH, d, *J*_{H-H} = 7.5 Hz), 7.32 (2H, 2ArH, t, *J*_{H-H} = 7.9 Hz), 7.10 (1H, ArH, t, *J*_{H-H} = 7.3 Hz), 7.05 (1H, NH, br), 6.27 (1H, NH, br), 5.23 (1H, OCH, q, *J*_{H-H} = 6.8 Hz), 3.37~3.29 (2H, NCH₂, m), 1.53 (3H, CHC<u>H</u>₃, d, *J*_{H-H} = 6.8 Hz), 1.15 (3H, CH₂C<u>H</u>₃, t, *J*_{H-H} = 7.3 Hz)

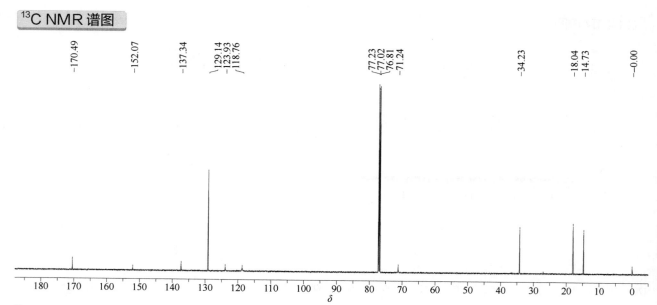

^{13}C NMR (151 MHz, CDCl$_3$, δ) 170.49, 152.07, 137.34, 129.14, 123.93, 118.76, 71.24, 34.23, 18.04, 14.73

carbofuran（克百威）

基本信息

CAS 登录号	1563-66-2	分子量	221.26
分子式	C$_{12}$H$_{15}$NO$_3$		

^{1}H NMR 谱图

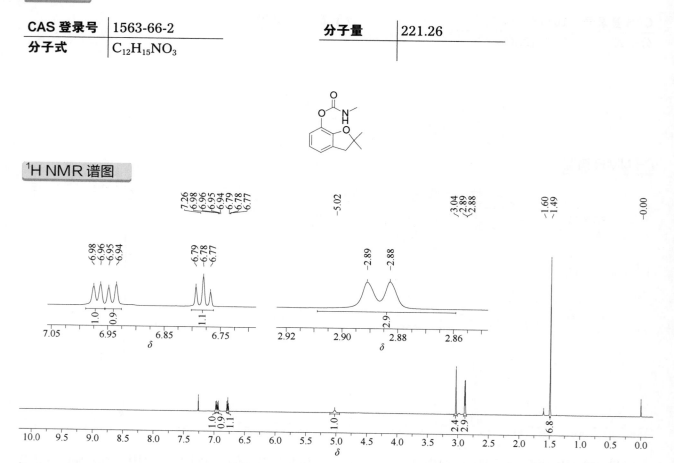

^{1}H NMR (600 MHz, CDCl$_3$, δ) 6.97 (1H, ArH, d, $J_{\text{H-H}}$ = 7.3 Hz), 6.94 (1H, ArH, d, $J_{\text{H-H}}$ = 8.1 Hz), 6.78 (1H, ArH, t, $J_{\text{H-H}}$ = 7.7 Hz), 5.02 (1H, NH, br), 3.04 (2H, ArCH$_2$, s), 2.89 (3H, NCH$_3$, d, $J_{\text{H-H}}$ = 4.9 Hz), 1.49 (6H, C(CH$_3$)$_2$, s)

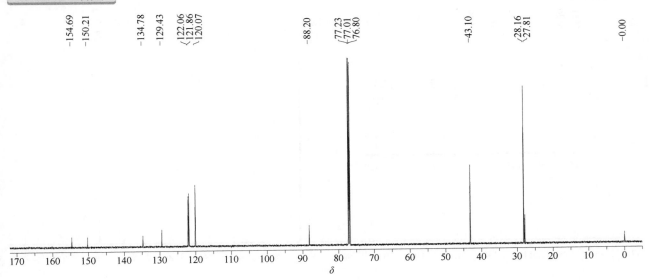

¹³C NMR (151 MHz, CDCl₃, δ) 154.69, 150.21, 134.78, 129.43, 122.06, 121.86, 120.07, 88.20, 43.10, 28.16, 27.81

carbofuran-3-hydroxy（3-羟基克百威）

基本信息

CAS 登录号	16655-82-6	分子量	237.25
分子式	C₁₂H₁₅NO₄		

¹H NMR 谱图

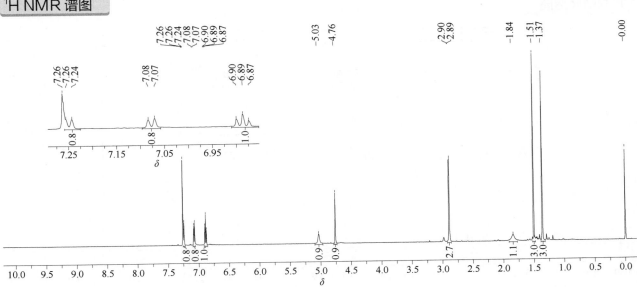

¹H NMR (600 MHz, CDCl₃, δ) 7.26 (1H, ArH, d, J_{H-H} = 7.5 Hz), 7.08 (1H, ArH, d, J_{H-H} = 8.0 Hz), 6.90 (1H, ArH, t, J_{H-H} = 7.5 Hz), 5.03 (1H, NH, br), 4.76 (1H, C*H*OH, s), 2.90 (3H, NHCH₃, d, J_{H-H} = 4.9 Hz), 1.84 (1H, OH, br), 1.51 (3H, CH₃, s), 1.37 (3H, CH₃, s)

149

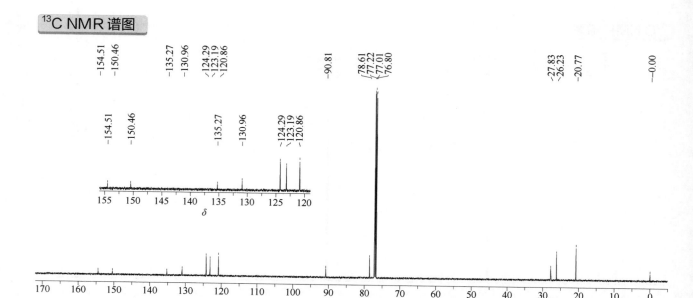

154.51 150.46 135.27 130.96 124.29 123.19 120.86 90.81 78.61 77.22 77.01 76.80 27.83 26.23 20.77 0.00

¹³C NMR (151 MHz, CDCl₃, δ) 154.51, 150.46, 135.27, 130.96, 124.29, 123.19, 120.86, 90.81, 78.61, 27.83, 26.23, 20.77

carbofuran-3-keto（3- 酮基克百威）

基本信息

CAS 登录号	16709-30-1	分子量	235.24
分子式	C₁₂H₁₃NO₄		

¹H NMR 谱图

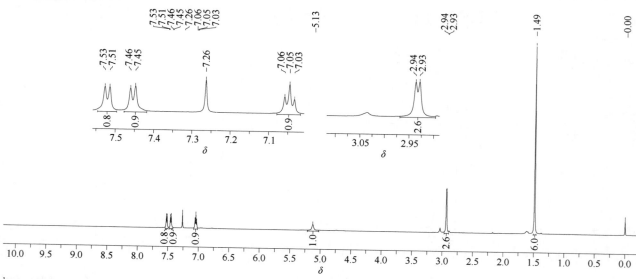

7.53 7.51 7.46 7.45 7.26 7.06 7.05 7.03 5.13 2.94 2.93 1.49 0.00

¹H NMR (600 MHz, CDCl₃, δ) 7.52 (1H, ArH, d, J_{H-H} = 7.6 Hz), 7.45 (1H, ArH, d, J_{H-H} = 7.7 Hz), 7.05 (1H, ArH, t, J_{H-H} = 7.7 Hz), 5.13 (1H, NH, br), 2.93 (3H, NCH₃, d, J_{H-H} = 4.7 Hz), 1.49 (6H, 2CH₃, s).

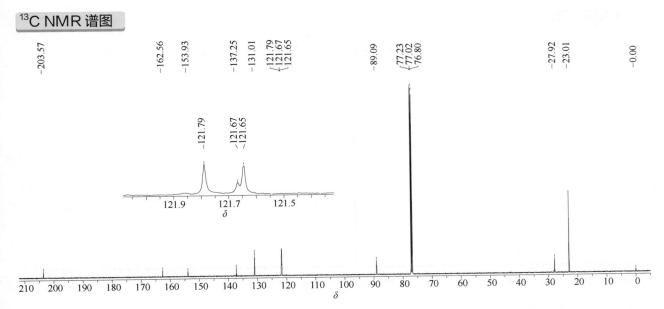

^{13}C NMR (151 MHz, CDCl$_3$, δ) 203.57, 162.56, 153.93, 137.25, 131.01, 121.79, 121 67, 121.65, 89.09, 27.92, 23.01

carbophenothion（三硫磷）

基本信息

CAS 登录号	786-19-6	分子量	342.87
分子式	C$_{11}$H$_{16}$ClO$_2$PS$_3$		

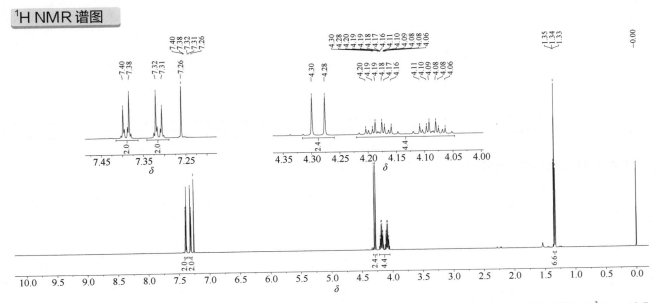

^{1}H NMR 谱图

^{1}H NMR (600 MHz, CDCl$_3$, δ) 7.39 (2H, 2ArH, d, $J_{\text{H-H}}$ = 8.5 Hz), 7.31 (2H, 2ArH, d, $J_{\text{H-H}}$ = 8.5 Hz), 4.29 (2H, SCH$_2$, d, $^3J_{\text{H-P}}$ = 13.7 Hz), 4.22~4.05 (4H, 2CH$_2$, m), 1.34 (6H, 2CH$_3$, t, $J_{\text{H-H}}$ = 7.1 Hz)

¹³C NMR 谱图

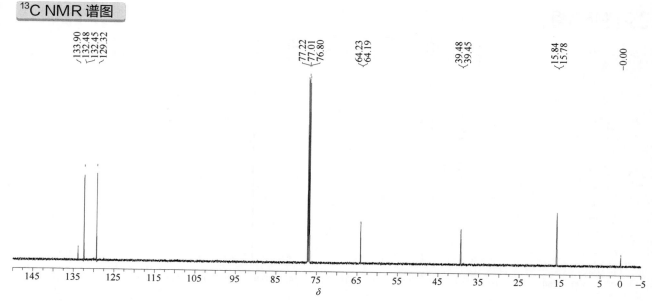

¹³C NMR (151 MHz, CDCl₃, δ) 133.90, 132.48, 132.45, 129.32, 64.21 (d, $^2J_{\text{C-P}}$ = 5.8 Hz), 39.47 (d, $^2J_{\text{C-P}}$ = 4.4 Hz), 15.81 (d, $^3J_{\text{C-P}}$ = 8.6 Hz)

³¹P NMR 谱图

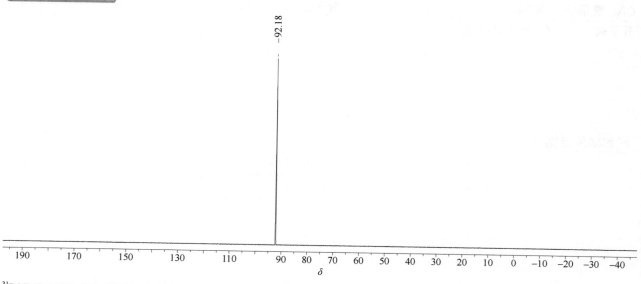

³¹P NMR (243 MHz, CDCl₃, δ) 92.18

carbosulfan（丁硫克百威）

基本信息

CAS 登录号	55285-14-8	分子量	380.54
分子式	$C_{20}H_{32}N_2O_3S$		

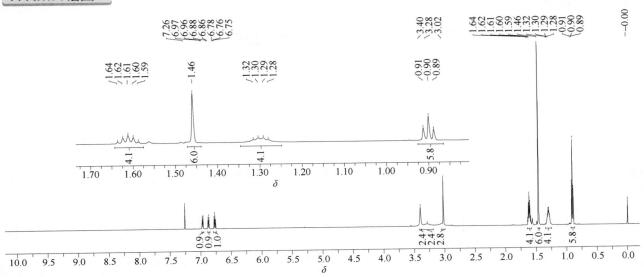

¹H NMR 谱图

¹H NMR (600 MHz, CDCl₃, δ) 6.96 (1H, ArH, d, J_{H-H} = 7.3 Hz), 6.87 (1H, ArH, d, J_{H-H} = 8.1 Hz), 6.76 (1H, ArH, t, J_{H-H} = 7.8 Hz), 3.40 (2H, CH₂, s), 3.28 (4H, 2NCH₂, br), 3.02 (3H, NCH₃, s), 1.61 (4H, 2NCH₂C$\underline{H}$₂, quin, J_{H-H} = 7.5 Hz), 1.46 (6H, 2CH₃, s), 1.29 (4H, 2NCH₂CH₂C$\underline{H}$₂, hex, J_{H-H} = 7.2 Hz), 0.90 (6H, 2CH₃, t, J_{H-H} = 7.4 Hz)

¹³C NMR 谱图

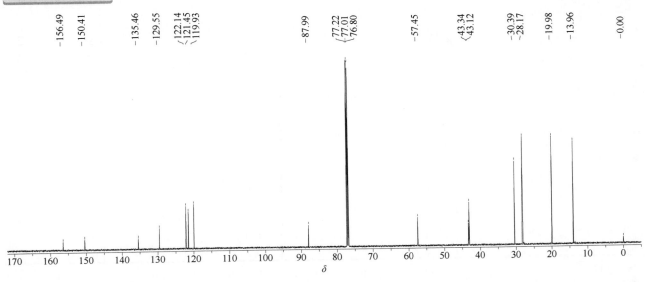

¹³C NMR (151 MHz, CDCl₃, δ) 156.49, 150.41, 135.46, 129.55, 122.14, 121.45, 119.93, 87.99, 57.45, 43.34, 43.12, 30.39, 28.17, 19.98, 13.96

carboxin（萎锈灵）

基本信息

CAS 登录号	5234-68-4	分子量	235.31
分子式	$C_{12}H_{13}NO_2S$		

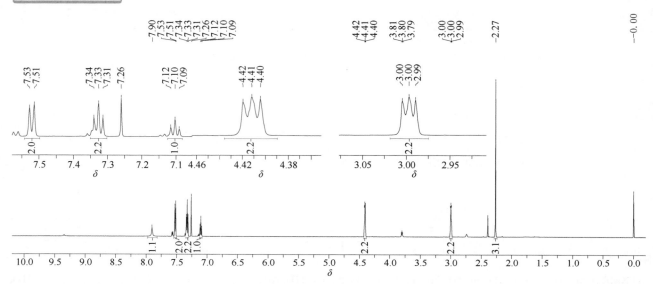

¹H NMR 谱图

¹H NMR (600 MHz, CDCl₃, δ) 7.90 (1H, NH, s), 7.52 (2H, 2ArH, d, J_{H-H} = 8.3 Hz), 7.33 (2H, 2ArH, t, J_{H-H} = 7.9 Hz), 7.10 (1H, ArH, t, J_{H-H} = 7.4 Hz), 4.44~4.39 (2H, OCH₂, m), 3.02~2.94 (2H, SCH₂, m), 2.27 (3H, CH₃, s)

¹³C NMR 谱图

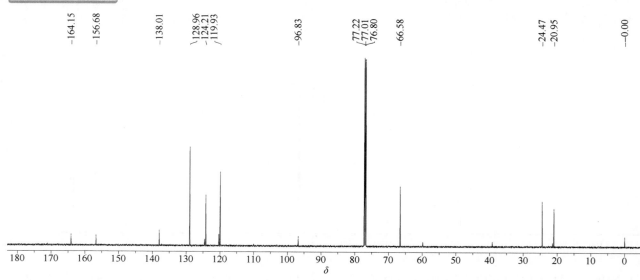

¹³C NMR (151 MHz, CDCl₃, δ) 164.15, 156.68, 138.01, 128.96, 124.21, 119.93, 96.83, 66.58, 24.47, 20.95

carboxin sulfoxide（萎锈灵亚砜）

基本信息

| **CAS 登录号** | 17757-70-9 | **分子量** | 251.30 |
| **分子式** | $C_{12}H_{13}NO_3S$ | | |

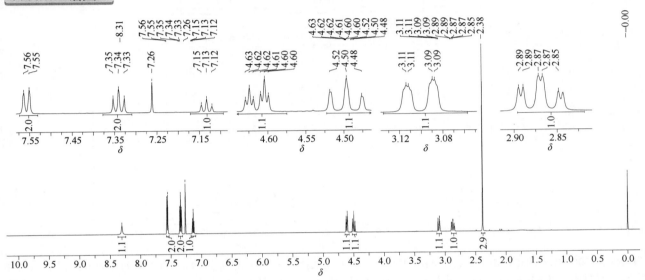

¹H NMR 谱图

^{1}H NMR (600 MHz, CDCl$_3$, δ) 8.31 (1H, NH, s), 7.56 (2H, 2ArH, d, J_{H-H} = 7.7 Hz), 7.34 (2H, 2ArH, t, J_{H-H} = 7.9 Hz), 7.13 (1H, ArH, t, J_{H-H} = 7.4 Hz), 4.61 (1H, OCH, dt, J_{H-H} = 11.9 Hz, J_{H-H} = 3.1 Hz), 4.50 (1H, OCH, t, J_{H-H} = 12.6 Hz), 3.10 (1H, SCH, m), 2.90~2.82 (1H, SCH, dt, J_{H-H} = 14.6 Hz, J_{H-H} = 1.2 Hz), 2.38 (3H, CH$_3$, s)

¹³C NMR 谱图

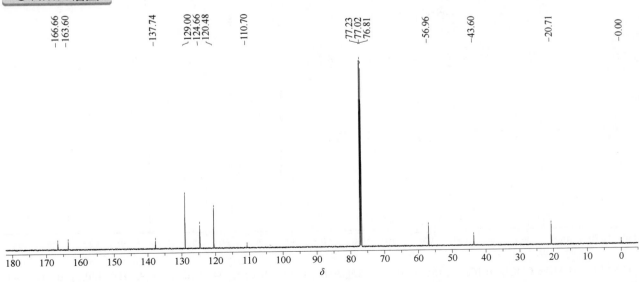

^{13}C NMR (151 MHz, CDCl$_3$, δ) 166.66, 163.60, 137.74, 129.00, 124.66, 120.48, 110.70, 56.96, 43.60, 20.71

carfentrazone-ethyl（唑草酮）

基本信息

CAS 登录号	128639-02-1	分子量	412.19
分子式	$C_{15}H_{14}Cl_2F_3N_3O_3$		

¹H NMR 谱图

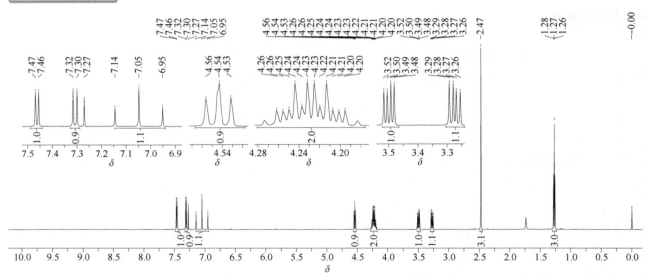

¹H NMR (600 MHz, CDCl₃, δ) 7.46 (1H, ArH, d, $^4J_{H-F}$ = 7.7 Hz), 7.31 (1H, ArH, d, $^3J_{H-F}$ = 9.6 Hz), 7.05 (1H, CHF₂, t, $^2J_{H-F}$ = 58.1 Hz), 4.54 (1H, CHCl, t, J_{H-H} = 7.9 Hz), 4.28~4.18 (2H, OC$\underline{H}_2$CH₃, m), 3.50 (1H, C$\underline{H}$HCHCl, dd, J_{H-H} = 14.3 Hz, J_{H-H} = 6.8 Hz), 3.27 (1H, C$\underline{H}$HCHCl, dd, J_{H-H} = 14.3 Hz, J_{H-H} = 8.1 Hz), 2.47 (3H, CH₃, s), 1.28 (3H, OCH₂C$\underline{H}_3$, J_{H-H} = 7.2 Hz)

¹³C NMR 谱图

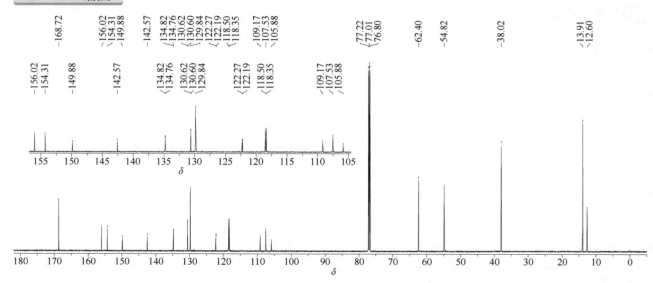

¹³C NMR (151 MHz, CDCl₃, δ) 168.72, 155.16 (d, J_{C-F} = 258.3 Hz), 149.88, 142.57, 134.79 (d, $^3J_{C-F}$ = 9.3 Hz), 130.61 (d, $^3J_{C-F}$ = 4.0 Hz), 129.84, 122.23 (d, $^2J_{C-F}$ = 11.7 Hz), 118.42 (d, $^2J_{C-F}$ = 22.8 Hz), 107.53 (t, J_{C-F} = 247.2 Hz), 62.40, 54.82, 38.02, 13.91, 12.60

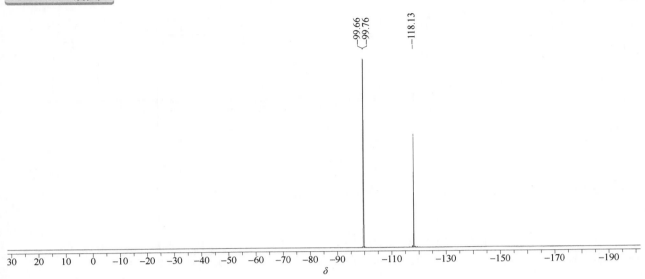

^{19}F NMR (564 MHz, CDCl$_3$, δ) -99.66, -99.76, -118.13

carpropamid（环丙酰菌胺）

基本信息

CAS 登录号	104030-54-8	分子量	334.67
分子式	C$_{15}$H$_{18}$Cl$_3$NO		

^{1}H NMR 谱图

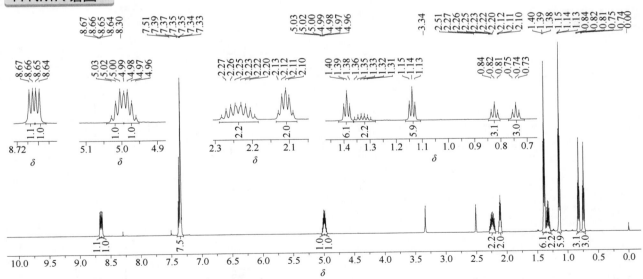

^{1}H NMR (600 MHz, DMSO-d$_6$, δ) 两组异构体重叠，比例约为 1：1。8.67 (1H, NH, d, $J_{\text{H-H}}$ = 7.9 Hz), 8.64 (1H, NH, d, $J_{\text{H-H}}$ = 8.0 Hz), 7.41~7.30 (8H, 8 ArH, m), 5.04~4.99 (1H, 2NCH, m), 2.29~2.08 (2H, 2ClCC$\underline{H}$CH$_3$, m), 1.39 (6H, 2CH$_3$, t, $J_{\text{H-H}}$ = 6.7 Hz), 1.33 (2H, 2C$\underline{H}$HCH$_3$, dq, $J_{\text{H-H}}$ = 7.5 Hz, $J_{\text{H-H}}$ = 7.4 Hz), 1.14 (6H, 2CH$_3$, t, $J_{\text{H-H}}$ = 7.4 Hz), 0.82 (3H, CH$_3$, t, $J_{\text{H-H}}$ = 7.4 Hz), 0.74 (3H, CH$_3$, t, $J_{\text{H-H}}$ = 7.4 Hz)

¹³C NMR 谱图

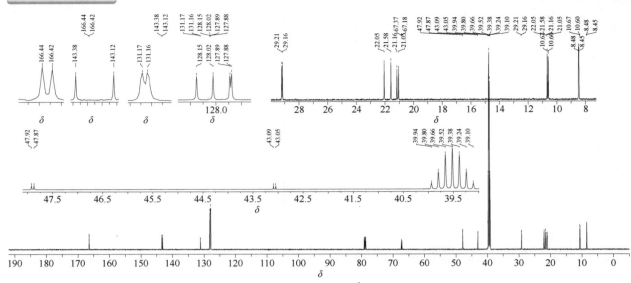

¹³C NMR (151 MHz, DMSO-d₆, δ) 两组异构体混合物，比例约为 1∶1。166.44, 166.42, 143.38, 143.12, 131.17, 131.16, 128.15, 128.02, 127.89, 127.88, 67.37, 67.18, 47.92, 47.89, 43.09, 43.05, 29.21, 29.16, 22.05, 21.58, 21.16, 21.05, 10.67, 10.60, 8.48, 8.45

cetrimide（西曲溴胺）

基本信息

CAS 登录号	1119-97-7	分子量	336.39
分子式	C₁₇H₃₈BrN		

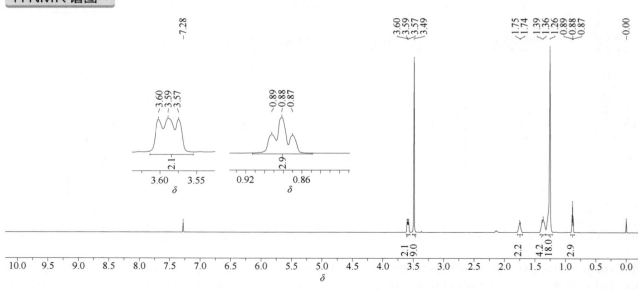

¹H NMR 谱图

¹H NMR (600 MHz, CDCl₃, δ) 3.61~3.55 (2H, NCH₂, m), 3.49 (9H, 3NCH₃, s), 1.78~1.72 (2H, NCH₂C*H*₂, quin, *J*_{H-H} = 6.7 Hz), 1.42~1.32 (4H, 2CH₂, m), 1.32~1.22 (18H, 9 CH₂, m), 0.88 (3H, CH₂C*H*₃, t, *J*_{H-H} = 6.4 Hz)

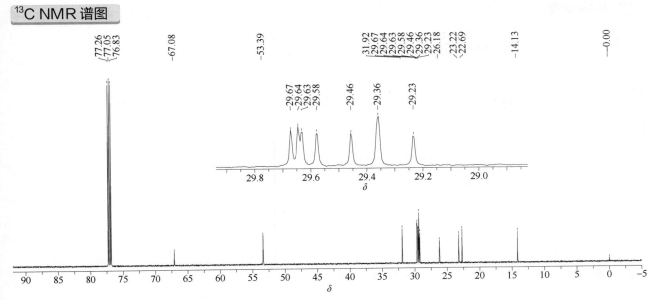

¹³C NMR (151 MHz, CDCl₃, δ) 67.08, 53.39, 31.92, 29.67, 29.64, 29.63, 29.58, 29.46, 29.36, 29.23, 26.18, 23.22, 22.69, 14.13

chinomethionat（灭螨猛）

基本信息

CAS 登录号	2439-01-2	分子量	234.30
分子式	C₁₀H₆N₂OS₂		

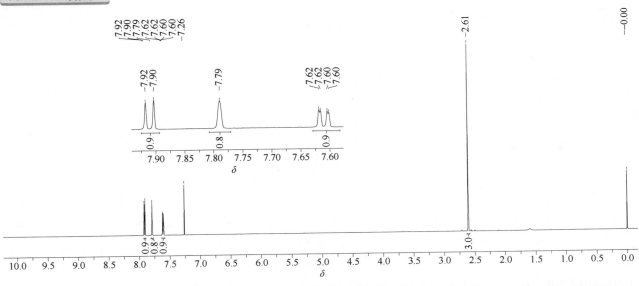

¹H NMR (600 MHz, CDCl₃, δ) 7.92 (1H, ArH, d, J_{H-H} = 8.6 Hz), 7.79 (1H, ArH, s), 7.62 (1H, ArH, dd, J_{H-H} = 8.6 Hz, J_{H-H} = 1.7 Hz), 2.61 (1H, CH₃, s)

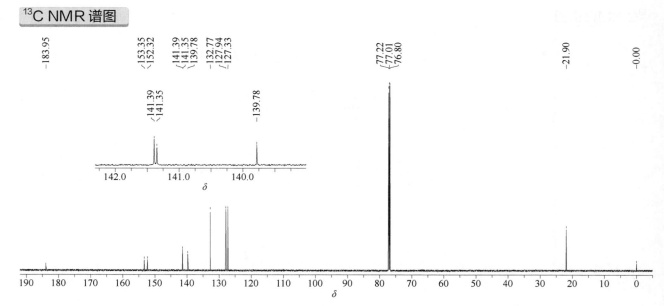

^{13}C NMR (151 MHz, CDCl$_3$, δ) 183.95, 153.35, 152.32, 141.39, 141.35, 139.78, 132.77, 127.94, 127.33, 21.90

chloramben（草灭畏）

基本信息

CAS 登录号	133-90-4	分子量	206.02
分子式	C$_7$H$_5$Cl$_2$NO$_2$		

^{1}H NMR 谱图

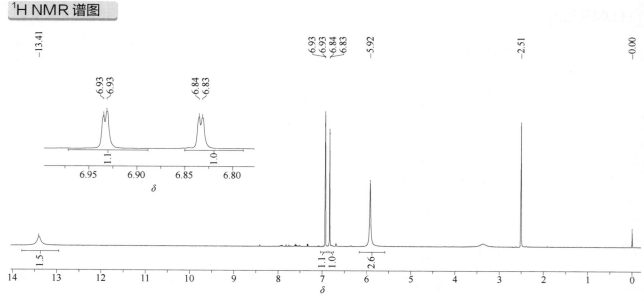

^{1}H NMR (600 MHz, DMSO-d$_6$, δ) 13.41 (1H, OH, br), 6.93 (1H, ArH, d, J_{H-H} = 2.0 Hz), 6.83 (1H, ArH, d, J_{H-H} = 2.1 Hz), 5.92 (2H, NH$_2$, br)

¹³C NMR 谱图

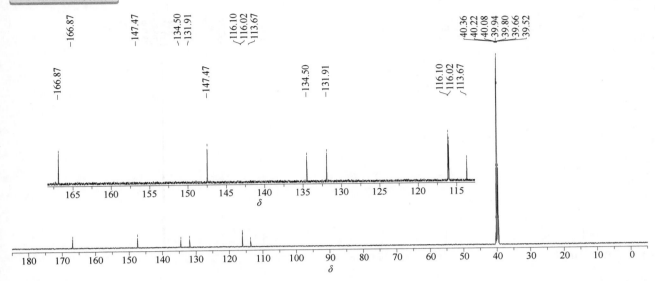

¹³C NMR (151 MHz, DMSO-d₆, δ) 166.87, 147.47, 134.50, 131.91, 116.10, 116.02, 113.67

chloramphenicol（氯霉素）

基本信息

CAS 登录号	56-75-7		分子量	323.13
分子式	C₁₁H₁₂Cl₂N₂O₅			

¹H NMR 谱图

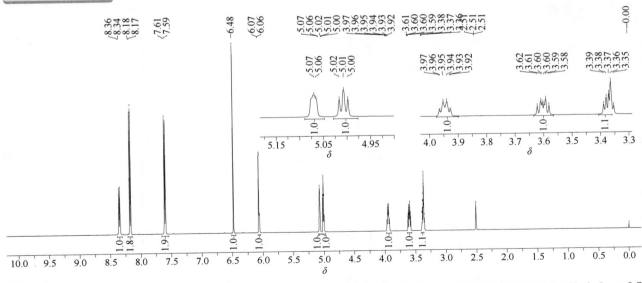

¹H NMR (600 MHz, DMSO-d₆, δ) 8.35 (1H, NH, d, J_{H-H} = 9.2 Hz), 8.17 (2H, 2ArH, d, J_{H-H} = 8.7 Hz), 7.60 (2H, 2ArH, d, J_{H-H} = 8.7 Hz), 6.48 (1H, CHCl₂, s), 6.06 (1H, OH, d, J_{H-H} = 4.4 Hz), 5.07 (1H, OH, t, J_{H-H} = 2.4 Hz), 5.01 (1H, CH, d, J_{H-H} = 5.5 Hz), 3.95 (1H, CH, q, J_{H-H} = 7.8 Hz), 3.60 (1H, CH, dt, J_{H-H} = 7.3 Hz), 3.37 (1H, CH, quin, J_{H-H} = 5.5 Hz)

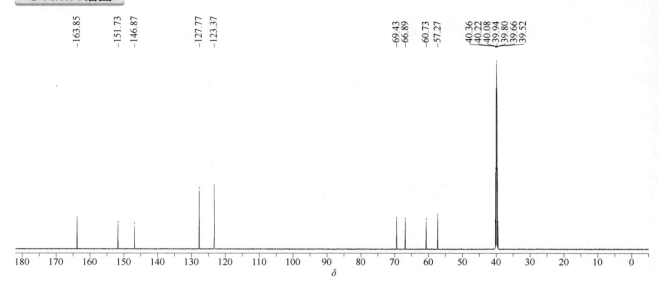

¹³C NMR (151 MHz, DMSO-d₆, δ) 163.85, 151.73, 146.87, 127.77, 123.37, 69.43, 66.89, 60.73, 57.27

chloranocryl（丁酰草胺）

基本信息

CAS 登录号	2164-09-2	分子量	230.09
分子式	$C_{10}H_9Cl_2NO$		

¹H NMR 谱图

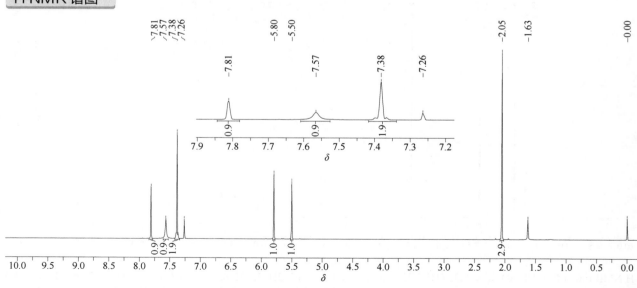

¹H NMR (600 MHz, CDCl₃, δ) 7.81 (1H, ArH, s), 7.57 (1H, NH, br), 7.38 (2H, 2ArH, s), 5.80 (1H, =CH, s), 5.50 (1H, =CH, s), 2.05 (3H, CH₃, s)

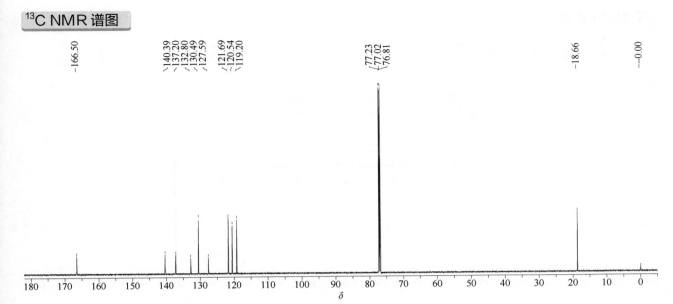

¹³C NMR (151 MHz, CDCl₃, δ) 166.50, 140.39, 137.20, 132.80, 130.49, 127.59, 121.69, 120.54, 119.20, 18.66

chlorantraniliprole（氯虫苯甲酰胺）

基本信息

CAS 登录号	500008-45-7	分子量	483.15
分子式	C₁₈H₁₄BrCl₂N₅O₂		

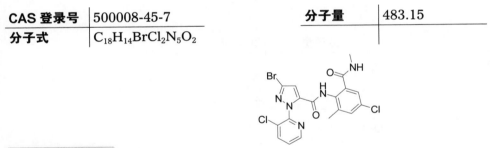

¹H NMR 谱图

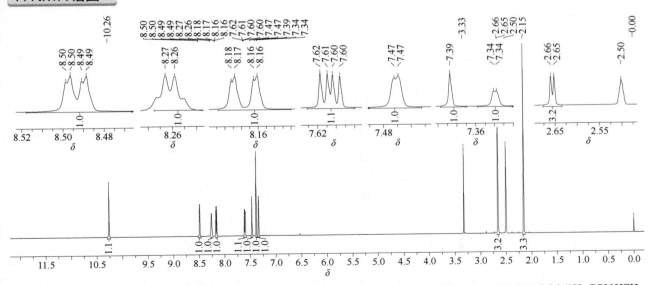

¹H NMR (600 MHz, DMSO-d₆, δ) 10.26 (1H, CONHAr, s), 8.49 (1H, ArH, dd, J_{H-H} = 4.7 Hz, J_{H-H} = 1.3 Hz), 8.26 (1H, CON_HCH₃, q, J_{H-H} = 4.6 Hz), 8.17 (1H, ArH, dd, J_{H-H} = 8.1 Hz, J_{H-H} = 1.3 Hz), 7.61 (1H, ArH, dd, J_{H-H} = 8.1 Hz, J_{H-H} = 4.7 Hz), 7.47 (1H, ArH, d, J_{H-H} = 1.7 Hz), 7.39 (1H, ArH, s), 7.34 (1H, ArH, d, J_{H-H} = 1.8 Hz), 2.66 (3H, NHC_H₃, d, J_{H-H} = 4.6 Hz), 2.15 (3H, ArCH₃, s)

¹³C NMR 谱图

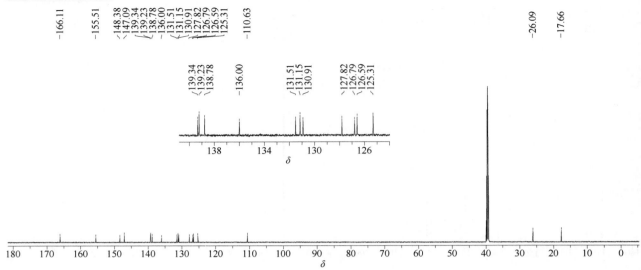

¹³C NMR (151 MHz, DMSO-d$_6$, δ) 166.11, 155.51, 148.38, 147.09, 139.34, 139.23, 138.78, 136.00, 131.51, 131.15, 130.91, 127.82, 126.79, 126.59, 125.31, 110.63, 26.09, 17.66

chlorbenside（氯杀螨）

基本信息

CAS 登录号	103-17-3	分子量	269.18
分子式	C$_{13}$H$_{10}$Cl$_2$S		

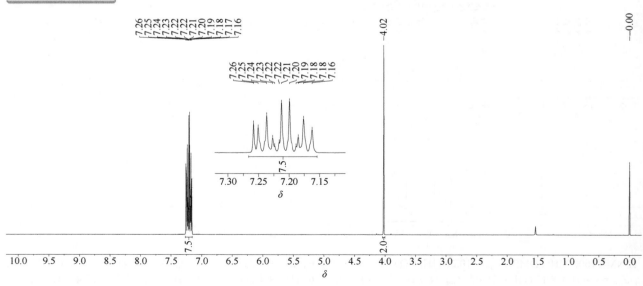

¹H NMR 谱图

¹H NMR (600 MHz, CDCl$_3$, δ) 7.27~7.15 (8H, 8ArH, m), 4.02 (2H, CH$_2$, s)

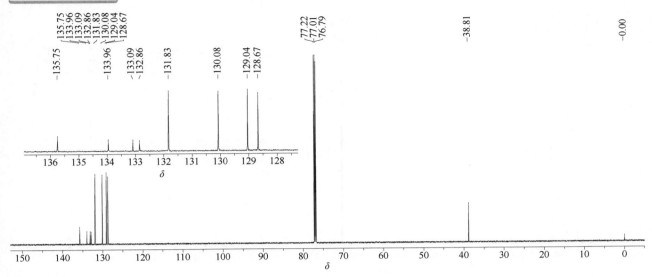

¹³C NMR (151 MHz, CDCl₃, δ) 135.75, 133.96, 133.09, 132.86, 131.83, 130.08, 129.04, 128.67, 38.81

chlorbenside sulfone（氯杀螨砜）

基本信息

CAS 登录号	7082-99-7	分子量	301.19
分子式	C₁₃H₁₀Cl₂O₂S		

¹H NMR 谱图

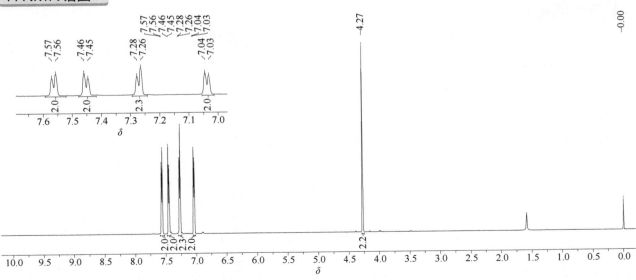

¹H NMR (600 MHz, CDCl₃, δ) 7.56 (2H, 2ArH, d, J_{H-H} = 8.3 Hz), 7.45 (2H, 2ArH, d, J_{H-H} = 8.0 Hz), 7.27 (2H, 2ArH, d, J_{H-H} = 8.0 Hz), 7.03 (2H, 2ArH, d, J_{H-H} = 7.8 Hz), 4.27 (2H, CH₂, s)

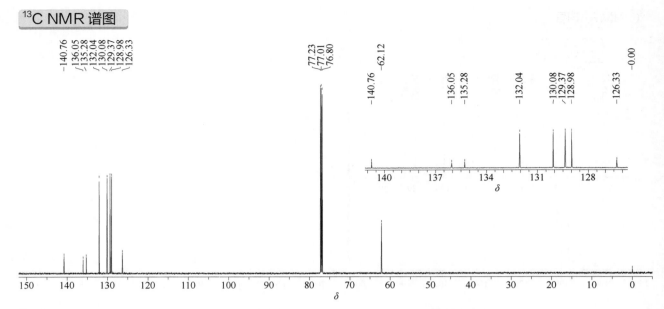

¹³C NMR (151 MHz, CDCl₃, δ) 140.76, 136.05, 135.28, 132.04, 130.08, 129.37, 128.98, 126.33, 62.12

chlorbicyclen（冰片丹）

基本信息

CAS 登录号	2550-75-6	分子量	397.75
分子式	C₉H₆Cl₈		

¹H NMR 谱图

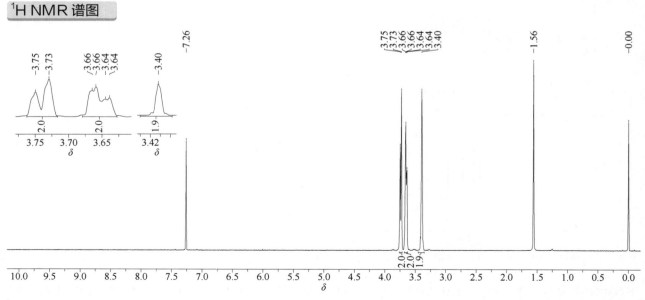

¹H NMR (600 MHz, CDCl₃, δ) 3.74 (2H, 2CH, d, *J*_{H-H} = 12.1 Hz), 3.65 (2H, 2CH, dd, *J*_{H-H} = 12.0 Hz, *J*_{H-H} = 3.4 Hz), 3.40 (2H, 2CH, s)

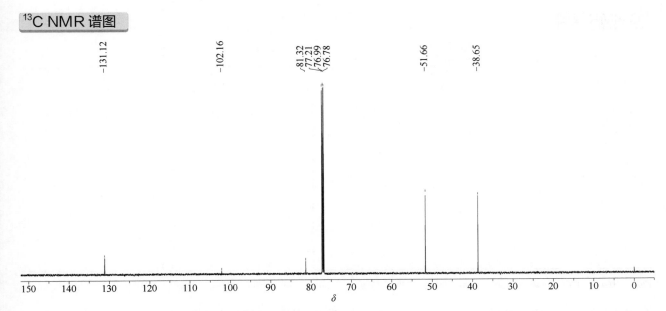

¹³C NMR (151 MHz, CDCl₃, δ) 131.12, 102.16, 81.32, 51.66, 38.65

chlorbromuron（氯溴隆）

基本信息

CAS 登录号	13360-45-7	分子量	293.54
分子式	C₉H₁₀BrClN₂O₂		

¹H NMR 谱图

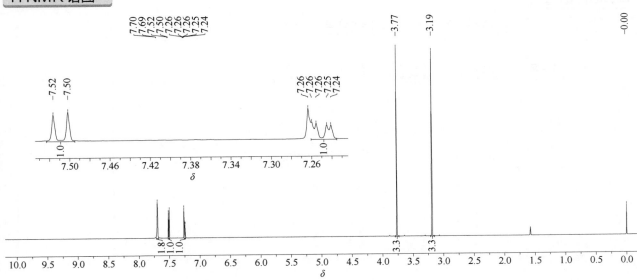

¹H NMR (600 MHz, CDCl₃, δ) 7.70 (1H, NH, s), 7.70 (1H, ArH, d, J_{H-H} = 2.5 Hz), 7.51 (1H, ArH, d, J_{H-H} = 8.7 Hz), 7.25 (1H, ArH, dd, J_{H-H} = 8.7 Hz, J_{H-H} = 2.5 Hz), 3.77 (3H, CH₃, s), 3.19 (3H, CH₃, s)

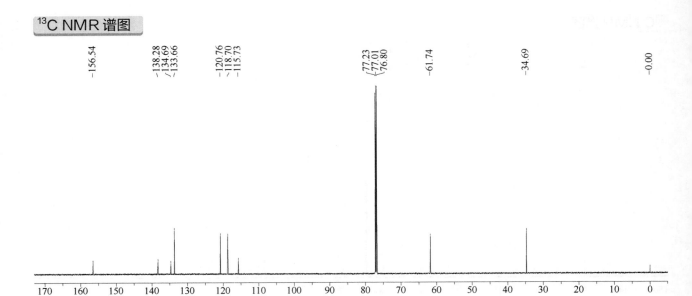

¹³C NMR (151 MHz, CDCl₃, δ) 156.54, 138.28, 134.69, 133.66, 120.76, 118.70, 115.73, 61.74, 34.69

chlorbufam（氯炔灵）

基本信息

CAS 登录号	1967-16-4	分子量	223.66
分子式	C₁₁H₁₀ClNO₂		

¹H NMR 谱图

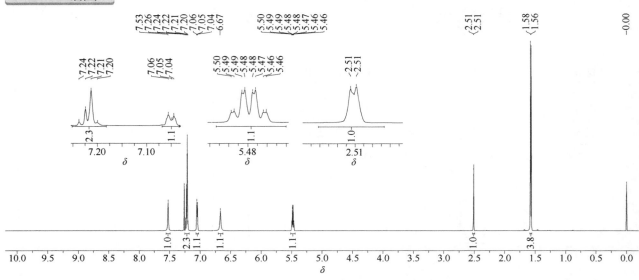

¹H NMR (600 MHz, CDCl₃, δ) 7.53 (1H, ArH, s), 7.25~7.18 (2H, 2ArH, m), 7.07~7.03 (1H, ArH, m), 6.67 (1H, NH, br), 5.48 (1H, C<u>H</u>CH₃, qd, J_{H-H} = 6.7 Hz, J_{H-H} = 1.8 Hz), 2.51 (1H, CCH, d, J_{H-H} = 1.8 Hz),1.57 (3H, CHC<u>H</u>₃, d, J_{H-H} = 6.7 Hz)

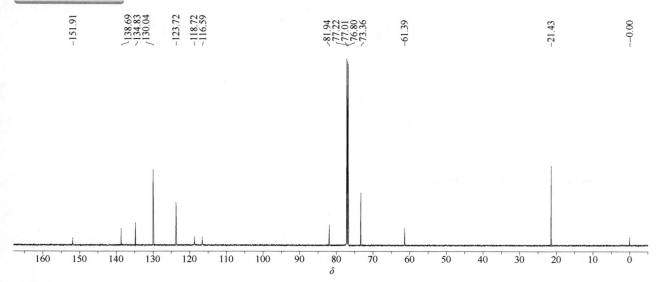

^{13}C NMR (151 MHz, CDCl$_3$, δ) 151.91, 138.69, 134.83, 130.04, 123.72, 118.72, 116.59, 81.94, 73.36, 61.39, 21.43

cis-chlordane (alpha)（顺式氯丹）

基本信息

CAS 登录号	5103-71-9		分子量	409.78
分子式	C$_{10}$H$_6$Cl$_8$			

^{1}H NMR 谱图

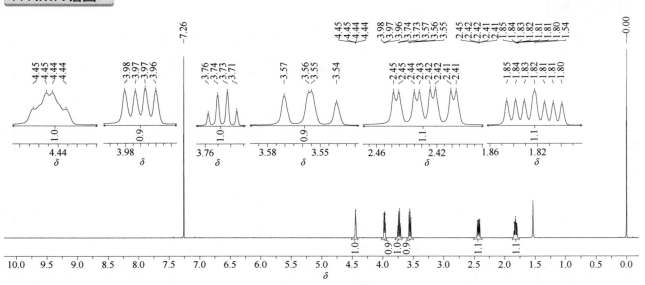

^{1}H NMR (600 MHz, CDCl$_3$, δ) 4.44 (1H, CH, dd, $J_{\text{H-H}}$ = 6.1 Hz, $J_{\text{H-H}}$ = 4.1 Hz), 3.97 (1H, CH, dd, $J_{\text{H-H}}$ = 8.1 Hz, $J_{\text{H-H}}$ = 4.1 Hz), 3.73 (1H, CH, dd, $J_{\text{H-H}}$ = 18.0 Hz, $J_{\text{H-H}}$ = 8.9 Hz), 3.56 (1H, CH, dd, $J_{\text{H-H}}$ = 9.4 Hz, $J_{\text{H-H}}$ = 8.5 Hz), 2.43 (1H, CH$_2$, ddd, $J_{\text{H-H}}$ = 14.6 Hz, $J_{\text{H-H}}$ = 8.2 Hz, $J_{\text{H-H}}$ = 2.1 Hz), 1.82 (1H, CH$_2$, ddd, $J_{\text{H-H}}$ = 14.6 Hz, $J_{\text{H-H}}$ = 8.9 Hz, $J_{\text{H-H}}$ = 4.3 Hz)

¹³C NMR 谱图

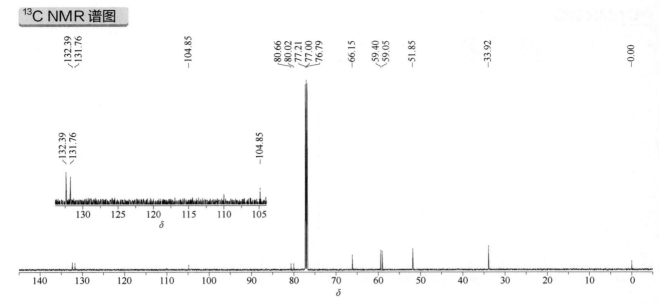

¹³C NMR (151 MHz, CDCl₃, δ) 132.39, 131.76, 104.85, 80.66, 80.02, 66.15, 59.40, 59.05, 51.85, 33.92

trans-chlordane (gamma)（反式氯丹）

基本信息

CAS 登录号	5103-74-2	分子量	409.78
分子式	C₁₀H₆Cl₈		

¹H NMR 谱图

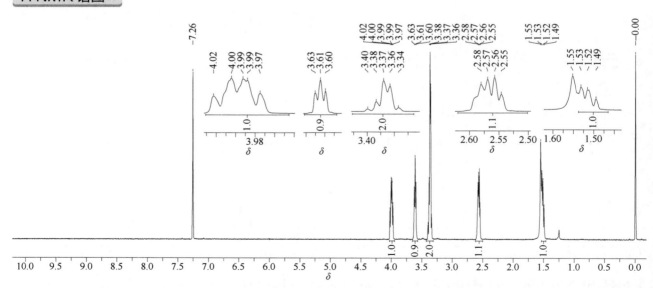

¹H NMR (600 MHz, CDCl₃, δ) 4.03~3.95 (1H, CHCl, m), 3.61 (1H, CHCl, t, *J*_{H-H} = 8.3 Hz), 3.43~3.31 (2H, 2CH, m), 2.59~2.53 (1H, CH, m), 1.54~1.46 (1H, CH, m)

¹³C NMR 谱图

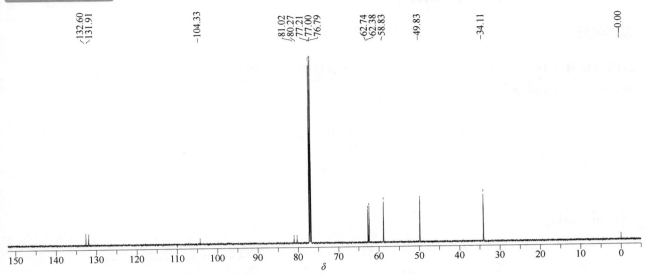

¹³C NMR (151 MHz, CDCl₃, δ) 132.60, 131.91, 104.33, 81.02, 80.27, 62.74, 62.38, 58.83, 49.83, 34.11

chlordecone（灭蚁灵）

基本信息

CAS 登录号	143-50-0	分子量	490.61
分子式	C₁₀Cl₁₀O		

¹³C NMR 谱图

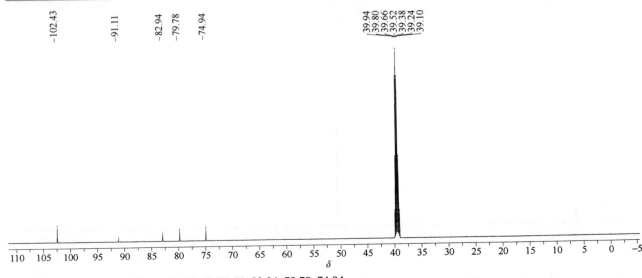

¹³C NMR (151 MHz, DMSO-d₆, δ) 102.43, 91.11, 82.94, 79.78, 74.94

chlordene（六氯）

基本信息

CAS 登录号	3734-48-3	**分子量**	338.87
分子式	C₁₀H₆Cl₆		

$$C_{10}H_6Cl_6$$

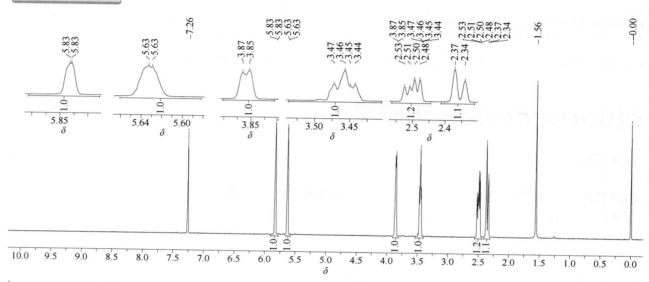

¹H NMR 谱图

¹H NMR (600 MHz, CDCl₃, δ) 5.83 (1H, ＝CH, s), 5.63 (1H, ＝CH, s), 3.86 (1H, CH, d, J_{H-H} = 7.3 Hz), 3.46 (1H, CH, t, J_{H-H} = 8.9 Hz), 2.50 (1H, CH, dd, J_{H-H} = 18.3 Hz, J_{H-H} = 9.9 Hz), 2.36 (1H, CH, d, J_{H-H} = 18.5 Hz)

¹³C NMR 谱图

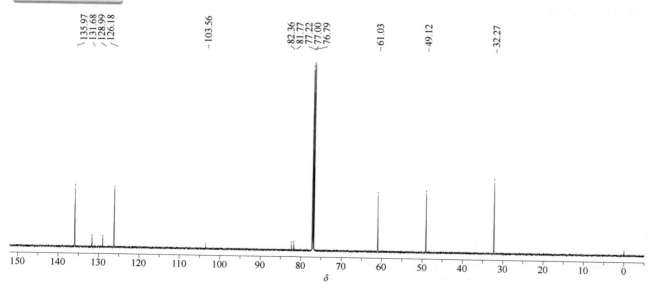

¹³C NMR (151 MHz, CDCl₃, δ) 135.97, 131.68, 128.99, 126.18, 103.56, 82.36, 81.77, 61.03, 49.12, 32.27

chlordimeform（杀虫脒）

基本信息

CAS 登录号	6164-98-3	分子量	196.68
分子式	$C_{10}H_{13}ClN_2$		

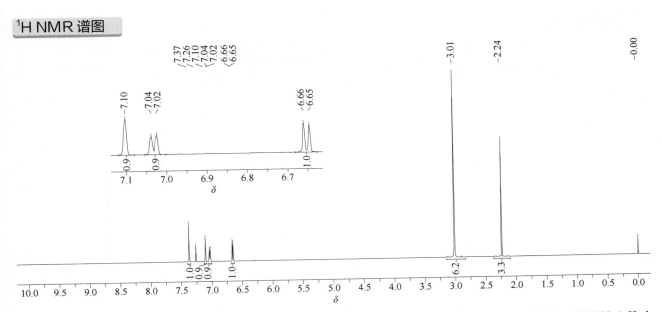

¹H NMR 谱图

¹H NMR (600 MHz, CDCl₃, δ) 7.37 (1H, ArH/NCH, s), 7.10 (1H, ArH/NCH, s), 7.03 (1H, ArH, d, J_{H-H} = 8.3 Hz), 6.65 (1H, ArH, d, J_{H-H} = 8.3 Hz), 3.01 (6H, 2NCH₃, s), 2.24 (3H, ArCH₃, s)

¹³C NMR 谱图

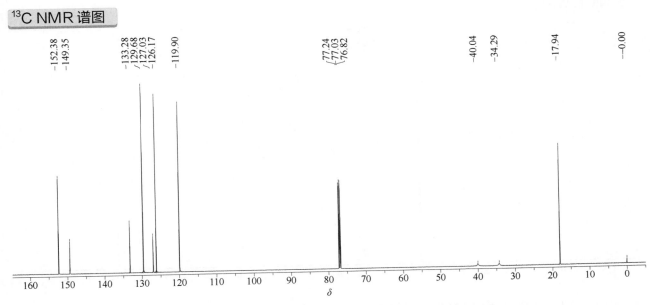

¹³C NMR (151 MHz, CDCl₃, δ) 152.38, 149.35, 133.28, 129.68, 127.03, 126.17, 119.90, 40.04, 34.29, 17.94

chlorethoxyfos（氯氧磷）

基本信息

CAS 登录号	54593-83-8	分子量	336
分子式	$C_6H_{11}Cl_4O_3PS$		

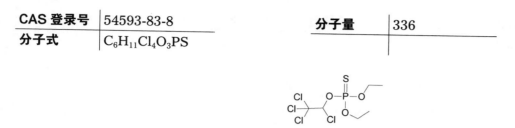

¹H NMR 谱图

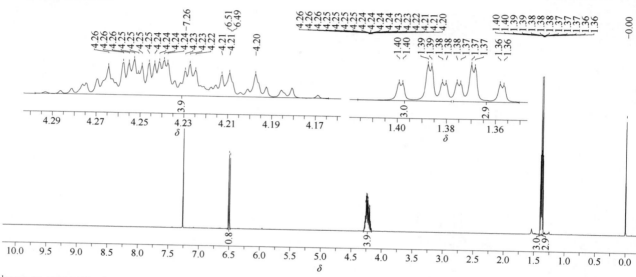

¹H NMR (600 MHz, CDCl₃, δ) 6.50 (1H, CH, d, $^3J_{H-P}$ = 11.3 Hz), 4.30~4.16 (4H, 2CH₂, m), 1.40 (3H, CH₃, td, J_{H-H} = 7.1 Hz, $^4J_{H-P}$ = 0.9 Hz), 1.40 (3H, CH₃, td, J_{H-H} = 7.1 Hz, $^4J_{H-P}$ = 0.9 Hz)

¹³C NMR 谱图

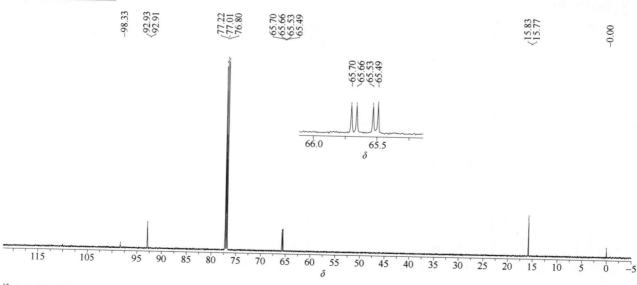

¹³C NMR (151 MHz, CDCl₃, δ) 98.33, 92.92 (d, $^2J_{C-P}$ = 3.0 Hz), 65.68 (d, $^2J_{C-P}$ = 6.3 Hz), 65.51 (d, $^2J_{C-P}$ = 5.9 Hz), 15.80 (d, $^3J_{C-P}$ = 8.0 Hz)

³¹P NMR 谱图

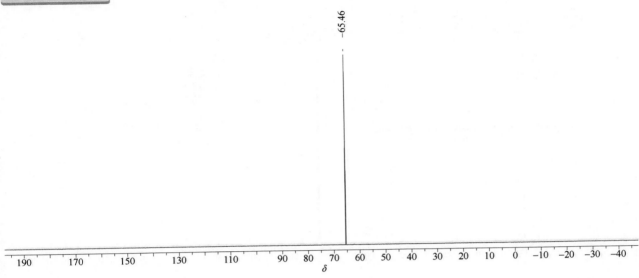

³¹P NMR (243 MHz, CDCl₃, δ) 65.46

chlorfenapyr（虫螨腈）

基本信息

CAS 登录号	122453-73-0	分子量	407.61
分子式	C₁₅H₁₁BrClF₃N₂O		

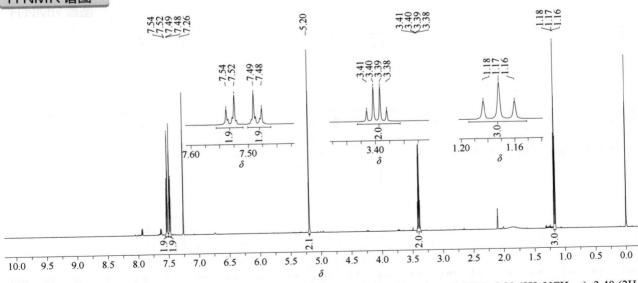

¹H NMR 谱图

¹H NMR (600 MHz, CDCl₃, δ) 7.53 (2H, 2ArH, d, J_{H-H} = 8.6 Hz), 7.48 (2H, 2ArH, d, J_{H-H} = 8.5 Hz), 5.20 (2H, NCH₂, s), 3.40 (2H, OC<u>H</u>₂CH₃, q, J_{H-H} = 7.0 Hz), 1.17 (3H, OCH₂C<u>H</u>₃, t, J_{H-H} = 7.0 Hz)

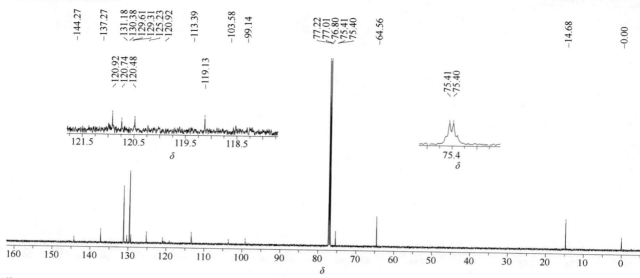

¹³C NMR (151 MHz, CDCl$_3$, δ) 144.27, 137.27, 131.18, 129.61, 125.23, 120.61 (q, $^2J_{C\text{-}F}$ = 39.3 Hz), 120.02 (q, $J_{C\text{-}F}$ = 270.3 Hz), 113.39, 103.58, 99.14, 75.40 (q, $^4J_{C\text{-}F}$ = 1.5 Hz), 64.56, 14.68

¹⁹F NMR 谱图

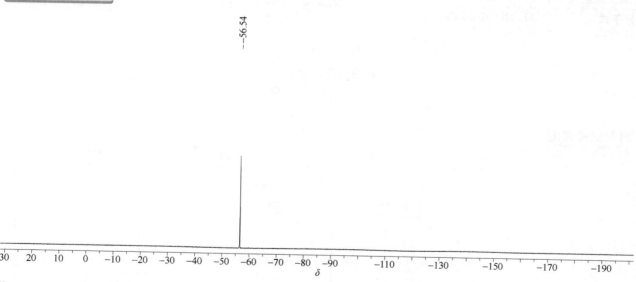

¹⁹F NMR (564 MHz, CDCl$_3$, δ) –56.54

chlorfenethol（杀螨醇）

基本信息

CAS 登录号	80-06-8	分子量	267.15
分子式	$C_{14}H_{12}OCl_2$		

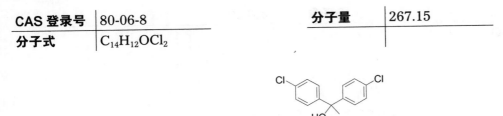

¹H NMR 谱图

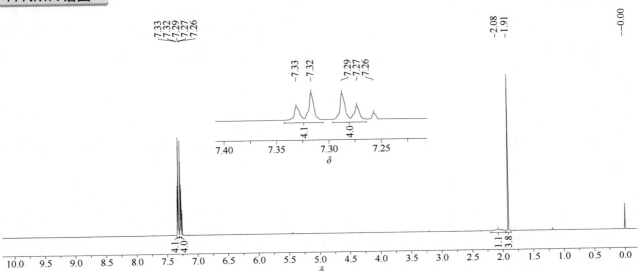

¹H NMR (600 MHz, CDCl₃, δ) 7.32 (4H, 4ArH, d, J_{H-H} = 8.5 Hz), 7.28 (4H, 4ArH, d, J_{H-H} = 8.6 Hz), 2.08 (1H, OH, br), 1.91 (3H, CH₃, s)

¹³C NMR 谱图

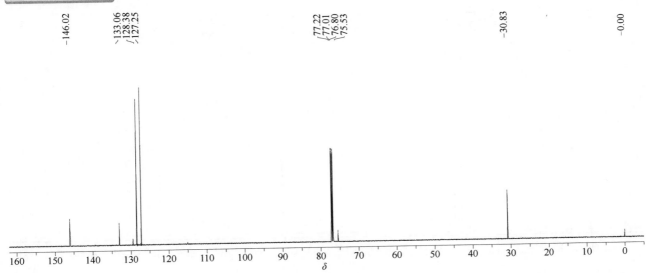

¹³C NMR (151 MHz, CDCl₃, δ) 146.02, 133.06, 128.38, 127.25, 75.53, 30.83

chlorfenprop-methyl（燕麦酯）

基本信息

CAS 登录号	14437-17-3	**分子量**	233.09
分子式	$C_{10}H_{10}Cl_2O_2$		

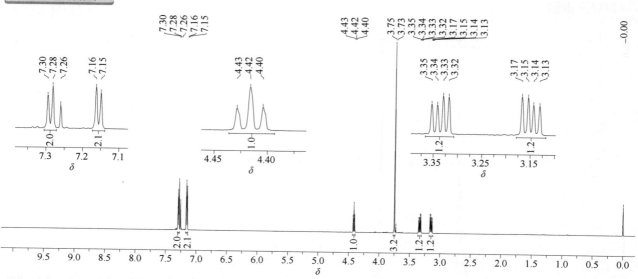

¹H NMR 谱图

¹H NMR (600 MHz, CDCl₃, δ) 7.29 (2H, 2ArH, d, J_{H-H} = 8.1 Hz), 7.16 (2H, 2ArH, d, J_{H-H} = 8.1 Hz), 4.42 (1H, CH, t, J_{H-H} = 7.3 Hz), 3.75 (3H, CH₃, s), 3.34 (1H, CH₂, dd, J_{H-H} = 14.1 Hz, J_{H-H} = 7.0 Hz), 3.15 (1H, CH₂, dd, J_{H-H} = 14.1 Hz, J_{H-H} = 7.6 Hz)

¹³C NMR 谱图

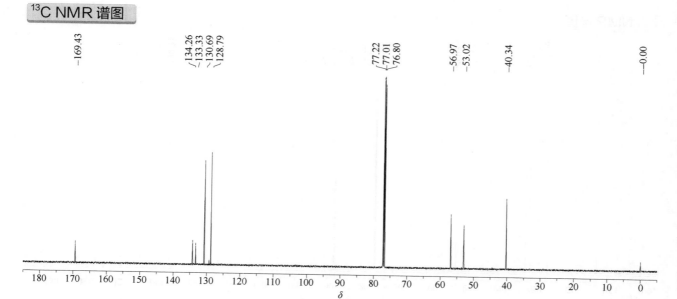

¹³C NMR (151 MHz, CDCl₃, δ) 169.43, 134.26, 133.33, 130.69, 128.79, 56.97, 53.02, 40.34

chlorfenson（杀螨酯）

基本信息

CAS 登录号	80-33-1	分子量	303.15
分子式	$C_{12}H_8Cl_2O_3S$		

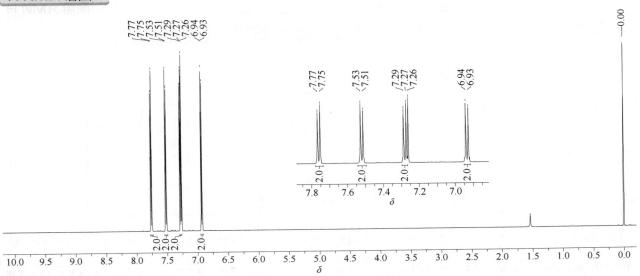

¹H NMR 谱图

^1H NMR (600 MHz, CDCl$_3$, δ) 7.76 (2H, 2ArH, d, J_{H-H} = 8.7 Hz), 7.52 (2H, 2ArH, d, J_{H-H} = 8.7 Hz), 7.28 (2H, 2ArH, d, J_{H-H} = 8.9 Hz), 6.94 (2H, 2ArH, d, J_{H-H} = 8.9 Hz)

¹³C NMR 谱图

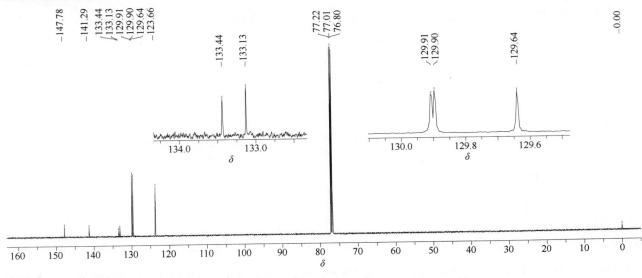

^{13}C NMR (151 MHz, CDCl$_3$, δ) 147.78, 141.29, 133.44, 133.13, 129.91, 129.90, 129.64, 123.66

chlorfenvinphos（毒虫畏）

基本信息

CAS 登录号	470-90-6	分子量	359.57
分子式	C₁₂H₁₄Cl₃O₄P		

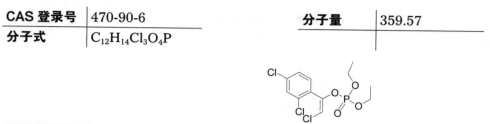

¹H NMR 谱图

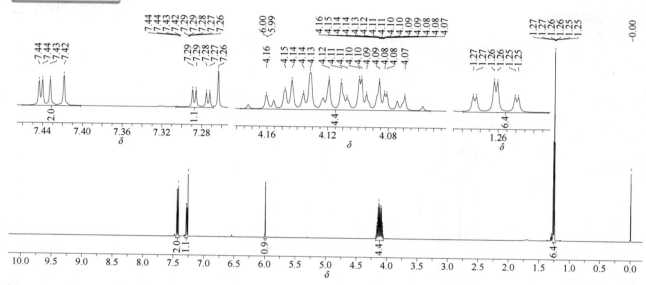

¹H NMR (600 MHz, CDCl₃, δ) 7.44 (1H, ArH, d, J_{H-H} = 2.1 Hz), 7.42 (1H, ArH, d, J_{H-H} = 8.3 Hz), 7.28 (1H, ArH, dd, J_{H-H} = 8.3 Hz, J_{H-H} = 2.1 Hz), 5.99 (1H, ClCH, d, $^4J_{H-P}$ = 1.4 Hz), 4.18~4.05 (4H, 2CH₂, m), 1.26 (6H, 2CH₃, td, J_{H-H} = 7.1 Hz, $^4J_{H-P}$ = 1.1 Hz)

¹³C NMR 谱图

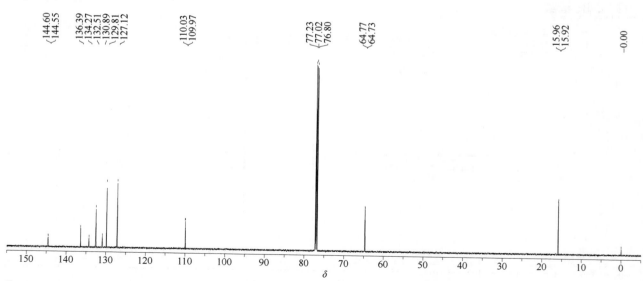

¹³C NMR (151 MHz, CDCl₃, δ) 144.58 (d, $^2J_{C-P}$ = 7.9 Hz), 136.39, 134.27, 132.51, 130.89, 129.81, 127.12, 110.00 (d, $^3J_{C-P}$ = 8.9 Hz), 64.75 (d, $^2J_{C-P}$ = 6.2 Hz), 15.94 (d, $^3J_{C-P}$ = 7.1 Hz)

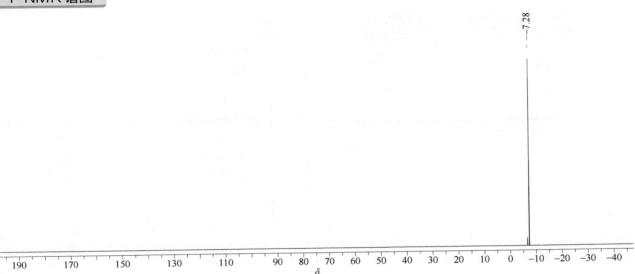

³¹P NMR (243 MHz, CDCl₃, δ) −7.28

chlorfluazuron（氟啶脲）

基本信息

CAS 登录号	71422-67-8	分子量	540.65
分子式	C₂₀H₉Cl₃F₅N₃O₃		

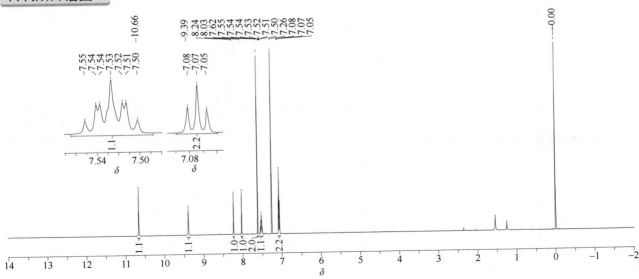

¹H NMR 谱图

¹H NMR (600 MHz, CDCl₃, δ) 10.66 (1H, NH, br), 9.39 (1H, NH, br), 8.24 (1H, ArH, s), 8.03 (1H, ArH, s), 7.62 (2H, 2ArH, s), 7.56~7.49 (1H, ArH, m), 7.07 (2H, 2ArH, t, J_{H-H} = 8.5 Hz)

¹³C NMR 谱图

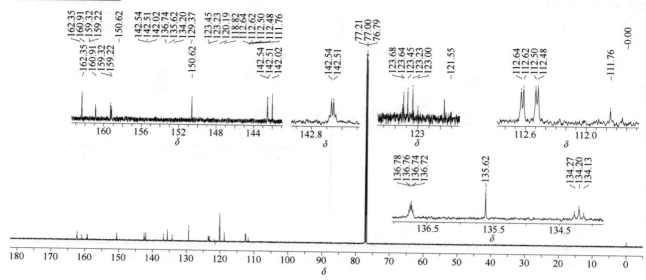

¹³C NMR (151 MHz, CDCl$_3$, δ) 162.35, 160.06 (d, J_{C-F} = 255.9 Hz), 159.32, 150.62, 142.53 (q, $^3J_{C-F}$ = 5.3 Hz), 142.02, 136.74 (q, $^3J_{C-F}$ = 5.3 Hz), 135.62, 134.20 (t, $^3J_{C-F}$ = 10.5 Hz), 129.37, 123.34 (q, $^2J_{C-F}$ = 33.2 Hz), 122.59 (q, J_{C-F} = 315.6 Hz), 120.19, 118.82, 112.56 (dd, $^2J_{C-F}$ = 21.6 Hz, $^4J_{C-F}$ = 3.6 Hz), 111.76

¹⁹F NMR 谱图

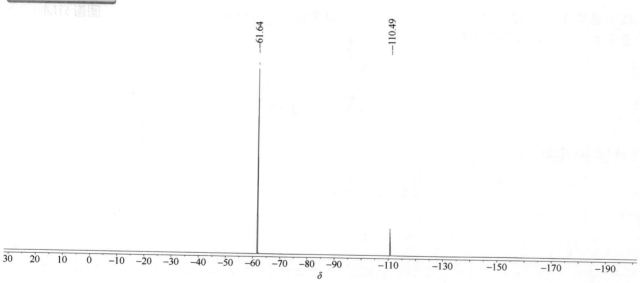

¹⁹F NMR (564 MHz, CDCl$_3$, δ) −61.64, −110.49

chlorflurenol-methyl（氯甲丹）

基本信息

CAS 登录号	2536-31-4	分子量	274.70
分子式	$C_{15}H_{11}ClO_3$		

¹H NMR 谱图

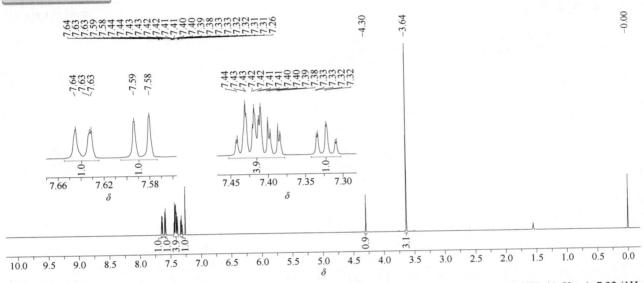

¹H NMR (600 MHz, CDCl₃, δ) 7.63 (1H, ArH, d, J_{H-H} = 8.0 Hz), 7.59 (1H, ArH, d, J_{H-H} = 8.1 Hz), 7.45~7.38 (4H, 4ArH, m), 7.32 (1H, ArH, td, J_{H-H} = 7.6 Hz, J_{H-H} = 0.9 Hz), 4.30 (1H, OH, br), 3.64 (3H, CH₃, s)

¹³C NMR 谱图

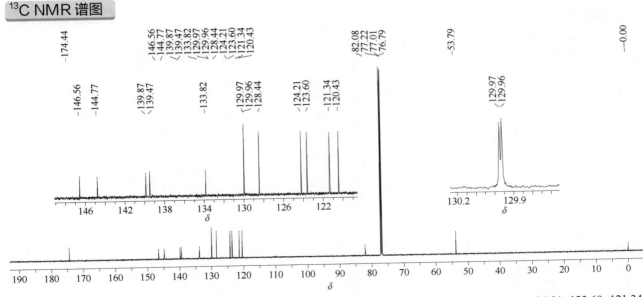

¹³C NMR (151 MHz, CDCl₃, δ) 174.44, 146.56, 144.77, 139.87, 139.47, 133.82, 129.97, 129.96, 128.44, 124.21, 123.60, 121.34, 120.43, 82.08, 53.79

chloridazon（杀草敏）

基本信息

CAS 登录号	1698-60-8	分子量	221.64
分子式	$C_{10}H_8ClN_3O$		

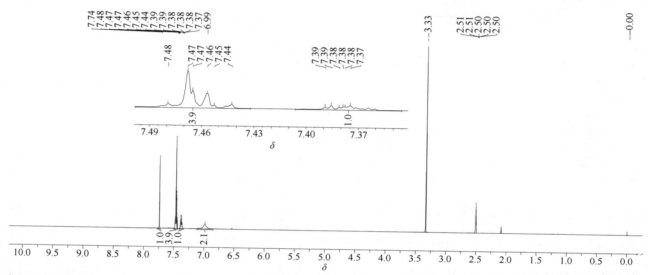

¹H NMR 谱图

¹H NMR (600 MHz, DMSO-d₆, δ) 7.74 (1H, N═CH, s), 7.49~7.43 (4H, 4ArH, m),7.40~7.35 (1H, ArH, m), 6.99 (2H, NH₂, br)

¹³C NMR 谱图

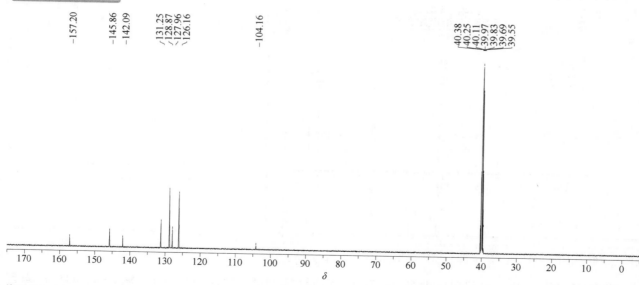

¹³C NMR (151 MHz, DMSO-d₆, δ)157.20, 145.86, 142.09, 131.25, 128.87, 127.96, 126.16, 104.16

chlorimuron-ethyl（氯嘧磺隆）

基本信息

CAS 登录号	90982-32-4	分子量	414.82
分子式	$C_{15}H_{15}ClN_4O_6S$,		

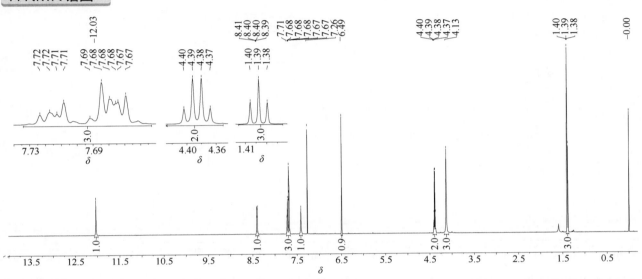

¹H NMR 谱图

¹H NMR (600 MHz, CDCl₃, δ) 12.03 (1H, NH, s), 8.43~8.37 (1H, ArH, m), 7.74~7.64 (3H, 3ArH, m), 7.41 (1H, NH, s), 6.49 (1H, ArH, s), 4.39 (2H, OCH_2, q, J_{H-H} = 7.1 Hz), 4.13 (3H, OCH_3, s), 1.39 (3H, CH₂C$\underline{H}_3$, t, J_{H-H} = 7.1 Hz)

¹³C NMR 谱图

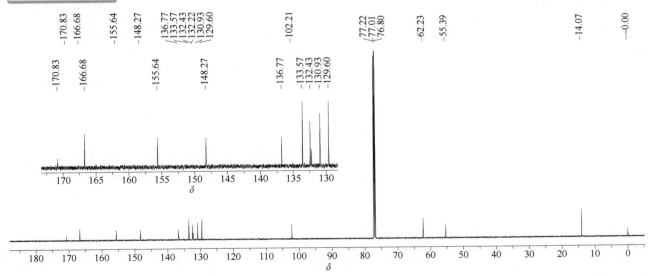

¹³C NMR (151 MHz, CDCl₃, δ) 170.83, 166.68, 155.64, 148.27, 136.77, 133.57, 132.43, 132.22, 130.93, 129.60, 102.21, 62.23, 55.39, 14.07（注：C=N 的 C 没有出峰）

chlormequat chloride (矮壮素)

基本信息

CAS 登录号	999-81-5		分子量	158.07
分子式	$C_5H_{13}Cl_2N$			

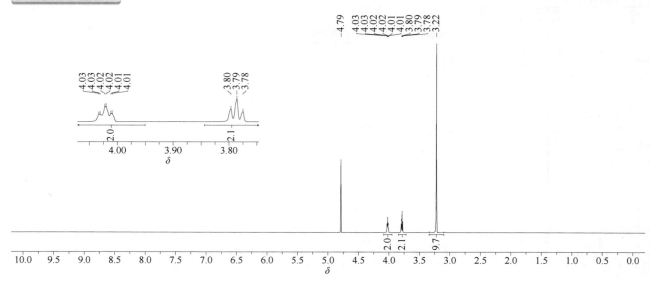

¹H NMR 谱图

^{1}H NMR (600 MHz, D_2O, δ) 4.04~3.99 (2H, ClCH$_2$, t, J_{H-H} = 6.5 Hz), 3.79 (2H, NCH$_2$, t, J_{H-H} = 6.5 Hz), 3.22(9H, 3CH$_3$, s)

¹³C NMR 谱图

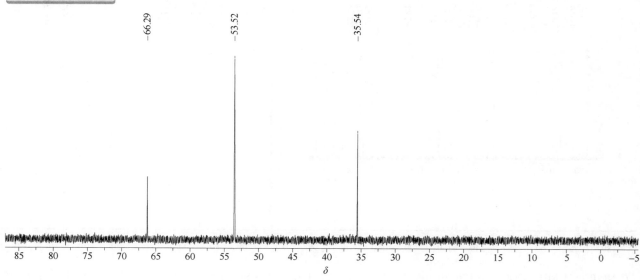

^{13}C NMR (151 MHz, D_2O, δ) 66.29, 53.52, 35.54

chlornitrofen（草枯醚）

基本信息

CAS 登录号	1836-77-7	分子量	318.54
分子式	$C_{12}H_6Cl_3NO_3$		

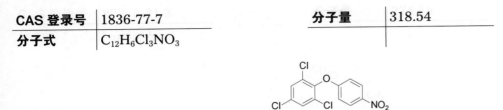

^1H NMR 谱图

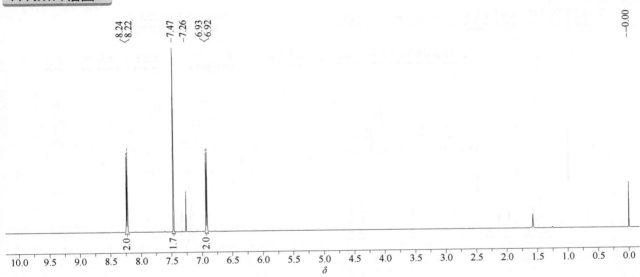

^1H NMR (600 MHz, CDCl$_3$, δ) 8.23 (2H, 2ArH, d, J_{H-H} = 9.1 Hz), 7.47 (2H, 2ArH, s), 6.92 (2H, 2ArH, d, J_{H-H} = 9.1 Hz)

^{13}C NMR 谱图

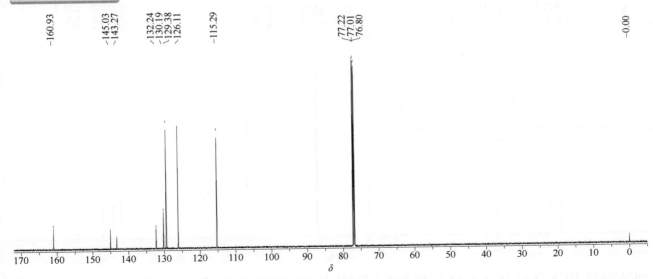

^{13}C NMR (151 MHz, CDCl$_3$, δ) 160.93, 145.03, 143.27, 132.24, 130.19, 129.38, 126.11, 115.29

1-chloro-4-nitrobenzene（4- 硝基氯苯）

基本信息

| CAS 登录号 | 100-00-5 | | 分子量 | 157.55 |
| 分子式 | $C_6H_4ClNO_2$ | | | |

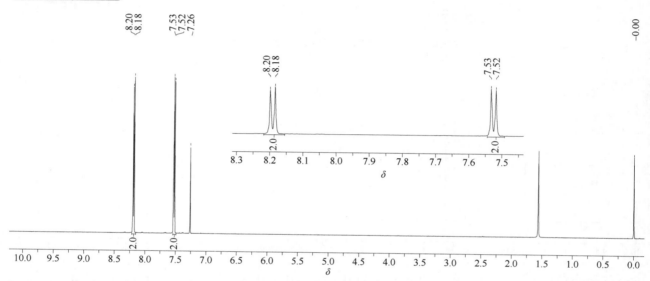

^{1}H NMR 谱图

^{1}H NMR (600 MHz, CDCl$_3$, δ) 8.19 (2H, 2ArH, d, J_{H-H} = 9.0 Hz), 7.52 (2H, 2ArH, d, J_{H-H} = 9.0 Hz)

^{13}C NMR 谱图

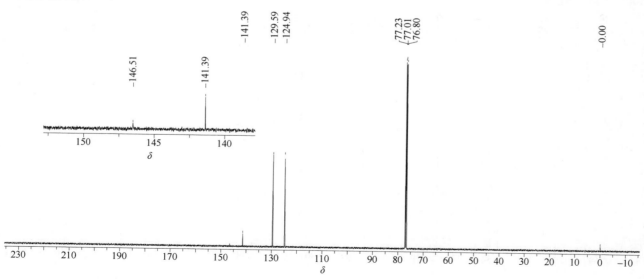

^{13}C NMR (151 MHz, CDCl$_3$, δ) 146.51, 141.39, 129.59, 124.94

3-chloro-4-methylaniline（3- 氯对甲苯胺）

基本信息

CAS 登录号	95-74-9	分子量	141.60
分子式	C₇H₈ClN		

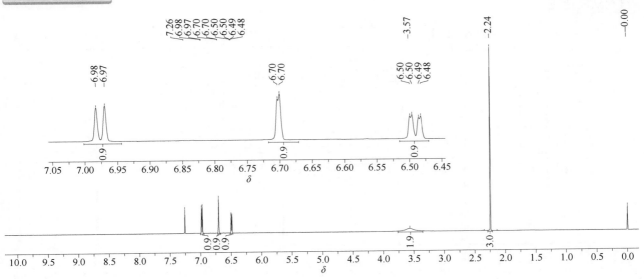

¹H NMR 谱图

¹H NMR (600 MHz, CDCl₃, δ) 6.97 (1H, ArH, d, J_{H-H} = 8.1 Hz), 6.70 (1H, ArH, d, J_{H-H} = 2.0 Hz), 6.49 (1H, ArH, dd, J_{H-H} = 8.1 Hz, J_{H-H} = 2.0 Hz), 3.57 (2H, NH₂, br), 2.24 (3H, CH₃, s)

¹³C NMR 谱图

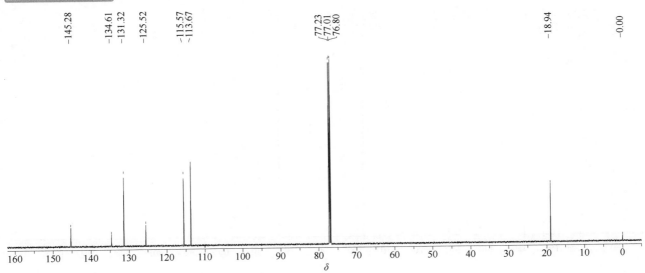

¹³C NMR (151 MHz, CDCl₃, δ) 145.28, 134.61, 131.32, 125.52, 115.57, 113.67, 18.94

chlorobenzilate（乙酯杀螨醇）

基本信息

CAS 登录号	510-15-6		**分子量**	325.19
分子式	$C_{16}H_{14}Cl_2O_3$			

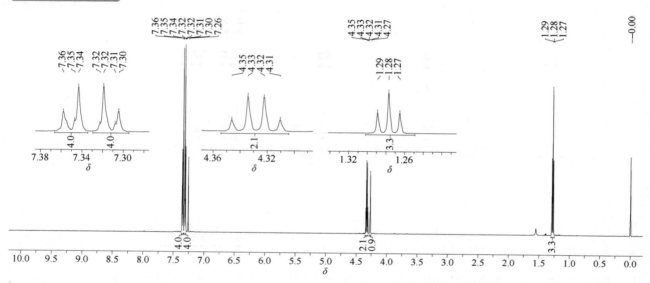

¹H NMR 谱图

¹H NMR (600 MHz, CDCl₃, δ)7.35 (4H, 4ArH, d, J_{H-H} = 8.7 Hz), 7.31 (4H, 4ArH, d, J_{H-H} = 8.8 Hz), 4.33 (2H, OCH₂, q, J_{H-H} = 7.1 Hz), 4.27 (1H, OH, s), 1.28 (3H, CH₂C$\underline{H}$₃, t, J_{H-H} = 7.1 Hz)

¹³C NMR 谱图

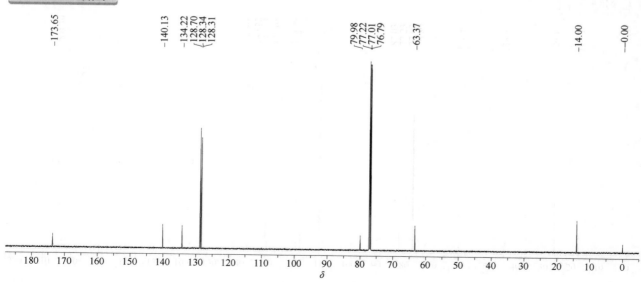

¹³C NMR (151 MHz, CDCl₃, δ) 173.65, 140.13, 134.22, 128.70, 128.34, 79.98, 63.37, 14.00

chloromethyl-pentachlorophenyl sulfide
（氯甲基五氯苯基硫）

基本信息

CAS 登录号	62601-17-6	分子量	330.87
分子式	$C_7H_2Cl_6S$		

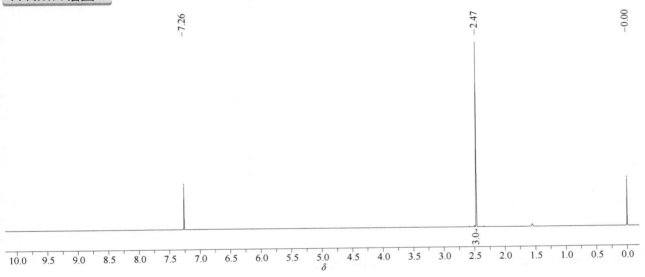

¹H NMR 谱图

¹H NMR (600 MHz, CDCl₃, δ) 2.47 (2H, CH₂, s)

¹³C NMR 谱图

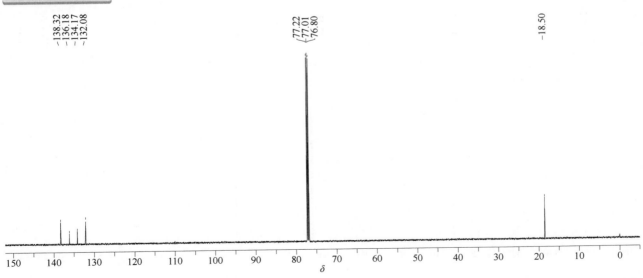

¹³C NMR (151 MHz, CDCl₃, δ) 138.32, 136.18, 134.17, 132.08, 18.50

chloroneb（氯甲氧苯）

基本信息

CAS 登录号	2675-77-6		分子量	207.05
分子式	$C_8H_8Cl_2O_2$			

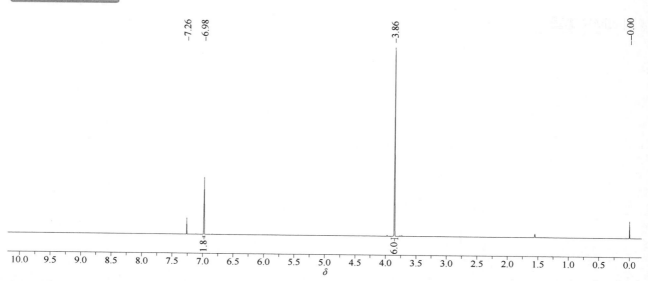

¹H NMR 谱图

¹H NMR (600 MHz, CDCl₃, δ) 6.98 (2H, 2ArH, s), 3.86 (6H, 2CH₃, s)

¹³C NMR 谱图

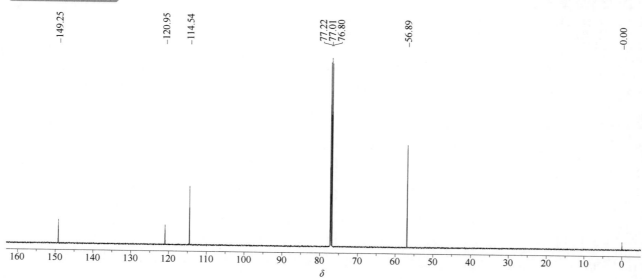

¹³C NMR (151 MHz, CDCl₃, δ) 149.25, 120.95, 114.54, 56.89

6-chloronicotinic acid（6- 氯烟酸）

基本信息

CAS 登录号	5326-23-8	分子量	157.55
分子式	$C_6H_4ClNO_2$		

¹H NMR 谱图

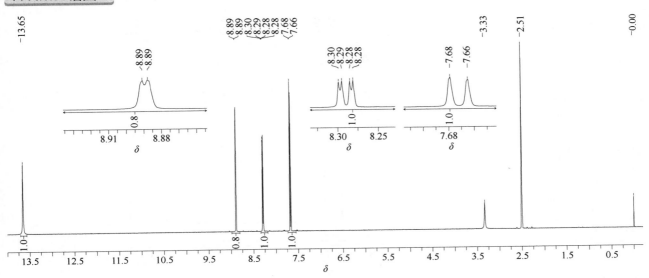

¹H NMR (600 MHz, DMSO-d₆, δ) 13.65 (1H, COOH, s), 8.89 (1H, ArH), 8.89 (1H, ArH, d, J_{H-H} = 1.8 Hz), 8.29 (1H, ArH, dd, J_{H-H} = 8.3 Hz, J_{H-H} = 2.4 Hz), 7.67 (1H, ArH, d, J_{H-H} = 8.3 Hz)

¹³C NMR 谱图

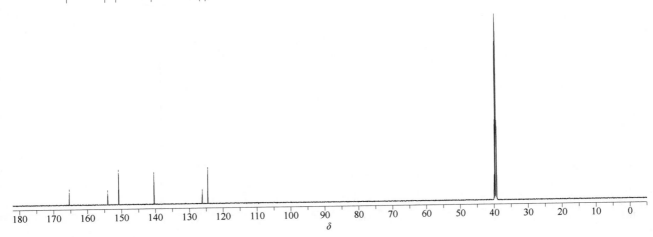

¹³C NMR (151 MHz, DMSO-d₆, δ) 165.38, 154.04, 150.82, 140.36, 126.14, 124.51

4-chlorophenoxyacetic acid（氯苯氧乙酸）

CAS 登录号	122-88-3	分子量	186.59
分子式	C₈H₇ClO₃		

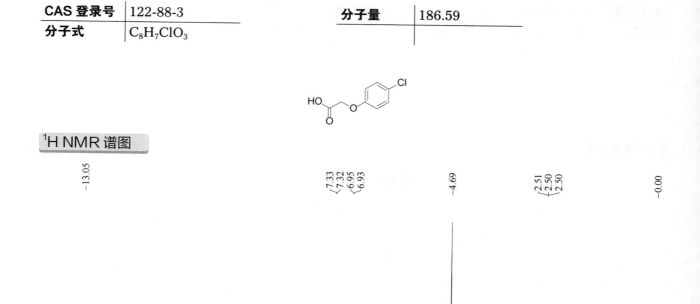

¹H NMR 谱图

¹H NMR (600 MHz, DMSO-d₆, δ) 13.05 (1H, COOH, s), 7.33 (2H, 2ArH, d, J_{H-H} = 9.0 Hz), 6.94 (2H, 2ArH, d, J_{H-H} = 9.0 Hz), 4.69 (2H, CH₂, s)

¹³C NMR 谱图

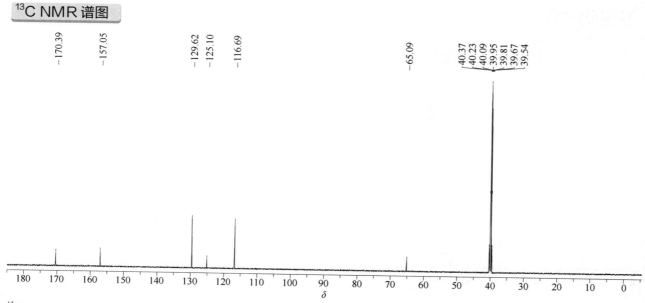

¹³C NMR (151 MHz, DMSO-d₆, δ) 170.39, 157.05, 129.62, 125.10, 116.69, 65.09

chloropropylate（丙酯杀螨醇）

基本信息

CAS 登录号	5836-10-2	**分子量**	339.21
分子式	C₁₇H₁₆Cl₂O₃		

¹H NMR 谱图

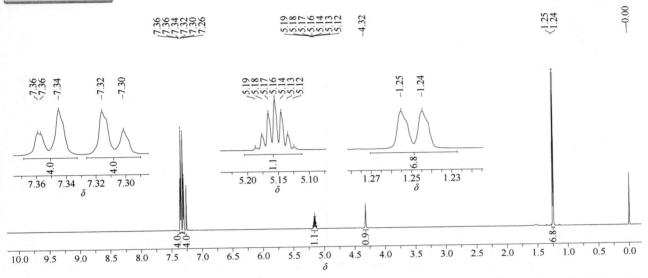

¹H NMR (600 MHz, CDCl₃, δ) 7.35 (4H, 4ArH, d, J_{H-H} = 8.5 Hz), 7.31 (4H, 4ArH, d, J_{H-H} = 8.5 Hz), 5.16 (1H, OCH, hept, J_{H-H} = 6.3 Hz), 4.32 (1H, OH, s), 1.25 (6H, CH(C*H*₃)₂, d, J_{H-H} = 6.3 Hz)

¹³C NMR 谱图

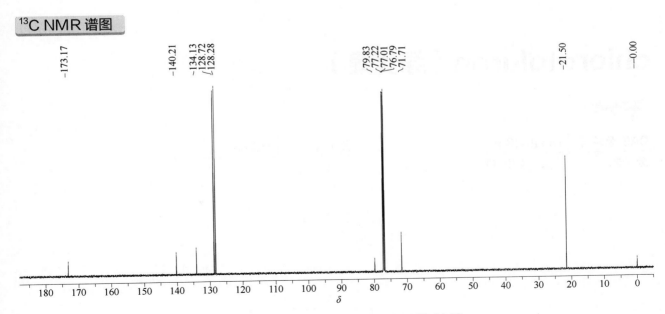

¹³C NMR (151 MHz, CDCl₃, δ) 173.17, 140.21, 134.13, 128.72, 128.28, 79.83, 71.71, 21.50

chlorothalonil（百菌清）

CAS 登录号	1897-45-6	分子量	265.91
分子式	C₈Cl₄N₂		

$C_8Cl_4N_2$

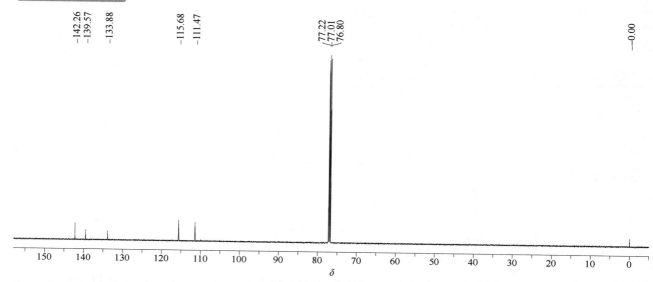

¹³C NMR 谱图

¹³C NMR (151 MHz, CDCl₃, δ) 142.26, 139.57, 133.88, 115.68, 111.47

chlorotoluron（绿麦隆）

基本信息

CAS 登录号	15545-48-9	分子量	212.68
分子式	C₁₀H₁₃ClN₂O		

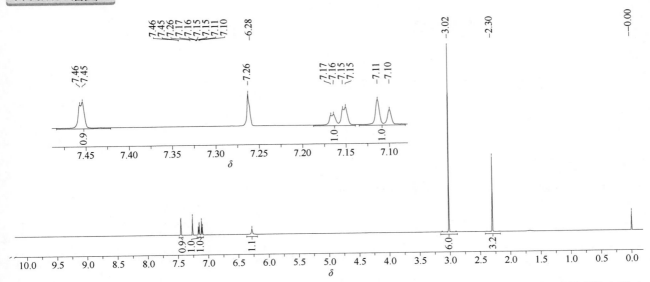

¹H NMR (600 MHz, CDCl₃, δ) 7.46 (1H, ArH, d, J_{H-H} = 1.8 Hz), 7.16 (1H, ArH, dd, J_{H-H} = 8.2 Hz, J_{H-H} =1.8 Hz), 7.11 (1H, ArH, d, J_{H-H} = 8.2 Hz), 6.28 (1H, NH, br), 3.02 (6H, N(CH₃)₂, s), 2.30 (3H, ArCH₃, s)

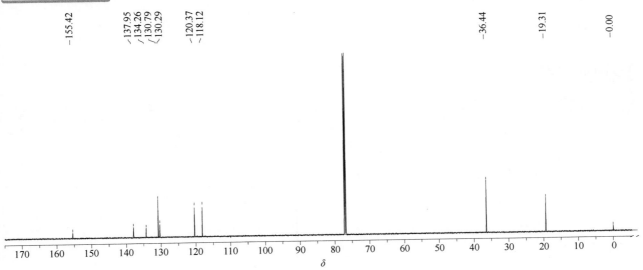

¹³C NMR (151 MHz, CDCl₃, δ) 155.42, 137.95, 134.26, 130.79, 130.29, 120.37, 118.12, 36.44, 19.31

chloroxuron（枯草隆）

基本信息

CAS 登录号	1982-47-4	**分子量**	290.75
分子式	C₁₅H₁₅ClN₂O₂		

¹H NMR 谱图

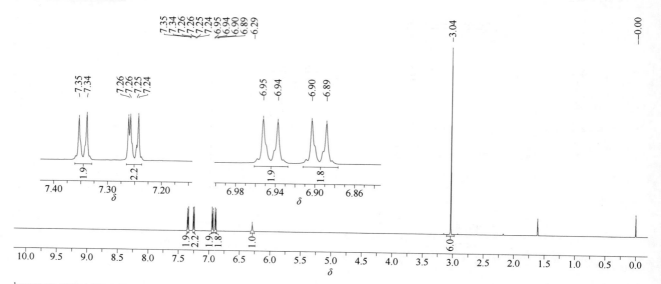

¹H NMR (600 MHz, CDCl$_3$, δ) 7.35 (2H, 2ArH, d, J_{H-H} = 8.9 Hz), 7.25 (2H, 2ArH, d, J_{H-H} = 8.9 Hz), 6.95 (2H, 2ArH, d, J_{H-H} = 8.9 Hz), 6.90 (2H, 2ArH, d, J_{H-H} = 8.9 Hz), 6.29 (1H, NH, br), 3.04 (6H, 2CH$_3$, s)

¹³C NMR 谱图

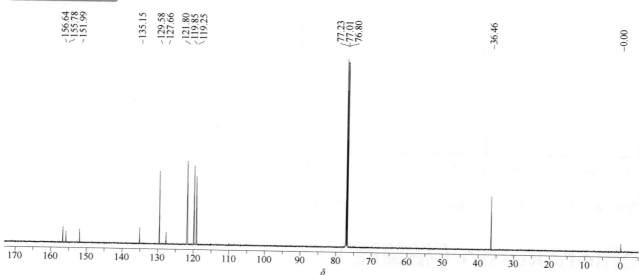

¹³C NMR (151 MHz, CDCl$_3$, δ) 156.64, 155.78, 151.99, 135.15, 129.58, 127.66, 121.80, 119.85, 119.25, 36.46

chlorphonium chloride（氯化磷）

基本信息

CAS 登录号	115-78-6	分子量	360.154
分子式	$C_{19}H_{32}Cl_3P$		

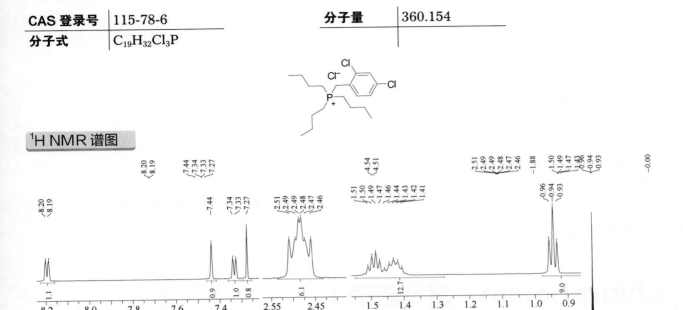

¹H NMR 谱图

¹H NMR (600 MHz, CDCl₃, δ) 8.21 (1H, ArH, d, J_{H-H} = 8.3 Hz), 7.43 (1H, ArH, s), 7.32 (1H, ArH, d, J_{H-H} = 8.3 Hz), 4.53 (2H, ArCH₂, d, $^2J_{H-P}$ = 15.7 Hz), 2.48 (6H, 3PCH₂, td, $^2J_{H-P}$ = 13.3 Hz, J_{H-H} = 8.4 Hz), 1.55~1.38 (12H, 3PCH₂C$\underline{H}$₂C$\underline{H}$₂, m), 0.94 (9H, 3CH₃, t, J_{H-H} = 7.2 Hz)

¹³C NMR 谱图

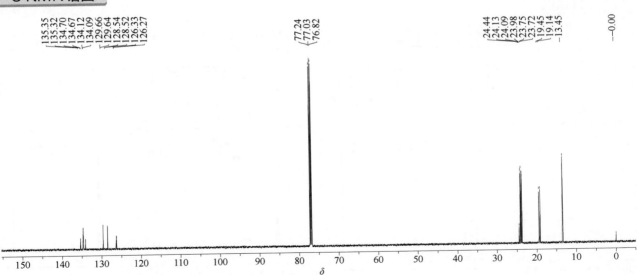

¹³C NMR (151 MHz, CDCl₃, δ) 135.34 (d, $^2J_{C-P}$ = 4.3 Hz), 134.68 (d, $^3J_{C-P}$ = 4.7 Hz), 134.11 (d, $^3J_{C-P}$ = 5.8 Hz), 129.65 (d, $^5J_{C-P}$ = 3.1 Hz), 128.53 (d, $^4J_{C-P}$ = 3.1 Hz), 126.30 (d, $^4J_{C-P}$ = 9.1 Hz), 24.29 (d, J_{C-P} = 46.8 Hz), 24.04 (d, $^2J_{C-P}$ = 16.6 Hz), 23.73 (d, $^3J_{C-P}$ = 5.0 Hz), 19.30 (d, J_{C-P} = 46.8 Hz), 13.45

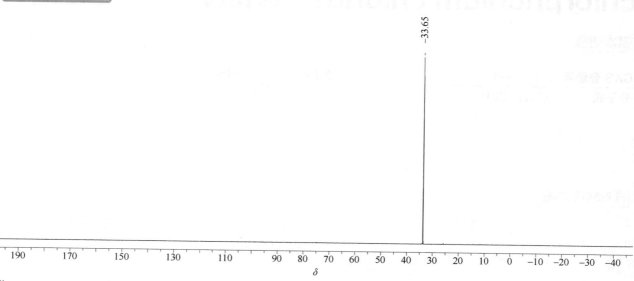

−33.65

³¹P NMR (243 MHz, CDCl₃, δ) 33.65

chlorphoxim（氯辛硫磷）

基本信息

CAS 登录号	14816-20-7	分子量	332.74
分子式	C₁₂H₁₄ClN₂O₃PS		

¹H NMR 谱图

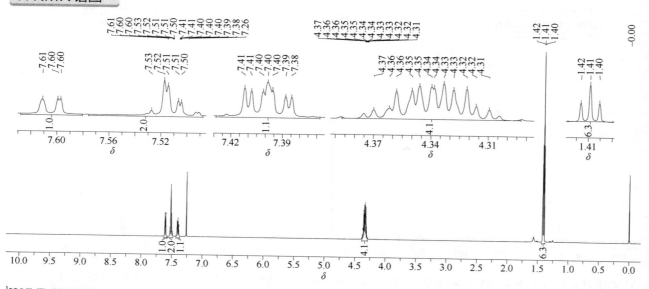

¹H NMR (600 MHz, CDCl₃, δ) 7.63~7.58 (1H, ArH, m), 7.54~7.49 (2H, 2ArH, m), 7.43~7.37 (1H, ArH, m), 4.39~4.29 (4H, 2CH₂, m), 1.41 (6H, 2CH₃, t, J_{H-H} = 7.1 Hz)

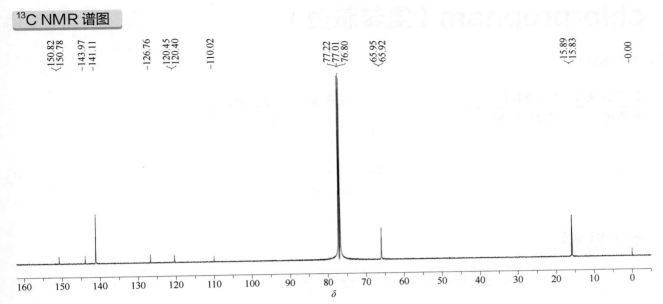

¹³C NMR (151 MHz, CDCl₃, δ) 150.82, 150.78, 143.97, 141.11, 126.76, 120.45, 120.40, 110.02, 65.93 (d, $^2J_{\text{C-P}}$ = 5.3 Hz), 15.86 (d, $^3J_{\text{C-P}}$ = 8.0 Hz)

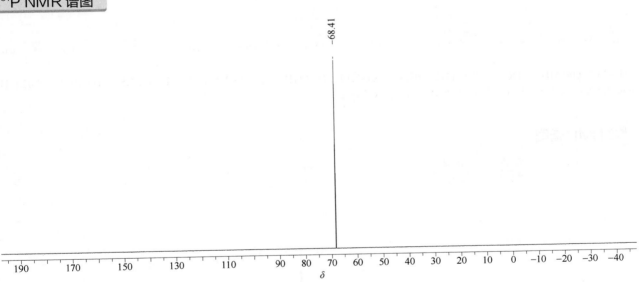

³¹P NMR (243 MHz, CDCl₃, δ) 68.41

chlorpropham（氯苯胺灵）

基本信息

CAS 登录号	101-21-3	分子量	213.66
分子式	$C_{10}H_{12}ClNO_2$		

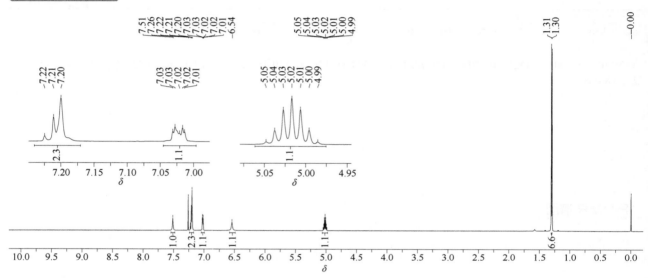

¹H NMR 谱图

¹H NMR (600 MHz, CDCl₃, δ) 7.51 (1H, ArH, s), 7.24~7.17 (2H, 2ArH, m), 7.05~7.00 (1H, ArH, m), 6.54 (1H, NH, br), 5.02 (1H, OCH, hept, J_{H-H} = 6.3 Hz), 1.30 (6H, 2CH₃, d, J_{H-H} = 6.3 Hz)

¹³C NMR 谱图

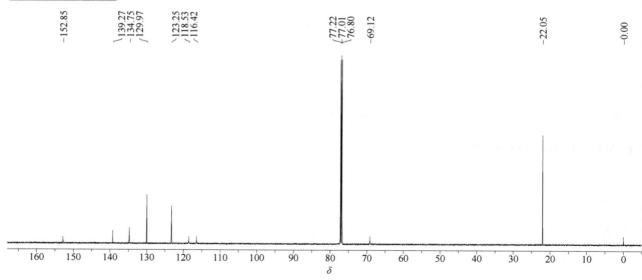

¹³C NMR (151 MHz, CDCl₃, δ) 152.85, 139.27, 134.75, 129.97, 123.25, 118.53, 116.42, 69.12, 22.05

chlorpyrifos（毒死蜱）

基本信息

CAS 登录号	2921-88-2	分子量	350.59
分子式	$C_9H_{11}Cl_3NO_3PS$		

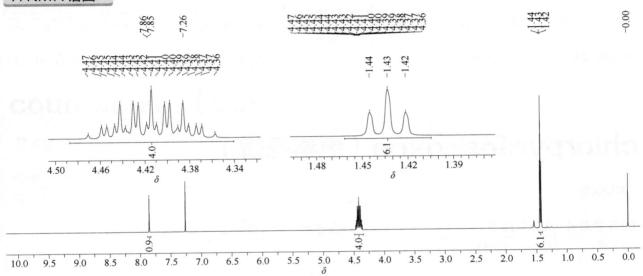

¹H NMR 谱图

^{1}H NMR (600 MHz, CDCl$_3$, δ) 7.86 (1H, ArH, s), 4.49~4.34 (4H, 2CH$_2$, m), 1.43 (6H, 2CH$_3$, t, $J_{\text{H-H}}$ = 7.1 Hz)

¹³C NMR 谱图

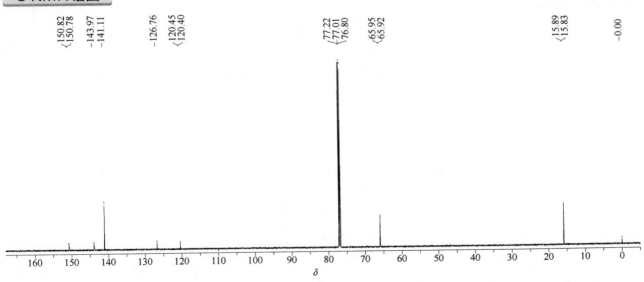

^{13}C NMR (151 MHz, CDCl$_3$, δ) 150.80 (d, $^2J_{\text{C-P}}$ = 5.9 Hz), 143.97, 141.11, 126.76, 120.42 (d, $^3J_{\text{C-P}}$ = 7.1 Hz), 65.93 (d, $^2J_{\text{C-P}}$ = 5.3 Hz), 15.86 (d, $^3J_{\text{C-P}}$ = 8.0 Hz)

³¹P NMR 谱图

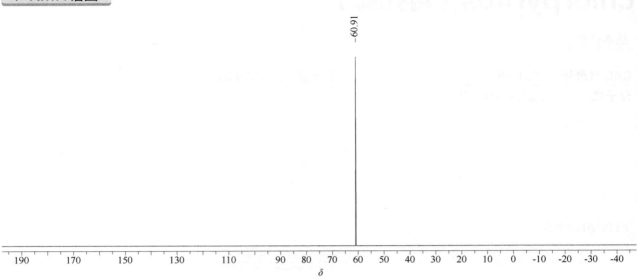

³¹P NMR (243 MHz, CDCl₃, δ) 60.91

chlorpyrifos-oxon（氧毒死蜱）

基本信息

CAS 登录号	5598-15-2	分子量	334.52
分子式	C₉H₁₁Cl₃NO₄P		

¹H NMR 谱图

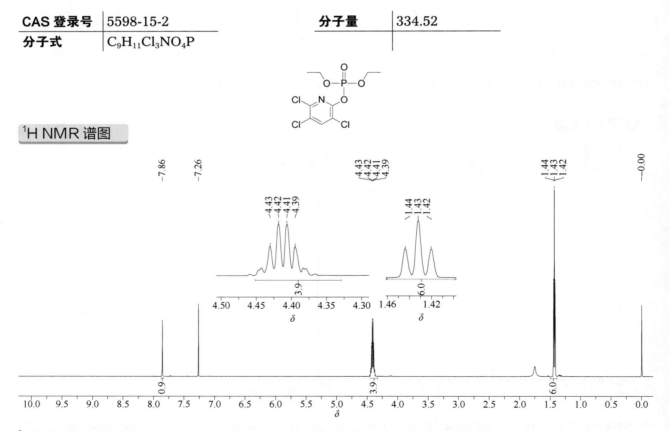

¹H NMR (600 MHz, CDCl₃, δ) 7.86 (1H, ArH, s), 4.46~4.34 (4H, 2OCH₂, m), 1.43 (6H, 2CH₃, t, $J_{H\text{-}H}$ = 7.1 Hz)

¹³C NMR 谱图

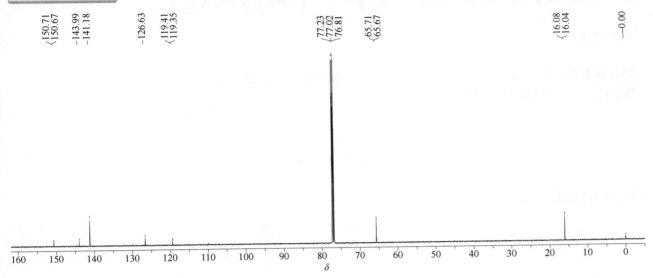

¹³C NMR (151 MHz, CDCl₃, δ) 150.69 (d, $^2J_{C\text{-}P}$ = 6.1 Hz), 143.99, 141.18, 126.63, 119.38 (d, $^3J_{C\text{-}P}$ = 8.7 Hz), 65.69 (d, $^2J_{C\text{-}P}$ = 5.9 Hz), 16.06 (d, $^3J_{C\text{-}P}$ = 7.0 Hz)

³¹P NMR 谱图

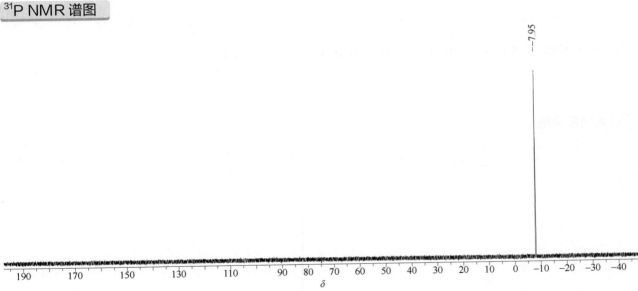

³¹P NMR (243 MHz, CDCl₃, δ) −7.95

chlorpyrifos-methyl（甲基毒死蜱）

CAS 登录号	5598-13-0	分子量	322.53
分子式	$C_7H_7Cl_3NO_3PS$		

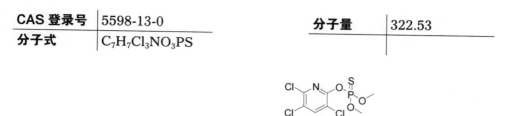

¹H NMR 谱图

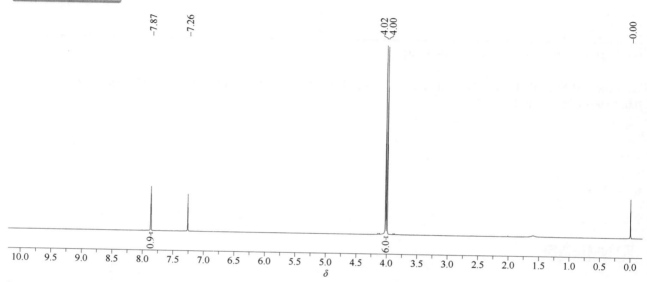

¹H NMR (600 MHz, CDCl₃, δ) 7.87 (1H, ArH, s), 4.01 (6H, 2CH₃, d, ³J_{H-P} = 14.4 Hz)

¹³C NMR 谱图

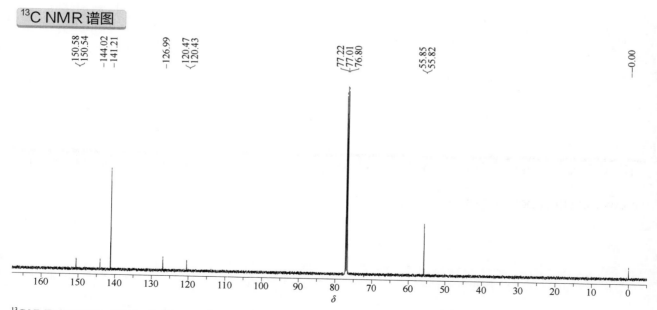

¹³C NMR (151 MHz, CDCl₃, δ) 150.56 (d, ²J_{C-P} = 5.6 Hz), 144.02, 141.21, 126.99, 120.45 (d, ³J_{C-P} = 7.2 Hz), 55.84 (d, ²J_{C-P} = 5.0 Hz)

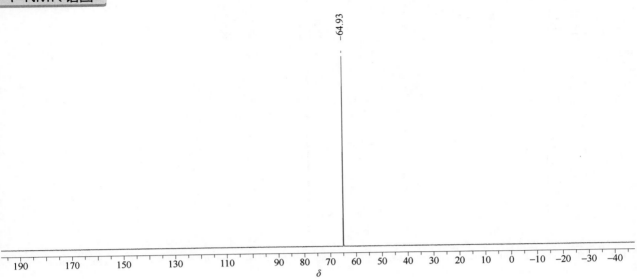

³¹P NMR (243 MHz, CDCl₃, δ) 64.93

chlorpyrifos-methyl-oxon（甲氧毒死蜱）

基本信息

CAS 登录号	5598-52-7	分子量	306.46
分子式	C₇H₇Cl₃NO₄P		

^{1}H NMR 谱图

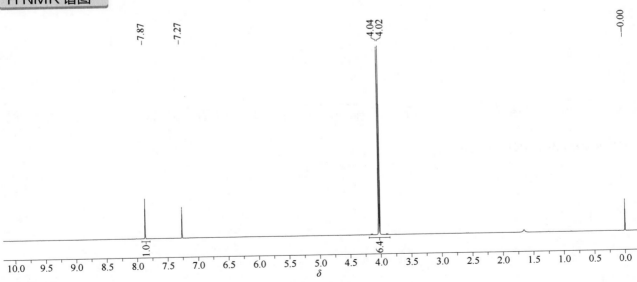

¹H NMR (600 MHz, CDCl₃, δ) 7.87 (1H, ArH, s), 4.03 (6H, 2CH₃, d, ³J_{H-P} = 11.8 Hz)

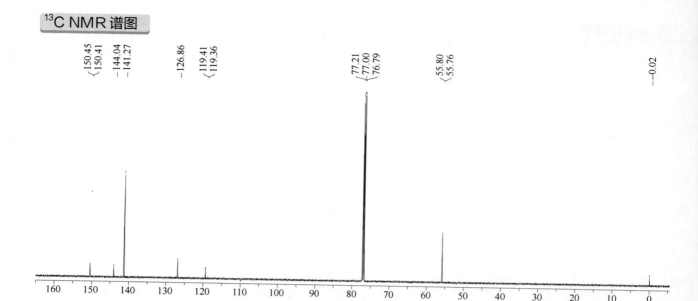

^{13}C NMR (151 MHz, CDCl$_3$, δ) 150.43 (d, $^2J_{C-P}$ = 5.9 Hz), 144.04, 141.27, 126.86, 119.38 (d, $^3J_{C-P}$ = 8.7 Hz), 55.78 (d, $^2J_{C-P}$ = 5.9 Hz)

^{31}P NMR 谱图

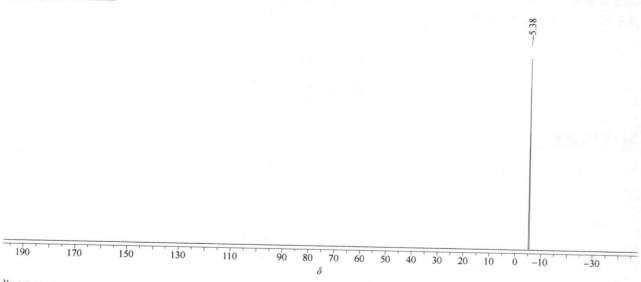

^{31}P NMR (243 MHz, CDCl$_3$, δ) -5.38

chlorsulfuron（氯磺隆）

基本信息

CAS 登录号	64902-72-3	分子量	357.77
分子式	$C_{12}H_{12}ClN_5O_4S$		

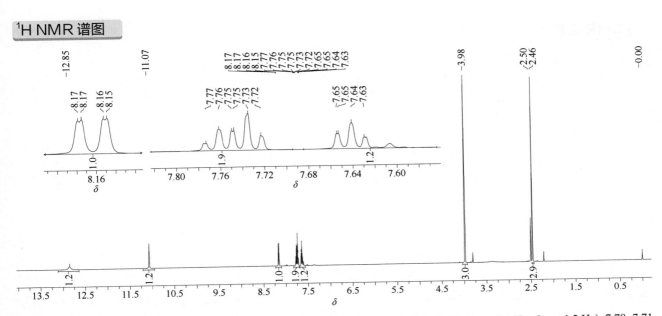

¹H NMR 谱图

¹H NMR (600 MHz, DMSO-d₆, δ) 12.85 (1H, NH, br), 11.07 (1H, NH, br), 8.16(1H, ArH, dd, J_{H-H} = 8.1 Hz, J_{H-H} = 1.2 Hz), 7.78~7.71 (2H, 2ArH, m), 7.66~7.62 (1H, ArH, m), 3.98 (3H, OCH₃, s), 2.46 (3H, ArCH₃, s)

¹³C NMR 谱图

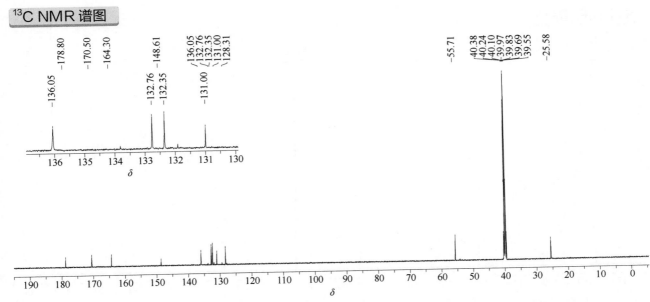

¹³C NMR (151 MHz, DMSO-d₆, δ) 178.80, 170.50, 164.30, 148.61, 136.05, 132.76, 132.35, 131.00, 128.31, 55.71, 25.58

chlorthal-dimethyl（氯酞酸二甲酯）

基本信息

CAS 登录号	1861-32-1	分子量	331.96
分子式	$C_{10}H_6Cl_4O_4$		

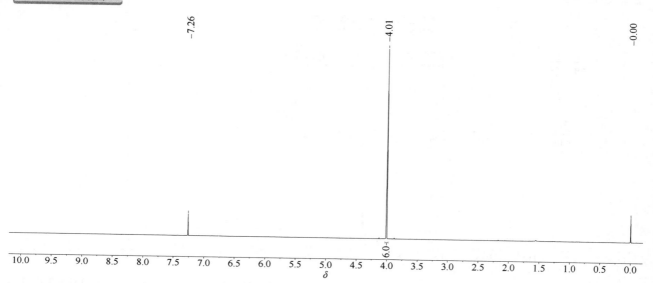

¹H NMR 谱图

¹H NMR (600 MHz, CDCl₃, δ) 4.01 (6H, 2CH₃, s)

¹³C NMR 谱图

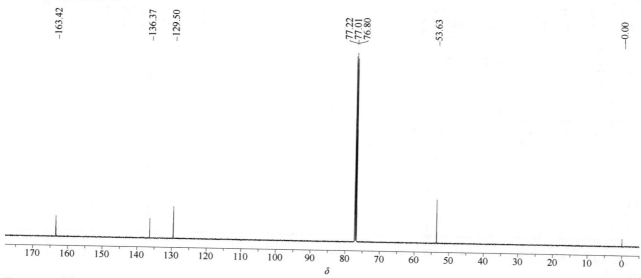

¹³C NMR (151 MHz, CDCl₃, δ) 163.42, 136.37, 129.50, 53.63

chlorthiamid（氯硫酰草胺）

CAS 登录号	1918-13-4	分子量	206.09
分子式	$C_7H_5Cl_2NS$		

^{1}H NMR 谱图

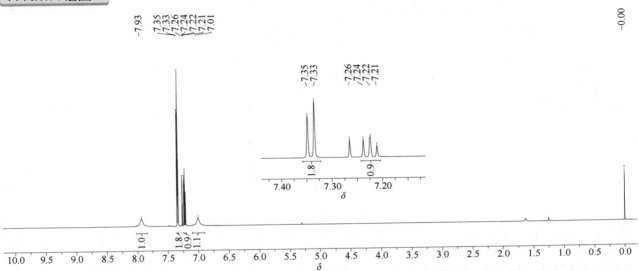

^{1}H NMR (600 MHz, CDCl$_3$, δ) 7.93 (1H, NH$_2$, br), 7.34 (2H, 2ArH, d, J_{H-H} = 8.1 Hz), 7.22 (1H, ArH, t, J_{H-H} = 8.1 Hz), 7.01 (1H, NH$_2$, br)

^{13}C NMR 谱图

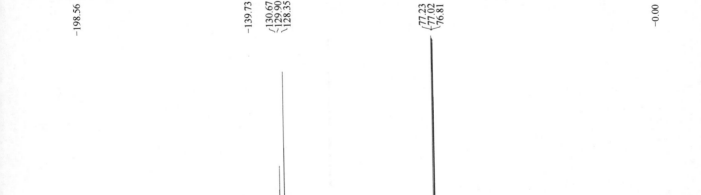

^{13}C NMR (151 MHz, CDCl$_3$, δ) 198.56, 139.73, 130.67, 129.90, 128.35

chlorthion（氯硫磷）

基本信息

CAS 登录号	500-28-7	分子量	297.65
分子式	C₈H₉ClNO₅PS		

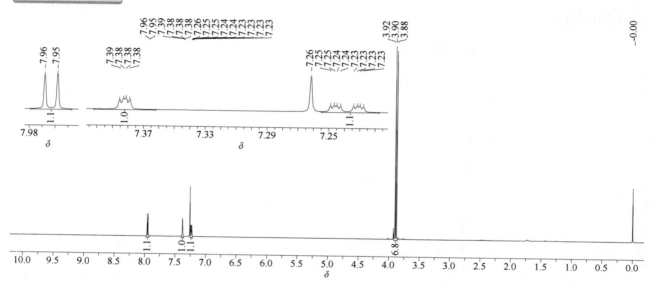

¹H NMR 谱图

¹H NMR (600 MHz，CDCl₃, δ) 7.95 (1H, ArH, d, J_{H-H} = 8.9 Hz), 7.38 (1H, ArH, dd, J_{H-H} = 2.4 Hz, $^4J_{H-P}$ = 1.5 Hz), 7.25~7.23 (1H, ArH, m), 3.90 (6H, 2CH₃, d, $^3J_{H-P}$ = 14.0 Hz)

¹³C NMR 谱图

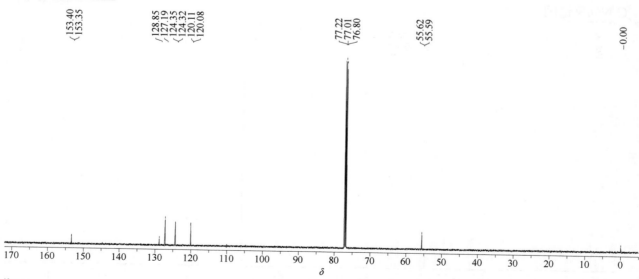

¹³C NMR (151 MHz, CDCl₃, δ) 153.38 (d, $^2J_{C-P}$ = 7.0 Hz), 128.85, 127.19, 124.33 (d, $^3J_{C-P}$ = 5.4 Hz), 120.09 (d, $^3J_{C-P}$ = 5.1 Hz), 55.60 (d, $^2J_{C-P}$ = 5.6 Hz)

³¹P NMR 谱图

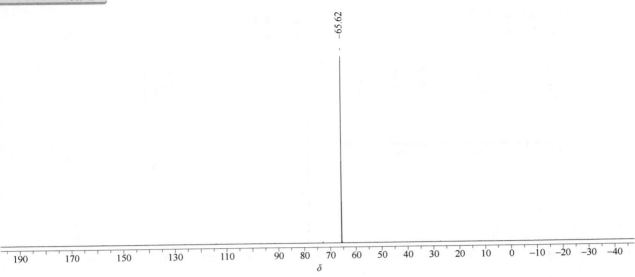

³¹P NMR (243 MHz, CDCl₃, δ) 65.62

chlorthiophos（虫螨磷）

基本信息

CAS 登录号	60238-56-4	分子量	361.24
分子式	$C_{11}H_{15}Cl_2O_3PS_2$		

¹H NMR 谱图

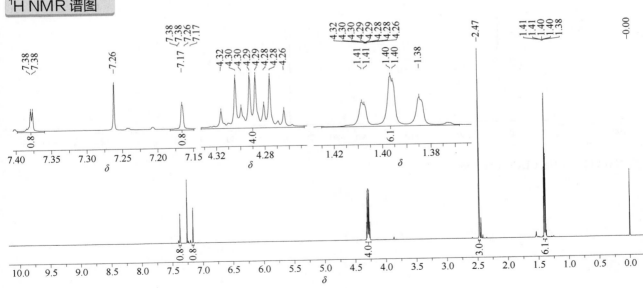

¹H NMR (600 MHz, CDCl₃, δ) 7.38 (1H, ArH, d, $^5J_{H-P}$ = 1.6 Hz), 7.17 (1H, ArH, s), 4.29 (4H, 2CH₂, dq, $^3J_{H-P}$ = 10.0 Hz, J_{H-H} = 7.1 Hz), 2.47 (3H, SCH₃, s), 1.40 (6H, 2CH₃, t, J_{H-H} = 7.1 Hz)

¹³C NMR 谱图

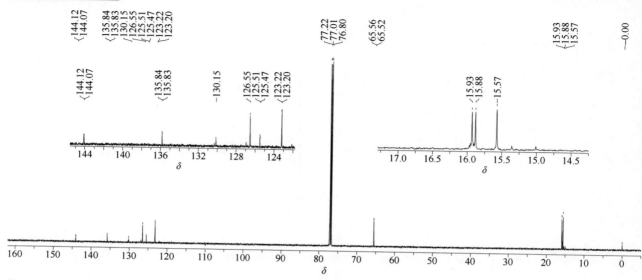

¹³C NMR (151 MHz, CDCl$_3$, δ) 144.09 (d, $^2J_{\text{C-P}}$ = 7.1 Hz), 135.83 (d, $^4J_{\text{C-P}}$ = 2.1 Hz), 130.15, 126.55, 125.49 (d, $^3J_{\text{C-P}}$ = 6.5 Hz), 123.21 (d, $^3J_{\text{C-P}}$ = 3.4 Hz), 65.54 (d, $^2J_{\text{C-P}}$ = 5.9 Hz), 15.91 (d, $^3J_{\text{C-P}}$ = 7.5 Hz), 15.57

³¹P NMR 谱图

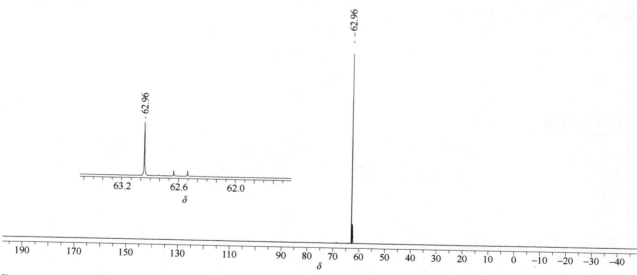

³¹P NMR (243 MHz, CDCl$_3$, δ) 62.96

214

chlozolinate（乙菌利）

基本信息

CAS 登录号	84332-86-5	分子量	332.14
分子式	C₁₃H₁₁Cl₂NO₅		

$C_{13}H_{11}Cl_2NO_5$

332.14

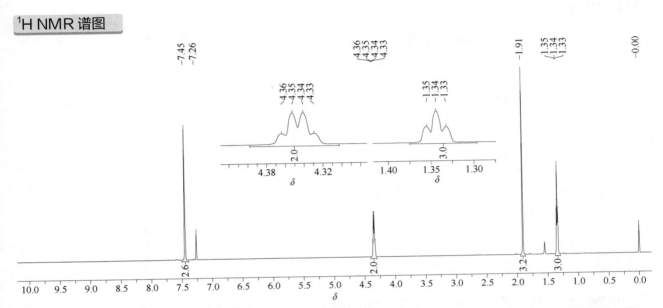

¹H NMR 谱图

¹H NMR (600 MHz, CDCl₃, δ) 7.45 (3H, 3ArH, s), 4.35 (2H, OCH₂, q, J_{H-H} = 6.9 Hz), 1.91 (3H, CH₃, s), 1.34 (3H, CH₂C$\underline{H}$₃, t, J_{H-H} = 7.0 Hz)

¹³C NMR 谱图

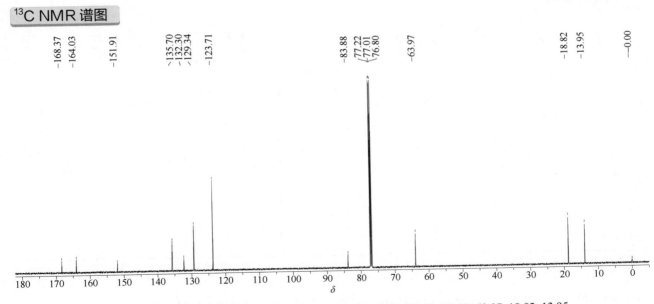

¹³C NMR (151 MHz, CDCl₃, δ) 168.37, 164.03, 151.91, 135.70, 132.30, 129.34, 123.71, 83.88, 63.97, 18.82, 13.95

chromafenozide（环虫酰肼）

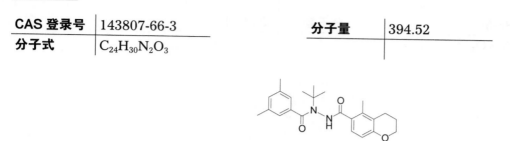

¹H NMR 谱图

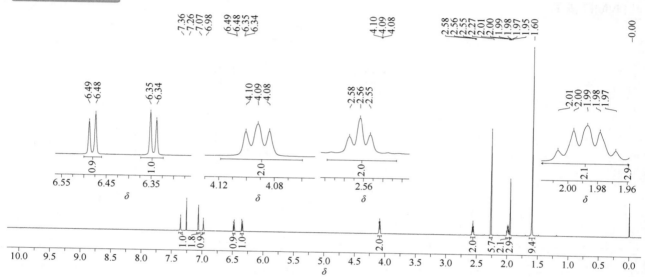

¹H NMR (600 MHz, CDCl₃, δ) 7.36 (1H, ArH, s), 7.07 (2H, 2ArH, s), 6.98 (1H, NH, br), 6.48 (1H, ArH, d, J_{H-H} = 8.4 Hz), 6.35 (1H, ArH, d, J_{H-H} = 8.4 Hz), 4.12~4.06 (2H, OCH₂, m), 2.56 (2H, CH₂, t, J_{H-H} = 6.5 Hz), 2.27 (6H, 2 ArCH₃, s), 2.02~1.96 (2H, CH₂, m), 1.95 (3H, ArCH₃, s), 1.60 (9H, C(CH₃)₃, s)

¹³C NMR 谱图

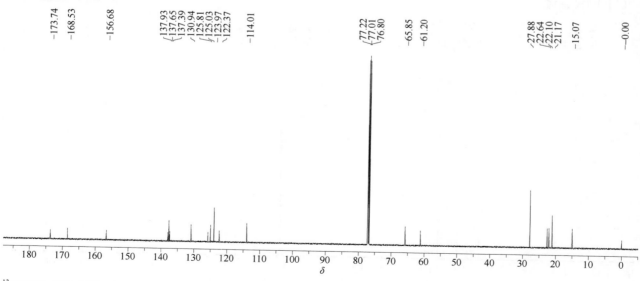

¹³C NMR (151 MHz, CDCl₃, δ) 173.74, 168.53, 156.68, 137.93, 137.65, 137.39, 130.94, 125.81, 125.03, 123.97, 122.37, 114.01, 65.85, 61.20, 27.88, 22.64, 22.10, 21.17, 15.07

chrysene（䓛）

CAS 登录号	218-01-9	分子量	228.29
分子式	$C_{18}H_{12}$		

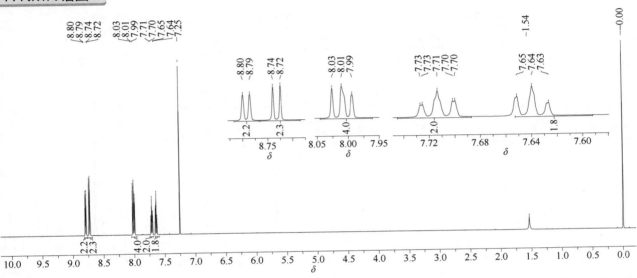

¹H NMR 谱图

¹H NMR (600 MHz, CDCl₃, δ) 8.80 (2H, 2ArH, d, J_{H-H} = 8.4 Hz), 8.74 (2H, 2ArH, d, J_{H-H} = 9.0 Hz), 8.03 (4H, 4ArH, t, J_{H-H} = 9.2 Hz), 7.71 (2H, 2ArH, t, J_{H-H} = 8.1 Hz), 7.64 (2H, 2ArH, t, J_{H-H} = 7.0 Hz)

¹³C NMR 谱图

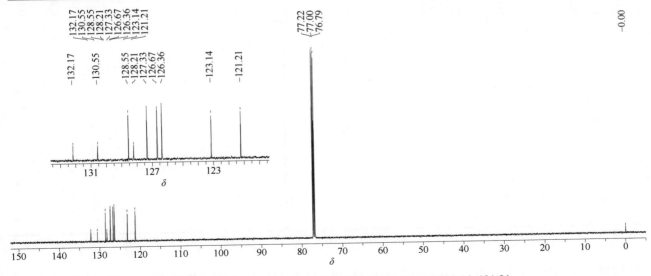

¹³C NMR (151 MHz, CDCl₃, δ) 132.17, 130.55, 128.55, 128.21, 127.33, 126.67, 126.36, 123.14, 121.21

cinidon-ethyl（吲哚酮草酯）

基本信息

CAS 登录号	142891-20-1	分子量	394.25
分子式	$C_{19}H_{17}Cl_2NO_4$		

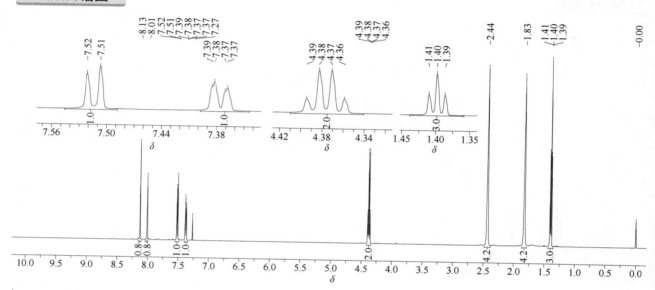

¹H NMR 谱图

¹H NMR (600 MHz, CDCl₃, δ) 8.13 (1H, ArH/=CH, s), 8.01 (1H, ArH/=CH, s), 7.51 (1H, ArH, d, J_{H-H} = 8.7 Hz), 7.37 (1H, ArH, dd, J_{H-H} = 8.7 Hz, J_{H-H} = 1.5 Hz), 4.37 (2H, OC$\underline{H}_2$CH₃, q, J_{H-H} = 7.2 Hz), 2.44 (4H, 2CH₂, s), 1.83 (4H, 2CH₂, s), 1.40 (3H, OCH₂C$\underline{H}_3$, t, J_{H-H} = 7.2 Hz)

¹³C NMR 谱图

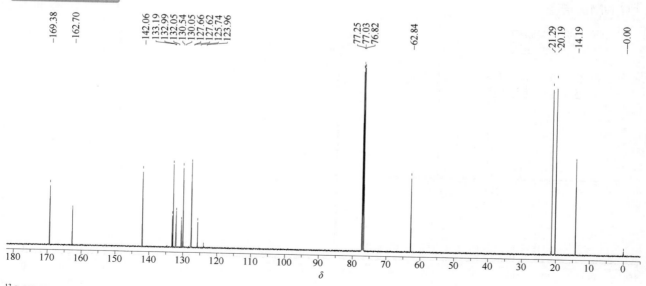

¹³C NMR (151 MHz, CDCl₃, δ) 169.38, 162.70, 142.06, 133.19, 132.99, 132.05, 130.54, 130.05, 127.66, 127.62, 125.74, 123.96, 62.84, 21.29, 20.19, 14.19

cinmethylin（环庚草醚）

基本信息

CAS 登录号	87818-31-3	分子量	274.40
分子式	$C_{18}H_{26}O_2$		

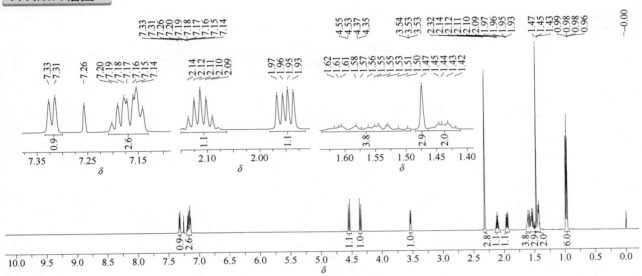

¹H NMR 谱图

¹H NMR (600 MHz, CDCl₃, δ) 7.32 (1H, ArH, d, J_{H-H} = 7.2 Hz), 7.21~7.13 (3H, 3ArH, m), 4.54 (1H, OCH, d, J_{H-H} = 12.4 Hz), 4.36 (1H, OCH, d, J_{H-H} = 12.4 Hz), 3.56~3.51 (1H, OCH, m), 2.32 (3H, ArCH₃, s), 2.11 (1H, C$\underline{H}$(CH₃)₂, hept, J_{H-H} = 6.9 Hz), 1.95 (1H, CH, dd, J_{H-H} = 12.3 Hz, J_{H-H} = 6.7 Hz), 1.64~1.49 (4H, 4CH, m), 1.47 (3H, CH₃, s), 1.46~1.40 (2H, 2CH, m), 0.98 (3H, CH₃, d, J_{H-H} = 7.0 Hz), 0.97 (3H, CH₃, d, J_{H-H} = 7.0 Hz)

¹³C NMR 谱图

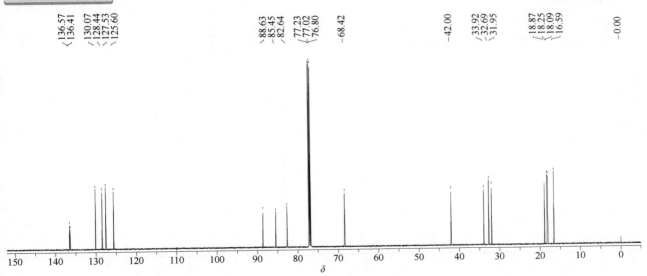

¹³C NMR (151 MHz, CDCl₃, δ) 136.57, 136.41, 130.07, 128.44, 127.53, 125.60, 88.63, 85.45, 82.64, 68.42, 42.00, 33.92, 32.69, 31.95, 18.87, 18.25, 18.09, 16.59

cinosulfuron（醚磺隆）

基本信息

CAS 登录号	94593-91-6	分子量	413.41
分子式	$C_{15}H_{19}N_5O_7S$		

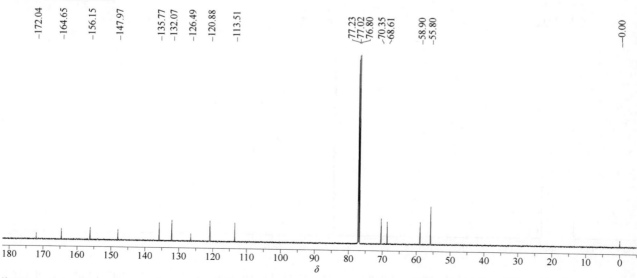

¹H NMR 谱图

¹H NMR (600 MHz, CDCl₃, δ) 12.02 (1H, NH, br), 8.12 (1H, ArH, dd, J_{H-H} = 7.9 Hz, J_{H-H} =1.5 Hz), 7.63~7.54 (1H, ArH, m), 7.39 (1H, NH, br), 7.12 (1H, ArH, t, J_{H-H} = 7.7 Hz), 7.02 (1H, ArH, d, J_{H-H} = 8.4 Hz), 4.26~4.22 (2H, CH₂, m), 4.07 (6H, 2CH₃, s), 3.74~3.69 (2H, CH₂, m), 3.27 (3H, CH₃, s)

¹³C NMR 谱图

¹³C NMR (151 MHz, CDCl₃, δ)172.04, 164.65, 156.15, 147.97, 135.77, 132.07, 126.49, 120.88, 113.51, 70.35, 68.61, 58.90, 55.80

clethodim（烯草酮）

基本信息

CAS 登录号	99129-21-2	**分子量**	359.91
分子式	$C_{17}H_{26}ClNO_3S$		

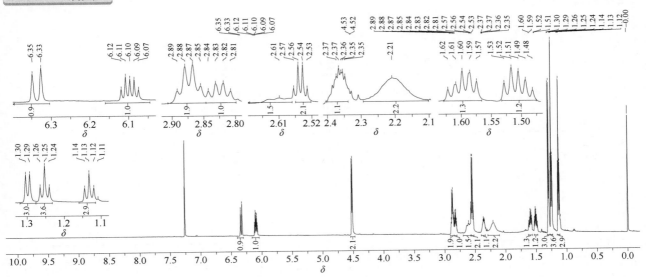

¹H NMR 谱图

¹H NMR (600 MHz, CDCl₃, δ) 6.34 (1H, ClC$\underline{H}$=CH, d, J_{H-H} = 13.4 Hz), 6.10 (1H, ClCH=C$\underline{H}$, dt, J_{H-H} = 13.4 Hz, J_{H-H} = 6.7 Hz), 4.52 (2H, d, OCH₂, J_{H-H} = 6.7 Hz), 2.87 (2H, CH₃C$\underline{H}_2$, q, J_{H-H} = 7.5 Hz), 2.85~2.79 (1H, CH/CH₂, m), 2.67~2.57 (2H, CH₂, m), 2.55 (2H, CH₃C$\underline{H}_2$, q, J_{H-H} = 7.4 Hz), 2.40~2.32 (1H, CH/CH₂, m), 2.20 (2H, CH/CH₂, br), 1.63~1.56 (1H, CH/CH₂, m), 1.54~1.47 (1H, CH/CH₂, m), 1.30 (3H, CHC$\underline{H}_3$, d, J_{H-H} = 6.6 Hz), 1.25 (3H, CH₂C$\underline{H}_3$, t, J_{H-H} = 7.4 Hz), 1.13 (3H, CH₂C$\underline{H}_3$, t, J_{H-H} = 7.4 Hz)

¹³C NMR 谱图

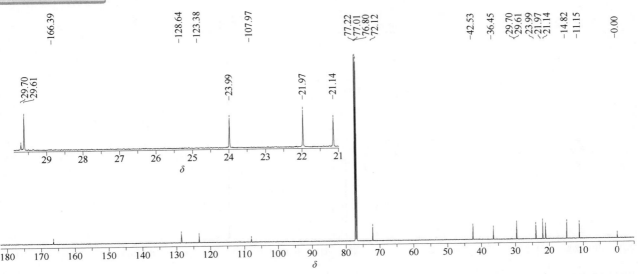

¹³C NMR (151 MHz, CDCl₃, δ) 166.39, 128.64, 123.38, 107.97, 72.12, 42.53, 36.45, 29.70, 29.61, 23.99, 21.97, 21.14, 14.82, 11.15

climbazole（咪菌酮）

基本信息

| CAS 登录号 | 38083-17-9 | 分子量 | 292.76 |
| 分子式 | $C_{15}H_{17}ClN_2O_2$ | | |

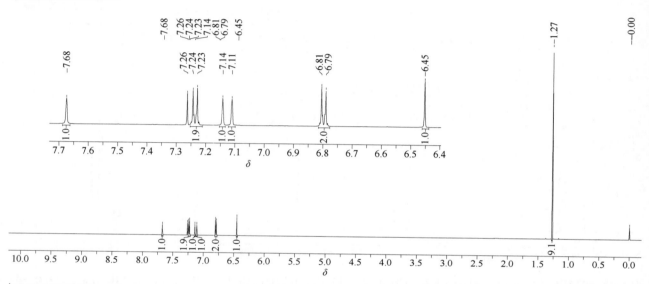

^{1}H NMR 谱图

^{1}H NMR (600 MHz, CDCl$_3$, δ) 7.68 (1H, ArH, s), 7.24 (2H, 2ArH, d, J_{H-H} = 8.9 Hz), 7.14 (1H, ArH, s), 7.11 (1H, ArH, s), 6.80 (2H, 2ArH, d, J_{H-H} = 8.9 Hz), 6.45 (1H, CH, s), 1.27 (9H, C(CH$_3$)$_3$, s)

^{13}C NMR 谱图

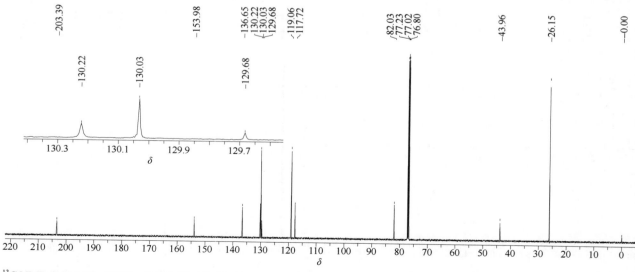

^{13}C NMR (151 MHz, CDCl$_3$, δ) 203.39, 153.98, 136.65, 130.22, 130.03, 129.68, 119.06, 117.72, 82.03, 43.96, 26.15

clodinafop（炔草酸）

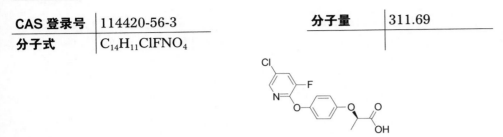

基本信息

CAS 登录号	114420-56-3	分子量	311.69
分子式	$C_{14}H_{11}ClFNO_4$		

^{1}H NMR 谱图

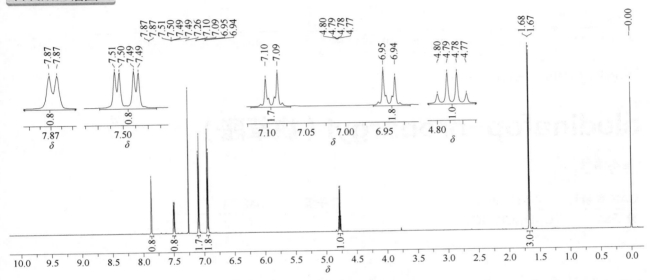

^{1}H NMR (600 MHz, CDCl$_3$, δ) 7.87 (1H, ArH, d, J_{H-H} = 2.2 Hz), 7.51 (1H, ArH, dd, J_{H-F} = 9.1 Hz, J_{H-H} = 2.2 Hz), 7.10 (2H, 2ArH, d, J_{H-H} = 9.0 Hz), 6.95 (2H, 2ArH, d, J_{H-H} = 9.0 Hz), 4.80 (1H, OCH, q, J_{H-H} = 6.9 Hz), 1.68 (3H, CH$_3$, d, J_{H-H} = 6.9 Hz)

^{13}C NMR 谱图

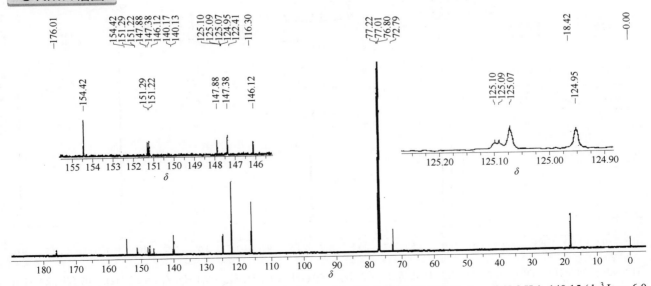

^{13}C NMR (151 MHz, CDCl$_3$, δ) 176.01, 154.42, 151.25 (d, $^2J_{C-F}$ = 11.2 Hz), 147.38, 147.00 (d, J_{C-F} = 265.8 Hz), 140.15 (d, $^3J_{C-F}$ = 6.0 Hz), 125.10 (d, $^4J_{C-F}$ = 1.5 Hz), 125.01 (d, $^2J_{C-F}$ = 18.1 Hz), 122.41, 116.30, 72.79, 18.42

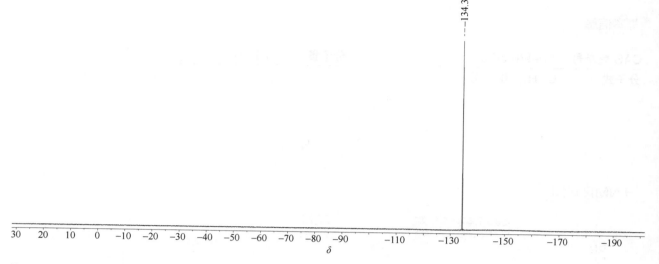

¹⁹F NMR (564 MHz, CDCl$_3$, δ) –134.30

clodinafop-propargyl（炔草酯）

基本信息

CAS 登录号	105512-06-9	分子量	349.74
分子式	C$_{17}$H$_{13}$ClFNO$_4$		

¹H NMR 谱图

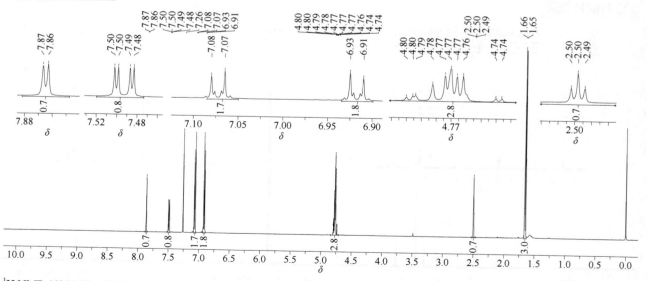

¹H NMR (600 MHz, CDCl$_3$, δ) 7.87 (1H, ArH, d, J_{H-H} = 2.2 Hz), 7.49 (1H, ArH, dd, J_{H-H} = 9.1 Hz, J_{H-H} = 2.2 Hz), 7.07 (2H, 2ArH, d, J_{H-H} = 9.1 Hz), 6.92 (2H, 2ArH, d, J_{H-H} = 9.1 Hz), 4.82~4.73 (3H, C$\underline{H}_2$CCH, C$\underline{H}$CH$_3$, m), 2.50 (1H, CH$_2$CC$\underline{H}$, t, J_{H-H} = 2.5 Hz), 1.65 (3H, CHC$\underline{H}_3$, d, J_{H-H} = 6.8 Hz)

¹³C NMR 谱图

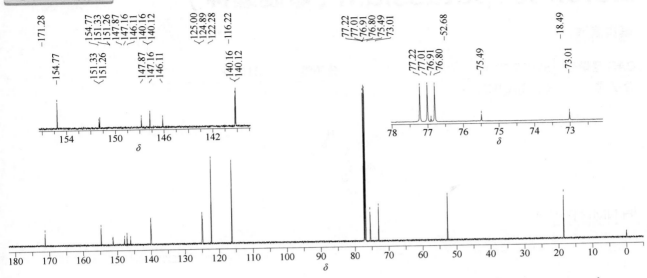

¹³C NMR (151 MHz, CDCl$_3$, δ) 171.28, 154.77, 151.30 (d, $^3J_{C-F}$ = 11.4 Hz),147.16, 146.99 (d, J_{C-F} = 265.8 Hz) 140.14 (d, $^3J_{C-F}$ = 6.0 Hz), 125.00, 124.89, 122.28, 116.22, 76.91, 75.49, 73.01, 52.68, 18.49

¹⁹F NMR 谱图

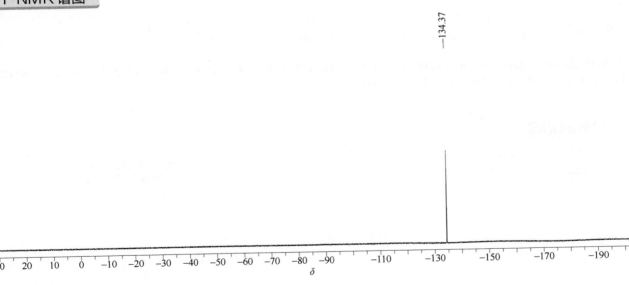

¹⁹F NMR (564 MHz, CDCl$_3$, δ) −134.37

clofencet potassium（苯哒嗪钾）

基本信息

CAS 登录号	82697-71-0		分子量	316.78
分子式	C$_{13}$H$_{10}$ClKN$_2$O$_3$			

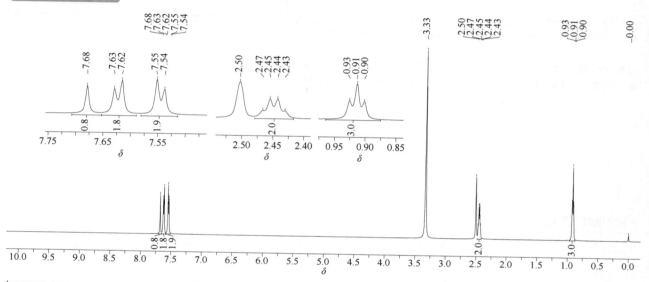

¹H NMR 谱图

¹H NMR (600 MHz, DMSO-d$_6$, δ) 7.68 (1H, ArH, s), 7.62 (2H, 2ArH, d, J_{H-H} = 8.4 Hz), 7.55 (2H, 2ArH, d, J_{H-H} = 8.3 Hz), 2.45 (2H, CH$_2$, q, J_{H-H} = 7.3 Hz), 0.91 (3H, CH$_3$, t, J_{H-H} = 7.3 Hz)

¹³C NMR 谱图

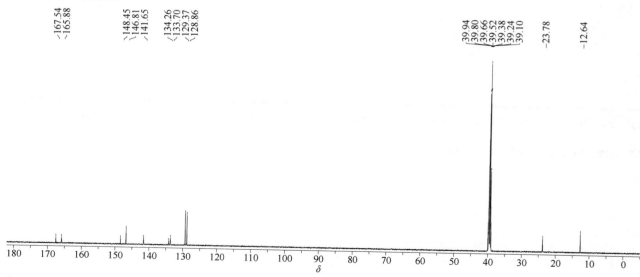

¹³C NMR (151 MHz, DMSO-d$_6$, δ) 167.54, 165.88, 148.45, 146.81, 141.65, 134.26, 133.70, 129.37, 128.86, 23.78, 12.64

clofentezine（四螨嗪）

基本信息

CAS 登录号	74115-24-5	分子量	303.15
分子式	$C_{14}H_8Cl_2N_4$		

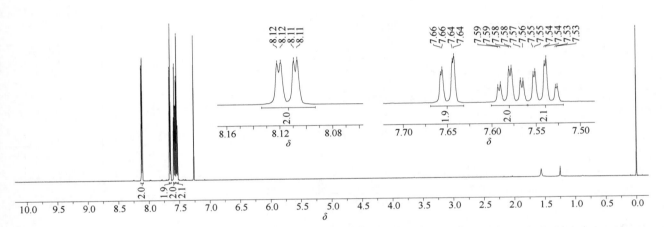

¹H NMR 谱图

¹H NMR (600 MHz, CDCl₃, δ) 8.11 (2H, 2ArH, dd, J_{H-H} = 7.6 Hz, J_{H-H} = 1.7 Hz), 7.65 (2H, 2ArH, dd, J_{H-H} = 7.9 Hz, J_{H-H} = 1.0 Hz), 7.58 (2H, 2ArH, td, J_{H-H} = 7.8 Hz, J_{H-H} = 1.8 Hz), 7.54 (2H, 2ArH, td, J_{H-H} = 7.5 Hz, J_{H-H} = 1.2 Hz)

¹³C NMR 谱图

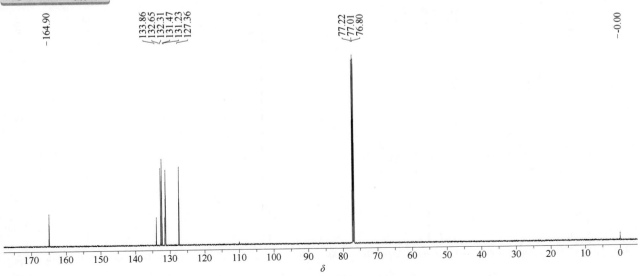

¹³C NMR (151 MHz, CDCl₃, δ) 164.90, 133.86, 132.65, 132.31, 131.47, 131.23, 127.36

clomazone（异噁草酮）

基本信息

| CAS 登录号 | 81777-89-1 | 分子量 | 239.70 |
| 分子式 | C₁₂H₁₄ClNO₂ | | |

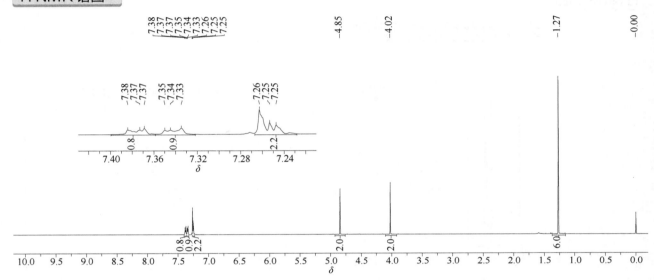

¹H NMR 谱图

¹H NMR (600 MHz, CDCl₃, δ) 7.40~7.36 (1H, ArH, m), 7.36~7.32 (1H, ArH, m), 7.27~7.23 (2H, 2ArH, m), 4.85 (2H, CH₂, s), 4.02(2H, CH₂, s), 1.27 (6H, C(CH₃)₂, s)

¹³C NMR 谱图

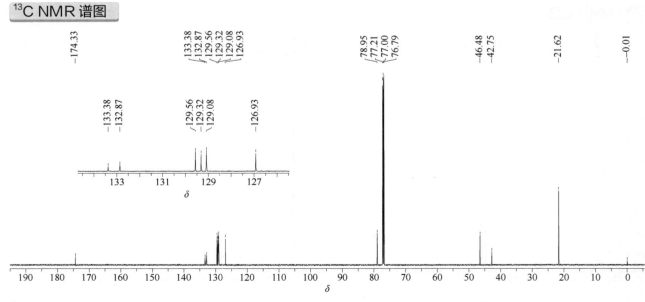

¹³C NMR (151 MHz, CDCl₃, δ) 174.33, 133.38, 132.87, 129.56, 129.32, 129.08, 126.93, 78.95, 46.48, 42.75, 21.62

clomeprop（稗草胺）

基本信息

CAS 登录号	84496-56-0	分子量	324.20
分子式	$C_{16}H_{15}Cl_2NO_2$		

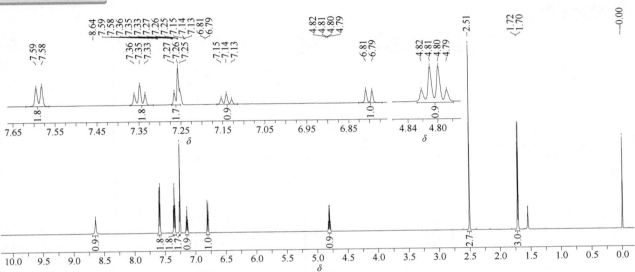

¹H NMR 谱图

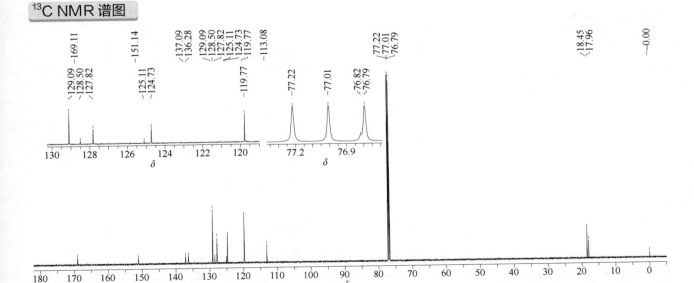

¹H NMR (600 MHz, CDCl₃, δ) 8.64 (1H, NH, br), 7.58 (2H, 2ArH, d, J_{H-H} = 7.9 Hz), 7.35 (2H, 2ArH, t, J_{H-H} = 7.9 Hz), 7.26 (1H, ArH, d, J_{H-H} = 8.8 Hz), 7.14 (1H, ArH, t, J_{H-H} = 7.5 Hz), 6.80 (1H, ArH, d, J_{H-H} = 8.8 Hz), 4.80 (1H, CH, q, J_{H-H} = 6.8 Hz), 2.51 (3H, CH₃, s), 1.71 (3H, CHC$\underline{H}_3$, d, J_{H-H} = 6.8 Hz)

¹³C NMR 谱图

¹³C NMR (151 MHz, CDCl₃, δ) 169.11, 151.14, 137.09, 136.28, 129.09, 128.50, 127.82, 125.11, 124.73, 119.77, 113.08, 76.82, 18.45, 17.96

cloprop（调果酸）

基本信息

CAS 登录号	101-10-0	分子量	200.62
分子式	$C_9H_9ClO_3$		

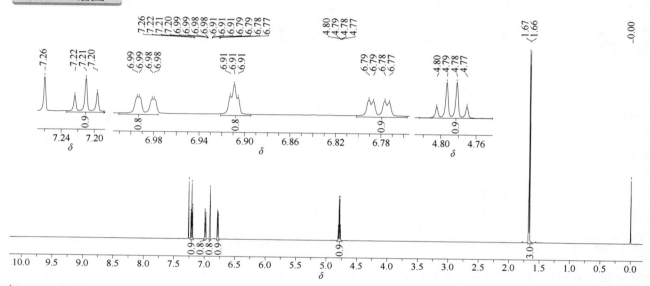

¹H NMR 谱图

¹H NMR (600 MHz, CDCl₃, δ) 7.21(1H, ArH, t, J_{H-H}= 8.2 Hz), 6.99(1H, ArH, dd, J_{H-H}= 8.0 Hz, J_{H-H}= 1.0 Hz), 6.91 (1H, ArH, t, J_{H-H}= 2.1 Hz), 6.78 (1H, ArH, dd, J_{H-H}= 8.4 Hz, J_{H-H}= 2.4 Hz), 4.79(1H, C*H*CH₃, q, J_{H-H}= 6.8 Hz), 1.67(3H, CHC*H*₃, d, J_{H-H}= 6.8 Hz)

¹³C NMR 谱图

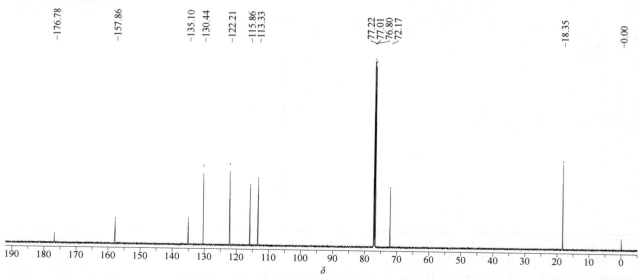

¹³C NMR (151 MHz, CDCl₃, δ) 176.78, 157.86, 135.10, 130.44, 122.21, 115.86, 113.33, 72.17, 18.35

clopyralid（二氯吡啶酸）

基本信息

CAS 登录号	1702-17-6		**分子量**	192.00
分子式	C₆H₃Cl₂NO₂			

¹H NMR 谱图

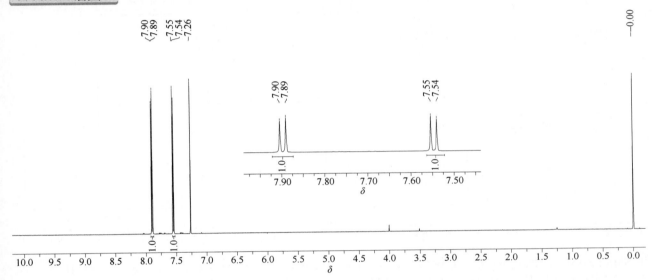

¹H NMR (600 MHz, CDCl₃, δ) 7.90 (1H, ArH, d, J_{H-H} = 8.4 Hz), 7.55 (1H, ArH, d, J_{H-H} = 8.4 Hz), COOH 没有显示出来

¹³C NMR 谱图

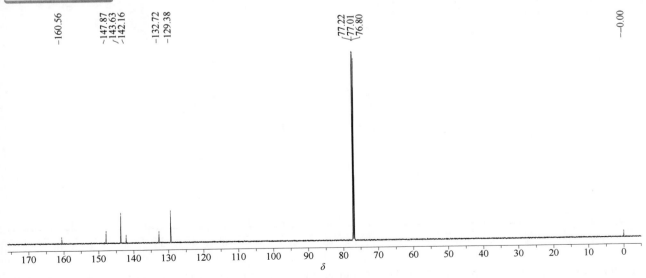

¹³C NMR (151 MHz, CDCl₃, δ) 160.56, 147.87, 143.63, 142.16, 132.72, 129.38

cloquintocet-mexyl（解草酯）

基本信息

CAS 登录号	99607-70-2	分子量	335.83
分子式	$C_{18}H_{22}ClNO_3$		

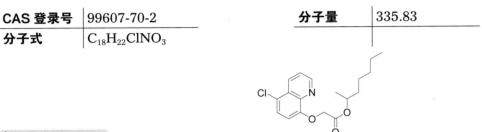

¹H NMR 谱图

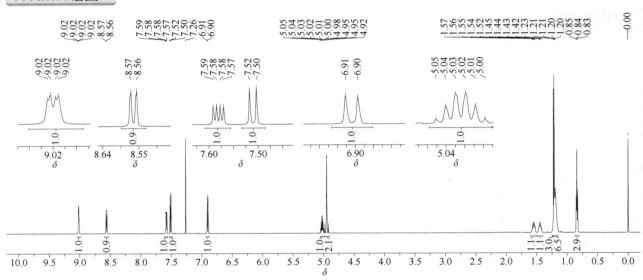

¹H NMR (600 MHz, CDCl₃, δ) 9.02 (1H, ArH, dd, J_{H-H} = 4.1 Hz, J_{H-H} =1.4 Hz), 8.56 (1H, ArH, d, J_{H-H} = 8.5 Hz), 7.58 (1H, ArH, dd, J_{H-H} = 8.5 Hz, J_{H-H} =4.2 Hz), 7.51 (1H, ArH, d, J_{H-H} = 8.4 Hz), 6.90 (1H, ArH, d, J_{H-H} = 8.4 Hz), 5.06~4.99 (1H, OCH, hex, J_{H-H} = 6.3 Hz), 4.99~4.91 (2H, OCH₂, m), 1.60~1.50 (1H, C$\underline{H}$H, m), 1.50~1.40 (1H, C$\underline{H}$H, m), 1.22 (3H, CHC$\underline{H}_3$, d, J_{H-H} = 6.3 Hz), 1.24~1.14 (6H, 3CH₂, m), 0.84 (3H, CH₂C$\underline{H}_3$, t, J_{H-H} = 6.9 Hz)

¹³C NMR 谱图

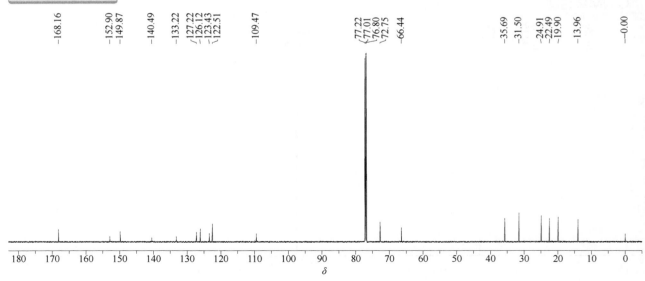

¹³C NMR (151 MHz, CDCl₃, δ) 168.16, 152.90, 149.87, 140.49, 133.22, 127.22, 126.12, 123.43, 122.51, 109.47, 72.75, 66.44, 35.69, 31.50, 24.91, 22.49, 19.90, 13.96

cloransulam-methyl（氯酯磺草胺）

基本信息

CAS 登录号	147150-35-4	分子量	429.81
分子式	C₁₅H₁₃ClFN₅O₅S		

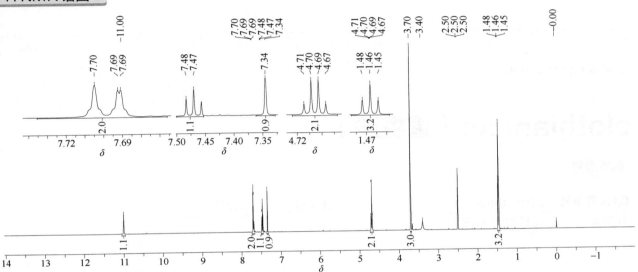

¹H NMR 谱图

¹H NMR (600 MHz, DMSO-d₆, δ) 11.00 (1H, NH, br), 7.72~7.67 (2H, 2ArH, m), 7.47 (1H, ArH, t, J_{H-H} = 8.0 Hz), 7.34 (1H, ArH, s), 4.69 (2H, OCH_2CH₃, q, J_{H-H} = 7.1 Hz), 3.70 (3H, OCH₃, s), 1.45 (3H, OCH₂CH_3, t, J_{H-H} = 7.0 Hz)

¹³C NMR 谱图

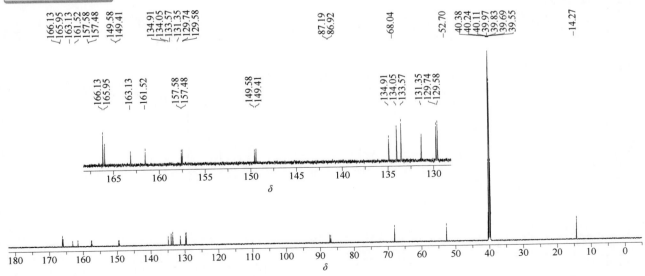

¹³C NMR (151 MHz, DMSO-d₆, δ) 166.13, 165.95, 162.32 (d, J_{C-F} = 243.1 Hz), 157.53 (d, $^3J_{C-F}$ = 14.9 Hz), 149.50 (d, $^3J_{C-F}$ = 6.2 Hz), 134.91, 134.05, 133.57, 131.35, 129.74, 129.58, 87.06 (d, $^2J_{C-F}$ = 40.7 Hz), 68.04, 52.70, 14.27

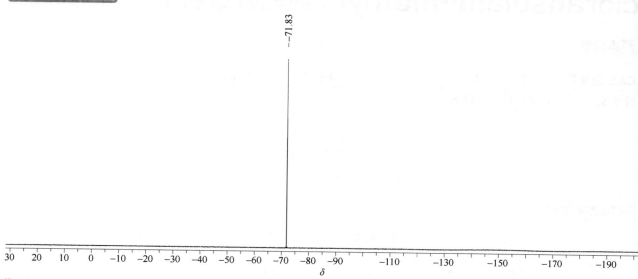

^{19}F NMR (564 MHz, DMSO-d$_6$, δ) –71.83

clothianidin（噻虫胺）

基本信息

CAS 登录号	210880-92-5	分子量	249.67
分子式	C$_6$H$_8$ClN$_5$O$_2$S		

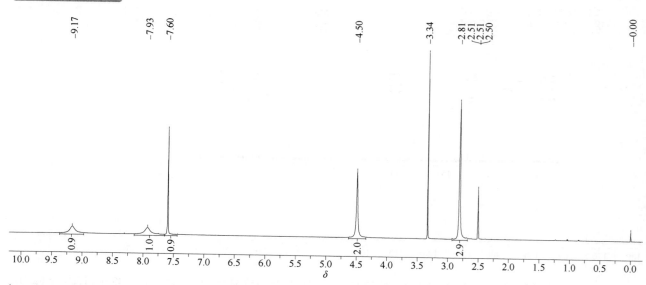

^{1}H NMR 谱图

^{1}H NMR (600 MHz, DMSO-d$_6$, δ) 9.17 (1H, NH, br), 7.93 (1H, NH, br), 7.60 (1H, ArH, s), 4.50 (2H, CH$_2$, br), 2.81 (3H, CH$_3$, br)

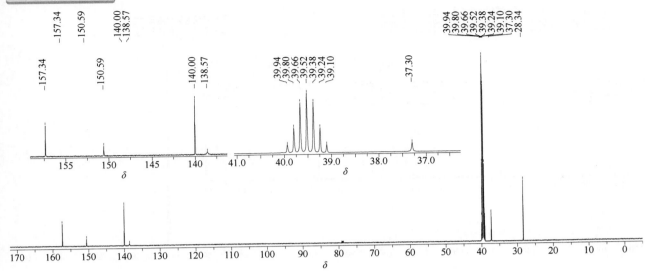

¹³C NMR (151 MHz, DMSO-d₆, δ) 157.34, 150.59, 140.00, 138.57 37.30, 28.34

coumachlor（氯灭鼠灵）

基本信息

CAS 登录号	81-82-3	分子量	342.77
分子式	C₁₉H₁₅ClO₄		

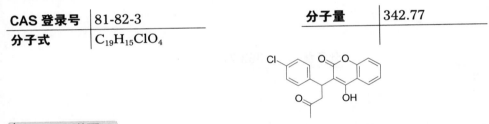

¹H NMR 谱图

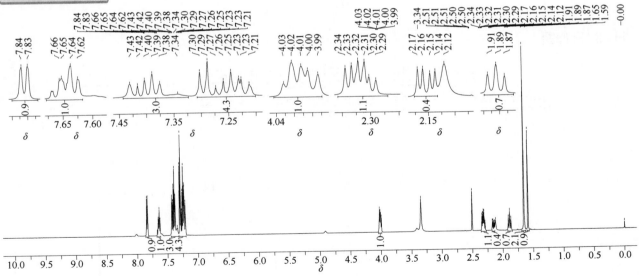

¹H NMR (600 MHz, DMSO-d₆, δ) 两组异构体，比例约为 2:1。异构体 A: 7.84 (1H, ArH, d, J_{H-H} = 7.2 Hz), 7.64 (1H, ArH, t, J_{H-H} = 7.0 Hz), 7.45~7.32 (3H, 3ArH, m), 7.31~7.18 (4H, 4ArH, m), 4.04~3.99 (1H, ArCH, m), 2.36~2.27 (1H, COCH, m), 1.89 (1H, COCH, t, J_{H-H} = 6.3 Hz), 1.65 (3H, CH₃, s). 异构体 B: 7.84 (1H, ArH, d, J_{H-H} = 7.2 Hz), 7.64 (1H, ArH, t, J_{H-H} = 7.0 Hz), 7.45~7.32 (3H, 3ArH, m), 7.31~7.18 (4H, 4ArH, m), 4.04~3.99 (1H, ArCH, m), 2.36~2.27 (1H, COCH, m), 2.15 (1H, OCH, dd, J_{H-H} = 6.9 Hz, J_{H-H} = 6.0 Hz), 1.59 (3H, CH₃, s)

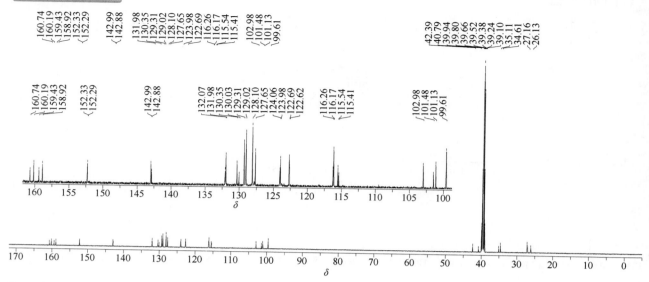

¹³C NMR (151 MHz, DMSO-d₆, δ) 两组异构体，未区分。160.74, 160.19, 159.43, 158.92, 152.33, 152.29, 142.99, 142.88, 132.07, 131.98, 130.35, 130.03, 129.31, 129.02, 128.10, 127.65, 124.06, 123.98, 122.69, 122.62, 116.26, 116.17, 115.54, 115.41, 102.98, 101.48, 101.13, 99.61, 42.39, 40.79, 35.11, 34.61, 27.16, 26.13

coumaphos（蝇毒磷）

基本信息

CAS 登录号	56-72-4	分子量	362.77
分子式	C₁₄H₁₆ClO₅PS		

¹H NMR 谱图

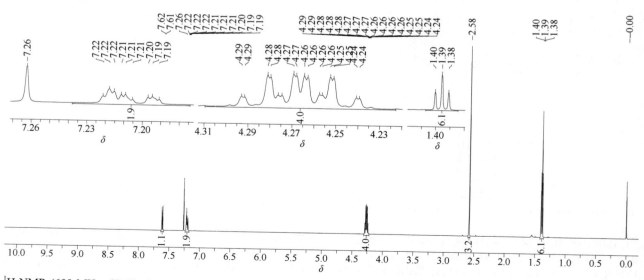

¹H NMR (600 MHz, CDCl₃, δ) 7.61 (1H, ArH, d, J_{H-H} = 8.7 Hz), 7.24~7.17 (2H, 2ArH, m), 4.31~4.22 (4H, 2CH₂, m), 2.58 (3H, C═CCH₃, s), 1.39 (6H, 2CH₃, t, J_{H-H} = 7.1 Hz)

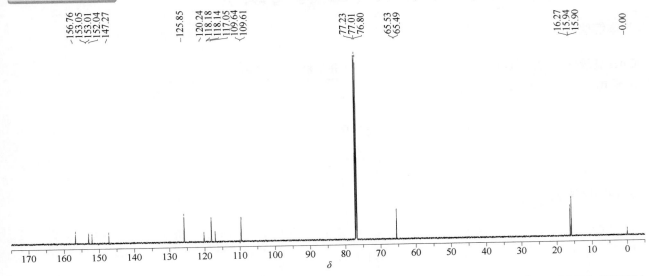

^{13}C NMR (151 MHz, CDCl$_3$, δ)156.76, 153.03 (d, $^2J_{C-P}$ = 7.2 Hz), 152.04, 147.27, 125.85, 120.24, 118.16 (d, $^3J_{C-P}$ = 5.2 Hz), 117.05 (d, $^4J_{C-P}$ = 1.4 Hz), 109.63 (d, $^3J_{C-P}$ = 5.2 Hz), 65.51 (d, $^2J_{C-P}$ = 5.8 Hz), 16.27, 15.92 (d, $^3J_{C-P}$ = 7.5 Hz)

^{31}P NMR 谱图

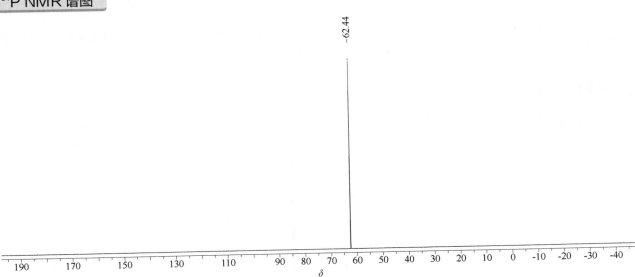

^{31}P NMR (243 MHz, CDCl$_3$, δ) 62.44

coumaphos-oxon（氧蝇毒磷）

基本信息

CAS 登录号	321-54-0	分子量	346.70
分子式	$C_{14}H_{16}ClO_6P$		

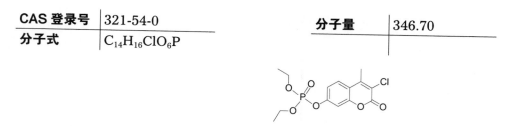

^1H NMR 谱图

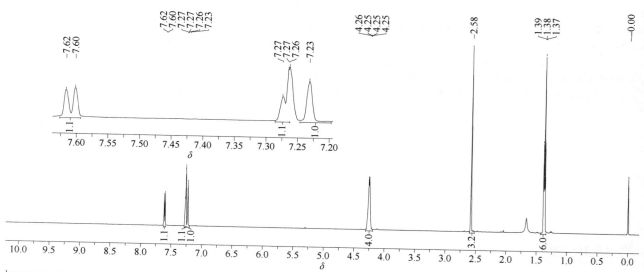

^1H NMR (600 MHz, CDCl$_3$, δ) 7.61 (1H, ArH, d, J_{H-H} = 8.7 Hz), 7.26 (1H, ArH, d, J_{H-H} = 8.7 Hz), 7.23 (1H, ArH, s), 4.25 (4H, 2OCH$_2$, m), 2.58 (3H, CH$_3$, s), 1.38 (6H, 2OCHC$\underline{H}_3$, t, J_{H-H} = 7.1 Hz)

^{13}C NMR 谱图

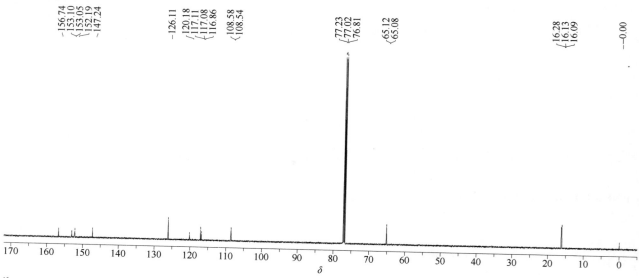

^{13}C NMR (151 MHz, CDCl$_3$, δ) 156.74, 153.08 (d, $^2J_{C-P}$ = 6.6 Hz), 152.19, 147.24, 126.11, 120.18, 117.09 (d, $^3J_{C-P}$ = 5.2 Hz), 116.86, 108.56 (d, $^3J_{C-P}$ = 5.7 Hz), 65.10 (d, $^2J_{C-P}$ = 6.1 Hz), 16.28, 16.11 (d, $^3J_{C-P}$ = 6.6 Hz)

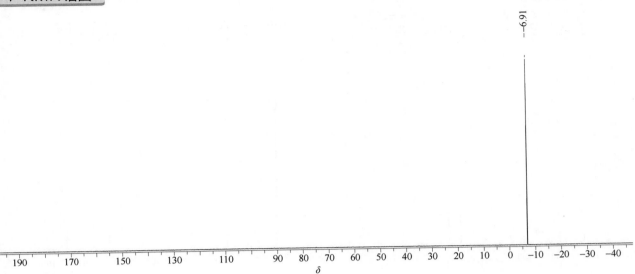

^{31}P NMR (243 MHz, CDCl$_3$, δ) –6.91

coumoxystrobin（丁香菌酯）

基本信息

CAS 登录号	850881-70-8	分子量	436.50
分子式	C$_{26}$H$_{28}$O$_6$		

¹H NMR 谱图

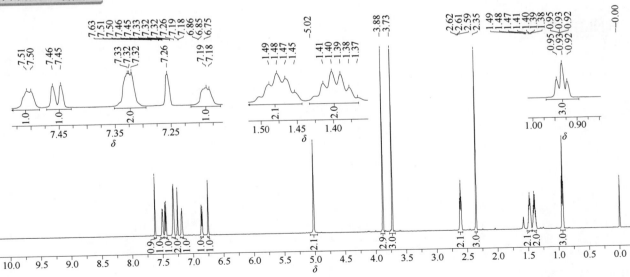

^{1}H NMR (600 MHz, CDCl$_3$, δ) 7.63 (1H, ArH, s), 7.50 (1H, ArH, d, J_{H-H} = 4.6 Hz), 7.45 (1H, ArH, d, J_{H-H} = 8.9 Hz), 7.35-7.29 (2H, 2ArH, m), 7.21~7.17 (1H, ArH, m), 6.85 (1H, ArH, d, J_{H-H} = 8.8 Hz), 6.75 (1H, =CH, s), 5.02 (2H, OCH$_2$, s), 3.88 (3H, OCH$_3$, s), 3.73 (3H, OCH$_3$, s), 2.61 (2H, C$\underline{H}_2$CH$_2$CH$_2$CH$_3$, t, J_{H-H} = 7.6 Hz), 2.35 (3H, CH$_3$, s), 1.47 (2H, CH$_2$C$\underline{H}_2$CH$_2$CH$_3$, quin, J_{H-H} = 7.5 Hz), 1.39 (2H, C$\underline{H}_2$CH$_3$, dt, J_{H-H} = 7.1 Hz, J_{H-H} = 7.1 Hz), 0.93 (3H, CH$_2$C$\underline{H}_3$, t, J_{H-H} = 7.4 Hz)

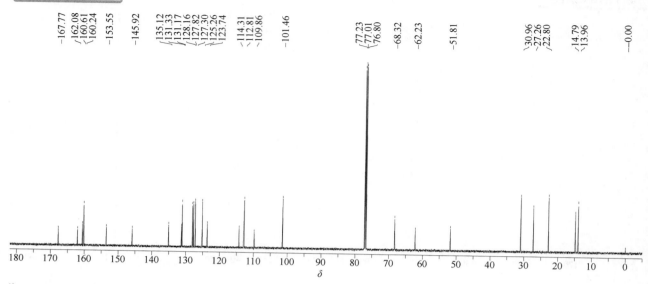

^{13}C NMR (151 MHz, CDCl$_3$, δ) 167.77, 162.08, 160.61, 160.24, 153.55, 145.92, 135.12, 131.33, 131.17, 128.16, 127.82, 127.30, 125.26, 123.74, 114.31, 112.81, 109.86, 101.46, 68.32, 62.23, 51.81, 30.96, 27.26, 22.80, 14.79, 13.96

crimidine（杀鼠嘧啶）

基本信息

CAS 登录号	535-89-7	分子量	171.63
分子式	C$_7$H$_{10}$ClN$_3$		

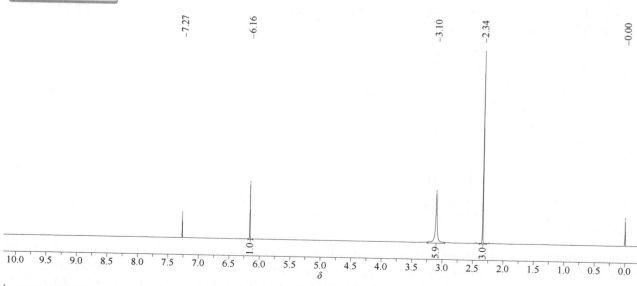

^{1}H NMR 谱图

^{1}H NMR (600 MHz, CDCl$_3$, δ) 6.16 (1H, ArH, s), 3.10 (6H, N(CH$_3$)$_2$, s), 2.34 (3H, ArCH$_3$, s)

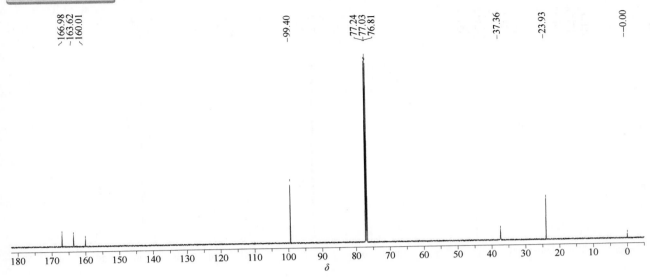

¹³C NMR (151 MHz, CDCl₃, δ) 166.98, 163.62, 160.01, 99.40, 37.36, 23.93

crufomate（育畜磷）

基本信息

CAS 登录号	299-86-5	分子量	291.71
分子式	C₁₂H₁₉ClNO₃P		

¹H NMR 谱图

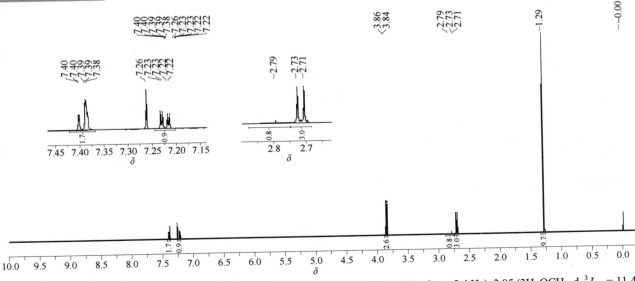

¹H NMR (600 MHz, CDCl₃, δ) 7.42~7.37 (2H, 2ArH, m), 7.22 (1H, ArH, dd, J_{H-H} = 8.6 Hz, J_{H-H} = 2.4 Hz), 3.85 (3H, OCH₃, d, $^3J_{H-P}$ = 11.4 Hz), 2.79 (1H, NH, br), 2.72 (3H, NCH₃, d, $^3J_{H-P}$ = 12.4 Hz), 1.29 (9H, C(CH₃)₃, s)

^{13}C NMR 谱图

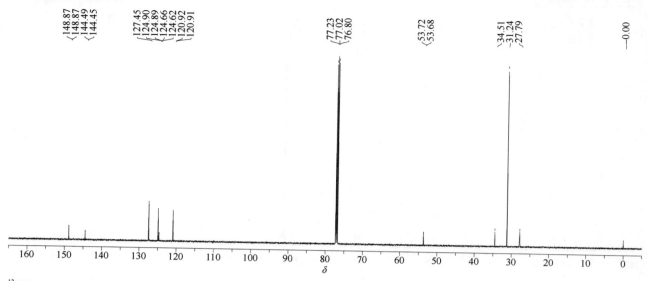

^{13}C NMR (151 MHz, CDCl$_3$, δ)148.87 (d, $^4J_{\text{C-P}}$ = 1.1 Hz), 144.47 (d, $^2J_{\text{C-P}}$ = 6.0 Hz), 127.45, 124.90 (d, $^4J_{\text{C-P}}$ = 1.2 Hz), 124.64 (d, $^3J_{\text{C-P}}$ = 7.1 Hz), 120.92 (d, $^3J_{\text{C-P}}$ = 2.6 Hz), 53.70 (d, $^2J_{\text{C-P}}$ = 5.8 Hz), 34.51, 31.24, 27.79

^{31}P NMR 谱图

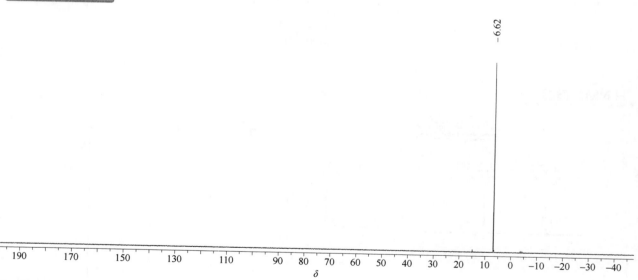

^{31}P NMR (243 MHz, CDCl$_3$, δ) 6.62

cumyluron（苄草隆）

基本信息

CAS 登录号	99485-76-4	分子量	320.80
分子式	$C_{17}H_{19}ClN_2O$		

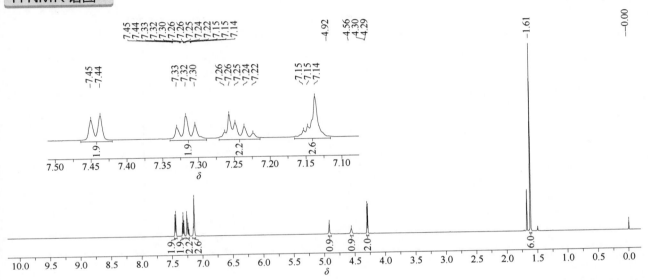

¹H NMR 谱图

¹H NMR (600 MHz, CDCl₃, δ) 7.44 (2H, 2ArH, d, J_{H-H} = 7.9 Hz), 7.32 (2H, 2ArH, t, J_{H-H} = 7.8 Hz), 7.25 (1H, ArH, d, J_{H-H} = 8.7 Hz), 7.24 (1H, ArH, t, J_{H-H} = 7.3 Hz), 7.17~7.12 (3H, 3ArH, m), 4.92 (1H, NH, br), 4.56 (1H, NH, br), 4.29 (2H, NHC$\underline{H}_2$, d, J_{H-H} = 6.1 Hz), 1.61 (6H, 2CH₃, s)

¹³C NMR 谱图

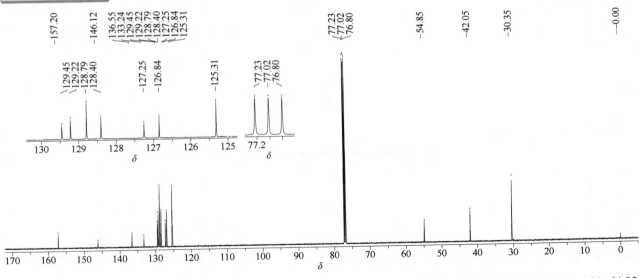

¹³C NMR (151 MHz, CDCl₃, δ) 157.20, 146.12, 136.55, 133.24, 129.45, 129.22, 128.79, 128.40, 127.25, 126.84, 125.31, 54.85, 42.05, 30.35

cyanamide（单氰胺）

基本信息

CAS 登录号	420-04-2	分子量	42.04
分子式	CH_2N_2		

N≡≡—NH₂

¹H NMR 谱图

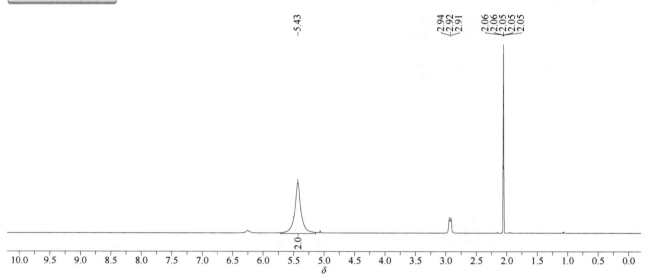

¹H NMR (600 MHz, aceton-d₆, δ) 5.43 (2H, NH₂, br)

¹³C NMR 谱图

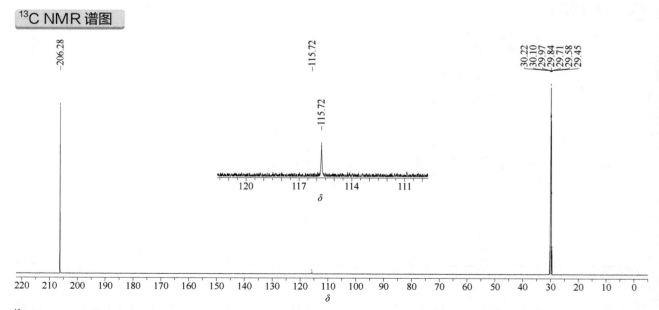

¹³C NMR (151 MHz, aceton-d₆, δ) 115.72

cyanazine（氰草津）

基本信息

CAS 登录号	21725-46-2	分子量	240.70
分子式	C₉H₁₃ClN₆		

¹H NMR 谱图

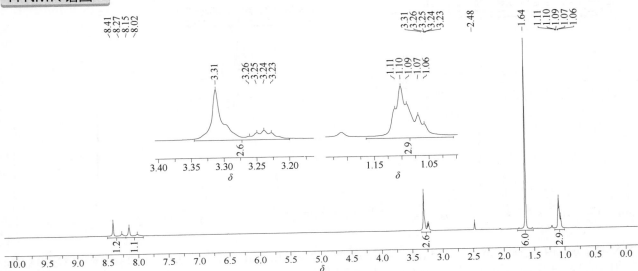

¹H NMR (600 MHz, DMSO-d₆, δ) 多组异构体重叠。8.47~8.20 (1H, NH, br), 8.20~7.95 (1H, NH, br), 3.35~3.20 (2H, NCH₂, m), 1.64 (6H, C(CH₃)₂, s), 1.15~1.02 (3H, CH₂C*H*₃, m)

¹³C NMR 谱图

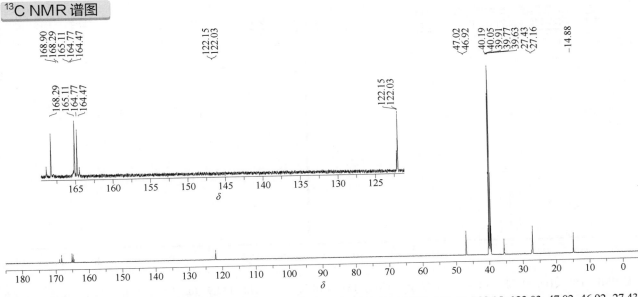

¹³C NMR (151 MHz, DMSO-d₆, δ) 多组异构体重叠。168.90, 168.29, 165.11, 164.77, 164.47, 122.15, 122.03, 47.02, 46.92, 27.43, 27.16, 14.88

cyanofenphos（苯腈磷）

基本信息

CAS 登录号	13067-93-1	分子量	303.32
分子式	$C_{15}H_{14}NO_2PS$		

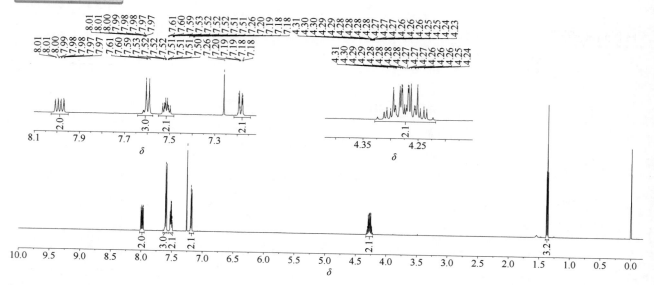

¹H NMR 谱图

¹H NMR (600 MHz, CDCl₃, δ) 8.03~7.95 (2H, 2ArH, m), 7.64~7.58 (3H, 3ArH, m), 7.54~7.48 (2H, 2ArH, m), 7.22~7.14 (2H, 2ArH, m), 4.33~4.21 (2H, CH₂, m), 1.37 (3H, CH₃, t, J_{H-H} = 7.1 Hz)

¹³C NMR 谱图

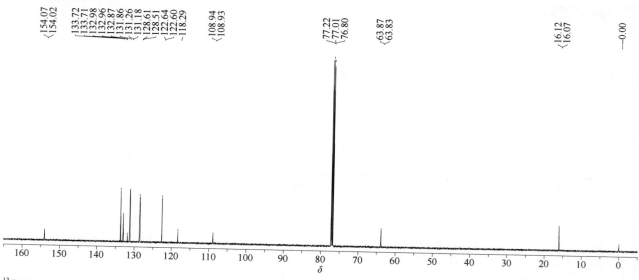

¹³C NMR (151 MHz, CDCl₃, δ) 154.05 (d, $^2J_{C-P}$= 8.1 Hz), 133.71 (d, $^4J_{C-P}$= 1.1 Hz), 132.97 (d, $^4J_{C-P}$= 3.2 Hz), 132.36 (d, J_{C-P}= 152.6 Hz), 13.22 (d, $^3J_{C-P}$= 12.2 Hz), 128.56 (d, $^2J_{C-P}$= 15.4 Hz), 122.62 (d, $^2J_{C-P}$= 4.9 Hz), 118.29, 108.93 (d, $^5J_{C-P}$= 1.7 Hz), 63.85 (d, $^2J_{C-P}$= 6.0 Hz), 16.09 (d, $^3J_{C-P}$= 7.4 Hz)

^{31}P NMR 谱图

−85.22

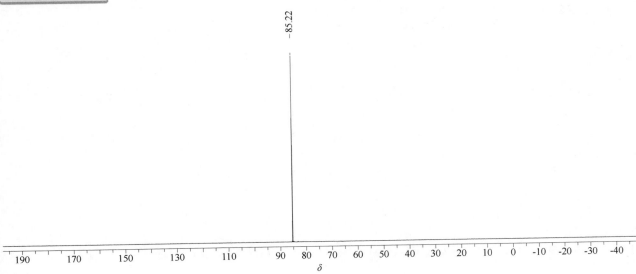

^{31}P NMR (243 MHz, CDCl$_3$, δ) 85.22

cyanophos（杀螟腈）

基本信息

CAS 登录号	2636-26-2	分子量	243.22
分子式	C$_9$H$_{10}$NO$_3$PS		

^{1}H NMR 谱图

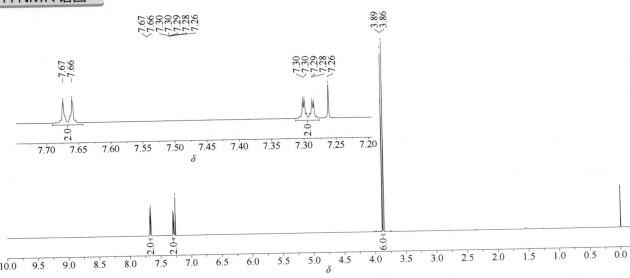

^{1}H NMR (600 MHz, CDCl$_3$, δ) 7.67 (2H, 2ArH, d, $J_{\text{H-H}}$ = 8.3 Hz), 7.29 (2H, 2ArH, dd, $J_{\text{H-H}}$ = 8.8 Hz, $J_{\text{H-H}}$ = 1.4 Hz), 3.87 (6H, 2CH$_3$, d, $^3J_{\text{H-P}}$ = 13.9 Hz)

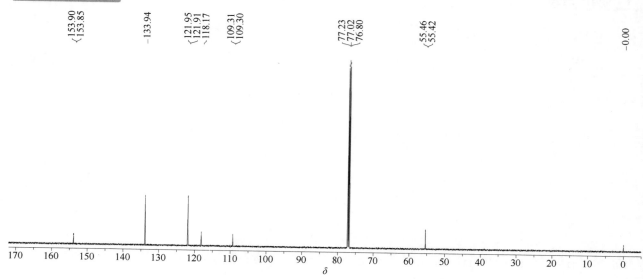

^{13}C NMR (151 MHz, CDCl$_3$, δ) 153.88 (d, $^2J_{\text{C-P}}$ = 7.2 Hz), 133.94, 121.93 (d, $^3J_{\text{C-P}}$ = 5.1 Hz), 118.17, 109.30 (d, $^5J_{\text{C-P}}$ = 1.6 Hz), 55.44 (d, $^2J_{\text{C-P}}$ = 5.7 Hz)

^{31}P NMR 谱图

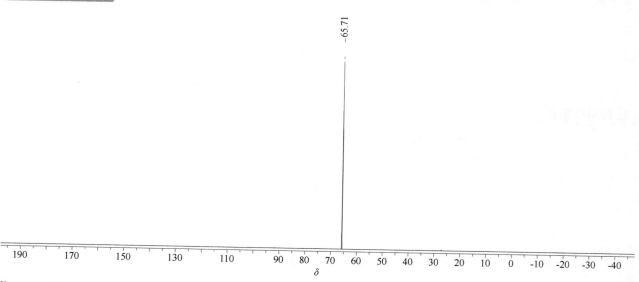

^{31}P NMR (243 MHz, CDCl$_3$, δ) 65.71

cyantraniliprole (溴氰虫酰胺)

基本信息

CAS 登录号	736994-63-1	分子量	473.71
分子式	C₁₉H₁₄BrClN₆O₂		

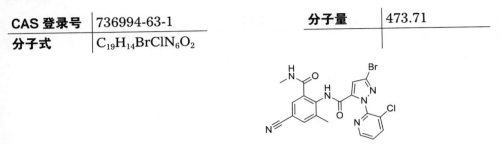

¹H NMR 谱图

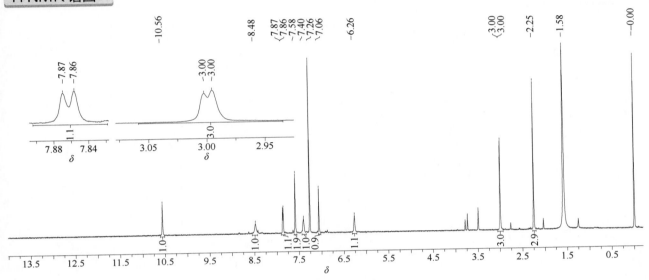

¹H NMR (600 MHz, CDCl₃, δ) 10.56 (1H, NH, s), 8.48 (1H, NH, br), 7.86 (1H, ArH, d, J_{H-H} = 7.9 Hz), 7.58 (2H, 2ArH, br), 7.40 (1H, ArH, s), 7.06 (1H, ArH, s), 6.26 (1H, ArH, s), 3.00 (3H, NHC$\underline{H}_3$, d, J_{H-H} = 4.1 Hz), 2.25 (3H, CH₃, s)

¹³C NMR 谱图

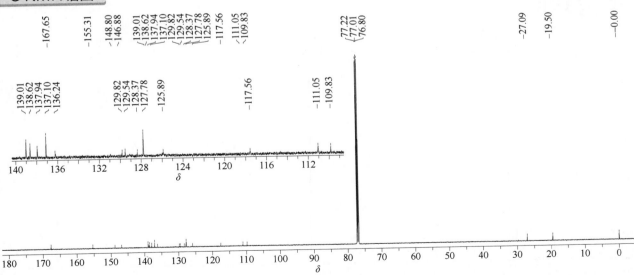

¹³C NMR (151 MHz, CDCl₃, δ) 167.65, 155.31, 148.80, 146.88, 139.01, 138.62, 137.94, 137.10, 136.24, 129.82, 129.54, 128.37, 127.78, 125.89, 117.56, 111.05, 109.83, 27.09, 19.50

cyazofamid（氰霜唑）

基本信息

CAS 登录号	120116-88-3	分子量	324.79
分子式	$C_{13}H_{13}ClN_4O_2S$		

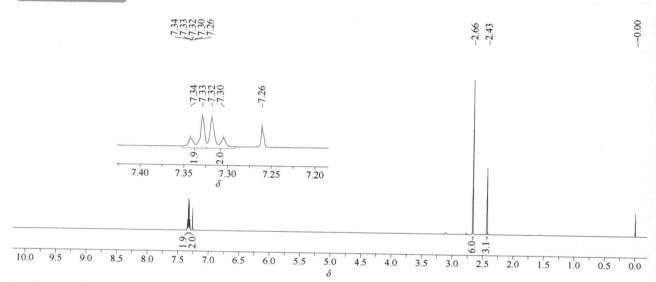

¹H NMR 谱图

¹H NMR (600 MHz, CDCl₃, δ) 7.34 (2H, 2ArH, d, J_{H-H} = 8.0 Hz),7.31 (2H, 2ArH, d, J_{H-H} = 8.2 Hz), 2.66 (6H, 2NCH₃, s), 2.43 (3H, ArCH₃, s)

¹³C NMR 谱图

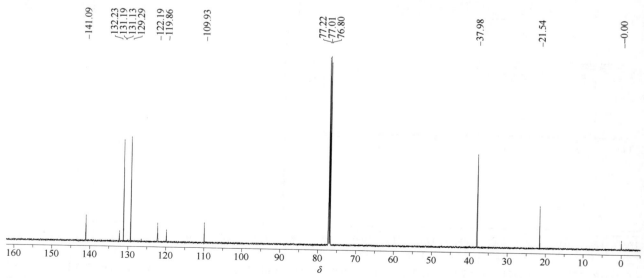

¹³C NMR (151 MHz, CDCl₃, δ)141.09, 132.23, 131.19, 131.13, 129.29, 122.19, 119.86, 109.93, 37.98, 21.54

cyclanilide（环丙酸酰胺）

基本信息

CAS 登录号	113136-77-9	分子量	274.10
分子式	$C_{11}H_9Cl_2NO_3$		

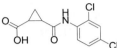

¹H NMR 谱图

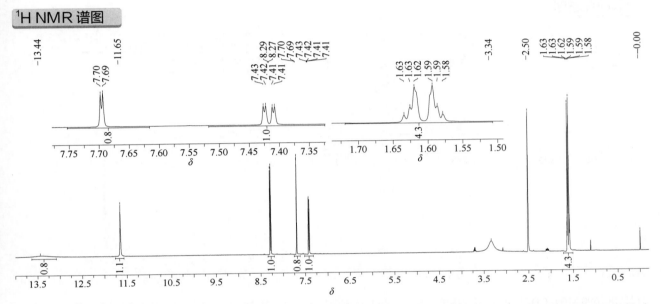

¹H NMR (600 MHz, DMSO-d$_6$, δ) 13.44 (1H, COOH, br), 11.65 (1H, NH, s), 8.28 (1H, ArH, d, J_{H-H} = 8.9 Hz), 7.70 (1H, ArH, d, J_{H-H} = 2.4 Hz), 7.42 (1H, ArH, dd, J_{H-H} = 8.9 Hz, J_{H-H} = 2.4 Hz), 1.72~1.51 (4H, C$\underline{H}$C$\underline{H_2}$C$\underline{H}$, m)

¹³C NMR 谱图

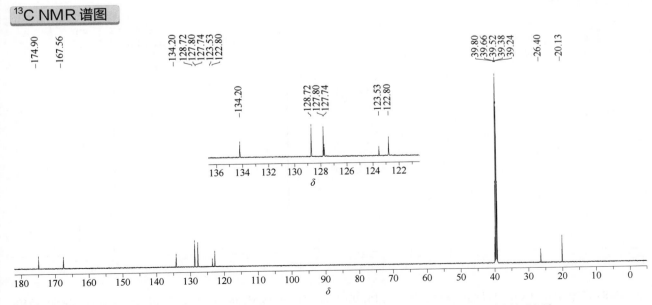

¹³C NMR (151 MHz, DMSO-d$_6$, δ) 174.90, 167.56, 134.20, 128.72, 127.80, 127.74 123.53, 122.80, 26.40, 20.13

cycloate（环草敌）

基本信息

CAS 登录号	1134-23-2	**分子量**	215.36
分子式	C$_{11}$H$_{21}$NOS		

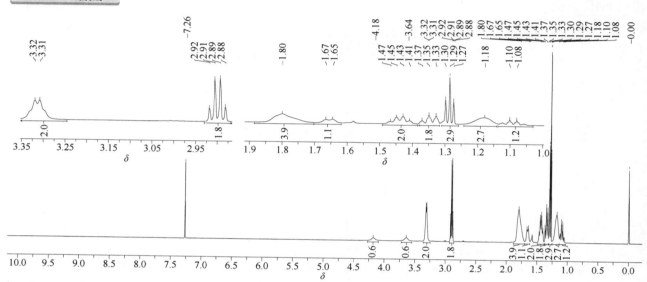

¹H NMR 谱图

¹H NMR (600 MHz, CDCl₃, δ) 两组异构体。4.18~3.64 (1H, NCH, s), 3.31 (2H, NCH₂, q, J_{H-H} = 6.6 Hz), 2.90 (2H, SCH₂, q, J_{H-H} = 7.3 Hz), 1.87~1.70 (4H, 2CH₂, br), 1.66 (1H, CH, d, J_{H-H} = 12.3 Hz), 1.45 (2H, CH₂, q, J_{H-H} = 12.2 Hz), 1.34 (2H, CH₂, q, J_{H-H} = 12.9 Hz), 1.29 (3H, CH₃, t, J_{H-H} = 7.4 Hz), 1.18 (3H, CH₂, br), 1.10 (1H, CH, q, J_{H-H} = 12.9 Hz)

¹³C NMR 谱图

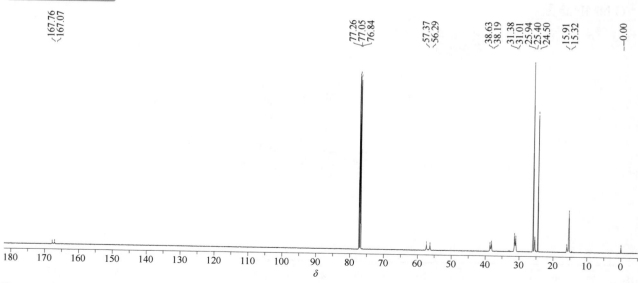

¹³C NMR (151 MHz, CDCl₃, δ) 两组异构体。167.76, 167.07, 57.37, 56.29, 38.63, 38.19, 31.38, 31.01, 25.94, 25.40, 24.50, 15.91, 15.32

cycloheximide（放线菌酮）

基本信息

CAS 登录号	66-81-9	分子量	281.35
分子式	$C_{15}H_{23}NO_4$		

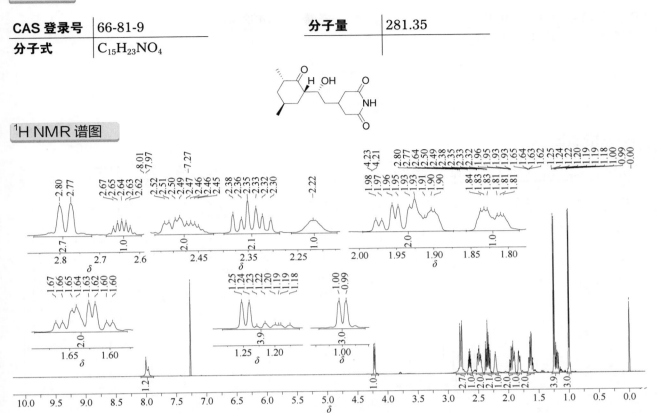

¹H NMR 谱图

¹H NMR (600 MHz, CDCl₃, δ) 多组异构体重叠。7.87~8.10 (1H, NH/OH, m), 4.22 (1H, OCH, d, J_{H-H} = 10.8 Hz), 2.84~2.74 (3H, 3CH, m), 2.69~2.60 (1H, CH, m), 2.54~2.43 (2H, 2CH, m), 2.41~2.28 (2H, 2CH, m), 2.22 (1H, NH/OH, br), 2.00~1.87 (2H, 2CH, m), 1.86~1.78 (1H, CH m), 1.69~1.59 (2H, 2CH, m), 1.25 (3H, CHC_H₃, d, J_{H-H} = 7.1 Hz), 1.20~1.16 (1H, CH, m), 0.99 (3H, CHC_H₃, d, J_{H-H} = 7.1 Hz)

¹³C NMR 谱图

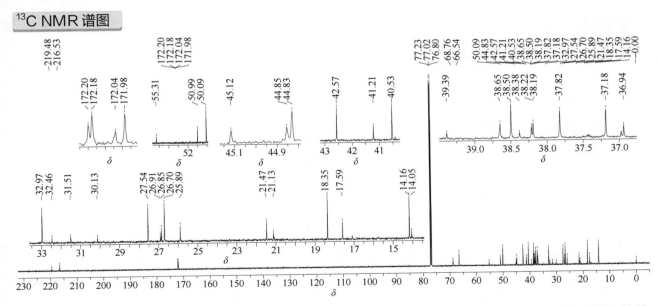

¹³C NMR (151 MHz, CDCl₃, δ) 多组异构体重叠。219.48, 216.53, 172.20, 172.18, 172.04, 171.98, 68.76, 66.54, 55.31, 50.99, 50.09, 45.12, 44.85, 44.83, 42.57, 41.21, 40.53, 39.39, 38.65, 38.50, 38.38, 38.22, 38.19, 37.82, 37.18, 36.94, 32.97, 32.46, 31.51, 30.13, 27.54, 26.91, 26.85, 26.70, 25.89, 21.47, 21.13, 18.35, 17.59, 14.16, 14.05

cycloprothrin（乙氰菊酯）

基本信息

CAS 登录号	63935-38-6	分子量	482.36
分子式	C$_{26}$H$_{21}$Cl$_2$NO$_4$		

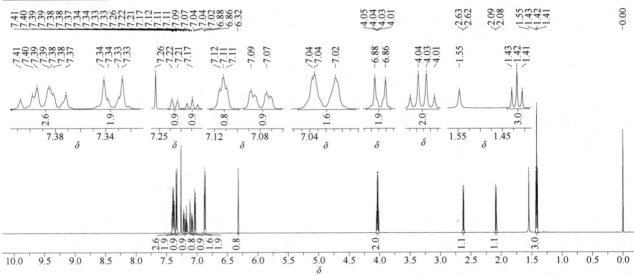

¹H NMR 谱图

¹H NMR (600 MHz, CDCl₃, δ) 7.42~7.36 (3H, 3ArH, m), 7.33 (2H, 2ArH, d, J_{H-H} = 8.8 Hz), 7.21 (1H, ArH, d, J_{H-H} = 7.7 Hz), 7.17 (1H, ArH, t, J_{H-H} = 7.4 Hz), 7.11 (1H, ArH, s), 7.08 (1H, ArH, dd, J_{H-H} = 8.2 Hz, J_{H-H} = 1.9 Hz), 7.03 (2H, 2ArH, dd, J_{H-H} = 7.7 Hz, J_{H-H} = 1.9 Hz), 6.87 (2H, 2ArH, d, J_{H-H} = 8.8 Hz), 6.32 (1H, OCH, s), 4.03 (2H, CH_2CH₃, q, J_{H-H} = 7.0 Hz), 2.62 (1H, CHH, d, J_{H-H} = 7.7 Hz), 2.09 (1H, CHH, d, J_{H-H} = 7.7 Hz), 1.42 (3H, CH₂CH_3, t, J_{H-H} = 7.0 Hz)

¹³C NMR 谱图

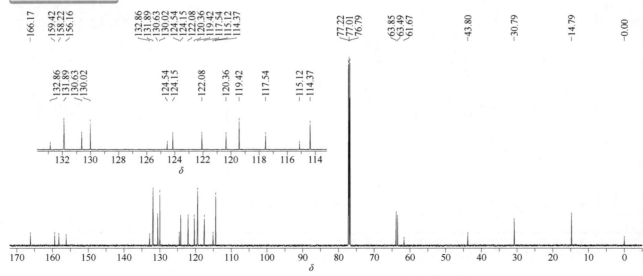

¹³C NMR (151 MHz, CDCl₃, δ) 166.17, 159.42, 158.22, 156.16, 132.86, 131.89, 130.63, 130.02, 124.54, 124.15, 122.08, 120.36, 119.42, 117.54, 115.12, 114.37, 63.85, 63.49, 61.67, 43.80, 30.79, 14.79

cyclosulfamuron（环丙嘧磺隆）

基本信息

CAS 登录号	136849-15-5	分子量	421.43
分子式	C₁₇H₁₉N₅O₆S		

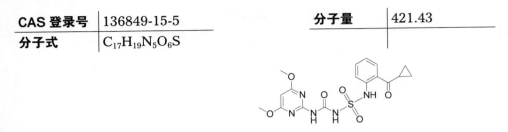

¹H NMR 谱图

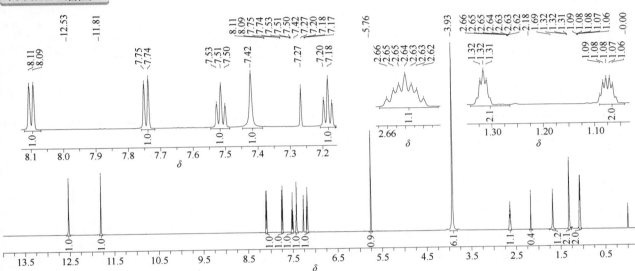

¹H NMR (600 MHz, CDCl₃, δ) 12.53 (1H, NH, br), 11.81 (1H, NH, br), 8.10 (1H, ArH, d, J_{H-H} = 7.9 Hz), 7.74 (1H, ArH, d, J_{H-H} = 8.4 Hz), 7.51 (1H, ArH, t, J_{H-H} = 8.0 Hz), 7.42 (1H, ArH, s), 7.18 (1H, ArH, t, J_{H-H} = 7.4 Hz), 5.76 (1H, NH, br), 3.93 (6H, 2OCH₃, s), 2.67~2.60 (1H, CH, m), 1.34~1.26 (2H, 2CH, m), 1.09~1.04 (2H, 2CH, m) (含丙酮残留物)

¹³C NMR 谱图

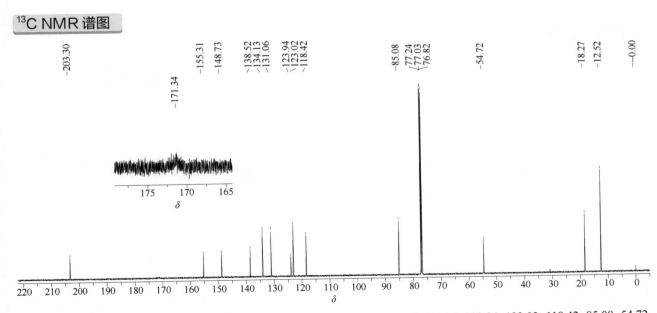

¹³C NMR (151 MHz, CDCl₃, δ) 203.30, 171.34, 155.31, 148.73, 138.52, 134.13, 131.06, 123.94, 123.02, 118.42, 85.08, 54.72, 18.27, 12.52

cycloxydim（噻草酮）

基本信息

CAS 登录号	101205-02-1	分子量	325.47
分子式	$C_{17}H_{27}NO_3S$		

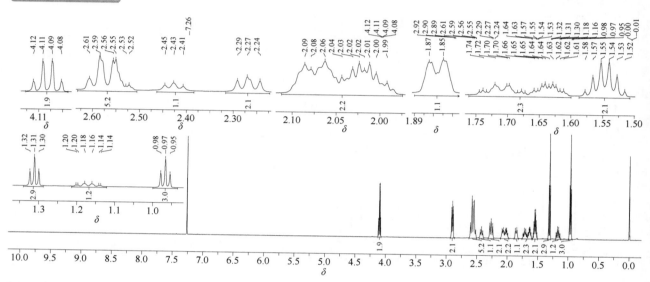

¹H NMR 谱图

¹H NMR (600 MHz, CDCl₃, δ) 4.10 (2H, OC$\underline{H}_2$CH₃, q, J_{H-H} = 7.0 Hz), 2.94~2.87 (2H, CH₂/CH, m), 2.63~2.50 (5H, CH₂/CH, m), 2.47~2.37 (1H, CH₂/CH, m), 2.32~2.22 (2H, CH₂/CH, m), 2.11~1.97 (2H, CH₂/CH, m), 1.89~1.82 (1H, CH₂/CH, m), 1.76~1.60 (2H, CH₂/CH, m), 1.59~1.50 (2H, CH₂/CH, m), 1.31 (3H, OCH₂C$\underline{H}_3$, t, J_{H-H} = 7.0 Hz), 1.21~1.13 (1H, CH₂/CH, m), 0.97 (3H, CH₂C$\underline{H}_3$, t, J_{H-H} = 7.4Hz)

¹³C NMR 谱图

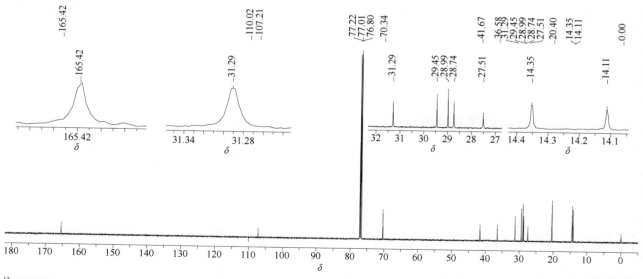

¹³C NMR (151 MHz, CDCl₃, δ) 165.42, 110.02, 107.21, 70.34, 41.67, 36.58, 31.29, 29.45, 28.99, 28.74, 27.51, 20.40, 14.35, 14.11

cycluron（环莠隆）

基本信息

CAS 登录号	2163-69-1	分子量	198.31
分子式	$C_{11}H_{22}N_2O$		

¹H NMR 谱图

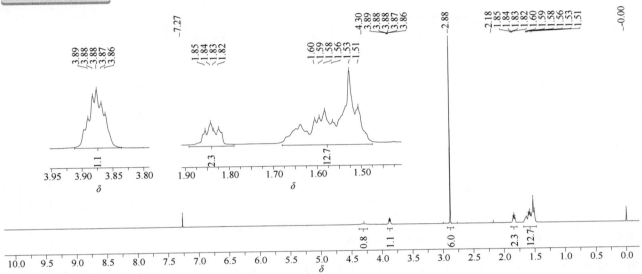

¹H NMR (600 MHz, CDCl₃, δ) 多组异构体重叠。4.30 (1H, NH, br), 3.91~3.84 (1H, NHC*H*, m), 2.88 (6H, 2CH₃, s), 1.88~1.82 (2H, 2CH, m), 1.68~1.44 (12H, 12CH, m)

¹³C NMR 谱图

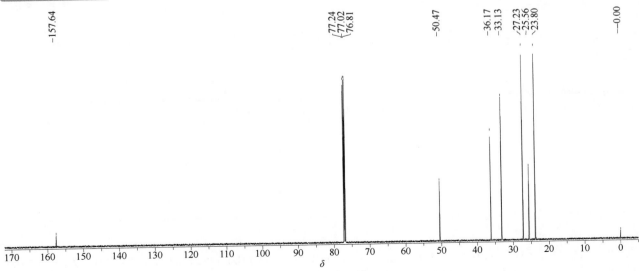

¹³C NMR (151 MHz, CDCl₃, δ) 157.64, 50.47, 36.17, 33.13, 27.23, 25.56, 23.80

cyflufenamid（环氟菌胺）

基本信息

CAS 登录号	180409-60-3	分子量	412.36
分子式	C₂₀H₁₇F₅N₂O₂		

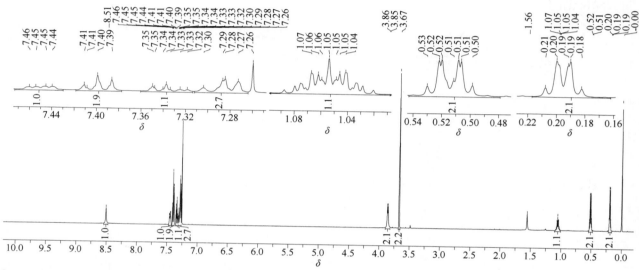

¹H NMR 谱图

¹H NMR (600 MHz, CDCl₃, δ) 8.51 (1H, NH, s), 7.45 (1H, ArH, dd, J_{H-H} = 8.8 Hz, J_{H-H} = 3.4 Hz), 7.40 (2H, 2ArH, t, J_{H-H} = 10.2 Hz), 7.36~7.31 (1H, ArH, m), 7.30~7.25 (3H, 3ArH, m), 3.86 (2H, OCH₂, d, J_{H-H} = 6.9 Hz), 3.67 (2H, COCH₂, s), 1.09~1.02 (1H, OCH₂C*H*, m), 0.54~0.48 (2H, C*H*HC*H*H, m), 0.22~0.16 (2H, C*H*HC*H*H, m)

¹³C NMR 谱图

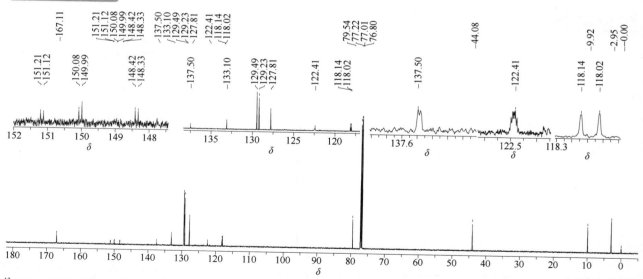

¹³C NMR (151 MHz, CDCl₃, δ) 167.11, 152.02 (dd, J_{C-F} = 256.0 Hz, $^2J_{C-F}$ = 13.5 Hz), 149.21 (dd, J_{C-F} = 252.2 Hz, $^2J_{C-F}$ = 13.5 Hz), 137.50 (d, $^4J_{C-F}$ = 1.5 Hz), 133.11, 129.49, 129.23, 127.81, 126.01 (qd, $^2J_{C-F}$ = 31.7 Hz, $^3J_{C-F}$ = 3.8 Hz), 123.68 (d, $^4J_{C-F}$ = 1.5 Hz), 122.78 (qd, J_{C-F} = 273.3 Hz, $^4J_{C-F}$ = 1.5 Hz), 122.54~122.33 (m), 118.09 (d, $^3J_{C-F}$ = 18.1 Hz), 79.55, 44.09, 9.92, 2.95

^{19}F NMR 谱图

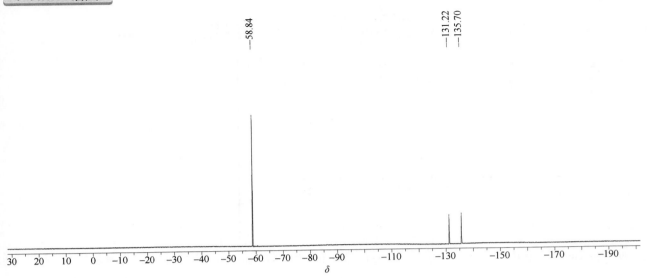

^{19}F NMR (564 MHz, CDCl$_3$, δ) –58.84, –131.22, –135.70

cyflumetofen（丁氟螨酯）

基本信息

CAS 登录号	400882-07-7	分子量	447.45
分子式	C$_{24}$H$_{24}$F$_3$NO$_4$		

^{1}H NMR 谱图

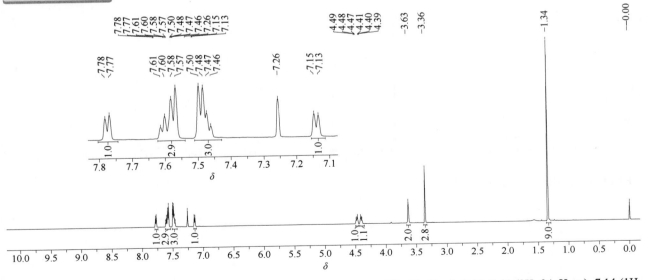

^{1}H NMR (600 MHz, CDCl$_3$, δ) 7.77 (1H, ArH, d, $J_{H\text{-}H}$ = 8.2 Hz), 7.62~7.58 (3H, 3ArH, m), 7.51~7.45 (3H, 3ArH, m), 7.14 (1H, ArH, d, $J_{H\text{-}H}$ = 7.7 Hz), 4.48 (1H, OCH, m), 4.40 (1H, OCH, m), 3.66~3.62 (2H, OCH$_2$, m), 3.36 (3H, OCH$_3$, s), 1.34 (9H, 3 CH$_3$, s)

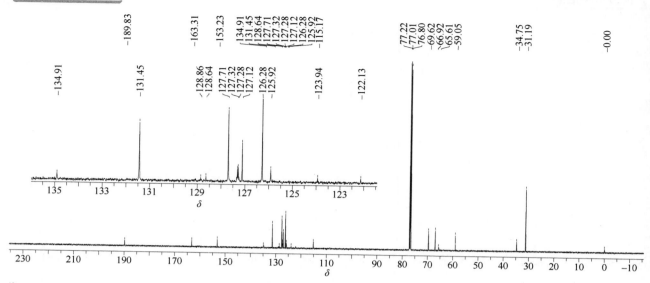

¹³C NMR (151 MHz, CDCl₃, δ) 189.83, 163.31, 153.23, 134.91, 131.45, 128.75 (q, $^2J_{C-F}$ = 33.2 Hz), 127.71, 127.30 (q, $^3J_{C-F}$ = 4.8 Hz), 127.12, 126.28, 125.92, 122.04 (q, J_{C-F} = 273.3 Hz), 115.17, 69.62, 66.92, 65.61, 59.05, 34.75, 31.19

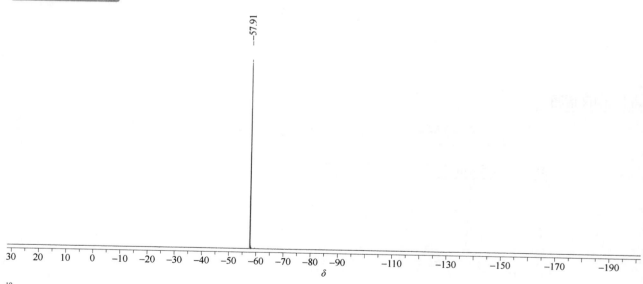

¹⁹F NMR (564 MHz, CDCl₃, δ) −57.91

cyhalofop acid（氰氟草酸）

基本信息

CAS 登录号	122008-78-0	分子量	301.27
分子式	C₁₆H₁₂FNO₄		

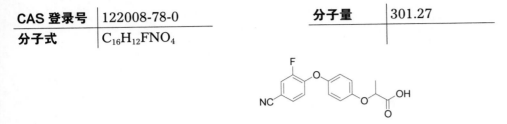

¹H NMR 谱图

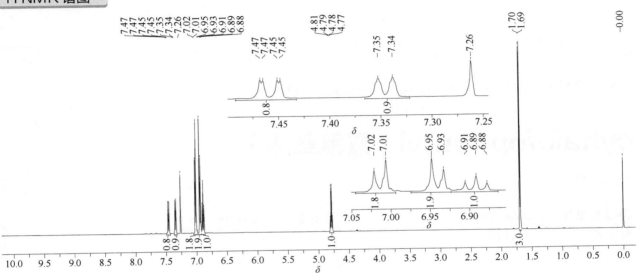

¹H NMR (600 MHz, CDCl₃, δ) 7.46 (1H, ArH, dd, $^3J_{H-F}$ = 10.1 Hz, J_{H-H} = 1.7 Hz), 7.35 (1H, ArH, d, J_{H-H} = 8.6 Hz), 7.01 (2H, 2ArH, d, J_{H-H} = 9.0 Hz), 6.94 (2H, 2ArH, d, J_{H-H} = 9.0 Hz), 6.89 (1H, ArH, dd, J_{H-H} = 8.6 Hz, $^4J_{H-F}$ = 8.0 Hz), 4.79 (1H, CHCH₃, q, J_{H-H} = 6.8 Hz), 1.69 (3H, CH₃, d, J_{H-H} = 6.8 Hz)

¹³C NMR 谱图

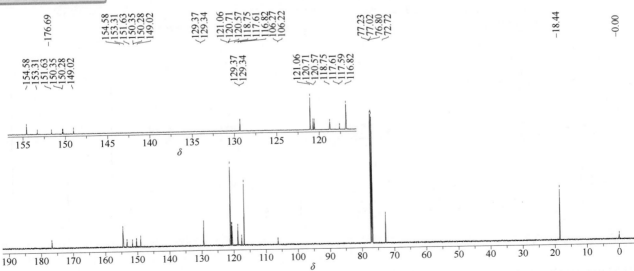

¹³C NMR (151 MHz, CDCl₃, δ) 176.69, 154.58, 152.47 (d, J_{C-F} = 253.7 Hz), 150.31 (d, $^2J_{C-F}$ = 10.5 Hz), 149.02, 129.36 (d, $^4J_{C-F}$ = 3.9 Hz), 121.06, 120.64 (d, $^2J_{C-F}$ = 21.1 Hz), 118.75, 117.60 (d, $^4J_{C-F}$ = 2.5 Hz), 116.82, 106.25 (d, $^3J_{C-F}$ = 8.0 Hz), 72.72, 18.44

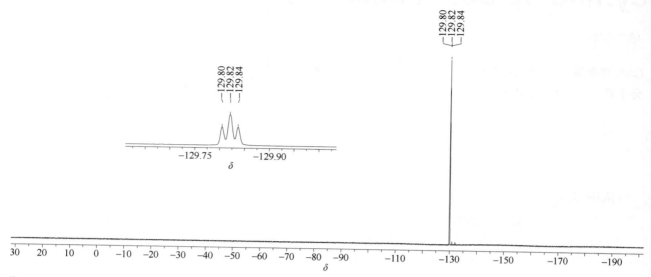

¹⁹F NMR (564 MHz, CDCl$_3$, δ) −129.82 (dd, $^3J_{\text{H-F}}$ = 10.1 Hz, $^4J_{\text{H-F}}$ = 8.0 Hz)

cyhalofop-butyl（氰氟草酯）

基本信息

CAS 登录号	122008-85-9	分子量	357.38
分子式	C$_{20}$H$_{20}$FNO$_4$		

¹H NMR 谱图

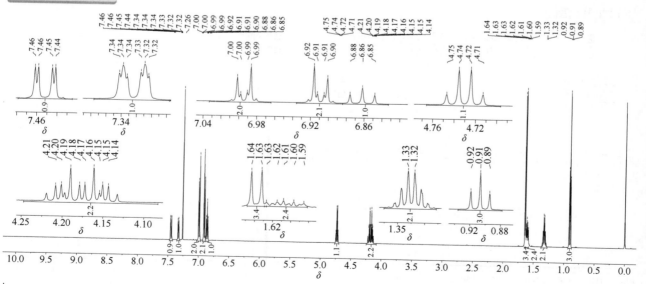

¹H NMR (600 MHz, CDCl$_3$, δ) 7.45 (1H, ArH, dd, $J_{\text{H-H}}$ = 10.2 Hz, $J_{\text{H-H}}$ = 1.9 Hz), 7.36~7.31 (1H, ArH, m), 7.03~6.96 (2H, 2ArH, m), 6.94~6.88 (2H, 2ArH, m), 6.86 (1H, ArH, t, $J_{\text{H-H}}$ = 8.3 Hz), 4.73 (1H, CH, q, $J_{\text{H-H}}$ = 6.8 Hz), 4.25~4.08 (2H, OCH$_2$, m), 1.64 (3H, CHC$\underline{H}_3$, d, $J_{\text{H-H}}$ = 6.8 Hz), 1.63~1.57 (2H, OCH$_2$C$\underline{H}_2$, m), 1.33 (2H, C$\underline{H}_2$CH$_3$, hex, $J_{\text{H-H}}$ = 7.4 Hz), 0.91 (3H, CH$_3$, t, $J_{\text{H-H}}$ = 7.4 Hz)

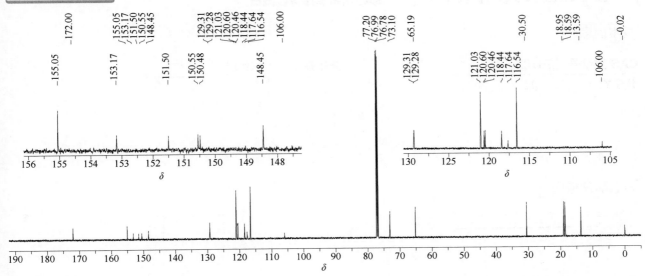

¹³C NMR (151 MHz, CDCl₃, δ) 172.00, 155.05, 152.33 (d, J_{C-F} = 251.8 Hz), 150.52 (d, $^2J_{C-F}$ = 10.5 Hz), 148.45, 129.30 (d, $^4J_{C-F}$ = 3.9 Hz), 121.03, 120.53 (d, $^2J_{C-F}$ = 21.2 Hz), 118.44, 117.64, 116.54, 105.97 (d, $^4J_{C-F}$ = 8.3 Hz), 73.10, 65.19, 30.50, 18.95, 18.59, 13.59

¹⁹F NMR 谱图

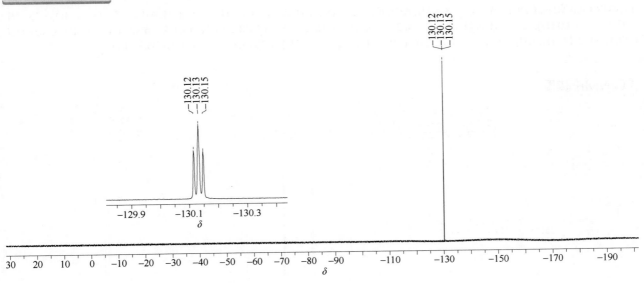

¹⁹F NMR (564 MHz, CDCl₃, δ) –130.10~–130.16 (dd, $^3J_{H-F}$ = 10.0 Hz, $^4J_{H-F}$ = 8.0 Hz)

γ-cyhalothrin（γ-氯氟氰菊酯）

基本信息

CAS 登录号	76703-62-3	分子量	449.85
分子式	$C_{23}H_{19}ClF_3NO_3$		

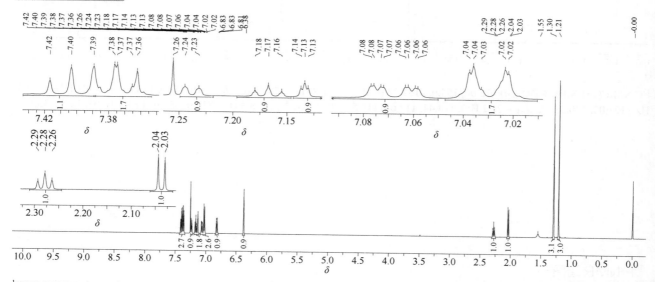

¹H NMR 谱图

¹H NMR (600 MHz, CDCl₃, δ) 7.42~7.35 (1H, ArH, m), 7.24 (1H, ArH, d, J_{H-H} = 7.7 Hz), 7.17 (1H, ArH, t, J_{H-H} = 7.4 Hz), 7.13 (1H, ArH, t, J_{H-H} = 2.0 Hz), 7.07 (1H, ArH, dd, J_{H-H} = 8.2 Hz, J_{H-H} = 2.4 Hz), 7.05~7.01 (2H, 2ArH, m), 6.85~6.80 (1H, ═CH, m), 6.38 (1H, CNCH, s), 2.28 (1H, CH, t, J_{H-H} = 8.7 Hz), 2.04 (1H, CH, d, J_{H-H} = 8.3 Hz), 1.30 (3H, CH₃, s), 1.21(3H, CH₃, s)

¹³C NMR 谱图

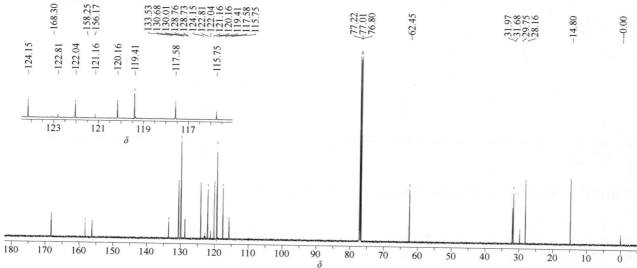

¹³C NMR (151 MHz, CDCl₃, δ) 168.30, 158.25, 156.17, 133.53, 130.68, 130.01, 128.74 (q, $^3J_{C-F}$ = 4.5 Hz), 124.15, 122.04, 121.98 (q, J_{C-F} = 249.2 Hz), 120.16, 119.41, 117.58, 115.75, 62.45, 31.97, 31.68, 29.75, 28.16, 14.80

¹⁹F NMR 谱图

—68.82

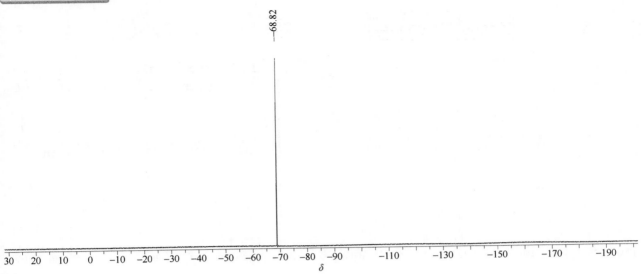

¹⁹F NMR (564 MHz, CDCl₃, δ) –68.82

λ–cyhalothrin（高效氯氟氰菊酯）

基本信息

CAS 登录号	91465-08-6	分子量	449.85
分子式	$C_{23}H_{19}ClF_3NO_3$		

¹H NMR 谱图

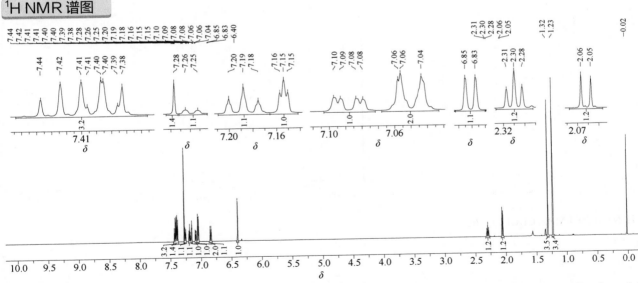

¹H NMR (600 MHz, CDCl₃, δ) 7.45~7.35 (3H, 3ArH, m), 7.28 (1H, ArH, s), 7.26 (1H, ArH, d, J_{H-H} = 7.7 Hz), 7.19 (1H, ArH, t, J_{H-H} = 7.4 Hz), 7.15 (1H, ArH, t, J_{H-H} = 2.0 Hz), 7.09 (1H, ArH, dd, J_{H-H} = 8.2 Hz, J_{H-H} = 2.5 Hz), 7.07~7.03 (2H, 2ArH, m), 6.84 (1H, C═CH, d, J_{H-H} = 9.2 Hz), 6.40 (1H, CNCH, s), 2.30 (1H, C═CCH, t, J_{H-H} = 8.7 Hz), 2.06 (1H, COCH, d, J_{H-H} = 8.3 Hz), 1.32 (3H, CH₃, s), 1.23 (3H, CH₃, s)

^{13}C NMR 谱图

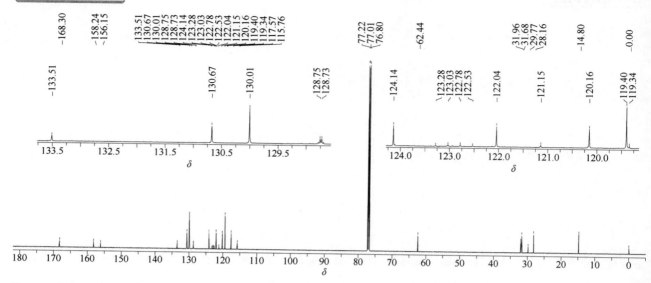

^{13}C NMR (151 MHz, CDCl$_3$, δ) 168.30, 158.24, 156.15, 133.51, 130.67, 130.01, 128.74 (q, $^{3}J_{\text{C-F}}$ = 4.6 Hz), 124.14, 122.91 (q, $^{2}J_{\text{C-F}}$ = 37.8 Hz), 122.04, 120.24 (q, $J_{\text{C-F}}$ = 273.3 Hz), 120.16, 119.40, 117.57, 115.76, 62.44, 31.96, 31.68, 29.77, 28.16, 14.80

^{19}F NMR 谱图

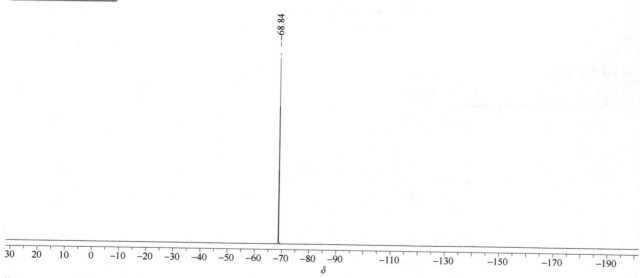

^{19}F NMR (564 MHz, CDCl$_3$, δ) –68.84

cyhexatin（三环锡）

基本信息

CAS 登录号	13121-70-5	分子量	385.17
分子式	$C_{18}H_{34}OSn$		

¹H NMR 谱图

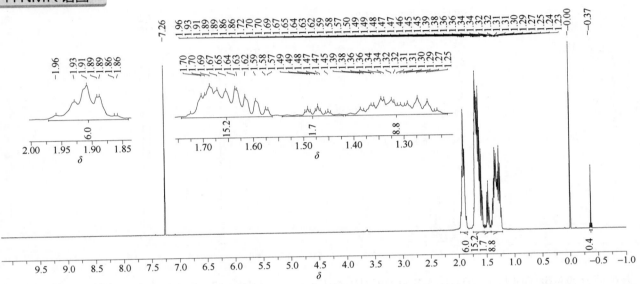

¹H NMR (600 MHz, CDCl₃, δ) 1.97~1.84 (6H, 6CH, m), 1.74~1.56 (15H, 15CH, m), 1.54~1.42 (3H, 3CH, m), 1.42~1.21 (9H, 9CH, m), −0.37 (1H, OH, s)

¹³C NMR 谱图

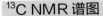

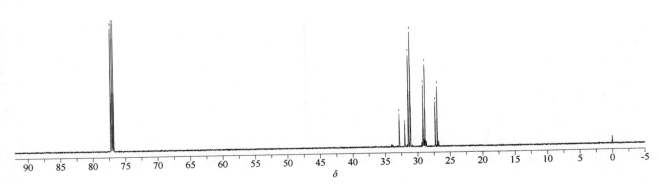

¹³C NMR (151 MHz, CDCl₃, δ) 32.83, 31.99, 31.41, 31.12, 29.17, 28.86, 27.28, 26.96

cymiazole（螨蜱胺）

基本信息

CAS 登录号	61676-87-7	分子量	218.32
分子式	C$_{12}$H$_{14}$N$_2$S		

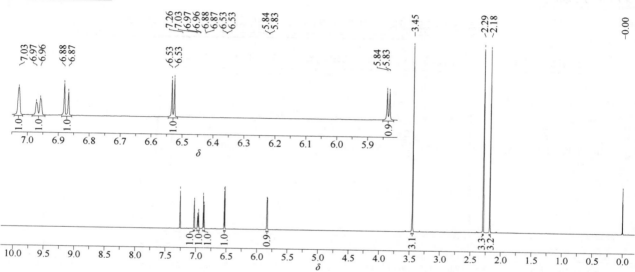

^{1}H NMR 谱图

^{1}H NMR (600 MHz, CDCl$_3$, δ) 7.03 (1H, ArH, s), 6.97 (1H, ArH, d, J_{H-H} = 7.9 Hz), 6.87 (1H, ArH, d, J_{H-H} = 7.9 Hz), 6.53 (1H, ArH, d, J_{H-H} = 4.8 Hz), 5.83 (1H, ArH, d, J_{H-H} = 4.9 Hz), 3.45 (3H, NCH$_3$, s), 2.29 (3H, CH$_3$, s), 2.18 (3H, CH$_3$, s)

^{13}C NMR 谱图

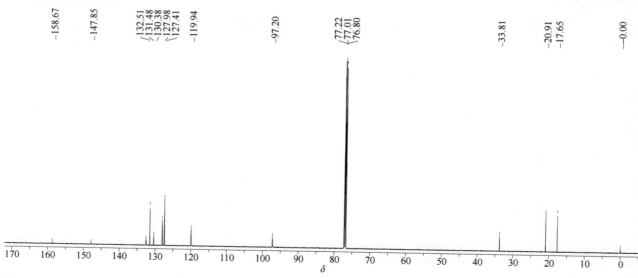

^{13}C NMR (151 MHz, CDCl$_3$, δ) 158.67, 147.85, 132.51, 131.48, 130.38, 127.98, 127.41, 119.94, 97.20, 33.81, 20.91, 17.65

cymoxanil（霜脲氰）

基本信息

CAS 登录号	57966-95-7	分子量	198.18
分子式	$C_7H_{10}N_4O_3$		

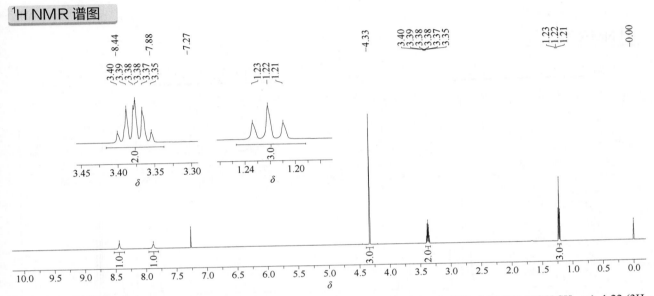

^{1}H NMR 谱图

^{1}H NMR (600 MHz, CDCl$_3$, δ) 8.44 (1H, NH, br), 7.88 (1H, NH, br), 4.33 (3H, OCH$_3$, s), 3.42~3.34 (2H, NC$\underline{H}_2$CH$_3$, m), 1.22 (3H, NCH$_2$C$\underline{H}_3$, t, J_{H-H} = 7.3 Hz)

^{13}C NMR 谱图

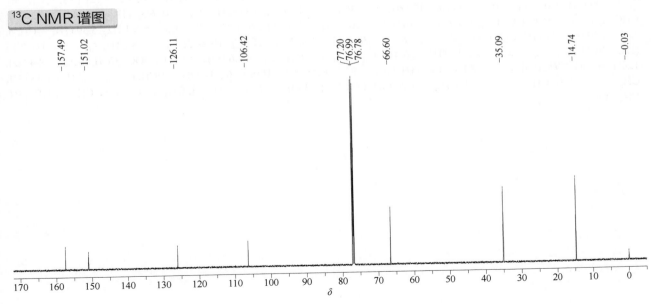

^{13}C NMR (151 MHz, CDCl$_3$, δ) 157.49, 151.02, 126.11, 106.42, 66.60, 35.09, 14.74

cypermethrin（氯氰菊酯）

基本信息

CAS 登录号	52315-07-8	分子量	416.30
分子式	$C_{22}H_{19}Cl_2NO_3$		

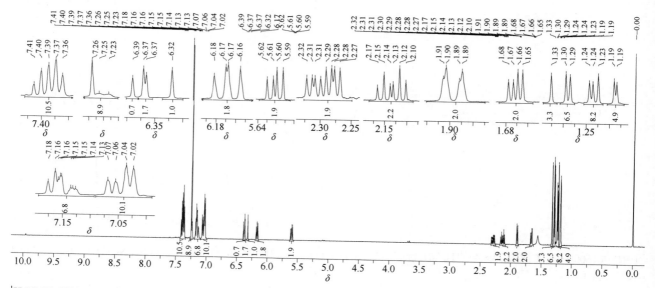

¹H NMR 谱图

¹H NMR (600 MHz, CDCl₃, δ) 四组异构体，比例约为 1∶1∶1∶1∶1。7.43~7.34 (10H, 10ArH, m), 7.27~7.21 (9H, 9ArH, m), 7.19~7.09 (7H, 7ArH, m), 7.09~6.99 (10H, 10ArH, m), 6.39 (1H, CHCN, s), 6.37 (1H, CHCN, s), 6.37 (1H, CHCN, s), 6.32 (1H, CHCN, s), 6.18 (1H, =CH, d, J_{H-H} = 7.2 Hz), 6.16 (1H, =CH, d, J_{H-H} = 7.4 Hz), 5.61 (1H, =CH, d, J_{H-H} = 8.1 Hz), 5.59 (1H, =CH, d, J_{H-H} = 8.2 Hz), 2.31 (1H, C*H*CH=C, dd, J_{H-H} = 8.2 Hz, J_{H-H} = 5.4 Hz), 2.28 (1H, C*H*CH=C, dd, J_{H-H} = 8.2 Hz, J_{H-H} = 5.3 Hz), 2.15 (1H, C*H*CH=C, t, J_{H-H} = 8.6 Hz), 2.12 (1H, C*H*CH=C, dd, J_{H-H} = 8.6 Hz, J_{H-H} = 8.6 Hz), 1.91 (1H, OOCC*H*CH, d, J_{H-H} = 8.4 Hz), 1.90 (1H, OOCC*H*CH, d, J_{H-H} = 8.4 Hz), 1.67 (1H, OOCC*H*CH, d, J_{H-H} = 5.3 Hz), 1.66 (1H, OOCC*H*CH, d, J_{H-H} = 5.3 Hz), 1.33 (3H, CH₃, s), 1.30 (3H, CH₃, s), 1.29 (3H, CH₃, s), 1.24 (3H, CH₃, s), 1.24 (3H, CH₃, s), 1.23 (3H, CH₃, s), 1.19 (3H, CH₃, s), 1.19 (3H, CH₃, s)

¹³C NMR 谱图

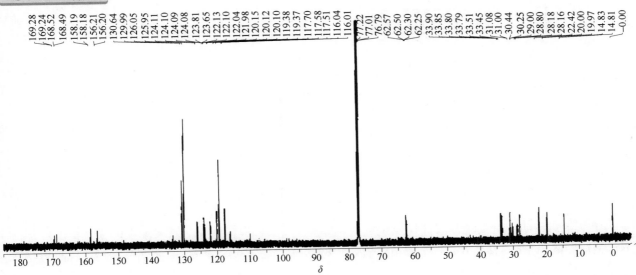

¹³C NMR (151 MHz, CDCl₃, δ) 四组异构体，比例约为 1:1:1:1。169.28, 169.24, 168.52, 168.49, 158.19, 158.18, 156.21, 156.20, 130.64, 129.99, 126.05, 125.95, 124.11, 124.10, 124.09, 124.08, 123.81, 123.65, 122.13, 122.10, 122.04, 121.98, 120.15, 120.12, 120.10, 119.38, 119.37, 117.70, 117.58, 117.51, 116.04, 116.01, 62.57, 62.50, 62.30, 62.25, 33.90, 33.85, 33.80, 33.79, 33.51, 33.45, 31.08, 31.00, 30.44, 30.25, 29.00, 28.80, 28.18, 28.16, 22.42, 20.00, 19.97, 14.83, 14.81（异构体化合物，碳谱仅作参考）

α-cypermethrin（α-氯氰菊酯）

基本信息

CAS 登录号	67375-30-8	分子量	416.30
分子式	C₂₂H₁₉Cl₂NO₃		

¹H NMR 谱图

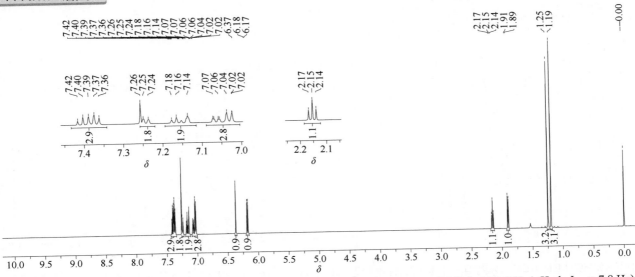

¹H NMR (600 MHz, CDCl₃, δ) 7.40 (1H, ArH, t, J_{H-H} = 8.0 Hz), 7.37 (2H, 2ArH, t, J_{H-H} = 7.8 Hz), 7.24 (1H, ArH, d, J_{H-H} = 7.8 Hz), 7.19~7.12 (2H, 2ArH, m), 7.06 (1H, ArH, dd, J_{H-H} = 8.2 Hz, J_{H-H} = 1.7 Hz), 7.03 (2H, 2ArH, J_{H-H} = 7.8 Hz), 6.37 (1H, CHCN, s), 6.18 (1H, CH=C, d, J_{H-H} = 8.8 Hz), 2.15 (1H, C=CHCH, dd, J_{H-H} = 8.6 Hz), 1.90 (1H, C=CHCHCH, d, J_{H-H} = 8.4 Hz), 1.25 (3H, CH₃, s), 1.19 (3H, CH₃, s)

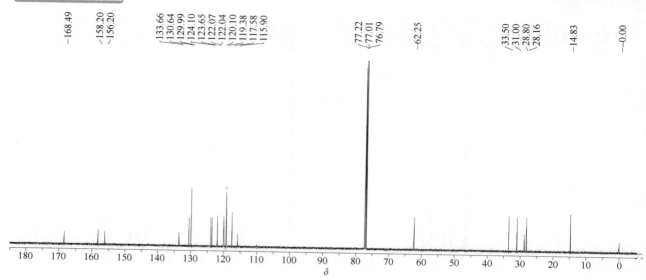

¹³C NMR (151 MHz, CDCl₃, δ) 168.49, 158.20, 156.20, 133.66, 130.64, 129.99, 124.10, 123.65, 122.07, 122.04, 120.10, 119.38, 117.58, 115.90, 62.25, 33.50, 31.00, 28.80, 28.16, 14.83

β-cypermethrin（β- 氯氰菊酯）

基本信息

CAS 登录号	1224510-29-5	分子量	416.30
分子式	C₂₂H₁₉Cl₂NO₃		

¹H NMR 谱图

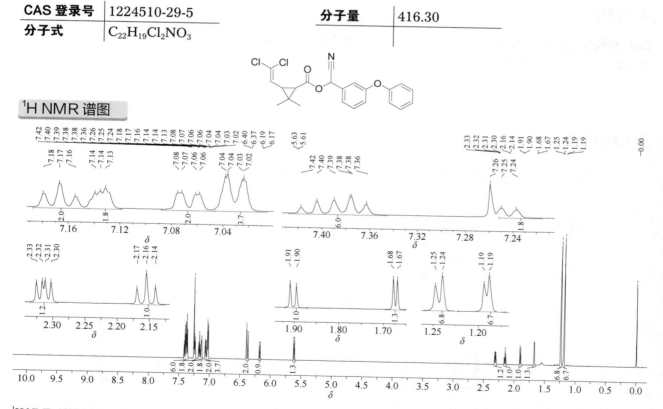

¹H NMR (600 MHz, CDCl₃, δ) 两组异构体重叠，比例约为 1:1。7.43~7.36 (6H, 6ArH, m), 7.24 (2H, 2ArH, d, J_H-H = 7.7 Hz), 7.17 (2H, 2ArH, t, J_H-H = 7.4 Hz), 7.14~7.12 (2H, 2ArH, m), 7.07 (2H, 2ArH, d, J_H-H = 8.3 Hz, J_H-H = 1.7 Hz), 7.03 (4H, 4ArH, dd, J_H-H = 7.7 Hz, J_H-H = 0.9 Hz), 6.40 (1H, CHCN, s), 6.38 (1H, CHCN, s), 6.18 (1H, =CH, d, J_H-H = 8.7 Hz), 5.62 (1H, =CH, d, J_H-H = 8.1 Hz), 2.32 (1H, CH, dd, J_H-H = 8.1 Hz, J_H-H = 5.4 Hz), 2.15 (1H, dd, J_H-H = 8.5 Hz, J_H-H = 8.5 Hz), 1.90 (1H, CH, d, J_H-H = 8.4 Hz), 1.68 (1H, CH, d, J_H-H = 5.3 Hz), 1.25 (3H, CH₃, s), 1.24 (3H, CH₃, s), 1.19 (3H, CH₃, s), 1.19 (3H, CH₃, s)

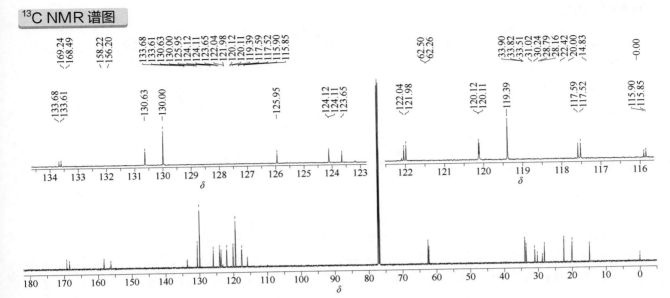

¹³C NMR (151 MHz, CDCl$_3$, δ) 169.24, 168.49, 158.22, 156.20, 133.68, 133.61, 130.63, 130.00, 125.95, 124.12, 124.11, 123.65, 122.04, 121.98, 120.12, 120.11, 119.39, 117.59, 117.52, 115.90, 115.85, 62.50, 62.26, 33.90, 33.82, 33.51, 31.02, 30.24, 28.79, 28.16, 22.42, 20.00, 14.83

cyphenothrin（苯醚氰菊酯）

基本信息

CAS 登录号	39515-40-7	分子量	375.47
分子式	C$_{24}$H$_{25}$NO$_3$		

¹H NMR 谱图

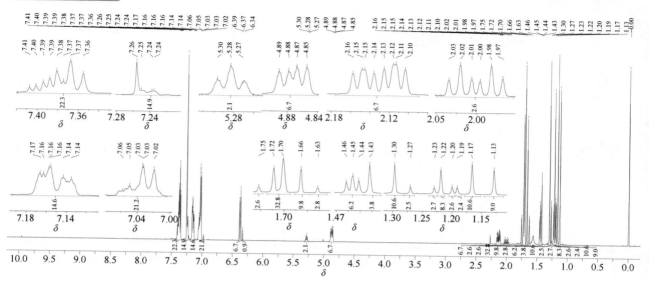

¹H NMR (600 MHz, CDCl₃, δ) 四组异构体，比例约为 3：3：1：1。异构体 A 和异构体 B: 7.46~6.98 (18H, 18ArH, m), 6.39 (1H, CHCN, s), 6.37 (1H, CHCN, s), 4.88 (1H, CH=C, d, J_{H-H} = 7.8 Hz), 4.86 (1H, CH=C, d, J_{H-H} = 7.9 Hz), 2.15 (1H, CHCH=C, dd, J_{H-H} = 7.4 Hz, J_{H-H} = 5.7 Hz), 2.11 (1H, CHCH=C, dd, J_{H-H} = 7.4 Hz, J_{H-H} = 5.7 Hz), 1.72 (3H, CH=C(CH₃)₂, s), 1.70 (3H, CH=C(CH₃)₂, s), 1.66 (3H, CH=C(CH₃)₂, s), 1.63 (3H, CH=C(CH₃)₂, s), 1.46~1.42 (2H, OOCCHCH, m), 1.30 (3H, OOCCHC(CH₃)₂, s), 1.22 (3H, OOCCHC(CH₃)₂, s), 1.17 (3H, OOCCHC(CH₃)₂, s), 1.13 (3H, OOCCHC(CH₃)₂, s). 异构体 C 和异构体 D: 7.46~6.98 (18H, 18ArH, m), 6.37 (1H, CHCN, s), 6.34 (1H, CHCN, s), 5.29 (1H, CH=C, d, J_{H-H} = 7.8 Hz), 5.27 (1H, CH=C, d, J_{H-H} = 7.8 Hz), 2.02 (1H, CHCH=C, dd, J_{H-H} = 8.3 Hz, J_{H-H} = 8.3 Hz), 1.98 (1H, CHCH=C, dd, J_{H-H} = 8.4 Hz, J_{H-H} = 8.4 Hz), 1.75 (3H, CH=C(CH₃)₂, s), 1.72 (3H, CH=C(CH₃)₂, s), 1.70 (3H, CH=C(CH₃)₂, s), 1.63 (3H, CH=C(CH₃)₂, s), 1.46~1.42 (2H, OOCCHCH, m), 1.27 (3H, OOCCHC(CH₃)₂, s), 1.23 (3H, OOCCHC(CH₃)₂, s), 1.20 (3H, OOCCHC(CH₃)₂, s), 1.19 (3H, OOCCHC(CH₃)₂, s)

¹³C NMR 谱图

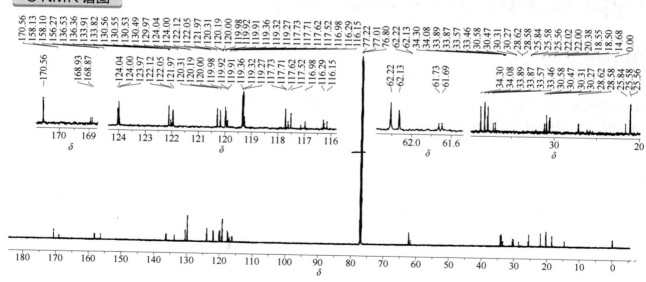

¹³C NMR (151 MHz, CDCl₃, δ) 四组异构体。170.56, 168.93, 168.87, 158.13, 158.10, 156.27, 136.53, 136.36, 133.91, 133.82, 130.56, 130.55, 130.53, 130.49, 129.97, 124.04, 124.00, 123.97, 122.12, 122.05, 122.02, 121.97, 120.31, 120.19, 120.00, 119.98, 119.92, 119.91, 119.36, 119.32, 119.27, 117.73, 117.71, 117.62, 117.52, 117.13, 116.98, 116.29, 116.26, 116.15, 62.22, 62.13, 61.73, 61.69, 34.30, 34.08, 33.89, 33.87, 33.57, 33.46, 30.59, 30.58, 30.47, 30.31, 30.27, 28.62, 28.58, 25.84, 25.58, 25.56, 22.02, 22.00, 20.38, 18.55, 18.50, 14.68（异构体化合物，碳谱仅作参考）

cyprazine (环草津)

基本信息

CAS 登录号	22936-86-3	分子量	227.69
分子式	C$_9$H$_{14}$ClN$_5$		

^{1}H NMR 谱图

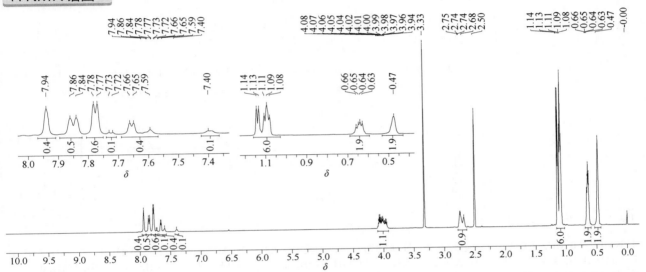

^{1}H NMR (600 MHz, DMSO-d$_6$, δ) 多组异构体同列。7.98~7.38 (2H, 2NH, m), 4.08~3.94 (1H, CH, m), 2.75~2.68 (1H, CH, m), 1.14~1.08 (6H, 2CH$_3$, m), 0.66~0.63 (2H, CH$_2$, m), 0.47 (2H, CH$_2$, br)

^{13}C NMR 谱图

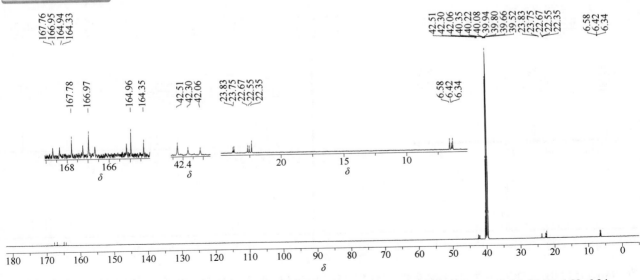

^{13}C NMR (151 MHz, DMSO-d$_6$, δ) 多组异构体。主要异构体 167.78, 166.97, 164.96, 42.51, 22.67, 22.55, 22.37, 6.58, 6.34

cyproconazole（环丙唑醇）

基本信息

CAS 登录号	94361-06-5	分子量	291.78
分子式	$C_{15}H_{18}ClN_3O$		

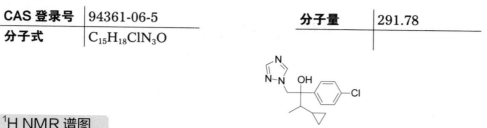

¹H NMR 谱图

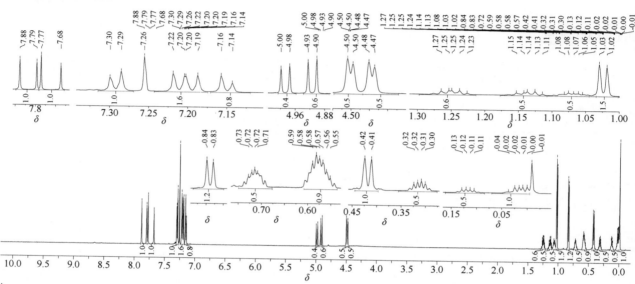

¹H NMR (600 MHz, CDCl₃, δ) 两组异构体，比例约为 6:4，未区分。7.88 (1H, ArH, s), 7.79 (1H, ArH, s), 7.77 (1H, ArH, s), 7.68 (1H, ArH, s), 7.29 (2H, 2ArH, d, J_{H-H} = 8.5 Hz), 7.20 (4H, 4ArH, dd, J_{H-H} = 9.9 Hz, J_{H-H} = 8.9 Hz), 7.15 (2H, 2ArH, d, J_{H-H} = 8.6 Hz), 4.99 (1H, NCH, d, J_{H-H} = 14.1 Hz), 4.91 (1H, NCH, d, J_{H-H} = 14.0 Hz), 4.50 (1H, NCH, d, J_{H-H} =3.6 Hz), 4.48 (1H, NCH, d, J_{H-H} =3.7 Hz), 1.28~1.22 (1H, CH, m), 1.17~1.10 (1H, CH, m), 1.10~1.05 (1H, CH, m), 1.02 (3H,CHC$\underline{H}$₃, d, J_{H-H} =6.8 Hz), 0.83 (3H, CHC$\underline{H}$₃, d, J_{H-H} = 6.8 Hz), 0.75~0.68 (1H, CH, m), 0.61~0.53 (2H, 2CH, m), 0.42 (2H, 2CH, d, J_{H-H} = 8.3 Hz), 0.34~0.27 (1H, CH, m), 0.14~0.07 (1H, CH, m), 0.07~0.00 (2H, 2CH, m)

¹³C NMR 谱图

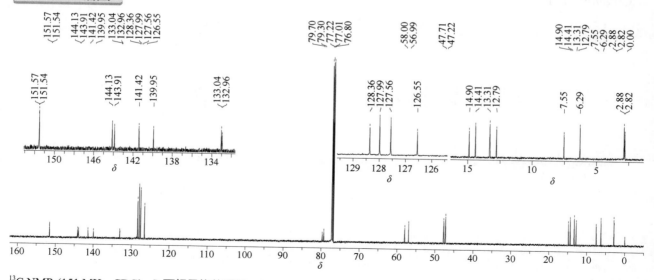

¹³C NMR (151 MHz, CDCl₃, δ) 两组异构体重叠。151.57, 151.54 144.13, 143.91, 141.42, 139.95, 133.04, 132.96, 128.36, 127.99, 127.56, 126.55, 79.70, 79.30, 58.00, 56.99, 47.71, 47.22, 14.90, 14.41, 13.31, 12.79, 7.55, 6.29, 2.88, 2.82

cyprodinil（嘧菌环胺）

基本信息

CAS 登录号	121552-61-2	分子量	225.29
分子式	C$_{14}$H$_{15}$N$_3$		

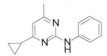

^{1}H NMR 谱图

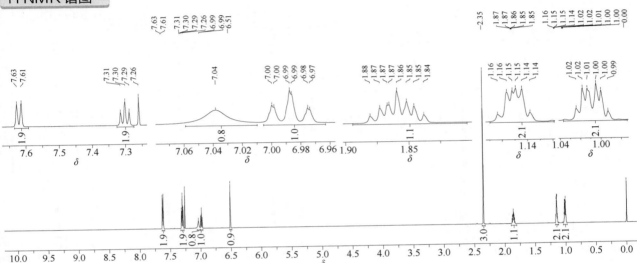

^{1}H NMR (600 MHz, CDCl$_3$, δ) 7.63 (2H, 2ArH, d, J_{H-H} = 8.4 Hz), 7.31 (2H, 2ArH, t, J_{H-H} = 8.4 Hz), 7.04 (1H, NH, br), 6.99 (1H, ArH, t, J_{H-H} = 7.4 Hz), 6.51 (1H, ArH, s), 2.35 (3H, CH$_3$, s), 1.89~1.83 (1H, CH, m), 1.18~1.12 (2H, CH$_2$, m), 1.03~0.98 (2H, CH$_2$, m)

^{13}C NMR 谱图

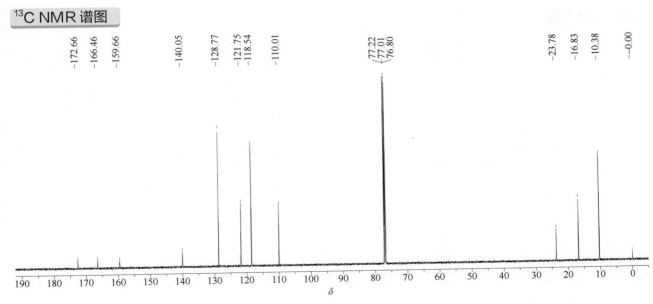

^{13}C NMR (151 MHz, CDCl$_3$, δ) 172.66, 166.46, 159.66, 140.05, 128.77, 121.75, 118.54, 110.01, 23.78, 16.83, 10.38

cyprofuram（酯菌胺）

基本信息

CAS 登录号	69581-33-5	分子量	279.72
分子式	C₁₄H₁₄ClNO₃		

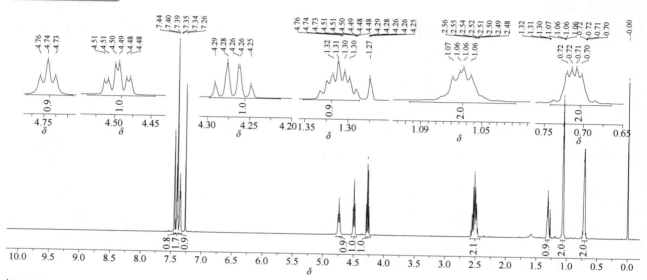

¹H NMR 谱图

¹H NMR (600 MHz, CDCl₃, δ) 7.44 (1H, ArH, s), 7.40 (2H, 2ArH, d, J_{H-H} = 6.6 Hz), 7.35 (1H, ArH, d, J_{H-H} = 6.5 Hz), 4.74 (1H, NCH, t, J_{H-H} = 9.6 Hz), 4.50 (1H, OCH₂, dt, J_{H-H} = 9.0 Hz, J_{H-H} = 3.1 Hz), 4.30~4.21 (1H, OCH₂, m), 2.52 (2H, OCH₂C$\underline{H}$₂, ddd, J_{H-H} = 17.6 Hz, J_{H-H} = 11.5 Hz, J_{H-H} = 3.0 Hz), 1.33~1.27 (1H, CO(CH), m), 1.08~1.04 (2H, COCHC$\underline{H}$₂, m), 0.74~0.68 (2H, COCHC$\underline{H}$₂, m)

¹³C NMR 谱图

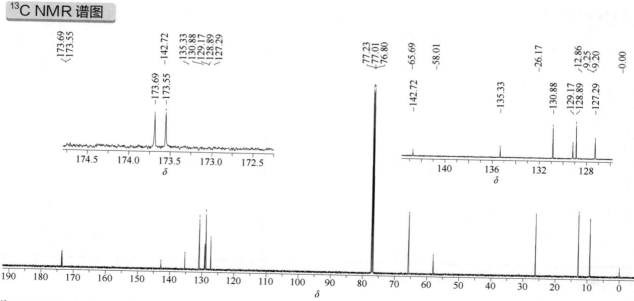

¹³C NMR (151 MHz, CDCl₃, δ) 173.69, 173.55, 142.72, 135.33, 130.88, 129.17, 128.89, 127.29, 65.69, 58.01, 26.17, 12.86, 9.25, 9.20

cyprosulfamide（环丙草磺胺）

基本信息

CAS 登录号	221667-31-8	分子量	374.41
分子式	$C_{18}H_{18}N_2O_5S$		

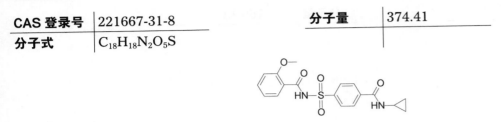

¹H NMR 谱图

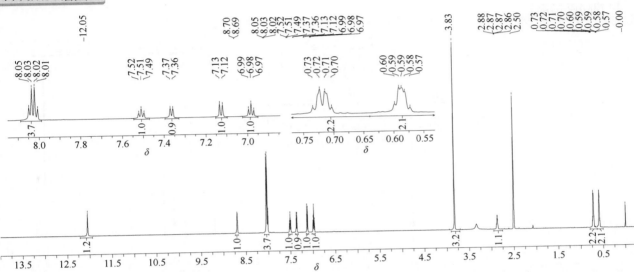

¹H NMR (600 MHz, DMSO-d₆, δ) 12.05 (1H, NH, s), 8.69 (1H, ArH, d, J_{H-H}= 4.0 Hz), 8.03 (4H, 4ArH, dd, J_{H-H}= 8.4 Hz, J_{H-H}= 8.4 Hz), 7.51 (1H, ArH, t, J_{H-H}= 7.8 Hz), 7.36 (1H, ArH, d, J_{H-H}= 7.0 Hz), 7.13 (1H, ArH, d, J_{H-H}= 8.4 Hz), 6.98 (1H, ArH, t, J_{H-H}= 7.5 Hz), 3.83 (3H, OCH₃, s), 2.87 (1H, CH, dd, J_{H-H}= 7.4 Hz, J_{H-H} = 3.5 Hz), 0.74~0.70 (2H, C*H*HC*H*H, m), 0.64~0.50 (2H, C*H*HC*H*H, m)

¹³C NMR 谱图

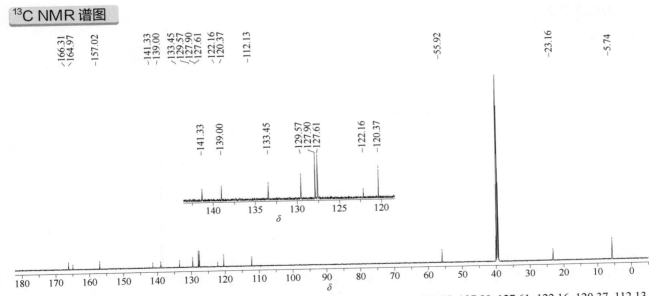

¹³C NMR (151 MHz, DMSO-d₆, δ) 166.31, 164.97, 157.02, 141.33, 139.00, 133.45, 129.57, 127.90, 127.61, 122.16, 120.37, 112.13, 55.92, 23.16, 5.74

cyromazine（灭蝇胺）

基本信息

CAS 登录号	66215-27-8	分子量	166.18
分子式	$C_6H_{10}N_6$		

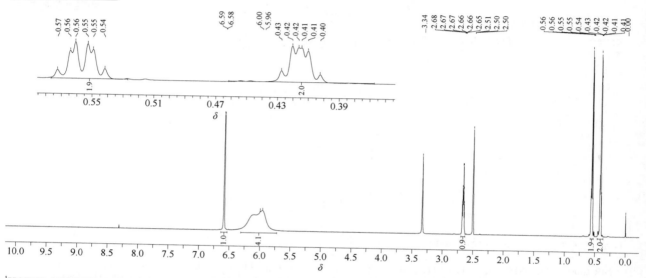

¹H NMR 谱图

¹H NMR (600 MHz, DMSO-d_6, δ) 6.58 (1H, NH, d, J_{H-H} = 4.0 Hz), 6.00 (4H, 2 NH$_2$, br), 2.69~2.64 (1H, NHC$\underline{H}$, m), 0.58~0.53 (2H, 2CH, m), 0.46~0.37 (2H, 2CH, m)

¹³C NMR 谱图

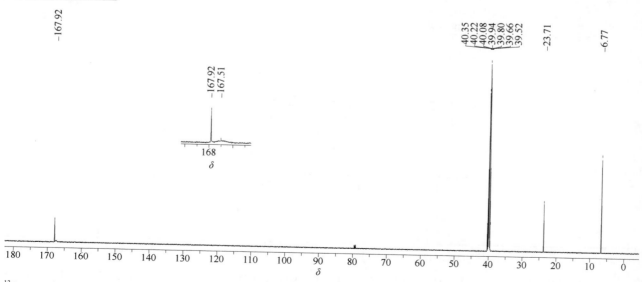

¹³C NMR (151 MHz, DMSO-d_6, δ) 167.92, 167.51 (br), 23.71, 6.77

cythioate（塞灭磷）

基本信息

CAS 登录号	115-93-5	分子量	297.30
分子式	C$_8$H$_{12}$NO$_5$PS$_2$		

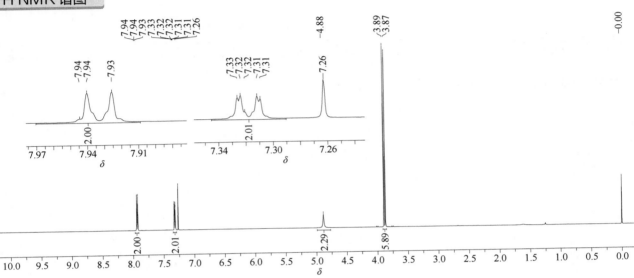

¹H NMR 谱图

¹H NMR (600 MHz, CDCl$_3$, δ) 7.97~7.91 (2H, 2ArH, m), 7.35~7.29 (2H, 2ArH, m), 4.88 (2H, NH$_2$, br), 3.88 (6H, 2CH$_3$, d, $^3J_{H-P}$ = 13.9 Hz)

¹³C NMR 谱图

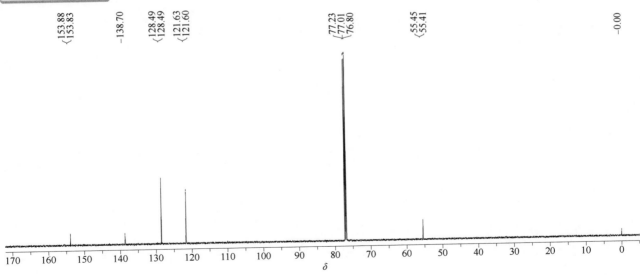

¹³C NMR (151 MHz, CDCl$_3$, δ) 153.86 (d, $^2J_{C-P}$ = 7.1 Hz), 138.70, 128.49 (d, $^4J_{C-P}$ = 1.0 Hz), 121.61 (d, $^3J_{C-P}$ = 5.1 Hz), 55.43 (d, $^2J_{C-P}$ = 5.7 Hz)

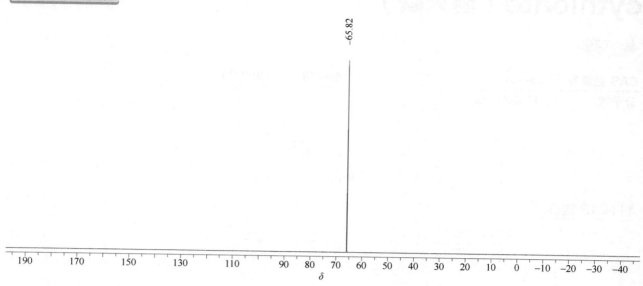

³¹P NMR (243 MHz, CDCl₃, δ) 65.82

^{31}P NMR (243 MHz, CDCl$_3$, δ) 65.82

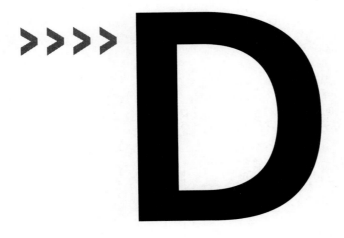

2,4-D（2,4- 滴）

基本信息

CAS 登录号	94-75-7	分子量	221.04
分子式	$C_8H_6Cl_2O_3$		

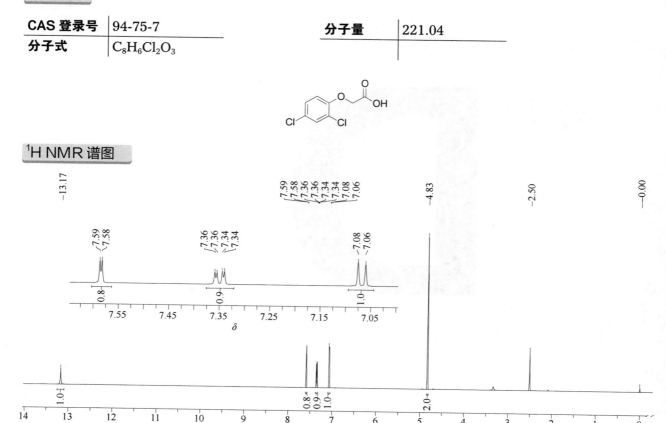

¹H NMR 谱图

¹H NMR (600 MHz, DMSO-d₆, δ) 13.17 (1H, COOH, br), 7.58 (1H, ArH, d, J_{H-H} = 2.5 Hz), 7.35 (1H, ArH, dd, J_{H-H} = 8.9 Hz, J_{H-H} = 2.6 Hz), 7.07 (1H, ArH, d, J_{H-H} = 8.9 Hz), 4.83 (2H, CH₂, s)

¹³C NMR 谱图

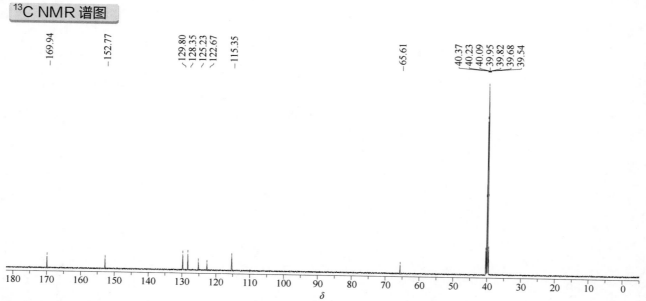

¹³C NMR (151 MHz, DMSO-d₆, δ) 169.94, 152.77, 129.80, 128.35, 125.23, 122.67, 115.35, 65.61

2,4-D-dimethylamine salt（2,4- 滴醋酸二甲胺盐）

基本信息

CAS 登录号	2008-39-1	分子量	266.12
分子式	$C_{10}H_{13}Cl_2NO_3$		

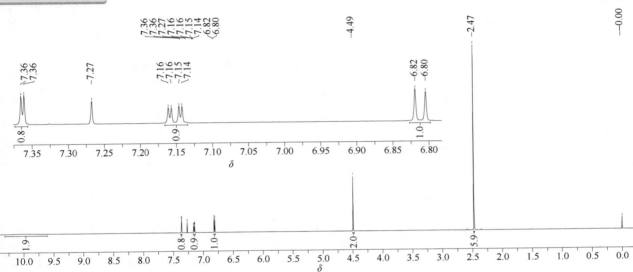

¹H NMR 谱图

¹H NMR (600 MHz, CDCl₃, δ) 9.98 (2H, OH, NH, br), 7.36 (1H, ArH, d, J_{H-H} = 2.5 Hz), 7.15 (1H, ArH, dd, J_{H-H} = 8.8 Hz, J_{H-H} = 2.5 Hz), 6.81 (1H, ArH, d, J_{H-H} = 8.8 Hz), 4.49 (2H, CH₂, s), 2.47 (6H, 2CH₃, s)

¹³C NMR 谱图

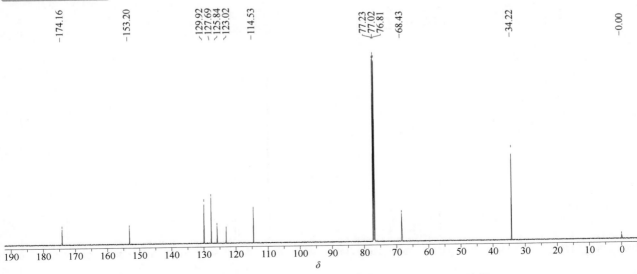

¹³C NMR (151 MHz, CDCl₃, δ) 174.16, 153.20, 129.92, 127.69, 125.84, 123.02, 114.53, 68.43, 34.22

2,4-D-ethyl ester（2,4- 滴乙酯）

基本信息

CAS 登录号	533-23-3	分子量	249.09
分子式	$C_{10}H_{10}Cl_2O_3$		

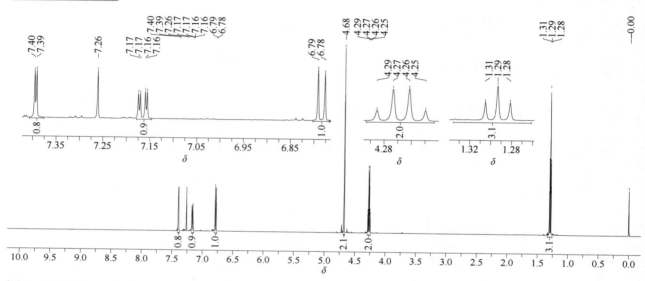

¹H NMR 谱图

¹H NMR (600 MHz, CDCl₃, δ) 7.39 (1H, ArH, d, J_{H-H} = 2.5 Hz), 7.17 (1H, ArH, dd, J_{H-H} = 8.8 Hz, J_{H-H} = 2.5 Hz), 6.78 (1H, ArH, d, J_{H-H} = 8.8 Hz), 4.68 (2H, COCH₂, s), 4.27 (2H, C$\underline{H}$₂CH₃, q, J_{H-H} = 7.1 Hz), 1.29 (3H, CH₃, t, J_{H-H} = 7.1 Hz)

¹³C NMR 谱图

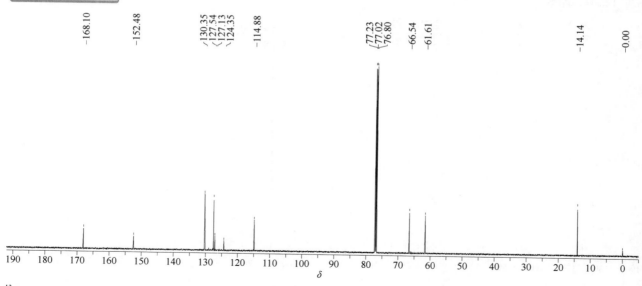

¹³C NMR (151 MHz, CDCl₃, δ) 168.10, 152.48, 130.35, 127.54, 127.13, 124.35, 114.88, 66.54, 61.61, 14.14

2,4-D-2-ethylhexyl ester（2,4- 滴异辛酯）

基本信息

CAS 登录号	1928-43-4	分子量	333.25
分子式	C₁₆H₂₂Cl₂O₃		

$$\text{分子式} \quad C_{16}H_{22}Cl_2O_3 \qquad \text{分子量} \quad 333.25$$

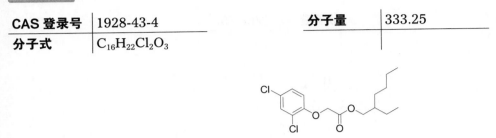

¹H NMR 谱图

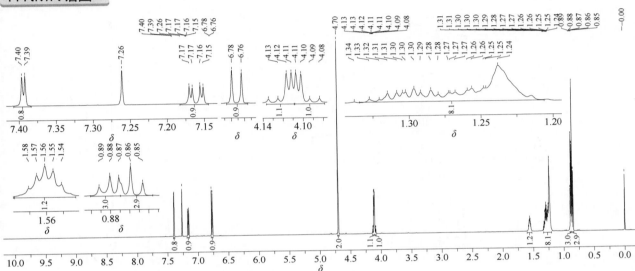

¹H NMR (600 MHz, CDCl₃, δ) 7.39 (1H, ArH, d, J_{H-H} = 2.5 Hz), 7.16 (1H, ArH, dd, J_{H-H} = 8.8 Hz, J_{H-H} = 2.5 Hz), 6.77 (1H, ArH, d, J_{H-H} = 8.8 Hz), 4.70 (2H, CH₂, s), 4.12 (1H, CH, dd, J_{H-H} = 9.5 Hz, J_{H-H} = 4.3 Hz), 4.10 (1H, CH, dd, J_{H-H} = 9.5 Hz, J_{H-H} = 4.3 Hz), 1.56 (1H, CH, dt, J_{H-H} = 5.9 Hz, J_{H-H} = 5.9 Hz), 1.33~1.21 (8H, 4CH₂, m), 0.88 (3H, CH₃, t, J_{H-H} = 7.4 H), 0.85 (3H, CH₃, t, J_{H-H} = 7.3 H)

¹³C NMR 谱图

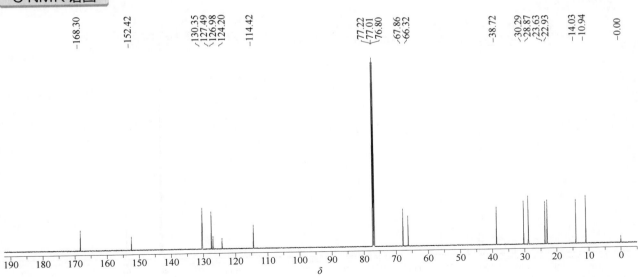

¹³C NMR (151 MHz, CDCl₃, δ) 168.30, 152.42, 130.35, 127.49, 126.98, 124.20, 114.42, 67.86, 66.32, 38.72, 30.29, 28.87, 23.63, 22.93, 14.03, 10.94

daimuron（杀草隆）

基本信息

CAS 登录号	42609-52-9	分子量	268.35
分子式	C₁₇H₂₀N₂O		

$C_{17}H_{20}N_2O$

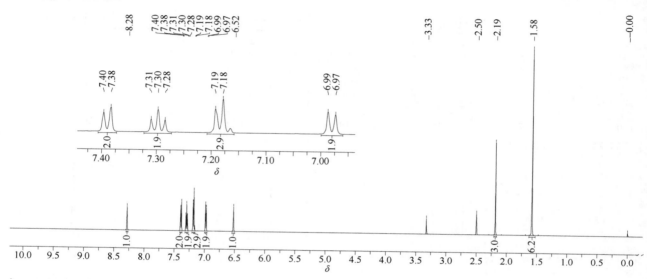

¹H NMR 谱图

¹H NMR (600 MHz, DMSO-d₆, δ) 8.28 (1H, NH, s), 7.39 (2H, 2ArH, d, J_{H-H} = 7.9 Hz), 7.30 (2H, 2ArH, t, J_{H-H} = 7.7 Hz), 7.16~7.20 (3H, 3ArH, m), 6.98 (2H, 2ArH, d, J_{H-H} = 8.3 Hz), 6.52 (1H, NH, s), 2.19 (3H, CH₃, s), 1.58 (6H, C(CH₃)₂, s)

¹³C NMR 谱图

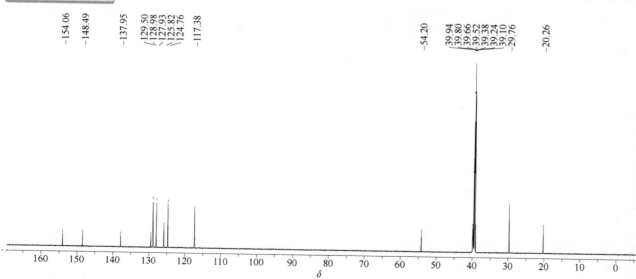

¹³C NMR (151 MHz, DMSO-d₆, δ) 154.06, 148.49, 137.95, 129.50, 128.98, 127.93, 125.82, 124.76, 117.38, 54.20, 29.76, 20.26

dalapon（茅草枯）

基本信息

CAS 登录号	75-99-0	分子量	142.97
分子式	C₃H₄Cl₂O₂		

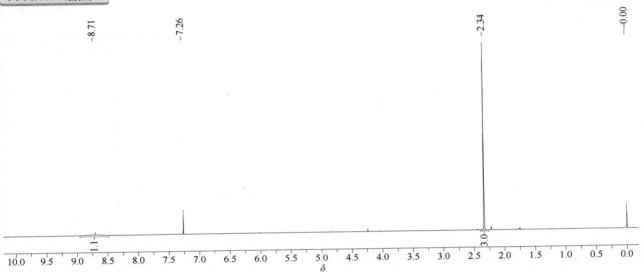

¹H NMR 谱图

¹H NMR (600 MHz, CDCl₃, δ) 8.71 (1H, OH, br), 2.34 (3H, CH₃, s)

¹³C NMR 谱图

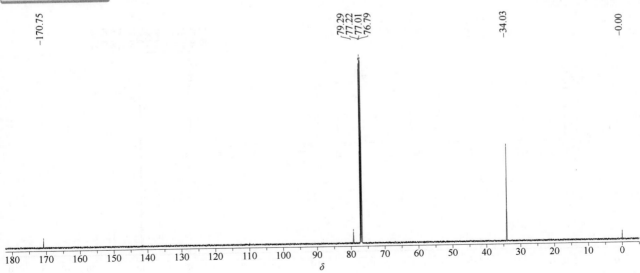

¹³C NMR (151 MHz, CDCl₃, δ) 170.75, 79.29, 34.03

daminozide（丁酰肼）

CAS 登录号	1596-84-5	分子量	160.17
分子式	$C_6H_{12}N_2O_3$		

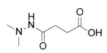

^{1}H NMR 谱图

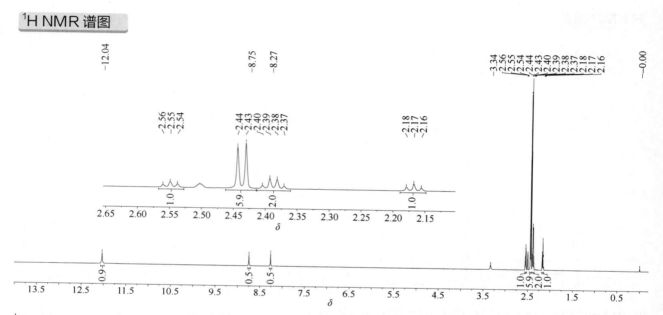

^{1}H NMR (600 MHz, DMSO-d$_6$, δ) 两组异构体。12.04 (1H, COOH, br), 8.75 (0.5H, NH, br), 8.27 (0.5H, NH, br), 2.55 (1H, CH, t, J_{H-H} = 6.8 Hz), 2.44 (3H, CH$_3$, s), 2.43 (3H, CH$_3$, s), 2.38 (2H, CH, q, J_{H-H} = 6.8 Hz), 2.18 (1H, CH, t, J_{H-H} = 6.8 Hz)

^{13}C NMR 谱图

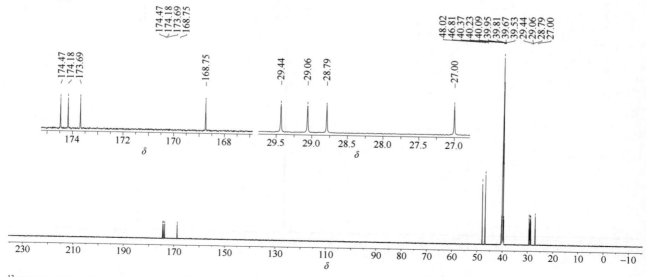

^{13}C NMR (151 MHz, DMSO-d$_6$, δ) 两组异构体。174.46, 174.17, 173.68, 168.74, 48.01, 46.80, 29.43, 29.05, 28.78, 26.99

dazomet（棉隆）

基本信息

CAS 登录号	533-74-4	分子量	162.28
分子式	$C_5H_{10}N_2S_2$		

^{1}H NMR 谱图

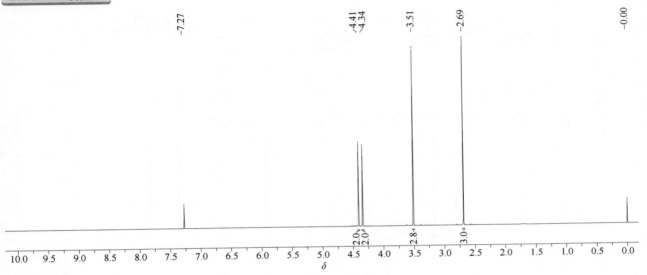

^{1}H NMR (600 MHz, CDCl$_3$, δ) 4.41 (2H, CH$_2$, s), 4.34 (2H, CH$_2$, s), 3.51 (3H, CH$_3$, s), 2.69 (3H, CH$_3$, s)

^{13}C NMR 谱图

^{13}C NMR (151 MHz, CDCl$_3$, δ) 191.57, 73.06, 60.08, 40.48, 39.23

2,4-DB（2,4- 滴丁酸）

基本信息

CAS 登录号	94-82-6	分子量	249.09
分子式	$C_{10}H_{10}Cl_2O_3$		

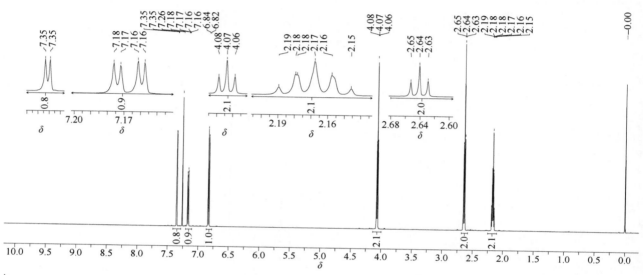

¹H NMR 谱图

¹H NMR (600 MHz, CDCl₃, δ) 7.35 (1H, ArH, d, J_{H-H} = 2.6 Hz), 7.17 (1H, ArH, d, J_{H-H} = 8.8 Hz, J_{H-H} = 2.5 Hz), 6.83 (1H, ArH, d, J_{H-H} = 8.8 Hz), 4.07 (2H, OCH₂, t, J_{H-H} = 6.0 Hz), 2.64 (2H, CH₂CO₂H, t, J_{H-H} = 7.1 Hz), 2.25~2.10 (2H, OCH₂C<u>H</u>₂CH₂, m)

¹³C NMR 谱图

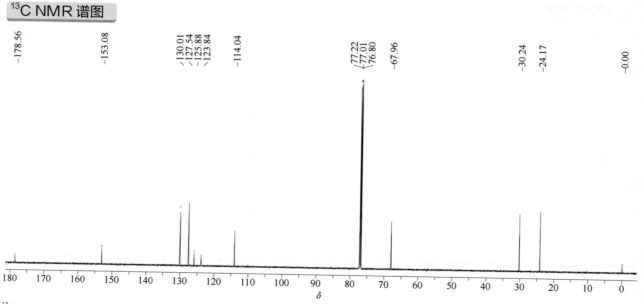

¹³C NMR (151 MHz, CDCl₃, δ) 178.56, 153.08, 130.01, 127.54, 125.88, 123.84, 114.04, 67.96, 30.24, 24.17

DCIP（二氯异丙醚）

基本信息

CAS 登录号	108-60-1	分子量	171.06
分子式	$C_6H_{12}Cl_2O$		

¹H NMR 谱图

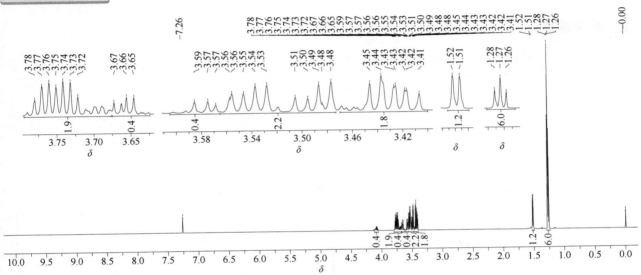

¹H NMR (600 MHz, CDCl₃, δ) 多组异构体重叠。异构体 A: 3.80~3.68 (2H, 2CH, m), 3.57~3.47 (2H, 2CH, m), 3.47~3.40 (2H, 2CH, m), 1.28 (3H, CH₃, t, J_{H-H} = 6.5 Hz), 1.27 (3H, CH₃, t, J_{H-H} = 6.5 Hz). 异构体 B: 4.12~4.05 (2H, 2CH, m), 3.67~3.62 (2H, 2CH, m), 3.60~3.57 (2H, 2CH, m), 1.52 (6H, 2CH₃, d, J_{H-H} = 6.6 Hz)

¹³C NMR 谱图

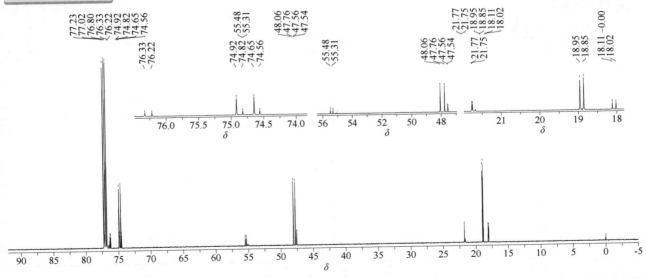

¹³C NMR (151 MHz, CDCl₃, δ) 76.33, 76.22, 74.92, 74.82, 74.65, 74.56, 55.48, 55.31, 48.06, 47.76, 47.56, 47.54, 21.77, 21.75, 18.95, 18.85, 18.11, 18.02

o,p'-DDD（*o,p'*- 滴滴滴）

基本信息

CAS 登录号	53-19-0	分子量	320.04
分子式	$C_{14}H_{10}Cl_4$		

¹H NMR 谱图

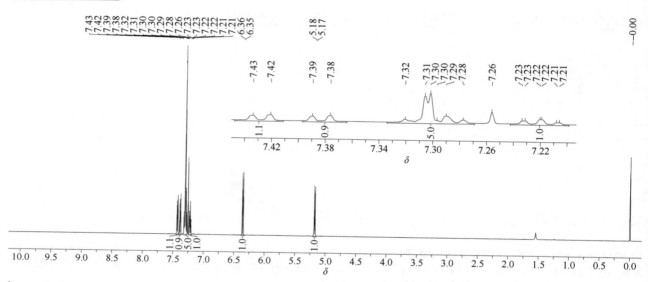

¹H NMR (600 MHz, CDCl₃, δ) 7.43 (1H, ArH, d, J_{H-H} = 7.8 Hz), 7.38 (1H, ArH, d, J_{H-H} = 8.0 Hz), 7.33~7.27 (5H, 5ArH, m), 7.24~7.20 (1H, ArH, m), 6.36 (1H, CH, d, J_{H-H} = 8.7 Hz), 5.18 (1H, CH, d, J_{H-H} = 8.7 Hz)

¹³C NMR 谱图

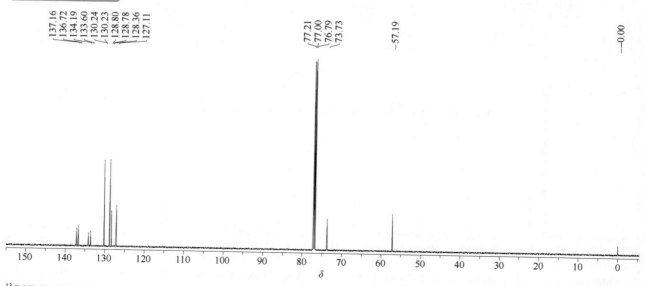

¹³C NMR (151 MHz, CDCl₃, δ) 137.16, 136.72, 134.19, 133.60, 130.24, 130.23, 128.80, 128.78, 128.36, 127.11, 73.73, 57.19

p,p'-DDD（*p,p'*-滴滴滴）

基本信息

CAS 登录号	72-54-8	分子量	320.04
分子式	C₁₄H₁₀Cl₄		

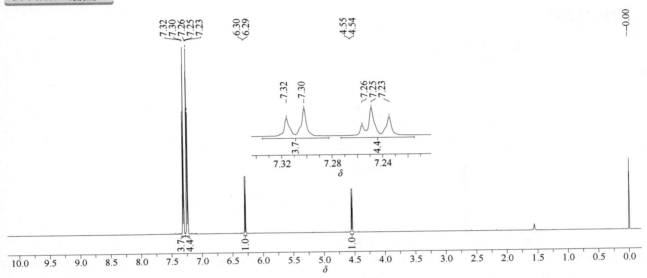

¹H NMR 谱图

¹H NMR (600 MHz, CDCl₃, δ) 7.31 (4H, 4ArH, d, $J_{H\text{-}H}$ = 8.5 Hz), 7.24 (4H, 4ArH, d, $J_{H\text{-}H}$ = 8.5 Hz), 6.29 (1H, CH, d, $J_{H\text{-}H}$ = 8.0 Hz), 4.55 (1H, CH, d, $J_{H\text{-}H}$ = 8.0 Hz)

¹³C NMR 谱图

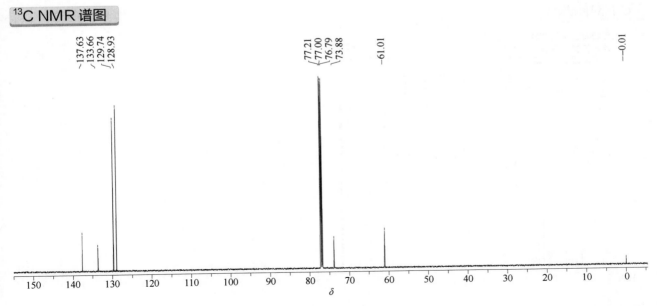

¹³C NMR (151 MHz, CDCl₃, δ) 137.63, 133.66, 129.74, 128.93, 73.88, 61.01

o,p'-DDE（*o,p'*- 滴滴伊）

基本信息

CAS 登录号	3424-82-6	分子量	318.03
分子式	$C_{14}H_8Cl_4$		

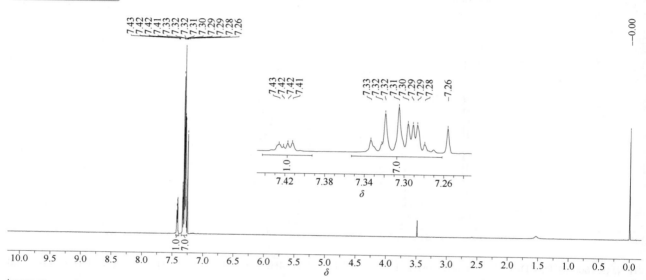

¹H NMR 谱图

¹H NMR (600 MHz, CDCl₃, δ) 7.44~7.39 (1H, ArH, m), 7.35~7.27 (7H, 7ArH, m)

¹³C NMR 谱图

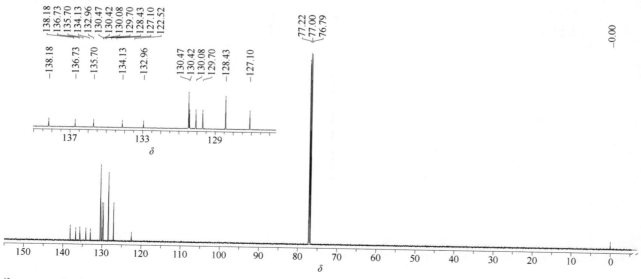

¹³C NMR (151 MHz, CDCl₃, δ) 138.18, 136.73, 135.70, 134.13, 132.96, 130.47, 130.42, 130.08, 129.70, 128.43, 127.10, 122.52

p,p'-DDE（*p,p'*- 滴滴伊）

基本信息

CAS 登录号	72-55-9	分子量	318.04
分子式	C₁₄H₈Cl₄		

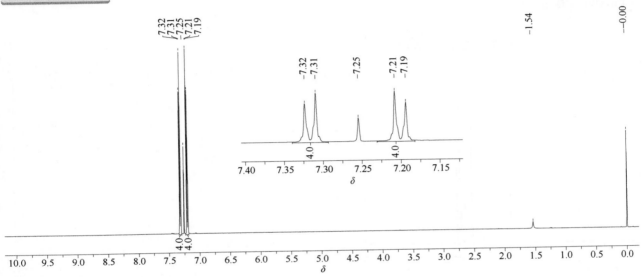

¹H NMR 谱图

¹H NMR (600 MHz, CDCl₃, δ) 7.32 (4H, 4ArH, d, J_{H-H} = 8.5 Hz), 7.20 (4H, 4ArH, d, J_{H-H} = 8.5 Hz)

¹³C NMR 谱图

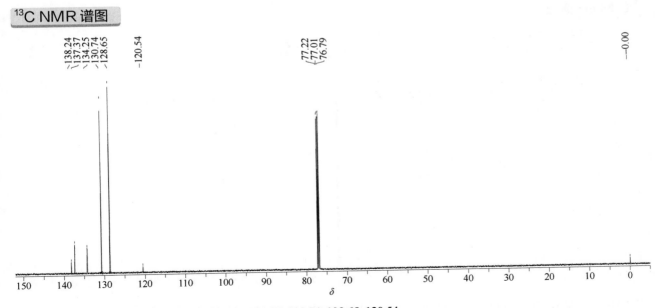

¹³C NMR (151 MHz, CDCl₃, δ) 138.24, 137.37, 134.25, 130.74, 128.65, 120.54

o,p'–DDT（*o,p'* – 滴滴涕）

基本信息

CAS 登录号	789-02-6	分子量	354.49
分子式	$C_{14}H_9Cl_5$		

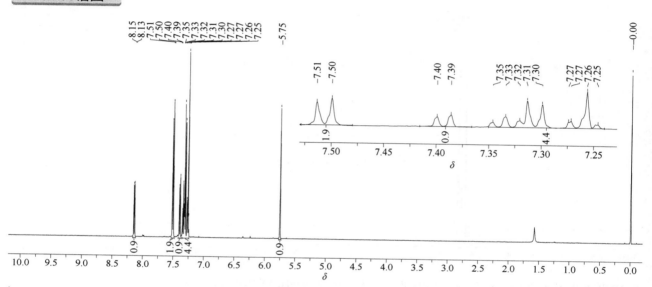

¹H NMR 谱图

¹H NMR (600 MHz, CDCl₃, *δ*) 8.14 (1H, ArH, d, J_{H-H} = 8.0 Hz), 7.51 (2H, 2ArH, d, J_{H-H} = 8.5 Hz), 7.39 (1H, ArH, d, J_{H-H} = 8.0 Hz), 7.35~7.24 (4H, 4ArH, m), 5.75 (1H, CH, s)

¹³C NMR 谱图

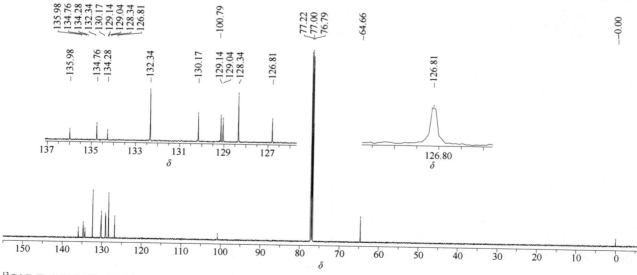

¹³C NMR (151 MHz, CDCl₃, *δ*) 135.98, 134.76, 134.28, 132.34, 130.17, 129.14, 129.04, 128.34, 126.81, 100.79, 64.66

p,p'-DDT（*p,p'*- 滴滴涕）

CAS 登录号	50-29-3	分子量	354.49
分子式	C₁₄H₉Cl₅		

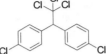

¹H NMR 谱图

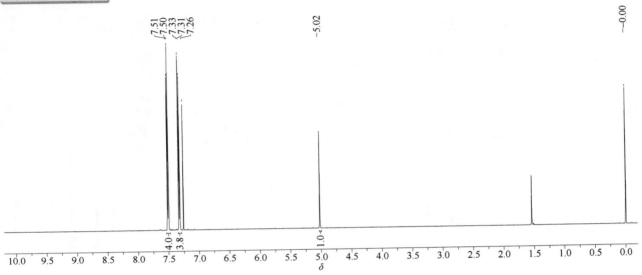

¹H NMR (600 MHz, CDCl₃, δ) 7.51 (4H, 4ArH, d, J_{H-H} = 8.4 Hz), 7.33 (4H, 4ArH, d, J_{H-H} = 8.4 Hz), 5.02 (1H, CH, s)

¹³C NMR 谱图

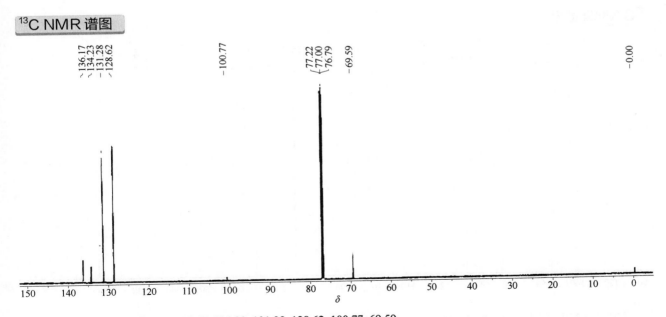

¹³C NMR (151 MHz, CDCl₃, δ) 136.17, 134.23, 131.28, 128.62, 100.77, 69.59

299

2,4-D-1-butyl ester（2,4- 滴丁酯）

基本信息

CAS 登录号	94-80-4	分子量	277.14
分子式	C₁₂H₁₄Cl₂O₃		

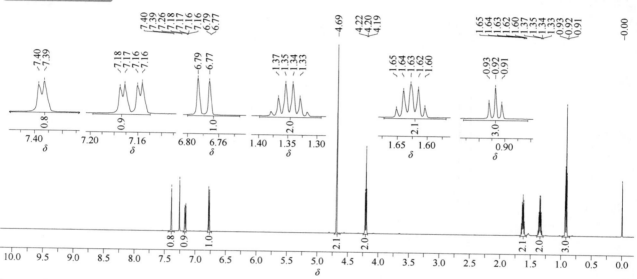

¹H NMR 谱图

¹H NMR (600 MHz, CDCl₃, δ) 7.40 (1H, ArH, d, J_{H-H} = 2.4 Hz), 7.17 (1H, ArH, dd, J_{H-H} = 8.8 Hz, J_{H-H} = 2.4 Hz), 6.78 (1H, ArH, d, J_{H-H} = 8.8 Hz), 4.69 (2H, OCH₂CO₂, s), 4.20 (2H, CO₂C$\underline{H}$₂, t, J_{H-H} = 6.7 Hz), 1.67~1.57 (2H, CO₂CH₂C$\underline{H}$₂, m), 1.35 (2H, C$\underline{H}$₂CH₃, hex, J_{H-H} = 7.5 Hz), 0.92 (3H, CH₂C$\underline{H}$₃, t, J_{H-H} = 7.4 Hz)

¹³C NMR 谱图

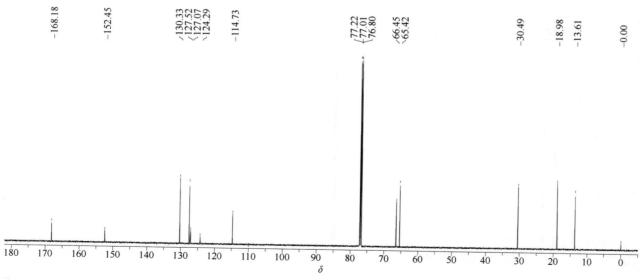

¹³C NMR (151 MHz, CDCl₃, δ) 168.18, 152.45, 130.33, 127.52, 127.07, 124.29, 114.73, 66.45, 65.42, 30.49, 18.98, 13.61

demeton-S-methyl（甲基内吸磷）

基本信息

CAS 登录号	919-86-8	分子量	230.29
分子式	$C_6H_{15}O_3PS_2$		

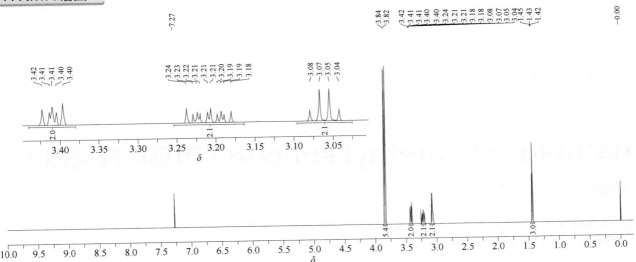

¹H NMR 谱图

¹H NMR (600 MHz, CDCl₃, δ) 3.81 (6H, 2OCH₃, d, ³J_{H-P} = 12.7 Hz), 3.07~2.98 (2H, CH₂, m), 2.86~2.80 (2H, CH₂, m), 2.59 (2H, CH₃C$\underline{H}_2$, q, J_{H-H} = 7.4 Hz), 1.28 (3H, CH₂C$\underline{H}_3$, t, J_{H-H} = 7.4 Hz)

¹³C NMR 谱图

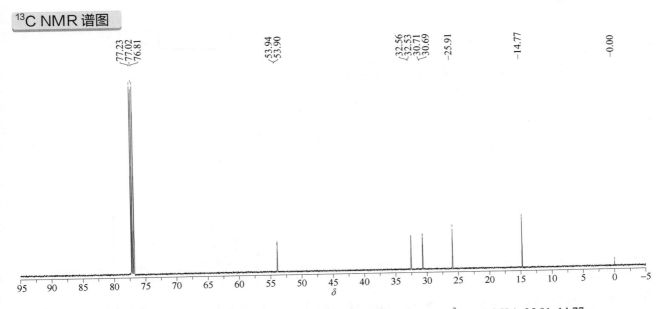

¹³C NMR (151 MHz, CDCl₃, δ) 53.92 (d, ²J_{C-P}= 6.0 Hz), 32.55 (d, ³J_{C-P}= 4.2 Hz), 30.70 (d, ²J_{C-P}= 3.8 Hz), 25.91, 14.77

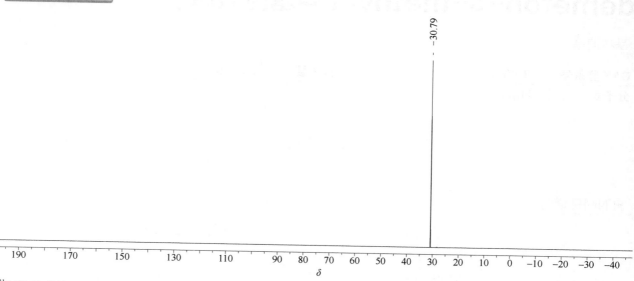

–30.79

³¹P NMR (243 MHz, CDCl₃, δ) 30.79

demeton-*S*-methyl sulfone（甲基内吸磷砜）

基本信息

CAS 登录号	17040-19-6	分子量	262.28
分子式	$C_6H_{15}O_5PS_2$		

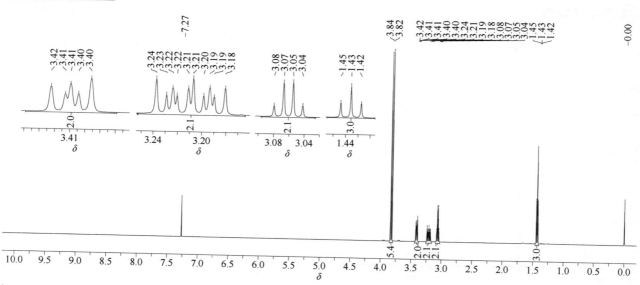

¹H NMR (600 MHz, CDCl₃, δ) 3.83 (6H, 2OCH₃, d,³J_{H-P} = 12.7 Hz), 3.44~3.38 (2H, CH₂, m), 3.25~3.16 (2H, CH₂, m), 3.06 (2H, C*H₂*CH₃ q, J_{H-H} = 7.5 Hz), 1.43 (3H, SCH₂C*H₃*, t, J_{H-H} = 7.5 Hz)

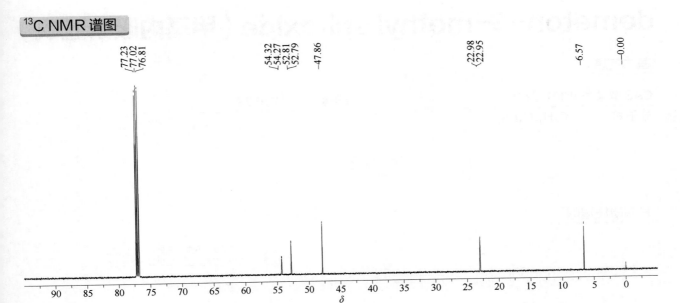

¹³C NMR (151 MHz, CDCl$_3$, δ) 54.29 (d, $^2J_{C-P}$ = 6.5 Hz), 52.80 (d, $^3J_{C-P}$ = 2.2 Hz), 47.86, 22.96 (d, $^2J_{C-P}$ = 4.3 Hz), 6.57

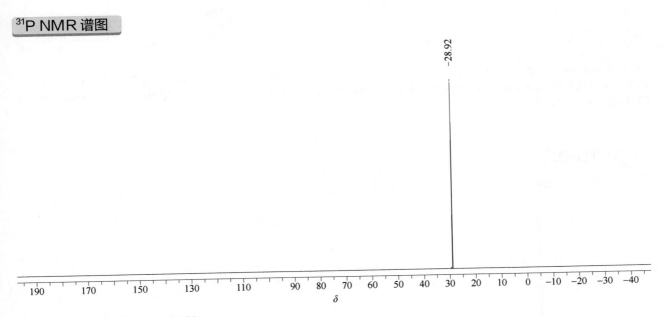

³¹P NMR (243 MHz, CDCl$_3$, δ) 28.92

demeton-*S*-methyl sulfoxide (甲基内吸磷亚砜)

基本信息

CAS 登录号	301-12-2	分子量	246.28
分子式	C$_6$H$_{15}$O$_4$PS$_2$		

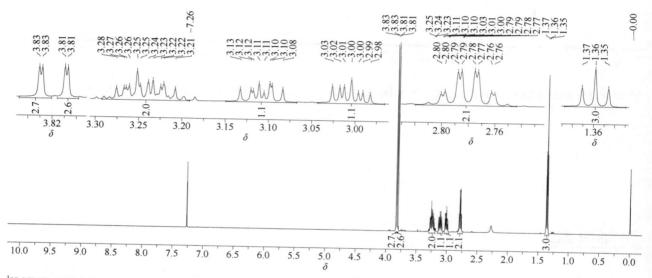

^{1}H NMR 谱图

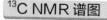

^{1}H NMR (600 MHz, CDCl$_3$, δ) 3.83 (3H, CH$_3$, d, $^3J_{\text{H-P}}$ = 12.7 Hz), 3.81 (3H, CH$_3$, d, $^3J_{\text{H-P}}$ = 12.7 Hz), 3.29~3.19 (2H, CH$_2$, m), 3.15~3.08 (1H, CH$_2$C<u>H</u>$_2$S, m), 3.04~2.97 (1H, CH$_2$C<u>H</u>$_2$S, m), 2.81~2.75 (2H, CH$_2$CH$_3$, qd, $J_{\text{H-H}}$ = 7.5 Hz, $J_{\text{H-H}}$ = 1.6 Hz), 1.36 (3H, CH$_2$C<u>H</u>$_3$, t, $J_{\text{H-H}}$ = 7.5 Hz)

^{13}C NMR 谱图

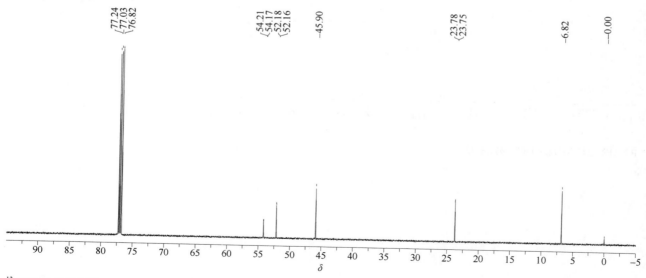

^{13}C NMR (151 MHz, CDCl$_3$, δ) 54.19 (d, $^2J_{\text{C-P}}$ = 6.0 Hz), 52.17 (d, $^3J_{\text{C-P}}$ = 2.7 Hz), 45.90, 23.77 (d, $^2J_{\text{C-P}}$ = 4.1 Hz), 6.82

³¹P NMR 谱图

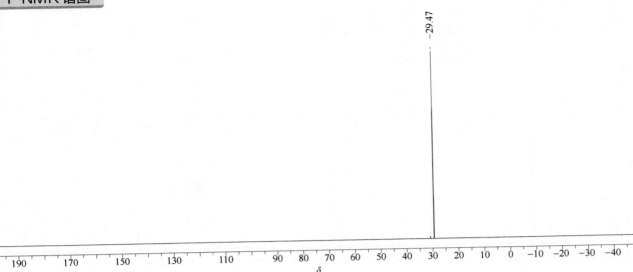

−29.47

³¹P NMR (243 MHz, CDCl₃, δ) 29.47

demeton-*S*-sulfoxide（内吸磷 −*S*− 亚砜）

基本信息

CAS 登录号	2496-92-6	分子量	274.34
分子式	C₈H₁₉O₄PS₂		

¹H NMR 谱图

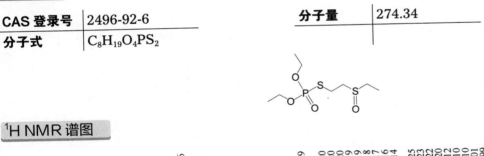

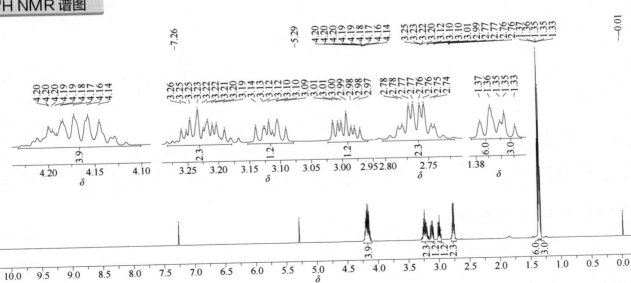

¹H NMR (600 MHz, CDCl₃, δ) 4.23~4.10 (4H, 2OCH₂, m), 3.28~3.18 (2H, SCH₂, m), 3.15~3.07 (1H, SC*H*HCH₂, m), 3.02~2.96 (1H, SC*H*HCH₂, m), 2.76 (2H, SC*H*₂CH₃, qd, J_{H-H} = 7.4 Hz, $^6J_{H-P}$ = 2.5 Hz), 1.36 (6H, 2OCH₂C*H*₃, t, J_{H-H} = 7.1 Hz), 1.34 (3H, SCH₂C*H*₃, t, J_{H-H} = 7.6 Hz)

^{13}C NMR 谱图

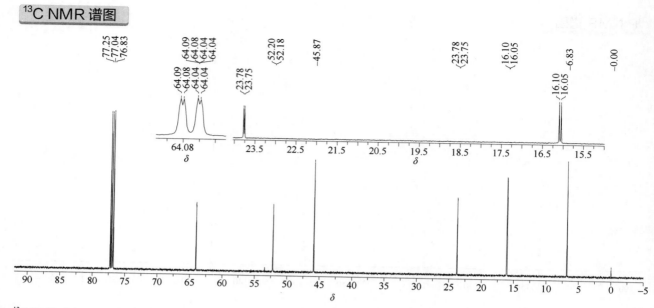

^{13}C NMR (151 MHz, CDCl$_3$, δ) 64.07 (d, $^2J_{\text{C-P}}$ = 6.4 Hz), 64.06 (d, $^2J_{\text{C-P}}$ = 6.4 Hz), 52.19 (d, $^3J_{\text{C-P}}$ = 2.8 Hz), 45.87, 23.77 (d, $^2J_{\text{C-P}}$ = 4.0 Hz), 16.08 (d, $^3J_{\text{C-P}}$ = 7.2 Hz), 6.83

^{31}P NMR 谱图

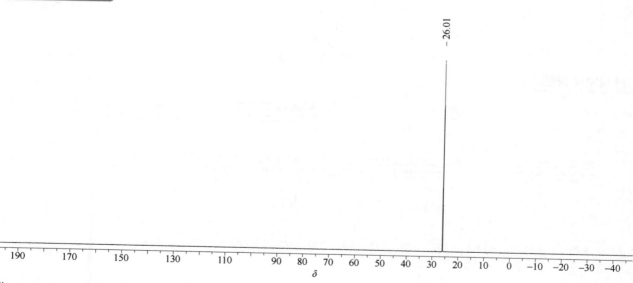

^{31}P NMR (243 MHz, CDCl$_3$, δ) 26.01

desamino metamitron（脱氨基苯嗪草酮）

基本信息

CAS 登录号	36993-94-9	**分子量**	187.20
分子式	$C_{10}H_9N_3O$		

^{1}H NMR 谱图

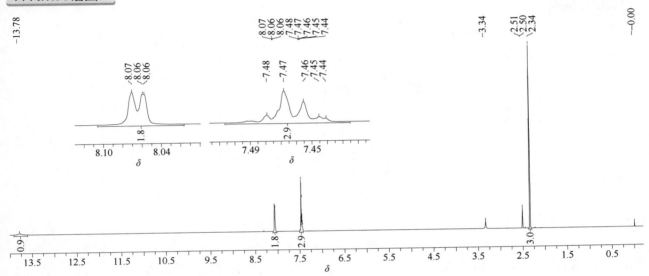

^{1}H NMR (600 MHz, DMSO-d_6, δ) 13.78 (1H, NH, br), 8.06 (2H, 2ArH, d, J_{H-H} = 7.7 Hz), 7.46 (3H, 3ArH, m), 2.34 (3H, CH$_3$, s)

^{13}C NMR 谱图

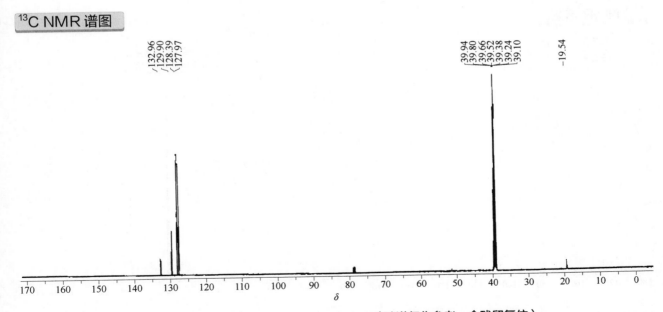

^{13}C NMR (151 MHz, DMSO-d_6, δ) 132.96, 129.90, 128.29, 127.97, 19.54（碳谱仅作参考，含残留氯仿）

desethylterbuthylazine（脱乙基特丁津）

基本信息

CAS 登录号	30125-63-4	分子量	201.66
分子式	$C_7H_{12}ClN_5$		

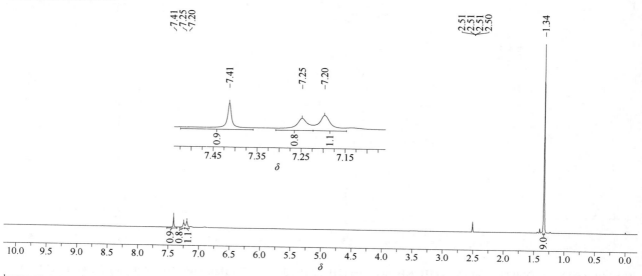

¹H NMR 谱图

¹H NMR (600 MHz, DMSO-d_6, δ) 7.41 (1H, NH, br), 7.25 (1H, NH, br), 7.20 (1H, NH, br), 1.34 (9H, C(CH₃)₃, s)

¹³C NMR 谱图

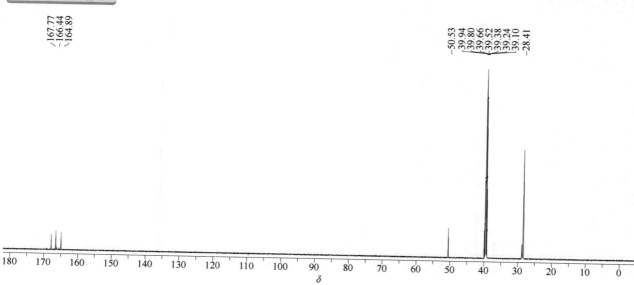

¹³C NMR (151 MHz, DMSO-d_6, δ) 167.77, 166.44, 164.89, 50.53, 28.41

desmedipham（甜菜安）

基本信息

CAS 登录号	13684-56-5	分子量	300.31
分子式	$C_{16}H_{16}N_2O_4$		

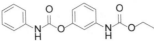

¹H NMR 谱图

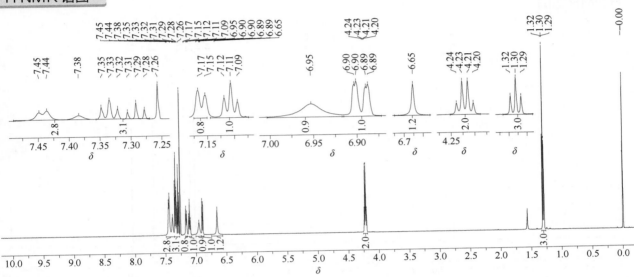

¹H NMR (600 MHz, CDCl₃, δ) 7.44 (2H, 2ArH, d, J_{H-H} = 7.5 Hz), 7.38 (1H, ArH, s), 7.33 (2H, 2ArH, t, J_{H-H} = 7.9 Hz), 7.29 (1H, ArH, d, J_{H-H} = 8.1 Hz), 7.16 (1H, ArH, d, J_{H-H} = 7.9 Hz), 7.11 (1H, ArH, t, J_{H-H} = 7.4 Hz), 6.95 (1H, NH, br), 6.90 (1H, ArH, dd, J_{H-H} = 8.1 Hz, J_{H-H} = 1.5 Hz), 6.65 (1H, NH, s), 4.22 (2H, CH₂, q, J_{H-H} = 7.1 Hz), 1.30 (3H, CH₃, t, J_{H-H} = 7.1 Hz)

¹³C NMR 谱图

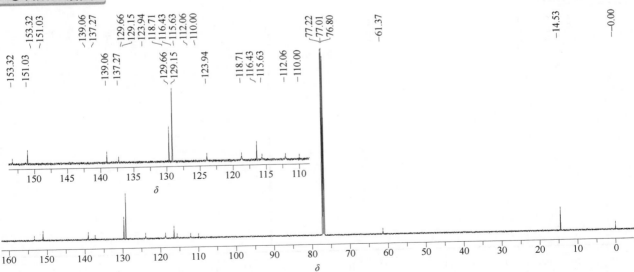

¹³C NMR (151 MHz, CDCl₃, δ) 153.32, 151.03, 139.06, 137.27, 129.66, 129.15, 123.94, 118.71, 116.43, 115.63, 112.06, 110.00, 61.37, 14.53

desmethyl-pirimicarb（脱甲基抗蚜威）

基本信息

CAS 登录号	30614-22-3	分子量	224.26
分子式	$C_{10}H_{16}N_4O_2$		

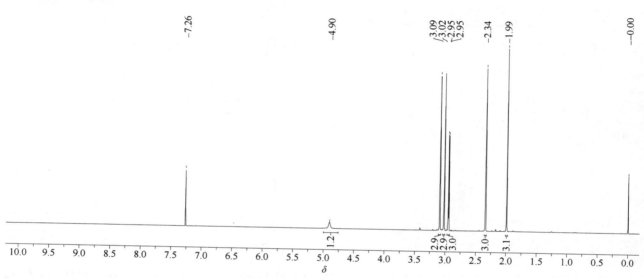

¹H NMR 谱图

¹H NMR (600 MHz, CDCl₃, δ) 4.90 (1H, NH, br), 3.09 (3H, CH₃, s), 3.02 (3H, CH₃, s), 2.95 (3H, NHC*H₃*, d, J_{H-H} = 5.1 Hz), 2.34 (3H, CH₃, s), 1.99 (3H, CH₃, s)

¹³C NMR 谱图

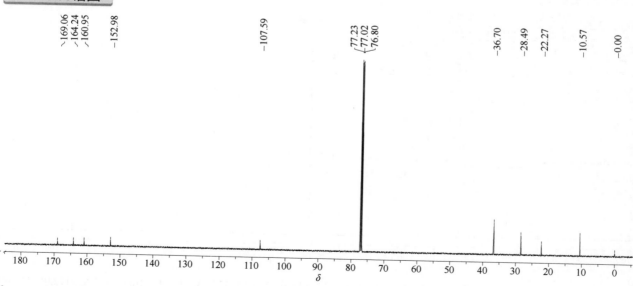

¹³C NMR (151 MHz, CDCl₃, δ) 169.06, 164.24, 160.95, 152.98, 107.59, 36.70, 28.49, 22.27, 10.57

desmetryn（敌草净）

基本信息

CAS 登录号	1014-69-3	**分子量**	213.30
分子式	C$_8$H$_{15}$N$_5$S		

¹H NMR 谱图

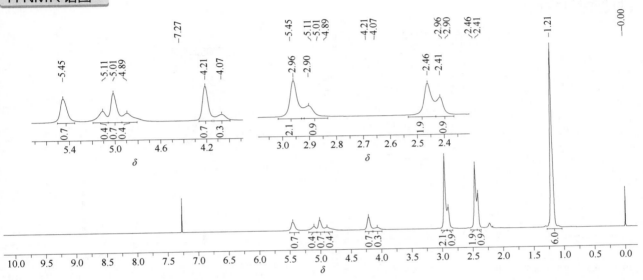

¹H NMR (600 MHz, CDCl$_3$, δ) 两组异构体，比例约为 2 : 1。异构体 A: 5.45 (1H, NH, br), 5.01 (1H, NH, br), 4.21 (1H, CH, br), 2.96 (3H, CH$_3$, s), 2.46 (3H, CH$_3$, s), 1.21 (6H, 2CH$_3$, s). 异构体 B: 5.11 (1H, NH, br), 4.89 (1H, NH, br), 4.07 (1H, CH, br), 2.90 (3H, CH$_3$, s), 2.41 (3H, CH$_3$, s), 1.21 (6H, 2CH$_3$, s)

¹³C NMR 谱图

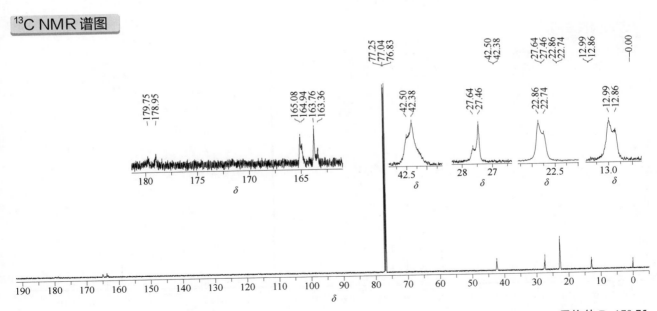

¹³C NMR (151 MHz, CDCl$_3$, δ) 两组异构体。异构体 A: 178.95, 165.08, 163.76, 42.38, 27.46, 22.86, 12.99. 异构体 B: 179.75, 164.94, 163.36, 42.50, 27.64, 22.74, 12.86

diafenthiuron（丁醚脲）

基本信息

CAS 登录号	80060-09-9	分子量	384.58
分子式	C₂₃H₃₂N₂OS		

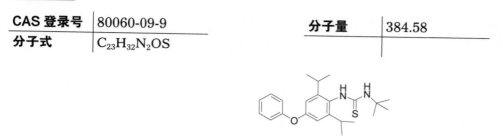

¹H NMR 谱图

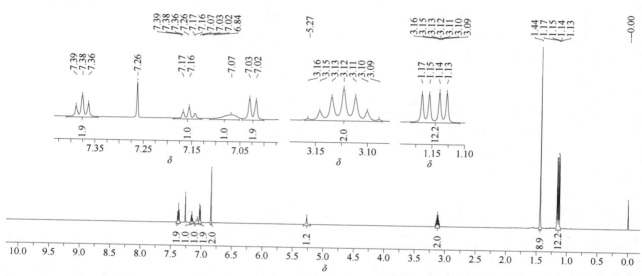

¹H NMR (600 MHz, CDCl₃, δ) 7.38 (2H, 2ArH, t, J_{H-H} = 7.9 Hz), 7.16 (1H, ArH, t, J_{H-H} = 7.4 Hz), 7.07 (1H, NH, br), 7.02 (2ArH, d, J_{H-H} = 8.0 Hz), 6.84 (2H, 2ArH, s), 5.27 (1H, NH, br), 3.12 (2H, 2CH, hept, J_{H-H} = 7.5 Hz), 1.44 (9H, C(CH₃)₃, s), 1.16 (6H, CH(CH₃)₂, d, J_{H-H} = 6.9 Hz), 1.13 (6H, CH(CH₃)₂, d, J_{H-H} = 6.9 Hz)

¹³C NMR 谱图

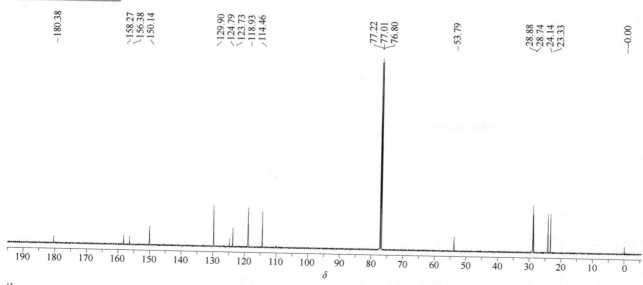

¹³C NMR (151 MHz, CDCl₃, δ) 180.38, 158.27, 156.38, 150.14, 129.90, 124.79, 123.73, 118.93, 114.46, 53.79, 28.88, 28.74, 24.14, 23.33

diallate（燕麦敌）

基本信息

CAS 登录号	2303-16-4	分子量	270.22
分子式	$C_{10}H_{17}Cl_2NOS$		

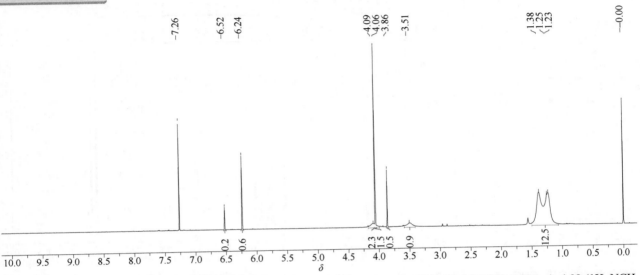

¹H NMR 谱图

¹H NMR (600 MHz, CDCl₃, δ) (顺反异构体比例约为 1：3) 6.52, 6.24 (1H, ＝CH, s), 4.06, 3.86 (2H, SCH₂, s), 4.09 (1H, NCH, br), 3.51 (1H, NCH, br), 1.49~1.08 (12H, 2CH(C$\underline{H}$₃)₂, m)

¹³C NMR 谱图

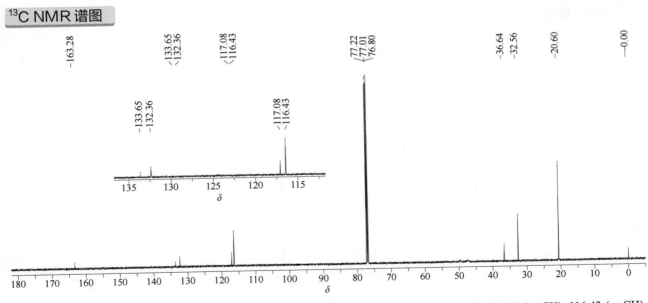

¹³C NMR (151 MHz, CDCl₃, δ) 顺反异构体。163.28 (CO), 133.65 (＝CH), 132.36 (＝CH), 117.08 (＝CH), 116.43 (＝CH), 36.64 (SCH₂), 32.56 (NCH), 20.60 (CH₃)

dialifos（氯亚胺硫磷）

基本信息

CAS 登录号	10311-84-9	分子量	393.85
分子式	C₁₄H₁₇ClNO₄PS₂		

$C_{14}H_{17}ClNO_4PS_2$

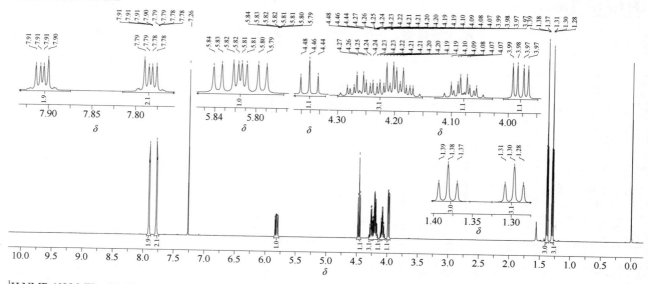

¹H NMR 谱图

¹H NMR (600 MHz, CDCl₃, δ) 7.91 (2H, 2ArH, dd, J_{H-H} = 5.4 Hz, J_{H-H} = 3.1 Hz), 7.78 (2H, 2ArH, dd, J_{H-H} = 5.5 Hz, J_{H-H} = 3.0 Hz), 5.82 (1H, SCH, ddd, $^3J_{H-P}$ = 14.5 Hz, J_{H-H} = 11.6 Hz, J_{H-H} = 4.9 Hz), 4.46 (1H, CH₂, t, J_{H-H} = 11.4 Hz), 4.30~4.15 (3H, CH₂/CH, m), 4.12~4.04 (1H, CH₂, m), 3.98 (1H, ClCH₂, dd, J_{H-H} = 11.3 Hz, J_{H-H} = 4.9 Hz), 1.38 (3H, CH₃, t, J_{H-H} = 7.1 Hz), 1.30 (3H, CH₃, t, J_{H-H} = 7.1 Hz)

¹³C NMR 谱图

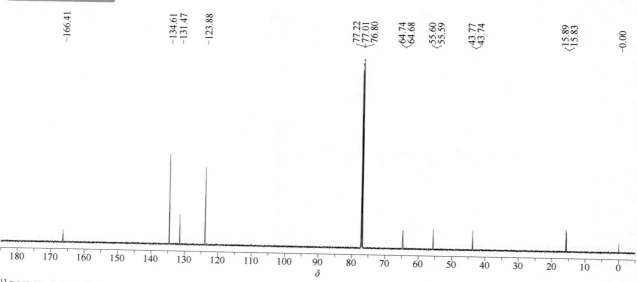

¹³C NMR (151 MHz, CDCl₃, δ) 166.41, 134.61, 131.47, 123.88, 64.71 (d, $^2J_{C-P}$ = 9.1 Hz), 55.59 (d, $^3J_{C-P}$ = 2.6 Hz), 43.76 (d, $^2J_{C-P}$ = 4.9 Hz), 15.86 (d, $^3J_{C-P}$ = 9.1 Hz)

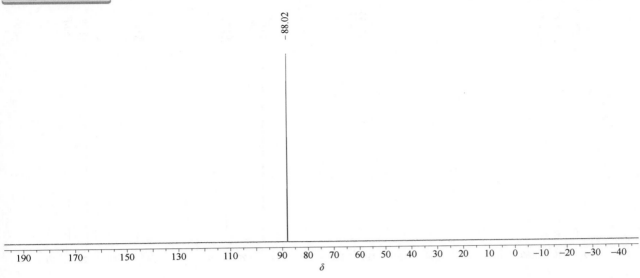

³¹P NMR (243 MHz, CDCl₃, δ) 88.02

diazinon（二嗪磷）

基本信息

CAS 登录号	333-41-5	分子量	304.35
分子式	C₁₂H₂₁N₂O₃PS		

¹H NMR 谱图

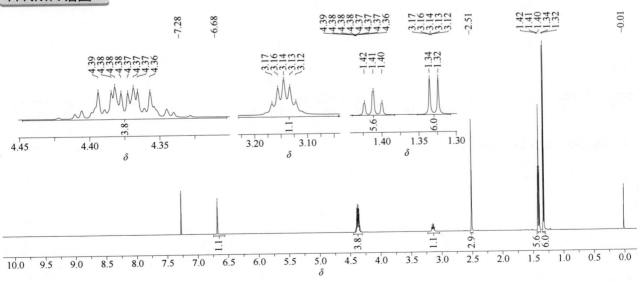

¹H NMR (600 MHz, CDCl₃, δ) 6.68 (1H, ArH, s), 4.43~4.33 (4H, 2CH₂, m), 3.14 (1H, CH, hept, J_{H-H} = 6.7 Hz), 2.51 (3H, CCH₃, s), 1.41 (6H, 2CH₂C<u>H</u>₃, t, J_{H-H} = 7.1 Hz), 1.33 (6H, CH(C<u>H</u>₃)₂, d, J_{H-H} = 6.9 Hz)

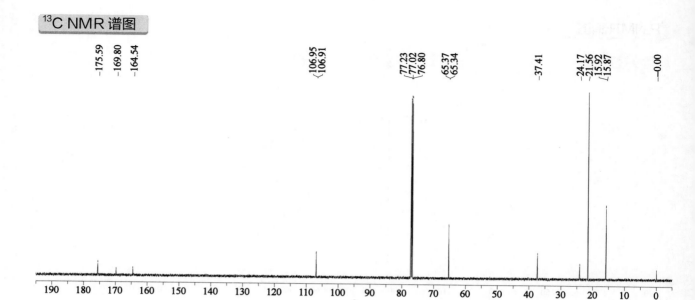

¹³C NMR (151 MHz, CDCl₃, δ) 175.59, 169.80, 164.54, 106.93 (d, $^3J_{C-P}$ = 6.3 Hz), 65.35 (d, $^2J_{C-P}$ = 5.4 Hz), 37.41, 24.17, 21.56, 15.90 (d, $^3J_{C-P}$ = 8.0 Hz)

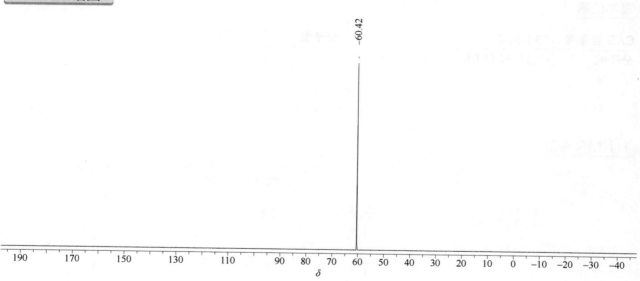

³¹P NMR (243 MHz, CDCl₃, δ) 60.42

4,4′-dibromobenzophenone（4,4′-二溴二苯甲酮）

CAS 登录号	3988-03-2	分子量	340.01
分子式	$C_{13}H_8Br_2O$		

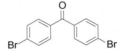

^{1}H NMR 谱图

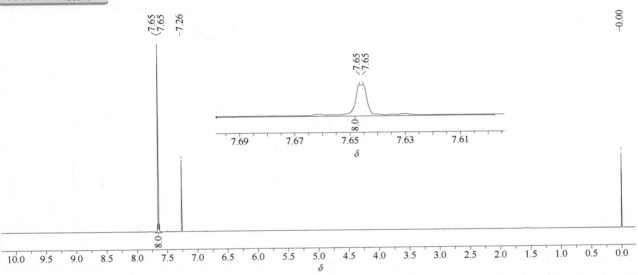

^{1}H NMR (600 MHz, CDCl$_3$, δ) 7.67~7.62 (8H, 8ArH, m)

^{13}C NMR 谱图

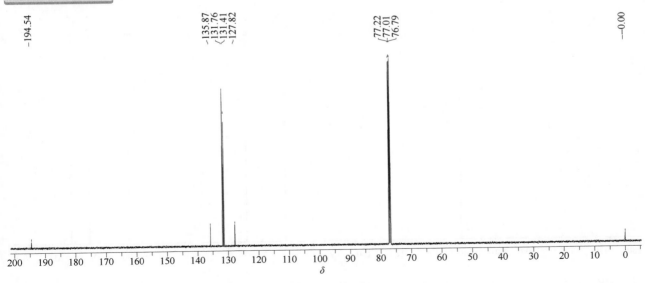

^{13}C NMR (151 MHz, CDCl$_3$, δ) 194.54, 135.87, 131.76, 131.41, 127.82

dibutyl phthalate（驱蚊叮）

基本信息

CAS 登录号	84-74-2	分子量	278.34
分子式	$C_{16}H_{22}O_4$		

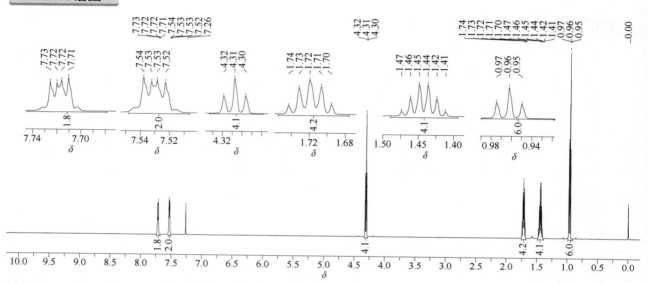

¹H NMR 谱图

¹H NMR (600 MHz, CDCl₃, δ) 7.73 (2H, 2ArH, dd, J_{H-H} = 3.6 Hz, J_{H-H} = 3.4 Hz), 7.54 (2H, 2ArH, dd, J_{H-H} = 5.6 Hz, J_{H-H} = 3.3 Hz), 4.32 (4H, 2OC$\underline{H}_2$CH₂CH₂CH₃, t, J_{H-H} = 6.7 Hz), 1.76~1.68 (4H, 2OCH₂C$\underline{H}_2$CH₂CH₃, m), 1.49~1.39 (4H, 2OCH₂CH₂C$\underline{H}_2$CH₃, m), 0.96 (6H, 2OCH₂CH₂CH₂C$\underline{H}_3$, t, J_{H-H} = 7.4 Hz)

¹³C NMR 谱图

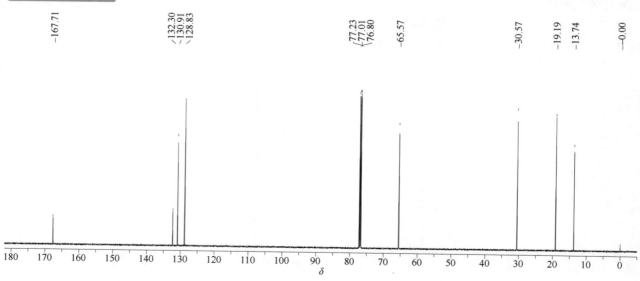

¹³C NMR (151 MHz, CDCl₃, δ) 167.71, 132.30, 130.91, 128.83, 65.57, 30.57, 19.19, 13.74

dibutyl succinate（琥珀酸二丁酯）

基本信息

CAS 登录号	141-03-7	分子量	230.30
分子式	$C_{12}H_{22}O_4$		

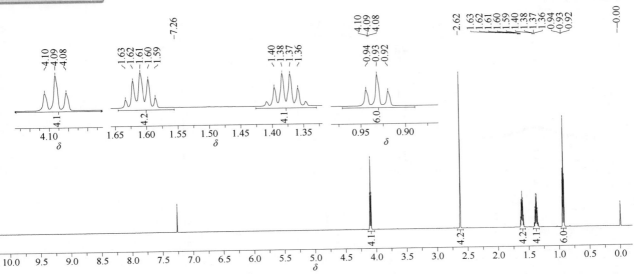

^{1}H NMR 谱图

^{1}H NMR (600 MHz, CDCl$_3$, δ) 4.10 (4H, 2OC$\underline{H}_2$CH$_2$CH$_2$CH$_3$, t, J_{H-H} = 6.7 Hz), 2.62 (4H, 2COCH$_2$, s), 1.63(4H, 2OCH$_2$C$\underline{H}_2$CH$_2$CH$_3$, quin, J_{H-H} = 7.1 Hz), 1.40 (4H, 2OCH$_2$CH$_2$C$\underline{H}_2$CH$_3$, hex, J_{H-H} = 7.6 Hz), 0.94 (6H, 2OCH$_2$CH$_2$CH$_2$C$\underline{H}_3$, t, J_{H-H} = 7.4 Hz)

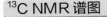

^{13}C NMR 谱图

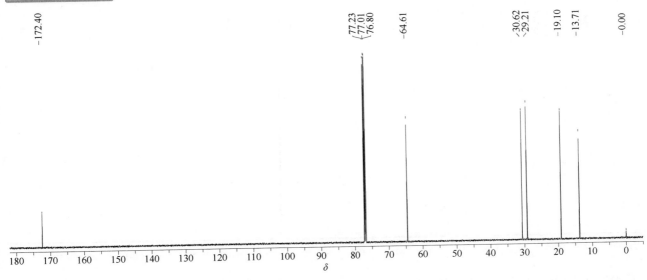

^{13}C NMR (151 MHz, CDCl$_3$, δ) 172.40, 64.61, 30.62, 29.21, 19.10, 13.71

dicamba（麦草畏）

基本信息

CAS 登录号	1918-00-9	分子量	221.04
分子式	$C_8H_6Cl_2O_3$		

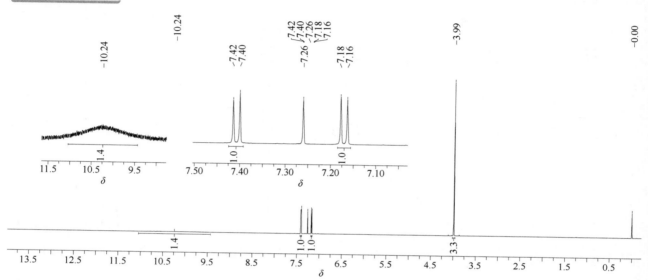

¹H NMR 谱图

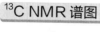

¹H NMR (600 MHz, CDCl₃, δ) 10.24 (1H, COOH, br), 7.41 (1H, ArH, d, J_{H-H} = 8.7 Hz), 7.17 (1H, ArH, d, J_{H-H} = 8.7 Hz), 3.99 (3H, OCH₃, s)

¹³C NMR 谱图

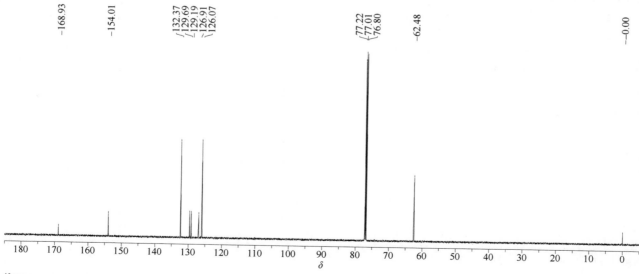

¹³C NMR (151 MHz, CDCl₃, δ) 168.93, 154.01, 132.37, 129.69, 129.19, 126.91, 126.07, 62.48

dicapthon（异氯磷）

基本信息

CAS 登录号	2463-84-5	分子量	297.65
分子式	C$_8$H$_9$ClNO$_5$PS		

¹H NMR 谱图

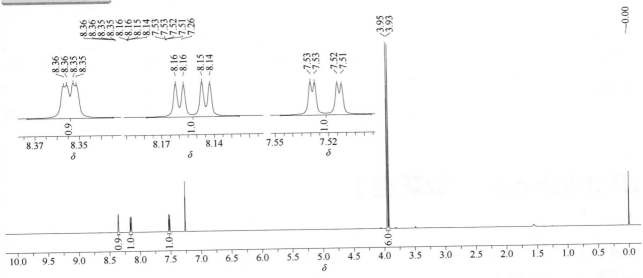

¹H NMR (600 MHz, CDCl$_3$, δ) 8.35 (1H, ArH, dd, J_{H-H} = 2.6 Hz, J_{H-H} = 0.8 Hz), 8.15 (1H, ArH, dd, J_{H-H} = 9.0 Hz, J_{H-H} = 2.6 Hz), 7.52 (1H, ArH, dd, J_{H-H} = 9.0 Hz, J_{H-H} = 1.4 Hz), 3.94 (6H, 2CH$_3$, d, $^3J_{H-P}$ = 14.0 Hz)

¹³C NMR 谱图

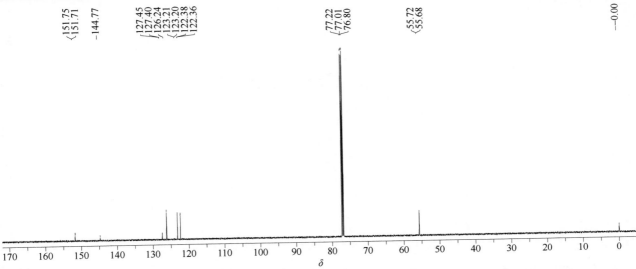

¹³C NMR (151 MHz, CDCl$_3$, δ) 151.73 (d, $^2J_{C-P}$ = 6.1 Hz), 144.77, 127.43 (d, $^3J_{C-P}$ = 7.1 Hz), 126.24, 123.20 (d, $^4J_{C-P}$ = 1.5 Hz), 122.37 (d, $^3J_{C-P}$ = 3.5 Hz), 55.70 (d, $^2J_{C-P}$ = 5.9 Hz)

³¹P NMR 谱图

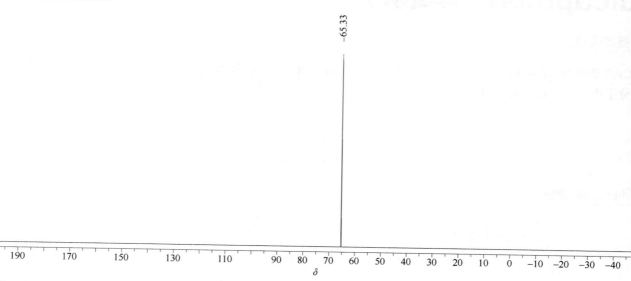

³¹P NMR (243 MHz, CDCl₃, δ) 65.33

dichlobenil（敌草腈）

基本信息

CAS 登录号	1194-65-6
分子式	C₇H₃Cl₂N

分子量	172.01

¹H NMR 谱图

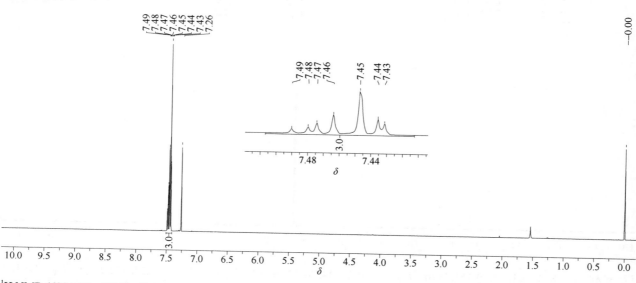

¹H NMR (600 MHz, CDCl₃, δ) 7.51~7.41 (3H, 3ArH, m)

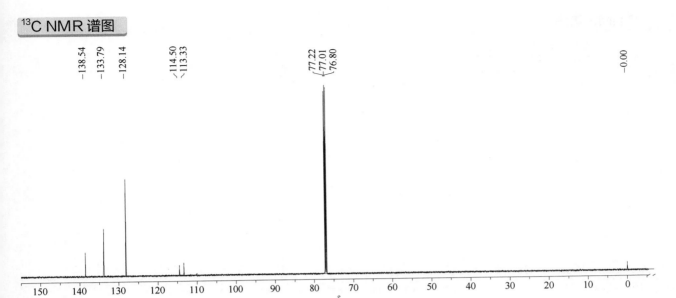

¹³C NMR (151 MHz, CDCl₃, δ) 138.54, 133.79, 128.14, 114.50, 113.33

dichlofenthion（除线磷）

基本信息

CAS 登录号	97-17-6	分子量	315.14
分子式	C₁₀H₁₃Cl₂O₃PS		

¹H NMR 谱图

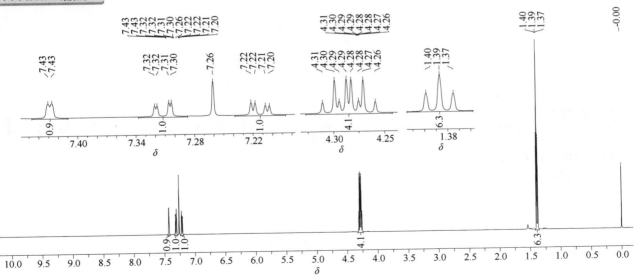

¹H NMR (600 MHz, CDCl₃, δ) 7.43 (1H, ArH, d, J_{H-H} = 2.4 Hz), 7.31 (1H, ArH, dd, J_{H-H} = 8.8 Hz, $^4J_{H-P}$ = 1.5 Hz), 7.21 (1H, ArH, dd, J_{H-H} = 8.8 Hz, J_{H-H} = 2.4 Hz), 4.28 (4H, 2CH₂, dq, $^3J_{H-P}$ = 9.8 Hz, J_{H-H} = 7.1 Hz), 1.39 (6H, 2CH₃, t, J_{H-H} = 7.1 Hz)

¹³C NMR 谱图

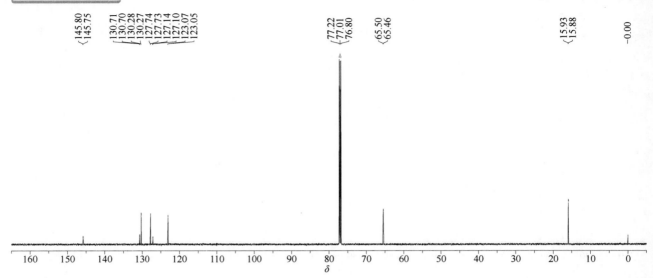

¹³C NMR (151 MHz, CDCl$_3$, δ) 145.78 (d, $^2J_{C-P}$ = 6.6 Hz), 130.71 (d, $^4J_{C-P}$ = 2.2 Hz), 130.28 (d, $^4J_{C-P}$ = 1.1 Hz), 127.73 (d, $^5J_{C-P}$ = 1.8 Hz), 127.12 (d, $^3J_{C-P}$ = 6.8 Hz), 123.06 (d, $^3J_{C-P}$ = 3.4 Hz), 65.48 (d, $^2J_{C-P}$ = 6.0 Hz), 15.90 (d, $^3J_{C-P}$ = 7.6 Hz)

³¹P NMR 谱图

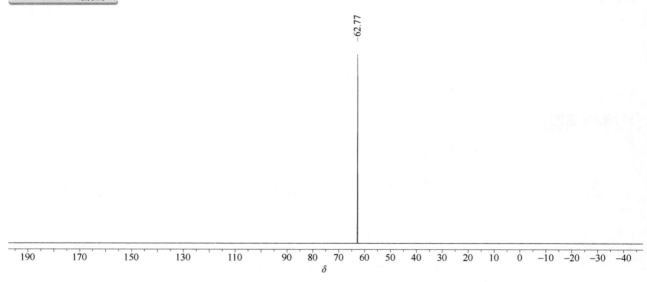

³¹P NMR (243 MHz, CDCl$_3$, δ) 62.77

dichlofluanid（苯氟磺胺）

基本信息

CAS 登录号	1085-98-9	分子量	333.22
分子式	$C_9H_{11}Cl_2FN_2O_2S_2$		

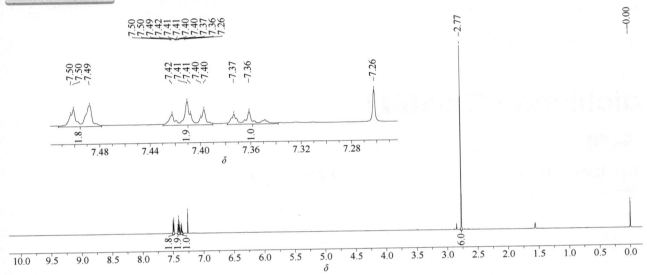

¹H NMR 谱图

¹H NMR (600 MHz, CDCl₃, δ) 7.51~7.48 (2H, 2ArH, m), 7.43~7.39 (2H, 2ArH, m), 7.38~7.34 (1H, ArH, m), 2.77 (6H, N(C$\underline{H}$₃)₂, s)

¹³C NMR 谱图

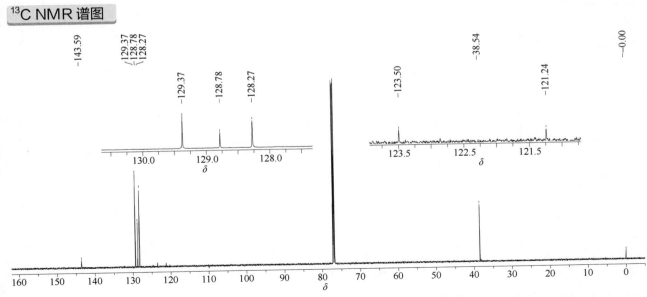

¹³C NMR (151 MHz, CDCl₃, δ) 143.59, 129.37, 128.78, 128.27, 122.37 (d, J_{C-F} = 338.3 Hz), 38.54

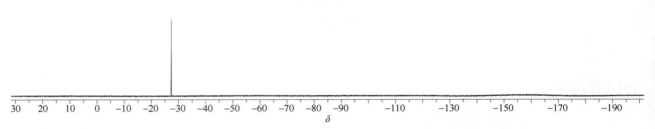

^{19}F NMR (564 MHz, CDCl$_3$, δ) –27.36

dichlone（二氯萘醌）

基本信息

CAS 登录号	117-80-6	分子量	227.04
分子式	C$_{10}$H$_4$Cl$_2$O$_2$		

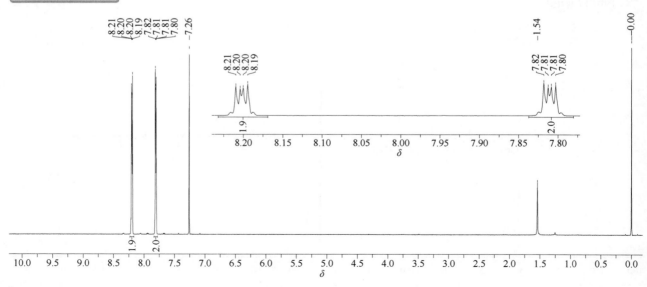

^{1}H NMR 谱图

^{1}H NMR (600 MHz, CDCl$_3$, δ) 8.21 (2H, 2ArH, dd, J_{H-H} = 5.7 Hz, J_{H-H} = 3.4 Hz), 7.82 (2H, 2ArH, dd, J_{H-H} = 5.8 Hz, J_{H-H} = 3.3 Hz)

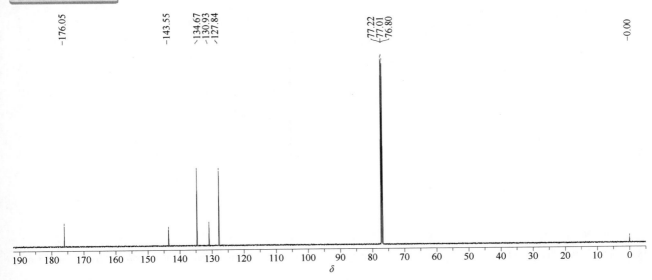

^{13}C NMR (151 MHz, CDCl$_3$, δ) 176.05, 143.55, 134.67, 130.93, 127.84

dichlormid（二氯丙烯胺）

基本信息

CAS 登录号	37764-25-3	分子量	208.09
分子式	C$_8$H$_{11}$Cl$_2$NO		

^{1}H NMR 谱图

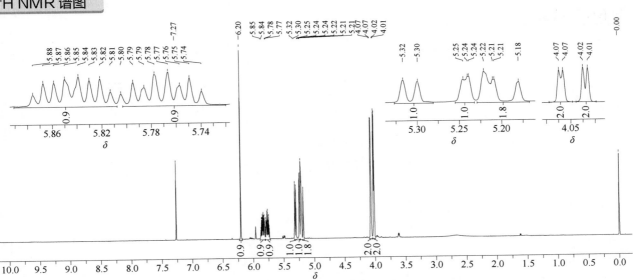

^{1}H NMR (600 MHz, CDCl$_3$, δ) 6.20 (1H, CCl$_2$CH, s), 5.86~5.82 (1H, NCH$_2$C$\underline{H}$, m), 5.80~5.73 (1H, NCH$_2$C$\underline{H}$, m), 5.31 (1H, CH═C$\underline{H}$H, d, $J_{H\text{-}H}$ = 10.4 Hz), 5.24 (1H, CH═C$\underline{H}$H, d, $J_{H\text{-}H}$ = 3.9 Hz), 5.26~5.16 (2H, 2CH═CH$\underline{H}$, m), 4.07 (2H, NCH$_2$, d, $J_{H\text{-}H}$ = 5.0 Hz), 4.01 (2H, NCH$_2$, d, $J_{H\text{-}H}$ = 5.8 Hz)

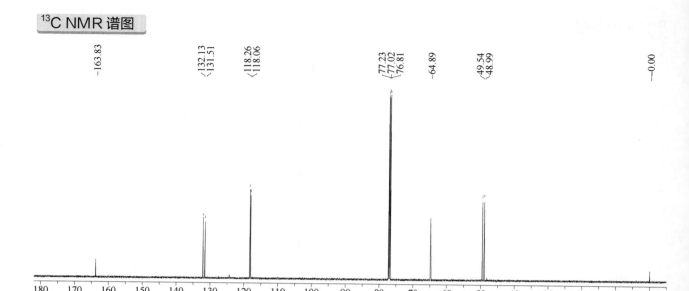

¹³C NMR (151 MHz, CDCl₃, δ) 163.83, 132.13, 131.51, 118.26, 118.06, 64.89, 49.54, 48.99

3,5-dichloroaniline（3,5- 二氯苯胺）

基本信息

CAS 登录号	626-43-7	分子量	162.01
分子式	C₆H₅Cl₂N		

¹H NMR 谱图

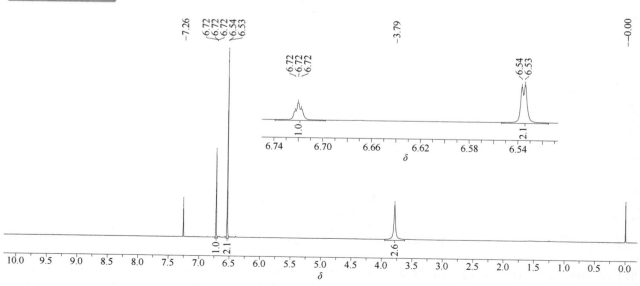

¹H NMR (600 MHz, CDCl₃, δ) 6.72 (1H, ArH, t, *J*_{H-H} = 1.5 Hz), 6.54 (2H, 2ArH, d, *J*_{H-H} = 1.6 Hz), 3.79 (2H, NH₂, br)

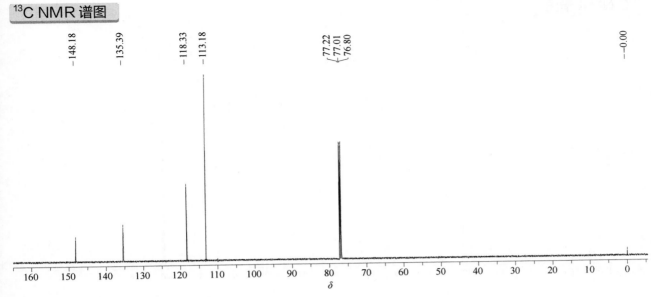

¹³C NMR (151 MHz, CDCl₃, δ) 148.18, 135.39, 118.33, 113.18

2,6-dichlorobenzamide（2,6-二氯苯甲酰胺）

基本信息

CAS 登录号	2008-58-4	分子量	190.02
分子式	C₇H₅Cl₂NO		

¹H NMR 谱图

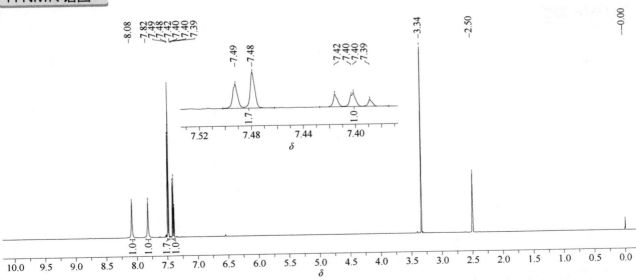

¹H NMR (600 MHz, DMSO-d₆, δ) 8.08 (1H, NH, br), 7.82 (1H, NH, br), 7.49 (2H, 2ArH, d, J_{H-H} = 7.8 Hz), 7.40 (1H, ArH, t, J_{H-H} = 7.8 Hz)

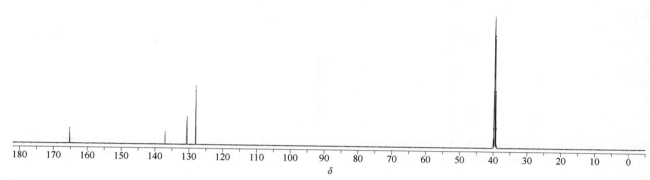

¹³C NMR (151 MHz, DMSO-d$_6$, δ) 165.31, 137.04, 130.69, 130.69, 128.06

1,4-dichlorobenzene（对二氯苯）

基本信息

CAS 登录号	106-46-7	分子量	147.00
分子式	C$_6$H$_4$Cl$_2$		

¹H NMR 谱图

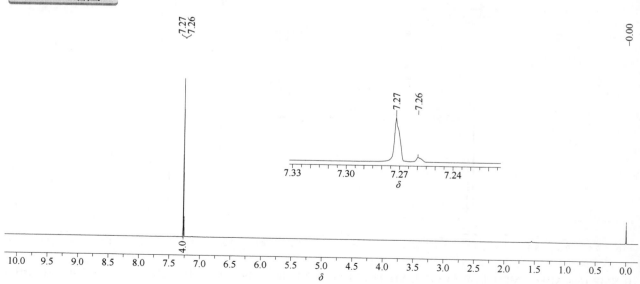

¹H NMR (600 MHz, CDCl$_3$, δ) 7.27 (4H, 4ArH, s)

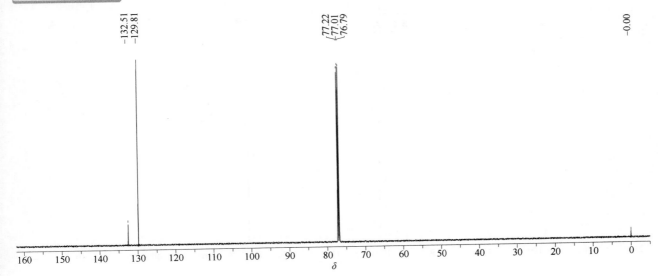

¹³C NMR (151 MHz, CDCl₃, δ) 132.51, 129.81

4,4′-dichlorobenzophenone（4,4′- 二氯二苯甲酮）

基本信息

CAS 登录号	90-98-2	分子量	251.11
分子式	C₁₃H₈Cl₂O		

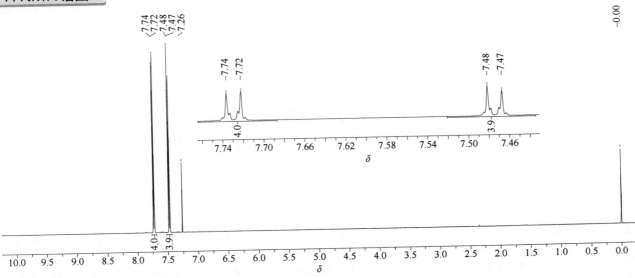

¹H NMR 谱图

¹H NMR (600 MHz, CDCl₃, δ) 7.73 (4H, 4ArH, d, J_{H-H} = 8.5 Hz), 7.47 (4H, 4ArH, d, J_{H-H} = 8.5 Hz)

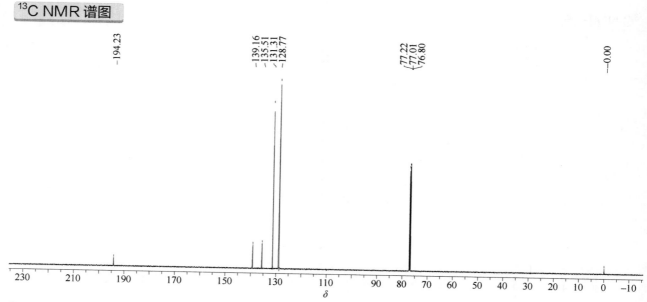

¹³C NMR (151 MHz, CDCl₃, δ) 194.23, 139.16, 135.51, 131.31, 128.77

dichlorophen（双氯酚）

基本信息

CAS 登录号	97-23-4	分子量	269.12
分子式	C₁₃H₁₀Cl₂O₂		

¹H NMR 谱图

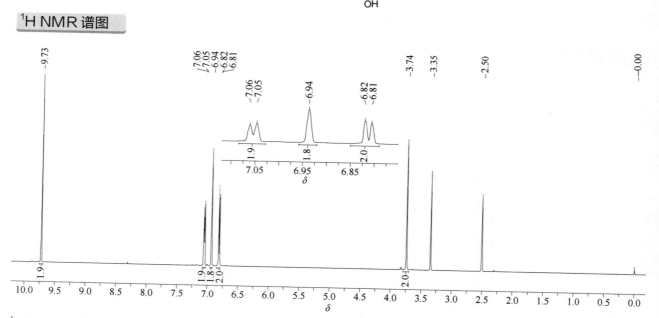

¹H NMR (600 MHz, DMSO-d₆, δ) 9.73 (2H, 2 OH, br), 7.05 (2H, 2ArH, d, $J_{\text{H-H}}$ = 8.6 Hz), 6.94 (2H, 2ArH, s), 6.81 (2H, 2ArH, d, $J_{\text{H-H}}$ = 8.5 Hz), 3.74 (2H, CH₂, s)

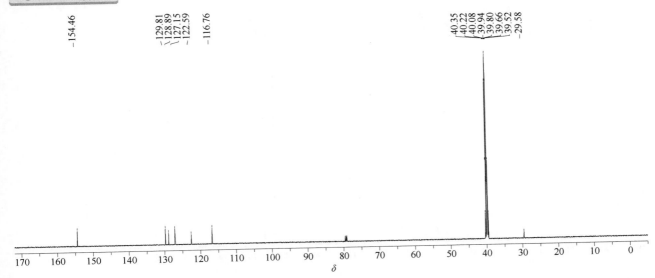

-154.46

-129.81
-128.89
-127.15
-122.59

-116.76

40.35
40.22
40.08
39.94
39.80
39.66
39.52
29.58

¹³C NMR (151 MHz, DMSO-d₆, δ) 154.46, 129.81, 128.89, 127.15, 122.59, 116.76, 29.58

dichlorprop（2,4- 滴丙酸）

基本信息

CAS 登录号	120-36-5	分子量	235.06
分子式	C₉H₈Cl₂O₃		

¹H NMR 谱图

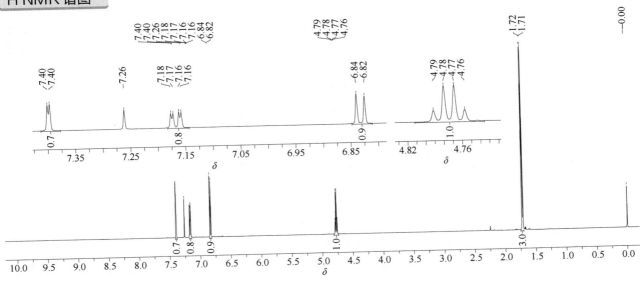

¹H NMR (600 MHz, CDCl₃, δ) 7.40 (1H, ArH, d, $J_{H\text{-}H}$ = 2.5 Hz), 7.17 (1H, ArH, dd, $J_{H\text{-}H}$ = 8.8 Hz, $J_{H\text{-}H}$ = 2.5 Hz), 6.83 (1H, ArH, d, $J_{H\text{-}H}$ = 8.8 Hz), 4.77 (1H, CH, q, $J_{H\text{-}H}$ = 6.9 Hz), 1.71 (3H, CH₃, d, $J_{H\text{-}H}$ = 6.9 Hz)

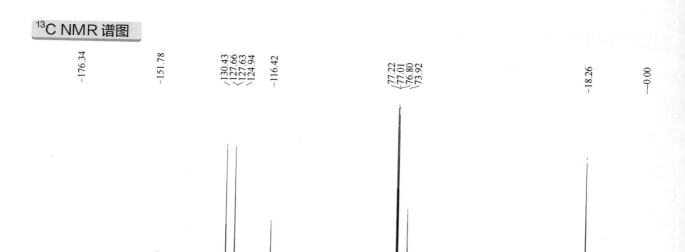

^{13}C NMR (151 MHz, CDCl$_3$, δ) 176.34, 151.78, 130.43, 127.66, 127.63, 124.94, 116.42, 73.92, 18.26

dichlorprop-methyl (2,4- 滴丙酸甲酯)

基本信息

CAS 登录号	57153-17-0	分子量	249.09
分子式	C$_{10}$H$_{10}$Cl$_2$O$_3$		

^{1}H NMR 谱图

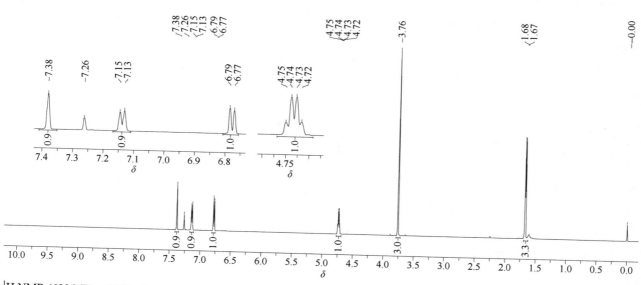

^{1}H NMR (600 MHz, CDCl$_3$, δ) 7.38 (1H, ArH, s), 7.14 (1H, ArH, d, $J_{\text{H-H}}$ = 8.8 Hz), 6.78 (1H, ArH, d, $J_{\text{H-H}}$ = 8.8 Hz), 4.73 (1H, CH, q, $J_{\text{H-H}}$ = 6.8 Hz), 3.76 (3H, OCH$_3$, s), 1.67 (3H, CH$_3$, d, $J_{\text{H-H}}$ = 6.7 Hz)

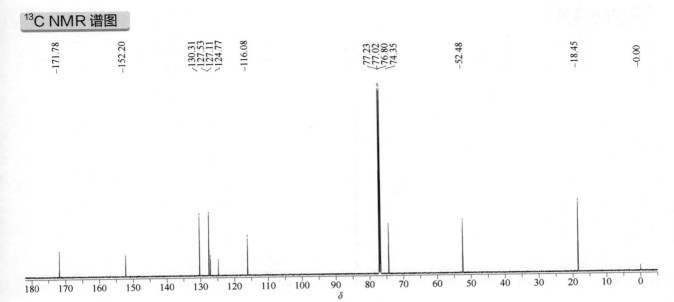

¹³C NMR (151 MHz, CDCl₃, δ) 171.78, 152.20, 130.31, 127.53, 127.11, 124.77, 116.08, 74.35, 52.48, 18.45

dichlorvos（敌敌畏）

基本信息

CAS 登录号	62-73-7	分子量	220.98
分子式	$C_4H_7Cl_2O_4P$		

¹H NMR 谱图

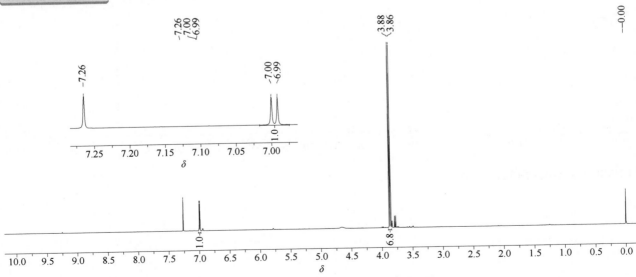

¹H NMR (600 MHz, CDCl₃, δ) 7.00 (1H, ═CCH, d, $^3J_{H-P}$ = 5.2 Hz), 3.87 (6H, 2CH₃, d, $^3J_{H-P}$ = 11.4 Hz)

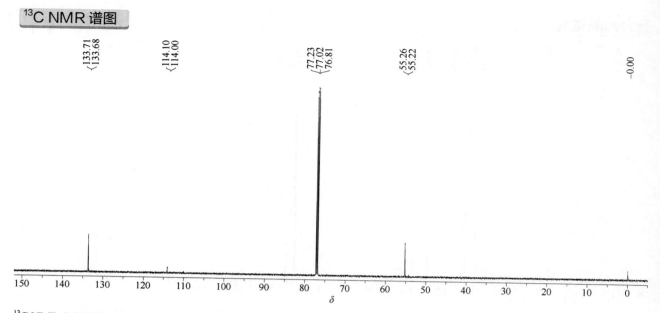

¹³C NMR (151 MHz, CDCl$_3$, δ) 133.69 (d, $^2J_{\text{C-P}}$ = 3.9 Hz), 114.05 (d, $^3J_{\text{C-P}}$ = 14.3 Hz), 55.24 (d, $^2J_{\text{C-P}}$ = 6.2 Hz)

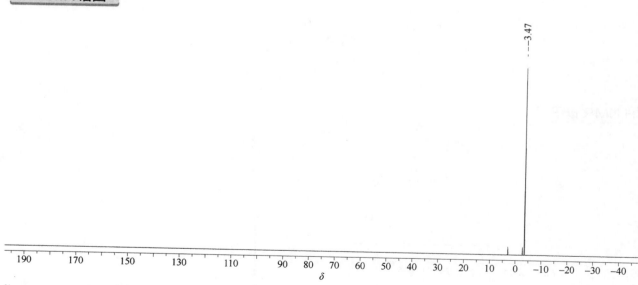

³¹P NMR (243 MHz, CDCl$_3$, δ) –3.47

diclobutrazol（苄氯三唑醇）

基本信息

CAS 登录号	75736-33-3	**分子量**	328.24
分子式	$C_{15}H_{19}Cl_2N_3O$		

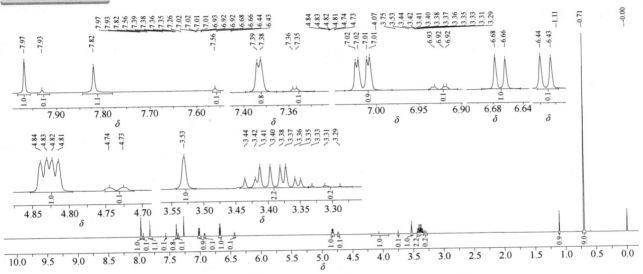

¹H NMR 谱图

¹H NMR (600 MHz, CDCl₃, δ) 两组异构体，比例约为 10∶1。异构体 A：7.97 (1H, ArH, s)，7.82 (1H, ArH, s)，7.38 (1H, ArH, d, J_{H-H} = 1.9 Hz)，7.01 (1H, ArH, dd, J_{H-H} = 8.2 Hz, J_{H-H} = 1.9 Hz)，6.67 (1H, ArH, d, J_{H-H} = 8.2 Hz)，4.82 (1H, NCH, dd, J_{H-H} = 9.6 Hz, J_{H-H} = 5.1 Hz)，4.07 (1H, OH, br)，3.53 (1H, CH, s)，3.44~3.36 (2H, CH₂, m)，0.71 (9H, 3CH₃, s)。异构体 B：7.93 (1H, ArH, s)，7.56 (1H, ArH, s)，7.36 (1H, ArH, d, J_{H-H} = 1.9 Hz)，6.92 (1H, ArH, dd, J_{H-H} = 8.2 Hz, J_{H-H} = 1.9 Hz)，6.43 (1H, ArH, d, J_{H-H} = 8.2 Hz)，4.73 (1H, NCH, dd, J_{H-H} = 9.6 Hz, J_{H-H} = 5.1 Hz)，4.07 (1H, OH, br)，3.76 (1H, CH, s)，3.36~3.32 (2H, CH₂, m)，1.11 (9H, 3CH₃, s)

¹³C NMR 谱图

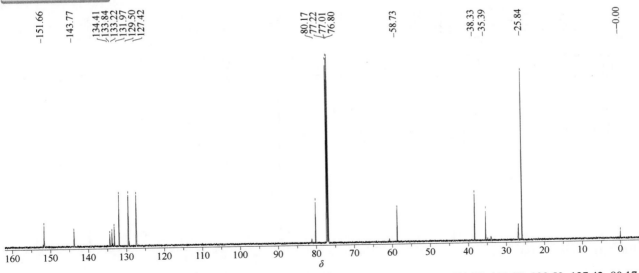

¹³C NMR (151 MHz, CDCl₃, δ) 两组异构体。异构体 A：151.66，143.77，134.41，133.84，133.22，131.97，129.50，127.42，80.17，58.73，38.33，35.39，25.84

diclocymet（双氯氰菌胺）

基本信息

CAS 登录号	139920-32-4	分子量	313.22
分子式	C₁₅H₁₈Cl₂N₂O		

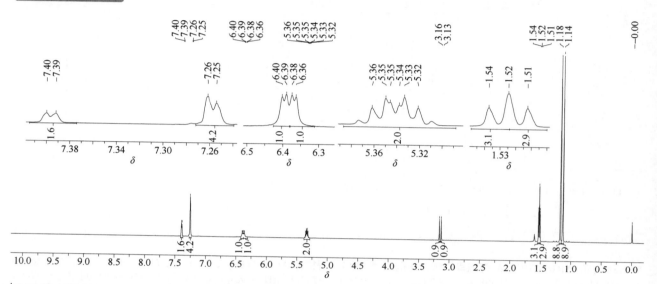

¹H NMR 谱图

¹H NMR (600 MHz, CDCl₃, δ) 两组异构体重叠，比例约为 1 : 1。7.39 (2H, 2ArH, d, J_{H-H} = 4.8 Hz), 7.26 (4H, 4ArH, d, J_{H-H} = 4.4 Hz), 6.39 (1H, NH, d, J_{H-H} = 7.0 Hz), 6.37 (1H, NH, d, J_{H-H} = 7.0 Hz), 5.38~5.30 (2H, 2NCH, m), 3.16 (1H, COCH, s), 3.13 (1H, COCH, s), 1.53 (3H, CHC$\underline{H}$₃, d, J_{H-H} = 7.6 Hz), 1.51 (3H, CHC$\underline{H}$₃, d, J_{H-H} = 7.6 Hz), 1.18 (9H, 3CH₃, s), 1.14 (9H, 3CH₃, s)

¹³C NMR 谱图

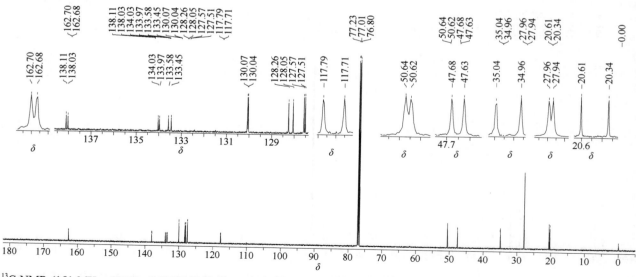

¹³C NMR (151 MHz, CDCl₃, δ) 两组异构体。162.70, 162.68, 138.11, 138.03, 134.03, 133.97, 133.58, 133.45, 130.07, 130.04, 128.26, 128.05, 127.57, 127.51, 117.79, 117.71, 50.64, 50.62, 47.68, 47.63, 35.04, 34.96, 27.96, 27.94, 20.61, 20.34

diclofop-methyl（禾草灵）

基本信息

CAS 登录号	51338-27-3	分子量	341.19
分子式	$C_{16}H_{14}Cl_2O_4$		

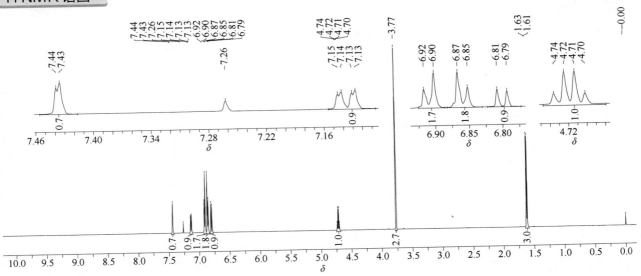

¹H NMR 谱图

¹H NMR (600 MHz, CDCl₃, δ) 7.44 (1H, ArH, d, J_{H-H} = 2.2 Hz), 7.14 (1H, ArH, dd, J_{H-H} = 8.7 Hz, J_{H-H} = 2.3 Hz), 6.91 (2H, 2ArH, d, J_{H-H} = 9.0 Hz), 6.86 (2H, 2ArH, d, J_{H-H} = 9.0 Hz), 6.80 (1H, ArH, d, J_{H-H} = 8.8 Hz), 4.71 (1H, CH, q, J_{H-H} = 6.8 Hz), 3.77 (3H, OCH₃, s), 1.62 (3H, CHC$\underline{H}$₃, d, J_{H-H} = 6.8 Hz)

¹³C NMR 谱图

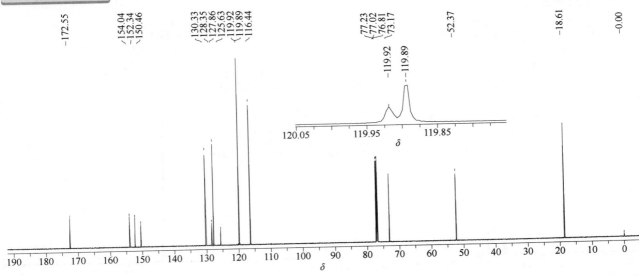

¹³C NMR (151 MHz, CDCl₃, δ) 172.55, 154.04, 152.34, 150.46, 130.33, 128.35, 127.86, 125.63, 119.92, 119.89, 116.44, 73.17, 52.37, 18.61

diclomezine（哒菌清）

基本信息

CAS 登录号	62865-36-5	分子量	255.10
分子式	$C_{11}H_8Cl_2N_2O$		

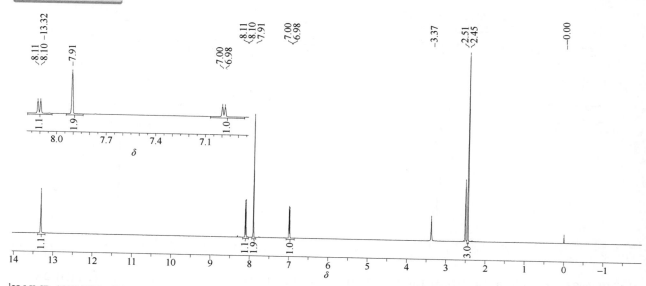

¹H NMR 谱图

¹H NMR (600 MHz, DMSO-d₆, δ) 13.32 (1H, NH, s), 8.11 (1H, ArH, d, J_{H-H} = 10.0 Hz), 7.91 (2H, 2ArH, s), 6.99 (1H, ArH, d, J_{H-H} = 9.8 Hz), 2.45 (3H, CH₃, s).

¹³C NMR 谱图

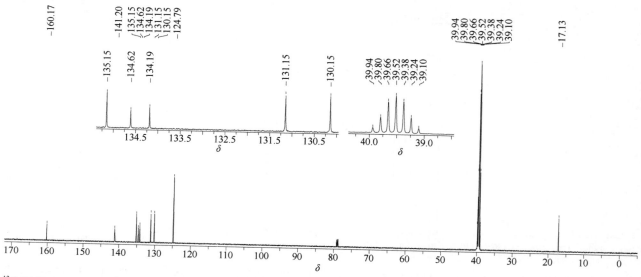

¹³C NMR (151 MHz, DMSO-d₆, δ) 160.17, 141.20, 135.15, 134.62, 134.19, 131.15, 130.15, 124.79, 17.13（含氯仿残留）

dicloran（氯硝胺）

基本信息

CAS 登录号	99-30-9	**分子量**	207.01
分子式	$C_6H_4Cl_2N_2O_2$		

¹H NMR 谱图

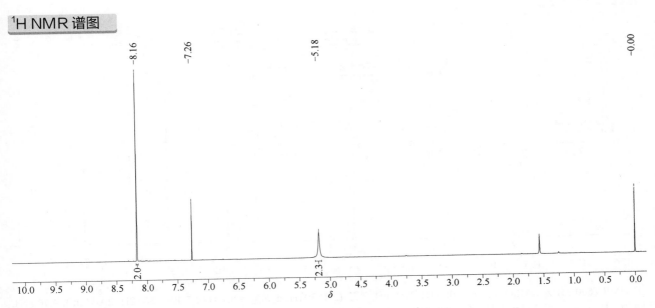

¹H NMR (600 MHz, CDCl₃, δ) 8.16 (2H, 2ArH, s), 5.18 (2H, NH₂, br)

¹³C NMR 谱图

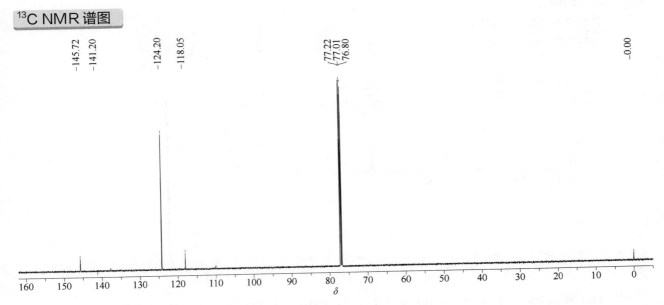

¹³C NMR (151 MHz, CDCl₃, δ) 145.72, 141.20, 124.20, 118.05

diclosulam（双氯磺草胺）

基本信息

CAS 登录号	145701-21-9	分子量	406.22
分子式	$C_{13}H_{10}Cl_2FN_5O_3S$		

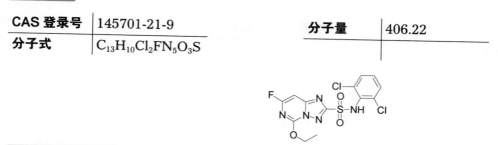

^{1}H NMR 谱图

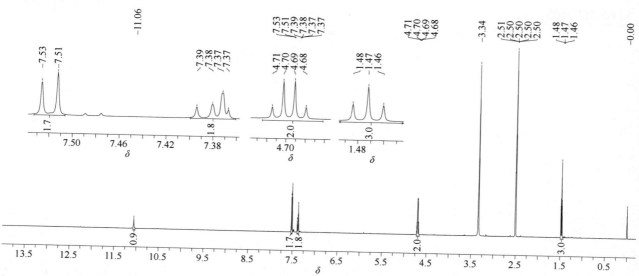

^{1}H NMR (600 MHz, DMSO-d$_6$, δ) 11.06 (1H, NH, br), 7.52 (2H, 2ArH, d, $J_{H\text{-}H}$ = 8.1 Hz), 7.40~7.36 (2H, 2ArH, m), 4.70 (2H, OC$\underline{H}_2$CH$_3$, q, $J_{H\text{-}H}$ = 7.1 Hz), 1.47 (3H, OCH$_2$C$\underline{H}_3$, t, $J_{H\text{-}H}$ = 7.1 Hz)

^{13}C NMR 谱图

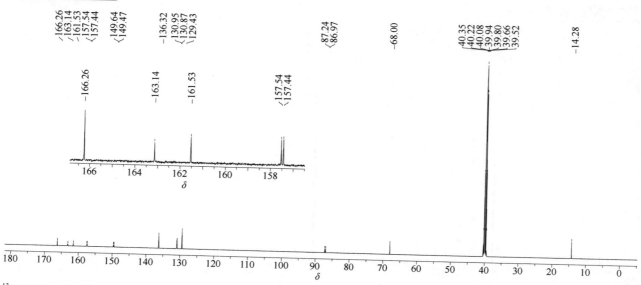

^{13}C NMR (151 MHz, DMSO-d$_6$, δ) 166.26, 162.34 (d, $J_{C\text{-}F}$ = 242.6 Hz), 157.49 (d, $^3J_{C\text{-}F}$ = 14.9 Hz), 149.55 (d, $^3J_{C\text{-}F}$ = 25.7 Hz), 136.32, 130.95, 130.87, 129.43, 87.11 (d, $^2J_{C\text{-}F}$ = 40.8 Hz), 68.00, 14.28

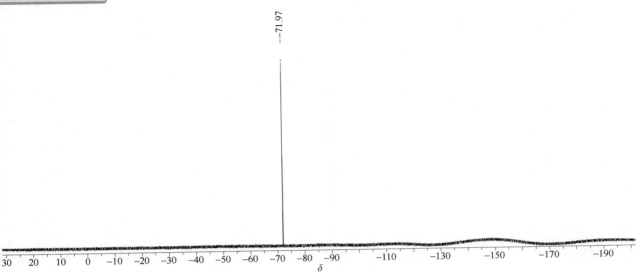

−71.97

¹⁹F NMR (564 MHz, DMSO-d$_6$, δ) −71.97

dicofol（三氯杀螨醇）

基本信息

CAS 登录号	115-32-2	分子量	370.49
分子式	C$_{14}$H$_9$Cl$_5$O		

¹H NMR 谱图

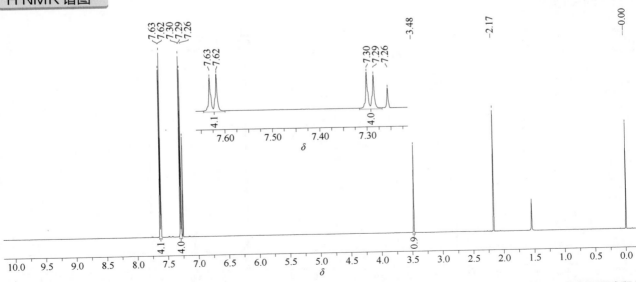

¹H NMR (600 MHz, CDCl$_3$, δ) 7.62 (4H, 4ArH, d, J_{H-H} = 8.8 Hz), 7.29 (4H, 4ArH, d, J_{H-H} = 8.8 Hz), 3.48 (1H, OH, br)（含丙酮残留）

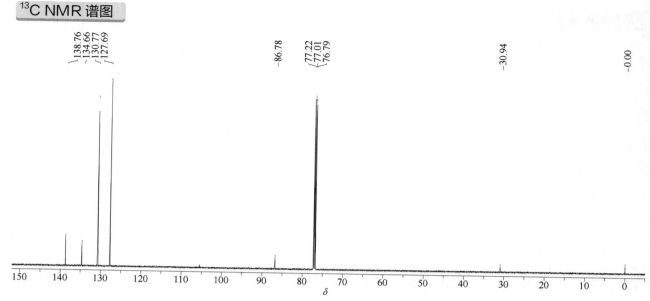

¹³C NMR (151 MHz, CDCl₃, δ) 138.76, 134.66, 130.77, 127.69, 86.78, 30.94

dicrotophos（百治磷）

基本信息

CAS 登录号	141-66-2	分子量	237.19
分子式	C₈H₁₆NO₅P		

¹H NMR 谱图

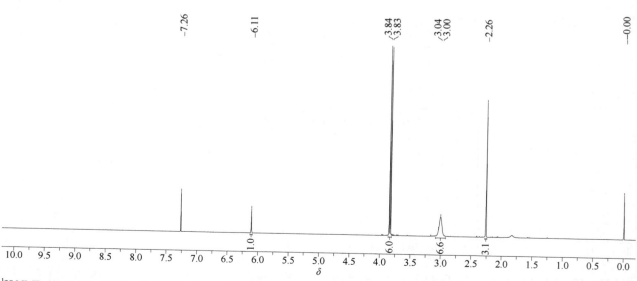

¹H NMR (600 MHz, CDCl₃, δ) 6.11 (1H, CCH, s), 3.83 (6H, 2OCH₃, d, ³J_{H-P} = 11.4 Hz), 3.00 (6H, 2NCH₃, br), 2.26 (3H, ═CCH₃, s)

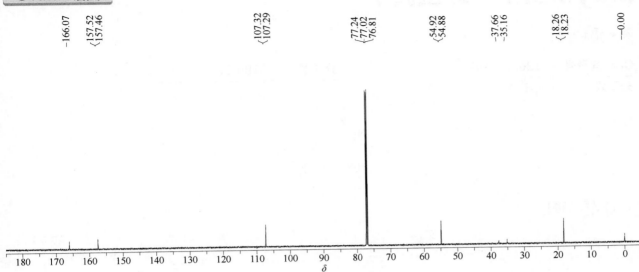

¹³C NMR (151 MHz, CDCl₃, δ) 166.07, 157.49 (d, $^2J_{C-P}$ = 8.6 Hz), 107.31 (d, $^3J_{C-P}$ = 5.0 Hz) 54.90 (d, $^2J_{C-P}$ = 6.3 Hz), 37.66, 35.16, 18.24 (d, $^3J_{C-P}$ = 5.0 Hz)

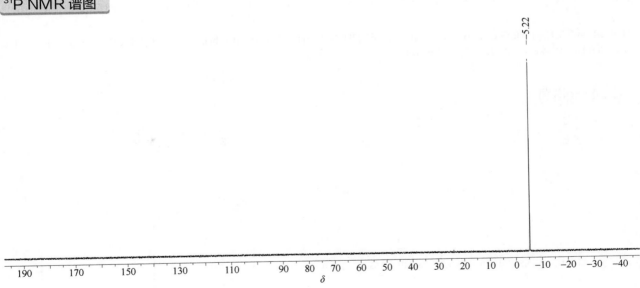

³¹P NMR (243 MHz, CDCl₃, δ) −5.22

dicyclanil (环虫腈)

基本信息

CAS 登录号	112636-83-6	分子量	190.21
分子式	$C_8H_{10}N_6$		

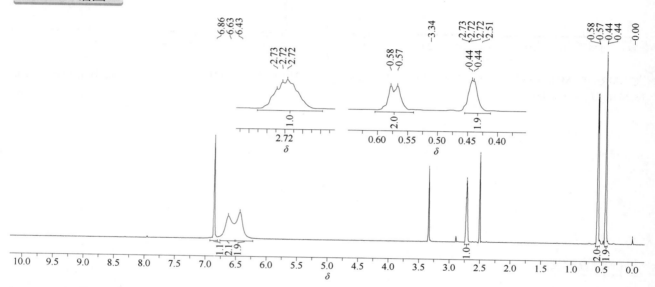

¹H NMR 谱图

¹H NMR (600 MHz, DMSO-d₆, δ) 6.86 (1H, NH, s), 6.63 (2H, NH₂, br), 6.43 (2H, NH₂, br), 2.75~2.68 (1H, CH, m), 0.57 (2H, 2CH, d, J_{H-H} = 6.6 Hz), 0.44 (2H, 2CH, d, J_{H-H} = 1.6 Hz)

¹³C NMR 谱图

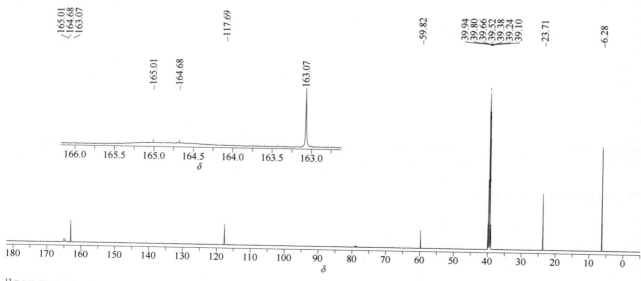

¹³C NMR (151 MHz, DMSO-d₆, δ) 164.68 (br), 163.07, 117.69, 59.82, 23.71, 6.28

dicyclohexyl phthalate（邻苯二甲酸二环己酯）

基本信息

CAS 登录号	84-61-7	**分子量**	330.43
分子式	C$_{20}$H$_{26}$O$_4$		

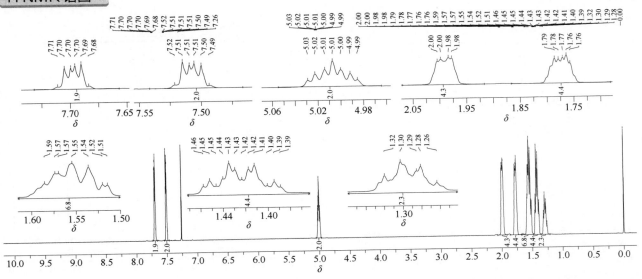

^{1}H NMR 谱图

^{1}H NMR (600 MHz, CDCl$_3$, δ) 7.73~7.66 (2H, 2ArH, m), 7.54~7.47 (2H, 2ArH, m), 5.05~4.96 (2H, 2OCH, m), 1.99 (4H, 2CH$_2$, dd, J_{H-H} = 12.3 Hz, J_{H-H} = 3.7 Hz), 1.87~1.68 (4H, 2CH$_2$, m), 1.67~1.48 (6H, 3CH$_2$, m), 1.48~1.36 (4H, 2CH$_2$, m), 1.35~1.22 (2H, CH$_2$, m)

^{13}C NMR 谱图

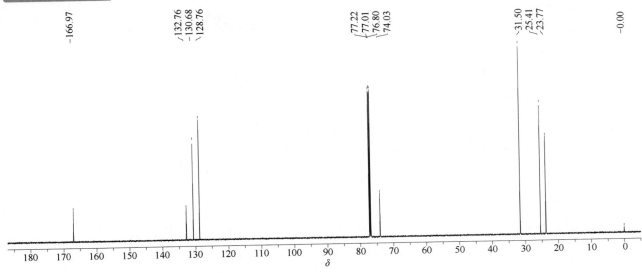

^{13}C NMR (151 MHz, CDCl$_3$, δ) 166.97, 132.76, 130.68, 128.76, 74.03, 31.50, 25.41, 23.77

didecyl dimethyl ammonium chloride
（二癸基二甲基氯化铵）

基本信息

CAS 登录号	7173-51-5	分子量	362.08
分子式	C₂₂H₄₈ClN		

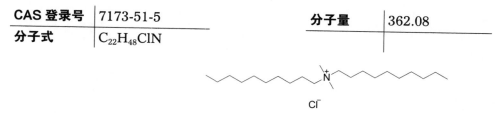

¹H NMR 谱图

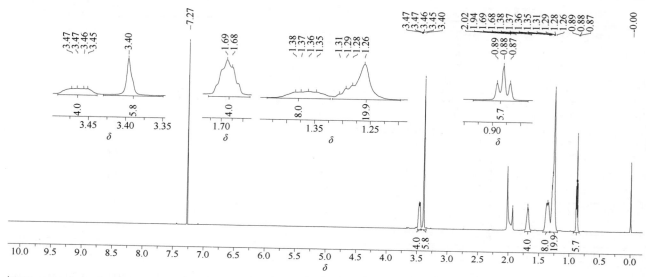

¹H NMR (600 MHz, CDCl₃, δ) 3.48~3.44 (4H, 2NCH₂, m), 3.40 (6H, 2NCH₃, s), 1.68 (4H, 2NCH₂C$\underline{H}$₂, d, J_{H-H} = 7.1 Hz), 1.39~1.33 (8H, 4CH₂, m), 1.32~1.24 (20H, 10CH₂, m), 0.88 (6H, 2CH₂C$\underline{H}$₃, t, J_{H-H} = 7.0 Hz)

¹³C NMR 谱图

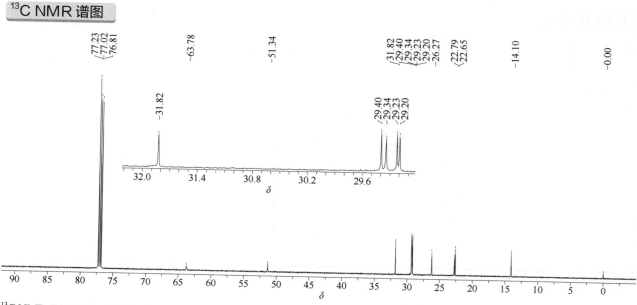

¹³C NMR (151 MHz, CDCl₃, δ) 63.78, 51.34, 31.82, 29.40, 29.34, 29.23, 29.20, 26.27, 22.79, 22.65, 14.10

dieldrin（狄氏剂）

基本信息

CAS 登录号	60-57-1	**分子量**	380.91
分子式	$C_{12}H_8Cl_6O$		

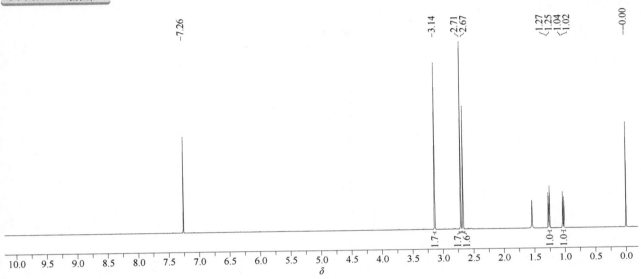

¹H NMR 谱图

^{1}H NMR (600 MHz, CDCl$_3$, δ) 3.14 (2H, 2CH, s), 2.71 (2H, 2CH, s), 2.67 (2H, 2CH, s), 1.26 (1H, CH, d, $J_{\text{H-H}}$ = 12.5 Hz), 1.03 (1H, CH, d, $J_{\text{H-H}}$ = 12.5 Hz)

¹³C NMR 谱图

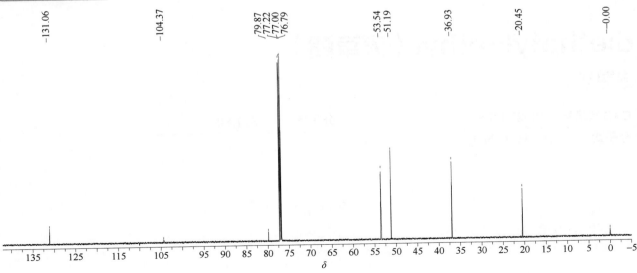

^{13}C NMR (151 MHz, CDCl$_3$, δ) 131.06, 104.37, 79.87, 53.54, 51.19, 36.93, 20.45

dienochlor（除螨灵）

基本信息

CAS 登录号	2227-17-0		分子量	476.64
分子式	C$_{10}$Cl$_{10}$			

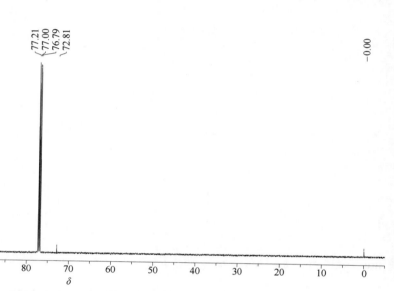

 ^{13}C NMR 谱图

131.83
130.65
77.21
77.00
76.79
72.81
0.00

^{13}C NMR (151 MHz, CDCl$_3$, δ) 131.83, 130.65, 72.81

diethatyl-ethyl（灭草酯）

基本信息

CAS 登录号	38727-55-8		分子量	311.80
分子式	C$_{16}$H$_{22}$ClNO$_3$			

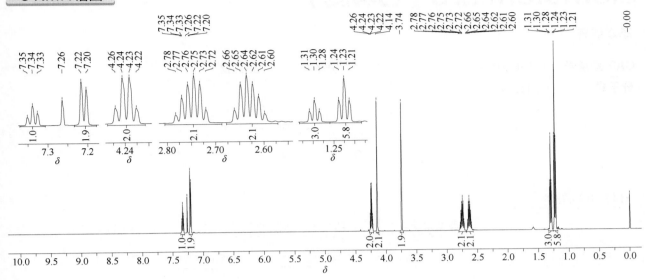

¹H NMR (600 MHz, CDCl₃, δ) 7.34 (1H, ArH, t, J_{H-H} = 7.6 Hz), 7.21 (2H, 2ArH, d, J_{H-H} = 7.6 Hz), 4.24 (2H, OCH₂, q, J_{H-H} = 7.1 Hz), 4.14 (2H, CH₂, s), 3.74 (2H, CH₂, s), 2.75 (2H, ArCH₂, dq, J_{H-H} = 15.0 Hz, J_{H-H} = 7.5 Hz), 2.63 (2H, ArCH₂, dq, J_{H-H} = 15.0 Hz, J_{H-H} = 7.5 Hz), 1.30 (3H, OCH₂C$\underline{H}$₃, t, J_{H-H} = 7.1 Hz), 1.23 (6H, ArCH₂C$\underline{H}$₃, t, J_{H-H} = 7.5 Hz)

¹³C NMR 谱图

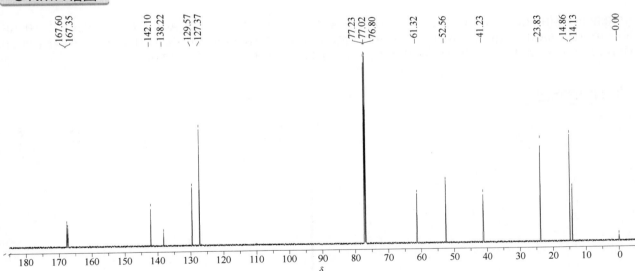

¹³C NMR (151 MHz, CDCl₃, δ) 167.60, 167.35, 142.10, 138.22, 129.57, 127.37, 61.32, 52.56, 41.23, 23.83, 14.86, 14.13

diethofencarb（乙霉威）

基本信息

CAS 登录号	87130-20-9	分子量	267.32
分子式	$C_{14}H_{21}NO_4$		

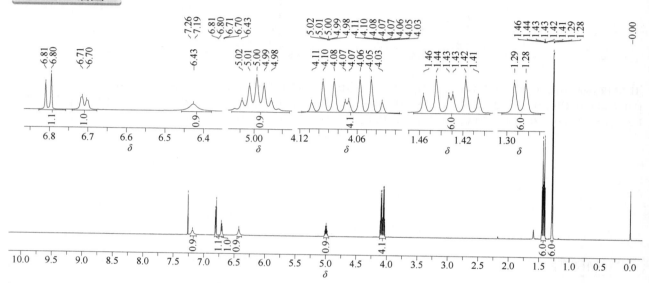

¹H NMR 谱图

¹H NMR (600 MHz, CDCl₃, δ) 7.19 (1H, ArH, s), 6.81 (1H, ArH, d, J_{H-H}= 8.6 Hz), 6.71 (1H, ArH, d, J_{H-H}= 6.9 Hz), 6.43 (1H, NH, br), 5.02 (1H, C$\underline{H}$(CH₃)₂, hept, J_{H-H}= 6.2 Hz), 4.11 (2H, OC$\underline{H}_2$CH₃, q, J_{H-H}= 7.0 Hz), 4.07 (2H, OC$\underline{H}_2$CH₃, q, J_{H-H}= 7.0 Hz), 1.46 (3H, OCH₂C$\underline{H}_3$, t, J_{H-H}= 7.0 Hz), 1.42 (3H, OCH₂C$\underline{H}_3$, t, J_{H-H}= 7.0 Hz), 1.29 (6H, CH(C$\underline{H}_3$)₂, d, J_{H-H}= 6.2 Hz)

¹³C NMR 谱图

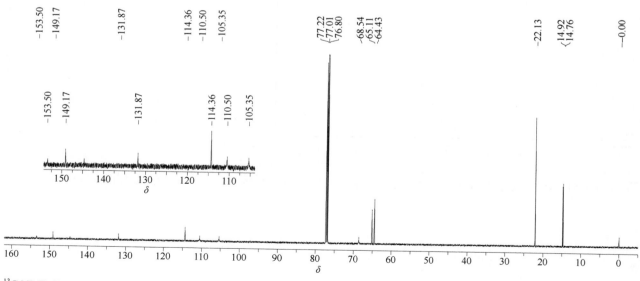

¹³C NMR (151 MHz, CDCl₃, δ) 153.50, 149.17, 144.72, 131.87, 114.36, 110.50, 105.35, 68.54, 65.11, 64.43, 22.13, 14.92, 14.76

diethyltoluamide（避蚊胺）

基本信息

CAS 登录号	134-62-3	分子量	191.27
分子式	$C_{12}H_{17}NO$		

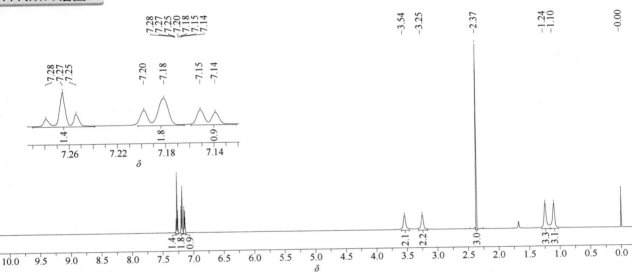

¹H NMR 谱图

¹H NMR (600 MHz, CDCl₃, δ) 7.28 (1H, ArH, t, J_{H-H} = 8.3 Hz), 7.20 (2H, 2ArH, d, J_{H-H} = 10.1 Hz), 7.15 (1H, ArH, d, J_{H-H} = 7.5 Hz), 3.54 (2H, NC$\underline{H}$₂CH₃, s), 3.25 (2H, NC$\underline{H}$₂CH₃, s), 2.37 (3H, CH₃, s), 1.24 (3H, NCH₂C$\underline{H}$₃, s), 1.10 (3H, NCH₂C$\underline{H}$₃, s)

¹³C NMR 谱图

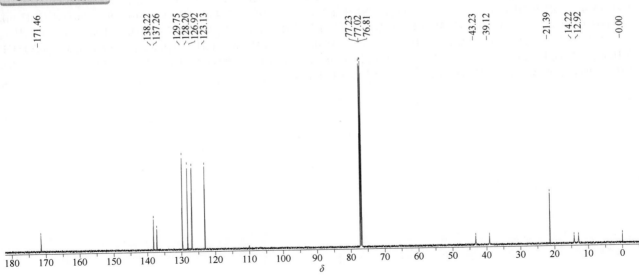

¹³C NMR (151 MHz, CDCl₃, δ) 171.46, 138.22, 137.26, 129.75, 128.20, 126.92, 123.13, 43.23, 39.12, 21.39, 14.22, 12.92

difenoconazole（苯醚甲环唑）

基本信息

CAS 登录号	119446-68-3	分子量	406.26
分子式	$C_{19}H_{17}Cl_2N_3O_3$		

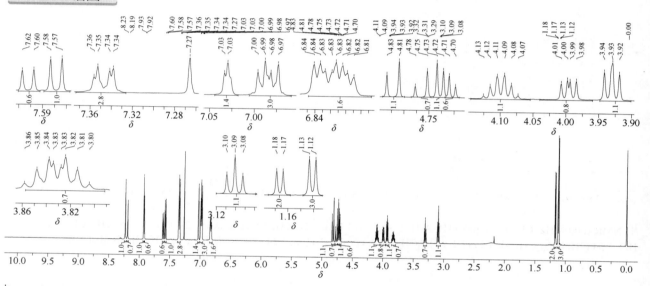

¹H NMR 谱图

¹H NMR (600 MHz, CDCl₃, δ) 两组异构体，比例约为 3∶2。**异构体 A：** 8.23 (1H, ArH, s), 7.93 (1H, ArH, s), 7.57 (1H, ArH, d, J_{H-H} = 8.7 Hz), 7.35 (2H, 2ArH, d, J_{H-H} = 8.8 Hz), 7.03 (1H, ArH, d, J_{H-H} = 2.1 Hz), 6.98 (2H, 2ArH, d, J_{H-H} = 8.8 Hz), 6.85~6.80 (1H, ArH, m), 4.82 (1H, NCH, d, J_{H-H} = 14.7 Hz), 4.72 (1H, NCH, d, J_{H-H} = 14.7 Hz), 4.15~4.05 (1H, OCH, m), 3.95~3.90 (1H, OCH, m), 3.09 (1H, OCH, t, J_{H-H} = 8.3 Hz), 1.12 (3H, CH₃, d, J_{H-H} = 6.0 Hz)。**异构体 B：** 8.19 (1H, ArH, s), 7.92 (1H, ArH, s), 7.61 (1H, ArH, d, J_{H-H} = 8.7 Hz), 7.35 (2H, 2ArH, d, J_{H-H} = 8.8 Hz), 7.03 (1H, ArH, d, J_{H-H} = 2.1 Hz), 6.99 (2H, 2ArH, d, J_{H-H} = 8.8 Hz), 6.85~6.80 (1H, ArH, m), 4.74 (1H, NCH, d, J_{H-H} = 14.7 Hz), 4.71 (1H, NCH, d, J_{H-H} = 14.7 Hz), 4.00 (1H, OCH, dd, J_{H-H} = 8.1 Hz, J_{H-H} = 5.7 Hz), 3.86~3.79 (1H, OCH, m), 3.31 (1H, OCH, t, J_{H-H} = 7.5 Hz), 1.17 (3H, CH₃, d, J_{H-H} = 6.1 Hz)。

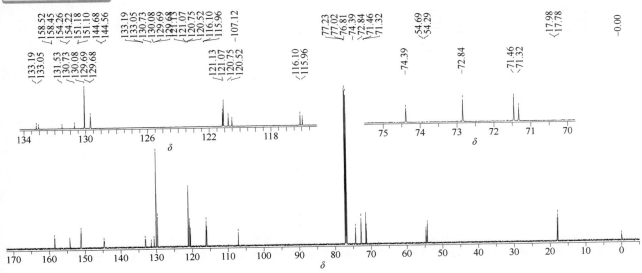

¹³C NMR (151 MHz, CDCl₃, δ) 两组异构体。异构体 A: 158.52, 154.26, 151.10, 144.68, 133.19, 130.73, 130.08, 129.68, 121.07, 120.75, 116.10, 107.12, 72.84, 74.39, 71.46, 54.29, 17.78. 异构体 B: 158.45, 154.22, 151.18, 144.56, 133.05, 131.53, 130.08, 129.69, 121.13, 120.52, 115.96, 107.12, 72.84, 74.39, 71.32, 54.69, 17.98.

difenoxuron（枯莠隆）

基本信息

CAS 登录号	14214-32-5	分子量	286.33
分子式	C₁₆H₁₈N₂O₃		

¹H NMR 谱图

¹H NMR (600 MHz, CDCl₃, δ) 7.30 (2H, 2ArH, d, J_{H-H} = 8.8 Hz), 6.95 (2H, 2ArH, d, J_{H-H} = 8.9 Hz), 6.90 (2H, 2ArH, d, J_{H-H} = 8.8 Hz), 6.85 (2H, 2ArH, d, J_{H-H} = 9.0 Hz), 6.26 (1H, NH, s), 3.79 (3H, OCH₃, s), 3.03 (6H, 2NCH₃, s)

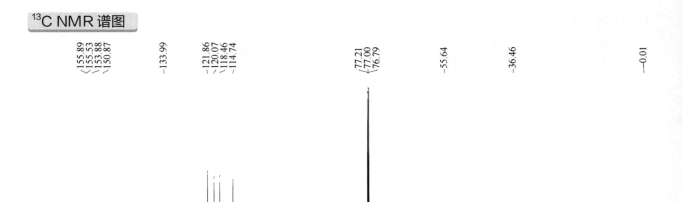

¹³C NMR (151 MHz, CDCl₃, δ) 155.89, 155.53, 153.88, 150.87, 133.99, 121.86, 120.07, 118.46, 114.74, 55.64, 36.46

difenzoquat methyl sulfate（野燕枯甲硫酸盐）

基本信息

CAS 登录号	43222-48-6	分子量	360.43
分子式	C₁₈H₂₀N₂O₄S		

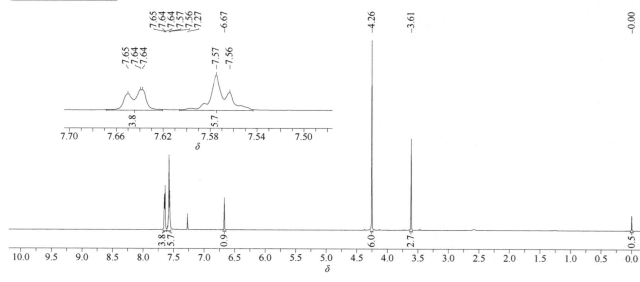

¹H NMR 谱图

¹H NMR (600 MHz, CDCl₃, δ) 7.70~7.63 (4H, 4ArH, m), 7.60~7.52 (6H, 6ArH, m), 6.67 (1H, ArH, s), 4.26 (6H, 2NCH₃, s), 3.61 (3H, OCH₃, s)

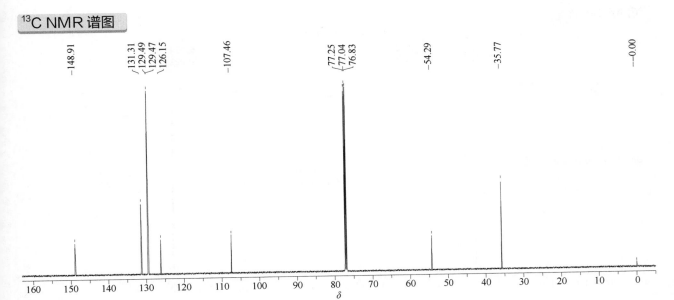

¹³C NMR (151 MHz, CDCl$_3$, δ) 148.91, 131.31, 129.49, 129.47, 126.15, 107.46, 54.29, 35.77

diflubenzuron（除虫脲）

基本信息

CAS 登录号	35367-38-5	分子量	310.68
分子式	C$_{14}$H$_9$ClF$_2$N$_2$O$_2$		

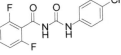

¹H NMR 谱图

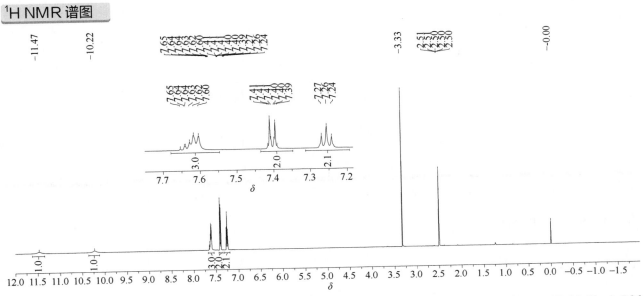

¹H NMR (600 MHz, DMSO-d$_6$, δ) 11.47 (1H, NH, br), 10.22 (1H, NH, br), 7.68~7.55 (3H, 3ArH, m), 7.43~7.35 (2H, 2ArH, m), 7.26 (2H, 2ArH, t, J_{H-H} = 8.2 Hz)

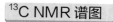

¹³C NMR 谱图

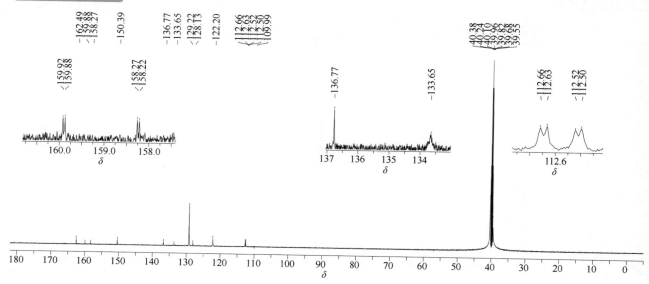

¹³C NMR (151 MHz, DMSO-d₆, δ) 162.49, 159.07 (dd, $^3J_{C\text{-}F}$ = 250.7 Hz, $^3J_{C\text{-}F}$ = 7.0 Hz), 150.39, 136.77, 133.65, 129.22, 128.13, 122.20, 112.57 (dd, $^2J_{C\text{-}F}$ = 3.8 Hz, $^4J_{C\text{-}F}$ = 3.8 Hz), 109.99

¹⁹F NMR 谱图

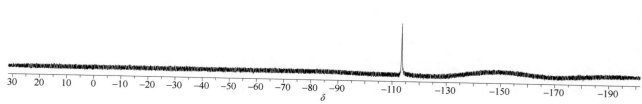

¹⁹F NMR (564 MHz, DMSO-d₆, δ) −113.46

diflufenican（吡氟酰草胺）

基本信息

CAS 登录号	83164-33-4	分子量	394.29
分子式	$C_{19}H_{11}F_5N_2O_2$		

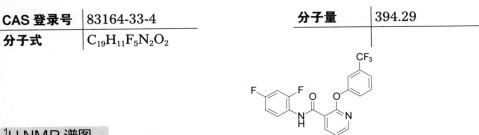

^{1}H NMR 谱图

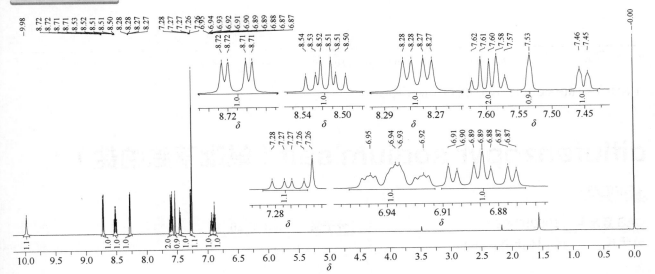

^{1}H NMR (600 MHz, CDCl$_3$, δ) 9.98 (1H, NH, s), 8.72 (1H, ArH, dd, J_{H-H} = 7.6 Hz, J_{H-H} = 2.0 Hz), 8.52 (1H, ArH, dt, J_{H-H} = 8.8 Hz, J_{H-H} = 6.1 Hz), 8.28 (1H, ArH, dd, J_{H-H} = 4.2 Hz, J_{H-H} = 2.0 Hz), 7.65~7.55 (2H, 2ArH, m), 7.53 (1H, ArH, s), 7.45 (1H, ArH, d, J_{H-H} = 7.9 Hz), 7.27 (1H, ArH, dd, J_{H-H} = 7.6 Hz, J_{H-H} = 4.7 Hz), 6.96~6.92 (1H, ArH, m), 6.91~6.86 (1H, ArH, m)

^{13}C NMR 谱图

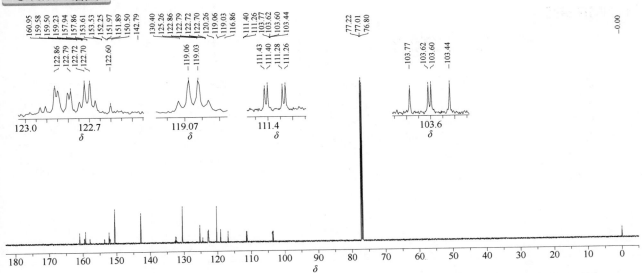

^{13}C NMR (151 MHz, CDCl$_3$, δ) 160.95, 159.23, 158.72 (dd, J_{C-F} = 246.8 Hz, $^3J_{C-F}$ = 11.8 Hz), 152.75 (dd, J_{C-F} = 246.8 Hz, $^3J_{C-F}$ = 11.8 Hz), 152.25, 150.50, 142.79, 132.37 (q, $^2J_{C-F}$ = 32.9 Hz), 130.40, 125.26, 123.51 (q, J_{C-F} = 272.6 Hz), 122.85 (dd, $^2J_{C-F}$ = 23.0 Hz, $^4J_{C-F}$ = 3.8 Hz), 122.82 (dd, $^3J_{C-F}$ = 9.1 Hz, $^3J_{C-F}$ = 2.2 Hz), 122.71 (q, $^3J_{C-F}$ = 3.8 Hz), 120.26, 119.05 (q, $^3J_{C-F}$ = 3.7 Hz), 116.86, 111.34 (dd, $^2J_{C-F}$ = 21.6 Hz, $^4J_{C-F}$ = 3.7 Hz), 103.61 (dd, $^2J_{C-F}$ = 26.7 Hz, $^2J_{C-F}$ = 23.2 Hz)

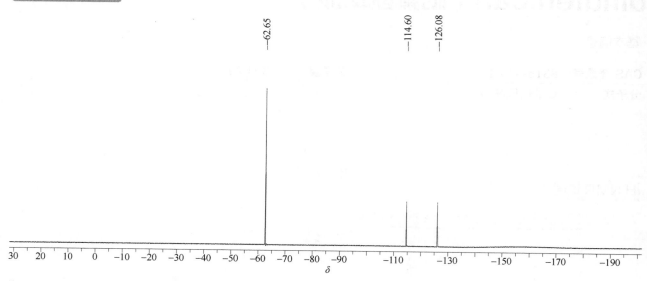

¹⁹F NMR (564 MHz, CDCl₃, δ) −62.65, −114.60, −126.08

diflufenzopyr sodium salt（氟吡草腙钠盐）

基本信息

CAS 登录号	109293-98-3	分子量	356.26
分子式	C₁₅H₁₁F₂N₄NaO₃		

¹H NMR 谱图

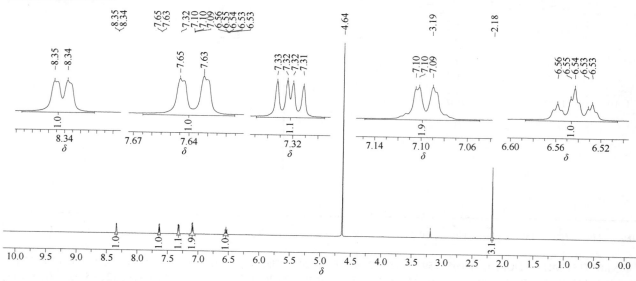

¹H NMR (600 MHz, D₂O, δ) 8.34 (1H, ArH, d, J_{H-H} = 4.9 Hz), 7.64 (1H, ArH, d, J_{H-H} = 7.7 Hz), 7.32 (1H, ArH, dd, J_{H-H} = 7.7 Hz, J_{H-H} =4.9 Hz), 7.15~7.05 (2H, 2ArH, m), 6.59~6.51 (1H, ArH, m), 2.18 (3H, CH₃, s)

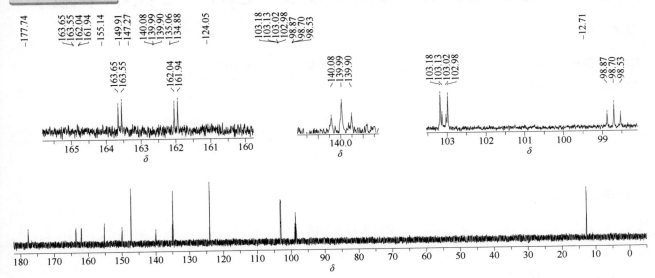

¹³C NMR (151 MHz, D$_2$O, δ) 177.74, 162.78 (dd, $J_{\text{C-F}}$ = 243.1 Hz, $^3J_{\text{C-F}}$ = 15.1 Hz), 155.14, 149.91, 147.27, 140.08, 139.99 (t, $^3J_{\text{C-F}}$ = 13.6 Hz), 135.06, 134.88, 124.05, 103.08 (dd, $^2J_{\text{C-F}}$ = 24.2 Hz, $^4J_{\text{H-H}}$ = 6.8 Hz), 98.70 (t, $^2J_{\text{C-F}}$ = 25.7 Hz), 12.71

¹⁹F NMR 谱图

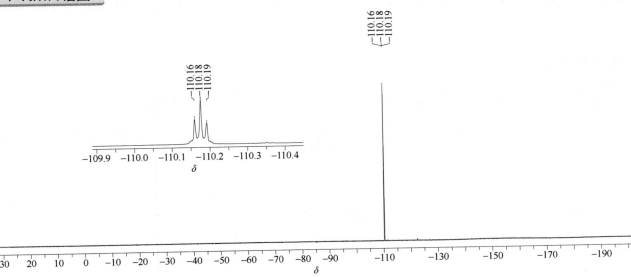

¹⁹F NMR (564 MHz, D$_2$O, δ) −110.18 (t, $^3J_{\text{H-F}}$ = 9.1 Hz)

2,6-difluorobenzoic acid（2,6- 二氟苯甲酸）

基本信息

| CAS 登录号 | 385-00-2 | 分子量 | 158.10 |
| 分子式 | $C_7H_4F_2O_2$ | | |

¹H NMR 谱图

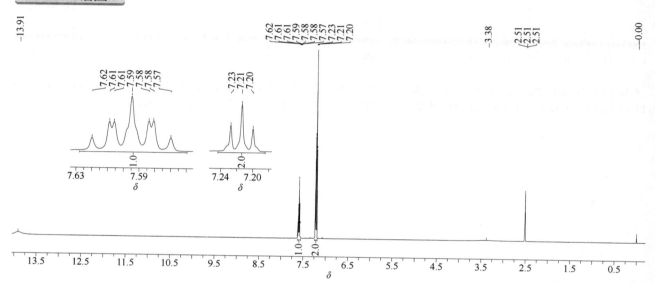

¹H NMR (600 MHz, DMSO-d₆, δ) 13.91 (1H, OH, br), 7.63~7.56 (1H, ArH, m), 7.21 (2H, 2ArH, t, J_{H-H} = 8.3 Hz)

¹³C NMR 谱图

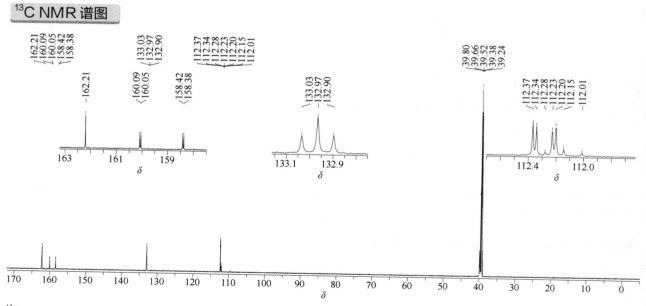

¹³C NMR (151 MHz, DMSO-d₆, δ) 162.21, 159.26 (dd, J_{C-F} = 251.9 Hz, $^3J_{C-F}$ = 6.0 Hz), 132.97 (t, $^3J_{C-F}$ = 10.4 Hz), 112.28 (dd, $^2J_{C-F}$ = 21.4 Hz, $^4J_{C-F}$ = 4.5 Hz)

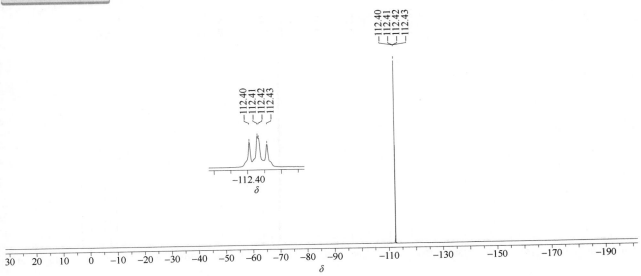

^19F NMR (564 MHz, DMSO-d₆, δ) 112.41 (m)

dikegulac monohydrate（调呋酸水合物）

基本信息

CAS 登录号	68539-16-2	分子量	292.28
分子式	C₁₂H₂₀O₈		

^1H NMR 谱图

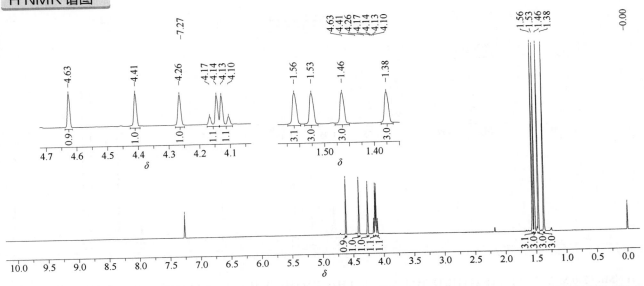

^1H NMR (600 MHz, CDCl₃, δ) 4.63 (1H, CH, s), 4.41 (1H, CH, s), 4.26 (1H, CH, s), 4.14 (1H, CH, t, J_{H-H} = 13.8 Hz), 4.13 (1H, CH, t, J_{H-H} = 13.8 Hz), 1.56 (3H, CH₃, s), 1.53 (3H, CH₃, s), 1.46 (3H, CH₃, s), 1.38 (3H, CH₃, s)

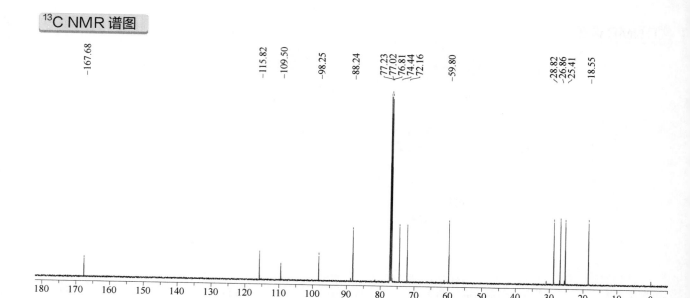

¹³C NMR (151 MHz, CDCl₃, δ) 167.68, 115.82, 109.50, 98.25, 88.24, 74.44, 72.16, 59.80, 28.82, 26.86, 25.41, 18.55

dimefluthrin（四氟甲醚菊酯）

基本信息

CAS 登录号	271241-14-6	分子量	374.38
分子式	C₁₉H₂₂F₄O₃		

¹H NMR 谱图

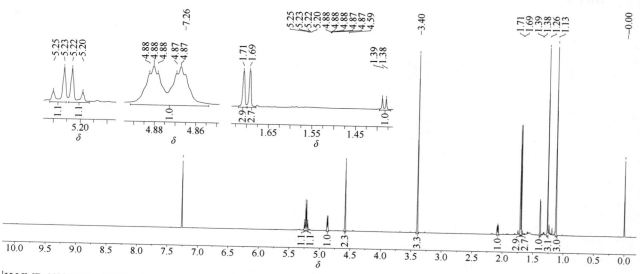

¹H NMR (600 MHz, CDCl₃, δ) 5.24 (1H, OCH, d, J_{H-H} = 12.1 Hz), 5.21 (1H, OCH, d, J_{H-H} = 12.1 Hz), 4.89~4.85 (1H, =CH, m), 4.59 (2H, OCH₂, s), 3.40 (3H, OCH₃, s), 2.08 (1H, CH, dd, J_{H-H} = 7.6 Hz, J_{H-H} = 5.6 Hz), 1.71 (3H, CH₃, s), 1.69 (3H, CH₃, s), 1.38 (1H, CH, d, J_{H-H} = 5.3 Hz), 1.26 (3H, CH₃, s), 1.13 (3H, CH₃, s)

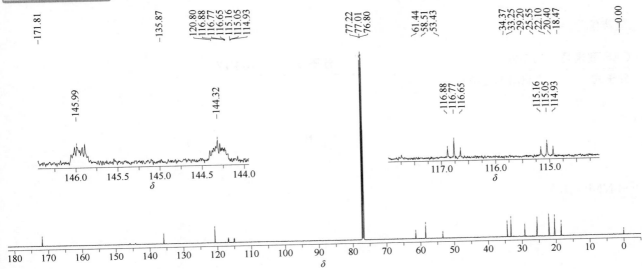

^{13}C NMR (151 MHz, CDCl$_3$, δ) 171.81, 146.11~145.78 (m), 144.46~144.19 (m), 135.87, 120.80, 116.77 (t, $^2J_{\text{C-F}}$ = 17.9 Hz), 115.05 (t, $^2J_{\text{C-F}}$ = 17.1 Hz), 61.44, 58.51, 53.43, 34.37, 33.25, 29.20, 25.55, 22.10, 20.40, 18.47

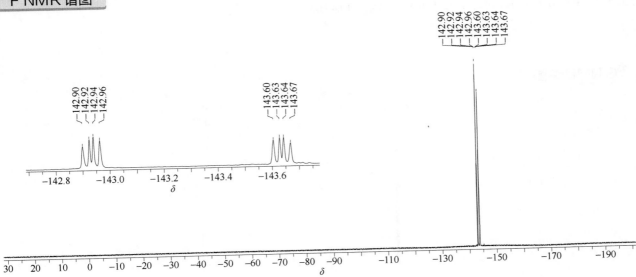

^{19}F NMR (564 MHz, CDCl$_3$, δ) −142.93 (dd, $^3J_{\text{F-F}}$ = 22.2 Hz, $^4J_{\text{H-F}}$ = 13.8 Hz), −143.64 (dd, $^3J_{\text{F-F}}$ = 22.2 Hz, $^4J_{\text{H-F}}$ = 13.8 Hz)

dimefox（甲氟磷）

CAS 登录号	115-26-4	分子量	154.12
分子式	$C_4H_{12}FN_2OP$		

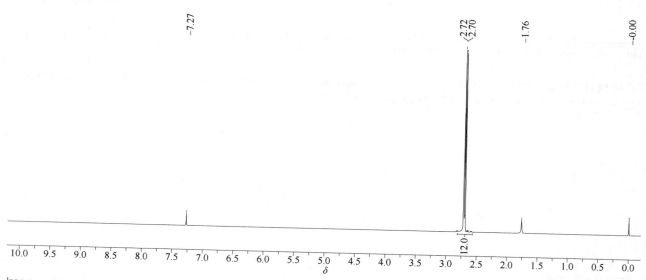

^1H NMR 谱图

^1H NMR (600 MHz, CDCl$_3$ δ) 2.71 (12H, 4CH$_3$, d, $^3J_{H\text{-}P}$ = 10.4 Hz)

^{13}C NMR 谱图

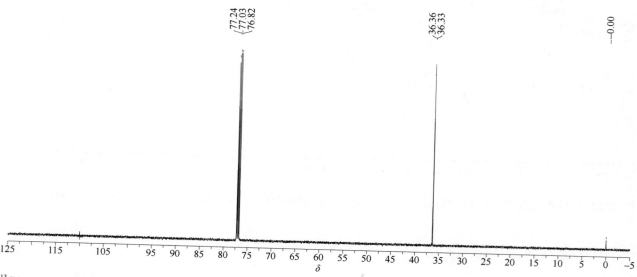

^{13}C NMR (151 MHz, CDCl$_3$ δ) 36.35 (d, $^2J_{C\text{-}P}$ = 4.5 Hz)

³¹P NMR 谱图

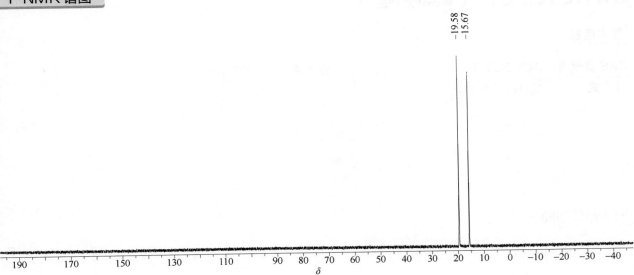

³¹P NMR (243 MHz, CDCl₃ δ) 17.63 (d, $J_{\text{P-F}}$ = 948.5 Hz)

¹⁹F NMR 谱图

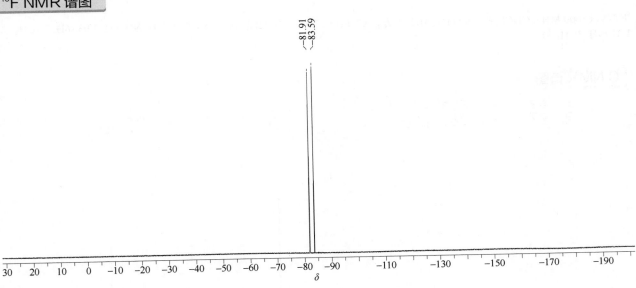

¹⁹F NMR (564 MHz, CDCl₃ δ) −82.78 (d, $J_{\text{P-F}}$ = 947.5 Hz)

dimefuron（噁唑隆）

基本信息

CAS 登录号	34205-21-5	分子量	338.79
分子式	$C_{15}H_{19}ClN_4O_3$		

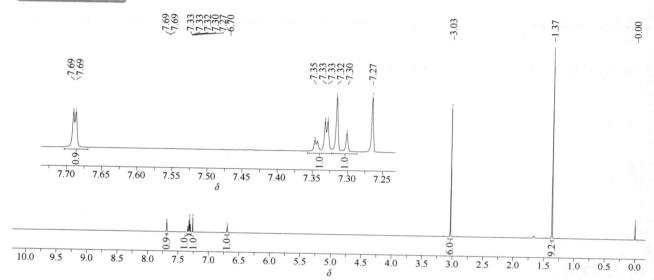

^{1}H NMR 谱图

^{1}H NMR (600 MHz, CDCl$_3$, δ) 7.69 (1H, ArH, d, J_{H-H} = 2.2 Hz), 7.36~7.30 (2H, 2ArH, m), 6.70 (1H, NH, br), 3.03 (6H, 2NCH$_3$, s), 1.37 (9H, 3CH$_3$, s)

^{13}C NMR 谱图

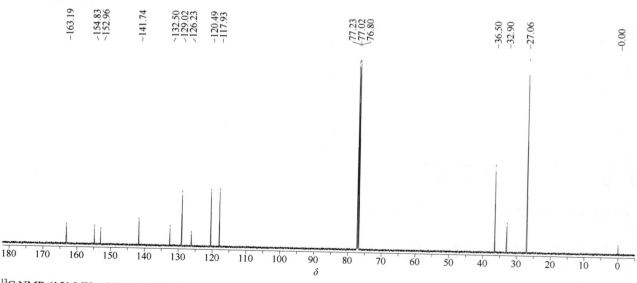

^{13}C NMR (151 MHz, CDCl$_3$, δ) 163.19, 154.83, 152.96, 141.74, 132.50, 129.02, 126.23, 120.49, 117.93, 36.50, 32.90, 27.06

dimepiperate（哌草丹）

基本信息

CAS 登录号	61432-55-1		分子量	263.40
分子式	C₁₅H₂₁NOS			

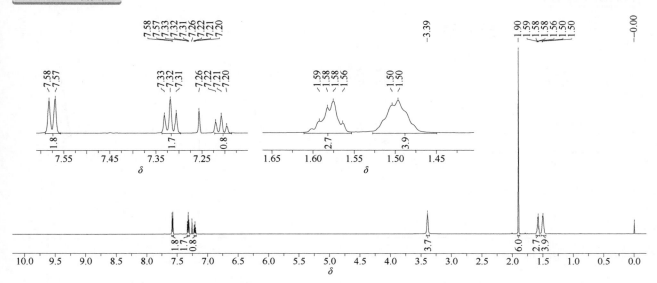

¹H NMR 谱图

¹H NMR (600 MHz, CDCl₃, δ) 7.58 (2H, 2ArH, d, J_{H-H} = 8.1 Hz), 7.32 (2H, 2ArH, t, J_{H-H} = 7.7 Hz), 7.21 (1H, ArH, t, J_{H-H} = 7.4 Hz), 3.42~3.36 (4H, 2NCH₂, m), 1.90 (6H, 2CH₃, s), 1.61~1.55 (2H, CH₂, m), 1.54~1.44 (4H, 2CH₂, m)

¹³C NMR 谱图

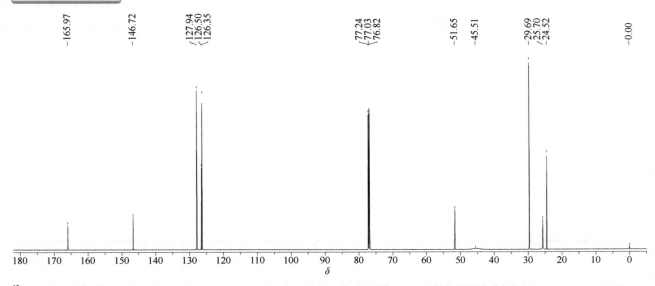

¹³C NMR (151 MHz, CDCl₃, δ) 165.97, 146.72, 127.94, 126.50, 126.35, 51.65, 45.51, 29.69, 25.70, 24.52

dimethachlon（纹枯利）

基本信息

CAS 登录号	24096-53-5	**分子量**	244.07
分子式	$C_{10}H_7Cl_2NO_2$		

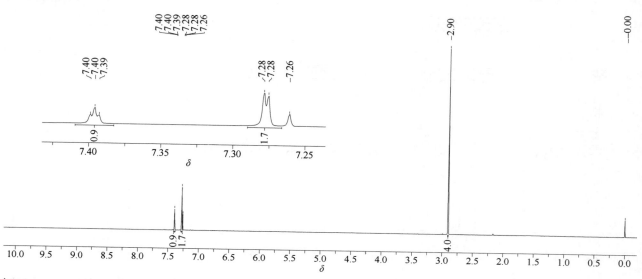

¹H NMR 谱图

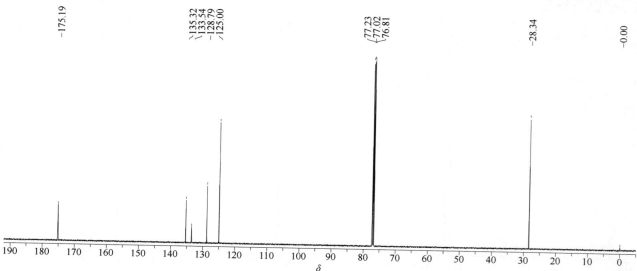

¹H NMR (600 MHz, CDCl₃, δ) 7.40 (1H, ArH, t, J_{H-H} = 1.8 Hz), 7.28 (2H, 2ArH, d, J_{H-H} = 1.8 Hz), 2.90 (4H, 2CH₂, s)

¹³C NMR 谱图

¹³C NMR (151 MHz, CDCl₃, δ) 175.19, 135.32, 133.54, 128.79, 125.00, 28.34

dimethachlor（克草胺）

基本信息

CAS 登录号	50563-36-5	分子量	255.74
分子式	$C_{13}H_{18}ClNO_2$		

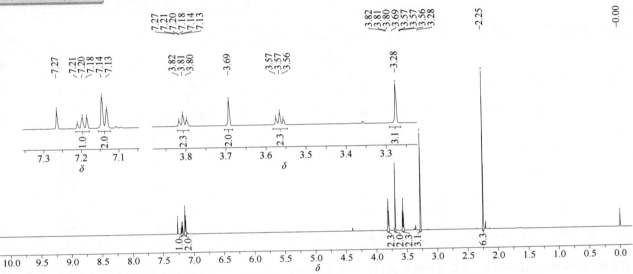

^{1}H NMR 谱图

^{1}H NMR (600 MHz, CDCl$_3$, δ) 7.20 (1H, ArH, t, J_{H-H} = 7.7 Hz), 7.14 (2H, 2ArH, d, J_{H-H} = 7.6 Hz), 3.81 (2H, OC$\underline{H}_2$CH$_2$ t, J_{H-H} = 5.6 Hz), 3.69 (2H, COCH$_2$Cl, s), 3.57 (2H, NC$\underline{H}_2$CH$_2$ t, J_{H-H} = 5.6 Hz), 3.28 (3H, OCH$_3$, s), 2.25 (6H, 2ArCH$_3$, s)

^{13}C NMR 谱图

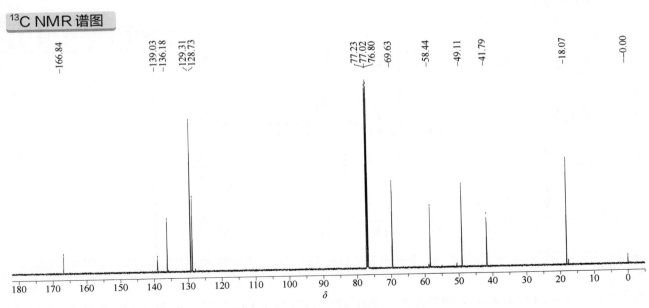

^{13}C NMR (151 MHz, CDCl$_3$, δ) 166.84, 139.03, 136.18, 129.31, 128.73, 69.63, 58.44, 49.11, 41.79, 18.07

dimethametryn（异戊乙净）

基本信息

CAS 登录号	22936-75-0	**分子量**	255.38
分子式	C₁₁H₂₁N₅S		

¹H NMR 谱图

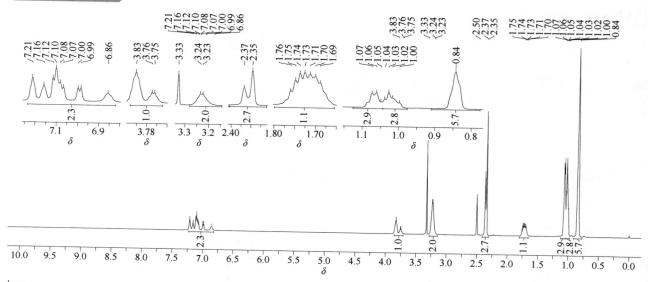

¹H NMR (600 MHz, DMSO-d₆, δ) 多组异构体重叠。7.24~6.80 (2H, 2NH, m), 3.88~3.72 (1H, NHC*H*CH₃, m), 3.28~3.16 (2H, NHC*H₂*CH₃, m), 2.40~2.33 (3H, SCH₃, m), 1.79~1.65 (1H, C*H*(CH₃)₂, m), 1.12~1.07 (3H, CH₃, m), 1.07~0.96 (3H, CH₃, m), 0.89~0.77 (6H, CH(C*H₃*)₂, m)

¹³C NMR 谱图

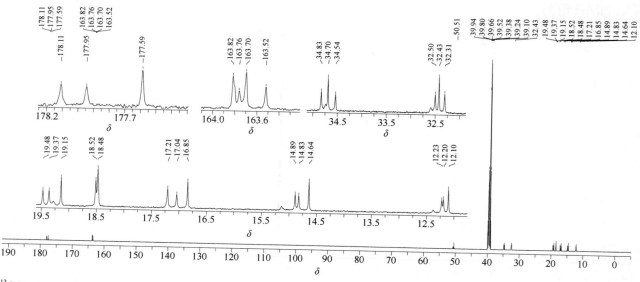

¹³C NMR (151 MHz, DMSO-d₆, δ) 多组异构体。178.11, 177.95, 177.59, 163.82, 163.76, 163.70, 163.52, 50.51, 34.83, 34.70, 34.54, 32.50, 32.43, 32.31, 19.48, 19.37, 19.15, 18.52, 18.48, 17.21, 17.04, 16.85, 14.89, 14.83, 14.64, 12.10

dimethenamid（二甲噻草胺）

基本信息

CAS 登录号	87674-68-8	分子量	275.79
分子式	$C_{12}H_{18}ClNO_2S$		

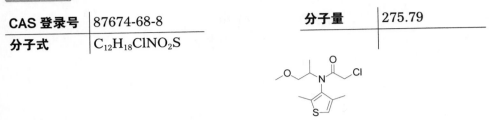

¹H NMR 谱图

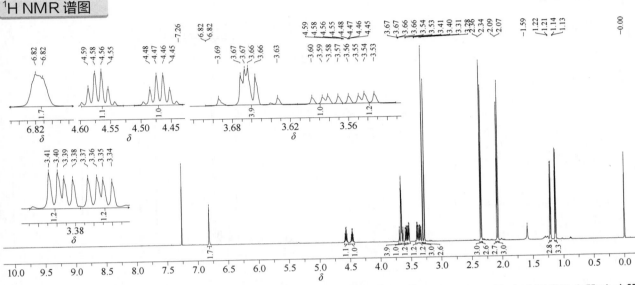

¹H NMR (600 MHz, CDCl₃, δ) 两组异构体，比例约为 1∶1（重叠，并列在一起）。6.82 (1H, ArH, s), 6.82 (1H, ArH, s), 4.57 (1H, NCH, dq, J_{H-H}= 6.6 Hz, J_{H-H}= 6.5 Hz), 4.47 (1H, NCH, dq, J_{H-H}= 6.6 Hz, J_{H-H}= 6.5 Hz), 3.71~3.61 (4H, 2ClCH₂, m), 3.58 (1H, OCHH, dd, J_{H-H}= 9.7 Hz, J_{H-H}= 6.4 Hz), 3.55 (1H, OCHH, dd, J_{H-H}= 9.8 Hz, J_{H-H}= 6.2 Hz), 3.40 (1H, OCHH, dd, J_{H-H}= 9.8 Hz, J_{H-H}= 5.7 Hz), 3.35 (1H, OCHH, dd, J_{H-H}= 9.8 Hz, J_{H-H}= 5.7 Hz), 3.31 (3H, OCH₃, s), 3.28 (3H, OCH₃, s), 2.36 (3H, ArCH₃, s), 2.34 (3H, ArCH₃, s), 2.09 (3H, ArCH₃, s), 2.07 (3H, ArCH₃, s), 1.21 (3H, CHCH₃, d, J_{H-H}= 6.9 Hz), 1.13 (3H, CHCH₃, d, J_{H-H}= 7.0 Hz)

¹³C NMR 谱图

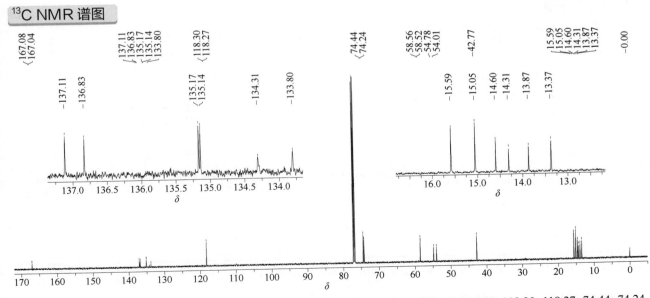

¹³C NMR (151 MHz, CDCl₃, δ) 167.08, 167.04, 137.11, 136.83, 135.17, 135.14, 134.31, 133.80, 118.30, 118.27, 74.44, 74.24, 58.56, 58.52, 54.78, 54.01, 42.77, 15.59, 15.05, 14.60, 14.31, 13.87, 13.37

dimethenamid-P（精二甲吩草胺）

基本信息

CAS 登录号	163515-14-8	分子量	275.79
分子式	C₁₂H₁₈ClNO₂S		

分子式 $C_{12}H_{18}ClNO_2S$

分子量 275.79

¹H NMR 谱图

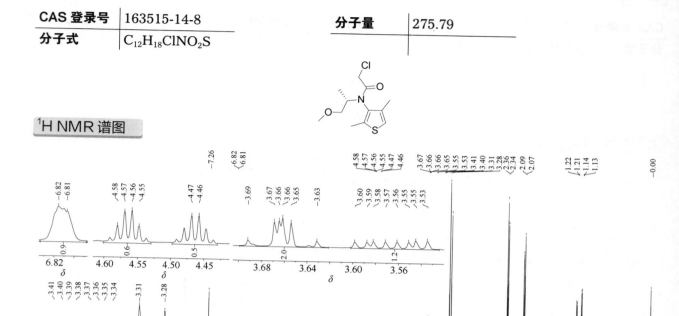

¹H NMR (600 MHz, CDCl₃, δ) 两组异构体，比例约为 1∶1。6.82 (1H, ArH, s), 6.81 (1H, ArH, s), 4.56 (1H, NCH, dt, J_{H-H} = 6.5 Hz, J_{H-H} = 6.5 Hz), 4.46 (1H, NCH, dt, J_{H-H} = 6.5 Hz, J_{H-H} = 6.5 Hz), 3.70~3.62 (4H, 2ClCH₂, m), 3.58 (1H, OCH, dd, J_{H-H} = 9.8 Hz, J_{H-H} = 6.3 Hz), 3.55 (1H, OCH, dd, J_{H-H} = 9.8 Hz, J_{H-H} = 6.3 Hz), 3.40 (1H, OCH, dd, J_{H-H} = 9.8 Hz, J_{H-H} = 5.7 Hz), 3.35 (1H, OCH, dd, J_{H-H} = 9.8 Hz, J_{H-H} = 5.8 Hz), 3.31 (3H, OCH₃, s), 3.28 (3H, OCH₃, s), 2.36 (3H, ArCH₃, s), 2.34 (3H, ArCH₃, s), 2.09 (3H, ArCH₃, s), 2.07 (3H, ArCH₃, s), 1.21 (3H, CHC$\underline{H}$₃, J_{H-H} = 7.0 Hz), 1.13 (3H, CHC$\underline{H}$₃, J_{H-H} = 7.0 Hz)

¹³C NMR 谱图

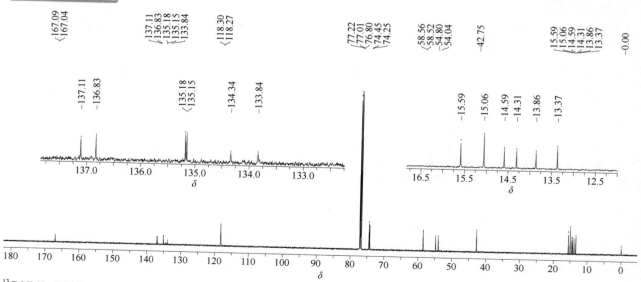

¹³C NMR (151 MHz, CDCl₃, δ) 两组异构体。167.09, 167.04, 137.11, 136.83, 135.18, 135.15, 134.34, 133.84, 118.30, 118.27, 74.45, 74.25, 58.56, 58.52, 54.80, 54.04, 42.75, 15.59, 15.06, 14.59, 14.31, 13.86, 13.37

dimethipin（噻节因）

基本信息

CAS 登录号	55290-64-7	分子量	210.26
分子式	$C_6H_{10}O_4S_2$		

^{1}H NMR 谱图

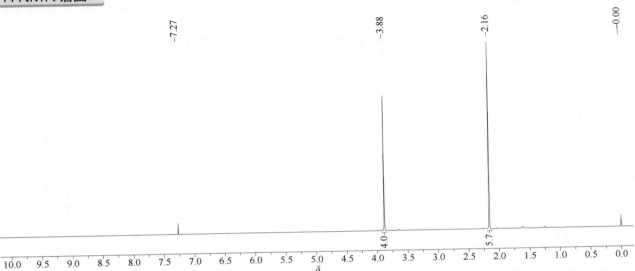

^{1}H NMR (600 MHz, CDCl$_3$, δ) 3.88 (4H, 2CH$_2$, s), 2.16 (6H, 2CH$_3$, s)

^{13}C NMR 谱图

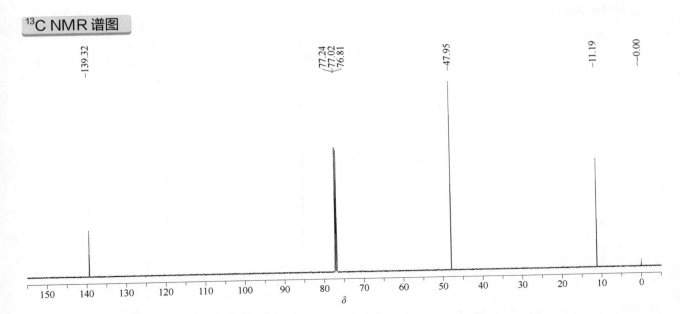

^{13}C NMR (151 MHz, CDCl$_3$, δ) 139.32, 47.95, 11.19

dimethirimol（甲菌定）

基本信息

CAS 登录号	5221-53-4	分子量	209.29
分子式	$C_{11}H_{19}N_3O$		

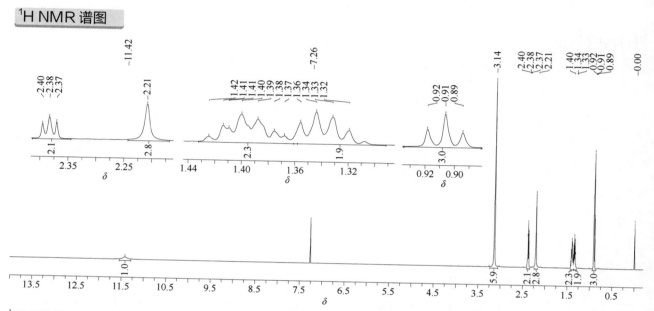

¹H NMR 谱图

¹H NMR (600 MHz, CDCl₃) 11.42 (1H, OH, br), 3.14 (6H, 2NCH₃, s), 2.38 (2H, CH₂, t, J_{H-H} = 7.4 Hz), 2.21 (3H, CH₃, s), 1.40 (2H, CH₂, quin, J_{H-H} = 7.4 Hz), 1.34 (2H, CH₂, hex, J_{H-H} = 7.4 Hz), 0.91 (3H, CH₃, t, J_{H-H} = 7.3 Hz)

¹³C NMR 谱图

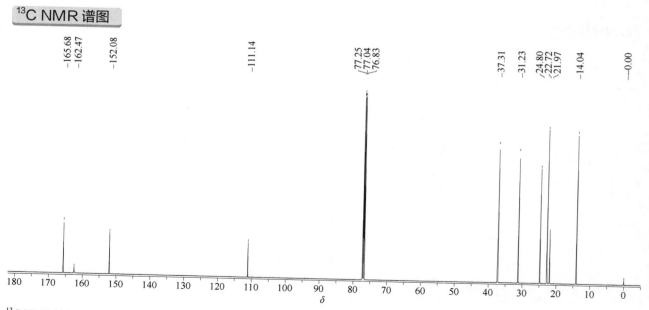

¹³C NMR (151 MHz, CDCl₃, δ) 165.68, 162.47, 152.08, 111.14, 37.31, 31.23, 24.80, 22.72, 21.97, 14.04

dimethoate（乐果）

基本信息

CAS 登录号	60-51-5	**分子量**	229.26
分子式	C$_5$H$_{12}$NO$_3$PS$_2$		

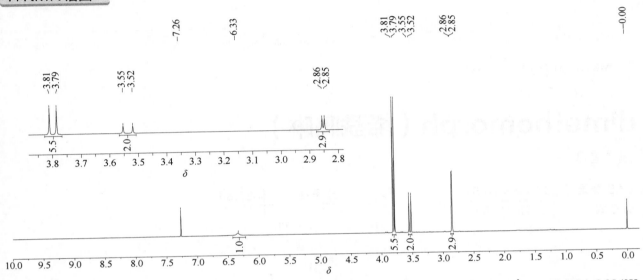

¹H NMR 谱图

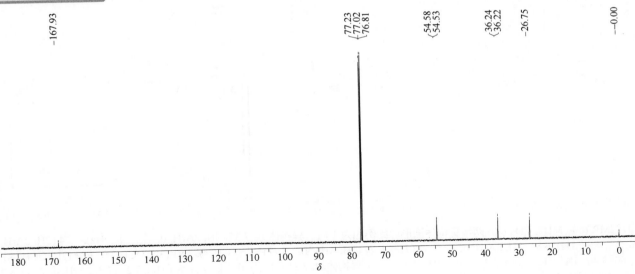

¹H NMR (600 MHz, CDCl$_3$, δ) 6.33 (1H, NH, br), 3.80 (6H, 2OCH$_3$, d, $^3J_{H-P}$ = 15.0 Hz), 3.54 (2H, SCH$_2$, d, $^3J_{H-P}$ = 20.4 Hz), 2.85 (3H, NHC$\underline{H}_3$, d, J_{H-H} = 4.9 Hz)

¹³C NMR 谱图

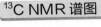

¹³C NMR (151 MHz, CDCl$_3$, δ) 167.93, 54.56 (d, $^2J_{C-P}$ = 6.2 Hz), 36.23 (d, $^2J_{C-P}$ = 3.7 Hz), 26.75

^{31}P NMR 谱图

~98.87

^{31}P NMR (243 MHz, CDCl$_3$, δ) 98.87

dimethomorph（烯酰吗啉）

基本信息

CAS 登录号	110488-70-5	分子量	387.86
分子式	C$_{21}$H$_{22}$ClNO$_4$		

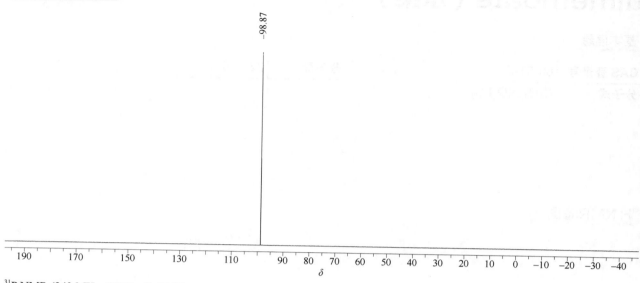

^{1}H NMR 谱图

^{1}H NMR (600 MHz, CDCl$_3$ δ) 两组异构体图形，比例约为 1∶1。异构体 A: 7.35 (2H, 2ArH, d, J_{H-H} = 8.1 Hz), 7.24 (2H, 2ArH, d, J_{H-H} = 8.7 Hz), 6.81 (2H, 2ArH, d, J_{H-H} = 8.3 Hz), 6.77 (1H, ArH, s), 6.19 (1H, ═CH, s), 3.91 (3H, OCH$_3$, s), 3.81 (3H, OCH$_3$, s), 3.60~3.40 (4H, 2OCH$_2$, m), 3.35~3.05 (4H, 2NCH$_2$, m)。异构体 B: 7.31 (2H, 2ArH, d, J_{H-H} = 8.1 Hz), 7.23 (2H, 2ArH, d, J_{H-H} = 8.7 Hz), 6.84 (2H, 2ArH, d, J_{H-H} = 8.3 Hz), 6.78 (1H, ArH, s), 6.27 (1H, ═CH, s), 3.90 (3H, OCH$_3$, s), 3.82 (3H, OCH$_3$, s), 3.60~3.40 (4H, 2OCH$_2$, m), 3.35~3.05 (4H, 2NCH$_2$, m)

¹³C NMR 谱图

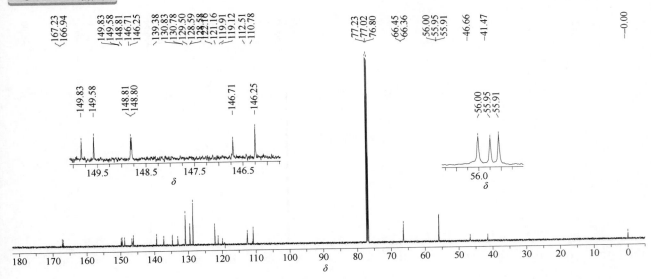

¹³C NMR (151 MHz, CDCl₃, δ) 两组异构体。167.23, 166.94, 149.83, 149.58, 148.81, 148.80, 146.71, 146.25, 139.38, 137.27, 134.72, 134.68, 133.09, 130.83, 130.78, 129.50, 128.59, 128.58, 122.16, 121.16, 119.91, 119.12, 112.51, 110.78, 66.45, 66.36, 56.00, 55.95, 55.91, 46.66, 41.47

N,N′-dimethylformamide（N,N′- 二甲基甲酰胺）

基本信息

CAS 登录号	68-12-2	分子量	73.10
分子式	C₃H₇NO		

¹H NMR 谱图

¹H NMR (600 MHz, CDCl₃, δ) 8.02 (1H, OCH, s), 2.96 (3H, NCH₃, s), 2.89 (3H, NCH₃, s)

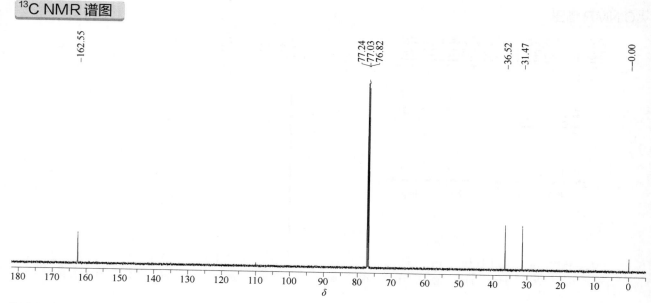

¹³C NMR (151 MHz, CDCl₃, δ) 162.55, 36.52, 31.47

1,4-dimethylnaphthalene（1,4-二甲基萘）

基本信息

CAS 登录号	571-58-4	分子量	156.22
分子式	C₁₂H₁₂		

¹H NMR 谱图

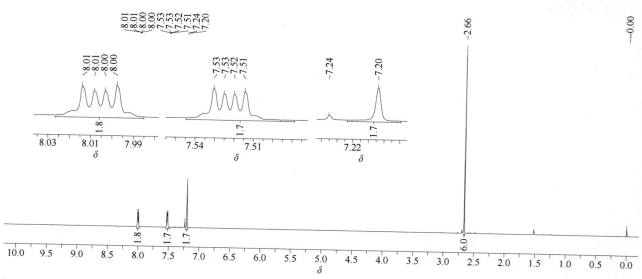

¹H NMR (600 MHz, CDCl₃, δ) 8.01 (2H, 2ArH, dd, J_{H-H} = 6.4 Hz, J_{H-H} = 3.3 Hz), 7.52 (2H, 2ArH, dd, J_{H-H} = 6.4 Hz, J_{H-H} = 3.3 Hz), 7.20 (2H, 2ArH, s), 2.66 (2H, 2CH₃, s)

¹³C NMR 谱图

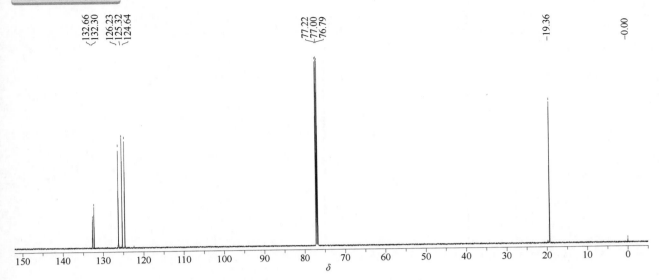

¹³C NMR (151 MHz, CDCl₃, δ) 132.66, 132.30, 126.23, 125.32, 124.64, 19.36

2,4-dimethylphenol（2,4- 二甲基苯酚）

基本信息

CAS 登录号	105-67-9		分子量	122.16
分子式	C₈H₁₀O			

¹H NMR 谱图

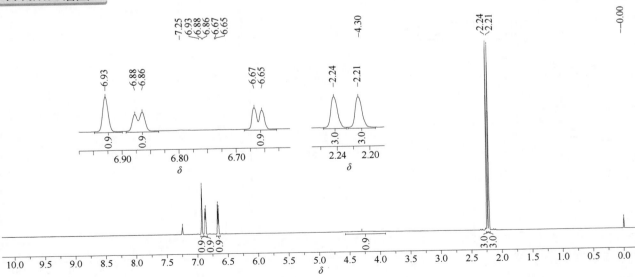

¹H NMR (600 MHz, CDCl₃, δ) 6.93 (1H, ArH, s), 6.87 (1H, ArH, d, J_{H-H} = 8.0 Hz), 6.66 (1H, CH, d, J_{H-H} = 8.0 Hz), 4.30 (1H, OH, br), 2.24 (3H, CH₃, s), 2.21 (3H, CH₃, s)

¹³C NMR 谱图

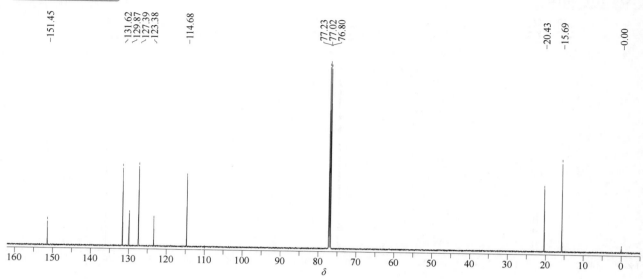

¹³C NMR (151 MHz, CDCl₃, δ) 151.45, 131.62, 129.87, 127.39, 123.38, 114.68, 20.43, 15.69

dimethyl phthalate（跳蚤灵）

基本信息

CAS 登录号	131-11-3	分子量	194.19
分子式	C₁₀H₁₀O₄		

¹H NMR 谱图

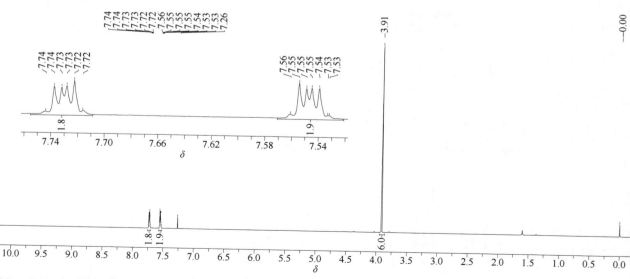

¹H NMR (600 MHz, CDCl₃, δ) 7.76~7.71 (2H, 2ArH, m), 7.57~7.52 (2H, 2ArH, m), 3.91 (6H, 2CH₃, s)

¹³C NMR 谱图

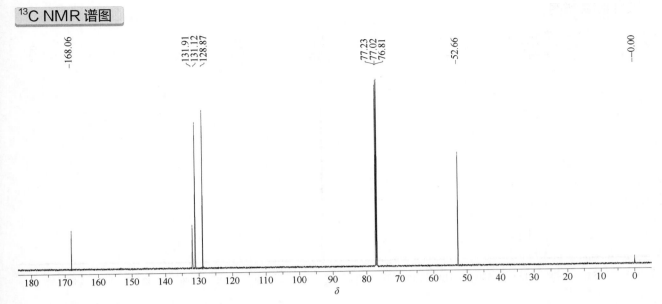

¹³C NMR (151 MHz, CDCl₃, δ) 168.06, 131.91, 131.12, 128.87, 52.66

dimethylvinphos (Z) [甲基毒虫畏 –(Z)]

基本信息

CAS 登录号	67628-93-7	分子量	331.52
分子式	C₁₀H₁₀Cl₃O₄P		

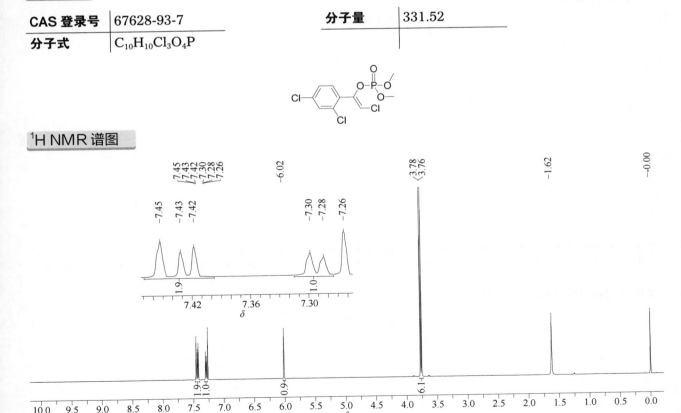

¹H NMR 谱图

¹H NMR (600 MHz, CDCl₃, δ) 7.45 (1H, ArH, s), 7.42 (1H, ArH, d, J_{H-H} = 8.2 Hz), 7.29 (1H, ArH, d, J_{H-H} = 8.2 Hz), 6.03 (1H, CH, s), 3.78 (6H, 2OCH₃, d, $^3J_{H-P}$ = 11.5 Hz)

¹³C NMR 谱图

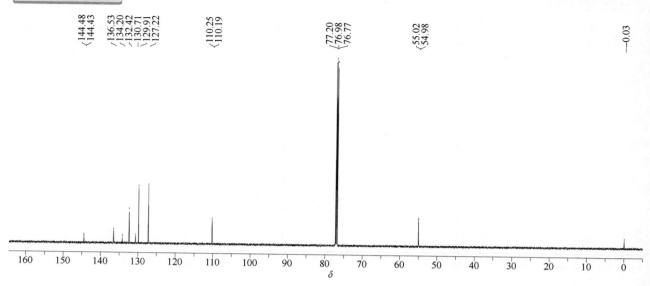

¹³C NMR (151 MHz, CDCl₃, δ) 144.46 (d, $^2J_{C-P}$ = 8.0 Hz), 136.53, 134.20, 132.42, 130.71, 129.91, 127.22, 110.22 (d, $^3J_{C-P}$ = 8.8 Hz), 55.00 (d, $^2J_{C-P}$ = 6.2 Hz)

³¹P NMR 谱图

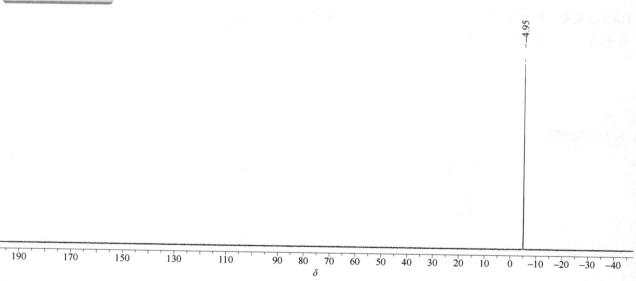

³¹P NMR (243 MHz, CDCl₃, δ) −4.95

dimetilan（地麦威）

基本信息

CAS 登录号	644-64-4	分子量	240.26
分子式	$C_{10}H_{16}N_4O_3$		

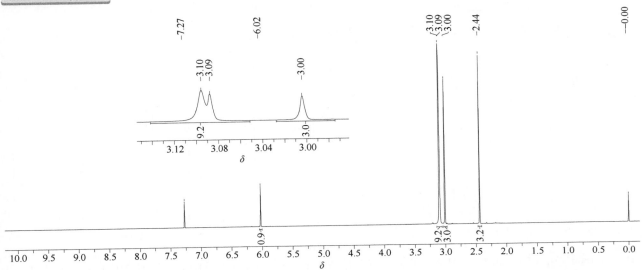

¹H NMR 谱图

¹H NMR (600 MHz, CDCl₃, δ) 6.02 (1H, ArH, s), 3.10 (6H, 2CH₃, s), 3.09 (3H, CH₃, s), 3.00 (3H, CH₃, s), 2.44 (3H, CH₃, s)

¹³C NMR 谱图

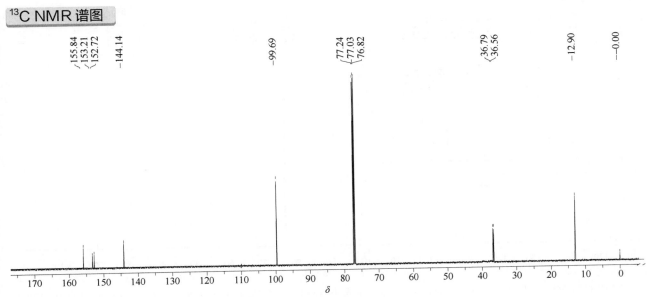

¹³C NMR (151 MHz, CDCl₃, δ) 155.84, 153.21, 152.72, 144.14, 99.69, 36.79, 36.56, 12.90

dimoxystrobin（醚菌胺）

基本信息

CAS 登录号	149961-52-4	分子量	326.39
分子式	$C_{19}H_{22}N_2O_3$		

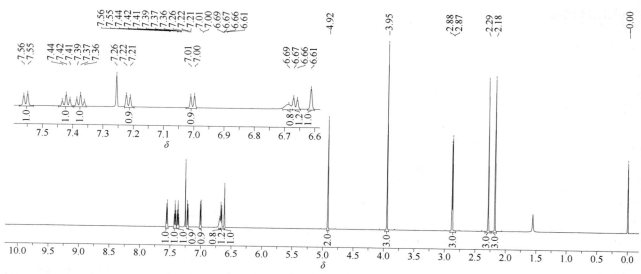

¹H NMR 谱图

¹H NMR (600 MHz, CDCl₃, δ) 7.55 (1H, ArH, d, J_{H-H} = 7.7 Hz), 7.42 (1H, ArH, t, J_{H-H} = 7.5 Hz), 7.37 (1H, ArH, t, J_{H-H} = 7.5 Hz), 7.21 (1H, ArH, d, J_{H-H} = 7.5 Hz), 7.00 (1H, ArH, d, J_{H-H} = 7.5 Hz), 6.69 (1H, NH, br), 6.66 (1H, ArH, d, J_{H-H} = 7.4 Hz), 6.61 (1H, ArH, s), 4.92 (2H, OCH_2, s), 3.95 (3H, OCH_3, s), 2.87 (3H, NHC$\underline{H}_3$, d, J_{H-H} = 5.0 Hz), 2.29 (3H, ArCH_3, s), 2.18 (3H, ArCH_3, s)

¹³C NMR 谱图

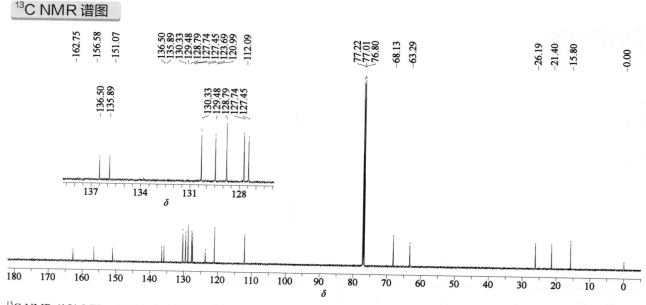

¹³C NMR (151 MHz, CDCl₃, δ) 162.75, 156.58, 151.07, 136.50, 135.89, 130.33, 129.48, 128.79, 127.74, 127.45, 123.69, 120.99, 112.09, 68.13, 63.29, 26.19, 21.40, 15.80

diniconazole（烯唑醇）

CAS 登录号	83657-24-3	分子量	326.22
分子式	$C_{15}H_{17}Cl_2N_3O$		

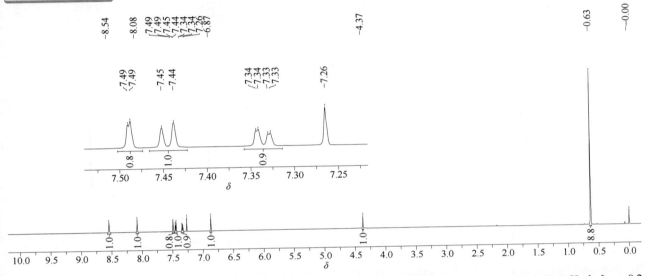

¹H NMR 谱图

¹H NMR (600 MHz, CDCl₃, δ) 8.54 (1H, ArH, s), 8.08 (1H, ArH, s), 7.49 (1H, ArH, d, J_{H-H} = 1.8 Hz), 7.44 (1H, ArH, d, J_{H-H} = 8.2 Hz), 7.34 (1H, ArH, dd, J_{H-H} = 8.2 Hz, J_{H-H} = 1.6 Hz), 6.87 (1H, OH, s), 4.37 (1H, CH, s), 0.63 (9H, C(CH₃)₃, s)

¹³C NMR 谱图

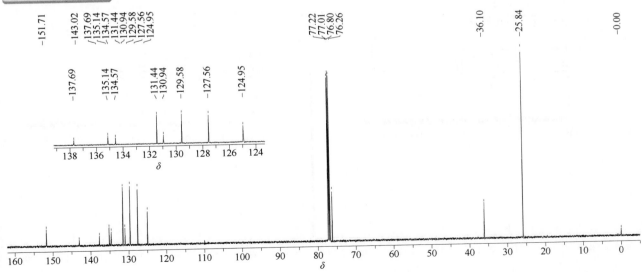

¹³C NMR (151 MHz, CDCl₃, δ) 151.71, 143.02, 137.69, 135.14, 134.57, 131.44, 130.94, 129.58, 127.56, 124.95, 76.26, 36.10, 25.84

dinitramine（氨基乙氟灵）

基本信息

CAS 登录号	29091-05-2
分子式	$C_{11}H_{13}F_3N_4O_4$

分子量	322.24

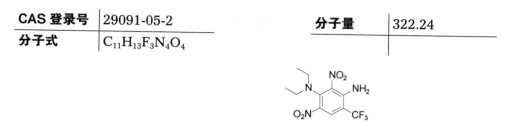

¹H NMR 谱图

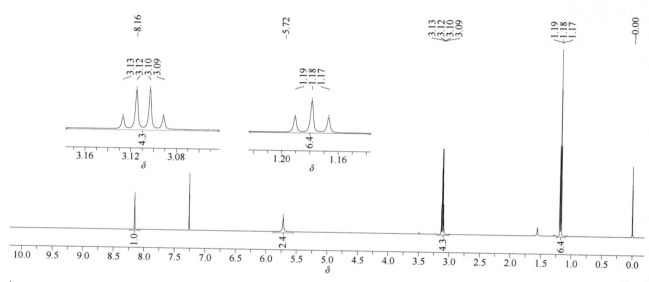

¹H NMR (600 MHz, CDCl₃, δ) 8.16 (1H, ArH, s), 5.72 (2H, NH₂, br), 3.11 (4H, C$\underline{H}_2$CH₃, q, J_{H-H} = 7.1 Hz), 1.18 (6H, CH₂C$\underline{H}_3$, t, J_{H-H} = 7.1 Hz)

¹³C NMR 谱图

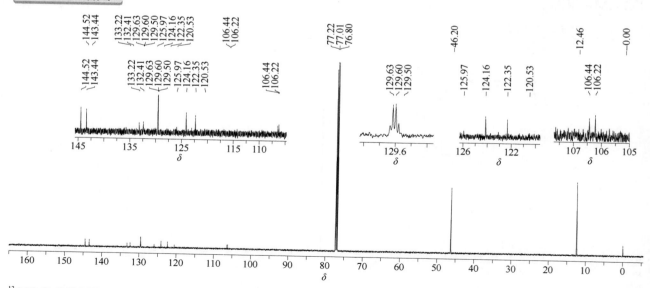

¹³C NMR (151 MHz, CDCl₃, δ) 144.52, 143.44, 133.22, 132.41, 129.60 (q, $^3J_{C-F}$ = 5.3 Hz), 123.26 (q, J_{C-F} = 277.4 Hz), 106.33 (q, $^2J_{C-F}$ = 32.3 Hz), 46.20, 12.46

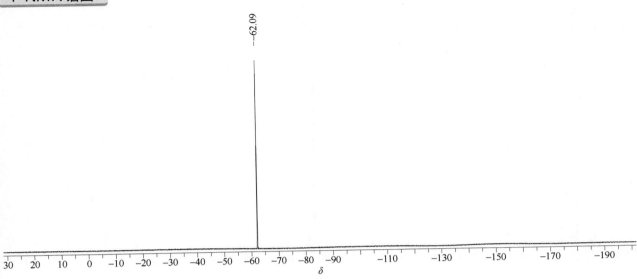

−62.09

¹⁹F NMR (564 MHz, CDCl$_3$, δ) −62.09

dinobuton（消螨通）

基本信息

CAS 登录号	973-21-7	分子量	326.30
分子式	C$_{14}$H$_{18}$N$_2$O$_7$		

¹H NMR 谱图

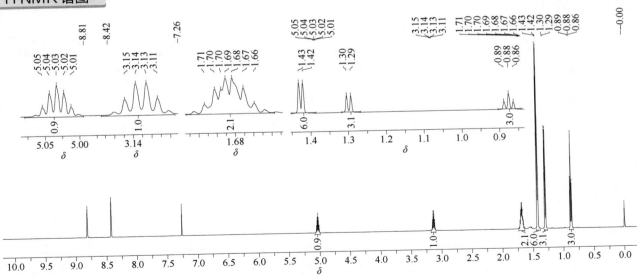

¹H NMR (600 MHz, CDCl$_3$, δ) 8.81 (1H, ArH, s), 8.42 (1H, ArH, s), 5.03 (1H, OCH, hept, J_{H-H} = 6.3 Hz), 3.13 (1H, C$\underline{H}$CH$_3$, m), 1.73~1.64 (2H, CH$_2$, m), 1.42 (6H, 2CHC$\underline{H}_3$, d, J_{H-H} = 6.2 Hz), 1.30 (3H, CHC$\underline{H}_3$, d, J_{H-H} = 6.9 Hz), 0.88 (3H, CH$_2$C$\underline{H}_3$, t, J_{H-H} = 7.3 Hz)

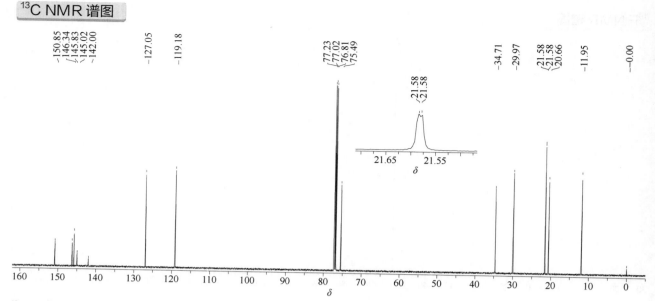

¹³C NMR (151 MHz, CDCl₃, δ) 150.85, 146.34, 145.83, 145.02, 142.00, 127.05, 119.18, 75.49, 34.71, 29.97, 21.58, 21.58, 20.66, 11.95

dinoseb（地乐酚）

基本信息

CAS 登录号	88-85-7	分子量	240.21
分子式	C₁₀H₁₂N₂O₅		

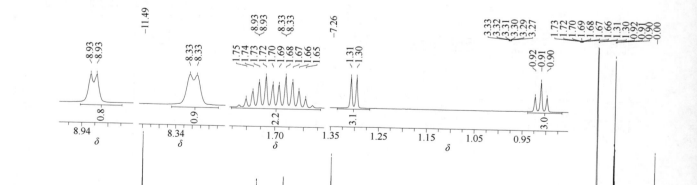

¹H NMR 谱图

¹H NMR (600 MHz, CDCl₃, δ) 11.49 (1H, OH, s), 8.93 (1H, ArH, d, J_{H-H} = 2.7 Hz), 8.33 (1H, ArH, d, J_{H-H} = 2.7 Hz), 3.33 (1H, C*H*CH₃, hex, J_{H-H} = 7.0 Hz), 1.76~1.62 (2H, C*H₂*CH₃, m), 1.31 (3H, CHC*H₃*, d, J_{H-H} = 7.0 Hz), 0.92 (3H, CH₂C*H₃*, t, J_{H-H} = 7.4 Hz)

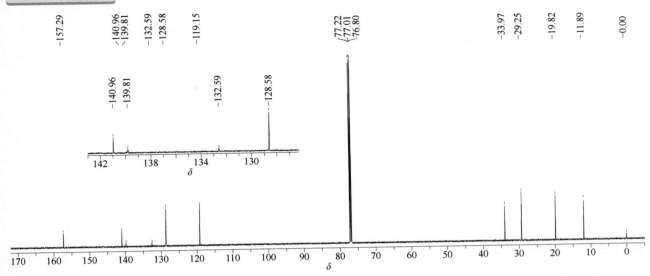

¹³C NMR (151 MHz, CDCl$_3$, δ) 157.29, 140.96, 139.81, 132.59, 128.58, 119.15, 33.97, 29.25, 19.82, 11.89

dinoseb acetate（地乐酯）

CAS 登录号	2813-95-8	分子量	282.25
分子式	C$_{12}$H$_{14}$N$_2$O$_6$		

¹H NMR 谱图

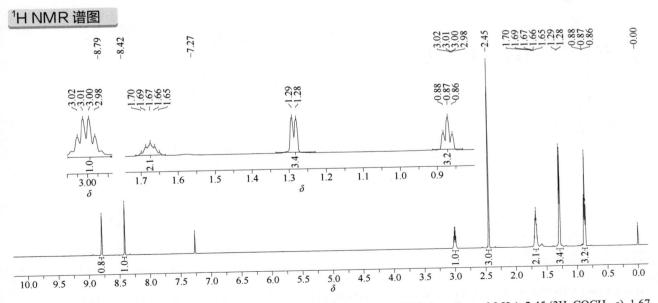

¹H NMR (600 MHz, CDCl$_3$, δ) 8.79 (1H, ArH, s), 8.42 (1H, ArH, s), 3.00 (1H, C$\underline{H}$CH$_3$, hex, $J_{\text{H-H}}$ = 6.9 Hz), 2.45 (3H, COCH$_3$, s), 1.67 (2H, C$\underline{H}_2$CH$_3$, m), 1.28 (3H, CHC$\underline{H}_3$, d, $J_{\text{H-H}}$ = 6.9 Hz), 0.87 (3H, CH$_2$C$\underline{H}_3$, t, $J_{\text{H-H}}$ = 7.3 Hz)

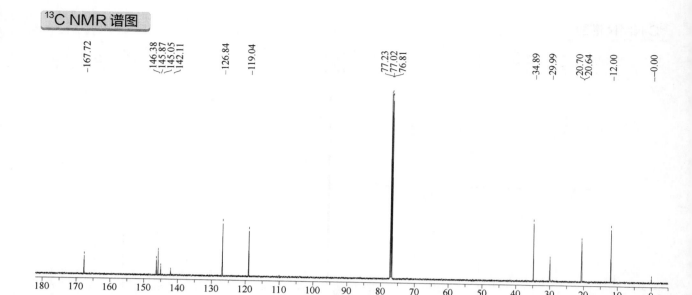

¹³C NMR (151 MHz, CDCl₃, δ) 167.72, 146.38, 145.87, 145.05, 142.11, 126.84, 119.04, 34.89, 29.99, 20.70, 20.64, 12.00

dinotefuran（呋虫胺）

基本信息

CAS 登录号	165252-70-0	分子量	202.21
分子式	C₇H₁₄N₄O₃		

¹H NMR 谱图

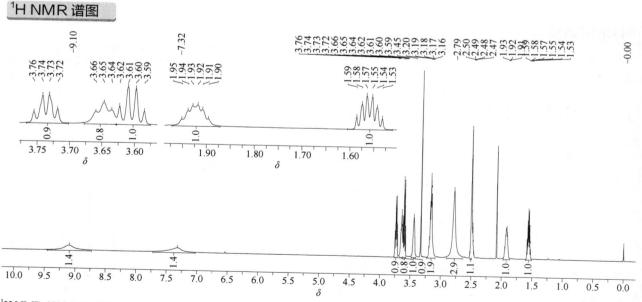

¹H NMR (600 MHz, DMSO-d₆, δ) 9.10 (1H, NH, br), 7.32 (1H, NH, br), 3.77~3.71 (1H, CH/CH₂, m), 3.65 (1H, CH/CH₂, t, J_{H-H} = 7.3 Hz), 3.63~3.58 (1H, CH/CH₂, m), 3.48~3.41 (1H, CH/CH₂, m), 3.23~3.09 (2H, CH/CH₂, m), 2.79 (3H, CH₃, s), 2.52~2.48 (1H, CH/CH₂, m), 1.98~1.86 (1H, CH/CH₂, m), 1.56 (1H, CH/CH₂, td, J_{H-H} = 12.7 Hz, J_{H-H} = 6.7 Hz)

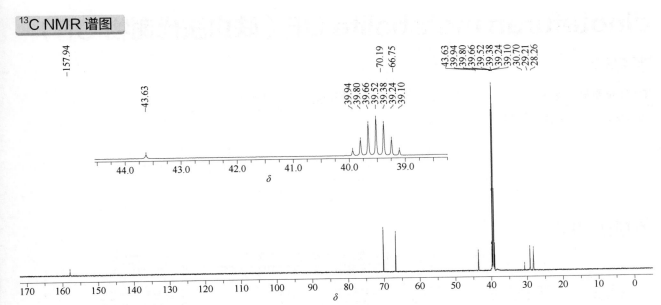

¹³C NMR (151 MHz, DMSO-d₆, δ) 157.94, 70.19, 66.75, 43.63, 30.70, 29.21, 28.26

dinotefuran metabolite DN（呋虫胺代谢物 DN）

基本信息

CAS 登录号	暂无	分子量	157.22
分子式	C₇H₁₅N₃O		

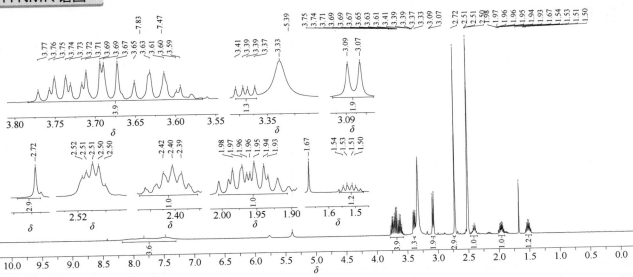

¹H NMR 谱图

¹H NMR (600 MHz, DMSO-d₆, δ) 8.17~7.27 (3H, 3NH, br), 3.78~3.57 (4H, 4OCH, m), 3.39 (1H, CH, dd, J_{H-H} = 8.6 Hz, J_{H-H} = 5.3 Hz), 3.08 (2H, CH₂, d, J_{H-H} = 7.5 Hz), 2.72 (3H, CH₃, s), 2.47~2.35 (1H, CH, m), 2.00~1.91 (1H, CH, m), 1.52 (1H, CH, dd, J_{H-H} = 13.0 Hz, J_{H-H} = 5.4 Hz)

dinotefuran metabolite UF（呋虫胺代谢物 UF）

基本信息

CAS 登录号	暂无	分子量	158.20
分子式	$C_7H_{14}N_2O_2$		

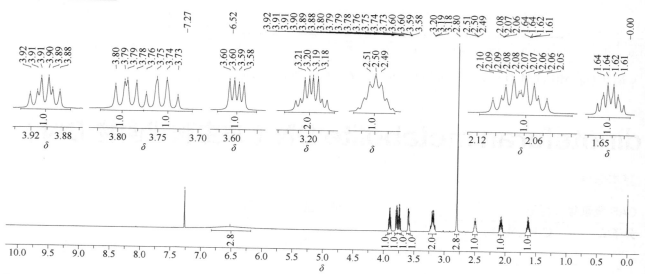

¹H NMR 谱图

¹H NMR (600 MHz, CDCl₃, δ) 6.52 (2H, 2NH, br), 3.90 (1H, OCH, td, J_{H-H} = 8.3 Hz, J_{H-H} = 5.4 Hz), 3.79 (1H, OCH, dd, J_{H-H} = 8.8 Hz, J_{H-H} = 6.8 Hz), 3.75 (1H, OCH, dd, J_{H-H} = 15.5 Hz, J_{H-H} = 8.1 Hz), 3.59 (1H, OCH, dd, J_{H-H} = 8.9 Hz, J_{H-H} = 4.6 Hz), 3.22~3.18 (2H, NCH₂, m), 2.80 (3H, CH₃, s), 2.54~2.46 (1H, CH, m), 2.12~2.02 (1H, CH, m), 1.63 (1H, CH, dd, J_{H-H} = 12.8 Hz, J_{H-H} = 5.3 Hz)

¹³C NMR 谱图

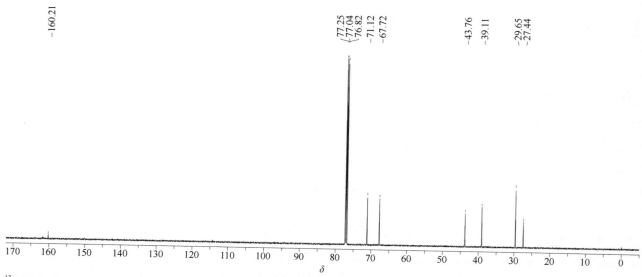

¹³C NMR (151 MHz, CDCl₃, δ) 160.21, 71.12, 67.72, 43.76, 39.11, 29.65, 27.44

dinoterb（特乐酚）

基本信息

CAS 登录号	1420-07-1	分子量	240.21
分子式	$C_{10}H_{12}N_2O_5$		

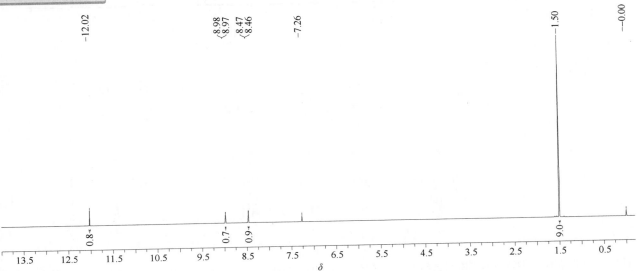

^{1}H NMR 谱图

^{1}H NMR (600 MHz, CDCl$_3$, δ) 12.02 (1H, OH, s), 8.97 (1H, ArH, d, J_{H-H} = 2.6 Hz), 8.46 (1H, ArH, d, J_{H-H} = 2.6 Hz), 1.50 (9H, 3CH$_3$, s)

^{13}C NMR 谱图

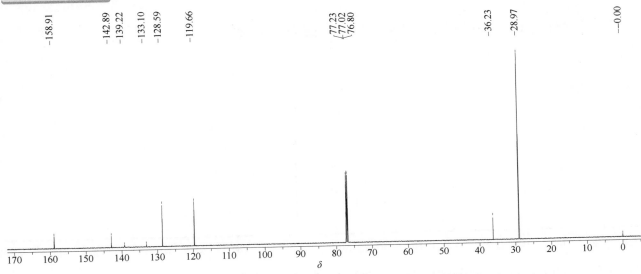

^{13}C NMR (151 MHz, CDCl$_3$, δ) 158.91, 142.89, 139.22, 133.10, 128.59, 119.66, 36.23, 28.97

diofenolan（噁茂醚）

基本信息

CAS 登录号	63837-33-2	分子量	300.35
分子式	$C_{18}H_{20}O_4$		

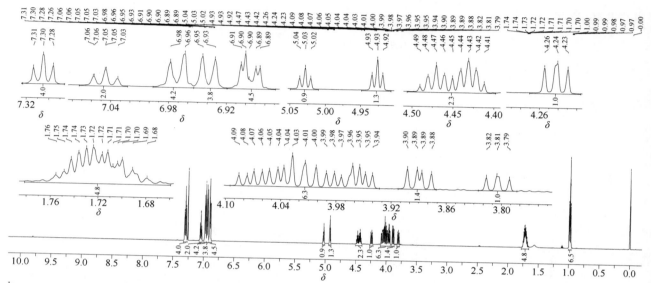

¹H NMR 谱图

¹H NMR (600 MHz, CDCl₃, δ) 两组异构体，比例为 4：6。7.30 (4H, 4ArH, t, J_{H-H} = 8.0 Hz), 7.05 (2H, 2ArH, t, J_{H-H} = 8.0 Hz), 6.97 (4H, 4ArH, d, J_{H-H} = 9.0 Hz), 6.94 (4H, 4ArH, d, J_{H-H} = 7.9 Hz), 6.92~6.87 (4H, 4ArH, m), 5.03 (1H, CH/CH₂, t, J_{H-H} = 4.7 Hz), 4.93 (1H, CH/CH₂, t, J_{H-H} = 4.6 Hz), 4.51~4.40 (2H, CH/CH₂, m), 4.27~4.22 (1H, CH/CH₂, m), 4.10~3.93 (5H, 5CH/CH₂, m), 3.91~3.87 (1H, CH/CH₂, m), 3.83~3.78 (1H, CH/CH₂, m), 1.78~1.66 (4H, 2CH₂, m), 1.02~0.94 (6H, 2CH₃, m)

¹³C NMR 谱图

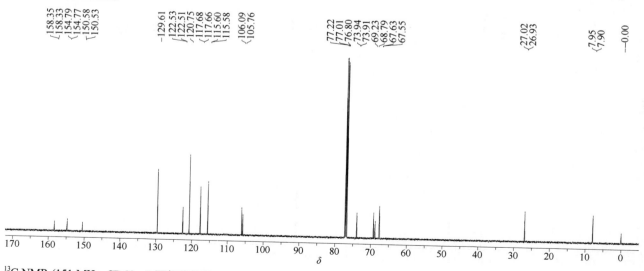

¹³C NMR (151 MHz, CDCl₃, δ) 两组异构体。158.35, 158.33, 154.79, 154.77, 150.58, 150.53, 129.61, 122.53, 122.51, 120.75, 117.68, 117.66, 115.60, 115.58, 106.09, 105.76, 73.94, 73.91, 69.23, 68.79, 67.63, 67.55, 27.02, 26.93, 7.95, 7.90

dioxabenzofos（蔬果磷）

基本信息

CAS 登录号	3811-49-2	分子量	216.19
分子式	C₈H₉O₃PS		

基本信息

CAS 登录号	3811-49-2	分子量	216.19
分子式	$C_8H_9O_3PS$		

¹H NMR 谱图

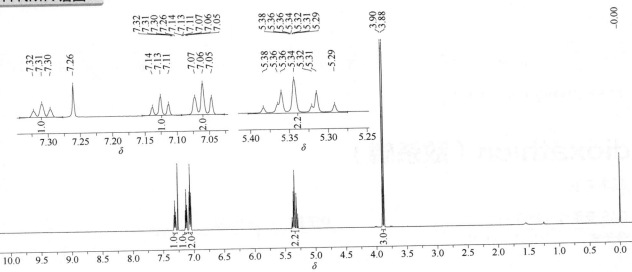

¹H NMR (600 MHz, CDCl₃, δ) 7.31 (1H, ArH, t, J_{H-H} = 7.8 Hz), 7.13 (1H, ArH, t, J_{H-H} = 7.5 Hz), 7.06 (2H, 2ArH, t, J_{H-H} = 7.7 Hz), 5.40~5.27 (2H, OCH₂, m), 3.89 (3H, CH₃, d, $^3J_{H-P}$ = 14.1 Hz)

¹³C NMR 谱图

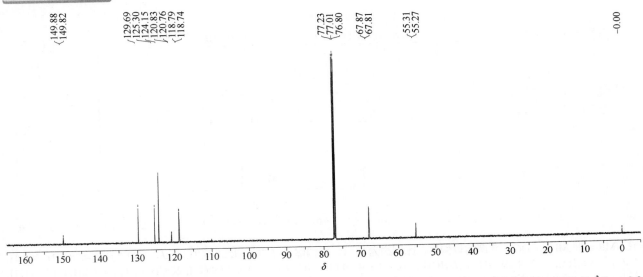

¹³C NMR (151 MHz, CDCl₃, δ) 149.85 (d, $^2J_{C-P}$ = 9.0 Hz), 129.69, 125.30, 124.15, 120.79 (d, $^3J_{C-P}$ = 11.5 Hz), 118.77 (d, $^3J_{C-P}$ = 8.3 Hz), 67.84 (d, $^2J_{C-P}$ = 8.2 Hz), 55.29 (d, $^2J_{C-P}$ = 5.2 Hz)

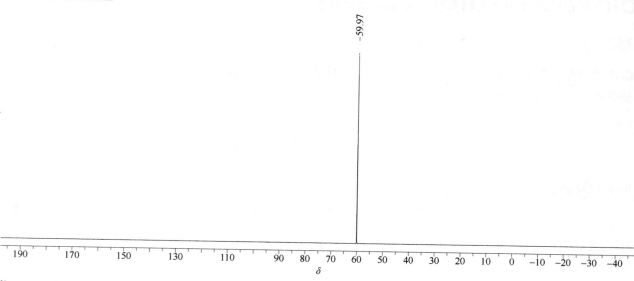

³¹P NMR (243 MHz, CDCl₃, δ) 59.97

dioxathion（敌杀磷）

基本信息

CAS 登录号	78-34-2	分子量	456.52
分子式	C₁₂H₂₆O₆P₂S₄		

¹H NMR 谱图

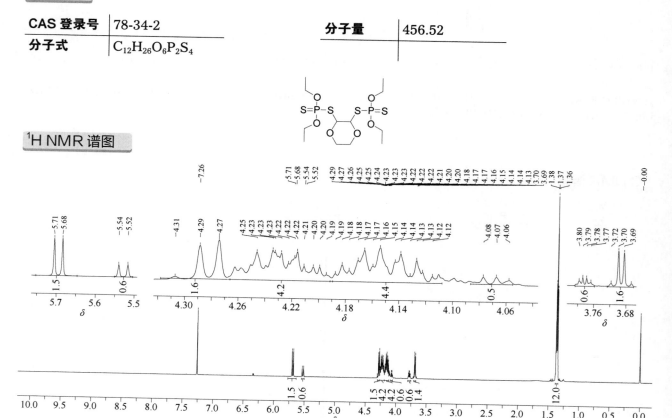

¹H NMR (600 MHz, CDCl₃, δ) 两组异构体，比例约为 3：1。异构体 A: 5.70 (2H, 2SOCH, d, ³J_{H-P} = 12.7 Hz), 4.28 (2H, 2OCH, d, J_{H-H} = 8.5 Hz), 4.27~4.19 (4H, 4CHHCH₃, m), 4.16~4.10 (4H, 4CHHCH₃, m), 3.69 (2H, 2OCH, d, J_{H-H} = 8.4 Hz), 1.37 (12H, 4CH₃, t, J_{H-H} = 7.0 Hz). 异构体 B: 5.53 (2H, 2SOCH, d, ³J_{H-P} = 14.1 Hz), 4.27~4.19 (4H, 4CHHCH₃, m), 4.16 (4H, 4CHHCH₃, m), 4.07 (2H, 2OCH, d, J_{H-H} = 8.5 Hz), 3.78 (2H, 2OCH, d, J_{H-H} = 6.0 Hz), 1.37 (12H, 4CH₃, t, J_{H-H} = 7.0 Hz)

¹³C NMR 谱图

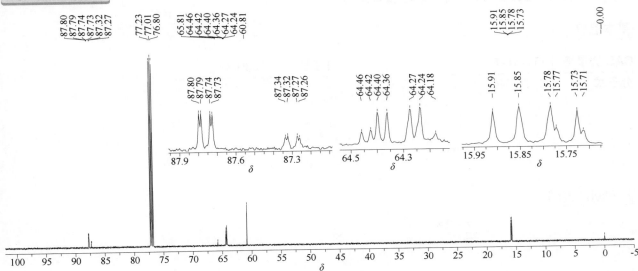

¹³C NMR (151 MHz, CDCl₃, δ) 两组异构体。异构体 A:87.77 (d, $^2J_{C-P}$ = 9.1 Hz), 87.76 (d, $^2J_{C-P}$ = 9.1 Hz), 64.38 (d, $^2J_{C-P}$ = 7.3 Hz), 64.26 (d, $^2J_{C-P}$ = 5.9 Hz), 60.81, 15.88 (d, $^3J_{C-P}$ = 8.7 Hz), 15.76 (d, $^3J_{C-P}$ = 8.7 Hz). 异构体 B: 87.30 (d, $^2J_{C-P}$ = 7.8 Hz), 87.29 (d, $^2J_{C-P}$ = 7.8 Hz), 65.81, 64.44 (d, $^2J_{C-P}$ = 7.3 Hz), 44.20 (d, $^2J_{C-P}$ = 7.3 Hz), 15.88 (d, $^3J_{C-P}$ = 8.7 Hz), 15.74 (d, $^3J_{C-P}$ = 8.7 Hz)

³¹P NMR 谱图

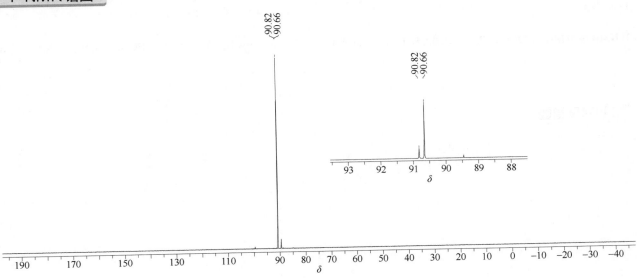

³¹P NMR (243 MHz, CDCl₃, δ) 异构体 A: 90.66。异构体 B: 90.82

diphenamid（草乃敌）

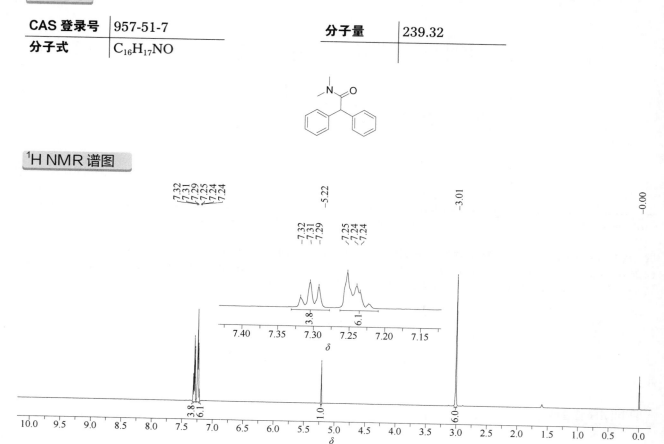

基本信息

CAS 登录号	957-51-7	分子量	239.32
分子式	$C_{16}H_{17}NO$		

¹H NMR 谱图

¹H NMR (600 MHz, CDCl₃, δ) 7.31 (4H, 4ArH, t, J_{H-H} = 7.6 Hz), 7.26~7.21 (6H, 6ArH, m), 5.22 (1H, CHCO, s), 3.01 (6H, N(CH₃)₂, s)

¹³C NMR 谱图

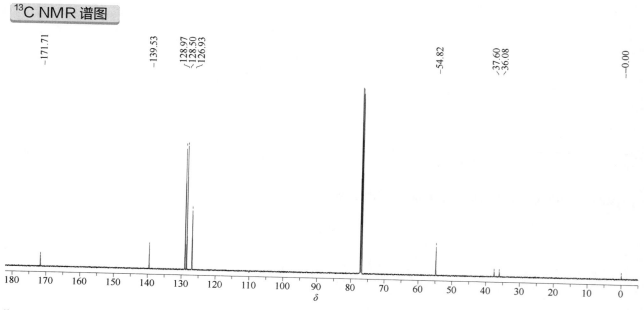

¹³C NMR (151 MHz, CDCl₃, δ) 171.71, 139.53, 128.97, 128.50, 126.93, 54.82, 37.60, 36.08

1,3-diphenylurea（二苯基脲）

基本信息

CAS 登录号	102-07-8	分子量	212.25
分子式	C$_{13}$H$_{12}$N$_2$O		

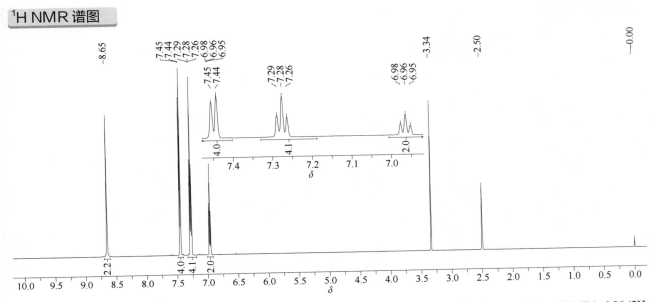

^{1}H NMR 谱图

^{1}H NMR (600 MHz, DMSO-d$_6$, δ) 8.65 (2H, 2NH, br), 7.44 (4H, 4ArH, d, J_{H-H} = 8.0 Hz), 7.28 (4H, 4ArH, t, J_{H-H} = 7.6 Hz), 6.96 (2H, 2ArH, t, J_{H-H} = 7.3 Hz)

^{13}C NMR 谱图

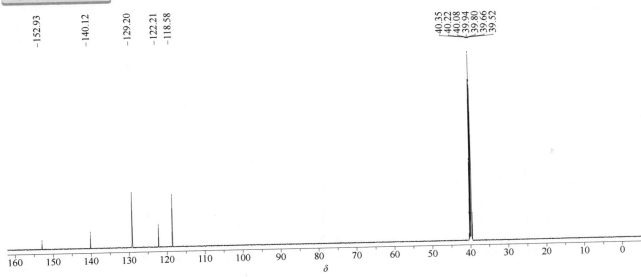

^{13}C NMR (151 MHz, DMSO-d$_6$, δ) 152.93, 140.12, 129.20, 122.21, 118.58

diphenylamine（二苯胺）

基本信息

CAS 登录号	122-39-4	分子量	169.23
分子式	$C_{12}H_{11}N$		

¹H NMR 谱图

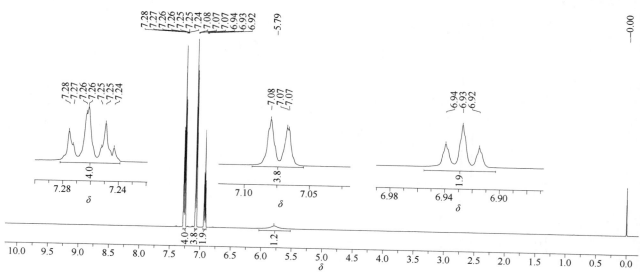

¹H NMR (600 MHz, CDCl₃, δ) 7.28~7.24 (4H, 4ArH, m), 7.07 (4H, 4ArH, d, J_{H-H} = 7.4 Hz), 6.93 (2H, 2ArH, t, J_{H-H} = 7.4 Hz), 5.79 (1H, NH, br)

¹³C NMR 谱图

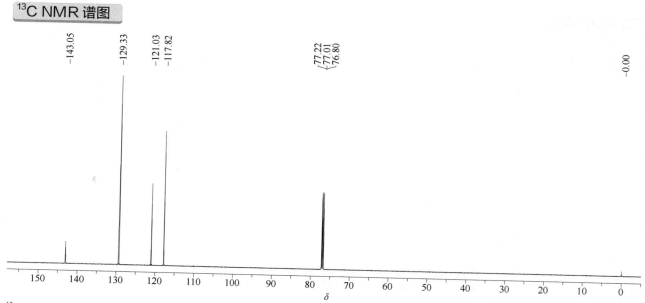

¹³C NMR (151 MHz, CDCl₃, δ) 143.05, 129.33, 121.03, 117.82

dipropetryn（异丙净）

基本信息

CAS 登录号	4147-51-7	分子量	255.38
分子式	$C_{11}H_{21}N_5S$		

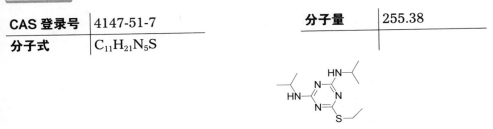

^{1}H NMR 谱图

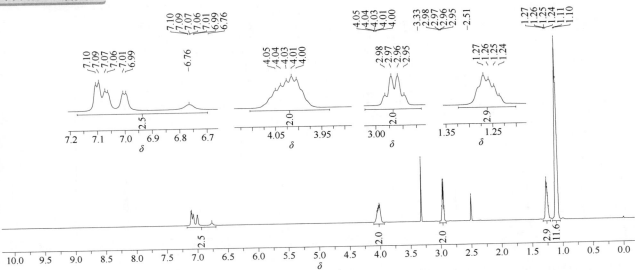

^{1}H NMR (600 MHz, CDCl$_3$, δ) 多组异构体。7.18~6.72 (2H, 2NH, m), 4.10~3.95 (2H, 2C$\underline{H}$(CH$_3$)$_2$, m), 3.00~2.93 (2H, CH$_2$, m), 1.31~1.22 (3H, CH$_2$C$\underline{H}_3$, m), 1.14~1.06 (12H, 2CH(C$\underline{H}_3$)$_2$, m)

^{13}C NMR 谱图

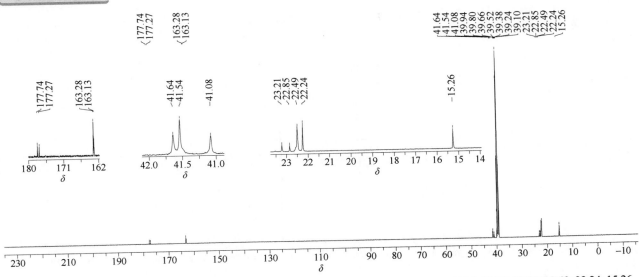

^{13}C NMR (151 MHz, DMSO-d$_6$, δ) 多组异构体。177.74, 177.27, 163.28, 163.13, 41.64, 41.54, 41.08, 23.21, 22.85, 22.49, 22.24, 15.26

dipropyl isocinchomeronate（丙蝇驱）

基本信息

CAS 登录号	136-45-8	分子量	251.28
分子式	$C_{13}H_{17}NO_4$		

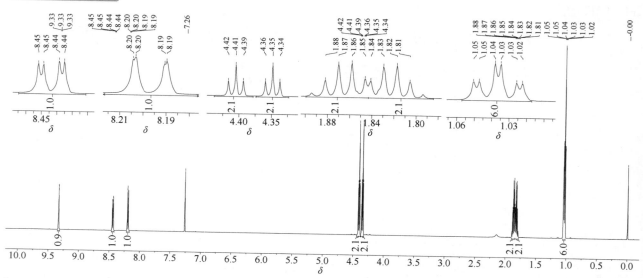

¹H NMR 谱图

¹H NMR (600 MHz, CDCl₃, δ) 9.33 (1H, ArH, dd, J_{H-H} = 2.0 Hz, J_{H-H} = 0.6 Hz), 8.44 (1H, ArH, dd, J_{H-H} = 8.1 Hz, J_{H-H} = 2.0 Hz), 8.20 (1H, ArH, dd, J_{H-H} = 8.1 Hz, J_{H-H} = 0.6 Hz), 4.41 (2H, OCH₂, t, J_{H-H} = 6.9 Hz), 4.35 (2H, OCH₂, t, J_{H-H} = 6.8 Hz), 1.86 (2H, CH₂, dt, J_{H-H} = 7.2 Hz, J_{H-H} = 7.2 Hz), 1.82 (2H, CH₂, dt, J_{H-H} = 7.2 Hz, J_{H-H} = 6.9 Hz), 1.04 (3H, CH₃, t, J_{H-H} = 7.4 Hz), 1.03 (3H, CH₃, t, J_{H-H} = 7.4 Hz)

¹³C NMR 谱图

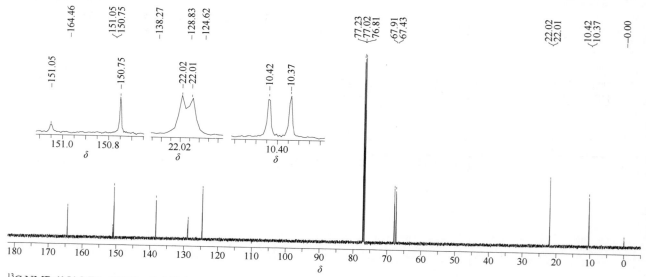

¹³C NMR (151 MHz, CDCl₃, δ) 164.46, 151.05, 150.75, 138.27, 128.83, 124.62, 67.91, 67.43, 22.02, 22.01, 10.47, 10.37

diquat dibromide hydrate（敌草快水合物）

基本信息

CAS 登录号	6385-62-2	分子量	326.06
分子式	$C_{12}H_{14}Br_2N_2O$		

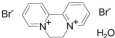

¹H NMR 谱图

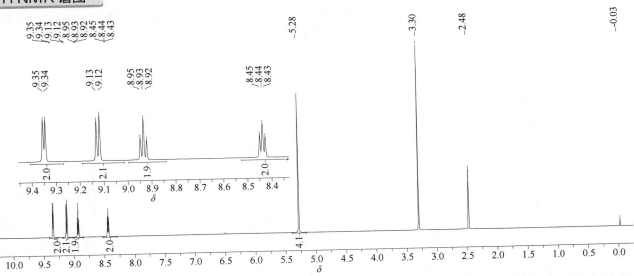

¹H NMR (600 MHz, DMSO-d₆, δ) 9.35 (2H, 2ArH, d, J_{H-H} = 5.9 Hz), 9.12 (2H, 2ArH, d, J_{H-H} = 8.2 Hz), 8.93 (2H, 2ArH, t, J_{H-H} = 8.0 Hz), 8.44 (2H, 2ArH, t, J_{H-H} = 6.9 Hz), 5.28 (4H, C$\underline{H_2}$C$\underline{H_2}$, s)

¹³C NMR 谱图

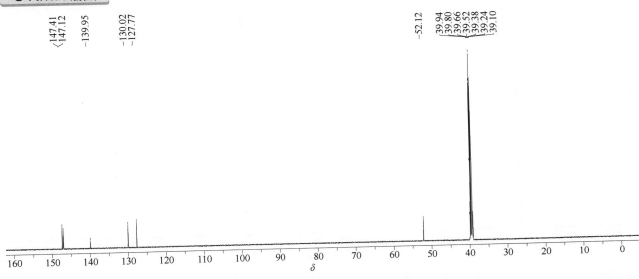

¹³C NMR (151 MHz, DMSO-d₆, δ) 147.41, 147.12, 139.95, 130.02, 127.77, 52.12

disulfoton（乙拌磷）

基本信息

CAS 登录号	298-04-4	分子量	274.40
分子式	$C_8H_{19}O_2PS_3$		

¹H NMR 谱图

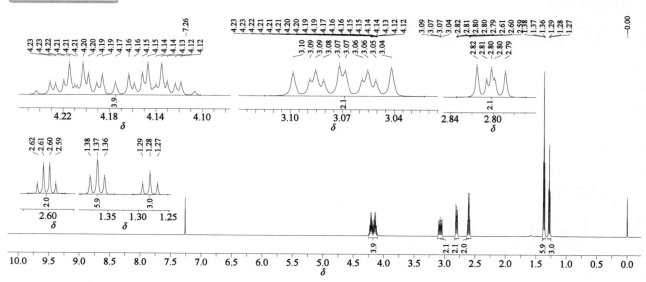

¹H NMR (600 MHz, CDCl₃, δ) 4.25~4.10 (4H, 2CH₃C$\underline{H}$₂O, m), 3.12~3.02 (2H, PSCH₂, m), 2.83~2.77 (2H, PSCH₂C$\underline{H}$₂, m), 2.60 (2H, CH₃C$\underline{H}$₂S, q, J_{H-H} = 7.4 Hz), 1.40 (6H, 2C$\underline{H}$₃CH₂O, t, J_{H-H} = 7.1 Hz), 1.31 (3H, C$\underline{H}$₃CH₂S, t, J_{H-H} = 7.4 Hz)

¹³C NMR 谱图

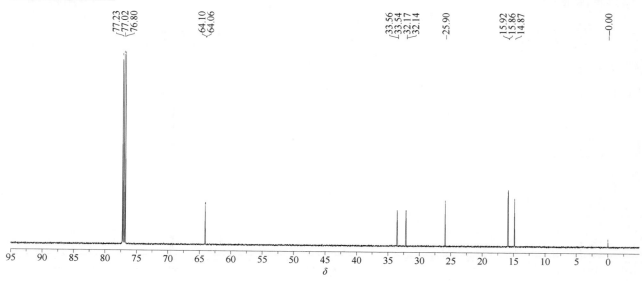

¹³C NMR (151 MHz, CDCl₃, δ) 64.08 (d, $^2J_{C-P}$ = 6.2 Hz), 33.55 (d, $^3J_{C-P}$ = 3.6 Hz), 32.15 (d, $^2J_{C-P}$ = 4.1 Hz), 25.90, 15.89 (d, $^3J_{C-P}$ = 8.4 Hz), 14.87

³¹P NMR 谱图

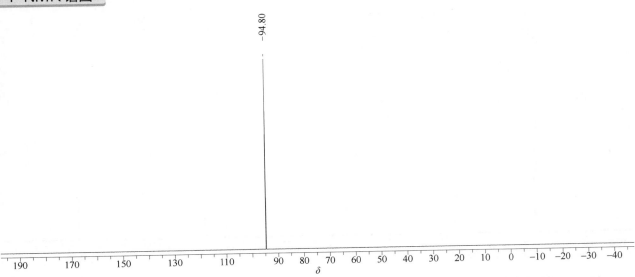

^{31}P NMR (243 MHz, CDCl$_3$, δ) 94.80

disulfoton sulfone（乙拌磷砜）

基本信息

CAS 登录号	2497-06-5	分子量	306.39
分子式	C$_8$H$_{19}$O$_4$PS$_3$		

¹H NMR 谱图

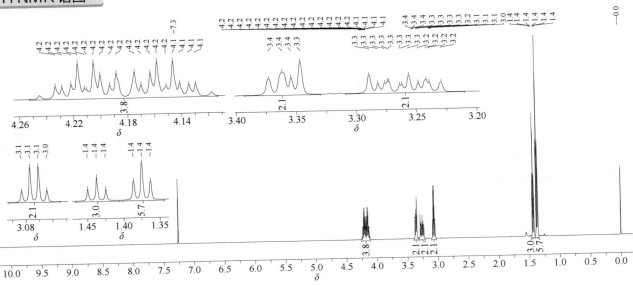

^{1}H NMR (600 MHz, CDCl$_3$, δ) 4.25~4.11 (4H, 2OCH$_2$, m), 3.38~3.33 (2H, CH$_2$, m), 3.31~3.21 (2H, CH$_2$, m), 3.07 (2H, SC$\underline{H}_2$CH$_3$, q, J_{H-H} = 7.5 Hz), 1.44 (3H, SCH$_2$C$\underline{H}_3$, t, J_{H-H} = 7.5 Hz), 1.37 (6H, 2OCH$_2$C$\underline{H}_3$, t, J_{H-H} = 7.0 Hz)

¹³C NMR 谱图

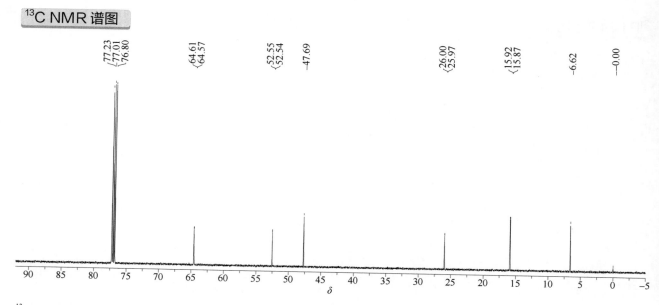

¹³C NMR (151 MHz, CDCl₃, δ) 64.59 (d, $^2J_{C-P}$ = 6.8 Hz), 52.55 (d, $^3J_{C-P}$ = 2.5 Hz), 47.69, 25.98 (d, $^2J_{C-P}$ = 3.9 Hz), 15.89 (d, $^3J_{C-P}$ = 8.1 Hz), 6.62

³¹P NMR 谱图

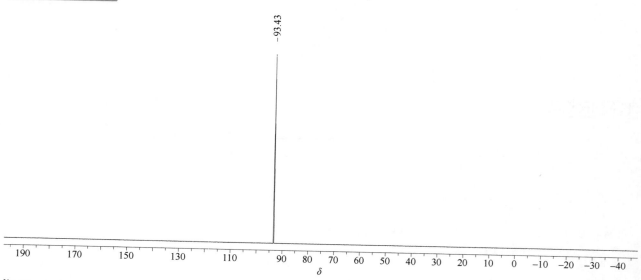

³¹P NMR (243 MHz, CDCl₃, δ) 93.43

disulfoton sulfoxide（砜拌磷）

基本信息

CAS 登录号	2497-07-6	**分子量**	290.40
分子式	C₈H₁₉O₃PS₃		

C₈H₁₉O₃PS₃ → $C_8H_{19}O_3PS_3$

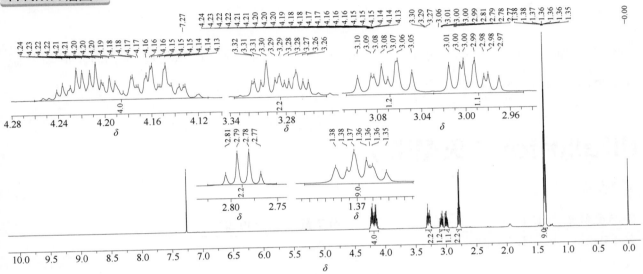

¹H NMR 谱图

¹H NMR (600 MHz, CDCl₃, δ) 4.26~4.11 (4H, 2OCH₂, m), 3.34~3.24 (2H, CH₂, m), 3.11~3.03 (1H, CH₂, m), 3.03~2.95 (1H, CH₂, m), 2.79 (2H, SCH₂, q, J_{H-H} = 7.5 Hz), 1.40~1.33 (9H, 3CH₃, m)

¹³C NMR 谱图

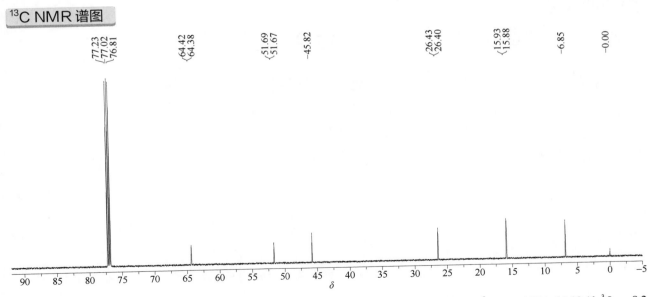

¹³C NMR (151 MHz, CDCl₃, δ) 64.40 (d, $^2J_{C-P}$ = 6.0 Hz), 51.68 (d, $^3J_{C-P}$ = 3.0 Hz), 45.82, 26.42 (d, $^2J_{C-P}$ = 3.8 Hz), 15.90 (d, $^3J_{C-P}$ = 8.2 Hz), 6.85

³¹P NMR 谱图

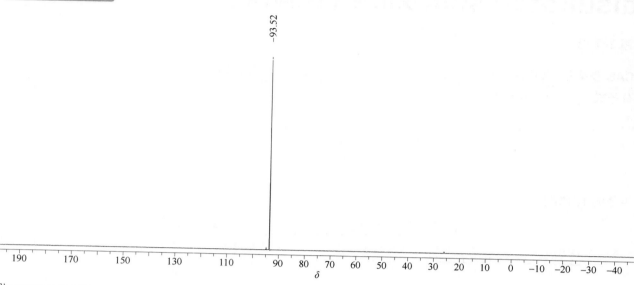

³¹P NMR (243 MHz, CDCl₃, δ) 93.52

ditalimfos（灭菌磷）

基本信息

CAS 登录号	5131-24-8	分子量	299.28
分子式	C₁₂H₁₄NO₄PS		

¹H NMR 谱图

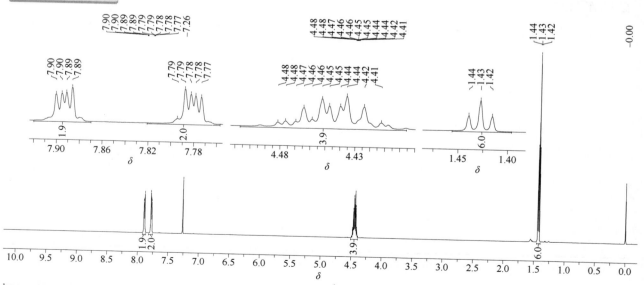

¹H NMR (600 MHz, CDCl₃, δ) 7.93~7.85 (2H, 2ArH, m), 7.82~7.76 (2H, 2ArH, m), 4.51~4.40 (4H, 2CH₂, m), 1.43 (6H, 2CH₃, t, J_{H-H} = 7.1 Hz)

¹³C NMR 谱图

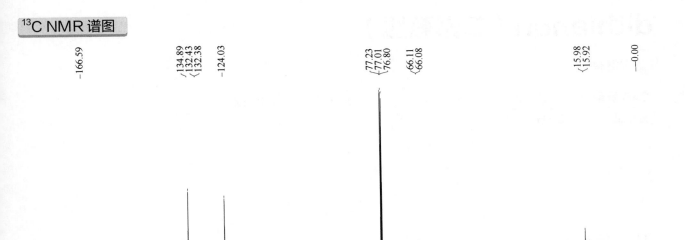

¹³C NMR (151 MHz, CDCl$_3$, δ) 166.59, 134.89, 132.41 (d, $^3J_{\text{C-P}}$ = 5.1 Hz), 124.03, 66.09 (d, $^2J_{\text{C-P}}$ = 5.1 Hz), 15.95 (d, $^3J_{\text{C-P}}$ = 8.2 Hz)

³¹P NMR 谱图

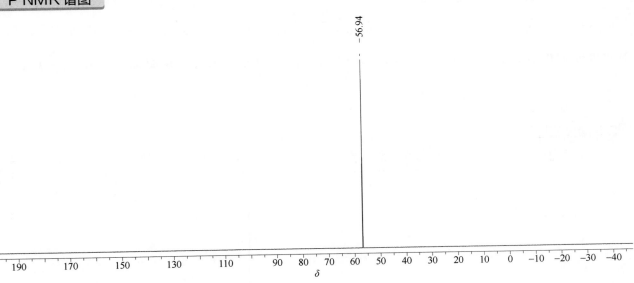

³¹P NMR (243 MHz, CDCl$_3$, δ) 56.94

dithianon（二氰蒽醌）

基本信息

CAS 登录号	3347-22-6	**分子量**	296.32
分子式	$C_{14}H_4N_2O_2S_2$		

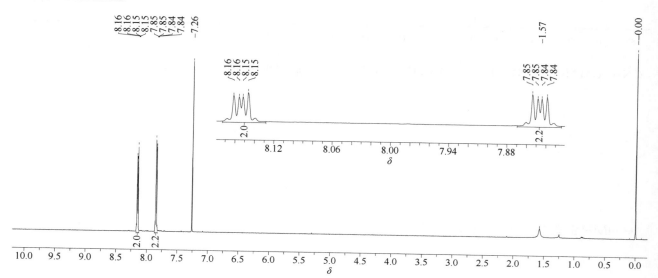

^{1}H NMR 谱图

^{1}H NMR (600 MHz, CDCl$_3$, δ) 8.16 (2H, 2ArH, dd, J_{H-H} = 5.7 Hz, J_{H-H} = 3.3 Hz), 7.85 (2H, 2ArH, dd, J_{H-H} = 5.8 Hz, J_{H-H} = 3.3 Hz)

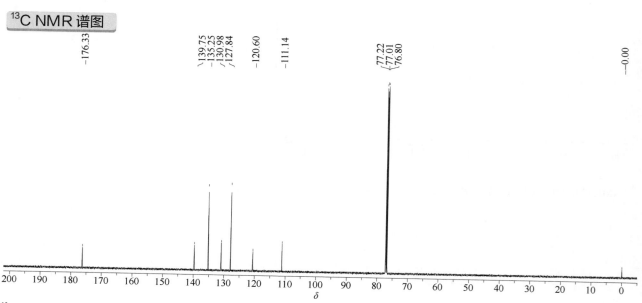

^{13}C NMR 谱图

^{13}C NMR (151 MHz, CDCl$_3$, δ) 176.33, 139.75, 135.25, 130.98, 127.84, 120.60, 111.14

dithiopyr（氟硫草定）

基本信息

CAS 登录号	97886-45-8	**分子量**	401.42
分子式	$C_{15}H_{16}F_5NO_2S_2$		

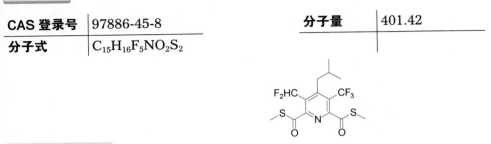

¹H NMR 谱图

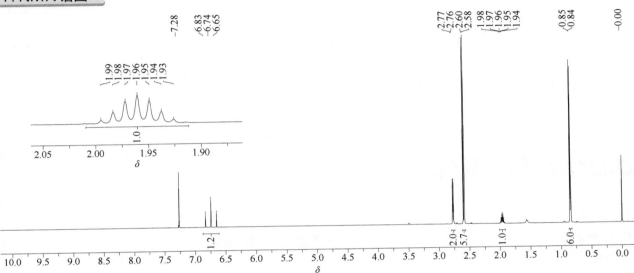

¹H NMR (600 MHz, CDCl₃, δ) 6.74 (1H, CHF₂, t, $^2J_{H\text{-}F}$ = 53.8 Hz), 2.77 (2H, C$\underline{H}_2$CH, d, $J_{H\text{-}H}$ = 7.5 Hz), 2.60 (3H, SCH₃, s), 2.58 (3H, SCH₃, s), 1.96 (1H, C$\underline{H}$(CH₃)₂, hept, $J_{H\text{-}H}$ = 7.0 Hz), 0.85 (6H, CH(C$\underline{H}_3$)₂, d, $J_{H\text{-}H}$ = 6.6 Hz)

¹³C NMR 谱图

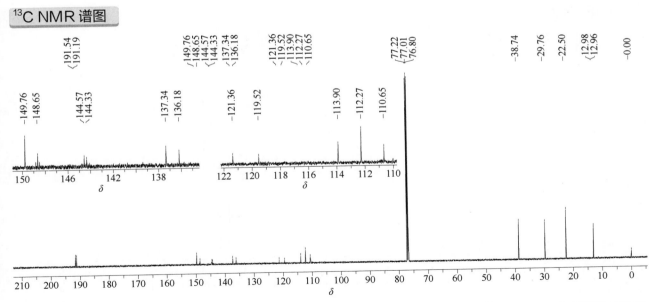

¹³C NMR (151 MHz, CDCl₃, δ) 191.54, 191.19, 149.76, 148.65 (t, $^2J_{C\text{-}F}$ = 25.5 Hz), 144.39 (q, $^2J_{C\text{-}F}$ = 33.8 Hz), 137.34, 136.18, 120.44 (q, $J_{C\text{-}F}$ = 278.3 Hz), 112.27 (t, $J_{C\text{-}F}$ = 243.4 Hz), 38.74, 29.76, 22.50, 12.98, 12.96

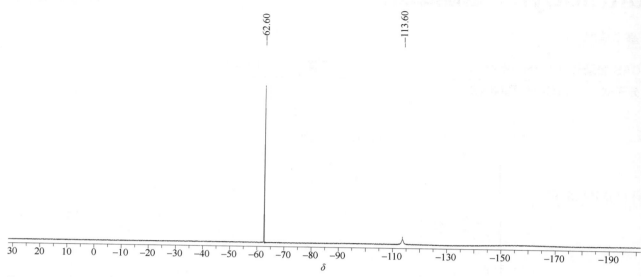

¹⁹F NMR (564 MHz, CDCl₃, δ) −62.60, −113.60

diuron（敌草隆）

基本信息

CAS 登录号	330-54-1	分子量	233.09
分子式	$C_9H_{10}Cl_2N_2O$		

¹H NMR 谱图

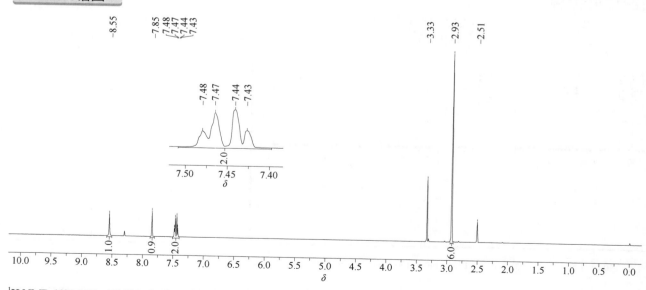

¹H NMR (600 MHz, DMSO-d₆, δ) 8.55 (1H, NH, s), 7.85 (1H, ArH, s), 7.47 (1H, ArH, d, J_{H-H} = 8.8 Hz), 7.43 (1H, ArH, d, J_{H-H} = 8.8 Hz), 2.93 (6H, 2NCH₃, s)

¹³C NMR 谱图

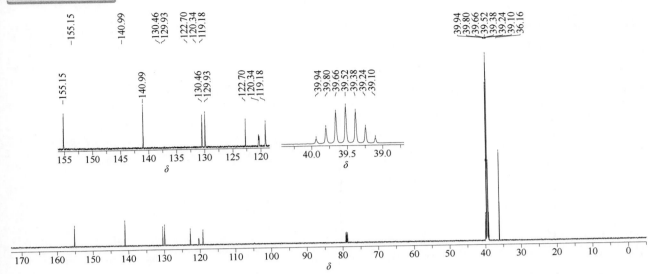

¹³C NMR (151 MHz, DMSO-d₆, δ) 155.15, 140.99, 130.46, 129.93, 122.70, 120.34, 119.18, 36.16（含氯仿残留）

DMST（N,N-二甲基-N'-（对甲苯基）磺酰胺）

基本信息

CAS 登录号	66840-71-9	分子量	214.28
分子式	C₉H₁₄N₂O₂S		

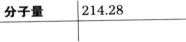

¹H NMR 谱图

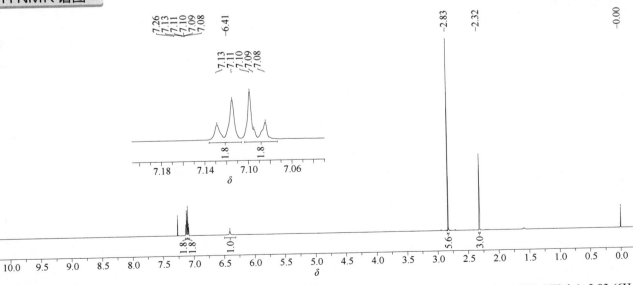

¹H NMR (600 MHz, CDCl₃, δ) 7.13 (2H, 2ArH, d, J_{H-H} = 8.4 Hz), 7.10 (2H, 2ArH, d, J_{H-H} = 8.4 Hz), 6.41 (1H, NH, br), 2.83 (6H, N(CH₃)₂, s), 2.32 (3H, CH₃, s)

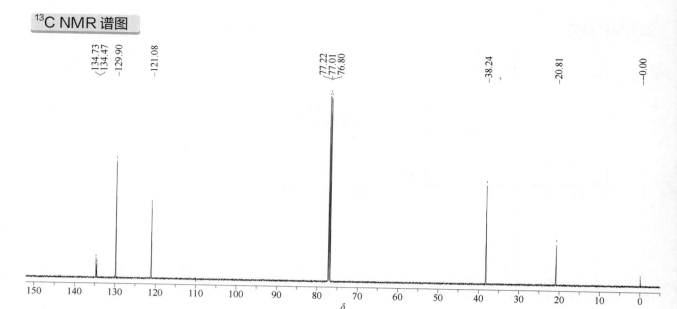

¹³C NMR (151 MHz, CDCl₃, δ) 134.73, 134.47, 129.90, 121.08, 38.24, 20.81

DNOC（二硝酚）

基本信息

CAS 登录号	534-52-1	分子量	198.13
分子式	C₇H₆N₂O₅		

¹H NMR 谱图

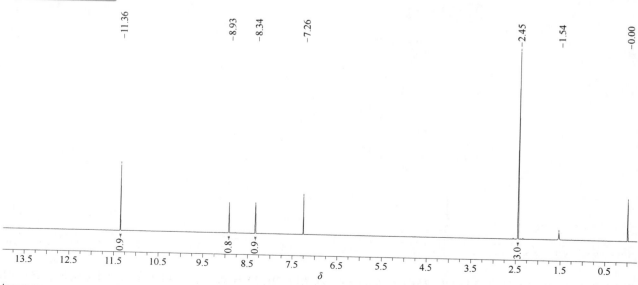

¹H NMR (600 MHz, CDCl₃, δ) 11.36 (1H, OH, s), 8.93 (1H, ArH, s), 8.34 (1H, ArH, s), 2.45 (3H, CH₃, s)

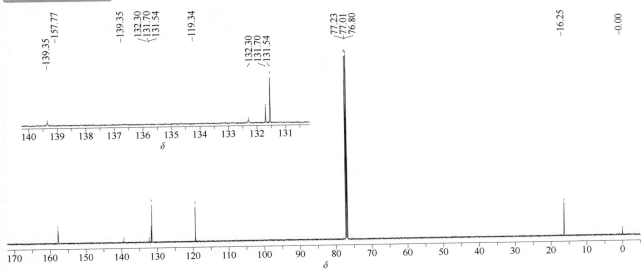

^{13}C NMR (151 MHz, CDCl$_3$, δ) 157.77, 139.35, 132.30, 131.70, 131.54, 119.34, 16.25

dodemorph（吗菌灵）

基本信息

CAS 登录号	1593-77-7	分子量	281.48
分子式	C$_{18}$H$_{35}$NO		

^{1}H NMR 谱图

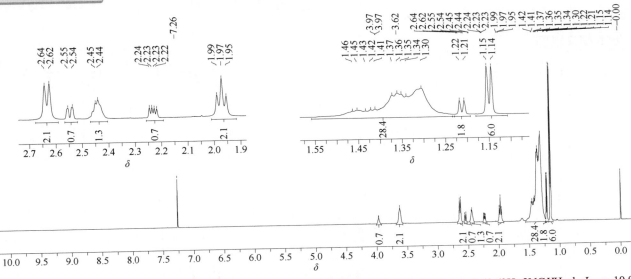

^{1}H NMR (600 MHz, CDCl$_3$, δ) 两组异构体，比例约为 3:1。异构体 A: 3.62 (2H, OCH, br), 2.63 (2H, 2NC$\underline{H}$H, d, $J_{\text{H-H}}$ = 10.9 Hz), 2.47~2.38 (1H NCH, m), 1.97 (2H, 2NC$\underline{H}$H, dd, $J_{\text{H-H}}$ = 10.5 Hz, $J_{\text{H-H}}$ = 10.5 Hz), 1.56~1.23 (22H, 11 CH$_2$, m), 1.15 (6H, 2CHC$\underline{H}_3$, d, $J_{\text{H-H}}$ = 6.3 Hz). 异构体 B: 3.97 (2H, OCH, br), 2.54 (2H, 2NC$\underline{H}$H, d, $J_{\text{H-H}}$ = 10.9 Hz), 2.47~2.38 (1H NCH, m), 2.23 (2H, 2NC$\underline{H}$H, dd, $J_{\text{H-H}}$ = 11.0 Hz, $J_{\text{H-H}}$ = 11.0 Hz), 1.56~1.23 (22H, 11CH$_2$, m), 1.21 (6H, 2CHC$\underline{H}_3$, d, $J_{\text{H-H}}$ = 6.3 Hz)

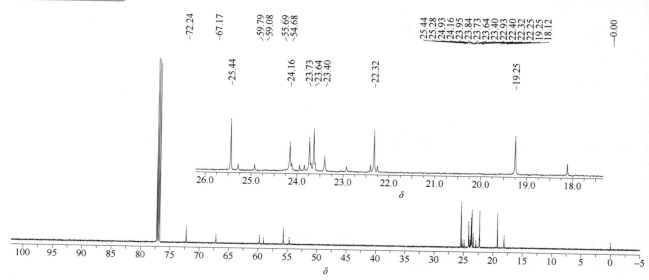

¹³C NMR (151 MHz, CDCl₃, δ) 两组异构体。异构体 A: 72.24, 59.79, 55.69, 25.44, 24.16, 23.73, 23.64, 23.40, 22.32, 19.25 (图中显示了部分异构体 B 的峰，但未列出来)

dodine (多果定)

基本信息

CAS 登录号	2439-10-3	分子量	287.44
分子式	C₁₅H₃₃N₃O₂		

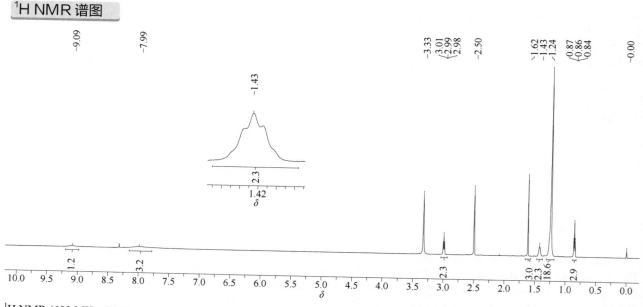

¹H NMR 谱图

¹H NMR (600 MHz, DMSO-d₆, δ) 9.09 (1H, NH, br), 7.99 (3H, 3NH, br), 3.01 (2H, NHC<u>H</u>₂, t, J_{H-H} = 7.0 Hz), 1.62 (3H, COCH₃, s), 1.48~1.38 (2H, NHCH₂C<u>H</u>₂, m), 1.29~1.22 (18H, 9CH₂, m), 0.87 (3H, CH₂C<u>H</u>₃, t, J_{H-H} = 6.3 Hz)

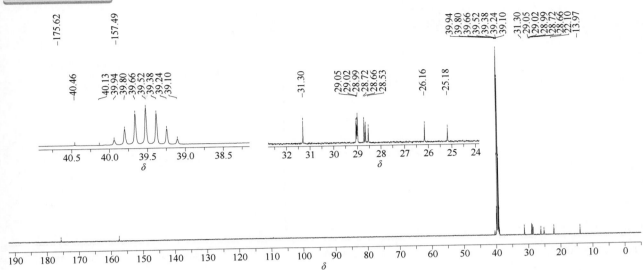

¹³C NMR (151 MHz, DMSO-d$_6$, δ) 175.62, 157.49, 40.46, 31.30, 29.05, 29.02, 28.99, 28.72, 28.66, 28.53, 26.16, 25.18, 22.10, 13.97

drazoxolon（敌菌酮）

基本信息

CAS 登录号	5707-69-7	分子量	237.64
分子式	C$_{10}$H$_8$ClN$_3$O$_2$		

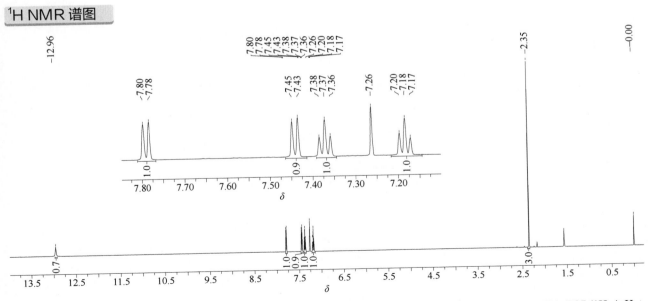

¹H NMR 谱图

¹H NMR (600 MHz, CDCl$_3$, δ) 12.96 (1H, NH, br), 7.79 (1H, ArH, d, $J_{H\text{-}H}$ = 8.2 Hz), 7.44 (1H, ArH, d, $J_{H\text{-}H}$ = 8.0 Hz), 7.37 (1H, ArH, t, $J_{H\text{-}H}$ = 7.7 Hz), 7.18 (1H, ArH, t, $J_{H\text{-}H}$ = 7.6 Hz), 2.35 (3H, CH$_3$, s)

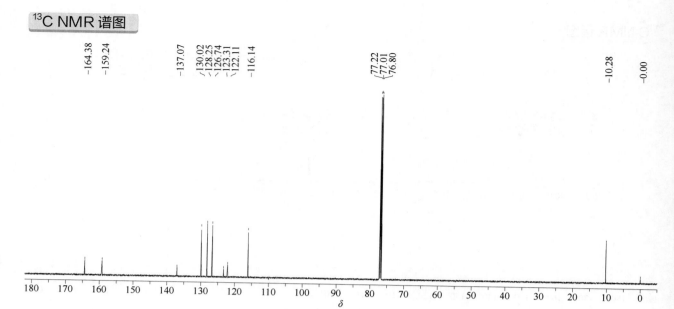

¹³C NMR (151 MHz, CDCl₃, δ) 164.38, 159.24, 137.07, 130.02, 128.25, 126.74, 123.31, 122.11, 116.14, 10.28

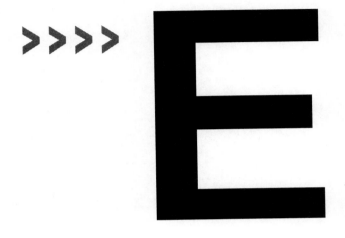

edifenphos（敌瘟磷）

基本信息

CAS 登录号	17109-49-8	分子量	310.37
分子式	$C_{14}H_{15}O_2PS_2$		

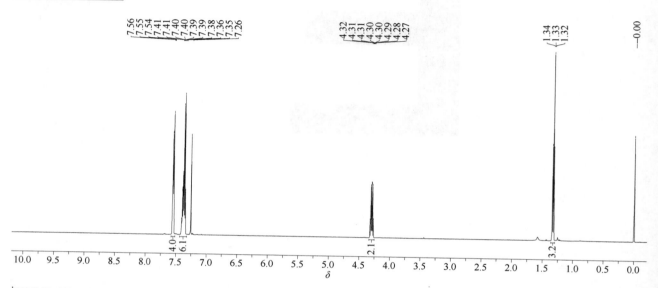

¹H NMR 谱图

^{1}H NMR (600 MHz, CDCl$_3$, δ) 7.58~7.52 (4H, 4ArH, m), 7.39 (6H, 6ArH, m), 4.30 (2H, CH$_2$, dq, $^{3}J_{\text{H-P}}$ = 9.6 Hz, $J_{\text{H-H}}$ = 7.1 Hz), 1.33 (3H, CH$_3$, t, $J_{\text{H-H}}$ = 7.1 Hz)

¹³C NMR 谱图

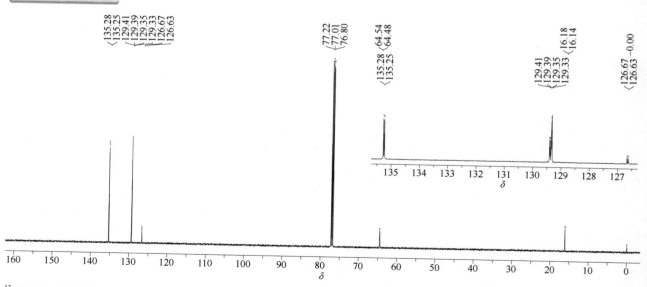

^{13}C NMR (151 MHz, CDCl$_3$, δ) 135.26 (d, $^{3}J_{\text{C-P}}$ = 5.2 Hz), 129.40 (d, $^{2}J_{\text{C-P}}$ = 3.1 Hz), 129.34 (d, $^{4}J_{\text{C-P}}$ = 2.5 Hz), 126.65 (d, $^{5}J_{\text{C-P}}$ = 6.5 Hz), 64.51 (d, $^{2}J_{\text{C-P}}$ = 8.5 Hz), 16.16 (d, $^{3}J_{\text{C-P}}$ = 6.8 Hz)

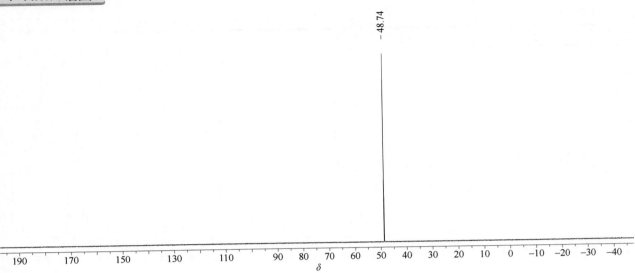

−48.74

δ

^{31}P NMR (243 MHz, CDCl$_3$, δ) 48.74

emamectin–benzoate（甲氨基阿维菌素苯甲酸盐）

基本信息

CAS 登录号	155569-91-8	分子量	1008.26
分子式	C$_{56}$H$_{81}$NO$_{15}$		

¹H NMR 谱图

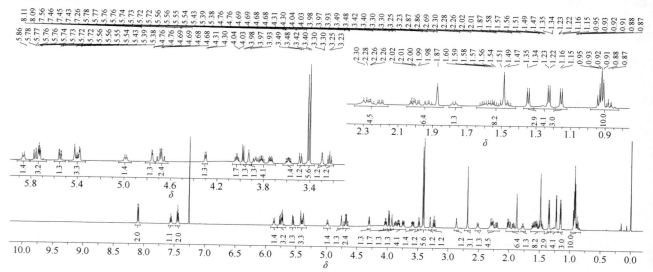

¹H NMR (600 MHz, CDCl₃, δ) 8.10 (2H, 2ArH, d, $J_{\text{H-H}}$ = 7.2 Hz), 7.56 (1H, ArH, t, $J_{\text{H-H}}$ = 7.4 Hz), 7.45 (2H, 2ArH, t, $J_{\text{H-H}}$ = 7.7 Hz), 5.91~5.82 (1H, CH=C, m), 5.81~5.67 (3H, CH=C, m), 5.55 (1H, CH=C, dd, $J_{\text{H-H}}$ = 9.9 Hz, $J_{\text{H-H}}$ = 2.5 Hz), 5.45~5.40 (1H, CH=C, m), 5.42~5.35 (2H, CH/CH₂, m), 4.99 (1H, CH=C, d, $J_{\text{H-H}}$ = 8.1 Hz), 4.76 (1H, CH, d, $J_{\text{H-H}}$ = 3.6 Hz), 4.69 (2H, CH₂, dq, $J_{\text{H-H}}$ = 14.4 Hz, $J_{\text{H-H}}$ = 2.3 Hz), 4.30 (1H, CH, d, $J_{\text{H-H}}$ = 6.3 Hz), 4.03 (1H, CH, q, $J_{\text{H-H}}$ = 6.7 Hz), 3.98 (1H, CH, d, $J_{\text{H-H}}$ = 6.2 Hz), 3.93 (1H, CH, br), 3.91~3.70 (4H, CH/CH₂, m), 3.63~3.55 (1H, CH, m), 3.48 (1H, d, $J_{\text{H-H}}$ = 10.1 Hz), 3.42 (3H, OCH₃, s), 3.40 (3H, OCH₃, s), 3.30 (1H, CH, q, $J_{\text{H-H}}$ = 2.2 Hz), 3.23 (1H, CH, t, $J_{\text{H-H}}$ = 9.0 Hz), 2.87 (1H, CH, d, $J_{\text{H-H}}$ = 2.9 Hz), 2.70 (3H, NCH₃, s), 2.57~2.46 (1H, CH, m), 2.37~2.15 (4H, CH/CH₂, m), 2.06~1.83 (3H, CH/CH₂, m), 1.98 (3H, CH₃, s), 1.83~1.73 (1H, CH/CH₂, m), 1.67~1.41 (4H, CH/CH₂, m), 1.49 (3H, CH₃, s), 1.35 (3H, CH₃, d, $J_{\text{H-H}}$ = 6.8 Hz), 1.23 (3H, CH₃, d, $J_{\text{H-H}}$ = 6.2 Hz), 1.16 (3H, CH₃, d, $J_{\text{H-H}}$ = 6.9 Hz), 1.01~0.81 (9H, CH₃, m), 0.91~0.83 (1H, CH/CH₂, m)

¹³C NMR 谱图

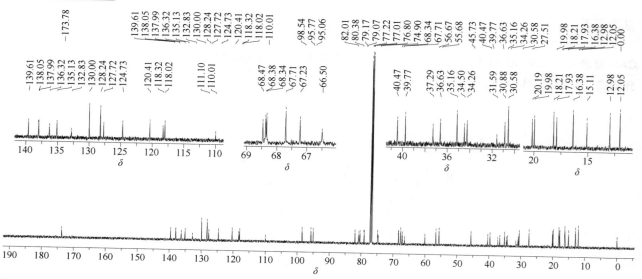

¹³C NMR (151 MHz, CDCl₃, δ) 173.78, 139.61, 138.05, 137.99, 136.32, 135.13, 132.83, 130.00, 128.24, 127.72, 124.73, 120.41, 118.32, 118.02, 110.01, 98.54, 95.77, 95.06, 82.01, 80.80, 80.38, 79.17, 79.07, 74.90, 74.72, 68.47, 68.38, 68.34, 67.71, 67.23, 66.50, 60.13, 56.67, 55.68, 45.73, 40.47, 39.77, 37.29, 36.63, 35.16, 34.50, 34.26, 31.59, 30.88, 30.58, 27.51, 20.19, 19.98, 18.21, 17.93, 16.38, 15.11, 12.98, 12.05

endosulfan（硫丹）

基本信息

CAS 登录号	115-29-7	分子量	406.93
分子式	C₉H₆Cl₆O₃S		

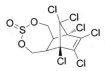

¹H NMR 谱图

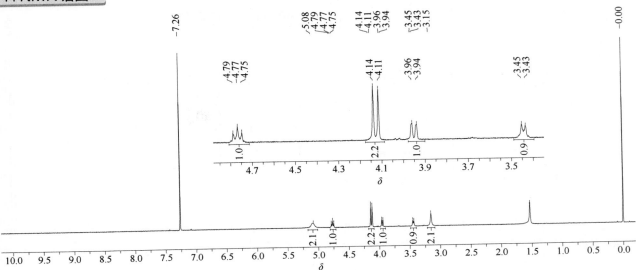

¹H NMR (600 MHz, CDCl₃, δ) 两组异构体，比例约2∶1。异构体 A: 5.08 (2H, 2OCH, br), 4.12 (2H, 2OCH, d, J_{H-H} = 14.4 Hz), 3.15 (2H, 2CH, s). 异构体 B: 4.77 (2H, 2OCH, t, J_{H-H} = 12.1 Hz), 3.95 (2H, 2OCH, d, J_{H-H} = 12.8 Hz), 3.44 (2H, 2CH, d, J_{H-H} = 10.7 Hz) (α- 硫丹和 β- 硫丹混合物)

¹³C NMR 谱图

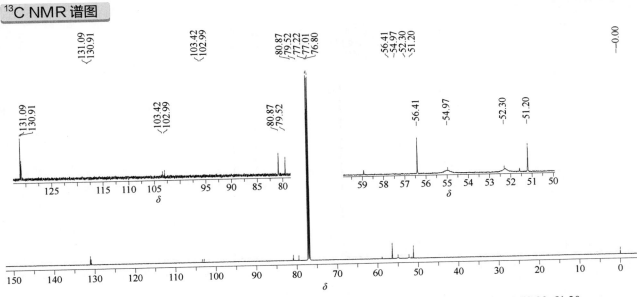

¹³C NMR (151 MHz, CDCl₃, δ) 两组异构体。131.09, 130.91, 103.42, 102.99, 80.87, 79.52, 56.41, 54.97, 52.30, 51.20

α-endosulfan（α-硫丹）

基本信息

CAS 登录号	959-98-8	分子量	406.92
分子式	C₉H₆Cl₆O₃S		

¹H NMR 谱图

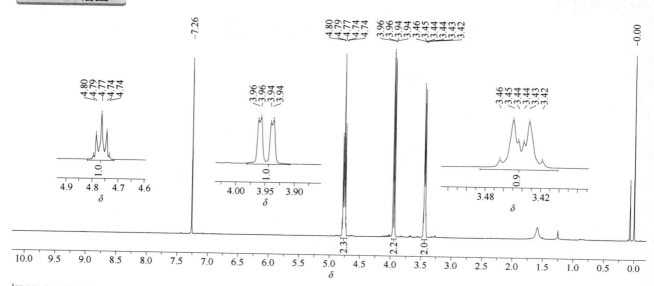

¹H NMR (600 MHz, CDCl₃, δ) 4.82~4.72 (2H, CH/CH₂, m), 3.95 (2H, CH/CH₂, dd, J_{H-H} = 12.8 Hz, J_{H-H} = 2.8 Hz), 3.49~3.40 (2H, CH/CH₂, m)

¹³C NMR 谱图

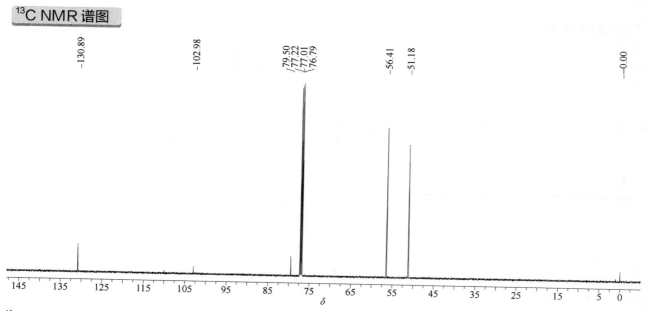

¹³C NMR (151 MHz, CDCl₃, δ) 130.89, 102.98, 79.50, 56.41, 51.18

β-endosulfan（β-硫丹）

基本信息

CAS 登录号	33213-65-9	分子量	406.92
分子式	C₉H₆Cl₆O₃S		

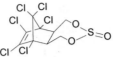

¹H NMR 谱图

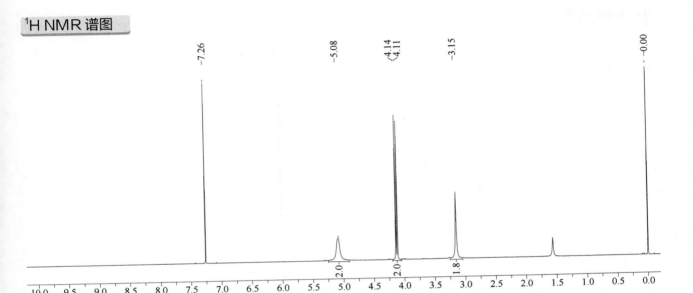

¹H NMR (600 MHz, CDCl₃, δ) 5.08 (2H, CH/CH₂, br), 4.12 (2H, CH/CH₂, d, J_{H-H} = 14.4 Hz), 3.15 (2H, CH/CH₂, s)

¹³C NMR 谱图

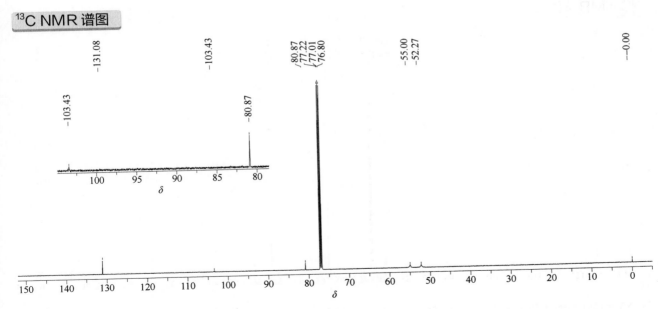

¹³C NMR (151 MHz, CDCl₃, δ) 131.08, 103.43, 80.87, 55.00, 52.27

endosulfan-ether（硫丹醚）

基本信息

CAS 登录号	3369-52-6	分子量	342.86
分子式	$C_9H_6Cl_6O$		

^{1}H NMR 谱图

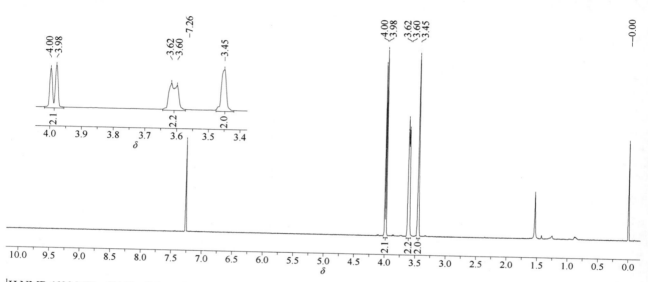

^{1}H NMR (600 MHz, CDCl$_3$, δ) 3.99 (2H, 2CH, d, J_{H-H} = 10.7 Hz), 3.61 (2H, 2CH, d, J_{H-H} = 10.7 Hz), 3.45 (2H, 2CH, s)

^{13}C NMR 谱图

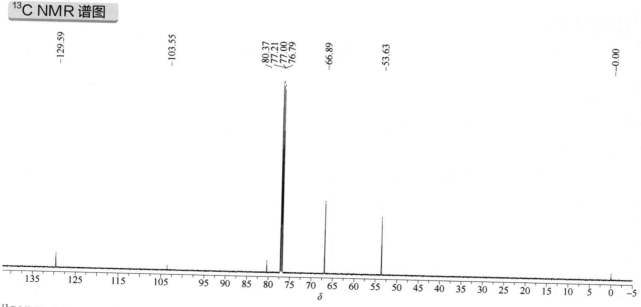

^{13}C NMR (151 MHz, CDCl$_3$, δ) 129.59, 103.55, 80.37, 66.89, 53.63

endosulfan-lacton（硫丹内酯）

基本信息

CAS 登录号	3868-61-9	分子量	356.84
分子式	$C_9H_4Cl_6O_2$		

¹H NMR 谱图

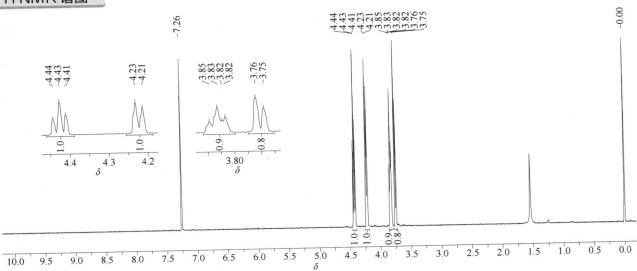

¹H NMR (600 MHz, CDCl₃, δ) 4.43 (1H, OCH, t, J_{H-H} = 9.9 Hz), 4.22 (1H, OCH, d, J_{H-H} = 11.0 Hz), 3.83 (1H, CH, t, J_{H-H} = 9.0 Hz), 3.75 (1H, CH, d, J_{H-H} = 9.0 Hz)

¹³C NMR 谱图

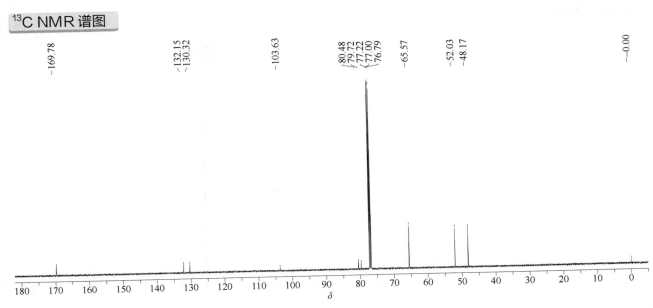

¹³C NMR (151 MHz, CDCl₃, δ) 169.78, 132.15, 130.32, 103.63, 80.48, 79.72, 65.57, 52.03, 48.17

endosulfan-sulfate（硫酸硫丹）

基本信息

CAS 登录号	1031-07-8	分子量	422.92
分子式	$C_9H_6Cl_6O_4S$		

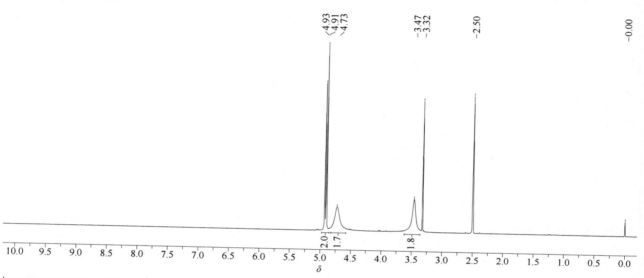

^{1}H NMR 谱图

^{1}H NMR (600 MHz, DMSO-d$_6$, δ) 4.92 (2H, 2CH, d, J_{H-H} = 14.4 Hz), 4.73 (2H, 2CH, br), 3.47 (2H, 2CH, br)

^{13}C NMR 谱图

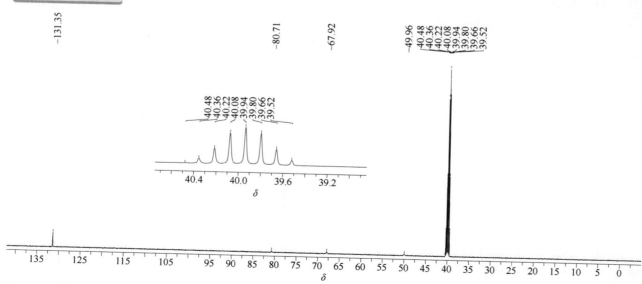

^{13}C NMR (151 MHz, DMSO-d$_6$, δ) 131.35, 80.71, 67.92, 49.96, 40.48

endothal（草多索）

基本信息

CAS 登录号	145-73-3		分子量	186.16
分子式	$C_8H_{10}O_5$			

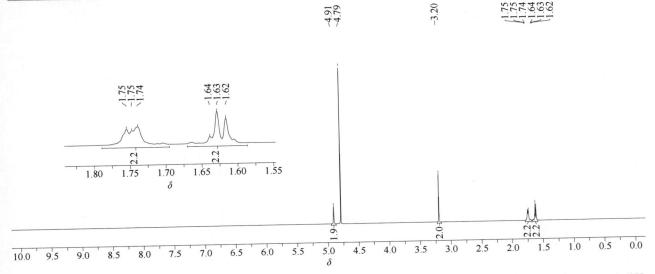

¹H NMR 谱图

¹H NMR (600 MHz, D₂O, δ) 4.91 (2H, 2O$\underline{H}$CH₂, s), 3.20 (2H, 2C$\underline{H}$CO₂H, s), 1.79~1.69 (2H, C$\underline{H}$HC$\underline{H}$H, m), 1.66~1.59 (2H, C$\underline{H}$HC$\underline{H}$H, m)

¹³C NMR 谱图

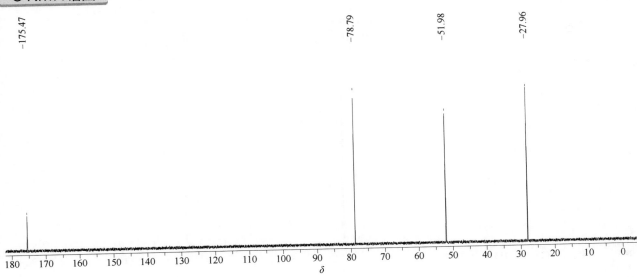

¹³C NMR (151 MHz, D₂O, δ) 175.47, 78.79, 51.98, 27.96

endrin（异狄氏剂）

基本信息

CAS 登录号	72-20-8	分子量	380.90
分子式	$C_{12}H_8Cl_6O$		

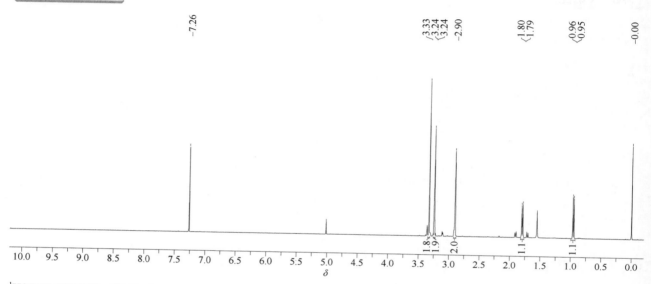

¹H NMR 谱图

¹H NMR (600 MHz, CDCl₃, δ) 3.33 (2H, CH/CH₂, s), 3.26~3.22 (2H, 2CH, m), 2.90 (2H, 2CH, s), 1.80 (1H, CH, d, J_{H-H} = 10.3 Hz), 0.96 (1H, CH, d, J_{H-H} = 10.3 Hz)

¹³C NMR 谱图

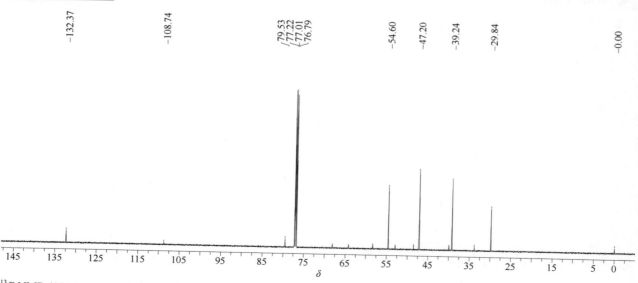

¹³C NMR (151 MHz, CDCl₃, δ) 132.37, 108.74, 79.53, 54.60, 47.20, 39.24, 29.84

endrin-ketone（异狄氏剂酮）

基本信息

CAS 登录号	53494-70-5	分子量	380.90
分子式	$C_{12}H_8Cl_6O$		

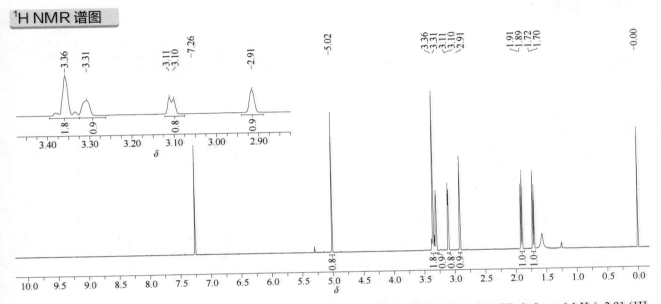

¹H NMR 谱图

¹H NMR (600 MHz, CDCl₃, δ) 5.02 (1H, CHCl, s), 3.36 (2H, 2CH, s), 3.31 (1H, CH, s), 3.10 (1H, CH, d, J_{H-H} = 6.1 Hz), 2.91 (1H, CH, s), 1.90 (1H, CH, d, J_{H-H} = 11.9 Hz), 1.71 (1H, CH, d, J_{H-H} = 11.9 Hz)

¹³C NMR 谱图

¹³C NMR (151 MHz, CDCl₃, δ) 205.28, 97.75, 86.04, 78.64, 72.26, 68.09, 64.19, 58.35, 52.93, 48.52, 39.95, 33.84

ENT8184（增效冰烯胺）

基本信息

CAS 登录号	113-48-4	分子量	275.39
分子式	$C_{17}H_{25}NO_2$		

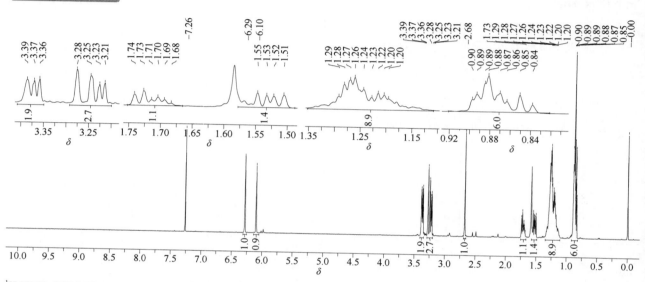

^{1}H NMR 谱图

^{1}H NMR (600 MHz, CDCl$_3$, δ) 两组异构体重叠。6.29 (1H, = CH, s), 6.10 (1H, = CH, s), 3.39 (1H, CH, s), 3.36 (1H, CH, d, J_{H-H} = 7.0 Hz), 3.26 (2H, 2CH, d, J_{H-H} = 18.2 Hz), 3.22 (1H, CH, d, J_{H-H} = 7.1 Hz), 2.68 (1H, CH, s), 1.75~1.67 (1H, CH, m), 1.56~1.50 (1H, CH, m), 1.35~1.11 (9H, 9 CH, m), 0.91~0.82 (6H, 2CH$_3$, m)

^{13}C NMR 谱图

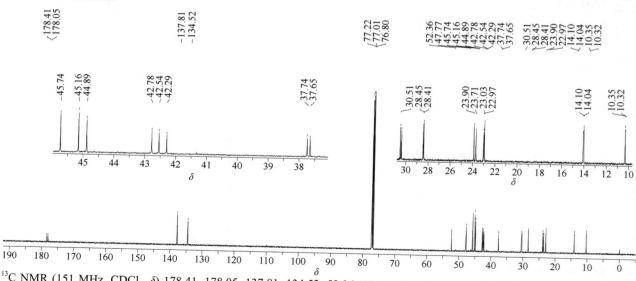

^{13}C NMR (151 MHz, CDCl$_3$, δ) 178.41, 178.05, 137.81, 134.52, 52.36, 47.77, 45.74, 45.16, 44.89, 42.78, 42.54, 42.29, 37.74, 37.65, 30.51, 30.40, 28.45, 28.41, 23.90, 23.71, 23.03, 22.97, 14.10, 14.04, 10.35, 10.32

EPN（苯硫磷）

基本信息

CAS 登录号	2104-64-5	**分子量**	323.30
分子式	$C_{14}H_{14}NO_4PS$		

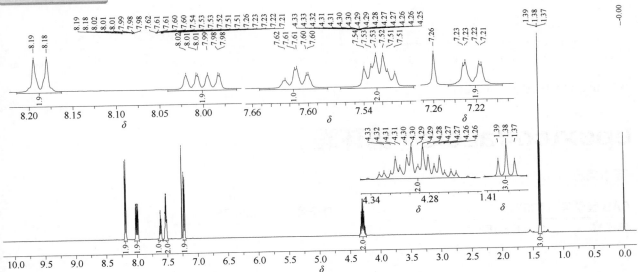

¹H NMR 谱图

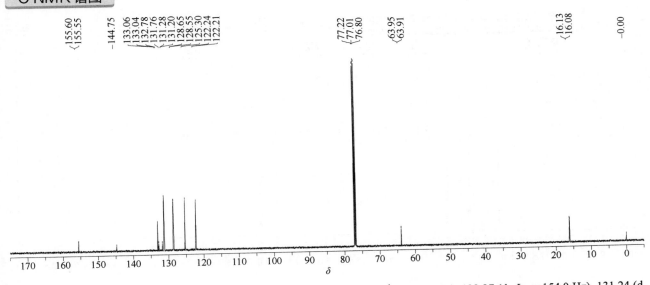

¹H NMR (600 MHz, CDCl₃, δ) 8.19 (2H, 2ArH, d, J_{H-H} = 9.1 Hz), 8.06~7.96 (2H, 2ArH, m), 7.65~7.58 (1H, ArH, m), 7.52 (2H, ArH, td, J_{H-H} = 7.6 Hz, $^3J_{H-P}$ = 4.7 Hz), 7.22 (2H, 2ArH, dd, J_{H-H} = 9.0 Hz, $^4J_{H-P}$ = 1.3 Hz), 4.35~4.23 (2H, CH₂, m), 1.38 (3H, CH₃, t, J_{H-H} = 7.1 Hz)

¹³C NMR 谱图

¹³C NMR (151 MHz, CDCl₃, δ) 155.57 (d, $^2J_{C-P}$ = 8.0 Hz), 144.75, 133.05 (d, $^4J_{C-P}$ = 3.2 Hz), 132.27 (d, J_{C-P} = 154.0 Hz), 131.24 (d, $^3J_{C-P}$ = 12.2 Hz), 128.60 (d, $^2J_{C-P}$ = 15.5 Hz), 125.30, 122.22 (d, $^3J_{C-P}$ = 4.8 Hz), 63.93 (d, $^2J_{C-P}$ = 5.9 Hz), 16.11 (d, $^3J_{C-P}$ = 7.4 Hz)

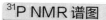

³¹P NMR 谱图

−85.35

δ

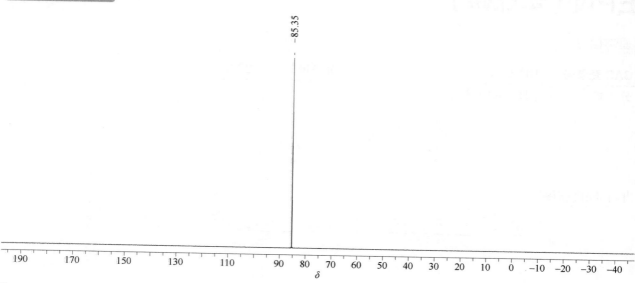

³¹P NMR (243 MHz, CDCl₃, δ) 85.35

epoxiconazole（氟环唑）

基本信息

CAS 登录号	135319-73-2	分子量	329.76
分子式	C₁₇H₁₃ClFN₃O		

¹H NMR 谱图

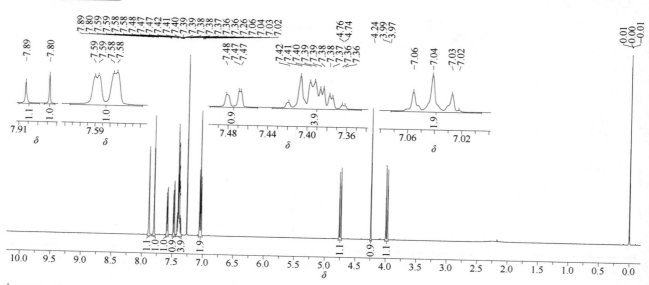

¹H NMR (600 MHz, CDCl₃, δ) 7.89 (1H, ArH, s), 7.80 (1H, ArH, s), 7.60~7.56 (1H, ArH, m), 7.50~7.45 (1H, ArH, m), 7.44~7.35 (4H, 4ArH, m), 7.07~7.01 (2H, 2ArH, m), 4.75 (1H, CH₂, d, J_{H-H} = 15.0 Hz), 4.24 (1H, CH, s), 3.98 (1H, CH₂, d, J_{H-H} = 15.0 Hz)

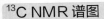

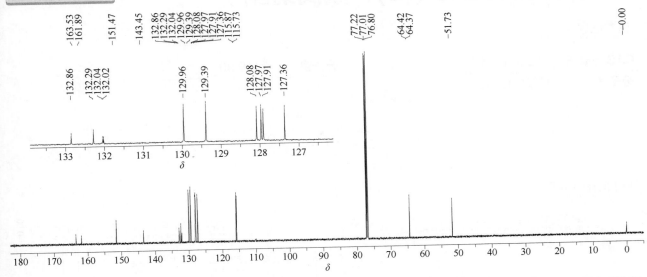

^{13}C NMR (151 MHz, CDCl$_3$, δ) 162.71 (d, $J_{C\text{-}F}$ = 248.14 Hz), 151.47, 143.45, 132.86, 132.29, 132.03 (d, $^4J_{C\text{-}F}$ = 3.2 Hz), 129.96, 129.39, 128.03 (d, $^2J_{C\text{-}F}$ = 21.2 Hz), 127.91, 127.36, 115.80 (d, $^3J_{C\text{-}F}$ = 16.6 Hz), 64.42, 64.37, 51.73

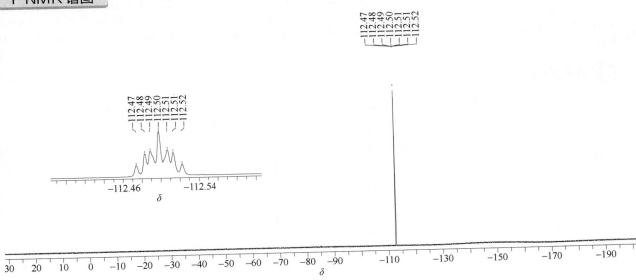

^{19}F NMR (564 MHz, CDCl$_3$, δ) −112.50 (m)

esfenvalerate ((S)- 氰戊菊酯)

基本信息

CAS 登录号	66230-04-4	分子量	419.90
分子式	$C_{25}H_{22}ClNO_3$		

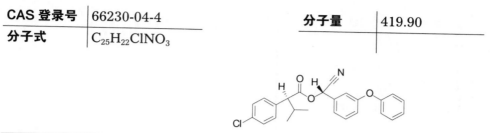

¹H NMR 谱图

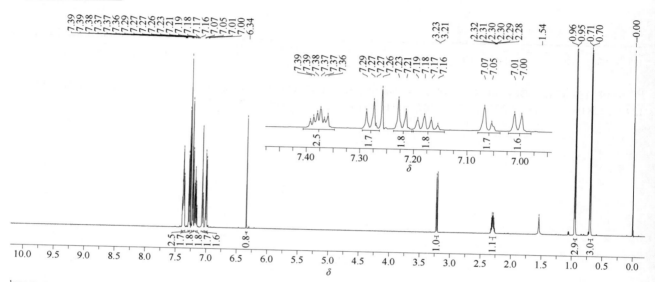

¹H NMR (600 MHz, CDCl₃, δ) 7.40~7.35 (3H, 3ArH, m), 7.28 (2H, 2ArH, d, J_{H-H}= 8.5 Hz), 7.22 (2H, 2ArH, d, J_{H-H}= 8.4 Hz), 7.17 (2H, 2ArH, dd, J_{H-H}= 7.6 Hz, J_{H-H}= 7.6 Hz), 7.07 (1H, 1ArH, s) 7.06 (1H, 1ArH, d, J_{H-H}= 8.4 Hz), 7.01 (2H, 2ArH, d, J_{H-H}= 7.8 Hz), 6.34 (1H, CNCH, s), 3.23 (1H, COCH, d, J_{H-H}= 7.5 Hz), 2.35~2.24 (1H, C$\underline{H}$(CH₃)₂, m), 0.96 (3H, CHC$\underline{H}$₃, d, J_{H-H}= 6.5 Hz), 0.71 (3H, CHC$\underline{H}$₃, d, J_{H-H}= 6.7 Hz)

¹³C NMR 谱图

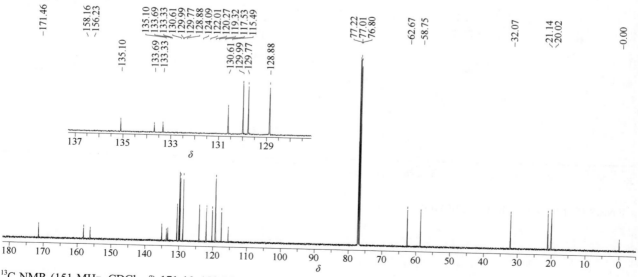

¹³C NMR (151 MHz, CDCl₃, δ) 171.46, 158.16, 156.23, 135.10, 133.69, 133.33, 130.61, 129.99, 129.77, 128.88, 124.09, 122.01, 120.27, 119.32, 117.53, 115.49, 62.67, 58.75, 32.07, 21.14, 20.02

esprocarb（禾草畏）

基本信息

CAS 登录号	85785-20-2	分子量	265.41
分子式	C₁₅H₂₃NOS		

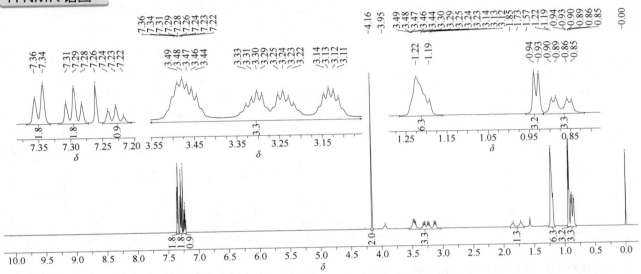

¹H NMR 谱图

¹H NMR (600 MHz, CDCl₃, δ) 两组异构体重叠。7.35 (2H, 2ArH, d, J_{H-H} = 7.7 Hz), 7.29 (2H, 2ArH, t, J_{H-H} = 7.6 Hz), 7.23 (1H, ArH, t, J_{H-H} = 7.3 Hz), 4.16 (2H, ArCH₂, s), 3.53~3.03 (3H, NCH₂, NCH, m), 1.89~1.67 (1H, C$\underline{H}$(CH₃)₂, m), 1.25~1.17 (6H, CH(C$\underline{H}$₃)₂, m), 0.93 (3H, CHC$\underline{H}$₃, d, J_{H-H} = 6.5 Hz), 0.87 (3H, CH₂C$\underline{H}$₃, dd, J_{H-H} = 22.9 Hz, J_{H-H} = 6.2 Hz)

¹³C NMR 谱图

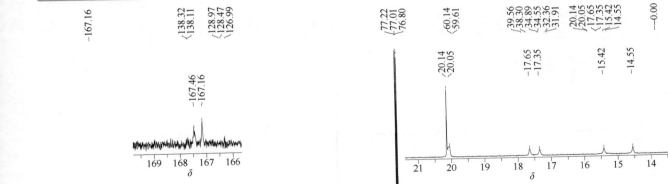

¹³C NMR (151 MHz, CDCl₃, δ) 两组异构体。167.46, 167.16, 138.32, 138.11, 128.97, 128.47, 126.99, 60.14, 59.61, 39.56, 38.30, 34.89, 34.55, 32.36, 31.91, 20.14, 20.05, 17.65, 17.35, 15.42, 14.55

etaconazole（乙环唑）

基本信息

CAS 登录号	60207-93-4	分子量	328.19
分子式	C₁₄H₁₅Cl₂N₃O₂		

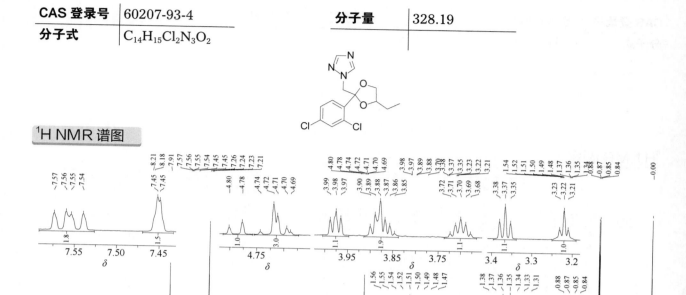

¹H NMR 谱图

¹H NMR (600 MHz, CDCl₃, δ) **两组异构体重叠，比例为** 1:1。8.21 (1H, ArH, s), 8.18 (1H, ArH, s), 7.91 (2H, 2ArH, s), 7.57 (1H, ArH, d, J_{H-H} = 8.5 Hz), 7.55 (1H, ArH, d, J_{H-H} = 8.5 Hz), 7.46~7.44 (2H, 2ArH, m), 7.25~7.20 (2H, 2ArH, m), 4.81~4.67 (4H, CH/CH₂, m), 4.00~3.95 (1H, CH/CH₂, m), 3.91~3.83 (2H, CH/CH₂, m), 3.73~3.67 (1H, CH/CH₂, m), 3.37 (1H, CH/CH₂, t, J_{H-H} = 8.1 Hz), 3.25~3.19 (1H, CH/CH₂, m), 1.57~1.44 (2H, CH₂, m), 1.40~1.30 (2H, CH₂, m), 0.87 (3H, CH₂C$\underline{H}$₃, t, J_{H-H} = 7.6 Hz), 0.85 (3H, CH₂C$\underline{H}$₃, t, J_{H-H} = 7.6 Hz)

¹³C NMR 谱图

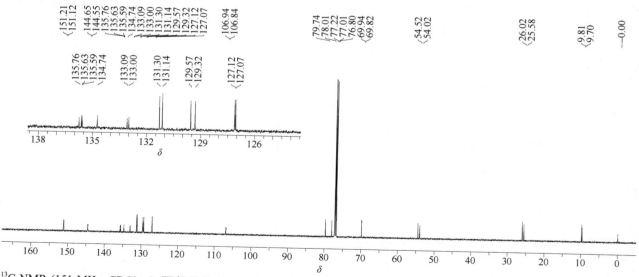

¹³C NMR (151 MHz, CDCl₃, δ) **两组异构体。** 151.21, 151.12, 144.65, 144.55, 135.76, 135.63, 135.59, 134.74, 133.09, 133.00, 131.30, 131.14, 129.57, 129.32, 127.12, 127.07, 106.94, 106.84, 79.74, 78.01, 69.94, 69.82, 54.52, 54.02, 26.02, 25.58, 9.81, 9.70

ethalfluralin（丁氟消草）

基本信息

CAS 登录号	55283-68-6	分子量	333.26
分子式	$C_{13}H_{14}F_3N_3O_4$		

¹H NMR 谱图

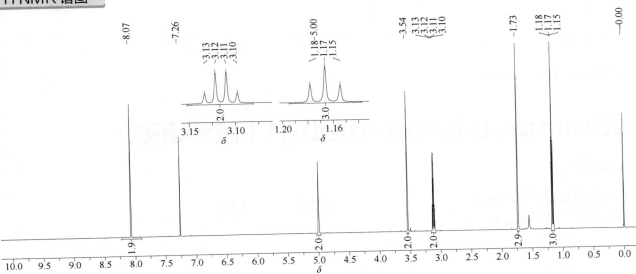

¹H NMR (600 MHz, CDCl₃, δ) 8.07 (2H, 2ArH, s), 5.00 (2H, C=CH₂, s), 3.54 (2H, NC$\underline{H}$₂C=CH₂, s), 3.12 (2H, NC$\underline{H}$₂CH₃, q, J_{H-H} = 7.1 Hz), 1.73 (3H, CH₂=CC$\underline{H}$₃, s), 1.17 (3H, NCH₂C$\underline{H}$₃, t, J_{H-H} = 7.1 Hz)

¹³C NMR 谱图

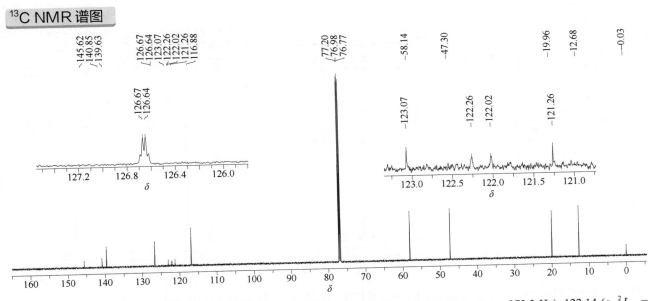

¹³C NMR (151 MHz, CDCl₃, δ) 145.62, 140.85, 139.63, 126.66 (q, $^3J_{C-F}$ = 3.7 Hz), 122.17 (q, J_{C-F} = 272.3 Hz), 122.14 (q, $^2J_{C-F}$ = 36.4Hz), 116.88, 58.14, 47.30, 19.96, 12.68

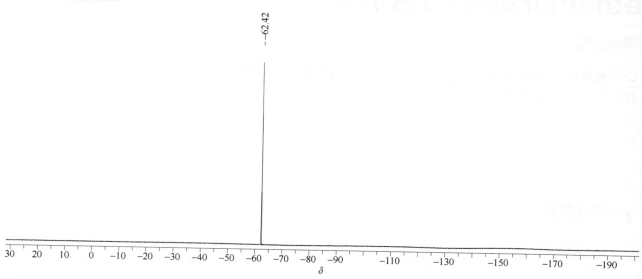

¹⁹F NMR (564 MHz, CDCl₃, δ) −62.42

ethametsulfuron-methyl（胺苯磺隆）

基本信息

CAS 登录号	97780-06-8	分子量	410.41
分子式	C₁₅H₁₈N₆O₆S		

¹H NMR 谱图

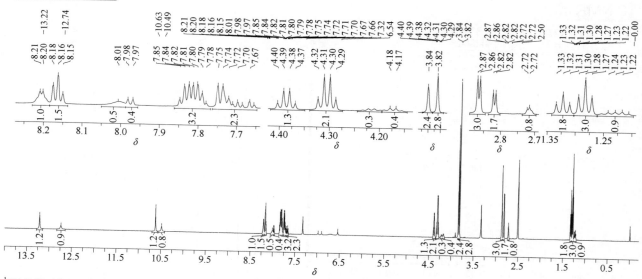

¹H NMR (600 MHz, DMSO-d₆, δ) 多组异构体。主要异构体：13.22 (1H, NH, s), 10.63 (1H, NH, s), 8.21 (1H, NH, q, J_{H-H} = 4.6 Hz), 8.16 (1H, ArH, t, J_{H-H} = 7.4 Hz), 7.86~7.77 (2H, 2ArH, m), 7.74 (1H, ArH, d, J_{H-H} = 7.6 Hz), 4.31 (2H, OCH₂, q, J_{H-H} = 7.1 Hz), 3.82 (3H, OCH₃, s), 2.87 (3H, NHC<u>H</u>₃, d, J_{H-H} = 4.7 Hz), 1.28 (3H, OCH₂C<u>H</u>₃, t, J_{H-H} = 7.1 Hz)

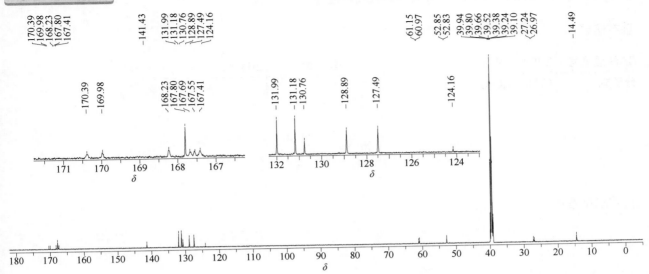

¹³C NMR (151 MHz, DMSO-d₆, δ) 多组异构体混列。170.39, 169.98, 168.23, 167.80, 167.69, 167.55, 167.41, 141.43, 131.99, 131.18, 130.76, 128.89, 127.49, 124.16, 61.15, 60.97, 52.85, 52.83, 27.24, 26.97, 14.49

ethephon（乙烯利）

基本信息

CAS 登录号	16672-87-0	分子量	144.49
分子式	C₂H₆ClO₃P		

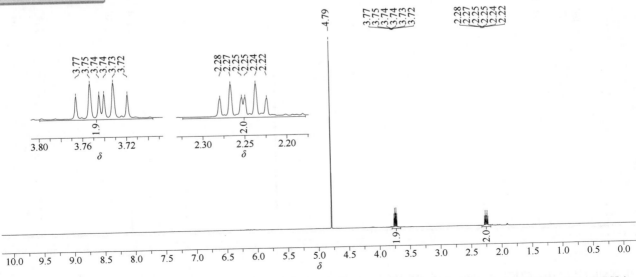

¹H NMR 谱图

¹H NMR (600 MHz, D₂O, δ) 3.74 (2H, CH₂Cl, dt, ³J_{H-P} = 12.8 Hz, J_{H-H} = 7.7 Hz), 2.25 (2H, CH₂P, dt, J_{H-P} = 17.8 Hz, J_{H-H} = 7.7 Hz)

ethidimuron（噻二唑隆）

基本信息

CAS 登录号	30043-49-3	分子量	264.32
分子式	$C_7H_{12}N_4O_3S_2$		

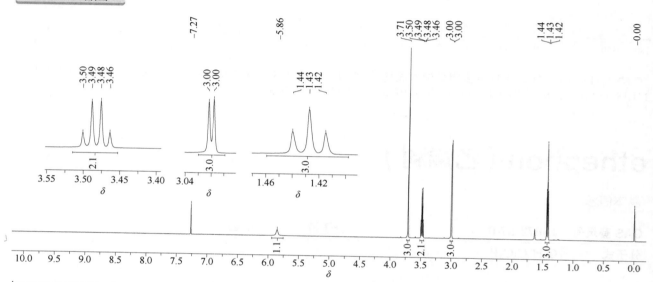

¹H NMR 谱图

¹H NMR (600 MHz, CDCl₃, δ) 5.86 (1H, NH, br), 3.71 (3H, NCH₃, s), 3.48 (2H, SCH₂, q, J_{H-H} = 7.4 Hz), 3.00 (3H, NHC$\underline{H}$₃, d, J_{H-H} = 4.6 Hz), 1.43 (3H, SCH₂C$\underline{H}$₃, t, J_{H-H} = 7.4 Hz)

¹³C NMR 谱图

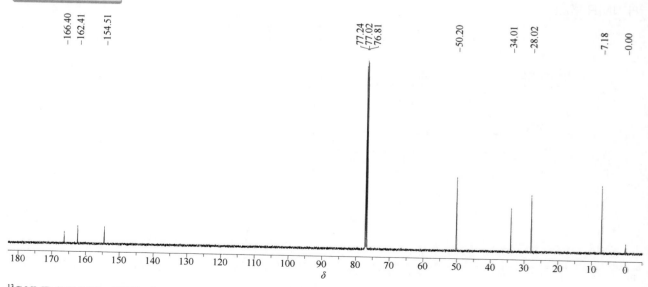

¹³C NMR (151 MHz, CDCl₃, δ) 166.40, 162.41, 154.51, 50.20, 34.01, 28.02, 7.18

ethiofencarb（乙硫苯威）

基本信息

CAS 登录号	29973-13-5	分子量	225.31
分子式	$C_{11}H_{15}NO_2S$		

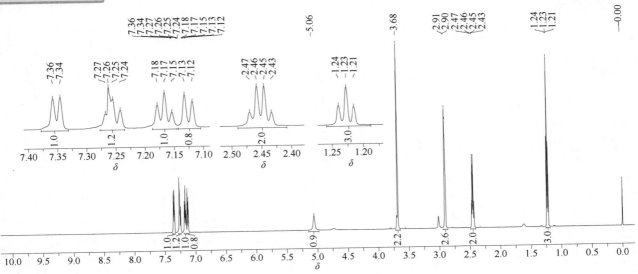

¹H NMR 谱图

¹H NMR (600 MHz, CDCl₃, δ) 7.35 (1H, ArH, d, J_{H-H} = 7.6 Hz), 7.25 (1H, ArH, t, J_{H-H} = 7.6 Hz), 7.17 (1H, ArH, t, J_{H-H} = 7.5 Hz), 7.12 (1H, ArH, d, J_{H-H} = 8.1 Hz), 5.06 (1H, NH, br), 3.68 (2H, SCH₂, s), 2.90 (3H, NHC$\underline{H}$₃, d, J_{H-H} = 4.5 Hz), 2.45 (2H, SC$\underline{H}$₂CH₃, q, J_{H-H} = 7.4 Hz), 1.23 (3H, SCH₂C$\underline{H}$₃, t, J_{H-H} = 7.3 Hz)

¹³C NMR 谱图

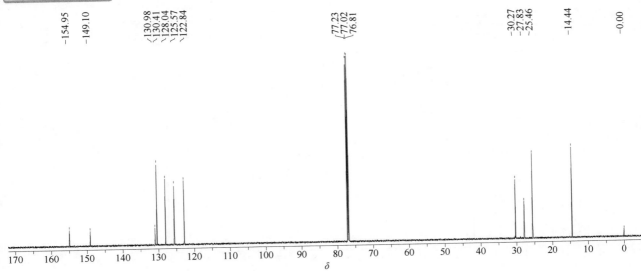

¹³C NMR (151 MHz, CDCl₃, δ) 154.95, 149.10, 130.98, 130.41, 128.04, 125.57, 122.84, 30.27, 27.83, 25.46, 14.44

ethiofencarb sulfone（乙硫苯威砜）

基本信息

CAS 登录号	53380-23-7	分子量	257.31
分子式	$C_{11}H_{15}NO_4S$		

^{1}H NMR 谱图

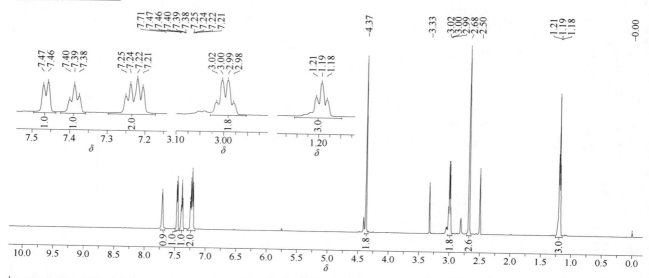

^{1}H NMR (600 MHz, DMSO-d_6, δ) 7.71 (1H, NH, br), 7.46 (1H, ArH, d, J_{H-H} = 7.5 Hz), 7.39 (1H, ArH, t, J_{H-H} = 7.5 Hz), 7.24 (1H, ArH, t, J_{H-H} = 7.2 Hz), 7.22 (1H, ArH, d, J_{H-H} = 7.6 Hz), 4.37 (2H, CH$_2$, s), 2.99 (2H, C$\underline{H}_2$CH$_3$, q, J_{H-H} = 7.4 Hz), 2.68 (3H, NHC$\underline{H}_3$, s), 1.19 (3H, CH$_2$C$\underline{H}_3$, t, J_{H-H} = 7.2 Hz)

^{13}C NMR 谱图

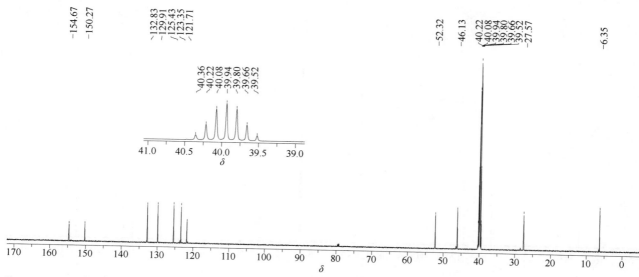

^{13}C NMR (151 MHz, DMSO-d_6, δ) 154.67, 150.27, 132.83, 129.91, 125.43, 123.35, 121.71, 52.32, 46.13, 27.57, 6.35

ethion（乙硫磷）

基本信息

CAS 登录号	563-12-2	分子量	384.48
分子式	C$_9$H$_{22}$O$_4$P$_2$S$_4$		

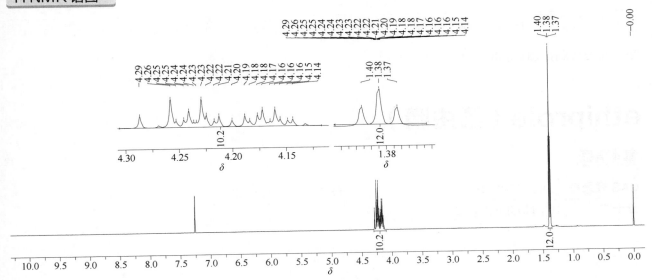

^{1}H NMR 谱图

^{1}H NMR (600 MHz, CDCl$_3$, δ) 4.30~4.10 (10H, 5CH$_2$, m), 1.38 (12H, 4CH$_3$, t, J_{H-H} = 7.1 Hz)

^{13}C NMR 谱图

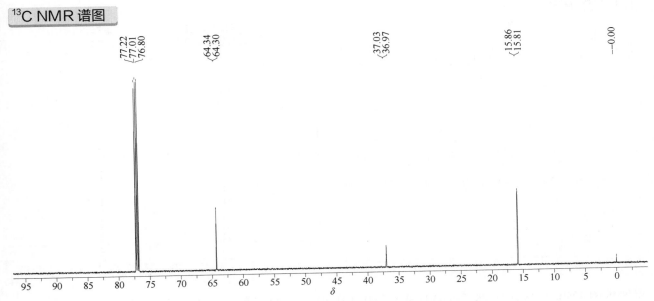

^{13}C NMR (151 MHz CDCl$_3$, δ) 64.32 (d, $^2J_{C-P}$ = 5.6 Hz), 37.00 (d, $^2J_{C-P}$ = 9.1 Hz), 15.84 (d, $^3J_{C-P}$ = 8.6 Hz)

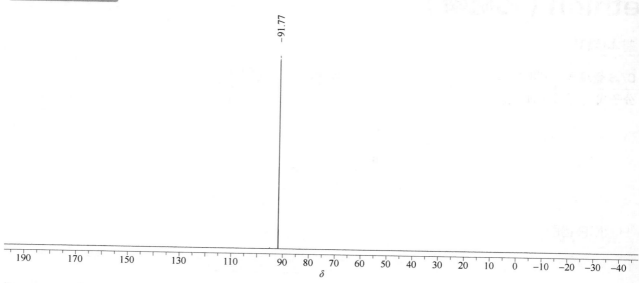

−91.77

³¹P NMR (243 MHz, CDCl₃, δ) 91.77

ethiprole（乙虫腈）

基本信息

CAS 登录号	181587-01-9	分子量	397.20
分子式	C₁₃H₉Cl₂F₃N₄OS		

¹H NMR 谱图

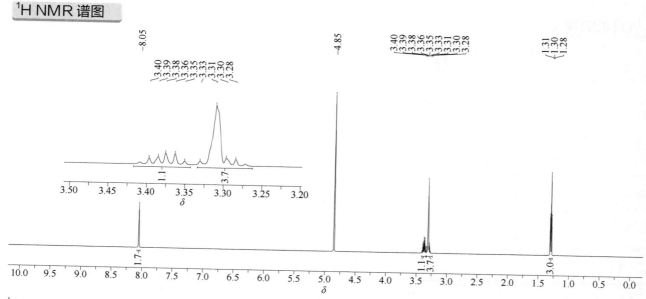

¹H NMR (600 MHz, CD₃OD, δ) 8.05 (2H, 2ArH, s), 3.37 (1H, CH₂, dq, J_{H-H} = 14.7 Hz, J_{H-H} =7.3 Hz), 3.30 (1H, CH₂, dq, J_{H-H} = 14.7 Hz, J_{H-H} =7.3 Hz), 1.30 (3H, CH₃, t, J_{H-H} = 7.4 Hz)

¹³C NMR 谱图

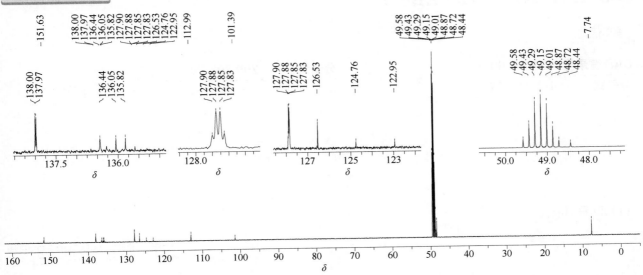

¹³C NMR (151 MHz, CD₃OD, δ) 151.63, 137.99 (q, $^3J_{\text{C-F}}$ = 4.3 Hz), 136.44, 135.94 (q, $J_{\text{C-F}}$ = 34.7 Hz), 127.88, (q, $^3J_{\text{C-F}}$ = 3.8 Hz), 126.53, 123.86 (q, $J_{\text{C-F}}$ = 273.3 Hz), 112.99, 101.39, 48.44, 7.74

¹⁹F NMR 谱图

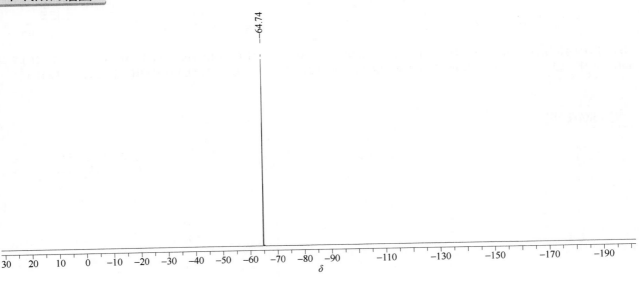

¹⁹F NMR (564 MHz, CD₃OD, δ) −64.74

ethirimol（乙嘧酚）

基本信息

CAS 登录号	23947-60-6	分子量	209.29
分子式	$C_{11}H_{19}N_3O$		

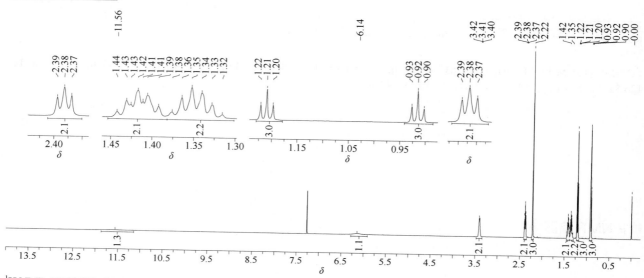

^{1}H NMR 谱图

^{1}H NMR (600 MHz, CDCl$_3$) 11.56 (1H, OH, br), 6.14 (1H, NH, br), 3.48~3.35 (2H, C$\underline{H}_2$CH$_3$, m), 2.38 (2H, ArCH$_2$, t, J_{H-H} = 7.3 Hz), 2.22 (3H, ArCH$_3$, s), 1.45~1.38 (2H, CH$_2$, m), 1.38~1.30 (2H, CH$_2$, m), 1.21 (3H, CH$_3$, t, J_{H-H} = 7.2 Hz), 0.92 (3H, CH$_3$, t, J_{H-H} = 7.2 Hz)

^{13}C NMR 谱图

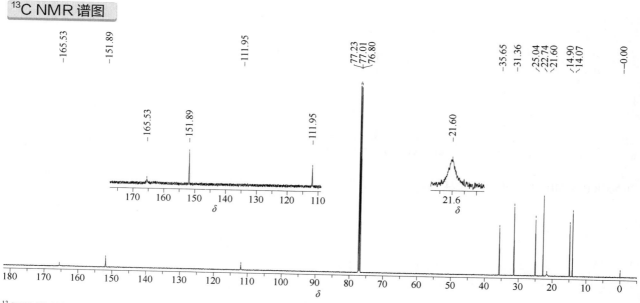

^{13}C NMR (151 MHz, CDCl$_3$, δ) 165.53, 151.89, 111.95, 35.65, 31.36, 25.04, 22.74, 21.60, 14.90, 14.07

ethofumesate（乙氧呋草黄）

基本信息

CAS 登录号	26225-79-6	分子量	286.34
分子式	C₁₃H₁₈O₅S		

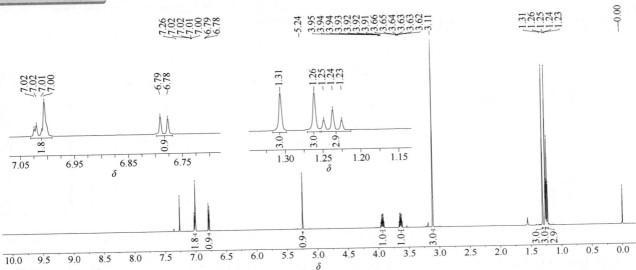

¹H NMR 谱图

¹H NMR (600 MHz, CDCl₃) 7.03~6.99 (2H, 2ArH, m), 6.78 (1H, ArH, d, J_{H-H} = 8.2 Hz), 5.24 (1H, OCHO, s), 3.77~3.69 (1H, OCH, m), 3.67~3.59 (1H, OCH, m), 3.11 (3H, SCH₃, s), 1.31 (3H, CH₃, s), 1.26 (3H, CH₃, s), 1.24 (3H, CH₃, t, J_{H-H} = 7.1 Hz)

¹³C NMR 谱图

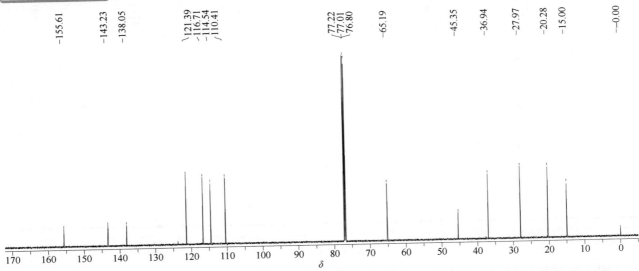

¹³C NMR (151 MHz, CDCl₃, δ) 155.61, 143.23, 138.05, 121.39, 116.71, 114.54, 110.41, 65.19, 45.35, 36.94, 27.97, 20.28, 15.00

ethoprophos（灭线磷）

基本信息

CAS 登录号	13194-48-4	分子量	242.34
分子式	$C_8H_{19}O_2PS_2$		

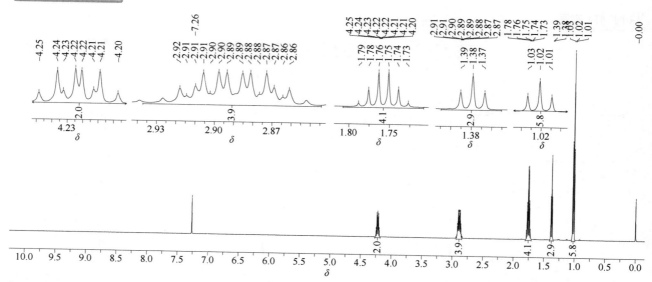

^{1}H NMR 谱图

^{1}H NMR (600 MHz, CDCl$_3$, δ) 4.22 (2H, OC$\underline{H}_2$, dq, $^3J_{\text{H-P}}$ = 9.5 Hz, $J_{\text{H-H}}$ = 7.1 Hz), 2.94~2.84 (4H, 2SC$\underline{H}_2$, m), 1.76 (4H, 2 SCH$_2$C$\underline{H}_2$, dt, $J_{\text{H-H}}$ = 7.3 Hz, $J_{\text{H-H}}$ = 7.3 Hz), 1.38 (3H, OCH$_2$C$\underline{H}_3$, t, $J_{\text{H-H}}$ = 7.1 Hz), 1.02 (6H, 2SCH$_2$CH$_2$C$\underline{H}_3$, t, $J_{\text{H-H}}$ = 7.3 Hz)

^{13}C NMR 谱图

^{13}C NMR (151 MHz, CDCl$_3$, δ) 63.56 (d, $^2J_{\text{C-P}}$ = 8.0 Hz), 33.92 (d, $^3J_{\text{C-P}}$ = 3.4 Hz), 23.87 (d, $^2J_{\text{C-P}}$ = 5.9 Hz), 16.22 (d, $^3J_{\text{C-P}}$ = 7.1 Hz), 13.27

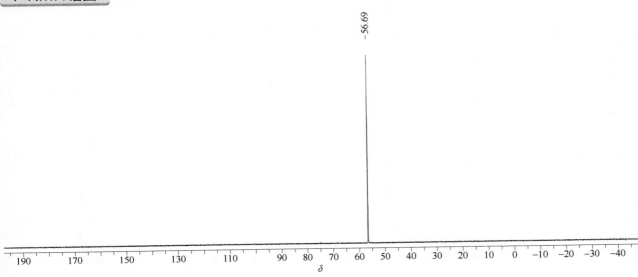

−56.69

³¹P NMR (243 MHz, CDCl$_3$, δ) 56.69

ethoxyquin（乙氧喹啉）

基本信息

CAS 登录号	91-53-2	分子量	217.31
分子式	C$_{14}$H$_{19}$NO		

¹H NMR 谱图

¹H NMR (600 MHz, CDCl$_3$, δ) 6.69 (1H, ArH, s), 6.60 (1H, ArH, d, J_{H-H} = 8.3 Hz), 6.40 (1H, ArH, br), 5.37 (1H, =CH, s), 3.97 (2H, OC$\underline{H}_2$CH$_3$, br), 3.32 (1H, NH, br), 1.97 (3H, CH$_3$, s), 1.37 (3H, OCH$_2$C$\underline{H}_3$, t, J_{H-H} = 7.0 Hz), 1.26 (6H, 2CH$_3$, s)

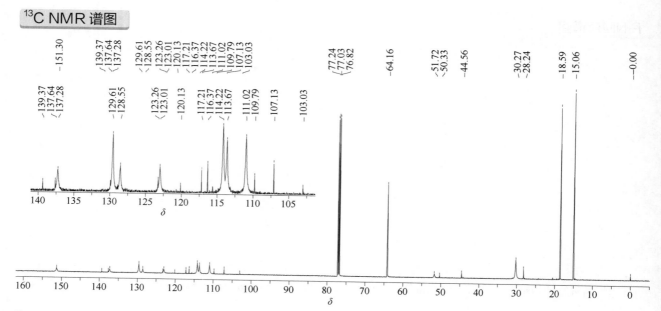

¹³C NMR (151 MHz, CDCl₃, δ) (包括互变异构体峰) 151.30, 139.37, 137.64, 137.28, 129.61, 128.55, 123.26, 123.01, 120.13, 117.21, 116.37, 114.22, 113.67, 111.02, 109.79, 107.13, 103.03, 64.16, 51.72, 50.33, 30.27, 28.24, 18.59, 15.06

ethoxysulfuron（乙氧嘧磺隆）

基本信息

CAS 登录号	126801-58-9	分子量	398.39
分子式	C₁₅H₁₈N₄O₇S		

¹H NMR 谱图

¹H NMR (600 MHz, CDCl₃, δ) 12.85 (1H, NH, s), 7.43 (1H, ArH, s), 7.38 (1H, ArH, dd, J_{H-H} = 8.0 Hz, J_{H-H} = 1.4 Hz), 7.25~7.19 (1H, ArH, m), 6.97~6.90 (2H, 2ArH, m), 5.74 (1H, NH, s), 4.02 (2H, CH₂, q, J_{H-H} = 7.0 Hz), 3.76 (6H, OCH₃, br), 1.39 (3H, CH₃, t, J_{H-H} = 7.0 Hz)

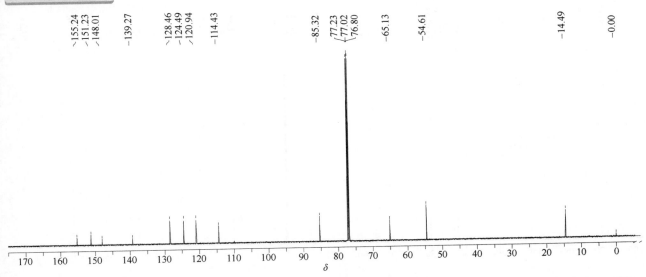

155.24
151.23
148.01
139.27
128.46
124.49
120.94
114.43
85.32
77.23
77.02
76.80
65.13
54.61
14.49
0.00

¹³C NMR (151 MHz, CDCl₃, δ) 155.24, 151.23, 148.01, 139.27, 128.46, 124.49, 120.94, 114.43, 85.32, 65.13, 54.61, 14.49（注：C=N 的 C 没有出峰）

ethychlozate（吲熟酯）

基本信息

CAS 登录号	27512-72-7	分子量	238.67
分子式	$C_{11}H_{11}ClN_2O_2$		

¹H NMR 谱图

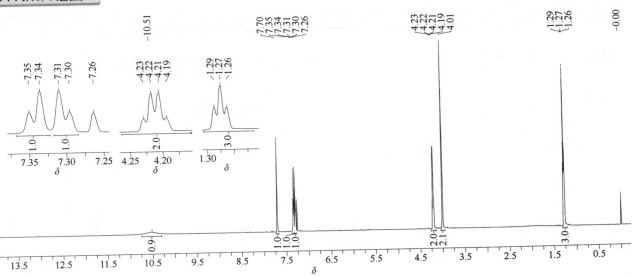

¹H NMR (600 MHz, CDCl₃, δ) 10.51(1H, NH, br), 7.70 (1H, ArH, s), 7.34 (1H, ArH, d, J_{H-H} = 8.7 Hz), 7.30 (1H, ArH, d, J_{H-H} = 8.5 Hz), 4.21 (2H, C$\underline{H}_2$CH₃, q, J_{H-H} = 7.1 Hz), 4.01(2H, CH₂, s), 1.27 (3H, CH₂C$\underline{H}_3$, t, J_{H-H} = 7.0 Hz)

^{13}C NMR (151 MHz, CDCl$_3$, δ) 170.17, 139.61, 139.44, 127.62, 126.54, 123.16, 119.59, 111.10, 61.39, 33.51, 14.16

2-ethyl-1,3-hexandiol（驱虫醇）

基本信息

CAS 登录号	94-96-2
分子式	C$_8$H$_{18}$O$_2$

分子量	146.23

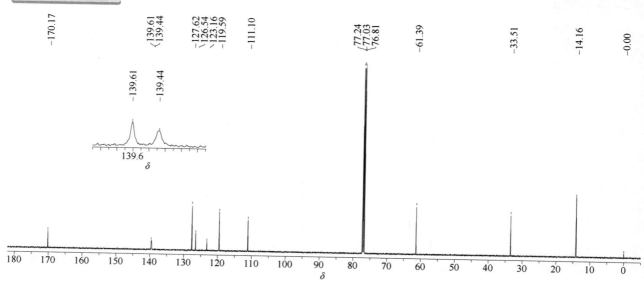

^{1}H NMR 谱图

^{1}H NMR (600 MHz, CDCl$_3$, δ) 多组异构体重叠。3.98~3.63 (3H, 3OCH, m), 2.67~2.50 (2H, 2OH, m), 1.69~1.26 (7H, 7CH, m), 1.01~0.86 (6H, 2CH$_3$, m)

¹³C NMR 谱图

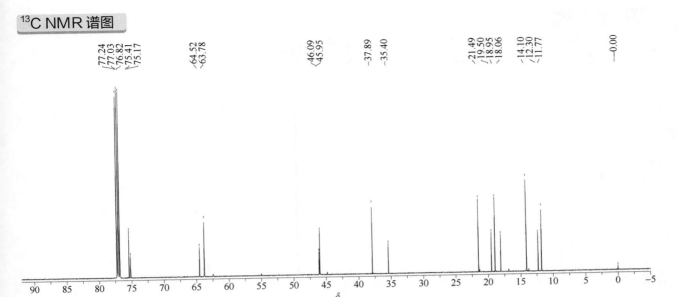

¹³C NMR (151 MHz, CDCl₃, δ) 75.41, 75.17, 64.52, 63.78, 46.09, 45.95, 37.89, 35.40, 21.49, 19.50, 18.95, 18.06, 14.10, 12.30, 11.77

etobenzanid（乙氧苯草胺）

基本信息

CAS 登录号	79540-50-4	分子量	340.20
分子式	C₁₆H₁₅Cl₂NO₃		

¹H NMR 谱图

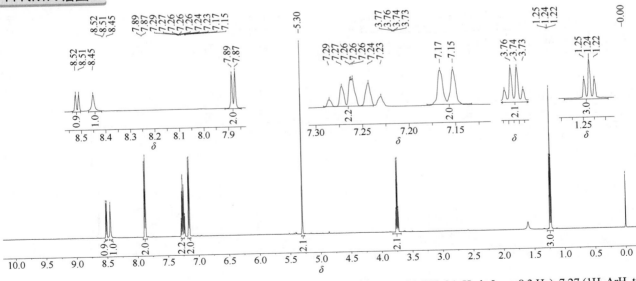

¹H NMR (600 MHz, CDCl₃, δ) 8.51 (1H, ArH, d, J_{H-H} = 8.1 Hz), 8.45 (1H, NH, br), 7.88 (2H, 2ArH, d, J_{H-H} = 8.3 Hz), 7.27 (1H, ArH, t, J_{H-H} = 8.1 Hz), 7.24 (1H, ArH, t, J_{H-H} = 8.1 Hz), 7.16 (2H, 2ArH, d, J_{H-H} = 8.3 Hz), 5.30 (2H, OCH₂, s), 3.75 (2H, OC$\underline{H}$₂CH₃, q, J_{H-H} = 7.0 Hz), 1.23 (3H, OCH₂C$\underline{H}$₃, t, J_{H-H} = 7.0 Hz)

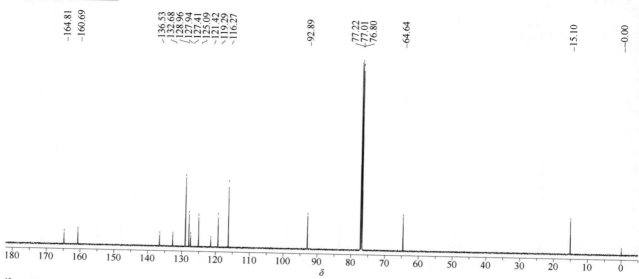

^{13}C NMR (151 MHz, CDCl$_3$, δ) 164.81, 160.69, 136.53, 132.68, 128.96, 127.94, 127.41, 125.09, 121.42, 119.29, 116.27, 92.89, 64.64, 15.10

etofenprox（醚菊酯）

基本信息

CAS 登录号	80844-07-1	分子量	376.49
分子式	C$_{25}$H$_{28}$O$_3$		

^{1}H NMR 谱图

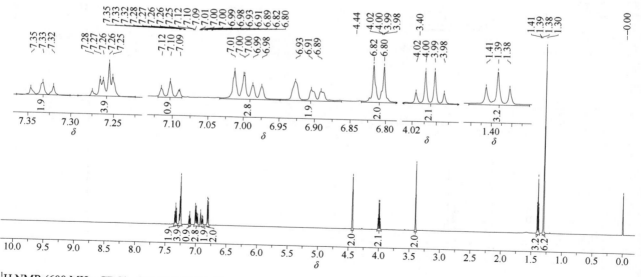

^{1}H NMR (600 MHz, CDCl$_3$, δ) 7.33 (2H, 2ArH, t, J_{H-H} = 8.0 Hz), 7.29~7.23 (3H, 3ArH, m), 7.10 (1H, ArH, t, J_{H-H} = 7.8 Hz), 7.03~6.95 (3H, 3ArH, m), 6.95~6.86 (2H, 2ArH, m), 6.81 (2H, 2ArH, d, J_{H-H} = 8.8 Hz), 4.44 (2H, ArCH$_2$O, s), 4.00 (2H, CH$_3$C$\underline{H}_2$, q, J_{H-H} = 7.0 Hz), 3.40 (2H, CCH$_2$O, s), 1.39 (3H, C$\underline{H}_3$CH$_2$, t, J_{H-H} = 7.0 Hz), 1.30 (6H, C(CH$_3$)$_2$, s)

^{13}C NMR 谱图

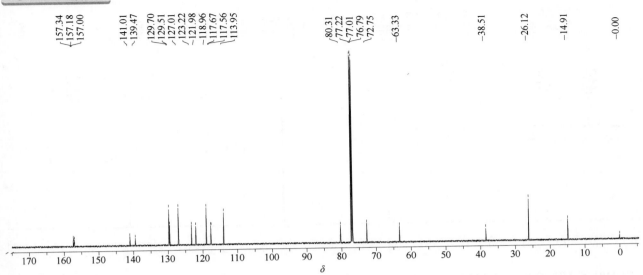

^{13}C NMR (151 MHz, CDCl$_3$, δ) 157.34, 157.18, 157.00, 141.01, 139.47, 129.70, 129.51, 127.01, 123.22, 121.98, 118.96, 117.67, 117.56, 113.95, 80.31, 72.75, 63.33, 38.51, 26.12, 14.91

etoxazole（乙螨唑）

CAS 登录号	153233-91-1	分子量	359.4
分子式	C$_{21}$H$_{23}$F$_2$NO$_2$		

^{1}H NMR 谱图

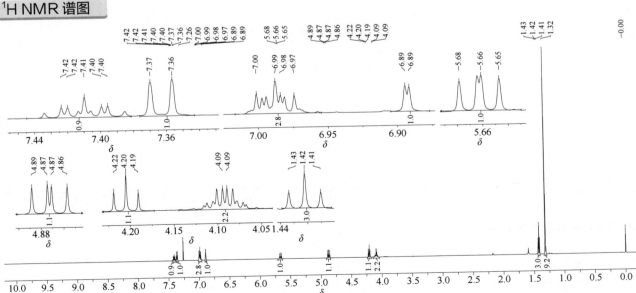

^{1}H NMR (600 MHz, CDCl$_3$, δ) 7.44~7.38 (1H, ArH, m), 7.36 (1H, ArH, d, J_{H-H} = 8.0 Hz), 7.01~6.93 (3H, 3ArH, m), 6.89 (1H, ArH, d, J_{H-H} = 1.7 Hz), 5.66 (1H, OC$\underline{H}_2$CHN, dd, J_{H-H} = 10.5 Hz, J_{H-H} = 8.3 Hz), 4.87 (1H, OC$\underline{H}_2$CHN, dd, J_{H-H} = 10.5 Hz, J_{H-H} = 8.3 Hz), 4.20 (1H, OCH$_2$C$\underline{H}$N, t, J_{H-H} = 8.3 Hz), 4.13~4.05 (2H, C$\underline{H}_2$CH$_3$, m), 1.42 (3H, CH$_2$C$\underline{H}_3$, t, J_{H-H} = 7.0 Hz), 1.32 (9H, C(CH$_3$)$_3$, s)

¹³C NMR 谱图

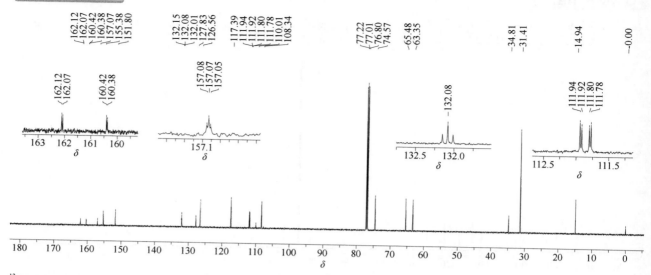

¹³C NMR (151 MHz, CDCl₃, δ) 161.25 (d, J_{C-F} = 256.2 Hz, $^3J_{C-F}$ = 6.2 Hz), 157.07 (t, $^3J_{C-F}$ = 1.8 Hz), 155.38, 151.80, 132.08 (t, $^3J_{C-F}$ = 10.5 Hz), 127.83, 126.56, 117.39, 111.86 (dd, $^2J_{C-F}$ = 21.6 Hz, $^4J_{C-F}$ = 3.1 Hz), 110.19, 108.34, 74.57, 65.48, 63.35, 34.81, 31.41, 14.94

¹⁹F NMR 谱图

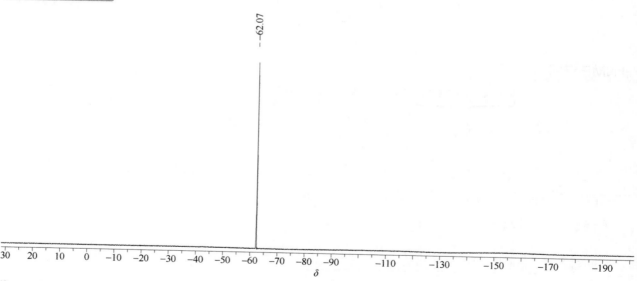

¹⁹F NMR (564 MHz, CDCl₃, δ) –62.07

etridiazole（土菌灵）

基本信息

CAS 登录号	2593-15-9	分子量	247.53
分子式	$C_5H_5Cl_3N_2OS$		

^{1}H NMR 谱图

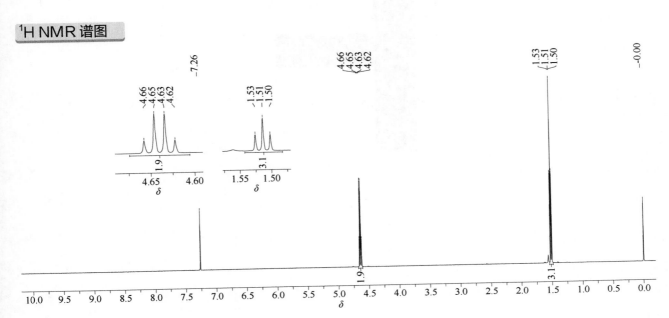

^{1}H NMR (600 MHz, CDCl$_3$, δ) 4.64 (2H, CH$_2$, q, J_{H-H} = 7.1 Hz), 1.51 (3H, CH$_3$, t, J_{H-H} = 7.1 Hz)

^{13}C NMR 谱图

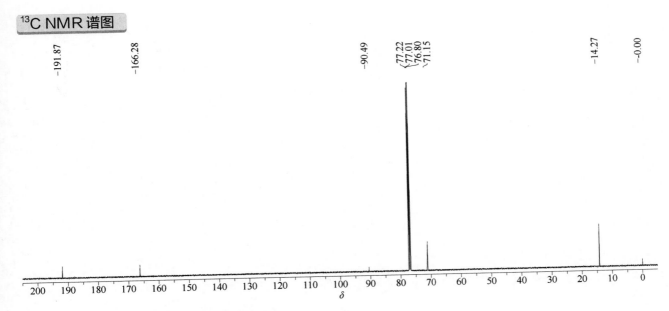

^{13}C NMR (151 MHz, CDCl$_3$, δ) 191.87, 166.28, 90.49, 71.15, 14.27

>>>> F

famoxadone（噁唑菌酮）

基本信息

CAS 登录号	131807-57-3	**分子量**	374.39
分子式	C$_{22}$H$_{18}$N$_2$O$_4$		

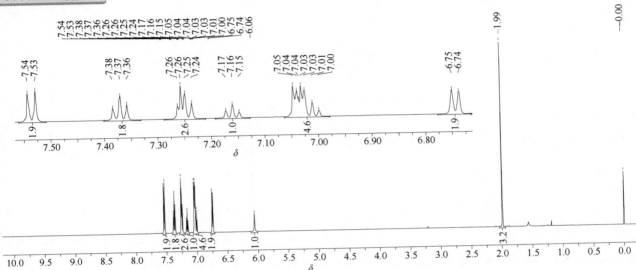

^{1}H NMR 谱图

^{1}H NMR (600 MHz, CDCl$_3$, δ) 7.54 (2H, 2ArH, d, J_{H-H} = 8.8 Hz), 7.37 (2H, 2ArH, t, J_{H-H} = 8.0 Hz), 7.25 (2H, 2ArH, m), 7.16 (1H, ArH, t, J_{H-H} = 7.4 Hz), 7.06~6.98 (5H, 5ArH, m), 6.74 (2H, 2ArH, d, J_{H-H} = 7.8 Hz), 6.06 (1H, NH, br), 1.99 (3H, CH$_3$, s)

^{13}C NMR 谱图

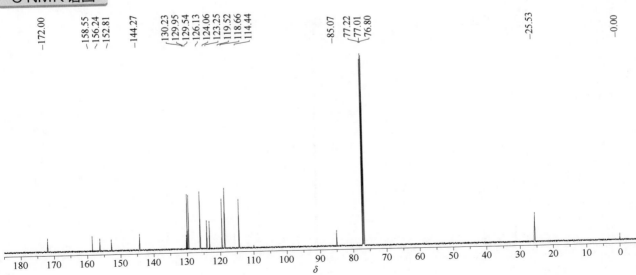

^{13}C NMR (151 MHz, CDCl$_3$, δ) 172.00, 158.55, 156.24, 152.81, 144.27, 130.23, 129.95, 129.54, 126.13, 124.06, 123.25, 119.52, 118.66, 114.44, 85.07, 25.53

famphur（氨磺磷）

基本信息

CAS 登录号	52-85-7	分子量	325.33
分子式	$C_{10}H_{16}NO_5PS_2$		

¹H NMR 谱图

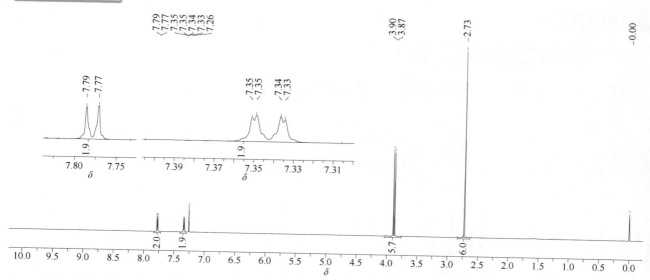

¹H NMR (600 MHz, CDCl₃, δ) 7.78 (2H, 2ArH, d, J_{H-H} = 8.7 Hz), 7.34 (2H, 2ArH, dd, J_{H-H} = 8.7 Hz, $^4J_{H-P}$ = 2.0 Hz), 3.88 (6H, 2OCH₃, d, $^3J_{H-P}$ = 13.9 Hz), 2.73 (6H, 2NCH₃, s)

¹³C NMR 谱图

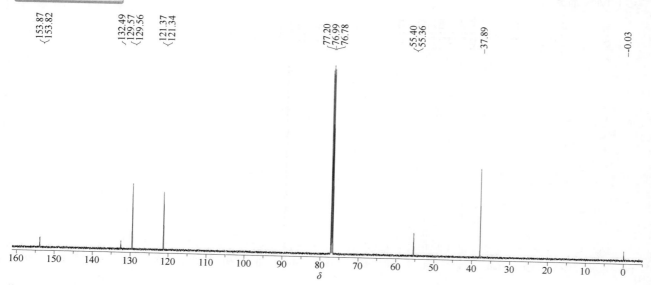

¹³C NMR (151 MHz, CDCl₃, δ) 153.85 (d, $^2J_{C-P}$ = 7.2 Hz), 132.49, 129.57 (d, $^4J_{C-P}$ = 0.8 Hz), 121.36 (d, $^3J_{C-P}$ = 5.2 Hz), 55.38 (d, $^2J_{C-P}$ = 5.7 Hz), 37.89

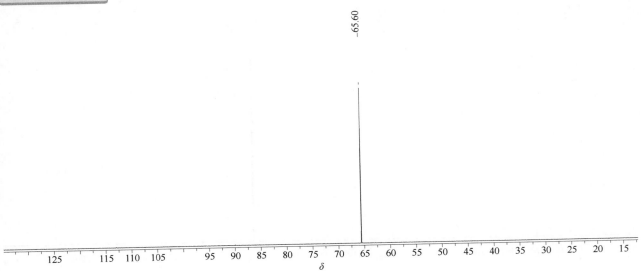

^{31}P NMR (243 MHz, CDCl$_3$, δ) 65.60

fenamidone（咪唑菌酮）

基本信息

CAS 登录号	161326-34-7	分子量	311.40
分子式	C$_{17}$H$_{17}$N$_3$OS		

^{1}H NMR 谱图

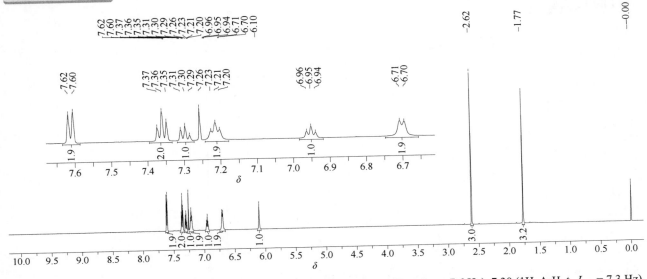

^{1}H NMR (600 MHz, CDCl$_3$, δ) 7.61 (2H, 2ArH, d, J_{H-H} = 7.9 Hz), 7.36 (2H, 2ArH, t, J_{H-H} = 7.6 Hz), 7.30 (1H, ArH, t, J_{H-H} = 7.3 Hz), 7.21 (2H, 2ArH, t, J_{H-H} = 7.3 Hz), 6.95 (1H, ArH, t, J_{H-H} = 7.3 Hz), 6.70 (2H, 2ArH, d, J_{H-H} = 7.4 Hz), 6.10 (1H, NH, s), 2.62 (3H, SCH$_3$, s), 1.77 (3H, CH$_3$, s)

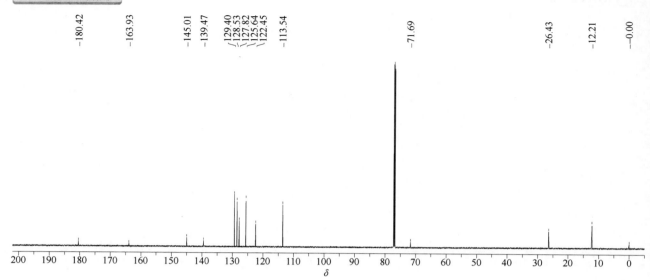

¹³C NMR (151 MHz, CDCl₃, δ) 180.42, 163.93, 145.01, 139.47, 129.40, 128.53, 127.82, 125.64, 122.45, 113.54, 71.69, 26.43, 12.21

fenaminosulf（敌磺钠）

基本信息

CAS 登录号	140-56-7	分子量	251.24
分子式	C₈H₁₀N₃NaO₃S		

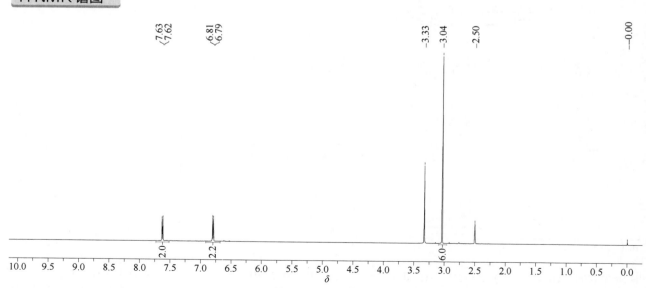

¹H NMR 谱图

¹H NMR (600 MHz, DMSO-d₆, δ) 7.63 (2H, 2ArH, d, J_{H-H} = 9.1 Hz), 6.80 (2H, 2ArH, d, J_{H-H} = 9.1 Hz), 3.40 (6H, N(CH₃)₂, s)

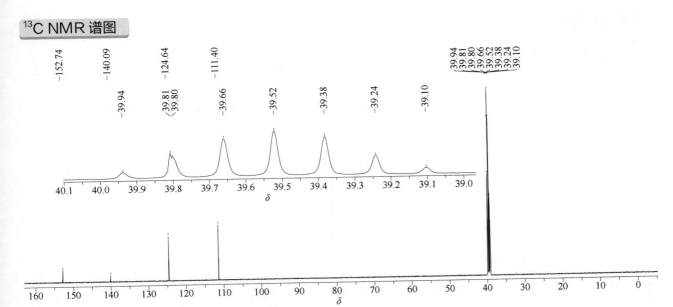

^{13}C NMR (151 MHz, DMSO-d$_6$, δ) 152.74, 140.09, 124.64, 111.40, 39.81

fenamiphos（苯线磷）

基本信息

CAS 登录号	22224-92-6	**分子量**	303.36
分子式	C$_{13}$H$_{22}$NO$_3$PS		

^{1}H NMR 谱图

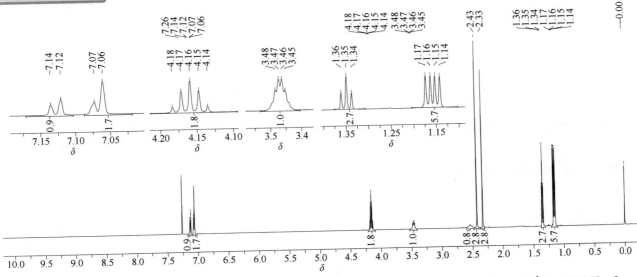

^{1}H NMR (600 MHz, CDCl$_3$, δ) 7.13 (1H, ArH, d, $J_{\text{H-H}}$ = 8.9 Hz), 7.07 (2H, 2ArH, m), 4.16 (2H, OC$\underline{H}_2$CH$_3$, dt, $^3J_{\text{H-P}}$ = 14.2 Hz, $J_{\text{H-H}}$ = 7.2 Hz), 3.53~3.43 (1H, NC$\underline{H}$(CH$_3$)$_2$, m), 2.54 (1H, NH, br), 2.43 (3H, SC$\underline{H}_3$, s), 2.33 (3H, ArCH$_3$, s), 1.35 (3H, OCH$_2$C$\underline{H}_3$, t, $J_{\text{H-H}}$ = 7.1 Hz), 1.17 (3H, CHC$\underline{H}_3$, d, $J_{\text{H-H}}$ = 6.5 Hz), 1.15 (3H, CHC$\underline{H}_3$, d, $J_{\text{H-H}}$ = 6.5 Hz)

^{13}C NMR 谱图

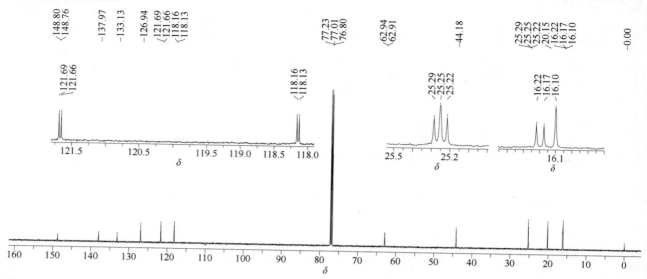

^{13}C NMR (151 MHz, CDCl$_3$, δ) 148.78 (d, $^2J_{\text{C-P}}$ = 6.7 Hz), 137.97, 133.13, 126.94, 121.67 (d, $^3J_{\text{C-P}}$ = 5.1 Hz), 118.15 (d, $^3J_{\text{C-P}}$ = 5.0 Hz), 62.93 (d, $^2J_{\text{C-P}}$ = 5.6 Hz), 44.18, 25.27 (d, $^3J_{\text{C-P}}$ = 5.1 Hz), 25.24 (d, $^3J_{\text{C-P}}$ = 5.1 Hz), 20.15, 16.20 (d, $^3J_{\text{C-P}}$ = 10.6 Hz), 16.10

^{31}P NMR 谱图

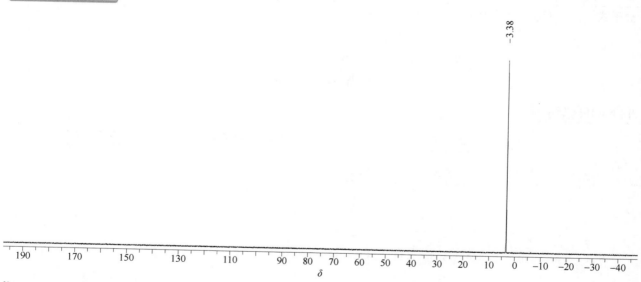

^{31}P NMR (243 MHz, CDCl$_3$, δ) 3.38

fenamiphos sulfone（苯线磷砜）

CAS 登录号	31972-44-8	分子量	335.36
分子式	$C_{13}H_{22}NO_5PS$		

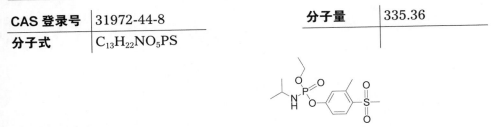

¹H NMR 谱图

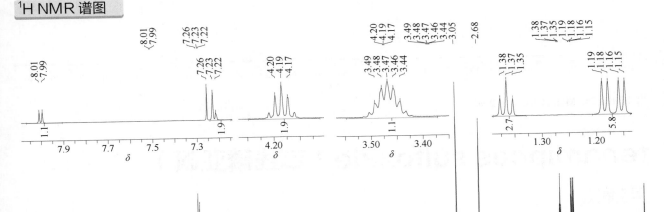

¹H NMR (600 MHz, CDCl₃, δ) 8.00 (1H, ArH, d, J_{H-H} = 8.3 Hz), 7.23 (1H, ArH, s), 7.22 (1H, ArH, d, J_{H-H} = 8.2 Hz), 4.19 (2H, OC$\underline{H}_2$CH₃, dt, $^3J_{H-P}$ = 14.2 Hz, J_{H-H} = 7.1 Hz), 3.47 (1H, NC$\underline{H}$(CH₃)₂, hept, J_{H-H} = 6.5 Hz), 3.05 (3H, SCH₃, s), 2.68 (3H, ArCH₃, s), 2.64 (1H, NH, br), 1.37 (3H, OCH₂C$\underline{H}_3$, t, J_{H-H} = 7.1 Hz), 1.19 (3H, CHC$\underline{H}_3$, d, J_{H-H} = 6.5 Hz), 1.16 (3H, CHCH₃, d, J_{H-H} = 6.5 Hz)

¹³C NMR 谱图

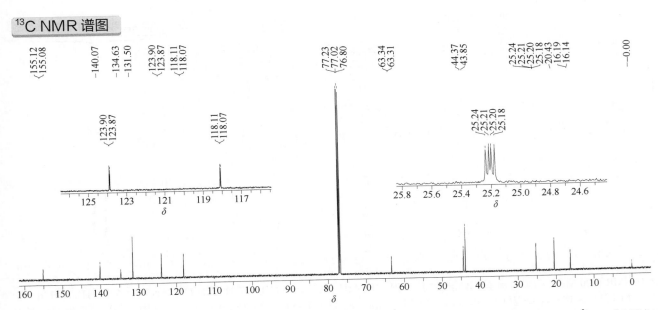

¹³C NMR (151 MHz, CDCl₃, δ) 155.10 (d, $^2J_{C-P}$ = 6.3 Hz), 140.07, 134.63, 131.50, 123.89 (d, $^3J_{C-P}$ = 5.3 Hz), 118.09 (d, $^3J_{C-P}$ = 5.3 Hz), 63.33 (d, $^2J_{C-P}$ = 5.5 Hz), 44.37, 43.85, 25.22 (d, $^3J_{C-P}$ = 5.7 Hz), 25.19 (d, $^3J_{C-P}$ = 5.1 Hz), 20.43, 16.16 (d, $^3J_{C-P}$ = 7.0 Hz)

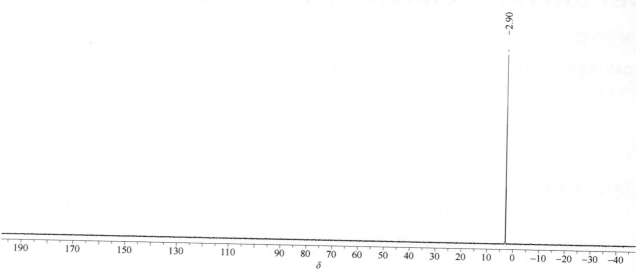

−2.90

³¹P NMR (243 MHz, CDCl₃, δ) 2.90

fenamiphos sulfoxide（苯线磷亚砜）

基本信息

CAS 登录号	31972-43-7	分子量	319.36
分子式	C₁₃H₂₂NO₄PS		

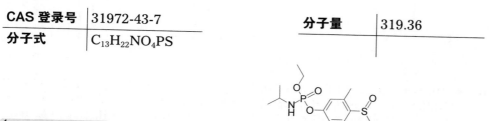

¹H NMR 谱图

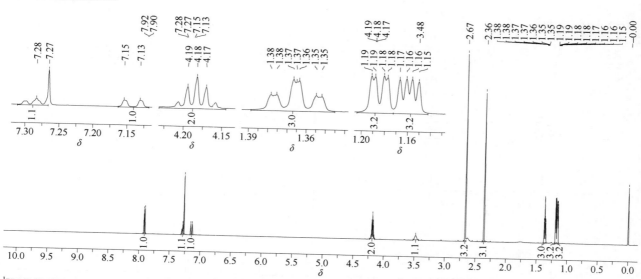

¹H NMR (600 MHz, CDCl₃, δ) 异构体混合物。7.91 (1H, ArH, d, J_{H-H} = 8.6 Hz), 7.31~7.27 (1H, ArH, m), 7.14 (1H, ArH, d, $^4J_{H-P}$ = 14.1 Hz), 4.18 (2H, OC$\underline{H}_2$CH₃, dt, $^3J_{H-P}$ = 14.2 Hz, J_{H-H} = 7.1 Hz), 3.48 (1H, NC$\underline{H}$(CH₃)₂, br), 2.67 (3H, SCH₃, s), 2.65 (1H, NH, br), 2.36 (3H, ArCH₃, s), 1.37 (3H, OCH₂C$\underline{H}_3$, t, J_{H-H} = 7.1 Hz), 1.18 (3H, NCHC$\underline{H}_3$, dd, J_{H-H} = 6.4 Hz, $^4J_{H-P}$ = 1.9 Hz), 1.16 (3H, NCHC$\underline{H}_3$, dd, J_{H-H} = 6.4 Hz, $^4J_{H-P}$ = 3.5 Hz)

¹³C NMR 谱图

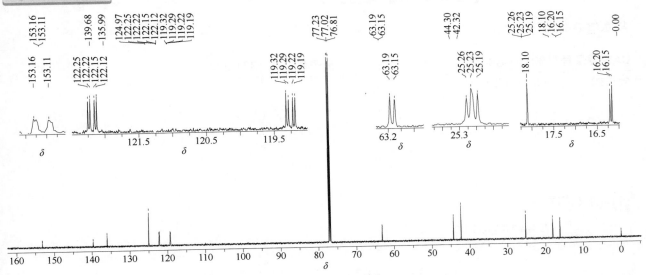

¹³C NMR (151 MHz, CDCl₃, δ) 异构体混合物。153.13 (d, $^2J_{C-P}$ = 6.5 Hz), 139.68, 135.99, 124.97, 122.24 (d, $^3J_{C-P}$ = 5.1 Hz), 122.14 (d, $^3J_{C-P}$ = 5.0 Hz), 119.30 (d, $^4J_{C-P}$= 5.0 Hz), 119.20 (d, $^4J_{C-P}$= 5.0 Hz), 63.17 (d, $^2J_{C-P}$ = 5.6 Hz), 44.30, 42.32, 25.24 (d, $^3J_{C-P}$= 5.1 Hz), 25.21 (d, $^3J_{C-P}$= 5.7 Hz), 18.10, 16.18 (d, $^3J_{C-P}$ = 7.1 Hz)

³¹P NMR 谱图

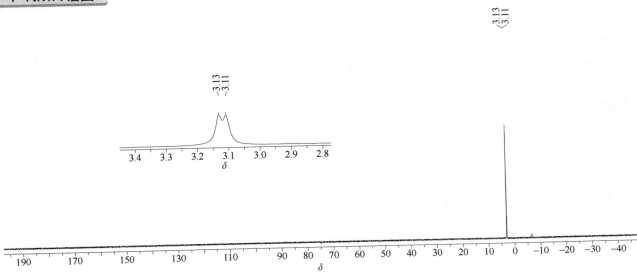

³¹P NMR (243 MHz, CDCl₃, δ) 3.13, 3.11

fenarimol (氯苯嘧啶醇)

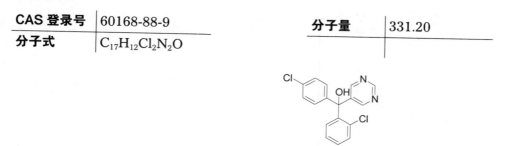

基本信息

CAS 登录号	60168-88-9	分子量	331.20
分子式	$C_{17}H_{12}Cl_2N_2O$		

^{1}H NMR 谱图

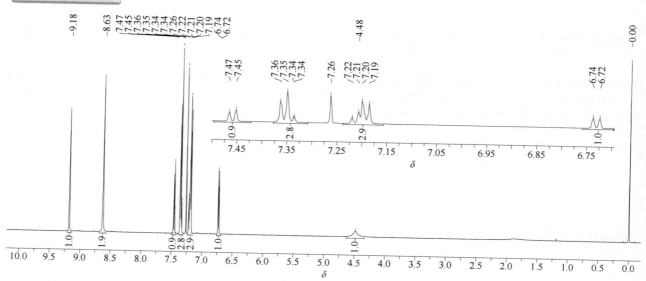

^{1}H NMR (600 MHz, CDCl$_3$, δ) 9.18 (1H, ArH, s), 8.63 (2H, 2ArH, s), 7.46 (1H, ArH, d, J_{H-H} = 7.9 Hz), 7.38~7.31 (3H, 3ArH, m), 7.24~7.16 (3H, 3ArH, m), 6.73 (1H, ArH, d, J_{H-H} = 7.9 Hz), 4.48 (1H, OH, br)

^{13}C NMR 谱图

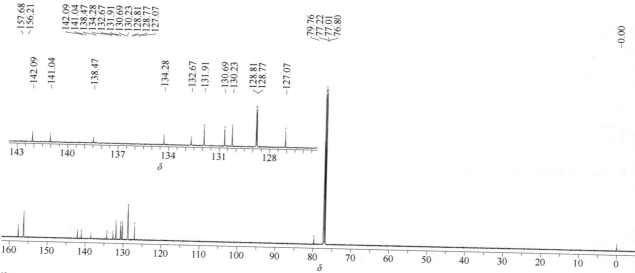

^{13}C NMR (151 MHz, CDCl$_3$, δ) 157.68, 156.21, 142.09, 141.04, 138.47, 134.28, 132.67, 131.91, 130.69, 130.23, 128.81, 128.77, 127.07, 79.76

fenazaflor（抗螨唑）

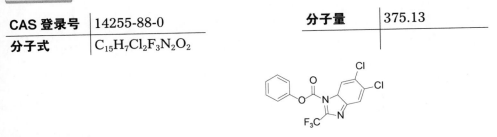

基本信息

CAS 登录号	14255-88-0	分子量	375.13
分子式	$C_{15}H_7Cl_2F_3N_2O_2$		

¹H NMR 谱图

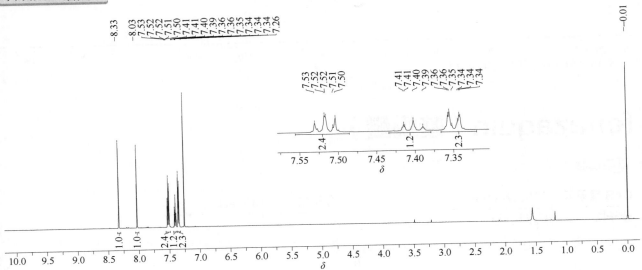

¹H NMR (600 MHz, CDCl₃, δ) 8.33 (1H, ClC=CH, s), 8.03 (1H, ClC=CH, s), 7.52 (2H, 2ArH, t, J_{H-H} = 7.6 Hz), 7.40 (1H, ArH, t, J_{H-H} = 7.5 Hz), 7.35 (2H, ArH, d, J_{H-H} = 7.7 Hz)

¹³C NMR 谱图

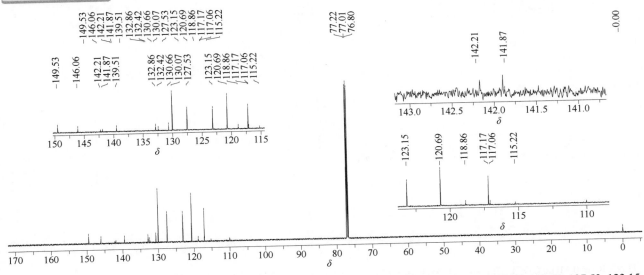

¹³C NMR (151 MHz, CDCl₃, δ) 149.53, 146.06, 142.04 (q, $^2J_{C-F}$ = 49.4 Hz), 139.51, 132.86, 132.42, 130.66, 130.07, 127.53, 123.15, 120.69, 117.96 (q, J_{C-F} = 273.5 Hz), 117.17

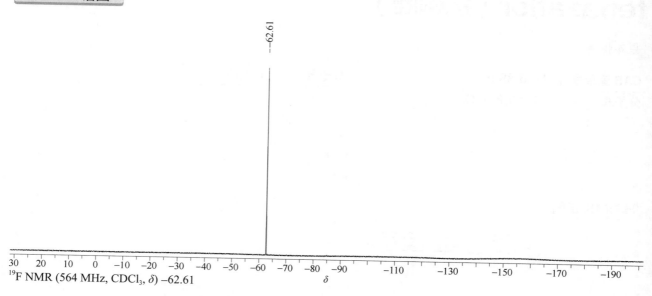

^{19}F NMR (564 MHz, CDCl$_3$, δ) −62.61

fenazaquin（喹螨醚）

基本信息

CAS 登录号	120928-09-8	分子量	306.41
分子式	C$_{20}$H$_{22}$N$_2$O		

¹H NMR 谱图

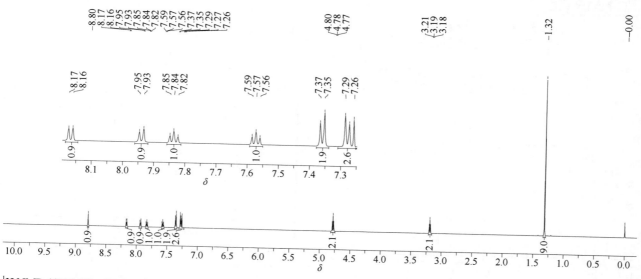

^{1}H NMR (600 MHz, CDCl$_3$, δ) 8.80 (1H, ArH, s), 8.17 (1H, ArH, d, J_{H-H} = 8.2 Hz), 7.94 (1H, ArH, d, J_{H-H} = 8.4 Hz), 7.84 (1H, ArH, t, J_{H-H} = 7.7 Hz), 7.57 (1H, ArH, t, J_{H-H} = 7.6 Hz), 7.36 (2H, 2ArH, d, J_{H-H} = 8.2 Hz), 7.28 (2H, 2ArH, d, J_{H-H} = 8.2 Hz), 4.78 (2H, OCH$_2$, t, J_{H-H} = 7.0 Hz), 3.19 (2H, OCH$_2$C$\underline{H}_2$, t, J_{H-H} = 7.0 Hz), 1.32 (9H,C(CH$_3$)$_3$, s)

¹³C NMR 谱图

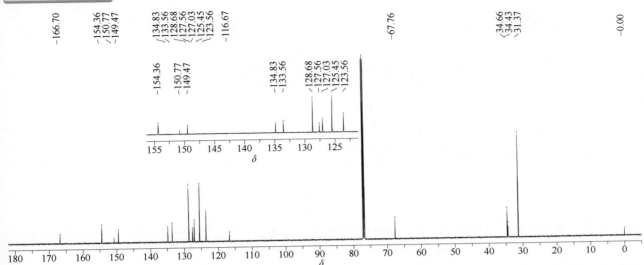

¹³C NMR (151 MHz, CDCl₃, δ) 166.70, 154.36, 150.77, 149.47, 134.83, 133.56, 128.68, 127.56, 127.03, 125.45, 123.56, 116.67, 67.76, 34.66, 34.43, 31.37

fenbuconazole（腈苯唑）

基本信息

CAS 登录号	114369-43-6	分子量	336.82
分子式	C₁₉H₁₇ClN₄		

¹H NMR 谱图

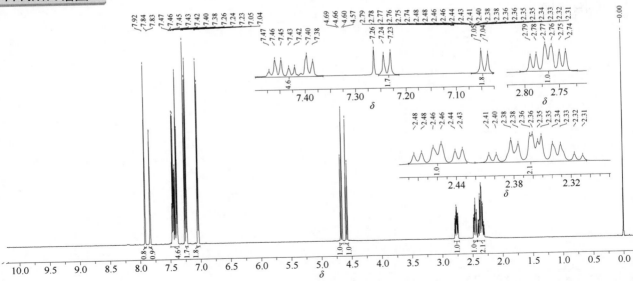

¹H NMR (600 MHz, CDCl₃, δ) 7.92 (1H, ArH, s), 7.84 (1H, ArH, d, J_{H-H} = 1.9 Hz), 7.50~7.36 (5H, 5ArH, m), 7.24 (2H, 2ArH, d, J_{H-H} = 8.3 Hz), 7.04 (2H, 2ArH, d, J_{H-H} = 8.3 Hz), 4.67 (1H, NCH₂, d, J_{H-H} = 14.3 Hz), 4.58 (1H, NCH₂, d, J_{H-H} = 14.3 Hz), 2.81~2.72 (1H, CH₂, m), 2.49~2.43 (1H, CH₂, m), 2.42~2.30 (2H, CH₂, m)

^{13}C NMR 谱图

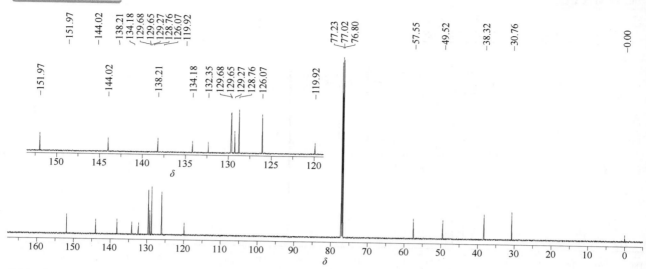

^{13}C NMR (151 MHz, CDCl$_3$, δ) 151.97, 144.02, 138.21, 134.18, 132.35, 129.68, 129.65, 129.27, 128.76, 126.07, 119.92, 57.55, 49.52, 38.32, 30.76

fenbutatin-oxide（苯丁锡）

基本信息

CAS 登录号	13356-08-6	分子量	1052.68
分子式	C$_{60}$H$_{78}$OSn$_2$		

^{1}H NMR 谱图

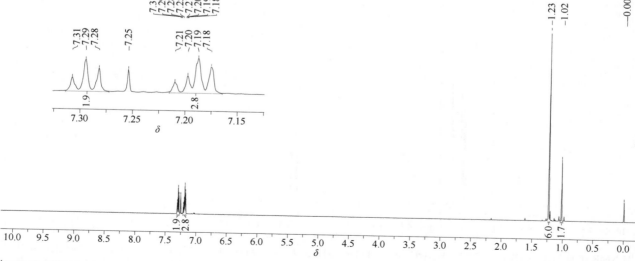

^{1}H NMR (600 MHz, CDCl$_3$, δ) 7.31 (12H, 12ArH, t, $J_{\text{H-H}}$ = 7.7 Hz), 7.21 (6H, 6ArH, t, $J_{\text{H-H}}$ = 7.3 Hz), 7.19 (12H, 12ArH, d, $J_{\text{H-H}}$ = 7.3 Hz), 1.23 (36H, 12CH$_3$, s), 1.02 (12H, 6CH$_2$, s)

¹³C NMR 谱图

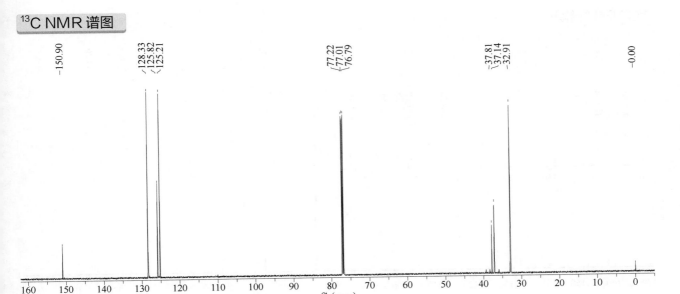

¹³C NMR (151 MHz, CDCl₃, δ) 150.90, 128.33, 125.82, 125.21, 37.81, 37.14, 32.91

fenchlorazole-ethyl（解草唑）

基本信息

CAS 登录号	103112-35-2	分子量	403.48
分子式	C₁₂H₈Cl₅N₃O₂		

¹H NMR 谱图

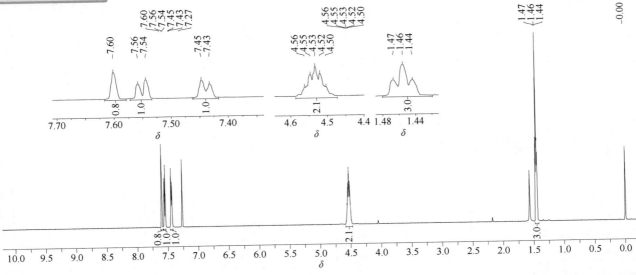

¹H NMR (600 MHz, CDCl₃, δ) 7.60 (1H, ArH, s), 7.55 (1H, ArH, d, *J*_{H-H} = 8.4 Hz), 7.44 (1H, ArH, d, *J*_{H-H} = 8.5 Hz), 4.59~4.47 (2H, OCH₂, m), 1.46 (3H, CH₃, t, *J*_{H-H} = 7.0 Hz)

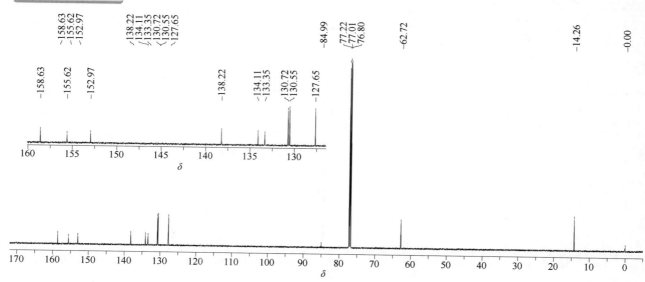

¹³C NMR (151 MHz, CDCl₃, δ) 158.63, 155.62, 152.97, 138.22, 134.11, 133.35, 130.72, 130.55, 127.65, 84.99, 62.72, 14.26

fenchlorphos（皮蝇磷）

基本信息

CAS 登录号	299-84-3	分子量	321.55
分子式	C₈H₈Cl₃O₃PS		

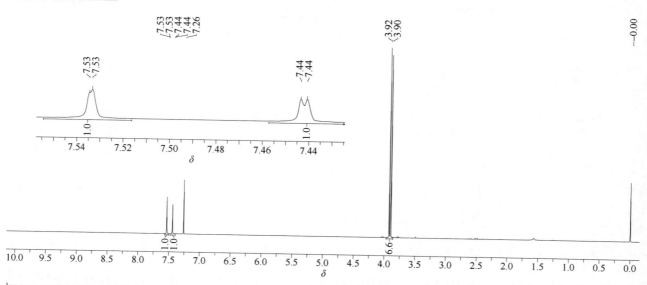

¹H NMR 谱图

¹H NMR (600 MHz, CDCl₃, δ) 7.53 (1H, ArH, d, ⁵J_{H-P} = 0.7 Hz), 7.44 (1H, ArH, d, ⁴J_{H-P} = 1.6 Hz), 3.91 (6H, 2OCH₃, d, ³J_{H-P} = 14.0 Hz)

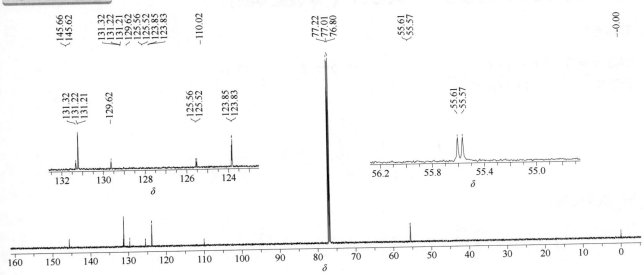

¹³C NMR (151 MHz, CDCl$_3$, δ) 145.64 (d, $^2J_{C\text{-}P}$ = 6.8 Hz), 131.32, 131.22 (t, $^4J_{C\text{-}P}$ = 1.5 Hz), 129.62, 125.54 (d, $^3J_{C\text{-}P}$ = 6.5 Hz), 123.84 (d, $^3J_{C\text{-}P}$ = 3.4 Hz), 55.59 (d, $^2J_{C\text{-}P}$ = 5.8 Hz)

³¹P NMR 谱图

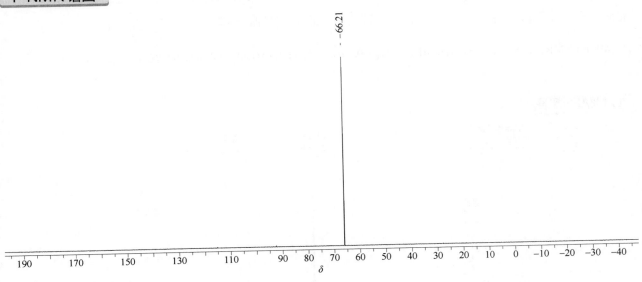

³¹P NMR (243 MHz, CDCl$_3$, δ) 66.21

fenchlorphos-oxon（氧皮蝇磷）

基本信息

CAS 登录号	3983-45-7	分子量	305.47
分子式	C₈H₈Cl₃O₄P		

¹H NMR 谱图

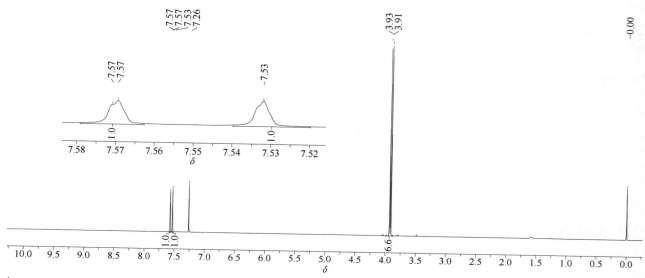

¹H NMR (600 MHz, CDCl₃, δ) 7.57 (1H, ArH, d, $^4J_{H-P}$ = 0.8 Hz), 7.53 (1H, ArH, s), 3.92 (6H, 2OC$\underline{H}$₃, d, $^3J_{H-P}$ = 11.5 Hz)

¹³C NMR 谱图

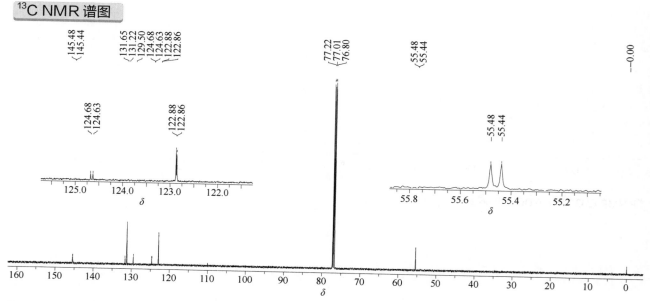

¹³C NMR (151 MHz, CDCl₃, δ) 145.46 (d, $^2J_{C-P}$ = 5.9 Hz), 131.65, 131.22, 129.50, 124.65 (d, $^3J_{C-P}$ = 7.4 Hz), 122.87 (d, $^3J_{C-P}$ = 2.5 Hz), 55.46 (d, $^2J_{C-P}$ = 5.8 Hz)

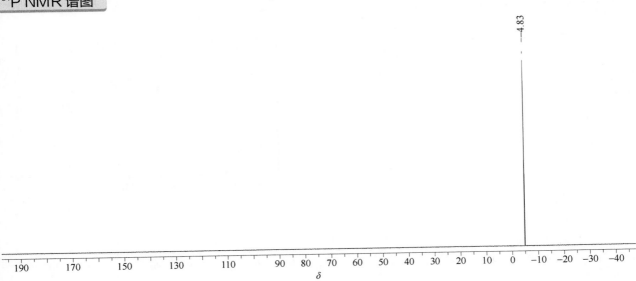

³¹P NMR (243 MHz, CDCl₃, δ) –4.83

fenclorim（解草啶）

CAS 登录号	3740-92-9	分子量	225.07
分子式	C₁₀H₆Cl₂N₂		

¹H NMR 谱图

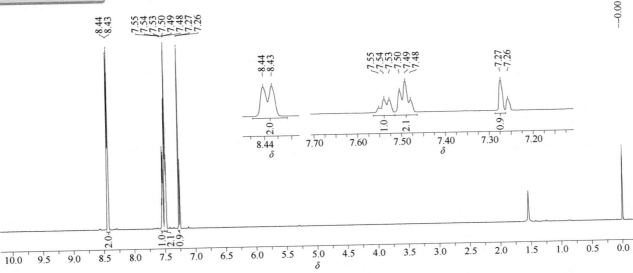

¹H NMR (600 MHz, CDCl₃, δ) 8.43 (2H, 2ArH, d, J_{H-H} = 7.6 Hz), 7.54 (1H, ArH, t, J_{H-H} = 7.3 Hz), 7.49 (2H, 2ArH, t, J_{H-H} = 7.6 Hz), 7.27 (1H, ArH, s)

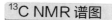

¹³C NMR 谱图

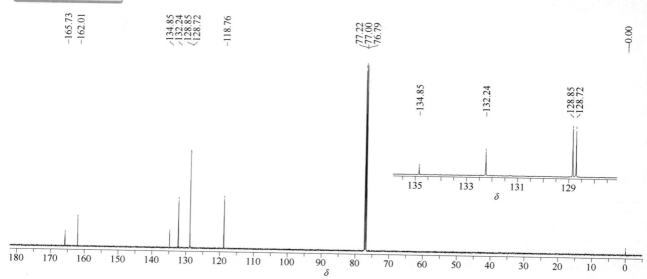

¹³C NMR (151 MHz, CDCl$_3$, δ) 165.73, 162.01, 134.85, 132.24, 128.85, 128.72, 118.76

fenfuram（甲呋酰胺）

基本信息

CAS 登录号	24691-80-3	分子量	201.22
分子式	C$_{12}$H$_{11}$NO$_2$		

¹H NMR 谱图

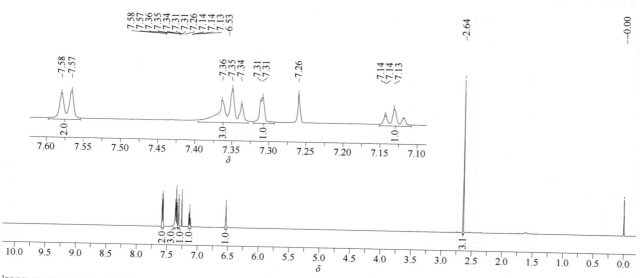

¹H NMR (600 MHz, CDCl$_3$, δ) 7.57 (2H, 2ArH, d, $J_{H\text{-}H}$ = 8.3 Hz), 7.36 (1H, OH, br), 7.35 (2H, 2ArH, t, $J_{H\text{-}H}$ = 8.0 Hz), 7.31 (1H, ArH, d, $J_{H\text{-}H}$ = 1.6 Hz), 7.15~7.11 (1H, ArH, m), 6.53 (1H, ArH, s), 2.64 (3H, CH$_3$, s)

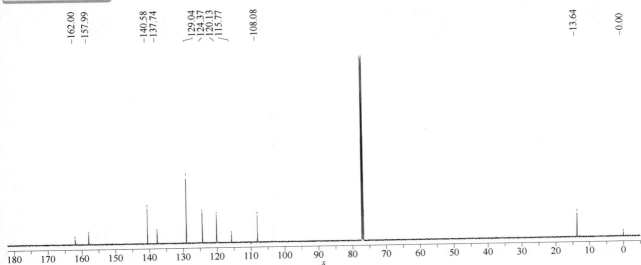

-162.00
-157.99
-140.58
-137.74
129.04
124.37
120.13
115.77
-108.08
-13.64
-0.00

^{13}C NMR (151 MHz, CDCl$_3$, δ) 162.00, 157.99, 140.58, 137.74, 129.04, 124.37, 120.13, 115.77, 108.08, 13.64

fenhexamid（环酰菌胺）

基本信息

CAS 登录号	126833-17-8	分子量	302.20
分子式	C$_{14}$H$_{17}$Cl$_2$NO$_2$		

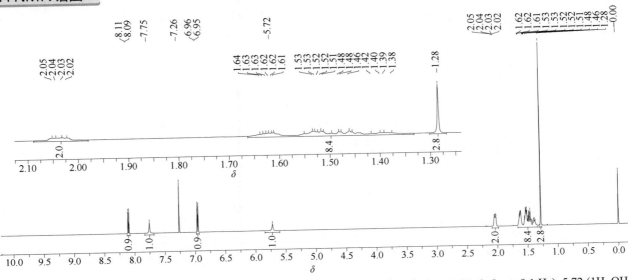

^{1}H NMR (600 MHz, CDCl$_3$, δ) 8.10 (1H, ArH, d, J_{H-H} = 9.1 Hz), 7.75 (1H, NH, br), 6.96 (1H, ArH, d, J_{H-H} = 9.1 Hz), 5.72 (1H, OH, br), 2.09~1.98 (2H, CH$_2$, m), 1.68~1.32 (8H, 4CH$_2$, m), 1.28 (3H, CH$_3$,s)

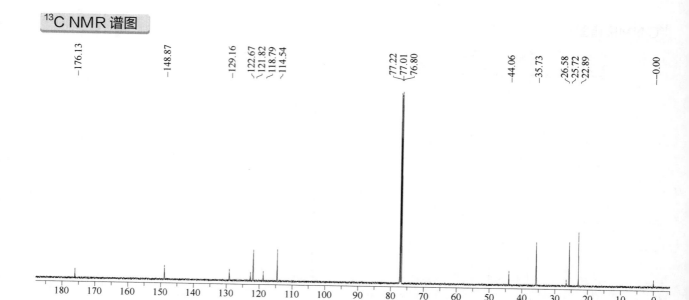

^{13}C NMR (151 MHz, CDCl$_3$, δ) 176.13, 148.87, 129.16, 122.67, 121.82, 118.79, 114.54, 44.06, 35.73, 26.58, 25.72, 22.89

fenitrothion（杀螟硫磷）

基本信息

CAS 登录号	122-14-5
分子式	C$_9$H$_{12}$NO$_5$PS

分子量	277.23

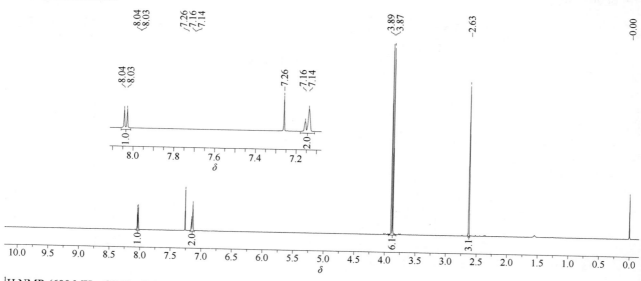

^{1}H NMR 谱图

^{1}H NMR (600 MHz, CDCl$_3$, δ) 8.04 (1H, ArH, d, J_{H-H} = 8.7 Hz), 7.18~7.12 (2H, 2ArH, m), 3.88 (6H, 2OCH$_3$, d, $^3J_{H-P}$ = 13.9 Hz), 2.63 (3H, ArCH$_3$, s)

¹³C NMR 谱图

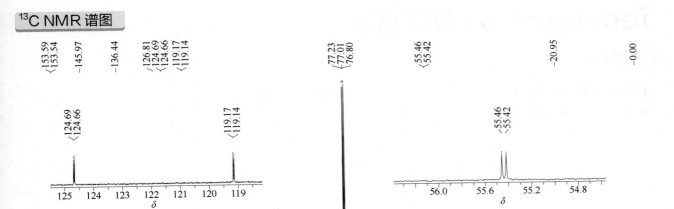

¹³C NMR (151 MHz, CDCl$_3$, δ) 153.57 (d, $^2J_{C-P}$ = 7.2 Hz), 145.97, 136.44, 126.81, 124.67 (d, $^3J_{C-P}$ = 5.3 Hz), 119.16 (d, $^3J_{C-P}$ = 4.8 Hz), 55.44 (d, $^2J_{C-P}$ = 6.0 Hz), 20.95

³¹P NMR 谱图

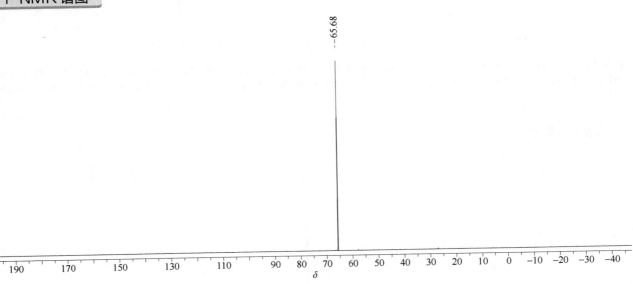

³¹P NMR (243 MHz, CDCl$_3$, δ) 65.68

fenobucarb（仲丁威）

基本信息

CAS 登录号	3766-81-2	分子量	207.27
分子式	C$_{12}$H$_{17}$NO$_2$		

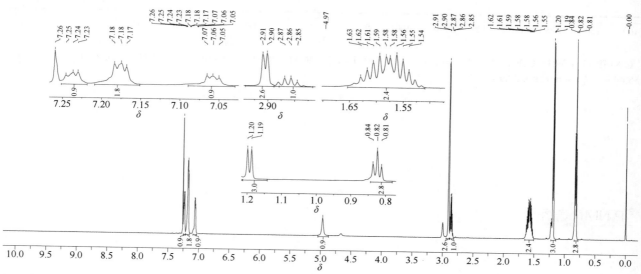

^{1}H NMR 谱图

^{1}H NMR (600 MHz, CDCl$_3$, δ) 7.25~7.22 (1H, ArH, m), 7.21~7.15 (2H, 2ArH, m), 7.09~7.03 (1H, ArH, m), 4.97 (1H, NH, s), 2.91 (3H, NHC$\underline{H}_3$, d, J_{H-H} = 4.8 Hz), 2.89~2.82 (1H, ArCH, m), 1.65~1.50 (2H, CHC$\underline{H}_2$CH$_3$, m), 1.20 (3H, CHC$\underline{H}_3$, d, J_{H-H} = 9.5 Hz), 0.82 (3H, CH$_2$C$\underline{H}_3$, t, J_{H-H} = 7.4 Hz)

^{13}C NMR 谱图

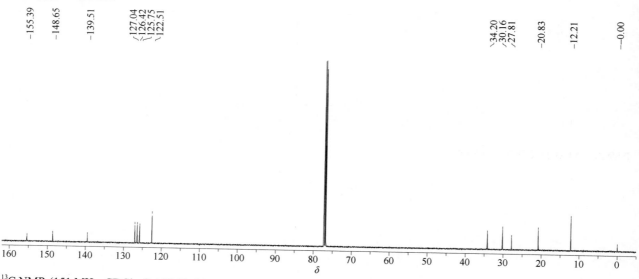

^{13}C NMR (151 MHz, CDCl$_3$, δ) 155.39, 148.65, 139.51, 127.04, 126.42, 125.75, 122.51, 34.20, 30.16, 27.81, 20.83, 12.21

fenoprop (2,4,5- 涕丙酸）

基本信息

CAS 登录号	93-72-1	分子量	269.51
分子式	$C_9H_7Cl_3O_3$		

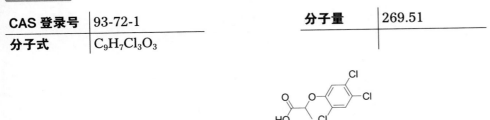

¹H NMR 谱图

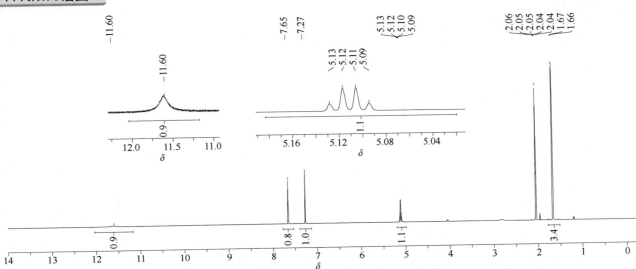

¹H NMR (600 MHz, aceton-d_6, δ) 11.60 (1H, COOH, br), 7.65 (1H, ArH, s), 7.27 (1H, ArH, s), 5.12 (1H, C*H*CH₃, q, J_{H-H} = 6.9 Hz), 1.67 (3H, CHC*H₃*, d, J_{H-H} = 6.9 Hz)

¹³C NMR 谱图

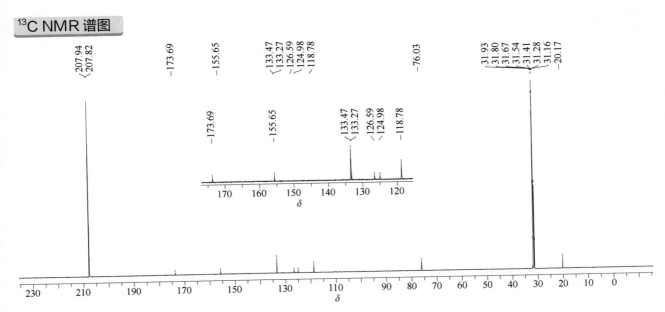

¹³C NMR (151 MHz, aceton-d_6, δ) 173.69, 155.65, 133.47, 133.27, 126.59, 124.98, 118.78, 76.03, 20.17

fenoprop-methyl（2,4,5-涕丙酸甲酯）

基本信息

CAS 登录号	4841-20-7	分子量	283.53
分子式	C₁₀H₉Cl₃O₃		

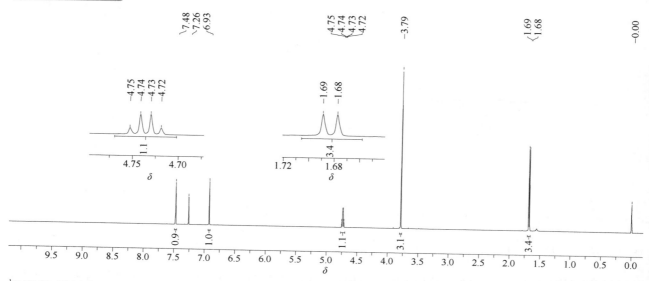

¹H NMR 谱图

¹H NMR (600 MHz, CDCl₃, δ) 7.48 (1H, ArH, s), 6.93 (1H, ArH, s), 4.74 (1H, CH, q, J_{H-H} = 6.8 Hz), 3.79 (3H, OCH₃, s), 1.68 (3H, CHC$\underline{H}$₃, d, J_{H-H} = 6.8 Hz)

¹³C NMR 谱图

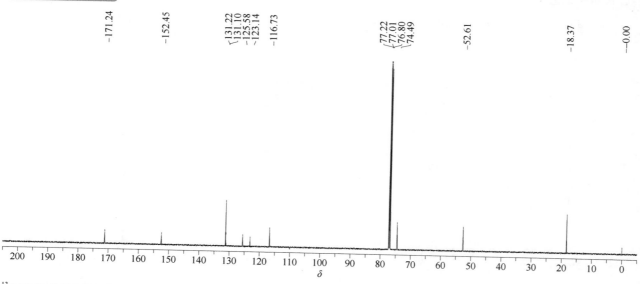

¹³C NMR (151 MHz, CDCl₃, δ) 171.24, 152.45, 131.22, 131.10, 125.58, 123.14, 116.73, 74.49, 52.61, 18.37

fenothiocarb（苯硫威）

基本信息

CAS 登录号	62850-32-2	分子量	253.36
分子式	$C_{13}H_{19}NO_2S$		

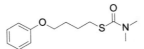

^{1}H NMR 谱图

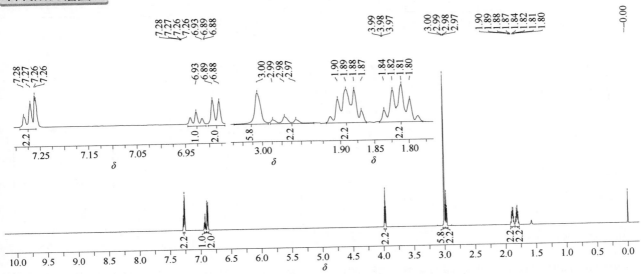

^{1}H NMR (600 MHz, CDCl$_3$, δ) 7.27 (2H, 2ArH, t, J_{H-H} = 8.2 Hz), 6.93 (1H, ArH, t, J_{H-H} = 8.2 Hz), 6.89 (2H, 2ArH, d, J_{H-H} = 8.2 Hz), 3.98 (2H, OCH_2, t, J_{H-H} = 6.3 Hz), 3.00 (6H, N(CH$_3$)$_2$, s), 2.98 (2H, SCH_2, t, J_{H-H} = 7.2 Hz), 1.92~1.86 (2H, OCH$_2$CH_2, m), 1.84~1.78 (2H, SCH$_2$CH_2, m)

^{13}C NMR 谱图

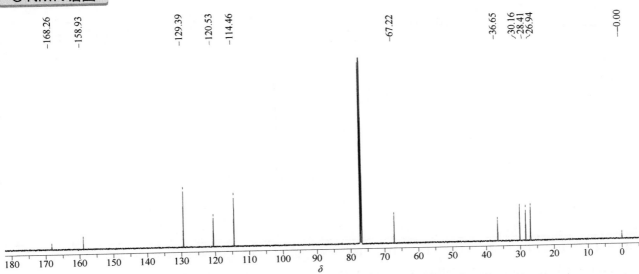

^{13}C NMR (151 MHz, CDCl$_3$, δ) 168.26, 158.93, 129.39, 120.53, 114.46, 67.22, 36.65, 30.16, 28.41, 26.94

fenoxanil（氰菌胺）

基本信息

CAS 登录号	115852-48-7	分子量	329.22
分子式	C₁₅H₁₈Cl₂N₂O₂		

分子式 $C_{15}H_{18}Cl_2N_2O_2$

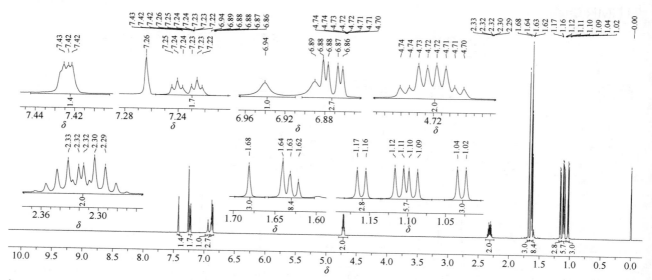

¹H NMR 谱图

¹H NMR (600 MHz, CDCl₃, δ) 两组异构体重叠，比例约为 1∶1。7.44~7.40 (2H, 2ArH, m), 7.25~7.20 (2H, 2ArH, m), 6.94 (1H, NH, br), 6.89 (1H, NH, br), 6.88 (1H, ArH, d, J_{H-H} = 3.0 Hz), 6.87 (1H, ArH, d, J_{H-H} = 3.0 Hz), 4.80~4.65 (2H, 2OCH, m), 2.35~2.27 (2H, 2CCH, m), 1.68 (3H, CCH₃, s), 1.66~1.60 (9H, 3CH₃, m), 1.16 (3H, CHC$\underline{H}$₃, d, J_{H-H} = 6.8 Hz), 1.11 (3H, CHC$\underline{H}$₃, d, J_{H-H} = 6.8 Hz), 1.09 (3H, CHC$\underline{H}$₃, d, J_{H-H} = 6.8 Hz), 1.03 (3H, CHC$\underline{H}$₃, d, J_{H-H} = 6.8 Hz)

¹³C NMR 谱图

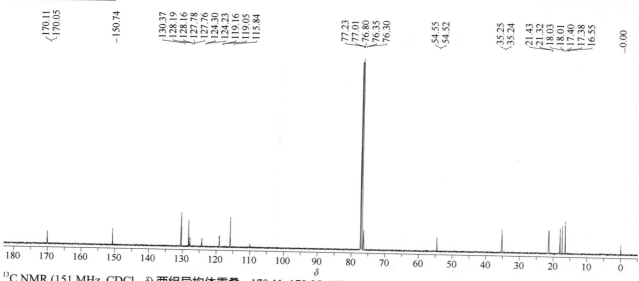

¹³C NMR (151 MHz, CDCl₃, δ) 两组异构体重叠。170.11, 170.05, 150.74, 130.37, 128.19, 128.16, 127.78, 127.76, 124.30, 124.23, 119.16, 119.05, 115.84, 76.35, 76.30, 54.55, 54.52, 35.25, 35.24, 21.43, 21.32, 18.03, 18.01, 17.40, 17.38, 16.55

fenoxaprop（噁唑禾草灵）

基本信息

CAS 登录号	95617-09-7	分子量	333.72
分子式	C$_{16}$H$_{12}$ClNO$_5$		

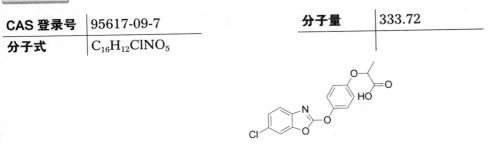

^{1}H NMR 谱图

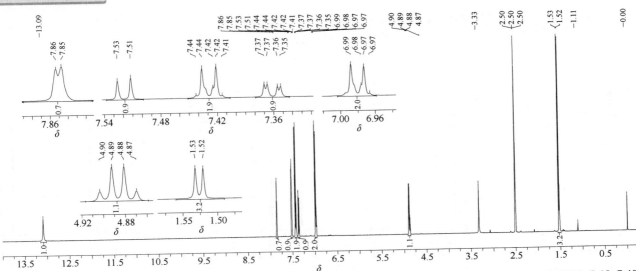

^{1}H NMR (600 MHz, DMSO-d$_6$, δ) 13.09 (1H, OH, s), 7.86 (1H, ArH, d, J_{H-H} = 1.9 Hz), 7.52 (1H, ArH, d, J_{H-H} = 8.5 Hz), 7.45~7.40 (2H, 2ArH, m), 7.36 (1H, ArH, dd, J_{H-H} = 8.5 Hz, J_{H-H} = 1.9 Hz), 7.01~6.95 (2H, 2ArH, m), 4.89 (1H, C$\underline{H}$CH$_3$, q, J_{H-H} = 6.8 Hz), 1.53 (3H, CHC$\underline{H}_3$, d, J_{H-H} = 6.8 Hz)

^{13}C NMR 谱图

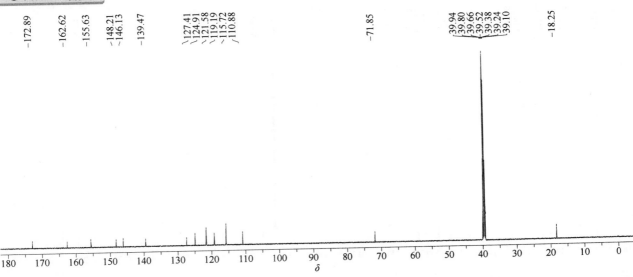

^{13}C NMR (151 MHz, DMSO-d$_6$, δ) 172.89, 162.62, 155.63, 148.21, 146.13, 139.47, 127.41, 124.91, 121.58, 119.19, 115.72, 110.88, 71.85, 18.25

fenoxaprop-ethyl（噁唑禾草灵乙酯）

基本信息

CAS 登录号	66441-23-4	分子量	361.78
分子式	C₁₈H₁₆ClNO₅		

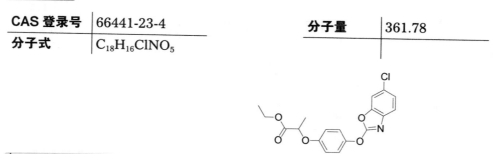

¹H NMR 谱图

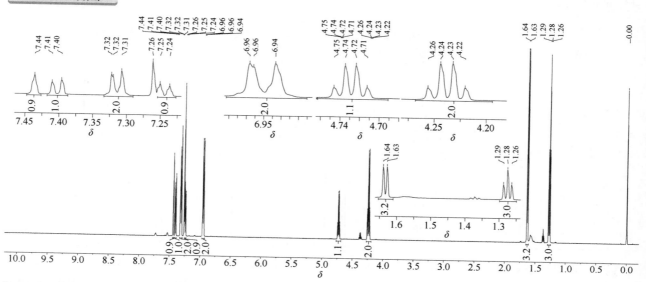

¹H NMR (600 MHz, CDCl₃, δ) 7.44 (1H, ArH, s), 7.40 (1H, ArH, d, J_{H-H} = 8.4 Hz), 7.34~7.29 (2H, 2ArH, m), 7.26~7.23 (1H, ArH, m), 6.97~6.93 (2H, 2ArH, m), 4.73 (1H, OCH, q, J_{H-H} = 6.8 Hz), 4.24 (2H, OCH₂, q, J_{H-H} = 7.1 Hz), 1.63 (3H, CHC$\underline{H}$₃, d, J_{H-H} = 6.8 Hz), 1.28 (3H, CH₂C$\underline{H}$₃, t, J_{H-H} = 7.1 Hz)

¹³C NMR 谱图

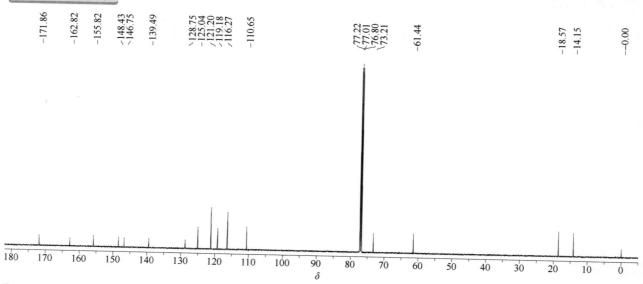

¹³C NMR (151 MHz, CDCl₃, δ) 171.86, 162.82, 155.82, 148.43, 146.75, 139.49, 128.75, 125.04, 121.20, 119.18, 116.27, 110.65, 73.21, 61.44, 18.57, 14.15

fenoxaprop-P（精噁唑禾草灵）

基本信息

CAS 登录号	113158-40-0	分子量	333.72
分子式	C₁₆H₁₂ClNO₅		

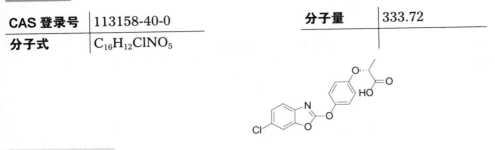

¹H NMR 谱图

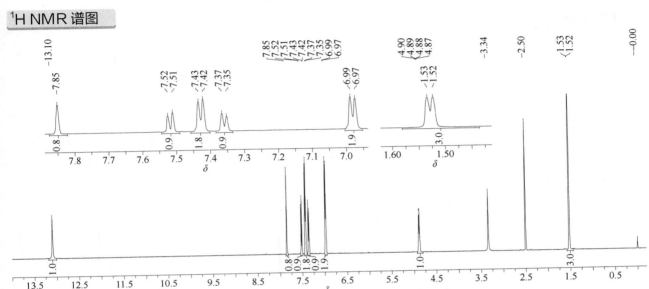

¹H NMR (600 MHz, DMSO-d₆, δ) 13.10 (1H, OH, s), 7.85 (1H, ArH, s), 7.52 (1H, ArH, d, J_{H-H} = 8.3 Hz), 7.43 (2H, 2ArH, d, J_{H-H} = 8.1 Hz), 7.36 (1H, ArH, d, J_{H-H} = 8.4 Hz), 6.98 (2H, 2ArH, d, J_{H-H} = 8.2 Hz), 4.89 (1H, C*H*CH₃, q, J_{H-H} = 6.6 Hz), 1.53 (3H, CHC*H₃*, d, J_{H-H} = 6.5 Hz)

¹³C NMR 谱图

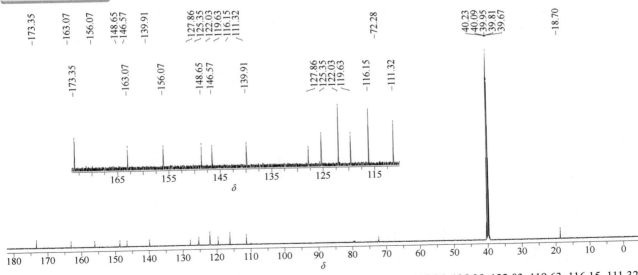

¹³C NMR (151 MHz, DMSO-d₆, δ) 173.35, 163.07, 156.07, 148.65, 146.57, 139.91, 127.86, 125.35, 122.03, 119.63, 116.15, 111.32, 72.28, 18.70

fenoxaprop-P-ethyl ((*R*)-enantiomer; 精噁唑禾草灵乙酯）

基本信息

CAS 登录号	71283-80-2	分子量	361.78
分子式	C$_{18}$H$_{16}$ClNO$_5$		

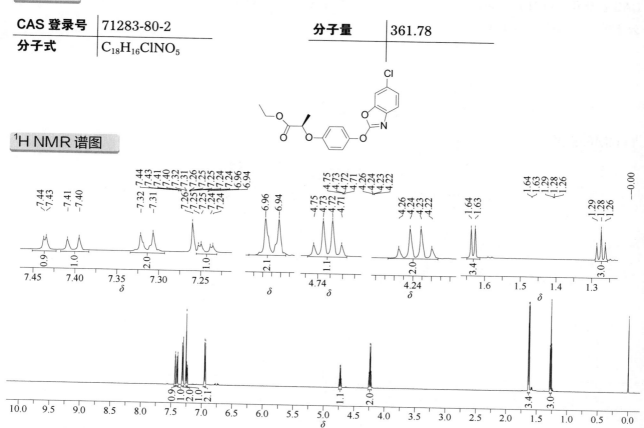

^{1}H NMR 谱图

^{1}H NMR (600 MHz, CDCl$_3$, δ) 7.44 (1H, ArH, d, J_{H-H} = 1.8 Hz), 7.40 (1H, ArH, d, J_{H-H} = 8.4 Hz), 7.31 (2H, 2ArH, d, J_{H-H} = 9.0 Hz), 7.24 (1H, ArH, dd, J_{H-H} = 8.5 Hz, J_{H-H} = 1.9 Hz), 6.95 (2H, 2ArH, d, J_{H-H} = 9.1 Hz), 4.73 (1H, C*H*CH$_3$, q, J_{H-H} = 6.8 Hz), 4.24 (2H, C*H$_2$*CH$_3$, q, J_{H-H} = 7.1 Hz), 1.63 (3H, CHC*H$_3$*, d, J_{H-H} = 6.8 Hz), 1.28 (3H, CH$_2$C*H$_3$*, t, J_{H-H} = 7.1 Hz)

^{13}C NMR 谱图

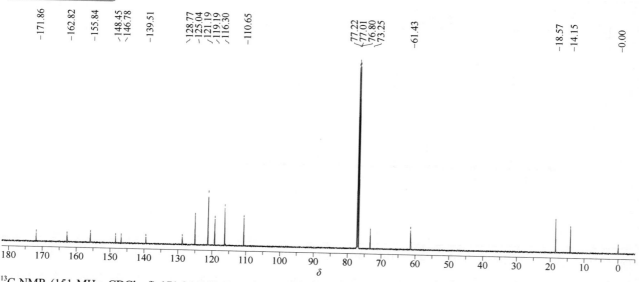

^{13}C NMR (151 MHz, CDCl$_3$, δ) 171.86, 162.82, 155.84, 148.45, 146.78, 139.51, 128.77, 125.04, 121.19, 119.19, 116.30, 110.65, 73.25, 61.43, 18.57, 14.15

fenoxycarb (苯氧威)

基本信息

CAS 登录号	72490-01-8	分子量	301.34
分子式	$C_{17}H_{19}NO_4$		

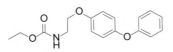

¹H NMR 谱图

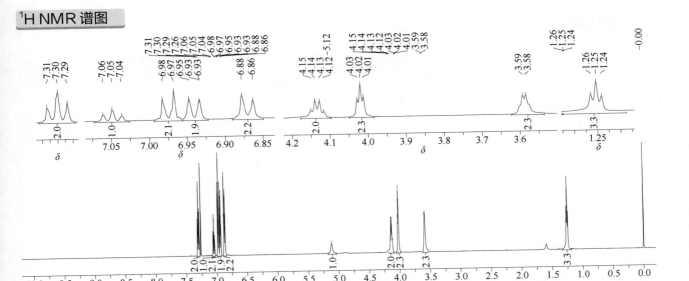

¹H NMR (600 MHz, CDCl₃, δ) 7.30 (2H, 2ArH, t, J_{H-H} = 8.0 Hz), 7.05 (1H, ArH, t, J_{H-H} = 7.4 Hz), 6.97 (2H, 2ArH, d, J_{H-H} = 9.0 Hz), 6.94 (2H, 2ArH, d, J_{H-H} = 8.2 Hz), 6.87 (2H, 2ArH, d, J_{H-H} = 9.0 Hz), 5.12 (1H, NH, s), 4.13 (2H, OC$\underline{H}_2$CH₃, q, J_{H-H} = 7.0 Hz), 4.02 (2H, OCH₂, t, J_{H-H} = 4.9 Hz), 3.59 (2H, NCH₂, dt, J_{H-H} = 5.0 Hz), 1.25 (3H, OCH₂C$\underline{H}_3$, t, J_{H-H} = 7.0 Hz)

¹³C NMR 谱图

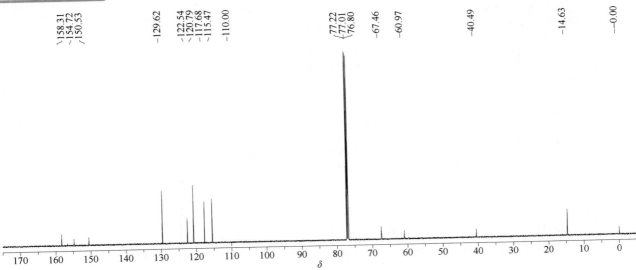

¹³C NMR (151 MHz, CDCl₃, δ) 158.31, 154.72, 150.53, 129.62, 122.54, 120.79, 117.68, 115.47, 110.00, 67.46, 60.97, 40.49, 14.63

fenpiclonil（拌种咯）

基本信息

CAS 登录号	74738-17-3	分子量	237.08
分子式	$C_{11}H_6Cl_2N_2$		

^{1}H NMR 谱图

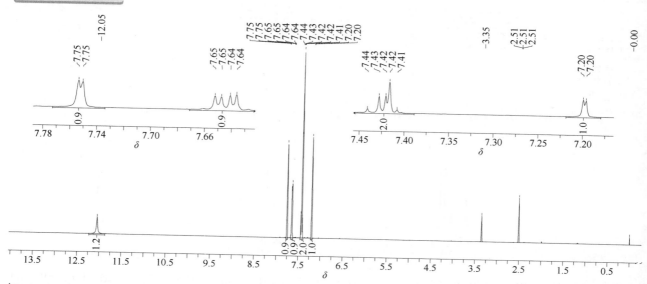

^{1}H NMR (600 MHz, DMSO-d$_6$, δ) 12.05 (1H, NH, br), 7.75 (1H, ArH, d, J_{H-H} = 1.9 Hz), 7.64 (1H, ArH, dd, J_{H-H} = 6.8 Hz, J_{H-H} = 2.8 Hz), 7.46~7.39 (2H, 2ArH, m), 7.20 (1H, ArH, d, J_{H-H} = 1.9 Hz)

^{13}C NMR 谱图

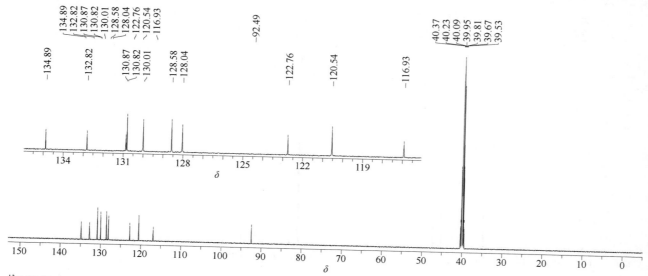

^{13}C NMR (151 MHz, DMSO-d$_6$, δ) 134.89, 132.82, 130.87, 130.82, 130.01, 128.58, 128.04, 122.76, 120.54, 116.93, 92.49

fenpropathrin（甲氰菊酯）

基本信息

CAS 登录号	39515-41-8	分子量	349.42
分子式	$C_{22}H_{23}NO_3$		

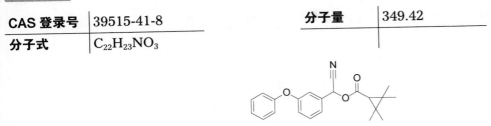

¹H NMR 谱图

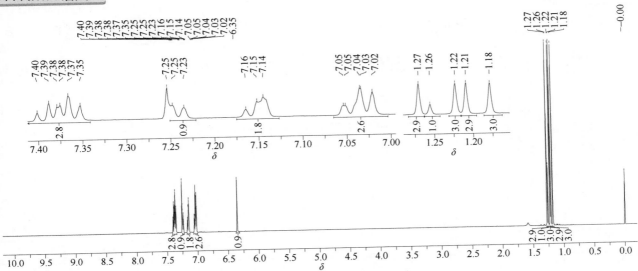

¹H NMR (600 MHz, CDCl₃, δ) 7.40 (1H, ArH, t, J_{H-H} = 7.9 Hz), 7.38 (2H, 2ArH, t, J_{H-H} = 8.2 Hz), 7.24 (1H, ArH, d, J_{H-H} = 7.8 Hz), 7.17~7.13 (2H, 2ArH, m), 7.07~7.01 (3H, 3ArH, m), 6.35 (1H, CHCN, s), 1.27 (3H, CH₃, s), 1.26 (1H, CH, s), 1.22 (3H, CH₃, s), 1.21 (3H, CH₃, s), 1.18 (3H, CH₃, s)

¹³C NMR 谱图

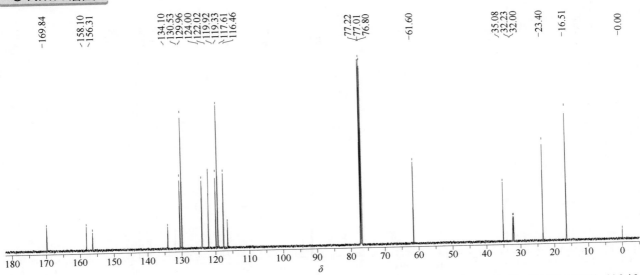

¹³C NMR (151 MHz, CDCl₃, δ) 169.84, 158.10, 156.31, 134.10, 130.53, 129.96, 124.00, 122.02, 119.92, 119.33, 117.61, 116.46, 61.60, 35.08, 32.23, 32.00, 23.40, 16.51

fenpropidin（苯锈啶）

基本信息

CAS 登录号	67306-00-7	分子量	273.46
分子式	$C_{19}H_{31}N$		

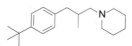

¹H NMR 谱图

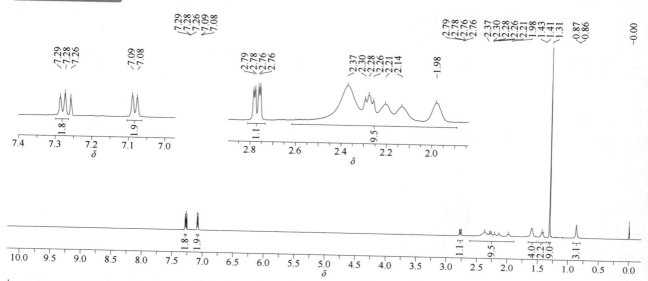

¹H NMR (600 MHz, CDCl₃, δ) 7.28 (2H, 2ArH, d, J_{H-H} = 8.1 Hz), 7.08 (2H, 2ArH, d, J_{H-H} = 8.1 Hz), 2.77 (1H, CH/CH₂, dd, J_{H-H} = 13.5 Hz, J_{H-H} = 4.6 Hz), 2.55~1.90 (9H, CH/CH₂, m), 1.68~1.52 (3H, CH/CH₂, m), 1.49~1.37 (2H, CH/CH₂, m), 1.31 (9H, C(CH₃)₃, s), 0.87 (3H, CHC*H*₃, d, J_{H-H} = 4.2 Hz)

¹³C NMR 谱图

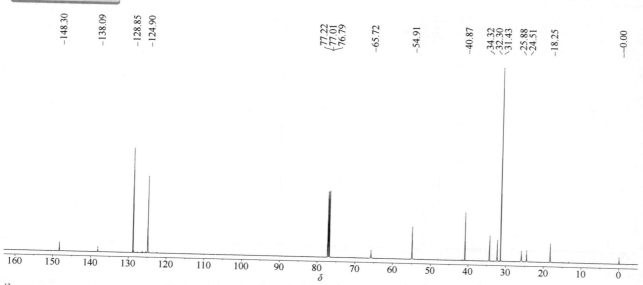

¹³C NMR (151 MHz, CDCl₃, δ) 148.3, 138.09, 128.85, 124.90, 65.72, 54.91, 40.87, 34.32, 32.30, 31.43, 25.88, 24.51, 18.25

fenpropimorph（丁苯吗啉）

基本信息

CAS 登录号	67564-91-4	分子量	303.48
分子式	$C_{20}H_{33}NO$		

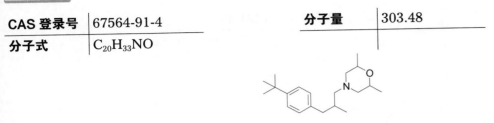

¹H NMR 谱图

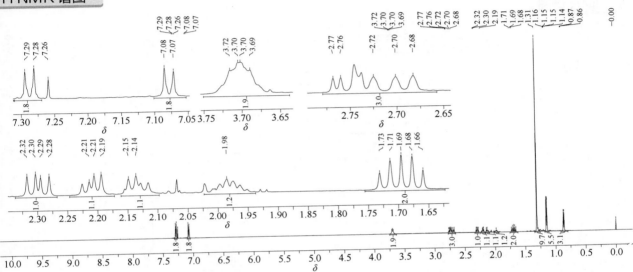

¹H NMR (600 MHz, CDCl₃, δ) 7.29 (2H, 2ArH, d, J_{H-H} = 8.0 Hz), 7.08 (2H, 2ArH, d, J_{H-H} = 8.0 Hz), 3.87~3.55 (2H, OCH, m), 2.80~2.62 (3H, CH/CH₂, m), 2.36~1.91 (4H, CH/CH₂, m), 1.76~1.63 (2H, CH/CH₂, m), 1.31 (9H, C(CH₃)₃, s), 1.15 (6H, OCHC$\underline{H}$₃, d, J_{H-H} = 6.3 Hz), 0.88 (3H, CHC$\underline{H}$₃, d, J_{H-H} = 6.6 Hz)

¹³C NMR 谱图

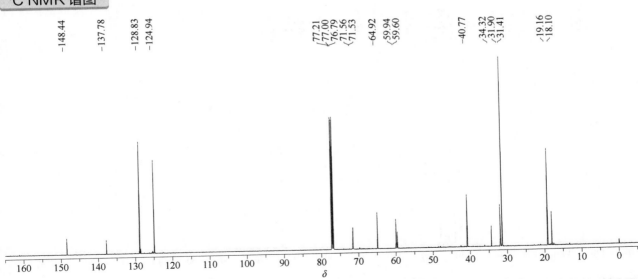

¹³C NMR (151 MHz, CDCl₃, δ) 148.44, 137.78, 128.83, 124.94, 71.56, 71.53, 64.92, 59.94, 59.60, 40.77, 34.32, 31.90, 31.41, 19.16, 18.10

fenpyroximate（唑螨酯）

基本信息

CAS 登录号	134098-61-6	分子量	421.49
分子式	$C_{24}H_{27}N_3O_4$		

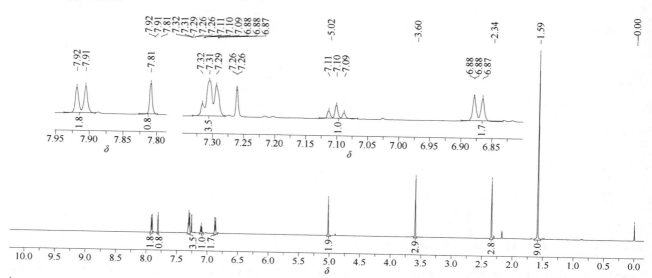

^{1}H NMR 谱图

^{1}H NMR (600 MHz, CDCl$_3$, δ) 7.92 (2H, 2ArH, d, J_{H-H} = 8.0 Hz), 7.81 (1H, N=CH, s), 7.33~7.28 (4H, 4ArH, m), 7.10 (1H, ArH, t, J_{H-H} = 7.3 Hz), 6.88 (2H, 2ArH, d, J_{H-H} = 8.0 Hz), 5.02 (2H, OCH$_2$, s), 3.60 (3H, CH$_3$, s), 2.34 (3H, CH$_3$, s), 1.59 (9H, 3 CH$_3$, s)

^{13}C NMR 谱图

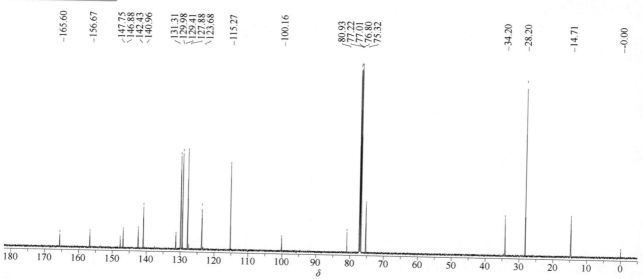

^{13}C NMR (151 MHz, CDCl$_3$, δ) 165.60, 156.67, 147.75, 146.88, 142.43, 140.96, 131.31, 129.98, 129.41, 127.88, 123.68, 115.27, 100.16, 80.93, 75.32, 34.20, 28.20, 14.71

fenson（分螨酯）

基本信息

CAS 登录号	80-38-6	**分子量**	268.72
分子式	C$_{12}$H$_9$ClO$_3$S		

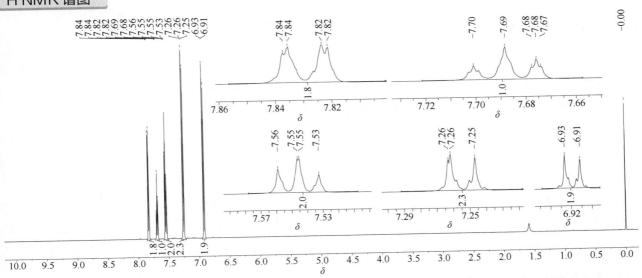

^{1}H NMR 谱图

^{1}H NMR (600 MHz, CDCl$_3$, δ) 7.83 (2H, 2ArH m), 7.68 (1H, ArH m), 7.55 (2H, 2ArH m), 7.26 (2H, 2ArH m), 6.92 (2H, 2ArH m)

^{13}C NMR 谱图

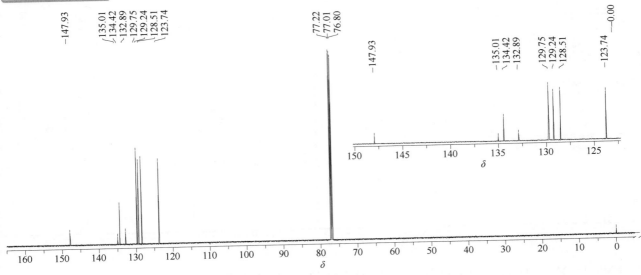

^{13}C NMR (151 MHz, CDCl$_3$, δ) 147.93, 135.01, 134.42, 132.89, 129.75, 129.24, 128.51, 123.74

fensulfothion（丰索磷）

基本信息

CAS 登录号	115-90-2	分子量	308.35
分子式	$C_{11}H_{17}O_4PS_2$		

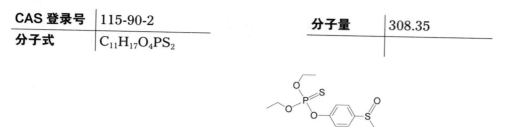

^{1}H NMR 谱图

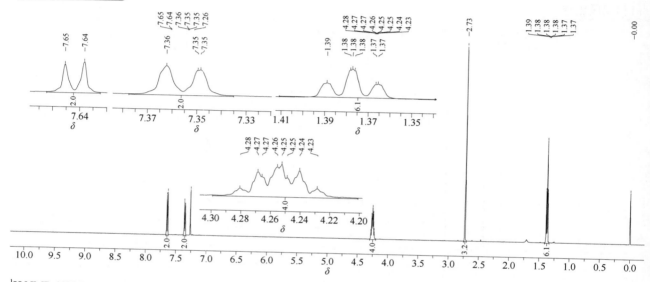

^{1}H NMR (600 MHz, CDCl$_3$, δ) 7.64 (2H, 2ArH, d, $J_{H\text{-}H}$ = 8.6 Hz), 7.36 (2H, 2ArH, d, $J_{H\text{-}H}$ = 8.6 Hz), 4,26 (4H, 2OC$\underline{H}_2$CH$_3$ m), 2.73 (3H, SCH$_3$, s), 1.38 (6H, 2OCH$_2$C$\underline{H}_3$, t, $J_{H\text{-}H}$ = 6.7 Hz, $^4J_{H\text{-}P}$ = 3.6 Hz)

^{13}C NMR 谱图

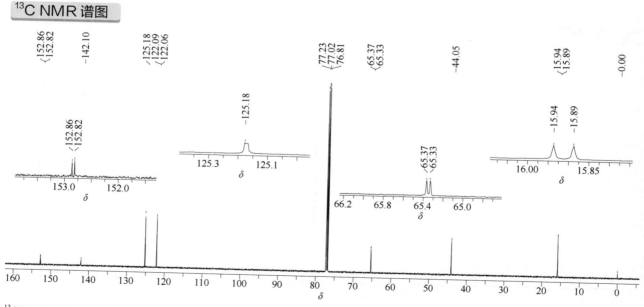

^{13}C NMR (151 MHz, CDCl$_3$, δ) 152.84 (d, $^2J_{C\text{-}P}$ = 7.2 Hz), 142.10, 125.18, 122.08 (d, $^3J_{C\text{-}P}$ = 4.9 Hz), 66.35 (d, $^2J_{C\text{-}P}$ = 5.8 Hz), 44.05, 15.91 (d, $^3J_{C\text{-}P}$ = 7.4 Hz)

^{31}P NMR 谱图

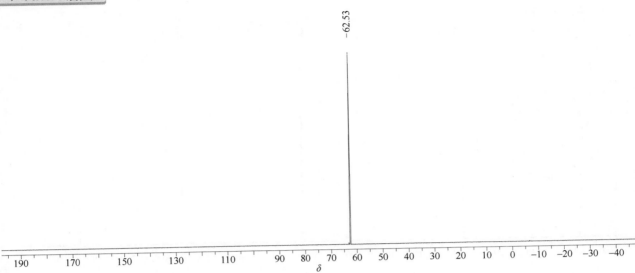

^{31}P NMR (243 MHz, CDCl$_3$, δ) 62.53

fensulfothion oxon（氧丰索磷）

基本信息

CAS 登录号	6552-21-2	分子量	292.29
分子式	C$_{11}$H$_{17}$O$_5$PS		

^{1}H NMR 谱图

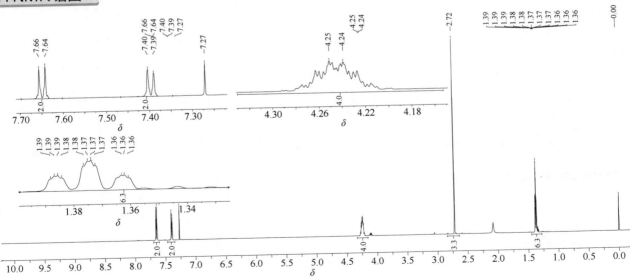

^{1}H NMR (600 MHz, CDCl$_3$, δ) 7.65 (2H, 2ArH, d, $J_{H\text{-}H}$ = 8.6 Hz), 7.40 (2H, 2ArH, d, $J_{H\text{-}H}$ = 8.2 Hz), 4.30~4.17 (4H, CH$_2$, m), 2.72 (3H, SOCH$_3$, s), 1.43~1.29 (6H, CH$_2$C$\underline{H}_3$, m)

¹³C NMR 谱图

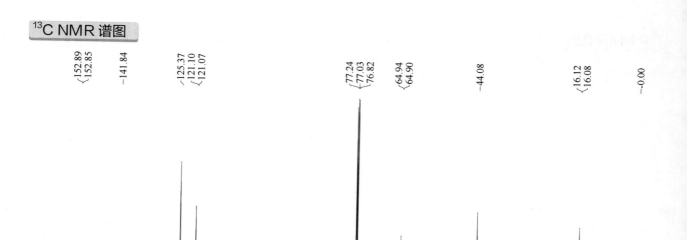

¹³C NMR (151 MHz, CDCl$_3$, δ) 152.87 (d, $^2J_{\text{C-P}}$ = 6.5 Hz), 141.84, 125.37, 121.09 (d, $^3J_{\text{C-P}}$ = 5.2 Hz), 64.92 (d, $^2J_{\text{C-P}}$ = 6.1 Hz), 44.08, 16.10 (d, $^3J_{\text{C-P}}$ = 6.7 Hz)

³¹P NMR 谱图

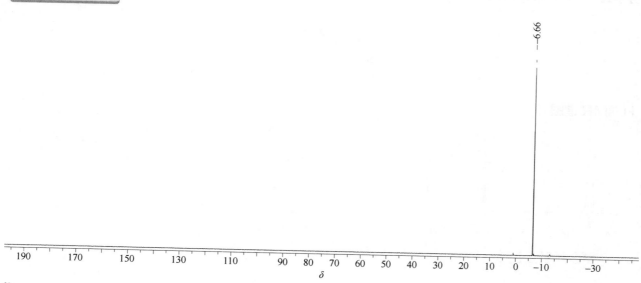

³¹P NMR (243 MHz, CDCl$_3$, δ)−6.66

fensulfothion oxon-sulfone（氧丰索磷砜）

基本信息

CAS 登录号	6132-17-8	分子量	308.29
分子式	C₁₁H₁₇O₆PS		

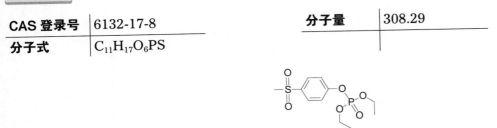

¹H NMR 谱图

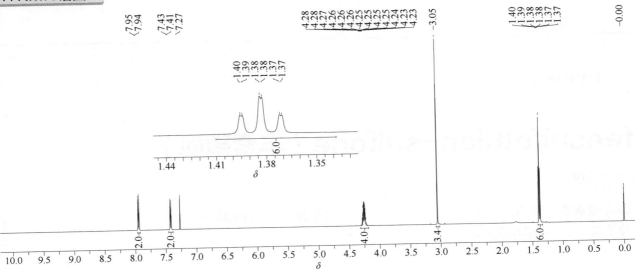

¹H NMR (600 MHz, CDCl₃, δ) 7.95 (2H, 2ArH, d, J_{H-H} = 8.7 Hz), 7.42 (2H, 2ArH, d, J_{H-H} = 8.3 Hz), 4.31~4.18 (4H, 2OCH₂, m), 3.05 (3H, SCH₃, s), 1.38 (6H, 2CH₃, dt, J_{H-H} = 7.1 Hz, $^4J_{H-P}$ = 0.7 Hz)

¹³C NMR 谱图

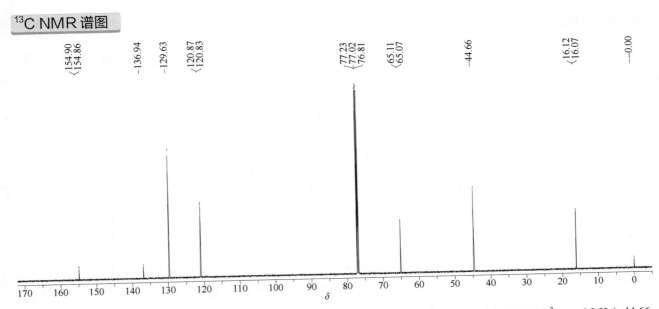

¹³C NMR (151 MHz, CDCl₃, δ) 154.88 (d, $^2J_{C-P}$ = 6.3 Hz), 136.94, 129.63, 120.85 (d, $^3J_{C-P}$ = 5.2 Hz), 65.09 (d, $^2J_{C-P}$ = 6.2 Hz), 44.66, 16.10 (d, $^3J_{C-P}$ = 6.6 Hz)

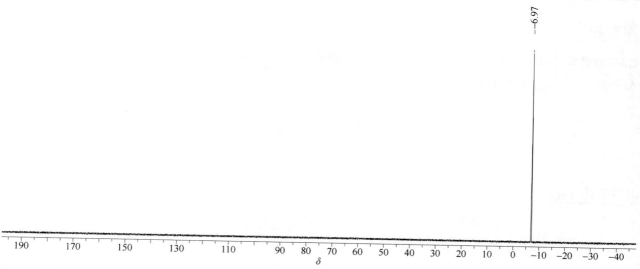

³¹P NMR (243 MHz, CDCl₃, δ) –6.97

fensulfothion-sulfone（丰索磷砜）

基本信息

CAS 登录号	14255-72-2	分子量	324.35
分子式	C₁₁H₁₇O₅PS₂		

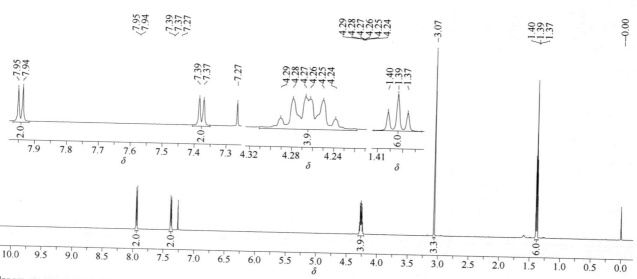

¹H NMR 谱图

¹H NMR (600 MHz, CDCl₃, δ) 7.95 (2H, 2ArH, d, J_{H-H} = 8.7 Hz), 7.39 (2H, 2ArH, d, J_{H-H} = 8.2 Hz), 4.29 (4H, 2OC$\underline{H}_2$CH₃ m), 3.07 (3H, SCH₃, s), 1.40 (6H, 2OCH₂C$\underline{H}_3$, t, J_{H-H} = 7.1 Hz)

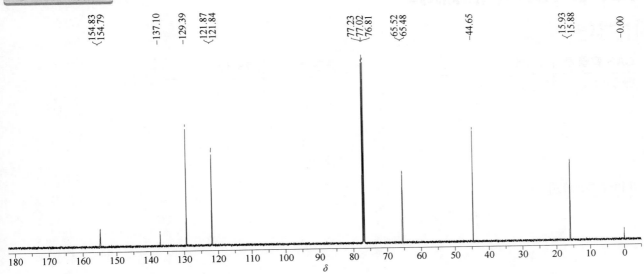

^{13}C NMR (151 MHz, CDCl$_3$, δ) 154.81 (d, $^2J_{C-P}$ = 7.1 Hz), 137.10, 129.39, 121.86 (d, $^2J_{C-P}$ = 5.1 Hz), 65.50 (d, $^2J_{C-P}$ = 5.8 Hz), 44.65, 15.90 (d, $^3J_{C-P}$ =7.4 Hz)

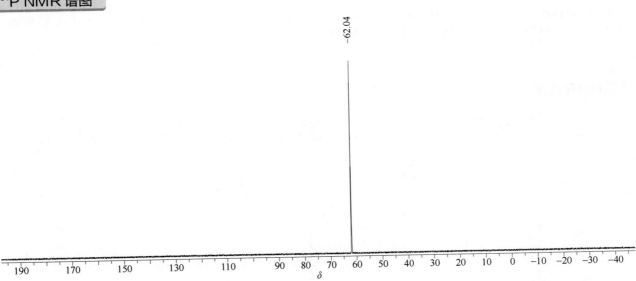

^{31}P NMR (243 MHz, CDCl$_3$, δ) 62.04

fenthion（倍硫磷）

基本信息

CAS 登录号	55-38-9	分子量	278.32
分子式	$C_{10}H_{15}O_3PS_2$		

¹H NMR 谱图

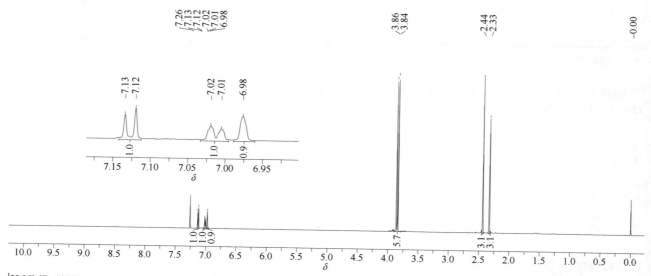

¹H NMR (600 MHz, CDCl₃, δ) 7.13 (1H, ArH, d, J_{H-H} = 8.5 Hz), 7.01(1H, ArH, d, J_{H-H} = 8.6 Hz), 6.98 (1H, ArH, s), 3.85 (6H, 2 OCH₃, d, $^3J_{H-P}$ = 14.0 Hz), 2.44 (3H, SCH₃, s), 2.33 (3H, ArCH₃, s)

¹³C NMR 谱图

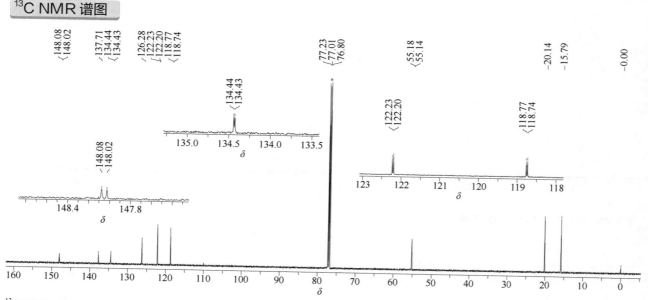

¹³C NMR (151 MHz, CDCl₃, δ) 148.05 (d, $^2J_{C-P}$ = 7.8 Hz), 137.71, 134.44 (d, $^4J_{C-P}$ = 2.1 Hz), 126.28, 122.21 (d, $^3J_{C-P}$ = 4.8 Hz), 118.75 (d, $^3J_{C-P}$ = 4.5 Hz), 55.16 (d, $^2J_{C-P}$ = 5.7 Hz), 20.14, 15.79

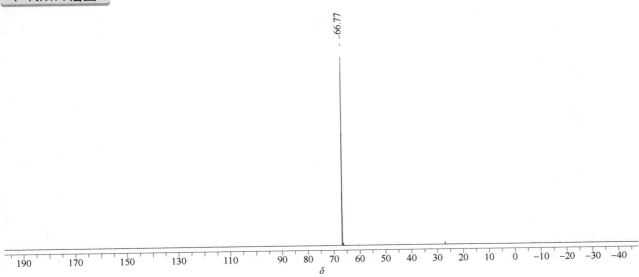

−66.77

³¹P NMR (243 MHz, CDCl₃, δ) 66.77

fenthion oxon sulfone（倍硫磷氧砜）

基本信息

CAS 登录号	14086-35-2	分子量	294.26
分子式	$C_{10}H_{15}O_6PS$		

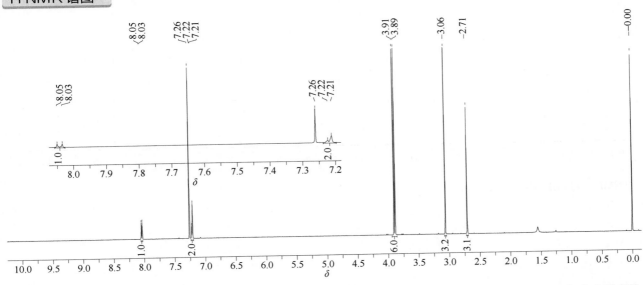

¹H NMR (600 MHz, CDCl₃, δ) 8.04 (1H, ArH, d, J_{H-H} = 9.4 Hz), 7.22 (1H, ArH, d, J_{H-H} = 9.4 Hz), 7.21 (1H, ArH, s), 3.90 (6H, 2OCH₃, d, $^3J_{H-P}$ = 14.0 Hz), 3.06 (3H, SCH₃, s), 2.71 (3H, ArCH₃, s)

¹³C NMR 谱图

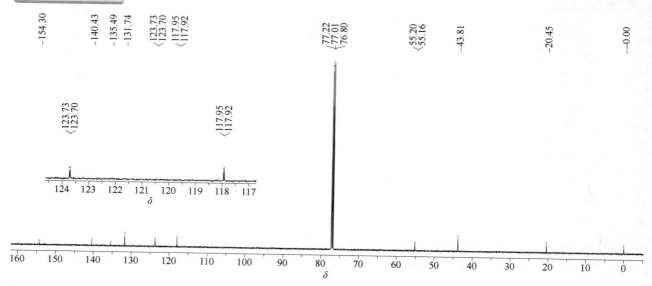

¹³C NMR (151 MHz, CDCl$_3$, δ) 154.30, 140.43, 135.49, 131.74, 123.72 (d, $^3J_{\text{C-P}}$ = 5.3 Hz), 117.94 (d, $^3J_{\text{C-P}}$ = 5.2 Hz), 55.18 (d, $^2J_{\text{C-P}}$ = 6.3 Hz), 43.81, 20.45

³¹P NMR 谱图

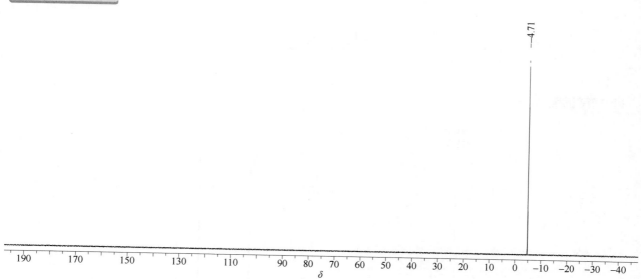

³¹P NMR (243 MHz, CDCl$_3$, δ) −4.71

fenthion oxon sulfoxide（倍硫磷氧亚砜）

基本信息

| **CAS 登录号** | 6552-13-2 | **分子量** | 278.26 |
| **分子式** | $C_{10}H_{15}O_5PS$ | | |

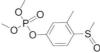

¹H NMR 谱图

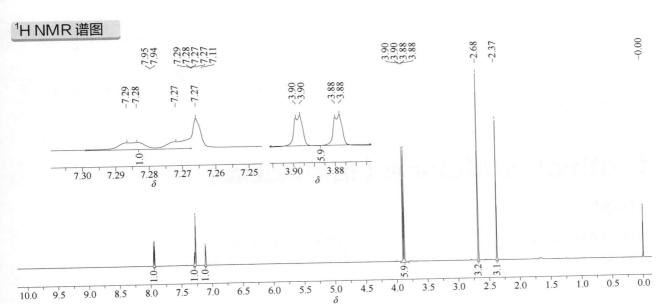

¹H NMR (600 MHz, CDCl₃, δ) 7.94 (1H, ArH, d, J_{H-H} = 8.6 Hz), 7.28 (1H, ArH, d, J_{H-H} = 8.6 Hz), 7.11 (1H, ArH, s), 3.89 (3H, OCH₃, d, ³J_{H-P} = 14.0 Hz), 3.89 (3H, OCH₃, d, ³J_{H-P} = 11.4 Hz), 2.68 (3H, SCH₃, s), 2.37 (3H, ArCH₃, s)

¹³C NMR 谱图

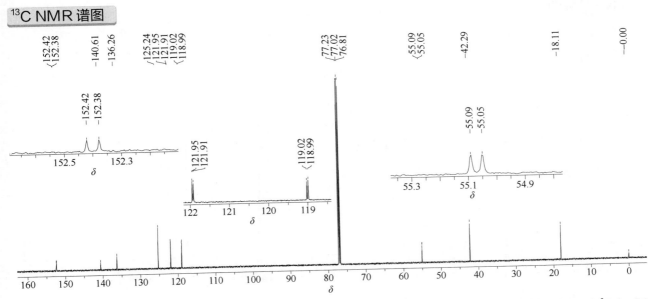

¹³C NMR (151 MHz, CDCl₃, δ) 152.40(d, ²J_{C-P} = 6.5 Hz), 140.61, 136.28, 125.24, 121.93 (d, ³J_{C-P} = 4.8 Hz), 119.00 (d, ³J_{C-P} = 5.2 Hz), 55.07 (d, ²J_{C-P} = 6.2 Hz), 42.29, 18.11

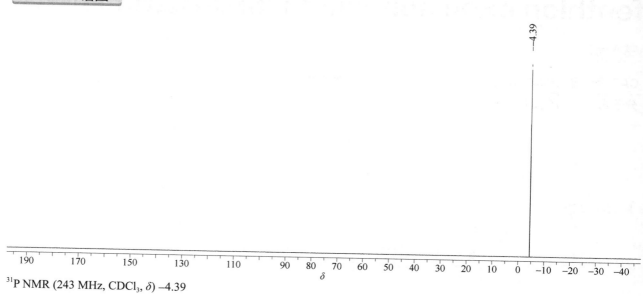

-4.39

³¹P NMR (243 MHz, CDCl₃, δ) -4.39

fenthion sulfoxide（倍硫磷亚砜）

基本信息

CAS 登录号	3761-41-9	分子量	294.33
分子式	C₁₀H₁₅O₄PS₂		

¹H NMR 谱图

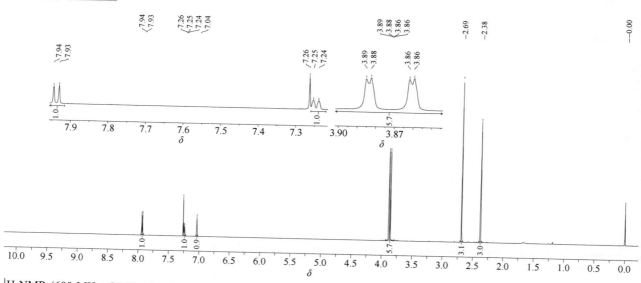

¹H NMR (600 MHz, CDCl₃, δ) 7.94 (1H, ArH, d, J_{H-H} = 8.6 Hz), 7.25 (1H, ArH, d, J_{H-H} = 8.6 Hz), 7.04 (1H, ArH, s), 3.88 (3H, OCH₃, d, $^3J_{H-P}$ = 13.8 Hz), 3.87 (3H, OCH₃, d, $^3J_{H-P}$ = 13.8 Hz), 2.69 (3H, SCH₃, s), 2.38 (3H, ArCH₃, s)

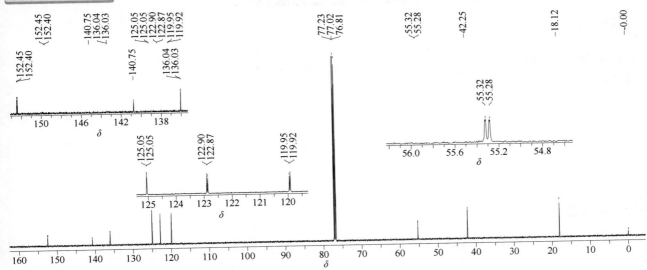

^{13}C NMR (151 MHz, CDCl$_3$, δ) 152.42 (d, $^2J_{\text{C-P}}$ = 7.4 Hz), 140.75, 136.04 (d, $^4J_{\text{C-P}}$ = 1.0 Hz), 125.05 (d, $^4J_{\text{C-P}}$ = 0.9 Hz), 122.88 (d, $^3J_{\text{C-P}}$ = 5.1 Hz), 119.93 (d, $^3J_{\text{C-P}}$ = 4.8 Hz), 55.30 (d, $^2J_{\text{C-P}}$ = 5.8 Hz), 42.25, 18.12

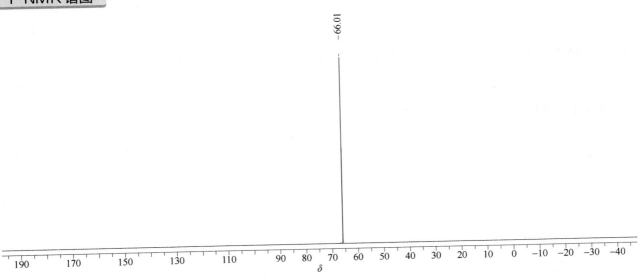

^{31}P NMR (243 MHz, CDCl$_3$, δ) 66.01

fentin acetate（三苯基乙酸锡）

基本信息

CAS 登录号	900-95-8		分子量	409.07
分子式	$C_{20}H_{18}O_2Sn$			

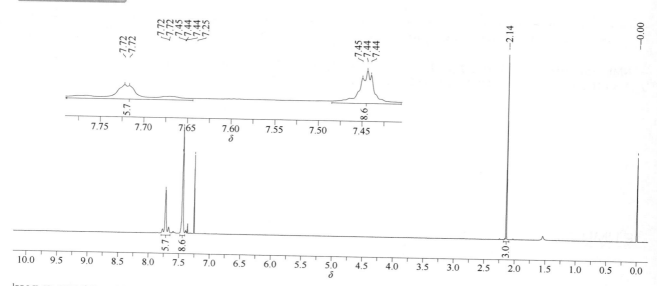

^{1}H NMR 谱图

^{1}H NMR (600 MHz, CDCl$_3$, δ) 7.72 (6H, 6ArH, d, J_{H-H} = 3.2 Hz), 7.45 (9H, 9ArH, t, J_{H-H} = 3.2 Hz), 2.14 (3H, CH$_3$, s)

^{13}C NMR 谱图

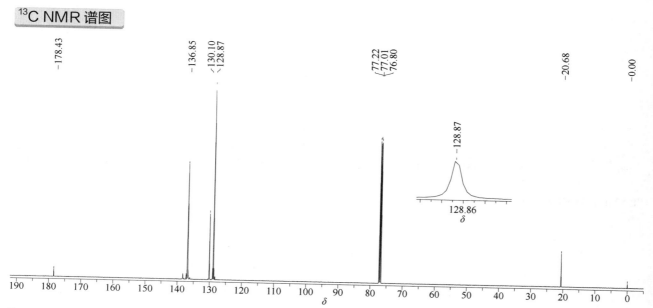

^{13}C NMR (151 MHz, CDCl$_3$, δ) 178.43, 136.85, 130.10, 128.87, 20.68

fentin-hydroxide（三苯基氢氧化锡）

基本信息

CAS 登录号	76-87-9	分子量	367.03
分子式	$C_{18}H_{16}OSn$		

¹H NMR 谱图

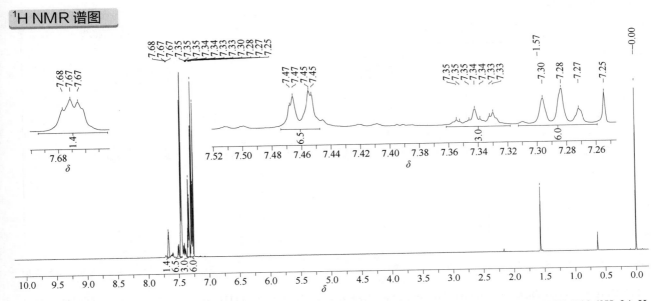

¹H NMR (600 MHz, CDCl₃, δ) 7.68~7.66 (1H, OH, br, m), 7.46 (6H, 6ArH, dd, J_{H-H} = 7.7 Hz, J_{H-H} = 1.2 Hz), 7.37~7.32 (3H, 3ArH, m), 7.28 (6H,6ArH, t, J_{H-H} = 7.3 Hz)

¹³C NMR 谱图

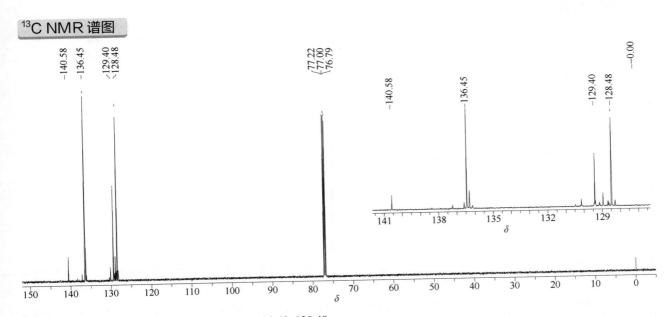

¹³C NMR (151 MHz, CDCl₃, δ) 140.58, 136.45, 129.40, 128.48

fentrazamide（四唑酰草胺）

基本信息

CAS 登录号	158237-07-1	分子量	349.82
分子式	$C_{16}H_{20}ClN_5O_2$		

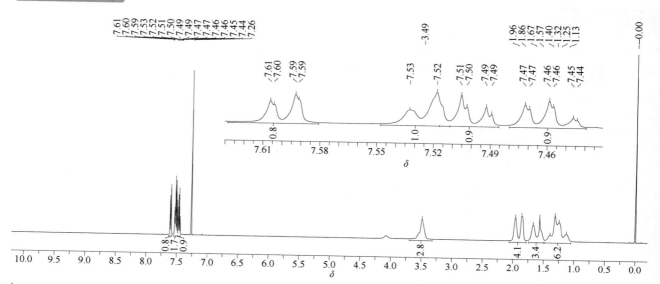

¹H NMR 谱图

¹H NMR (600 MHz, CDCl₃, δ) 7.60 (1H, ArH, dd, J_{H-H} = 7.9 Hz, J_{H-H} = 1.1 Hz), 7.53 (1H, ArH, t, J_{H-H} = 8.7 Hz), 7.50 (1H, ArH, dd, J_{H-H} = 7.9 Hz, J_{H-H} = 1.7 Hz), 7.46 (1H, ArH, td, J_{H-H} = 7.6 Hz, J_{H-H} = 1.3 Hz), 3.70~3.32 (3H, 3NCH, m), 2.06~1.78 (3H, 3CH, m), 1.71~1.50 (3H, 3CH, m), 1.44~1.05 (6H, 6CH, m)

¹³C NMR 谱图

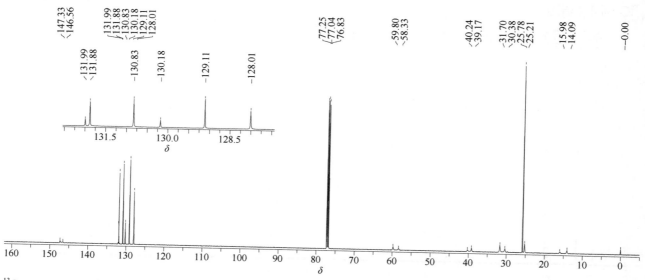

¹³C NMR (151 MHz, CDCl₃, δ) 147.33, 146.56, 131.99, 131.88, 130.83, 130.18, 129.11, 128.01, 59.80, 58.33, 40.24, 39.17, 31.70, 30.38, 25.78, 25.21, 15.98, 14.09

fenuron（非草隆）

基本信息

CAS 登录号	101-42-8	分子量	164.20
分子式	$C_9H_{12}N_2O$		

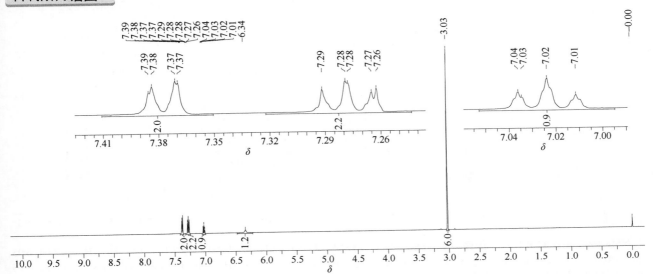

¹H NMR 谱图

¹H NMR (600 MHz, CDCl$_3$, δ) 7.38 (2H, 2ArH, dd, J_{H-H} = 8.5 Hz, J_{H-H} = 1.0 Hz), 7.28 (2H, 2ArH, dd, J_{H-H} = 8.4 Hz, J_{H-H} = 7.6 Hz), 7.02 (1H, ArH, t, J_{H-H} = 7.4 Hz), 6.34 (1H, NH, br), 3.03 (6H, CH$_3$, s)

¹³C NMR 谱图

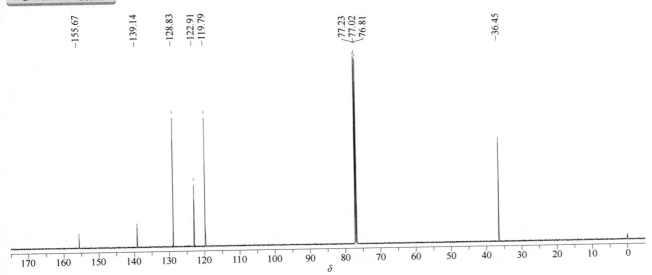

¹³C NMR (151 MHz, CDCl$_3$, δ) 155.67, 139.14, 128.83, 122.91, 119.79, 36.45

fenvalerate（氰戊菊酯）

CAS 登录号	51630-58-1	分子量	419.91
分子式	$C_{25}H_{22}ClNO_3$		

¹H NMR 谱图

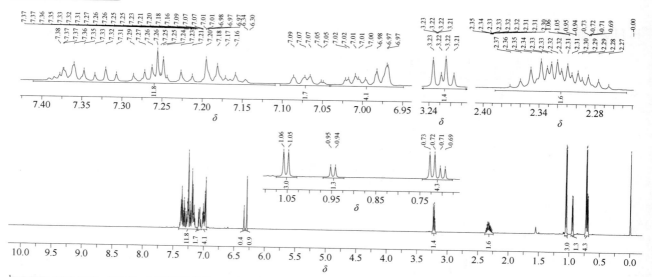

¹H NMR (600 MHz, CDCl₃, δ) 两组异构体，比例约为3:1。异构体 A: 7.39~7.11 (9H, 9 ArH, m), 7.10~7.05 (1H, ArH, m), 7.04~6.95 (3H, 3ArH, m), 6.30 (1H, CHCN, s), 3.23 (1H, ArCH, d, J_{H-H} = 10.5 Hz), 2.38~2.24 (1H, C$\underline{H}$(CH₃)₂, m), 1.05 (3H, CH₃, d, J_{H-H} = 6.5 Hz), 0.72 (3H, d, J_{H-H} = 6.7 Hz)。异构体 B: 7.39~7.11 (9H, 9 ArH, m), 7.10~7.05 (1H, ArH, m), 7.04~6.95 (3H, 3ArH, m), 6.34 (1H, CHCN, s), 3.21 (1H, ArCH, d, J_{H-H} = 10.4 Hz), 2.38~2.24 (1H, C$\underline{H}$(CH₃)₂, m), 0.95 (3H, d, J_{H-H} = 6.5 Hz), 0.70 (3H, d, J_{H-H} = 6.7 Hz)

¹³C NMR 谱图

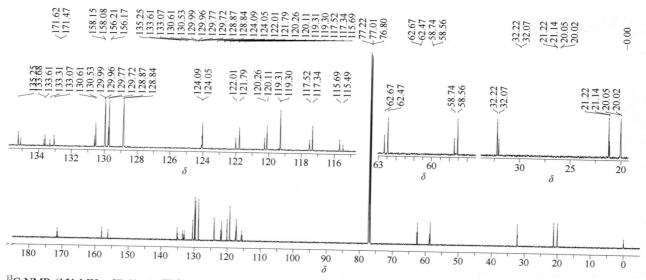

¹³C NMR (151 MHz, CDCl₃, δ) 两组异构体。异构体 A: 171.62, 158.08, 156.17, 135.25, 133.61, 133.07, 130.53, 129.96, 129.72, 128.84, 124.05, 121.79, 120.11, 119.30, 117.34, 115.69, 62.47, 58.56, 32.22, 21.22, 20.05. 异构体 B: 171.47, 158.15, 156.21, 135.09, 133.68, 133.31, 130.61, 129.99, 129.77, 128.87, 124.09, 122.01, 120.26, 119.31, 117.52, 115.49, 62.67, 58.74, 32.07, 21.14, 20.02

ferimzone（嘧菌腙）

基本信息

CAS 登录号	89269-64-7	分子量	254.33
分子式	C$_{15}$H$_{18}$N$_4$		

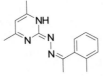

^{1}H NMR 谱图

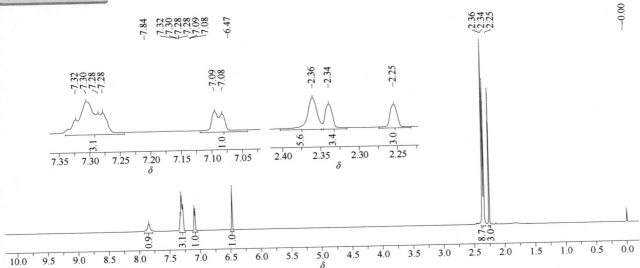

^{1}H NMR (600 MHz, CDCl$_3$, δ) 7.84 (1H, NH, br), 7.35~7.26 (3H, 3ArH, m), 7.08 (1H, ArH, d, J_{H-H} = 7.2 Hz), 6.47 (1H, ArH, s), 2.36 (6H, 2 CH$_3$, s), 2.34 (3H, CH$_3$, s), 2.25 (3H, CH$_3$, s)

^{13}C NMR 谱图

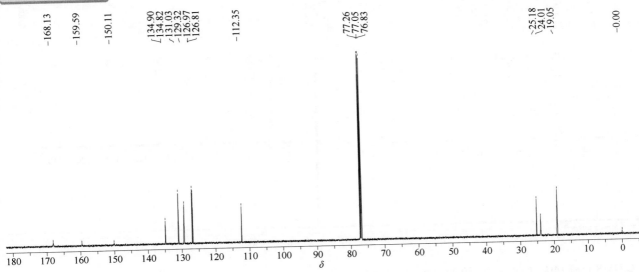

^{13}C NMR (151 MHz, CDCl$_3$, δ) 168.13, 159.59, 150.11, 134.90, 134.82, 131.03, 129.32, 126.97, 126.81, 112.35, 25.18, 24.01, 19.05

fipronil（氟虫腈）

基本信息

CAS 登录号	120068-37-3	分子量	437.15
分子式	$C_{12}H_4Cl_2F_6N_4OS$		

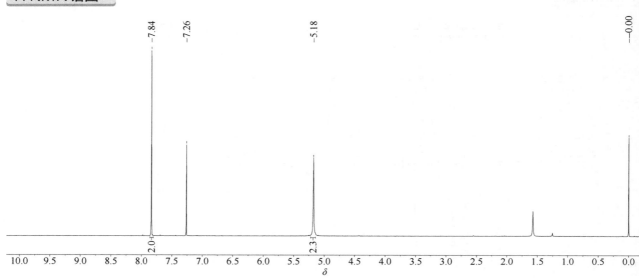

¹H NMR 谱图

¹H NMR (600 MHz, CDCl₃, δ) 7.84 (2H, 2ArH, s), 5.18 (2H, NH₂, br)

¹³C NMR 谱图

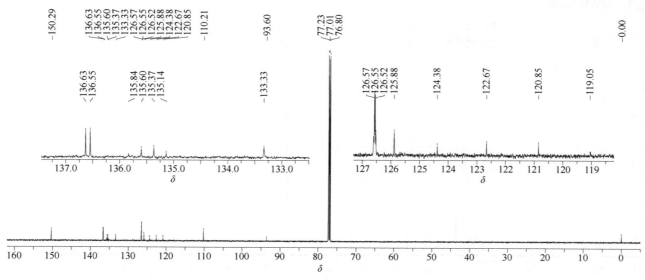

¹³C NMR (151 MHz, CDCl₃, δ) 150.29, 136.63, 136.55, 135.48 (q, $^2J_{C\text{-}F}$ = 34.9 Hz), 133.33, 126.56 (q, $^3J_{C\text{-}F}$ = 3.6 Hz), 125.88, 123.53 (q, $J_{C\text{-}F}$ = 258.2 Hz), 119.90 (q, $J_{C\text{-}F}$ = 271.8 Hz), 110.21, 93.80

^{19}F NMR 谱图

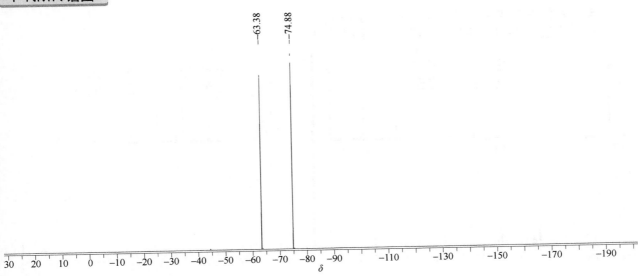

^{19}F NMR (564 MHz, CDCl$_3$, δ) −63.38, −74.88

fipronil sulfide（氟虫腈硫化物）

CAS 登录号	120067-83-6	分子量	421.15
分子式	C$_{12}$H$_4$Cl$_2$F$_6$N$_4$S		

^{1}H NMR 谱图

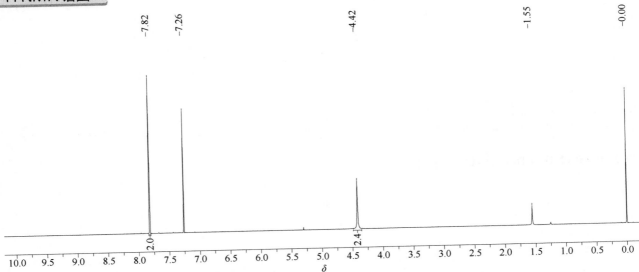

^{1}H NMR (600 MHz, CDCl$_3$, δ) 7.82 (2H, 2ArH, s), 4.42 (2H, NH$_2$, br)

¹³C NMR 谱图

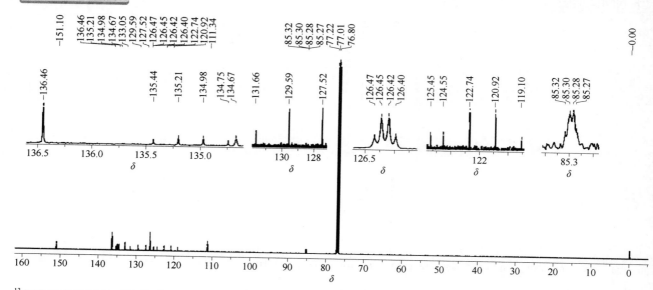

¹³C NMR (151 MHz, CDCl₃, δ) 151.10, 136.46, 135.10 (q, $^2J_{\text{C-F}}$ = 36.0 Hz), 134.67, 133.05, 128.56 (q, $J_{\text{C-F}}$ = 312.0 Hz), 126.44 (q, $^3J_{\text{C-F}}$ = 3.6 Hz), 121.83 (q, $J_{\text{C-F}}$ = 274.0 Hz), 111.34, 85.29 (q, $^3J_{\text{C-F}}$ = 3.0 Hz)

¹⁹F NMR 谱图

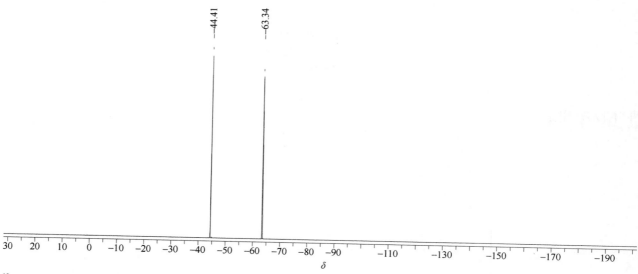

¹⁹F NMR (564 MHz, CDCl₃, δ) −44.41, −63.34

fipronil sulfone（氟虫腈砜）

基本信息

CAS 登录号	120068-36-2	分子量	453.15
分子式	$C_{12}H_4Cl_2F_6N_4O_2S$		

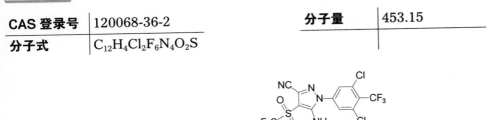

^1H NMR 谱图

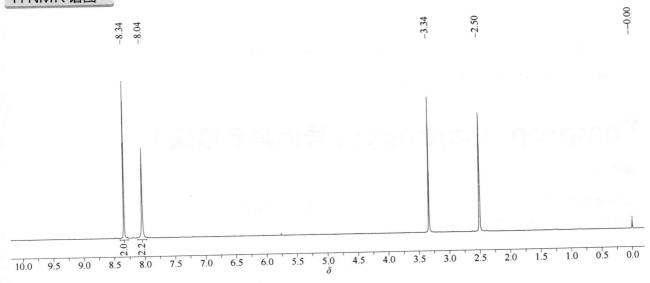

^1H NMR (600 MHz, DMSO-d$_6$, δ) 8.34 (2H, ArH, s), 8.04 (2H, NH$_2$, br)

^{13}C NMR 谱图

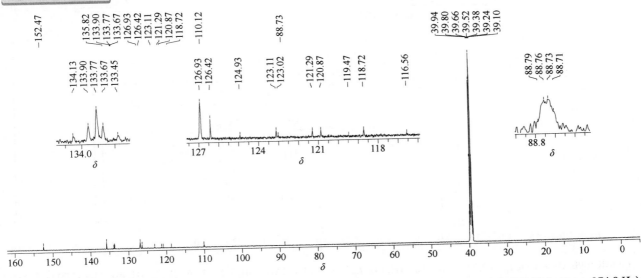

^{13}C NMR (151 MHz, DMSO-d$_6$, δ) 152.47, 135.82, 133.79 (q, $^2J_{C-F}$ = 34.7 Hz), 133.77, 126.93, 126.42, 122.20 (q, J_{C-F} = 274.8 Hz), 119.80 (q, J_{C-F} = 324.6 Hz), 110.12, 88.74 (q, $^3J_{C-F}$ = 4.3 Hz)

¹⁹F NMR 谱图

—−61.59
—−80.11

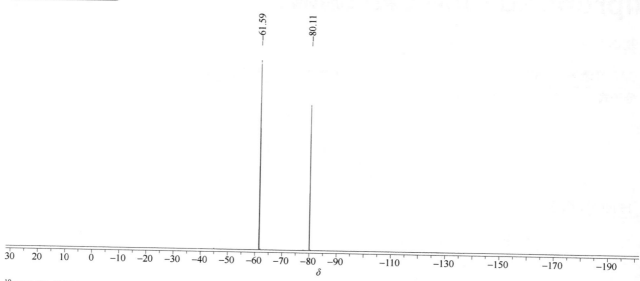

30 20 10 0 −10 −20 −30 −40 −50 −60 −70 −80 −90 −110 −130 −150 −170 −190
δ

¹⁹F NMR (564 MHz, DMSO-d₆, δ) −61.59, −80.11

flamprop-isopropyl（异丙基麦草伏）

基本信息

CAS 登录号	52756-22-6	分子量	363.81
分子式	C₁₉H₁₉ClFNO₃		

¹H NMR 谱图

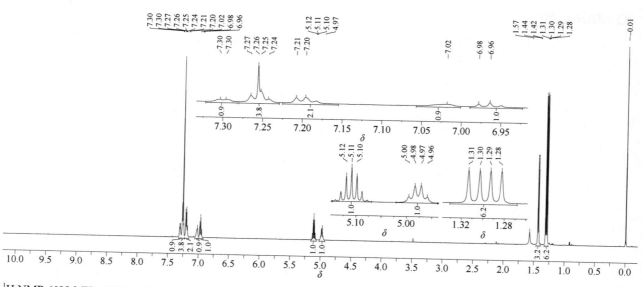

¹H NMR (600 MHz, CDCl₃, δ) 7.32~7.28 (1H, ArH, m), 7.27~7.23 (3H, 3ArH, m), 7.22~7.16 (2H, 2ArH, m), 7.04~7.00 (1H, ArH, m), 6.99~6.93 (1H, ArH, m), 5.11 (1H, C*H*(CH₃)₂, hept, *J*_{H-H} = 6.2 Hz), 4.97 (1H, C*H*CH₃, q, *J*_{H-H} = 7.3 Hz), 1.43 (3H, CHC*H*₃, d, *J*_{H-H} = 7.3 Hz), 1.31 (3H, CHC*H*₃, d, *J*_{H-H} = 6.2 Hz), 1.29 (3H, CHC*H*₃, d, *J*_{H-H} = 6.2 Hz)

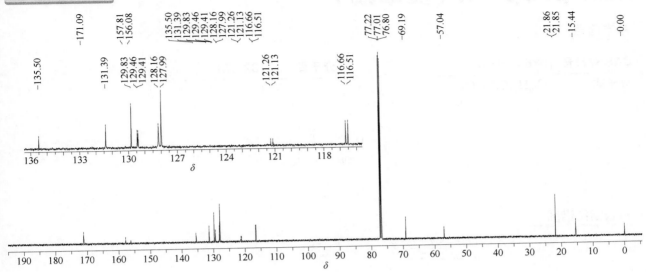

^{13}C NMR (151 MHz, CDCl$_3$, δ) 171.09, 156.95 (d, $J_{\text{C-F}}$ = 258.6 Hz), 135.50, 131.39, 129.83, 129.42 (d, $^3J_{\text{C-F}}$ = 7.4 Hz), 128.16, 127.99, 121.20 (d, $^2J_{\text{C-F}}$ = 19.4 Hz), 116.59 (d, $^2J_{\text{C-F}}$ = 21.9 Hz), 69.19, 57.04, 21.86, 21.85, 15.44

¹⁹F NMR 谱图

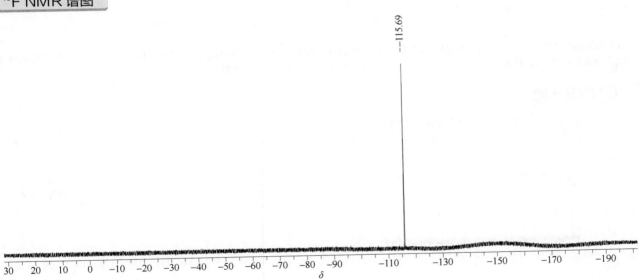

^{19}F NMR (564 MHz, CDCl$_3$, δ) –115.69

flamprop-M（麦草氟）

基本信息

CAS 登录号	58667-63-3	分子量	321.73
分子式	$C_{16}H_{13}ClFNO_3$		

¹H NMR 谱图

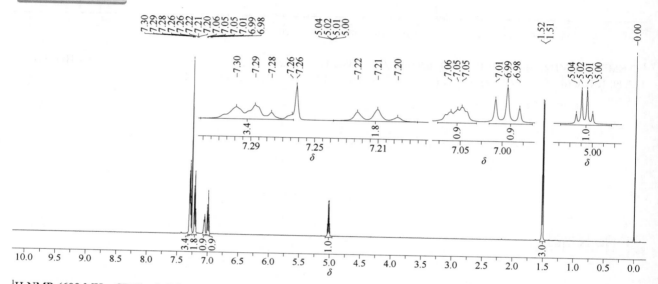

¹H NMR (600 MHz, CDCl₃, δ) 7.30 (4H, 4ArH, m), 7.22 (2H, 2ArH, t, J_{H-H} = 7.5 Hz), 7.08~7.03 (1H, ArH, m), 6.99 (1H, ArH, t, J_{H-H} = 8.6 Hz), 5.02 (1H, C$\underline{H}$CH₃, q, J_{H-H} = 7.3 Hz), 1.51 (3H, CHC$\underline{H}$₃, q, J_{H-H} = 7.4 Hz)

¹³C NMR 谱图

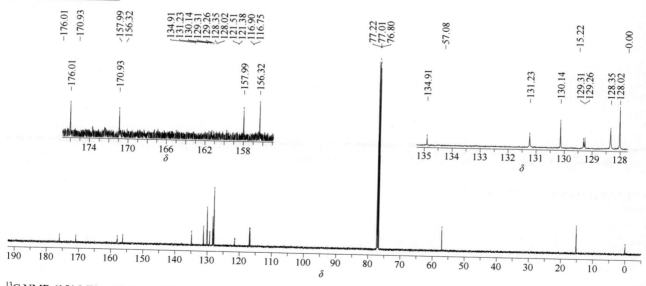

¹³C NMR (151 MHz, CDCl₃, δ) 176.01, 170.93, 157.99 (d, J_{C-F} = 241.3 Hz), 134.91, 131.23, 130.14, 129.31, 129.26, 128.35, 128.02, 121.44 (d, $^2J_{C-F}$ = 18.8 Hz), 116.83 (d, $^2J_{C-F}$ = 22.1 Hz), 57.08, 15.22

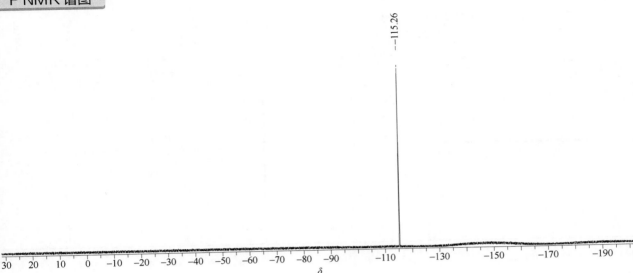

--115.26

¹⁹F NMR (564 MHz, CDCl₃, δ) –115.26

flamprop-methyl（麦草氟甲酯）

基本信息

CAS 登录号	52756-25-9	分子量	335.76
分子式	C₁₇H₁₅ClFNO₃		

¹H NMR 谱图

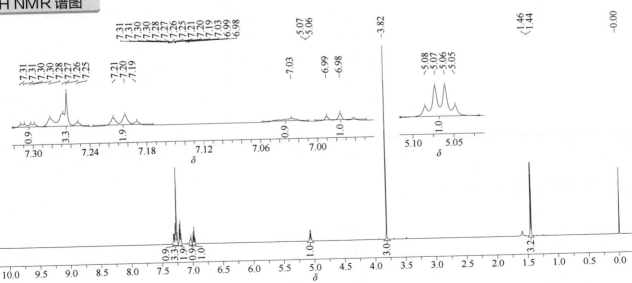

¹H NMR (600 MHz, CDCl₃, δ) 7.33~7.29 (1H, ArH, m), 7.29~7.24 (3H, 3ArH, m), 7.23~7.17(2H, 2ArH, m), 7.06~7.01 (1H, ArH, m), 7.00~6.95 (1H, ArH, m), 5.07 (1H, C*H*CH₃, q, *J*ₕ₋ₕ = 7.3 Hz), 3.82 (3H, OCH₃, s), 1.44 (3H, CHC*H*₃, d, *J*ₕ₋ₕ = 7.4 Hz)

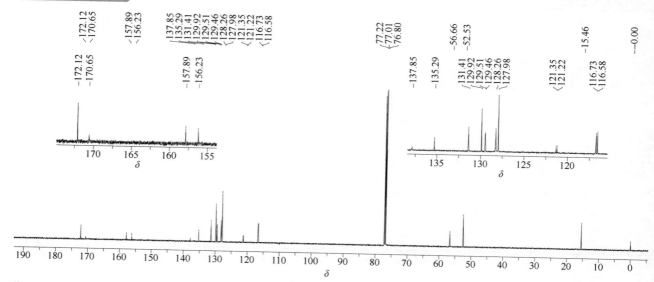

¹³C NMR (151 MHz, CDCl₃, δ) 172.12, 170.65, 157.02 (d, J_{C-F} = 254.4 Hz), 137.85, 135.29, 131.41, 129.92, 129.51(d, $^3J_{C-F}$ = 7.5 Hz), 128.26, 127.98, 121.35 (d, $^2J_{C-F}$ = 18.9 Hz), 116.60 (d, $^2J_{C-F}$ = 23.3 Hz), 56.66, 52.53, 15.46

¹⁹F NMR 谱图

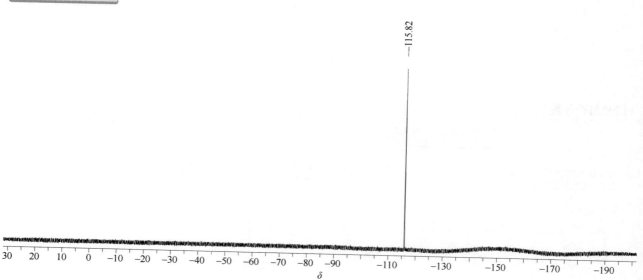

¹⁹F NMR (564 MHz, CDCl₃, δ) –115.82

flonicamid（氟啶虫酰胺）

基本信息

CAS 登录号	158062-67-0	分子量	229.16
分子式	$C_9H_6F_3N_3O$		

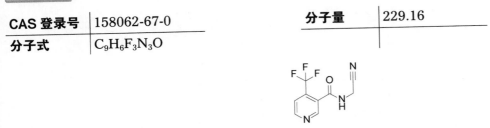

¹H NMR 谱图

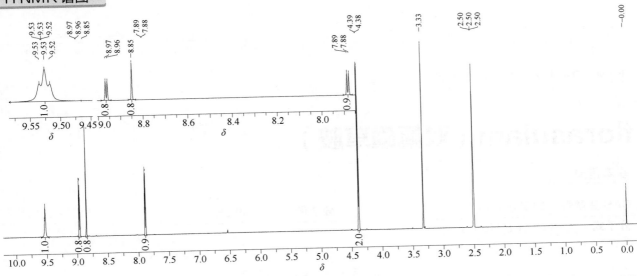

¹H NMR (600 MHz, DMSO-d₆, δ) 9.53 (1H, NH, t, J_{H-H} = 5.2 Hz), 8.96 (1H, ArH, d, J_{H-H} = 5.1 Hz), 8.85 (1H, ArH, s), 7.88 (1H, ArH, d, J_{H-H} = 5.2 Hz), 4.38 (2H, CH₂, d, J_{H-H} = 5.5 Hz)

¹³C NMR 谱图

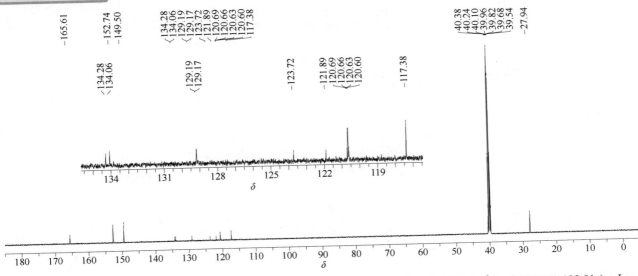

¹³C NMR (151 MHz, DMSO-d₆, δ) 165.61, 152.74, 149.50, 134.17 (q, $^2J_{C-F}$ = 33.3 Hz), 129.18 (q, $^3J_{C-F}$ = 2.2 Hz), 122.81 (q, J_{C-F} = 274.7 Hz), 120.65 (q, $^3J_{C-F}$ = 4.4 Hz), 117.38, 27.94

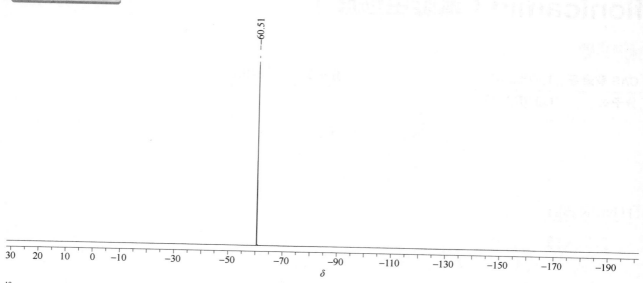

−60.51

¹⁹F NMR (564 MHz, DMSO-d₆, δ) −60.51

florasulam（双氟磺草胺）

基本信息

CAS 登录号	145701-23-1	分子量	359.28
分子式	$C_{12}H_8F_3N_5O_3S$		

¹H NMR 谱图

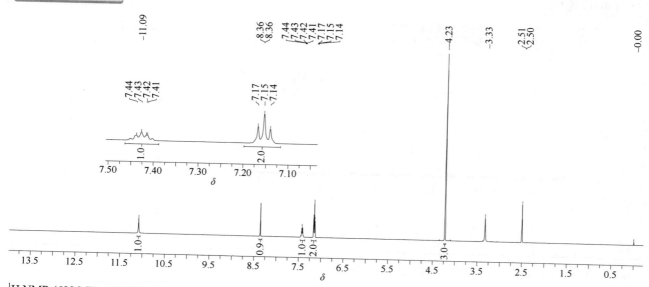

¹H NMR (600 MHz, DMSO-d₆, δ) 11.09 (1H, NH, br), 8.36 (1H, ArH, d, $^3J_{H-F}$ = 1.9 Hz), 7.46~7.40 (1H, ArH, m), 7.15 (2H, 2ArH, t, J_{H-H} = 8.2 Hz), 4.23 (3H, OCH₃, s)

¹³C NMR 谱图

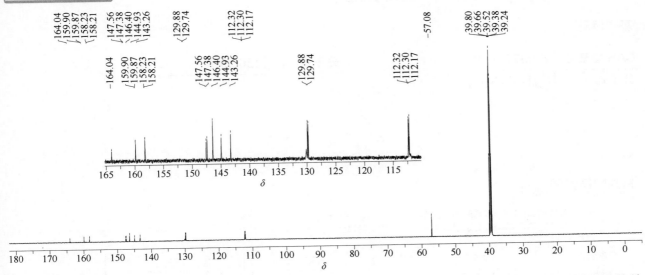

¹³C NMR (151 MHz, DMSO-d₆, δ) 164.04, 159.05 (dd, J_{C-F} = 250.7 Hz, $^3J_{C-F}$ = 3.8 Hz), 147.47 (d, $^2J_{C-F}$ = 27.1 Hz), 146.40, 144.10 (d, J_{C-F} = 252.1 Hz), 130.0 (s), 129.82 (d, $^2J_{C-F}$ = 21.1 Hz), 112.31 (d, $^3J_{C-F}$ = 3.9 Hz), 112.18 (d, $^3J_{C-F}$ = 3.9 Hz), 57.08

¹⁹F NMR 谱图

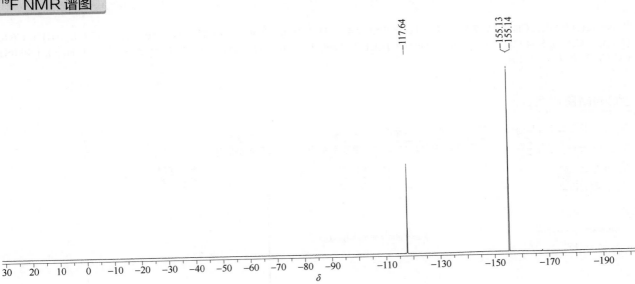

¹⁹F NMR (564 MHz, DMSO-d₆, δ) −117.64, −155.14

fluacrypyrim（嘧螨酯）

基本信息

CAS 登录号	229977-93-9	分子量	426.39
分子式	$C_{20}H_{21}F_3N_2O_5$		

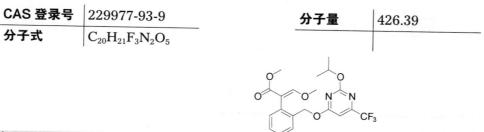

^{1}H NMR 谱图

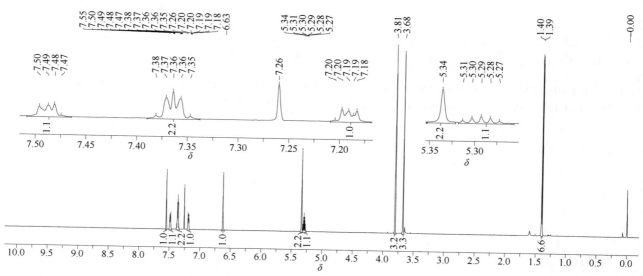

^{1}H NMR (600 MHz, CDCl$_3$, δ) 7.55 (1H, ArH, s), 7.51~7.47 (1H, ArH, m), 7.39~7.34 (2H, 2ArH, m), 7.21~7.17 (1H, ArH, m), 6.63 (1H, C=CH, s), 5.34 (2H, OCH$_2$, s), 5.29 (1H, C$\underline{H}$(CH$_3$)$_2$, hept, $J_{\text{H-H}}$ = 6.2 Hz), 3.81 (3H, OCH$_3$, s), 3. 68 (3H, OCH$_3$, s), 1.40 (6H, CH(C$\underline{H}_3$)$_2$, d, $J_{\text{H-H}}$ = 6.2 Hz)

^{13}C NMR 谱图

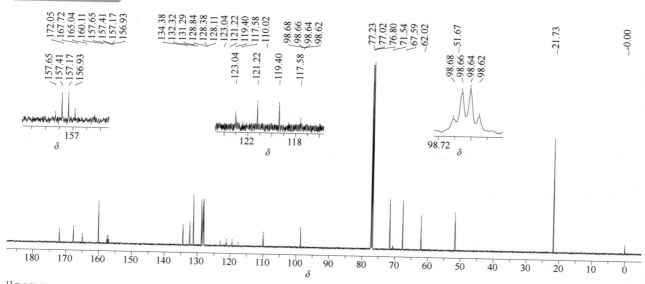

^{13}C NMR (151 MHz, CDCl$_3$, δ) 172.05, 167.72, 165.04, 160.11, 157.29 (q, $^2J_{\text{C-F}}$ = 35.8 Hz), 134.38, 132.32, 131.29, 128.84, 128.38, 128.11, 120.31 (q, $J_{\text{C-F}}$ = 274.6 Hz), 110.02, 98.65 (q, $^3J_{\text{C-F}}$ = 3.2 Hz), 71.54, 67.59, 62.02, 51.67, 21.73

¹⁹F NMR 谱图

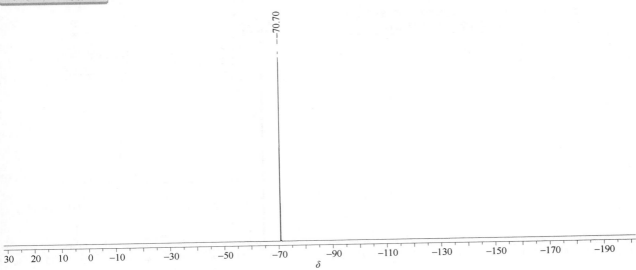

¹⁹F NMR (564 MHz, CDCl₃, δ) −70.70

fluazifop（吡氟禾草灵酸）

基本信息

CAS 登录号	69335-91-7	分子量	327.26
分子式	$C_{15}H_{12}F_3NO_4$		

¹H NMR 谱图

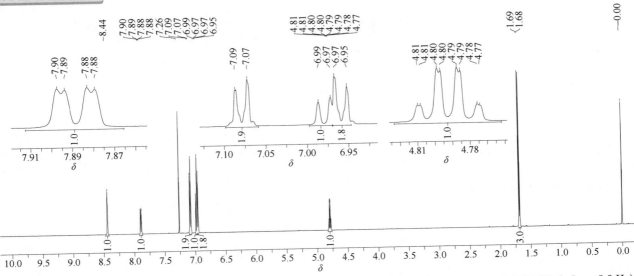

¹H NMR (600 MHz, CDCl₃, δ) 8.44 (1H, ArH, s), 7.89 (1H, ArH, dd, J_{H-H} = 8.7 Hz, J_{H-H} = 2.2 Hz), 7.08 (2H, 2ArH, d, J_{H-H} = 8.9 Hz), 6.98 (1H, ArH, J_{H-H} = 8.8 Hz), 6.96 (2H, 2ArH, d, J_{H-H} = 9.0 Hz), 4.79 (1H, CH, dq, J_{H-H} = 6.7 Hz, J_{H-H} = 0.9 Hz), 1.68 (3H, CH₃, d, J_{H-H} = 6.7 Hz)

¹³C NMR 谱图

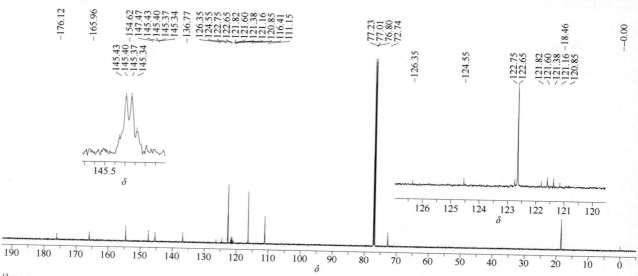

^{13}C NMR (151 MHz, CDCl$_3$, δ) 176.12, 165.96, 154.62, 147.47, 145.38 (q, $^3J_{\text{C-F}}$ = 4.1 Hz), 136.77, 123.65 (q, $J_{\text{C-F}}$ = 271.5 Hz), 122.65, 121.49 (q, $^2J_{\text{C-F}}$ = 33.3 Hz), 116.41, 111.15, 72.74, 18.46.

¹⁹F NMR 谱图

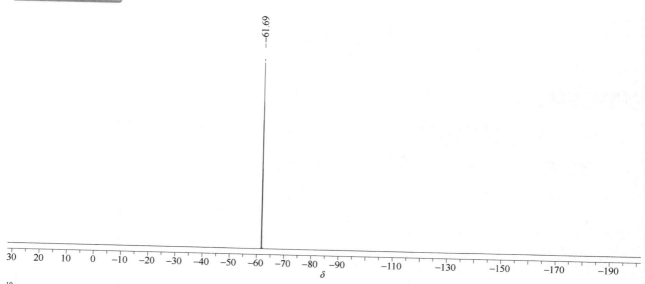

^{19}F NMR (564MHz, CDCl$_3$, δ) –61.69

fluazifop-butyl（吡氟禾草灵）

基本信息

CAS 登录号	69806-50-4	分子量	383.36
分子式	C₁₉H₂₀F₃NO₄		

分子式 $C_{19}H_{20}F_3NO_4$

分子量 383.36

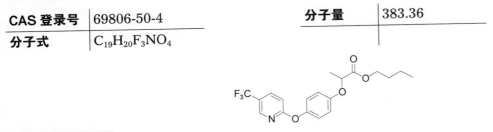

¹H NMR 谱图

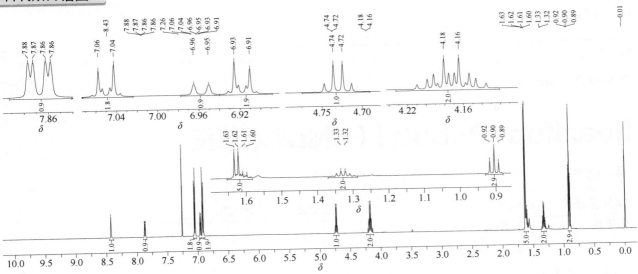

¹H NMR (600 MHz, CDCl₃, δ) 8.43 (1H, N=CH, s), 7.87 (1H, ArH, dd, J_{H-H} = 8.8 Hz, J_{H-H} = 2.5 Hz), 7.05 (2H, 2ArH, d, J_{H-H} = 9.0 Hz), 6.95 (1H, ArH, d, J_{H-H} = 8.7 Hz), 6.92 (2H, 2ArH, d, J_{H-H} = 9.0 Hz), 4.73 (1H, C*H*CH₃, q, J_{H-H} = 6.8 Hz), 4.23~4.13 (2H, OC*H₂*CH₂, m), 1.62 (3H, CHC*H₃*, d, J_{H-H} = 6.8 Hz), 1.61~1.57 (2H, OCH₂C*H₂*, m), 1.35~1.27 (2H, C*H₂*CH₃, m), 0.90 (3H, CH₂C*H₃*, t, J_{H-H} = 7.2 Hz).

¹³C NMR 谱图

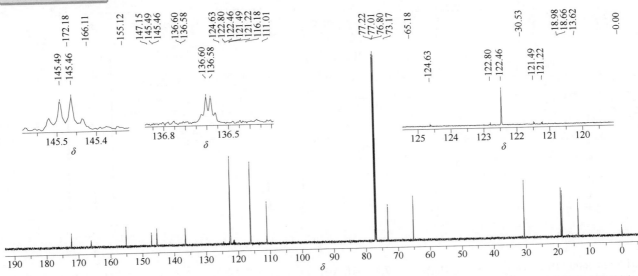

¹³C NMR (151 MHz, CDCl₃, δ) 172.18, 166.11, 155.12, 147.15, 145.47 (q, $^3J_{C-F}$ = 4.6Hz), 136.59 (q, $^3J_{C-F}$ = 3.2 Hz), 123.76 (q, J_{C-F} = 271.0 Hz), 122.46, 121.36 (q, $^2J_{C-F}$ = 32.4 Hz), 116.18, 111.01, 73.17, 65.18, 30.53, 18.98, 18.66, 13.62

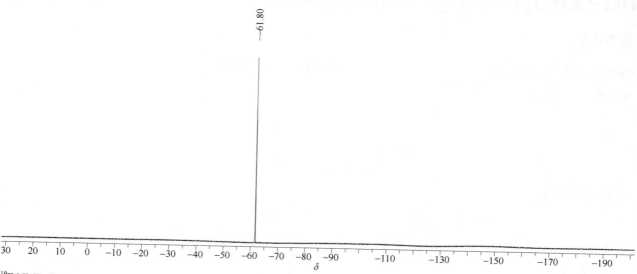

^{19}F NMR (564 MHz, CDCl$_3$, δ) −61.80

fluazifop-P-butyl（精吡氟禾草灵）

基本信息

CAS 登录号	79241-46-6	分子量	383.36
分子式	C$_{19}$H$_{20}$F$_3$NO		

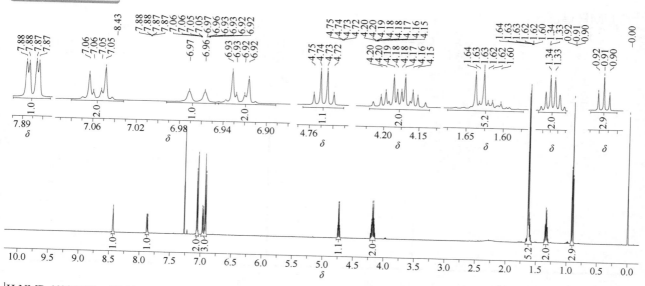

^{1}H NMR 谱图

^{1}H NMR (600 MHz, CDCl$_3$, δ) 8.43 (1H, ArH, s), 7.88 (1H, ArH, dd, J_{H-H} = 8.7 Hz, J_{H-H} = 2.4 Hz), 7.06 (2H, 2ArH, d, J_{H-H} = 8.7 Hz), 6.97 (1H, ArH, d, J_{H-H} = 8.7 Hz), 6.93 (2H, 2ArH, d, J_{H-H} = 8.7 Hz), 4.74 (1H, OCH, q, J_{H-H} = 6.8 Hz), 4.23~4.13 (2H, OCH$_2$, m), 1.64 (3H, CH$_3$, d, J_{H-H} = 6.8 Hz), 1.64~1.57 (2H, CH$_2$, m), 1.38~1.30 (2H, CH$_2$, m), 0.91 (3H, CH$_2$C$\underline{H}$$_3$, t, J_{H-H} = 7.4 Hz)

¹³C NMR 谱图

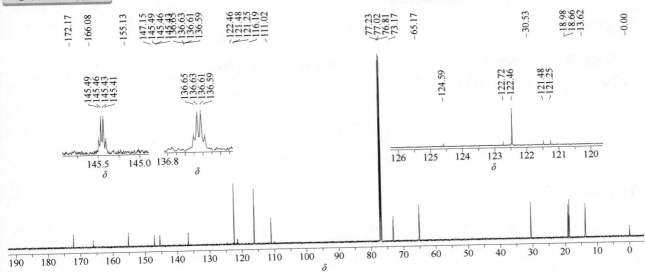

¹³C NMR (151 MHz, CDCl₃, δ) 172.17, 166.08, 155.13, 147.15, 145.45 (q, $^3J_{C-F}$ = 4.3 Hz), 136.62 (q, $^3J_{C-F}$ = 3.2 Hz), 123.66 (q, J_{C-F} = 282.4 Hz), 122.46, 121.36 (q, $^2J_{C-F}$ = 34.7 Hz), 116.19, 111.02, 73.17, 65.17, 30.53, 18.98, 18.66, 13.62

¹⁹F NMR 谱图

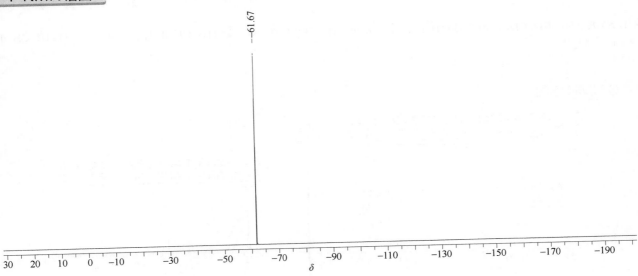

¹⁹F NMR (564 MHz, CDCl₃, δ) −61.67

fluazinam（氟啶胺）

基本信息

CAS 登录号	79622-59-6	分子量	465.09
分子式	$C_{13}H_4Cl_2F_6N_4O_4$		

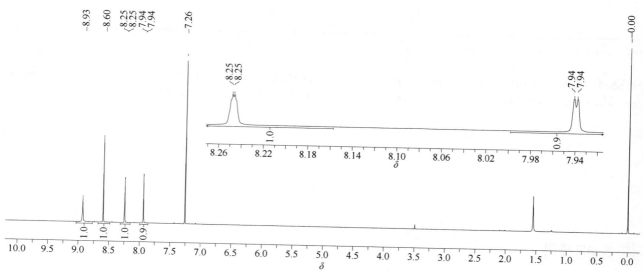

^1H NMR 谱图

^1H NMR (600 MHz, CDCl$_3$, δ) 8.93 (1H, NH, br s), 8.60 (1H, CH=CNO$_2$, s), 8.25 (1H, CH, d, J_{H-H} = 1.0 Hz), 7.94 (1H, CH, d, J_{H-H} = 1.9 Hz)

^{13}C NMR 谱图

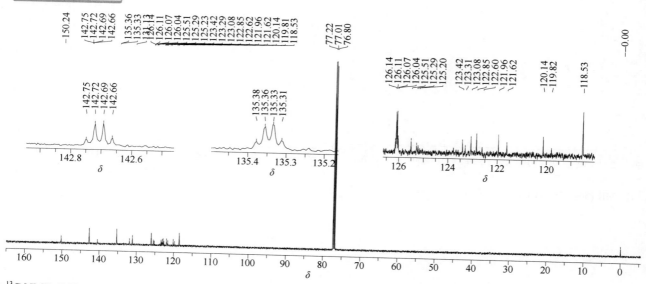

^{13}C NMR (151 MHz, CDCl$_3$, δ) 150.24, 142.71 (q, $^3J_{C-F}$ = 4.3 Hz), 140.50, 135.35 (q, $^3J_{C-F}$ = 3.4 Hz), 131.92, 131.13, 126.09 (q, $^3J_{C-F}$ = 5.5 Hz), 125.40 (q, $^2J_{C-F}$ = 33.9 Hz), 125.23 (q, J_{C-F} = 273.6 Hz), 123.46 (q, $^2J_{C-F}$ = 35.8 Hz), 121.06 (q, J_{C-F} = 275.2 Hz), 118.53

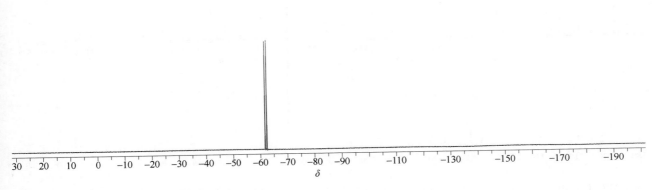

¹⁹F NMR (564 MHz, CDCl₃, δ) –61.78, –62.43

fluazuron（吡虫隆）

基本信息

CAS 登录号	86811-58-7	分子量	506.21
分子式	$C_{20}H_{10}Cl_2F_5N_3O_3$		

¹H NMR 谱图

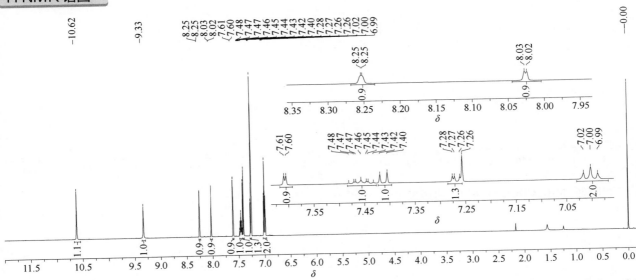

¹H NMR (600 MHz, CDCl₃, δ) 10.62 (1H, NH, br), 9.33 (1H, NH, br), 8.25 (1H, ArH, d, $J_{\text{H-H}}$ = 1.0 Hz), 8.03 (1H, ArH, d, $J_{\text{H-H}}$ = 2.0 Hz), 7.61 (1H, ArH, d, $J_{\text{H-H}}$ = 2.5 Hz), 7.48~7.43 (1H, ArH, m), 7.41 (1H, ArH, d, $J_{\text{H-H}}$ = 8.7 Hz), 7.29~7.26 (1H, ArH, m), 7.00 (2H, 2ArH, t, $J_{\text{H-H}}$ = 8.4 Hz)

¹³C NMR 谱图

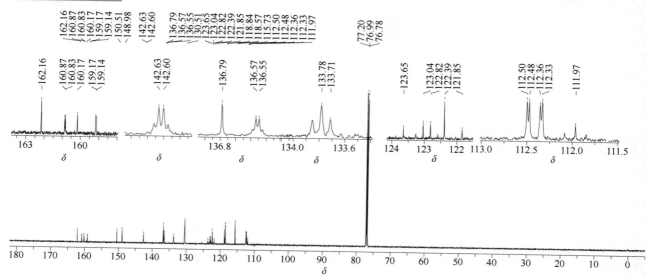

¹³C NMR (151 MHz, CDCl₃, δ) 162.16, 160.50 (dd, J_{C-F} = 255.9 Hz, $^3J_{C-F}$ = 6.4 Hz), 160.17, 150.51, 148.98, 142.62 (q, $^3J_{C-F}$ = 4.3 Hz), 136.79, 136.56 (q, $^3J_{C-F}$ = 7.2 Hz), 133.78 (t, $^3J_{C-F}$ = 10.4 Hz), 130.51, 122.93 (q, $^2J_{C-F}$ = 33.9 Hz), 122.75 (q, J_{C-F} = 272.3 Hz), 122.39, 118.84, 118.57, 115.73, 112.42 (dd, $^2J_{C-F}$ = 21.6 Hz, $^4J_{C-F}$ = 3.6 Hz), 111.97 (t, $^2J_{C-F}$ = 17.4 Hz)

¹⁹F NMR 谱图

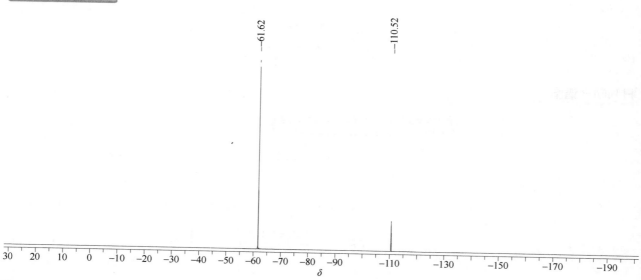

¹⁹F NMR (564 MHz, CDCl₃, δ) −61.62, −110.52

flubendiamide（氟苯虫酰胺）

基本信息

CAS 登录号	272451-65-7	分子量	682.39
分子式	$C_{23}H_{22}F_7IN_2O_4S$		

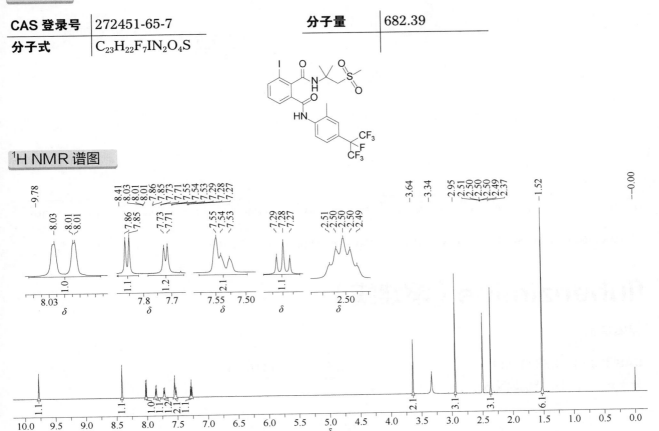

¹H NMR 谱图

¹H NMR (600 MHz, DMSO-d_6, δ) 9.78 (1H, NH, s), 8.41 (1H, NH, s), 8.02 (1H, ArH, d, $J_{\text{H-H}}$ = 7.8 Hz), 7.86 (1H, ArH, d, $J_{\text{H-H}}$ = 8.5 Hz), 7.72 (1H, ArH, d, $J_{\text{H-H}}$ = 7.6 Hz), 7.55 (1H, ArH, s), 7.53 (1H, ArH, d, $J_{\text{H-H}}$ = 8.5 Hz), 7.28 (1H, ArH, t, $J_{\text{H-H}}$ = 7.8 Hz), 3.64 (2H, CH$_2$, s), 2.95 (3H, CH$_3$, s), 2.37 (3H, CH$_3$, s), 1.52 (6H, 2 CH$_3$, s)

¹³C NMR 谱图

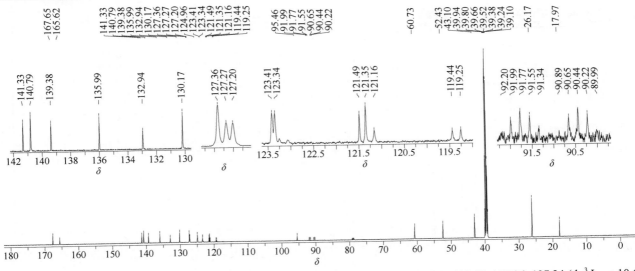

¹³C NMR (151 MHz, DMSO-d_6, δ) 167.65, 165.62, 141.33, 140.79, 139.38, 135.99, 132.94, 130.17, 127.36, 127.24 (d, $^3J_{\text{C-F}}$ = 10.6 Hz), 124.96, 123.38 (d, $^3J_{\text{C-F}}$ = 10.4 Hz), 121.49, 120.30 (qd, $J_{\text{C-F}}$ = 286.9 Hz, $^2J_{\text{C-F}}$ = 28.7 Hz), 95.46, 91.11 (dq, $J_{\text{C-F}}$ = 234.1 Hz, $^2J_{\text{C-F}}$ = 33.2 Hz), 60.73, 52.43, 43.10, 26.17, 17.97

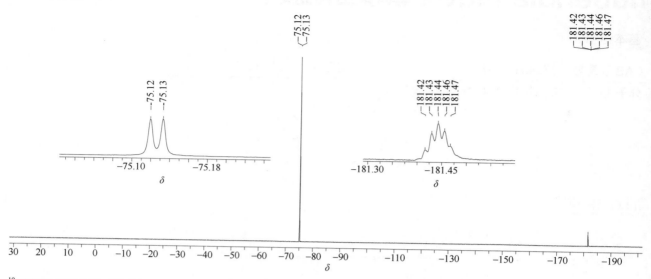

¹⁹F NMR (564 MHz, DMSO-d$_6$, δ) –75.13 (d, $^3J_{F\text{-}F}$ = 7.5 Hz), –181.44 (hept, $^3J_{F\text{-}F}$ = 7.5 Hz)

flubenzimine（噻唑螨）

基本信息

CAS 登录号	37893-02-0	分子量	416.35
分子式	C$_{17}$H$_{10}$F$_6$N$_4$S		

¹H NMR 谱图

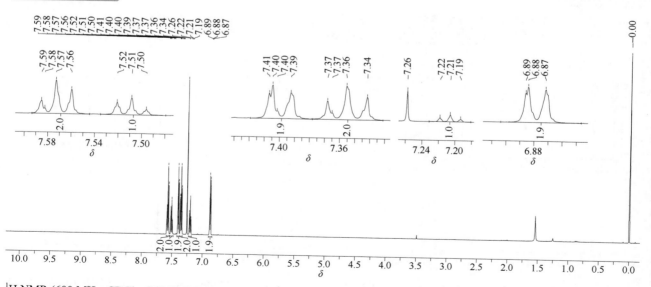

¹H NMR (600 MHz, CDCl$_3$, δ) 7.58 (2H, 2ArH, dd, $J_{H\text{-}H}$ = 10.5 Hz, $J_{H\text{-}H}$ = 4.8 Hz), 7.51 (1H, ArH, t, $J_{H\text{-}H}$ = 7.5 Hz), 7.42~7.38 (2H, 2ArH, m), 7.36 (2H, 2ArH, t, $J_{H\text{-}H}$ = 7.9 Hz), 7.21 (1H, ArH, t, $J_{H\text{-}H}$ = 7.5 Hz), 6.88 (2H, 2ArH, d, $J_{H\text{-}H}$ = 7.4 Hz)

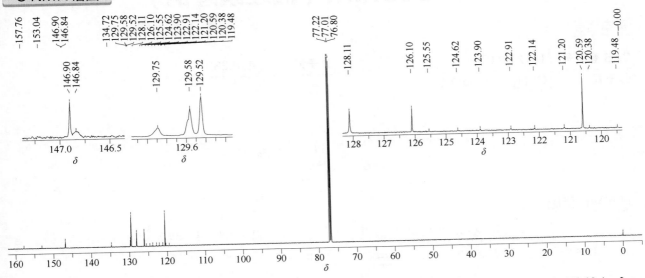

¹³C NMR (151 MHz, CDCl₃, δ) 157.76, 153.04, 146.90, 146.84, 134.72, 129.75, 129.58, 129.52, 128.11, 126.10, 123.02 (q, J_{C-F} = 265.8 Hz), 122.06 (q, J_{C-F} = 258.2 Hz), 120.59

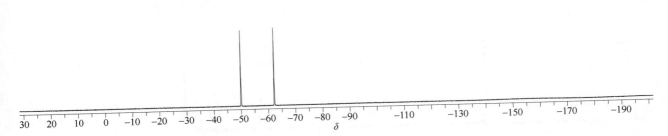

¹⁹F NMR (564 MHz, CDCl₃, δ) −50.01, −62.22

flucarbazone sodium（氟唑磺隆钠）

基本信息

CAS 登录号	181274-17-9	分子量	418.28
分子式	C₁₂H₁₀F₃N₄NaO₆S		

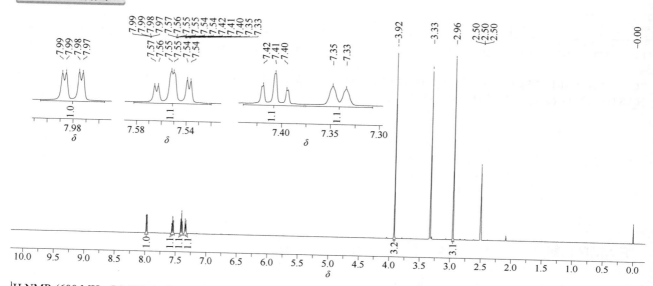

¹H NMR 谱图

¹H NMR (600 MHz, DMSO-d₆, δ) 7.98 (1H, ArH, dd, $J_{H\text{-}H}$ = 7.8 Hz, $J_{H\text{-}H}$ = 1.7 Hz), 7.55 (1H, ArH, td, $J_{H\text{-}H}$ = 8.1 Hz, $J_{H\text{-}H}$ = 1.7 Hz), 7.40 (1H, ArH, td, $J_{H\text{-}H}$ = 7.2 Hz, $^4J_{H\text{-}F}$ = 1.5 Hz), 7.34 (1H, ArH, d, $J_{H\text{-}H}$ = 8.2 Hz), 3.92 (3H, OCH₃, s), 2.96 (3H, NCH₃, s)

¹³C NMR 谱图

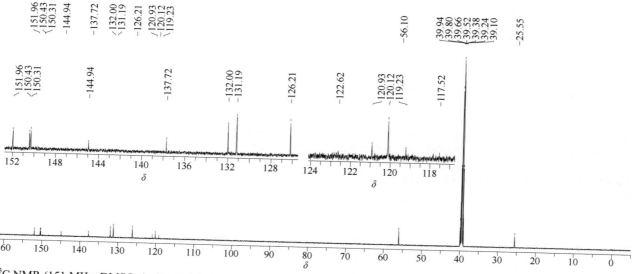

¹³C NMR (151 MHz, DMSO-d₆, δ) 151.96, 150.43, 150.31, 144.94, 137.72, 132.00, 131.19, 126.21, 120.12, 120.08 (q, $J_{C\text{-}F}$ = 256.7 Hz), 56.10, 25.55

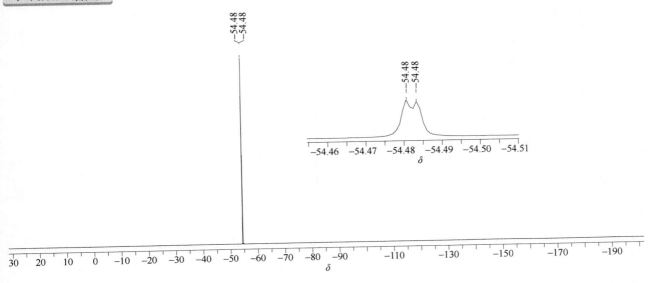

^{19}F NMR (564 MHz, DMSO-d$_6$, δ) −54.48 (d, $^4J_{H-F}$ = 1.5 Hz)

fluchloralin（氟消草）

基本信息

CAS 登录号	33245-39-5	分子量	355.70
分子式	C$_{12}$H$_{13}$ClF$_3$N$_3$O$_4$		

¹H NMR 谱图

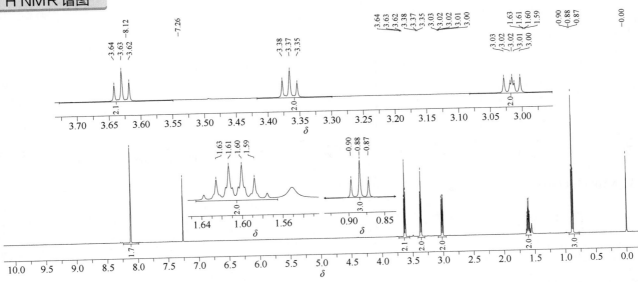

^{1}H NMR (600 MHz, CDCl$_3$, δ) 8.12 (2H, 2ArH, s), 3.63 (2H, NC$\underline{H}_2$CH$_2$Cl, t, J_{H-H} = 7.0 Hz), 3.37 (2H, NCH$_2$C$\underline{H}_2$Cl, t, J_{H-H} = 7.0 Hz), 3.08~2.91 (2H, NC$\underline{H}_2$CH$_2$CH$_3$, m), 1.65~1.57 (2H, NCH$_2$C$\underline{H}_2$CH$_3$, m), 0.88 (3H, NCH$_2$CH$_2$C$\underline{H}_3$, t, J_{H-H} = 7.4 Hz)

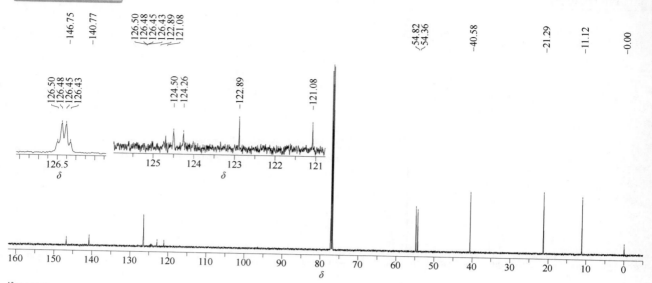

¹³C NMR (151 MHz, CDCl$_3$, δ) 146.75, 140.77, 126.46 (q, $^3J_{\text{C-F}}$ = 3.4 Hz), 124.38 (q, $^2J_{\text{C-F}}$ = 36.2 Hz), 121.99 (q, $J_{\text{C-F}}$ = 273.3 Hz), 54.82, 54.36, 40.58, 21.29, 11.12

¹⁹F NMR 谱图

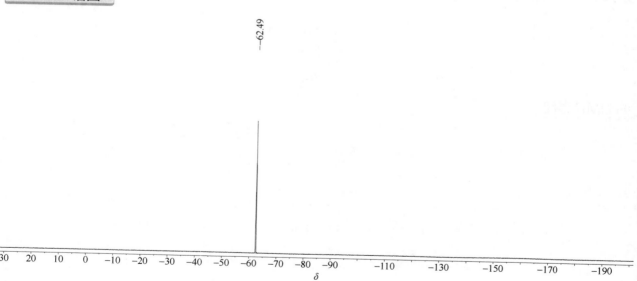

¹⁹F NMR (564 MHz, CDCl$_3$, δ) –62.49

flucythrinate（氟氰戊菊酯）

基本信息

CAS 登录号	70124-77-5	**分子量**	451.47
分子式	$C_{26}H_{23}F_2NO_4$		

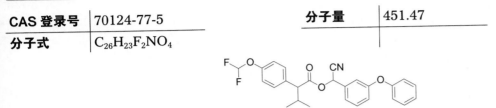

^{1}H NMR 谱图

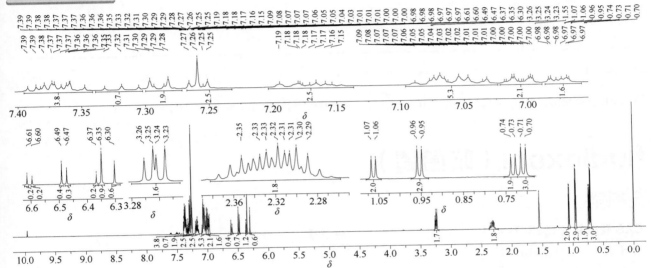

^{1}H NMR (600 MHz, CDCl$_3$, δ) 两组异构体，比例约为 3:2。异构体 A: 7.40~6.90 (13H, 13ArH, m), 6.49 (1H, CHF$_2$, t, $^2J_{\text{H-F}}$ = 72.0 Hz), 6.35 (1H, CHCN, s), 3.24 (1H, COCH, d, $J_{\text{H-H}}$ = 10.5 Hz), 2.35~2.27 (1H, C$\underline{H}$(CH$_3$)$_2$, m), 0.95 (3H, CH$_3$, d, $J_{\text{H-H}}$ = 6.5 Hz), 0.71 (3H, CH$_3$, d, $J_{\text{H-H}}$ = 6.7 Hz)。异构体 B: 7.40~6.90 (13H, 13ArH, m), 6.47 (1H, CHF$_2$, t, $^2J_{\text{H-F}}$ = 72.0 Hz), 6.30 (1H, CHCN, s), 3.25 (1H, COCH, d, $J_{\text{H-H}}$ = 10.5 Hz), 2.35~2.27 (1H, C$\underline{H}$(CH$_3$)$_2$, m), 1.06 (3H, CH$_3$, d, $J_{\text{H-H}}$ = 6.5 Hz), 0.73 (3H, CH$_3$, d, $J_{\text{H-H}}$ = 6.7 Hz)

^{13}C NMR 谱图

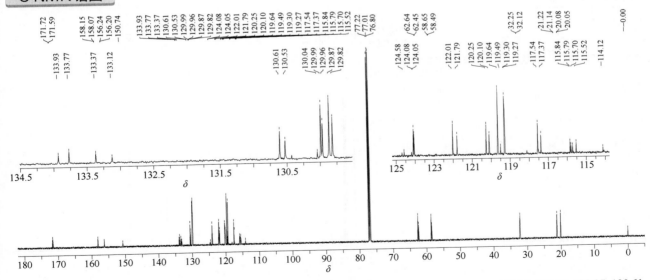

^{13}C NMR (151 MHz, CDCl$_3$, δ) 两组异构体。171.72, 171.59, 158.15, 158.07, 156.24, 156.20, 150.74, 133.93, 133.77, 133.37, 130.61, 130.57, 130.04, 129.99, 129.96, 129.87, 129.82, 124.58, 124.08, 124.05, 122.01, 121.79, 120.25, 120.10, 119.64, 119.49, 119.30, 119.27, 117.54, 117.37, 115.84, 115.79, 115.70, 115.52, 114.12, 62.64, 62.45, 58.65, 58.49, 32.25, 31.12, 21.22, 21.14, 20.08, 20.05

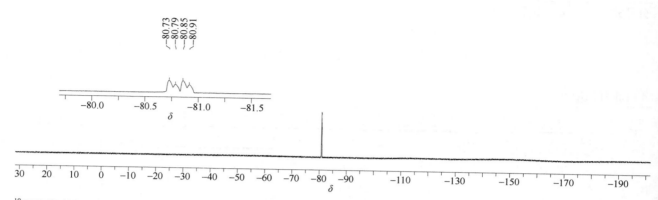

¹⁹F NMR (564 MHz, CDCl₃, δ) 异构体 A: −80.79 (d, $^2J_{H-F}$ = 67.7 Hz)。异构体 B: −80.85 (d, $^2J_{H-F}$ = 67.7 Hz)

fludioxoni（咯菌腈）

基本信息

CAS 登录号	131341-86-1	分子量	248.19
分子式	C₁₂H₆F₂N₂O₂		

¹H NMR 谱图

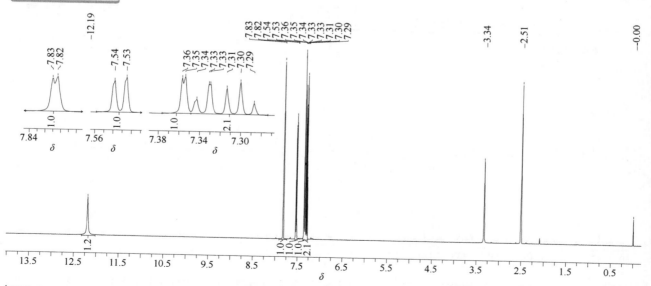

¹H NMR (600 MHz, DMSO-d₆, δ) 12.19 (1H, NH, s), 7.82 (1H, ArH, d, J_{H-H} = 1.8 Hz), 7.53 (1H, ArH, d, J_{H-H} = 7.8 Hz), 7.36 (1H, ArH, d, J_{H-H} = 1.8 Hz), 7.35~7.29 (2H, 2ArH, m)

¹³C NMR 谱图

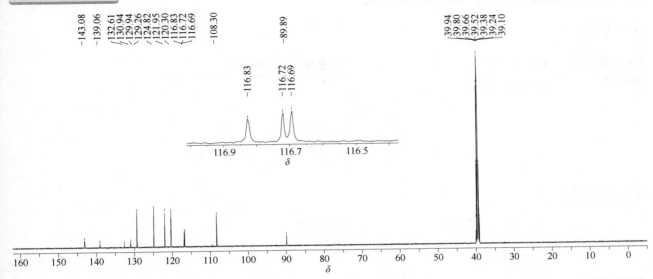

¹³C NMR (151 MHz, DMSO-d₆, δ) 143.08, 139.06, 130.94 (t, J_{C-F} = 253.7 Hz), 129.94, 124.82, 121.95, 120.30, 116.83, 116.72, 116.69, 108.30, 89.89

¹⁹F NMR 谱图

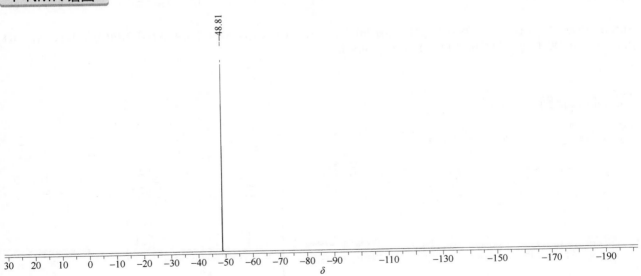

¹⁹F NMR (564 MHz, DMSO-d₆, δ) – 48.81

flufenacet（氟噻草胺）

基本信息

CAS 登录号	142459-58-3	分子量	363.33
分子式	$C_{14}H_{13}F_4N_3O_2S$		

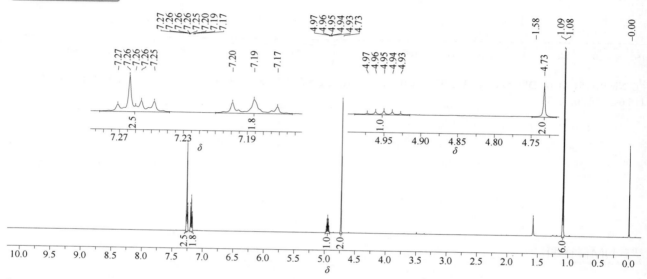

¹H NMR 谱图

^{1}H NMR (600 MHz, CDCl$_3$, δ) 7.28~7.24 (2H, 2ArH, m), 7.19 (2H, 2ArH, t, J_{H-H} = 8.4 Hz), 4.95 (1H, N$\underline{H}$(CH$_3$)$_2$, hept, J_{H-H} = 6.8 Hz), 4.73 (2H, OCH$_2$, s), 1.09 (6H, NH(C$\underline{H}_3$)$_2$, d, J_{H-H} = 6.8 Hz)

¹³C NMR 谱图

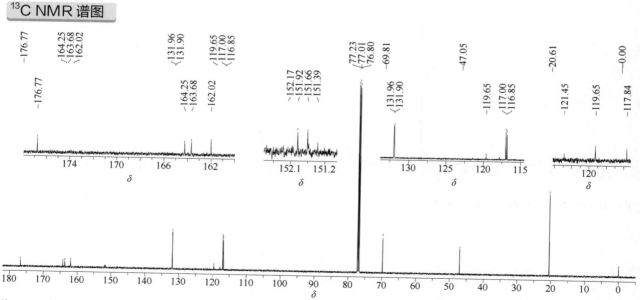

^{13}C NMR (151 MHz, CDCl$_3$, δ) 176.77, 164.25, 162.85 (d, J_{C-F} = 250.7 Hz), 151.79 (q, $^2J_{C-F}$ = 39.3 Hz), 131.93 (d, $^3J_{C-F}$ = 8.7 Hz), 118.75 (q, J_{C-F} = 273.3 Hz), 116.93 (d, $^2J_{C-F}$ = 22.7Hz), 69.81, 47.05, 20.61

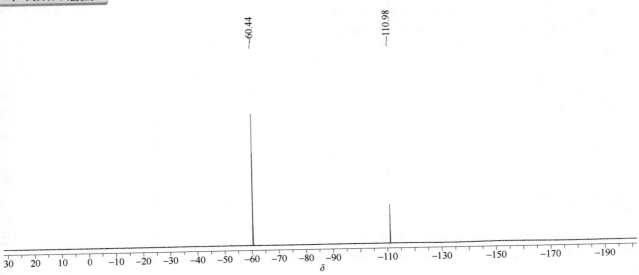

¹⁹F NMR (564 MHz, CDCl₃, δ) –60.44, –110.98

flufenoxuron（氟虫脲）

基本信息

CAS 登录号	101463-69-8	分子量	488.77
分子式	$C_{21}H_{11}ClF_6N_2O_3$		

¹H NMR 谱图

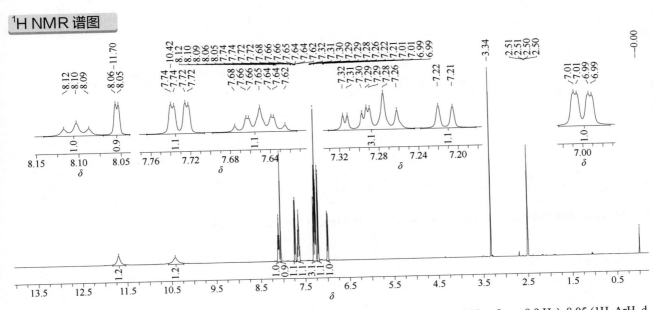

¹H NMR (600 MHz, DMSO-d₆, δ) 11.70 (1H, CONH, br), 10.42 (1H, CONH, br), 8.10 (1H, ArH, t, J_{H-H} = 8.9 Hz), 8.05 (1H, ArH, d, J_{H-H} = 2.0 Hz),7.73 (1H, ArH, dd, J_{H-H} = 8.7 Hz, J_{H-H} = 1.8 Hz), 7.70~7.61 (1H, ArH, m), 7.33~7.24 (3H, 3ArH, m), 7.21(1H, ArH, d, J_{H-H} = 8.6 Hz), 7.00 (1H, ArH, dd, J_{H-H} = 8.9 Hz, J_{H-H} = 1.8 Hz)

¹³C NMR 谱图

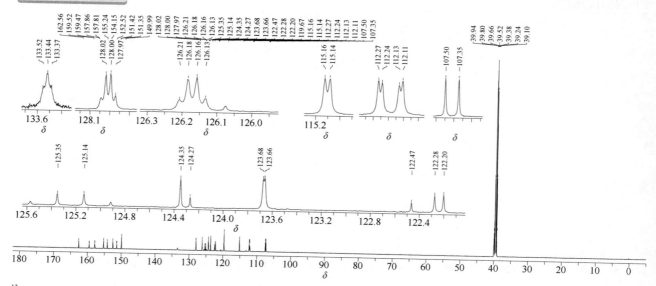

¹³C NMR (151 MHz, DMSO-d₆, δ) 162.56, 158.67 (dd, J_{C-F} = 250.7 Hz, $^3J_{C-F}$ = 6.9 Hz), 155.24, 153.33 (d, J_{C-F} = 246.2 Hz), 151.39 (d, $^3J_{C-F}$ = 10.5 Hz), 149.99, 133.44 (t, $^3J_{C-F}$ = 10.9 Hz), 128.01 (q, $^3J_{C-F}$ = 3.7 Hz), 126.17 (q, $^3J_{C-F}$ = 3.7 Hz), 125.25 (q, $^2J_{C-F}$ = 31.7 Hz), 124.35, 123.67 (d, $^4J_{C-F}$ = 1.8 Hz), 122.47, 122.24 (d, $^3J_{C-F}$ = 11.0 Hz), 119.67, 115.15 (d, $^4J_{C-F}$ = 3.2 Hz), 113.14 (t, $^2J_{C-F}$ = 21.1 Hz), 112.19 (dd, $^2J_{C-F}$ = 20.6 Hz, $^4J_{C-F}$ = 3.6 Hz), 107.42 (d, $^2J_{C-F}$ = 22.7 Hz)

¹⁹F NMR 谱图

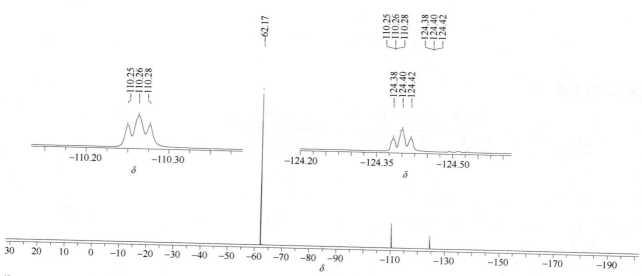

¹⁹F NMR (564 MHz, DMSO-d₆, δ) −62.17, −110.26 (t, $^4J_{H-F}$ = 16.9 Hz), −124.40 (t, $^3J_{H-F}$ = 22.6 Hz)

flufenpyr-ethyl（氟哒嗪草酯）

基本信息

CAS 登录号	188489-07-8	分子量	408.73
分子式	C$_{16}$H$_{13}$ClF$_4$N$_2$O$_4$		

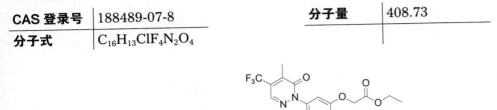

^{1}H NMR 谱图

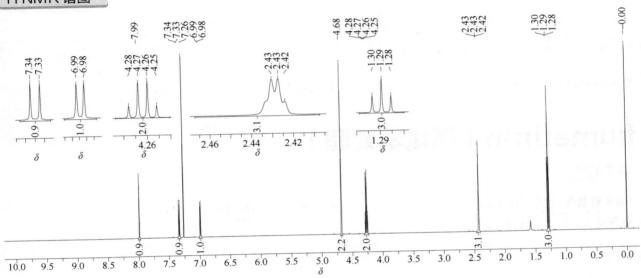

^{1}H NMR (600 MHz, CDCl$_3$, δ) 7.99 (1H, ArH, s), 7.33 (1H, ArH, d, $^3J_{\text{H-F}}$ = 9.1 Hz), 6.99 (1H, ArH, d, $^4J_{\text{H-F}}$ = 6.3 Hz), 4.68 (2H, OCH$_2$CO, s), 4.27 (2H, C$\underline{H}_2$CH$_3$, q, $J_{\text{H-H}}$ = 7.1 Hz), 2.43 (3H, ArCH$_3$, q, $^5J_{\text{H-F}}$ = 1.8 Hz), 1.29 (3H, CH$_2$CH$_3$, t, $J_{\text{H-H}}$ = 7.1 Hz)

^{13}C NMR 谱图

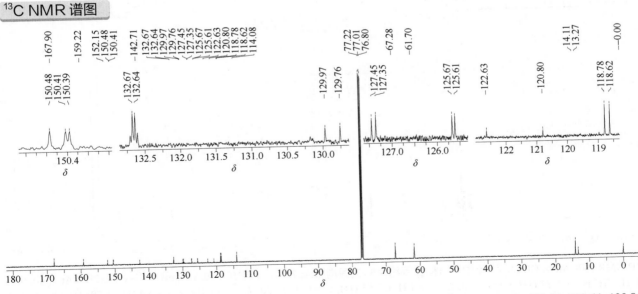

^{13}C NMR (151 MHz, CDCl$_3$, δ) 167.90, 159.22, 151.32 (d, $J_{\text{C-F}}$ = 252.2 Hz), 150.40 (d, $^4J_{\text{C-F}}$ = 3.0 Hz), 132.67, 132.64, 129.86 (q, $^2J_{\text{C-F}}$ = 31.7 Hz), 127.40 (d, $^2J_{\text{C-F}}$ = 15.1 Hz), 125.64 (d, $^3J_{\text{C-F}}$ = 9.5 Hz), 121.72 (q, $J_{\text{C-F}}$ = 276.3 Hz), 118.70 (d, $^2J_{\text{C-F}}$ = 24.2 Hz), 114.08, 67.28, 61.70, 14.11, 13.27

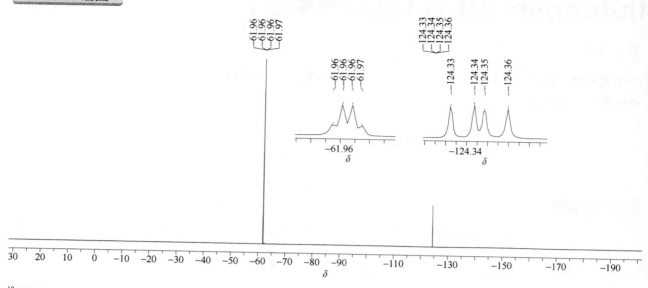

¹⁹F NMR (564 MHz, CDCl$_3$, δ) −61.96 (q, $^5J_{H-F}$ = 1.8 Hz), −124.35 (dd, $^3J_{H-F}$ = 9.1 Hz, $^4J_{H-F}$ = 6.3 Hz)

flumethrin（氟氯苯菊酯）

基本信息

CAS 登录号	69770-45-2	分子量	510.39
分子式	C$_{28}$H$_{22}$Cl$_2$FNO$_3$		

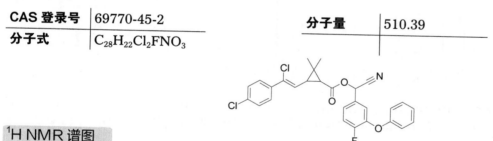

¹H NMR 谱图

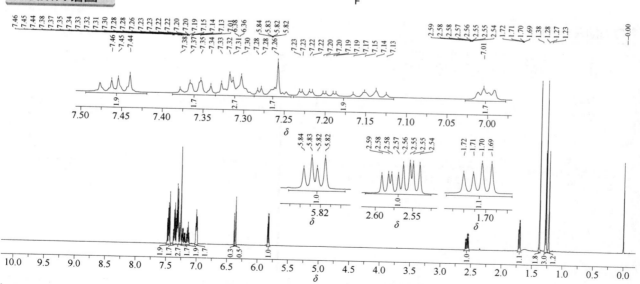

¹H NMR (600 MHz, CDCl$_3$, δ) 两组异构体，比例约为 3:2。异构体 A: 7.52~7.10 (10H, 10 ArH, m), 7.03~6.97 (2H, 2ArH, m), 6.36 (1H, CHCN, s), 5.83 (1H, C=CH, d, J_{H-H} = 8.1 Hz), 2.55 (1H, C=CHC$\underline{H}$, dd, J_{H-H} = 8.1 Hz, J_{H-H} = 5.4 Hz), 1.70 (1H, OOCCH, d, J_{H-H} = 5.4 Hz), 1.38 (3H, CCH$_3$, s), 1.27 (3H, CCH$_3$, s)。异构体 B: 7.52~7.10 (10H, 10 ArH, m), 7.03~6.97 (2H, 2ArH, m), 6.38 (1H, CHCN, s), 5.84 (1H, C=CH, d, J_{H-H} = 8.1 Hz), 2.58 (1H, C=CHC$\underline{H}$, dd, J_{H-H} = 8.1 Hz, J_{H-H} = 5.4 Hz), 1.72 (1H, OOCCH, d, J_{H-H} = 5.4 Hz), 1.28 (3H, CCH$_3$, s), 1.23 (3H, CCH$_3$, s)

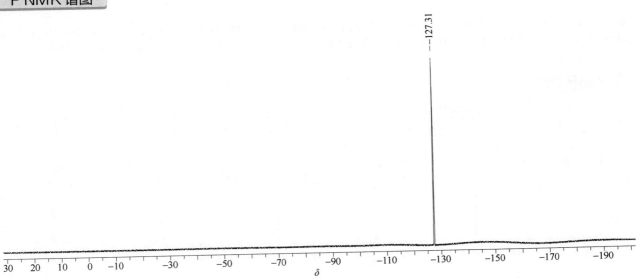

¹³C NMR (151 MHz, CDCl₃, δ) 169.49, 169.45, 156.47, 156.42, 155.14 (d, J_{C-F} = 253.3 Hz), 155.07 (d, J_{C-F} = 254.0 Hz), 144.80 (d, $^2J_{C-F}$ = 11.9 Hz), 144.70 (d, $^2J_{C-F}$ = 11.9 Hz), 136.05, 135.98, 135.03, 134.91, 134.66, 129.96, 129.94, 128.79 (d, $^3J_{C-F}$ = 3.8 Hz), 128.64 (d, $^3J_{C-F}$ = 3.8 Hz), 128.55, 127.50, 127.43, 124.07 (d, $^2J_{C-F}$ = 17.8 Hz), 124.07, 124.06, 123.97, 123.94 (d, $^2J_{C-F}$ = 19.7 Hz), 123.92, 123.90, 120.98 (d, $^4J_{C-F}$ = 1.5 Hz), 120.75 (d, $^4J_{C-F}$ = 1.0 Hz), 117.97 (d, $^3J_{C-F}$ = 3.1 Hz), 117.84 (d, $^3J_{C-F}$ = 3.1 Hz), 117.78, 117.67, 115.91, 115.76, 62.00 (d, $^5J_{C-F}$ = 2.6 Hz), 61.94 (d, $^5J_{C-F}$ = 2.4 Hz), 34.83, 34.81, 34.32, 34.31, 31.12, 30.93, 22.52, 22.50, 20.15, 20.14

¹⁹F NMR (564 MHz, CDCl₃, δ) –127.31

flumetralin（氟节胺）

基本信息

CAS 登录号	62924-70-3	分子量	421.73
分子式	$C_{16}H_{12}ClF_4N_3O_4$		

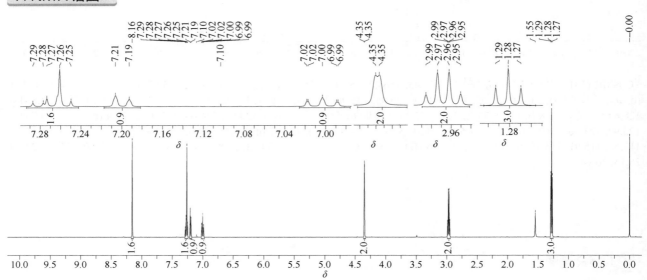

^1H NMR 谱图

^1H NMR (600 MHz, CDCl$_3$, δ) 8.16 (2H, 2ArH, s), 7.29~7.24 (1H, ArH, m), 7.20 (1H, ArH, d, J_{H-H} = 8.1 Hz), 7.03~6.98 (1H, ArH, m), 4.35 (2H, ArCHH, s), 4.35 (2H, ArCHH, s), 2.97 (2H, NCH_2CH$_3$, q, J_{H-H} = 7.1 Hz), 1.28 (3H, NCH$_2$CH_3, t, J_{H-H} = 7.1 Hz)

^{13}C NMR 谱图

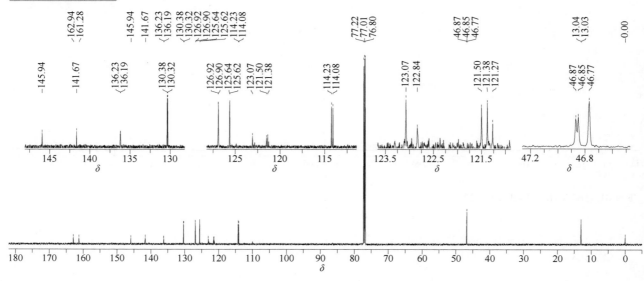

^{13}C NMR (151 MHz, CDCl$_3$, δ) 162.12 (d, J_{C-F} = 253.7 Hz), 145.94, 141.67, 136.21 (d, $^3J_{C-F}$ = 5.6 Hz), 130.35 (d, $^2J_{C-F}$ = 9.9 Hz), 126.91 (d, $^3J_{C-F}$ = 3.5 Hz), 125.63 (d, $^4J_{C-F}$ = 3.4 Hz), 123.07, 122.05 (q, J_{C-F} = 237.1 Hz), 121.44 (q, $^2J_{C-F}$ = 33.2 Hz), 114.16 (d, $^2J_{C-F}$ = 22.7 Hz), 46.86 (d, $^5J_{C-F}$ = 3.0 Hz), 46.77, 13.04 (d, $^6J_{C-F}$ = 1.5 Hz)

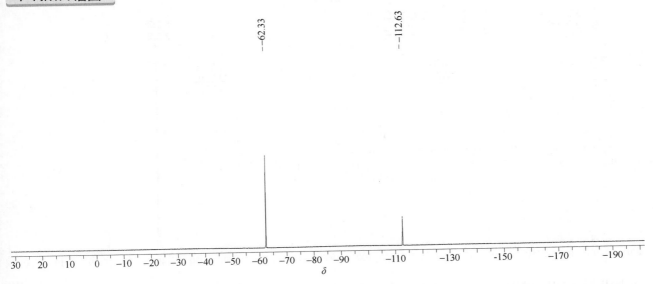

¹⁹F NMR (564 MHz, CDCl₃, δ) −62.33, −112.63

flumetsulam（唑嘧磺草胺）

基本信息

CAS 登录号	98967-40-9	分子量	325.29
分子式	C₁₂H₉F₂N₅O₂		

¹H NMR 谱图

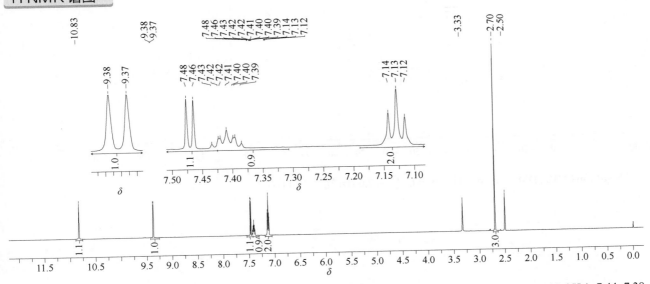

¹H NMR (600 MHz, DMSO-d₆, δ) 10.83 (1H, NH, s), 9.37 (1H, NH, d, $^3J_{H-F}$ = 7.0 Hz), 7.47 (1H, ArH, d, J_{H-H} = 12.6 Hz), 7.44~7.38 (1H, ArH, m), 7.13 (2H, 2ArH, t, J_{H-H} = 8.2 Hz), 2.70 (3H, CH₃, s)

¹³C NMR 谱图

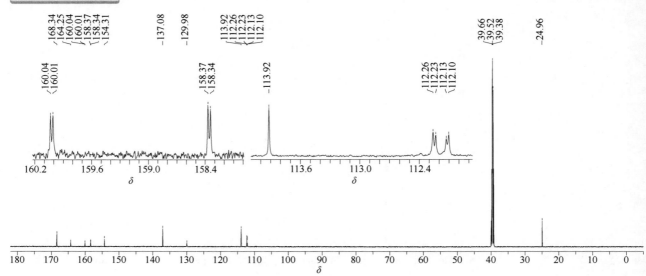

¹³C NMR (151 MHz, DMSO-d₆, δ) 168.34, 164.25, 159.19 (dd, $J_{C\text{-}F}$ = 250.7 Hz, $^3J_{C\text{-}F}$ = 3.9 Hz), 154.31, 137.08, 129.98, 113.92, 112.18 (dd, $^2J_{C\text{-}F}$ = 19.9 Hz, $^4J_{C\text{-}F}$ = 3.9 Hz), 24.96

¹⁹F NMR 谱图

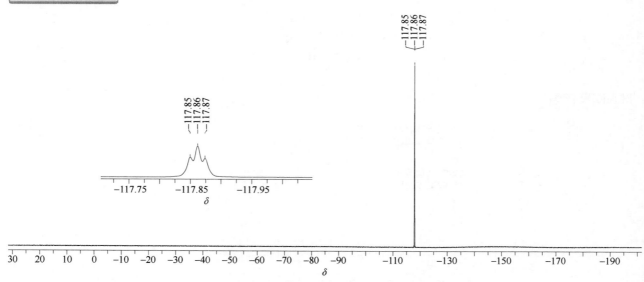

¹⁹F NMR (564 MHz, DMSO-d₆, δ) −117.86 (dd, $^3J_{H\text{-}F}$ = 7.0 Hz, $^4J_{F\text{-}F}$ = 6.8 Hz)

flumequine（氟甲喹）

CAS 登录号	42835-25-6	**分子量**	261.25
分子式	$C_{14}H_{12}FNO_3$		

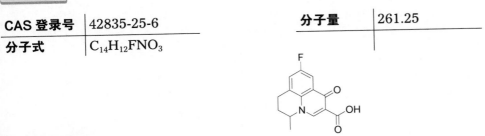

¹H NMR 谱图

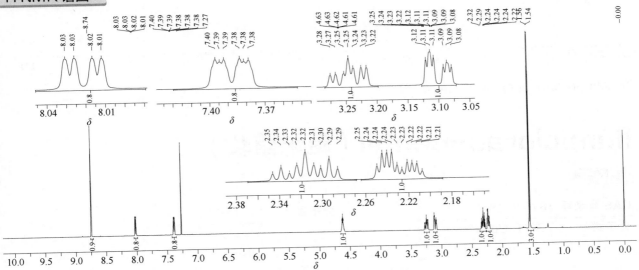

¹H NMR (600 MHz, CDCl₃, δ) 8.74 (1H, ArH, s), 8.03 (1H, ArH, dd, $^3J_{H-F}$ = 8.4 Hz, J_{H-H} = 2.9 Hz), 7.42~7.35 (1H, ArH, m), 4.65~4.58 (1H, NCH, m), 3.28~3.20 (1H, CH₂, m), 3.13~3.07 (1H, CH₂, m), 2.36~2.28 (1H, CH₂, m), 2.26~2.20 (1H, CH₂, m), 1.56 (3H, CH₃, d, J_{H-H} = 6.9 Hz)

¹³C NMR 谱图

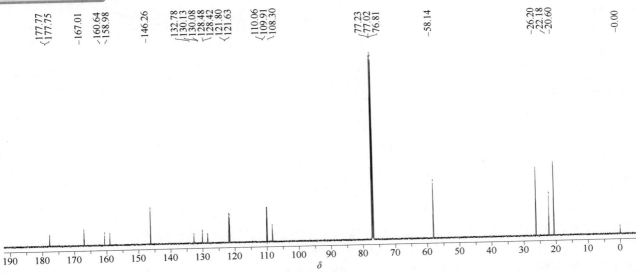

¹³C NMR (151 MHz, CDCl₃, δ) 177.76 (d, $^4J_{C-F}$ = 3.2 Hz), 167.01, 159.31 (d, J_{C-F} = 250.1 Hz), 146.26, 132.78, 130.13 (d, $^3J_{C-F}$ = 7.7 Hz), 128.48 (d, $^3J_{C-F}$ = 8.1 Hz), 121.80 (d, $^2J_{C-F}$ = 24.7 Hz), 110.06 (d, $^2J_{C-F}$ = 23.1 Hz), 108.30, 58.14, 26.20, 22.18, 20.60

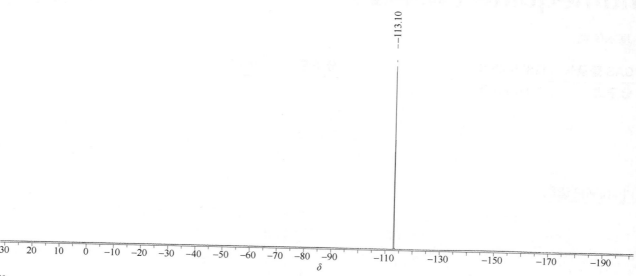

^{19}F NMR (564 MHz, CDCl$_3$, δ) −113.10

flumiclorac-pentyl（氟烯草酸）

基本信息

CAS 登录号	87546-18-7	分子量	423.86
分子式	C$_{21}$H$_{23}$ClFNO$_5$		

^{1}H NMR 谱图

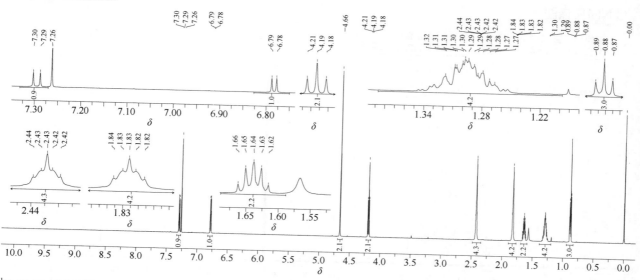

^{1}H NMR (600 MHz, CDCl$_3$, δ) 7.30 (1H, ArH, d, $^3J_{\text{H-F}}$ = 9.0 Hz), 6.78 (1H, ArH, d, $^4J_{\text{H-F}}$ = 6.3 Hz), 4.66 (2H, OCH$_2$, s), 4.19 (2H, CO$_2$CH$_2$, t, $J_{\text{H-H}}$ = 6.7 Hz), 2.48~2.35 (4H, C$\underline{H}_2$C≡CC$\underline{H}_2$, m), 1.89~1.77 (4H, C$\underline{H}_2$CH$_2$C≡CCH$_2$C$\underline{H}_2$, m), 1.69~1.59 (2H, CO$_2$CH$_2$C$\underline{H}_2$, m), 1.39~1.20 (4H, C$\underline{H}_2$C$\underline{H}_2$CH$_3$, m), 0.88 (3H, CH$_2$C$\underline{H}_3$, t, $J_{\text{H-H}}$ = 7.0 Hz)

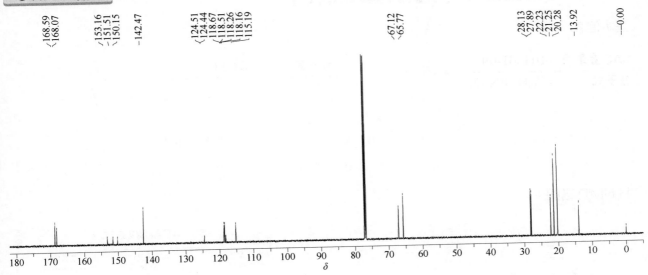

^{13}C NMR (151 MHz, CDCl$_3$, δ) 168.59, 168.07, 152.33 (d, J_{C-F} = 249.2 Hz), 150.15, 142.47, 124.48 (d, $^{3}J_{C-F}$ = 9.6 Hz), 118.59 (d, $^{2}J_{C-F}$ = 14.5 Hz), 118.21 (d, $^{2}J_{C-F}$ = 14.5 Hz), 115.19, 67.12, 65.77, 28.13, 27.89, 22.23, 21.25, 20.28, 13.92

^{19}F NMR 谱图

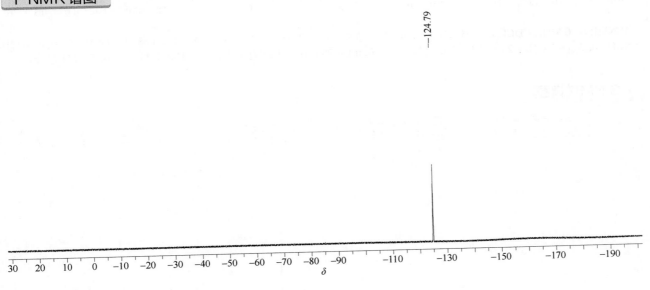

^{19}F NMR (564 MHz, CDCl$_3$, δ) −124.79

flumioxazin（丙炔氟草胺）

基本信息

CAS 登录号	103361-09-7	分子量	354.33
分子式	C$_{19}$H$_{15}$FN$_2$O$_4$		

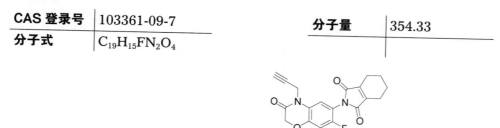

^{1}H NMR 谱图

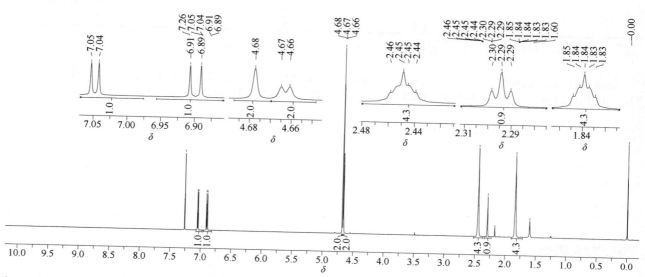

^{1}H NMR (600 MHz, CDCl$_3$, δ) 7.05 (1H, ArH, d, $^4J_{\text{H-F}}$ = 6.8 Hz), 6.90 (1H, ArH, d, $^3J_{\text{H-F}}$ = 9.7 Hz), 4.68 (2H, OC$\underline{H}_2$CO, s), 4.66 (2H, NC$\underline{H}_2$, d, $J_{\text{H-H}}$ = 7.0 Hz), 2.48~2.42 (4H, C$\underline{H}_2$C≡CC$\underline{H}_2$, m), 2.29 (1H, CH$_2$CC$\underline{H}$, t, $J_{\text{H-H}}$ = 2.5 Hz), 1.90~1.72 (4H, C$\underline{H}_2$C$\underline{H}_2$, m)

^{13}C NMR 谱图

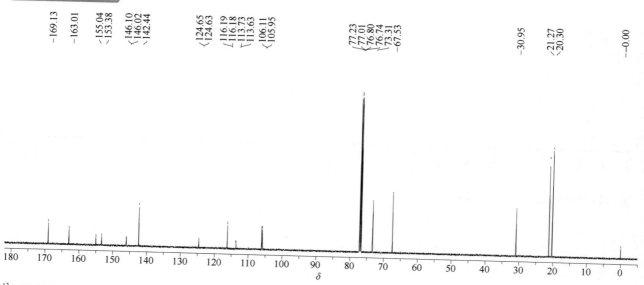

^{13}C NMR (151 MHz, CDCl$_3$, δ) 169.13, 163.01, 154.21 (d, $J_{\text{C-F}}$ = 250.7 Hz), 146.06 (d, $^3J_{\text{C-F}}$ = 11.3 Hz), 142.44, 124.64 (d, $^3J_{\text{C-F}}$ = 3.0 Hz), 116.19 (d, $^4J_{\text{C-F}}$ = 1.8 Hz), 113.68 (d, $^2J_{\text{C-F}}$ = 14.8 Hz), 106.03 (d, $^2J_{\text{C-F}}$ = 9.6 Hz), 76.74, 73.31, 67.53, 30.95, 21.27, 20.30

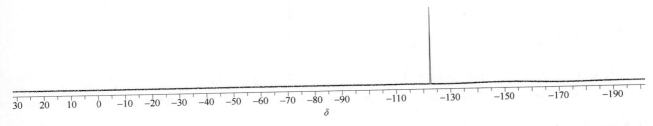

−122.47

¹⁹F NMR (564 MHz, CDCl₃, δ) −122.47

flumorph（氟吗啉）

基本信息

CAS 登录号	211867-47-9	分子量	371.41
分子式	C₂₁H₂₂FNO₄		

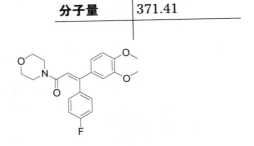

¹H NMR 谱图

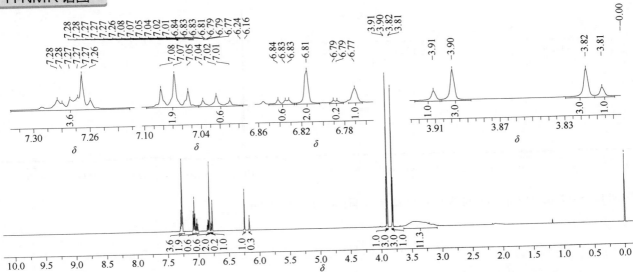

¹H NMR (600 MHz, CDCl₃, δ) 两组异构体，比例约为 3∶1。异构体 A: 7.32~7.23 (2H, 2ArH, m), 7.07 (2H, 2ArH, t, J_{H-H} = 8.6 Hz), 6.81 (2H, 2ArH, s), 6.77 (1H, ArH, s), 6.24 (1H, ArH, s), 3.90 (3H, CH₃, s), 3.82 (3H, CH₃, s), 3.63~3.08 (8H, 4CH₂, m). 异构体B: 7.32~7.23 (2H, 2ArH, m), 7.02 (2H, 2ArH, t, J_{H-H} = 8.6 Hz), 6.85~6.82 (1H, ArH, m), 6.79 (1H, ArH, d, J_{H-H} = 2.0 Hz), 6.16 (1H, ArH, s), 3.91 (3H, CH₃, s), 3.81 (3H, CH₃, s), 3.63~3.08 (8H, 4CH₂, m)

¹³C NMR 谱图

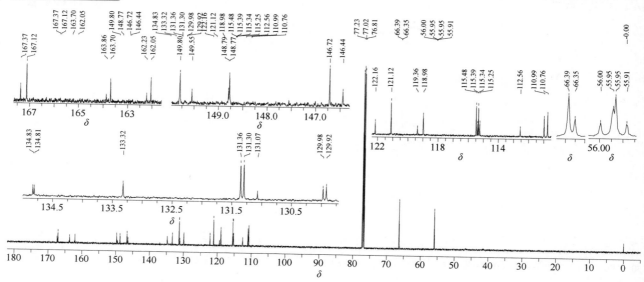

¹³C NMR (151 MHz, CDCl₃, δ) 两组异构体。167.37, 167.12, 163.05 (d, J_{C-F} = 249.2Hz), 162.88 (d, J_{C-F} = 249.2Hz), 149.80, 149.55, 148.79, 148.77, 146.72, 146.44, 136.98, 134.82 (d, $^4J_{C-F}$ = 3.5 Hz), 133.32, 131.33 (d, $^3J_{C-F}$ = 8.1 Hz), 131.07, 129.95 (d, $^3J_{C-F}$ = 8.2 Hz), 122.16, 121.12, 119.36, 118.98, 115.41 (d, $^2J_{C-F}$ = 21.6 Hz), 115.32 (d, $^2J_{C-F}$ = 21.6 Hz), 112.56, 110.99, 110.76, 66.39, 66.35, 56.00, 55.95, 55.95, 55.91 (包含部分异构体 B 峰)

¹⁹F NMR 谱图

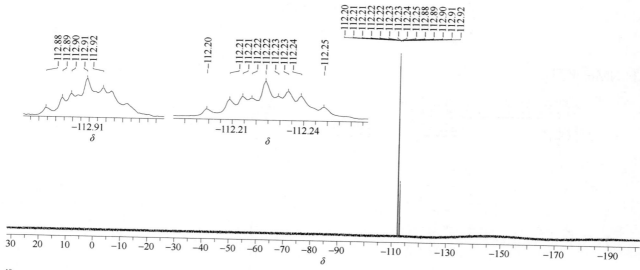

¹⁹F NMR (564 MHz, CDCl₃, δ) 异构体 A: −112.22 (m)。异构体 B: −112.90 (m)

fluometuron（氟草隆）

基本信息

CAS 登录号	2164-17-2	分子量	232.21
分子式	$C_{10}H_{11}F_3N_2O$		

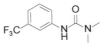

¹H NMR 谱图

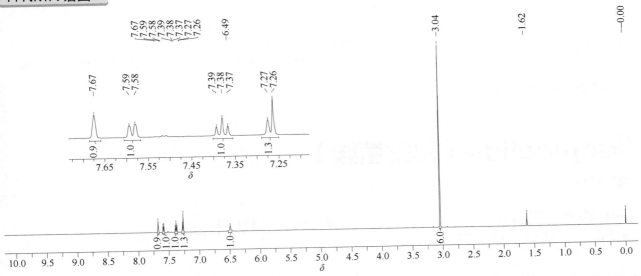

¹H NMR (600 MHz, CDCl₃, δ) 7.67 (1H, ArH, s), 7.59 (1H, ArH, d, J_{H-H} = 8.2 Hz), 7.38 (1H, ArH, t, J_{H-H} = 8.0 Hz), 7.27 (1H, ArH, d, J_{H-H} = 6.8 Hz), 6.49 (1H, NH, s), 3.04 (6H, N(CH₃)₂, s)

¹³C NMR 谱图

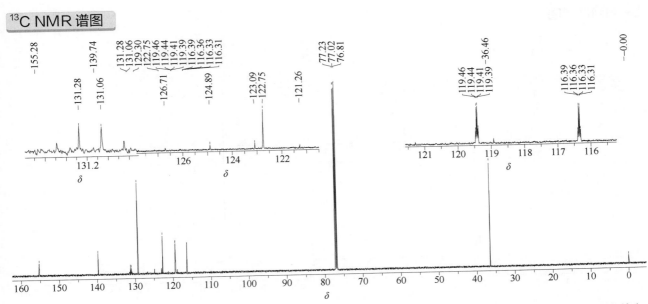

¹³C NMR (151 MHz, CDCl₃, δ) 155.28, 139.74, 131.17 (q, $^2J_{C-F}$ = 33.2 Hz), 129.30, 123.99 (q, J_{C-F} = 271.8 Hz), 122.75, 119.43 (q, $^3J_{C-F}$ = 3.9 Hz), 116.35 (q, $^3J_{C-F}$ = 4.0 Hz), 36.46

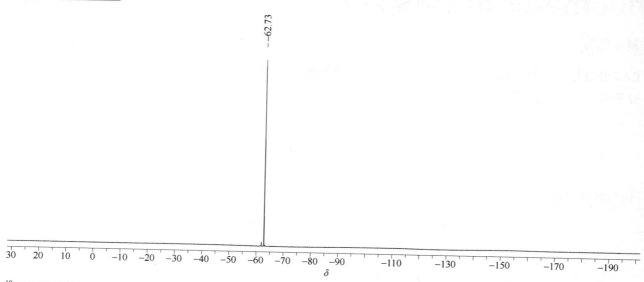

−62.73

¹⁹F NMR (564 MHz, CDCl₃, δ) −62.73

fluopicolide（氟吡菌胺）

基本信息

CAS 登录号	239110-15-7		分子量	383.58
分子式	$C_{14}H_8Cl_3F_3N_2O$			

¹H NMR 谱图

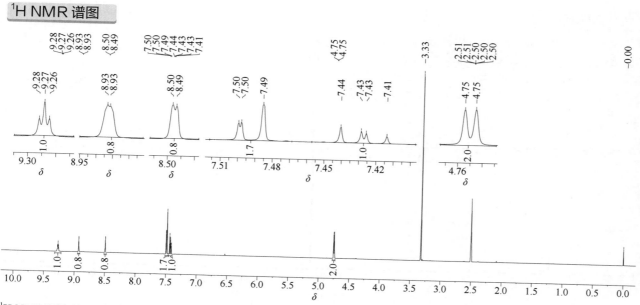

¹H NMR (600 MHz, DMSO-d₆, δ) 9.27 (1H, NH, t, J_{H-H} = 5.5 Hz), 8.93 (1H, ArH, d, J_{H-H} = 1.0 Hz), 8.50 (1H, ArH, d, J_{H-H} = 1.7 Hz), 7.52~7.47 (2H, 2ArH, m), 7.43 (1H, ArH, dd, J_{H-H} = 8.9 Hz, J_{H-H} = 7.1 Hz), 4.75 (2H, CH₂, d, J_{H-H} = 5.5 Hz)

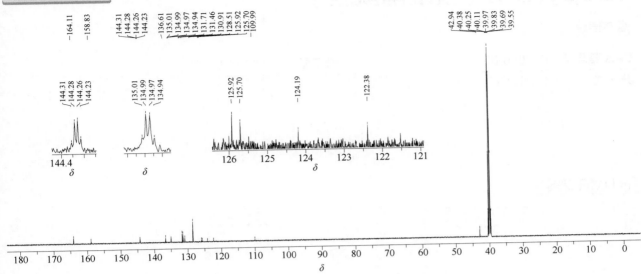

¹³C NMR (151 MHz, DMSO-d₆, δ) 164.11, 158.83, 144.27 (q, ³J_{C-F} = 4.2 Hz), 136.61, 134.98 (q, ³J_{C-F} = 3.5 Hz), 131.71, 131.46, 130.91, 128.51, 125.81 (q, ²J_{C-F} = 33.2 Hz), 123.29 (q, J_{C-F} = 272.9 Hz), 42.94

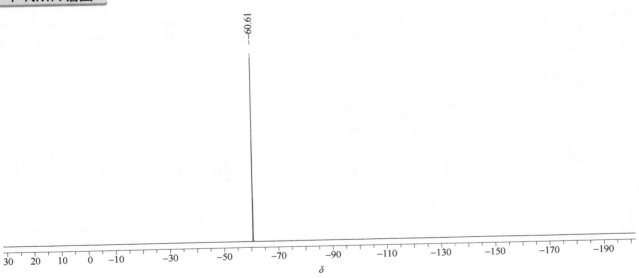

¹⁹F NMR (564 MHz, DMSO-d₆, δ) −60.61

fluopyram（氟吡菌酰胺）

基本信息

CAS 登录号	658066-35-4	分子量	396.71
分子式	$C_{16}H_{11}ClF_6N_2O$		

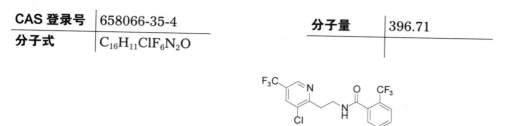

¹H NMR 谱图

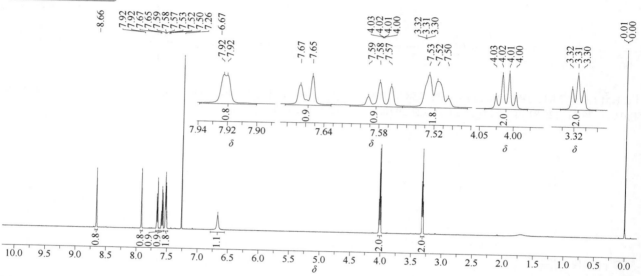

¹H NMR (600 MHz, CDCl₃, δ) 8.66 (1H, ArH, s), 7.92 (1H, ArH, d, J_{H-H} = 1.4 Hz), 7.66 (1H, ArH, d, J_{H-H} = 7.9 Hz), 7.58 (1H, ArH, t, J_{H-H} = 7.5 Hz), 7.56~7.48 (2H, 2ArH, m), 6.67 (1H, NH, s), 4.01 (2H, NHC$\underline{H}_2$, dt, J_{H-H} = 6.0 Hz, J_{H-H} = 6.0 Hz), 3.31 (2H, CH₂, t, J_{H-H} = 5.8 Hz)

¹³C NMR 谱图

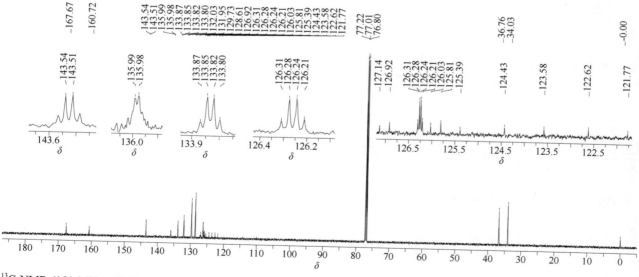

¹³C NMR (151 MHz, CDCl₃, δ) 167.67, 160.72, 143.53 (q, ³J_{C-F} = 4.0 Hz), 135.99 (q, ⁴J_{C-F} = 2.2 Hz), 133.83 (q, ³J_{C-F} = 3.6 Hz), 132.03, 131.95, 129.73, 128.61, 127.03 (q, ²J_{C-F} = 33.2 Hz), 126.26 (q, ³J_{C-F} = 5.0 Hz), 125.92 (q, ²J_{C-F} = 33.2 Hz), 124.49 (q, J_{C-F} = 273.3 Hz), 123.52 (q, J_{C-F} = 273.3 Hz), 36.76, 34.03

¹⁹F NMR 谱图

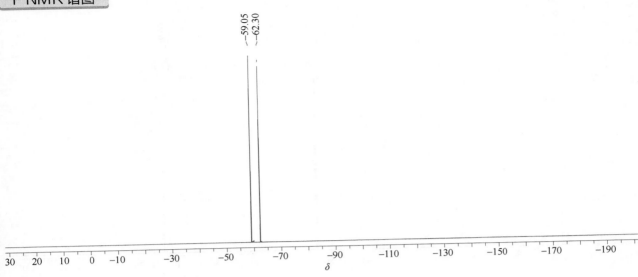

¹⁹F NMR (564 MHz, CDCl$_3$, δ) −59.05, −62.30

fluorene（芴）

基本信息

CAS 登录号	86-73-7	分子量	166.22
分子式	C$_{13}$H$_{10}$		

¹H NMR 谱图

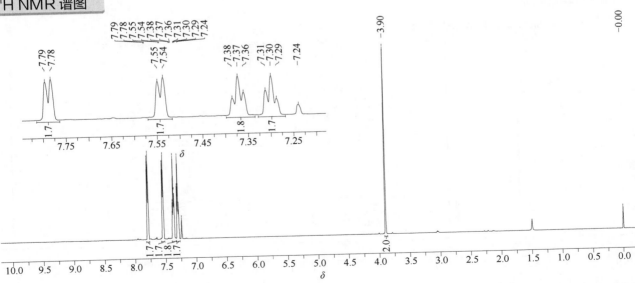

¹H NMR (600 MHz, CDCl$_3$, δ) 7.78 (2H, 2ArH, d, $J_{H\text{-}H}$ = 7.5 Hz), 7.54 (2H, 2ArH, d, $J_{H\text{-}H}$ = 7.4 Hz), 7.37 (2H, 2ArH, t, $J_{H\text{-}H}$ = 7.2 Hz), 7.30 (2H, 2ArH, t, $J_{H\text{-}H}$ = 7.3 Hz), 3.90 (2H, CH$_2$, s)

¹³C NMR 谱图

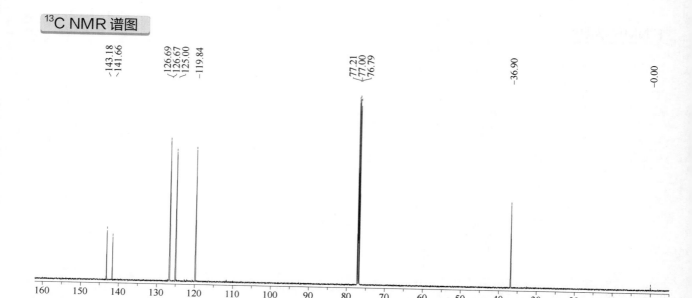

¹³C NMR (151 MHz, CDCl₃, δ) 143.18, 141.66, 126.69, 126.67, 125.00, 119.84, 36.90

fluorodifen（三氟硝草醚）

基本信息

CAS 登录号	15457-05-3
分子式	C₁₃H₇F₃N₂O₅

分子量	328.20

¹H NMR 谱图

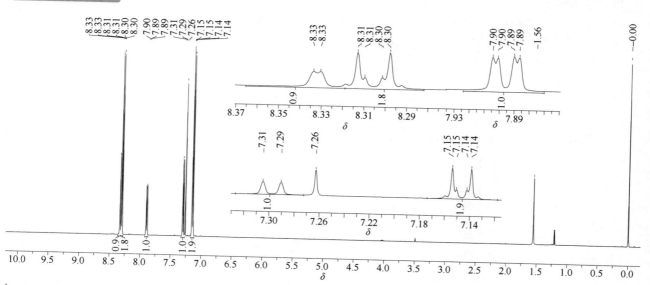

¹H NMR (600 MHz, CDCl₃, δ) 8.33 (1H, ArH, d, J_{H-H} = 1.9 Hz), 8.30 (2H, 2ArH, d, J_{H-H} = 8.6 Hz), 7.90 (1H, ArH, dd, J_{H-H} = 8.6 Hz, J_{H-H} = 2.1 Hz), 7.30 (1H, ArH, d, J_{H-H} = 8.6 Hz), 7.14 (2H, 2ArH, d, J_{H-H} = 8.6 Hz)

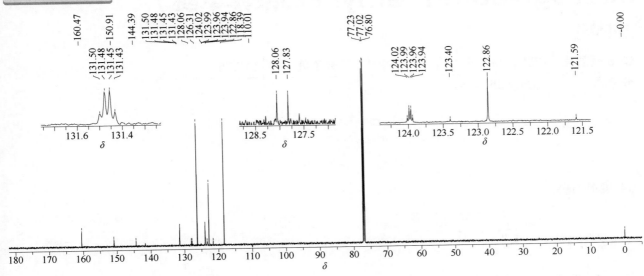

¹³C NMR (151 MHz, CDCl₃, δ) 160.47, 150.91, 144.39, 131.47 (q, $^3J_{C-F}$ = 3.4 Hz), 127.95 (q, $^2J_{C-F}$ = 34.7 Hz), 126.31, 123.98 (q, $^3J_{C-F}$ = 3.8 Hz), 123.40, 122.50 (q, J_{C-F} = 273.3 Hz), 122.86, 118.39

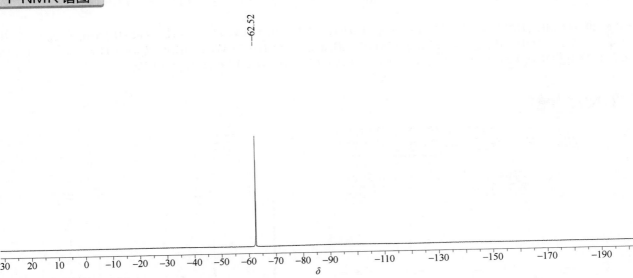

¹⁹F NMR (564 MHz, CDCl₃, δ) −62.52

fluoroglycofen-ethyl（乙羧氟草醚）

基本信息

CAS 登录号	77501-90-7	分子量	447.75
分子式	C₁₈H₁₃ClF₃NO₇		

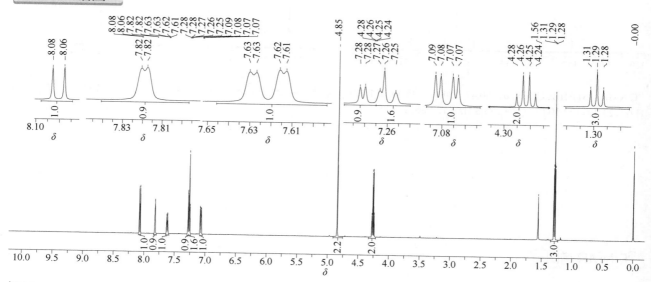

¹H NMR 谱图

¹H NMR (600 MHz, CDCl₃, δ) 8.07 (1H, ArH, d, J_{H-H} = 9.0 Hz), 7.82 (1H, ArH, d, J_{H-H} = 1.8 Hz), 7.62 (1H, ArH, dd, J_{H-H} = 8.5 Hz, J_{H-H} =1.9 Hz), 7.28 (1H, ArH, d, J_{H-H} = 2.7 Hz), 7.26 (1H, ArH, d, J_{H-H} = 8.5 Hz), 7.08 (1H, ArH, dd, J_{H-H} = 9.0 Hz, J_{H-H} = 2.7 Hz), 4.85 (2H, CO₂C$\underline{H_2}$CO₂, s), 4.26 (2H, CO₂C$\underline{H_2}$CH₃, q, J_{H-H} = 7.1 Hz), 1.29 (3H, CO₂CH₂C$\underline{H_3}$, t, J_{H-H} = 7.1 Hz)

¹³C NMR 谱图

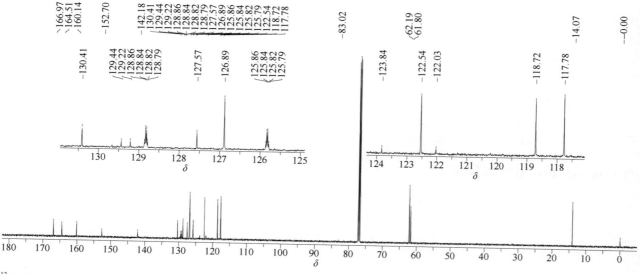

¹³C NMR (151 MHz, CDCl₃, δ) 166.97, 164.51, 160.14, 152.70, 142.18, 130.41, 129.33 (q, $^2J_{C-F}$ = 33.2 Hz), 128.83 (q, $^3J_{C-F}$ = 3.7 Hz), 127.57, 126.89, 125.83 (q, $^3J_{C-F}$ = 3.7 Hz), 122.94 (q, J_{C-F} = 273.3 Hz), 122.54, 118.72, 117.78, 62.19, 61.80, 14.07

¹⁹F NMR 谱图

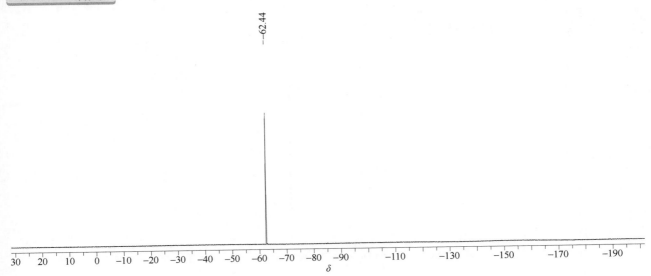

¹⁹F NMR (564 MHz, CDCl₃, δ) −62.44

fluoroimide（氟氯菌核利）

基本信息

CAS 登录号	41205-21-4	分子量	260.04
分子式	C₁₀H₄Cl₂FNO₂		

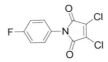

¹H NMR 谱图

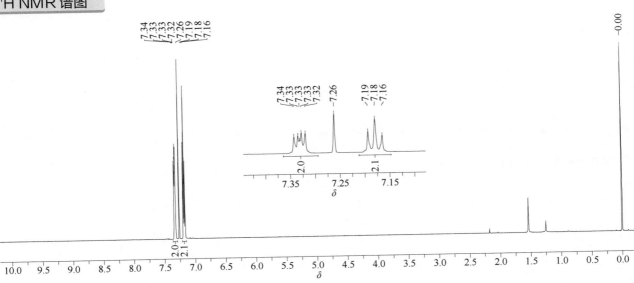

¹H NMR (600 MHz, CDCl₃, δ) 7.33 (2H, 2ArH, dd, J_{H-H} = 8.5 Hz, $^4J_{H-F}$ = 4.7 Hz), 7.18 (2H, 2ArH, dd, J_{H-H} = 8.5 Hz, $^3J_{H-F}$ = 8.5 Hz)

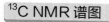

¹³C NMR 谱图

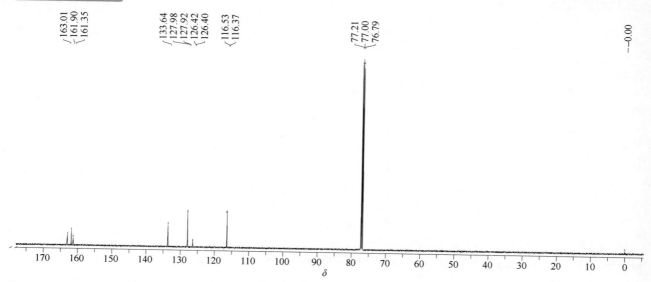

¹³C NMR (151 MHz, CDCl₃, δ) 162.18 (d, J_{C-F} = 249.2 Hz), 161.90, 133.64, 127.95 (d, $^3J_{C-F}$ = 8.8 Hz), 126.41 (d, $^4J_{C-F}$ = 3.2 Hz), 116.45 (d, $^2J_{C-F}$ = 23.1 Hz)

¹⁹F NMR 谱图

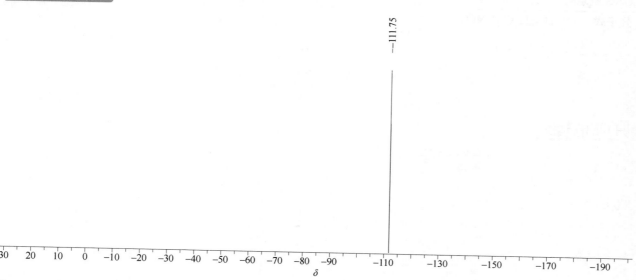

¹⁹F NMR (564 MHz, CDCl₃, δ) −111.75

fluotrimazole（三氟苯唑）

基本信息

CAS 登录号	31251-03-3	分子量	379.38
分子式	$C_{22}H_{16}F_3N_3$		

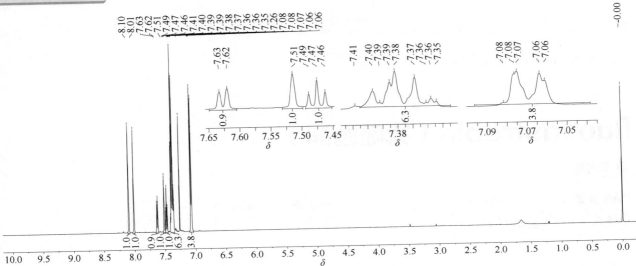

¹H NMR 谱图

¹H NMR (600 MHz, CDCl₃, δ) 8.10 (1H, ArH, s), 8.01 (1H, ArH, s), 7.63 (1H, ArH, d, J_{H-H} = 7.7 Hz), 7.51 (1H, ArH, s), 7.48 (1H, ArH, t, J_{H-H} = 7.9 Hz), 7.40~7.34 (7H, 7ArH, m), 7.10~7.04 (4H, 4ArH, m)

¹³C NMR 谱图

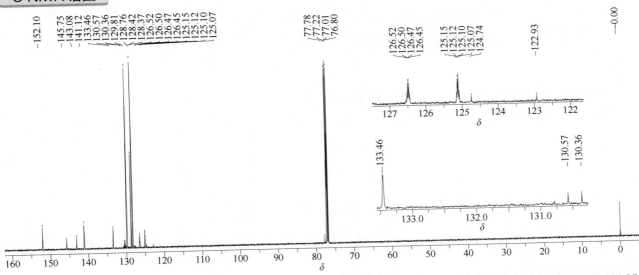

¹³C NMR (151 MHz, CDCl₃, δ) 152.10, 145.75, 143.08, 141.12, 133.46, 130.47 (q, $^2J_{C-F}$ = 31.7 Hz), 129.81, 128.76, 128.42, 128.37, 126.48 (q, $^3J_{C-F}$ = 3.9 Hz), 125.11 (q, $^3J_{C-F}$ = 3.7 Hz), 123.83 (q, J_{C-F} = 273.3 Hz), 77.78

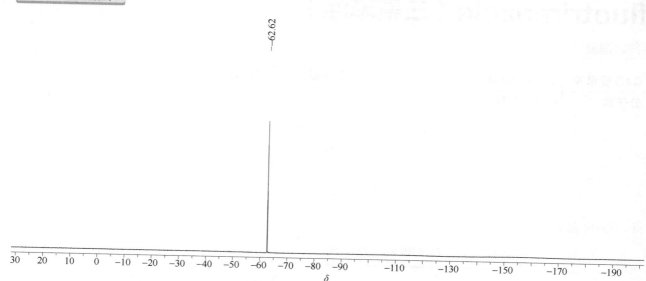

−62.62

¹⁹F NMR (564 MHz, CDCl$_3$, δ) −62.62

fluoxastrobin（氟嘧菌酯）

基本信息

CAS 登录号	193740-76-0	分子量	458.83
分子式	C$_{21}$H$_{16}$ClFN$_4$O$_5$		

¹H NMR 谱图

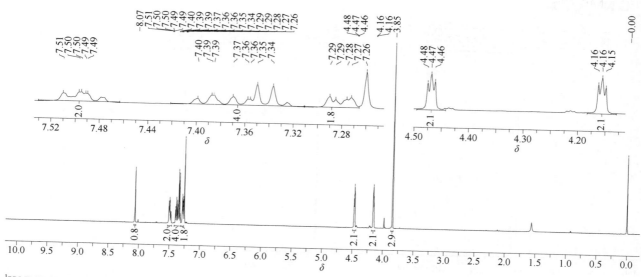

¹H NMR (600 MHz, CDCl$_3$, δ) 8.07 (1H, ArH, s), 7.53~7.46 (2H, 2ArH, m), 7.42~7.33 (4H, 4ArH, m), 7.28 (2H, 2ArH, dd, $J_{H\text{-}H}$ = 8.1 Hz, $J_{H\text{-}H}$ = 2.6 Hz), 4.47 (2H, OCH$_2$, dd, $J_{H\text{-}H}$ = 4.1 Hz, $J_{H\text{-}H}$ = 3.7 Hz), 4.16 (2H, OCH$_2$, dd, $J_{H\text{-}H}$ = 4.1 Hz, $J_{H\text{-}H}$ = 3.7 Hz), 3.85 (3H, CH$_3$, s)

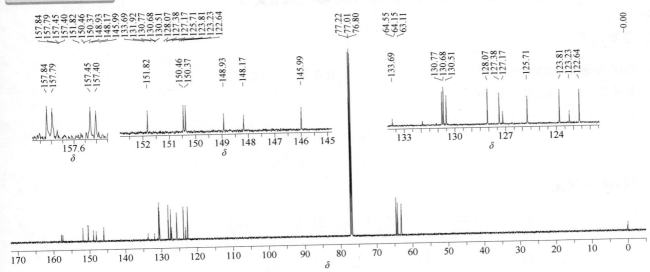

¹³C NMR (151 MHz, CDCl$_3$, δ) 157.65 (d, $^2J_{\text{C-F}}$ = 58.9 Hz), 157.60 (d, $^2J_{\text{C-F}}$ = 58.9 Hz), 151.82, 150.41 (d, $^4J_{\text{C-F}}$ = 12.5 Hz), 148.93, 148.17, 145.99, 132.80 (d, $J_{\text{C-F}}$ = 267.3 Hz), 130.77, 130.68, 130.51, 128.07, 127.38, 127.17, 125.71, 123.81, 123.23, 122.64, 64.55, 64.15, 63.11

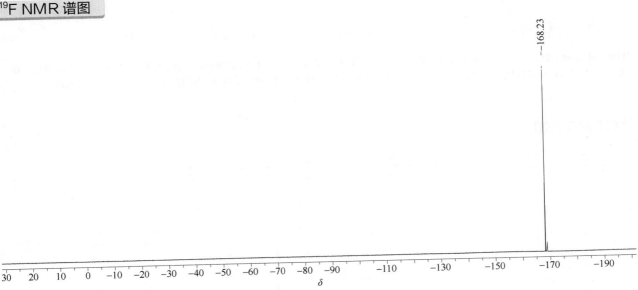

¹⁹F NMR (564 MHz, CDCl$_3$, δ) –168.23

flupyradifurone（吡啶呋虫胺）

基本信息

CAS 登录号	951659-40-8	分子量	288.68
分子式	$C_{12}H_{11}ClF_2N_2O_2$		

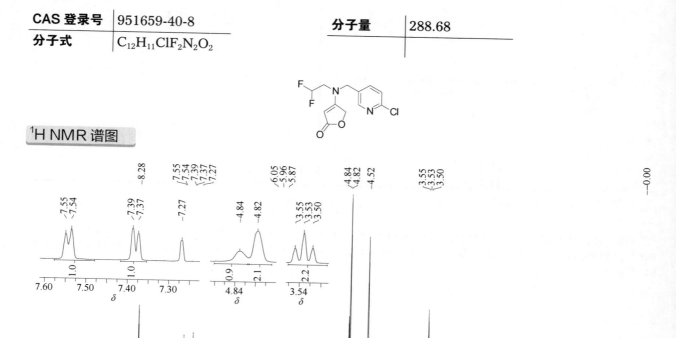

^{1}H NMR 谱图

^{1}H NMR (600 MHz, CDCl$_3$, δ) 8.28 (1H, ArH, s), 7.54 (1H, ArH, d, $J_{\text{H-H}}$ = 8.2 Hz), 7.38 (1H, ArH, d, $J_{\text{H-H}}$ = 8.0 Hz), 5.96 (1H, CHF$_2$, t, $^2J_{\text{H-F}}$ = 54.2 Hz), 4.84 (1H, =CH, s), 4.82 (2H, OCH$_2$, s), 4.52 (2H, NCH$_2$, s), 3.53 (2H, NC$\underline{H}_2$CHF$_2$, t, $^3J_{\text{H-F}}$ = 14.7 Hz)

^{13}C NMR 谱图

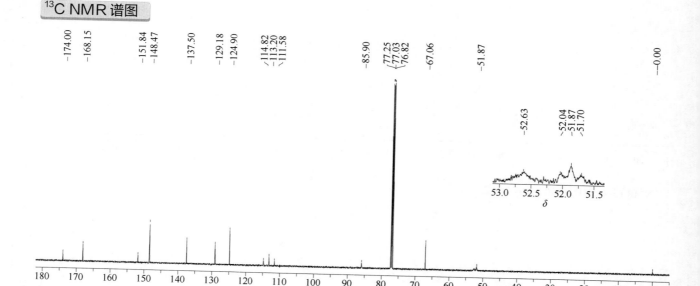

^{13}C NMR (151 MHz, CDCl$_3$, δ) 174.00, 168.15, 151.84, 148.47, 137.50, 129.18, 124.90, 113.20 (t, $J_{\text{C-F}}$ = 244.6 Hz), 85.90, 67.06, 52.63, 51.87 (t, $^2J_{\text{C-F}}$ = 25.7 Hz)

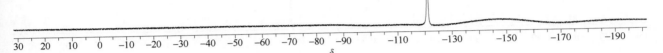

−120.90

¹⁹F NMR (564 MHz, CDCl₃, δ) −120.90

fluquinconazole（氟喹唑）

CAS 登录号	136426-54-5	分子量	376.17
分子式	$C_{16}H_8Cl_2FN_5O$		

¹H NMR 谱图

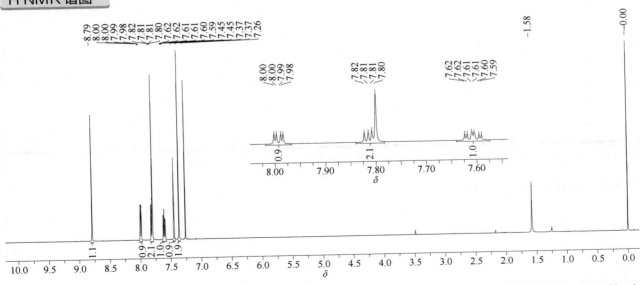

¹H NMR (600 MHz, CDCl₃, δ) 8.79 (1H, ArH, s), 8.00 (1H, ArH, dd, J_{H-H} = 8.0 Hz, J_{H-H} = 2.9 Hz), 7.84~7.78 (2H, 2ArH, m), 7.64~7.57 (1H, ArH, m), 7.45 (1H, ArH, t, J_{H-H} = 1.1 Hz), 7.37 (2H, 2ArH, t, J_{H-H} = 1.1 Hz)

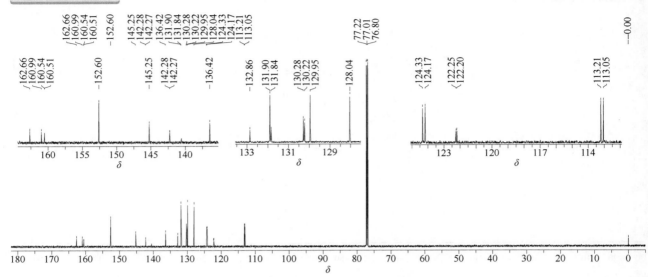

¹³C NMR (151 MHz, CDCl₃, δ) 162.66, 160.99, 160.52 (d, $^3J_{C\text{-}F}$ = 4.5 Hz), 152.60, 145.25, 142.28 (d, $^4J_{C\text{-}F}$ = 2.2 Hz), 140.62, 136.42, 132.35 (d, $J_{C\text{-}F}$ = 154.02 Hz), 131.90, 130.28, 130.22, 129.95, 128.04, 124.25 (d, $^2J_{C\text{-}F}$ = 24.2 Hz), 122.22 (d, $^3J_{C\text{-}F}$ = 9.0 Hz), 113.13 (d, $^2J_{C\text{-}F}$ = 24.2 Hz)

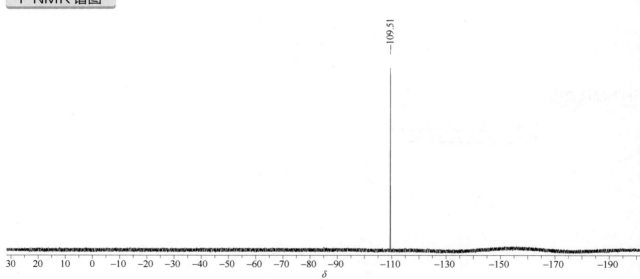

¹⁹F NMR (564 MHz, CDCl₃, δ) –109.51

fluridone（氟啶草酮）

基本信息

CAS 登录号	59756-60-4	分子量	329.32
分子式	$C_{19}H_{14}F_3NO$		

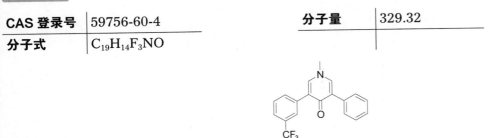

^{1}H NMR 谱图

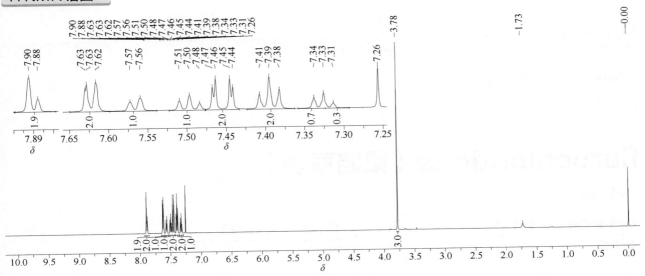

^{1}H NMR (600 MHz, CDCl$_3$, δ) 7.90 (1H, ArH, s), 7.89 (1H, ArH, d, J_{H-H} = 8.1 Hz), 7.63 (2H, 2ArH, d, J_{H-H} = 8.3 Hz), 7.57 (1H, ArH, d, J_{H-H} = 7.8 Hz), 7.50 (1H, ArH, t, J_{H-H} = 7.7 Hz), 7.47 (1H, ArH, d, J_{H-H} = 2.4 Hz), 7.45 (1H, ArH, d, J_{H-H} = 2.4 Hz), 7.39 (2H, 2ArH, t, J_{H-H} = 7.6 Hz), 7.34 (1H, ArH, t, J_{H-H} = 7.4 Hz), 3.78 (3H, NCH$_3$, s)

^{13}C NMR 谱图

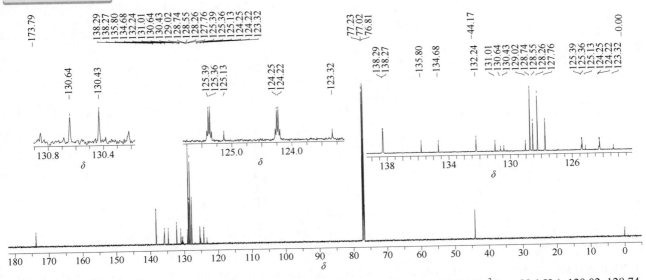

^{13}C NMR (151 MHz, CDCl$_3$, δ) 173.79, 138.29, 138.27, 135.80, 134.68, 132.24, 131.01, 130.54 (q, $^2J_{C-F}$ = 32.1 Hz), 129.02, 128.74, 128.55, 128.26, 127.76, 125.38 (q, $^3J_{C-F}$ = 3.9 Hz), 124.22 (d, J_{C-F} =273.3 Hz), 124.24 (q, $^3J_{C-F}$ =3.8 Hz), 44.17

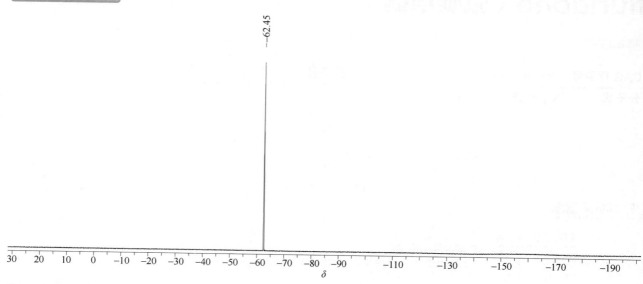

−62.45

^{19}F NMR (564 MHz, CDCl$_3$, δ) −62.45

flurochloridone（氟咯草酮）

基本信息

CAS 登录号	61213-25-0	分子量	312.12
分子式	C$_{12}$H$_{10}$Cl$_2$F$_3$NO		

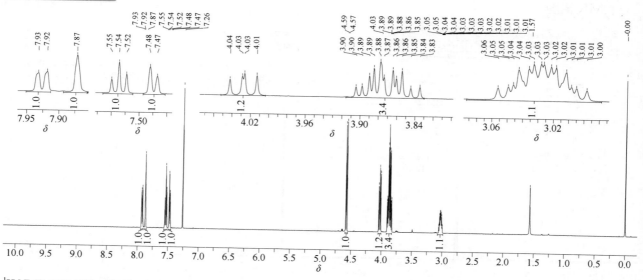

^{1}H NMR 谱图

^{1}H NMR (600 MHz, CDCl$_3$, δ) 7.93 (1H, ArH, d, J_{H-H} = 8.2 Hz), 7.87 (1H, ArH, s), 7.54 (1H, ArH, t, J_{H-H} = 8.0 Hz), 7.47 (1H, ArH, d, J_{H-H} = 7.8 Hz), 4.58 (1H, ClC$\underline{H}$CO, d, J_{H-H} = 8.8 Hz), 4.03 (1H, NC$\underline{H}$H, dd, J_{H-H} = 9.6 Hz, J_{H-H} = 8.1 Hz), 3.92~3.83 (3H, NC$\underline{H}$H, ClC$\underline{H}_2$CH, m), 3.08~2.99 (1H, ClCH$_2$C$\underline{H}$, m)

¹³C NMR 谱图

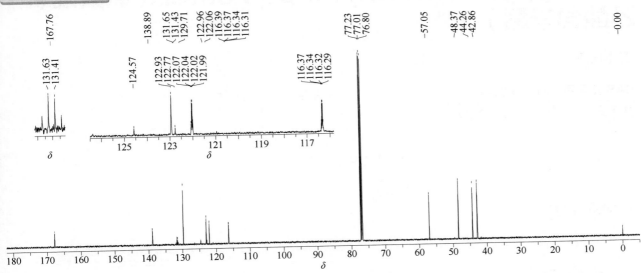

¹³C NMR (151 MHz, CDCl₃, δ) 167.76, 138.89, 131.52 (q, $^2J_{C-F}$ = 33.2 Hz), 129.69, 123.67 (q, J_{C-F} = 271.8 Hz), 122.93, 122.03 (q, $^3J_{C-F}$ = 3.8 Hz), 116.33 (q, $^3J_{C-F}$ = 4.0 Hz), 57.05, 48.37, 44.26, 42.86

¹⁹F NMR 谱图

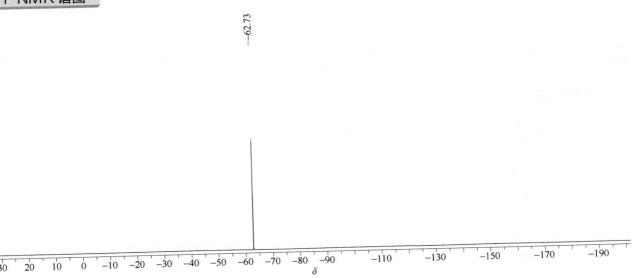

¹⁹F NMR (564 MHz, CDCl₃, δ) −62.73

fluroxypyr-1-methylheptyl ester（氯氟吡氧乙酸异辛酯）

基本信息

CAS 登录号	81406-37-3	分子量	367.25
分子式	$C_{15}H_{21}Cl_2FN_2O_3$		

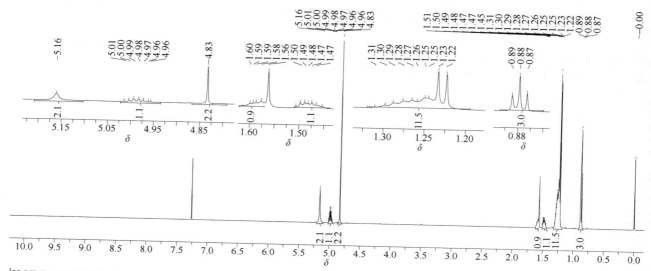

^{1}H NMR 谱图

^{1}H NMR (600 MHz, CDCl$_3$, δ) 5.16 (2H, NH$_2$, br), 4.98 (1H, OC$\underline{H}$CH$_3$, hept, $J_{\text{H-H}}$ = 6.3 Hz), 4.83 (2H, OCH$_2$, s), 1.62~1.57 (1H, CH, m), 1.51~1.44 (1H, CH, m), 1.32~1.19 (8H, 4CH$_2$, m), 1.22 (3H, CH$_3$, d, $J_{\text{H-H}}$ = 6.2 Hz), 0.88 (3H, CH$_3$, t, $J_{\text{H-H}}$ = 7.1 Hz)

^{13}C NMR 谱图

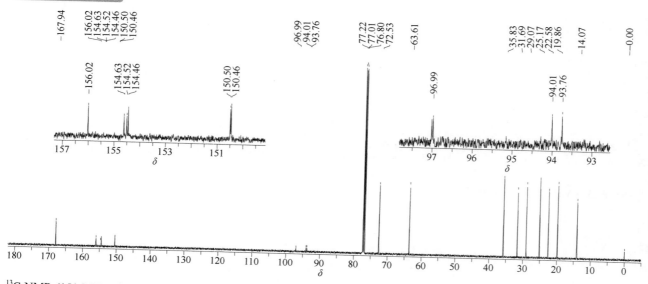

^{13}C NMR (151 MHz, CDCl$_3$, δ) 167.94, 155.24 (d, $J_{\text{C-F}}$ = 235.6 Hz), 154.58 (d, $^3J_{\text{C-F}}$ = 16.6 Hz), 150.48 (d, $^3J_{\text{C-F}}$ = 6.4 Hz), 96.99, 93.89 (d, $^2J_{\text{C-F}}$ = 37.8 Hz), 72.53, 63.61, 35.83, 31.69, 29.07, 25.17, 22.58, 19.86, 14.07

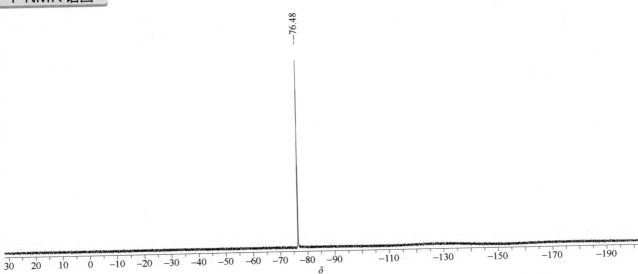

—76.48

¹⁹F NMR (564 MHz, CDCl$_3$, δ) –76.48

fluroxypyr（氯氟吡氧乙酸）

基本信息

CAS 登录号	69377-81-7	分子量	255.03
分子式	C$_7$H$_5$Cl$_2$FN$_2$O$_3$		

¹H NMR 谱图

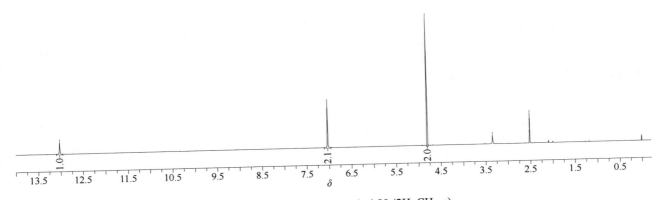

—13.02   —7.03   —4.80   —3.34   2.52 2.52 2.51 2.51

¹H NMR (600 MHz, DMSO-d$_6$, δ) 13.02 (1H, OH, s), 7.03 (2H, NH$_2$, s), 4.80 (2H, CH$_2$, s)

¹³C NMR 谱图

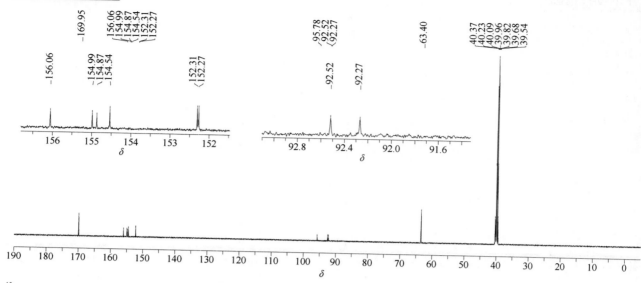

^{13}C NMR (151 MHz, DMSO-d$_6$, δ) 169.95, 155.30 (d, $J_{\text{C-F}}$ = 229.5 Hz), 154.93 (d, $^3J_{\text{C-F}}$ = 16.6 Hz), 152.29 (d, $^3J_{\text{C-F}}$ = 5.6 Hz), 95.78, 92.39 (d, $^2J_{\text{C-F}}$ = 37.8 Hz), 63.40

¹⁹F NMR 谱图

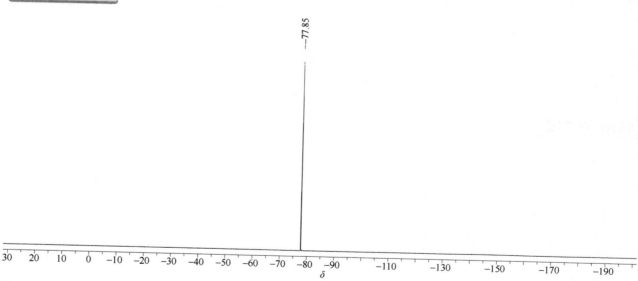

^{19}F NMR (564 MHz, DMSO-d$_6$, δ) −77.85

flurprimidol（调嘧醇）

基本信息

CAS 登录号	56425-91-3	分子量	312.29
分子式	$C_{15}H_{15}F_3N_2O_2$		

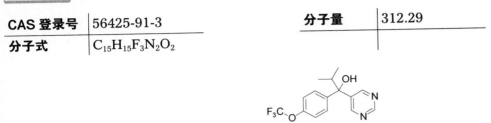

¹H NMR 谱图

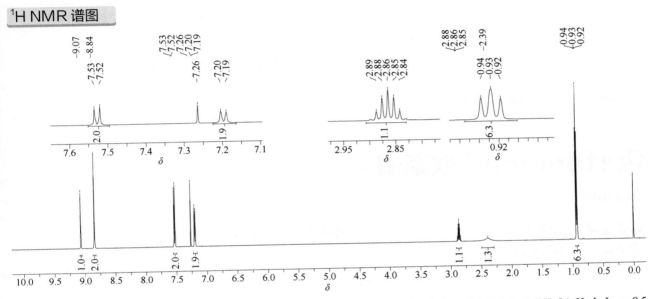

¹H NMR (600 MHz, CDCl₃, δ) 9.07 (1H, ArH, s), 8.84 (2H, 2ArH, s), 7.52 (2H, 2ArH, d, J_{H-H} = 8.8 Hz), 7.20 (2H, 2ArH, d, J_{H-H} = 8.5 Hz), 2.86 (1H, CH, hept, J_{H-H} = 6.2 Hz), 2.39 (1H, OH, br), 0.93 (6H, 2 CH₃, t, J_{H-H} = 6.2 Hz)

¹³C NMR 谱图

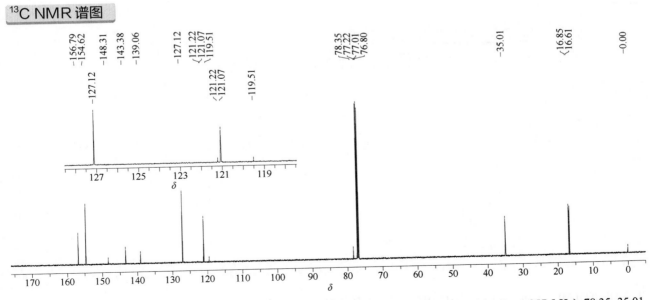

¹³C NMR (151 MHz, CDCl₃, δ) 156.79, 154.62, 148.31, 143.38, 139.06, 127.12, 121.07, 120.36 (q, J_{C-F} = 257.5 Hz), 78.35, 35.01, 16.85, 16.61

¹⁹F NMR 谱图

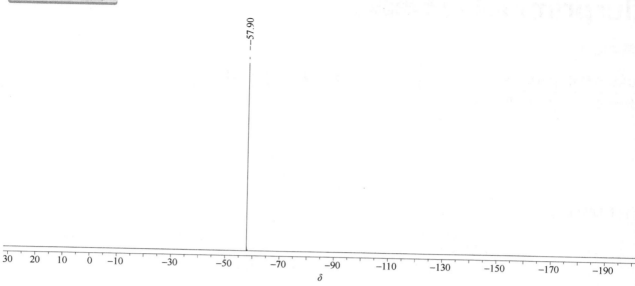

¹⁹F NMR (564 MHz, CDCl₃, δ) −57.90

flurtamone（呋草酮）

基本信息

CAS 登录号	96525-23-4	分子量	333.31
分子式	$C_{18}H_{14}F_3NO_2$		

¹H NMR 谱图

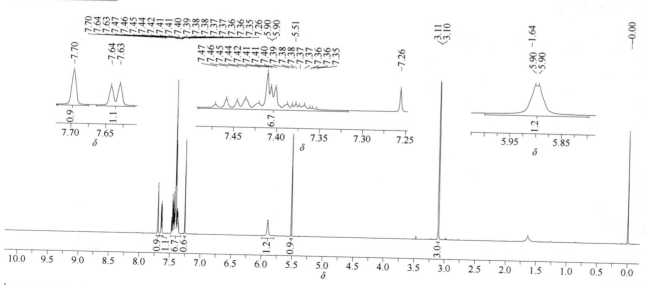

¹H NMR (600 MHz, CDCl₃, δ) 7.70 (1H, ArH, s), 7.64 (1H, ArH, d, J_{H-H} = 7.5 Hz), 7.48~7.34 (7H, 7ArH, m), 5.90(1H, N*H*CH₃, br), 5.51 (1H, OCH, s), 3.11 (3H, NHC*H*₃, d, J_{H-H} = 5.0 Hz)

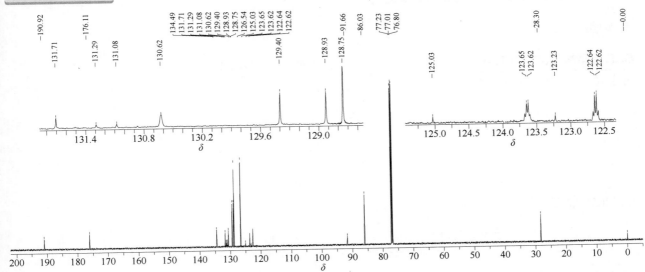

^{13}C NMR (151 MHz, CDCl$_3$, δ) 190.92, 176.11, 134.49, 131.71, 131.18 (q, $^2J_{\text{C-F}}$ = 31.7 Hz), 130.62, 129.40, 128.93, 128.75, 126.54, 124.13 (q, $J_{\text{C-F}}$ = 271.8 Hz), 123.63 (q, $^3J_{\text{C-F}}$ = 3.7 Hz), 122.63 (q, $^3J_{\text{C-F}}$ = 3.8 Hz), 91.66, 86.03, 28.03

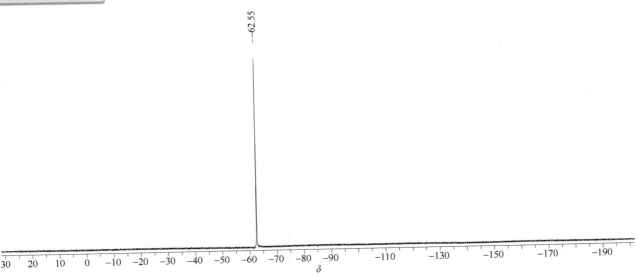

^{19}F NMR (564 MHz, CDCl$_3$, δ) −62.55

flusilazole（氟硅唑）

基本信息

CAS 登录号	85509-19-9	分子量	315.39
分子式	$C_{16}H_{15}F_2N_3Si$		

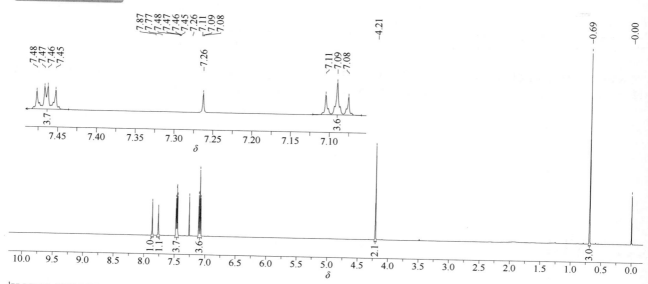

¹H NMR 谱图

¹H NMR (600 MHz, CDCl₃, δ) 7.87 (1H, ArH, s), 7.77 (1H, ArH, s), 7.46 (4H, 4ArH, dd, J_{H-H} = 8.5 Hz, $^4J_{H-F}$ = 6.0 Hz), 7.09 (4H, 4ArH, dd, J_{H-H} = 8.9 Hz, $^3J_{H-F}$ = 8.9 Hz), 4.21 (2H, SiCH₂, s), 0.69 (3H, SiCH₃, s)

¹³C NMR 谱图

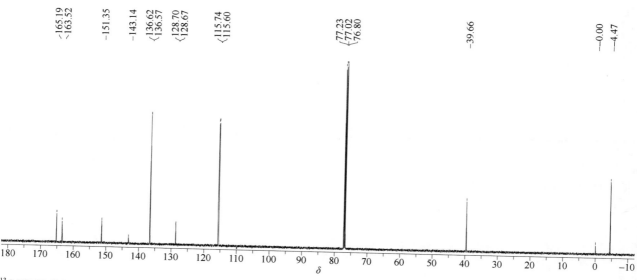

¹³C NMR (151 MHz, CDCl₃, δ) 164.35 (d, J_{C-F} = 252.2 Hz), 151.35, 143.14, 136.60 (d, $^3J_{C-F}$ = 7.7 Hz), 128.68 (d, $^4J_{C-F}$ = 3.8 Hz), 115.67 (d, $^2J_{C-F}$ = 19.9 Hz), 39.66, −4.47

¹⁹F NMR 谱图

—109.44

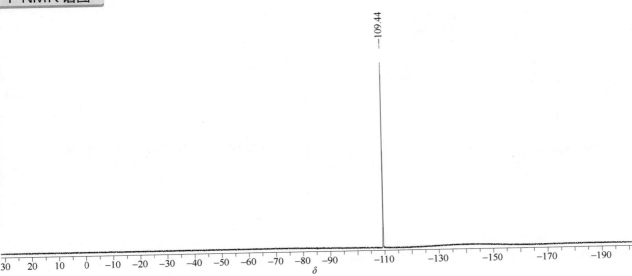

¹⁹F NMR (564 MHz, CDCl₃, δ) –109.44

flusulfamide（磺菌胺）

基本信息

CAS 登录号	106917-52-6	分子量	415.17
分子式	C₁₃H₇Cl₂F₃N₂O₄S		

¹H NMR 谱图

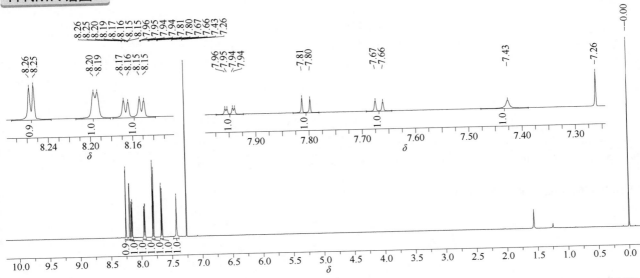

¹H NMR (600 MHz, CDCl₃, δ) 8.26 (1H, ArH, d, J_{H-H} = 2.5 Hz), 8.19 (1H, ArH, d, J_{H-H} = 2.1 Hz), 8.16 (1H, ArH, dd, J_{H-H} = 9.1 Hz, J_{H-H} =2.5 Hz), 7.95 (1H, ArH, dd, J_{H-H} = 8.5 Hz, J_{H-H} = 2.2 Hz), 7.80 (1H, ArH, d, J_{H-H} = 9.1 Hz), 7.67 (1H, ArH, d, J_{H-H} = 8.5 Hz), 7.43 (1H, NH, s)

¹³C NMR 谱图

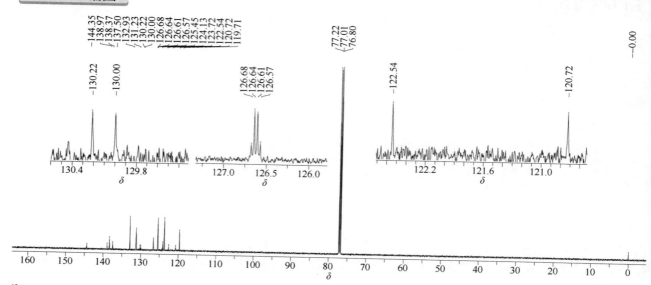

¹³C NMR (151 MHz, CDCl₃, δ) 144.35, 138.97, 138.37, 137.50, 132.93, 131.23, 130.11 (q, $^2J_{\text{C-F}}$ = 32.7 Hz), 126.63 (q, $^3J_{\text{C-F}}$ = 5.4 Hz), 125.45, 124.13, 123.72, 121.63 (q, $J_{\text{C-F}}$ = 274.4 Hz), 119.71

¹⁹F NMR 谱图

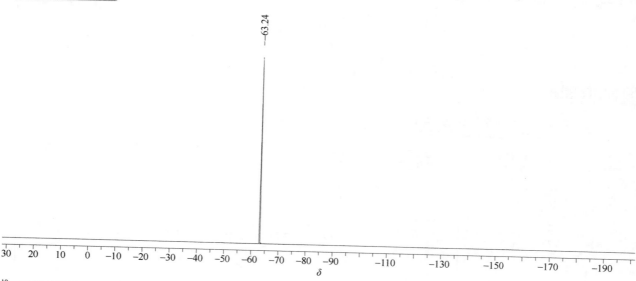

¹⁹F NMR (564 MHz, CDCl₃, δ) −63.24

fluthiacet-methyl（嗪草酸甲酯）

基本信息

CAS 登录号	117337-19-6	分子量	403.88
分子式	C$_{15}$H$_{15}$ClFN$_3$O$_3$S$_2$		

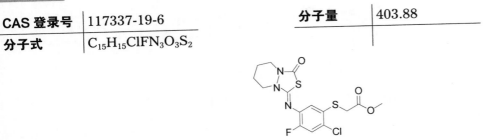

^{1}H NMR 谱图

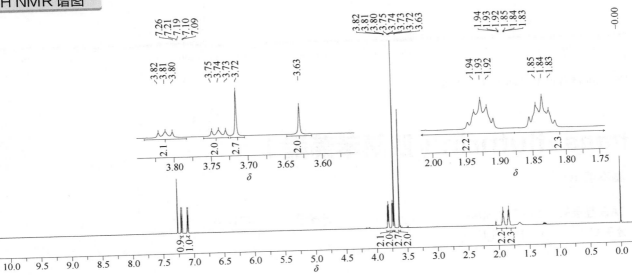

^{1}H NMR (600 MHz, CDCl$_3$, δ) 7.20 (1H, ArH, d, $^3J_{\text{H-F}}$ = 9.7 Hz), 7.10 (1H, ArH, d, $^4J_{\text{H-F}}$ = 8.2 Hz), 3.81 (2H, NCH$_2$, t, $J_{\text{H-H}}$ = 5.6 Hz), 3.74 (2H, NCH$_2$, t, $J_{\text{H-H}}$ = 5.7 Hz), 3.72 (3H, OCH$_3$, s), 3.63 (2H, SCH$_2$, s), 1.93 (2H, NCH$_2$C$\underline{H}_2$, quin, $J_{\text{H-H}}$ = 5.7 Hz), 1.84 (2H, NCH$_2$C$\underline{H}_2$, quin, $J_{\text{H-H}}$ = 5.7 Hz)

^{13}C NMR 谱图

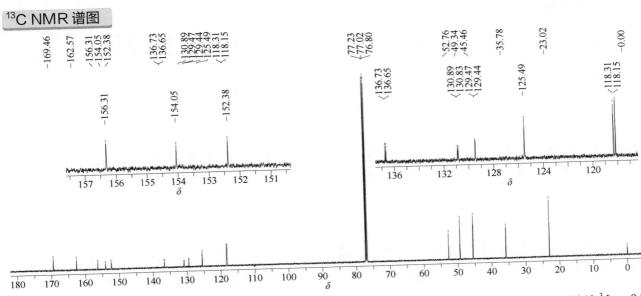

^{13}C NMR (151 MHz, CDCl$_3$, δ) 169.46, 162.57, 156.31, 153.21 (d, $J_{\text{C-F}}$ = 252.2 Hz), 136.73 (d, $^2J_{\text{C-F}}$ = 12.4 Hz), 130.86 (d, $^3J_{\text{C-F}}$ = 9.3 Hz), 129.46 (d, $^3J_{\text{C-F}}$ = 4.0 Hz), 125.49, 118.31(d, $^2J_{\text{C-F}}$ = 24.0 Hz), 52.76, 49.34, 45.46, 35.78, 23.02

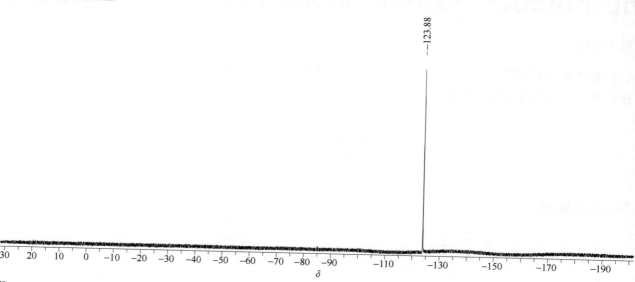

¹⁹F NMR (564 MHz, CDCl₃, δ) −123.88

trans–fluthrin（四氟苯菊酯）

基本信息

CAS 登录号	118712-89-3	分子量	371.15
分子式	C₁₅H₁₂Cl₂F₄O₂		

¹H NMR 谱图

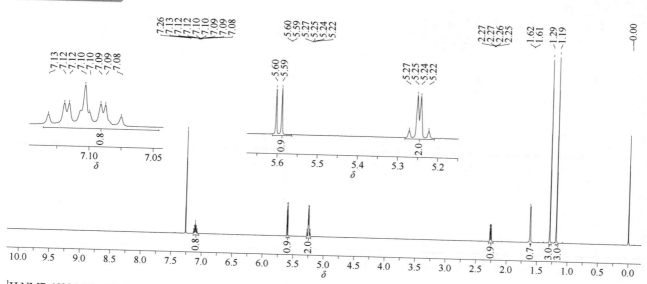

¹H NMR (600 MHz, CDCl₃, δ) 7.13 (1H, ArH, dq, J_{H-F} = 9.6 Hz, J_{H-F} = 7.4 Hz), 5.60 (1H, CH=CCl₂, d, J_{H-H} = 8.3 Hz), 5.28~5.21 (2H, OCH₂, m), 2.26 (1H, C≡CHC<u>H</u>, dd, J_{H-H} = 8.3 Hz, J_{H-H} = 5.4 Hz), 1.62 (1H, CH, d, J_{H-H} = 5.3 Hz), 1.29 (3H, CH₃, s), 1.19 (3H, CH₃, s)

¹³C NMR 谱图

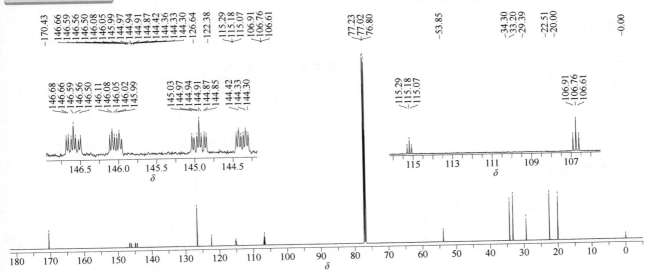

¹³C NMR (151 MHz, CDCl₃, δ) 170.43, 145.77 (dddd, J_{C-F} = 249.2 Hz, $^2J_{C-F}$ = 15.1 Hz, $^3J_{C-F}$ = 11.3 Hz, $^4J_{C-F}$ = 3.8 Hz), 145.20 (dddd, J_{C-F} = 249.2 Hz, $^2J_{C-F}$ = 9.1 Hz, $^3J_{C-F}$ = 4.5 Hz, $^4J_{C-F}$ = 4.5 Hz), 126.64, 122.38, 115.18 (t, $^2J_{C-F}$ = 16.8 Hz), 106.91 (t, $^2J_{C-F}$ = 22.8 Hz), 53.85, 34.30, 33.20, 29.39, 22.51, 20.00

¹⁹F NMR 谱图

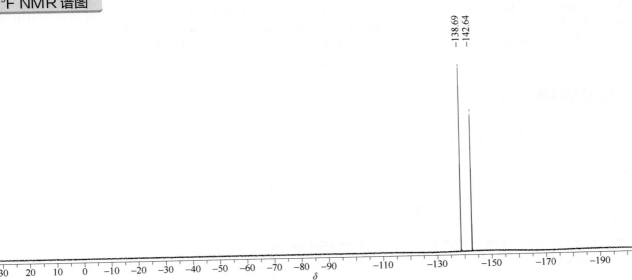

¹⁹F NMR (564 MHz, CDCl₃, δ) −138.69, −142.64

flutolanil（氟酰胺）

基本信息

CAS 登录号	66332-96-5	分子量	323.32
分子式	$C_{17}H_{16}F_3NO_2$		

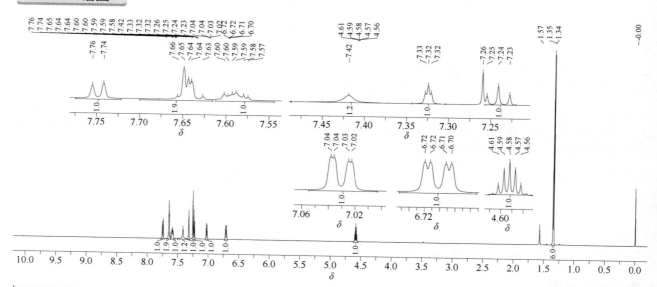

¹H NMR 谱图

¹H NMR (600 MHz, CDCl₃, δ) 7.75 (1H, ArH, d, J_{H-H} = 7.8 Hz), 7.68~7.62 (2H, 2ArH, m), 7.61~7.54 (1H, ArH, m), 7.42 (1H, NH, br), 7.32 (1H, ArH, t, J_{H-H} = 2.1 Hz), 7.24 (1H, ArH, t, J_{H-H} = 8.1 Hz), 7.03 (1H, ArH, dd, J_{H-H} = 7.9 Hz, J_{H-H} = 1.3 Hz), 6.70 (1H, ArH, dd, J_{H-H} = 8.2 Hz, J_{H-H} = 2.1 Hz), 4.58 (1H, OC$\underline{H}$(CH₃)₂, hept, J_{H-H} = 6.1 Hz), 1.35 (6H, 2OCH(C$\underline{H}$₃)₂, d, J_{H-H} = 6.1 Hz)

¹³C NMR 谱图

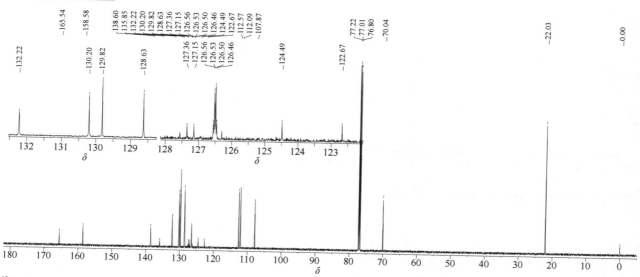

¹³C NMR (151 MHz, CDCl₃, δ) 165.54, 158.58, 138.60, 135.85, 132.22, 130.20, 129.82, 128.63, 127.26 (q, ²J_{C-F} = 31.7 Hz), 126.52 (q, ³J_{C-F} = 4.9 Hz), 126.30, 123.58 (q, J_{C-F} = 274.8 Hz), 112.57, 112.09, 107.87, 70.04, 22.03

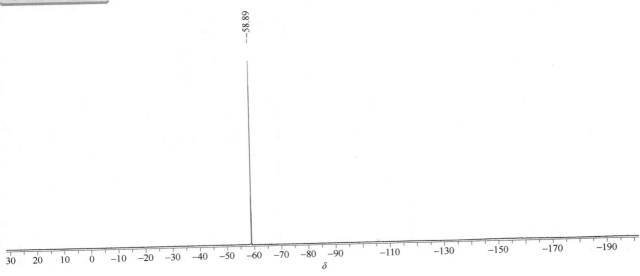

−58.89

¹⁹F NMR (564 MHz, CDCl$_3$, δ) −58.89

flutriafol (粉唑醇)

基本信息

CAS 登录号	76674-21-0	分子量	301.29
分子式	C$_{16}$H$_{13}$F$_2$N$_3$O		

¹H NMR 谱图

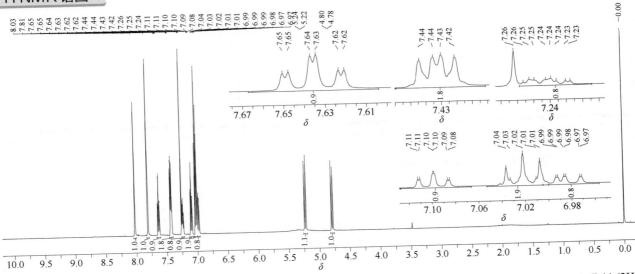

¹H NMR (600 MHz, CDCl$_3$, δ) 8.03 (1H, ArH, s), 7.81 (1H, ArH, s), 7.65 (1H, ArH, dt, $J_{H\text{-}H}$ = 8.1 Hz, $J_{H\text{-}H}$ = 1.7 Hz), 7.44 (2H, 2ArH, dd, $J_{H\text{-}H}$ = 8.4 Hz, $^4J_{H\text{-}F}$ = 5.3 Hz) , 7.26~7.22 (1H, ArH, m), 7.10 (1H, ArH, dt, $J_{H\text{-}H}$ = 7.9 Hz, $J_{H\text{-}H}$ = 1.0 Hz), 7.02 (2H, 2ArH, dd, $J_{H\text{-}H}$ = 8.7 Hz, $^3J_{H\text{-}F}$ = 8.7 Hz), 7.00~6.96 (1H, ArH, m), 5.24 (1H, CH, d, $J_{H\text{-}H}$ =14.1 Hz) , 4.80 (1H, CH, d, $J_{H\text{-}H}$ =14.1 Hz)

¹³C NMR 谱图

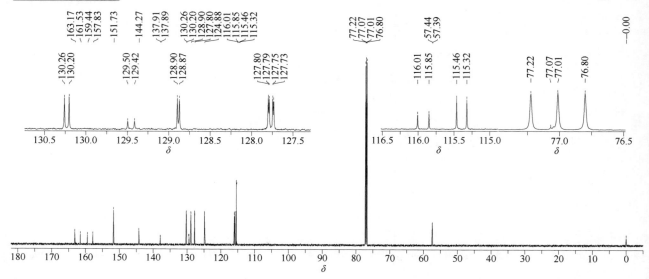

¹³C NMR (151 MHz, CDCl₃, δ) 162.35 (d, J_{C-F} = 247.5 Hz), 158.64 (d, J_{C-F} = 243.3 Hz), 151.73, 144.27, 137.90 (d, $^4J_{C-F}$ = 3.2 Hz), 130.23 (d, $^3J_{C-F}$ = 8.8 Hz), 129.46 (d, $^2J_{C-F}$ = 12.3 Hz), 128.88 (d, $^3J_{C-F}$ = 3.7 Hz), 127.80 (d, $^3J_{C-F}$ = 3.0 Hz), 127.74 (d, $^3J_{C-F}$ = 3.0 Hz), 124.87 (d, $^4J_{C-F}$ = 3.1 Hz), 115.93 (d, $^2J_{C-F}$ = 24.2 Hz), 115.39 (d, $^2J_{C-F}$ = 21.1 Hz), 77.07, 57.44 (d, $^4J_{C-F}$ = 7.6 Hz)

¹⁹F NMR 谱图

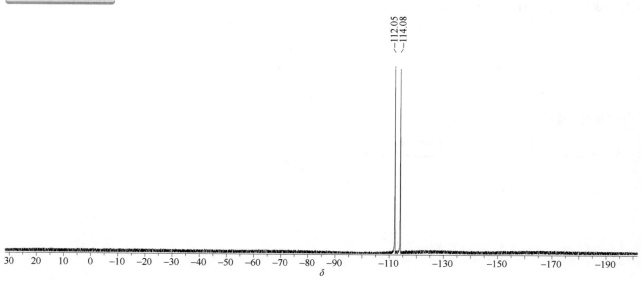

¹⁹F NMR (564 MHz, CDCl₃, δ) −112.05, −114.08

598

τ-fluvalinate（氟胺氰菊酯）

基本信息

CAS 登录号	102851-06-9	分子量	502.92
分子式	C₂₆H₂₂ClF₃N₂O₃		

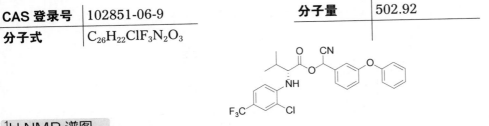

¹H NMR 谱图

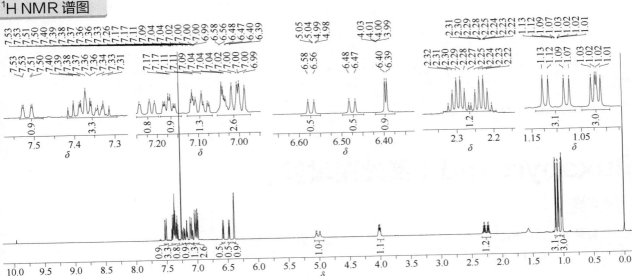

¹H NMR (600 MHz, CDCl₃, δ) 异构体混合物，比例约为 1∶1。7.52 (1H, ArH, dd, J_{H-H} = 13.1 Hz, J_{H-H} = 1.7 Hz)，7.42~7.29 (3H, 3 ArH, m)，7.25~7.22 (1H, ArH, m)，7.18 (1H, ArH, dt, J_{H-H} = 8.7 Hz, J_{H-H} = 5.4 Hz)，7.05~6.97 (3H, 3 ArH, m)，6.52 (1H, ArH, dd, J_{H-H} = 8.5 Hz, J_{H-H} = 5.4 Hz)，6.39 (1H, ArH, d, J_{H-H} = 2.8 Hz)，5.02 (1H, CH, dd, J_{H-H} = 34.3 Hz, J_{H-H} = 8.1 Hz)，4.01 (1H, NHC$\underline{H}$, dd, J_{H-H} = 13.3 Hz, J_{H-H} = 6.4 Hz)，2.34~2.20 (1H, C$\underline{H}$(CH₃), m)，1.10(3H, CH₃, dd, J_{H-H} = 25.6 Hz, J_{H-H} = 6.8 Hz)，1.03 (3H, CH₃, dd, J_{H-H} = 6.8 Hz, J_{H-H} = 4.8 Hz)

¹³C NMR 谱图

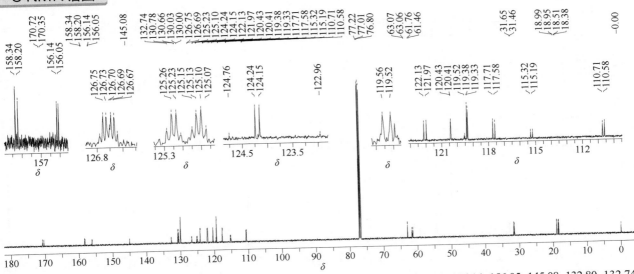

¹³C NMR (151 MHz, CDCl₃, δ) 异构体混合物（约 1∶1）。170.72, 170.35, 158.34, 158.20, 156.14, 156.05, 145.08, 132.80, 132.74, 130.78, 130.66, 130.03, 130.00, 126.74 (q, $^3J_{C-F}$ = 4.5 Hz), 126.68 (q, $^3J_{C-F}$ = 4.5 Hz), 125.25 (q, $^3J_{C-F}$ = 4.5 Hz), 125.12 (q, $^3J_{C-F}$ = 4.5 Hz), 124.24, 124.15, 123.86 (q, J_{C-F} = 271.8 Hz), 122.13, 121.97, 120.43, 120.41, 119.56, 119.52, 119.38, 119.33, 117.71, 117.58, 115.32, 115.19, 110.71, 110.58, 63.07, 63.06, 61.76, 61.46, 31.65, 31.46, 18.99, 18.95, 18.51, 18.38

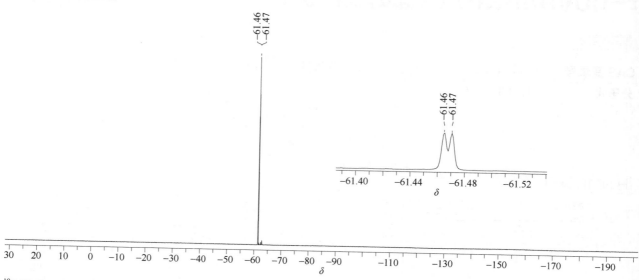

¹⁹F NMR (564 MHz, CDCl$_3$, δ) –61.46, –61.47

fluxapyroxad (氟唑菌酰胺)

基本信息

CAS 登录号	907204-31-3	分子量	381.30
分子式	C$_{18}$H$_{12}$F$_5$N$_3$O		

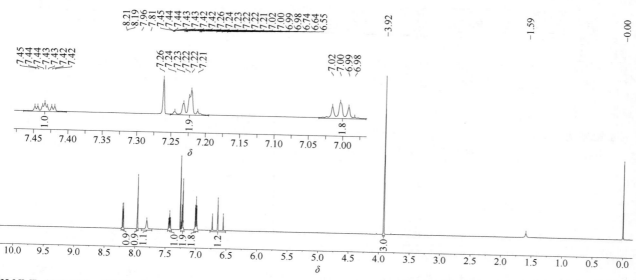

¹H NMR 谱图

¹H NMR (600 MHz, CDCl$_3$, δ) 8.20 (1H, ArH, d, J_{H-H} = 8.3 Hz), 7.96 (1H, ArH, s), 7.81 (1H, NH, br), 7.47~7.40 (1H, ArH, m), 7.25~7.20 (2H, 2ArH, m), 7.00 (2H, 2ArH, t, J_{H-H} = 9.5 Hz), 6.64 (1H, CF$_2$H, t, $^2J_{H-F}$ = 54.2 Hz), 3.92 (3H, CH$_3$, s)

¹³C NMR 谱图

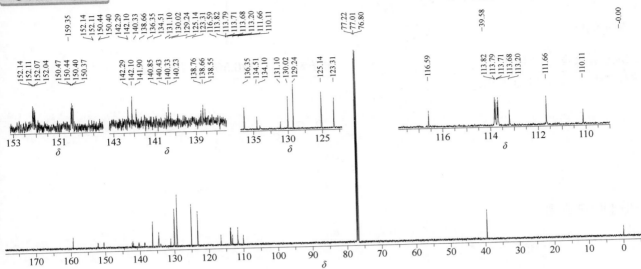

¹³C NMR (151 MHz, CDCl₃, δ) 159.35, 151.26 (ddd, J_{C-F} = 251.2 Hz, $^2J_{C-F}$ = 10.1 Hz, $^3J_{C-F}$ = 4.3 Hz), 142.10 (t, $^2J_{C-F}$ = 29.5 Hz), 139.49 (dt, J_{C-F} = 252.2 Hz, $^2J_{C-F}$ = 15.2 Hz), 136.35, 134.51, 134.10, 131.10, 130.02, 129.24, 125.14, 123.31, 116.59, 113.75 (dd, $^2J_{C-F}$ = 16.6 Hz, $^3J_{C-F}$ = 4.7 Hz), 111.66 (t, J_{C-F} = 232.8 Hz), 39.58

¹⁹F NMR 谱图

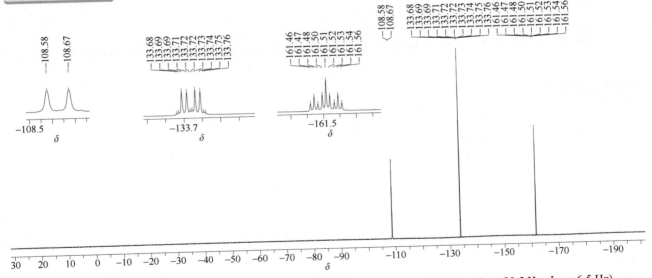

¹⁹F NMR (564 MHz, CDCl₃, δ) −108.63 (d, $^2J_{H-F}$ = 54.2 Hz), −133.66~−122.80 (m), −161.51 (tt, J_{F-F} = 20.5 Hz, J_{H-F} = 6.5 Hz)

folpet（灭菌丹）

基本信息

CAS 登录号	133-07-3	分子量	296.56
分子式	C₉H₄Cl₃NO₂S		

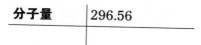

¹H NMR 谱图

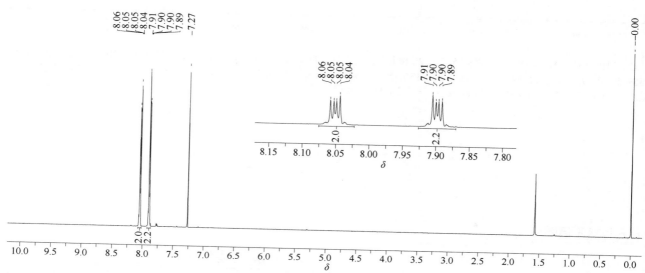

¹H NMR (600 MHz, CDCl₃, δ) 8.05 (2H, 2ArH, dd, J_{H-H} = 5.5 Hz, J_{H-H} = 3.1 Hz), 7.90 (2H, 2ArH, dd, J_{H-H} = 5.5 Hz, J_{H-H} = 3.1 Hz)

¹³C NMR 谱图

¹³C NMR (151 MHz, CDCl₃, δ) 165.84, 135.48, 131.38, 124.81, 99.17

fomesafen（氟磺胺草醚）

基本信息

CAS 登录号	72178-02-0	分子量	438.76
分子式	C₁₅H₁₀ClF₃N₂O₆S		

$分子式\ C_{15}H_{10}ClF_3N_2O_6S$

$分子量\ 438.76$

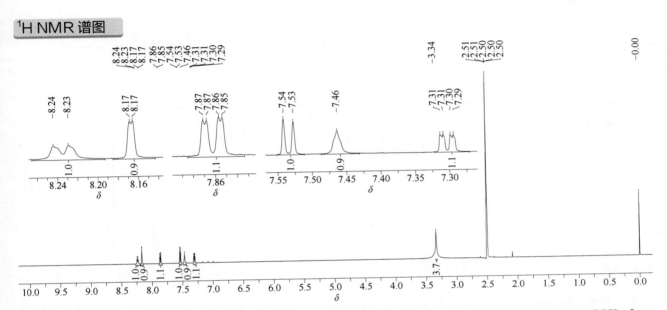

¹H NMR 谱图

^{1}H NMR (600 MHz, DMSO-d$_6$, δ) 8.24 (1H, ArH, d, J_{H-H} = 9.0 Hz), 8.17 (1H, ArH, d, J_{H-H} = 1.9 Hz), 7.86 (1H, ArH, dd, J_{H-H} = 8.5 Hz, J_{H-H} = 1.9 Hz), 7.54 (1H, ArH, d, J_{H-H} = 8.5 Hz), 7.46 (1H, ArH, s), 7.30 (1H, ArH, dd, J_{H-H} = 9.0 Hz, J_{H-F} = 2.7 Hz), 3.34 (3H, CH$_3$, s)

¹⁹F NMR 谱图

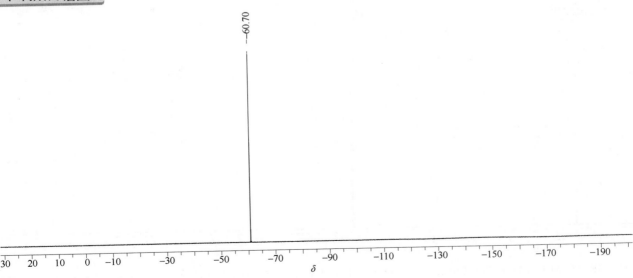

^{19}F NMR (564 MHz, DMSO-d$_6$, δ) –60.70

fonofos（地虫硫磷）

基本信息

CAS 登录号	944-22-9	分子量	246.33
分子式	$C_{10}H_{15}OPS_2$		

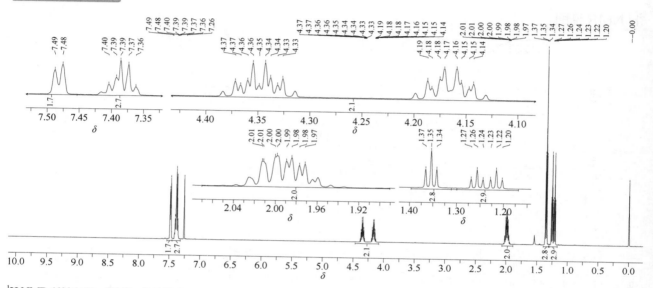

^1H NMR 谱图

^1H NMR (600 MHz, CDCl$_3$, δ) 7.48 (2H, 2ArH, d, $J_{\text{H-H}}$ = 7.3 Hz), 7.43~7.35 (3H, 3ArH, m), 4.40~4.12 (2H, C$\underline{H}_2$CH$_3$, m), 2.04~1.94 (2H, C$\underline{H}_2$CH$_3$, m), 1.35 (3H, OCH$_2$C$\underline{H}_3$, t, $J_{\text{H-H}}$ = 7.1 Hz), 1.24 (3H, PCH$_2$C$\underline{H}_3$, dt, $^3J_{\text{H-P}}$ = 24.8 Hz, $J_{\text{H-H}}$ = 7.5 Hz)

^{13}C NMR 谱图

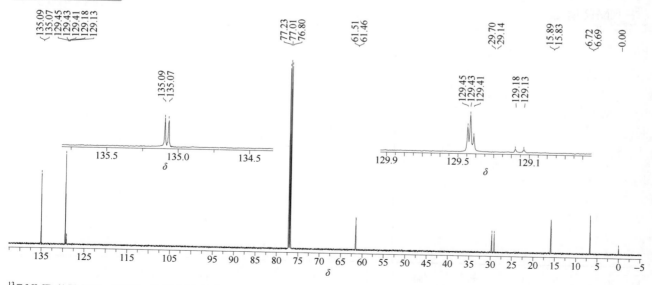

^{13}C NMR (151 MHz, CDCl$_3$, δ) 135.08 (d, $^2J_{\text{C-P}}$ = 3.9 Hz), 129.44 (d, $^3J_{\text{C-P}}$ = 2.6 Hz), 129.42 (d, $^4J_{\text{C-P}}$ = 2.6 Hz), 129.15 (d, $^5J_{\text{C-P}}$ = 7.2 Hz), 61.49 (d, $^2J_{\text{C-P}}$ = 7.5 Hz), 29.42 (d, $J_{\text{C-P}}$ = 84.56 Hz), 15.86 (d, $^3J_{\text{C-P}}$ = 8.5 Hz), 6.71 (d, $^2J_{\text{C-P}}$ = 4.0 Hz)

³¹P NMR 谱图

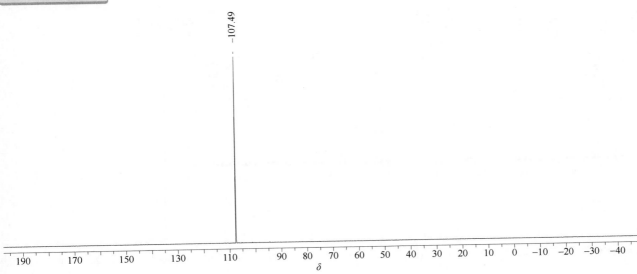

³¹P NMR (243 MHz, CDCl₃, δ) 107.49

forchlorfenuron（氯吡脲）

基本信息

CAS 登录号	68157-60-8	分子量	247.68
分子式	C₁₂H₁₀ClN₃O		

¹H NMR 谱图

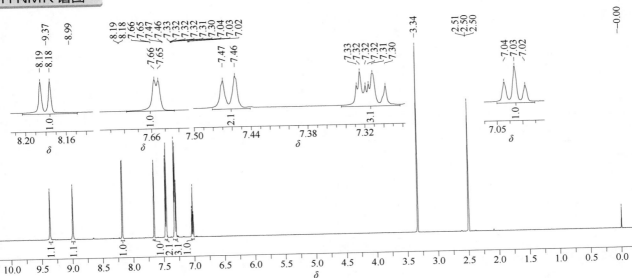

¹H NMR (600 MHz, DMSO-d₆, δ) 9.37 (1H, NH, s), 8.99 (1H, NH, s), 8.19 (1H, ArH, d, J_{H-H} = 5.6 Hz), 7.65 (1H, ArH, d, J_{H-H} = 1.7 Hz), 7.46 (2H, 2ArH, d, J_{H-H} = 7.6 Hz), 7.34~7.29 (3H, 3ArH, m), 7.03 (1H, ArH, t, J_{H-H} = 7.4 Hz)

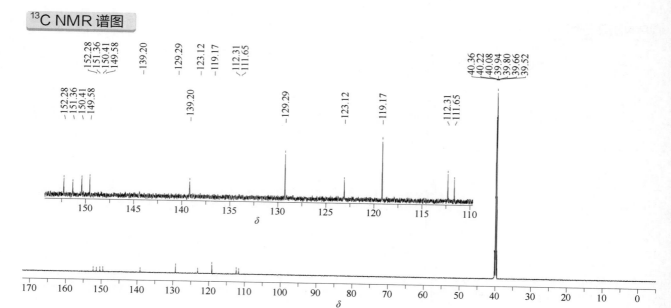

¹³C NMR (151 MHz, DMSO-d₆, δ) 152.28, 151.36, 150.41, 149.58, 139.20, 129.29, 123.12, 119.17, 112.31, 111.65

formetanate hydrochloride（伐虫脒盐酸盐）

基本信息

CAS 登录号	23422-53-9	分子量	257.72
分子式	C₁₁H₁₆ClN₃O₂		

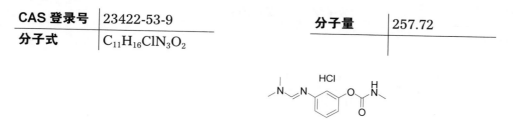

¹H NMR 谱图

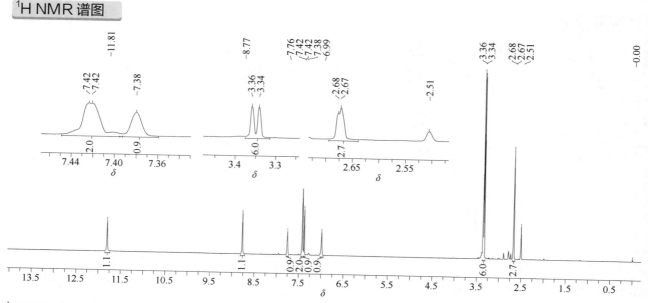

¹H NMR (600 MHz, DMSO-d₆, δ) 11.81 (1H, HCl, s), 8.77 (1H, NH, s), 7.76 (1H, N=CH, s), 7.42 (2H, 2ArH, s), 7.38 (1H, ArH, s), 6.99 (1H, ArH, s), 3.36 (3H, NCH₃, s), 3.34 (3H, NCH₃, s), 2.67 (3H, NHCH₃, d, J_{H-H} = 2.9 Hz)

¹³C NMR 谱图

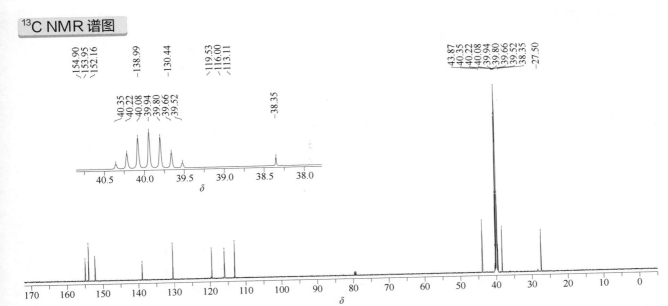

¹³C NMR (151 MHz, DMSO-d₆, δ) 154.90, 153.95, 152.16, 138.99, 130.44, 119.53, 116.00, 113.11, 43.87, 38.35, 27.50

fosamine-ammonium（调节膦）

基本信息

CAS 登录号	25954-13-6	分子量	170.10
分子式	C₃H₁₁N₂O₄P		

¹H NMR 谱图

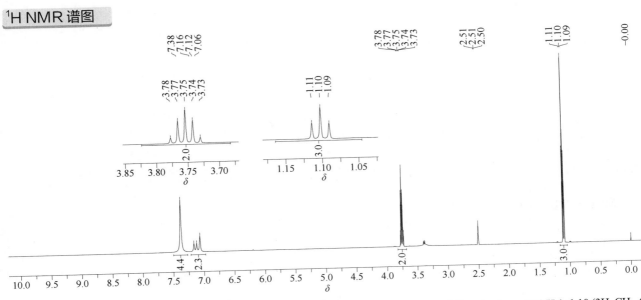

¹H NMR (600 MHz, DMSO-d₆, δ) 7.38 (4H, NH₄, br), 7.21~6.97 (2H, NH₂, m), 3.83~3.68 (2H, CH₂, quin, J_{H-H} = 18.0 Hz), 1.10 (3H, CH₃, t, J_{H-H} = 7.1 Hz)

C NMR 谱图

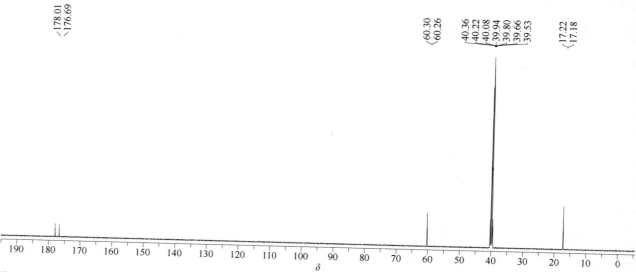

¹³C NMR (151 MHz, DMSO-d₆, δ) 177.35 (d, J_{C-P} = 199.3 Hz), 60.28 (d, $^2J_{C-P}$ = 5.9 Hz), 17.20 (d, $^3J_{C-P}$ = 5.9 Hz).

³¹P NMR 谱图

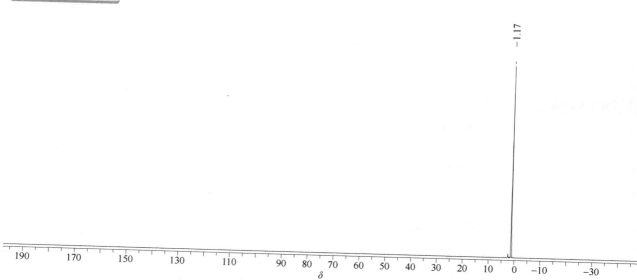

³¹P NMR (243 MHz, DMSO-d₆, δ) 1.17

fosthiazate（噻唑磷）

基本信息

CAS 登录号	98886-44-3	分子量	283.34
分子式	C₉H₁₈NO₃PS₂		

分子式 $C_9H_{18}NO_3PS_2$

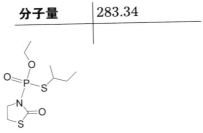

¹H NMR 谱图

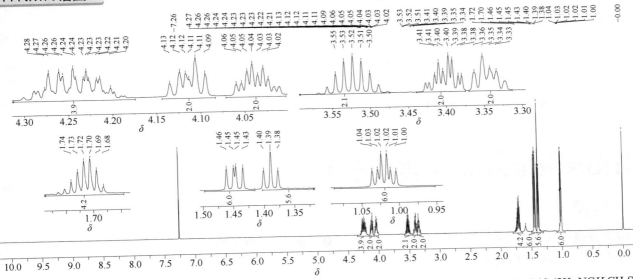

¹H NMR (600 MHz, CDCl₃, δ) 两组异构体重叠，比例约为 1：1。4.31~4.17 (4H, 2OC$\underline{H}_2$CH₃, m), 4.14~4.10 (2H, NC$\underline{H}_2$CH₂S, m), 4.07~3.97 (2H, NC$\underline{H}_2$CH₂S, m), 3.52 (2H, 2CH₃C$\underline{H}$CH₂CH₃, dt, $J_{\text{H-H}}$ = 6.8Hz, $J_{\text{H-H}}$ = 6.8 Hz), 3.44~3.38 (2H, SC$\underline{H}_2$CH₂N, m), 3.38~3.31 (2H, SC$\underline{H}_2$CH₂N, m), 1.71 (4H, 2CHC$\underline{H}_2$CH₃, qd, $J_{\text{H-H}}$ = 7.2 Hz, $J_{\text{H-H}}$ = 7.0 Hz), 1.45 (3H, CHC$\underline{H}_3$, d, $J_{\text{H-H}}$ = 6.9 Hz), 1.44 (3H, CHC$\underline{H}_3$, d, $J_{\text{H-H}}$ = 6.9 Hz), 1.39 (6H, 2OCH₂C$\underline{H}_3$ t, $J_{\text{H-H}}$ = 7.1 Hz), 1.02 (3H, CHCH₂C$\underline{H}_3$, t, $J_{\text{H-H}}$ = 7.4 Hz), 1.02 (3H, CHCH₂C$\underline{H}_3$, t, $J_{\text{H-H}}$ = 7.4 Hz)

¹⁹F NMR 谱图

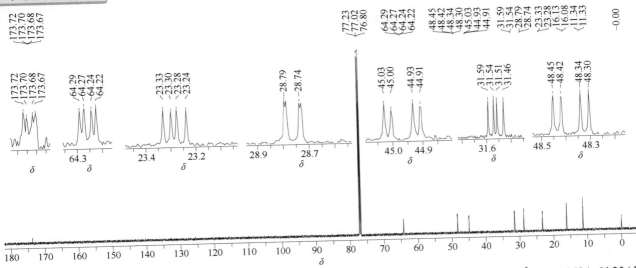

¹³C NMR (151 MHz, CDCl₃, δ) 两组异构体。173.70 (d, d, ²$J_{\text{C-P}}$ = 5.1 Hz), 173.68 (d, ²$J_{\text{C-P}}$ = 5.1 Hz), 64.27 (d, ²$J_{\text{C-P}}$ = 7.1 Hz), 64.25 (d, ²$J_{\text{C-P}}$ = 7.1 Hz), 48.43 (d, ²$J_{\text{C-P}}$ = 5.1 Hz), 48.32 (d, ²$J_{\text{C-P}}$ = 5.1 Hz), 45.02 (d, ³$J_{\text{C-P}}$ = 3.7 Hz), 44.92 (d, ³$J_{\text{C-P}}$ = 3.7 Hz), 31.57 (d, ³$J_{\text{C-P}}$ = 7.6 Hz), 31.49 (d, ³$J_{\text{C-P}}$ = 7.6 Hz), 28.79, 28.74, 23.32 (d, ³$J_{\text{C-P}}$ = 5.2 Hz), 23.26 (d, ³$J_{\text{C-P}}$ = 5.2 Hz), 16.13, 16.08, 11.34, 11.33

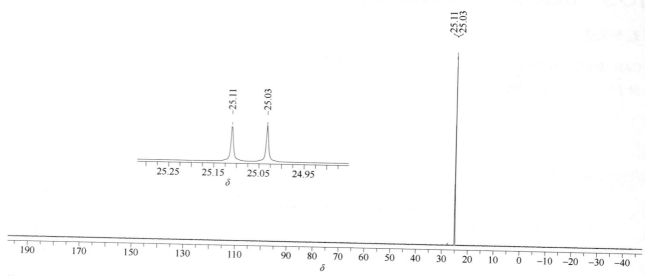

³¹P NMR (243 MHz, CDCl₃, δ) 两组异构体。25.11, 25.03

fuberidazole（麦穗宁）

基本信息

CAS 登录号	3878-19-1	分子量	184.20
分子式	C₁₁H₈N₂O		

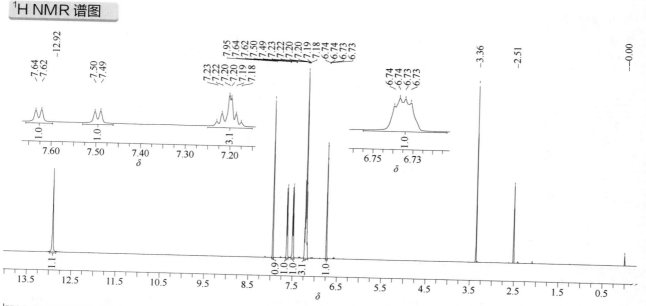

¹H NMR 谱图

¹H NMR (600 MHz, DMSO-d₆, δ) 12.92 (1H, NH, s), 7.95 (1H, ArH, s), 7.63 (1H, ArH, d, J_{H-H} = 7.7 Hz), 7.50 (1H, ArH, d, J_{H-H} = 7.7 Hz), 7.25~7.15 (3H, 3ArH, m), 6.75~6.72 (1H, ArH, m)

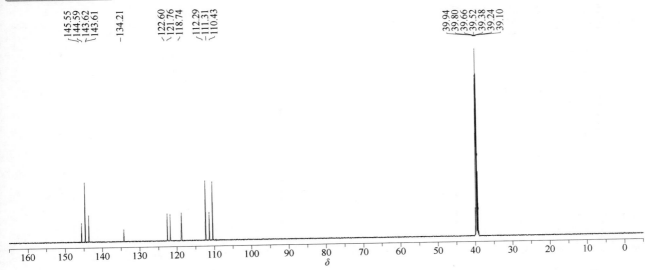

^{13}C NMR (151 MHz, DMSO-d$_6$, δ) 145.55, 144.59, 143.62, 143.61, 134.21, 122.60, 121.76, 118.74, 112.29, 111.31, 110.43

furalaxyl（呋霜灵）

基本信息

CAS 登录号	57646-30-7	分子量	301.34
分子式	C$_{17}$H$_{19}$NO$_4$		

^{1}H NMR 谱图

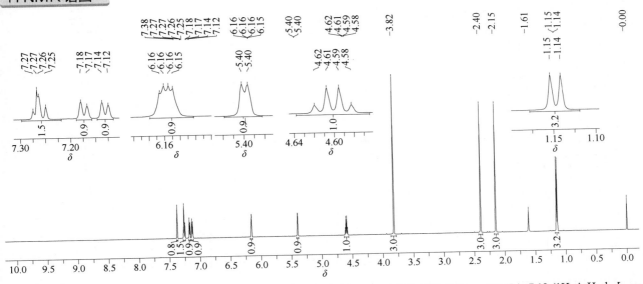

^{1}H NMR (600 MHz, CDCl$_3$, δ) 7.38 (1H, ArH, s), 7.28~7.24 (1H, ArH, m), 7.17 (1H, ArH, d, $J_{\text{H-H}}$ = 7.5 Hz), 7.13 (1H, ArH, d, $J_{\text{H-H}}$ = 7.5 Hz), 6.17~6.14 (1H, ArH, m), 5.40 (1H, ArH, d, $J_{\text{H-H}}$ = 3.5 Hz), 4.60 (1H, NCH, q, $J_{\text{H-H}}$ = 7.4 Hz), 3.82 (3H, OCH$_3$, s), 2.40 (3H, ArCH$_3$, s), 2.15 (3H, ArCH$_3$, s), 1.15 (3H, CHC$\underline{H}_3$, d, $J_{\text{H-H}}$ = 7.4 Hz)

¹³C NMR 谱图

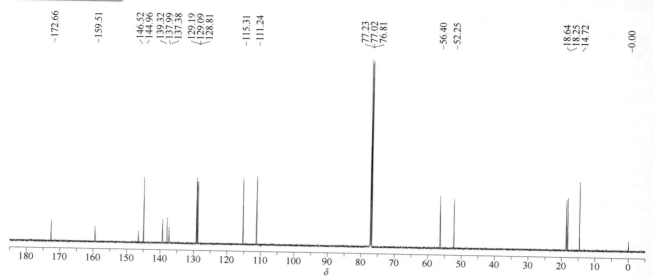

¹³C NMR (151 MHz, CDCl₃, δ) 172.66, 159.51, 146.52, 144.96, 139.32, 137.99, 137.38, 129.19, 129.09, 128.81, 115.31, 111.24, 56.40, 52.25, 18.64, 18.25, 14.72

furametpyr（呋吡菌胺）

基本信息

CAS 登录号	123572-88-3		分子量	333.81
分子式	$C_{17}H_{20}ClN_3O_2$			

¹H NMR 谱图

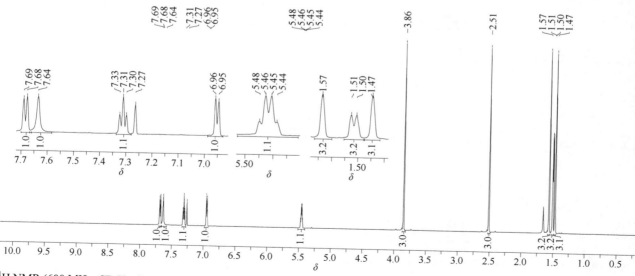

¹H NMR (600 MHz, CDCl₃, δ) 7.68 (1H, ArH, d, J_{H-H} = 7.9 Hz), 7.64 (1H, NH, br), 7.31 (1H, ArH, t, J_{H-H} = 7.5 Hz), 6.95 (1H, ArH, d, J_{H-H} = 7.4 Hz), 5.45 (1H, C*H*CH₃, q, J_{H-H} = 6.3 Hz), 3.86 (3H, CH₃, s), 2.51 (3H, CH₃, s), 1.57 (3H, CH₃, s), 1.50 (3H, CH₃, d, J_{H-H} = 6.3 Hz), 1.47 (3H, CH₃, s)

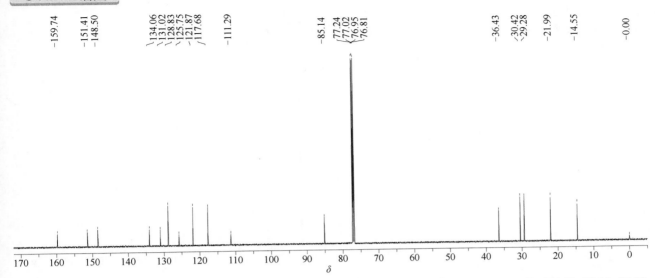

¹³C NMR (151 MHz, CDCl₃, δ) 159.74, 151.41, 148.50, 134.06, 131.02, 128.83, 125.75, 121.87, 117.68, 111.29, 85.14, 76.95, 36.43, 30.42, 29.28, 21.99, 14.55

furathiocarb（呋线威）

基本信息

CAS 登录号	65907-30-4	分子量	382.47
分子式	C₁₈H₂₆N₂O₅S		

¹H NMR 谱图

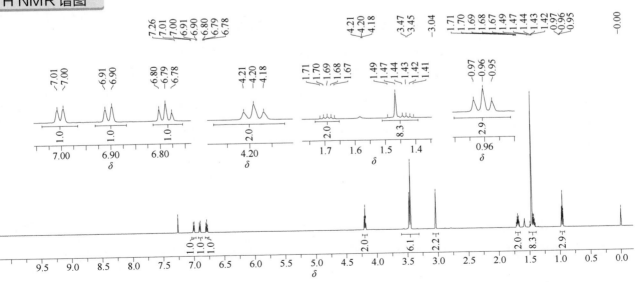

¹H NMR (600 MHz, CDCl₃, δ) 7.00 (1H, ArH, d, J_{H-H} = 7.3 Hz), 6.90 (1H, ArH, d, J_{H-H} = 8.1 Hz), 6.79 (1H, ArH, dd, J_{H-H} = 8.1 Hz, J_{H-H} = 7.3 Hz), 4.20 (2H, OCH₂, t, J_{H-H} = 6.7 Hz), 3.47 (3H, NCH₃, s), 3.45 (3H, NCH₃, s), 3.04 (2H, ArCH₂, s), 1.73~1.65 (2H, OCH₂C<u>H</u>₂, m), 1.47 (6H, C(CH₃)₂, s), 1.46~1.39 (2H, C<u>H</u>₂CH₃, m), 0.96 (3H, CH₂C<u>H</u>₃, t, J_{H-H} = 7.4 Hz)

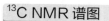

¹³C NMR 谱图

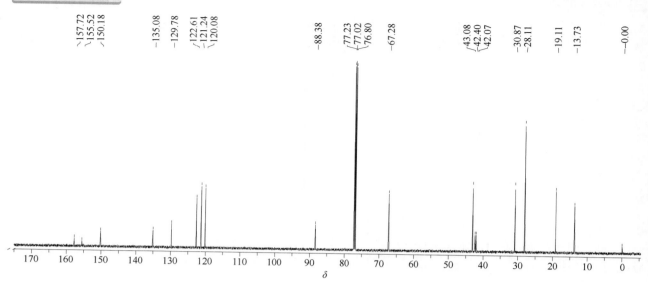

^{13}C NMR (151 MHz, CDCl$_3$, δ) 157.72, 155.52, 150.18, 135.08, 129.78, 122.61, 121.24, 120.08, 88.38, 67.28, 43.08, 42.40, 42.07, 30.87, 28.11, 19.11, 13.73

furilazole（呋喃解草唑）

基本信息

CAS 登录号	121776-33-8	分子量	278.13
分子式	C$_{11}$H$_{13}$Cl$_2$NO$_3$		

¹H NMR 谱图

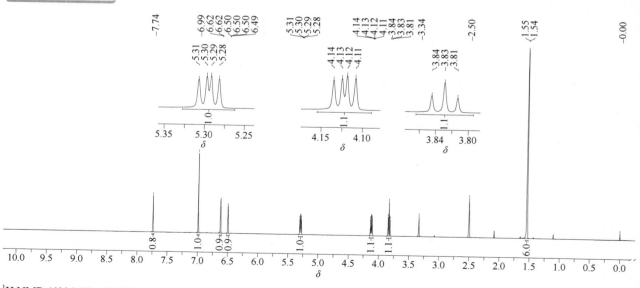

^{1}H NMR (600 MHz, DMSO-d$_6$, δ) 7.74 (1H, ArH, d, J_{H-H} = 1.8 Hz), 6.99 (1H, CHCl$_2$, s), 6.62 (1H, ArH, d, J_{H-H} = 3.2 Hz), 6.50 (1H, ArH, dd, J_{H-H} = 3.1 Hz, J_{H-H} = 1.8 Hz), 5.29 (1H, OCH, dd, J_{H-H} = 9.2 Hz, J_{H-H} = 6.1 Hz), 4.12 (1H, NC$\underline{H}$H, dd, J_{H-H} = 9.8 Hz, J_{H-H} = 6.1 Hz), 3.83 (1H NC$\underline{H}$H, t, J_{H-H} = 9.5 Hz), 1.55 (3H, CH$_3$, s), 1.54 (3H, CH$_3$, s)

¹³C NMR 谱图

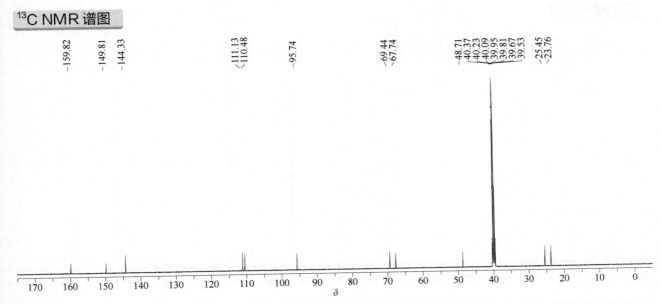

¹³C NMR (151 MHz, DMSO-d₆, δ) 159.82, 149.81, 144.33, 111.13, 110.48, 95.74, 69.44, 67.74, 48.71, 25.45, 23.76

furmecyclox（拌种胺）

基本信息

CAS 登录号	60568-05-0	分子量	251.32
分子式	C₁₄H₂₁NO₃		

¹H NMR 谱图

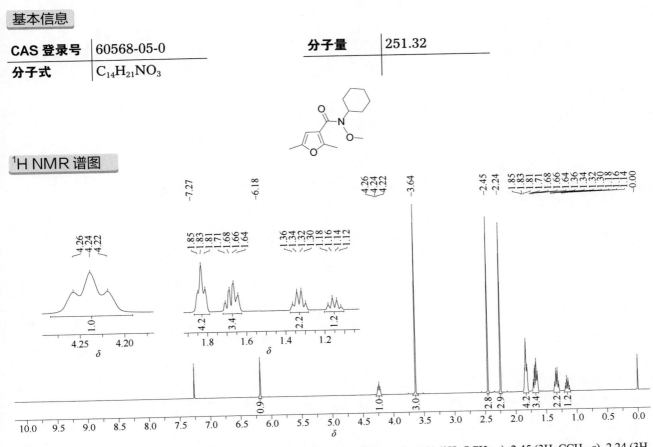

¹H NMR (600 MHz, CDCl₃, δ) 6.18 (1H, ArH, s), 4.24 (1H, NCH, t, J_{H-H} = 11.5 Hz), 3.64 (3H, OCH₃, s), 2.45 (3H, CCH₃, s), 2.24 (3H, CCH₃, s), 1.83 (4H, 2 CH₂, t, J_{H-H} = 11.2 Hz), 1.72~1.62 (3H, CH/CH₂, m), 1.33 (2H, CH/CH₂, q, J_{H-H} = 13.3 Hz), 1.15 (2H, CH/CH₂, q, J_{H-H} = 13.0 Hz)

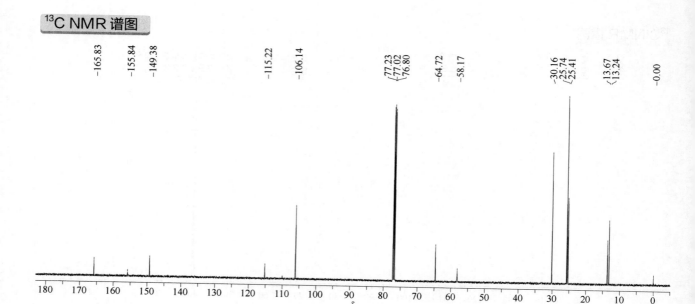

¹³C NMR (151 MHz, CDCl$_3$, δ) 165.83, 155.84, 149.38, 115.22, 106.14, 64.72, 58.17, 30.16, 25.74, 25.41, 13.67, 13.24

>>>> G

genite（杀螨蝗）

基本信息

CAS 登录号	97-16-5	分子量	303.16
分子式	$C_{12}H_8Cl_2O_3S$		

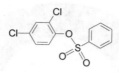

^1H NMR 谱图

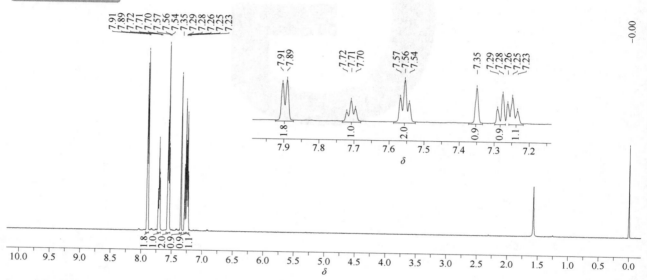

^1H NMR (600 MHz, CDCl$_3$, δ) 7.90 (2H, 2ArH, d, J_{H-H} = 7.7 Hz), 7.71 (1H, ArH, t, J_{H-H} = 7.5 Hz), 7.56 (2H, 2ArH, t, J_{H-H} = 7.6 Hz), 7.35 (1H, ArH, s), 7.29 (1H, ArH, d, J_{H-H} = 8.8 Hz), 7.24 (1H, ArH, d, J_{H-H} = 8.8 Hz)

^{13}C NMR 谱图

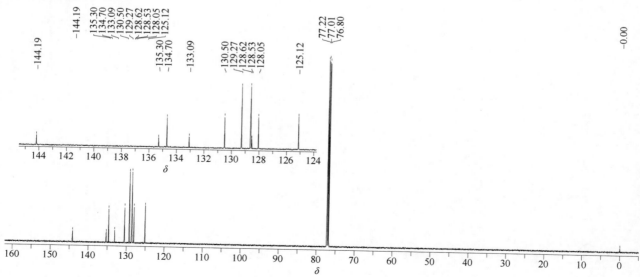

^{13}C NMR (151 MHz, CDCl$_3$, δ) 144.19, 135.30, 134.70, 133.09, 130.50, 129.27, 128.62, 128.53, 128.05, 125.12

gibberellic acid（赤霉酸）

基本信息

CAS 登录号	77-06-5	分子量	346.37
分子式	$C_{19}H_{22}O_6$		

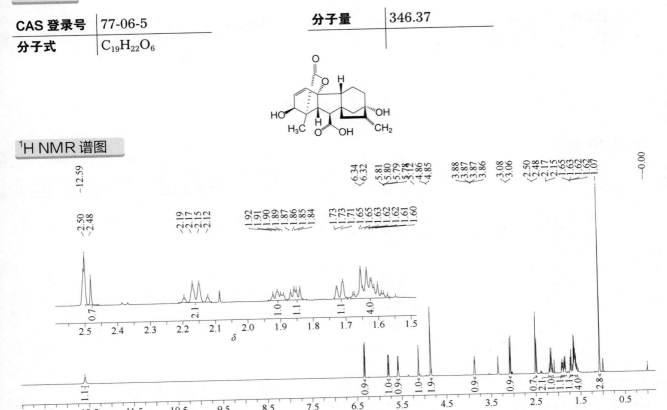

¹H NMR 谱图

¹H NMR (600 MHz, DMSO-d₆, δ) 12.59 (1H, COOH, br), 6.33 (1H, CH, d, J_{H-H} = 9.3 Hz), 5.80 (1H, CH, dd, J_{H-H} = 9.3 Hz, J_{H-H} = 3.6 Hz), 5.58 (1H, CH, d, J_{H-H} = 6.6 Hz), 5.12 (1H, OH, br), 4.85 (1H, CH, d, J_{H-H} = 5.2 Hz), 4.85 (1H, OH, br), 3.87 (1H, CH, dd, J_{H-H} = 5.6 Hz, J_{H-H} = 3.9 Hz), 3.07 (1H, CH, d, J_{H-H} = 10.7 Hz), 2.49 (1H, CH, d, J_{H-H} = 10.7 Hz), 2.16 (2H, CH₂, q, J_{H-H} = 15.9 Hz), 1.90 (1H, CH, dd, J_{H-H} = 13.0 Hz, J_{H-H} = 6.3 Hz), 1.85 (1H, CH, dd, J_{H-H} = 10.7 Hz, J_{H-H} = 6.5 Hz), 1.73~1.69 (1H, CH, m), 1.68~1.56 (4H, 4 CH, m), 1.07 (3H, CH₃, s)

¹³C NMR 谱图

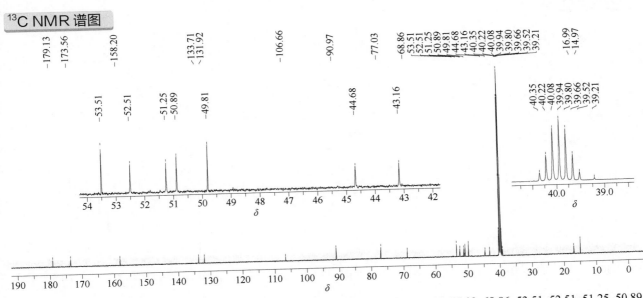

¹³C NMR (151 MHz, DMSO-d₆, δ) 179.13, 173.56, 158.20, 133.71, 131.92, 106.66, 90.97, 77.03, 68.86, 53.51, 52.51, 51.25, 50.89, 49.81, 44.68, 43.16, 39.21, 16.99, 14.97

glufosinate ammonium（草铵膦）

基本信息

CAS 登录号	77182-82-2	分子量	198.15
分子式	$C_5H_{15}N_2O_4P$		

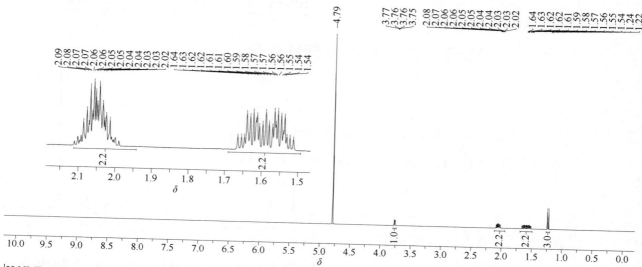

^{1}H NMR 谱图

^{1}H NMR (600 MHz, D$_2$O, δ) 3.77 (1H, NH$_2$C$\underline{H}$, dd, $J_{\text{H-H}}$ = 6.5 Hz, $J_{\text{H-H}}$ = 5.2 Hz), 2.12~1.98 (2H, CH$_2$, m), 1.66~1.52 (2H, CH$_2$, m), 1.24 (3H, PCH$_3$, d, $^2J_{\text{H-P}}$ = 13.4 Hz)

^{13}C NMR 谱图

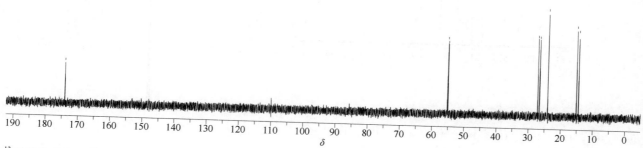

^{13}C NMR (151 MHz, D$_2$O, δ) 174.05, 55.14 (d, $^3J_{\text{C-P}}$ = 14.6 Hz), 26.92 (d, $J_{\text{C-P}}$ = 91.2 Hz), 24.08 (d, $^2J_{\text{C-P}}$ = 2.4 Hz), 15.12 (d, $J_{\text{C-P}}$ = 93.2 Hz)

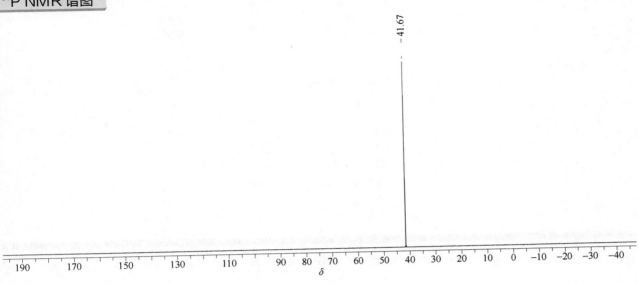

-41.67

³¹P NMR (243 MHz, D₂O, δ) 41.67

glyphosate（草甘膦）

基本信息

CAS 登录号	1071-83-6	分子量	169.07
分子式	C₃H₈NO₅P		

¹H NMR 谱图

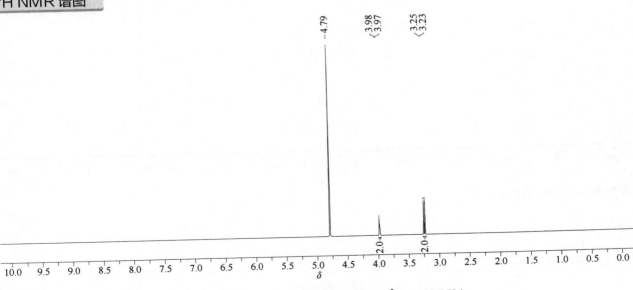

¹H NMR (600 MHz, D₂O, δ) 3.98 (2H, CH₂, d, ⁴J_{H-P} = 5.8 Hz), 3.25 (2H, CH₂, d, ²J_{H-P} = 12.7 Hz)

¹³C NMR 谱图

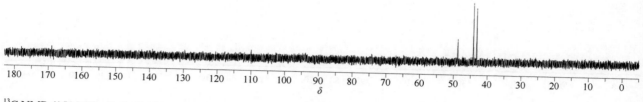

¹³C NMR (151 MHz, D₂O, δ) 168.58, 48.79, 43.72 (d, $J_{\text{C-P}}$=138.9 Hz)

³¹P NMR 谱图

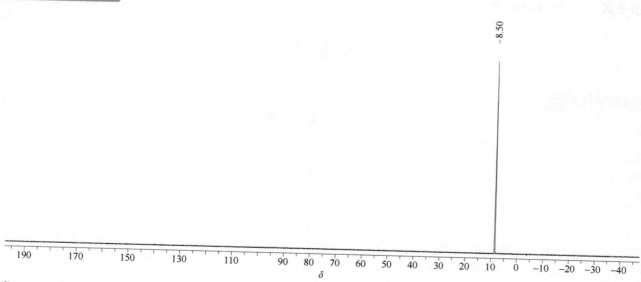

³¹P NMR (243 MHz, D₂O, δ) 8.50

griseofulvin（灰黄霉素）

基本信息

CAS 登录号	126-07-8	分子量	352.77
分子式	$C_{17}H_{17}ClO_6$		

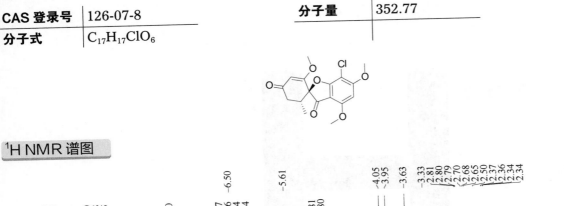

¹H NMR 谱图

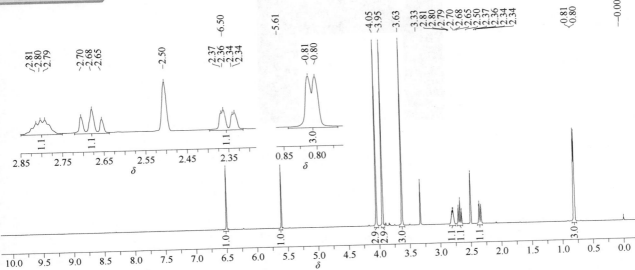

¹H NMR (600 MHz, DMSO-d₆, δ) 6.50 (1H, ArH/═CH, s), 5.61 (1H, ArH/═CH, s), 4.05 (3H, OCH₃, s), 3.95 (3H, OCH₃, s), 3.63 (3H, OCH₃, s), 2.85~2.75 (1H, CH, m), 2.68 (1H, CH, t, J_{H-H} = 15.0 Hz), 2.35 (1H, CH, dd, J_{H-H} = 16.7 Hz, J_{H-H} = 3.1 Hz), 0.80 (3H, CHCH_3, d, J_{H-H} = 6.2 Hz)

¹³C NMR 谱图

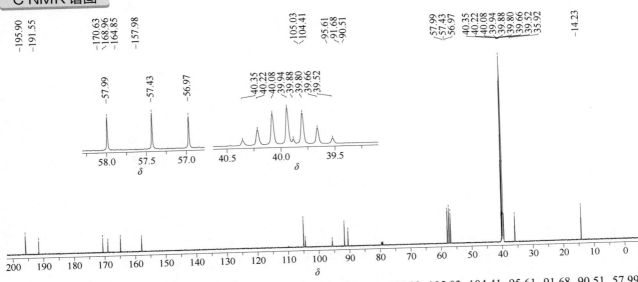

¹³C NMR (151 MHz, DMSO-d₆, δ) 195.90, 191.55, 170.63, 168.96, 164.85, 157.98, 105.03, 104.41, 95.61, 91.68, 90.51, 57.99, 57.43, 56.97, 39.88, 35.92, 14.23

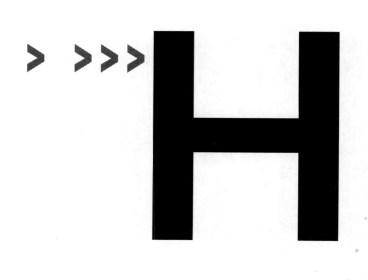

halfenprox（苄螨醚）

基本信息

CAS 登录号	111872-58-3	分子量	477.34
分子式	C₂₄H₂₃BrF₂O₃		

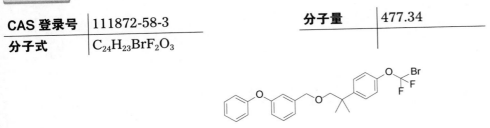

¹H NMR 谱图

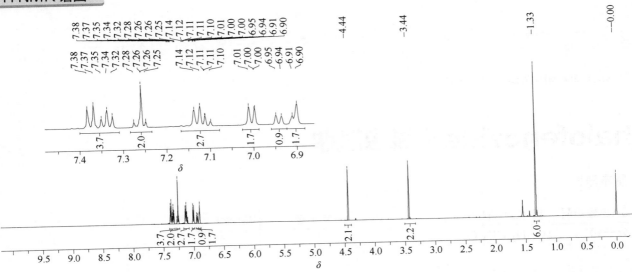

¹H NMR (600 MHz, CDCl₃, δ) 7.41~7.22 (5H, 5ArH, m), 7.17~7.07 (3H, 3ArH, m), 7.03~6.88 (5H, 5ArH, m), 4.44 (2H, CH₂, s), 3.44 (2H, CH₂, s), 1.33 (6H, 2CH₃, s)

¹³C NMR 谱图

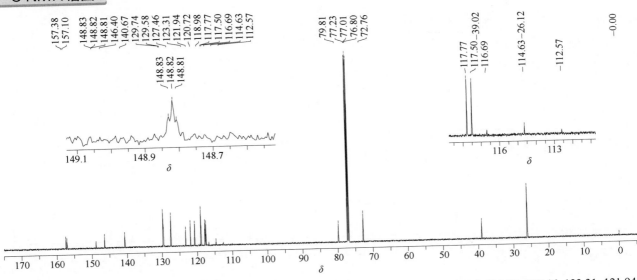

¹³C NMR (151 MHz, CDCl₃, δ) 157.38, 157.10, 148.82 (t, ³J_{C-F} = 1.7 Hz), 146.40, 140.67, 129.74, 129.58, 127.46, 123.31, 121.94, 120.72, 118.98, 117.77, 117.50, 114.63 (t, J_{C-F} = 314.8 Hz), 79.81, 72.76, 39.02, 26.12

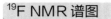

¹⁹F NMR 谱图

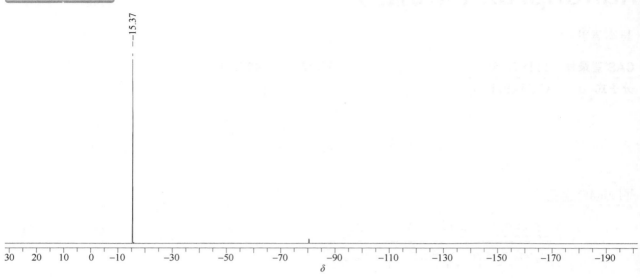

¹⁹F NMR (564 MHz, CDCl₃, δ) −15.37

halofenozide（氯虫酰肼）

基本信息

CAS 登录号	112226-61-6	分子量	330.81
分子式	$C_{18}H_{19}ClN_2O_2$		

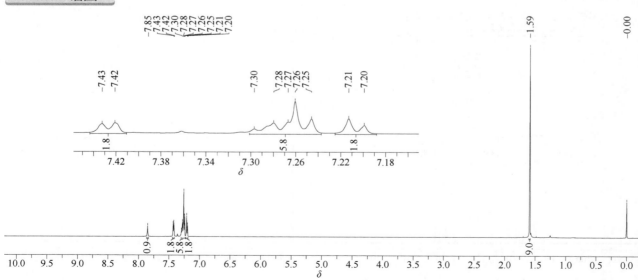

¹H NMR 谱图

¹H NMR (600 MHz, CDCl₃, δ) 7.85 (1H, NH, br), 7.43 (2H, 2ArH, d, J_{H-H} = 6.9 Hz), 7.30~7.24 (5H, 5ArH, m), 7.21 (2H, 2ArH, d, J_{H-H} = 6.9 Hz), 1.59 (9H, C(CH₃)₃, s)

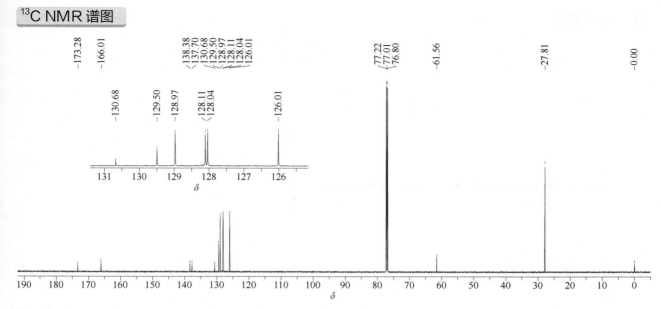

¹³C NMR (151 MHz, CDCl₃, δ) 173.28, 166.01, 138.38, 137.70, 130.68, 129.50, 128.97, 128.11, 128.04, 126.01, 61.56, 27.81

halosulfuran-methyl（氯吡嘧磺隆）

基本信息

CAS 登录号	100784-20-1	分子量	434.81
分子式	C₁₃H₁₅ClN₆O₇S		

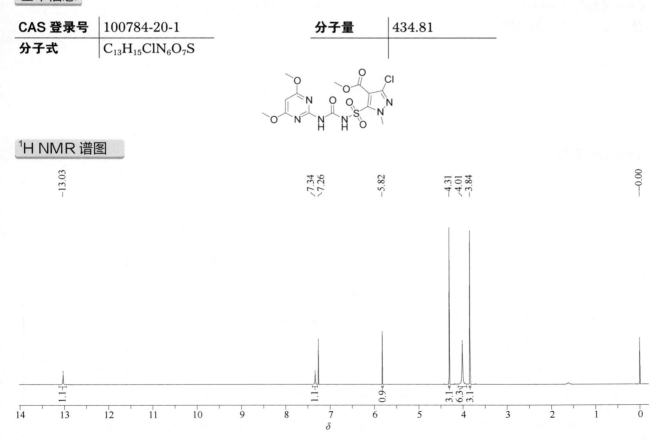

¹H NMR 谱图

¹H NMR (600 MHz, CDCl₃, δ) 13.03 (1H, NH, br), 7.34 (1H, NH, s), 5.82 (1H, ArH, s), 4.31 (3H, CH₃, s), 4.01 (6H, 2CH₃, s), 3.84 (3H, CH₃, s)

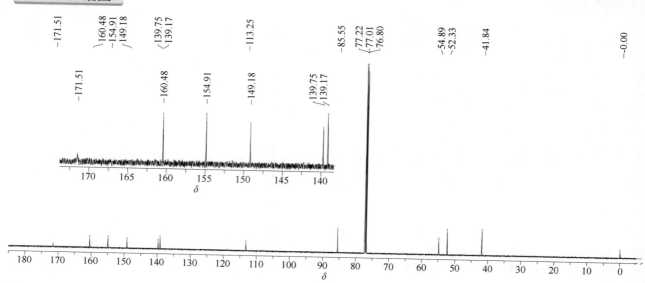

¹³C NMR (151 MHz, CDCl₃, δ) 171.51, 160.48, 154.91, 149.18, 139.75, 139.17, 113.25, 85.55, 54.89, 52.33, 41.84

haloxyfop（氟吡禾灵）

基本信息

CAS 登录号	69806-34-4	分子量	361.70
分子式	C₁₅H₁₁ClF₃NO₄		

¹H NMR 谱图

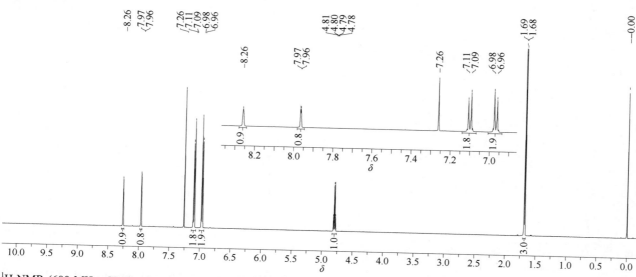

¹H NMR (600 MHz, CDCl₃, δ) 8.26 (1H, ArH, s), 7.97 (1H, ArH, d, J_{H-H} = 2.1 Hz), 7.10 (2H, 2ArH, d, J_{H-H} = 9.0 Hz), 6.97 (2H, 2ArH, d, J_{H-H} = 9.0 Hz), 4.80 (1H, C*H*CH₃, q, J_{H-H} = 6.8 Hz), 1.68 (3H, CHC*H*₃, d, J_{H-H} = 6.8 Hz)

¹³C NMR 谱图

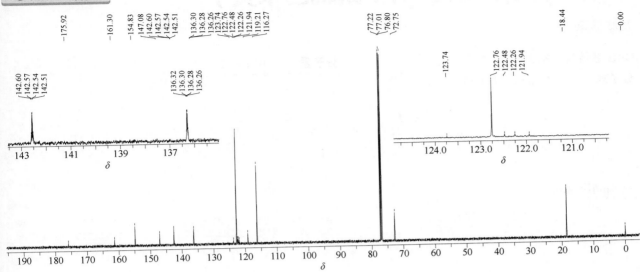

¹³C NMR (151 MHz, CDCl$_3$, δ) 175.92, 161.30, 154.83, 147.08, 142.55 (q, $^3J_{\text{C-F}}$ = 4.3 Hz), 136.29 (q, $^3J_{\text{C-F}}$ = 3.3 Hz), 122.84 (q, $J_{\text{C-F}}$ = 272.1 Hz), 122.76, 122.37 (q, $^2J_{\text{C-F}}$ = 33.9 Hz), 119.21, 116.27, 72.75, 18.44

¹⁹F NMR 谱图

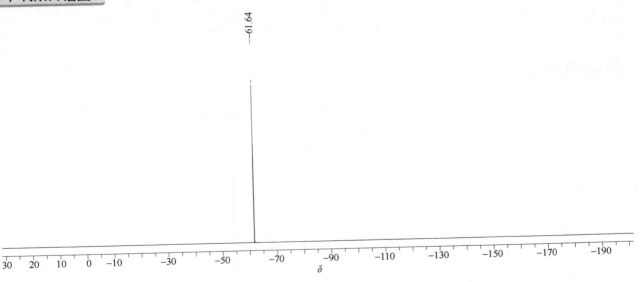

¹⁹F NMR (564 MHz, CDCl$_3$, δ) –61.64

haloxyfop-etotyl（氟吡乙禾灵）

基本信息

CAS 登录号	87237-48-7	分子量	433.81
分子式	$C_{19}H_{19}ClF_3NO_5$		

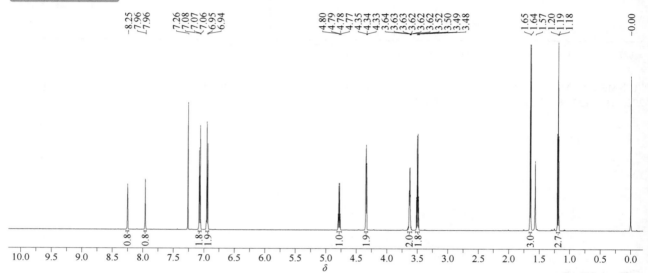

¹H NMR 谱图

¹H NMR (600 MHz, CDCl₃, δ) 8.25 (1H, ArH, s), 7.96 (1H, ArH, d, J_{H-H} = 2.1 Hz), 7.08 (2H, 2ArH, d, J_{H-H} = 6.9 Hz), 6.95 (2H, 2ArH, d, J_{H-H} = 6.9 Hz), 4.80 (1H, O(C$\underline{H}$)CH₃, q, J_{H-H} = 6.8 Hz), 4.36~4.31 (2H, OCH₂, m), 3.63 (2H, OCH₂, dt, J_{H-H} = 4.3 Hz, J_{H-H} = 1.8 Hz), 3.50 (2H, OCH₂, q, J_{H-H} = 7.0 Hz), 1.65 (3H, O(CH)C$\underline{H}_3$, d, J_{H-H} = 6.8 Hz), 1.20 (3H, CH₃, t, J_{H-H} = 7.0 Hz)

¹³C NMR 谱图

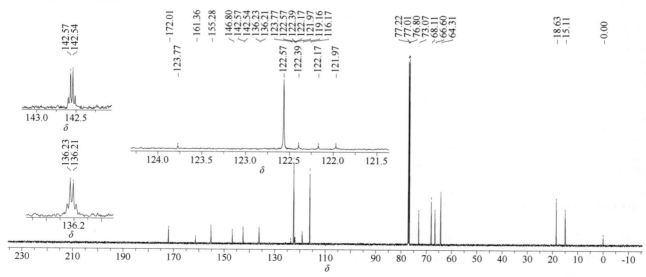

¹³C NMR (151 MHz, CDCl₃, δ) 172.01, 161.36, 155.28, 146.80, 142.54 (q, ³J_{C-F} = 4.4 Hz), 136.22 (q, ³J_{C-F} = 3.3 Hz), 123.08 (q, J_{C-F} = 208.4 Hz), 122.57, 122.07 (q, ²J_{C-F} = 30.2 Hz), 119.16, 116.17, 73.07, 68.11, 66.60, 64.31, 18.63, 15.11

¹⁹F NMR 谱图

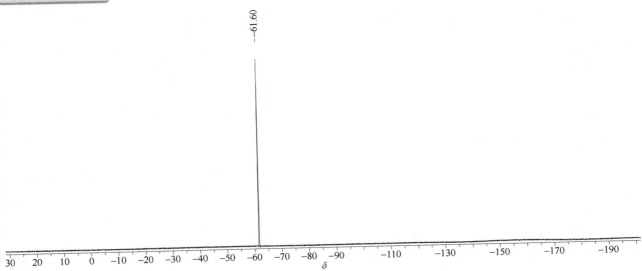

─61.60

¹⁹F NMR (564 MHz, CDCl₃, δ) ─61.60

haloxyfop-methyl（氟吡甲禾灵）

基本信息

CAS 登录号	69806-40-2	分子量	375.73
分子式	C₁₆H₁₃ClF₃NO₄		

¹H NMR 谱图

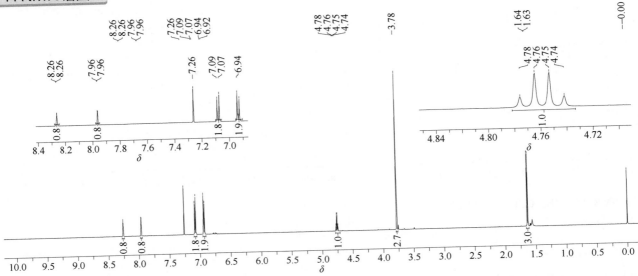

¹H NMR (600 MHz, CDCl₃, δ) 8.26 (1H, ArH, d, J_{H-H} = 1.0 Hz), 7.96 (1H, ArH, d, J_{H-H} = 2.2 Hz), 7.08 (2H, 2ArH, d, J_{H-H} = 9.1 Hz), 6.93 (2H, 2ArH, d, J_{H-H} = 9.1 Hz), 4.76 (1H, OC*H*CH₃, q, J_{H-H} = 6.8 Hz), 3.78 (3H, CH₃, s), 1.64 (3H, CH₃, d, J_{H-H} = 6.8 Hz)

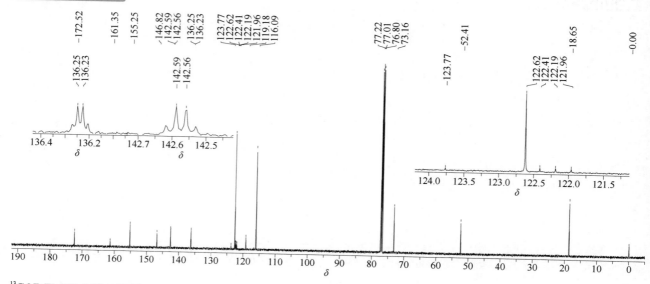

¹³C NMR (151 MHz, CDCl₃, δ) 172.52, 161.35, 155.25, 146.82, 142.58 (q, ³J$_{C-F}$ = 4.4 Hz), 136.24 (q, ³J$_{C-F}$ = 3.3 Hz), 122.87 (q, J$_{C-F}$ = 271.8 Hz), 122.62, 122.30 (q, ²J$_{C-F}$ = 34.1 Hz), 119.18, 116.09, 73.16, 52.41, 18.65

¹⁹F NMR 谱图

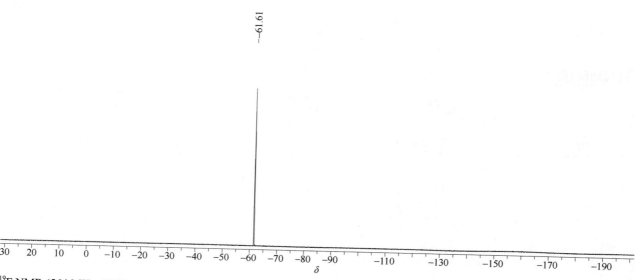

¹⁹F NMR (564 MHz, CDCl₃, δ) –61.61

632

haloxyfop-P-methyl（高效氟吡甲禾灵）

基本信息

CAS 登录号	72619-32-0	分子量	375.73
分子式	C$_{16}$H$_{13}$ClF$_3$NO$_4$		

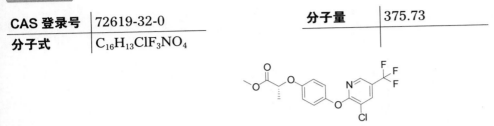

¹H NMR 谱图

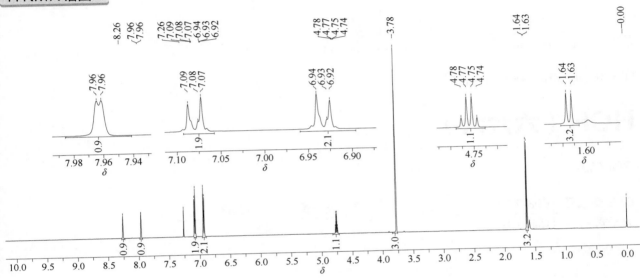

¹H NMR (600 MHz, CDCl$_3$, δ) 8.26 (1H, ArH, s), 7.96 (1H, ArH, d, J_{H-H} = 1.9 Hz), 7.08 (2H, 2ArH, d, J_{H-H} = 9.0 Hz), 6.93 (2H, 2ArH, d, J_{H-H} = 9.0 Hz), 4.75 (1H, C$\underline{H}$CH$_3$, q, J_{H-H} = 6.8 Hz), 3.78 (3H, OCH$_3$, s), 1.63 (3H, CHC$\underline{H}_3$, d, J_{H-H} = 6.8 Hz)

¹³C NMR 谱图

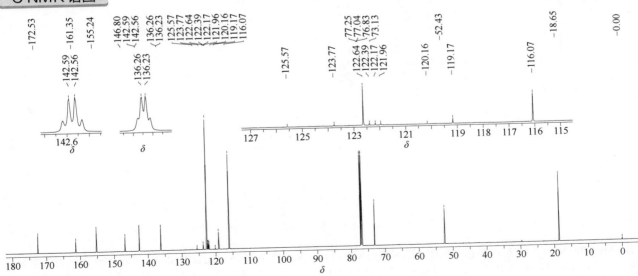

¹³C NMR (151 MHz, CDCl$_3$, δ) 172.53, 161.35, 155.24, 146.80, 142.58 (q, $^3J_{C-F}$ = 4.3 Hz), 136.24 (q, $^3J_{C-F}$ = 3.2 Hz), 122.87 (q, J_{C-F} = 271.8 Hz), 122.64, 122.28 (q, $^2J_{C-F}$ = 33.2 Hz), 119.17, 116.07, 73.13, 52.43, 18.65

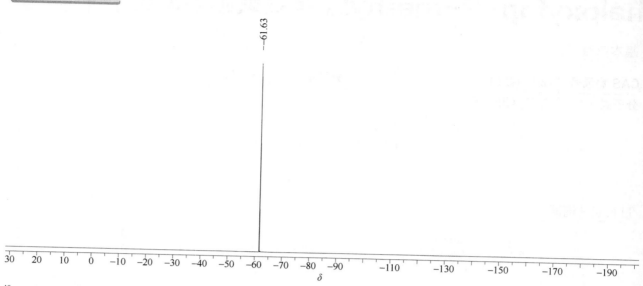

—61.63

¹⁹F NMR (564 MHz, CDCl$_3$, δ) –61.63

HCH（六六六）

基本信息

CAS 登录号	608-73-1	分子量	290.83
分子式	C$_6$H$_6$Cl$_6$		

¹H NMR 谱图

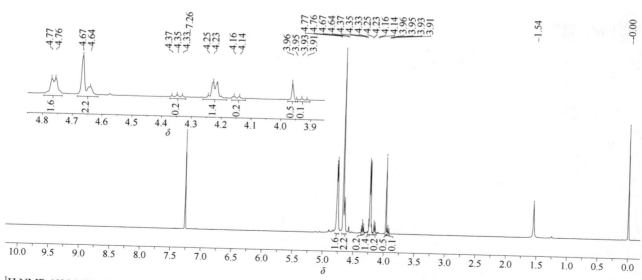

¹H NMR (600 MHz, CDCl$_3$, δ) 四组异构体，比例约为 3:1:1:1。异构体 A: 4.76 (2H, 2CH, d, J_{H-H} = 7.8 Hz), 4.65 (2H, 2CH, d, J_{H-H} = 7.7 Hz), 4.24 (2H, 2CH, d, J_{H-H} = 9.9 Hz). 异构体 B: 3.96 (6H, 6CH, s). 异构体 C: 4.65 (6H, 6CH, d, J_{H-H} = 4.5 Hz). 异构体 D: 4.66 (1H, CH, t, J_{H-H} = 2.8 Hz), 4.35 (2H, 2CH, t, J_{H-H} = 10.5 Hz), 4.15 (2H, 2CH, dd, J_{H-H} = 10.8 Hz, J_{H-H} = 2.8 Hz), 3.93 (1H, CH, t, J_{H-H} = 10.3 Hz)

¹³C NMR 谱图

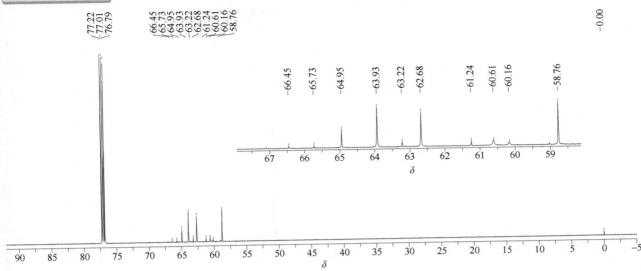

¹³C NMR (151 MHz, CDCl$_3$, δ) 四组异构体。异构体 A: 63.93, 62.68, 58.76. 异构体 B: 64.95. 异构体 C: 60.61, 60.16. 异构体 D: 66.45, 65.73, 63.22, 61.24

α-HCH（α-六六六）

基本信息

CAS 登录号	319-84-6	分子量	290.83
分子式	C$_6$H$_6$Cl$_6$		

¹H NMR 谱图

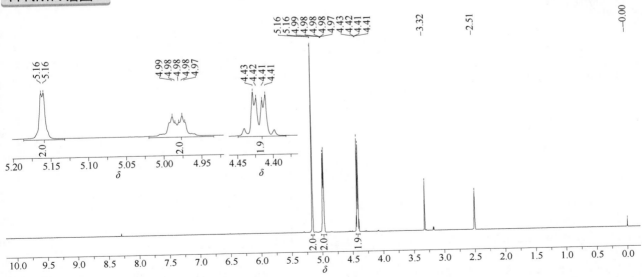

¹H NMR (600 MHz, DMSO-d$_6$, δ) 5.16 (2H, 2CH, d, J_{H-H} = 2.0 Hz), 4.98 (2H, 2CH, dt, J_{H-H} = 7.8 Hz, J_{H-H} = 2.3 Hz), 4.42 (2H, 2CH, dd, J_{H-H} = 7.8 Hz, J_{H-H} = 2.7 Hz)

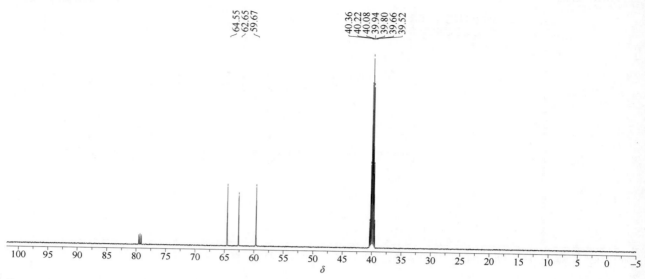

¹³C NMR (151 MHz, DMSO-d₆, δ) 64.55, 62.65, 59.67（含氘代氯仿残留）

β-HCH（β- 六六六）

CAS 登录号	319-85-7	分子量	290.83
分子式	C₆H₆Cl₆		

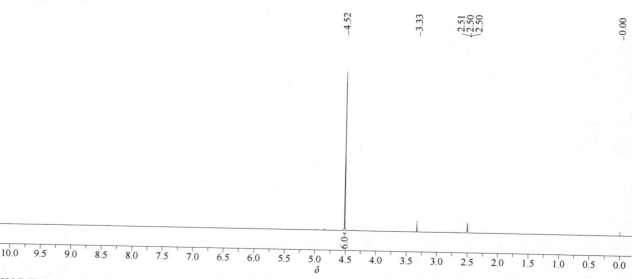

¹H NMR (600 MHz, DMSO-d₆, δ) 4.52 (6H, 6 CH, s)

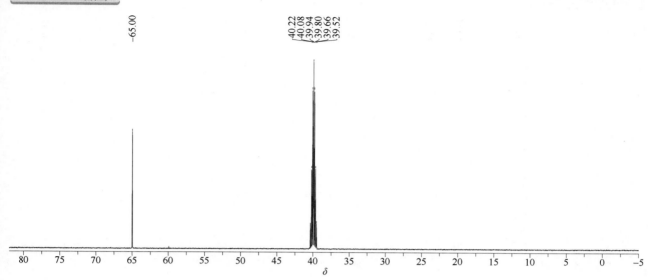

¹³C NMR (151 MHz, DMSO-d₆, δ) 65.00

δ-HCH（δ- 六六六）

基本信息

CAS 登录号	319-86-8	分子量	290.83
分子式	C₆H₆Cl₆		

¹H NMR 谱图

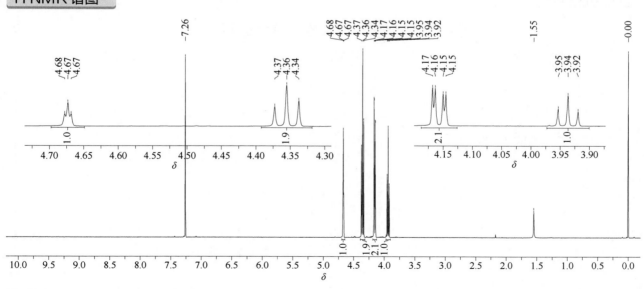

¹H NMR (600 MHz, CDCl₃, δ) 4.67 (1H, CH, t, J_{H-H} = 2.8 Hz), 4.36 (2H, 2CH, t, J_{H-H} = 10.5 Hz), 4.16 (2H, 2CH, dd, J_{H-H} = 10.8 Hz, J_{H-H} = 2.8 Hz), 3.94 (1H, CH, t, J_{H-H} = 10.3 Hz)

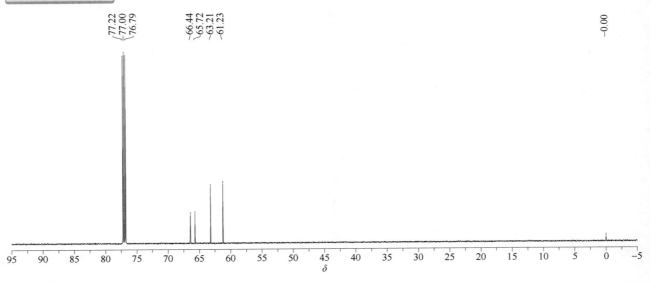

^{13}C NMR (151 MHz, CDCl$_3$, δ) 66.44, 65.72, 63.21, 61.23

heptachlor（七氯）

基本信息

CAS 登录号	76-44-8	分子量	373.32
分子式	C$_{10}$H$_5$Cl$_7$		

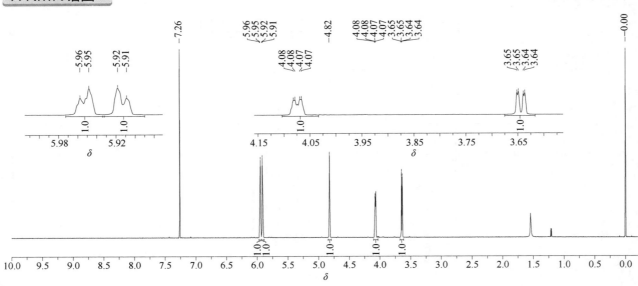

^{1}H NMR 谱图

^{1}H NMR (600 MHz, CDCl$_3$, δ) 5.96 (1H, =CH, d, $J_{H\text{-}H}$ = 5.6 Hz), 5.92 (1H, =CH, d, $J_{H\text{-}H}$ = 5.6 Hz), 4.82 (1H, CH, s), 4.08 (1H, CH, dd, $J_{H\text{-}H}$ = 7.4 Hz, $J_{H\text{-}H}$ = 1.7 Hz), 3.65 (1H, CH, dd, $J_{H\text{-}H}$ = 7.4 Hz, $J_{H\text{-}H}$ = 1.7 Hz)

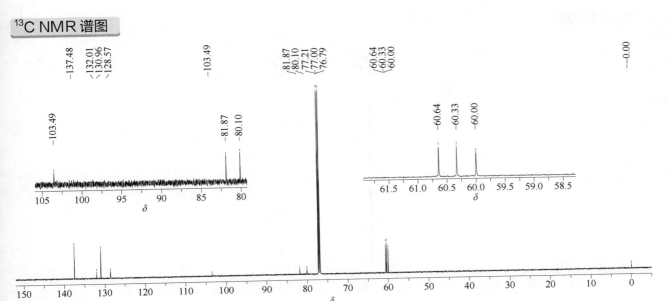

^{13}C NMR (151 MHz, CDCl$_3$, δ) 137.48, 132.01, 130.96, 128.57, 103.49, 81.87, 80.10, 60.64, 60.33, 60.00

heptachlor epoxide, endo（内环氧七氯）

基本信息

CAS 登录号	28044-83-9	分子量	389.32
分子式	C$_{10}$H$_5$Cl$_7$O		

^{1}H NMR 谱图

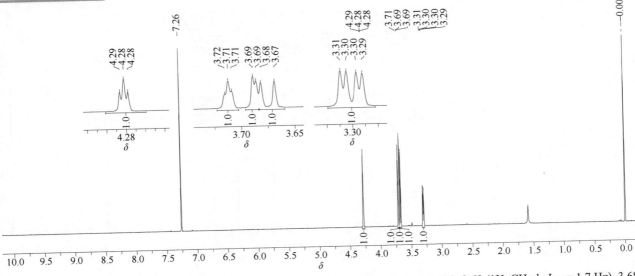

^{1}H NMR (600 MHz, CDCl$_3$, δ) 4.28 (1H, CH, t, J_{H-H} = 2.5 Hz), 3.71 (1H, CH, t, J_{H-H} = 1.9 Hz), 3.69 (1H, CH, d, J_{H-H} = 1.7 Hz), 3.68 (1H, CH, d, J_{H-H} = 7.6 Hz), 3.30 (1H, CH, dd, J_{H-H} = 7.6 Hz, J_{H-H} = 2.8 Hz)

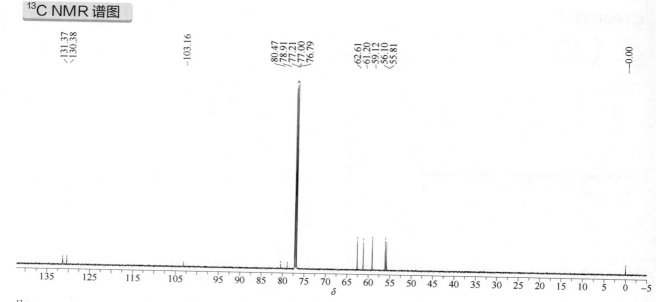

¹³C NMR (151 MHz, CDCl₃, δ) 131.37, 130.39, 103.17, 80.48, 78.91, 62.61, 61.21, 59.12, 56.11, 55.81

heptachlor epoxide, exo（外环氧七氯）

基本信息

CAS 登录号	1024-57-3	分子量	389.32
分子式	C₁₀H₅Cl₇O		

¹H NMR 谱图

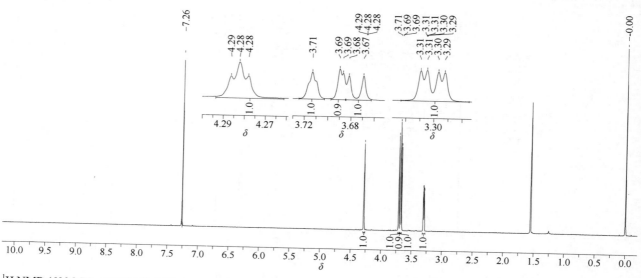

¹H NMR (600 MHz, CDCl₃, δ) 4.28 (1H, CH, t, J_{H-H} = 2.4 Hz), 3.71 (1H, CH, t, J_{H-H} = 2.4 Hz), 3.69 (1H, CH, d, J_{H-H} = 1.7 Hz), 3.67 (1H, CH, d, J_{H-H} = 7.6 Hz), 3.30 (1H, CH, dd J_{H-H} = 7.6 Hz, J_{H-H} = 2.7 Hz)

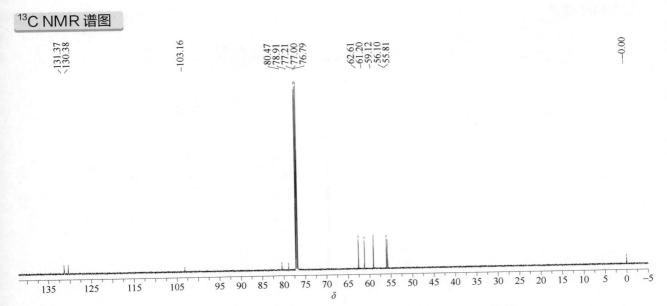

¹³C NMR (151 MHz, CDCl₃, δ) 131.37, 130.38, 103.16, 80.47, 78.91, 62.61, 61.20, 59.12, 56.10, 55.81

heptenophos（庚虫磷）

基本信息

CAS 登录号	23560-59-0	分子量	250.62
分子式	C₉H₁₂ClO₄P		

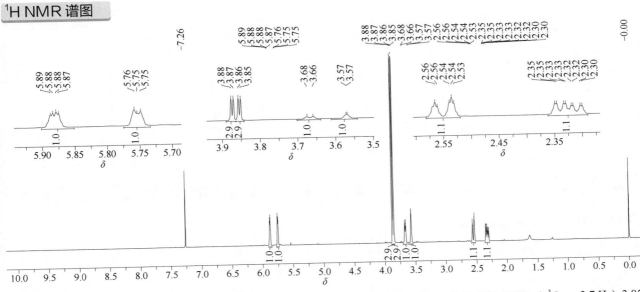

¹H NMR 谱图

¹H NMR (600 MHz, CDCl₃, δ) 5.90~5.86 (1H, CH=C<u>H</u>, m), 5.77~5.73 (1H, CH=C<u>H</u>, m), 3.87 (3H, OCH₃, d, ³J_{H-P} = 3.7 Hz), 3.85 (3H, OCH₃, d, ³J_{H-P} = 3.7 Hz), 3.67 (1H, ClCCH, d, J_{H-H} = 9.6 Hz), 3.57(1H, C<u>H</u>CH₂, d, J_{H-H} = 2.0 Hz), 2.58~2.52 (1H, CHC<u>H</u>₂, m), 2.32 (1H, CHC<u>H</u>₂, ddd, J_{H-H}= 17.9 Hz, J_{H-H} = 9.6 Hz, J_{H-H} = 3.2 Hz)

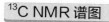

^{13}C NMR 谱图

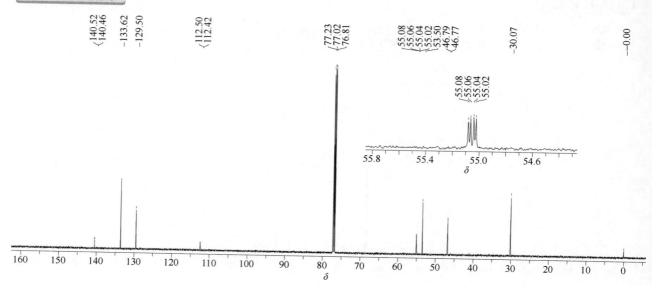

^{13}C NMR (151 MHz, CDCl$_3$, δ) 140.49 (d, $^2J_{\text{C-P}}$ = 8.0 Hz), 133.62, 129.50, 112.46 (d, $^3J_{\text{C-P}}$ = 11.1 Hz), 55.07 (d, $^2J_{\text{C-P}}$ = 2.6 Hz), 55.03 (d, $^2J_{\text{C-P}}$ = 2.6 Hz), 53.50, 46.78 (d, $^3J_{\text{C-P}}$ = 2.8 Hz), 30.07

^{31}P NMR 谱图

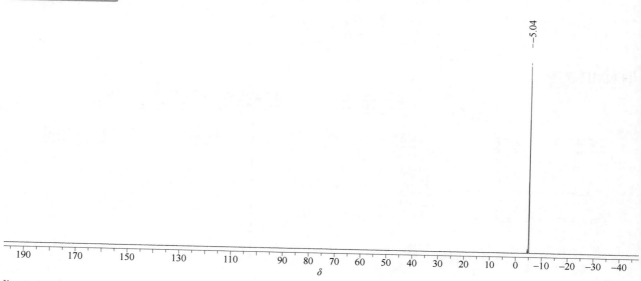

^{31}P NMR (243 MHz, CDCl$_3$, δ) −5.04

hexachlorobenzene（六氯苯）

基本信息

CAS 登录号	118-74-1	分子量	284.77
分子式	C_6Cl_6		

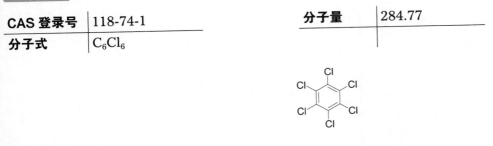

^{13}C NMR 谱图

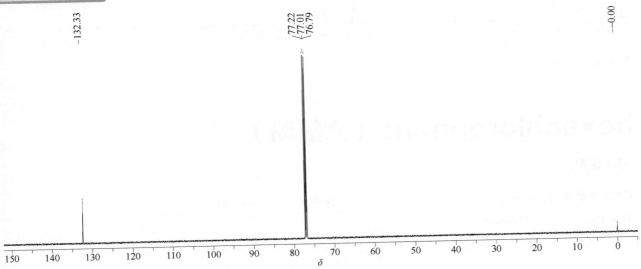

^{13}C NMR (151 MHz, CDCl$_3$, δ) 132.33

hexachlorobutadiene（六氯 -1,3- 丁二烯）

基本信息

CAS 登录号	87-68-3	分子量	260.75
分子式	C_4Cl_6		

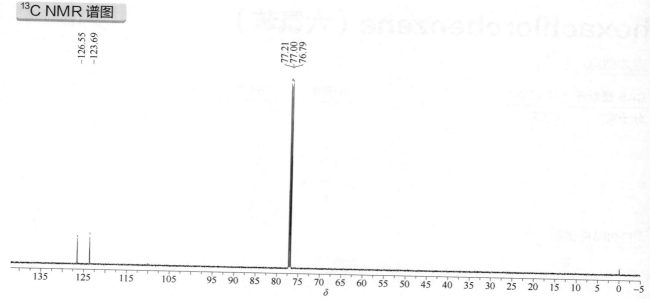

¹³C NMR (151 MHz, CDCl₃, δ) 126.55, 123.69

hexachlorophene（六氯酚）

基本信息

CAS 登录号	70-30-4	分子量	406.90
分子式	$C_{13}H_6Cl_6O_2$		

¹H NMR 谱图

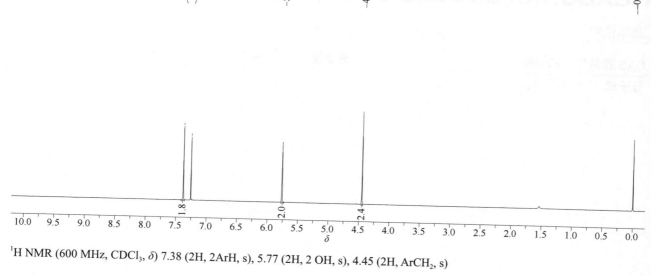

¹H NMR (600 MHz, CDCl₃, δ) 7.38 (2H, 2ArH, s), 5.77 (2H, 2 OH, s), 4.45 (2H, ArCH₂, s)

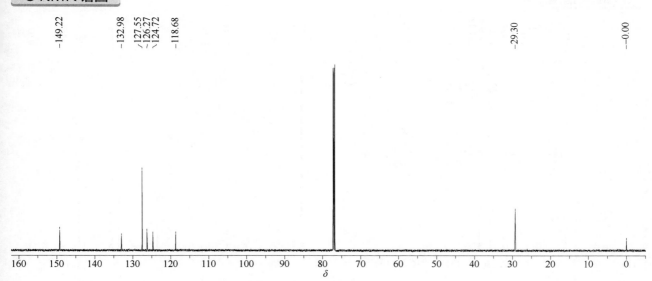

¹³C NMR (151 MHz, CDCl₃, δ) 149.22, 132.98, 127.55, 126.27, 124.72, 118.68, 29.30

hexaconazole（己唑醇）

基本信息

CAS 登录号	79983-71-4	分子量	314.21
分子式	C₁₄H₁₇Cl₂N₃O		

¹H NMR 谱图

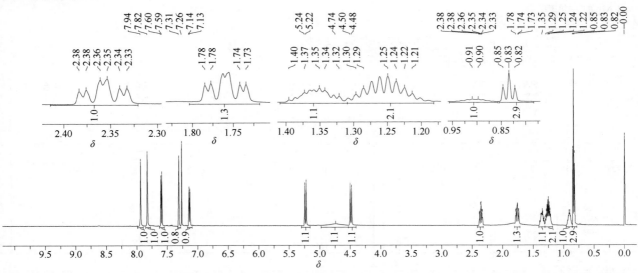

¹H NMR (600 MHz, CDCl₃, δ) 7.94 (1H, ArH, s), 7.82 (1H, ArH, s), 7.59 (1H, ArH, d, J_{H-H} = 8.6 Hz), 7.31 (1H, ArH, s), 7.13 (1H, ArH, d, J_{H-H} = 8.6 Hz), 5.23 (1H, NCH, d, J_{H-H} = 14.1 Hz), 4.74 (1H, OH, br s), 4.49 (1H, NCH, d, J_{H-H} = 14.1 Hz), 2.36 (1H, CC$\underline{H}_2$CH₂, dt, J_{H-H} = 12.9 Hz, J_{H-H} = 4.5 Hz), 1.76 (1H, CC$\underline{H}_2$CH₂, dt, J_{H-H} = 12.9 Hz, J_{H-H} = 4.5 Hz), 1.43~1.31 (1H, CH₃C$\underline{H}_2$CH₂, m), 1.31~1.18 (2H, CH₃C$\underline{H}_2$CH₂, m), 0.95~0.85 (1H, CH₃C$\underline{H}_2$C$\underline{H}_2$, m), 0.83 (3H, CH₃, t, J_{H-H} = 7.3 Hz)

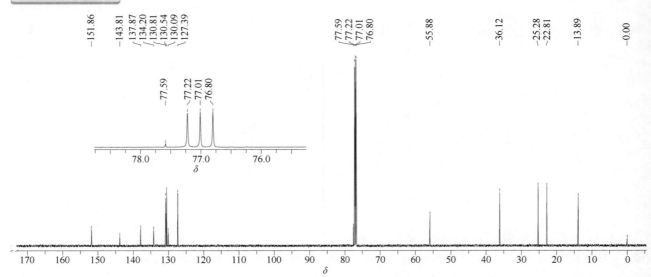

¹³C NMR (151 MHz, CDCl₃, δ) 151.86, 143.81, 137.87, 134.20, 130.81, 130.54, 130.09, 127.39, 77.59, 55.88, 36.12, 25.28, 22.81, 13.89

hexaflumuron（氟铃脲）

基本信息

CAS 登录号	86479-06-3	分子量	461.14
分子式	$C_{16}H_8Cl_2F_6N_2O_3$		

¹H NMR 谱图

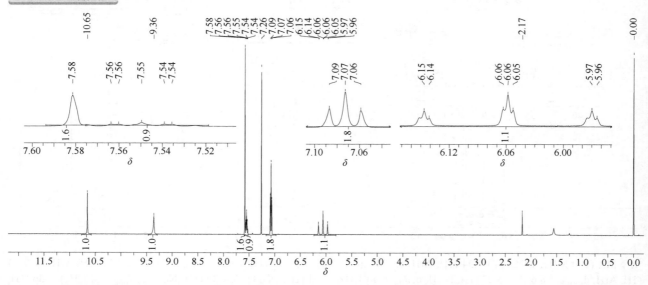

¹H NMR (600 MHz, CDCl₃, δ) 10.65 (1H, NH, s), 9.36 (1H, NH, s), 7.58 (2H, 2ArH, s), 7.58~7.52 (1H, ArH, m), 7.07 (2H, 2ArH, dd, J_{H-H} = 8.4 Hz, $^3J_{H-F}$ = 8.4 Hz), 6.06 (1H, CHF₂, tt, $^2J_{H-F}$ = 54.4 Hz, $^3J_{H-F}$ = 5.4 Hz)

¹³C NMR 谱图

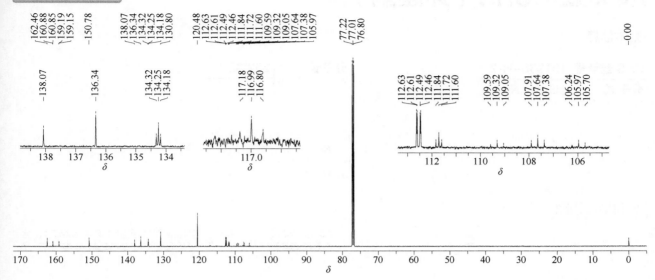

¹³C NMR (151 MHz, CDCl₃, δ) 162.46, 160.02 (dd, J_{C-F} = 256.7 Hz, $^3J_{C-F}$ = 6.4 Hz), 150.78, 138.07, 136.34, 134.25 (t, $^2J_{C-F}$ = 10.6 Hz), 130.80, 120.48, 116.99 (t, $^2J_{C-F}$ = 28.7 Hz), 112.55 (dd, $^2J_{C-F}$ = 21.9 Hz, $^4J_{C-F}$ = 3.9 Hz), 111.72 (t, $^3J_{C-F}$ = 18.1 Hz), 107.64 (tt, J_{C-F} = 253.7 Hz, $^2J_{C-F}$ = 40.8 Hz)

¹⁹F NMR 谱图

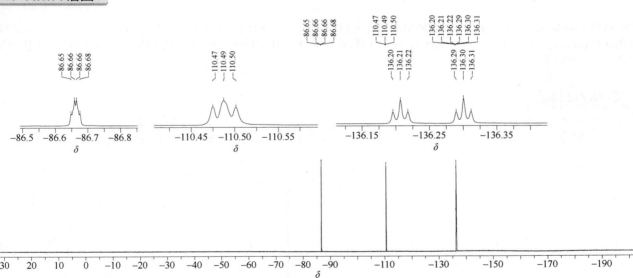

¹⁹F NMR (564 MHz, CDCl₃, δ) −86.66 (dd, $^4J_{F-F}$ = 9.4 Hz, $^3J_{H-F}$ = 6.1 Hz), −110.49 (t, $^2J_{F-F}$ = 9.5 Hz), −136.26 (dt, $^2J_{H-F}$ = 54.4 Hz, $^3J_{F-F}$ = 6.2 Hz)

hexazinone（环嗪酮）

基本信息

CAS 登录号	51235-04-2	分子量	252.32
分子式	$C_{12}H_{20}N_4O_2$		

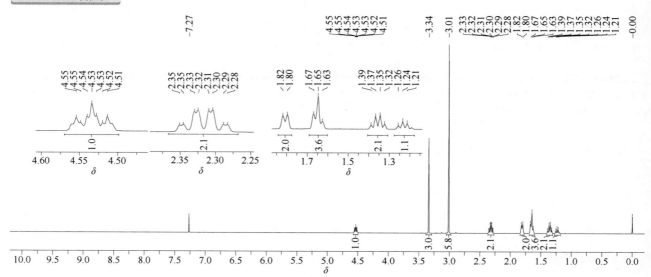

^{1}H NMR 谱图

^{1}H NMR (600 MHz, CDCl$_3$, δ) 4.53 (1H, NCH, tt, J_{H-H} = 12.2 Hz, J_{H-H} = 3.6 Hz), 3.34 (3H, NCH$_3$, s), 3.01 (6H, N(CH$_3$)$_2$, s), 2.32 (2H, CH$_2$, dq, J_{H-H} = 12.6 Hz, J_{H-H} = 3.2 Hz), 1.81 (2H, CH$_2$, d, J_{H-H} = 13.2 Hz), 1.69~1.60 (3H, CH$_2$/CH, m), 1.41~1.31 (2H, CH$_2$, m), 1.27~1.18 (1H, CH$_2$, m)

^{13}C NMR 谱图

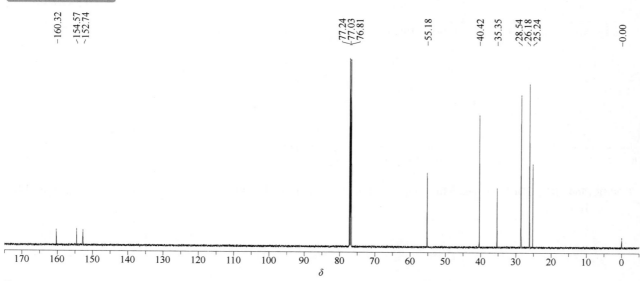

^{13}C NMR (151 MHz, CDCl$_3$, δ) 160.32, 154.57, 152.74, 55.18, 40.42, 35.35, 28.54, 26.18, 25.24

hexythiazox（噻螨酮）

基本信息

CAS 登录号	78587-05-0	**分子量**	352.88
分子式	C₁₇H₂₁ClN₂O₂S		

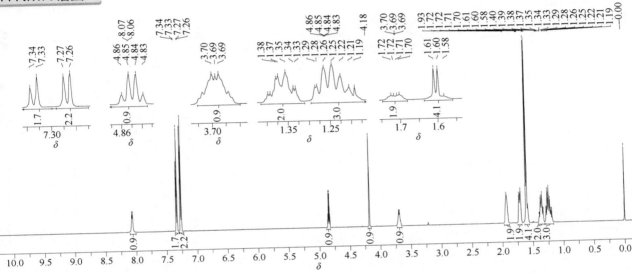

¹H NMR 谱图

¹H NMR (600 MHz, CDCl₃, δ) 8.06 (1H, NH, d, J_{H-H} = 7.3 Hz), 7.33 (2H, 2ArH, d, J_{H-H} = 8.4 Hz), 7.26 (2H, 2ArH, d, J_{H-H} = 8.1 Hz), 4.84 (1H, NCH, q, J_{H-H} = 6.4 Hz), 4.18 (1H, SCH, s), 3.73~3.65 (1H, NHC$\underline{H}$, m), 1.97~1.88 (2H, 2CH, m), 1.75~1.68 (2H, 2CH, m), 1.60 (3H, CH₃, d, J_{H-H} = 6.3 Hz), 1.60~1.56 (1H, CH, m), 1.40~1.32 (2H, 2CH, m), 1.29~1.05 (3H, 3CH, m)

¹³C NMR 谱图

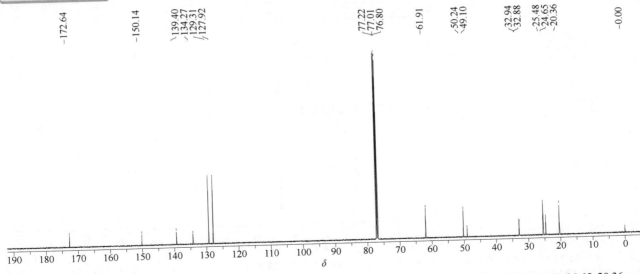

¹³C NMR (151 MHz, CDCl₃, δ) 172.64, 150.14, 139.40, 134.27, 129.31, 127.92, 61.91, 50.24, 49.10, 32.94, 32.88, 25.48, 24.65, 20.36

hydramethylnon (氟蚁腙)

基本信息

CAS 登录号	67485-29-4	分子量	494.48
分子式	$C_{25}H_{24}F_6N_4$		

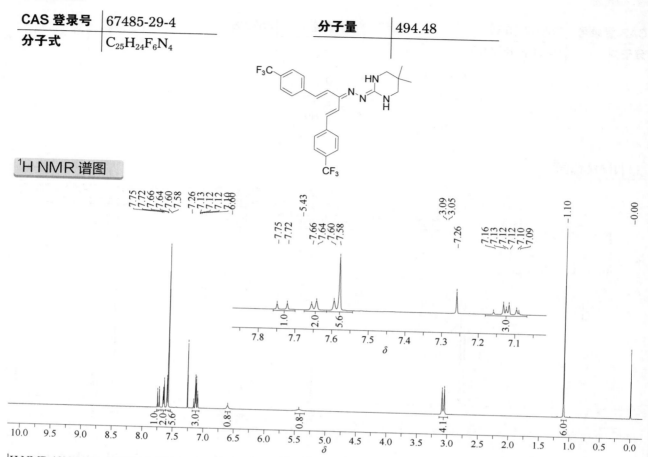

¹H NMR 谱图

¹H NMR (600 MHz, CDCl₃, δ) 7.74 (1H, ArH, d, J_{H-H} = 16.8 Hz), 7.65 (2H, 2ArH, d, J_{H-H} = 8.2 Hz), 7.62~7.56 (6H, 6 ArH/═CH, m), 7.18~7.08 (3H, 3ArH/═CH, m), 6.60 (1H, NH, br), 5.43 (1H, NH, br), 3.07 (4H, 2CH₂, d, J_{H-H} = 22.4 Hz), 1.10 (6H, 2 CH₃, s)

¹³C NMR 谱图

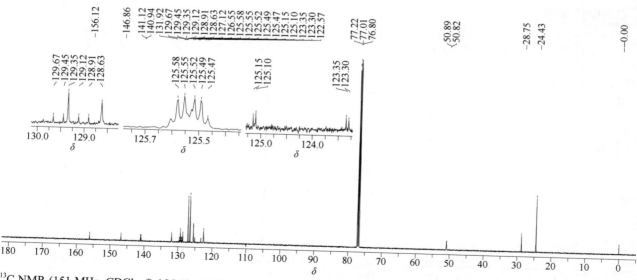

¹³C NMR (151 MHz, CDCl₃, δ) 156.12, 146.86, 141.11, 140.94, 131.92, 129.56 (q, $^2J_{C-F}$ = 32.5 Hz), 129.35, 129.02 (q, $^2J_{C-F}$ = 32.5 Hz), 128.62, 127.12, 126.55, 125.56 (q, $^3J_{C-F}$ = 5.6 Hz), 125.50 (q, $^3J_{C-F}$ = 5.6 Hz), 124.23 (q, J_{C-F} = 279.4 Hz), 124.22 (q, J_{C-F} = 264.2 Hz), 122.57, 50.89, 50.81, 28.75, 24.43

¹⁹F NMR 谱图

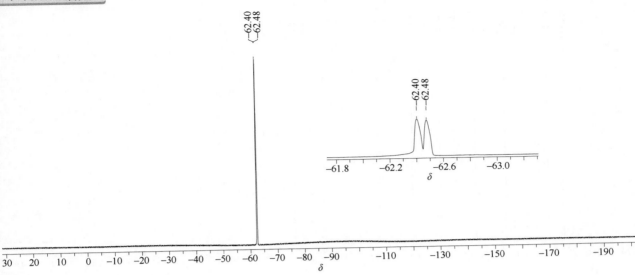

¹⁹F NMR (564 MHz, CDCl₃, δ) −62.40, −62.48

8-hydroxyquinoline（8- 羟基喹啉）

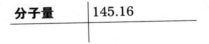

基本信息

CAS 登录号	148-24-3	分子量	145.16
分子式	C₉H₇NO		

¹H NMR 谱图

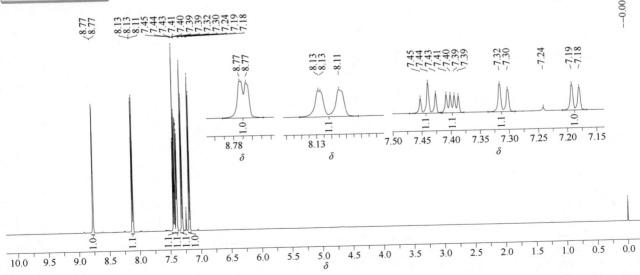

¹H NMR (600 MHz, CDCl₃, δ) 8.77 (1H, ArH, d, J_{H-H} = 4.0 Hz), 8.12 (1H, ArH, dd, J_{H-H} = 8.3 Hz, J_{H-H} = 1.2 Hz), 7.44 (1H, ArH, t, J_{H-H} = 7.8 Hz), 7.41 (1H, ArH, dd, J_{H-H} = 8.8 Hz, J_{H-H} = 4.7 Hz), 7.31 (1H, ArH, d, J_{H-H} = 8.2 Hz), 7.18(1H, ArH, d, J_{H-H} = 7.6 Hz)

^{13}C NMR 谱图

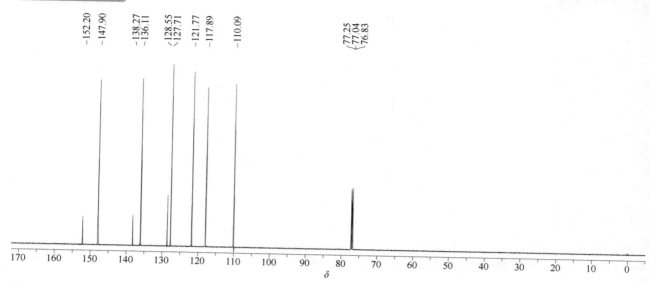

^{13}C NMR (151 MHz, CDCl$_3$, δ) 152.20, 147.90, 138.27, 136.11, 128.55, 127.71, 121.77, 117.89, 110.09（注：以上为氘代氯仿内加入少量氢氧化钠的重水溶液测定结果）

hymexazol（噁霉灵）

基本信息

CAS 登录号	10004-44-1	分子量	99.09
分子式	C$_4$H$_5$NO$_2$		

^{1}H NMR 谱图

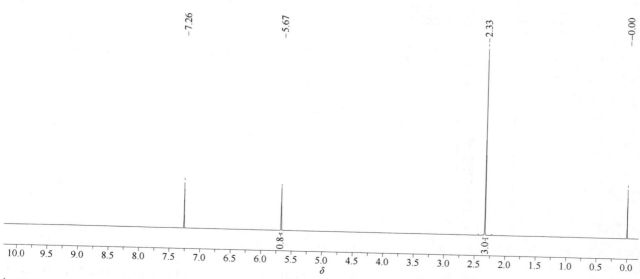

^{1}H NMR (600 MHz, CDCl$_3$, δ) 5.67 (1H, =CH, s), 2.33 (3H, CH$_3$, s)

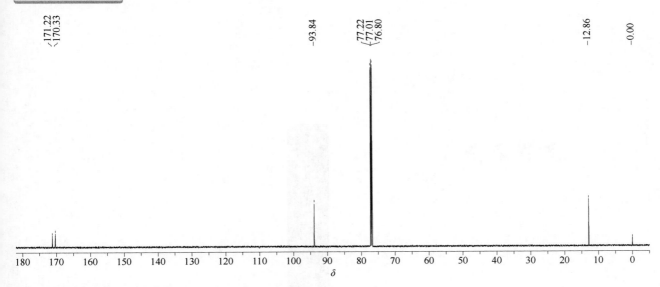

^{13}C NMR (151 MHz, CDCl$_3$, δ) 171.22, 170.33, 93.84, 12.86

imazalil（抑霉唑）

基本信息

CAS 登录号	35554-44-0	分子量	297.18
分子式	$C_{14}H_{14}Cl_2N_2O$		

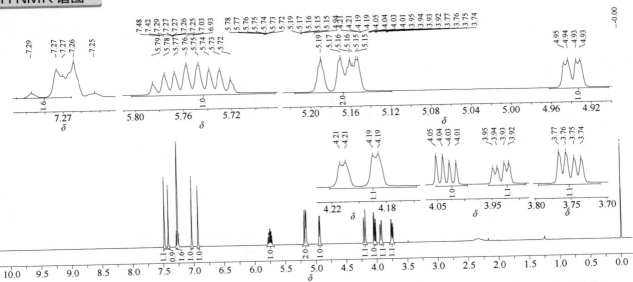

^{1}H NMR 谱图

^{1}H NMR (600 MHz, CDCl$_3$, δ) 7.48 (1H, ArH, s), 7.42 (1H, ArH, s), 7.30~7.24 (2H, 2ArH, m), 7.03 (1H, ArH, s), 6.93 (1H, ArH, s), 5.79 (1H, =CH, m), 5.19~5.12 (2H, 2=CH, m), 4.95 (1H, OCH, dd, J_{H-H} = 7.3 Hz, J_{H-H} = 2.4 Hz), 4.20 (1H, NCH$_2$, dd, J_{H-H} = 14.5 Hz, J_{H-H} = 2.4 Hz), 4.03 (1H, NCH$_2$, dd, J_{H-H} = 14.5 Hz, J_{H-H} = 7.4 Hz), 3.93 (1H, OC$\underline{H}$H, dd, J_{H-H} = 12.8 Hz, J_{H-H} = 5.1 Hz), 3.77 (1H, OCH$\underline{H}$, dd, J_{H-H} = 12.8 Hz, J_{H-H} = 6.0 Hz)

^{13}C NMR 谱图

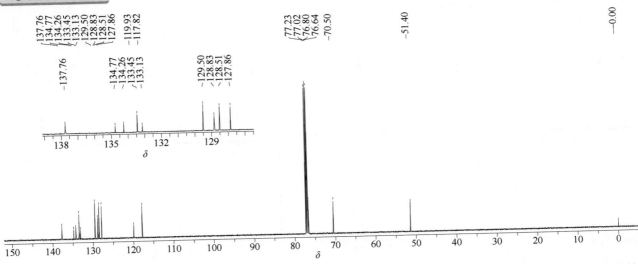

^{13}C NMR (151 MHz, CDCl$_3$, δ) 137.76, 134.77, 134.26, 133.45, 133.13, 129.50, 128.83, 128.51, 127.86, 119.93, 117.82, 76.64, 70.50, 51.40

imazamethabenz-methyl（咪草酸甲酯）

基本信息

CAS 登录号	81405-85-8		分子量	288.35
分子式	C₁₆H₂₀N₂O₃			

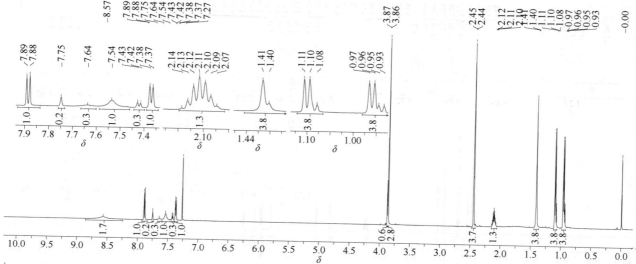

¹H NMR 谱图

¹H NMR (600 MHz, CDCl₃, δ) 异构体 A / 异构体 B=4∶1。异构体 A: 8.57 (1H, NH, br), 7.89 (1H, ArH, d, J_{H-H} = 8.0 Hz), 7.54 (1H, ArH, br), 7.38 (1H, ArH, d, J_{H-H} = 8.0 Hz), 3.86 (3H, OCH₃, s), 2.45 (3H, ArCH₃, s), 2.11 (1H, C$\underline{H}$(CH₃)₂, hept, J_{H-H} = 7.0 Hz), 1.41 (3H, CCH₃, s), 1.11 (3H, CH(C$\underline{H}$₃)₂, d, J_{H-H} = 7.0 Hz), 0.97 (3H, CH(C$\underline{H}$₃)₂, d, J_{H-H} = 7.0 Hz)。异构体 B: 8.57 (1H, NH, br), 7.75 (1H, ArH, s), 7.64 (1H, ArH, br), 7.43 (1H, ArH, d, J_{H-H} = 8.0 Hz), 3.87 (3H, OCH₃, s), 2.44 (3H, ArCH₃, s), 2.15~2.05 (1H, C$\underline{H}$(CH₃)₂, m), 1.40 (3H, CCH₃, s), 1.09 (3H, CH(C$\underline{H}$₃)₂, d, J_{H-H} = 7.0 Hz), 0.94 (3H, CH(C$\underline{H}$₃)₂, d, J_{H-H} = 7.0 Hz)

¹³C NMR 谱图

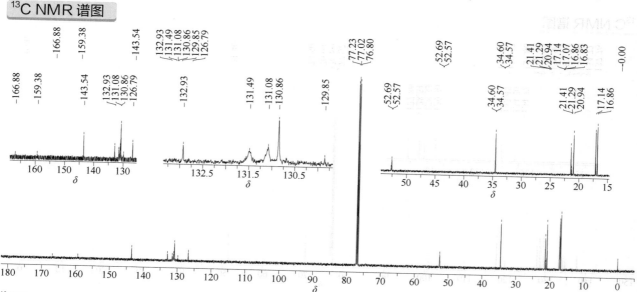

¹³C NMR (151 MHz, CDCl₃, δ) 166.88, 159.38, 143.54, 132.93, 131.49, 131.08, 130.86, 129.85, 126.79, 52.69, 52.57, 34.60, 34.57, 21.41, 21.29, 20.94, 17.14, 17.07, 16.86, 16.83 (含部分异构体 B 的碳)

imazamox（甲氧咪草烟）

imazapic（甲基咪草酯）

基本信息

CAS 登录号	114311-32-9	分子量	305.33
分子式	C₁₅H₁₉N₃O₄		

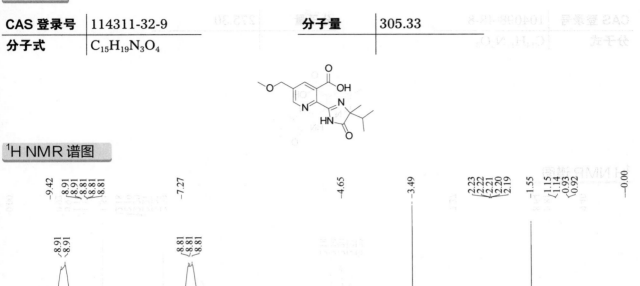

¹H NMR 谱图

¹H NMR (600 MHz, CDCl₃, δ) 9.42 (1H, NH, br), 8.91 (1H, ArH, d, J_{H-H} = 1.8 Hz), 8.81 (1H, ArH, d, J_{H-H} = 1.8 Hz), 4.65 (2H, OCH₂, s), 3.49 (3H, OCH₃, s), 2.23 (1H, CH, hept, J_{H-H} = 6.9 Hz), 1.55 (3H, CH₃, s), 1.15 (3H, CH₃, d, J_{H-H} = 6.9 Hz), 0.93 (3H, CH₃, d, J_{H-H} = 6.9 Hz)

¹³C NMR 谱图

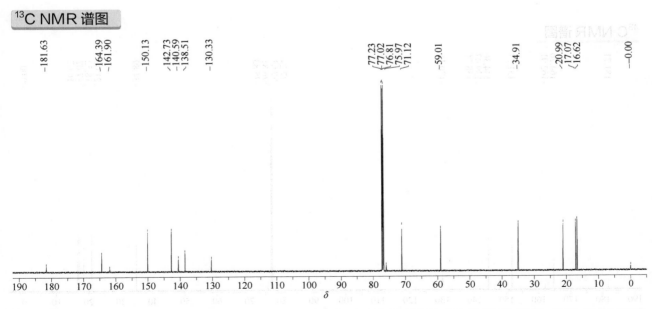

¹³C NMR (151 MHz, CDCl₃, δ) 181.63, 164.39, 161.90, 150.13, 142.73, 140.59, 138.51, 130.33, 75.97, 71.12, 59.01, 34.91, 20.99, 17.07, 16.62

imazapic（甲咪唑烟酸）

基本信息

CAS 登录号	104098-48-8	分子量	275.30
分子式	C$_{14}$H$_{17}$N$_3$O$_3$		

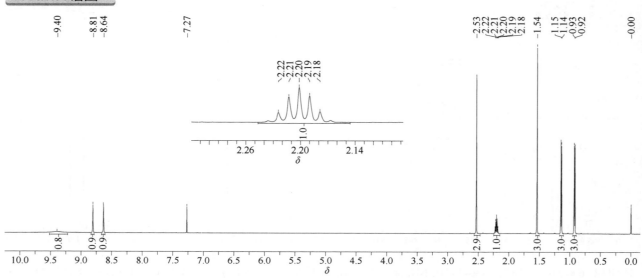

^{1}H NMR 谱图

^{1}H NMR (600 MHz, CDCl$_3$, δ) 9.40 (1H, NH, br), 8.81 (1H, ArH, s), 8.64 (1H, ArH, s), 2.53 (3H, CH$_3$, s), 2.22 (1H, CH, hept, J_{H-H} = 6.8 Hz), 1.54 (3H, CH$_3$, s), 1.15 (3H, CH$_3$, d, J_{H-H} = 6.9 Hz), 0.93 (3H, CH$_3$, d, J_{H-H} = 6.9 Hz)

^{13}C NMR 谱图

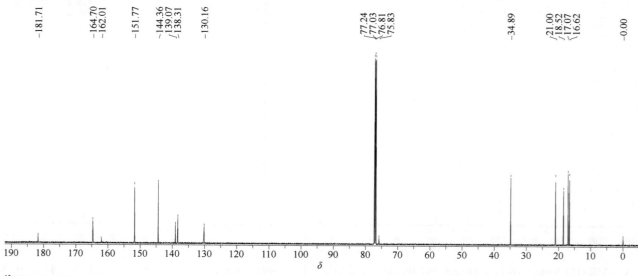

^{13}C NMR (151 MHz, CDCl$_3$, δ) 181.71, 164.70, 162.01, 151.77, 144.36, 139.07, 138.31, 130.16, 75.83, 34.89, 21.00, 18.52, 17.07, 16.62

imazapyr（咪唑烟酸）

基本信息

CAS 登录号	81334-34-1	分子量	261.28
分子式	$C_{13}H_{15}N_3O_3$		

¹H NMR 谱图

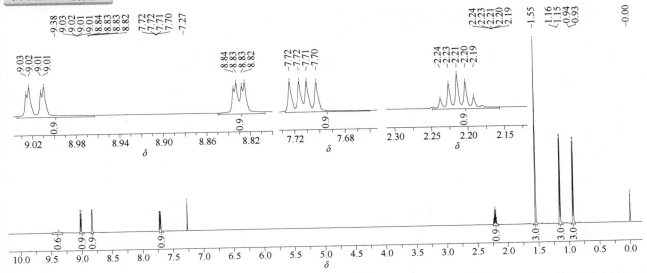

¹H NMR (600 MHz, CDCl₃, δ) 9.38 (1H, NH, br), 9.02 (1H, ArH, dd, J_{H-H} = 8.1 Hz, J_{H-H} = 1.6 Hz), 8.83 (1H, ArH, dd, J_{H-H} = 4.6 Hz, J_{H-H} = 1.6 Hz), 7.71 (1H, ArH, dd, J_{H-H} = 8.1 Hz, J_{H-H} = 4.6 Hz), 2.21 (1H, CH, hept, J_{H-H} = 6.8 Hz), 1.55 (3H, CH₃, s), 1.15 (3H, CH₃, d, J_{H-H} = 6.9 Hz), 0.94 (3H, CH₃, d, J_{H-H} = 6.9 Hz)

¹³C NMR 谱图

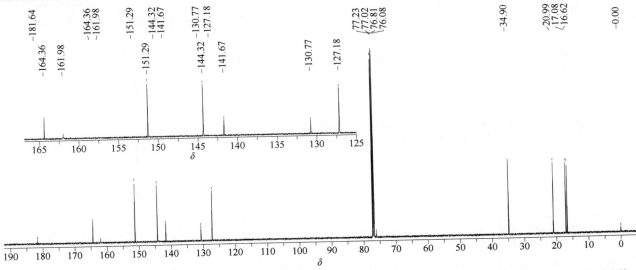

¹³C NMR (151 MHz, CDCl₃, δ) 181.64, 164.36, 161.98, 151.29, 144.32, 141.67, 130.77, 127.18, 76.08, 34.90, 20.99, 17.08, 16.62

imazaquin（咪唑喹啉酸）

基本信息

CAS 登录号	81335-37-7	分子量	311.34
分子式	C₁₇H₁₇N₃O₃		

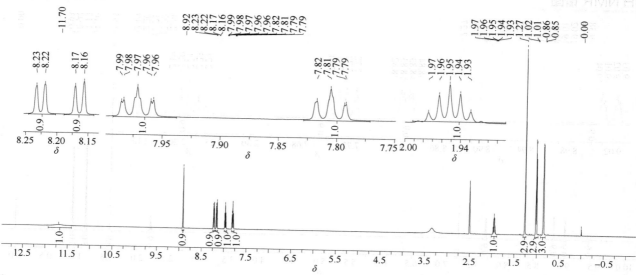

¹H NMR 谱图

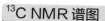

¹H NMR (600 MHz, DMSO-d₆, δ) 13.61 (1H, COOH, br), 11.70 (1H, NH, br), 8.92 (1H, ArH, s), 8.23 (1H, ArH, d, J_{H-H} = 8.0 Hz), 8.17 (1H, ArH, d, J_{H-H} = 8.4 Hz), 7.99~7.95 (1H, ArH, m), 7.83~7.77 (1H, ArH, m), 1.95 (1H, CH, hept, J_{H-H} = 6.8 Hz), 1.27 (3H, CH₃, s), 1.02 (3H, CH₃, d, J_{H-H} = 6.8 Hz), 0.86 (3H, CH₃, d, J_{H-H} = 6.8 Hz)

¹³C NMR 谱图

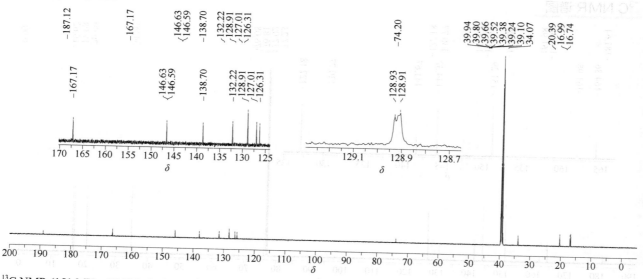

¹³C NMR (151 MHz, DMSO-d₆, δ) 187.12, 167.17, 146.63, 146.59, 138.70, 132.22, 128.93, 128.92, 128.91, 127.01, 126.31, 74.20, 34.07, 20.39, 16.99, 16.74

imazethapyr（咪唑乙烟酸）

imazesulfuron（咪唑

基本信息

CAS 登录号	81335-77-5		分子量	289.33
分子式	$C_{15}H_{19}N_3O_3$			

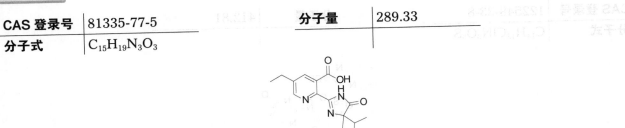

¹H NMR 谱图

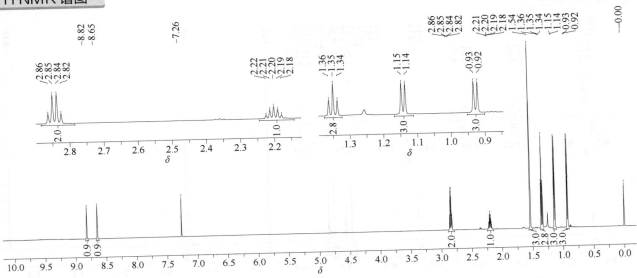

¹H NMR (600 MHz, CDCl₃, δ) 8.82 (1H, ArH, s), 8.65 (1H, ArH, s), 2.86 (2H, CH₂, q, J_{H-H} = 7.6 Hz), 2.20 (1H, CH, hept, J_{H-H} = 6.8 Hz), 1.54 (3H, CH₃, s), 1.35 (3H, CH₃, t, J_{H-H} = 7.6 Hz), 1.14 (3H, CH₃, d, J_{H-H} = 6.9 Hz), 0.93 (3H, CH₃, d, J_{H-H} = 6.8 Hz)

¹³C NMR 谱图

¹³C NMR (151 MHz, CDCl₃, δ) 181.67, 164.77, 162.03, 151.11, 144.17, 143.28, 139.22, 130.38, 75.83, 34.89, 26.04, 21.01, 17.07, 16.62, 14.71

imazosulfuron（唑吡嘧磺隆）

基本信息

CAS 登录号	122548-33-8	分子量	412.81
分子式	$C_{14}H_{13}ClN_6O_5S$		

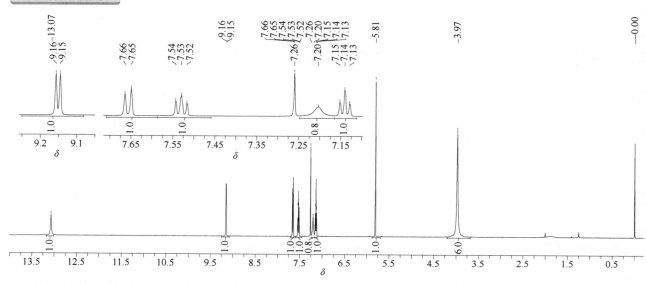

¹H NMR 谱图

¹H NMR (600 MHz, CDCl₃, δ) 13.08 (1H, NH, br), 9.15 (1H, ArH, d, $J_{\text{H-H}}$ = 7.0 Hz), 7.66 (1H, ArH, d, $J_{\text{H-H}}$ = 9.0 Hz), 7.54 (1H, ArH, t, $J_{\text{H-H}}$ = 8.4 Hz), 7.19 (1H, NH, br), 7.14 (1H, ArH, t, $J_{\text{H-H}}$ = 7.0 Hz), 5.81 (1H, ArH, s), 3.97 (6H, 2 OCH₃, s)

¹³C NMR 谱图

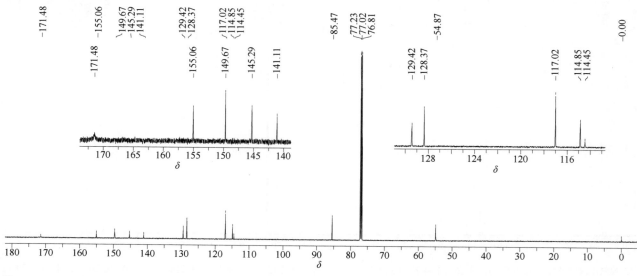

¹³C NMR (151 MHz, CDCl₃, δ) 171.48, 155.06, 149.67, 145.29, 141.11, 129.42, 128.37, 117.02, 114.85, 114.45, 85.47, 54.87

imibenconazole（亚胺唑）

基本信息

CAS 登录号	86598-92-7	分子量	411.73
分子式	$C_{17}H_{13}Cl_3N_4S$		

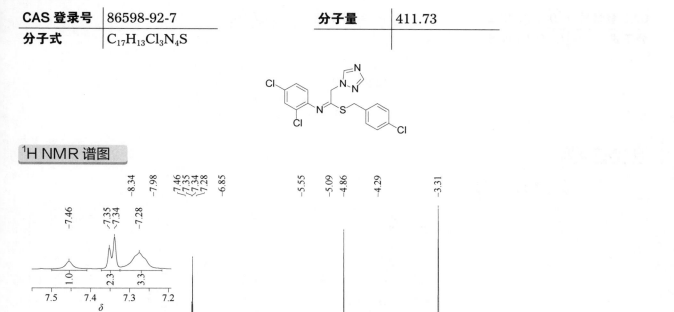

¹H NMR 谱图

¹H NMR (600 MHz, CD₃OD, δ) 8.34 (1H, ArH, s), 7.98 (1H, ArH, s), 7.46 (1H, ArH, s), 7.35 (2H, 2ArH, d, J_{H-H} = 7.9 Hz), 7.32~7.22 (3H, 3ArH, m), 6.85 (1H, ArH, s), 5.09 (2H, CH₂, s), 4.29 (2H, CH₂, s)

¹³C NMR 谱图

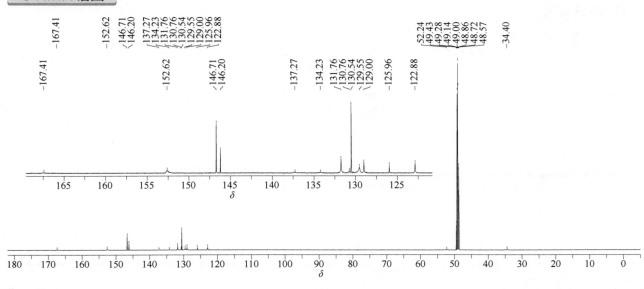

¹³C NMR (151 MHz, CD₃OD, δ) 167.41, 152.62, 146.71, 146.20, 137.27, 134.23, 131.76, 130.76, 130.54, 129.55, 129.00, 125.96, 122.88, 52.24, 34.40

imibenconazole-desbenzyl（脱苄基亚胺唑）

基本信息

CAS 登录号	199338-48-2	**分子量**	287.16
分子式	C₁₀H₈Cl₂N₄S		

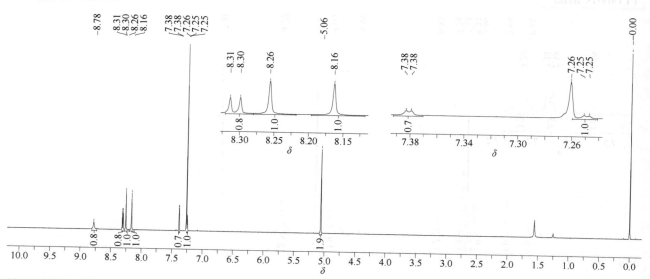

¹H NMR 谱图

¹H NMR (600 MHz, CDCl₃, δ) 8.78 (1H, NH, br), 8.31 (1H, ArH, d, J_{H-H} = 8.9 Hz), 8.26 (1H, ArH, s), 8.16 (1H, ArH, s), 7.38 (1H, ArH, d, J_{H-H} = 2.3 Hz), 7.26 (1H, ArH, dd, J_{H-H} = 8.9 Hz, J_{H-H} = 2.2 Hz), 5.06 (2H, NCH₂, s)

¹³C NMR 谱图

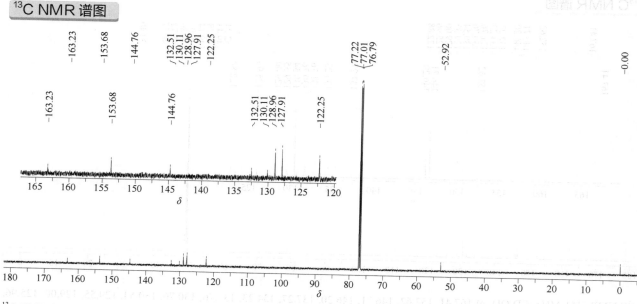

¹³C NMR (151 MHz, CDCl₃, δ) 163.23, 153.68, 144.76, 132.51, 130.11, 128.96, 127.91, 122.25, 52.92

imibenconazole-desphenyl（脱苯基亚胺唑）

基本信息

CAS 登录号	154221-27-9	**分子量**	271.10
分子式	$C_{10}H_8Cl_2N_4O$		

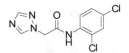

¹H NMR 谱图

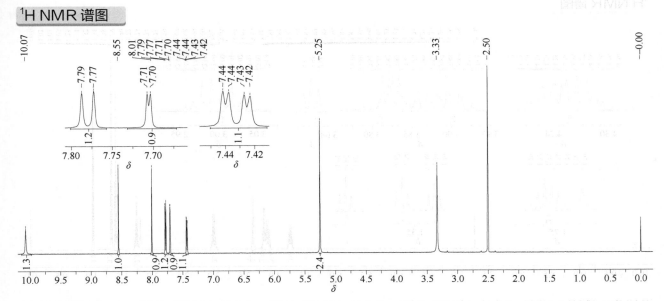

¹H NMR (600 MHz, DMSO-d_6, δ) 10.07 (1H, NH, br), 8.55 (1H, ArH, s), 8.01 (1H, ArH, s), 7.79 (1H, ArH, d, J_{H-H} = 8.8 Hz), 7.71(1H, ArH, d, J_{H-H} = 2.4 Hz), 7.44 (1H, ArH, dd, J_{H-H} = 8.8 Hz, J_{H-H} = 2.4 Hz), 5.25 (2H, CH_2, s)

¹³C NMR 谱图

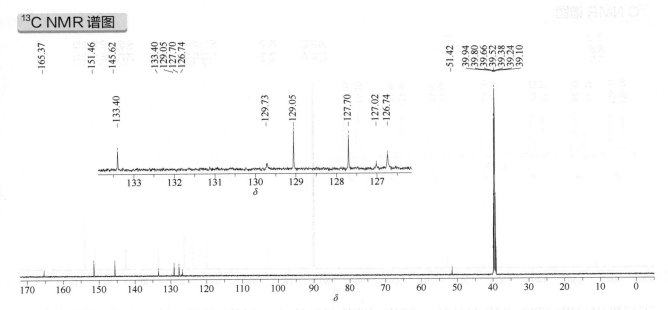

¹³C NMR (151 MHz, DMSO-d_6, δ) 165.37, 151.46, 145.62, 133.40, 129.73, 129.05, 127.70, 127.02, 126.74, 51.42

imicyafos（氰咪唑硫磷）

基本信息

CAS 登录号	140163-89-9	**分子量**	304.35
分子式	$C_{11}H_{21}N_4O_2PS$		

¹H NMR 谱图

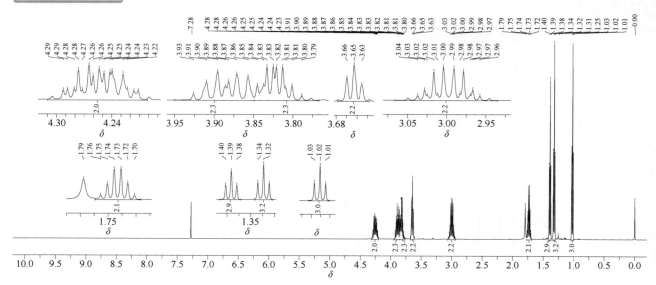

¹H NMR (600 MHz, CDCl₃, δ) 4.31~4.20 (2H, OCH₂, m), 3.95~3.85 (2H, NCH₂, m), 3.85~3.77 (2H, NCH₂, m), 3.65 (2H, NCH₂, t, J_{H-H} = 8.6 Hz), 3.07~2.94 (2H, SCH₂, m), 1.77~1.69 (2H, CH₂, m), 1.39 (3H, CH₃, t, J_{H-H} = 7.1 Hz), 1.32 (3H, CH₃, t, J_{H-H} = 7.2 Hz), 1.02 (3H, CH₃, t, J_{H-H} = 7.3 Hz)

¹³C NMR 谱图

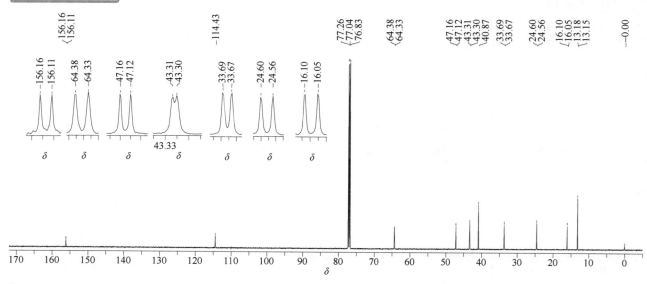

¹³C NMR (151 MHz, CDCl₃, δ) 156.14 (d, $^2J_{C-P}$ = 7.9 Hz), 114.43, 64.36 (d, $^2J_{C-P}$ = 6.7 Hz), 47.14 (d, $^2J_{C-P}$ = 6.9 Hz), 43.30 (d, $^3J_{C-P}$ = 1.8 Hz), 40.87, 33.68 (d, $^3J_{C-P}$ = 4.2 Hz), 24.58 (d, $^2J_{C-P}$ = 6.1 Hz), 16.08 (d, $^3J_{C-P}$ = 7.4 Hz), 13.17 (d, $^4J_{C-P}$ = 4.0 Hz)

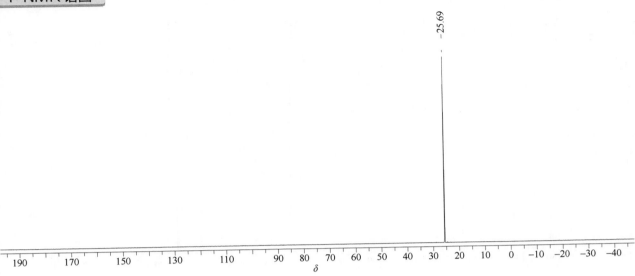

−25.69

^{31}P NMR (243 MHz, CDCl$_3$, δ) 25.69

imidacloprid（吡虫啉）

基本信息

CAS 登录号	138261-41-3	分子量	255.66
分子式	C$_9$H$_{10}$ClN$_5$O$_2$		

¹H NMR 谱图

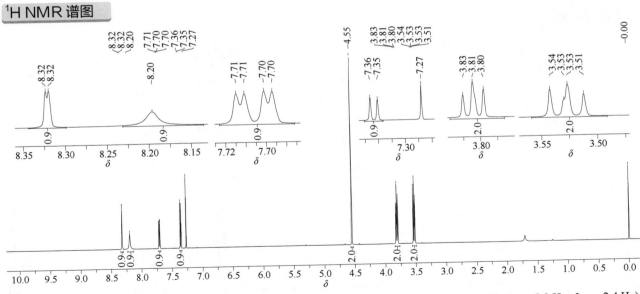

^{1}H NMR (600 MHz, CDCl$_3$, δ) 8.32 (1H, ArH, d, J_{H-H} = 2.2 Hz), 8.20 (1H, NH, br), 7.71 (1H, ArH, dd, J_{H-H} = 8.2 Hz, J_{H-H} = 2.4 Hz), 7.36 (1H, ArH, d, J_{H-H} = 8.2 Hz), 4.55 (2H, CH$_2$, s), 3.83 (2H, CH$_2$ dd, J_{H-H} = 10.0 Hz, J_{H-H} = 8.2 Hz), 3.53 (2H, CH$_2$, dd, J_{H-H} = 10.0 Hz, J_{H-H} = 8.2 Hz)

¹³C NMR 谱图

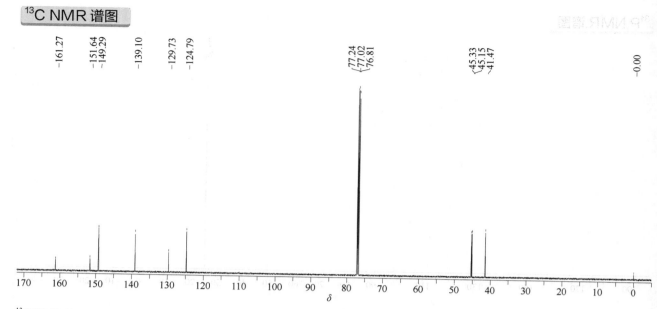

¹³C NMR (151 MHz, CDCl₃, δ) 161.27, 151.64, 149.29, 139.10, 129.73, 124.79, 45.33, 45.15, 41.47

imidacloprid-urea（吡虫啉脲）

基本信息

CAS 登录号	120868-66-8	分子量	211.65
分子式	C₉H₁₀ClN₃O		

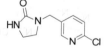

¹H NMR 谱图

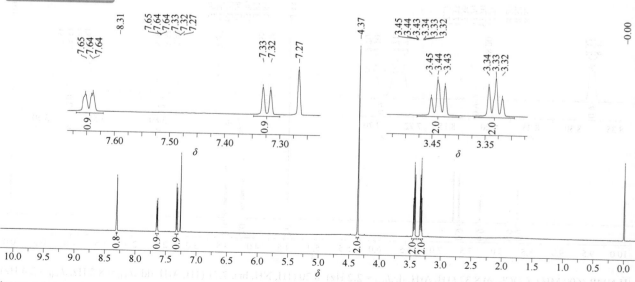

¹H NMR (600 MHz, CDCl₃, δ) 8.31 (1H, ArH, s), 7.64 (1H, ArH, d, J_{H-H} = 8.2 Hz), 7.32 (1H, ArH, d, J_{H-H} = 8.2 Hz), 4.37 (2H, NCH₂, s), 3.44 (2H, NCH₂, t, J_{H-H} = 7.2 Hz), 3.33 (2H, NCH₂, t, J_{H-H} = 7.2 Hz)

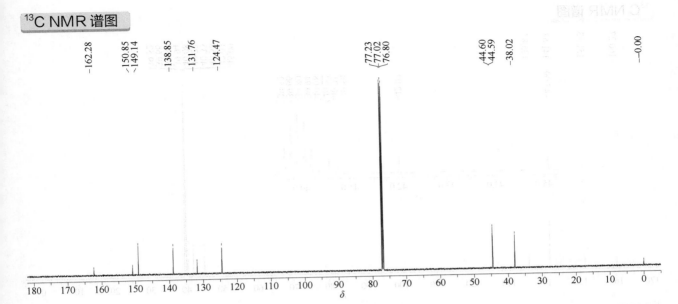

¹³C NMR (151 MHz, CDCl₃, δ) 162.28, 150.85, 149.14, 138.85, 131.76, 124.47, 44.60, 44.59, 38.02

imidaclothiz（氯噻啉）

基本信息

CAS 登录号	105843-36-5	分子量	261.69
分子式	C₇H₈ClN₅O₂S		

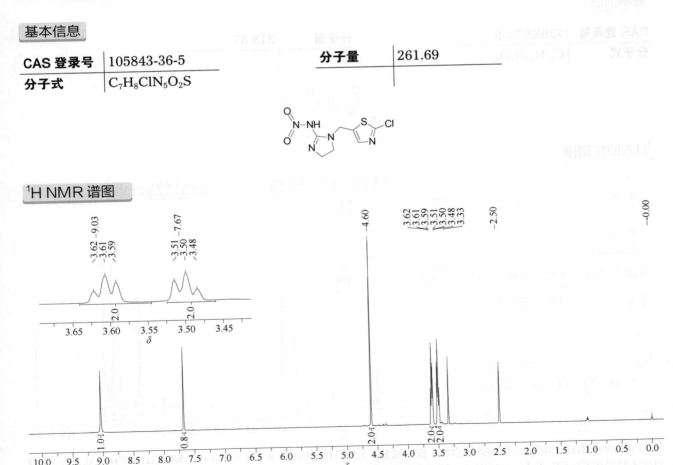

¹H NMR (600 MHz, DMSO-d₆, δ) 9.03 (1H, NH, br), 7.67 (1H, ArH, s), 4.60 (2H, NCH₂, s), 3.61 (2H, NCH₂, t, J_{H-H} = 9.2 Hz), 3.50 (2H, NCH₂, t, J_{H-H} = 9.2 Hz)

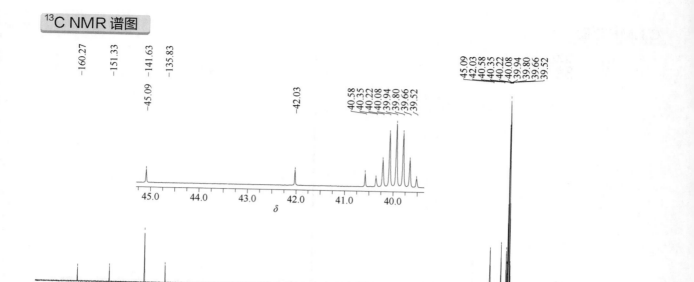

¹³C NMR (151 MHz, DMSO-d₆, δ) 160.27, 151.33, 141.63, 135.83, 45.09, 42.03, 40.58

imiprothrin（炔咪菊酯）

基本信息

CAS 登录号	72963-72-5	分子量	318.37
分子式	C₁₇H₂₂N₂O₄		

¹H NMR 谱图

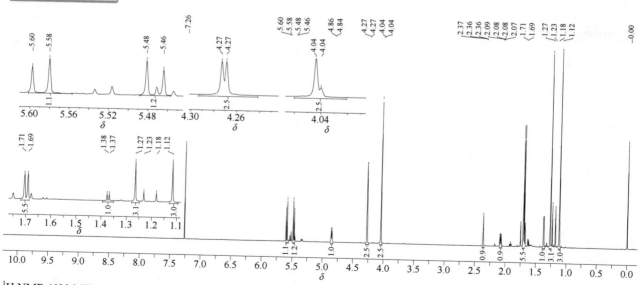

¹H NMR (600 MHz, CDCl₃, δ) 异构体混合物，仅主成分。5.59 (1H, NCH₂O, d, *J*_{H-H} = 10.4 Hz), 5.47 (1H, NCH₂O, d, *J*_{H-H} = 10.4 Hz), 4.85 (1H, C=CH, d, *J*_{H-H} = 8.0 Hz), 4.27 (2H, NCH₂CO, d, *J*_{H-H} = 2.4 Hz), 4.04 (2H, NC<u>H</u>₂C≡H, d, *J*_{H-H} = 2.5 Hz), C≡H, t, *J*_{H-H} = 2.5 Hz), 2.08 (1H, COCHC<u>H</u>, dd, *J*_{H-H} = 7.8 Hz, *J*_{H-H} = 5.5 Hz), 2.37 (1H, COCH, d, *J*_{H-H} = 7.0 Hz), 1.71 (3H, CCH₃, s), 1.69 (3H, CCH₃, s), 1.38 (1H, COCH, d, *J*_{H-H} = 7.0 Hz), 1.27 (3H, CH₃, s), 1.12 (3H, CH₃, s)

¹³C NMR 谱图

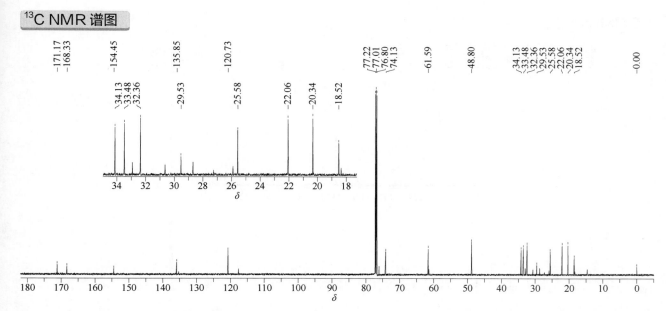

¹³C NMR (151 MHz, CDCl$_3$, δ) 异构体混合物。主成分：171.17, 168.33, 154.45, 135.85, 120.73, 74.13, 61.59, 48.80, 34.13, 33.48, 32.36, 29.53, 25.58, 22.06, 20.34, 18.52

inabenfide（抗倒胺）

基本信息

CAS 登录号	82211-24-3	分子量	338.79
分子式	C$_{19}$H$_{15}$ClN$_2$O$_2$		

¹H NMR 谱图

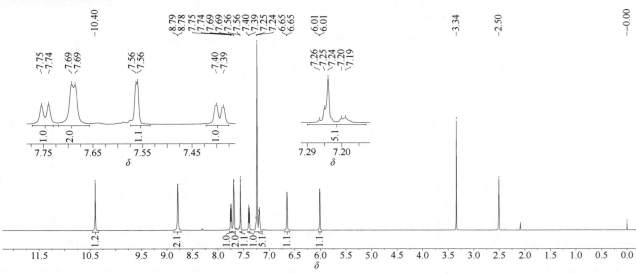

¹H NMR (600 MHz, DMSO-d$_6$, δ) 10.40 (1H, NH, br), 8.78 (2H, 2ArH, d, J_{H-H} = 3.5 Hz), 7.74 (1H, ArH, d, J_{H-H} = 8.5 Hz), 7.69 (2H, 2ArH, d, J_{H-H} = 4.2 Hz), 7.56 (1H, ArH, d, J_{H-H} = 1.7 Hz), 7.39 (1H, ArH, d, J_{H-H} = 8.3 Hz), 7.27~7.17 (5H, 5ArH, m), 6.65 (1H, OH, d, J_{H-H} = 4.4 Hz), 6.01 (1H, C*H*OH, d, J_{H-H} = 4.2 Hz)

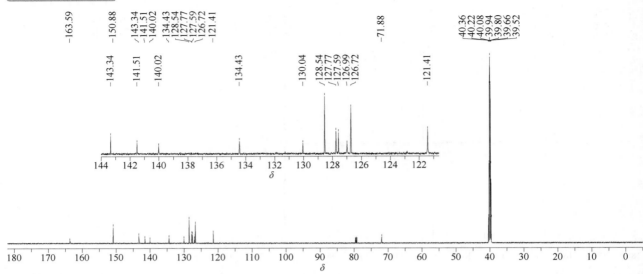

¹³C NMR (151 MHz, DMSO-d₆, δ) 163.59, 150.88, 143.34, 141.51, 140.02, 134.43, 130.04, 128.54, 127.77, 127.75, 127.59, 126.99, 126.72, 121.41, 71.88 (含残留氯仿)

indanofan (茚草酮)

基本信息

CAS 登录号	133220-30-1	分子量	340.80
分子式	C₂₀H₁₇ClO₃		

¹H NMR 谱图

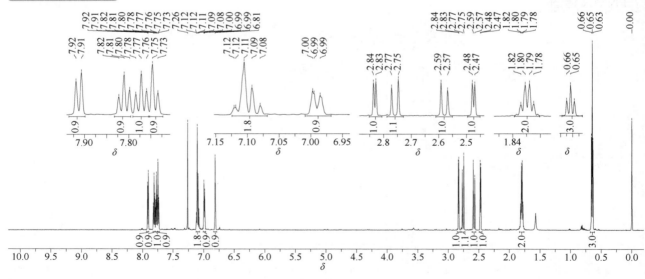

¹H NMR (600 MHz, CDCl₃, δ) 7.91 (1H, ArH, d, J_{H-H} = 7.5 Hz), 7.81 (1H, ArH, t, J_{H-H} = 7.2 Hz), 7.77 (1H, ArH, t, J_{H-H} = 7.2 Hz), 7.74 (1H, ArH, d, J_{H-H} = 7.5 Hz), 7.13~7.07 (2H, 2ArH, m), 6.99 (1H, ArH, d, J_{H-H} = 7.1 Hz), 6.81 (1H, ArH, s), 2.83 (1H, OCH, d, J_{H-H} = 5.2 Hz), 2.76 (1H, CH, d, J_{H-H} = 14.5 Hz), 2.58 (1H, CH, d, J_{H-H} = 14.5 Hz), 2.47 (1H, OCH, d, J_{H-H} = 5.2 Hz), 1.79 (2H, C$\underline{H}_2$CH₃, q, J_{H-H} = 7.6 Hz), 0.65 (3H, CH₂C$\underline{H}_3$, t, J_{H-H} = 7.6 Hz)

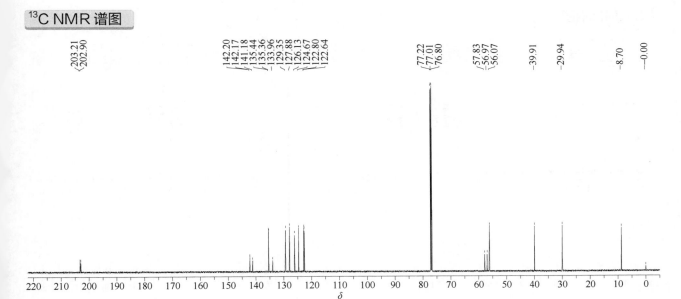

¹³C NMR (151 MHz, CDCl₃, δ) 203.21, 202.90, 142.20, 142.17, 141.18, 135.44, 135.36, 133.96, 129.35, 127.88, 126.13, 124.67, 122.80, 122.64, 57.83, 56.97, 56.07, 39.91, 29.94, 8.70

indaziflam（三嗪茚草胺）

基本信息

CAS 登录号	950782-86-2	分子量	301.36
分子式	C₁₆H₂₀FN₅		

¹H NMR 谱图

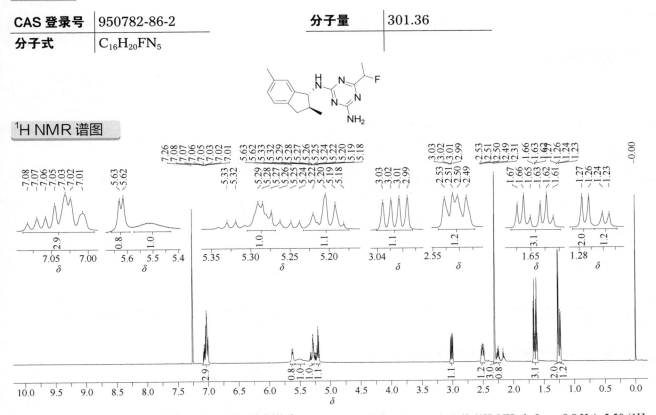

¹H NMR (600 MHz, CDCl₃, δ) 两种异构体重叠，比例约为 2∶1。7.09~6.99 (3H, 3ArH, m), 5.62 (1H, NH, d, $J_{\text{H-H}}$ = 8.8 Hz), 5.50 (1H, NH, br), 5.30~5.27 (1H, CHF, m), 5.23~5.17 (1H, NCH, m), 3.01 (1H, CH, dd, $J_{\text{H-H}}$ = 15.4 Hz, $J_{\text{H-H}}$ = 7.7 Hz), 2.51 (1H, CH, dd, $J_{\text{H-H}}$ = 15.0 Hz, $J_{\text{H-H}}$ = 9.5 Hz), 2.31 (3H, ArCH₃, s), 2.26 (1H, CH, dd, $J_{\text{H-H}}$ = 15.4 Hz, $J_{\text{H-H}}$ = 7.7 Hz), 1.65 或 1.64 (3H, CHFC<u>H</u>₃, dd, $^3J_{\text{H-F}}$ = 24.2 Hz, $J_{\text{H-H}}$ = 6.8 Hz), 1.27 或 1.24 (3H, CHC<u>H</u>₃, d, $J_{\text{H-H}}$ = 6.7 Hz)

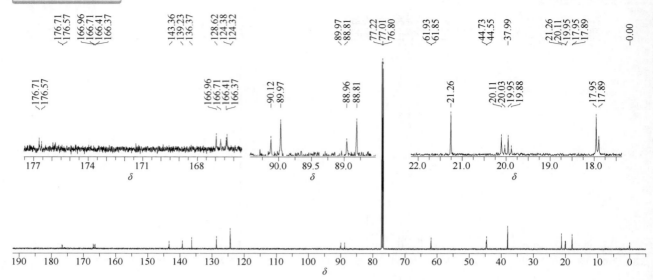

^{13}C NMR (151 MHz, CDCl$_3$, δ) 176.71, 176.57, 166.96, 166.71, 166.41, 166.39, 143.36, 139.23, 136.37, 128.62, 124.38, 124.35, 89.54, (d, J_{C-F} = 175.2 Hz), 89.39 (d, J_{C-F} = 175.2 Hz), 61.93, 61.85, 44.73, 44.55, 37.99, 21.26, 20.03 (d, $^2J_{C-F}$ = 24.9 Hz), 19.95 (d, $^2J_{C-F}$ = 24.9 Hz), 17.95, 17.89

^{19}F NMR 谱图

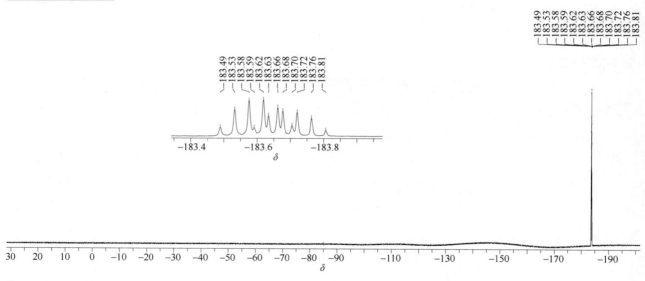

^{19}F NMR (564 MHz, CDCl$_3$, δ) −183.39∼−183.88(m)

indole-3-acetic acid（3- 吲哚乙酸）

基本信息

CAS 登录号	87-51-4	分子量	175.18
分子式	$C_{10}H_9NO_2$		

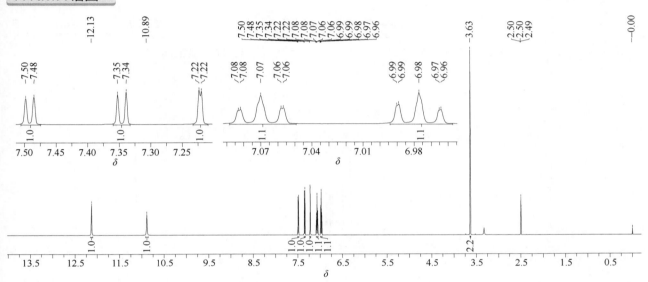

¹H NMR 谱图

¹H NMR (600 MHz, DMSO-d₆, δ) 12.13 (1H, OH, s), 10.89 (1H, NH, s), 7.49 (1H, ArH, d, J_{H-H} = 7.9 Hz), 7.35 (1H, ArH, d, J_{H-H} = 8.1 Hz), 7.22 (1H, ArH, d, J_{H-H} = 2.2 Hz), 7.09~7.05 (1H, ArH, m), 6.99~6.96 (1H, ArH, m), 3.63 (2H, CH₂, s)

¹³C NMR 谱图

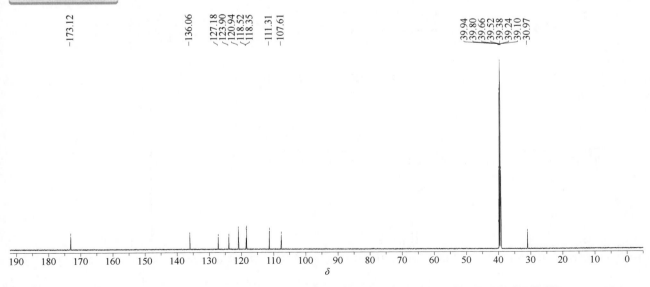

¹³C NMR (151 MHz, DMSO-d₆, δ) 173.12, 136.06, 127.18, 123.90, 120.94, 118.52, 118.35, 111.31, 107.61, 30.97

3-indolebutyric acid（3- 吲哚丁酸）

基本信息

CAS 登录号	133-32-4	分子量	203.24
分子式	$C_{12}H_{13}NO_2$		

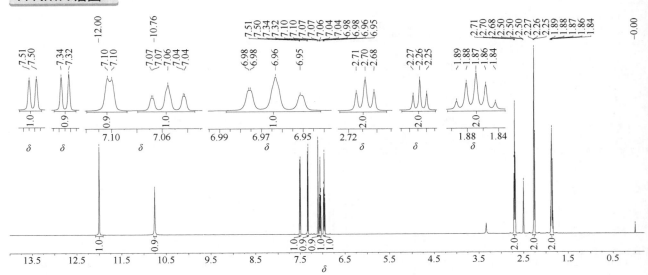

^{1}H NMR 谱图

^{1}H NMR (600 MHz, DMSO-d$_6$, δ) 12.00 (1H, OH, s), 10.76 (1H, NH, s), 7.50 (1H, ArH, d, J_{H-H} = 7.8 Hz), 7.33 (1H, ArH, d, J_{H-H} = 8.1 Hz), 7.10 (1H, ArH, d, J_{H-H} = 2.0 Hz), 7.08~7.03 (1H, ArH, m), 6.98~6.94 (1H, ArH, m), 2.70 (2H, ArCH$_2$, t, J_{H-H} = 7.5 Hz), 2.26 (2H, COCH$_2$, t, J_{H-H} = 7.4 Hz), 1.87 (2H, CH$_2$, quin, J_{H-H} = 7.4 Hz)

^{13}C NMR 谱图

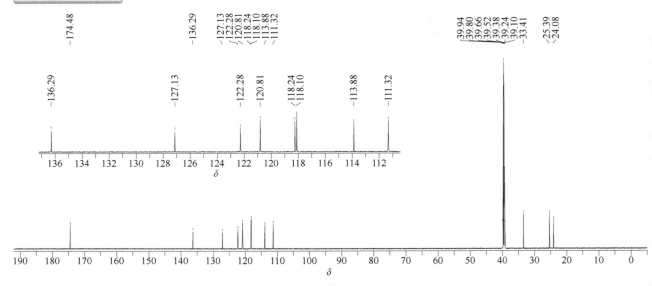

^{13}C NMR (151 MHz, DMSO-d$_6$, δ) 174.48, 136.29, 127.13, 122.28, 120.81, 118.24, 118.10, 113.88, 111.32, 33.41, 25.39, 24.08

indoxacarb（茚虫威）

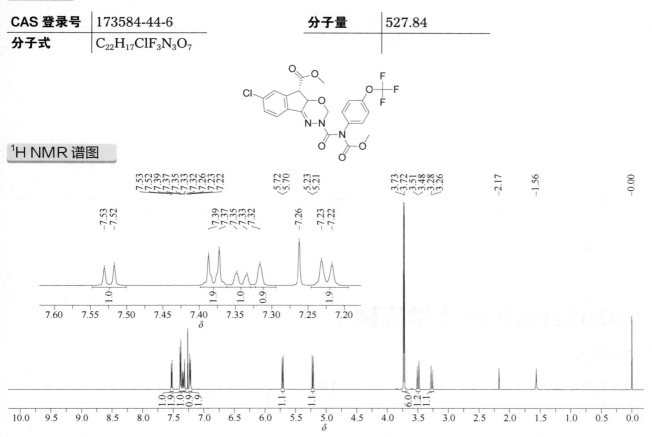

基本信息

CAS 登录号	173584-44-6	分子量	527.84
分子式	$C_{22}H_{17}ClF_3N_3O_7$		

¹H NMR 谱图

¹H NMR (600 MHz, CDCl₃, δ) 7.53 (1H, ArH, d, J_{H-H} = 8.1 Hz), 7.38 (2H, 2ArH, d, J_{H-H} = 8.9 Hz), 7.34 (1H, ArH, d, J_{H-H} = 8.3 Hz), 7.32 (1H, ArH, s), 7.22 (2H, 2ArH, d, J_{H-H} = 8.7 Hz), 5.71 (1H, NCH, d, J_{H-H} = 9.7 Hz), 5.22 (1H, NCH, d, J_{H-H} = 9.7 Hz), 3.73 (3H, OCH₃, s), 3.72 (3H, OCH₃, s), 3.50 (1H, CH, d, J_{H-H} = 16.3 Hz), 3.28 (1H, ArH, d, J_{H-H} = 16.3 Hz)

¹³C NMR 谱图

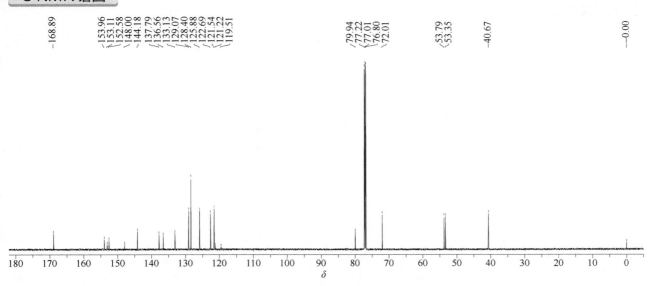

¹³C NMR (151 MHz, CDCl₃, δ) 168.89, 153.96, 153.11, 152.58, 148.00, 144.18, 137.79, 136.56, 133.13, 129.07, 128.40, 125.88, 122.69, 121.54, 120.36 (q, J_{C-F} = 258.2 Hz), 79.94, 72.01, 53.79, 53.35, 40.67

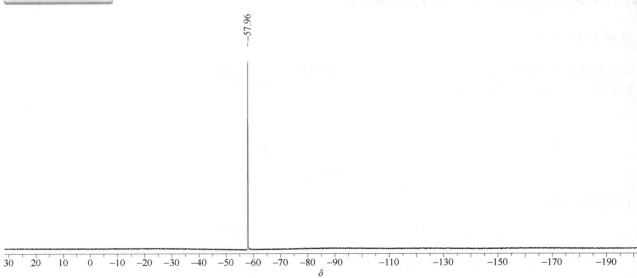

¹⁹F NMR (564 MHz, CDCl₃, δ) −57.96

iodofenphos（碘硫磷）

基本信息

CAS 登录号	18181-70-9	分子量	413.00
分子式	C₈H₈Cl₂IO₃PS		

¹H NMR 谱图

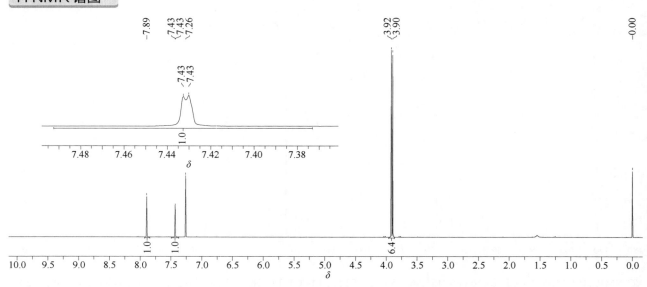

¹H NMR (600 MHz, CDCl₃, δ) 7.89 (1H, ArH, s), 7.43 (1H, ArH, d, $^4J_{\text{H-P}}$ = 1.5 Hz), 3.91 (6H, P(OCH₃)₂, d, $^3J_{\text{H-P}}$ = 13.9 Hz)

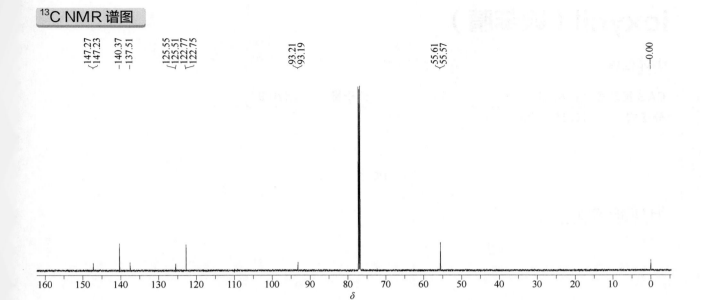

¹³C NMR (151 MHz, CDCl$_3$, δ) 147.25 (d, $^2J_{\text{C-P}}$ = 6.6 Hz), 140.37, 137.51, 125.53 (d, $^3J_{\text{C-P}}$ = 6.6 Hz), 122.76 (d, $^3J_{\text{C-P}}$ = 3.6 Hz), 93.20 (d, $^5J_{\text{C-P}}$ = 2.6 Hz), 55.59 (d, $^2J_{\text{C-P}}$ = 5.8 Hz)

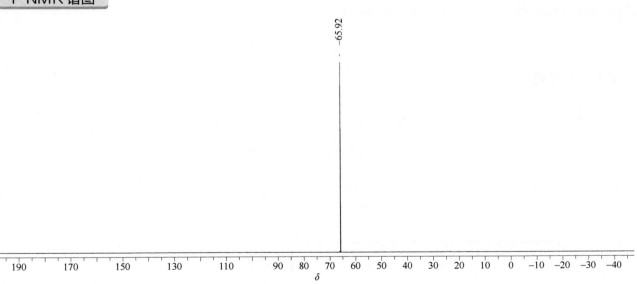

³¹P NMR (243 MHz, CDCl$_3$, δ) 65.92

ioxynil（碘苯腈）

基本信息

CAS 登录号	1689-83-4	分子量	370.92
分子式	C$_7$H$_3$I$_2$NO		

^{1}H NMR 谱图

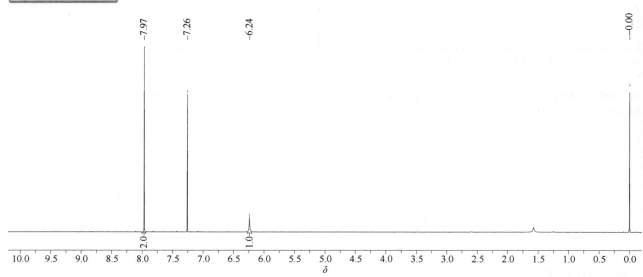

^{1}H NMR (600 MHz, CDCl$_3$, δ) 7.97 (2H, 2ArH, s), 6.24(1H, OH, br)

^{13}C NMR 谱图

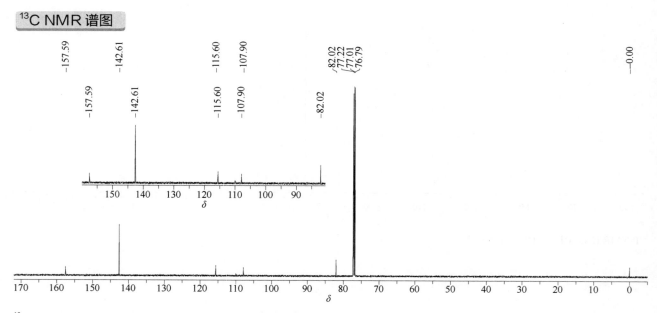

^{13}C NMR (151 MHz, CDCl$_3$, δ) 157.59, 142.61, 115.60, 107.90, 82.02

ipconazole（种菌唑）

基本信息

CAS 登录号	125225-28-7	分子量	333.86
分子式	C₁₈H₂₄ClN₃O		

$C_{18}H_{24}ClN_3O$

¹H NMR 谱图

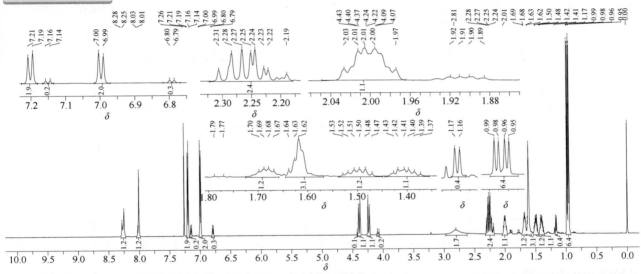

¹H NMR (600 MHz, CDCl₃, δ) 两种异构体，比例约为 10∶1。主要异构体：8.25 (1H, ArH, s), 8.01 (1H, ArH, s), 7.20 (2H, 2ArH, d, J_{H-H} = 8.1 Hz), 7.00 (2H, 2ArH, d, J_{H-H} = 8.1 Hz), 4.38 (1H, NCH, d, J_{H-H} = 14.1 Hz), 4.23 (1H, NCH, d, J_{H-H} = 14.1 Hz), 2.81 (1H, OH, br), 2.33~2.21 (2H, 2CH, m), 2.04~1.96 (1H, CH, m), 1.73~1.66 (1H, CH, m), 1.65~1.57 (3H, 3 CH, m), 1.53~1.46 (1H, CH, m), 1.45~1.36 (1H, CH, m), 0.99 (3H, CH₃, d, J_{H-H} = 6.7 Hz), 0.96 (3H, CH₃, d, J_{H-H} = 6.7 Hz)

¹³C NMR 谱图

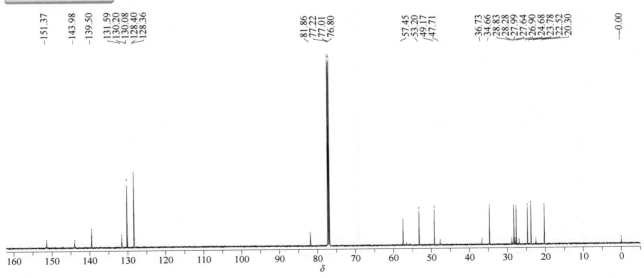

¹³C NMR (151 MHz, CDCl₃, δ) 主要异构体。151.37, 143.98, 139.50, 131.59, 130.20, 128.40, 81.86, 57.45, 53.20, 49.17, 34.66, 28.28, 27.64, 24.68, 23.78, 20.30

iprobenfos（异稻瘟净）

基本信息

CAS 登录号	26087-47-8	**分子量**	288.34
分子式	C₁₃H₂₁O₃PS		

¹H NMR 谱图

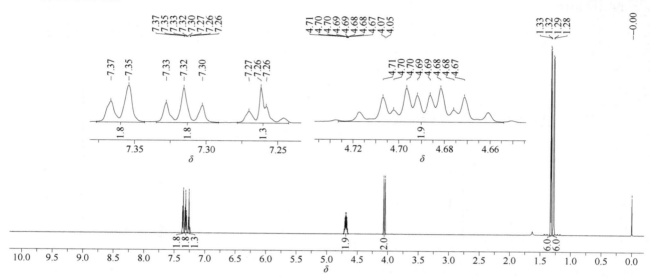

¹H NMR (600 MHz, CDCl₃, δ) 7.36 (2H, 2ArH, d, J_{H-H} = 7.5 Hz), 7.32 (2H, 2ArH, t, J_{H-H} = 7.5 Hz), 7.26 (1H, ArH, t J_{H-H} = 7.5 Hz), 4.73~4.65 (2H, 2 CH(CH₃)₂, m), 4.06 (2H, SCH_2, d, $^3J_{H-P}$ = 13.0 Hz), 1.33 (6H, CH(CH_3)₂, d, $^4J_{H-P}$ = 6.2 Hz), 1.28 (6H, CH(CH_3)₂, d, $^4J_{H-P}$ = 6.2 Hz)

¹³C NMR 谱图

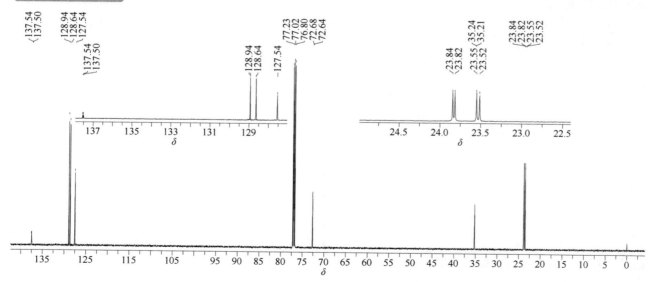

¹³C NMR (151 MHz, CDCl₃, δ) 137.52 (d, $^3J_{C-P}$ = 6.3 Hz), 128.94, 128.64, 127.54, 72.66 (d, $^2J_{C-P}$ = 6.3 Hz), 35.22 (d, $^2J_{C-P}$ = 3.9 Hz), 23.83 (d, $^3J_{C-P}$ = 4.1 Hz), 23.53 (d, $^3J_{C-P}$ = 5.6 Hz)

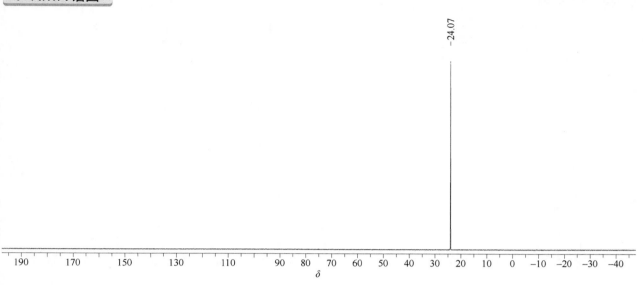

−24.07

³¹P NMR (243 MHz, CDCl₃, δ) 24.07

iprodione（异菌脲）

基本信息

CAS 登录号	36734-19-7	分子量	330.17
分子式	C₁₃H₁₃Cl₂N₃O₃		

¹H NMR 谱图

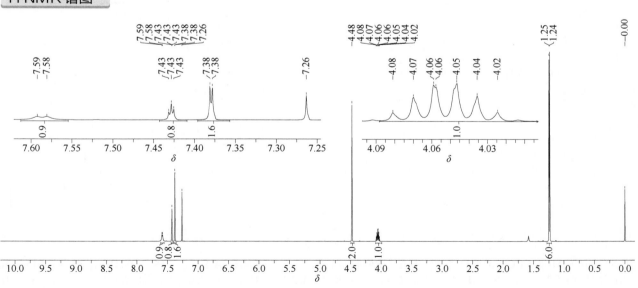

¹H NMR (600 MHz, CDCl₃, δ) 7.59 (1H, NH, d, J_{H-H} = 7.0 Hz), 7.43 (1H, ArH, t, J_{H-H} = 1.8 Hz), 7.38 (2H, 2ArH, d, J_{H-H} = 1.8 Hz), 4.48 (2H, CH₂, s), 4.08 (1H, C*H*(CH₂)₃, hept, J_{H-H} = 6.6 Hz), 1.25 (6H, 2CH₃, d, J_{H-H} = 6.6 Hz)

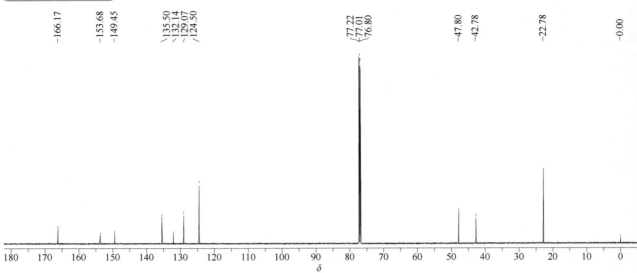

^{13}C NMR (151 MHz, CDCl$_3$, δ) 166.17, 153.68, 149.45, 135.50, 132.14, 129.07, 124.50, 47.80, 42.78, 22.78

iprovalicarb（异丙菌胺）

基本信息

CAS 登录号	140923-17-7	分子量	320.43
分子式	C$_{18}$H$_{28}$N$_2$O$_3$		

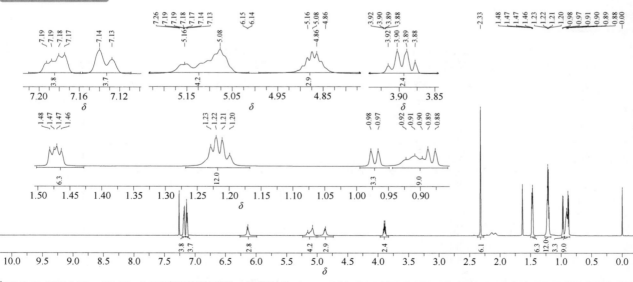

^{1}H NMR 谱图

^{1}H NMR (600 MHz, CDCl$_3$, δ) 两种异构体重叠，比例约为 1∶1。7.20~7.15 (4H, 4ArH, m), 7.15~7.10 (4H, 4ArH, m), 6.18~6.10 (2H, 2NH, m), 5.23~5.02 (4H, 2NH/CH, m), 4.91~4.82 (2H, 2CH, m), 3.95~3.83 (2H, 2CH, m), 2.32 (6H, 2ArCH$_3$, s), 2.18~2.04 (2H, 2CH, m), 1.47 (3H, CHC$\underline{H}_3$, d, J_{H-H} = 6.7 Hz), 1.47 (3H, CHC$\underline{H}_3$, d, J_{H-H} = 4.2 Hz), 1.21 (12H, 2 CH(C$\underline{H}_3$)$_2$, m), 0.97 (3H, CH(C$\underline{H}_3$)$_2$, d, J_{H-H} = 6.9 Hz), 0.90 (6H, CH(C$\underline{H}_3$)$_2$, m), 0.88 (3H, CH(C$\underline{H}_3$)$_2$, d, J_{H-H} = 6.8 Hz)

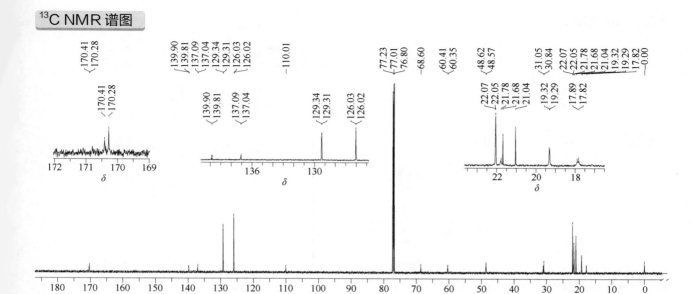

¹³C NMR (151 MHz, CDCl₃, δ) 两种异构体重叠。170.41, 170.28, 139.90, 139.81, 137.09, 137.04, 129.34, 129.31, 126.03, 126.02, 110.01, 68.60, 60.41, 60.35, 48.62, 48.57, 31.05, 30.84, 22.07, 22.05, 21.78, 21.68, 21.04, 19.32, 19.29, 17.89, 17.82

isazofos（氯唑磷）

基本信息

CAS 登录号	42509-80-8		分子量	313.74
分子式	C₉H₁₇ClN₃O₃PS			

¹H NMR 谱图

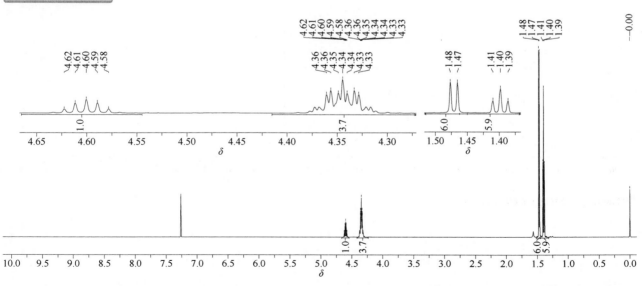

¹H NMR (600 MHz, CDCl₃, δ) 4.60 (1H, C*H*(CH₃)₂, hept, *J*_{H-H} = 6.6 Hz), 4.40~4.30 (4H, 2OC*H*₂CH₃, m), 1.47 (6H, CH(C*H*₃)₂, d, *J*_{H-H} = 6.7 Hz), 1.40 (6H, 2OCH₂C*H*₃, t, *J*_{H-H} = 7.1 Hz)

¹³C NMR 谱图

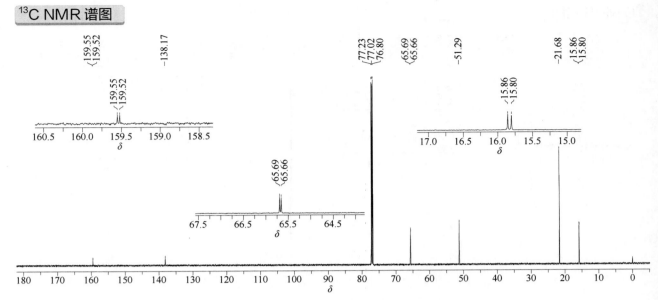

¹³C NMR (151 MHz, CDCl₃, δ) 159.54 (d, $^2J_{C\text{-}P}$ = 7.9 Hz), 138.17, 65.68 (d, $^2J_{C\text{-}P}$ = 5.5 Hz), 51.29, 21.68, 15.83 (d, $^3J_{C\text{-}P}$ = 7.9 Hz)

³¹P NMR 谱图

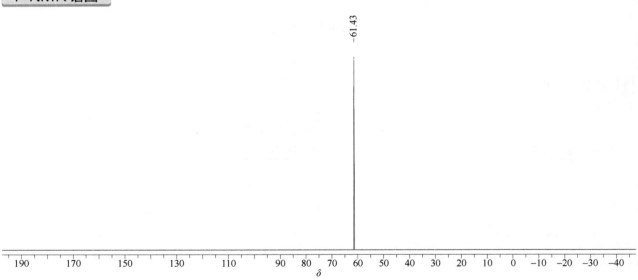

³¹P NMR (243 MHz, CDCl₃, δ) 61.43

isobornyl thiocyanoacetate（杀那脱）

基本信息

CAS 登录号	115-31-1	分子量	253.36
分子式	$C_{13}H_{19}NO_2S$		

¹H NMR 谱图

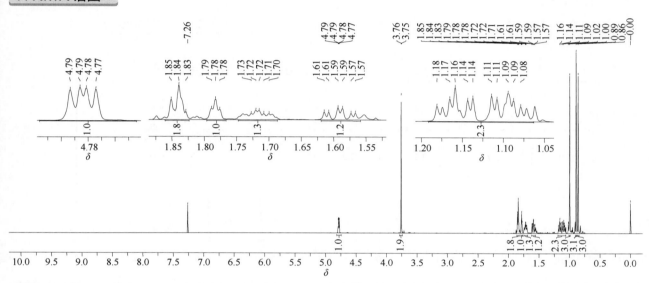

¹H NMR (600 MHz, CDCl₃, δ) 4.78 (1H, OCH, dd, J_{H-H} = 7.2 Hz, J_{H-H} = 4.4 Hz), 3.76 (2H, SCH₂, s), 1.86~1.82 (2H, 2CH, m), 1.78 (1H, CH, t, J_{H-H} = 3.8 Hz), 1.75~1.69 (1H, CH, m), 1.62~1.56 (1H, CH, m), 1.19~1.06 (2H, 2CH, m), 1.00 (3H, CH₃, s), 0.89 (3H, CH₃, s), 0.86 (3H, CH₃, s)

¹³C NMR 谱图

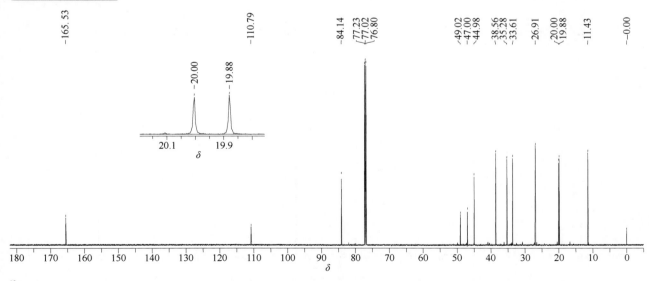

¹³C NMR (151 MHz, CDCl₃, δ) 165.53, 110.79, 84.14, 49.02, 47.00, 44.98, 38.56, 35.28, 33.61, 26.91, 20.00, 19.88, 11.43

isocarbamid（草灵酮）

基本信息

CAS 登录号	30979-48-7	**分子量**	185.22
分子式	C$_8$H$_{15}$N$_3$O$_2$		

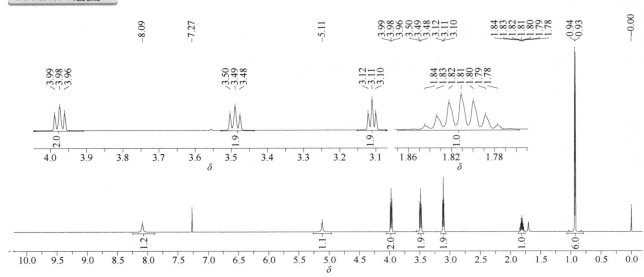

^{1}H NMR 谱图

^{1}H NMR (600 MHz, CDCl$_3$, δ) 8.09 (1H, NH, br), 5.11 (1H, NH, br), 3.98 (2H, NC$\underline{H}_2$/NHC$\underline{H}_2$, t, J_{H-H} = 8.2 Hz), 3.49 (2H, NC$\underline{H}_2$/NHC$\underline{H}_2$, t, J_{H-H} = 8.2 Hz), 3.11 (2H, NHC$\underline{H}_2$CH, t, J_{H-H} = 6.4 Hz), 1.81 (1H, C$\underline{H}$(CH$_3$)$_2$, hept, J_{H-H} = 6.7 Hz), 0.93 (6H, CH(C$\underline{H}_3$)$_2$, d, J_{H-H} = 6.7 Hz)

^{13}C NMR 谱图

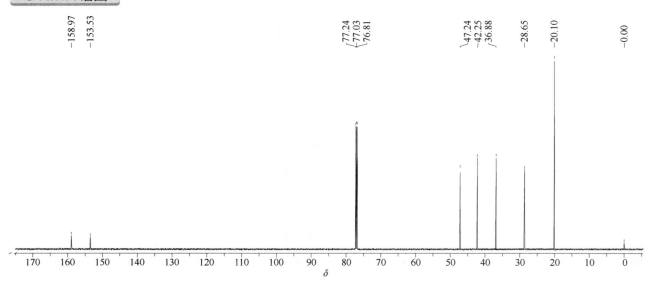

^{13}C NMR (151 MHz, CDCl$_3$, δ) 158.97, 153.53, 47.24, 42.25, 36.88, 28.65, 20.10

isocarbophos（水胺硫磷）

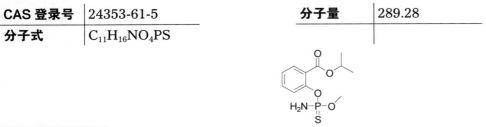

基本信息

CAS 登录号	24353-61-5	分子量	289.28
分子式	$C_{11}H_{16}NO_4PS$		

^{1}H NMR 谱图

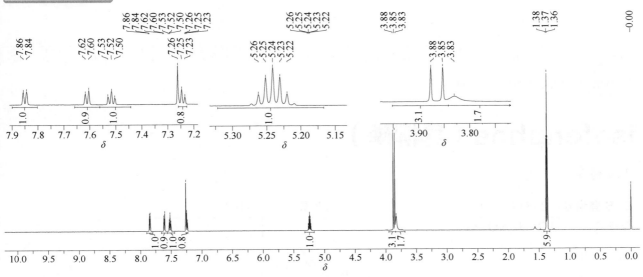

^{1}H NMR (600 MHz, CDCl$_3$, δ) 7.85 (1H, ArH, d, J_{H-H} = 7.3 Hz), 7.61 (1H, ArH, d, J_{H-H} = 8.2 Hz), 7.52 (1H, ArH, t, J_{H-H} = 7.8 Hz), 7.24 (1H, ArH, t, J_{H-H} = 7.5 Hz), 5.24 (1H, C$\underline{H}$(CH$_3$)$_2$, hept, J_{H-H} = 6.3 Hz), 3.86 (3H, OCH$_3$, d, $^3J_{H-P}$ = 14.2 Hz), 3.83 (2H, NH$_2$, br), 1.38 (3H, CH(C$\underline{H}_3$), d, J_{H-H} = 6.7 Hz), 1.37 (3H, CH(C$\underline{H}$3), d, J_{H-H} = 6.7 Hz)

^{13}C NMR 谱图

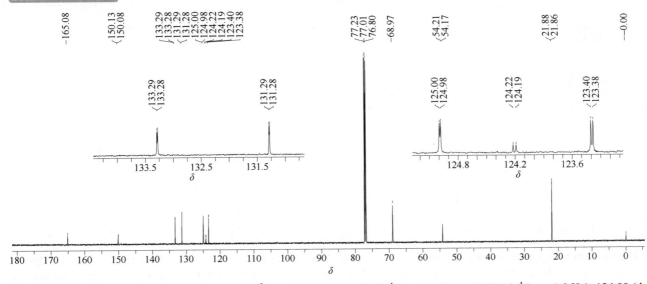

^{13}C NMR (151 MHz, CDCl$_3$, δ) 165.08, 150.11 (d, $^2J_{C-P}$ = 7.1 Hz), 133.28 (d, $^4J_{C-P}$ = 2.0 Hz), 131.29 (d, $^4J_{C-P}$ = 1.5 Hz), 124.99 (d, $^5J_{C-P}$ = 1.9 Hz), 124.21 (d, $^3J_{C-P}$ = 4.7 Hz), 123.39 (d, $^3J_{C-P}$ = 3.5 Hz), 68.97, 54.19 (d, $^2J_{C-P}$ = 5.4 Hz), 21.88, 21.86

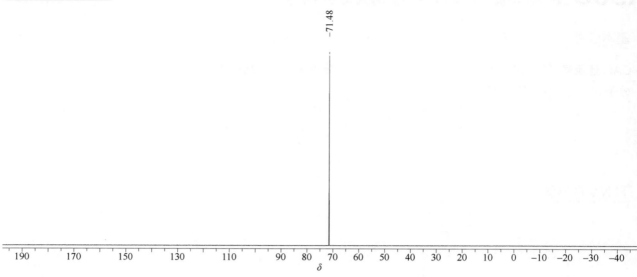

-71.48

³¹P NMR (243 MHz, CDCl₃, δ) 71.48

isofenphos（异柳磷）

基本信息

CAS 登录号	25311-71-1	分子量	345.39
分子式	C₁₅H₂₄NO₄PS		

¹H NMR 谱图

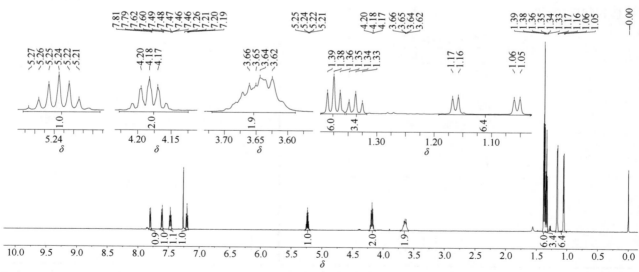

¹H NMR (600 MHz, CDCl₃, δ) 7.80 (1H, ArH, d, J_{H-H} = 7.8 Hz), 7.61 (1H, ArH, d, J_{H-H} = 8.3 Hz), 7.50~7.45 (1H, ArH, m), 7.20 (1H, ArH, t, J_{H-H} = 7.6 Hz), 5.23 (1H, OC*H*(CH₃)₂, hept, J_{H-H} = 6.2 Hz), 4.23~4.12 (2H, OC*H*₂CH₃, m), 3.72~3.58 (2H, N*H*CH(CH₃)₂, NHC*H*(CH₃)₂, m), 1.38 (6H, OCH(C*H*₃)₂, t, J_{H-H} = 6.6 Hz), 1.34 (3H, OCH₂C*H*₃, t, J_{H-H} = 7.1 Hz), 1.17 (3H, NHCHC*H*₃, d, J_{H-H} = 6.0 Hz), 1.06 (3H, NHCHC*H*₃, d, J_{H-H} = 6.0 Hz)

¹³C NMR 谱图

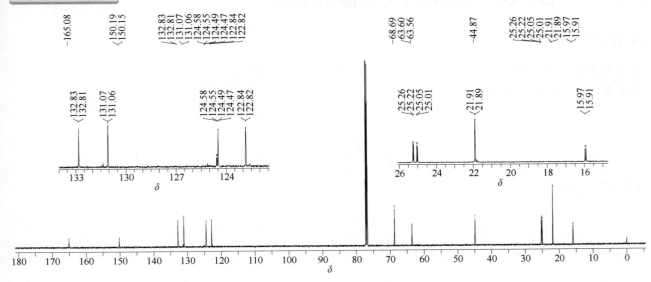

¹³C NMR (151 MHz, CDCl$_3$, δ) 165.08 150.17 (d, $^2J_{C-P}$ = 7.1 Hz), 132.82 (d, $^4J_{C-P}$= 1.7 Hz), 131.07 (d, $^4J_{C-P}$ = 0.9 Hz), 124.56 (d, $^3J_{C-P}$ = 4.5 Hz), 124.48 (d, $^3J_{C-P}$ = 3.0 Hz), 122.83 (d, $^5J_{C-P}$ = 3.8 Hz), 68.69, 63.58 (d, $^2J_{C-P}$ = 5.7 Hz), 44.87, 25.24 (d, $^2J_{C-P}$ = 5.7 Hz), 25.03 (d, $^3J_{C-P}$ = 6.6 Hz), 21.91, 21.89, 15.94 (d, $^3J_{C-P}$ = 8.4 Hz)

³¹P NMR 谱图

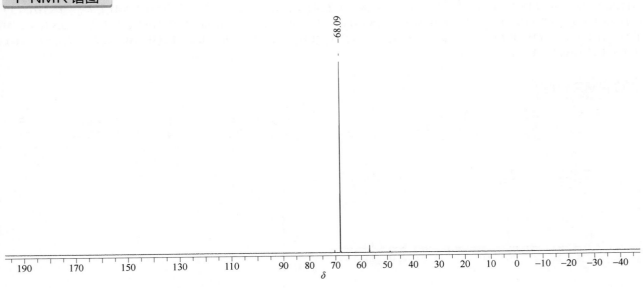

³¹P NMR (243 MHz, CDCl$_3$, δ) 68.09

isofenphos oxon（氧丙胺磷）

基本信息

CAS 登录号	31120-85-1	**分子量**	329.33
分子式	C$_{15}$H$_{24}$NO$_5$P		

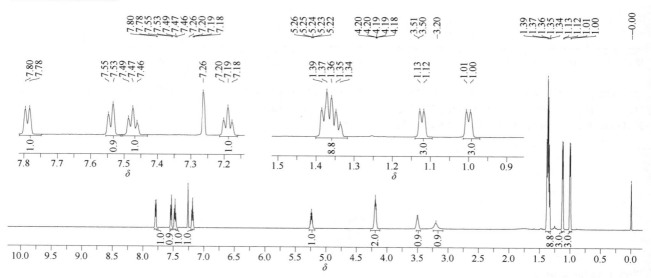

^{1}H NMR 谱图

^{1}H NMR (600 MHz, CDCl$_3$, δ) 7.79 (1H, ArH, d, J_{H-H} = 7.8 Hz), 7.54 (1H, ArH, d, J_{H-H} = 8.2 Hz), 7.47 (1H, ArH, t, J_{H-H} = 7.8 Hz), 7.19 (1H, ArH, t, J_{H-H} = 7.5 Hz), 5.24 (1H, OCH, hept, J_{H-H} = 6.0 Hz), 4.27~4.12 (2H, OCH$_2$, m), 3.50 (1H, NCH, d, J_{H-H} = 5.8 Hz), 3.20 (1H, NH, br), 1.37 (6H, OCH(C$\underline{H}_3$)$_2$, d, J_{H-H} = 7.1 Hz), 1.34 (3H, OCH$_2$C$\underline{H}_3$, t, J_{H-H} = 6.1 Hz), 1.12 (3H, NCHC$\underline{H}_3$, d, J_{H-H} = 6.3 Hz), 1.00 (3H, NCHC$\underline{H}_3$, d, J_{H-H} = 6.3 Hz)

^{13}C NMR 谱图

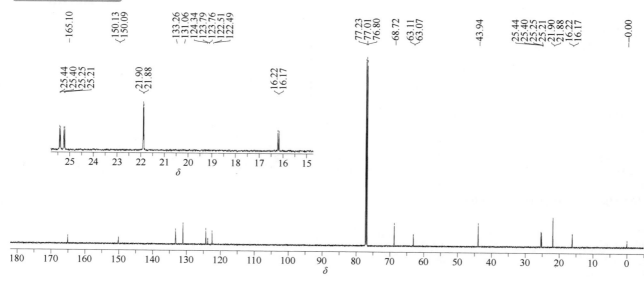

^{13}C NMR (151 MHz, CDCl$_3$, δ) 165.10, 150.11 (d, $^2J_{C-P}$ = 6.2 Hz), 133.26, 131.06, 124.34, 123.77 (d, $^3J_{C-P}$ = 5.7 Hz), 122.50 (d, $^3J_{C-P}$ = 5.6 Hz), 68.72, 63.09 (d, $^2J_{C-P}$ = 6.0 Hz), 43.94, 25.42 (d, $^3J_{C-P}$ = 5.7 Hz), 25.23 (d, $^3J_{C-P}$ = 5.9 Hz), 21.90, 21.88, 16.20 (d, $^3J_{C-P}$ = 7.2 Hz)

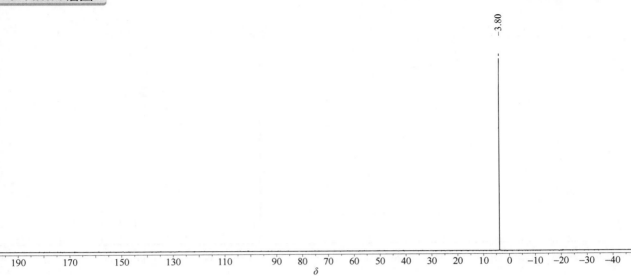

-3.80

³¹P NMR (243 MHz, CDCl₃, δ) 3.80

isomethiozin（嗪丁草）

基本信息

CAS 登录号	57052-04-7	分子量	268.38
分子式	C₁₂H₂₀N₄OS		

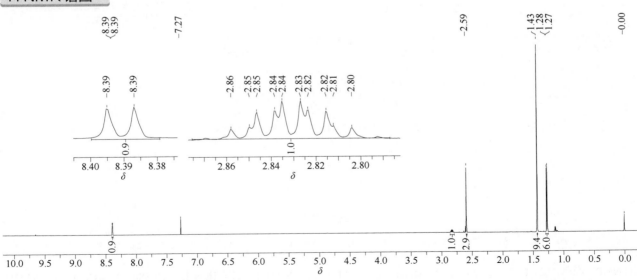

¹H NMR 谱图

¹H NMR (600 MHz, CDCl₃, δ) 8.39 (1H, =CH, d, $J_{\text{H-H}}$ = 4.9 Hz), 2.86~2.79 (1H, C$\underline{H}$(CH₃)₂, m), 2.59 (3H, SCH₃, s), 1.43 (9H, C(CH₃)₃, s), 1.29~1.25 (6H, CH(C$\underline{H}$₃)₂, d, $J_{\text{H-H}}$ = 7.2 Hz)

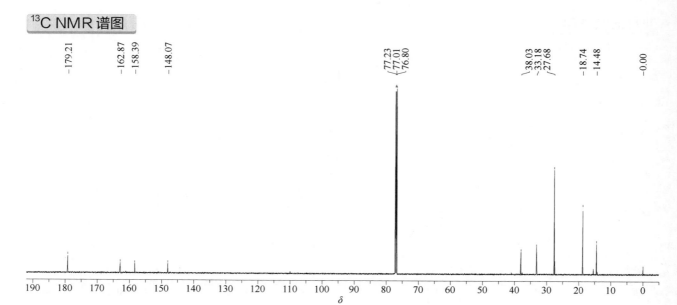

¹³C NMR (151 MHz, CDCl₃, δ) 179.21, 162.87, 158.39, 148.07, 38.03, 33.18, 27.68, 18.74, 14.48

isonoruron（异草完隆）

基本信息

CAS 登录号	28805-78-9	分子量	222.33
分子式	C₁₃H₂₂N₂O		

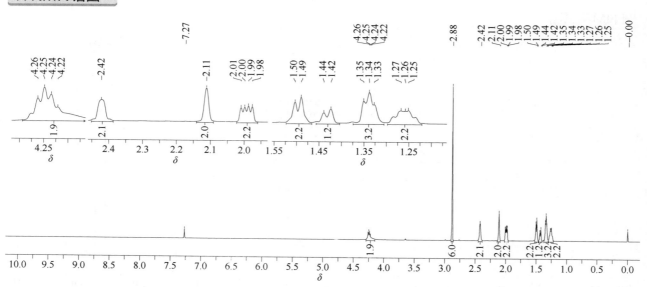

¹H NMR 谱图

¹H NMR (600 MHz, CDCl₃, δ) 4.24 (1H, NCH, dd, J_{H-H} = 8.2 Hz, J_{H-H} = 8.2 Hz), 4.22 (1H, NH, br), 2.88 (6H, N(CH₃)₂, s), 2.42 (2H, 2CH, s), 2.11 (2H, 2CH, s), 1.99 (2H, 2CH, dd, J_{H-H} = 6.6 Hz, J_{H-H} = 6.6 Hz), 1.50 (2H, 2CH, d, J_{H-H} = 8.0 Hz), 1.43 (1H, CH, d, J_{H-H} = 9.3 Hz), 1.36~1.30 (3H, 3 CH, m), 1.30~1.22 (2H, 2CH, m)

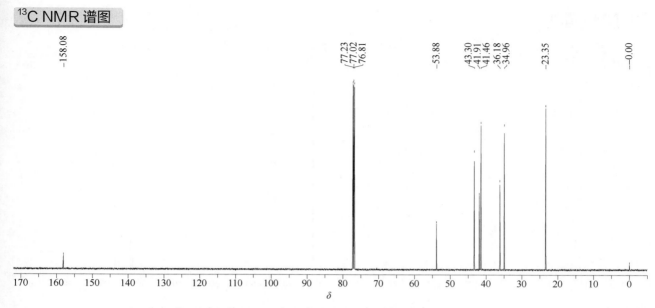

−158.08

77.23
77.02
76.81

−53.88

43.30
41.91
41.46
36.18
34.96

−23.35

−0.00

¹³C NMR (151 MHz, CDCl₃, δ) 158.08, 53.88, 43.30, 41.91, 41.46, 36.18, 34.96, 23.35

isoprocarb（异丙威）

基本信息

CAS 登录号	2631-40-5	分子量	193.25
分子式	C₁₁H₁₅NO₂		

¹H NMR 谱图

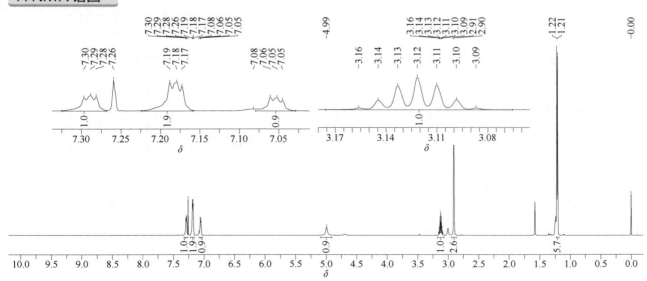

¹H NMR (600 MHz, CDCl₃, δ) 7.32~7.27 (1H, ArH, m), 7.22~7.15 (2H, 2ArH, m), 7.08~7.02 (1H, ArH, m), 4.99 (1H, NH, br), 3.12 (1H, ArCH, hept, J_{H-H} = 6.9 Hz), 2.91 (3H, NHC$\underline{H}$₃, d, J_{H-H} = 4.9 Hz), 1.21(6H, CH(C$\underline{H}$₃)₂, d, J_{H-H} = 6.9 Hz)

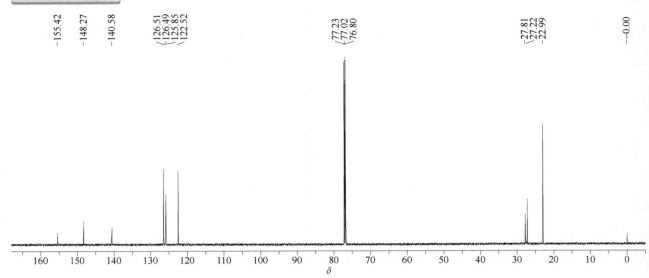

¹³C NMR (151 MHz, CDCl₃, δ) 155.42, 148.27, 140.58, 126.51, 126.49, 125.85, 122.52, 27.81, 27.22, 22.99

isopropalin（异乐灵）

基本信息

CAS 登录号	33820-53-0	分子量	309.36
分子式	C₁₅H₂₃N₃O₄		

¹H NMR 谱图

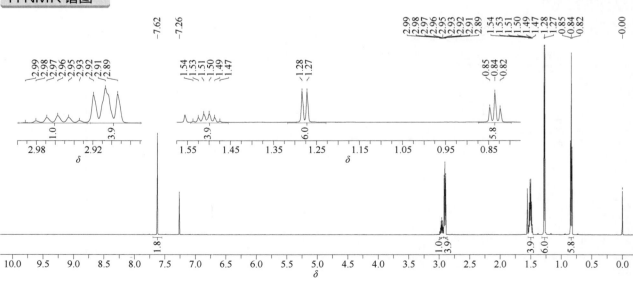

¹H NMR (600 MHz, CDCl₃, δ) 7.62 (2H, 2ArH, s), 2.96 (1H, C*H*(CH₃)₂, hept, *J*_{H-H} = 7.0 Hz), 2.93~2.87 (4H, 2NCH₂, m), 1.54~1.46 (4H, 2C*H*₂CH₃, m), 1.28 (6H, CH(C*H*₃)₂, d, *J*_{H-H} = 6.9 Hz), 0.84 (6H, 2CH₂C*H*₃, t, *J*_{H-H} = 7.4 Hz)

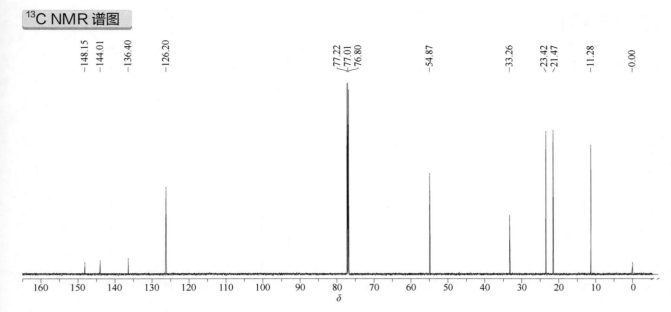

^{13}C NMR (151 MHz, CDCl$_3$, δ) 148.15, 144.01, 136.40, 126.20, 54.87, 33.26, 23.42, 21.47, 11.28

isoprothiolane（稻瘟灵）

基本信息

CAS 登录号	50512-35-1	分子量	290.40
分子式	C$_{12}$H$_{18}$O$_4$S$_2$		

^{1}H NMR 谱图

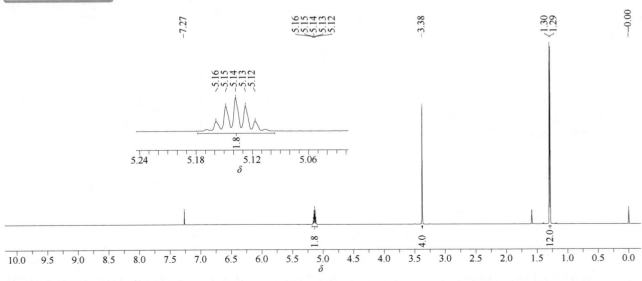

^{1}H NMR (600 MHz, CDCl$_3$, δ) 5.14 (2H, 2OCH, hept, J_{H-H} = 6.3 Hz), 3.38 (4H, 2CH$_2$, s), 1.29 (12H, 4CH$_3$, d, J_{H-H} = 6.3 Hz)

¹³C NMR 谱图

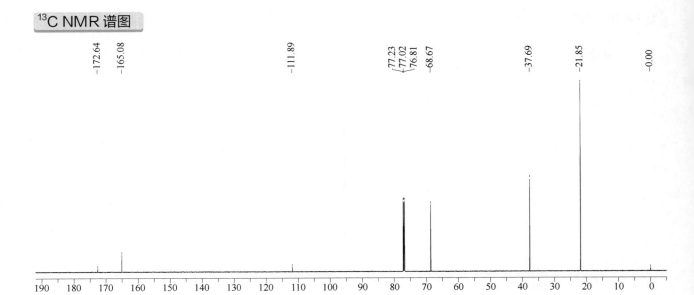

¹³C NMR (151 MHz, CDCl₃, δ) 172.64, 165.08, 111.89, 68.67, 37.69, 21.85

isoproturon（异丙隆）

基本信息

CAS 登录号	34123-59-6	分子量	206.28
分子式	C₁₂H₁₈N₂O		

¹H NMR 谱图

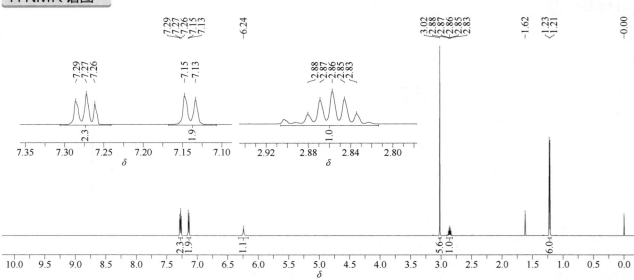

¹H NMR (600 MHz, CDCl₃, δ) 7.28 (2H, 2ArH, d, J_{H-H} = 8.3 Hz), 7.14 (2H, 2ArH, d, J_{H-H} = 8.3 Hz), 6.24 (1H, NH, s), 3.02 (6H, N(CH₃)₂, s), 2.86 (1H, CH, hept, J_{H-H} = 6.9 Hz), 1.22 (6H, CH(C<u>H</u>₃)₂, d, J_{H-H} = 6.9 Hz)

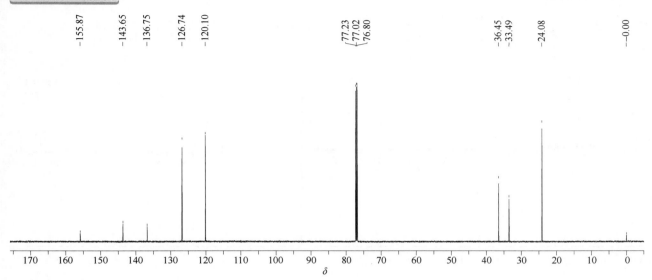

¹³C NMR (151 MHz, CDCl₃, δ) 155.87, 143.65, 136.75, 126.74, 120.10, 36.45, 33.49, 24.08

isopyrazam（吡唑萘菌胺）

基本信息

CAS 登录号	881685-58-1	分子量	359.42
分子式	C₂₀H₂₃F₂N₃O		

¹H NMR 谱图

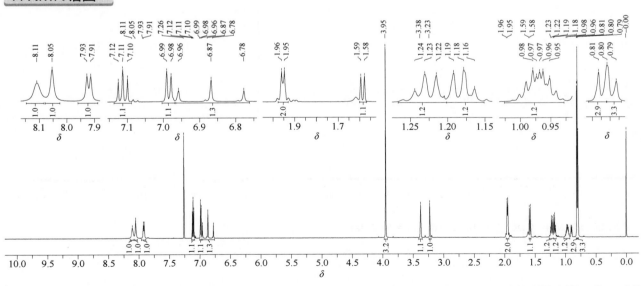

¹H NMR (600 MHz, CDCl₃, δ) 8.11 (1H, NH, br), 8.05 (1H, ArH, s), 7.92 (1H, ArH, d, J_{H-H} = 8.1 Hz), 7.11 (1H, ArH, t, J_{H-H} = 7.7 Hz), 6.98 (1H, ArH, d, J_{H-H} = 7.2 Hz), 6.87 (1H, CHF₂, t, $^2J_{H-F}$ = 54.2 Hz), 3.95 (3H, NCH₃, s), 3.38 (1H, CH, s), 3.23 (1H, CH, s), 1.95 (2H, CH₂, t, J_{H-H} = 7.7 Hz), 1.59 (1H, CH, d, J_{H-H} = 10.0 Hz), 1.27~1.20 (1H, CH, m), 1.20~1.15 (1H, CH, m), 1.03~0.93 (1H, CH, m), 0.81 (3H, CH₃, d, J_{H-H} = 6.2 Hz), 0.80 (3H, CH₃, d, J_{H-H} = 6.2 Hz)

¹³C NMR 谱图

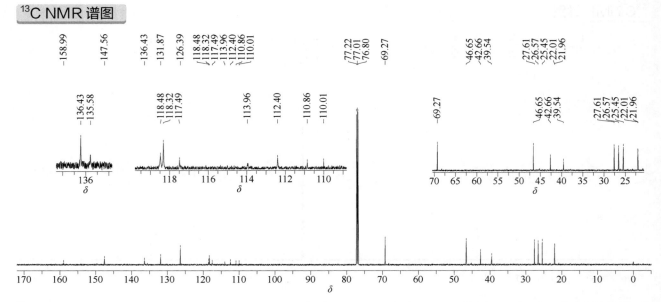

¹³C NMR (151 MHz, CDCl₃, δ) 158.99, 147.56, 136.43, 135.58, 131.87, 126.39, 118.48, 118.32, 117.49, 112.40 (t, J_{C-F} = 234.1 Hz), 110.01, 69.27, 46.65, 42.66, 39.54, 27.61, 26.57, 25.45, 22.01, 21.96

¹⁹F NMR 谱图

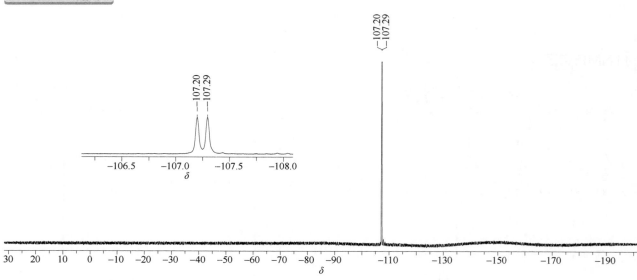

¹⁹F NMR (564 MHz, CDCl₃, δ) −107.25 (d, $^2J_{H-F}$ = 54.2 Hz)

isouron（异噁隆）

基本信息

CAS 登录号	55861-78-4	分子量	211.26
分子式	$C_{10}H_{17}N_3O_2$		

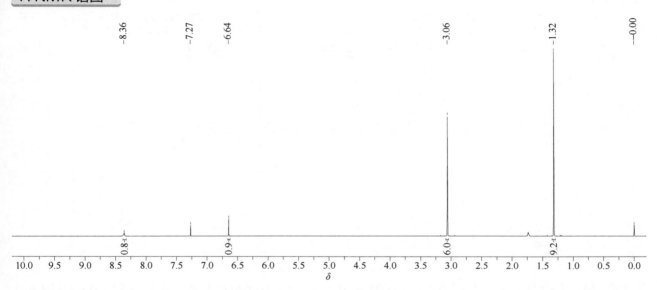

¹H NMR 谱图

¹H NMR (600 MHz, CDCl₃, δ) 8.36 (1H, NH, br), 6.64 (1H, ArH, s), 3.06 (6H, 2 NCH₃, s), 1.32 (9H, 3 CH₃, s)

¹³C NMR 谱图

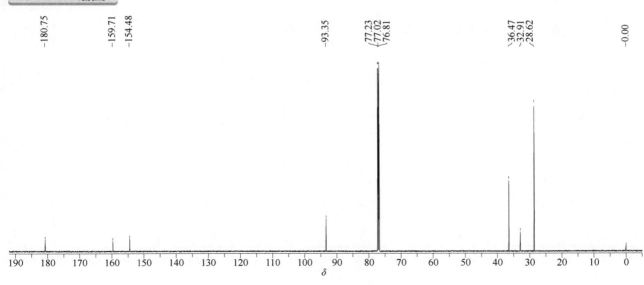

¹³C NMR (151 MHz, CDCl₃, δ) 180.75, 159.71, 154.48, 93.35, 36.47, 32.91, 28.62

isoxaben（异噁草胺）

基本信息

CAS 登录号	82558-50-7	分子量	332.39
分子式	C₁₈H₂₄N₂O₄		

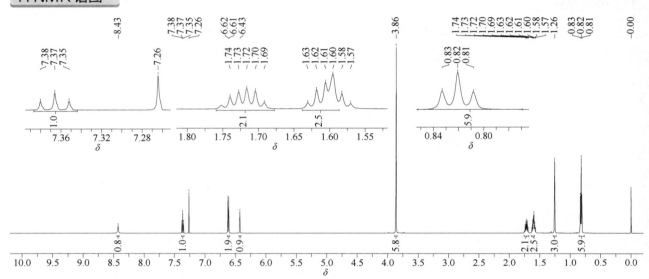

¹H NMR 谱图

¹H NMR (600 MHz, CDCl₃, δ) 8.43 (1H, NH, s), 7.37 (1H, ArH, t, J_{H-H} = 8.5 Hz), 6.62 (2H, 2ArH, d, J_{H-H} = 8.5 Hz), 6.43 (1H, ArH, s), 3.86 (6H, 2OCH₃, s), 1.72 (2H, 2C$\underline{H}$HCH₃, dt, J_{H-H} = 14.8 Hz, J_{H-H} = 7.3 Hz), 1.61 (2H, 2C$\underline{H}$HCH₃, dt, J_{H-H} = 14.2 Hz, J_{H-H} = 6.8 Hz), 1.26 (3H, CH₃, s), 0.82 (6H, 2CH₃, t, J_{H-H} = 7.4 Hz)

¹³C NMR 谱图

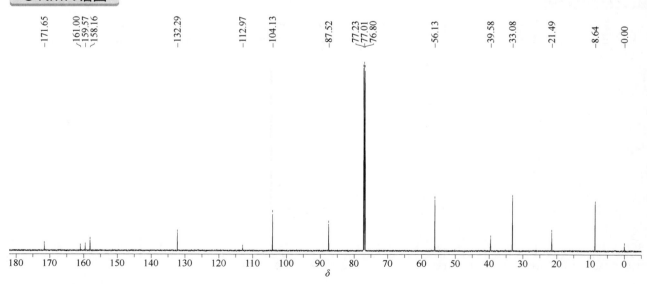

¹³C NMR (151 MHz, CDCl₃, δ) 171.65, 161.00, 159.57, 158.16, 132.29, 112.97, 104.13, 87.52, 56.13, 39.58, 33.08, 21.49, 8.64

isoxadifen-ethyl（双苯噁唑酸乙酯）

基本信息

CAS 登录号	163520-33-0	**分子量**	295.34
分子式	C₁₈H₁₇NO₃		

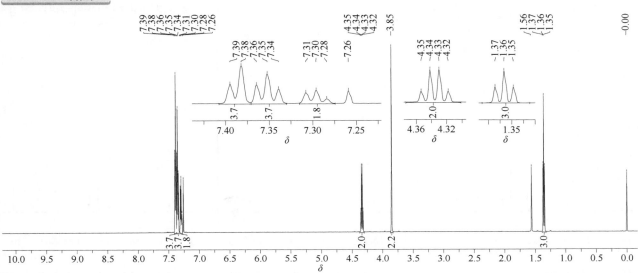

¹H NMR 谱图

¹H NMR (600 MHz, CDCl₃, δ) 7.39 (4H, 4ArH, d, J_{H-H} = 8.2 Hz), 7.35 (4H, 4ArH, t, J_{H-H} = 8.1 Hz), 7.30 (2H, 2ArH, t, J_{H-H} = 8.0 Hz), 4.34 (2H, OCH₂, q, J_{H-H} = 7.1 Hz), 3.85 (2H, CH₂, s), 1.36 (3H, CH₃, t, J_{H-H} = 7.1 Hz)

¹³C NMR 谱图

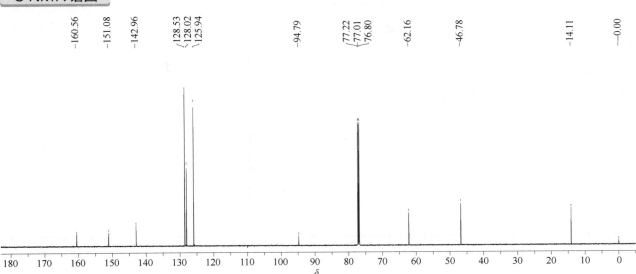

¹³C NMR (151 MHz, CDCl₃, δ) 160.56, 151.08, 142.96, 128.53, 128.02, 125.94, 94.79, 62.16, 46.78, 14.11

isoxaflutole（异噁唑草酮）

基本信息

CAS 登录号	141112-29-0	分子量	359.32
分子式	C$_{15}$H$_{12}$F$_3$NO$_4$S		

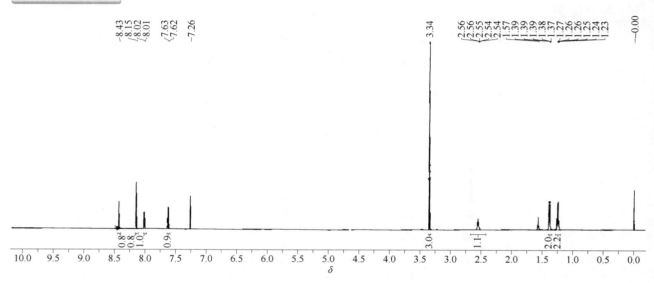

¹H NMR 谱图

¹H NMR (600 MHz, CDCl₃, δ) 8.43 (1H, ArH, s), 8.15 (1H, ArH, s), 8.02 (1H, ArH, d, J_{H-H} = 7.9 Hz), 7.63 (1H, ArH, d, J_{H-H} = 7.9 Hz), 3.34 (3H, SCH₃, s), 2.67~2.43 (1H, CH, m), 1.41~1.36 (2H, CH₂, m), 1.29~1.21 (2H, CH₂, m)

¹³C NMR 谱图

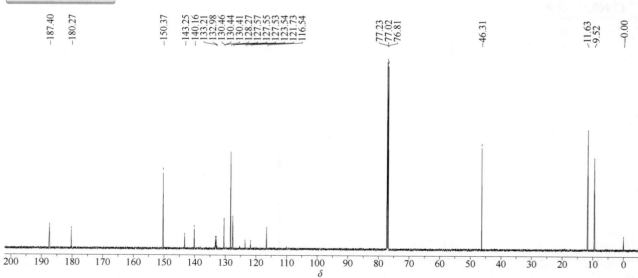

¹³C NMR (151 MHz, CDCl₃, δ) 187.40, 180.27, 150.37, 143.25, 140.16, 133.10 (q, $^2J_{C-F}$ = 34.7 Hz), 130.45 (q, $^3J_{C-F}$ = 3.5 Hz), 128.27, 127.55 (q, $^3J_{C-F}$ = 3.6 Hz), 122.64 (d, J_{C-F} = 273.3 Hz), 116.54, 46.31, 11.63, 9.52

¹⁹F NMR 谱图

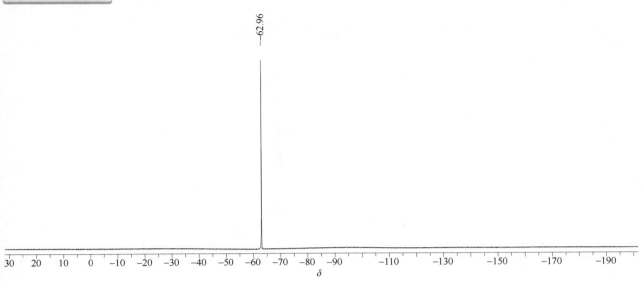

-62.96

¹⁹F NMR (564 MHz, CDCl₃, δ) −62.96

isoxathion（噁唑磷）

基本信息

CAS 登录号	18854-01-8	分子量	313.31
分子式	$C_{13}H_{16}NO_4PS$		

¹H NMR 谱图

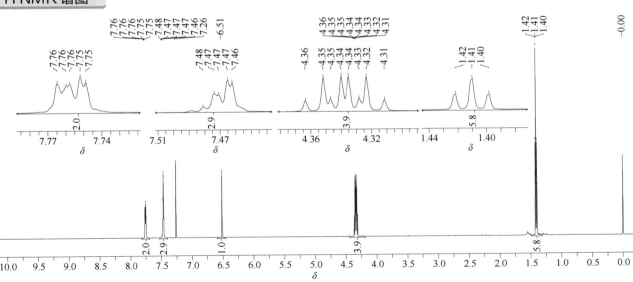

¹H NMR (600 MHz, CDCl₃, δ) 7.81~7.69 (2H, 2ArH, m), 7.53~7.40 (3H, 3ArH, m), 6.51 (1H, ArH, s), 4.34 (4H, 2 OC$\underline{H}_2$CH₃, dq, $^3J_{\text{H-P}}$ = 10.0 Hz, $J_{\text{H-H}}$ = 7.1 Hz), 1.41 (6H, 2 OCH₂C$\underline{H}_3$, t, $J_{\text{H-H}}$ = 7.1 Hz)

¹³C NMR 谱图

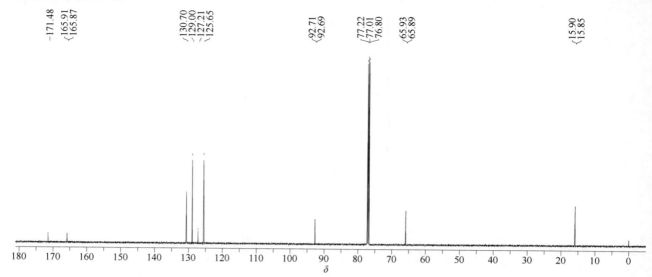

¹³C NMR (151 MHz, CDCl$_3$, δ) 171.48, 165.89 (d, $^2J_{\text{C-P}}$ = 5.1 Hz), 130.70, 129.00, 127.21, 125.65, 92.70 (d, $^3J_{\text{C-P}}$ = 3.1 Hz), 65.91 (d, $^2J_{\text{C-P}}$ = 5.9 Hz), 15.88 (d, $^3J_{\text{C-P}}$ = 7.5 Hz)

³¹P NMR 谱图

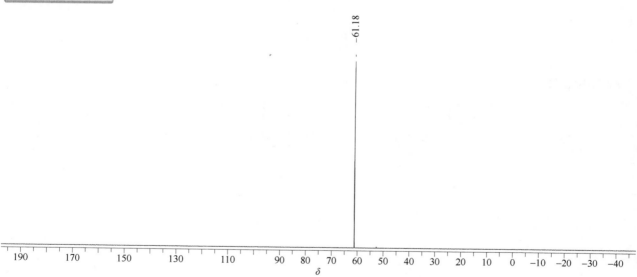

³¹P NMR (243 MHz, CDCl$_3$, δ) 61.18

ivermectin（依维菌素）

基本信息

CAS 登录号	70288-86-7	分子量	875.09
分子式	$C_{48}H_{74}O_{14}$		

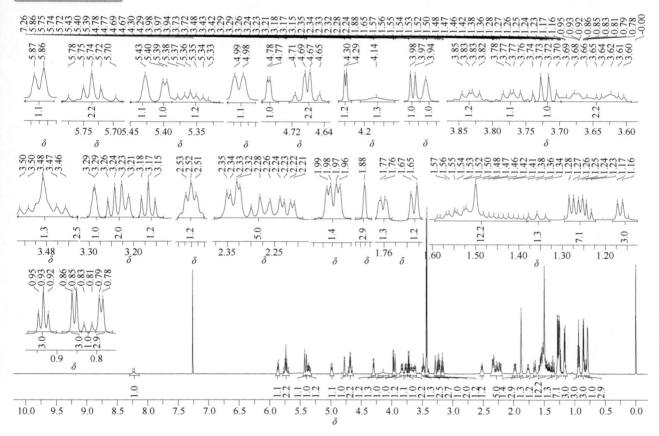

^{1}H NMR 谱图

^{1}H NMR (600 MHz, CDCl$_3$, δ) 8.23 (1H, OH, d, J_{H-H} = 14.7 Hz), 5.87 (1H, =CH, d, J_{H-H} = 10.2 Hz), 5.79~5.68 (2H, 2=CH, m), 5.43 (1H, OH, s), 5.40 (1H, =CH, d, J_{H-H} = 3.4 Hz), 5.35 (1H, =CH, td, J_{H-H} = 5.6 Hz, J_{H-H} = 5.6 Hz), 4.98 (1H, OCH, d, J_{H-H} = 10.5 Hz), 4.78 (1H, OCH, d, J_{H-H} = 3.5 Hz), 4.68 (2H, 2OCH, q, J_{H-H} = 14.3 Hz), 4.30 (1H, OCH, d, J_{H-H} = 6.1 Hz), 4.14 (1H, OH, br), 3.97 (1H, OCH, d, J_{H-H} = 3.4 Hz), 3.94 (1H, OCH, s), 3.83 (1H, OCH, dd, J_{H-H} = 9.1 Hz, J_{H-H} = 6.3 Hz), 3.77 (1H, OCH, dd, J_{H-H} = 9.2 Hz, J_{H-H} = 6.3 Hz), 3.74~3.69 (1H, OCH, m), 3.69~3.59 (2H, 2OCH, m), 3.51~3.45 (1H, OCH, m), 3.43 (3H, OCH$_3$, s), 3.42 (3H, OCH$_3$, s), 3.29 (1H, OCH, d, J_{H-H} = 1.9 Hz), 3.23 (2H, 2 OCH, dd, J_{H-H} = 9.3 Hz, J_{H-H} = 9.2 Hz), 3.17 (1H, CH, t, J_{H-H} = 9.1 Hz), 2.55~2.48 (1H, CH, m), 2.38~2.19 (5H, 5CH, m), 1.98 (1H, CH, dd, J_{H-H} = 12.0 Hz, J_{H-H} = 4.7 Hz), 1.88 (3H, =CCH$_3$, s), 1.76 (1H, CH, d, J_{H-H} = 8.5 Hz), 1.66 (1H, CH, d, J_{H-H} = 12.7 Hz), 1.61~1.38 (10H, 7CH, CH$_3$, m), 1.36 (1H, CH, t, J_{H-H} = 11.8 Hz), 1.31~1.20 (7H, 2CH$_3$, CH, m), 1.16 (3H, CH$_3$, d, J_{H-H} = 7.5 Hz), 0.93 (3H, CH$_3$, t, J_{H-H} = 7.4 Hz), 0.86 (3H, CH$_3$, d, J_{H-H} = 6.7 Hz), 0.82 (1H, CH, d, J_{H-H} = 12.1 Hz), 0.79 (3H, CH$_3$, d, J_{H-H} = 5.4 Hz)

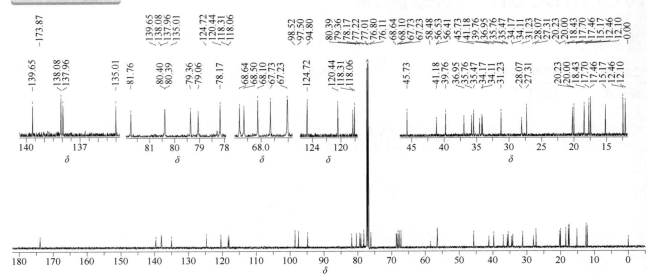

¹³C NMR (151 MHz, CDCl₃, δ) 173.87, 139.65, 138.08, 137.96, 135.01, 124.72, 120.44, 118.31, 118.06, 98.52, 97.50, 94.80, 81.76, 80.40, 80.39, 79.36, 79.06, 78.17, 76.69, 76.11, 68.64, 68.50, 68.10, 67.73, 67.23, 58.48, 56.53, 56.41, 45.73, 41.18, 39.76, 36.95, 35.76, 35.47, 34.52, 34.17, 34.11, 31.23, 28.07, 27.31, 20.23, 20.00, 18.43, 17.70, 17.46, 15.17, 12.46, 12.10

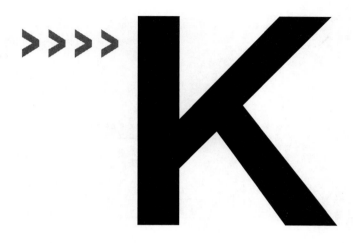

kadethrin（噻嗯菊酯）

基本信息

CAS 登录号	58769-20-3	分子量	396.50
分子式	$C_{23}H_{24}O_4S$		

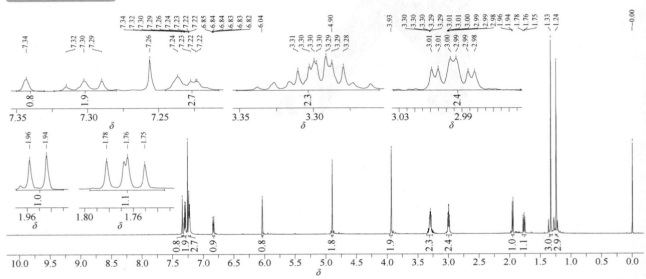

¹H NMR 谱图

¹H NMR (600 MHz, CDCl₃, δ) 7.34 (1H, ArH, s), 7.32 (2H, 2ArH, t, J_{H-H} = 7.5 Hz), 7.25~7.22 (3H, 3ArH, m), 6.83 (1H, ArH, dt, J_{H-H} = 10.3 Hz, J_{H-H} = 2.4 Hz), 6.04 (1H, ArH, s), 4.90 (2H, CH₂, s), 3.93 (2H, CH₂, s), 3.35~3.26 (2H, CH₂, m), 3.01 (2H, CH₂, td, J_{H-H} = 7.2 Hz, J_{H-H} = 2.4 Hz), 1.95 (1H, CH, d, J_{H-H} = 8.5 Hz), 1.80~1.73 (1H, CH, m), 1.33 (3H, CH₃, s), 1.24 (3H, CH₃, s)

¹³C NMR 谱图

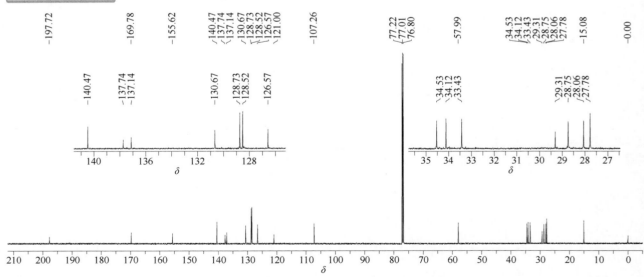

¹³C NMR (151 MHz, CDCl₃, δ) 197.72, 169.78, 155.62, 140.47, 137.74, 137.14, 130.67, 128.73, 128.52, 126.57, 121.00, 107.26, 57.99, 34.53, 34.12, 33.43, 29.31, 28.75, 28.06, 27.78, 15.08

710

karbutilate（卡草灵）

基本信息

CAS 登录号	4849-32-5	分子量	279.33
分子式	$C_{14}H_{21}N_3O_3$		

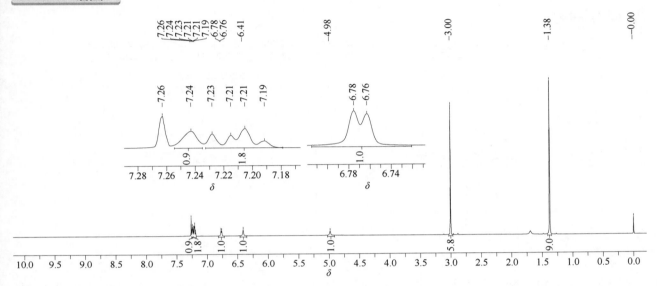

¹H NMR 谱图

¹H NMR (600 MHz, CDCl₃, δ) 7.24 (1H, ArH, s), 7.22 (1H, ArH, d, J_{H-H} = 7.8 Hz), 7.20 (1H, ArH, t, J_{H-H} = 8.1 Hz), 6.77 (1H, ArH, d, J_{H-H} = 7.4 Hz), 6.41 (1H, NH, br), 4.98 (1H, NH, br), 3.00 (6H, 2 CH₃, s), 1.38 (9H, 3 CH₃, s)

¹³C NMR 谱图

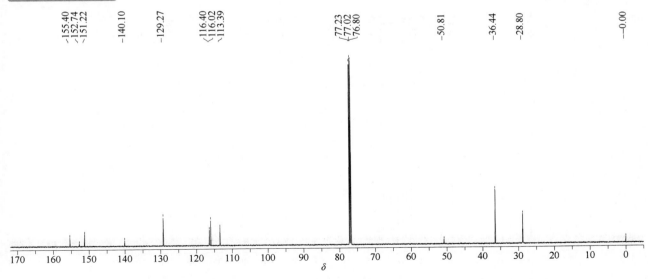

¹³C NMR (151 MHz, CDCl₃, δ) 155.40, 152.74, 151.22, 140.10, 129.27, 116.40, 116.02, 113.39, 50.81, 36.44, 28.80

kasugamycin hydrochloride hydrate
（春雷霉素盐酸水合物）

基本信息

CAS 登录号	19408-46-9	分子量	433.80
分子式	$C_{14}H_{28}ClN_3O_{10}$		

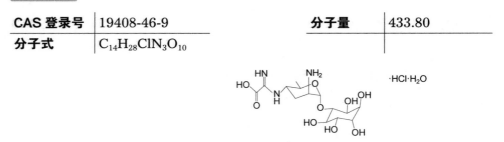

¹H NMR 谱图

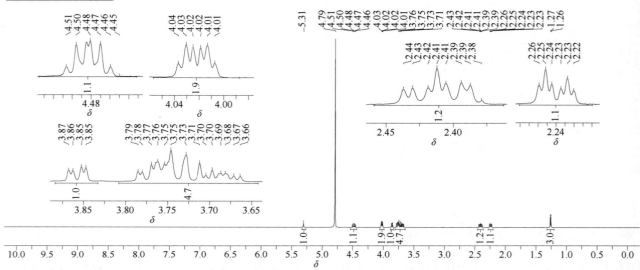

¹H NMR (600 MHz, D₂O, δ) 5.31 (1H, H₂NCHC*H*O(O), br), 4.48 (1H, CH₃C*H*, dq, J_{H-H} = 8.2 Hz, J_{H-H} = 6.4 Hz), 4.04~4.00 (2H, H₂NC*H*CH₂C*H*NH, m), 3.86 (1H, HOCHC*H*OCH, dd, J_{H-H} = 9.2 Hz, J_{H-H} = 3.2 Hz), 3.79~3.66 (5H, OHC*H*, m), 2.46~2.38 (1H, C*H*H, m), 2.27~2.21 (1H, C*H*H, m), 1.27 (3H, CH₃, d, J_{H-H} = 6.4 Hz)

¹³C NMR 谱图

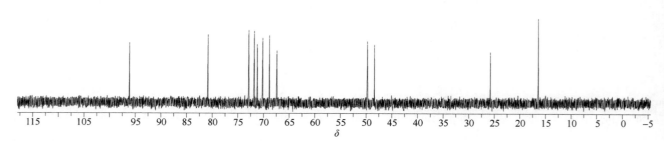

¹³C NMR (151 MHz, D₂O, δ) 96.14, 80.84, 72.88, 71.82, 71.23, 70.17, 68.88, 67.42, 49.79, 48.38, 25.80, 16.44

kelevan（克螨茂）

基本信息

CAS 登录号	4234-79-1	分子量	634.80
分子式	$C_{17}H_{12}Cl_{10}O_4$		

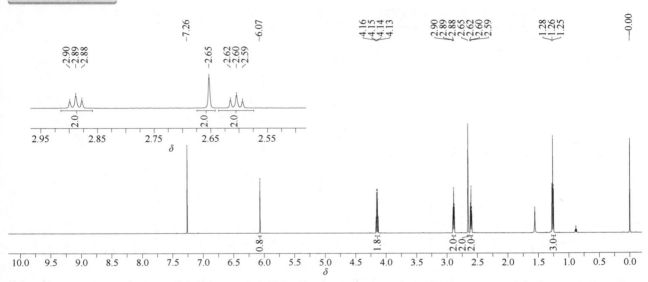

¹H NMR 谱图

¹H NMR (600 MHz, CDCl₃, δ) 6.07 (1H, OH, br), 4.16 (2H, OC$\underline{H}_2$CH₃, q, $J_{H\text{-}H}$ = 7.1 Hz), 2.90 (2H, CH₂, t, $J_{H\text{-}H}$ = 6.4 Hz), 2.65 (2H, CH₂, s), 2.62 (2H, CH₂, t, $J_{H\text{-}H}$ = 6.4 Hz), 1.28 (3H, OCH₂C$\underline{H}_3$, t, $J_{H\text{-}H}$ = 7.1 Hz)

¹³C NMR 谱图

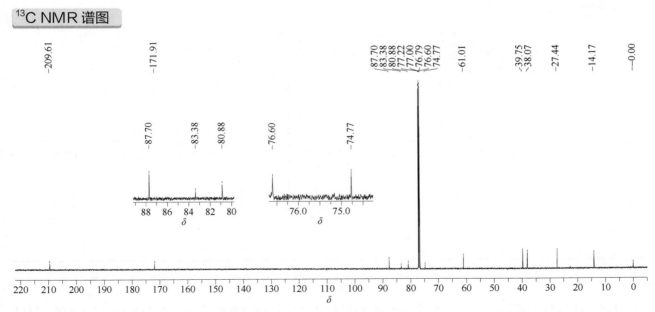

¹³C NMR (151 MHz, CDCl₃, δ) 209.61, 171.91, 87.70, 83.38, 80.88, 76.60, 74.77, 61.01, 39.75, 38.07, 27.44, 14.17

kresoxim-methyl（醚菌酯）

基本信息

CAS 登录号	143390-89-0	**分子量**	313.35
分子式	C$_{18}$H$_{19}$NO$_4$		

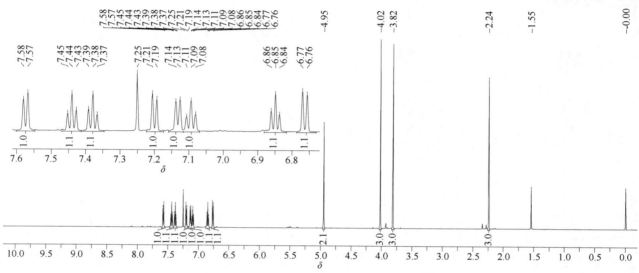

^{1}H NMR 谱图

^{1}H NMR (600 MHz, CDCl$_3$, δ) 7.57 (1H, ArH, d, J_{H-H} = 7.7 Hz), 7.44 (1H, ArH, t, J_{H-H} = 7.6 Hz), 7.38 (1H, ArH, t, J_{H-H} = 7.5 Hz), 7.20 (1H, ArH, d, J_{H-H} = 7.6 Hz), 7.13 (1H, ArH, d, J_{H-H} = 7.3 Hz), 7.09 (1H, ArH, t, J_{H-H} = 7.8 Hz), 6.85 (1H, ArH, t, J_{H-H} = 7.4 Hz), 6.76 (1H, ArH, d, J_{H-H} = 8.1 Hz), 4.95 (2H, ArCH$_2$, s), 4.02 (3H, OCH$_3$, s), 3.82 (3H, OCH$_3$, s), 2.24 (3H, ArCH$_3$, s)

^{13}C NMR 谱图

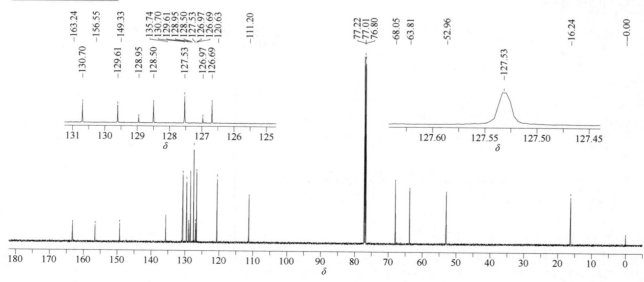

^{13}C NMR (151 MHz, CDCl$_3$, δ) 163.24, 156.55, 149.33, 135.74, 130.70, 129.61, 128.95, 128.50, 127.53, 126.97, 126.69, 120.63, 111.20, 68.05, 63.81, 52.96, 16.24

lactofen（乳氟禾草灵）

基本信息

CAS 登录号	77501-63-4	分子量	461.77
分子式	C$_{19}$H$_{15}$ClF$_3$NO$_7$		

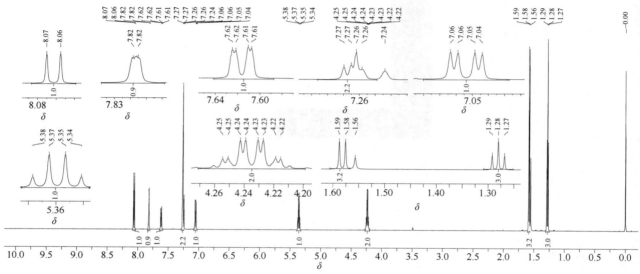

^{1}H NMR 谱图

^{1}H NMR (600 MHz, CDCl$_3$) 8.07 (1H, ArH, d, J_{H-H} = 9.0 Hz), 7.82 (1H, ArH, d, J_{H-H} = 1.8 Hz), 7.62 (1H, ArH, dd, J_{H-H} = 8.4 Hz, J_{H-H} = 1.8 Hz), 7.26 (2H, 2ArH, dd, J_{H-H} = 4.4 Hz, J_{H-H} = 2.5 Hz), 7.05 (1H, ArH, dd, J_{H-H} = 9.0 Hz, J_{H-H} = 2.7 Hz), 5.36 (1H, OC$\underline{H}$CH$_3$, q, J_{H-H} = 7.1 Hz), 4.23 (2H, C$\underline{H}_2$CH$_3$, dq, J_{H-H} = 7.1 Hz, J_{H-H} = 2.1 Hz), 1.58 (3H, OCHC$\underline{H}_3$, d, J_{H-H} = 7.1 Hz), 1.29 (3H, CH$_2$C$\underline{H}_3$, t, J_{H-H} = 7.1 Hz)

^{13}C NMR 谱图

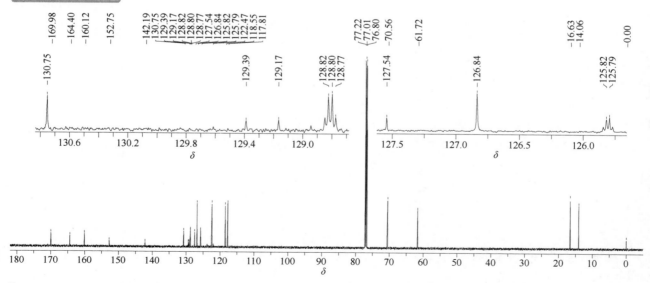

^{13}C NMR (151 MHz, CDCl$_3$, δ) 169.98, 164.40, 160.12, 152.75, 142.19, 130.75, 129.28 (q, $^2J_{C-F}$ = 33.7 Hz), 128.81 (q, $^3J_{C-F}$ = 3.9 Hz), 127.54, 126.84, 125.80 (q, $^3J_{C-F}$ = 3.6 Hz), 122.94 (q, J_{C-F} = 267.27 Hz), 122.47, 118.55, 117.81, 70.56, 61.72, 16.63, 14.06

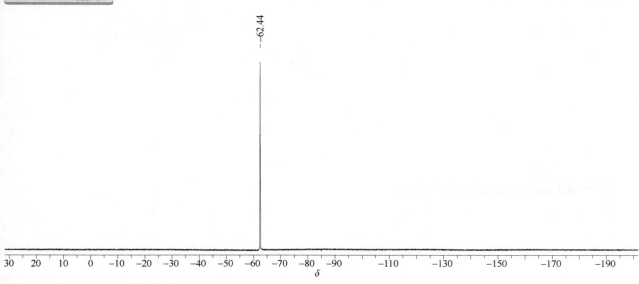

^{19}F NMR (564 MHz, CDCl$_3$, δ) −62.44

lenacil（环草啶）

基本信息

CAS 登录号	2164-08-1	分子量	234.30
分子式	C$_{13}$H$_{18}$N$_2$O$_2$		

^{1}H NMR 谱图

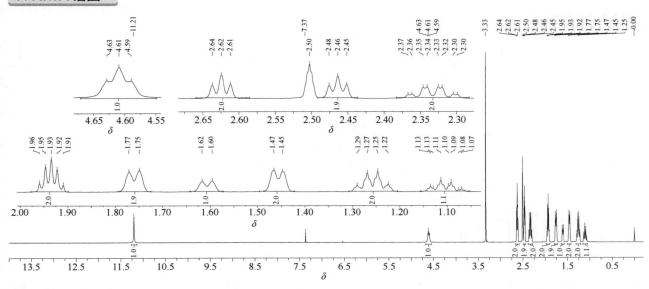

^{1}H NMR (600 MHz, DMSO-d$_6$, δ) 11.21 (1H, NH, s), 4.61 (1H, NCH, t, J_{H-H} = 11.8 Hz), 2.62 (2H, ═CCH$_2$, t, J_{H-H} = 7.6 Hz), 2.46 (2H, ═CCH$_2$, t, J_{H-H} = 7.2 Hz), 2.33 (2H, CH$_2$, qd, J_{H-H} = 12.5 Hz, J_{H-H} = 3.3 Hz), 1.97~1.90 (2H, CH$_2$, m), 1.76 (2H, CH$_2$, d, J_{H-H} = 13.1 Hz), 1.61 (1H, CH, d, J_{H-H} = 12.7 Hz), 1.46 (2H, CH$_2$, d, J_{H-H} = 10.9 Hz), 1.26 (2H, CH$_2$, q, J_{H-H} = 13.1 Hz), 1.16~1.05 (1H, CH, m)

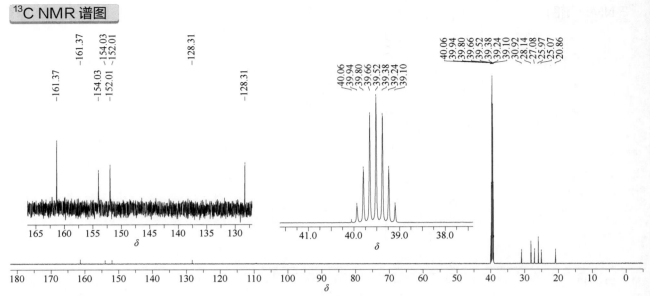

¹³C NMR (151 MHz, DMSO-d₆, δ) 161.37, 154.03, 152.01, 128.31, 40.06, 30.92, 28.14, 27.08, 25.97, 25.07, 20.86

leptophos（对溴磷）

基本信息

CAS 登录号	21609-90-5	分子量	412.06
分子式	C₁₃H₁₀BrCl₂O₂PS		

¹H NMR 谱图

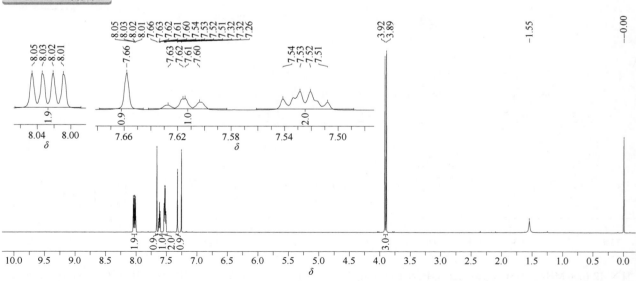

¹H NMR (600 MHz, CDCl₃, δ) 8.03 (2H, 2ArH, dd, ³J_{H-P} = 15.1 Hz, J_{H-H} = 7.3 Hz), 7.66 (1H, ArH, s), 7.64~7.39 (1H, ArH, m), 7.33~7.31 (1H, ArH, m), 3.90 (3H, OCH₃, d, ³J_{H-P} = 14.3 Hz)

¹³C NMR 谱图

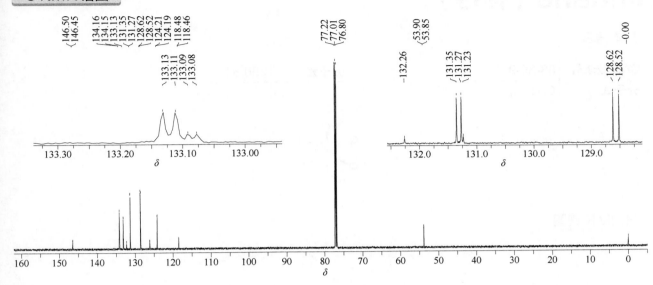

¹³C NMR (151 MHz, CDCl₃, δ) 146.50 (d, $^2J_{\text{C-P}}$ = 8.2 Hz), 134.16 (d, $^4J_{\text{C-P}}$ = 1.4 Hz), 133.12 (d, $^3J_{\text{C-P}}$ = 3.2 Hz), 133.09 (d, $^4J_{\text{C-P}}$ = 2.1 Hz), 131.74 (d, $J_{\text{C-P}}$ = 155.5 Hz), 131.35 (d, $^2J_{\text{C-P}}$ = 17.7 Hz), 128.62 (d, $^2J_{\text{C-P}}$ = 15.7 Hz), 126.19 (d, $^3J_{\text{C-P}}$ = 5.4 Hz), 124.21 (d, $^3J_{\text{C-P}}$ = 4.0 Hz), 118.48 (d, $^5J_{\text{C-P}}$ = 2.2 Hz), 53.90 (d, $^2J_{\text{C-P}}$ = 6.4 Hz)

³¹P NMR 谱图

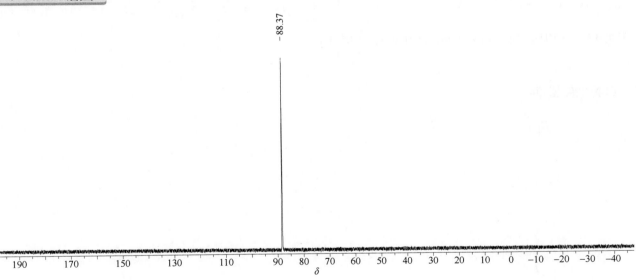

³¹P NMR (243 MHz, CDCl₃, δ) 88.37

lindane（林丹）

基本信息

CAS 登录号	58-89-9	**分子量**	290.83
分子式	$C_6H_6Cl_6$		

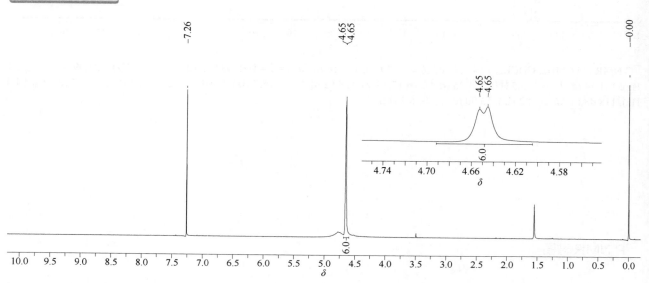

¹H NMR 谱图

¹H NMR (600 MHz, CDCl₃, δ) 4.65 (6H, 6 CH, d, J_{H-H} = 4.5 Hz)

¹³C NMR 谱图

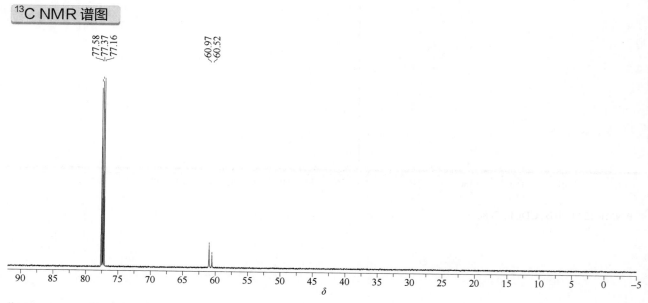

¹³C NMR (151 MHz, CDCl₃, δ) 60.97, 60.52

720

linuron（利谷隆）

基本信息

| CAS 登录号 | 330-55-2 | 分子量 | 249.09 |
| 分子式 | $C_9H_{10}Cl_2N_2O_2$ | | |

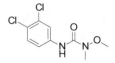

^{1}H NMR 谱图

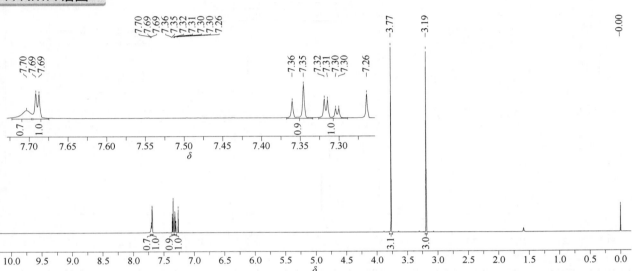

^{1}H NMR (600 MHz, CDCl$_3$, δ) 7.70 (1H, NH, br), 7.69 (1H, ArH, d, $J_{\text{H-H}}$ = 2.5 Hz), 7.36 (1H, ArH, d, $J_{\text{H-H}}$ = 8.8 Hz), 7.32 (1H, ArH, dd, $J_{\text{H-H}}$ = 8.8 Hz, $J_{\text{H-H}}$ = 2.5 Hz), 3.77 (3H, OCH$_3$, s), 3.19 (3H, NCH$_3$, s)

^{13}C NMR 谱图

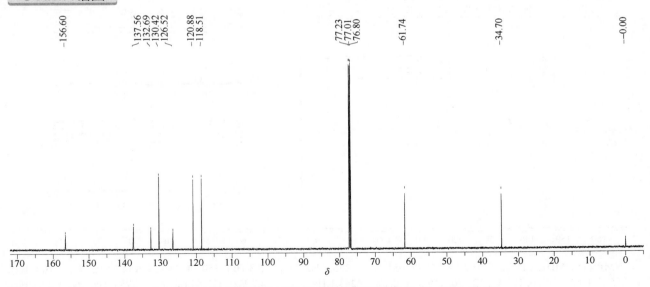

^{13}C NMR (151 MHz, CDCl$_3$, δ) 156.60, 137.56, 132.69, 130.42, 126.52, 120.88, 118.51, 61.74, 34.70

lufenuron（虱螨脲）

基本信息

CAS 登录号	103055-07-8	分子量	511.15
分子式	$C_{17}H_8Cl_2F_8N_2O_3$		

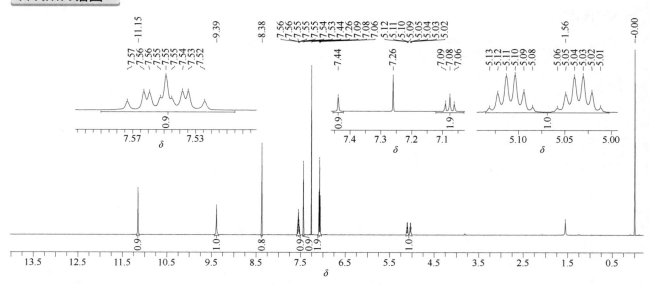

¹H NMR 谱图

¹H NMR (600 MHz, CDCl₃, δ) 11.15 (1H, NH, s), 9.39 (1H, NH, s), 8.38 (1H, ArH, s), 7.58~7.52 (1H, ArH, m), 7.44 (1H, ArH, s), 7.08 (2H, 2ArH, t, ³J_{H-F} = 8.4 Hz), 5.14~5.00 (1H, CH, m)

¹³C NMR 谱图

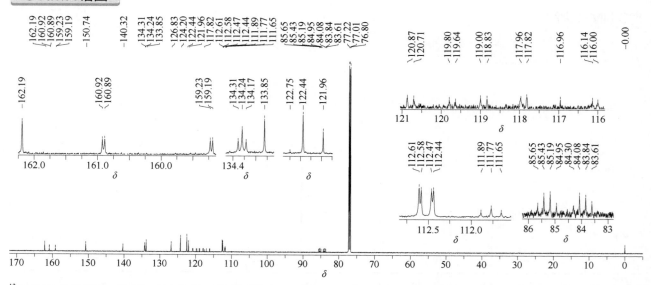

¹³C NMR (151 MHz, CDCl₃, δ) 162.19, 160.06 (dd, J_{C-F} = 255.2 Hz, ³J_{C-F} = 5.3 Hz), 150.74, 140.32, 134.24 (t, ³J_{C-F} = 10.6 Hz), 133.85, 126.83, 124.20, 122.44, 121.96, 119.85 (qd, J_{C-F} = 283.1 Hz, ²J_{C-F} = 24.2 Hz), 117.89 (td, J_{C-F} = 275.6 Hz, ³J_{C-F} = 22.7 Hz), 112.53 (dd, ²J_{C-F} = 19.6 Hz, ⁴J_{C-F} = 4.5 Hz), 111.77 (t, ³J_{C-F} = 33.2 Hz), 84.63 (dq, J_{C-F} = 203.9 Hz, ²J_{C-F} = 34.7 Hz)

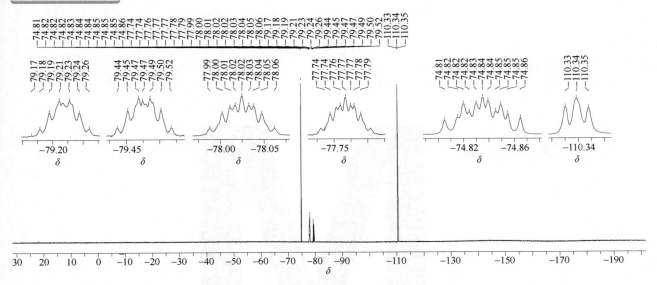

¹⁹F NMR (564 MHz, CDCl₃, δ) −74.79~−74.88 (m), −77.72~−78.06 (m), −79.16~−79.53 (m), −110.32~−110.36 (m)

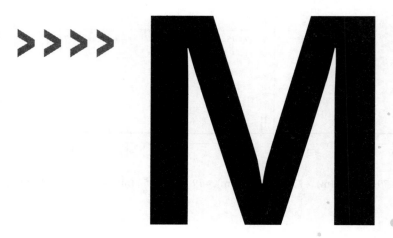

malaoxon（马拉氧磷）

基本信息

CAS 登录号	1634-78-2	分子量	314.29
分子式	$C_{10}H_{19}O_7PS$		

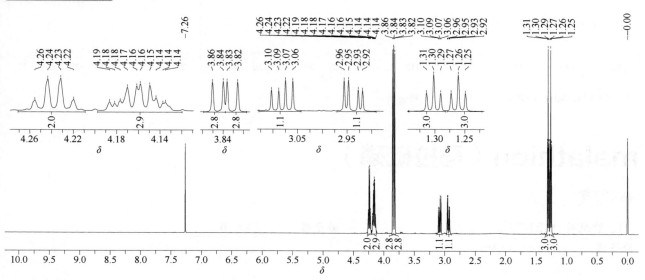

¹H NMR 谱图

¹H NMR (600 MHz, CDCl₃, δ) 4.24 (2H, OC$\underline{H}_2$CH₃, q, J_{H-H} = 7.1 Hz), 4.20~4.12 (3H, OC$\underline{H}_2$CH₃, COCH₂C$\underline{H}$S, m), 3.85 (3H, OC$\underline{H}_3$, d, $^3J_{H-P}$ = 9.4 Hz), 3.83 (3H, OC$\underline{H}_3$, d, $^3J_{H-P}$ = 9.4 Hz), 3.08 (1H, COC$\underline{H}$HCHS, dd, J_{H-H} = 17.0 Hz, J_{H-H} = 8.9 Hz), 2.94 (1H, COC$\underline{H}$HCHS, dd, J_{H-H} = 17.0 Hz, J_{H-H} = 5.3 Hz), 1.30 (3H, OCH₂C$\underline{H}_3$, t, J_{H-H} = 7.1 Hz), 1.26 (3H, OCH₂C$\underline{H}_3$, t, J_{H-H} = 7.1 Hz)

¹³C NMR 谱图

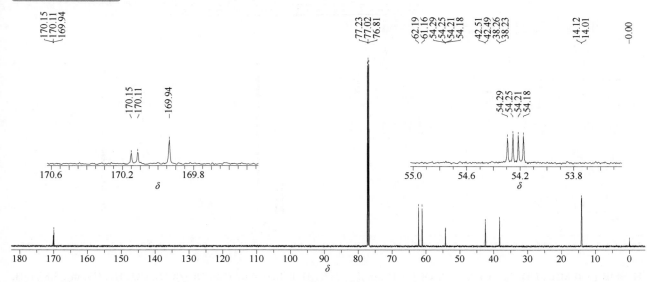

¹³C NMR (151 MHz, CDCl₃, δ) 170.13 (d, $^3J_{C-P}$ = 5.5 Hz), 169.94, 62.19, 61.16, 54.27 (d, $^2J_{C-P}$ = 6.0 Hz), 54.20 (d, $^2J_{C-P}$ = 5.1 Hz), 42.50 (d, $^3J_{C-P}$ = 3.6 Hz), 38.24 (d, $^2J_{C-P}$ = 4.7 Hz), 14.12, 14.01

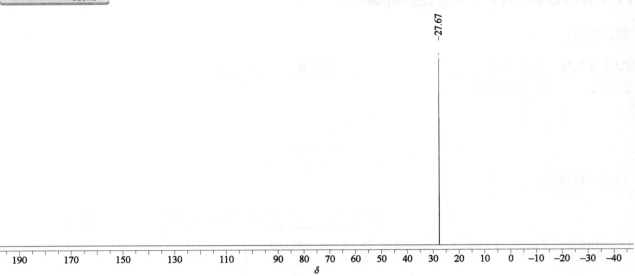

−27.67

³¹P NMR (243 MHz, CDCl₃, δ) 27.67

malathion（马拉硫磷）

基本信息

CAS 登录号	121-75-5	分子量	330.36
分子式	C₁₀H₁₉O₆PS₂		

¹H NMR 谱图

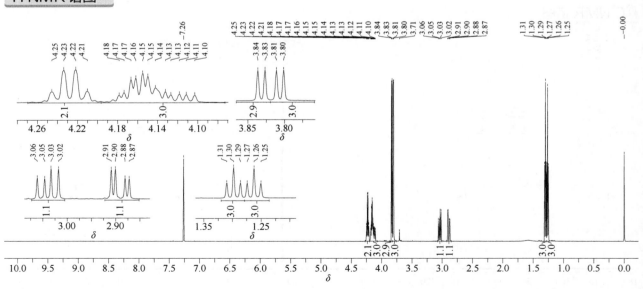

¹H NMR (600 MHz, CDCl₃, δ) 4.23 (2H, OC$\underline{H}_2$CH₃, q, $J_{\text{H-H}}$ = 7.1 Hz), 4.20~4.07 (3H, OC$\underline{H}_2$CH₃, COCH₂C$\underline{H}$S, m), 3.83 (3H, OC$\underline{H}_3$, d, $^3J_{\text{H-P}}$ = 5.9 Hz), 3.81 (3H, OC$\underline{H}_3$, d, $^3J_{\text{H-P}}$ = 5.9 Hz), 3.04 (1H, COC$\underline{H}$HCHS, dd, $J_{\text{H-H}}$ = 17.0 Hz, $J_{\text{H-H}}$ = 9.2 Hz), 2.89 (1H, COC$\underline{H}$HCHS, dd, $J_{\text{H-H}}$ = 17.0 Hz, $J_{\text{H-H}}$ = 5.1 Hz), 1.30 (3H, OCH₂C$\underline{H}_3$, t, $J_{\text{H-H}}$ = 7.1 Hz), 1.26 (3H, OCH₂C$\underline{H}_3$, t, $J_{\text{H-H}}$ = 7.1 Hz)

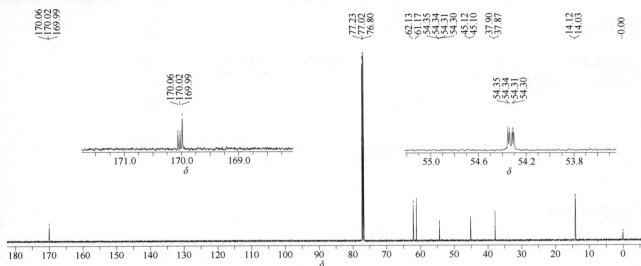

^{13}C NMR (151 MHz, CDCl$_3$, δ) 170.03 (d, $^3J_{C-P}$ = 5.5 Hz), 169.99, 62.13, 61.17, 54.33 (d, $^2J_{C-P}$ = 6.0 Hz), 54.32 (d, $^2J_{C-P}$ = 6.0 Hz), 45.11 (d, $^3J_{C-P}$ = 3.7 Hz), 37.88 (d, $^2J_{C-P}$ = 4.4 Hz), 14.12, 14.03

^{31}P NMR 谱图

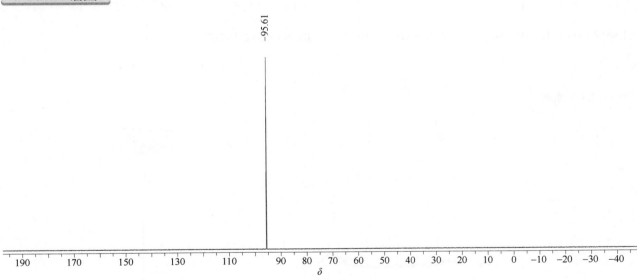

^{31}P NMR (243 MHz, CDCl$_3$, δ) 95.61

maleic hydrazide（抑芽丹）

基本信息

CAS 登录号	123-33-1	分子量	112.09
分子式	$C_4H_4N_2O_2$		

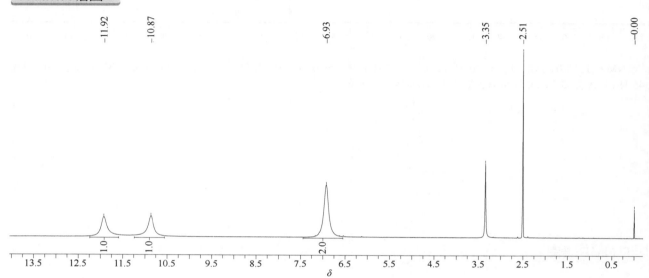

^{1}H NMR 谱图

^{1}H NMR (600 MHz, DMSO-d$_6$, δ) 11.92 (1H, NH, br), 10.87 (1H, NH, br), 6.93 (2H, 2CH, br)

^{13}C NMR 谱图

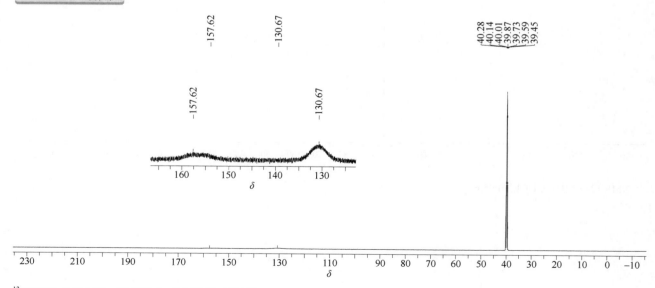

^{13}C NMR (151 MHz, DMSO-d$_6$, δ) 157.62, 130.67

mandipropamid（双炔酰菌胺）

基本信息

CAS 登录号	374726-62-2	分子量	411.88
分子式	C₂₃H₂₂ClNO₄		

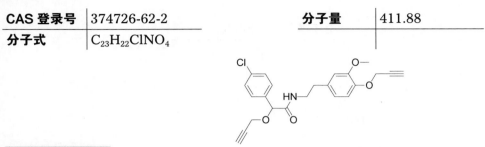

¹H NMR 谱图

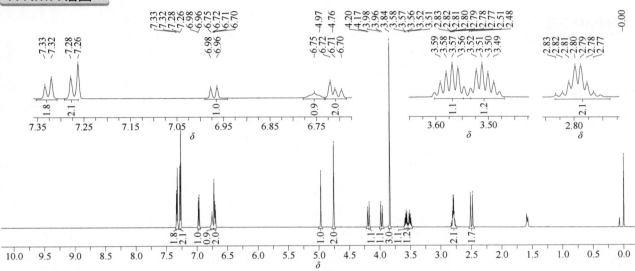

¹H NMR (600 MHz, CDCl₃, δ) 7.32 (2H, 2ArH, d, J_{H-H} = 8.2 Hz), 7.27 (2H, 2ArH, d, J_{H-H} = 8.2 Hz), 6.97 (1H, ArH, d, J_{H-H} = 8.1 Hz), 6.75 (1H, NH, br), 6.72 (1H, ArH, s), 6.70 (1H, ArH, d, J_{H-H} = 6.3 Hz), 4.97 (1H, OCH, s), 4.76 (2H, OCH₂, s), 4.19 (1H, OCH, d, J_{H-H} = 15.8 Hz), 3.97 (1H, OCH, d, J_{H-H} = 15.9 Hz), 3.84 (3H, OCH₃, s), 3.57 (1H, NHC$\underline{H}$, hept, J_{H-H} = 6.8 Hz), 3.51 (1H, NHC$\underline{H}$, hept, J_{H-H} = 6.8 Hz), 2.80 (2H, NHCH₂C$\underline{H}$₂, dq, J_{H-H} = 13.4 Hz, J_{H-H} = 6.8 Hz), 2.51 (1H, C≡CH, s), 2.48 (1H, C≡CH, s)

¹³C NMR 谱图

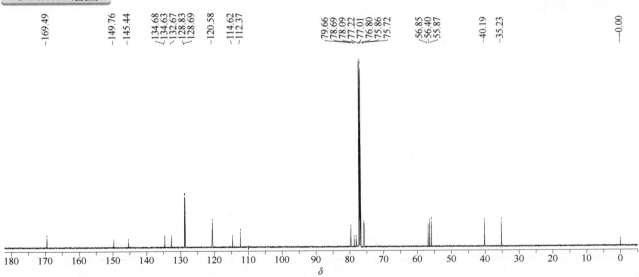

¹³C NMR (151 MHz, CDCl₃, δ) 169.49, 149.76, 145.44, 134.68, 134.63, 132.67, 128.83, 128.69, 120.58, 114.62, 112.37, 79.66, 78.69, 78.09, 75.86, 75.72, 56.85, 56.40, 55.87, 40.19, 35.23

MCPA（2甲4氯（氘代氯仿溶剂中））

基本信息

CAS 登录号	94-74-6	**分子量**	200.62
分子式	$C_9H_9ClO_3$		

¹H NMR 谱图

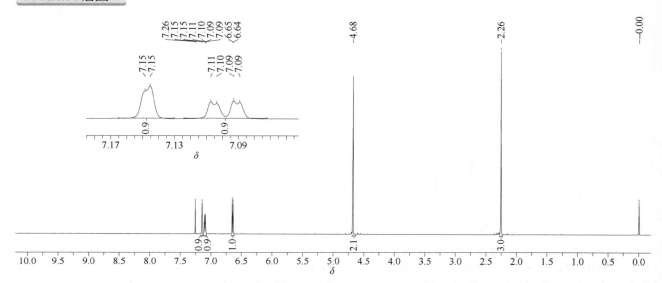

¹H NMR (600 MHz, CDCl₃, δ) 7.15 (1H, ArH, d, J_{H-H} = 1.8 Hz), 7.10 (1H, ArH, dd, J_{H-H} = 8.6 Hz, J_{H-H} = 1.8 Hz), 6.64 (1H, ArH, d, J_{H-H} = 8.6 Hz), 4.68 (2H, CH₂, s), 2.26 (3H, CH₃, s)

¹³C NMR 谱图

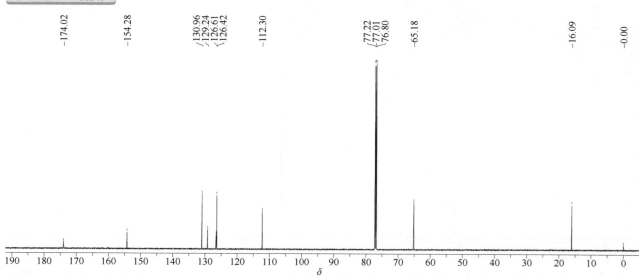

¹³C NMR (151 MHz, CDCl₃, δ) 174.02, 154.28, 130.96, 129.24, 126.61, 126.42, 112.30, 65.18, 16.09

MCPA（2甲4氯（重水溶剂中））

基本信息

CAS 登录号	94-74-6	分子量	200.62
分子式	C$_9$H$_9$ClO$_3$		

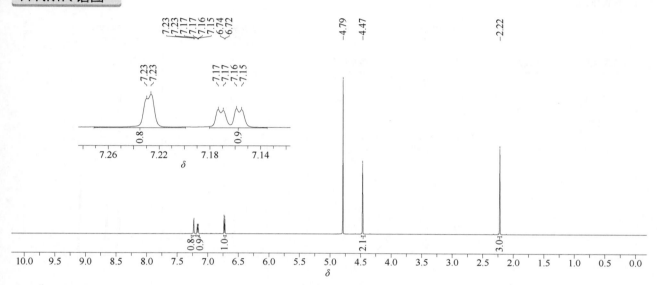

^{1}H NMR 谱图

^{1}H NMR (600 MHz, D$_2$O, δ) 7.23 (1H, ArH, d, J_{H-H} = 2.0 Hz), 7.16 (1H, ArH, dd, J_{H-H} = 8.7 Hz, J_{H-H} = 2.3 Hz), 6.73 (1H, ArH, d, J_{H-H} = 8.8 Hz), 4.47 (2H, CH$_2$, s), 2.22 (3H, CH$_3$, s)

^{13}C NMR 谱图

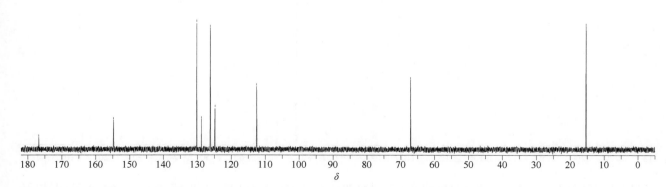

^{13}C NMR (151 MHz, D$_2$O, δ) 176.78, 154.73, 130.22, 128.85, 126.22, 124.84, 112.53, 67.13, 15.35

MCPA butoxyethyl（2甲4氯丁氧乙基酯）

基本信息

CAS 登录号	19480-43-4	分子量	300.78
分子式	C₁₅H₂₁ClO₄		

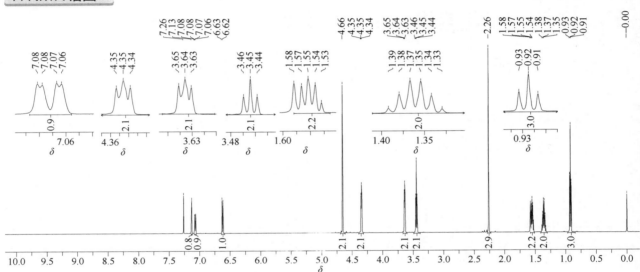

¹H NMR 谱图

¹H NMR (600 MHz, CDCl₃, δ) 7.13 (1H, ArH, s), 7.07(1H, ArH, dd, J_{H-H} = 8.6 Hz, J_{H-H} = 2.2 Hz), 6.62 (1H, ArH, d, J_{H-H} = 8.7 Hz), 4.66 (2H, OCH₂, s), 4.35 (2H, OCH₂, t, J_{H-H} = 4.7 Hz), 3.64 (2H, OCH₂, t, J_{H-H} = 4.7 Hz), 3.45 (2H, OCH₂, t, J_{H-H} = 6.7 Hz), 2.26 (3H, ArCH₃, s), 1.58~1.51 (2H, OCH₂C$\underline{H}$₂, m), 1.36 (2H, C$\underline{H}$₂CH₃, hex, J_{H-H} = 7.4 Hz), 0.93 (3H, CH₂C$\underline{H}$₃, t, J_{H-H} = 7.4 Hz)

¹³C NMR 谱图

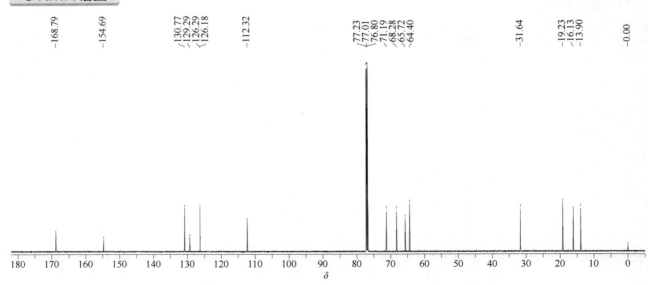

¹³C NMR (151 MHz, CDCl₃, δ) 168.79, 154.69, 130.77, 129.29, 126.29, 126.18, 112.32, 71.19, 68.28, 65.72, 64.40, 31.64, 19.23, 16.13, 13.90

MCPA thioethyl（2甲4氯乙硫酯）

基本信息

CAS 登录号	25319-90-8	分子量	244.74
分子式	C₁₁H₁₃ClO₂S		

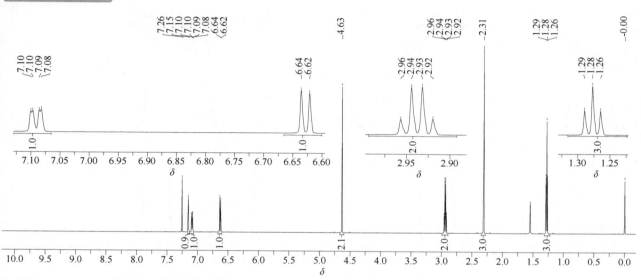

¹H NMR 谱图

¹H NMR (600 MHz, CDCl₃, δ) 7.15 (1H, ArH, s), 7.09 (1H, ArH, dd, J_{H-H} = 8.6 Hz, J_{H-H} = 2.0 Hz), 6.63 (1H, ArH, d, J_{H-H} = 8.6 Hz), 4.63 (2H, OCH₂, s), 2.93 (2H, SCH₂, q, J_{H-H} = 7.5 Hz), 2.31 (3H, CH₃, s), 1.28 (3H, CH₂C$\underline{H}$₃, t, J_{H-H} = 7.5 Hz)

¹³C NMR 谱图

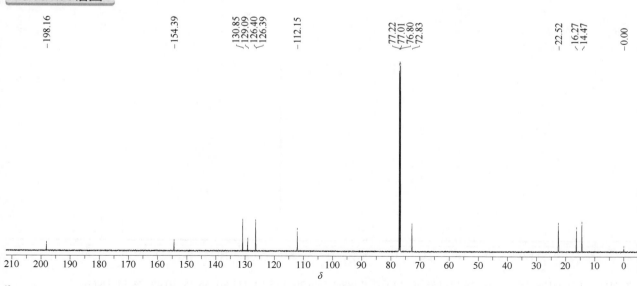

¹³C NMR (151 MHz, CDCl₃, δ) 198.16, 154.39, 130.85, 129.09, 126.40, 126.39, 112.15, 72.83, 22.52, 16.27, 14.47

MCPB（2甲4氯丁酸）

基本信息

CAS 登录号	94-81-5	分子量	228.67
分子式	C₁₁H₁₃ClO₃		

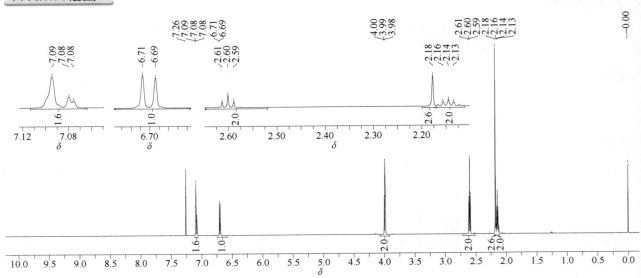

¹H NMR 谱图

¹H NMR (600 MHz, CDCl₃, δ) 7.11~7.06 (2H, 2ArH, m), 6.70 (1H, ArH, d, $J_{H\text{-}H}$ = 8.3 Hz), 3.99 (2H, OC$\underline{H}_2$CH₂, t, $J_{H\text{-}H}$ = 6.0 Hz), 2.60 (2H, O₂CC$\underline{H}_2$CH₂, t, $J_{H\text{-}H}$ = 7.2 Hz), 2.18 (3H, ArCH₃, s), 2.14 (2H CH₂C$\underline{H}_2$CH₂, quin, $J_{H\text{-}H}$ = 6.6 Hz)

¹³C NMR 谱图

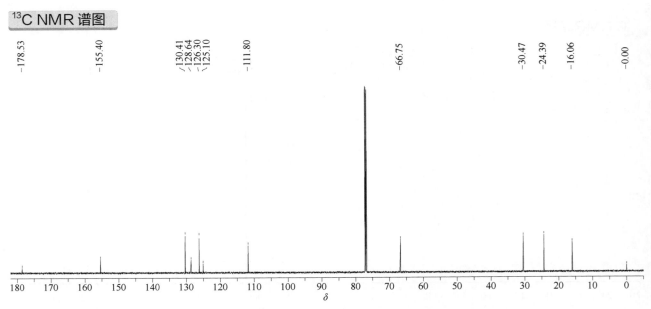

¹³C NMR (151 MHz, CDCl₃, δ) 178.53, 155.40, 130.41, 128.64, 126.30, 125.10, 111.80, 66.75, 30.47, 24.39, 16.06

MCPB methyl（2 甲 4 氯丁酸甲酯）

基本信息

CAS 登录号	57153-18-1	分子量	242.70
分子式	C₁₂H₁₅ClO₃		

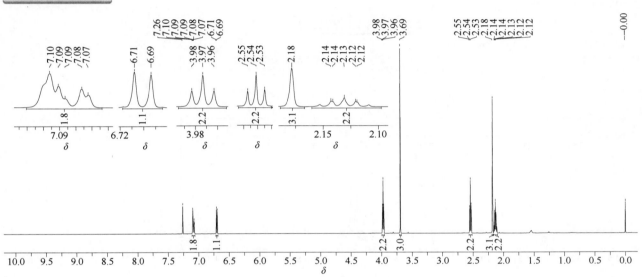

¹H NMR 谱图

¹H NMR (600 MHz, CDCl₃, δ) 7.11~7.06 (2H, 2ArH, m), 6.70 (1H, ArH, d, J_{H-H} = 8.5 Hz), 3.97 (2H, OCH₂, t, J_{H-H} = 6.0 Hz), 3.69 (3H, OCH₃, s), 2.54 (2H, COCH₂, t, J_{H-H} = 7.3 Hz), 2.18 (3H, ArCH₃, s), 2.16~2.10 (2H, CH₂, m)

¹³C NMR 谱图

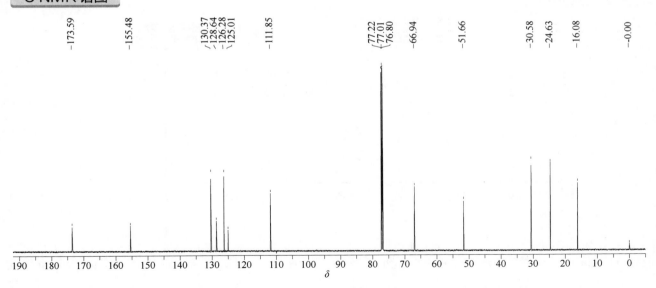

¹³C NMR (151 MHz, CDCl₃, δ) 173.59, 155.48, 130.37, 128.64, 126.28, 125.01, 111.85, 66.94, 51.66, 30.58, 24.63, 16.08

mebendazole（甲苯咪唑）

基本信息

CAS 登录号	31431-39-7	**分子量**	295.29
分子式	C₁₆H₁₃N₃O₃		

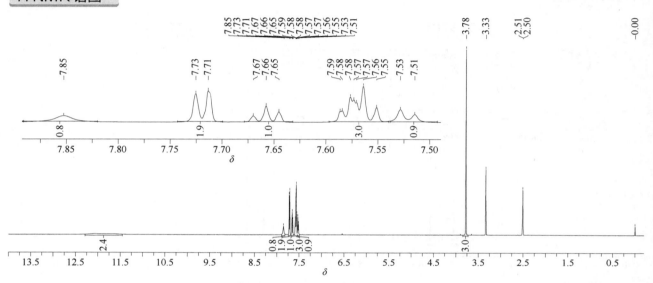

¹H NMR 谱图

¹H NMR (600 MHz, DMSO-d₆, δ) 12.29~11.45 (2H, 2 NH, br), 7.85 (1H, ArH, s), 7.72 (2H, 2ArH, d, J_{H-H} = 7.2 Hz), 7.66 (1H, ArH, t, J_{H-H} = 7.4 Hz), 7.60~7.54 (3H, 3ArH, m), 7.52 (1H, ArH, d, J_{H-H} = 8.3 Hz), 3.78 (3H, OCH₃, s)

¹³C NMR 谱图

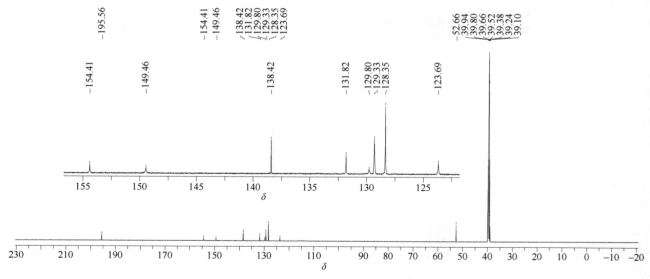

¹³C NMR (151 MHz, DMSO-d₆, δ) 195.56, 154.41, 149.46, 138.42, 131.82, 129.80, 129.33, 128.35, 123.69, 52.66（仅供参考）

736

mecarbam（灭蚜磷）

基本信息

CAS 登录号	2595-54-2		分子量	329.37
分子式	$C_{10}H_{20}NO_5PS_2$			

¹H NMR 谱图

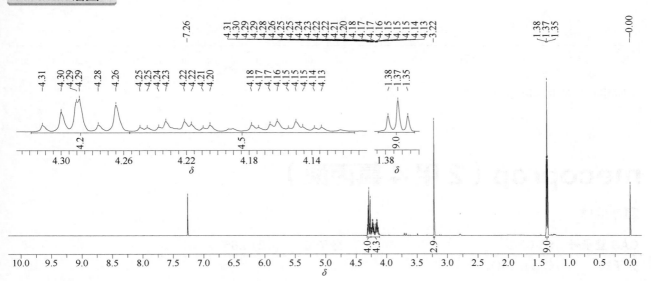

¹H NMR (600 MHz, CDCl₃, δ) 4.32~4.26 (4H, SCH₂, COOCH₂, m), 4.26~4.11 (4H, 2 OC$\underline{H}$₂CH₃, m), 3.22 (3H, NCH₃, s), 1.37 (9H, 3 CH₂C$\underline{H}$₃, t, $J_{H\text{-}H}$ = 7.1 Hz)

¹³C NMR 谱图

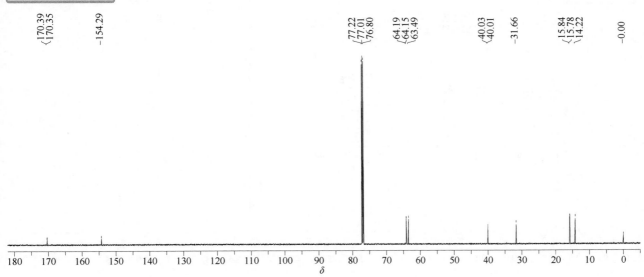

¹³C NMR (151 MHz, CDCl₃, δ) 170.37 (d, $^3J_{C\text{-}P}$ = 4.7 Hz), 154.29, 64.17 (d, $^2J_{C\text{-}P}$ = 5.7 Hz), 63.49, 40.02 (d, $^2J_{C\text{-}P}$ = 2.6 Hz), 31.66, 15.81 (d, $^3J_{C\text{-}P}$ = 8.6 Hz), 14.22

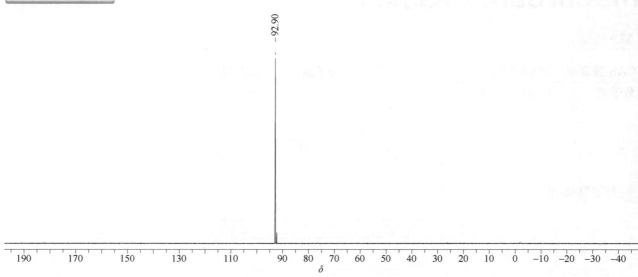

³¹P NMR (243 MHz, CDCl₃, δ) 92.90

mecoprop（2甲4氯丙酸）

基本信息

CAS 登录号	93-65-2	分子量	214.65
分子式	C$_{10}$H$_{11}$ClO$_3$		

¹H NMR 谱图

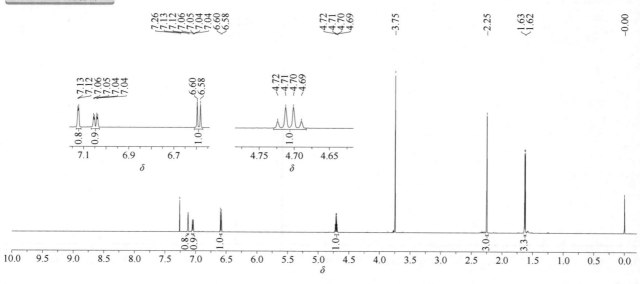

¹H NMR (600 MHz, CDCl₃, δ) 7.12 (1H, ArH, d, J_{H-H} = 2.5 Hz), 7.05 (1H, ArH, dd, J_{H-H} = 8.6 Hz, J_{H-H} = 2.5 Hz), 6.59 (1H, ArH, d, J_{H-H} = 8.6 Hz), 4.71 (1H, CH₃C$\underline{H}$, q, J_{H-H} = 6.8 Hz), 2.25 (3H, ArCH₃, s), 1.62 (3H, C$\underline{H}$₃CH, d, J_{H-H} = 6.8 Hz)

^{13}C NMR (151 MHz, CDCl$_3$, δ) 176.69, 154.07, 130.95, 129.55, 126.48, 126.40, 113.17, 72.65, 18.45, 16.18

mefenacet（苯噻酰草胺）

基本信息

CAS 登录号	73250-68-7	分子量	298.36
分子式	C$_{16}$H$_{14}$N$_2$O$_2$S		

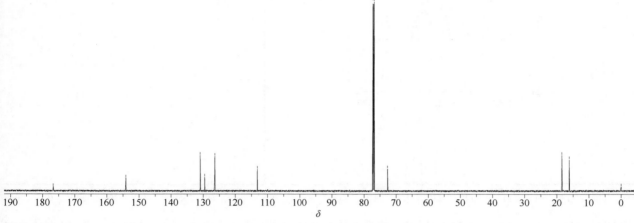

^{1}H NMR 谱图

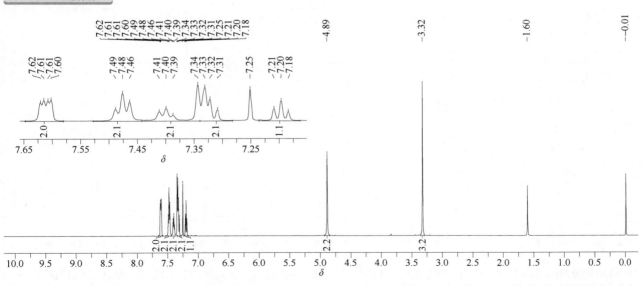

^{1}H NMR (600 MHz, CDCl$_3$, δ) 7.61 (2H, 2ArH, dd, J_{H-H} = 7.8 Hz, J_{H-H} = 3.5 Hz), 7.48 (2H, 2ArH, t, J_{H-H} = 7.5 Hz), 7.42~7.38 (2H, 2ArH, m), 7.34~7.28 (2H, 2ArH, m), 7.20 (1H, ArH, t, J_{H-H} = 7.6 Hz), 4.89 (2H, OCH$_2$, s), 3.32 (3H, CH$_3$, s)

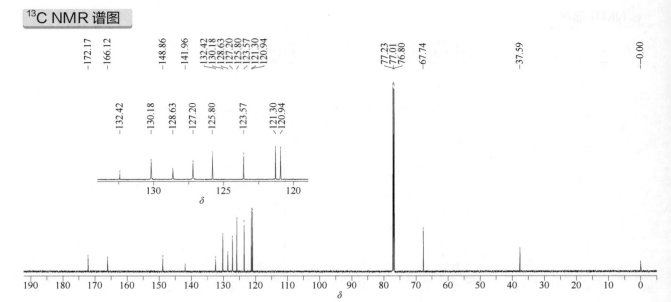

¹³C NMR (151 MHz, CDCl₃, δ) 172.17, 166.12, 148.86, 141.96, 132.42, 130.18, 128.63, 127.20, 125.80, 123.57, 121.30, 120.94, 67.74, 37.59

mefenpyr-diethyl（吡唑解草酯）

基本信息

CAS 登录号	135590-91-9	分子量	373.23
分子式	C₁₆H₁₈Cl₂N₂O₄		

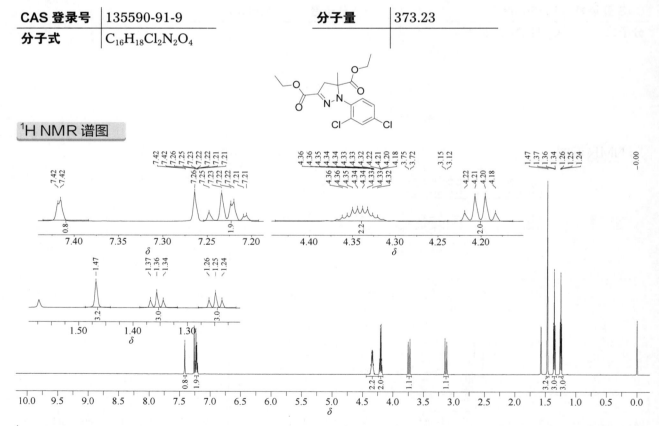

¹H NMR 谱图

¹H NMR (600 MHz, CDCl₃, δ) 7.42 (1H, ArH, d, J_{H-H} = 1.8 Hz), 7.24 (1H, ArH, d, J_{H-H} = 8.3 Hz), 7.22 (1H, ArH, dd, J_{H-H} = 8.3 Hz, J_{H-H} = 1.8 Hz), 4.34 (2H, OCH₂, dq, J_{H-H} = 7.1 Hz, J_{H-H} = 3.5 Hz), 4.20 (2H, OCH₂, q, J_{H-H} = 7.1 Hz), 3.74 (1H, CCH₂, d, J_{H-H} = 17.7 Hz), 3.13 (1H, CCH₂, d, J_{H-H} = 17.7 Hz), 1.47 (3H, CCH₃, s), 1.36 (3H, OCH₂C$\underline{H}$₃, t, J = 7.1 Hz), 1.25 (3H, OCH₂C$\underline{H}$₃, t, J = 7.2 Hz)

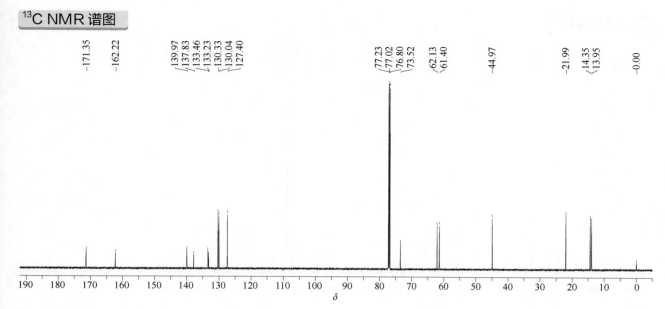

¹³C NMR (151 MHz, CDCl₃, δ) 171.35, 162.22, 139.97, 137.83, 133.46, 133.23, 130.33, 130.04, 127.40, 73.52, 62.13, 61.40, 44.97, 21.99, 14.35, 13.95

mepanipyrim（嘧菌胺）

基本信息

CAS 登录号	110235-47-7	分子量	223.28
分子式	C₁₄H₁₃N₃		

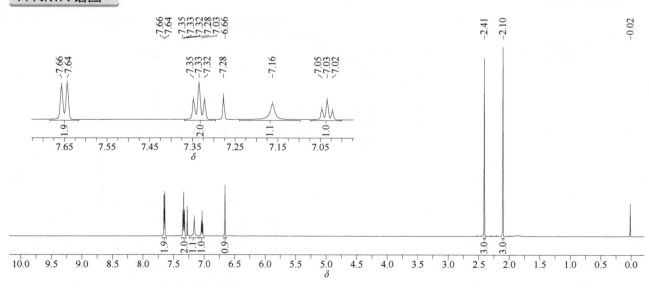

¹H NMR 谱图

¹H NMR (600 MHz, CDCl₃, δ) 7.65 (2H, 2ArH, d, J_{H-H} = 7.8 Hz), 7.33 (2H, 2ArH, t, J_{H-H} = 7.9 Hz), 7.16 (1H, ArH/NH, s), 7.03 (1H, ArH, t, J_{H-H} = 7.4 Hz), 6.66 (1H, ArH/NH, s), 2.41 (3H, CH₃, s), 2.10 (3H, CH₃, s)

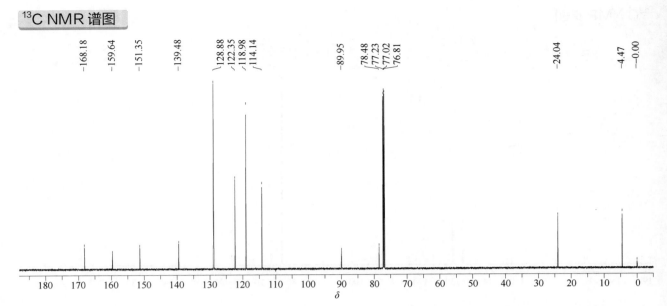

^{13}C NMR (151 MHz, CDCl$_3$, δ) 168.18, 159.64, 151.35, 139.48, 128.88, 122.35, 118.98, 114.14, 89.95, 78.48, 24.04, 4.47

mephosfolan（二噻磷）

基本信息

CAS 登录号	950-10-7	分子量	269.32
分子式	C$_8$H$_{16}$NO$_3$PS$_2$		

^{1}H NMR 谱图

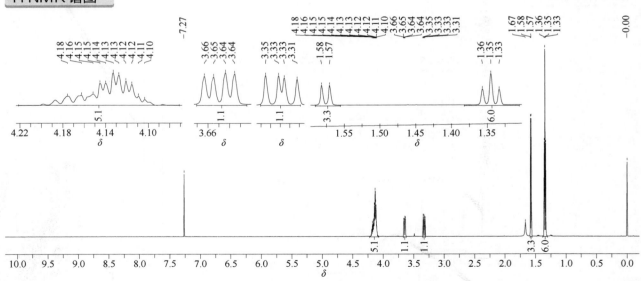

^{1}H NMR (600 MHz, CDCl$_3$, δ) 4.22~4.07 (5H, C$\underline{H}$CH$_3$, 2C$\underline{H}_2$CH$_3$, m), 3.65 (1H, CHC$\underline{H}$H, dd, $J_{\text{H-H}}$ = 11.7 Hz, $J_{\text{H-H}}$ = 5.1 Hz), 3.33 (1H, CHC$\underline{H}$H, dd, $J_{\text{H-H}}$= 11.7 Hz, $J_{\text{H-H}}$ = 8.1 Hz), 1.58 (3H, CHC$\underline{H}_3$, d, $J_{\text{H-H}}$ = 6.7 Hz), 1.35 (6H, 2CH$_2$C$\underline{H}_3$, t, $J_{\text{H-H}}$= 7.1 Hz)

¹³C NMR 谱图

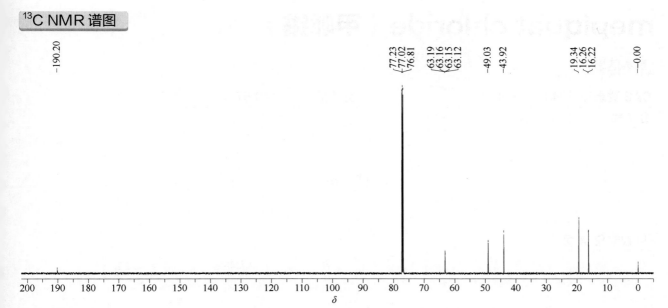

¹³C NMR (151 MHz, CDCl$_3$, δ) 190.20, 63.18 (d, $^2J_{C-P}$ = 5.9 Hz), 63.14 (d, $^2J_{C-P}$ = 5.9 Hz), 49.03, 43.92, 19.34, 16.24 (d, $^3J_{C-P}$ = 6.9 Hz)

³¹P NMR 谱图

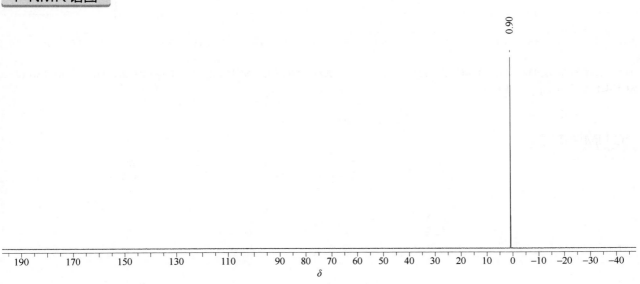

³¹P NMR (243 MHz, CDCl$_3$, δ) 0.90

mepiquat chloride（甲哌鎓）

基本信息

CAS 登录号	24307-26-4	分子量	149.67
分子式	C$_7$H$_{16}$ClN		

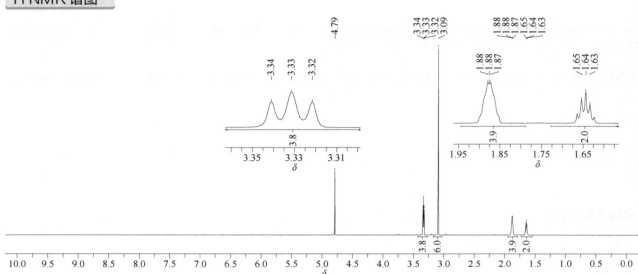

^{1}H NMR 谱图

¹H NMR (600 MHz, D$_2$O, δ) 3.33 (4H, 2NC$\underline{H}_2$CH$_2$, t, J_{H-H} = 7.2 Hz), 3.09 (6H, 2 NCH$_3$, s), 1.91~1.84 (4H, 2NCH$_2$C$\underline{H}_2$, m), 1.64 (2H, NCH$_2$CH$_2$C$\underline{H}_2$, q, J_{H-H} = 7.1 Hz)

^{13}C NMR 谱图

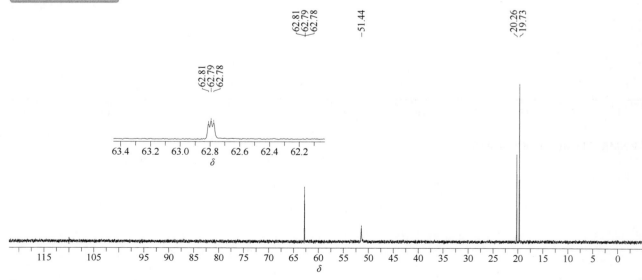

^{13}C NMR (151 MHz, D$_2$O, δ) 62.79 (m), 51.44 (br), 20.26, 19.73

mepronil（灭锈胺）

基本信息

CAS 登录号	55814-41-0	分子量	269.34
分子式	C₁₇H₁₉NO₂		

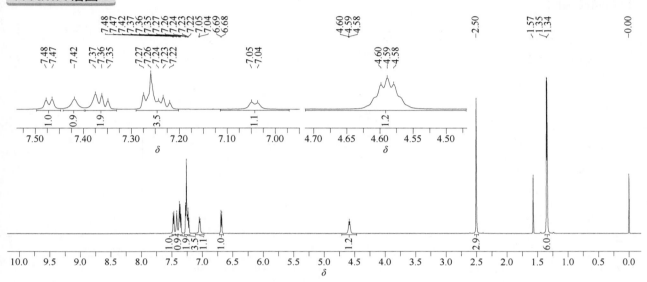

¹H NMR 谱图

¹H NMR (600 MHz, CDCl₃, δ) 7.47 (1H, ArH, d, J_{H-H} = 7.4 Hz), 7.42 (1H, ArH, s), 7.40~7.33 (2H, 2ArH, m), 7.29~7.20 (3H, 3ArH, m), 7.04 (1H, ArH, d, J_{H-H} = 7.5 Hz), 6.69 (1H, ArH, d, J_{H-H} = 8.2 Hz), 4.59 (1H, CH, hept, J_{H-H} = 6.0 Hz), 2.50 (3H, ArCH₃, s), 1.35 (6H, CH(C$\underline{H}$₃)₂, d, J_{H-H} = 6.0 Hz)

¹³C NMR 谱图

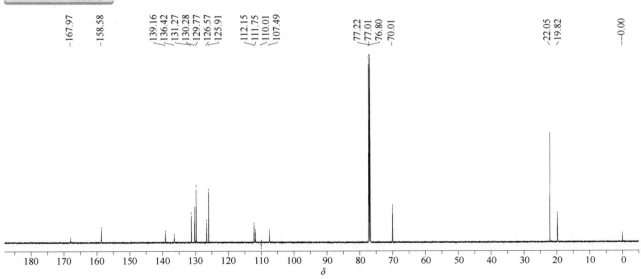

¹³C NMR (151 MHz, CDCl₃, δ) 167.97, 158.58, 139.16, 136.42, 131.27, 130.28, 129.77, 126.57, 125.91, 112.15, 111.75, 110.01, 107.49, 70.01, 22.05, 19.82

meptyldinocap（消螨多）

基本信息

CAS 登录号	131-72-6	分子量	364.39
分子式	$C_{18}H_{24}N_2O_6$		

¹H NMR 谱图

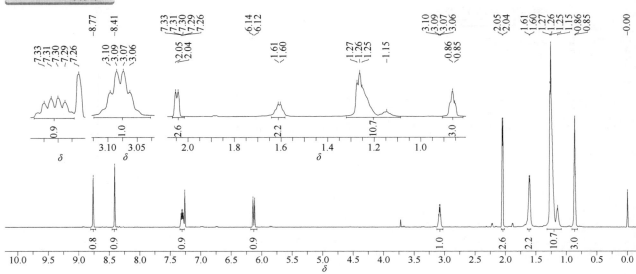

¹H NMR (600 MHz, CDCl₃, δ) 8.77 (1H, ArH, s), 8.41 (1H, ArH, s), 7.30 (1H, =CH, quin, J_{H-H} = 7.5 Hz), 6.13 (1H, =CH, d, J_{H-H} = 15.6 Hz), 3.08 (1H, C*H*CH₃, q, J_{H-H} = 6.8 Hz), 2.04 (3H, CH₃, d, J_{H-H} = 6.8 Hz), 1.60 (2H, CHC*H₂*, q, J_{H-H} = 5.8 Hz), 1.31~1.12 (8H, 4 CH₂, m), 1.38~1.07 (11H, 4CH₂, CHC*H₃*, m), 0.85 (3H, CH₂C*H₃*, t, J_{H-H} = 5.9 Hz)

¹³C NMR 谱图

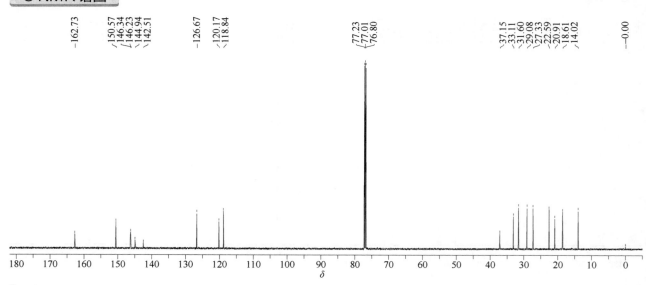

¹³C NMR (151 MHz, CDCl₃, δ) 162.73, 150.57, 146.34, 146.23, 144.94, 142.51, 126.67, 120.17, 118.84, 37.15, 33.11, 31.60, 29.08, 27.33, 22.59, 20.91, 18.61, 14.02

mesosulfuron-methyl（甲基二磺隆）

基本信息

CAS 登录号	208465-21-8	**分子量**	503.50
分子式	C₁₇H₂₁N₅O₉S₂		

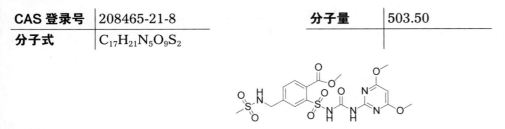

¹H NMR 谱图

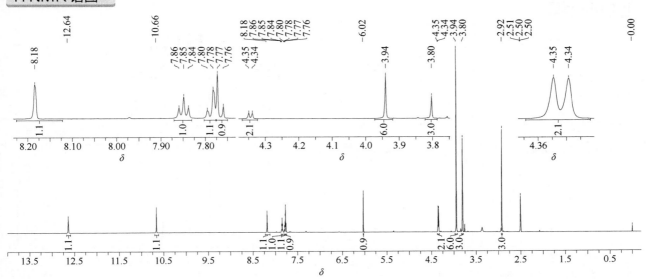

¹H NMR (600 MHz, DMSO-d₆, δ) 12.64 (1H, NH, s), 10.66 (1H, NH, s), 8.18 (1H, ArH, s), 7.85 (1H, NH, t, J_{H-H} = 6.4 Hz), 7.79 (1H, ArH, d, J_{H-H} = 8.0 Hz), 7.77 (1H, ArH, d, J_{H-H} = 7.9 Hz), 6.02 (1H, ArH, s), 4.34 (2H, CH₂, d, J_{H-H} = 6.4 Hz), 3.94 (6H, 2OCH₃, s), 3.80 (3H, OCH₃, s), 2.92 (3H, SCH₃, s)

¹³C NMR 谱图

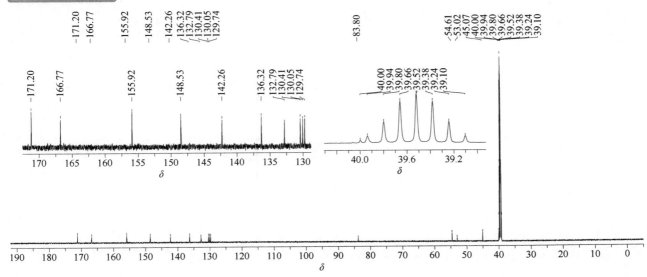

¹³C NMR (151 MHz, DMSO-d₆, δ) 171.20, 166.77, 155.92, 148.53, 142.26, 136.32, 132.79, 130.41, 130.05, 129.74, 83.80, 54.61, 53.02, 45.07, 40.00

mesotrione（硝磺草酮）

基本信息

CAS 登录号	104206-82-8	分子量	339.32
分子式	C$_{14}$H$_{13}$NO$_7$S		

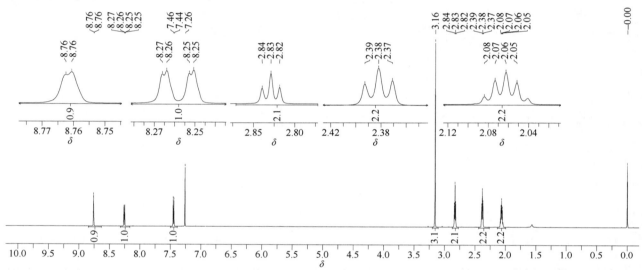

^{1}H NMR 谱图

^{1}H NMR (600 MHz, CDCl$_3$, δ) 8.76 (1H, ArH, d, J_{H-H} = 1.1 Hz), 8.26 (1H ArH, dd, J_{H-H} = 7.9 Hz, J_{H-H} = 1.3 Hz), 7.45 (1H, ArH, d, J_{H-H} = 7.9 Hz), 3.16 (3H, CH$_3$, s), 2.83 (2H, COCH$_2$, t, J_{H-H} = 6.4 Hz), 2.38 (2H, COCH$_2$, t, J_{H-H} = 6.6 Hz), 2.07 (2H, CH$_2$C$\underline{H}_2$CH$_2$, quin, J_{H-H} = 6.5 Hz)

^{13}C NMR 谱图

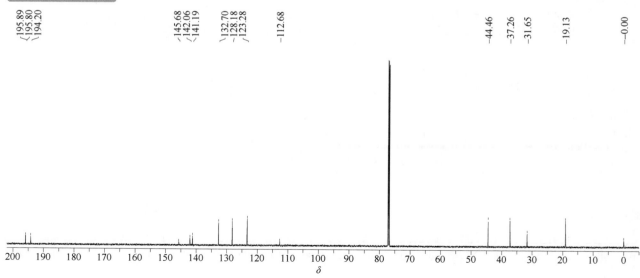

^{13}C NMR (151 MHz, CDCl$_3$, δ) 195.89, 195.80, 194.20, 145.68, 142.06, 141.19, 132.70, 128.18, 123.28, 112.68, 44.46, 37.26, 31.65, 19.13

metaflumizone（氰氟虫腙）

基本信息

CAS 登录号	139968-49-3	分子量	506.41
分子式	$C_{24}H_{16}F_6N_4O_2$		

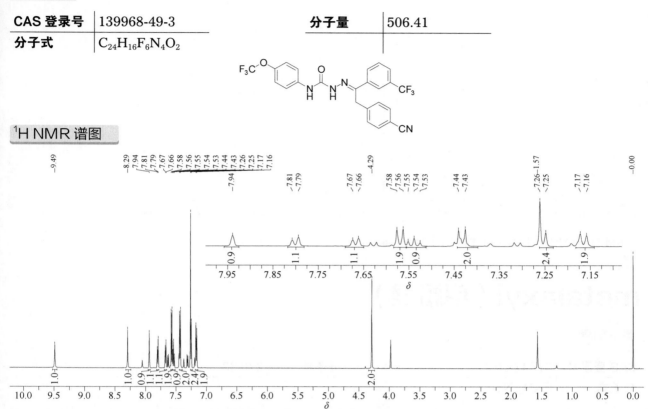

¹H NMR 谱图

¹H NMR (600 MHz, CDCl₃, δ) 两种异构体，仅异构体 A: 9.49 (1H, NH, s), 8.29 (1H, NH, s), 7.94 (1H, ArH, s), 7.79 (1H, ArH, d, J_{H-H} = 8.2 Hz), 7.67 (1H, ArH, d, J_{H-H} = 7.7 Hz), 7.58 (2H, 2ArH, d, J_{H-H} = 8.2 Hz), 7.55 (1H, ArH, t, J_{H-H} = 7.9 Hz), 7.44 (2H, 2ArH, d, J_{H-H} = 8.9 Hz), 7.26 (2H, 2ArH, d, J_{H-H} = 7.8 Hz), 7.17 (2H, 2ArH, d, J_{H-H} = 8.7 Hz), 4.29 (2H, CH₂, s)

¹³C NMR 谱图

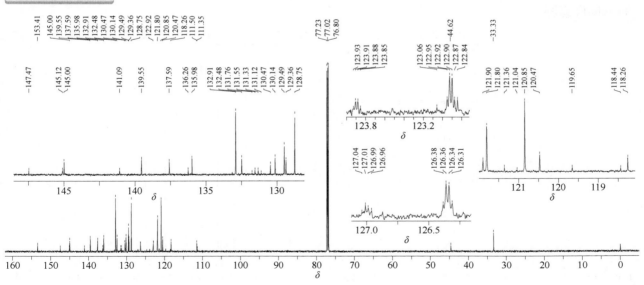

¹³C NMR (151 MHz, CDCl₃, δ) 153.41, 147.47, 145.12, 145.00, 141.09, 139.55, 137.59, 136.26, 135.98, 132.91, 132.48, 131.44 (q, $^2J_{C-F}$ = 32.2 Hz), 130.47, 130.14, 129.49, 129.36, 128.75, 127.00 (q, $^3J_{C-F}$ = 3.6 Hz), 126.35 (q, $^3J_{C-F}$ = 3.6 Hz), 123.89 (q, $^3J_{C-F}$ = 3.7 Hz), 123.75 (q, J_{C-F} = 273.3 Hz), 122.90 (q, $^3J_{C-F}$ = 3.7 Hz), 121.90, 121.80, 120.85, 120.51 (q, J_{C-F} = 258.2 Hz), 120.47, 118.44, 118.26, 111.50, 111.35, 44.62, 33.33 (含部分异构体 B)

¹⁹F NMR 谱图

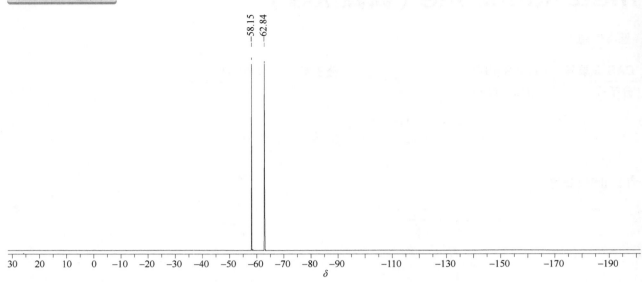

¹⁹F NMR (564 MHz, CDCl₃, δ) 异构体 A: −58.15, −62.84

metalaxyl（甲霜灵）

基本信息

CAS 登录号	57837-19-1	分子量	279.33
分子式	C₁₅H₂₁NO₄		

¹H NMR 谱图

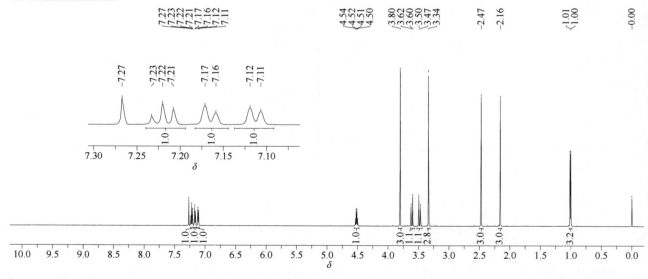

¹H NMR (600 MHz, CDCl₃, δ) 7.23 (1H, ArH, t, J_{H-H} = 7.6 Hz), 7.17 (1H, ArH, d, J_{H-H} = 7.5 Hz), 7.12 (1H, ArH, d, J_{H-H} = 7.4 Hz), 4.54 (1H, C*H*CH₃, q, J_{H-H} = 7.4 Hz), 3.80 (3H, OCH₃, s), 3.62 (1H, OCH₂, d, J_{H-H} = 15.5 Hz), 3.48 (1H, OCH₂, d, J_{H-H} = 15.5 Hz), 3.34 (3H, OCH₃, s), 2.47 (3H, CH₃, s), 2.16 (3H, CH₃, s), 1.01 (3H, CHC*H*₃, d, J_{H-H} = 7.4 Hz)

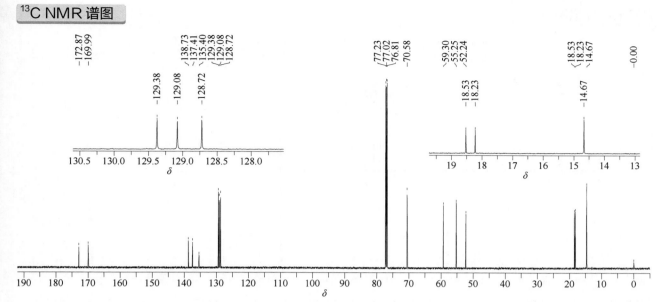

¹³C NMR (151 MHz, CDCl₃, δ) 172.87, 169.99, 138.73, 137.41, 135.40, 129.38, 129.08, 128.72, 70.58, 59.30, 55.25, 52.24, 18.53, 18.23, 14.67

metalaxyl-M（精甲霜灵）

CAS 登录号	70630-17-0	分子量	279.33
分子式	C₁₅H₂₁NO₄		

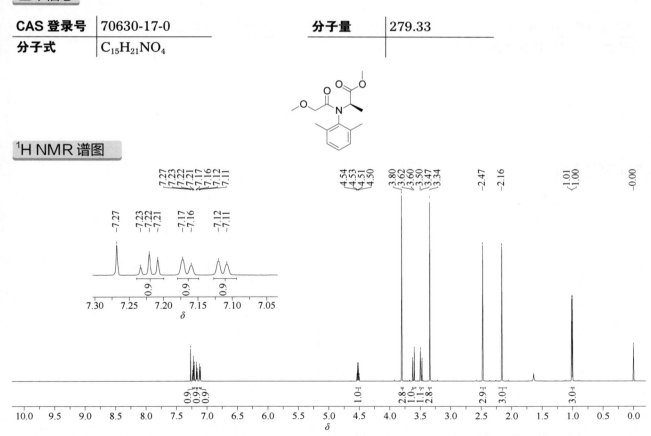

¹H NMR 谱图

¹H NMR (600 MHz, CDCl₃, δ) 7.22 (1H, ArH, t, *J*_{H-H} = 7.5 Hz), 7.17 (1H, ArH, d, *J*_{H-H} = 7.5 Hz), 7.12 (1H, ArH, d, *J*_{H-H} = 7.5 Hz), 4.52 (1H, C*H*CH₃, q, *J*_{H-H} = 7.4 Hz), 3.80 (3H, OCH₃, s), 3.61 (1H, CH, d, *J*_{H-H} = 15.6 Hz), 3.48 (1H, CH, d, *J*_{H-H} = 15.6 Hz), 3.34 (3H, OCH₃, s), 2.47 (3H, CH₃, s), 2.16 (3H, CH₃, s), 1.01 (3H, CHC*H*₃, d, *J*_{H-H} = 7.4 Hz)

¹³C NMR 谱图

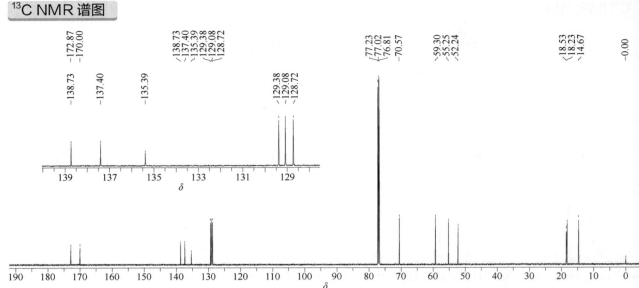

¹³C NMR (151 MHz, CDCl₃, δ) 172.87, 170.00, 138.73, 137.40, 135.39, 129.38, 129.08, 128.72, 70.57, 59.30, 55.25, 52.24, 18.53, 18.23, 14.67

metam sodium（威百亩）

基本信息

CAS 登录号	6734-80-1	分子量	129.18（主成分）
分子式	C₂H₄NNaS₂·xH₂O		

¹H NMR 谱图

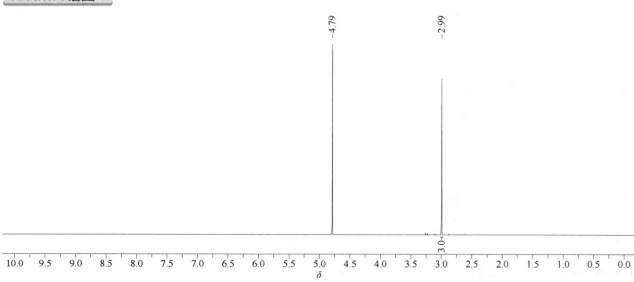

¹H NMR (600 MHz, D₂O, δ) 2.98 (3H, CH₃, s)

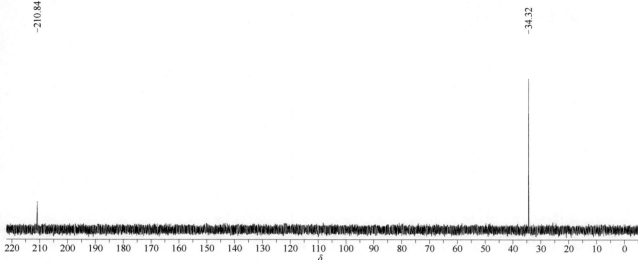

¹³C NMR (151 MHz, D₂O, δ) 210.84, 34.32

metamitron（苯嗪草酮）

基本信息

CAS 登录号	41394-05-2	分子量	202.22
分子式	C₁₀H₁₀N₄O		

¹H NMR 谱图

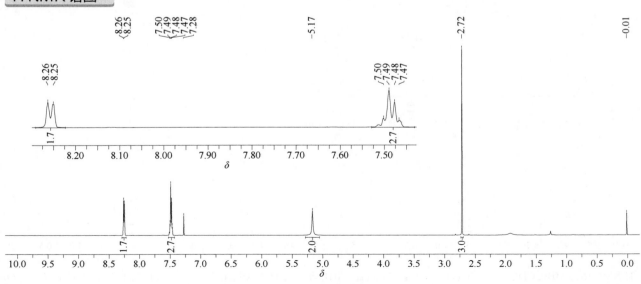

¹H NMR (600 MHz, CDCl₃, δ) 8.26 (2H, 2ArH, d, J_{H-H} = 7.5 Hz), 7.53~7.43 (3H, 3ArH, m), 5.17 (2H, NH₂, s), 2.72 (3H, CH₃, s)

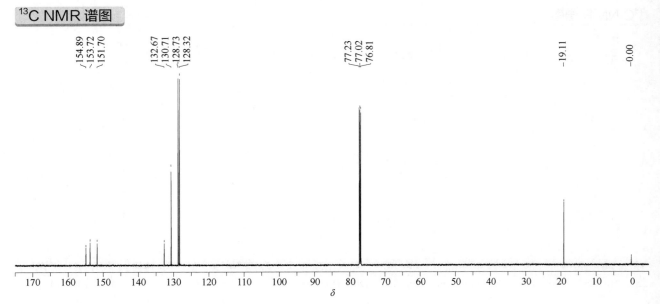

¹³C NMR (151 MHz, CDCl₃, δ) 154.89, 153.72, 151.70, 132.67, 130.71, 128.73, 128.32, 19.11

metazachlor（吡唑草胺）

基本信息

CAS 登录号	67129-08-2	分子量	277.76
分子式	C₁₄H₁₆ClN₃O		

¹H NMR 谱图

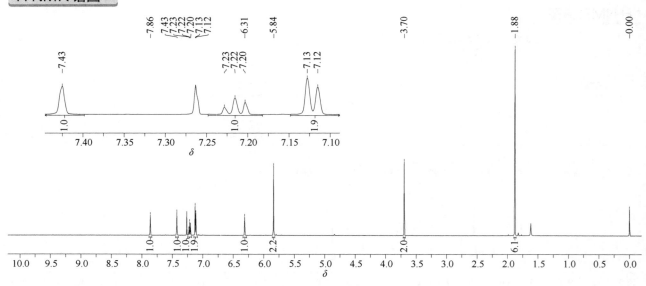

¹H NMR (600 MHz, CDCl₃, δ) 7.86 (1H, ArH, s), 7.43 (1H, ArH, s), 7.22 (1H, ArH, t, J_{H-H} = 7.6 Hz), 7.12 (2H, 2ArH, d, J_{H-H} = 7.6 Hz), 6.31 (1H, ArH, s), 5.84 (2H, NCH₂, s), 3.70 (2H, ClCH₂, s), 1.88 (6H, 2ArCH₃, s)

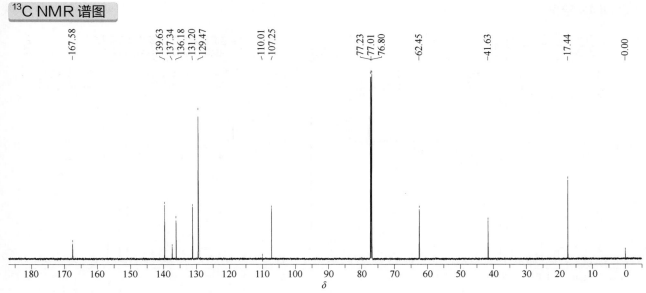

¹³C NMR (151 MHz, CDCl₃, δ) 167.58, 139.63, 137.34, 136.18, 131.20, 129.47, 110.01, 107.25, 62.45, 41.63, 17.44

metconazole（叶菌唑）

基本信息

CAS 登录号	125116-23-6	**分子量**	319.83
分子式	C₁₇H₂₂ClN₃O		

¹H NMR 谱图

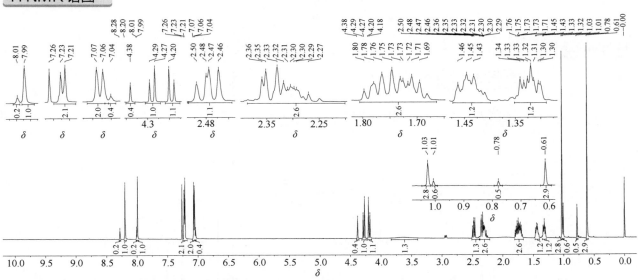

¹H NMR (600 MHz, CDCl₃, δ) 两组异构体，比例约为 5∶1。异构体 A: 8.20 (1H, ArH, s), 7.99 (1H, ArH, s), 7.22 (2H, 2ArH, d, J_{H-H} = 8.3 Hz), 7.06 (2H, 2ArH, d, J_{H-H} = 8.3 Hz), 4.28 (1H, NCH, d, J_{H-H} = 14.1 Hz), 4.19 (1H, NCH, d, J_{H-H} = 14.1 Hz), 3.62 (1H, OH, br), 2.46 (1H, CH, d, J_{H-H} = 10.2 Hz), 2.37~2.21 (2H, 2CH, m), 1.81~1.66 (2H, 2CH, m), 1.47~1.40 (1H, CH, m), 1.35~1.30 (1H, CH, m), 1.03 (3H, CH₃, s), 0.61 (3H, CH₃, s). 异构体 B: 8.28 (1H, ArH, s), 8.01 (1H, ArH, s), 7.22 (2H, 2ArH, d, J_{H-H} = 8.3 Hz), 7.04 (2H, 2ArH, d, J_{H-H} = 8.3 Hz), 4.38 (2H, NCH₂, s), 3.62 (1H, OH, br), 2.49 (1H, CH, d, J_{H-H} = 13.1 Hz), 2.37~2.21 (2H, 2CH, m), 1.81~1.66 (2H, 2CH, m), 1.47~1.40 (1H, CH, m), 1.35~1.30 (1H, CH, m), 1.01 (3H, CH₃, s), 0.78 (3H, CH₃, s)

¹³C NMR 谱图

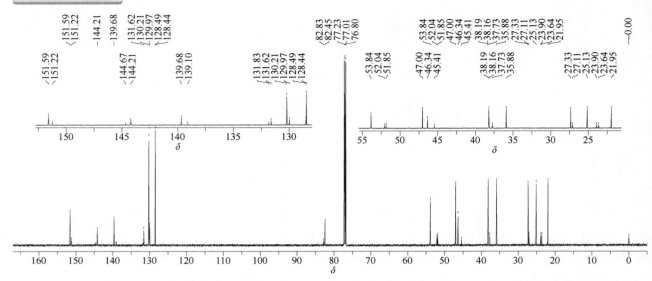

¹³C NMR (151 MHz, CDCl₃, δ) 两组异构体，异构体 A: 151.59, 144.21, 139.68, 131.62, 130.21, 128.44, 82.45, 53.84, 47.00, 46.34, 38.19, 35.88, 27.33, 25.13, 21.95. 异构体 B: 151.22, 144.67, 139.10, 131.83, 129.97, 128.49, 82.83, 52.04, 51.85, 45.41, 38.16, 37.73, 27.11, 23.90, 23.64

methabenzthiazuron（噻唑隆）

基本信息

CAS 登录号	18691-97-9	分子量	221.28
分子式	C₁₀H₁₁N₃OS		

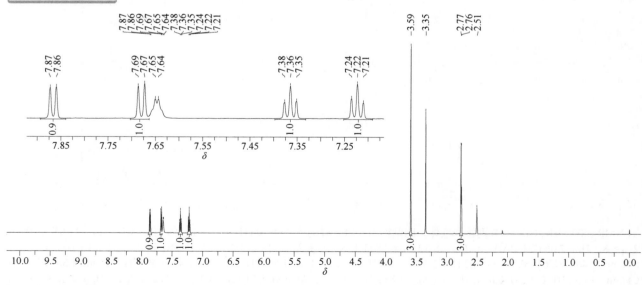

¹H NMR 谱图

¹H NMR (600 MHz, DMSO-d₆, δ) 7.87 (1H, ArH, d, J_{H-H} = 7.8 Hz), 7.68 (1H, ArH, d, J_{H-H} = 8.0 Hz), 7.36 (1H, ArH, t, J_{H-H} = 7.7 Hz), 7.22 (1H, ArH, d, J_{H-H} = 7.5 Hz), 3.59 (3H, CH₃, s), 2.76 (3H, CH₃, d, J_{H-H} = 4.3 Hz)

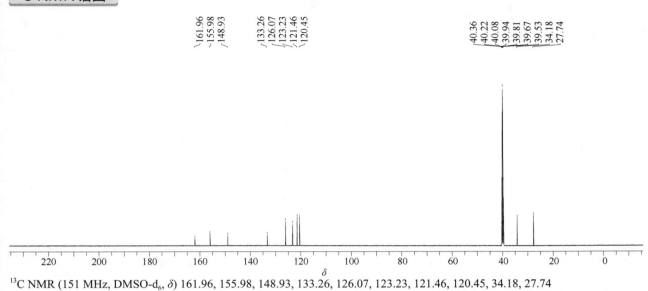

¹³C NMR (151 MHz, DMSO-d₆, δ) 161.96, 155.98, 148.93, 133.26, 126.07, 123.23, 121.46, 120.45, 34.18, 27.74

methacrifos（虫螨畏）

基本信息

CAS 登录号	62610-77-9	分子量	240.21
分子式	C₇H₁₃O₅PS		

¹H NMR 谱图

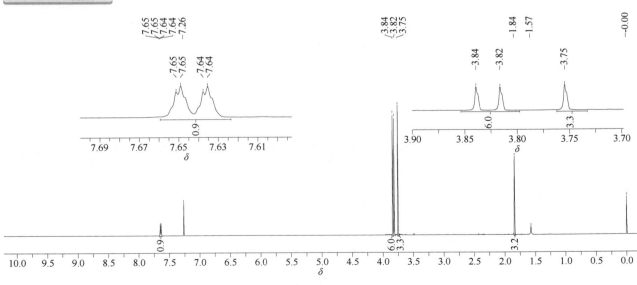

¹H NMR (600 MHz, CDCl₃, δ) 7.66~7.61 (1H, C$\underline{H}$═CCH₃, m), 3.83 (6H, PO(CH₃)₂, d, $^3J_{\text{H-P}}$ = 13.9 Hz), 3.75 (3H, CO₂CH₃, s), 1.84 (3H, CH═CC$\underline{H}$₃, s)

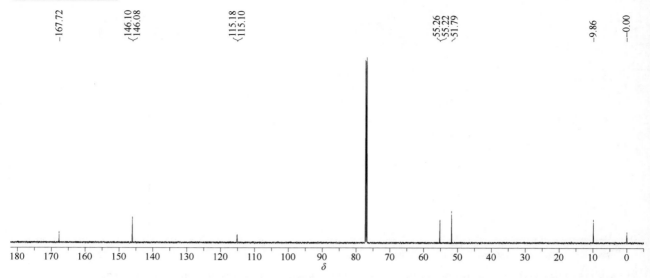

¹³C NMR (151 MHz, CDCl$_3$, δ) 167.72, 146.09 (d, $^2J_{\text{C-P}}$ = 3.0 Hz), 115.14 (d, $^3J_{\text{C-P}}$ = 11.9 Hz), 55.24 (d, $^2J_{\text{C-P}}$ = 5.5 Hz), 51.79, 9.86

³¹P NMR 谱图

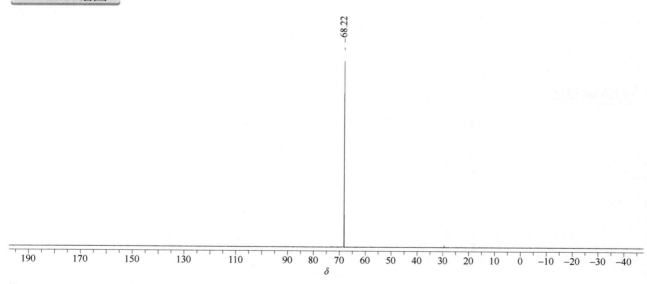

³¹P NMR (243 MHz, CDCl$_3$, δ) 68.22

methamidophos（甲胺磷）

基本信息

CAS 登录号	10265-92-6	分子量	141.13
分子式	$C_2H_8NO_2PS$		

¹H NMR 谱图

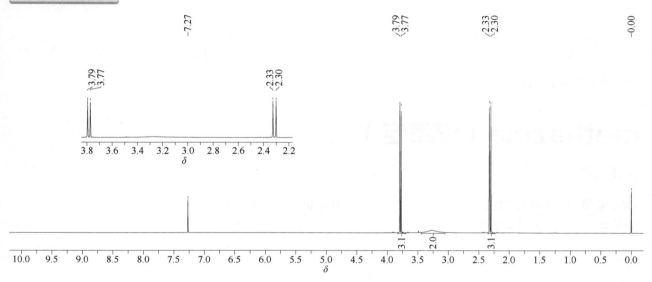

¹H NMR (600 MHz, CDCl₃, δ) 3.78 (3H, OCH₃, d, ³J_{H-P} = 12.8 Hz), 3.27 (2H, NCH₂, br), 2.31 (3H, SCH₃, d, ³J_{H-P} = 14.8 Hz)

¹³C NMR 谱图

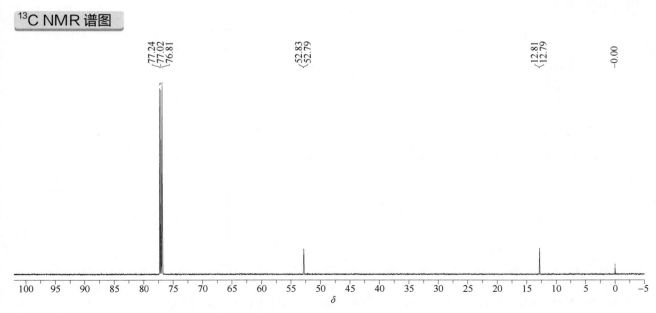

¹³C NMR (151 MHz, CDCl₃, δ) 52.81 (d, ²J_{C-P} = 5.9 Hz), 12.80 (d, ²J_{C-P} = 4.1 Hz)

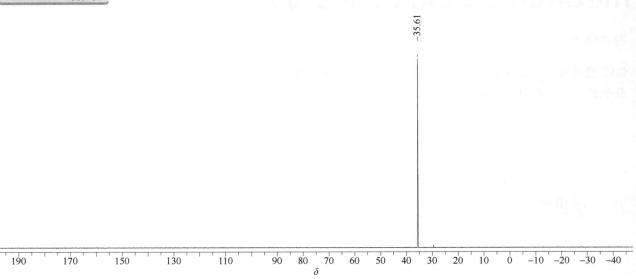

−35.61

δ

³¹P NMR (243 MHz, CDCl₃, δ) 35.61

methazole（灭草定）

基本信息

CAS 登录号	20354-26-1	分子量	261.06
分子式	C₉H₆Cl₂N₂O₃		

¹H NMR 谱图

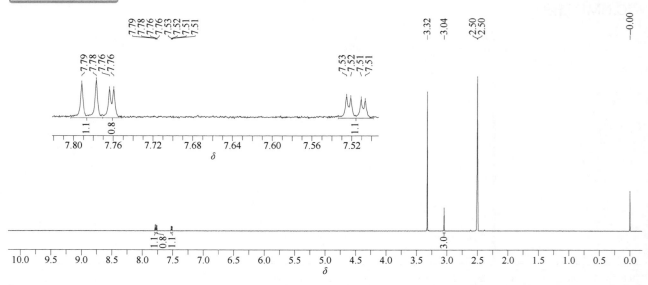

¹H NMR (600 MHz, DMSO-d₆, δ) 7.78 (1H, ArH, d, J_{H-H} = 8.8 Hz), 7.76 (1H, ArH, d, J_{H-H} = 2.5 Hz), 7.52 (1H, ArH, dd, J_{H-H} = 8.8 Hz, J_{H-H} = 2.5 Hz), 3.04 (3H, CH₃, s)

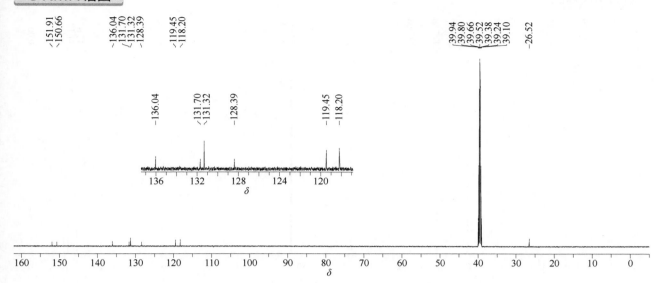

¹³C NMR (151 MHz, DMSO-d₆, δ) 151.91, 150.66, 136.04, 131.70, 131.32, 128.39, 119.45, 118.20, 26.52

methfuroxam（呋菌胺）

基本信息

CAS 登录号	28730-17-8	分子量	229.27
分子式	C₁₄H₁₅NO₂		

¹H NMR 谱图

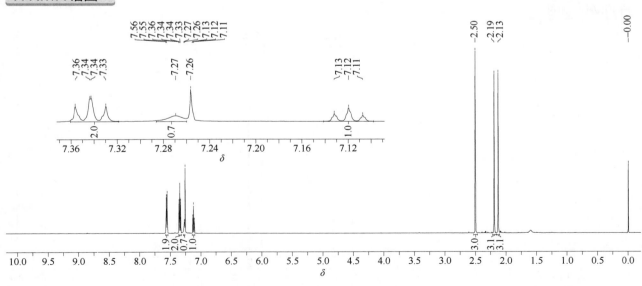

¹H NMR (600 MHz, CDCl₃, δ) 7.56 (2H, 2ArH, d, J_{H-H} = 7.8 Hz), 7.36 (2H, 2ArH, t, J_{H-H} = 7.8 Hz), 7.27 (1H, NH, br), 7.13 (1H, ArH, t, J_{H-H} = 7.4 Hz), 2.50 (3H, CH₃, s), 2.19 (3H, CH₃, s), 2.13 (3H, CH₃, s)

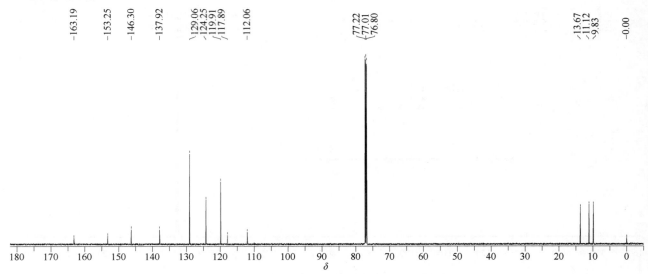

163.19, 153.25, 146.30, 137.92, 129.06, 124.25, 119.91, 117.89, 112.06, 77.22, 77.01, 76.80, 13.67, 11.12, 9.83, 0.00

¹³C NMR (151 MHz, CDCl₃, δ) 163.19, 153.25, 146.30, 137.92, 129.06, 124.25, 119.91, 117.89, 112.06, 13.67, 11.12, 9.83

methidathion（杀扑磷）

基本信息

CAS 登录号	950-37-8	分子量	302.33
分子式	$C_6H_{11}N_2O_4PS_3$		

¹H NMR 谱图

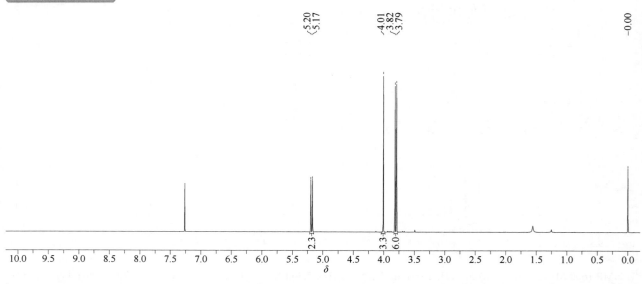

5.20, 5.17, 4.01, 3.82, 3.79, 0.00

¹H NMR (600 MHz, CDCl₃, δ) 5.18 (2H, SCH₂N, d, $^3J_{H-P}$ = 15.9 Hz), 4.01 (3H, OCH₃, s), 3.80 (6H, P(OCH₃)₂, d, $^3J_{H-P}$ = 15.3 Hz)

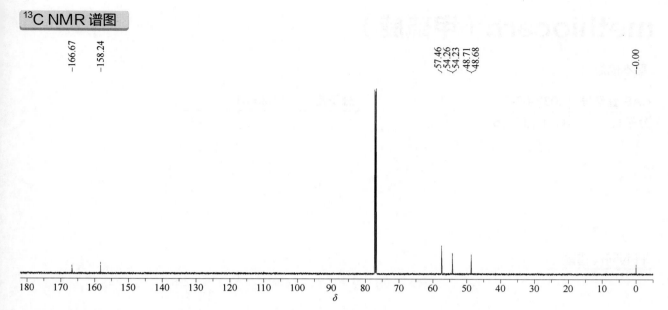

¹³C NMR (151 MHz, CDCl₃, δ) 166.67, 158.24, 57.46, 54.25 (d, $^2J_{\text{C-P}}$ = 5.5 Hz), 48.70 (d, $^2J_{\text{C-P}}$ = 3.8 Hz)

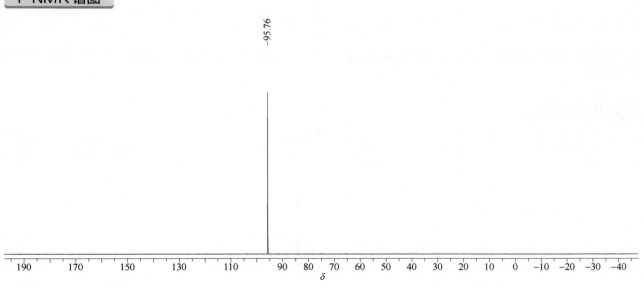

³¹P NMR (243 MHz, CDCl₃, δ) 95.76

methiocarb（甲硫威）

基本信息

CAS 登录号	2032-65-7	**分子量**	225.31
分子式	$C_{11}H_{15}NO_2S$		

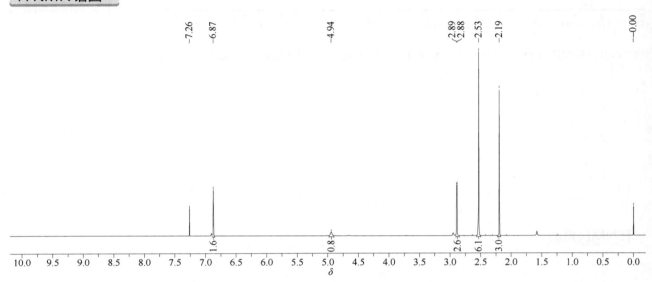

¹H NMR 谱图

¹H NMR (600 MHz, CDCl₃, δ) 6.87 (2H, 2ArH, s), 4.94 (1H, NH, br), 2.89 (3H, NHC$\underline{H}_3$, d, J_{H-H} = 5.0 Hz), 2.53 (6H, 2 CH₃, s), 2.19 (3H, SCH₃, s)

¹³C NMR 谱图

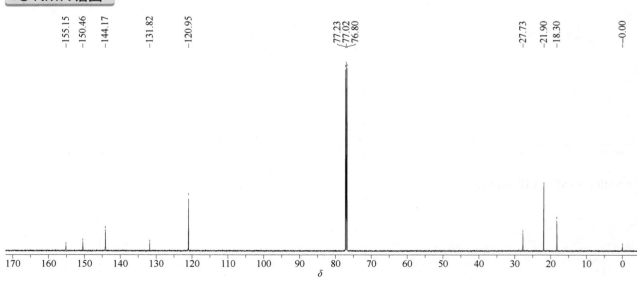

¹³C NMR (151 MHz, CDCl₃, δ) 155.15, 150.46, 144.17, 131.82, 120.95, 27.73, 21.90, 18.30

methiocarb sulfone（甲硫威砜）

基本信息

CAS 登录号	2179-25-1	分子量	257.31
分子式	C₁₁H₁₅NO₄S		

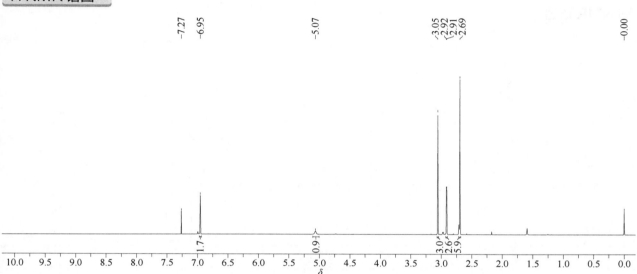

¹H NMR 谱图

¹H NMR (600 MHz, CDCl₃, δ) 6.95 (2H, 2ArH, s), 5.07 (1H, NH, br), 3.05 (3H, SCH₃, s), 2.92 (3H, NHC$\underline{H}$₃, d, J_{H-H} = 4.9 Hz), 2.69 (6H, 2 CH₃, s)

¹³C NMR 谱图

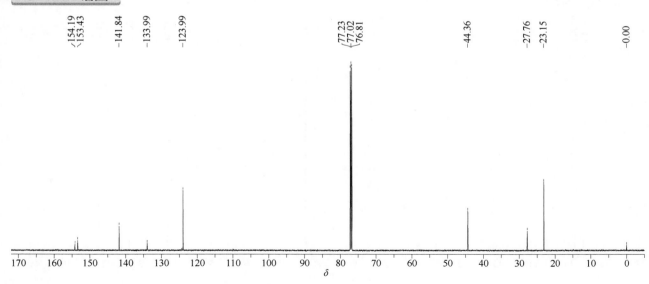

¹³C NMR (151 MHz, CDCl₃, δ) 154.19, 153.43, 141.84, 133.99, 123.99, 44.36, 27.76, 23.15

methiocarb sulfoxide（甲硫威亚砜）

基本信息

CAS 登录号	2635-10-1	分子量	241.31
分子式	$C_{11}H_{15}NO_3S$		

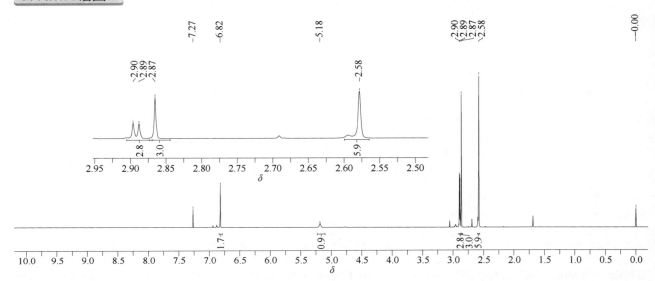

¹H NMR 谱图

¹H NMR (600 MHz, CDCl₃, δ) 6.82 (2H, 2ArH, s), 5.18 (1H, NH, br), 2.90 (3H, NHC$\underline{H}_3$, d, J_{H-H}= 4.9 Hz), 2.87 (3H, SCH₃, s), 2.58 (6H, 2 CH₃, s)

¹³C NMR 谱图

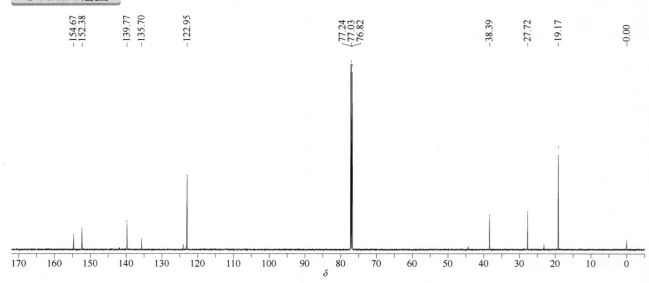

¹³C NMR (151 MHz, CDCl₃, δ) 154.67, 152.38, 139.77, 135.70, 122.95, 38.39, 27.72, 19.17

methomyl（灭多威）

基本信息

CAS 登录号	16752-77-5	分子量	162.21
分子式	$C_5H_{10}N_2O_2S$		

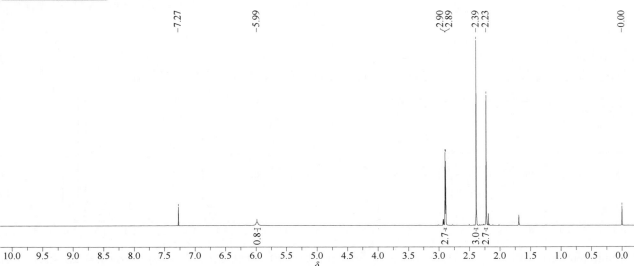

^{1}H NMR 谱图

^{1}H NMR (600 MHz, CDCl$_3$, δ) 5.99 (1H, NH, br), 2.90 (3H, NHC$\underline{H}_3$, d, J_{H-H} = 4.9 Hz), 2.39 (3H, SCH$_3$, s), 2.23 (3H, CH$_3$, s)

^{13}C NMR 谱图

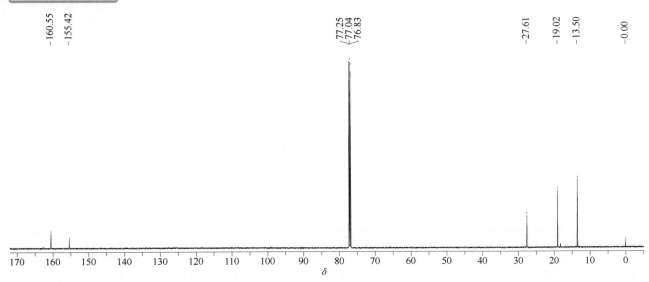

^{13}C NMR (151 MHz, CDCl$_3$, δ) 160.55, 155.42, 27.61, 19.02, 13.50

methoprene（烯虫酯）

基本信息

CAS 登录号	40596-69-8	分子量	310.47
分子式	C$_{19}$H$_{34}$O$_3$		

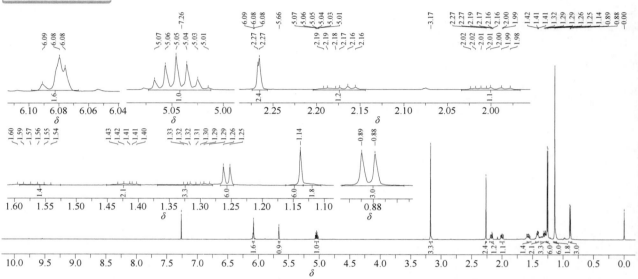

^{1}H NMR 谱图

^{1}H NMR (600 MHz, CDCl$_3$, δ) 6.09 (1H, =CH, d, $J_{\text{H-H}}$ = 6.8 Hz), 6.08 (1H, =CH, d, $J_{\text{H-H}}$ = 2.3 Hz), 5.66 (1H, =CH, s), 5.07 (1H, OC$\underline{H}$(CH$_3$)$_2$, hept, $J_{\text{H-H}}$ = 6.3 Hz), 3.17 (3H, OCH$_3$, s), 2.27 (2H, CH$_2$, d, $J_{\text{H-H}}$ = 0.9 Hz), 2.20~2.14 (1H, CH, m), 2.03~1.97 (1H, CH, m), 1.59~1.53 (1H, CH, m), 1.45~1.40 (2H, 2CH, m), 1.37~1.28 (3H, 3CH, m), 1.26 (6H, 2OCH(C$\underline{H}_3$)$_2$, d, $J_{\text{H-H}}$ = 6.3 Hz), 1.14 (6H, 2CH$_3$, s), 1.14~1.12 (2H, 2CH, m), 0.89 (3H, CHC$\underline{H}_3$, d, $J_{\text{H-H}}$ = 6.7 Hz)

^{13}C NMR 谱图

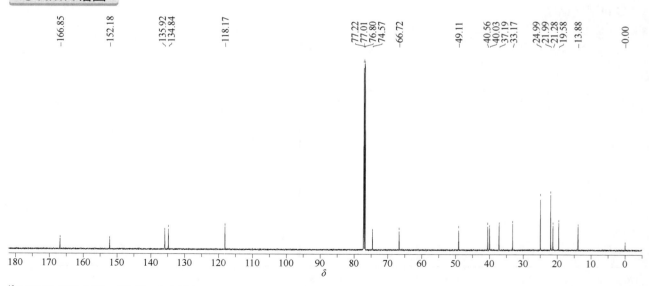

^{13}C NMR (151 MHz, CDCl$_3$, δ) 166.85, 152.18, 135.92, 134.84, 118.17, 74.57, 66.72, 49.11, 40.56, 40.03, 37.19, 33.17, 24.99, 21.99, 21.28, 19.58, 13.88

methoprotryne（盖草津）

基本信息

CAS 登录号	841-06-5	分子量	271.40
分子式	C₁₁H₂₁N₅OS		

¹H NMR 谱图

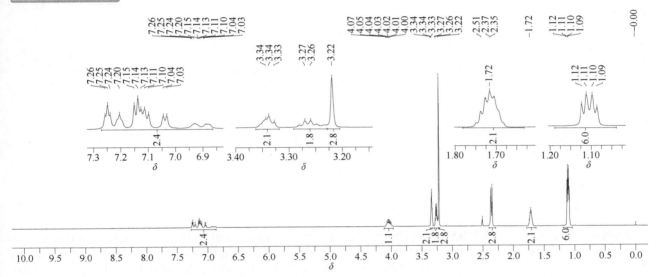

¹H NMR (600 MHz, DMSO-d₆, δ) 多组异构体，未区分。7.27~6.86 (2H, 2NH, m), 4.11~3.96 (1H, NCH, m), 3.36~3.32 (2H, NCH₂, m), 3.29~3.21 (2H, OCH₂, m), 3.22 (3H, OCH₃, s), 2.39~2.31 (3H, SCH₃, m), 1.77~1.64 (2H, NCH₂C$\underline{H}$₂, m), 1.16~1.06 (6H 2CH₃, m)

¹³C NMR 谱图

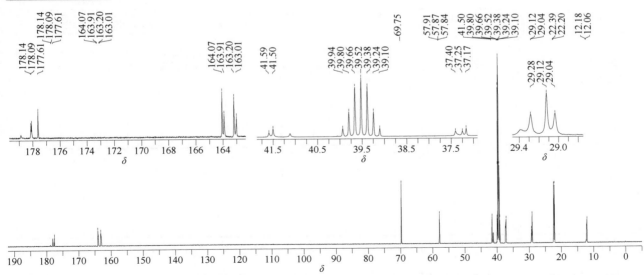

¹³C NMR (151 MHz, DMSO-d₆, δ) 多组异构体。178.14, 178.09, 177.61, 164.07, 163.91, 163.20, 163.01, 69.75, 57.91, 57.87, 57.84, 41.59, 41.50, 41.12, 37.40, 37.25, 37.17, 29.28, 29.12, 29.04, 22.39, 22.20, 12.18. 12.06

methothrin（甲醚菊酯）

CAS 登录号	34388-29-9	分子量	302.41
分子式	$C_{19}H_{26}O_3$		

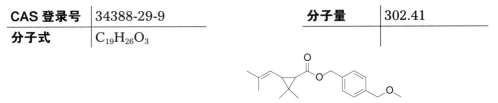

¹H NMR 谱图

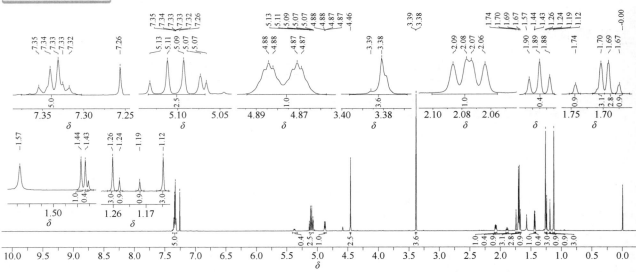

¹H NMR (600 MHz, CDCl₃, δ) 两组异构体，比例约为 5∶2。异构体 A: 7.38~7.30 (4H, 4ArH, m), 5.12 (1H, CO₂CH*H*, d, J_{H-H} = 12.2 Hz), 5.08 (1H, CO₂CH*H*, d, J_{H-H} = 12.2 Hz), 4.90~4.86 (1H, =CH, m), 4.46 (2H, ArCH₂O, s), 3.38 (3H, OCH₃, s), 2.08 (1H, =CHC*H*, dd, J_{H-H} = 7.6 Hz, J_{H-H} = 5.6 Hz), 1.70 (3H, =CCH₃, s), 1.69 (3H, =CCH₃, s), 1.44 (1H, COCH, d, J_{H-H} = 5.4 Hz), 1.26 (3H, CCH₃, s), 1.12 (3H, CCH₃, s). 异构体 B: 7.38~7.30 (4H, 4ArH, m), 5.38 (1H, =CH, dd, J_{H-H} = 8.5 Hz, J_{H-H} = 1.3 Hz), 5.07 (2H, CO₂CH₂, dd, J_{H-H} = 23.6 Hz, J_{H-H} = 12.2 Hz), 4.46 (2H, ArCH₂O, s), 3.38 (3H, OCH₃, s), 1.89 (1H, =CHC*H*, dd, J_{H-H} = 8.6 Hz, J_{H-H} = 8.6 Hz), 1.74 (3H, =CCH₃, s), 1.67 (3H, =CCH₃, s), 1.43 (1H, COCH, d, J_{H-H} = 8.6 Hz), 1.24 (3H, CCH₃, s), 1.19 (3H, CCH₃, s)

¹³C NMR 谱图

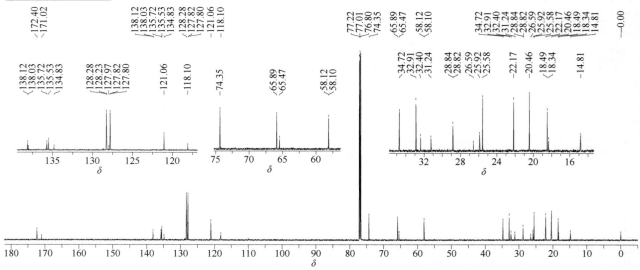

¹³C NMR (151 MHz, CDCl₃, δ) 两组异构体。异构体 A: 172.40, 138.12, 135.72, 135.53, 128.28, 127.97, 121.06, 74.35, 65.89, 58.12, 34.72, 32.91, 28.84, 25.58, 22.17, 20.46, 18.49. 异构体 B: 171.20, 138.03, 135.83, 134.83, 128.23, 127.80, 118.10, 74.35, 65.47, 58.10, 32.40, 31.24, 28.82, 26.59, 25.92, 18.34, 14.81

methoxychlor（甲氧滴滴涕）

基本信息

CAS 登录号	72-43-5	分子量	345.65
分子式	$C_{16}H_{15}Cl_3O_2$		

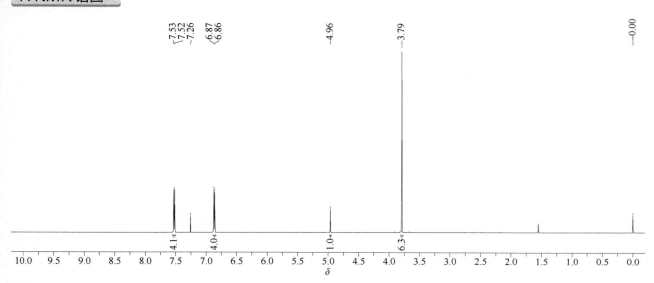

^{1}H NMR 谱图

^{1}H NMR (600 MHz, CDCl$_3$, δ) 7.53 (4H, 4ArH, d, J_{H-H} = 8.7 Hz), 6.87 (4H, 4ArH, d, J_{H-H} = 8.7 Hz), 4.96 (1H, CH, s), 3.79 (6H, 2OCH$_3$, s)

^{13}C NMR 谱图

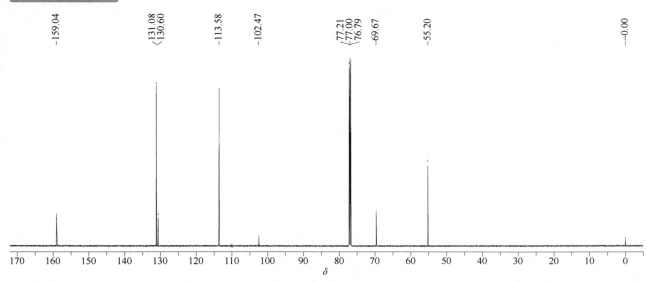

^{13}C NMR (151 MHz, CDCl$_3$, δ) 159.04, 131.08, 130.60, 113.58, 102.47, 69.67, 55.20

methoxyfenozide（甲氧虫酰肼）

基本信息

CAS 登录号	161050-58-4	分子量	368.47
分子式	C_{22}H_{28}N_2O_3		

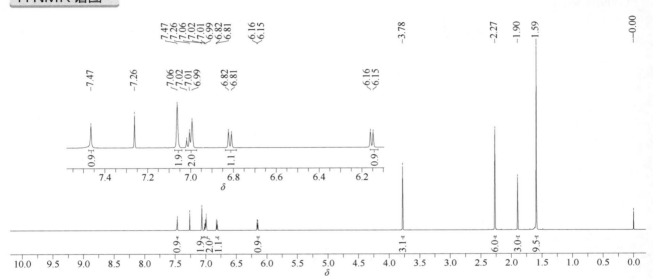

¹H NMR 谱图

¹H NMR (600 MHz, CDCl₃, δ) 7.47 (1H, ArH, s), 7.06 (2H, 2ArH, s), 7.02 (1H, ArH, t, J_{H-H} = 7.6 Hz), 6.99 (1H, NH, br), 6.82 (1H, ArH, d, J_{H-H} = 8.2 Hz), 6.16 (1H, ArH, d, J_{H-H} = 7.6 Hz), 3.78 (3H, OCH₃, s), 2.27 (6H, 2 CH₃, s), 1.90 (3H, CH₃, s), 1.59 (9H, C(CH₃)₃, s)

¹³C NMR 谱图

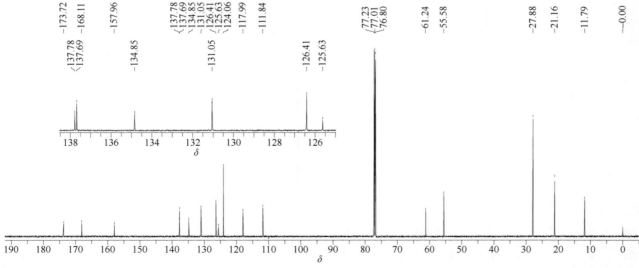

¹³C NMR (151 MHz, CDCl₃, δ) 173.72, 168.11, 157.96, 137.78, 137.69, 134.85, 131.05, 126.41, 125.63, 124.06, 117.99, 111.84, 61.24, 55.58, 27.88, 21.16, 11.79

methoxyphenone（苯草酮）

基本信息

| CAS 登录号 | 41295-28-7 | | 分子量 | 240.30 |
| 分子式 | C₁₆H₁₆O₂ | | | |

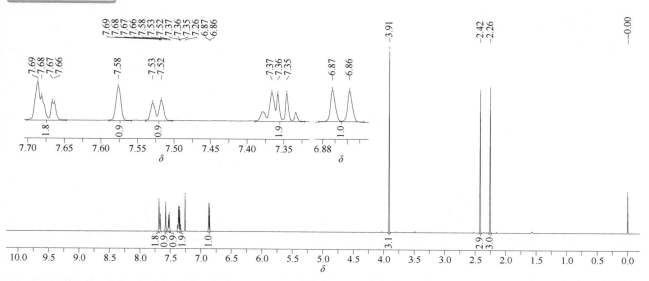

¹H NMR 谱图

¹H NMR (600 MHz, CDCl₃, δ) 7.72~7.65 (2H, 2ArH, m), 7.58 (1H, ArH, s), 7.52 (1H, ArH, d, J_{H-H} = 7.2 Hz), 7.39~7.32 (2H, 2ArH, m), 6.87 (1H, ArH, d, J_{H-H} = 8.4 Hz), 3.91 (3H, OCH₃, s), 2.42 (3H, ArCH₃, s), 2.26 (3H, ArCH₃, s)

¹³C NMR 谱图

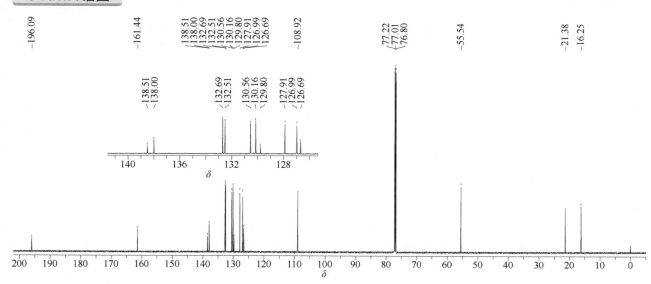

¹³C NMR (151 MHz, CDCl₃, δ) 196.09, 161.44, 138.51, 138.00, 132.69, 132.51, 130.56, 130.16, 129.80, 127.91, 126.99, 126.69, 108.92, 55.54, 21.38, 16.25

δ-methrin（溴氰菊酯）

基本信息

CAS 登录号	52918-63-5	分子量	505.20
分子式	$C_{22}H_{19}Br_2NO_3$		

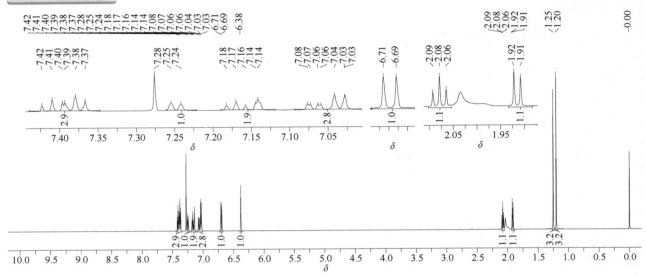

¹H NMR 谱图

¹H NMR (600 MHz, CDCl₃, δ) 7.42~7.33 (3H, 3ArH, m), 7.25 (1H, ArH, d, J_{H-H} = 7.7 Hz), 7.20~7.10 (2H, 2ArH, m), 7.09~6.99 (3H, 3ArH, m), 6.70 (1H, d, CH=C, J_{H-H} = 8.3 Hz), 6.38 (1H, CHCN, s), 2.08 (1H, C=CHC$\underline{H}$, dd, J_{H-H} = 8.4 Hz, J_{H-H} = 8.4 Hz), 1.92 (1H, OOCCH, d, J_{H-H} = 8.4 Hz), 1.25 (3H, CH₃, s), 1.20 (3H, CH₃, s)

¹³C NMR 谱图

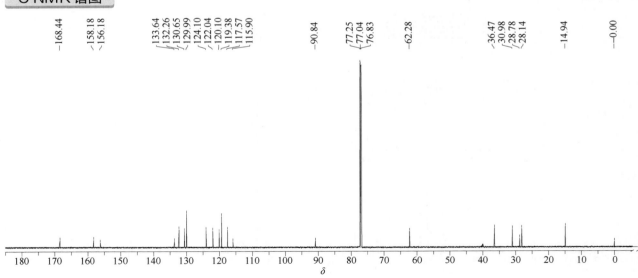

¹³C NMR (151 MHz, CDCl₃, δ) 168.44, 158.18, 156.18, 133.64, 132.26, 130.65, 129.99, 124.10, 122.04, 120.10, 119.38, 117.57, 115.90, 90.84, 62.28, 36.47, 30.98, 28.78, 28.14, 14.94

methylarsonic acid（甲基胂酸）

基本信息

CAS 登录号	124-58-3	分子量	139.97
分子式	CH₅AsO₃		

¹H NMR 谱图

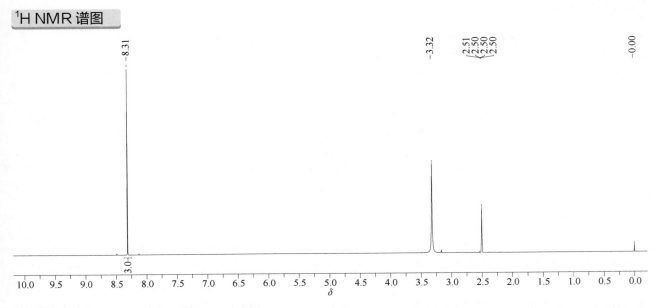

¹H NMR (600 MHz, DMSO-d₆, δ) 8.31 (3H, CH₃, s)

¹³C NMR 谱图

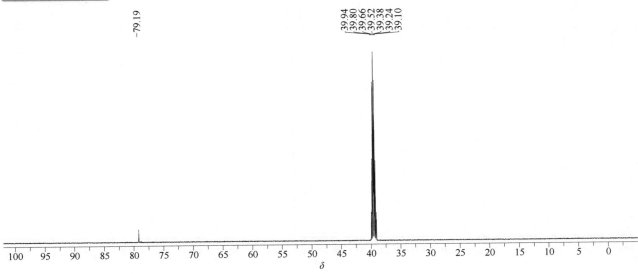

¹³C NMR (151 MHz, DMSO-d₆, δ) 79.19

methyldymron（苯丙隆）

CAS 登录号	42609-73-4	分子量	268.36
分子式	$C_{17}H_{20}N_2O$		

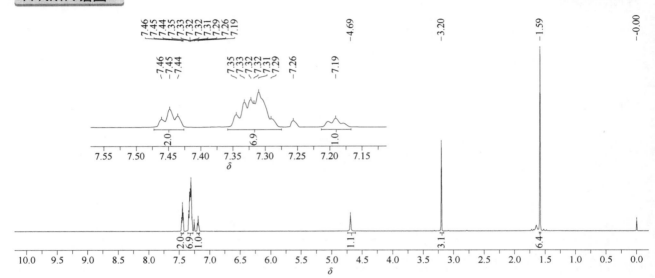

¹H NMR 谱图

^{1}H NMR (600 MHz, CDCl$_3$, δ) 7.45 (2H, 2ArH, t, $J_{\text{H-H}}$ = 7.5 Hz), 7.36~7.27 (7H, 7ArH, m), 7.19 (1H, ArH, t, $J_{\text{H-H}}$ = 6.9 Hz), 4.69 (1H, NH, s), 3.20 (3H, NCH$_3$, s), 1.59 (6H, 2 CH$_3$, s)

¹³C NMR 谱图

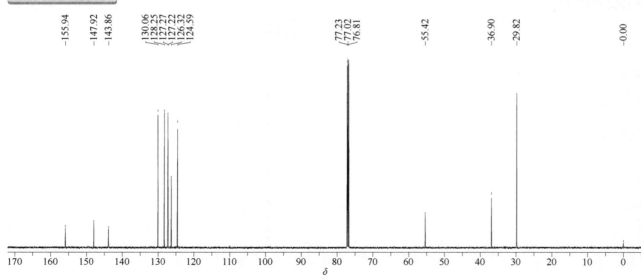

^{13}C NMR (151 MHz, CDCl$_3$, δ) 155.94, 147.92, 143.86, 130.06, 128.25, 127.27, 127.22 126.32, 124.59, 55.42, 36.90, 29.82

methyl naphthalene-1-acetate（1-萘乙酸甲酯）

基本信息

CAS 登录号	2876-78-0	分子量	200.24
分子式	$C_{13}H_{12}O_2$		

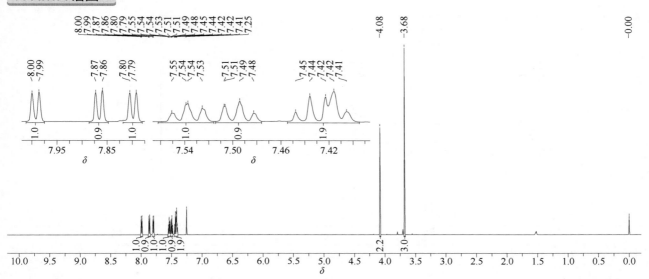

¹H NMR 谱图

¹H NMR (600 MHz, CDCl₃, δ) 7.99 (1H, ArH, d, J_{H-H} = 8.3 Hz), 7.87 (1H, ArH, d, J_{H-H} = 8.0 Hz), 7.80 (1H, ArH, d, J_{H-H} = 7.8 Hz), 7.54 (1H, ArH, dd, J_{H-H} = 8.1 Hz, J_{H-H} = 7.1 Hz), 7.49 (1H, ArH, d, J_{H-H} = 7.4 Hz), 7.45~7.39 (2H, 2ArH, m), 4.08 (2H, CH₂, s), 3.68 (3H, CH₃, s)

¹³C NMR 谱图

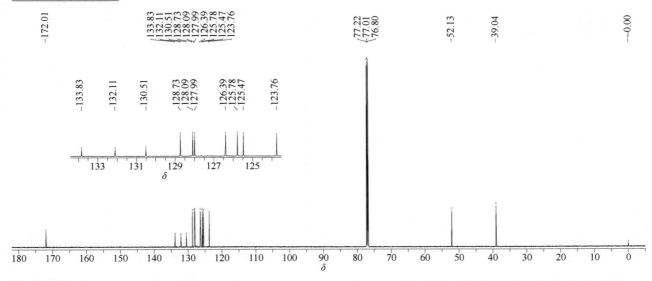

¹³C NMR (151 MHz, CDCl₃, δ) 172.01, 133.83, 132.11, 130.51, 128.73, 128.09, 127.99, 126.39, 125.78, 125.47, 123.76, 52.13, 39.04

3-methylphenol（间甲酚）

基本信息

CAS 登录号	108-39-4	分子量	108.14
分子式	C₇H₈O		

C_7H_8O

¹H NMR 谱图

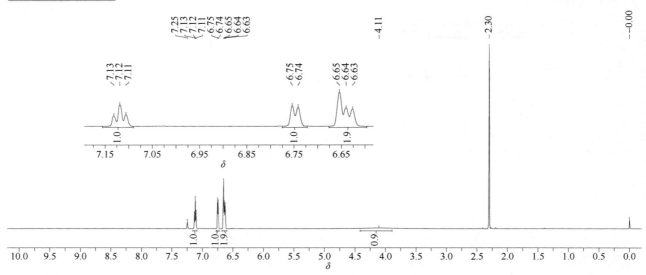

¹H NMR (600 MHz, CDCl₃, δ) 7.12 (1H, ArH, t, J_{H-H} = 7.7 Hz), 6.74 (1H, ArH, d, J_{H-H} = 7.3 Hz), 6.65 (1H, ArH, s), 6.63 (1H, ArH, d, J_{H-H} = 8.2 Hz), 4.11 (1H, OH, br), 2.30 (3H, CH₃, s)

¹³C NMR 谱图

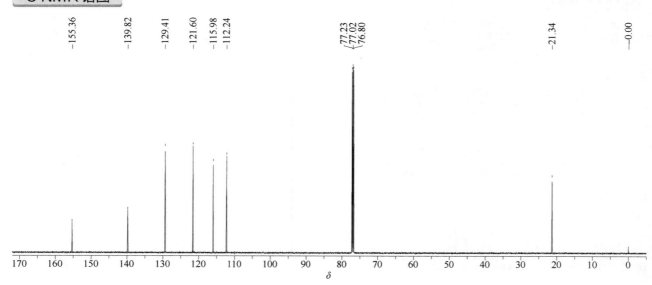

¹³C NMR (151 MHz, CDCl₃, δ) 155.36, 139.82, 129.41, 121.60, 115.98, 112.24, 21.34

methylthiopentachlorobenzene
（甲基五氯苯基硫）

基本信息

CAS 登录号	1825-19-0	分子量	296.43
分子式	$C_7H_3Cl_5S$		

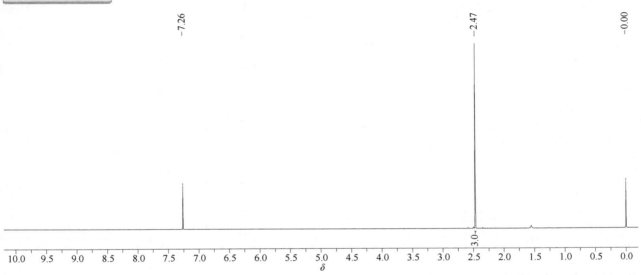

¹H NMR 谱图

¹H NMR (600 MHz, CDCl₃, δ) 2.47 (3H, SCH₃, s)

¹³C NMR 谱图

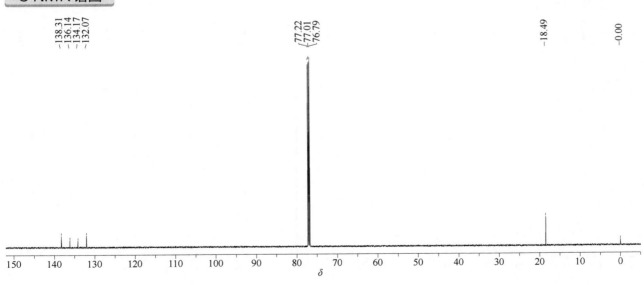

¹³C NMR (151 MHz, CDCl₃, δ) 138.31, 136.14, 134.17, 132.07, 18.49

metobromuron（溴谷隆）

基本信息

CAS 登录号	3060-89-7	分子量	259.10
分子式	C$_9$H$_{11}$BrN$_2$O$_2$		

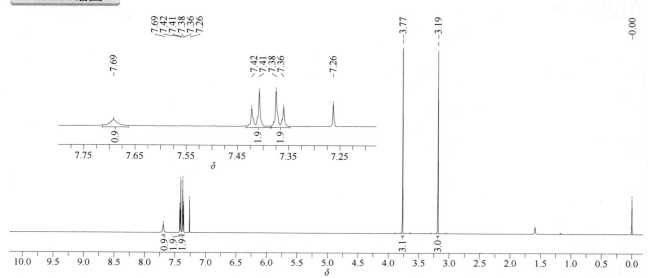

^{1}H NMR 谱图

^{1}H NMR (600 MHz, CDCl$_3$, δ) 7.69 (1H, NH, br), 7.42 (2H, 2ArH, d, J_{H-H} = 8.8 Hz), 7.38 (2H, 2ArH, d, J_{H-H} = 8.8 Hz), 3.77 (3H, OCH$_3$, s), 3.19 (3H, NCH$_3$, s)

^{13}C NMR 谱图

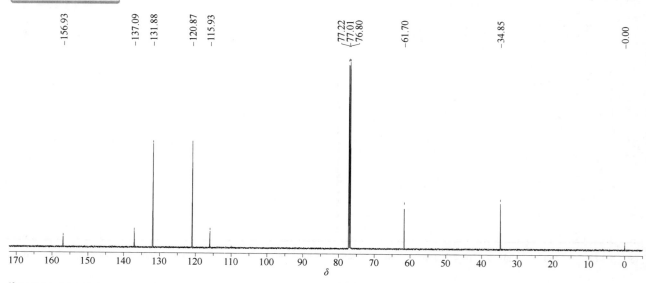

^{13}C NMR (151 MHz, CDCl$_3$, δ) 156.93, 137.09, 131.88, 120.87, 115.93, 61.70, 34.85

metolachlor（异丙甲草胺）

基本信息

CAS 登录号	51218-45-2	**分子量**	283.80
分子式	C₁₅H₂₂ClNO₂		

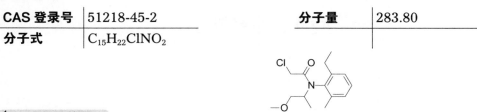

¹H NMR 谱图

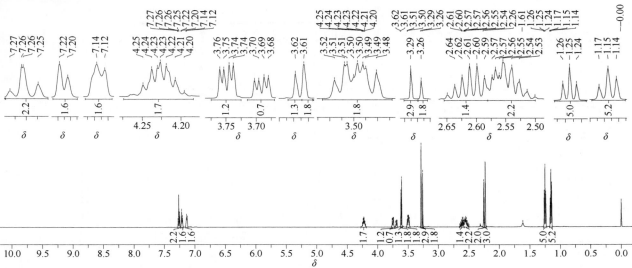

¹H NMR (600 MHz, CDCl₃, δ) 两组异构体，比例约为 3∶2。异构体 A: 7.26 (1H, ArH, t, J_{H-H} = 7.4 Hz), 7.21 (1H, ArH, d, J_{H-H} = 7.7 Hz), 7.13 (1H, ArH, d, J_{H-H} = 7.1 Hz), 4.22 (1H, NCH, dq, J_{H-H} = 6.9 Hz, J_{H-H} = 6.9 Hz), 3.75 (1H, OC*H*H, dd, J_{H-H} = 9.4 Hz, J_{H-H} = 4.2 Hz), 3.61 (2H, COCH₂, s), 3.50 (1H, OC*H*H, dd, J_{H-H} = 9.5 Hz, J_{H-H} = 5.2 Hz), 3.29 (3H, OCH₃, s), 2.54 (2H, ArCH₂, q, J_{H-H} = 7.6 Hz), 2.23 (3H, ArCH₃, s), 1.25 (3H, CH₂C*H₃*, t, J_{H-H} = 7.6 Hz), 1.16 (3H, CHC*H₃*, d, J_{H-H} = 7.3 Hz)。异构体 B: 7.26 (1H, ArH, t, J_{H-H} = 7.4 Hz), 7.21 (1H, ArH, d, J_{H-H} = 7.7 Hz), 7.13 (1H, ArH, d, J_{H-H} = 7.1 Hz), 4.22 (1H, NCH, dq, J_{H-H} = 6.9 Hz, J_{H-H} = 6.9 Hz), 3.69 (1H, OC*H*H, dd, J_{H-H} = 9.6 Hz, J_{H-H} = 4.3 Hz), 3.62 (2H, COCH₂, s), 3.50 (1H, OC*H*H, dd, J_{H-H} = 9.5 Hz, J_{H-H} = 5.2 Hz), 3.26 (3H, OCH₃, s), 2.62 (2H, ArCH₂, q, J_{H-H} = 7.6 Hz), 2.26 (3H, ArCH₃, s), 1.25 (3H, CH₂C*H₃*, t, J_{H-H} = 7.6 Hz), 1.14 (3H, CHC*H₃*, d, J_{H-H} = 7.3 Hz)

¹³C NMR 谱图

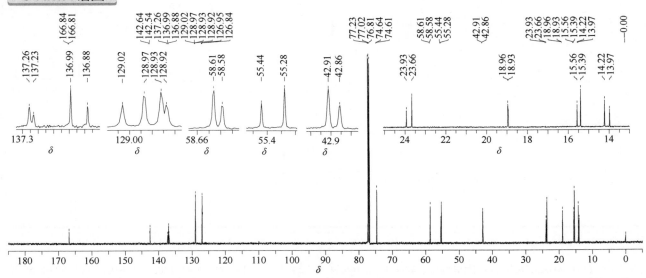

¹³C NMR (151 MHz, CDCl₃, δ) 异构体 A: 166.84, 142.54, 137.26, 136.99, 128.97, 128.93, 126.95, 74.61, 58.61, 55.28, 42.91, 23.66, 18.96, 15.39, 14.22。异构体 B: 166.81, 142.64, 137.23, 136.88, 129.02, 128.92, 126.84, 74.64, 58.58, 55.44, 42.86, 23.93, 18.93, 15.56, 13.97

(S)–metolachlor（精异丙甲草胺）

基本信息

CAS 登录号	87392-12-9	分子量	283.80
分子式	C₁₅H₂₂ClNO₂		

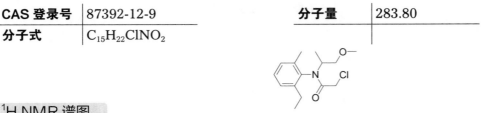

¹H NMR 谱图

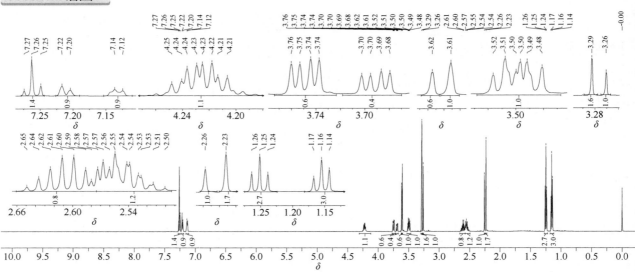

¹H NMR (600 MHz, CDCl₃, δ) 两组异构体，比例约为 3∶2。异构体 A: 7.27~7.24 (1H,ArH, m), 7.20 (1H, ArH, d, J_{H-H}= 7.7 Hz), 7.12 (1H, ArH, d, J_{H-H}= 7.7 Hz), 4.30~4.11 (1H, NCH, m), 3.74 (1H, OC$\underline{H}$H, dd, J_{H-H}= 9.5 Hz, J_{H-H}= 4.2 Hz), 3.60 (2H, ClCH₂, s), 3.52~3.46 (1H, OCH$\underline{H}$,m), 3.29 (3H, OCH₃, s), 2.57~2.51 (2H, C$\underline{H}_2$CH₃, m), 2.22 (3H, ArCH₃, s), 1.24 (3H, CH₂C$\underline{H}_3$, t, J_{H-H}= 7.6 Hz), 1.15 (3H, CHC$\underline{H}_3$, d, J_{H-H}= 7.3 Hz). 异构体 B: 7.27~7.24 (1H, ArH, m), 7.20 (1H, ArH, d, J_{H-H}= 7.7 Hz), 7.12 (1H, ArH, d, J_{H-H}= 7.7 Hz), 4.30~4.11 (1H, NCH, m), 3.68 (1H, OC$\underline{H}$H, dd, J_{H-H}= 9.5 Hz, J_{H-H}= 4.2 Hz), 3.61 (2H, ClCH₂, s), 3.52~3.46 (1H, OC$\underline{H}$H, m),3.25 (3H, OCH₃, s), 2.65~2.57 (2H, C$\underline{H}_2$CH₃, m), 2.25 (3H, ArCH₃, s), 1.24 (3H, CH₂C$\underline{H}_3$, t, J_{H-H}= 7.6 Hz), 1.16 (3H, CHC$\underline{H}_3$, d, J_{H-H}= 7.3 Hz)

¹³C NMR 谱图

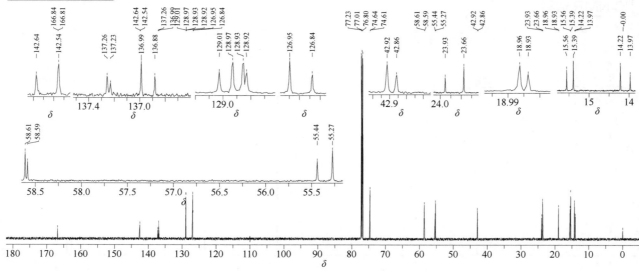

¹³C NMR (151 MHz, CDCl₃, δ) 两组异构体。异构体 A: 166.84, 142.54, 137.26, 136.99,128.97, 128.93, 126.95, 74.61, 58.61, 55.27, 42.92, 23.66, 18.96, 15.39, 14.22. 异构体 B: 166.81, 142.64,137.23,136.88, 129.01, 128.92, 126.84,74.64, 58.59, 55.44, 42.86, 23.93, 18.93, 15.56,13.97

metolcarb（速灭威）

基本信息

CAS 登录号	1129-41-5	分子量	165.20
分子式	$C_9H_{11}NO_2$		

¹H NMR 谱图

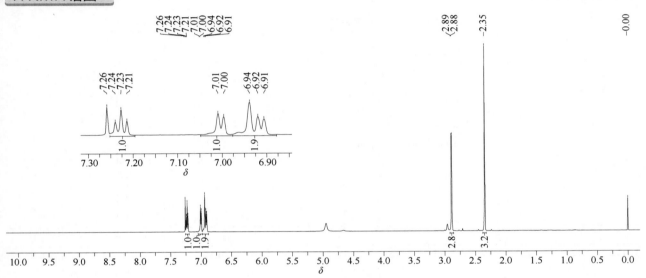

¹H NMR (600 MHz, CDCl₃, δ) 7.23 (1H, ArH, t, J_{H-H} = 7.8 Hz), 7.00 (1H, ArH, d, J_{H-H} = 7.5 Hz), 6.94 (1H, ArH, s), 6.91 (1H, ArH, d, J_{H-H} = 7.5 Hz), 2.89 (3H, NHC$\underline{H}_3$, d, J_{H-H} = 4.8 Hz), 2.35 (3H, ArCH₃, s)

¹³C NMR 谱图

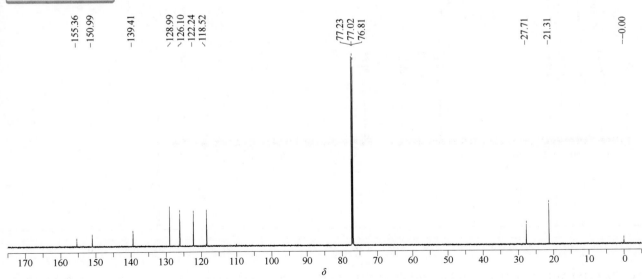

¹³C NMR (151 MHz, CDCl₃, δ) 155.36, 150.99, 139.41, 128.99, 126.10, 122.24, 118.52, 27.71, 21.31

metosulam（甲基磺草胺）

基本信息

CAS 登录号	139528-85-1	分子量	418.26
分子式	$C_{14}H_{13}Cl_2N_5O_4S$		

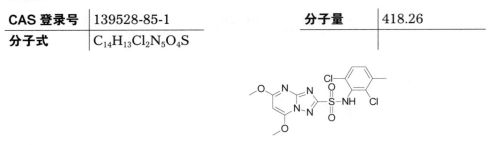

¹H NMR 谱图

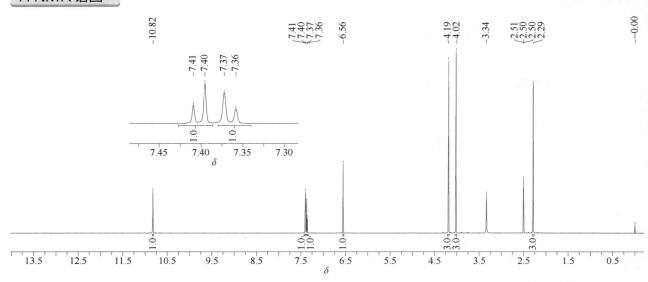

¹H NMR (600 MHz, DMSO-d_6, δ) 10.82 (1H, NH, br), 7.41 (1H, ArH, d, J_{H-H} = 8.3 Hz), 7.37 (1H, ArH, d, J_{H-H} = 8.3 Hz), 6.56 (1H, ArH, s), 4.19 (3H, OCH₃, s), 4.02 (3H, OCH₃, s), 2.29 (3H, ArCH₃, s)

¹³C NMR 谱图

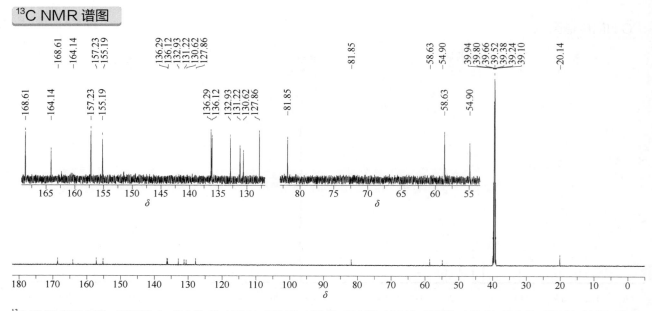

¹³C NMR (151 MHz, DMSO-d_6, δ) 168.61, 164.14, 157.23, 155.19, 136.29, 136.12, 132.93, 131.22, 130.62, 127.86, 81.85, 58.63, 54.90, 20.14

metoxuron（甲氧隆）

基本信息

CAS 登录号	19937-59-8	分子量	228.68
分子式	$C_{10}H_{13}ClN_2O_2$		

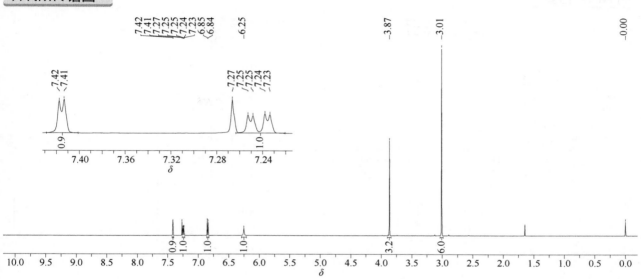

¹H NMR 谱图

¹H NMR (600 MHz, CDCl₃, δ) 7.42 (1H, ArH, d, J_{H-H} = 2.5 Hz), 7.24 (1H, ArH, dd, J_{H-H} = 8.8 Hz, J_{H-H} = 2.5 Hz), 6.85 (1H, ArH, d, J_{H-H} = 8.8 Hz), 6.25 (1H, NH, br), 3.87 (3H, OCH₃, s), 3.01 (6H, 2 CH₃, s)

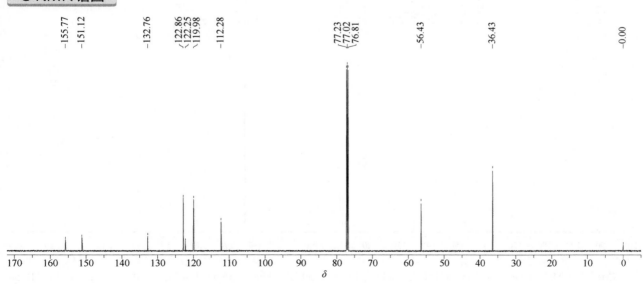

¹³C NMR 谱图

¹³C NMR (151 MHz, CDCl₃, δ) 155.77, 151.12, 132.76, 122.86, 122.25, 119.98, 112.28, 56.43, 36.43

metrafenone（苯菌酮）

基本信息

CAS 登录号	220899-03-6	分子量	409.27
分子式	C$_{19}$H$_{21}$BrO$_5$		

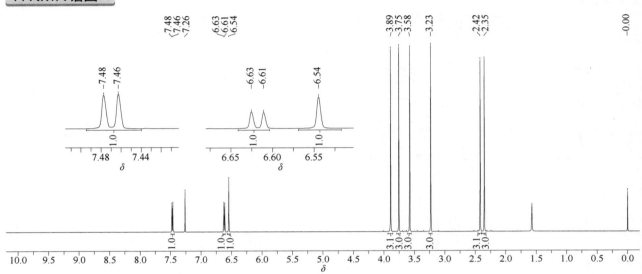

^{1}H NMR 谱图

^{1}H NMR (600 MHz, CDCl$_3$, δ) 7.47 (1H, ArH, d, J_{H-H} = 8.8 Hz), 6.62 (1H, ArH, d, J_{H-H} = 8.8 Hz), 6.54 (1H, ArH, s), 3.89 (3H, OCH$_3$, s), 3.75 (3H, OCH$_3$, s), 3.58 (3H, OCH$_3$, s), 3.23 (3H, OCH$_3$, s), 2.42 (3H, CH$_3$, s), 2.35 (3H, CH$_3$, s)

^{13}C NMR 谱图

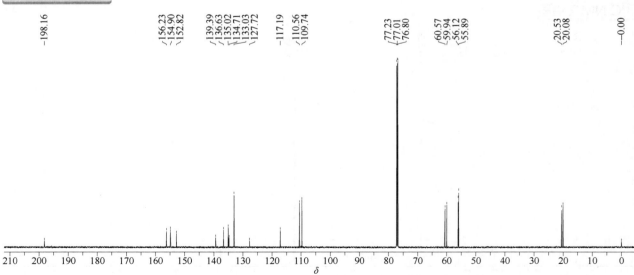

^{13}C NMR (151 MHz, CDCl$_3$, δ) 198.16, 156.23, 154.90, 152.82, 139.39, 136.63, 135.02, 134.71, 133.03, 127.72, 117.19, 110.56, 109.74, 60.57, 59.94, 56.12, 55.89, 20.53, 20.08

metribuzin（嗪草酮）

基本信息

CAS 登录号	21087-64-9	分子量	214.29
分子式	$C_8H_{14}N_4OS$		

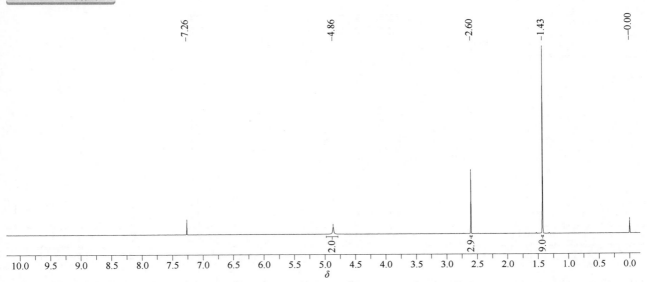

¹H NMR 谱图

¹H NMR (600 MHz, CDCl₃, δ), 4.86 (2H, NH₂, br), 2.60 (3H, SCH₃, s), 1.43 (9H, 3CH₃, s)

¹³C NMR 谱图

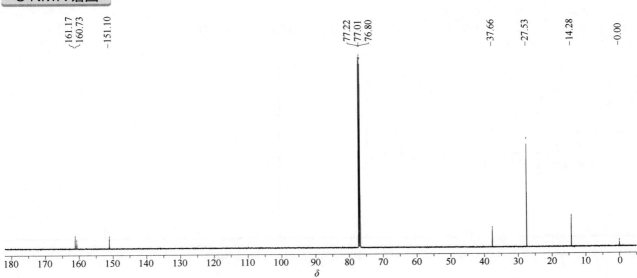

¹³C NMR (151 MHz, CDCl₃, δ) 161.17, 160.73, 151.10, 37.66, 27.53, 14.28

metsulfuron-methyl（甲磺隆）

基本信息

CAS 登录号	74223-64-6	分子量	381.36
分子式	C₁₄H₁₅N₅O₆S		

¹H NMR 谱图

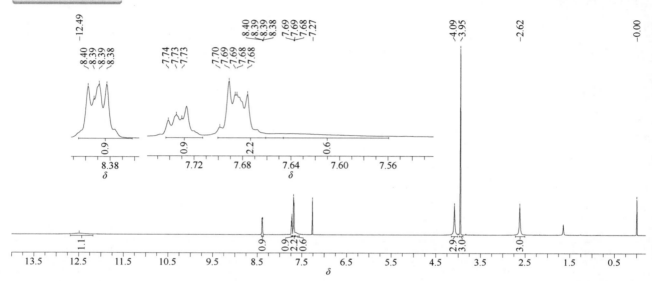

¹H NMR (600 MHz, CDCl₃, δ) 12.49 (1H, NH, br), 8.41~8.37 (1H, ArH, m), 7.74~7.71 (1H, ArH, m), 7.70~7.65 (2H, 2ArH, m), 7.66 (1H, NH, br), 4.09 (3H, OCH₃, s), 3.95 (3H, OCH₃, s), 2.62 (3H, CH₃, s)

¹³C NMR 谱图

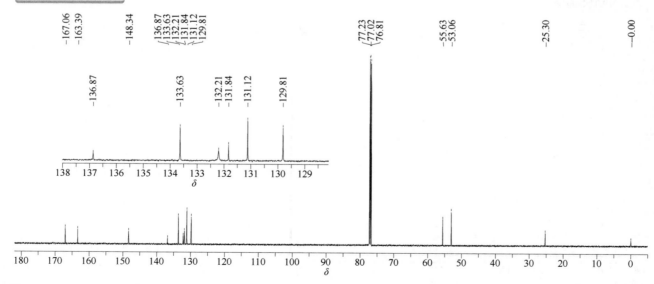

¹³C NMR (151 MHz, CDCl₃, δ) 167.06, 163.39, 148.34, 136.87, 133.63, 132.21, 131.84, 131.12, 129.81, 55.63, 53.06, 25.30（仅供参考）

mevinphos（速灭磷）

基本信息

CAS 登录号	7786-34-7	分子量	224.15
分子式	$C_7H_{13}O_6P$		

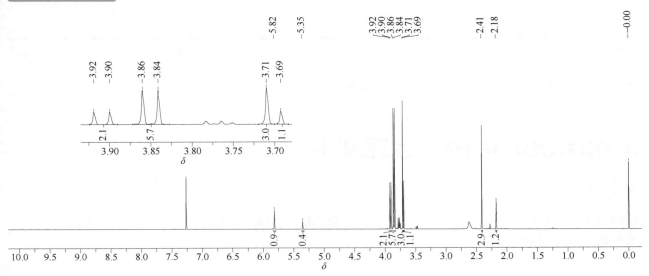

¹H NMR 谱图

¹H NMR (600 MHz, CDCl₃, δ) *E*-, *Z*- 两组异构体。比例约为 3∶1。异构体 A: 5.82 (1H, ═CH, s), 3.85 (6H, 2OCH₃, d, ³$J_{\text{H-P}}$ = 11.5 Hz), 3.71 (3H, OCH₃, s), 2.41 (3H, ═CCH₃, s). 异构体 B: 5.35 (1H, ═CH, s), 3.91 (6H, 2OCH₃, d, ³$J_{\text{H-P}}$ = 11.4 Hz), 3.69 (3H, OCH₃, s), 2.18 (3H, ═CCH₃, s)

¹³C NMR 谱图

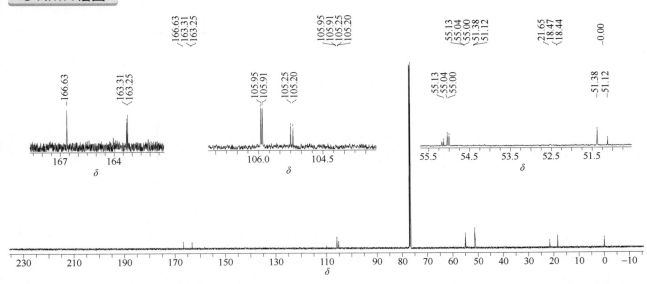

¹³C NMR (151 MHz, CDCl₃, δ) 两组异构体。166.63, 163.28 (d, ⁴$J_{\text{C-P}}$ = 8.6 Hz), 105.93 (d, ³$J_{\text{C-P}}$ = 5.1 Hz), 105.22 (d, ³$J_{\text{C-P}}$ = 8.2 Hz), 55.14 (d, ²$J_{\text{C-P}}$ = 6.7 Hz), 55.02 (d, ²$J_{\text{C-P}}$ = 6.7 Hz), 51.38, 51.12, 21.65, 18.46 (d, ³$J_{\text{C-P}}$ = 5.1 Hz)

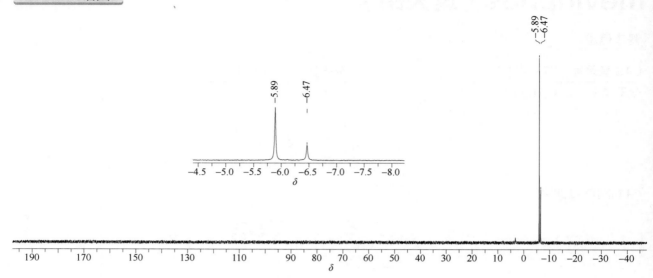

³¹P NMR (243 MHz, CDCl₃, δ) 异构体 A: –5.89。异构体 B: –6.47

mexacarbate（自克威）

基本信息

CAS 登录号	315-18-4	分子量	222.28
分子式	C₁₂H₁₈N₂O₂		

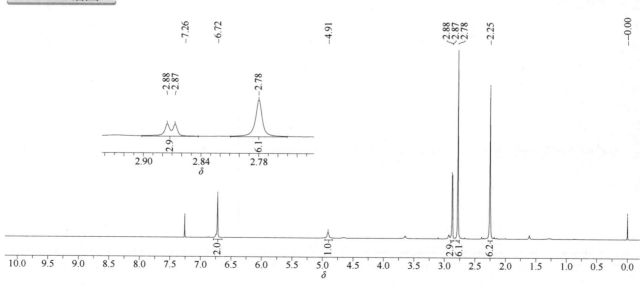

¹H NMR 谱图

¹H NMR (600 MHz, CDCl₃, δ) 6.72 (2H, 2ArH, s), 4.91 (1H, NH, br), 2.88 (3H, NHC$\underline{H}$₃, d, J_{H-H} = 4.9 Hz), 2.78 (6H, 2CH₃, s), 2.25 (6H, 2CH₃, s)

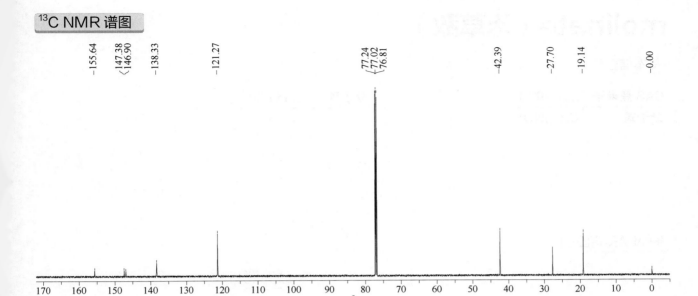

¹³C NMR (151 MHz, CDCl₃, δ) 155.64, 147.38, 146.90, 138.33, 121.27, 42.39, 27.70, 19.14

mirex（灭蚁灵）

基本信息

CAS 登录号	2385-85-5	分子量	545.54
分子式	$C_{10}Cl_{12}$		

¹³C NMR 谱图

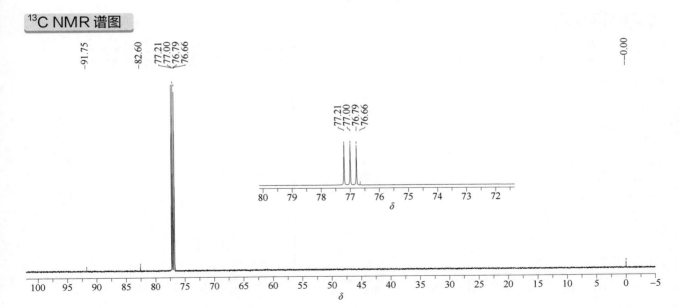

¹³C NMR (151 MHz, CDCl₃, δ) 91.75, 82.60, 76.66

molinate（禾草敌）

基本信息

CAS 登录号	2212-67-1	分子量	187.30
分子式	C₉H₁₇NOS		

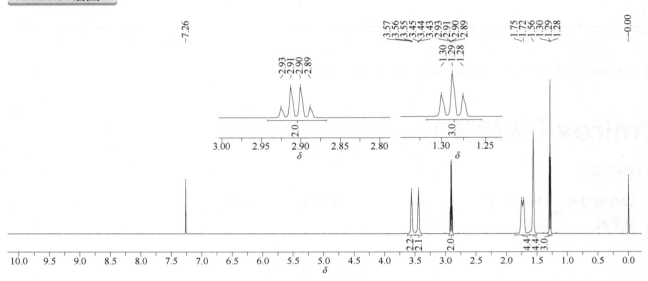

¹H NMR 谱图

¹H NMR (600 MHz, CDCl₃, δ) 3.56 (2H, CH₂, t, J_{H-H} = 5.4 Hz), 3.44 (2H, CH₂, t, J_{H-H} = 5.4 Hz), 2.91 (2H, CH₃C$\underline{H}_2$, q, J_{H-H} = 7.4 Hz), 1.78~1.68 (4H, 2CH₂, m), 1.59~1.52 (4H, 2CH₂, m), 1.29 (3H, CH₂C$\underline{H}_3$, t, J_{H-H} = 7.4 Hz)

¹³C NMR 谱图

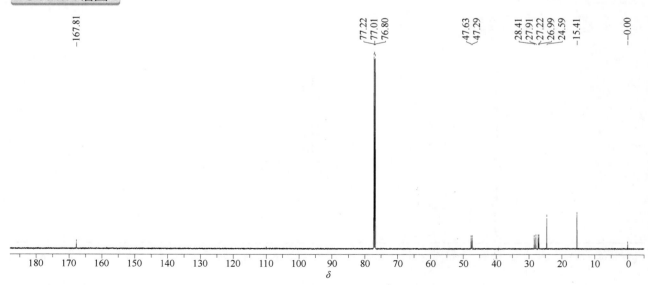

¹³C NMR (151 MHz, CDCl₃, δ) 167.81, 47.63, 47.29, 28.41, 27.91, 27.22, 26.99, 24.59, 15.41

monalide（庚酰草胺）

基本信息

CAS 登录号	7287-36-7	分子量	239.74
分子式	$C_{13}H_{18}ClNO$		

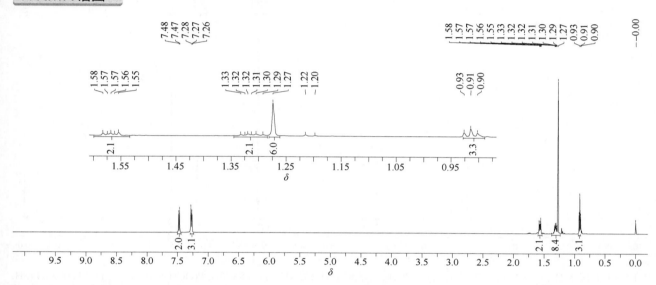

^1H NMR 谱图

^1H NMR (600 MHz, CDCl$_3$, δ) 7.48 (2H, 2ArH, d, J_{H-H} = 8.7 Hz), 7.28 (2H, 2ArH, d, J_{H-H} = 8.7 Hz), 1.60~1.53 (2H, CH$_2$, m), 1.38~1.25 (2H, CH$_2$, m), 1.27 (6H, C(CH$_3$)$_2$, s), 0.91 (3H, CH$_2$C$\underline{H}_3$, t, J_{H-H} = 7.3 Hz)

^{13}C NMR 谱图

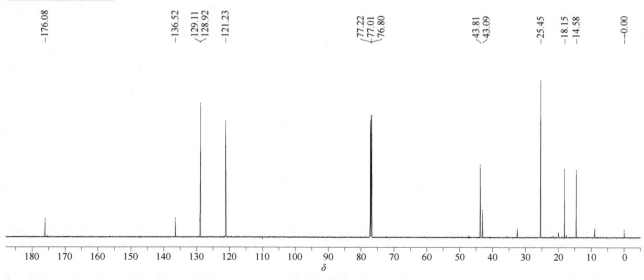

^{13}C NMR (151 MHz, CDCl$_3$, δ) 176.08, 136.52, 129.11, 128.92, 121.23, 43.81, 43.09, 25.45, 18.15, 14.58

monocrotophos（久效磷）

基本信息

CAS 登录号	6923-22-4	分子量	223.16
分子式	C$_7$H$_{14}$NO$_5$P		

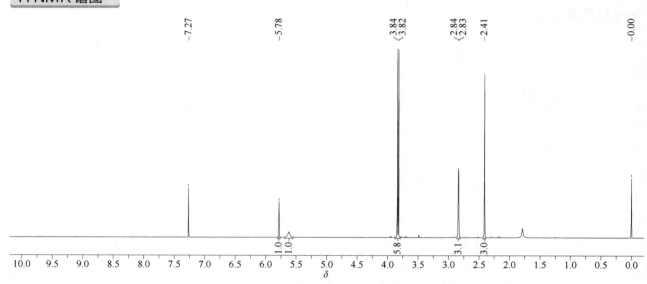

^{1}H NMR 谱图

^{1}H NMR (600 MHz, CDCl$_3$, δ) 5.78 (1H, C$\underline{H}$=CCH$_3$, s), 5.62 (1H, CONH, br), 3.83 (6H, P(OCH$_3$)$_2$, d, $^3J_{\text{H-P}}$ = 11.4 Hz), 2.84 (3H, NHC$\underline{H}_3$, d, $J_{\text{H-H}}$ = 3.5 Hz), 2.41 (3H, CH=CC$\underline{H}_3$, s)

^{13}C NMR 谱图

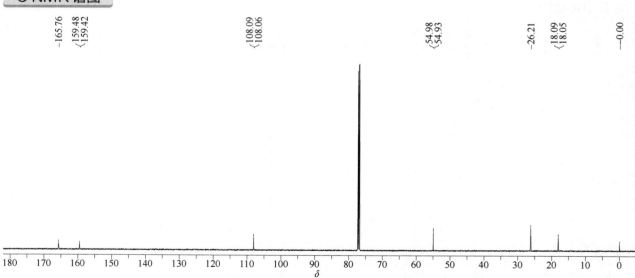

^{13}C NMR (151 MHz, CDCl$_3$, δ) 165.76, 159.45 (d, $^2J_{\text{C-P}}$ = 8.6 Hz), 108.07 (d, $^3J_{\text{C-P}}$ = 4.7 Hz), 54.96 (d, $^2J_{\text{C-P}}$ = 6.3 Hz), 26.21, 18.07 (d, $^3J_{\text{C-P}}$ = 5.3 Hz)

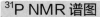

³¹P NMR 谱图

−5.64

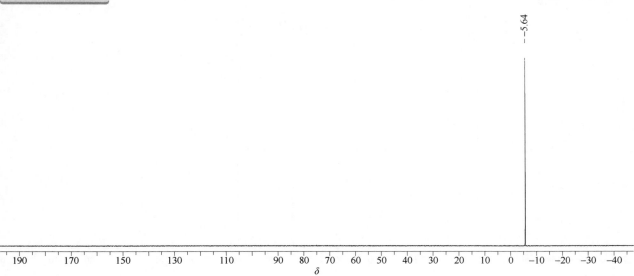

| 190 | 170 | 150 | 130 | 110 | 90 | 80 | 70 | 60 | 50 | 40 | 30 | 20 | 10 | 0 | −10 | −20 | −30 | −40 |

δ

³¹P NMR (243 MHz, CDCl$_3$, δ) −5.64

monolinuron（绿谷隆）

基本信息

CAS 登录号	1746-81-2	分子量	214.65
分子式	C$_9$H$_{11}$ClN$_2$O$_2$		

¹H NMR 谱图

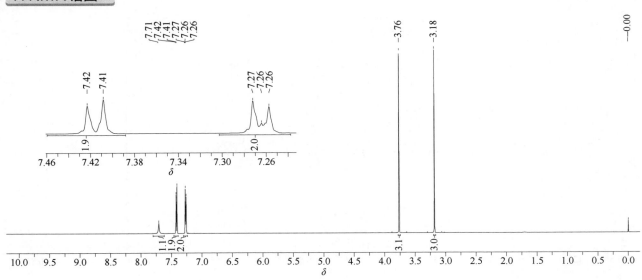

¹H NMR (600 MHz, CDCl$_3$, δ) 7.71 (1H, NH, br), 7.42 (2H, 2ArH, d, $J_{H\text{-}H}$ = 8.8 Hz), 7.26 (2H, 2ArH, d, $J_{H\text{-}H}$ = 8.8 Hz), 3.76 (3H, CH$_3$, s), 3.18 (3H, CH$_3$, s)

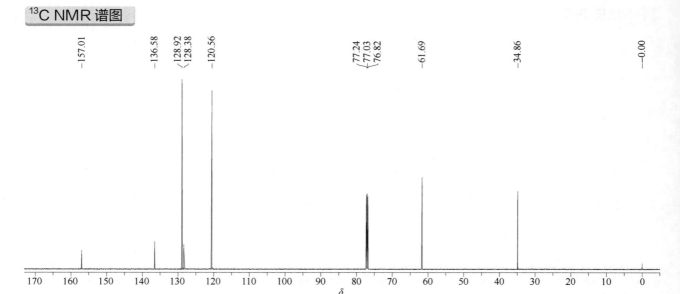

^{13}C NMR (151 MHz, CDCl$_3$, δ) 157.01, 136.58, 128.92, 128.38, 120.56, 61.69, 34.86

monosulfuron（单嘧磺隆）

基本信息

CAS 登录号	155860-63-2	分子量	336.32
分子式	C$_{13}$H$_{12}$N$_4$O$_5$S		

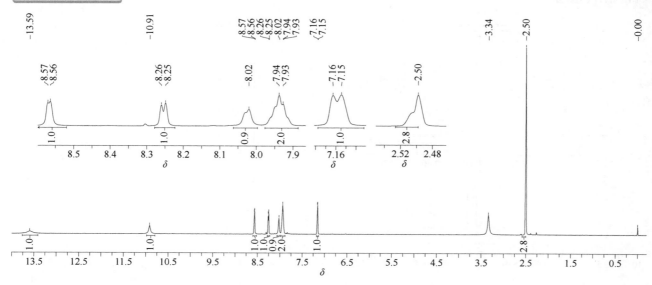

^{1}H NMR 谱图

^{1}H NMR (600 MHz, DMSO-d$_6$, δ) 13.59 (1H, NH, br), 10.91 (1H, NH, br), 8.57 (1H, ArH, d, J_{H-H} = 4.0 Hz), 8.25 (1H, ArH, d, J_{H-H} = 7.0 Hz), 8.02 (1H, ArH, s), 7.93 (2H, 2ArH, d, J_{H-H} = 6.4 Hz), 7.16 (1H, ArH, d, J_{H-H} = 5.0 Hz), 2.50 (3H, CH$_3$, br)

¹³C NMR 谱图

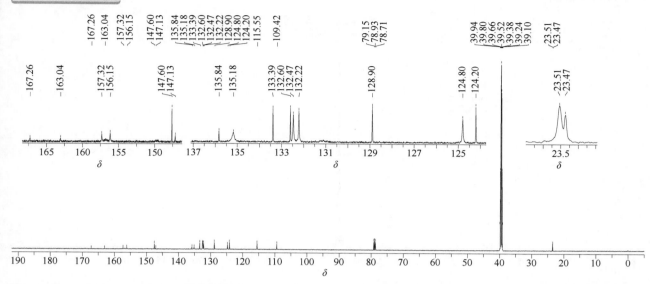

¹³C NMR (151 MHz, DMSO-d₆, δ) 含异构体峰。167.26, 163.04, 157.32, 156.15, 147.60, 147.13, 135.84, 135.18, 133.39, 132.60, 132.47, 132.22, 128.90, 124.80, 124.20, 115.55, 109.42, 23.51, 23.47 (含残留氯仿)

monosultap（杀虫单）

基本信息

CAS 登录号	29547-00-0	分子量	333.40
分子式	$C_5H_{12}NNaO_6S_4$		

¹H NMR 谱图

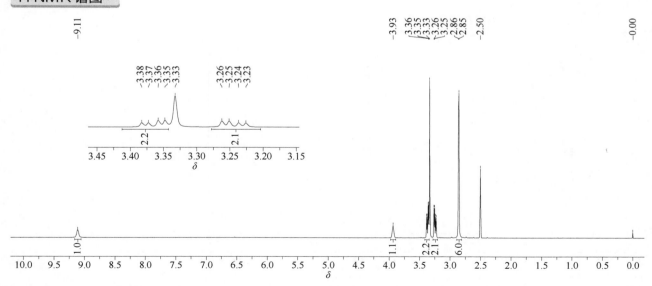

¹H NMR (600 MHz, DMSO-d₆, δ) 9.11 (1H, OH, s), 3.98~3.89 (1H, CH, m), 3.37 (2H, CH₂, dd, J_{H-H} = 15.0 Hz, J_{H-H} = 6.6 Hz), 3.24 (2H, CH₂, dd, J_{H-H} = 15.0 Hz, J_{H-H} = 6.5 Hz), 2.86 (3H, CH₃, s), 2.85 (3H, CH₃, s)

¹³C NMR 谱图

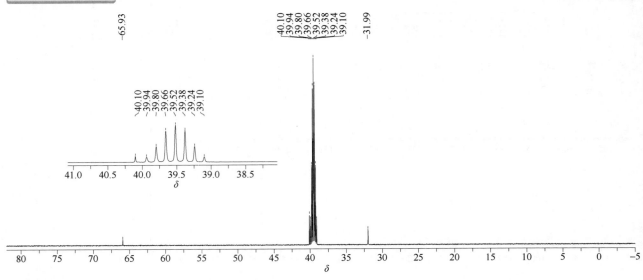

¹³C NMR (151 MHz, DMSO-d₆, δ) 65.93, 40.10, 31.99

monuron（季草隆）

基本信息

CAS 登录号	150-68-5	分子量	198.66
分子式	C₉H₁₁ClN₂O		

¹H NMR 谱图

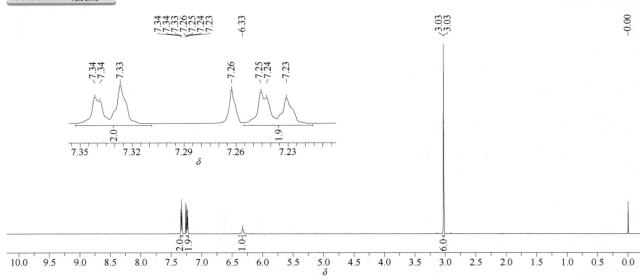

¹H NMR (600 MHz, CDCl₃, δ) 含异构体峰。7.35~7.31 (2H, 2ArH, m), 7.26~7.22 (2H, 2ArH, m), 6.33 (1H, NH, s), 3.04~3.02 (6H, 2CH₃, m)

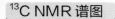

¹³C NMR 谱图

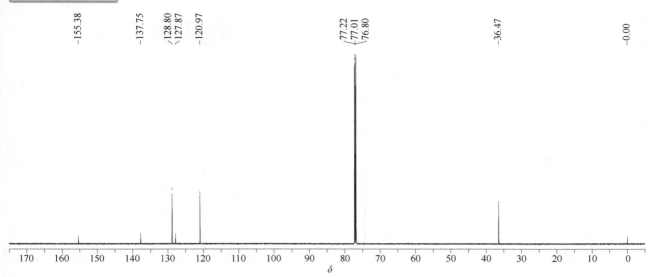

155.38 137.75 128.80 127.87 120.97 77.22 77.01 76.80 36.47 0.00

¹³C NMR (151 MHz, CDCl₃, δ) 155.38, 137.75, 128.80, 127.87, 120.97, 36.47

muscalure（诱虫烯）

CAS 登录号	27519-02-4	分子量	322.61
分子式	$C_{23}H_{46}$		

¹H NMR 谱图

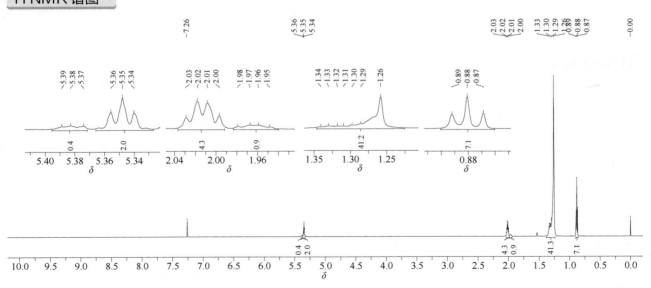

¹H NMR (600 MHz, CDCl₃, δ) 两组异构体，比例约为 5:1。异构体 A: 5.35 (2H, 2 ═CH, t, J_{H-H} = 4.6 Hz), 2.01 (4H, 2 ═CHC$\underline{H}_2$, dd, J_{H-H} = 12.6 Hz, J_{H-H} = 6.8 Hz), 1.38~1.24 (34H, 17CH₂, m), 0.88 (6H, 2CH₃, t, J_{H-H} = 7.0 Hz). 异构体 B: 5.38 (2H, 2 ═CH, t, J_{H-H} = 6.3 Hz), 1.96 (4H, 2 ═CHC$\underline{H}_2$, dd, J_{H-H} = 11.6 Hz, J_{H-H} = 6.8 Hz), 1.38~1.24 (34H, 17CH₂, m), 0.88 (6H, 2 CH₃, t, J_{H-H} = 7.0 Hz)

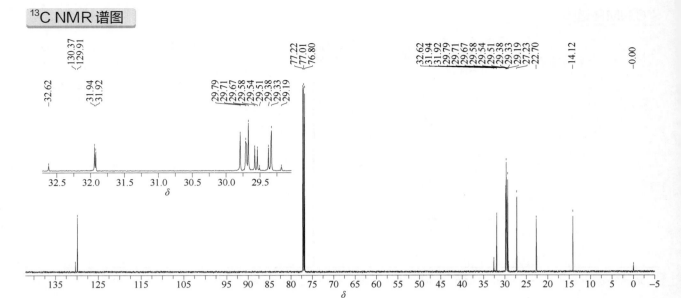

^{13}C NMR (151 MHz, CDCl$_3$, δ) 130.37, 129.91, 32.62, 31.94, 31.92, 29.79, 29.71, 29.67, 29.58, 29.54, 29.51, 29.38, 29.33, 29.19, 27.23, 22.70, 14.12

musk ambrette（合成麝香）

基本信息

CAS 登录号	83-66-9	分子量	268.27
分子式	C$_{12}$H$_{16}$N$_2$O$_5$		

^{1}H NMR 谱图

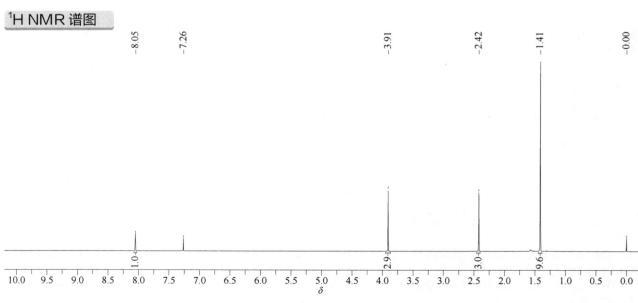

^{1}H NMR (600 MHz, CDCl$_3$, δ) 8.05 (1H, ArH, s), 3.91 (3H, OCH$_3$, s), 2.42 (3H, CH$_3$, s), 1.41 (9H, 3 CH$_3$, s)

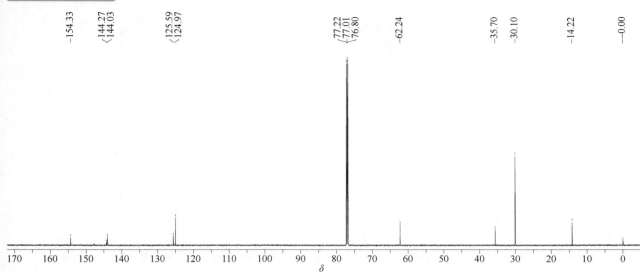

^{13}C NMR (151 MHz, CDCl$_3$, δ) 154.33, 144.27, 144.03, 125.59, 124.97, 62.24, 35.70, 30.10, 14.22

musk ketone（酮麝香）

基本信息

CAS 登录号	81-14-1	分子量	294.30
分子式	C$_{14}$H$_{18}$N$_2$O$_5$		

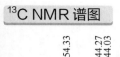

^{1}H NMR 谱图

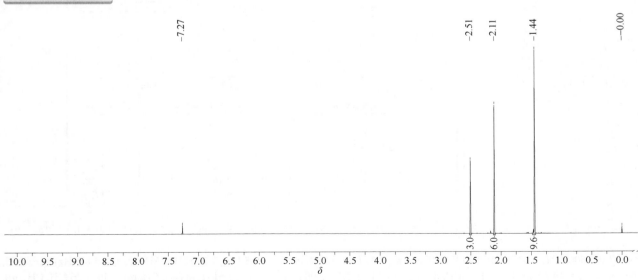

^{1}H NMR (600 MHz, CDCl$_3$, δ) 2.51 (3H, COCH$_3$, s), 2.11 (6H, 2 ArCH$_3$, s), 1.44 (9H, C(CH$_3$)$_3$, s)

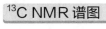

^{13}C NMR 谱图

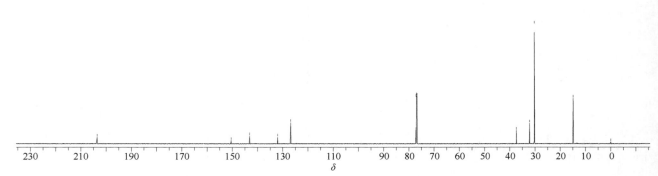

^{13}C NMR (151 MHz, CDCl$_3$, δ) 203.56, 150.47, 143.17, 132.04, 126.84, 37.42, 32.17, 30.32, 14.87

myclobutanil（腈菌唑）

基本信息

CAS 登录号	88671-89-0	分子量	288.78
分子式	C$_{15}$H$_{17}$ClN$_4$		

^{1}H NMR 谱图

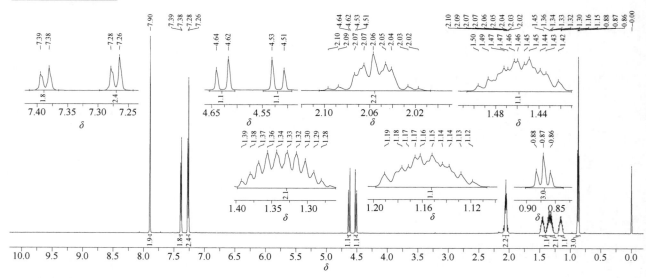

^{1}H NMR (600 MHz, CDCl$_3$, δ) 7.90 (2H, 2ArH, s), 7.39 (2H, 2ArH, d, $J_{\text{H-H}}$ = 8.5 Hz), 7.27 (2H, 2ArH, d, $J_{\text{H-H}}$ = 8.5 Hz), 4.63 (1H, NCH, d, $J_{\text{H-H}}$ = 14.3 Hz), 4.52 (1H, NCH, d, $J_{\text{H-H}}$ = 14.3 Hz), 2.11~2.00 (2H, CH$_2$, m), 1.51~1.40 (1H, CH, m), 1.40~1.26 (2H, CH$_2$, m), 1.21~1.10 (1H, CH, m), 0.87 (3H, CH$_2$C$\underline{H}_3$, t, $J_{\text{H-H}}$ = 7.3 Hz)

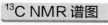
¹³C NMR 谱图

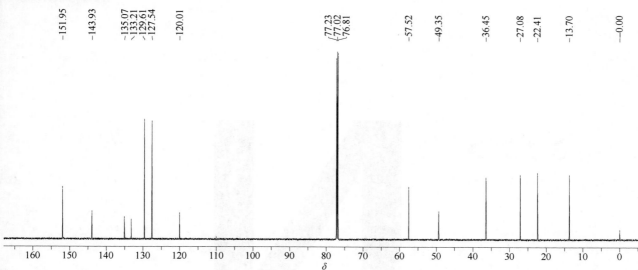

¹³C NMR (151 MHz, CDCl₃, δ) 151.95, 143.93, 135.07, 133.21, 129.61, 127.54, 120.01, 57.52, 49.35, 36.45, 27.08, 22.41, 13.70

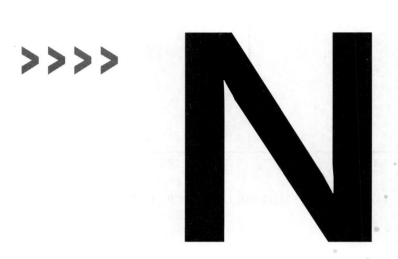

naled（二溴磷）

基本信息

CAS 登录号	300-76-5	分子量	380.78
分子式	$C_4H_7Br_2Cl_2O_4P$		

^1H NMR 谱图

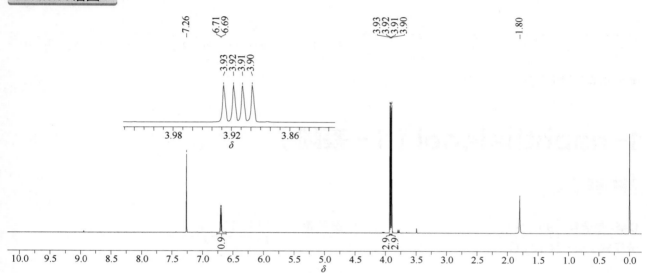

^1H NMR (600 MHz, CDCl$_3$, δ) 6.70 (1H, OCHBr, d, $^3J_{H-P}$ = 8.8 Hz), 3.92 (3H, OCH$_3$, d, $^3J_{H-P}$ = 6.1 Hz), 3.90 (3H, OCH$_3$, d, $^3J_{H-P}$ = 6.1 Hz)

^{13}C NMR 谱图

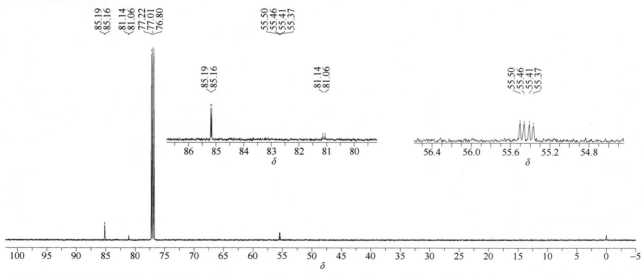

^{13}C NMR (151 MHz, CDCl$_3$, δ) 85.18 (d, $^2J_{C-P}$ = 5.2 Hz), 81.10 (d, $^3J_{C-P}$ = 11.7 Hz), 55.48 (d, $^2J_{C-P}$ = 6.3 Hz), 55.39 (d, $^2J_{C-P}$ = 6.3 Hz)

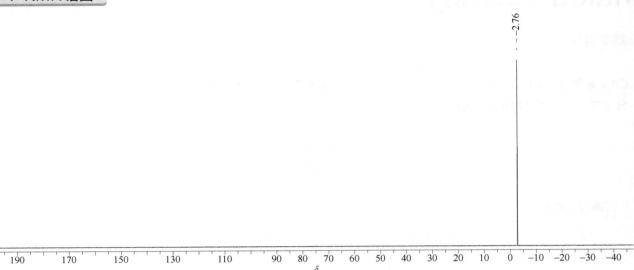

1-naphthalenol（1-萘酚）

基本信息

CAS 登录号	90-15-3	分子量	144.17
分子式	C₁₀H₈O		

OH

¹H NMR 谱图

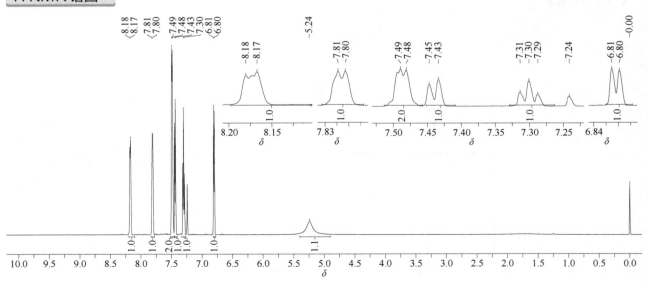

¹H NMR (600 MHz, CDCl₃, δ) 8.19~8.16 (1H, ArH, m), 7.80 (1H, ArH, d, J_{H-H} = 5.5 Hz), 7.51~7.46 (2H, 2ArH, m), 7.44 (1H, ArH, d, J_{H-H} = 8.2 Hz), 7.30 (1H, ArH, t, J_{H-H} = 7.7 Hz), 6.80 (1H, ArH, d, J_{H-H} = 7.4 Hz), 5.24 (1H, OH, br)

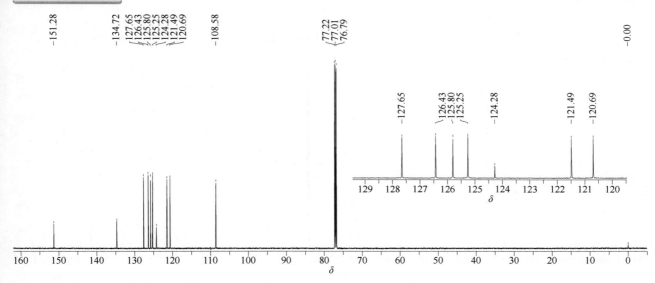

^{13}C NMR (151 MHz, CDCl$_3$, δ) 151.28, 134.72, 127.65, 126.43, 125.80, 125.25, 124.28, 121.49, 120.69, 108.58

naphthalophos（驱虫磷）

基本信息

CAS 登录号	1491-41-4	分子量	349.28
分子式	C$_{16}$H$_{16}$NO$_6$P		

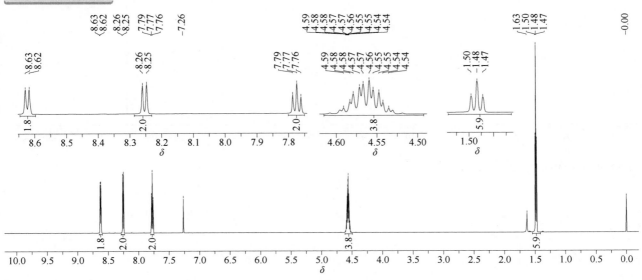

^{1}H NMR 谱图

^{1}H NMR (600 MHz, CDCl$_3$, δ) 8.62 (2H, 2ArH, d, J_{H-H} = 7.3 Hz), 8.25 (2H, 2ArH, d, J_{H-H} = 8.2 Hz), 7.77 (2H, 2ArH, t, J_{H-H} = 7.7 Hz), 4.61~4.51 (4H, 2CH$_2$, m), 1.48 (6H, 2CH$_3$, t, J_{H-H} = 7.1 Hz)

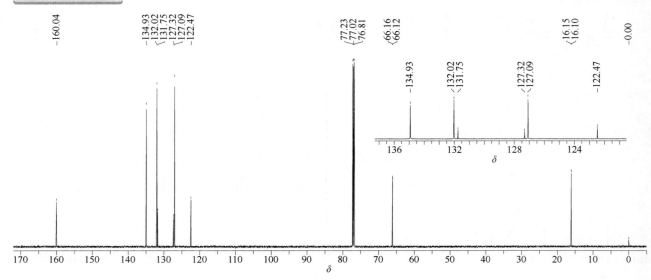

¹³C NMR (151 MHz, CDCl₃, δ) 160.04, 134.93, 132.02, 131.75, 127.32, 127.09, 122.47, 66.14 (d, $^2J_{C-P}$ = 6.1 Hz), 16.12 (d, $^3J_{C-P}$ = 7.5 Hz)

³¹P NMR 谱图

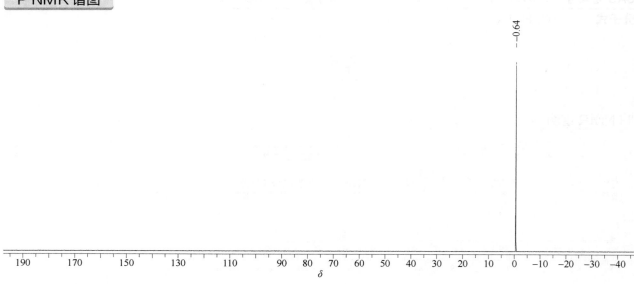

³¹P NMR (243 MHz, CDCl₃, δ) −0.64

1-naphthyl acetamide（萘乙酰胺）

基本信息

CAS 登录号	86-86-2	分子量	185.22
分子式	$C_{12}H_{11}NO$		

^{1}H NMR 谱图

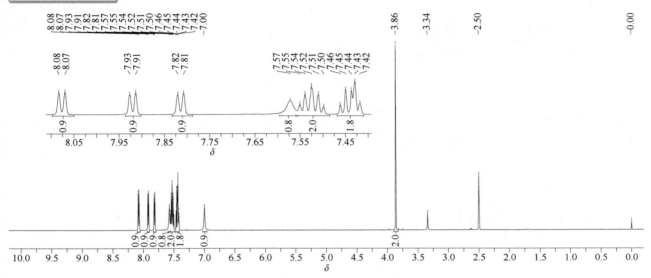

^{1}H NMR (600 MHz, DMSO-d$_6$, δ) 8.08 (1H, ArH, d, J_{H-H} = 8.2 Hz), 7.93 (1H, ArH, d, J_{H-H} = 8.1 Hz), 7.82 (1H, ArH, d, J_{H-H} = 7.8 Hz), 7.57 (1H, NH, br), 7.56~7.48 (2H, 2ArH, m), 7.47~7.41 (2H, 2ArH, m), 7.00 (1H, NH, br), 3.86 (2H, CH$_2$, s)

^{13}C NMR 谱图

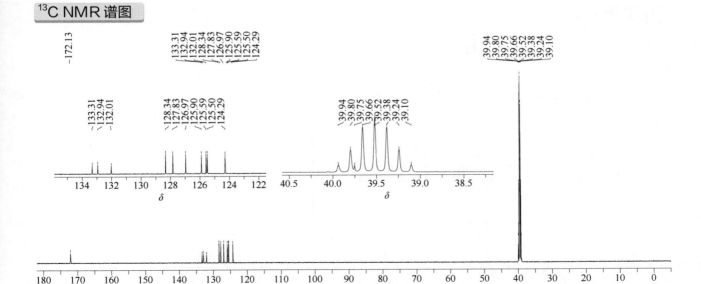

^{13}C NMR (151 MHz, DMSO-d$_6$, δ) 172.13, 133.31, 132.94, 132.01, 128.34, 127.83, 126.97, 125.90, 125.59, 125.50, 124.29, 39.75

1-naphthyl acetic acid（1- 萘乙酸）

基本信息

CAS 登录号	86-87-3	分子量	186.21
分子式	$C_{12}H_{10}O_2$		

¹H NMR 谱图

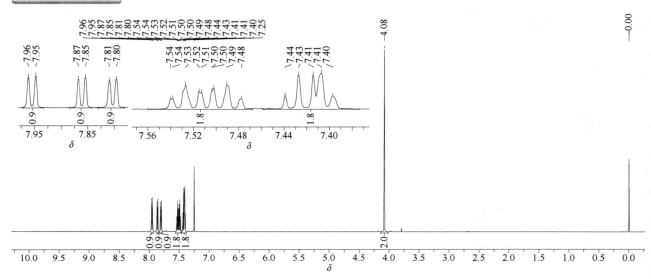

¹H NMR (600 MHz, CDCl₃, δ) 7.95 (1H, ArH, d, J_{H-H} = 8.4 Hz), 7.86 (1H, ArH, d, J_{H-H} = 8.0 Hz), 7.80 (1H, ArH, d, J_{H-H} = 7.9 Hz), 7.56~7.47 (2H, 2ArH, m), 7.46~7.37 (2H, 2ArH, m), 4.08 (2H, ArCH₂, s)

¹³C NMR 谱图

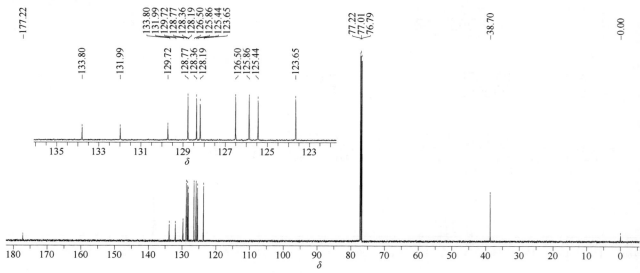

¹³C NMR (151 MHz, CDCl₃, δ) 177.22, 133.80, 131.99, 129.72, 128.77, 128.36, 128.19, 126.50, 125.86, 125.44, 123.65, 38.70

2-naphthyloxyacetic acid（2- 萘氧乙酸）

基本信息

CAS 登录号	120-23-0	分子量	202.21
分子式	$C_{12}H_{10}O_3$		

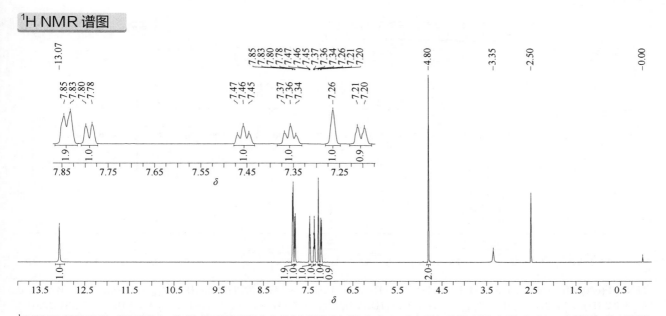

^{1}H NMR 谱图

^{1}H NMR (600 MHz, DMSO-d$_6$, δ) 13.07 (1H, OH, br), 7.84 (2H, 2ArH, d, J_{H-H} = 8.3 Hz), 7.79 (1H, ArH, d, J_{H-H} = 8.2 Hz), 7.46 (1H, ArH, t, J_{H-H} = 7.4 Hz), 7.36 (1H, ArH, t, J_{H-H} = 7.4 Hz), 7.26 (1H, ArH, s), 7.20 (1H, ArH, d, J = 8.9 Hz), 4.80 (2H, CH$_2$, s)

^{13}C NMR 谱图

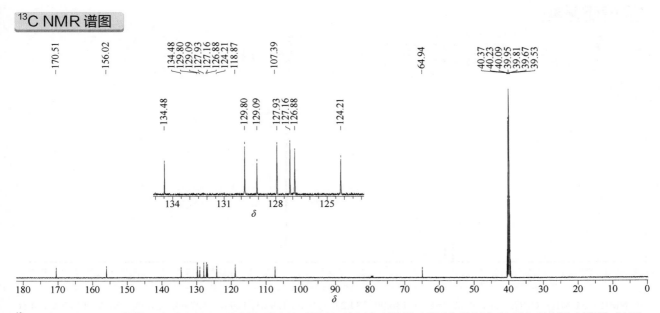

^{13}C NMR (151 MHz, DMSO-d$_6$, δ) 170.51, 156.02, 134.48, 129.80, 129.09, 127.93, 127.16, 126.88, 124.21, 118.87, 107.39, 64.94

naproanilide（萘丙胺）

基本信息

CAS 登录号	52570-16-8	分子量	291.35
分子式	$C_{19}H_{17}NO_2$		

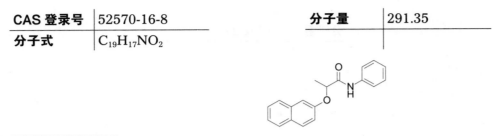

¹H NMR 谱图

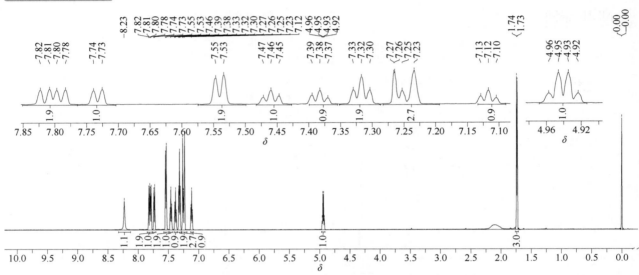

¹H NMR (600 MHz, CDCl₃, δ) 8.24 (1H, NH, br), 7.82 (1H, ArH, d, J_{H-H} = 8.7 Hz), 7.79 (1H, ArH, d, J_{H-H} = 8.1 Hz), 7.73 (1H, ArH, d, J_{H-H} = 8.2 Hz), 7.54 (2H, 2ArH, d, J_{H-H} = 8.3 Hz), 7.46 (1H, ArH, t, J_{H-H} = 7.5 Hz), 7.38 (1H, ArH, t, J_{H-H} = 7.5 Hz), 7.32 (2H, 2ArH, t, J_{H-H} = 7.9 Hz), 7.26~7.22 (2H, 2ArH, m), 7.12 (1H, ArH, t, J_{H-H} = 7.4 Hz), 4.94 (1H, C$\underline{H}$CH₃, q, J_{H-H} = 6.8 Hz), 1.73 (3H, CHC$\underline{H}$₃, d, J_{H-H} = 6.8 Hz)

¹³C NMR 谱图

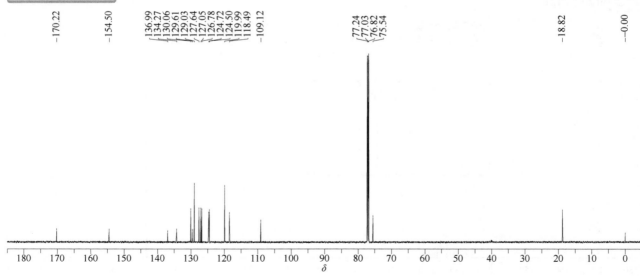

¹³C NMR (151 MHz, CDCl₃, δ) 170.22, 154.50, 136.99, 134.27, 130.06, 129.61, 129.03, 127.64, 127.05, 126.78, 124.72, 124.50, 119.99, 118.49, 109.12, 75.54, 18.82

napropamide（敌草胺）

基本信息

CAS 登录号	15299-99-7	**分子量**	271.36
分子式	C₁₇H₂₁NO₂		

¹H NMR 谱图

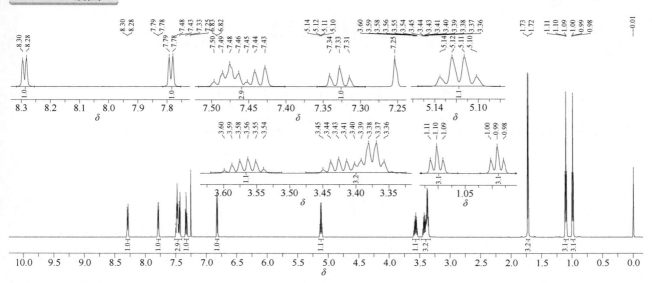

¹H NMR (600 MHz, CDCl₃, δ) 8.29 (1H, ArH, d, J_{H-H} = 8.4 Hz), 7.79 (1H, ArH, d, J_{H-H} = 7.4 Hz), 7.52~7.40 (3H, 3ArH, m), 7.33 (1H, ArH, t, J_{H-H} = 7.9 Hz), 6.82 (1H, ArH, d, J_{H-H} = 7.6 Hz), 5.12 (1H, OCH, q, J_{H-H} = 6.7 Hz), 3.57 (1H, NCH, dq, J_{H-H} = 14.2 Hz, J_{H-H} = 7.0 Hz), 3.48~3.32 (3H, 3 NCH, m), 1.72 (3H, CHC$\underline{H}$₃, d, J_{H-H} = 6.7 Hz), 1.10 (3H, CH₂C$\underline{H}$₃, t, J_{H-H} = 7.1 Hz), 0.99 (3H, CH₂C$\underline{H}$₃, t, J_{H-H} = 7.1 Hz)

¹³C NMR 谱图

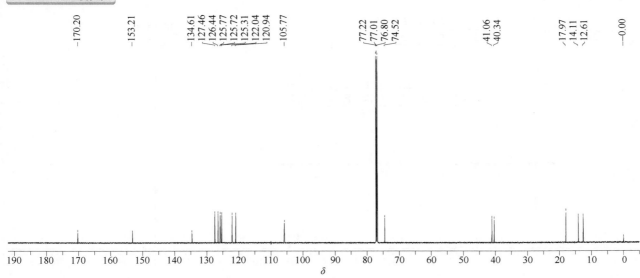

¹³C NMR (151 MHz, CDCl₃, δ) 170.20, 153.21, 134.61, 127.46, 126.44, 125.77, 125.72, 125.31, 122.04, 120.94, 105.77, 74.52, 41.06, 40.34, 17.97, 14.11, 12.61

naptalam（抑草生）

基本信息

CAS 登录号	132-66-1	分子量	291.30
分子式	$C_{18}H_{13}NO_3$		

¹H NMR 谱图

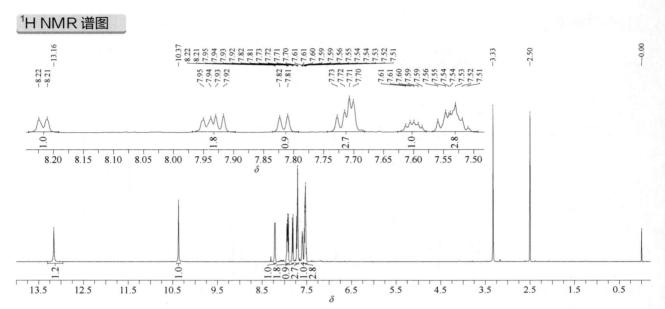

¹H NMR (600 MHz, DMSO-d₆, δ) 13.16 (1H, COOH, br), 10.37 (1H, NH, br), 8.21 (1H, ArH, d, J_{H-H} = 8.3 Hz), 7.94 (1H, ArH, d, J_{H-H} = 7.5 Hz), 7.92 (1H, ArH, d, J_{H-H} = 7.8 Hz), 7.81 (1H, ArH, d, J_{H-H} = 8.2 Hz), 7.72 (1H, ArH, d, J_{H-H} = 7.5 Hz), 7.70 (2H, 2ArH, d, J_{H-H} = 4.0 Hz), 7.62~7.58 (1H, ArH, m), 7.57~7.49 (3H, 3ArH, m)

¹³C NMR 谱图

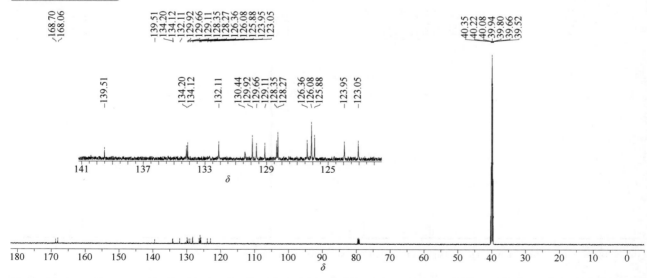

¹³C NMR (151 MHz, DMSO-d₆, δ) 168.70, 168.06, 139.51, 134.20, 134.12, 132.11, 130.44, 129.92, 129.66, 129.11, 128.35, 128.27, 126.36, 126.08, 125.88, 123.95, 123.05（含残留氯仿）

neburon（草不隆）

基本信息

CAS 登录号	555-37-3	分子量	275.17
分子式	$C_{12}H_{16}Cl_2N_2O$		

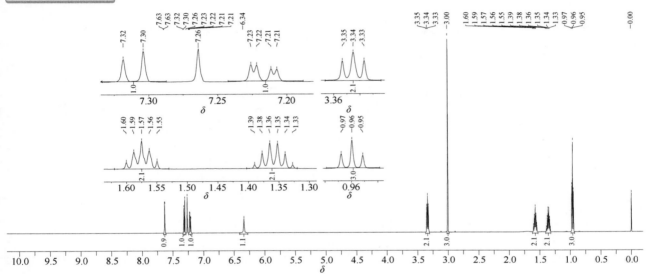

¹H NMR 谱图

¹H NMR (600 MHz, CDCl₃, δ) 7.62 (1H, ArH, d, J_{H-H} = 2.5 Hz), 7.30 (1H, ArH, d, J_{H-H} = 8.7 Hz), 7.21 (1H, ArH, dd, J_{H-H} = 8.7 Hz, J_{H-H} = 2.5 Hz), 6.33 (1H, NH, br), 3.33 (2H, CH₂, t, J_{H-H} = 7.7 Hz), 3.00 (3H, NCH₃, s), 1.61~1.52 (2H, CH₂, m), 11.36 (2H, CH₂, hex, J_{H-H} = 7.4 Hz), 0.95 (3H, CH₂C$\underline{H}$₃, t, J_{H-H} = 7.4 Hz)

¹³C NMR 谱图

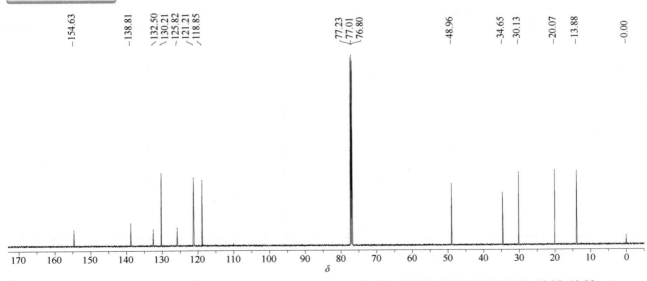

¹³C NMR (151 MHz, CDCl₃, δ) 154.63, 138.81, 132.50, 130.21, 125.82, 121.21, 118.85, 48.96, 34.65, 30.13, 20.07, 13.88

nicosulfuron（烟嘧磺隆）

CAS 登录号	111991-09-4	分子量	410.41
分子式	$C_{15}H_{18}N_6O_6S$		

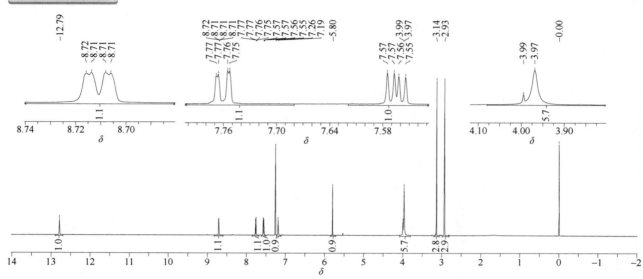

^{1}H NMR 谱图

^{1}H NMR (600 MHz, CDCl$_3$, δ) 12.79 (1H, NH, s), 8.71 (1H, ArH, dd, J_{H-H} = 4.3 Hz, J_{H-H} = 1.3 Hz), 7.76 (1H, ArH, dd, J_{H-H} = 7.7 Hz, J_{H-H} = 1.4 Hz), 7.56 (1H, ArH, dd, J_{H-H} = 7.7 Hz, J_{H-H} = 4.7 Hz), 7.19 (1H, ArH, s), 5.80 (1H, NH, s), 3.99 (6H, 2 OCH$_3$, s), 3.14 (3H, NCH$_3$, s), 2.93 (3H, NCH$_3$, s)

^{13}C NMR 谱图

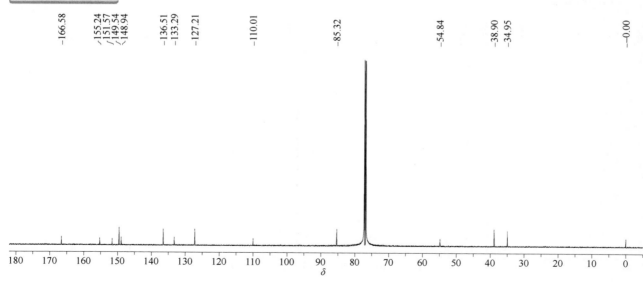

^{13}C NMR (151 MHz, CDCl$_3$, δ) 166.58, 155.24, 151.57, 149.54, 148.94, 136.51, 133.29, 127.21, 110.01, 85.32, 54.84, 38.90, 34.95

nitenpyram（烯啶虫胺）

CAS 登录号	150824-47-8		分子量	270.72
分子式	$C_{11}H_{15}ClN_4O_2$			

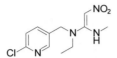

¹H NMR 谱图

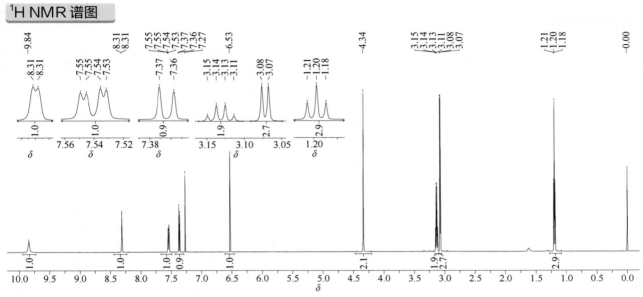

¹H NMR (600 MHz, CDCl₃, δ) 9.84 (1H, NH, s), 8.31 (1H, ArH, d, J_{H-H} = 2.1 Hz), 7.54 (1H, ArH, dd, J_{H-H} = 8.2 Hz, J_{H-H} = 2.4 Hz), 7.36 (1H, ArH, d, J_{H-H} = 8.1 Hz), 6.53 (1H, CHNO₂, s), 4.34 (2H, ArCH₂, s), 3.13 (2H, NC$\underline{H}$₂CH₃, q, J_{H-H} = 7.1 Hz), 3.07 (3H, NCH₃, d, J_{H-H} = 5.3 Hz), 1.20 (3H, NCH₂C$\underline{H}$₃, t, J_{H-H} = 7.1 Hz)

¹³C NMR 谱图

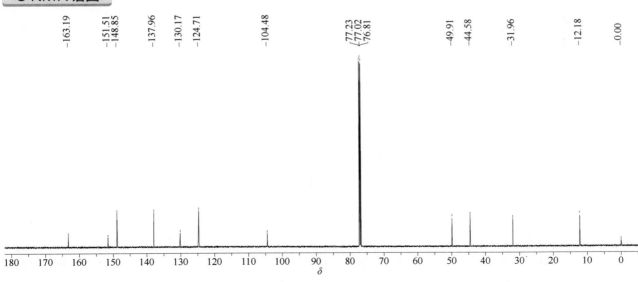

¹³C NMR (151 MHz, CDCl₃, δ) 163.19, 151.51, 148.85, 137.96, 130.17, 124.71, 104.48, 49.91, 44.58, 31.96, 12.18

nitralin（磺乐灵）

基本信息

CAS 登录号	4726-14-1	分子量	345.37
分子式	$C_{13}H_{19}N_3O_6S$		

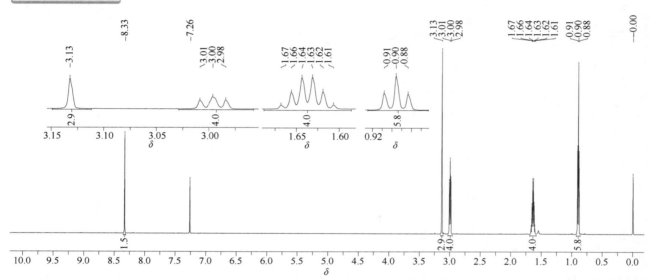

¹H NMR 谱图

¹H NMR (600 MHz, CDCl₃, δ) 8.33 (2H, 2ArH, s), 3.13 (3H, SCH₃, s), 3.00 (4H, 2NCH₂, d, J_{H-H} = 7.3 Hz), 1.67~1.60 (4H, 2NCH₂C$\underline{H}_2$, m), 0.90 (6H, 2CH₂C$\underline{H}_3$, t, J_{H-H} = 7.4 Hz)

¹³C NMR 谱图

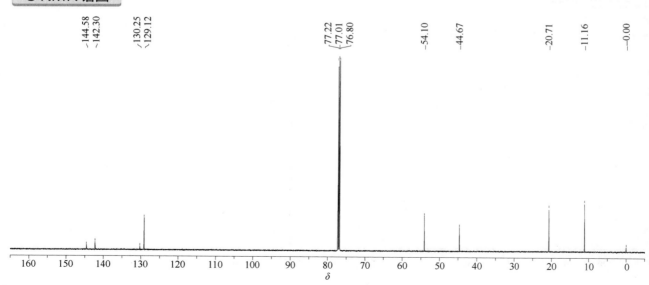

¹³C NMR (151 MHz, CDCl₃, δ) 144.58, 142.30, 130.25, 129.12, 54.10, 44.67, 20.71, 11.16

nitrapyrin（氯啶）

CAS 登录号	1929-82-4	分子量	230.91
分子式	$C_6H_3Cl_4N$		

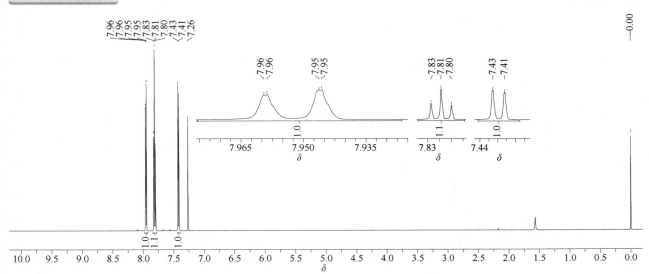

¹H NMR 谱图

^{1}H NMR (600 MHz, CDCl$_3$, δ) 7.95 (1H, ArH, d, J_{H-H} = 8.0 Hz), 7.81 (1H, ArH, t, J_{H-H} = 7.9 Hz), 7.42 (1H, ArH, d, J_{H-H} = 7.9 Hz)

¹³C NMR 谱图

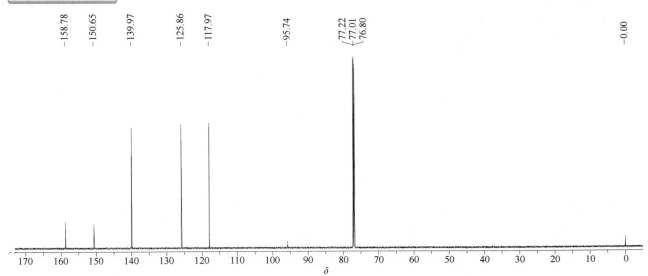

^{13}C NMR (151 MHz, CDCl$_3$, δ) 158.78, 150.65, 139.97, 125.86, 117.97, 95.74

nitrofen（除草醚）

基本信息

CAS 登录号	1836-75-5	分子量	284.09
分子式	C$_{12}$H$_7$Cl$_2$NO$_3$		

^{1}H NMR 谱图

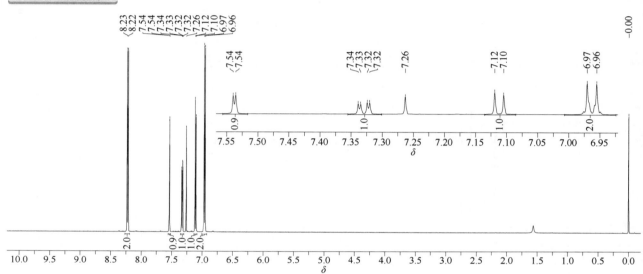

^{1}H NMR (600 MHz, CDCl$_3$, δ) 8.27~8.19 (2H, 2ArH, m), 7.54 (1H, ArH, d, J_{H-H} = 2.5 Hz), 7.33 (1H, ArH, dd, J_{H-H} = 8.6 Hz, J_{H-H} = 2.5 Hz), 7.11 (1H, ArH, d, J_{H-H} = 8.6 Hz), 6.96 (2H, 2ArH, d, J_{H-H} = 9.2 Hz)

^{13}C NMR 谱图

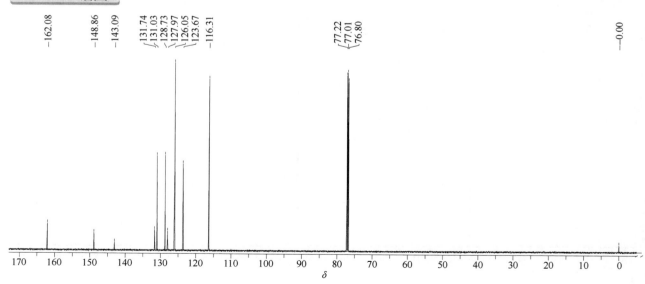

^{13}C NMR (151 MHz, CDCl$_3$, δ) 162.08, 148.86, 143.09, 131.74, 131.03, 128.73, 127.97, 126.05, 123.67, 116.31

nitrothal isopropyl（酞菌酯）

基本信息

CAS 登录号	10552-74-6	分子量	295.29
分子式	C₁₄H₁₇NO₆		

¹H NMR 谱图

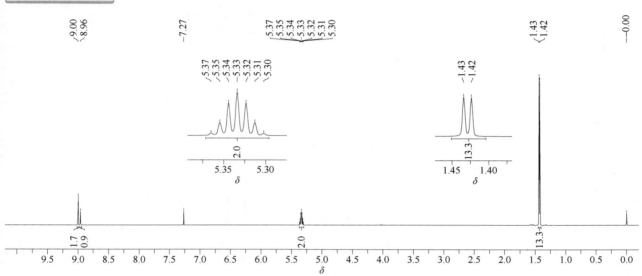

¹H NMR (600 MHz, CDCl₃, δ) 9.00 (2H, 2ArH, s), 8.96 (1H, ArH, s), 5.33 (2H, 2CH, hept, J_{H-H} = 6.2 Hz), 1.43 (12H, 4CH₃, d, J_{H-H} = 6.3 Hz)

¹³C NMR 谱图

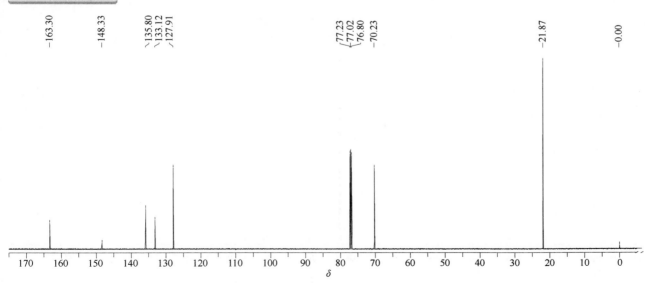

¹³C NMR (151 MHz, CDCl₃, δ) 163.30, 148.33, 135.80, 133.12, 127.91, 70.23, 21.87

trans-nonachlor（逆克氯丹）

CAS 登录号	39765-80-5	分子量	444.20
分子式	$C_{10}H_5Cl_9$		

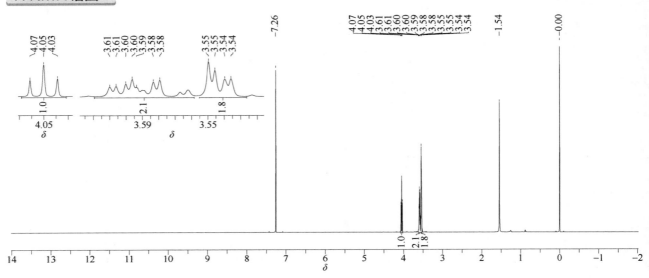

¹H NMR 谱图

¹H NMR (600 MHz, CDCl₃, δ) 4.05 (1H, CHCl, t, J_{H-H} = 10.1 Hz), 3.62-3.57 (2H, 2CH, m), 3.57~3.53 (2H, 2CH, m)

¹³C NMR 谱图

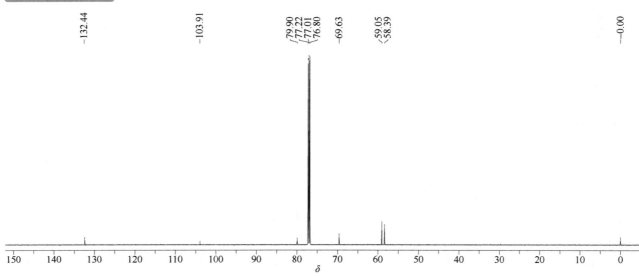

¹³C NMR (151 MHz, CDCl₃, δ) 132.44, 103.91, 79.90, 69.63, 59.05, 58.39

norflurazon（氟草敏）

基本信息

CAS 登录号	27314-13-2	分子量	303.67
分子式	C$_{12}$H$_9$ClF$_3$N$_3$O		

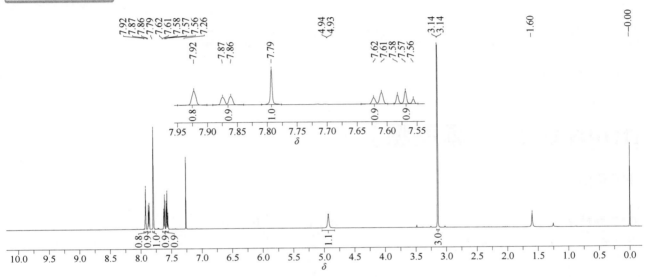

^{1}H NMR 谱图

^{1}H NMR (600 MHz, CDCl$_3$, δ) 7.92 (1H, ArH, s), 7.87 (1H, ArH, d, J_{H-H} = 8.1 Hz), 7.79 (1H, ArH, s), 7.62 (1H, ArH, d, J_{H-H} = 7.9 Hz), 7.57 (1H, ArH, t, J_{H-H} = 7.9 Hz), 4.94 (1H, N$\underline{H}$CH$_3$, br), 3.14 (3H, NHC$\underline{H}_3$, d, J_{H-H} = 5.3 Hz)

^{13}C NMR 谱图

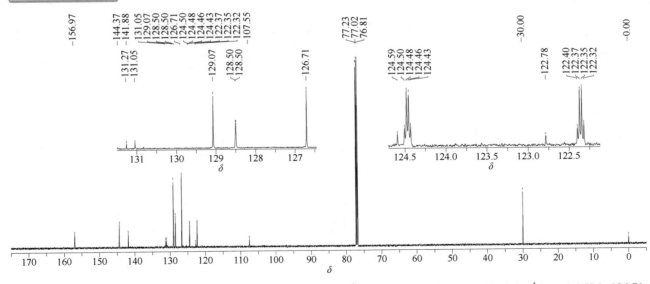

^{13}C NMR (151 MHz, CDCl$_3$, δ) 156.97, 144.37, 141.88, 131.16 (q, $^2J_{C-F}$ = 32.8 Hz), 129.07, 128.50 (q, $^4J_{C-F}$ = 1.4 Hz), 126.71, 124.47 (q, $^3J_{C-F}$ = 3.6 Hz), 123.69 (q, J_{C-F} = 273.3 Hz), 122.36 (q, $^3J_{C-F}$ = 3.9 Hz), 107.55, 30.00

823

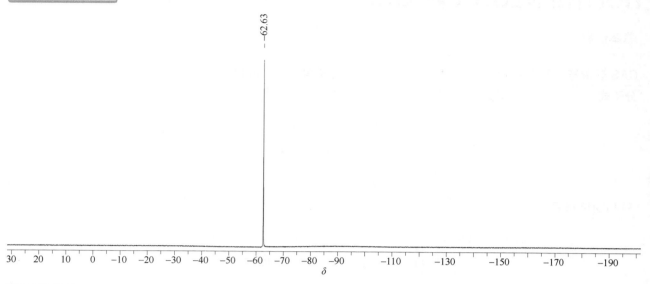

¹⁹F NMR (564 MHz, CDCl₃, δ) −62.63

novaluron（氟酰脲）

基本信息

CAS 登录号	116714-46-6	分子量	492.70
分子式	C₁₇H₉ClF₈N₂O₄		

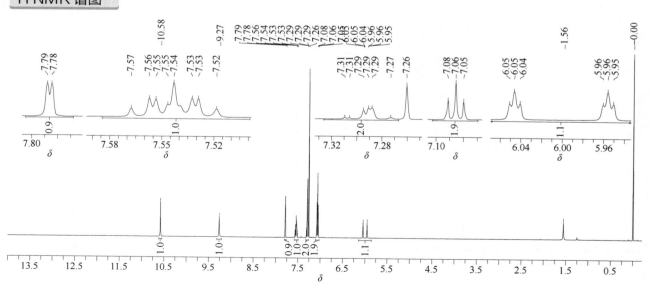

¹H NMR 谱图

¹H NMR (600 MHz, CDCl₃, δ) 10.58 (1H, NH, s), 9.27 (1H, NH, s), 7.79 (1H, ArH, d, J$_{H-H}$ = 2.1 Hz), 7.58~7.52 (1H, ArH, m), 7.33~7.27 (2H, 2ArH, m), 7.06 (2H, 2ArH, t, J$_{H-H}$ = 8.4 Hz), 6.00 (1H, CH, dt, ²J$_{H-F}$= 54.1 Hz, ³J$_{H-F}$= 3.0 Hz)

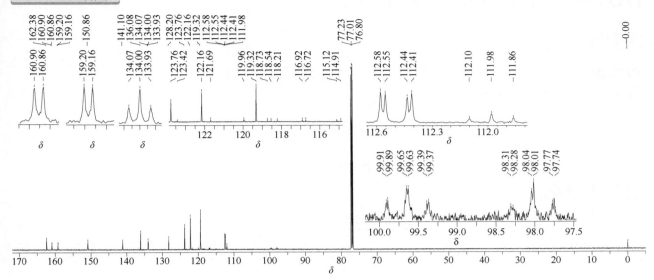

¹³C NMR (151 MHz, CDCl₃, δ) 162.38, 160.03 (dd, J_{C-F} = 256.7 Hz, $^3J_{C-F}$ = 6.0 Hz), 150.86, 141.10, 136.08, 134.07 (t, $^3J_{C-F}$ = 10.6 Hz), 128.20, 123.76, 122.16, 120.83 (q, J_{C-F} = 261.2 Hz), 119.32, 116.82 (td, $^2J_{C-F}$ = 272.6 Hz, $^2J_{C-F}$ = 30.2 Hz), 112.50 (dd, $^2J_{C-F}$ = 21.1 Hz, $^4J_{C-F}$ = 6.0 Hz), 111.98 (t, $^2J_{C-F}$ = 18.1 Hz), 98.83 (dtq, J_{C-F} = 243.9 Hz, $^2J_{C-F}$ = 24.2 Hz, $^3J_{C-F}$ = 3.8 Hz)

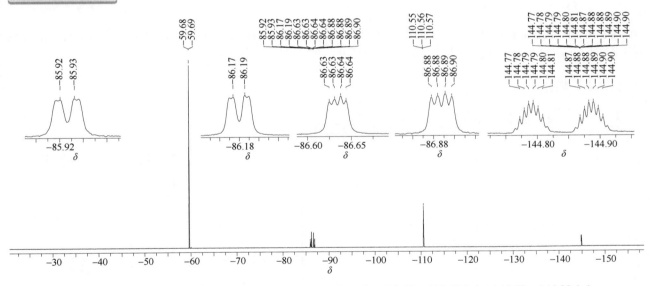

¹⁹F NMR (564 MHz, CDCl₃, δ) −59.69 (d, J = 4.0 Hz), −85.90~−86.90 (m), −110.51~−110.62 (m), −144.68~−144.90 (m)

noviflumuron（多氟脲）

基本信息

CAS 登录号	121451-02-3	分子量	529.14
分子式	$C_{17}H_7Cl_2F_9N_2O_3$		

¹H NMR 谱图

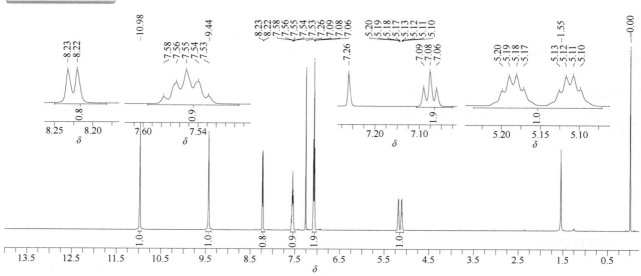

¹H NMR (600 MHz, CDCl₃, δ) 10.98 (1H, NH, s), 9.44 (1H, NH, s), 8.23 (1H, ArH, d, $^4J_{H-F}$ = 7.5 Hz), 7.59~7.50 (1H, ArH, m), 7.08 (2H, 2ArH, t, J_{H-H} = 8.6 Hz), 5.15 (1H, FCH, dqt, $^2J_{H-F}$ = 43.9 Hz, $^3J_{H-F}$ = 5.5 Hz, $^3J_{H-F}$ = 5.5 Hz)

¹³C NMR 谱图

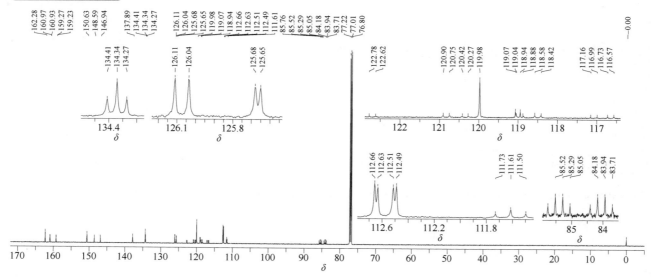

¹³C NMR (151 MHz, CDCl₃, δ) 162.28, 160.09 (dd, J_{C-F} = 256.7 Hz, $^3J_{C-F}$ = 5.6 Hz), 150.63, 147.76 (d, J_{C-F} = 249.2 Hz), 137.89, 134.34 (t, $^3J_{C-F}$ = 10.6 Hz), 126.07 (d, $^3J_{C-F}$ = 11.3 Hz), 125.67 (d, $^4J_{C-F}$ = 4.3 Hz), 119.98, 119.90 (qd, J_{C-F} = 282.4 Hz, $^2J_{C-F}$ = 24.2 Hz), 119.01 (d, $^2J_{C-F}$ = 18.5 Hz), 118.50 (td, J_{C-F} = 279.4 Hz, $^2J_{C-F}$ = 24.2 Hz), 112.57 (dd, $^2J_{C-F}$ = 21.6 Hz, $^4J_{C-F}$ = 3.7 Hz), 111.61 (t, $^2J_{C-F}$ = 17.4 Hz), 84.73 (dq, J_{C-F} = 203.1 Hz, $^2J_{C-F}$ = 20.4 Hz)

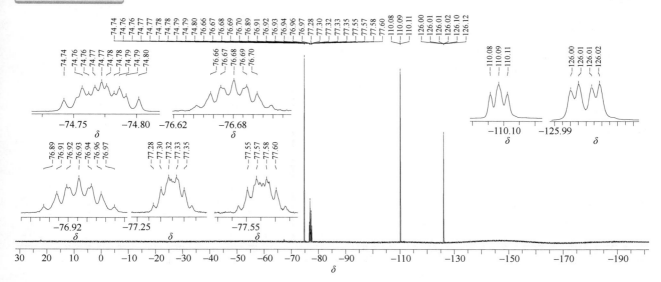

¹⁹F NMR (564MHz, CDCl₃, δ) –74.72~–74.82 (m), –76.62~–77.02 (m), –77.27~–77.66 (m), –110.00~–110.16 (m), –127.99~ –126.03 (m)

nuarimol（氟苯嘧啶醇）

基本信息

CAS 登录号	63284-71-9	分子量	314.74
分子式	C₁₇H₁₂ClFN₂O		

¹H NMR 谱图

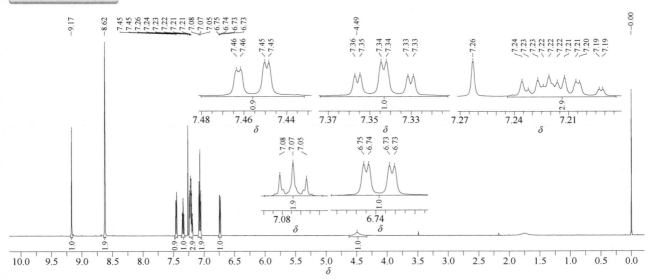

¹H NMR (600 MHz, CDCl₃, δ) 9.17 (1H, ArH, s), 8.62 (2H, 2ArH, s), 7.46 (1H, ArH, dd, J_{H-H} = 7.9 Hz, J_{H-H} = 1.2 Hz), 7.36 (1H, ArH, dt, J_{H-H} = 7.7 Hz, J_{H-H} = 1.5 Hz), 7.24~7.18 (3H, 3ArH, m), 7.07 (2H, 2ArH, t, J_{H-H} = 8.6 Hz), 6.75 (1H, ArH, dd, J_{H-H} = 7.9 Hz, J_{H-H} = 1.5 Hz), 4.49 (1H, OH, br)

^{13}C NMR 谱图

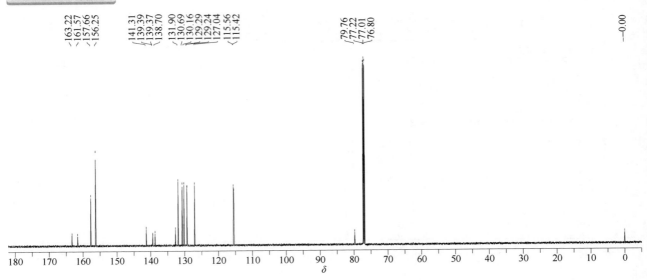

^{13}C NMR (151 MHz, CDCl$_3$, δ) 162.39 (d, $J_{\text{C-F}}$ = 249.2 Hz), 161.57, 157.66, 156.25, 141.31, 139.38 (d, $^4J_{\text{C-F}}$ = 3.0 Hz), 138.70, 132.70, 131.90, 130.69, 130.16, 129.27 (d, $^3J_{\text{C-F}}$ = 7.6 Hz), 127.04, 115.49 (d, $^2J_{\text{C-F}}$ =21.1 Hz), 79.76

^{19}F NMR 谱图

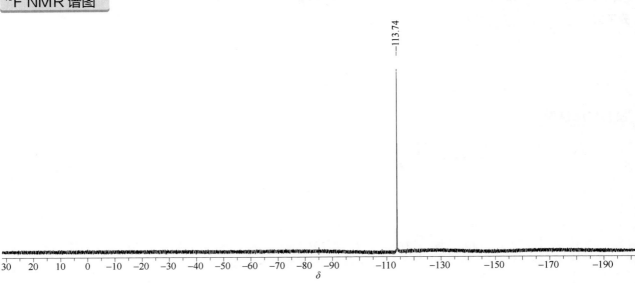

^{19}F NMR (564 MHz, CDCl$_3$, δ) –113.74

828

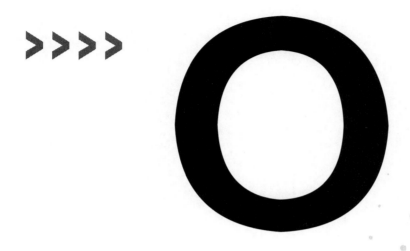

octachlorostyrene（八氯苯乙烯）

基本信息

CAS 登录号	29082-74-4	分子量	379.71
分子式	C_8Cl_8		

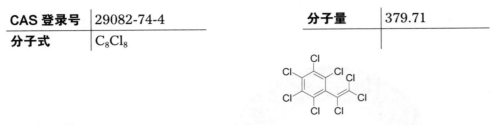

^{13}C NMR 谱图

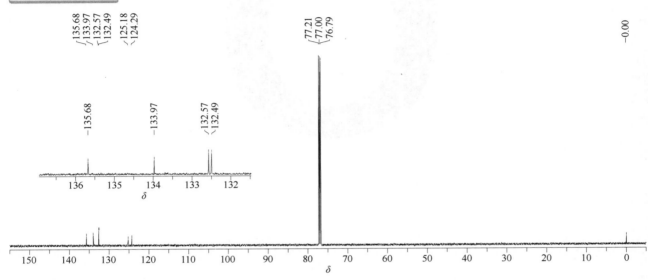

^{13}C NMR (151 MHz, CDCl$_3$, δ) 135.68, 133.97, 132.57, 132.49, 125.18, 124.29

octadecanoic acid（硬脂酸）

基本信息

CAS 登录号	57-11-4	分子量	284.48
分子式	$C_{18}H_{36}O_2$		

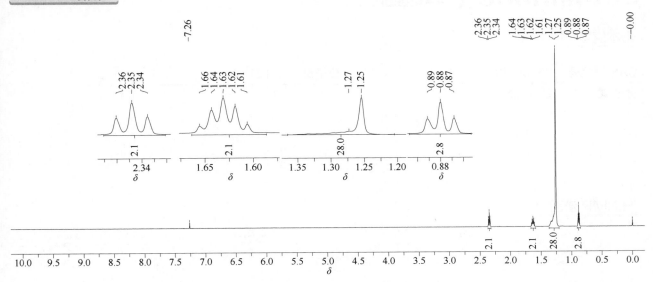

¹H NMR (600 MHz, CDCl₃, δ) 2.35 (2H, COC*H*₂, t, J_{H-H} = 7.5 Hz), 1.63 (2H, CO(CH₂C*H*₂), quin, J_{H-H} = 7.4 Hz), 1.25 (28H, 14CH₂, m), 0.88 (3H, CH₂C*H*₃, t, J_{H-H} = 7.1 Hz)

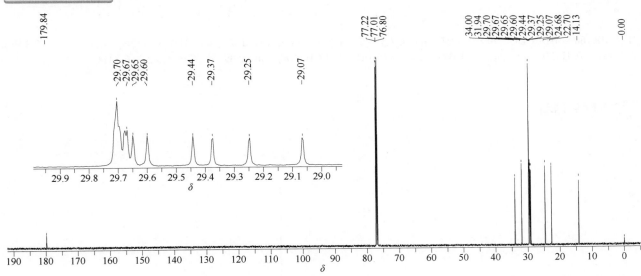

¹³C NMR (151 MHz, CDCl₃, δ) 179.84, 34.00, 31.94, 29.70, 29.67, 29.65, 29.60, 29.44, 29.37, 29.25, 29.07, 24.68, 22.70, 14.13

octhilinone（辛噻酮）

基本信息

CAS 登录号	26530-20-1	分子量	213.34
分子式	$C_{11}H_{19}NOS$		

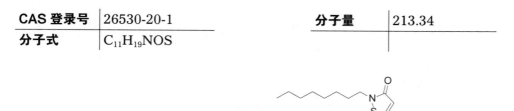

¹H NMR 谱图

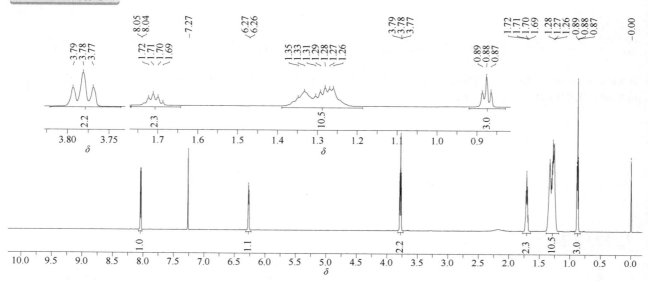

¹H NMR (600 MHz, CDCl₃, δ) 8.05 (1H, ArH, d, $J_{H\text{-}H}$ = 6.2 Hz), 6.27 (1H, ArH, d, $J_{H\text{-}H}$ = 5.9 Hz), 3.79 (2H, NCH₂, t, $J_{H\text{-}H}$ = 7.3 Hz), 1.72 (2H, NCH₂C$\underline{H}$₂, quin, $J_{H\text{-}H}$ = 7.1 Hz), 1.39~1.19 (10H, NCH₂CH₂(C$\underline{H}$₂)₅, m), 0.89 (3H, CH₃, t, $J_{H\text{-}H}$ = 6.7 Hz)

¹³C NMR 谱图

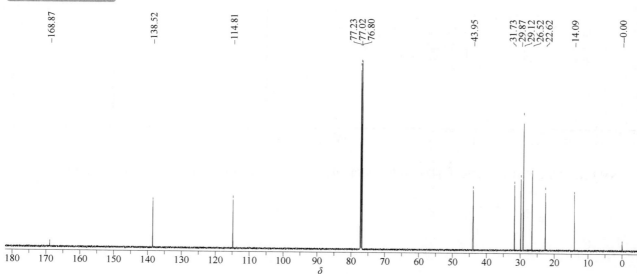

¹³C NMR (151 MHz, CDCl₃, δ) 168.87, 138.52, 114.81, 43.95, 31.73, 29.87, 29.12, 26.52, 22.62, 14.09

2-(octylthio) ethanol（避虫醇）

基本信息

CAS 登录号	3547-33-9	分子量	190.35
分子式	$C_{10}H_{22}OS$		

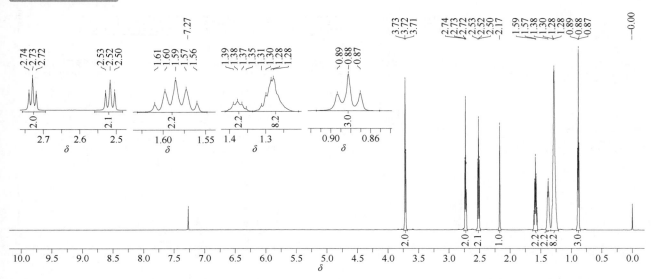

^{1}H NMR 谱图

^{1}H NMR (600 MHz, CDCl$_3$, δ) 3.72 (2H, OCH$_2$, t, J_{H-H} = 5.9 Hz), 2.73 (2H, OCH$_2$C$\underline{H}_2$, t, J_{H-H} = 5.9 Hz), 2.52 (2H, SCH$_2$, t, J_{H-H} = 7.5 Hz), 2.17 (1H, OH, s), 1.59 (2H, SCH$_2$C$\underline{H}_2$, quin, J_{H-H} = 7.4 Hz), 1.37 (2H, OCH$_2$, quin, J_{H-H} = 7.2 Hz), 1.33~1.21 (8H, 4CH$_2$, m), 0.88 (3H, CH$_3$, t, J_{H-H} = 6.9 Hz)

^{13}C NMR 谱图

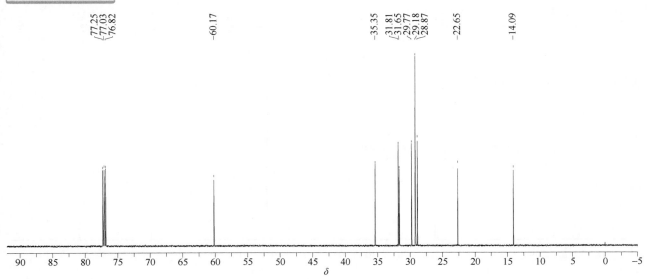

^{13}C NMR (151 MHz, CDCl$_3$, δ) 60.17, 35.35, 31.81, 31.65, 29.77, 29.18, 28.87, 22.65, 14.09

ofurace（呋酰胺）

基本信息

CAS 登录号	58810-48-3	分子量	281.74
分子式	$C_{14}H_{16}ClNO_3$		

¹H NMR 谱图

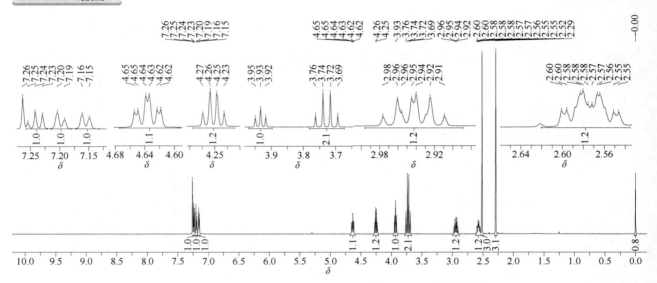

¹H NMR (600 MHz, CDCl₃, δ) 7.24 (1H, ArH, t, J_{H-H} = 7.5 Hz), 7.20 (1H, ArH, d, J_{H-H} = 7.4 Hz), 7.16 (1H, ArH, d, J_{H-H} = 7.4 Hz), 4.64 (1H, OCH, td, J_{H-H} =9.4 Hz, J_{H-H} = 2.5 Hz), 4.25 (1H, NCH, dd, J_{H-H} = 16.8 Hz, J_{H-H} = 8.9 Hz), 3.93 (1H, OCH, t, J_{H-H} = 9.6 Hz), 3.73 (2H, CH₂, q, J_{H-H} = 13.8 Hz), 2.98~2.90 (1H, CH, m), 2.62~2.54 (1H, CH, m), 2.52 (3H, CH₃, s), 2.29 (3H, CH₃, s)

¹³C NMR 谱图

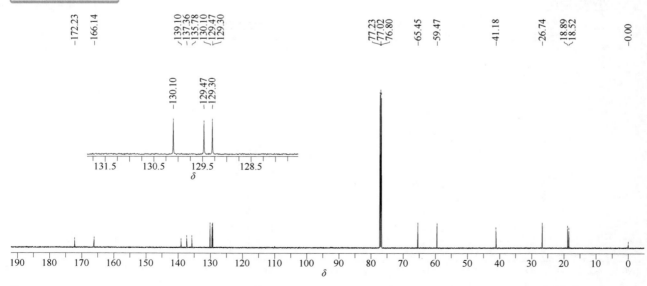

¹³C NMR (151 MHz, CDCl₃, δ) 172.23, 166.14, 139.10, 137.36, 135.78, 130.10, 129.47, 129.30, 65.45, 59.47, 41.18, 26.74, 18.89, 18.52

olaquindox（喹乙醇）

基本信息

CAS 登录号	23696-28-8	分子量	263.25
分子式	$C_{12}H_{13}N_3O_4$		

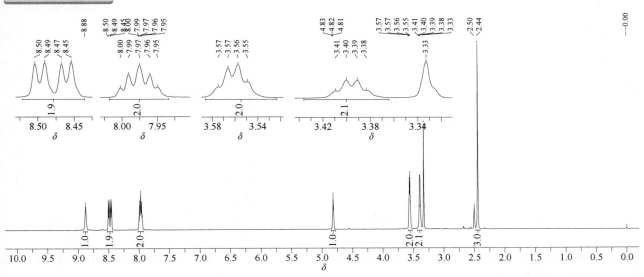

¹H NMR 谱图

¹H NMR (600 MHz, DMSO-d₆, δ) 8.88 (1H, NH, br), 8.50 (1H, ArH, d, J_{H-H} = 8.2 Hz), 8.46 (1H, ArH, d, J_{H-H} = 8.1 Hz), 8.02~7.93 (2H, 2ArH, m), 4.82 (1H, OH, t, J_{H-H} = 4.8 Hz), 3.56 (2H, CH₂, q, J_{H-H} = 5.1 Hz), 3.39 (2H, CH₂, q, J_{H-H} = 5.1 Hz), 2.45 (3H, CH₃, s)

¹³C NMR 谱图

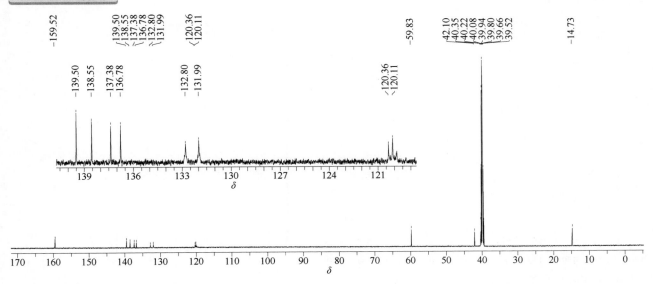

¹³C NMR (151 MHz, DMSO-d₆, δ) 159.52, 139.50, 138.55, 137.38, 136.78, 132.80, 131.99, 120.36, 120.11, 59.83, 42.10, 14.73

omethoate（氧乐果）

基本信息

CAS 登录号	1113-02-6	分子量	213.19
分子式	C₅H₁₂NO₄PS		

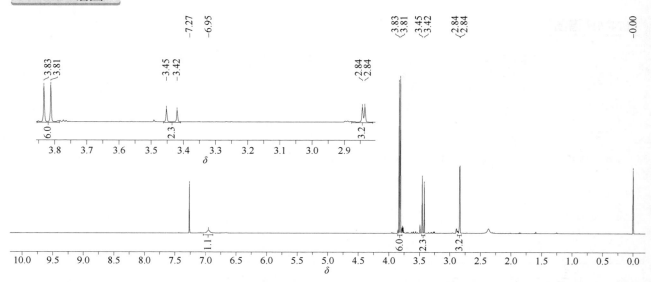

¹H NMR 谱图

¹H NMR (600 MHz, CDCl₃, δ) 6.95 (1H, NH, s), 3.82 (6H, P(OC$\underline{H}_3$)₂, d, $^3J_{H\text{-}P}$ = 12.7 Hz), 3.44 (2H, CH₂, d, $^3J_{H\text{-}P}$ = 19.7 Hz), 2.84 (3H, NHC$\underline{H}_3$, d, $J_{H\text{-}H}$ = 4.7 Hz)

¹³C NMR 谱图

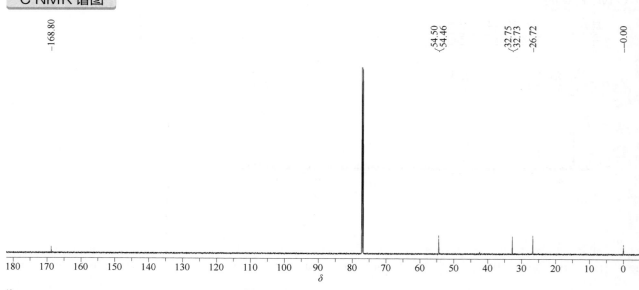

¹³C NMR (151 MHz, CDCl₃, δ) 168.80, 54.48 (d, $^2J_{C\text{-}P}$ = 6.4 Hz), 32.74 (d, $^2J_{C\text{-}P}$ = 3.9 Hz), 26.72

³¹P NMR 谱图

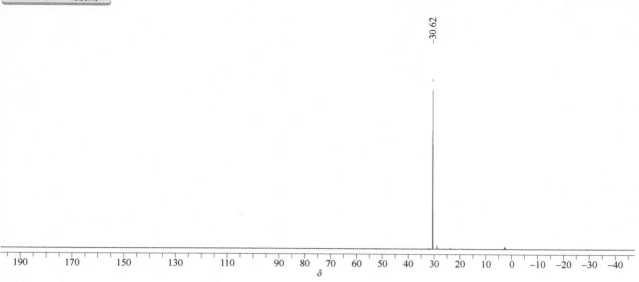

-30.62

³¹P NMR (243 MHz, CDCl₃, δ) 30.62

orbencarb（坪草丹）

基本信息

CAS 登录号	34622-58-7	分子量	257.78
分子式	C₁₂H₁₆ClNOS		

¹H NMR 谱图

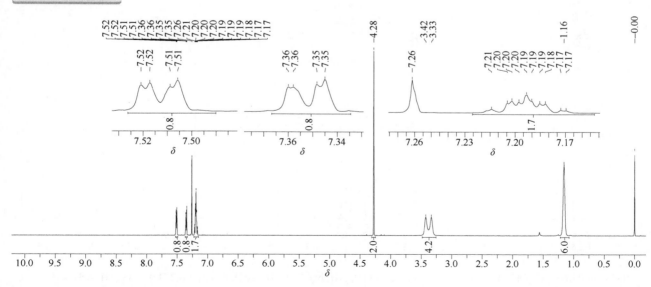

¹H NMR (600 MHz, CDCl₃, δ) 7.52 (1H, ArH, dd, J_{H-H} = 7.2 Hz, J_{H-H} = 2.0 Hz), 7.36 (1H, ArH, dd, J_{H-H} = 7.4 Hz, J_{H-H} = 1.6 Hz), 7.23~7.16 (2H, 2ArH, m), 4.28 (2H, SCH₂, s), 3.42 (2H, NCH₂, s), 3.33 (2H, NCH₂, s), 1.16 (6H, 2CH₃, s)

¹³C NMR 谱图

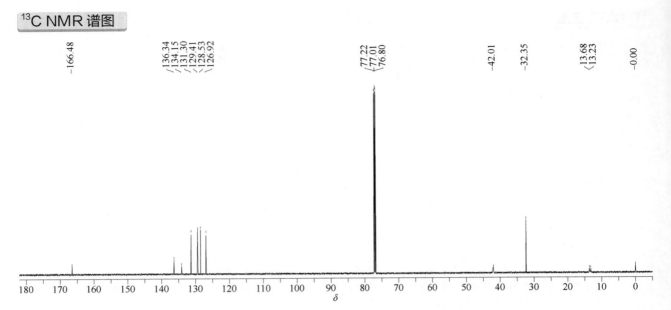

¹³C NMR (151 MHz, CDCl$_3$, δ) 166.48, 136.34, 134.15, 131.30, 129.41, 128.53, 126.92, 42.01, 32.35, 13.68, 13.23

orthosulfamuron（嘧苯胺磺隆）

基本信息

CAS 登录号	213464-77-8	分子量	424.43
分子式	C$_{16}$H$_{20}$N$_6$O$_6$S		

¹H NMR 谱图

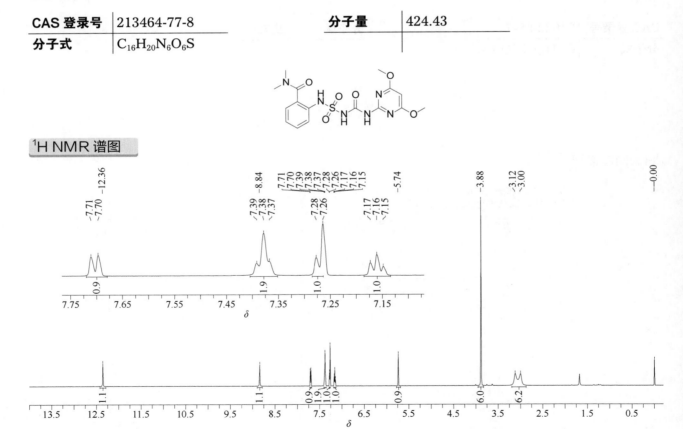

¹H NMR (600 MHz, CDCl$_3$, δ) 12.36 (1H, NH, br), 8.84 (1H, NH, br), 7.70 (1H, ArH, d, J_{H-H} = 8.2 Hz), 7.38 (1H, ArH, t, J_{H-H} = 8.2 Hz), 7.37 (1H, ArH, s), 7.27 (1H, ArH, d, J_{H-H} = 7.8 Hz), 7.16 (1H, ArH, t, J_{H-H} = 7.4 Hz), 5.74 (1H, NH, br), 3.88 (6H, 2 OCH$_3$, s), 3.12 (3H, NCH$_3$, br), 3.00 (3H, NCH$_3$, br)

¹³C NMR 谱图

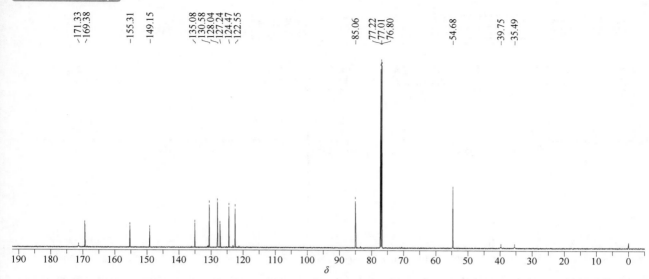

¹³C NMR (151 MHz, CDCl$_3$, δ) 171.33, 169.38, 155.31, 149.15, 135.08, 130.58, 128.04, 127.24, 124.47, 122.55, 85.06, 54.68, 39.75, 35.49

orysastrobin (肟醚菌胺)

基本信息

CAS 登录号	248593-16-0	分子量	391.43
分子式	C$_{18}$H$_{25}$N$_5$O$_5$		

¹H NMR 谱图

¹H NMR (600 MHz, CDCl$_3$, δ) 两组异构体，比例约为 3 : 1。异构体 A: 7.40~7.36 (3H, 3ArH, m), 7.21 (1H, ArH, d, J_{H-H} = 3.2 Hz), 6.82 (1H, NH, br), 5.06 (2H, OCH$_2$, s), 3.95 (9H, 3 OCH$_3$, s), 2.88 (3H, NHC$\underline{H}_3$, d, J_{H-H} = 3.5 Hz), 1.98 (3H, CH$_3$, s), 1.90 (3H, CH$_3$, s). 异构体 B: 7.49~7.44 (3H, 3ArH, m), 7.24 (1H, ArH, d, J_{H-H} = 3.2 Hz), 6.78 (1H, NH, br), 5.08 (2H, OCH$_2$, s), 3.93 (9H, 3 OCH$_3$, s), 2.85 (3H, NHC$\underline{H}_3$, d, J_{H-H} = 3.5 Hz), 2.04 (3H, CH$_3$, s), 1.93 (3H, CH$_3$, s)

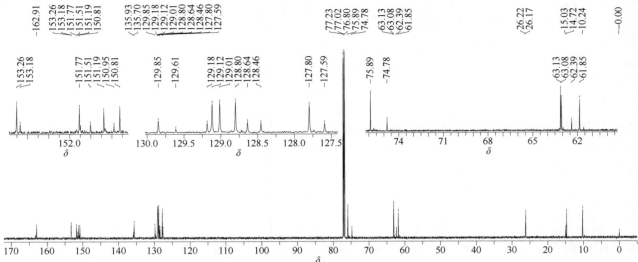

¹³C NMR (151 MHz, CDCl₃, δ) 异构体 A: 162.91, 153.26, 151.77, 151.19, 150.81, 135.70, 129.85, 129.12, 129.01, 128.80, 127.80, 75.89, 63.13, 63.08, 62.18, 26.17, 14.72, 10.24. 异构体 B（部分出峰）: 153.18, 151.51, 150.95, 129.61, 129.18, 128.64, 128.46, 127.59, 74.78, 62.39, 26.22, 15.03

oryzalin（氨磺乐灵）

基本信息

CAS 登录号	19044-88-3	**分子量**	346.36
分子式	C₁₂H₁₈N₄O₆S		

¹H NMR 谱图

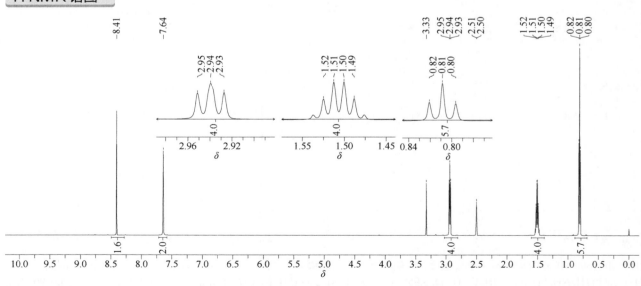

¹H NMR (600 MHz, DMSO-d₆, δ) 8.41 (2H, 2ArH, s), 7.64 (2H, NH₂, s), 2.94 (4H, N(C$\underline{H}$₂CH₂CH₃)₂, t, J_{H-H} = 7.1 Hz), 1.51 (4H, N(CH₂C$\underline{H}$₂CH₃)₂, hex, J_{H-H} = 7.2 Hz), 0.81 (6H, N(CH₂CH₂C$\underline{H}$₃)₂, t, J_{H-H} = 7.3 Hz)

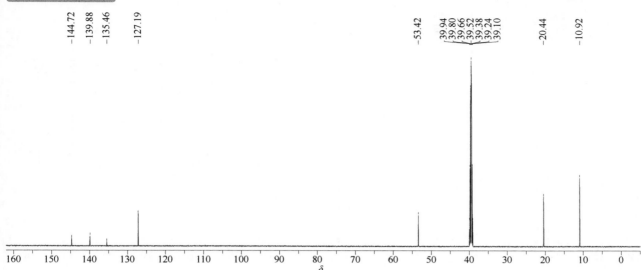

^{13}C NMR (151 MHz, DMSO-d$_6$, δ) 144.72, 139.88, 135.46, 127.19, 53.42, 20.44, 10.92

oxabetrinil（解草腈）

基本信息

CAS 登录号	74782-23-3	分子量	232.24
分子式	C$_{12}$H$_{12}$N$_2$O$_3$		

¹H NMR 谱图

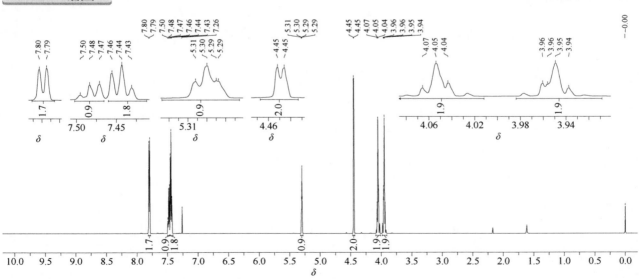

^{1}H NMR (600 MHz, CDCl$_3$, δ) 7.79 (2H, 2ArH, d, $J_{\text{H-H}}$ = 7.4 Hz), 7.48 (1H, ArH, t, $J_{\text{H-H}}$ = 7.4 Hz), 7.44 (2H, 2ArH, t, $J_{\text{H-H}}$ = 7.3 Hz), 5.30 (1H, OCH, t, $J_{\text{H-H}}$ = 3.6 Hz), 4.45 (2H, OCH$_2$, d, $J_{\text{H-H}}$ = 3.7 Hz), 4.08~4.01 (2H, OCH$_2$, t, m), 3.98~3.92 (2H, OCH$_2$, t, m)

¹³C NMR 谱图

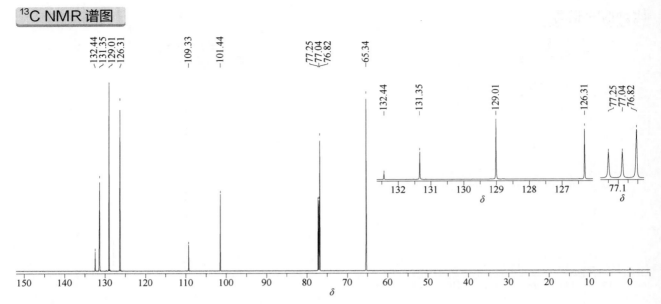

¹³C NMR (151 MHz, CDCl₃, δ) 132.45, 131.34, 129.02, 126.32, 109.33, 101.45, 76.81, 65.35

oxadiargyl（丙炔噁草酮）

CAS 登录号	39807-15-3	分子量	341.19
分子式	C₁₅H₁₄Cl₂N₂O₃		

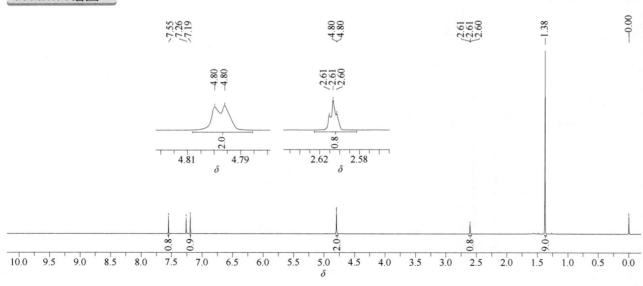

¹H NMR 谱图

¹H NMR (600 MHz, CDCl₃, δ) 7.55 (1H, ArH, s), 7.19 (1H, ArH, s), 4.80 (2H, OCH₂, d, J_{H-H} = 2.3 Hz), 2.61 (1H, CCH, t, J_{H-H} = 2.3 Hz), 1.38 (9H, C(CH₃)₃, s)

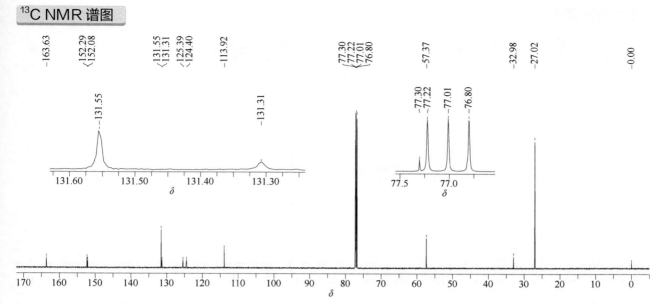

¹³C NMR (151 MHz, CDCl₃, δ) 163.63, 152.29, 152.08, 131.55, 131.31, 125.39, 124.40, 113.92, 77.30, 57.37, 32.98, 27.02

oxadixyl（噁霜灵）

基本信息

CAS 登录号	77732-09-3	分子量	278.30
分子式	C₁₄H₁₈N₂O₄		

¹H NMR 谱图

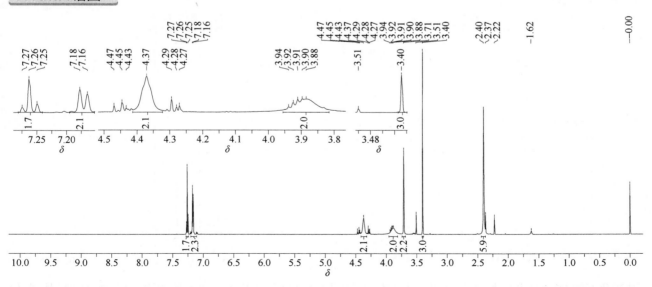

¹H NMR (600 MHz, CDCl₃, δ) 7.26 (1H, ArH, t, J_{H-H} = 7.6 Hz), 7.17 (2H, 2ArH, d, J_{H-H} = 7.6 Hz), 4.37 (2H, COOCH₂, br), 3.90 (2H, NCH₂, br), 3.71 (2H, COCH₂, s), 3.40 (3H, OCH₃, s), 2.40 (6H, 2 ArCH₃, s)

¹³C NMR 谱图

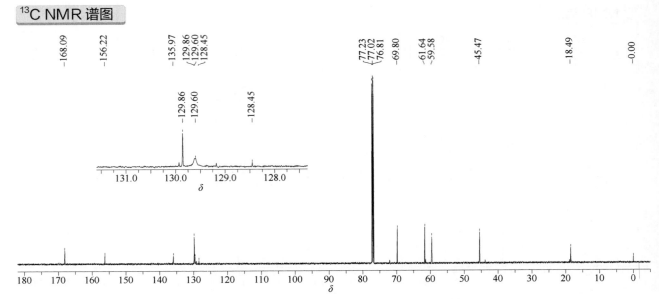

¹³C NMR (151 MHz, CDCl₃, δ) 168.09, 156.22, 135.97, 129.86, 129.60, 128.45, 69.80, 61.64, 61.38, 59.58, 45.47, 18.49

oxamyl（杀线威）

基本信息

CAS 登录号	23135-22-0	分子量	219.26
分子式	C₇H₁₃N₃O₃S		

¹H NMR 谱图

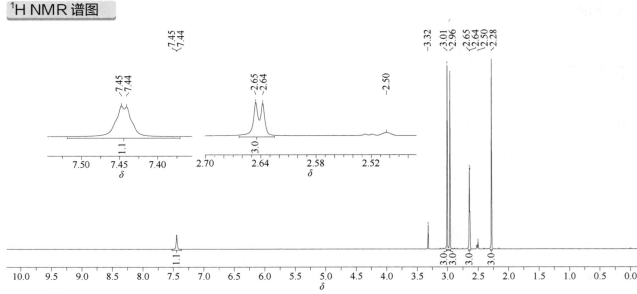

¹H NMR (600 MHz, DMSO-d₆, δ) 7.44 (1H, NH, q, J_{H-H} = 4.0 Hz), 3.01 (3H, NCH₃, s), 2.96 (3H, NCH₃, s), 2.64 (3H, NCH₃, d, J_{H-H} = 4.0 Hz), 2.28 (3H, SCH₃, s)

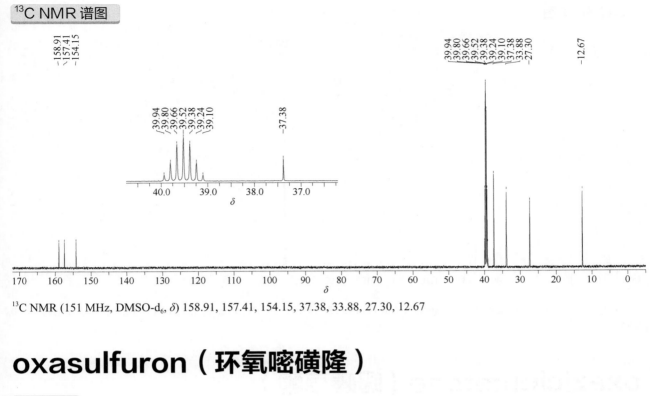

¹³C NMR (151 MHz, DMSO-d₆, δ) 158.91, 157.41, 154.15, 37.38, 33.88, 27.30, 12.67

oxasulfuron（环氧嘧磺隆）

基本信息

CAS 登录号	144651-06-9	分子量	406.41
分子式	C₁₇H₁₈N₄O₆S		

¹H NMR 谱图

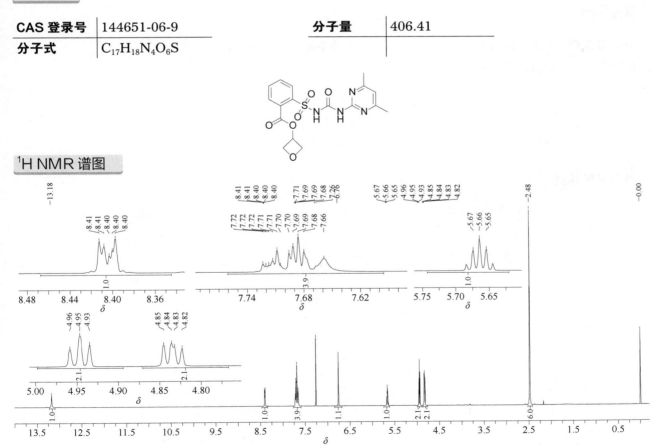

¹H NMR (600 MHz, CDCl₃, δ) 13.18 (1H, NH, s), 8.48~8.34 (1H, ArH, m), 7.77~7.53 (4H, 4ArH, m), 6.76 (1H, NH, s), 5.66 (1H, OC*H*, q, *J*_{H-H} = 5.9 Hz), 4.95 (2H, C*H*HOC*H*H, t, *J*_{H-H} = 7.2 Hz), 4.83 (2H, C*H*HOC*H*H, dd, *J*_{H-H} = 7.7 Hz, *J*_{H-H} = 5.6 Hz), 2.48 (6H, 2ArCH₃, s)

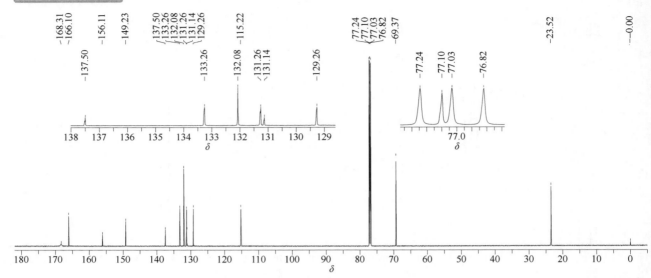

¹³C NMR (151 MHz, CDCl₃, δ) 168.31, 166.10, 156.11, 149.23, 137.50, 133.26, 132.08, 131.26, 131.14, 129.26, 115.22, 77.10, 69.37, 23.52

oxaziclomefone（噁嗪草酮）

基本信息

CAS 登录号	153197-14-9	分子量	376.28
分子式	C₂₀H₁₉Cl₂NO₂		

¹H NMR 谱图

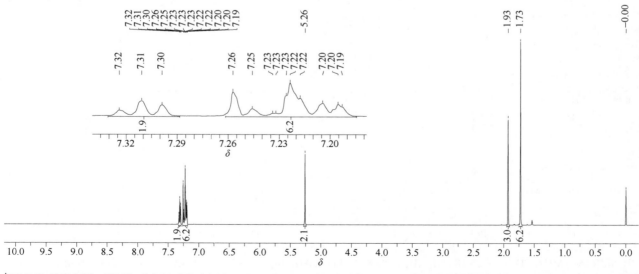

¹H NMR (600 MHz, CDCl₃, δ) 7.31 (2H, 2ArH, t, J_{H-H} = 7.9 Hz), 7.27~7.17 (6H, 6ArH, m), 5.26 (2H, OCH₂, s), 1.93 (3H, ═CCH₃, s), 1.73 (6H, 2CH₃, s)

¹³C NMR 谱图

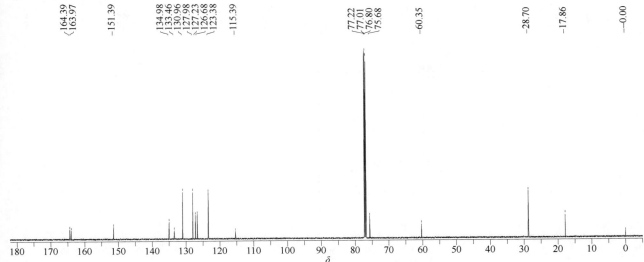

¹³C NMR (151 MHz, CDCl₃, δ) 164.39, 163.97, 151.39, 134.98, 133.46, 130.96, 127.98, 127.23, 126.68, 123.38, 115.39, 75.68, 60.35, 28.70, 17.86

oxpoconazole（噁咪唑）

基本信息

CAS 登录号	134074-64-9	分子量	361.87
分子式	C₁₉H₂₄ClN₃O₂		

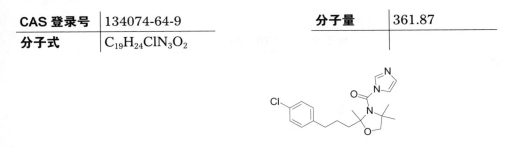

¹H NMR 谱图

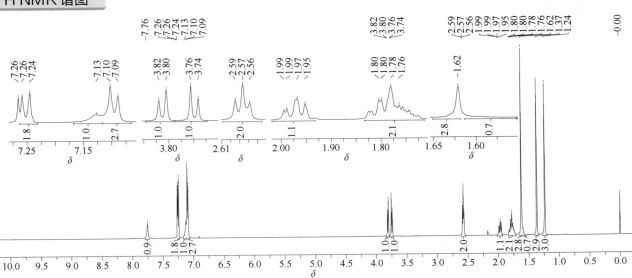

¹H NMR (600 MHz, CDCl₃, δ) 7.76 (1H, ArH, s), 7.25 (2H, 2ArH, d, J_{H-H} = 8.2 Hz), 7.13 (1H, ArH, s), 7.13 (1H, ArH, s), 7.09 (2H, 2ArH, d, J_{H-H} = 8.2 Hz), 3.81 (1H, OCH, d, J_{H-H} = 8.9 Hz), 3.75 (1H, OCH, d, J_{H-H} = 8.9 Hz), 2.57 (2H, ArCH₂, t, J_{H-H} = 7.3 Hz), 2.00~1.94 (1H, CH, m), 1.79 (2H, CH₂, dd, J_{H-H} = 17.8 Hz, J_{H-H} = 6.5 Hz), 1.62 (3H, CH₃, s), 1.64~1.55 (1H, CH, m), 1.37 (3H, CH₃, s), 1.24 (3H, CH₃, s)

¹³C NMR 谱图

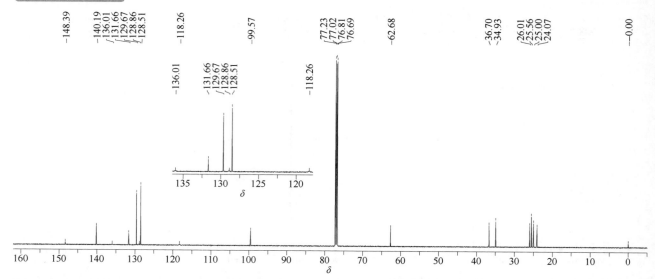

¹³C NMR (151 MHz, CDCl₃, δ) 148.39, 140.19, 136.01, 131.66, 129.67, 128.86, 128.51, 118.26, 99.57, 76.69, 62.68, 36.70, 34.93, 26.01, 25.56, 25.00, 24.07

oxycarboxin（氧化萎锈灵）

基本信息

CAS 登录号	5259-88-1	分子量	267.30
分子式	C₁₂H₁₃NO₄S		

¹H NMR 谱图

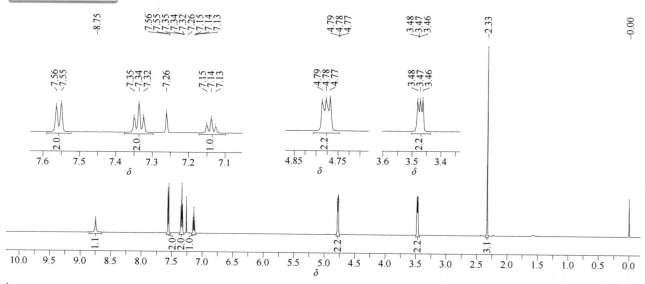

¹H NMR (600 MHz, CDCl₃, δ) 8.75 (1H, NH, s), 7.56 (2H, 2ArH, d, J_{H-H} = 8.1 Hz), 7.34 (2H, 2ArH, t, J_{H-H} = 7.9 Hz), 7.14 (1H, ArH, t, d, J_{H-H} = 7.4 Hz), 4.81~4.75 (2H, CH₂, m), 3.50~3.44 (2H, CH₂, m), 2.33 (3H, CH₃, s)

^{13}C NMR 谱图

^{13}C NMR (151 MHz, CDCl$_3$, δ) 169.34, 158.15, 137.42, 128.98, 124.85, 120.58, 113.60, 65.13, 49.52, 21.02

oxyfluorfen（乙氧氟草醚）

基本信息

CAS 登录号	42874-03-3	分子量	361.7
分子式	C$_{15}$H$_{11}$ClF$_3$NO$_4$		

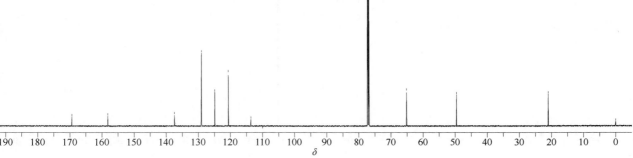

^{1}H NMR 谱图

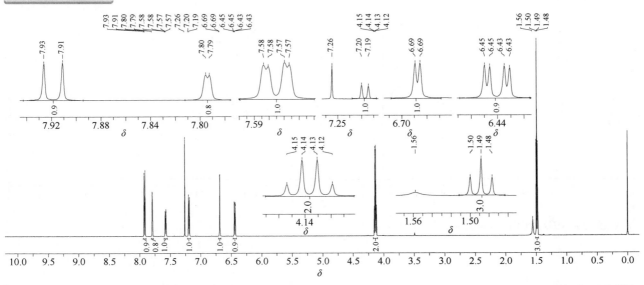

^{1}H NMR (600 MHz, CDCl$_3$, δ) 7.93 (1H, ArH, d, $J_{\text{H-H}}$ = 9.0 Hz), 7.80 (1H, ArH, d, $J_{\text{H-H}}$ = 1.9 Hz), 7.58 (1H, ArH, dd, $J_{\text{H-H}}$ = 8.5 Hz, $J_{\text{H-H}}$ = 1.9 Hz), 7.20 (1H, ArH, d, $J_{\text{H-H}}$ = 8.5 Hz), 6.69 (1H, ArH, d, $J_{\text{H-H}}$ = 2.4 Hz), 6.44 (1H, ArH, dd, $J_{\text{H-H}}$ = 9.0 Hz, $J_{\text{H-H}}$ = 2.4 Hz), 4.15 (2H, OC$\underline{H}_2$CH$_3$, q, $J_{\text{H-H}}$ = 7.0 Hz), 1.49 (3H, OCH$_2$C$\underline{H}_3$, t, $J_{\text{H-H}}$ = 7.0 Hz)

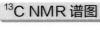

¹³C NMR 谱图

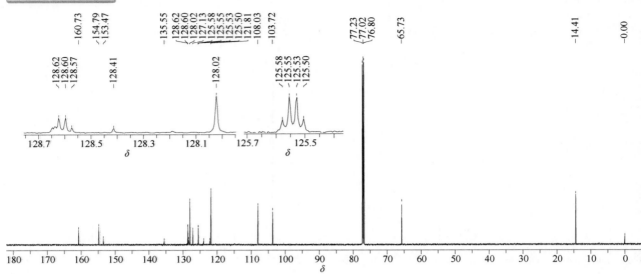

¹³C NMR (151 MHz, CDCl$_3$, δ) 160.73, 154.79, 153.47, 135.55, 128.61 (q, $^2J_{\text{C-F}}$ =31.7 Hz), 128.62 (q, $^3J_{\text{C-F}}$ = 3.7 Hz), 128.02, 127.13, 125.54 (q, $^3J_{\text{C-F}}$ = 3.6 Hz), 123.04 (q, $J_{\text{C-F}}$ = 271.8 Hz), 121.81, 108.03, 103.72, 65.73, 14.41

¹⁹F NMR 谱图

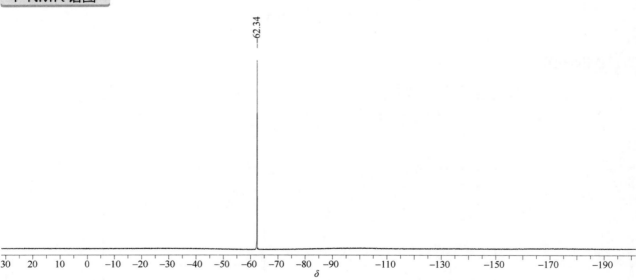

¹⁹F NMR (564 MHz, CDCl$_3$, δ) –62.34

oxytetracycline hydrochloride（盐酸土霉素）

基本信息

CAS 登录号	2058-46-0	分子量	496.89
分子式	C$_{22}$H$_{25}$ClN$_2$O$_9$		

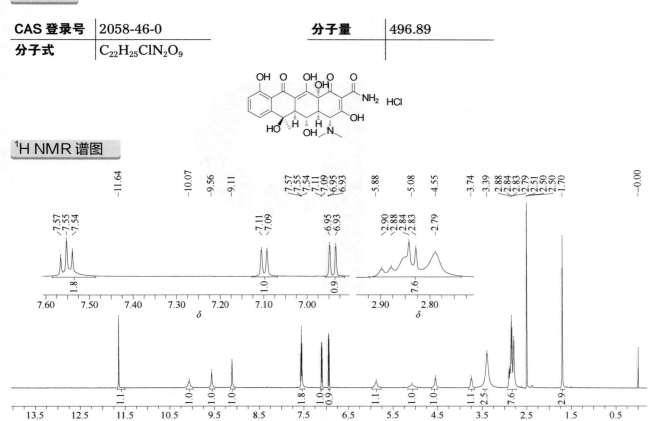

^{1}H NMR 谱图

^{1}H NMR (600 MHz, DMSO-d$_6$, δ) 11.64 (1H, NH, s), 10.07 (1H, NH, br), 9.56 (1H, OH, br), 9.11 (1H, OH, br), 7.55 (1H, ArH, t, $J_{\text{H-H}}$ = 8.0 Hz), 7.55 (1H, OH, br), 7.10 (1H, ArH, d, $J_{\text{H-H}}$ = 7.6 Hz), 6.94 (1H, ArH, d, $J_{\text{H-H}}$ = 8.4 Hz), 5.88 (1H, OH, br), 5.08 (1H, OH, br), 4.55 (1H, OH, br), 3.74 (1H, OH, br), 3.39 (2H, 2CH, m), 2.89 (1H, CH, d, $J_{\text{H-H}}$ = 11.5 Hz), 2.85 (3H, NCH$_3$, br), 2.84 (1H, CH, d, $J_{\text{H-H}}$ = 8.4 Hz), 2.79 (3H, NCH$_3$, br), 1.70 (3H, CH$_3$, s)

^{13}C NMR 谱图

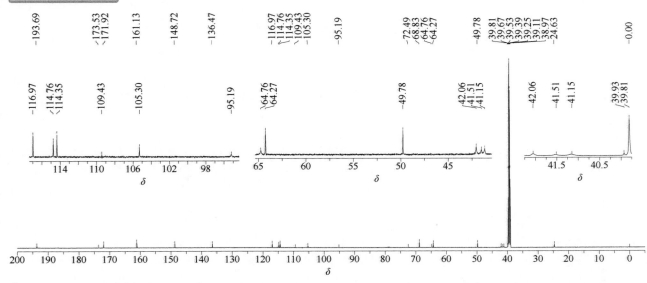

^{13}C NMR (151 MHz, DMSO-d$_6$, δ) 193.69, 173.53, 171.92, 161.13, 148.72, 136.47, 116.97, 114.76, 114.35, 109.43, 105.30, 95.19, 72.49, 68.83, 64.76, 64.27, 49.78, 42.06, 41.51, 41.15, 39.93, 24.63

>>>>> P

paclobutrazol（多效唑）

基本信息

CAS 登录号	76738-62-0	分子量	293.80
分子式	$C_{15}H_{20}ClN_3O$		

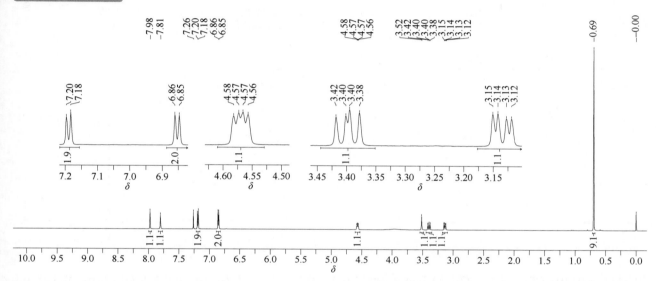

^{1}H NMR 谱图

^{1}H NMR (600 MHz, CDCl$_3$, δ) 7.98 (1H, ArH, s), 7.81 (1H, ArH, s), 7.19 (2H, 2ArH, d, J_{H-H} = 8.2 Hz), 6.85 (2H, 2ArH, d, J_{H-H} = 8.1 Hz), 4.57 (1H, NCH, dd, J_{H-H} = 9.8 Hz, J_{H-H} = 5.2 Hz), 3.96 (1H, OH, br), 3.52 (1H, C$\underline{H}$OH, s), 3.40 (1H, ArC$\underline{H}$H, dd, J_{H-H} = 13.9 Hz, J_{H-H} = 10.0 Hz), 3.13 (1H, ArCH$\underline{H}$, dd, J_{H-H} = 13.9 Hz, J_{H-H} = 5.2 Hz), 0.69 (9H, 3CH$_3$, s)

^{13}C NMR 谱图

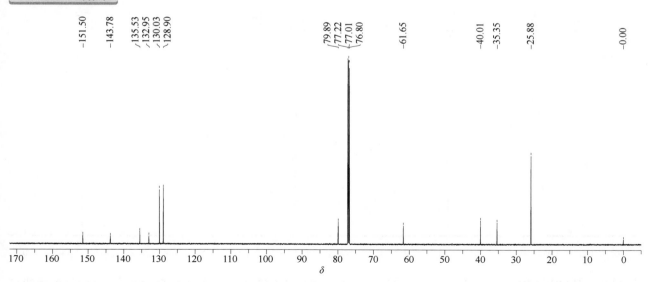

^{13}C NMR (151 MHz, CDCl$_3$, δ) 151.50, 143.78, 135.53, 132.95, 130.03, 128.90, 79.89, 61.65, 40.01, 35.35, 25.88

paraoxon-ethyl（对氧磷）

基本信息

CAS 登录号	311-45-5	分子量	275.20
分子式	C₁₀H₁₄NO₆P		

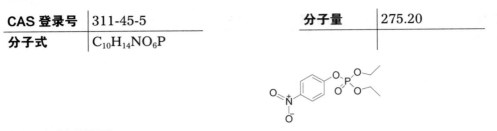

¹H NMR 谱图

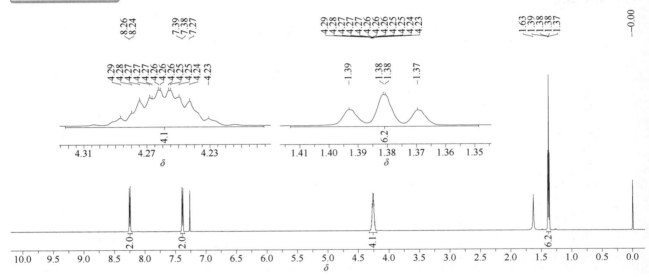

¹H NMR (600 MHz, CDCl₃, δ) 8.25 (2H, 2ArH, d, $J_{H\text{-}H}$ = 9.1 Hz), 7.38 (2H, 2ArH, d, $J_{H\text{-}H}$ = 9.1 Hz), 4.26 (4H, 2CH₂, m), 1.38 (6H, 2CH₃, t, $J_{H\text{-}H}$ = 7.1 Hz)

¹³C NMR 谱图

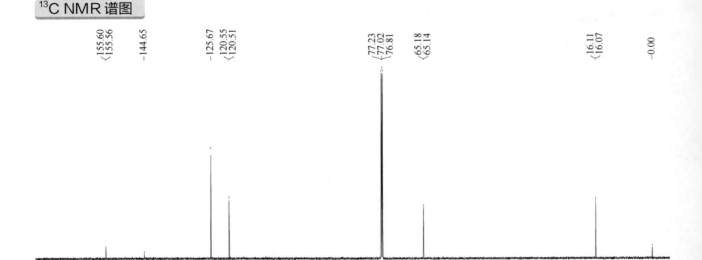

¹³C NMR (151 MHz, CDCl₃, δ) 155.58 (d, $^2J_{C\text{-}P}$ = 6.2 Hz), 144.65, 125.67, 120.53 (d, $^3J_{C\text{-}P}$ = 5.5 Hz), 65.16 (d, $^2J_{C\text{-}P}$ = 6.1 Hz), 16.09 (d, $^3J_{C\text{-}P}$ = 6.5 Hz)

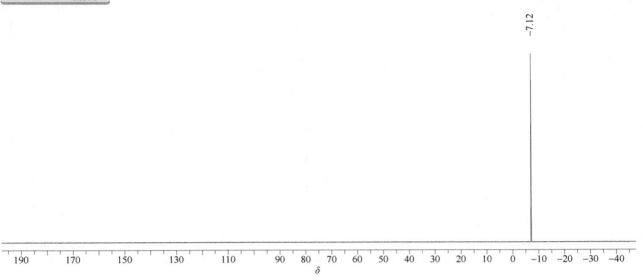

³¹P NMR (243 MHz, CDCl₃, δ) −7.12

paraoxon-methyl（甲基对氧磷）

基本信息

CAS 登录号	950-35-6	分子量	247.14
分子式	$C_8H_{10}NO_6P$		

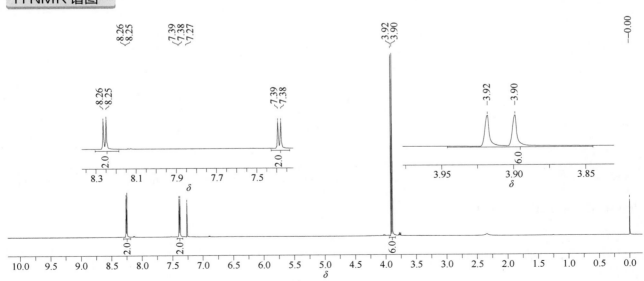

¹H NMR (600 MHz, CDCl₃, δ) 8.26 (2H, 2ArH, d, J_{H-H} = 9.1 Hz), 7.39 (2H, 2ArH, d, J_{H-H} = 9.1 Hz), 3.91 (6H, 2 OCH₃, d, $^3J_{H-P}$ = 11.4 Hz)

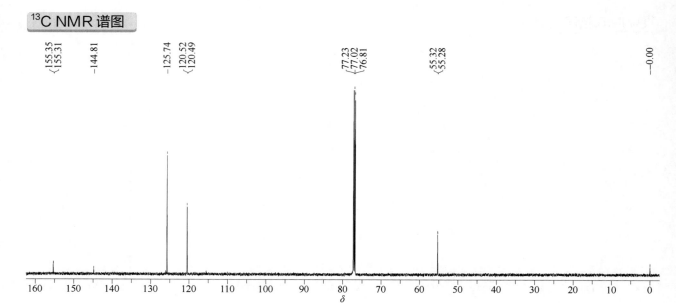

^{13}C NMR (151 MHz, CDCl$_3$, δ) 155.33 (d, $^2J_{C-P}$ = 6.3 Hz), 144.81, 125.74, 120.51 (d, $^3J_{C-P}$ = 5.4 Hz), 55.30 (d, $^2J_{C-P}$ = 6.2 Hz)

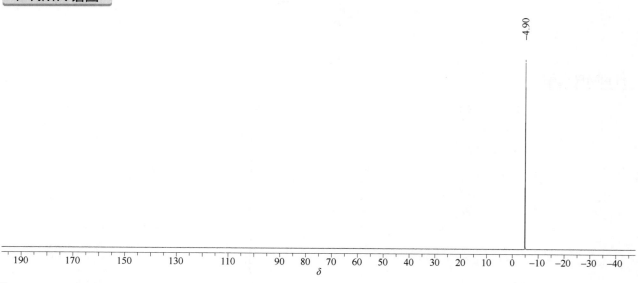

^{31}P NMR (243 MHz, CDCl$_3$, δ) −4.90

paraquat dichloride（百草枯二氯盐）

基本信息

CAS 登录号	1910-42-5	**分子量**	257.16
分子式	$C_{12}H_{14}Cl_2N_2$		

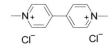

¹H NMR 谱图

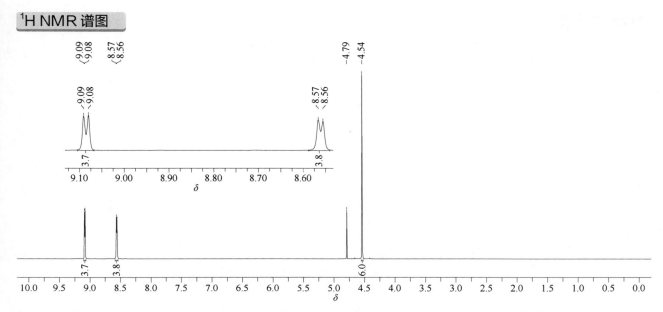

¹H NMR (600 MHz, D₂O, δ) 9.09 (4H, 4ArH, d, J_{H-H} = 6.5 Hz), 8.56 (4H, 4ArH, d, J_{H-H} = 6.3 Hz), 4.54 (6H, 2CH₃, s)

¹³C NMR 谱图

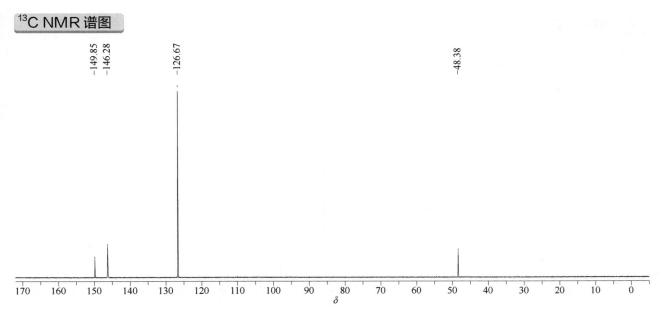

¹³C NMR (151 MHz, D₂O, δ) 149.85, 146.28, 126.67, 48.38

parathion（对硫磷）

基本信息

CAS 登录号	56-38-2	分子量	291.03
分子式	$C_{10}H_{14}NO_5PS$		

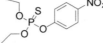

¹H NMR 谱图

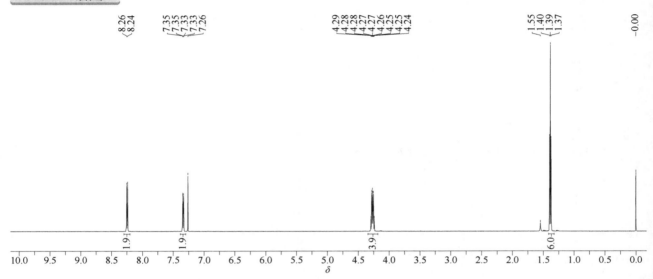

¹H NMR (600 MHz, CDCl₃, δ) 8.25 (2H, 2ArH, d, J_{H-H} = 9.1 Hz), 7.34 (2H, 2ArH, dd, J_{H-H} = 9.0 Hz, $^4J_{H-P}$ = 1.2 Hz), 4.27(4H, 2OC$\underline{H}_2$CH₃, dt, J_{H-H} = 7.1 Hz, $^3J_{H-P}$ = 5.3 Hz), 1.39 (6H, 2OCH₂C$\underline{H}_3$, d, J_{H-H} = 7.1 Hz)

¹³C NMR 谱图

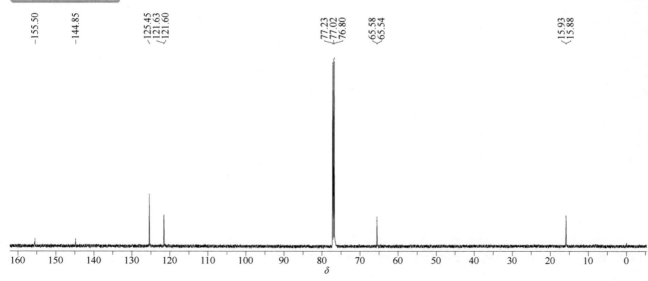

¹³C NMR (151 MHz, CDCl₃, δ) 155.50, 144.85 125.45, 121.61 (d, $^3J_{C-P}$ = 5.2 Hz), 65.56 (d, $^2J_{C-P}$ = 5.8 Hz), 15.91 (d, $^2J_{C-P}$ = 7.3 Hz)

858

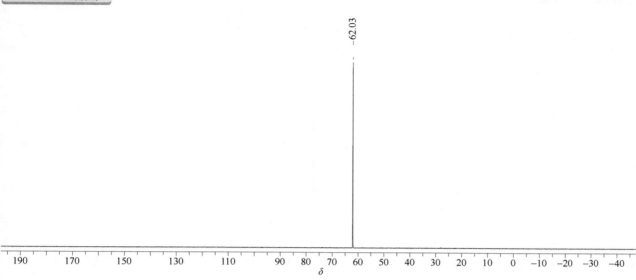

³¹P NMR (243 MHz, CDCl₃, δ) 62.03

parathion-methyl（甲基对硫磷）

基本信息

CAS 登录号	298-00-0	分子量	263.21
分子式	C₈H₁₀NO₅PS		

¹H NMR 谱图

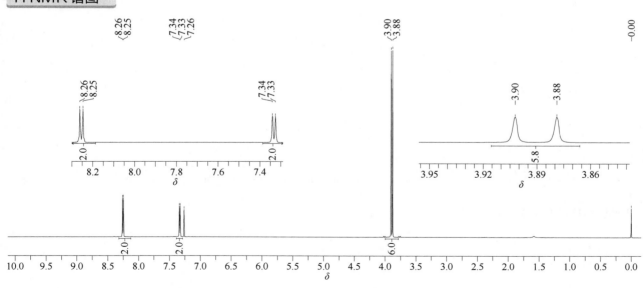

¹H NMR (600 MHz, CDCl₃, δ) 8.25 (2H, 2ArH, d, J_{H-H} = 9.1 Hz), 7.33 (2H, 2ArH, d, J_{H-H} = 8.9 Hz), 3. 89 (6H, 2 OC$\underline{H}_3$, d, $^3J_{H-P}$ = 13.9 Hz)

¹³C NMR 谱图

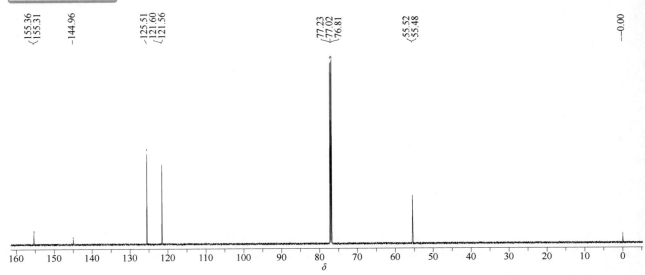

¹³C NMR (151 MHz, CDCl₃, δ) 155.34 (d, $^2J_{C-P}$ = 7.0 Hz), 144.96, 125.51, 121.58 (d, $^3J_{C-P}$ = 5.2 Hz), 55.50 (d, $^2J_{C-P}$ = 5.6 Hz)

³¹P NMR 谱图

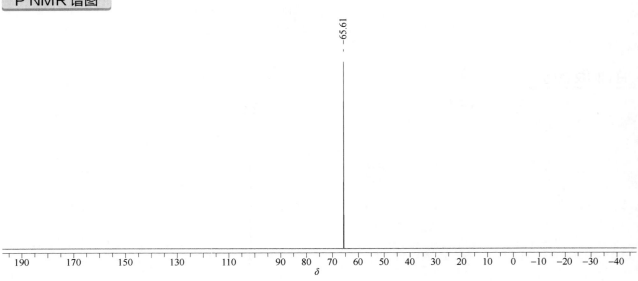

³¹P NMR (243 MHz, CDCl₃, δ) 65.61

pebulate（克草猛）

基本信息

CAS 登录号	1114-71-2	分子量	203.34
分子式	C₁₀H₂₁NOS		

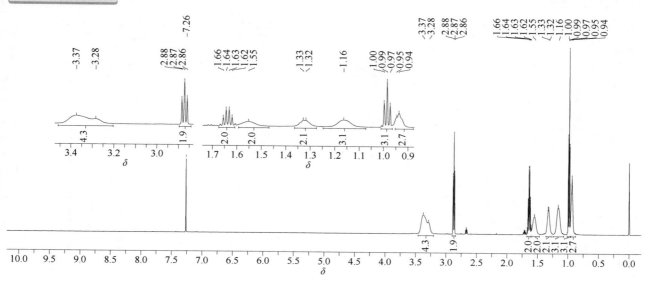

¹H NMR 谱图

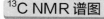

¹H NMR (600 MHz, CDCl₃, δ) 3.46~3.20 (4H, 2NCH₂, NC$\underline{H}$₂CH₃, br), 2.87 (2H, SC$\underline{H}$₂CH₂CH₃, t, $J_{\text{H-H}}$ = 7.3 Hz), 1.64 (2H, SCH₂C$\underline{H}$₂CH₃, hex, $J_{\text{H-H}}$ = 7.3 Hz), 1.55 (2H, NCH₂C$\underline{H}$₂, br), 1.32 (2H, NCH₂CH₂C$\underline{H}$₂, br), 1.16 (3H, NCH₂C$\underline{H}$₃, br), 0.99 (3H, SCH₂CH₂C$\underline{H}$₃, t, $J_{\text{H-H}}$ = 7.3 Hz), 0.94 (3H, NCH₂CH₂CH₂C$\underline{H}$₃, br)

¹³C NMR 谱图

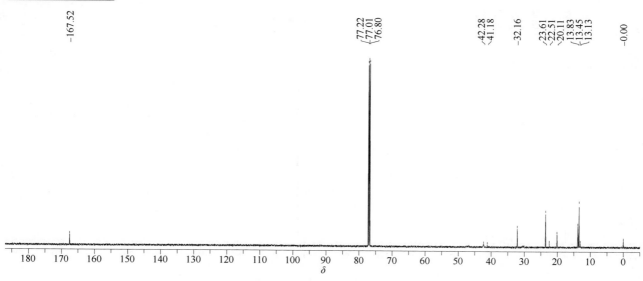

¹³C NMR (151 MHz, CDCl₃, δ) 167.52, 42.28, 41.18, 32.16, 23.61, 22.51, 20.11, 13.83, 13.45, 13.13

penconazole（戊菌唑）

基本信息

CAS 登录号	66246-88-6	分子量	284.19
分子式	C₁₃H₁₅Cl₂N₃		

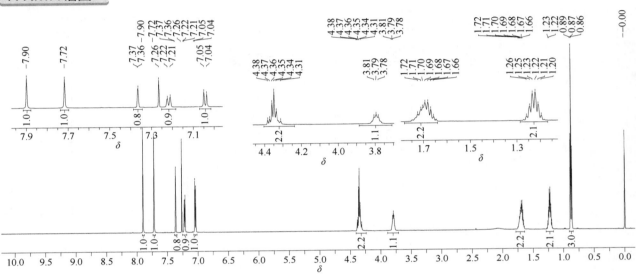

¹H NMR 谱图

¹H NMR (600 MHz, CDCl₃, δ) 7.90 (1H, ArH, s), 7.72 (1H, ArH, s), 7.37 (1H, ArH, d, J_{H-H} = 1.7 Hz), 7.22 (1H, ArH, d, J_{H-H} = 8.3 Hz), 7.04 (1H, ArH, d, J_{H-H} = 8.4 Hz), 4.40~4.24 (2H, NCH₂, m), 3.89~3.71 (1H, CH, m), 1.78~1.64 (2H, CHC$\underline{H}$₂, m), 1.29~1.17 (2H, CHCH₂C$\underline{H}$₂, m), 0.87 (3H, CH₃, t, J_{H-H} = 7.3 Hz)

¹³C NMR 谱图

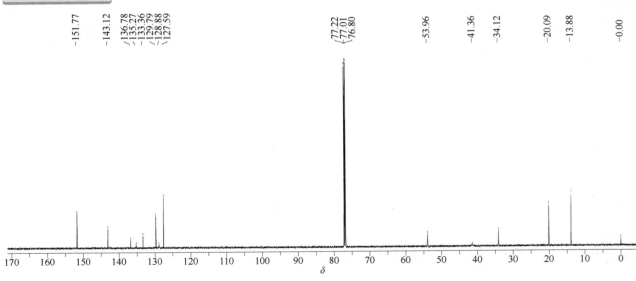

¹³C NMR (151 MHz, CDCl₃, δ) 151.77, 143.12, 136.78, 135.27, 133.36, 129.79, 128.88, 127.59, 53.96, 41.36, 34.12, 20.09, 13.88

pencycuron（戊菌隆）

基本信息

CAS 登录号	66063-05-6	分子量	328.84
分子式	$C_{19}H_{21}ClN_2O$		

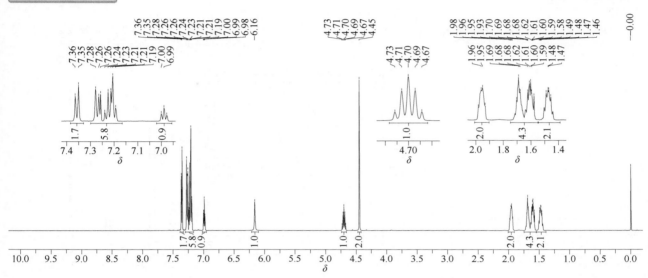

¹H NMR 谱图

¹H NMR (600 MHz, CDCl₃, δ) 7.36 (2H, 2ArH, d, J_{H-H} = 8.3 Hz), 7.30~7.17 (6H, 6ArH, m), 6.99 (1H, ArH, t, J_{H-H} = 7.0 Hz), 6.16 (1H, NH, br), 4.70 (1H, NCH(CH₂)₂, quin, J_{H-H} = 7.0 Hz), 4.45 (2H, ArCH₂, s), 2.04~1.89 (2H, CH₂, m), 1.78~1.55 (4H, 2CH₂, m), 1.55~1.29 (2H, CH₂, m)

¹³C NMR 谱图

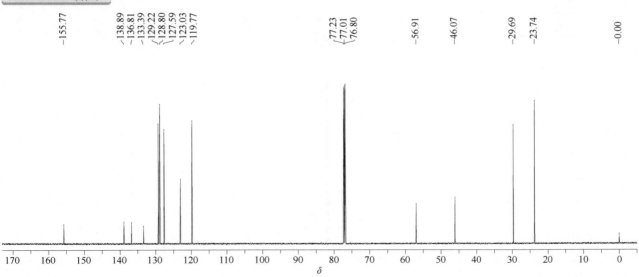

¹³C NMR (151 MHz, CDCl₃, δ) 155.77, 138.89, 136.81, 133.39, 129.22, 128.80, 127.59, 123.03, 119.77, 56.91, 46.07, 29.69, 23.74

pendimethalin（二甲戊灵）

基本信息

CAS 登录号	40487-42-1	分子量	281.31
分子式	$C_{13}H_{19}N_3O_4$		

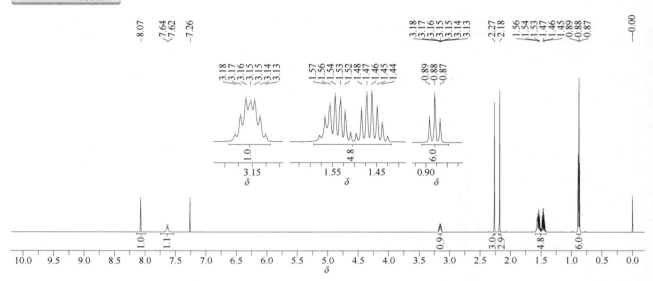

¹H NMR 谱图

¹H NMR (600 MHz, CDCl₃, δ) 8.07 (1H, ArH, s), 7.63 (1H, NH, d, J_{H-H} = 9.4 Hz), 3.21~3.08 (1H, CH, m), 2.27 (3H, ArCH₃, s), 2.18 (3H, ArCH₃, s), 1.54 (2H, CHC$\underline{H}_2$CH₃, dq, J_{H-H} = 7.4 Hz), 1.46 (2H, CHC$\underline{H}_2$CH₃, dq, J_{H-H} = 7.4 Hz), 0.88 (6H, 2CH₂C$\underline{H}_3$, t, J_{H-H} = 7.4 Hz)

¹³C NMR 谱图

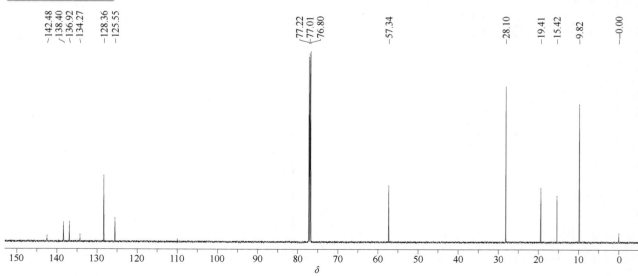

¹³C NMR (151 MHz, CDCl₃, δ) 142.48, 138.40, 136.92, 134.27, 128.36, 125.55, 57.34, 28.10, 19.41, 15.42, 9.82

penflufen（戊苯吡菌胺）

基本信息

CAS 登录号	494793-67-8	**分子量**	317.40
分子式	$C_{18}H_{24}FN_3O$		

¹H NMR 谱图

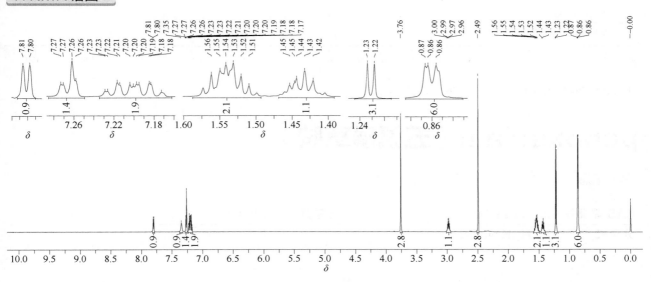

¹H NMR (600 MHz, CDCl₃, δ) 7.80 (1H, ArH, d, J_{H-H} = 7.8 Hz), 7.35 (1H, NH, br), 7.27 (1H, ArH, dd, J_{H-H} = 7.1 Hz, J_{H-H} = 1.8 Hz), 7.23~7.16 (2H, 2ArH, m), 3.76 (3H, NCH₃, s), 2.98 (1H, ArCH, dd, J_{H-H} = 7.0 Hz), 2.49 (3H, ArCH₃, s), 1.59~1.49 (2H, CH₂, m), 1.47~1.39 (1H, CH, m), 1.22 (3H, CH₃, d, J_{H-H} = 6.9 Hz), 0.87 (3H, CH₃, d, J_{H-H} = 6.9 Hz), 0.86 (3H, CH₃, d, J_{H-H} = 6.9 Hz)

¹³C NMR 谱图

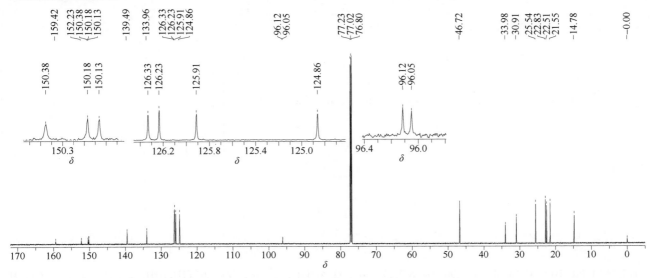

¹³C NMR (151 MHz, CDCl₃, δ) 159.42, 152.23, 150.38, 150.16 (d, $^3J_{C-F}$ = 8.0 Hz), 139.49, 133.96, 126.23, 125.91, 125.60 (d, J_{C-F} = 222.0 Hz), 96.08 (d, $^2J_{C-F}$ = 9.7 Hz), 46.72, 33.98, 30.91, 25.54, 22.83, 22.51, 21.55, 14.78

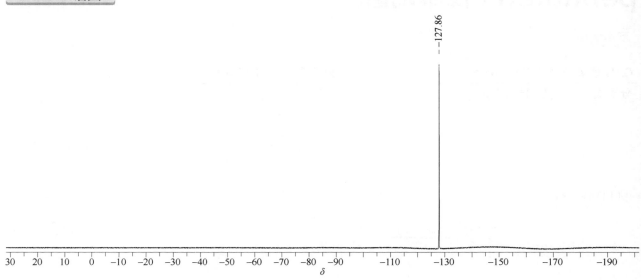

^19^F NMR (564 MHz, CDCl$_3$, δ) $-$127.86

penoxsulam（五氟磺草胺）

基本信息

CAS 登录号	219714-96-2	分子量	483.37
分子式	C$_{16}$H$_{14}$F$_5$N$_5$O$_5$S		

^1^H NMR 谱图

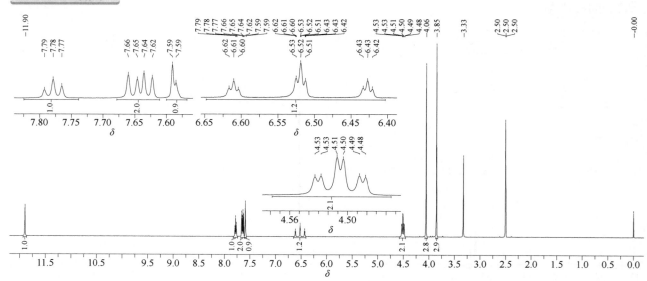

^1^H NMR (600 MHz, DMSO-d$_6$, δ) 11.90 (1H, NH, s), 7.78 (1H, ArH, t, $J_{\text{H-H}}$ = 8.2 Hz), 7.66 (1H, ArH, d, $J_{\text{H-H}}$ = 8.2 Hz), 7.63 (1H, ArH, d, $J_{\text{H-H}}$ = 8.2 Hz), 7.59 (1H, ArH, s), 6.52 (1H, CHF$_2$, tt, $^2J_{\text{H-F}}$ = 54.9 Hz, $J_{\text{H-H}}$ = 3.9 Hz), 4.51 (2H, CH$_2$, td, $^3J_{\text{H-F}}$ = 13.8 Hz, $J_{\text{H-H}}$ = 3.8 Hz), 4.06 (3H, OCH$_3$, s), 3.85 (3H, OCH$_3$, s)

¹³C NMR 谱图

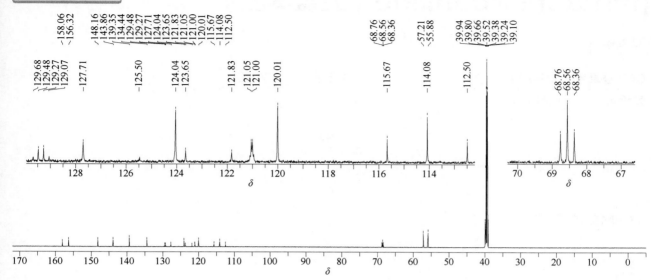

¹³C NMR (151 MHz, DMSO-d₆, δ) 158.06, 156.32, 148.16, 143.86, 139.35, 134.44, 129.38 (q, $^2J_{C-F}$ = 31.7 Hz), 127.71, 124.04, 122.74 (q, J_{C-F} = 274.8 Hz), 121.02 (q, $^3J_{C-F}$ = 7.2 Hz), 120.01, 114.08 (t, J_{C-F} = 240.1 Hz), 68.56 (t, $^2J_{C-F}$ = 30.2 Hz), 57.21, 55.88

¹⁹F NMR 谱图

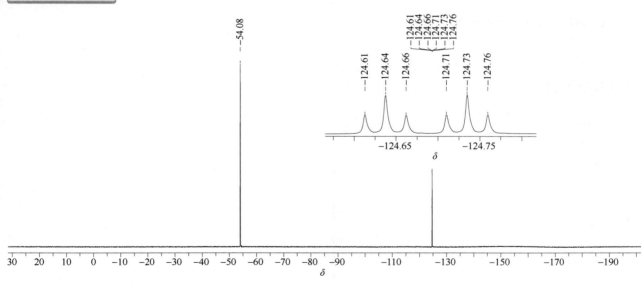

¹⁹F NMR (564 MHz, DMSO-d₆, δ) −54.08, −124.69 (dt, $^2J_{H-F}$ = 54.9 Hz, $^3J_{H-F}$ = 13.8 Hz)

pentachloroaniline（五氯苯胺）

基本信息

CAS 登录号	527-20-8	分子量	265.35
分子式	$C_6H_2Cl_5N$		

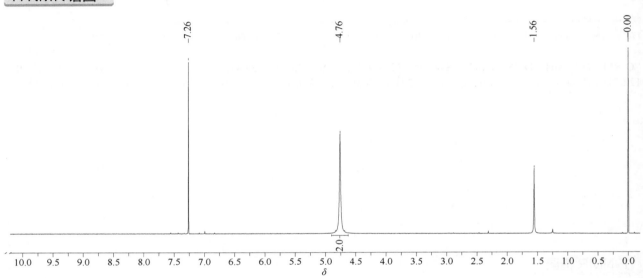

^1H NMR 谱图

^1H NMR (600 MHz, CDCl$_3$, δ) 4.76 (2H, NH$_2$, s)

^{13}C NMR 谱图

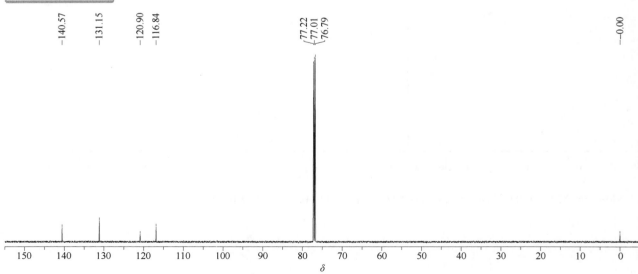

^{13}C NMR (151 MHz, CDCl$_3$, δ) 140.57, 131.15, 120.90, 116.84

pentachloroanisole（五氯甲氧基苯）

基本信息

CAS 登录号	1825-21-4	分子量	280.36
分子式	$C_7H_3Cl_5O$		

^{1}H NMR 谱图

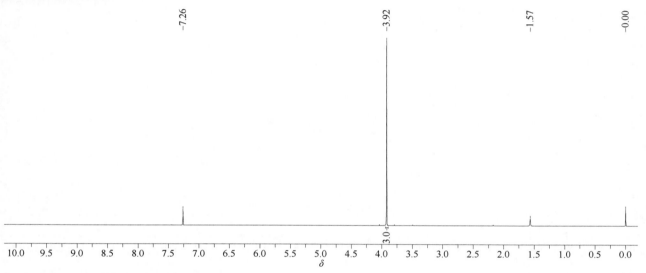

^{1}H NMR (600 MHz, CDCl$_3$, δ) 3.92 (3H, CH$_3$, s)

^{13}C NMR 谱图

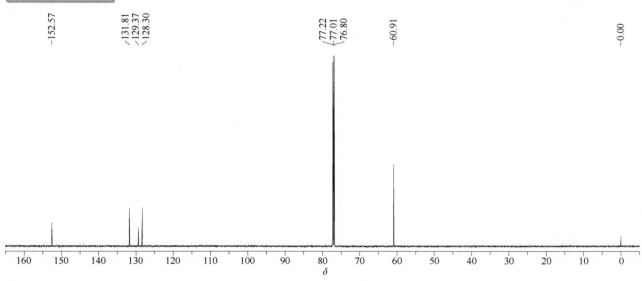

^{13}C NMR (151 MHz, CDCl$_3$, δ) 152.57, 131.81, 129.37, 128.30, 60.91

pentachlorobenzene（五氯苯）

基本信息

CAS 登录号	608-93-5	分子量	250.34
分子式	C$_6$HCl$_5$		

^{1}H NMR 谱图

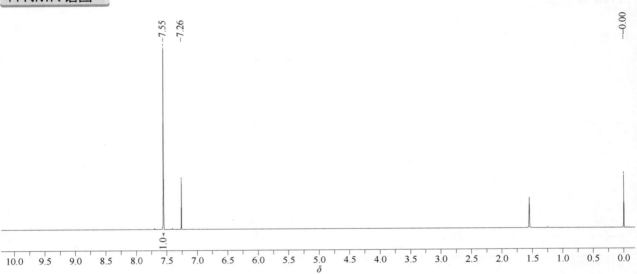

^{1}H NMR (600 MHz, CDCl$_3$, δ) 7.55 (1H, ArH, s)

^{13}C NMR 谱图

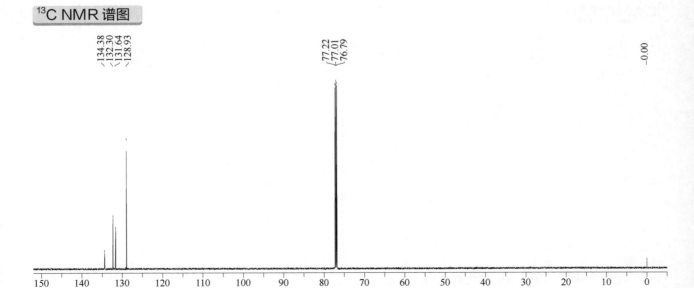

^{13}C NMR (151 MHz, CDCl$_3$, δ) 134.38, 132.30, 131.64, 128.93

pentachlorobenzonitrile（五氯苯甲腈）

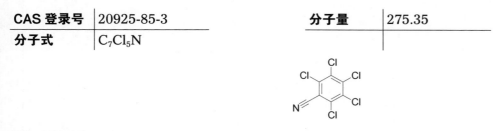

基本信息

CAS 登录号	20925-85-3	分子量	275.35
分子式	C_7Cl_5N		

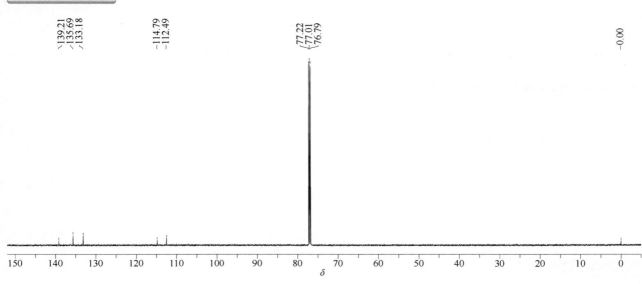

¹³C NMR 谱图

^{13}C NMR (151 MHz, CDCl$_3$, δ) 139.21, 135.69, 133.18, 114.79, 112.49

pentachlorophenol（五氯苯酚）

基本信息

CAS 登录号	87-86-5	分子量	266.32
分子式	C_6HCl_5O		

¹H NMR (600 MHz, CDCl₃, δ) 6.08 (1H, OH, s)

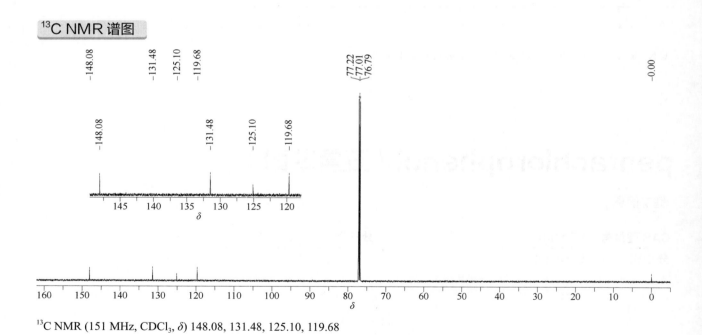

¹³C NMR (151 MHz, CDCl₃, δ) 148.08, 131.48, 125.10, 119.68

pentanochlor（蔬草灭）

基本信息

CAS 登录号	2307-68-8	**分子量**	239.74
分子式	C₁₃H₁₈ClNO		

$C_{13}H_{18}ClNO$

¹H NMR 谱图

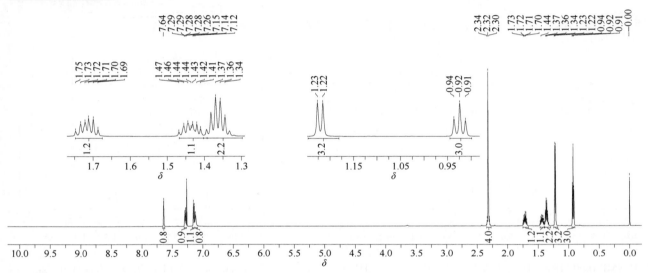

¹H NMR (600 MHz, CDCl₃, δ) 7.64 (1H, ArH, s), 7.29 (1H, ArH, dd, J_{H-H} = 8.2 Hz, J_{H-H} = 1.6 Hz), 7.15 (1H, ArH, d, J_{H-H} = 8.2 Hz), 7.12 (1H, NH, s), 2.34~2.27 (4H, CO(CH), ArCH₃, m), 1.75~1.67 (1H, CO(CHC*H*₂), m), 1.47~1.39 (1H, CO(CHC*H*₂), m), 1.38~1.30 (2H, C*H*₂CH₃, m), 1.23 (3H, CHC*H*₃, d, J_{H-H} = 6.8 Hz), 0.94 (3H, CH₂C*H*₃, t, J_{H-H} = 7.2 Hz)

¹³C NMR 谱图

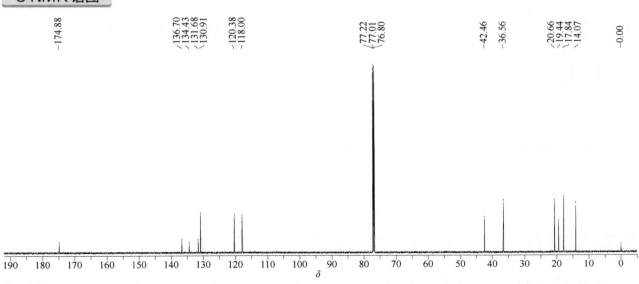

¹³C NMR (151 MHz, CDCl₃, δ) 174.88, 136.70, 134.43, 131.68, 130.91, 120.38, 118.00, 42.46, 36.56, 20.66, 19.44, 17.84, 14.07

penthiopyrad（吡噻菌胺）

基本信息

CAS 登录号	183675-82-3	分子量	359.41
分子式	C$_{16}$H$_{20}$F$_3$N$_3$OS		

¹H NMR 谱图

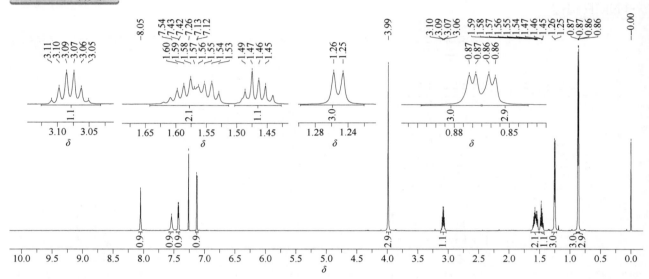

¹H NMR (600 MHz, CDCl$_3$, δ) 8.05 (1H, ArH, s), 7.54 (1H, NH, br), 7.43 (1H, ArH, d, J_{H-H} = 5.3 Hz), 7.13 (1H, ArH, d, J_{H-H} = 5.4 Hz), 3.99 (3H, NCH$_3$, s), 3.12~3.04 (1H, ArCH, m), 1.64~1.51 (2H, CH$_2$, m), 1.50~1.40 (1H, CH, m), 1.25 (3H, CHC$\underline{H}_3$, d, J_{H-H} = 6.8 Hz), 0.87 (3H, CHC$\underline{H}_3$, d, J_{H-H} = 2.1 Hz), 0.86 (3H, CHC$\underline{H}_3$, d, J_{H-H} = 2.2 Hz)

¹³C NMR 谱图

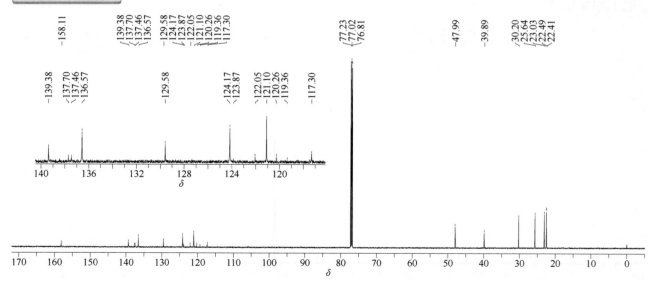

¹³C NMR (151 MHz, CDCl$_3$, δ) 158.11, 139.38, 137.58 (q, $^2J_{C-F}$ = 36.2 Hz), 136.57, 129.58, 124.17, 121.16 (q, J_{C-F} = 270.3 Hz), 121.10, 117.30, 47.99, 39.89, 30.20, 25.64, 23.03, 22.49, 22.41

¹⁹F NMR 谱图

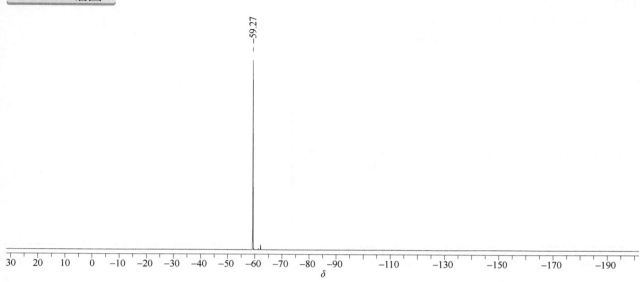

¹⁹F NMR (564 MHz, CDCl₃, δ) −59.27

pentoxazone（环戊噁草酮）

基本信息

CAS 登录号	110956-75-7	分子量	353.77
分子式	C₁₇H₁₇ClFNO₄		

¹H NMR 谱图

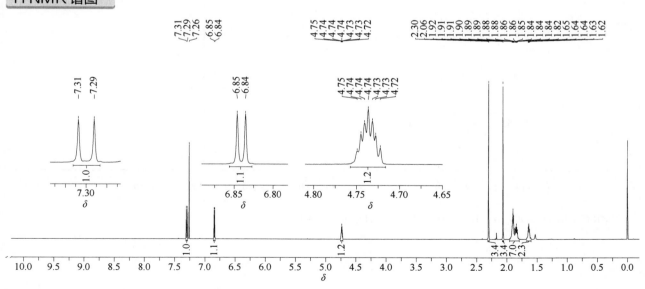

¹H NMR (600 MHz, CDCl₃, δ) 7.30 (1H, ArH, d, $^3J_{H-F}$ = 9.1 Hz), 6.84 (1H, ArH, d, $^4J_{H-F}$ = 6.4 Hz), 4.76~4.72 (1H, OCH, m), 2.30 (3H, CH₃, s), 2.06 (3H, CH₃, s), 1.96~1.80 (6H, 3CH₂, m), 1.67~1.60 (2H, CH₂, m)

¹³C NMR 谱图

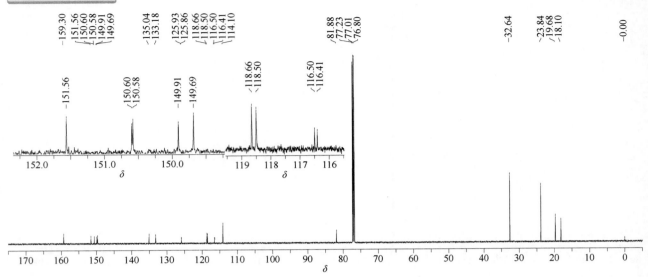

¹³C NMR (151 MHz, CDCl$_3$, δ) 159.30, 150.63 (d, J_{C-F} = 282.4 Hz), 150.59 (d, $^4J_{C-F}$ = 2.7 Hz), 149.91, 135.04, 133.18, 125.89 (d, $^3J_{C-F}$ = 9.1 Hz), 118.58 (d, $^2J_{C-F}$ = 23.7 Hz), 116.45 (d, $^3J_{C-F}$ = 14.2 Hz), 114.10, 81.88, 32.64, 23.84, 19.68, 18.10

¹⁹F NMR 谱图

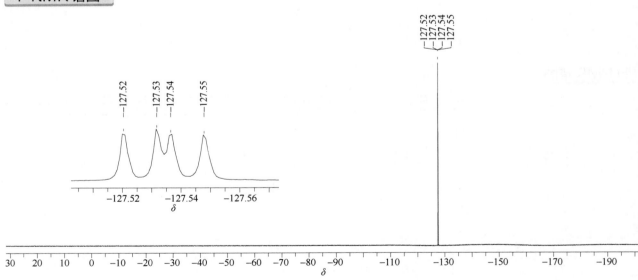

¹⁹F NMR (564MHz, CDCl$_3$, δ) –127.53 (dd, $^3J_{H-F}$ = 9.1 Hz, $^4J_{H-F}$ = 6.4 Hz)

permethrin（氯菊酯）

基本信息

CAS 登录号	52645-53-1	分子量	391.29
分子式	$C_{21}H_{20}Cl_2O_3$		

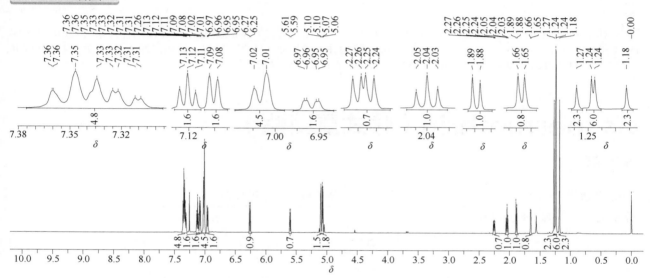

^{1}H NMR 谱图

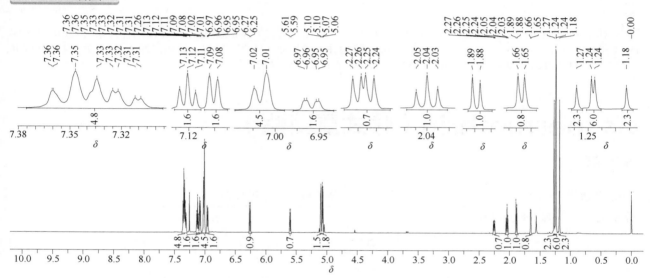

^{1}H NMR (600 MHz, CDCl$_3$, δ) 两组异构体混合物，比例约为 1:0.8。异构体 A: 7.35 (2H, 2ArH, t, $J_{H\text{-}H}$ = 7.7 Hz), 7.33 (1H, ArH, t, $J_{H\text{-}H}$ = 7.8 Hz), 7.12 (1H, ArH, t, $J_{H\text{-}H}$ = 7.4 Hz), 7.08 (1H, ArH, d, $J_{H\text{-}H}$ = 7.6 Hz), 7.02 (3H, 3ArH, d, $J_{H\text{-}H}$ = 8.4 Hz), 6.96 (1H, ArH, d, $J_{H\text{-}H}$ = 8.1 Hz), 6.26 (1H, CCl$_2$CH, d, $J_{H\text{-}H}$ = 9.0 Hz), 5.07 (2H, OCH$_2$, d, $J_{H\text{-}H}$ = 5.9 Hz), 2.04 (1H, CH, t, $J_{H\text{-}H}$ = 8.7 Hz), 1.88 (1H, CH, d, $J_{H\text{-}H}$ = 8.5 Hz), 1.24 (3H, CH$_3$, s), 1.24 (3H, CH$_3$, s). 异构体 B: 7.35 (2H, 2ArH, t, $J_{H\text{-}H}$ = 7.7 Hz), 7.32 (1H, ArH, t, $J_{H\text{-}H}$ = 7.9 Hz), 7.12 (1H, ArH, t, $J_{H\text{-}H}$ = 7.4 Hz), 7.08 (1H, ArH, d, $J_{H\text{-}H}$ = 7.6 Hz), 7.02 (3H, 3ArH, d, $J_{H\text{-}H}$ = 8.4 Hz), 6.96 (1H, ArH, d, $J_{H\text{-}H}$ = 8.2 Hz), 5.60 (1H, CCl$_2$CH, d, $J_{H\text{-}H}$ = 8.3 Hz), 5.10 (2H, OCH$_2$, d, $J_{H\text{-}H}$ = 3.3 Hz), 2.26 (1H, CH, dd, $J_{H\text{-}H}$ = 8.3 Hz, $J_{H\text{-}H}$ = 5.3 Hz), 1.65 (1H, CH, d, $J_{H\text{-}H}$ = 5.3 Hz), 1.27 (3H, CH$_3$, s), 1.18 (3H, CH$_3$, s)

¹³C NMR 谱图

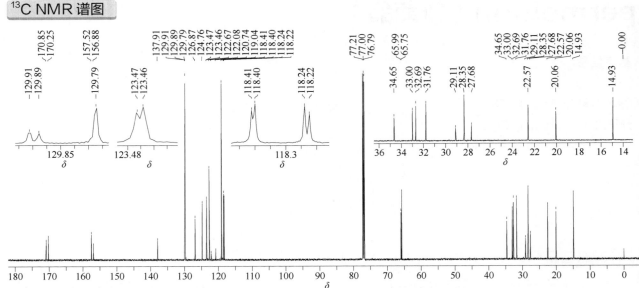

¹³C NMR (151 MHz, CDCl₃, δ) 异构体 A: 170.25, 157.52, 137.91, 129.89, 129.79, 126.87, 124.76, 123.47, 122.67, 122.08, 119.04, 118.41, 118.22, 65.99, 34.65, 33.00, 29.11, 22.57, 20.06。异构体 B: 170.85, 156.88, 137.91, 129.91, 129.79, 126.87, 124.76, 123.46, 122.67, 120.74, 119.04, 118.40, 118.24, 65.75, 32.69, 31.76, 28.35, 27.68, 14.93

cis-permethrin（顺式氯菊酯）

基本信息

CAS 登录号	61949-76-6	分子量	391.29
分子式	C₂₁H₂₀Cl₂O₃		

¹H NMR 谱图

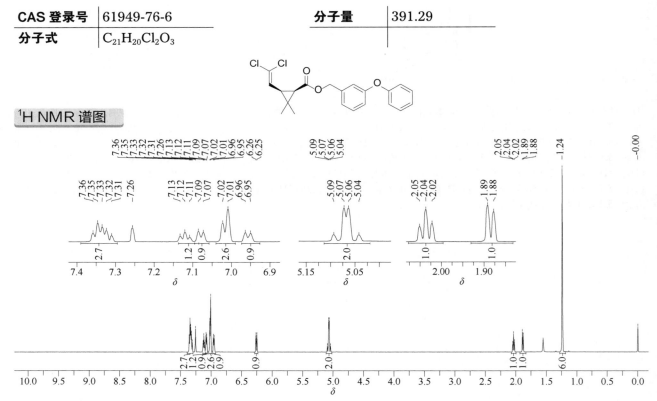

¹H NMR (600 MHz, CDCl₃, δ) 7.35 (2H, 2ArH, t, J_{H-H} = 7.4 Hz), 7.32 (1H, ArH, t, J_{H-H} = 8.1 Hz), 7.12 (1H, ArH, t, J_{H-H} = 7.3 Hz), 7.08 (1H, ArH, d, J_{H-H} = 7.5 Hz), 7.02 (2H, 2ArH, d, J_{H-H} = 8.3 Hz), 7.01 (1H, ArH, s), 6.95 (1H, ArH, d, J_{H-H} = 8.2 Hz), 6.25 (1H, =CH, d, J_{H-H} = 8.9 Hz), 5.08 (1H, OCH, d, J_{H-H} = 12.6 Hz), 5.05 (1H, OCH, d, J_{H-H} = 12.8 Hz), 2.04 (1H, CH, t, J_{H-H} = 8.7 Hz), 1.88 (1H, CH, d, J_{H-H} = 8.4 Hz), 1.24 (6H, 2CH₃, s)

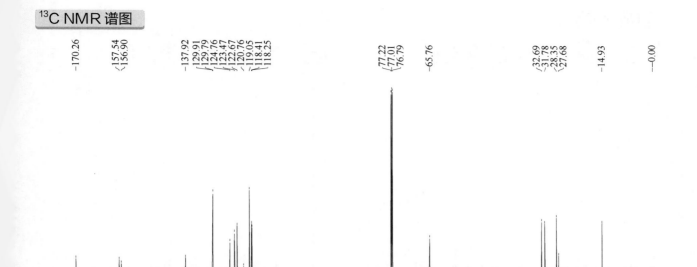

¹³C NMR (151 MHz, CDCl₃, δ) 170.26, 157.54, 156.90, 137.92, 129.91, 129.79, 124.76, 123.47, 122.67, 120.76, 119.05, 118.41, 118.25, 65.76, 32.69, 31.78, 28.35, 27.68, 14.93

trans-permethrin（反式氯菊酯）

基本信息

CAS 登录号	61949-77-7	分子量	391.29
分子式	C₂₁H₂₀Cl₂O₃		

¹H NMR 谱图

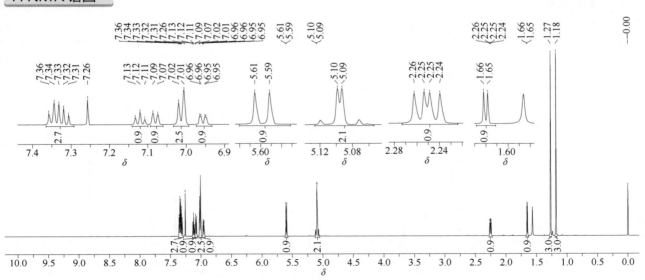

¹H NMR (600 MHz, CDCl₃, δ) 7.36~7.29 (3H, 3ArH, m), 7.12 (1H, ArH, t, J_{H-H} = 7.4 Hz), 7.08 (1H, ArH, d, J_{H-H} = 7.6 Hz), 7.01 (2H, 2ArH, d, J_{H-H} = 8.3 Hz), 7.01 (1H, ArH, s), 6.95 (1H, ArH, dd, J_{H-H} = 8.3 Hz, J_{H-H} = 1.6 Hz), 5.60 (1H, CCl₂CH, d, J_{H-H} = 8.4 Hz), 5.10 (2H, OCH₂, d, J_{H-H} = 3.2 Hz), 2.25 (1H, CH, dd, J_{H-H} = 8.3 Hz, J_{H-H} = 5.4 Hz), 1.65 (1H, CH, d, J_{H-H} = 5.4 Hz), 1.27 (3H, CH₃, s), 1.18 (3H, CH₃, s)

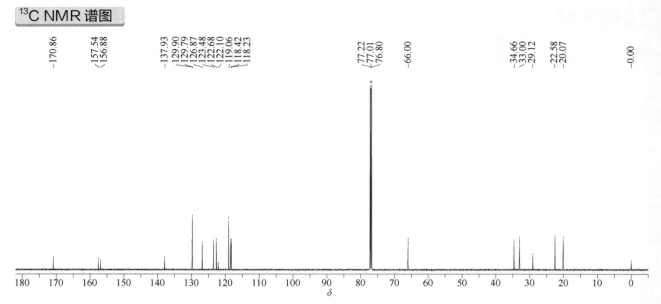

¹³C NMR (151 MHz, CDCl₃, δ) 170.86, 157.54, 156.88, 137.93, 129.90, 129.79, 126.87, 123.48, 122.68, 122.10, 119.06, 118.42, 118.23, 66.00, 34.66, 33.00, 29.12, 22.58, 20.07

perthane（乙滴滴）

基本信息

CAS 登录号	72-56-0	分子量	307.26
分子式	$C_{18}H_{20}Cl_2$		

¹H NMR 谱图

¹H NMR (600 MHz, CDCl₃, δ) 7.25 (4H, 4ArH, d, J_{H-H} = 7.9 Hz), 7.15 (4H, 4ArH, d, J_{H-H} = 7.9 Hz), 6.36 (1H, CHCl₂, d, J_{H-H} = 8.7 Hz), 4.50 (1H, CH, d, J_{H-H} = 8.7 Hz), 2.62 (4H, 2CH₂, q, J_{H-H} = 7.6 Hz), 1.22 (6H, 2CH₃, t, J_{H-H} = 7.6 Hz)

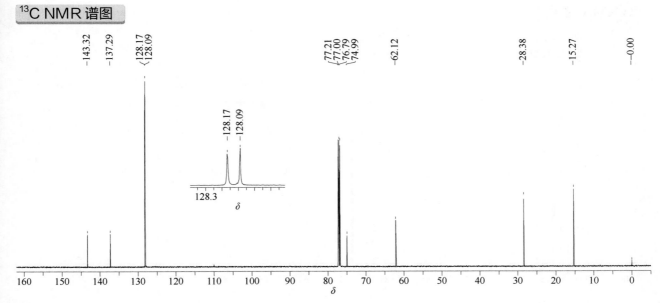

¹³C NMR (151 MHz, CDCl₃, δ) 143.32, 137.29, 128.17, 128.09, 74.99, 62.12, 28.38, 15.27

phenanthrene（菲）

基本信息

CAS 登录号	85-01-8	分子量	178.23
分子式	C₁₄H₁₀		

¹H NMR 谱图

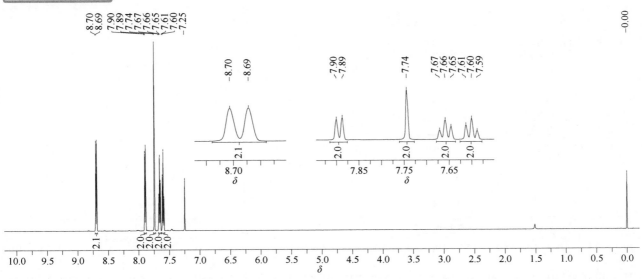

¹H NMR (600 MHz, CDCl₃, δ) 8.70 (2H, 2ArH, d, J_{H-H} = 8.2 Hz), 7.89 (2H, 2ArH, d, J_{H-H} = 7.9 Hz), 7.74 (2H, 2ArH, s), 7.66 (2H, 2ArH, t, J_{H-H} = 7.5 Hz), 7.60 (2H, 2ArH, t, J_{H-H} = 7.4 Hz)

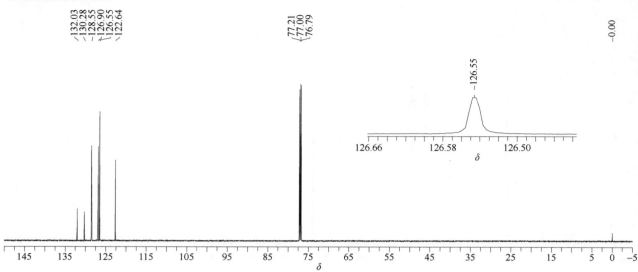

132.03
130.28
128.55
126.90
126.55
122.64

77.21
77.00
76.79

0.00

126.55

^{13}C NMR (151 MHz, CDCl$_3$, δ) 132.03, 130.28, 128.55, 126.90, 126.55, 122.64

phenmedipham（甜菜宁）

基本信息

CAS 登录号	13684-63-4	分子量	300.31
分子式	C$_{16}$H$_{16}$N$_2$O$_4$		

^{1}H NMR 谱图

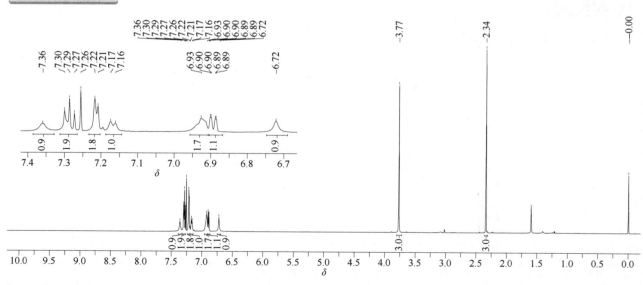

7.36
7.30
7.29
7.27
7.26
7.22
7.21
7.17
7.16
6.93
6.90
6.89
6.72

3.77

2.34

0.00

^{1}H NMR (600 MHz, CDCl$_3$, δ) 7.36 (1H, NH, br), 7.30~7.21 (4H, 4ArH, m), 7.16 (1H, ArH, d, J_{H-H} = 7.9 Hz), 6.93 (2H, 2ArH, br), 6.89 (1H, ArH, d, J_{H-H} = 8.1 Hz), 6.72 (1H, NH, br), 3.77 (3H, OCH$_3$, s), 2.34 (3H, CH$_3$, s)

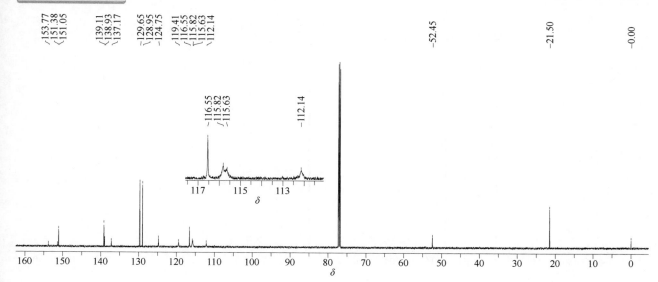

¹³C NMR (151 MHz, CDCl₃, δ) 153.77, 151.38, 151.05, 139.11, 138.93, 137.17, 129.65, 128.95, 124.75, 119.41, 116.55, 115.82, 115.63, 112.14, 52.45, 21.50

phenol（苯酚）

基本信息

CAS 登录号	108-95-2	分子量	94.11
分子式	C₆H₆O		

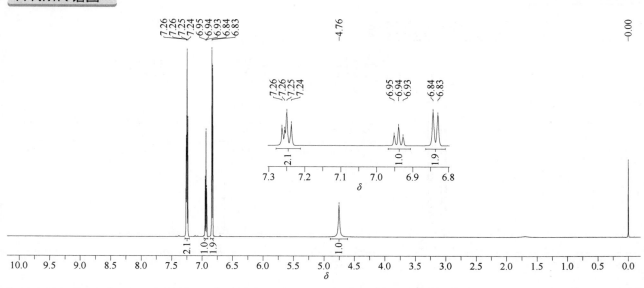

¹H NMR 谱图

¹H NMR (600 MHz, CDCl₃, δ) 7.28~7.21 (2H, 2ArH, m), 6.94 (1H, ArH, t, J_{H-H} = 7.4 Hz), 6.84 (2H, 2ArH, d, J_{H-H} = 7.9 Hz), 4.76 (1H, OH, br)

¹³C NMR 谱图

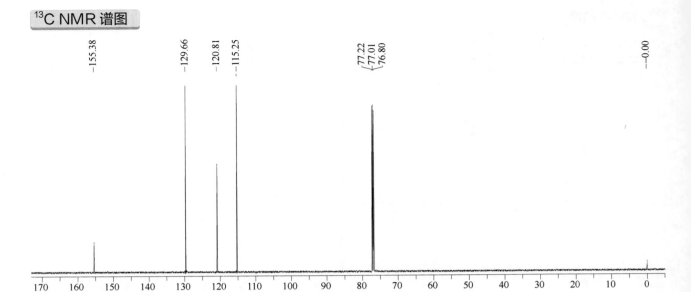

¹³C NMR (151 MHz, CDCl₃, δ) 155.38, 129.66, 120.81, 115.25

phenothiazine（吩噻嗪）

CAS 登录号	92-84-2	分子量	199.27
分子式	C₁₂H₉NS		

¹H NMR 谱图

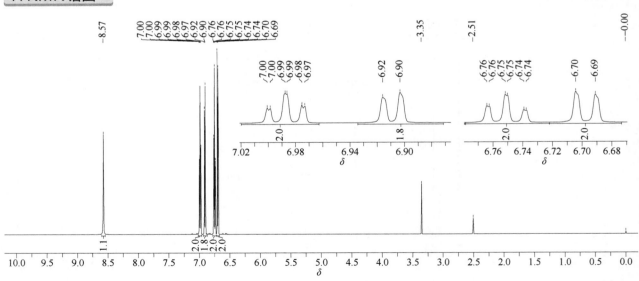

¹H NMR (600 MHz, DMSO-d₆, δ) 8.57 (1H, NH, s), 6.99 (2H, 2ArH, td, $J_{\text{H-H}}$ = 7.9 Hz, $J_{\text{H-H}}$ = 1.3 Hz), 6.91 (2H, 2ArH, d, $J_{\text{H-H}}$ = 7.6 Hz), 6.75 (2H, 2ArH, td, $J_{\text{H-H}}$ = 7.5 Hz, $J_{\text{H-H}}$ = 0.9 Hz), 6.70 (2H, 2ArH, d, $J_{\text{H-H}}$ = 7.9 Hz)

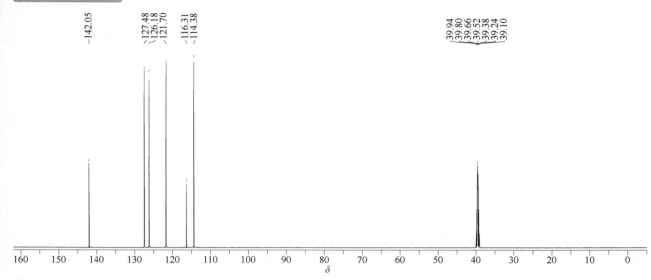

¹³C NMR (151 MHz, DMSO-d₆, δ) 142.05, 127.48, 126.18, 121.70, 116.31, 114.38

phenothrin（苯醚菊酯）

基本信息

CAS 登录号	26002-80-2		分子量	350.45
分子式	C₂₃H₂₆O₃			

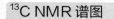

¹H NMR 谱图

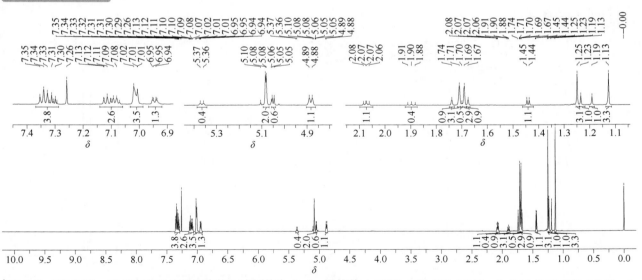

¹H NMR (600 MHz, CDCl₃, δ) 异构体混合物，比例约为 3∶1。异构体 A: 7.37~7.29 (3H, 3ArH, m), 7.14~7.06 (2H, 2ArH, m), 7.03~6.99 (3H, 3ArH, m), 6.94 (1H, ArH, d, J_{H-H} = 7.7 Hz), 5.08 (2H, OCH₂, d, J_{H-H} = 2.4 Hz), 4.88 (1H, CH, d, J_{H-H} = 7.9 Hz), 2.07 (1H, CH, dd, J_{H-H} = 7.5 Hz, J_{H-H} = 5.7 Hz), 1.71 (3H, CH₃, s), 1.69 (3H, CH₃, s), 1.44 (1H, CH, d, J_{H-H} = 5.3 Hz), 1.25 (3H, CH₃, s), 1.13 (3H, CH₃, s). 异构体 B: 7.37~7.29 (3H, 3ArH, m), 7.14~7.06 (2H, 2ArH, m), 7.03~6.99 (3H, 3ArH, m), 6.94 (1H, ArH, d, J_{H-H} = 7.7 Hz), 5.37 (1H, CH, d, J_{H-H} = 8.5 Hz), 5.05 (2H, OCH₂, d, J_{H-H} = 5.2 Hz), 1.90 (1H, CH, dd, J_{H-H} = 8.6 H, J_{H-H} = 8.6 Hz), 1.74 (3H, CH₃, s), 1.70 (1H, CH, d, J_{H-H} = 8.6 Hz), 1.67 (3H, CH₃, s), 1.23 (3H, CH₃, s), 1.19 (3H, CH₃, s)

¹³C NMR 谱图

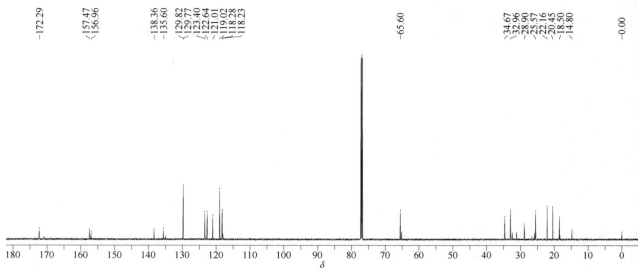

¹³C NMR (151 MHz, CDCl₃, δ) 异构体 A: 172.29, 157.47, 156.96, 138.36, 135.60, 129.82, 129.77, 123.40, 122.64, 121.01, 119.02, 118.28, 118.23, 65.60, 34.67, 32.96, 28.90, 25.57, 22.16, 20.45, 18.50（异构体 B 的部分碳原子峰显未列出）

D-phenothrin（右旋苯醚菊酯）

基本信息

CAS 登录号	26046-85-5	分子量	350.45
分子式	C₂₃H₂₆O₃		

¹H NMR 谱图

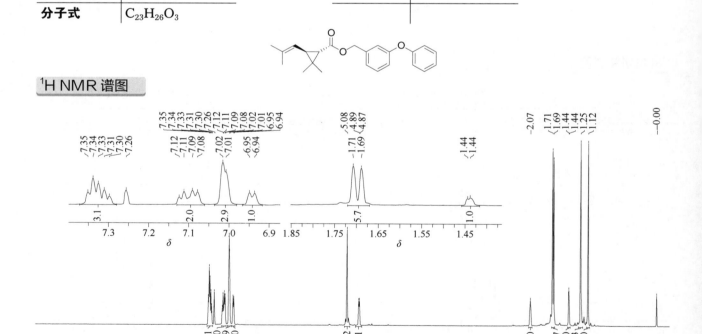

¹H NMR (600 MHz, CDCl₃, δ) 7.34 (2H, 2ArH, t, J_{H-H} = 7.6 Hz), 7.31 (1H, ArH, t, J_{H-H} = 7.7 Hz), 7.11 (1H, ArH, t, J_{H-H} = 7.2 Hz), 7.08 (1H, ArH, d, J_{H-H} = 7.7 Hz), 7.04~6.98 (3H, 3ArH, m), 6.94 (1H, ArH, d, J_{H-H} = 8.0 Hz), 5.08 (2H, OCH₂, s), 4.88 (1H, =CH, d, J_{H-H} = 7.5 Hz), 2.07 (1H, CH, t, J_{H-H} = 3.5 Hz), 1.71 (3H, CH₃, s), 1.69 (3H, CH₃, s), 1.44 (1H, CH, d, J_{H-H} = 3.5 Hz), 1.25 (3H, CH₃, s), 1.12 (3H, CH₃, s)

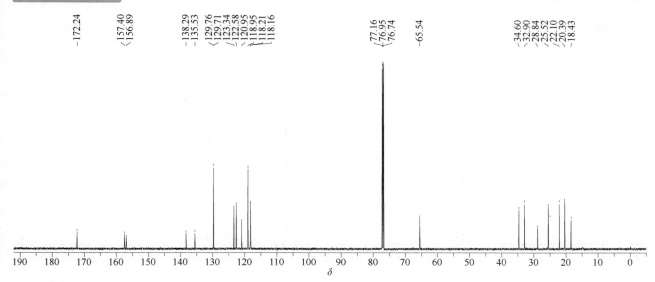

^{13}C NMR (151 MHz, CDCl$_3$, δ) 172.24, 157.40, 156.89, 138.29, 135.53, 129.76, 129.71, 123.34, 122.58, 120.95, 118.95, 118.21, 118.16, 65.54, 34.60, 32.90, 28.84, 25.52, 22.10, 20.39, 18.43

phenthoate（稻丰散）

基本信息

CAS 登录号	2597-03-7	分子量	320.36
分子式	C$_{12}$H$_{17}$O$_4$PS$_2$		

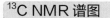

^{1}H NMR 谱图

^{1}H NMR (600 MHz, CDCl$_3$, δ) 7.45 (2H, 2ArH, d, $J_{\text{H-H}}$ = 7.4 Hz), 7.40~7.28 (3H, 3ArH, m), 4.96 (1H, SC$\underline{H}$Ph, d, $^3J_{\text{H-P}}$ = 12.8 Hz), 4.26~4.12 (2H, OC$\underline{H}_2$CH$_3$, m), 3.68 (3H, OC$\underline{H}_3$, d, $^3J_{\text{H-P}}$ = 15.4 Hz), 3.62 (3H, OC$\underline{H}_3$, d, $^3J_{\text{H-P}}$ = 15.4 Hz), 1.25 (3H, CH$_2$C$\underline{H}_3$, d, $J_{\text{H-H}}$ = 7.1 Hz)

¹³C NMR 谱图

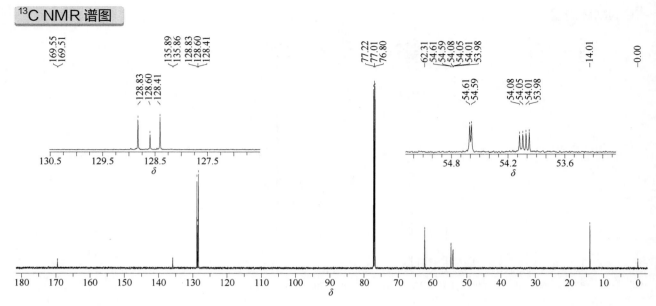

¹³C NMR (151 MHz, CDCl₃, δ) 169.53 (d, ³J_C-P = 6.2 Hz), 135.81 (d, ³J_C-P = 5.1 Hz), 128.83, 128.60, 128.41, 62.31, 54.60 (d, ²J_C-P = 2.9 Hz), 54.06 (d, ²J_C-P = 4.5 Hz), 54.00 (d, ²J_C-P = 4.5 Hz), 14.01

³¹P NMR 谱图

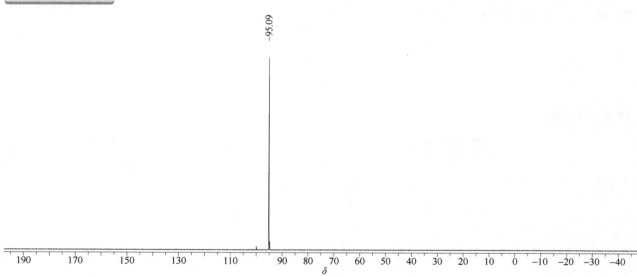

³¹P NMR (243 MHz, CDCl₃, δ) 95.09

2-phenylphenol（邻苯基苯酚）

基本信息

CAS 登录号	90-43-7	分子量	170.21
分子式	C$_{12}$H$_{10}$O		

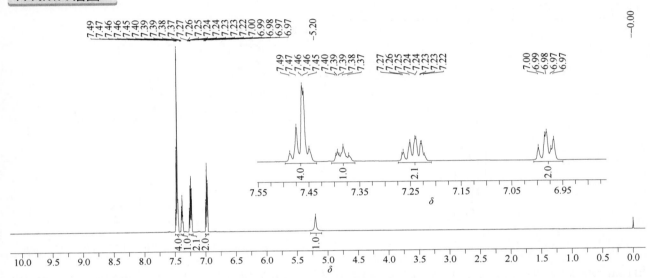

¹H NMR 谱图

¹H NMR (600 MHz, CDCl₃, δ) 7.49~7.45 (4H, 4ArH, m), 7.41~7.36 (1H, ArH, m), 7.27~7.22 (2H, 2ArH, m), 7.00~6.97 (2H, 2ArH, m), 5.20 (1H, OH, br)

¹³C NMR 谱图

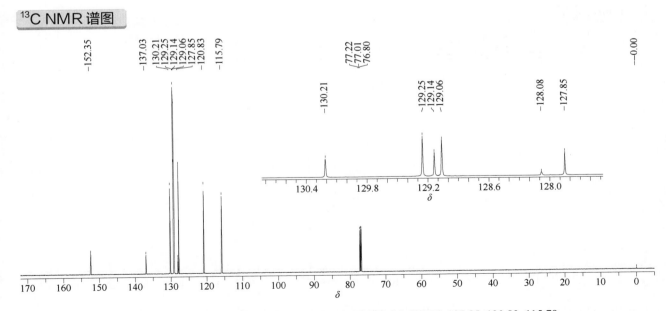

¹³C NMR (151 MHz, CDCl₃, δ) 152.35, 137.03, 130.21, 129.25, 129.14, 129.06, 128.08, 127.85, 120.83, 115.79

3-phenylphenol（间羟基联苯）

基本信息

CAS 登录号	580-51-8	分子量	170.21
分子式	$C_{12}H_{10}O$		

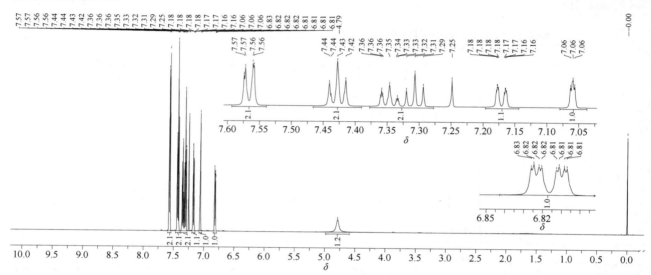

¹H NMR 谱图

¹H NMR (600 MHz, CDCl₃, δ) 7.57 (2H, 2ArH,dd, J_{H-H} = 8.2 Hz, J_{H-H} = 1.1 Hz), 7.43 (2H, 2ArH, t, J_{H-H} = 10.5 Hz), 7.37~7.33 (1H, ArH, m), 7.31 (1H, ArH, t, J_{H-H} = 10.5 Hz), 7.18~7.16 (1H, ArH, m), 7.08~7.04 (1H, ArH, m), 6.82 (1H, ArH, ddd, J_{H-H} = 8.0 Hz, J_{H-H} = 2.5 Hz, J_{H-H} = 0.8 Hz), 4.79 (1H, OH, br)

¹³C NMR 谱图

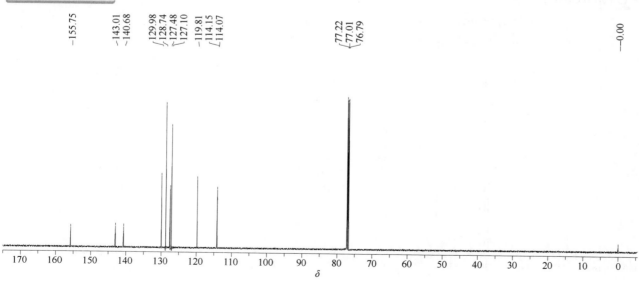

¹³C NMR (151 MHz, CDCl₃, δ) 155.75, 143.01, 140.68, 129.98, 128.74, 127.48, 127.10, 119.81, 114.15, 114.07

phorate（甲拌磷）

基本信息

CAS 登录号	298-02-2	分子量	260.37
分子式	C₇H₁₇O₂PS₃		

$C_7H_{17}O_2PS_3$

¹H NMR 谱图

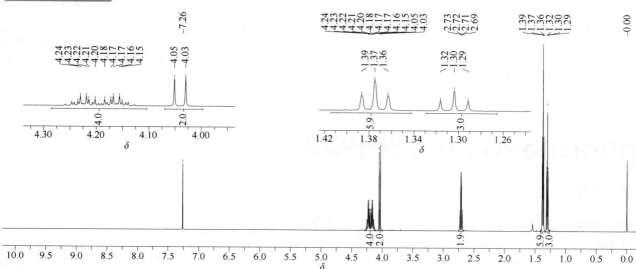

¹H NMR (600 MHz, CDCl₃, δ) 4.26~4.12 (4H, P(OC$\underline{H}$₂CH₃)₂, m), 4.04 (2H, SC$\underline{H}$₂S, d, ³J_{H-P} = 12.8 Hz), 2.71 (2H, SC$\underline{H}$₂CH₃, q, J_{H-H} = 7.4 Hz), 1.37 (6H, P(OCH₂C$\underline{H}$₃)₂, t, J_{H-H} = 7.1 Hz), 1.30 (3H, SCH₂C$\underline{H}$₃, t, J_{H-H} = 7.4 Hz)

¹³C NMR 谱图

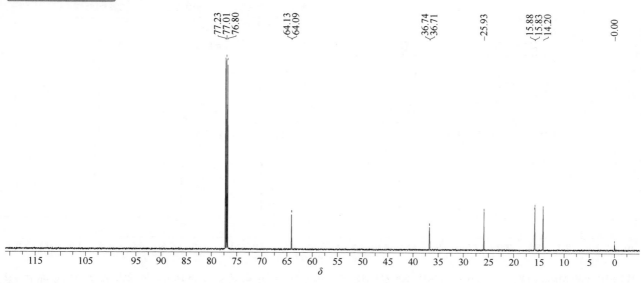

¹³C NMR (151 MHz, CDCl₃, δ) 64.11 (d, ²J_{C-P} = 5.9 Hz), 36.72 (d, ²J_{C-P} = 4.7 Hz), 25.93, 15.85 (d, ³J_{C-P} = 8.4 Hz), 14.20

³¹P NMR 谱图

—92.84

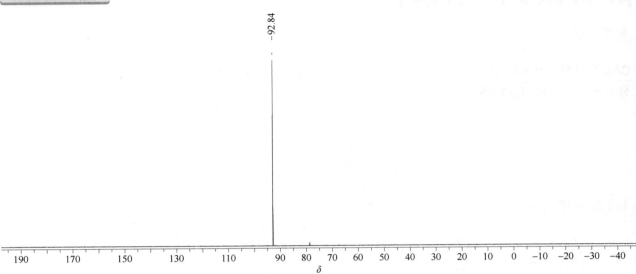

190 170 150 130 110 90 80 70 60 50 40 30 20 10 0 −10 −20 −30 −40
δ

³¹P NMR (243 MHz, CDCl₃, δ) 92.84

phorate-oxon（氧甲拌磷）

基本信息

CAS 登录号	2600-69-3	分子量	244.31
分子式	C₇H₁₇O₃PS₂		

¹H NMR 谱图

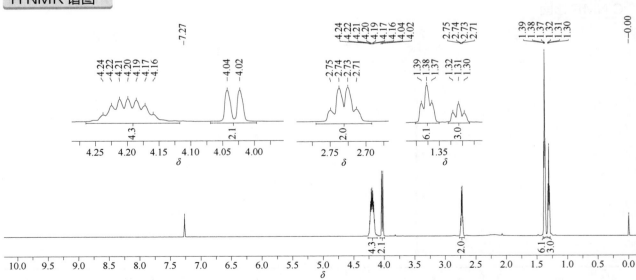

¹H NMR (600 MHz, CDCl₃, δ) 4.26~4.12 (4H, 2OC$\underline{H}_2$CH₃, m), 4.03 (2H, SCH₂, d, $^3J_{\text{H-P}}$ = 11.8 Hz), 2.74 (2H, SC$\underline{H}_2$CH₃, q, $J_{\text{H-H}}$ = 7.2 Hz), 1.38 (6H, 2 OCH₂C$\underline{H}_3$, t, $J_{\text{H-H}}$ = 6.8 Hz), 1.31 (3H, SCH₂C$\underline{H}_3$, t, $J_{\text{H-H}}$ = 7.3 Hz)

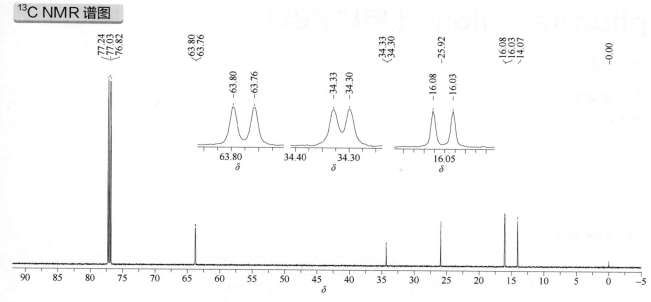

¹³C NMR 谱图

¹³C NMR (151 MHz, CDCl₃, δ) 63.78 (d, $^2J_{C-P}$ = 5.9 Hz), 34.31 (d, $^2J_{C-P}$ = 4.4 Hz), 25.92, 16.05 (d, $^3J_{C-P}$ = 7.3 Hz), 14.07

³¹P NMR 谱图

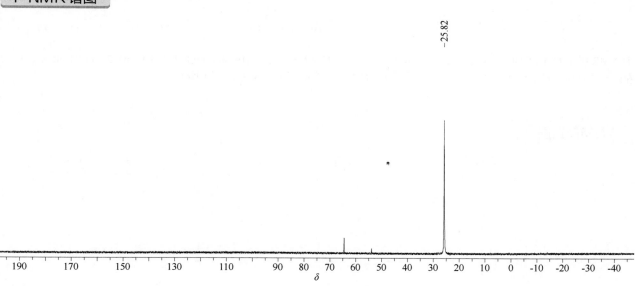

³¹P NMR (243 MHz, CDCl₃, δ) 25.82

phorate sulfone（甲拌磷砜）

基本信息

CAS 登录号	2588-04-7	分子量	292.36
分子式	C$_7$H$_{17}$O$_4$PS$_3$		

¹H NMR 谱图

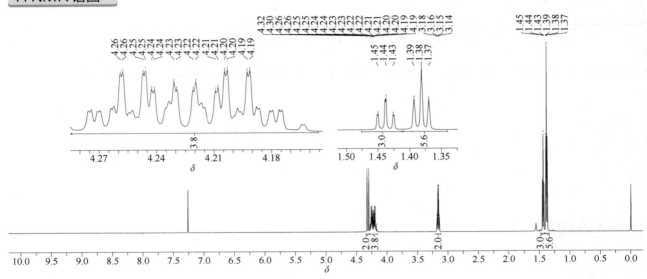

¹H NMR (600 MHz, CDCl$_3$, δ) 4.31 (2H, SC$\underline{H}_2$SO$_2$, d, $^3J_{H\text{-}P}$ = 17.2 Hz), 4.26~4.19 (4H, P(OC$\underline{H}_2$CH$_3$)$_2$, m), 3.16 (2H, SC$\underline{H}_2$CH$_3$, q, $J_{H\text{-}H}$ = 7.5 Hz), 1.44 (3H, SCH$_2$C$\underline{H}_3$, t, $J_{H\text{-}H}$ = 7.5 Hz), 1.38 (6H, P(OCH$_2$C$\underline{H}_3$)$_2$, t, $J_{H\text{-}H}$ = 7.1 Hz)

¹³C NMR 谱图

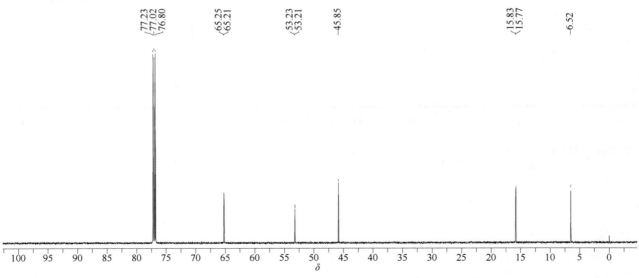

¹³C NMR (151 MHz, CDCl$_3$, δ) 65.23 (d, $^2J_{C\text{-}P}$ = 6.5 Hz), 53.22 (d, $^2J_{C\text{-}P}$ = 3.6 Hz), 45.85, 15.80 (d, $^3J_{C\text{-}P}$ = 8.4 Hz), 6.52

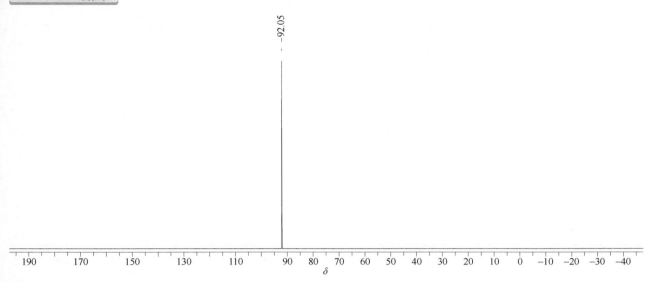

³¹P NMR (243 MHz, CDCl₃, δ) 92.05

phorat sulfoxide（甲拌磷亚砜）

基本信息

CAS 登录号	2588-03-6	分子量	276.38
分子式	C₇H₁₇O₃PS₃		

¹H NMR 谱图

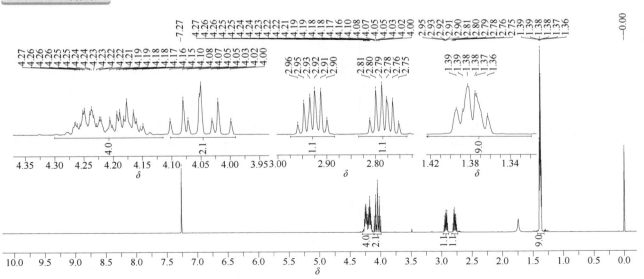

¹H NMR (600 MHz, CDCl₃, δ) 4.30~4.12 (4H, P(OC$\underline{H}_2$CH₃)₂, m), 4.10~3.99 (2H, SCH₂SO, m), 2.97 (1H, SC$\underline{H}$HCH₃, dq, J_{H-H} = 15.1 Hz, J_{H-H} = 7.6 Hz), 2.78 (1H, SC$\underline{H}$HCH₃, dq, J_{H-H} = 14.9 Hz, J_{H-H} = 7.4 Hz), 1.41~1.36 (9H, SCH₂C$\underline{H}_3$, P(OCH₂C$\underline{H}_3$)₂, m)

^{13}C NMR 谱图

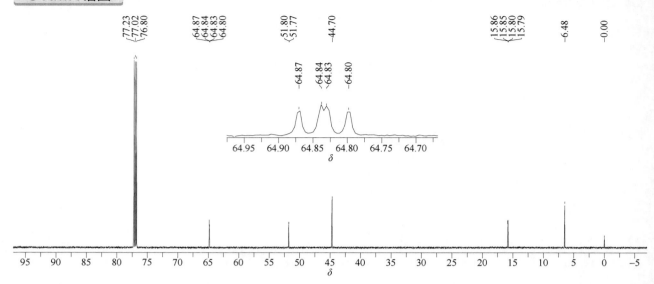

^{13}C NMR (151 MHz, CDCl$_3$, δ) 64.86 (d, $^2J_{\text{C-P}}$ = 4.9 Hz), 64.82 (d, $^2J_{\text{C-P}}$ = 4.9 Hz), 51.78 (d, $^2J_{\text{C-P}}$ = 4.0 Hz), 44.70, 15.86 (d, $^3J_{\text{C-P}}$ = 2.2 Hz), 15.80 (d, $^3J_{\text{C-P}}$ = 2.2 Hz), 6.48

^{31}P NMR 谱图

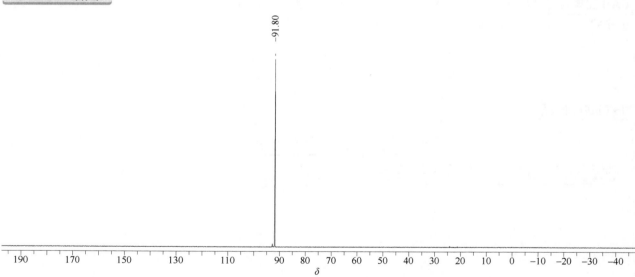

^{31}P NMR (243 MHz, CDCl$_3$, δ) 91.80

phosalone（伏杀硫磷）

基本信息

CAS 登录号	2310-17-0	**分子量**	367.81
分子式	C$_{12}$H$_{15}$ClNO$_4$PS$_2$		

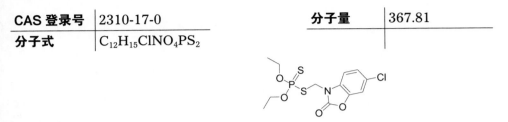

^{1}H NMR 谱图

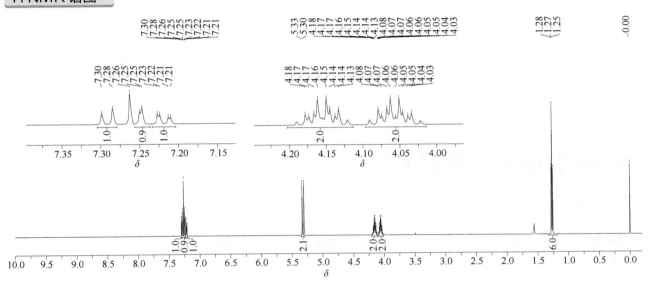

^{1}H NMR (600 MHz, CDCl$_3$, δ) 7.29 (1H, ArH, d, J_{H-H} = 8.4 Hz), 7.25 (1H, ArH, d, J_{H-H} = 1.7 Hz), 7.22 (1H, ArH, dd, J_{H-H} = 8.4 Hz, J_{H-H} = 1.9 Hz), 5.32 (2H, PSCH$_2$, d, $^2J_{H-P}$ = 16.8 Hz), 4.16 (2H, POC$\underline{H}_2$CH$_3$, dq, $^2J_{H-P}$ = 17.1 Hz, J_{H-H} = 7.1 Hz), 4.05 (2H, POC$\underline{H}_2$CH$_3$, dq, $^2J_{H-P}$ = 17.1 Hz, J_{H-H} = 7.1 Hz), 1.27 (6H, PO(CH$_2$C$\underline{H}_3$)$_2$, t, J_{H-H} = 7.1 Hz)

^{13}C NMR 谱图

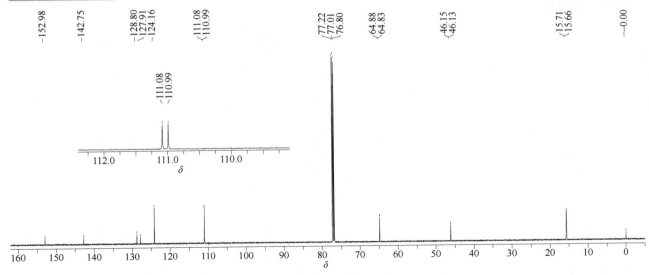

^{13}C NMR (151 MHz, CDCl$_3$, δ) 152.98, 142.75, 128.80, 127.91, 124.16, 111.08, 110.99, 64.85 (d, $^2J_{C-P}$ = 6.7 Hz), 46.14 (d, $^2J_{C-P}$ = 3.3 Hz), 15.68 (d, $^3J_{C-P}$ = 8.2 Hz)

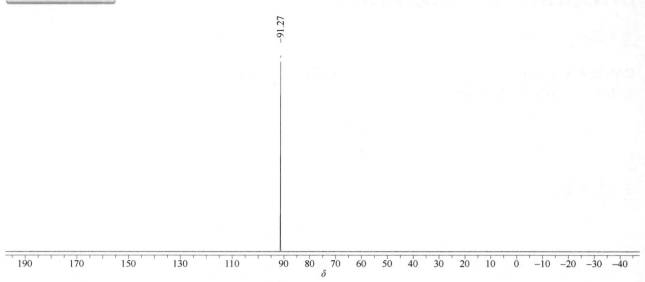

³¹P NMR (243 MHz, CDCl₃, δ) 91.27

phosfolan（硫环磷）

基本信息

CAS 登录号	947-02-4	分子量	255.29
分子式	C₇H₁₄NO₃PS₂		

¹H NMR 谱图

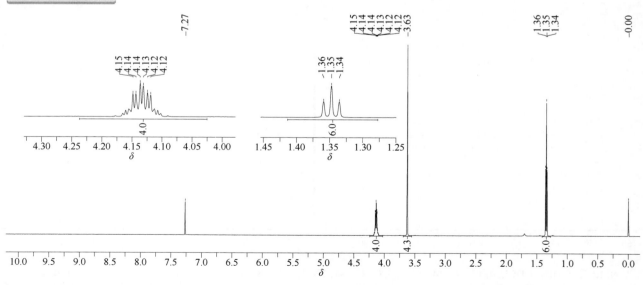

¹H NMR (600 MHz, CDCl₃, δ) 4.24~4.03 (4H, PO(C$\underline{H}$₂CH₃)₂, m), 3.63 (4H, SC$\underline{H}$₂C$\underline{H}$₂S, s), 1.35 (6H, PO(CH₂C$\underline{H}$₃)₂, t, $J_{H\text{-}H}$ = 7.1 Hz)

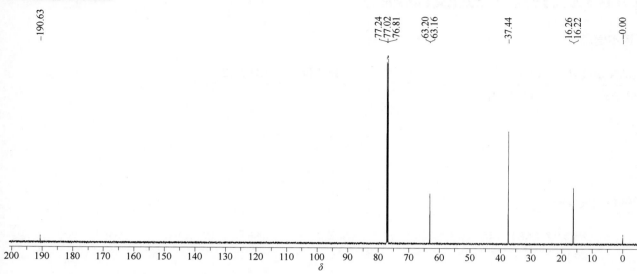

^{13}C NMR (151 MHz, CDCl$_3$, δ) 190.63, 63.18 (d, $^2J_{\text{C-P}}$ = 6.1 Hz), 37.44, 16.24 (d, $^3J_{\text{C-P}}$ = 6.8 Hz)

^{31}P NMR 谱图

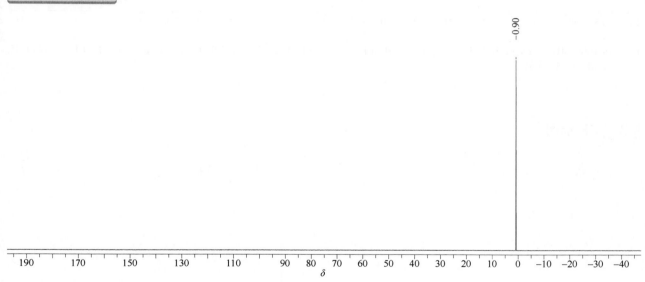

^{31}P NMR (243 MHz, CDCl$_3$, δ) 0.90

phosmet（亚胺硫磷）

基本信息

CAS 登录号	732-11-6	分子量	317.32
分子式	$C_{11}H_{12}NO_4PS_2$		

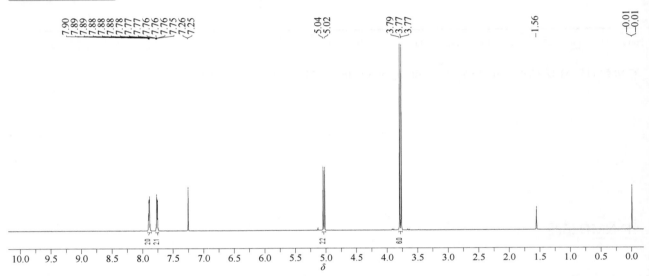

¹H NMR 谱图

^{1}H NMR (600 MHz, CDCl$_3$, δ) 7.91~7.87 (2H, 2ArH, m), 7.78~7.74 (2H, 2ArH, m), 5.03 (2H, CH$_2$, d, $^3J_{H-P}$ = 14.4 Hz), 3.78 (6H, 2CH$_3$, d, $^3J_{H-P}$ = 15.3 Hz)

¹³C NMR 谱图

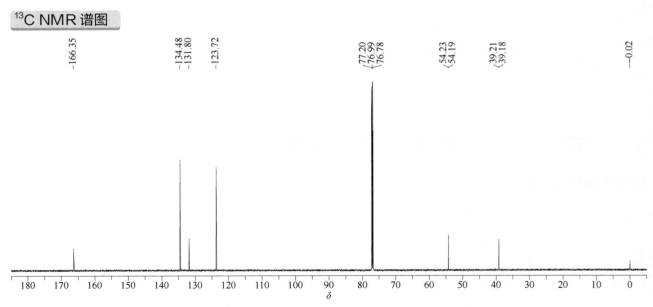

^{13}C NMR (151 MHz, CDCl$_3$, δ) 166.35, 134.48, 131.80, 123.72, 54.21 (d, $^2J_{C-P}$ = 5.3 Hz), 39.20 (d, $^2J_{C-P}$ = 3.8 Hz)

³¹P NMR 谱图

-94.94

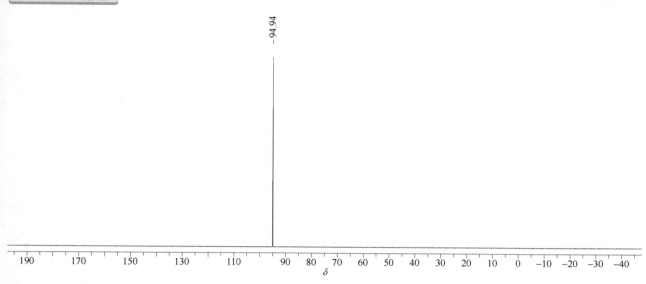

³¹P NMR (243 MHz, CDCl₃, δ) 94.94

phosphamidon（磷胺）

基本信息

CAS 登录号	13171-21-6	分子量	299.68
分子式	C₁₀H₁₉ClNO₅P		

¹H NMR 谱图

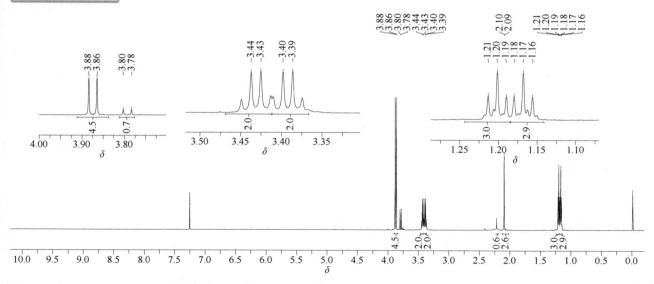

¹H NMR (600 MHz, CDCl₃, δ) 主要异构体。3.87 (6H, 2 OCH_3, d, $^3J_{\text{H-P}}$ = 11.4 Hz), 3.43 (2H, NCH_2, q, $J_{\text{H-H}}$ = 7.1 Hz), 3.39 (2H, NCH_2, q, $J_{\text{H-H}}$ = 7.1 Hz), 2.09 (3H, CCH_3, d, $^4J_{\text{H-P}}$ = 1.7 Hz), 1.20 (3H, NCH₂CH_3, t, $J_{\text{H-H}}$ = 7.1 Hz), 1.17 (3H, NCH₂CH_3, t, $J_{\text{H-H}}$ = 7.1 Hz)

¹³C NMR 谱图

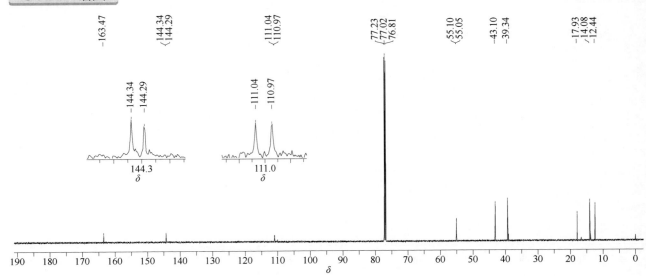

¹³C NMR (151 MHz, CDCl₃, δ) 主要异构体。163.47, 144.31 (d, $^3J_{\text{C-P}}$ = 7.1 Hz), 111.00 (d, $^2J_{\text{C-P}}$ = 9.6 Hz), 55.07 (d, $^2J_{\text{C-P}}$ = 6.4 Hz), 43.10, 39.34, 17.93, 14.08, 12.44

³¹P NMR 谱图

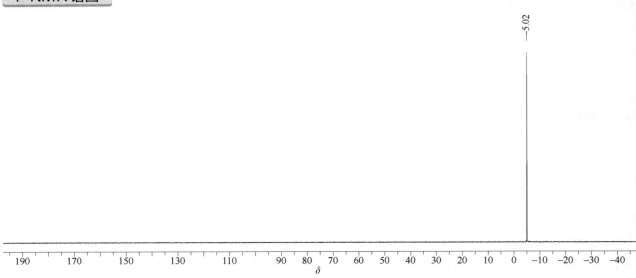

³¹P NMR (243 MHz, CDCl₃, δ) −5.02

phoxim（辛硫磷）

基本信息

CAS 登录号	14816-18-3	分子量	298.30
分子式	C₁₂H₁₅N₂O₃PS		

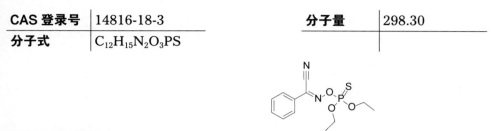

¹H NMR 谱图

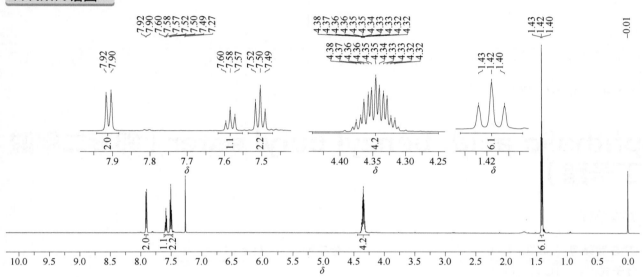

¹H NMR (600 MHz, CDCl₃, δ) 7.91 (2H, 2ArH, d, J_{H-H} = 7.9 Hz), 7.58 (1H, ArH, t, J_{H-H} = 7.4 Hz), 7.50 (2H, 2ArH, t, J_{H-H} = 7.8 Hz), 4.44~4.25 (4H, 2CH₂, m), 1.42 (6H, 2CH₃, t, J = 7.1 Hz)

¹³C NMR 谱图

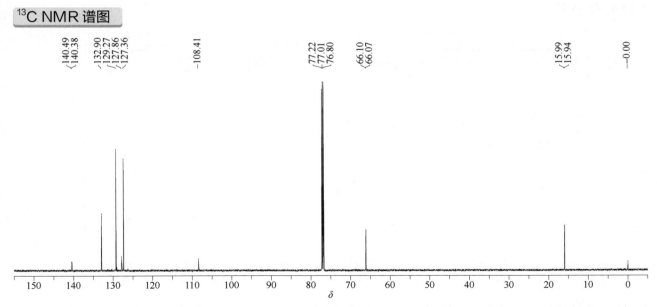

¹³C NMR (151 MHz, CDCl₃, δ) 140.43 (d, $^3J_{C-P}$ = 16.4 Hz), 132.90, 129.27, 127.86, 127.36, 108.41, 66.08 (d, $^2J_{C-P}$ = 5.8 Hz), 15.97 (d, $^3J_{C-P}$ = 6.9 Hz)

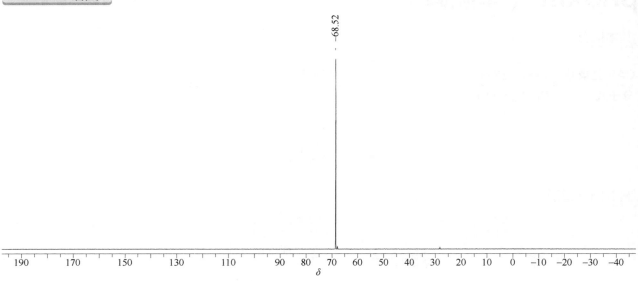

³¹P NMR (243 MHz, CDCl₃, δ) 68.52

phthalic acid, benzyl butyl ester（邻苯二甲酸丁苄酯）

基本信息

CAS 登录号	85-68-7	分子量	312.36
分子式	C₁₉H₂₀O₄		

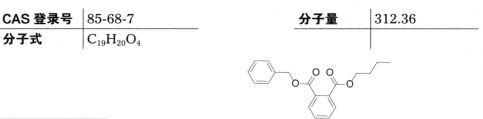

¹H NMR 谱图

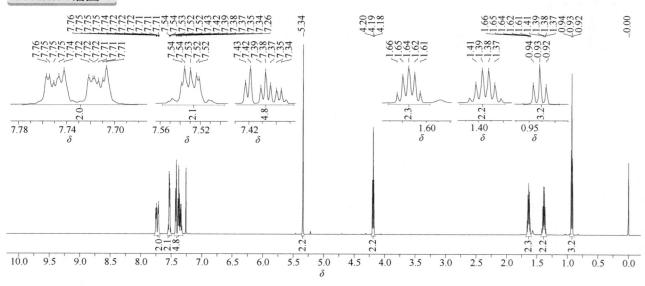

¹H NMR (600 MHz, CDCl₃, δ) 7.78~7.68 (2H, 2ArH, m), 7.56~7.53 (2H, 2ArH, m), 7.45~7.30 (5H, 5ArH, m), 5.34 (2H, ArCH₂, s), 4.19 (2H, OCH₂, t, J_{H-H} = 6.8 Hz), 1.68~1.59 (2H, OCH₂C$\underline{H}$₂, m), 1.44~1.34 (2H, OCH₂CH₂C$\underline{H}$₂, m), 0.93 (3H, CH₃, t, J_{H-H} = 7.4 Hz)

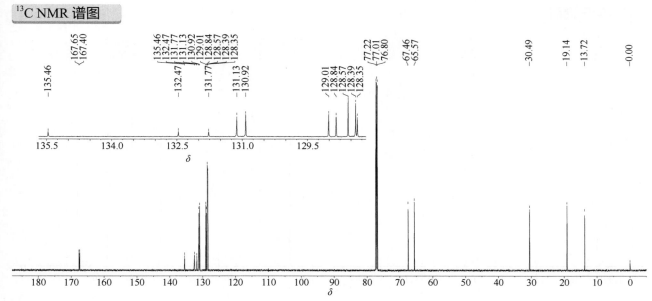

^{13}C NMR (151 MHz, CDCl₃, δ) 167.65, 167.40, 135.46, 132.47, 131.77, 131.13, 130.92, 129.01, 128.84, 128.57, 128.39, 128.35, 67.46, 65.57, 30.49, 19.14, 13.72

phthalic acid, bis-2-ethylhexyl ester（邻苯二甲酸 -2- 乙基己酯）

基本信息

CAS 登录号	117-81-7	分子量	390.56
分子式	C₂₄H₃₈O₄		

^{1}H NMR 谱图

^{1}H NMR (600 MHz, CDCl₃, δ) 7.71 (2H, 2ArH, dd, J_{H-H} = 5.7 Hz, J_{H-H} = 3.3 Hz), 7.53 (2H, 2ArH, dd, J_{H-H} = 5.7 Hz, J_{H-H} = 3.3 Hz), 4.23 (2H, OCH₂, dd, J_{H-H} = 10.9 Hz, J_{H-H} = 5.9 Hz), 4.21 (2H, OCH₂, dd, J_{H-H} = 10.9 Hz, J_{H-H} = 5.9 Hz), 1.69 (2H, 2OCH₂C$\underline{H}$, hept, J_{H-H} = 6.1 Hz), 1.36 (16H, 8CH₂, m), 0.92 (6H, 2CH₃, t, J_{H-H} = 7.4 Hz), 0.90 (6H, 2CH₃, t, J_{H-H} = 7.1 Hz)

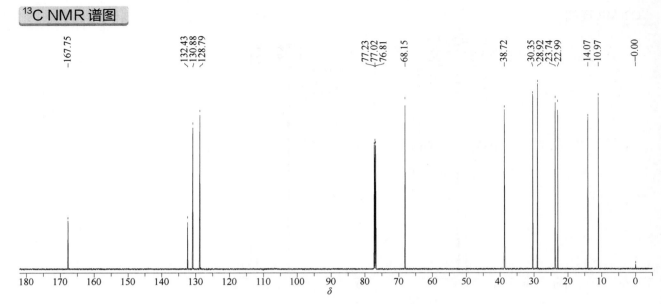

^{13}C NMR (151 MHz, CDCl$_3$, δ) 167.75, 132.43, 130.88, 128.79, 68.15, 38.72, 30.35, 28.92, 23.74, 22.99, 14.07, 10.97

phthalide（四氯苯酞）

基本信息

CAS 登录号	27355-22-2	分子量	271.91
分子式	C$_8$H$_2$Cl$_4$O$_2$		

^{1}H NMR 谱图

^{1}H NMR (600 MHz, CDCl$_3$, δ) 5.23 (2H, CH$_2$, s)

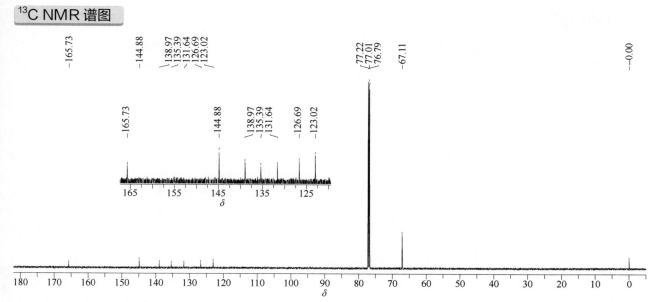

¹³C NMR (151 MHz, CDCl₃, δ) 165.73, 144.88, 138.97, 135.39, 131.64, 126.69, 123.02, 67.11

phthalimide（邻苯二甲酰亚胺）

基本信息

CAS 登录号	85-41-6	分子量	147.13
分子式	C₈H₅NO₂		

¹H NMR 谱图

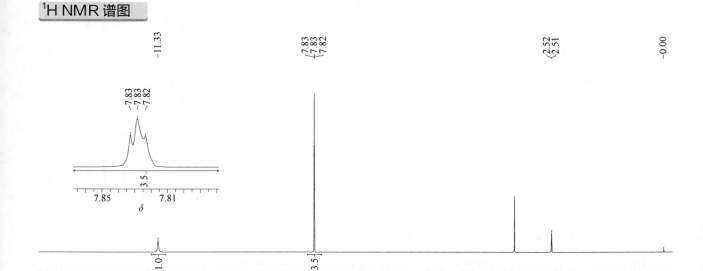

¹H NMR (600 MHz, DMSO-d₆, δ) 11.33 (1H, NH, br), 7.86~7.81 (4H, 4ArH, m)

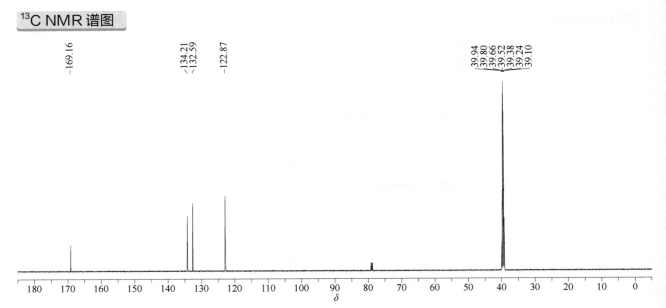

¹³C NMR (151 MHz, DMSO-d₆, δ) 169.16, 134.21, 132.59, 122.87（含 CDCl₃ 残留）

picaridin（埃卡瑞丁）

基本信息

CAS 登录号	119515-38-7	分子量	229.32
分子式	C₁₂H₂₃NO₃		

¹H NMR 谱图

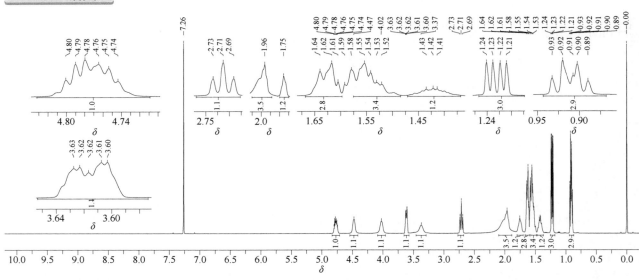

¹H NMR (600 MHz, CDCl₃, δ) 异构体混合物。4.81~4.71 (1H, OCH, m), 4.47 (1H, C*H*OH, br), 4.02 (1H, C*H*OH, br), 3.64~3.56 (1H, NCH, m), 3.37 (1H, NCH, br), 2.72/2.70 (1H, NCH, d, *J*_{H-H} = 13.1 Hz), 2.11~1.91 (3H, OH, 2CH, m), 1.75 (1H, CH, br), 1.67~1.60 (3H, 3CH, m), 1.58~1.50 (3H, 3CH, m), 1.48~1.37 (1H, CH, m), 1.24/1.22 (3H, CH₃, d, *J*_{H-H} = 6.3 Hz), 0.92/0.90 (3H, CH₃, t, *J*_{H-H} = 7.4 Hz)

¹³C NMR 谱图

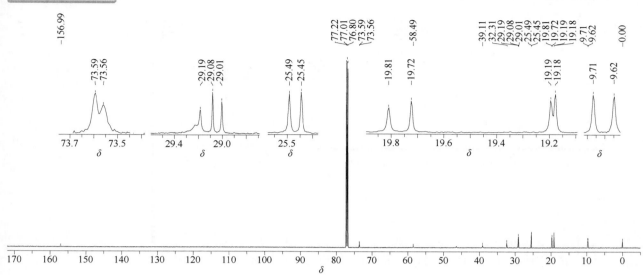

¹³C NMR (151 MHz, CDCl₃, δ) 异构体混合物。156.99, 73.59, 73.56, 58.49, 39.11, 32.31, 29.19, 29.08, 29.01, 25.49, 25.45, 19.81, 19.72, 19.19, 19.18, 9.71, 9.62

picloram (氨氯吡啶酸)

基本信息

CAS 登录号	1918-02-1	分子量	241.46
分子式	$C_6H_3Cl_3N_2O_2$		

¹H NMR 谱图

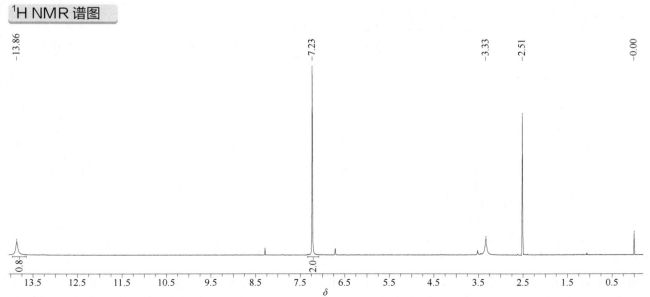

¹H NMR (600 MHz, DMSO-d₆, δ) 13.86 (1H, OH, br), 7.23 (2H, NH₂, s)

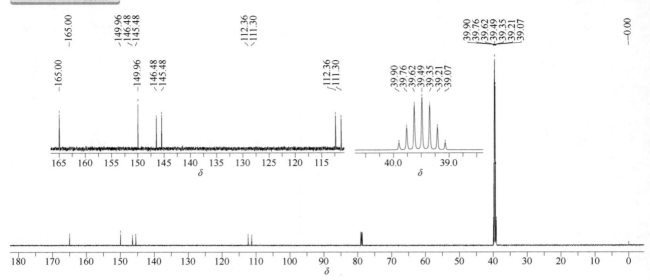

¹³C NMR (151 MHz, DMSO-d₆, δ) 165.00, 149.96, 146.48, 145.48, 112.36, 111.30 (含 CDCl₃ 残留)

picolinafen (氟吡酰草胺)

基本信息

CAS 登录号	137641-05-5	**分子量**	376.31
分子式	C₁₉H₁₂F₄N₂O₂		

¹H NMR 谱图

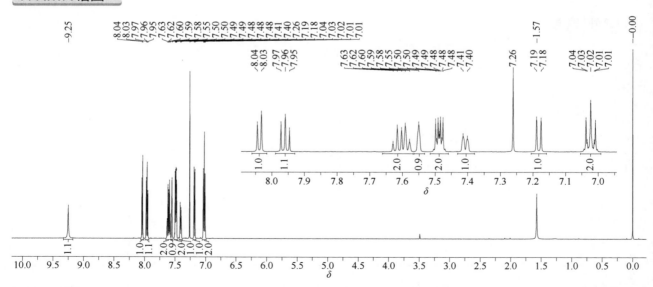

¹H NMR (600 MHz, CDCl₃, δ) 9.25 (1H, NH, br), 8.04 (1H, ArH, d, *J*_{H-H} = 7.3 Hz), 7.96 (1H, ArH, t, *J*_{H-H} = 8.0 Hz), 7.62~7.58 (2H, 2ArH, m), 7.55 (1H, ArH, s), 7.52~7.46 (2H, 2ArH, m), 7.41 (1H, ArH, d, *J*_{H-H} = 7.8 Hz), 7.18 (1H, ArH, d, *J*_{H-H} = 8.2 Hz), 7.05~6.99 (2H, 2ArH, m)

¹³C NMR 谱图

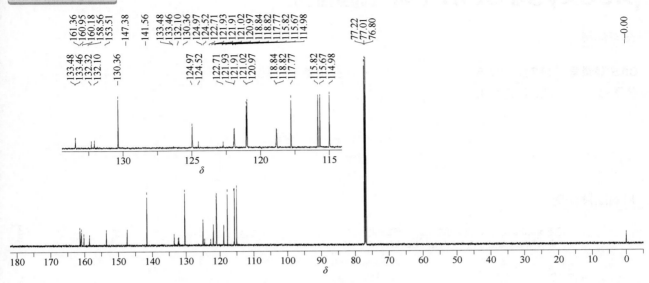

¹³C NMR (151 MHz, CDCl$_3$, δ) 161.36, 160.95, 159.37 (d, $J_{\text{C-F}}$ = 244.6 Hz), 153.51, 147.38, 141.56, 133.47 (d, $^4J_{\text{C-F}}$ = 3.0 Hz), 132.21 (q, $^2J_{\text{C-F}}$ = 33.2 Hz), 130.36, 124.97, 123.62 (q, $J_{\text{C-F}}$ = 273.3 Hz), 121.92 (q, $^3J_{\text{C-F}}$ = 3.0 Hz), 121.00 (d, $^3J_{\text{C-F}}$ = 7.6 Hz), 118.83 (q, $^3J_{\text{C-F}}$ = 3.0 Hz), 117.77, 115.75 (d, $^2J_{\text{C-F}}$ = 22.6 Hz), 114.98

¹⁹F NMR 谱图

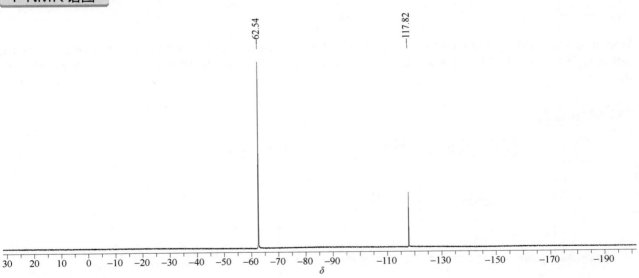

¹⁹F NMR (564 MHz, CDCl$_3$, δ) −62.54, −117.82

picoxystrobin（啶氧菌酯）

基本信息

CAS 登录号	117428-22-5	分子量	367.32
分子式	C₁₈H₁₆F₃NO₄		

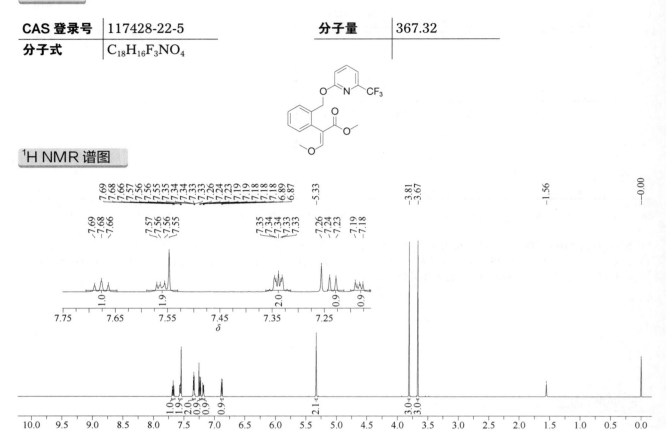

¹H NMR 谱图

¹H NMR (600 MHz, CDCl₃, δ) 7.68 (1H, ArH, t, J_{H-H} = 7.8 Hz), 7.59~7.53 (2H, ArH, ═CH, m), 7.36~7.31 (2H, 2ArH, m), 7.23 (1H, ArH, d, J_{H-H} = 7.3 Hz), 7.20~7.15 (1H, ArH, m), 6.88 (1H, ArH, d, J_{H-H} = 8.4 Hz), 5.33 (2H, OCH₂, s), 3.81 (3H, OCH₃, s), 3.67 (3H, OCH₃, s)

¹³C NMR 谱图

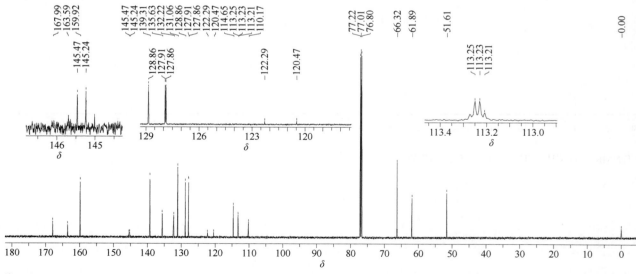

¹³C NMR (151 MHz, CDCl₃, δ) 167.99, 163.59, 159.92, 145.36 (q, $^2J_{C-F}$ = 34.8 Hz), 139.31, 135.63, 132.22, 131.06, 128.86, 127.91, 127.86, 121.38 (q, J_{C-F} =274.8 Hz), 114.65, 113.24 (q, $^3J_{C-F}$ = 3.1 Hz), 110.17, 66.32, 61.89, 51.61

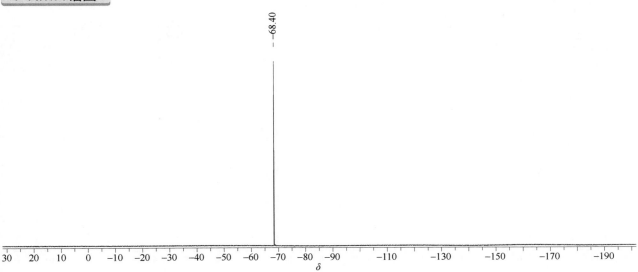

¹⁹F NMR (564 MHz, CDCl3, δ) –68.40

pinoxaden（唑啉草酯）

基本信息

CAS 登录号	243973-20-8	分子量	400.52
分子式	C₂₃H₃₂N₂O₄		

¹H NMR 谱图

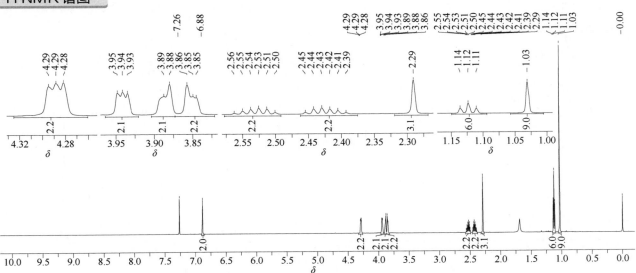

¹H NMR (600 MHz, CDCl₃, δ) 6.88 (2H, 2ArH, s), 4.29 (2H, OCH₂, t, J_{H-H} = 4.0 Hz), 3.94 (2H, OCH₂, t, J_{H-H} = 4.0 Hz), 3.89 (2H, NCH₂, t, J_{H-H} = 4.4 Hz), 3.86 (2H, NCH₂, t, J_{H-H} = 4.4 Hz), 2.53 (2H, CH₂CH₃, dq, J_{H-H} = 7.6 Hz, J_{H-H} = 7.6 Hz), 2.43 (2H, CH₂CH₃, dq, J_{H-H} = 7.5 Hz, J_{H-H} = 7.5 Hz), 2.29 (3H, CH₃, s), 1.12 (6H, 2CH₂CH₃, t, J_{H-H} = 7.6 Hz), 1.03 (9H, 3CH₃, s)

¹³C NMR 谱图

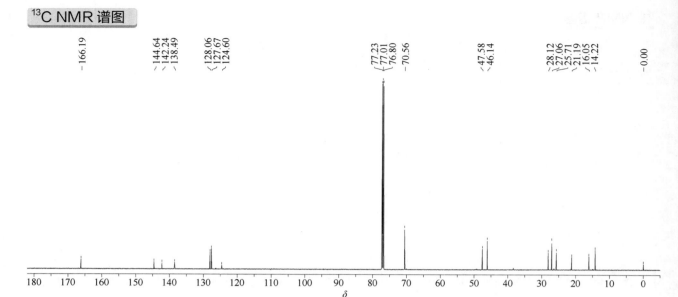

¹³C NMR (151 MHz, CDCl$_3$, δ) 166.19, 144.64, 142.24, 138.49, 128.06, 127.67, 124.60, 70.56, 47.58, 46.14, 28.12, 27.06, 25.71, 21.19, 16.05, 14.22

piperonyl butoxide（增效醚）

基本信息

CAS 登录号	51-03-6	分子量	338.44
分子式	C$_{19}$H$_{30}$O$_5$		

¹H NMR 谱图

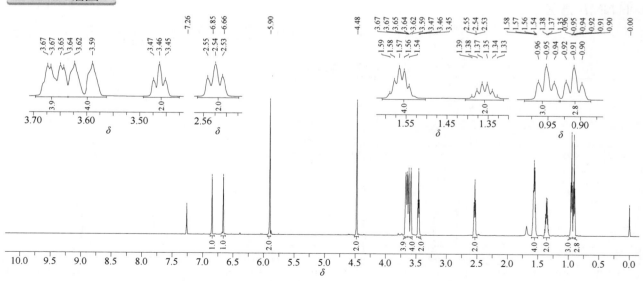

¹H NMR (600 MHz, CDCl$_3$, δ) 6.85 (1H, ArH, s), 6.66 (1H, ArH, s), 5.90 (2H, OCH$_2$, s), 4.48 (2H, OCH$_2$, s), 3.70~3.57 (8H, 4CH$_2$, m), 3.46 (2H, OCH$_2$, t, J_{H-H} = 6.7 Hz), 2.54 (2H, C$\underline{H}_2$CH$_2$CH$_3$, t, J_{H-H} = 7.7 Hz), 1.61~1.51 (4H, 2CH$_2$, m), 1.41~1.31 (2H, CH$_2$, m), 0.95 (3H, CH$_3$, t, J_{H-H} = 7.3 Hz), 0.91 (3H, CH$_3$, t, J_{H-H} = 7.4 Hz)

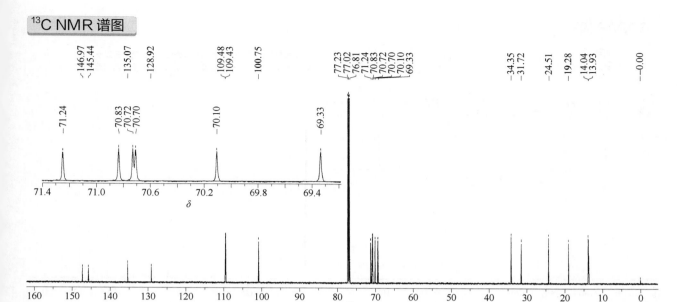

¹³C NMR (151 MHz, CDCl₃, δ) 146.97, 145.44, 135.07, 128.92, 109.48, 109.43, 100.75, 71.24, 70.83, 70.72, 70.70, 70.10, 69.33, 34.35, 31.72, 24.51, 19.28, 14.04, 13.93

piperophos（哌草磷）

基本信息

CAS 登录号	24151-93-7	分子量	353.48
分子式	C₁₄H₂₈NO₃PS₂		

¹H NMR 谱图

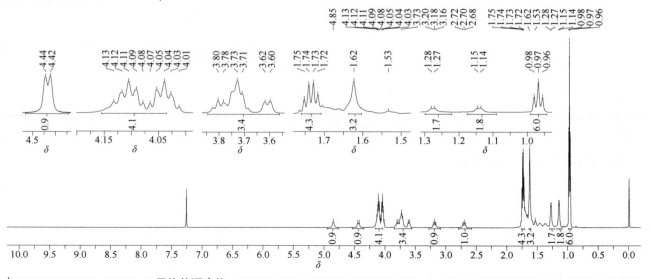

¹H NMR (600 MHz, CDCl₃, δ) 异构体混合物。4.85 (1H, CH, br), 4.53~4.36 (1H, CH, m), 4.17~4.03(4H, 2OCH₂, m), 3.85~3.56 (3H, 3CH, m), 3.18 (1H, CH, t, J_{H-H} = 12.3 Hz), 2.70 (1H, CH, t, J_{H-H} = 12.9 Hz), 1.76~1.71 (4H, 2CH₂, m), 1.62 (3H, CH₃, br), 1.28 (2H, CH₂, d, J_{H-H} = 5.7 Hz), 1.14 (2H, CH₂, d, J_{H-H} = 5.7 Hz), 0.97 (6H, 2CH₂C$\underline{H}$₃, t, J_{H-H} = 7.4 Hz)

¹³C NMR 谱图

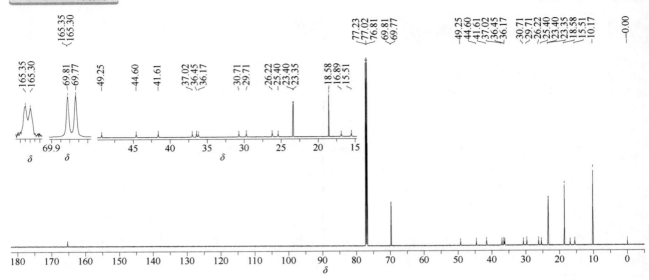

¹³C NMR (151 MHz, CDCl₃, δ) 异构体混合物。165.35, 165.30, 69.78 (d, $^2J_{C\text{-}P}$ = 6.8 Hz), 49.25, 44.60, 41.61, 37.02, 36.45, 36.17, 30.71, 29.71, 26.22, 25.40, 23.37 (d, $^3J_{C\text{-}P}$ = 8.4 Hz), 18.58, 16.89, 15.51, 10.17

³¹P NMR 谱图

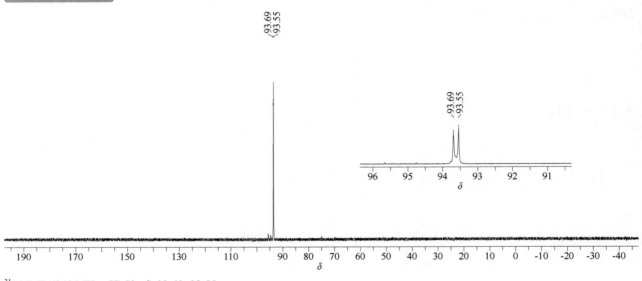

³¹P NMR (243 MHz, CDCl₃, δ) 93.69, 93.55

pirimicarb（抗蚜威）

基本信息

CAS 登录号	23103-98-2	分子量	238.29
分子式	$C_{11}H_{18}N_4O_2$		

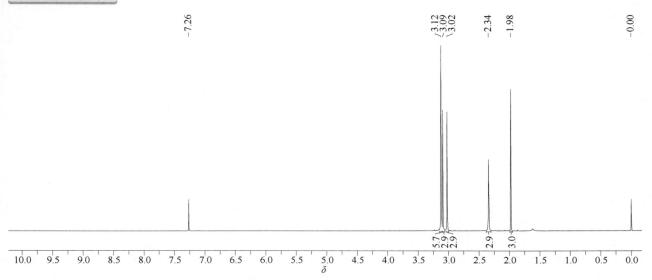

¹H NMR 谱图

¹H NMR (600 MHz, CDCl₃, δ) 3.12 (6H, N(CH₃)₂, s,), 3.09 (3H, CONCH₃, s), 3.02 (3H, CONCH₃, s), 2.34 (3H, ArCH₃, s), 1.98 (3H, ArCH₃, s)

¹³C NMR 谱图

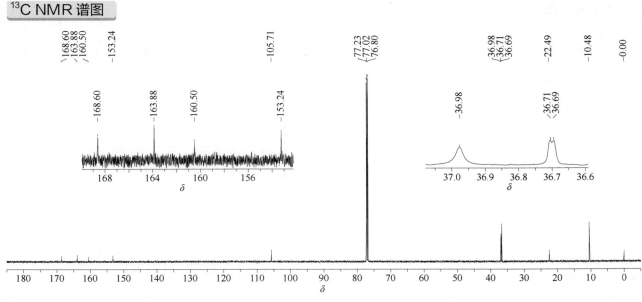

¹³C NMR (151 MHz, CDCl₃, δ) 168.60, 163.88, 160.50, 153.24, 105.71, 36.98, 36.71, 36.69, 22.49, 10.48

pirimicarb-desmethyl-formamido
（脱甲基甲酰胺抗蚜威）

基本信息

CAS 登录号	27218-04-8	分子量	252.27
分子式	$C_{11}H_{16}N_4O_3$		

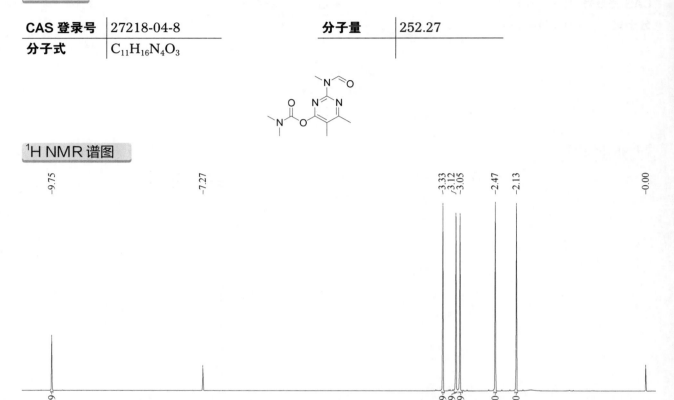

^1H NMR 谱图

^{1}H NMR (600 MHz, CDCl$_3$, δ) 9.75 (1H, CHO, s), 3.33 (3H, NCH$_3$, s), 3.12 (3H, NCH$_3$, s), 3.05 (3H, NCH$_3$, s), 2.47 (3H, CH$_3$, s), 2.13 (3H, CH$_3$, s)

^{13}C NMR 谱图

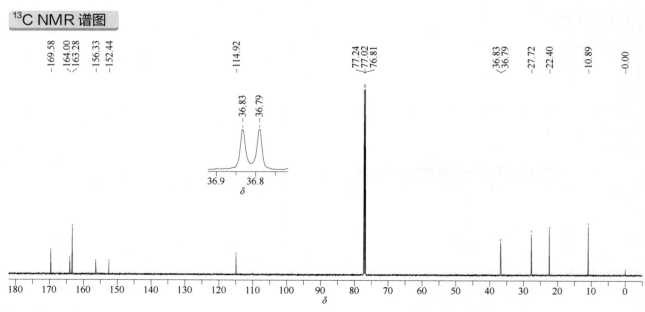

^{13}C NMR (151 MHz, CDCl$_3$, δ) 169.58, 164.00, 163.28, 156.33, 152.44, 114.92, 36.83, 36.79, 27.72, 22.40, 10.89

pirimiphos-ethyl（嘧啶磷）

基本信息

CAS 登录号	23505-41-1	分子量	333.39
分子式	$C_{13}H_{24}N_3O_3PS$		

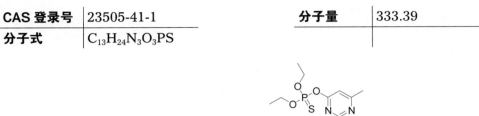

^{1}H NMR 谱图

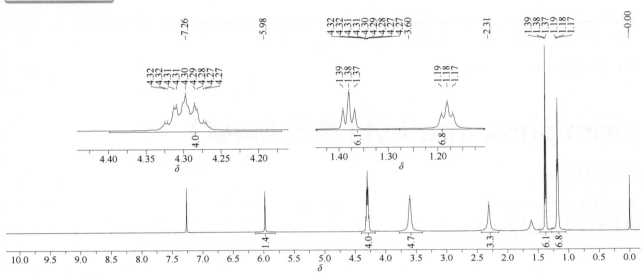

^{1}H NMR (600 MHz, CDCl$_3$, δ) 5.98 (1H, ArH, s), 4.40~4.17 (4H, 2OCH$_2$, m), 3.60 (4H, 2NCH$_2$, br), 2.30 (3H, CH$_3$, br), 1.38 (6H, 2CH$_3$, t, J_{H-H} = 7.1 Hz), 1.18 (6H, 2CH$_3$, t, J_{H-H} = 7.0 Hz)

^{13}C NMR 谱图

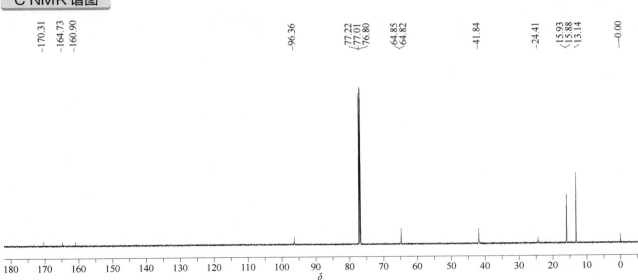

^{13}C NMR (151 MHz, CDCl$_3$, δ) 170.31, 164.73, 160.90, 96.36, 64.84 (d, $^2J_{C-P}$ = 5.2 Hz), 41.84, 24.41, 15.90 (d, $^3J_{C-P}$ = 8.0 Hz), 13.14

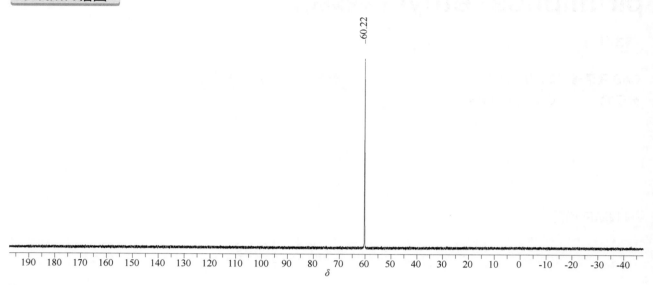

³¹P NMR (243 MHz, CDCl₃, δ) 60.22

pirimiphos-methyl（甲基嘧啶磷）

基本信息

CAS 登录号	29232-93-7	分子量	305.33
分子式	C₁₁H₂₀N₃O₃PS		

¹H NMR 谱图

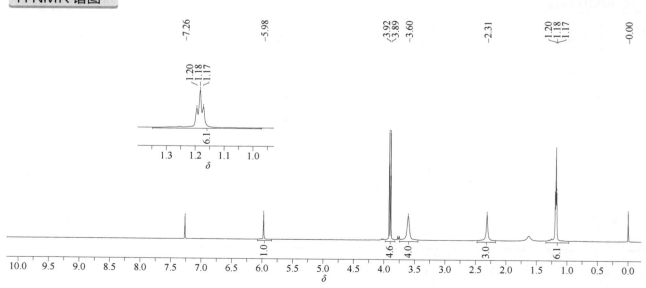

¹H NMR (600 MHz, CDCl₃, δ) 5.98 (1H, ArH, s), 3.94~3.86 (6H, 2OCH₃, d, ³J_{H-P} = 14.1 Hz), 3.60 (4H, 2NCH₂, br), 2.31 (3H, CH₃, br), 1.18 (6H, 2CH₃, t, J_{H-H} = 6.9 Hz)

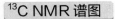

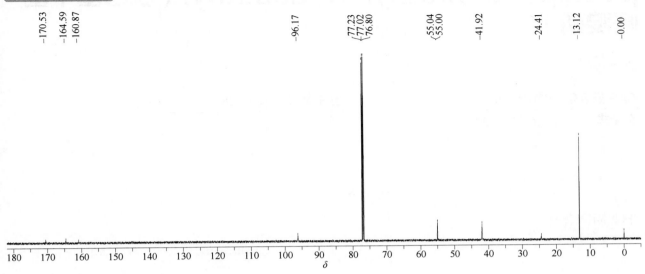

^{13}C NMR (151 MHz, CDCl$_3$, δ) 170.53, 164.59, 160.87, 96.17, 55.02 (d, $^2J_{\text{C-P}}$ = 5.2 Hz), 41.92, 24.41, 13.12

^{31}P NMR 谱图

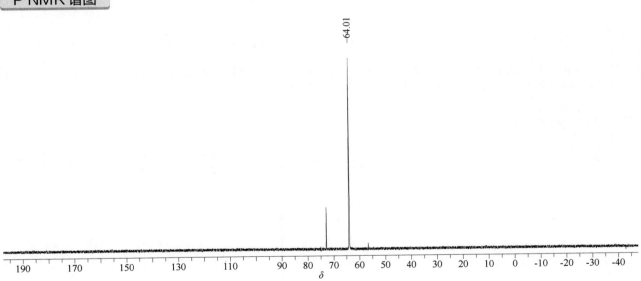

^{31}P NMR (243 MHz, CDCl$_3$, δ) 64.01

pirimiphos-methyl-*N*-desethyl（脱乙基甲基嘧啶磷）

基本信息

CAS 登录号	67018-59-1	分子量	277.28
分子式	$C_9H_{16}N_3O_3PS$		

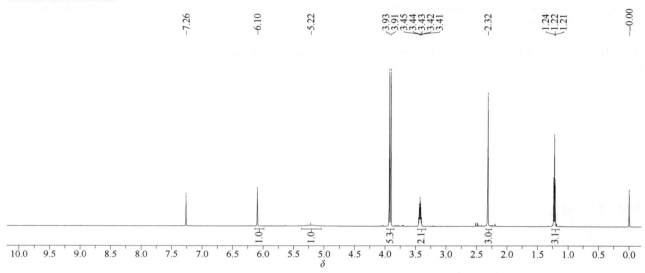

¹H NMR 谱图

¹H NMR (600 MHz, CDCl₃, δ) 6.10 (1H, ArH, s), 5.22 (1H, NH, br), 3.93 (6H, 2OCH₃, d, ³J_{H-P} = 12.0Hz), 3.46~3.40 (2H, NHC$\underline{H}_2$CH₃, m), 2.32 (3H, CH₃, s), 1.24 (3H, NHCH₂C$\underline{H}_3$, t, J_{H-H} = 7.2Hz)

¹³C NMR 谱图

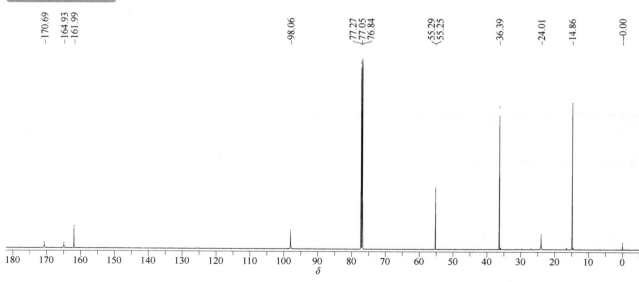

¹³C NMR (151 MHz, CDCl₃, δ) 170.69, 164.93, 161.99, 98.06, 55.27 (d, ²J_{C-P}= 5.3 Hz), 36.39, 24.01, 14.86

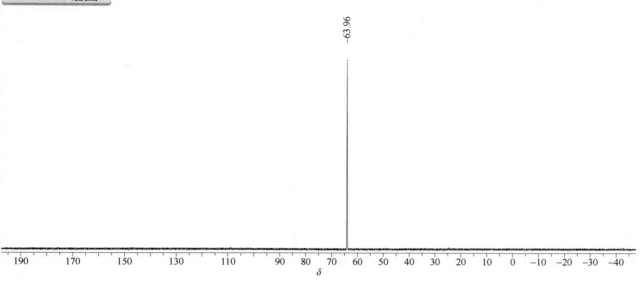

−63.96

³¹P NMR (243 MHz, CDCl₃, δ) 63.96

piroctone olamine（羟吡酮）

基本信息

CAS 登录号	68890-66-4	分子量	298.43
分子式	C₁₆H₃₀N₂O₃		

¹H NMR 谱图

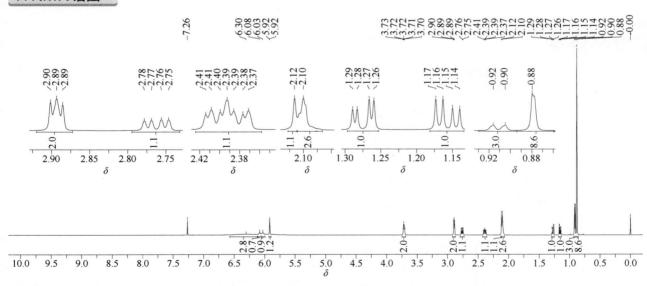

¹H NMR (600 MHz, CDCl₃, δ) 6.50~6.00 (5H, NH₂, OH, NOH, ArH, br), 5.92 (1H, ArH, s), 3.72 (2H, OCH₂, dt, J_{H-H} = 9.7 Hz, J_{H-H} = 4.7 Hz), 2.92~2.87 (2H, NCH₂, m), 2.76 (1H, ArCH, dd, J_{H-H} = 6.8 Hz, J_{H-H} = 5.7 Hz), 2.42~2.36 (1H, ArCH, m), 2.12 (1H, CH, s), 2.10 (3H, ArCH₃, s), 1.27 (1H, CH, dd, J_{H-H} = 14.0 Hz, J_{H-H} = 4.0 Hz), 1.16 (1H, CH, dd, J_{H-H} = 14.0 Hz, J_{H-H} = 6.0 Hz), 0.91 (3H, CH₃, d, J_{H-H} = 6.7 Hz), 0.88 (9H, 3CH₃, s)

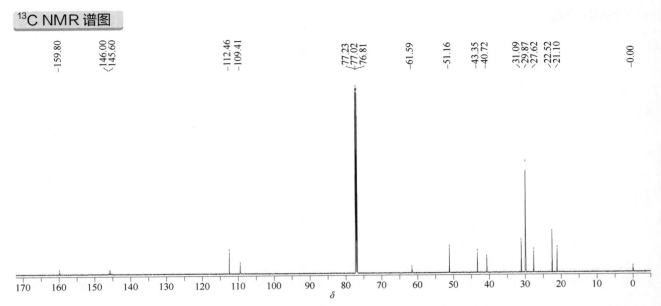

¹³C NMR (151 MHz, CDCl₃, δ) 159.80, 146.00, 145.60, 112.46, 109.41, 61.59, 51.16, 43.35, 40.72, 31.09, 29.87, 27.62, 22.52, 21.10

plifenate（三氯杀虫酯）

基本信息

CAS 登录号	21757-82-4	分子量	336.43
分子式	C₁₀H₇Cl₅O₂		

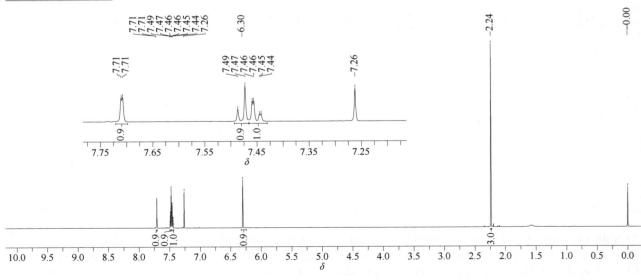

¹H NMR (600 MHz, CDCl₃, δ) 7.71 (1H, ArH, d, J_{H-H} = 1.7 Hz), 7.49~7.44 (2H, 2ArH, m), 6.30 (1H, CH, s), 2.24 (3H, CH₃, s)

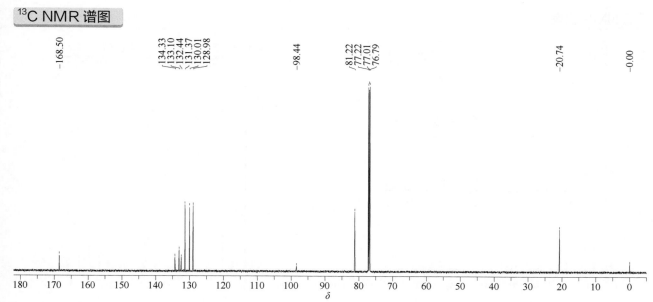

^{13}C NMR (151 MHz, CDCl$_3$, δ) 168.50, 134.33, 133.10, 132.44, 131.37, 130.01, 128.98, 98.44, 81.22, 20.74

prallethrin（炔丙菊酯）

基本信息

CAS 登录号	23031-36-9	分子量	300.40
分子式	C$_{19}$H$_{24}$O$_3$		

^{1}H NMR 谱图

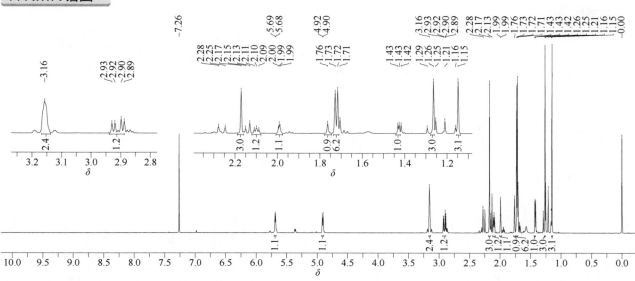

^{1}H NMR (600 MHz, CDCl$_3$, δ) 异构体混合物，主要成分：5.70~5.67 (1H, OCH, m), 4.91 (1H, =CH, d, J_{H-H} = 7.9 Hz), 3.16 (2H, CHCC$\underline{H}_2$, s), 2.91 (1H, dd, C$\underline{H}$CCH$_2$, J_{H-H} = 18.7 Hz, J_{H-H} = 6.3 Hz), 2.17 (3H, =CCH$_3$, s), 2.10 (1H, CH, t, J_{H-H} = 6.4 Hz), 1.99 (1H, CH, t, J_{H-H} = 2.7 Hz), 1.73 (3H, =CCH$_3$, s), 1.72 (3H, =CCH$_3$, s), 1.43 (1H, CH, d, J_{H-H} = 3.8 Hz), 1.26 (3H, CH$_3$, s), 1.15 (3H, CH$_3$, s)

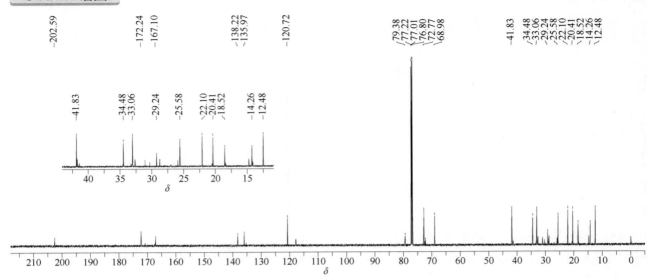

¹³C NMR (151 MHz, CDCl₃, δ) 202.59, 172.24, 167.10, 138.22, 135.97, 120.72, 79.38, 72.77, 68.98, 41.83, 34.48, 33.06, 29.24, 25.58, 22.10, 20.41, 18.52, 14.26, 12.48

pretilachlor（丙草胺）

基本信息

CAS 登录号	51218-49-6	分子量	311.85
分子式	C₁₇H₂₆ClNO₂		

¹H NMR 谱图

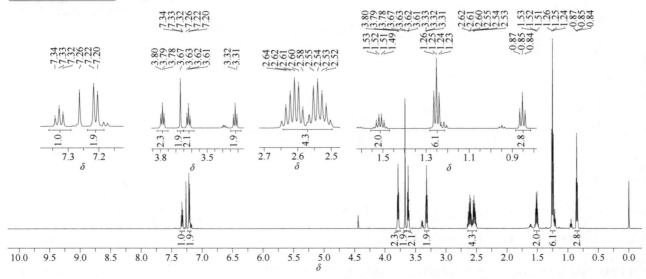

¹H NMR (600 MHz, CDCl₃, δ) 7.33 (1H, ArH, t, J_{H-H} = 7.7 Hz), 7.21 (2H, 2ArH, d, J_{H-H} = 7.7 Hz), 3.79 (2H, OCH₂, t, J_{H-H} = 6.1 Hz), 3.67 (2H, CH₂Cl, s), 3.62 (2H, OCH₂, t, J_{H-H} = 6.2 Hz), 3.32 (2H, NCH₂, t, J_{H-H} = 6.8 Hz), 2.66~2.46 (4H, 2 ArC<u>H</u>₂CH₃, m), 1.51 (2H, CH₂C<u>H</u>₂CH₃, m), 1.25 (6H, 2 ArCH₂C<u>H</u>₃, t, J_{H-H} = 7.5 Hz), 0.85 (3H, CH₃, t, J_{H-H} = 7.4 Hz)

^{13}C NMR 谱图

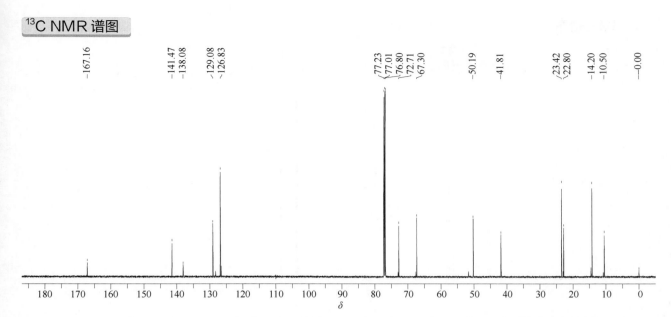

^{13}C NMR (151 MHz, CDCl$_3$, δ) 167.16, 141.47, 138.08, 129.08, 126.83, 72.71, 67.30, 50.19, 41.81, 23.42, 22.80, 14.20, 10.50

probenazole（烯丙苯噻唑）

基本信息

CAS 登录号	27605-76-1	分子量	223.25
分子式	C$_{10}$H$_9$NO$_3$S		

^{1}H NMR 谱图

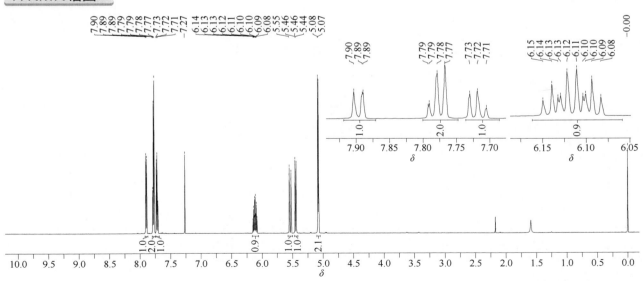

^{1}H NMR (600 MHz, CDCl$_3$, δ) 7.89 (1H, ArH, d, J_{H-H} = 8.3 Hz), 7.79 (1H, ArH, t, J_{H-H} = 8.1 Hz), 7.77 (1H, ArH, d, J_{H-H} = 8.1 Hz), 7.73 (1H, ArH, t, J_{H-H} = 7.5 Hz), 6.12 (1H, =CH, ddt, J_{H-H} = 16.6 Hz, J_{H-H} = 10.4 Hz, J_{H-H} = 6.2 Hz), 5.54 (1H, =CH, dd, J_{H-H} = 17.1 Hz, J_{H-H} = 1.2 Hz), 5.45 (1H, =CH, dd, J_{H-H} = 10.2 Hz, J_{H-H} = 0.7 Hz), 5.08 (2H, CH$_2$, d, J_{H-H} = 6.2 Hz)

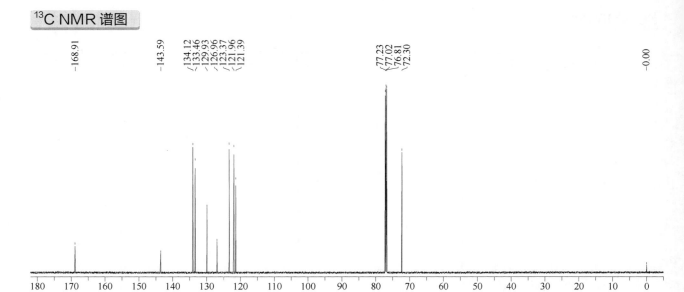

¹³C NMR (151 MHz, CDCl$_3$, δ) 168.91, 143.59, 134.12, 133.46, 129.93, 126.96, 123.37, 121.96, 121.39, 72.30

prochloraz（咪鲜胺）

基本信息

CAS 登录号	67747-09-5	分子量	376.67
分子式	C$_{15}$H$_{16}$Cl$_3$N$_3$O$_2$		

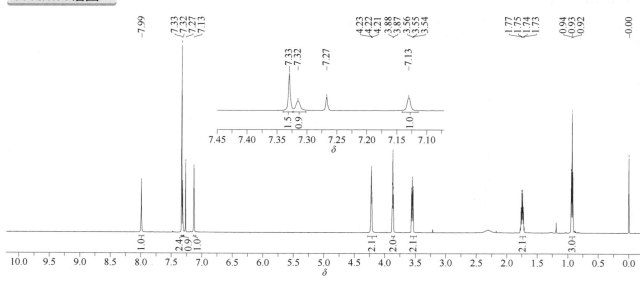

¹H NMR 谱图

¹H NMR (600 MHz, CDCl$_3$, δ) 7.99 (1H, ArH, s), 7.33 (2H, 2ArH, s), 7.32 (1H, ArH, s), 7.13 (1H, ArH, s), 4.22 (2H, OCH$_2$, t, J_{H-H} = 4.9 Hz), 3.87 (2H, NCH$_2$, t, J_{H-H} = 4.9 Hz), 3.55 (2H, NCH$_2$, t, J_{H-H} = 7.7 Hz), 1.74 (2H, NCH$_2$C$\underline{H}_2$, hex, J_{H-H} = 7.4 Hz), 0.93 (3H, CH$_3$, t, J_{H-H} = 7.4 Hz)

¹³C NMR 谱图

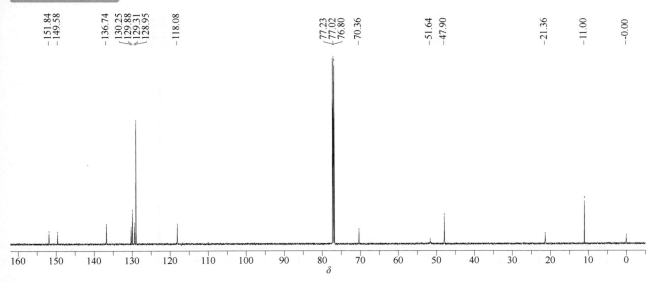

¹³C NMR (151 MHz, CDCl$_3$, δ) 151.84, 149.58, 136.74, 130.25, 129.88, 129.31, 128.95, 118.08, 70.36, 51.64, 47.90, 21.36, 11.00

procyazine（环氰津）

CAS 登录号	32889-48-8	分子量	252.70
分子式	C$_{10}$H$_{13}$ClN$_6$		

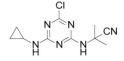

¹H NMR 谱图

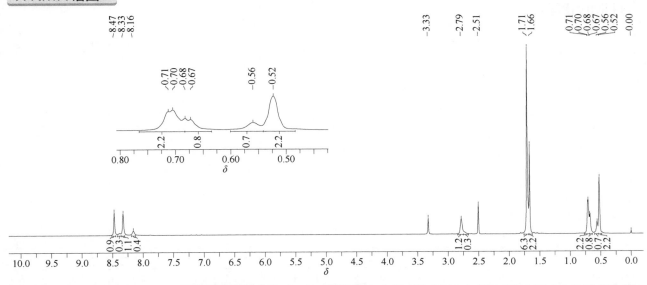

¹H NMR (600 MHz, DMSO-d$_6$, δ) 两组异构体混合物 (3：1)。异构体 A: 8.47 (1H, NH, br), 8.33 (1H, NH, br), 2.79 (1H, CH, br), 1.71 (6H, 2CH$_3$, s), 0.77~0.69 (2H, CH$_2$, m), 0.52 (2H, CH$_2$, br). 异构体 B: 8.37 (1H, NH, s), 8.16 (s, 1H), 2.73 (1H, CH, br), 1.66 (6H, 2CH$_3$, s), 0.69~0.63 (2H, CH$_2$, m), 0.56 (2H, CH$_2$, br)

¹³C NMR 谱图

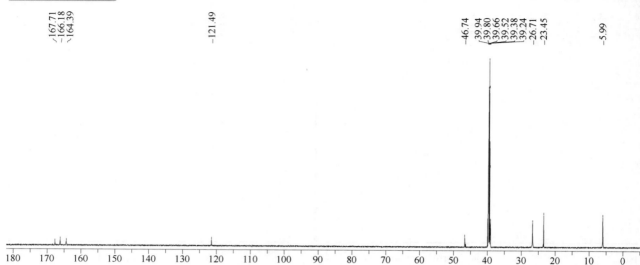

¹³C NMR (151 MHz, DMSO-d₆, δ) 异构体 A: 167.71, 166.18, 164.39, 121.49, 46.74, 26.71, 23.45, 5.99

procymidone（腐霉利）

基本信息

CAS 登录号	32809-16-8	分子量	284.14
分子式	C₁₃H₁₁Cl₂NO₂		

¹H NMR 谱图

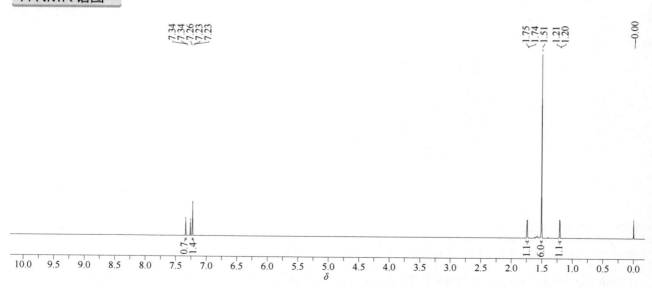

¹H NMR (600 MHz, CDCl₃, δ) 7.34 (1H, ArH, d, J_{H-H} = 1.6 Hz), 7.23 (2H, 2ArH, d, J_{H-H} = 2.0 Hz), 1.74 (1H, C*H*H, d, J_{H-H} = 4.6 Hz), 1.51 (6H, 2CH₃, s), 1.21 (1H, C*H*H, d, J_{H-H} = 4.6 Hz)

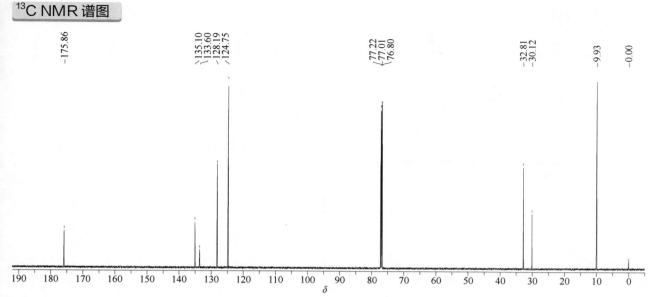

^{13}C NMR (151 MHz, CDCl$_3$, δ) 175.86, 135.10, 133.60, 128.19, 124.75, 32.81, 30.12, 9.93

prodiamine（氨氟乐灵）

基本信息

CAS 登录号	29091-21-2	分子量	350.29
分子式	C$_{13}$H$_{17}$F$_3$N$_4$O$_4$		

¹H NMR 谱图

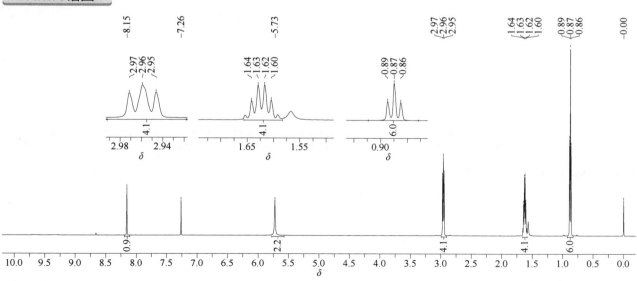

^{1}H NMR (600 MHz, CDCl$_3$, δ) 8.15 (1H, ArH, s), 5.73 (2H, NH$_2$, br), 2.96 (4H, 2 NCH$_2$, t, $J_{\text{H-H}}$ = 7.3 Hz), 1.62 (4H, 2C$\underline{H}_2$CH$_3$, hex, $J_{\text{H-H}}$ = 7.5 Hz), 0.87 (6H, 2CH$_3$, t, $J_{\text{H-H}}$ = 7.4 Hz)

¹³C NMR 谱图

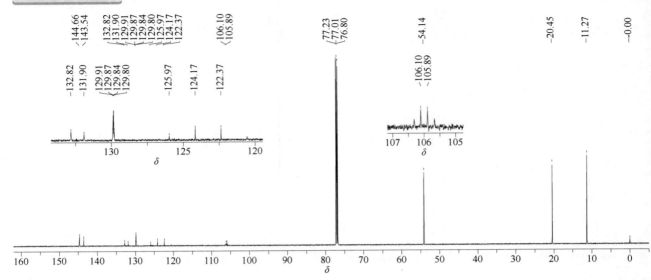

¹³C NMR (151 MHz, CDCl$_3$, δ) 144.66, 143.54, 132.82, 131.90, 129.85 (q, $^3J_{\text{C-F}}$ = 5.4 Hz), 123.27 (q, $J_{\text{C-F}}$ = 271.9 Hz), 105.99 (q, $^2J_{\text{C-F}}$ = 32.4 Hz), 54.14, 20.45, 11.27

¹⁹F NMR 谱图

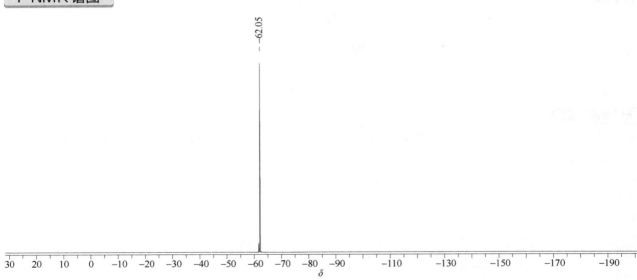

¹⁹F NMR (564 MHz, CDCl$_3$, δ) –62.05

profenofos（丙溴磷）

基本信息

CAS 登录号	41198-08-7	分子量	373.63
分子式	$C_{11}H_{15}BrClO_3PS$		

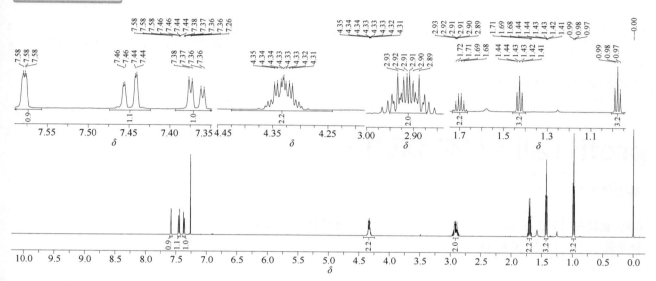

¹H NMR 谱图

¹H NMR (600 MHz, CDCl₃, δ) 7.60~7.56 (1H, ArH, m), 7.45 (1H, ArH, dd, J_{H-H} = 8.8 Hz, J_{H-H} = 1.1 Hz), 7.37 (1H, ArH, dd, J_{H-H} = 8.8 Hz, J_{H-H} = 2.3 Hz), 4.36~4.30 (2H, OCH₂, m), 2.95~2.87 (2H, SCH₂, m), 1.70 (2H, CH₂C$\underline{H}$₂CH₃, dt, J_{H-H} = 7.3 Hz, J_{H-H} = 7.3 Hz), 1.45~1.40 (3H, CH₃, m), 0.97 (3H, CH₃, t, J_{H-H} = 7.3 Hz)

¹³C NMR 谱图

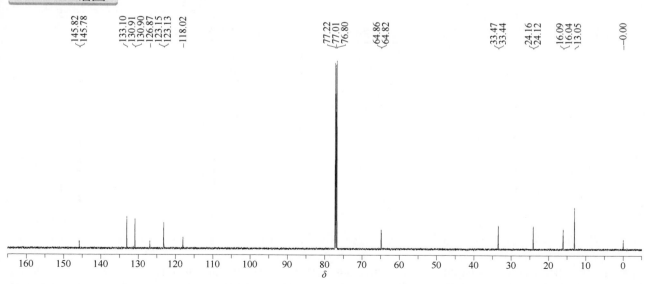

¹³C NMR (151 MHz, CDCl3, δ) 145.80 (d, $^2J_{C-P}$ = 7.0 Hz), 133.10, 130.91 (d, $^4J_{C-P}$ = 1.5 Hz), 126.87, 123.14 (d, $^3J_{C-P}$ = 3.0 Hz), 118.02, 64.84 (d, $^2J_{C-P}$ = 6.9 Hz), 33.46 (d, $^3J_{C-P}$ = 4.2 Hz), 24.14 (d, $^2J_{C-P}$ = 6.1 Hz), 16.06 (d, $^3J_{C-P}$ = 7.1 Hz), 13.05

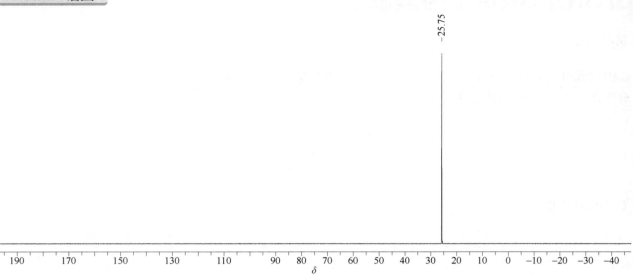

-25.75

³¹P NMR (243 MHz, CDCl₃, δ) 25.75

profluralin（环丙氟灵）

基本信息

CAS 登录号	26399-36-0	分子量	347.29
分子式	$C_{14}H_{16}F_3N_3O_4$		

¹H NMR 谱图

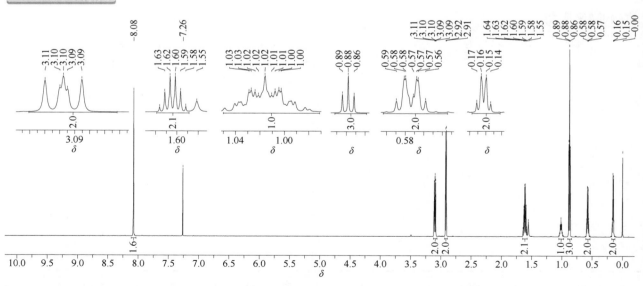

¹H NMR (600 MHz, CDCl₃, δ) 8.08 (2H, 2ArH, s), 3.12~3.06 (2H, NC$\underline{H}_2$CH₂CH₃, m), 2.92 (2H, NC$\underline{H}_2$CH, d, $J_{\text{H-H}}$ = 6.8 Hz), 1.65~1.57 (2H, NCH₂C$\underline{H}_2$CH₃, m), 1.05~0.97 (1H, CH₂C$\underline{H}$CH₂, m), 0.88 (3H, NCH₂CH₂C$\underline{H}_3$, t, $J_{\text{H-H}}$ = 7.4 Hz), 0.60~0.53 (2H, C$\underline{H}_2$CHCH₂, m), 0.17~0.13 (2H, CH₂CHC$\underline{H}_2$, m)

¹³C NMR 谱图

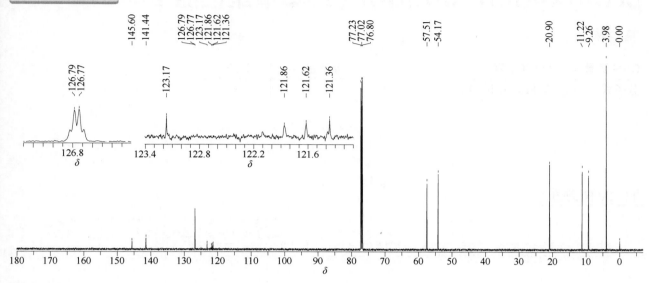

¹³C NMR (151 MHz, CDCl$_3$, δ) 145.60, 141.44, 126.78 (q, $^3J_{\text{C-F}}$ = 3.5 Hz), 122.27 (q, $J_{\text{C-F}}$ = 246.1 Hz), 121.74 (q, $^2J_{\text{C-F}}$ = 39.3 Hz), 57.51, 54.17, 20.90, 11.22, 9.26, 3.98

¹⁹F NMR 谱图

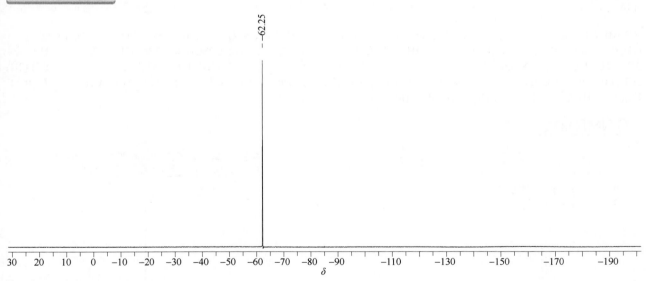

¹⁹F NMR (564 MHz, CDCl$_3$, δ) −62.25

profoxydim–lithium（环苯草酮锂盐）

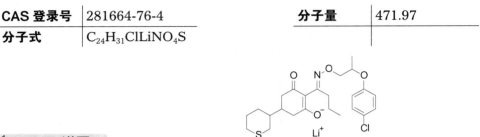

基本信息

CAS 登录号	281664-76-4	**分子量**	471.97
分子式	C$_{24}$H$_{31}$ClLiNO$_4$S		

^{1}H NMR 谱图

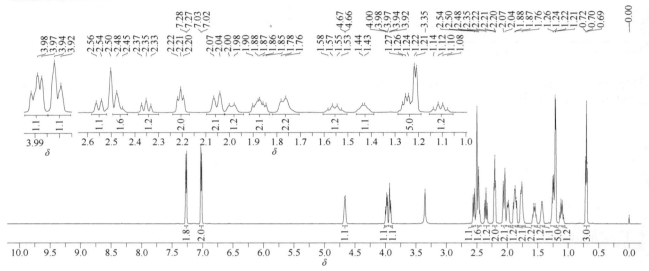

^{1}H NMR (600 MHz, DMSO-d$_6$, δ) 7.27 (2H, 2ArH, d, J_{H-H} = 8.2 Hz), 7.02 (2H, 2ArH, d, J_{H-H} = 8.2 Hz), 4.68~4.64 (1H, OCH, m), 4.00~3.96 (1H, OCH, m), 3.95~3.91 (1H, OCH, m), 2.55 (1H, SCH, d, J_{H-H} = 13.2 Hz), 2.50~2.46 (2H, 2SCH, m), 2.35 (1H, SCH, t, J_{H-H} = 11.6 Hz), 2.21 (2H, CH$_2$, t, J_{H-H} = 7.8 Hz), 2.05 (2H, CH$_2$, d, J_{H-H} = 15.3 Hz), 1.98 (1H, CH, d, J_{H-H} = 12.5 Hz), 1.91~1.82 (2H, 2CH, m), 1.81~1.71 (2H, 2CH, m), 1.56 (1H, CH, q, J_{H-H} = 12.1 Hz), 1.43 (1H, CH, q, J_{H-H} = 5.2 Hz), 1.26 (2H, CH$_2$, q, J_{H-H} = 7.5 Hz), 1.21 (3H, CHC$\underline{H}_3$, d, J_{H-H} = 5.8 Hz), 1.10 (1H, CH, q, J_{H-H} = 11.7 Hz), 0.70 (3H, CH$_2$C$\underline{H}_3$, t, J_{H-H} = 7.2 Hz)

^{13}C NMR 谱图

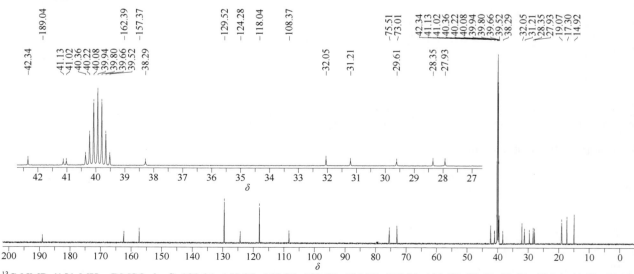

^{13}C NMR (151 MHz, DMSO-d$_6$, δ) 189.04, 162.39, 157.37, 129.52, 124.28, 118.04, 108.37, 75.51, 73.01, 42.34, 41.13, 41.02, 38.29, 32.05, 31.21, 29.61, 28.35, 27.93, 19.07, 17.30, 14.92

prohexadione calcium（调环酸钙）

基本信息

CAS 登录号	127277-53-6	分子量	250.26
分子式	$C_{10}H_{10}CaO_5$		

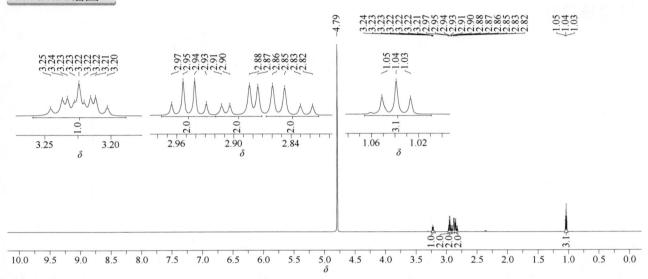

^1H NMR 谱图

^1H NMR (600 MHz, D_2O, δ) 3.25~3.18 (1H, CH, m), 2.95 (2H, CH_2, q, J_{H-H} = 7.3 Hz), 2.89 (2H, 2CH, dd, J_{H-H} = 17.6 Hz, J_{H-H} = 5.3 Hz), 2.84 (2H, 2CH, dd, J_{H-H} = 17.6 Hz, J_{H-H} = 7.6 Hz), 1.04 (3H, CH_3, t, J_{H-H} = 7.3 Hz)

^{13}C NMR 谱图

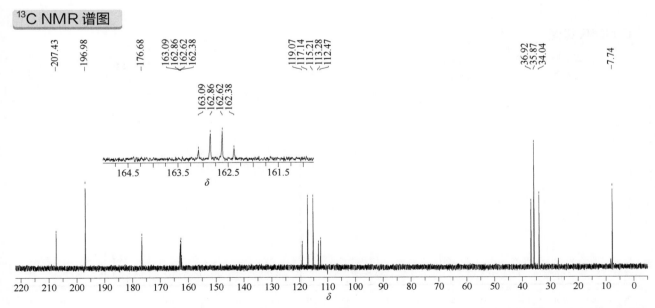

^{13}C NMR (151 MHz, D_2O, δ) 207.43, 196.98, 176.68, 112.47, 36.92, 35.87, 34.04, 7.74 (CF_3CO_2H 为增加溶解度，加入少量三氟甲酸，162.50 (q, $^2J_{C-F}$ = 36.2 Hz), 116.18 (q, J_{C-F} = 291.4 Hz))

promecarb（猛杀威）

基本信息

CAS 登录号	2631-37-0	分子量	207.27
分子式	C₁₂H₁₇NO₂		

¹H NMR 谱图

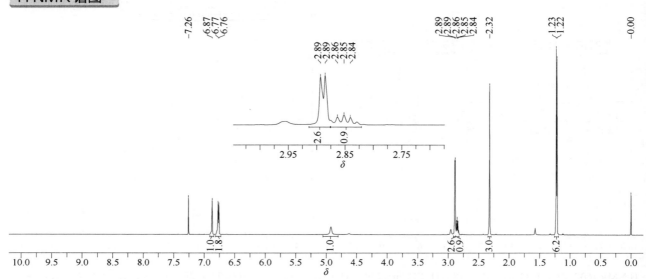

¹H NMR (600 MHz, CDCl₃, δ) 6.87 (1H, ArH, s), 6.77 (1H, ArH,s), 6.76 (1H, ArH, s), 4.92 (1H, NH, br), 2.89 (3H, 2 NHC$\underline{H}$₃, d, J_{H-H} = 4.9 Hz), 2.88~2.82 (1H, C$\underline{H}$(CH₃)₂, m), 2.32 (3H, ArCH₃, s), 1.22 (6H, CH(C$\underline{H}$₃)₂, d, J_{H-H} = 6.9 Hz)

¹³C NMR 谱图

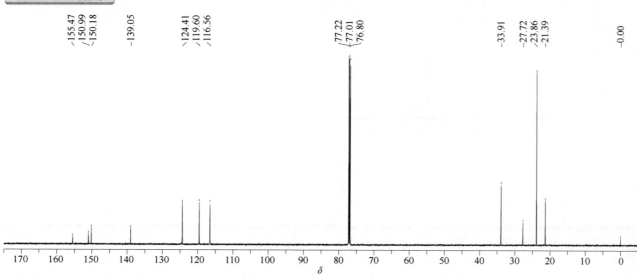

¹³C NMR (151 MHz, CDCl₃, δ) 155.47, 150.99, 150.18, 139.05, 124.41, 119.60, 116.56, 33.91, 27.72, 23.86, 21.39

prometon（扑灭通）

基本信息

CAS 登录号	1610-18-0	分子量	225.29
分子式	C₁₀H₁₉N₅O		

¹H NMR 谱图

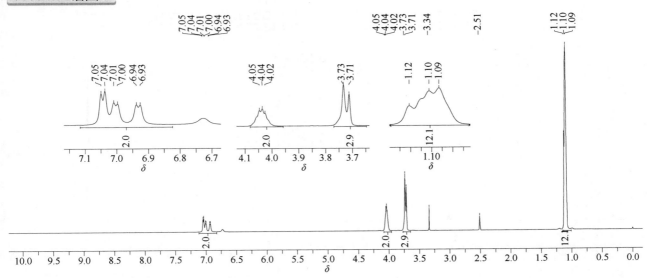

¹H NMR (600 MHz, DMSO-d₆, δ) 异构体混合物。7.12~6.82 (2H, 2NH, m), 4.08~3.96 (2H, 2NCH, m), 3.75~3.70 (3H CH₃, m), 1.15~1.01 (12H, 2CH(C*H*₃)₂, m)

¹³C NMR 谱图

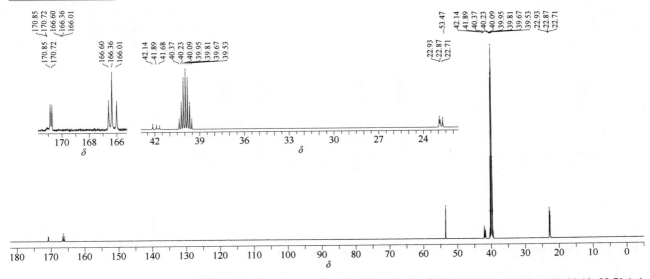

¹³C NMR (151 MHz, DMSO-d₆, δ) 异构体混合物。170.85, 170.72, 166.60, 166.36, 166.01, 53.47, 42.14, 41.89, 41.68, 23.13~22.71 (m)

prometryn（扑草净）

基本信息

CAS 登录号	7287-19-6	分子量	241.36
分子式	C₁₀H₁₉N₅S		

分子式 $C_{10}H_{19}N_5S$

分子量 241.36

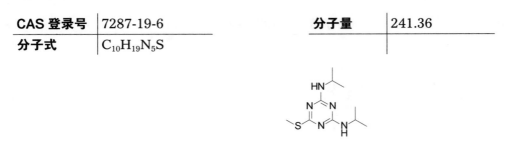

¹H NMR 谱图

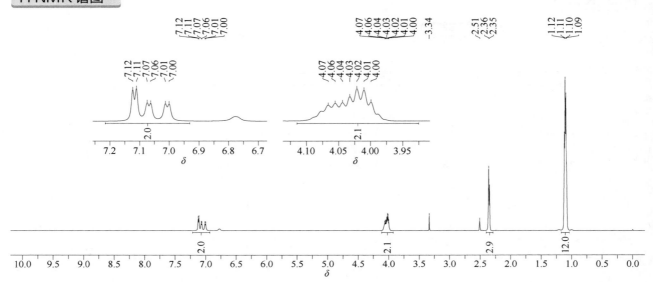

¹H NMR (600 MHz, DMSO-d₆, δ) 异构体混合物。7.22~6.93 (2H, 2NH, m), 4.11~3.93 (2H, 2NCH, m), 2.38~2.33 (3H, CH₃, m), 1.10 (12H, 2CH(C*H*₃)₂, m)

¹³C NMR 谱图

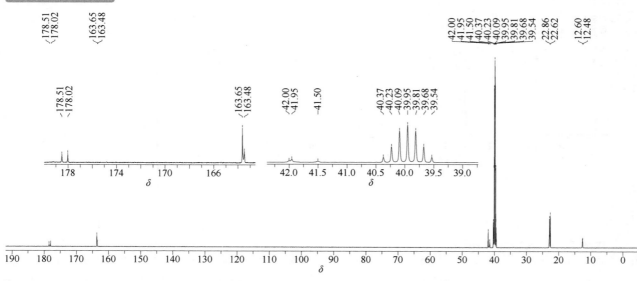

¹³C NMR (151 MHz, DMSO-d₆, δ) 异构体混合物。178.51, 178.02, 163.65, 163.48, 42.00, 41.95, 41.50, 22.86, 22.62, 12.60, 12.48

propachlor（毒草胺）

基本信息

CAS 登录号	1918-16-7	分子量	211.69
分子式	$C_{11}H_{14}ClNO$		

¹H NMR 谱图

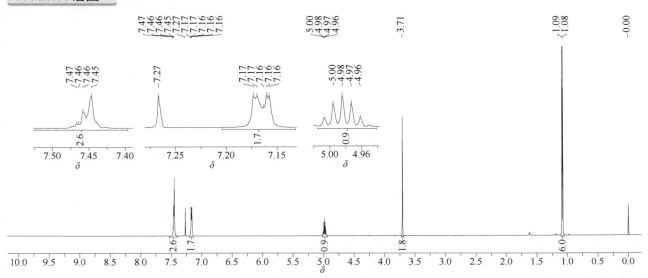

¹H NMR (600 MHz, CDCl₃, δ) 7.49~7.43 (3H, 3ArH, m), 7.20~7.13 (2H, 2ArH, m), 4.98 (1H, CH, hept, J_{H-H} = 6.8 Hz), 3.71 (2H, ClCH₂, s), 1.08 (6H, 2CH₃, d, J_{H-H} = 6.8 Hz)

¹³C NMR 谱图

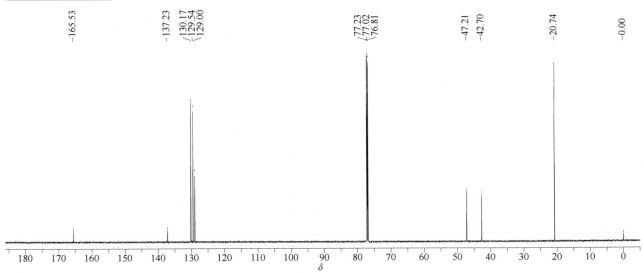

¹³C NMR (151 MHz, CDCl₃, δ) 165.53, 137.23, 130.17, 129.54, 129.00, 47.21, 42.70, 20.74

propamocarb（霜霉威）

基本信息

CAS 登录号	24579-73-5	**分子量**	188.27
分子式	C$_9$H$_{20}$N$_2$O$_2$		

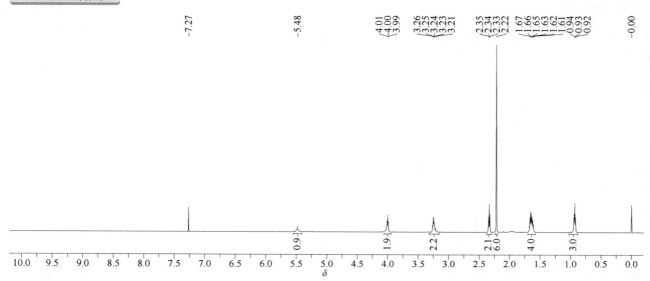

^{1}H NMR 谱图

^{1}H NMR (600 MHz, CDCl$_3$, δ) 5.48 (1H, NH, br), 4.00 (2H, OCH$_2$, br), 3.27~3.21 (2H, NHC$\underline{H}_2$, m), 2.34 (2H, NCH$_2$, t, J_{H-H} = 6.7 Hz), 2.22 (6H, N(CH$_3$)$_2$, s), 1.74~1.48 (4H, 2CH$_2$, m), 0.93 (3H, CH$_2$C$\underline{H}_3$, t, J_{H-H} = 7.3 Hz)

^{13}C NMR 谱图

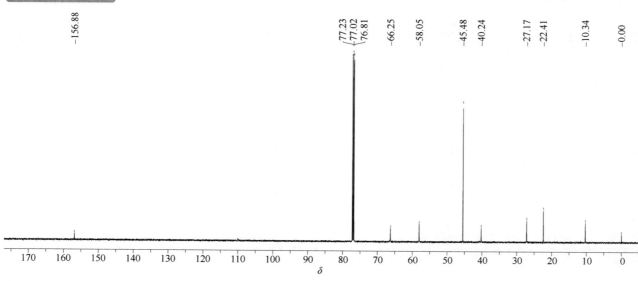

^{13}C NMR (151 MHz, CDCl$_3$, δ) 156.88, 66.25, 58.05, 45.48, 40.24, 27.17, 22.41, 10.34

propanil（敌稗）

基本信息

CAS 登录号	709-98-8	分子量	218.08
分子式	C$_9$H$_9$Cl$_2$NO		

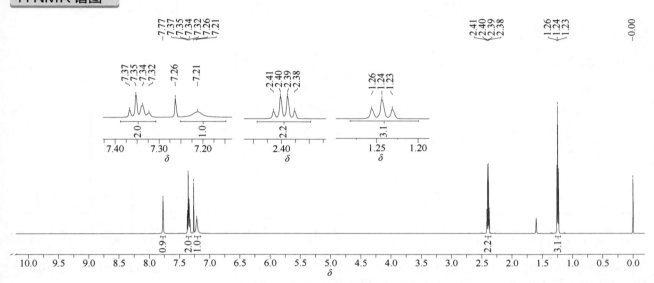

^{1}H NMR 谱图

^{1}H NMR (600 MHz, CDCl$_3$, δ) 7.77 (1H, ArH, s), 7.40~7.30 (2H, 2ArH, m), 7.21 (1H, NH, br), 2.40 (2H, C$\underline{H}_2$CH$_3$, q, J_{H-H} = 7.8 Hz), 1.24 (3H, CH$_2$C$\underline{H}_3$, t, J_{H-H} = 7.8 Hz)

^{13}C NMR 谱图

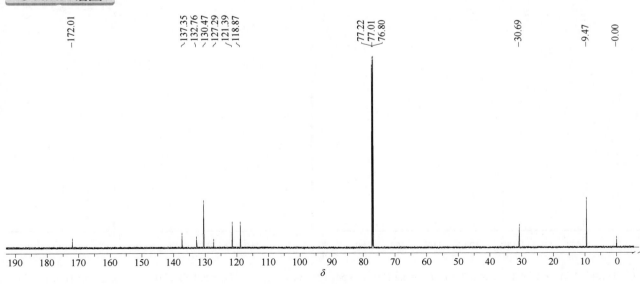

^{13}C NMR (151 MHz, CDCl$_3$, δ) 172.01, 137.35, 132.76, 130.47, 127.29, 121.39, 118.87, 30.69, 9.47

propaphos（丙虫磷）

基本信息

CAS 登录号	7292-16-2	分子量	304.34
分子式	C₁₃H₂₁O₄PS		

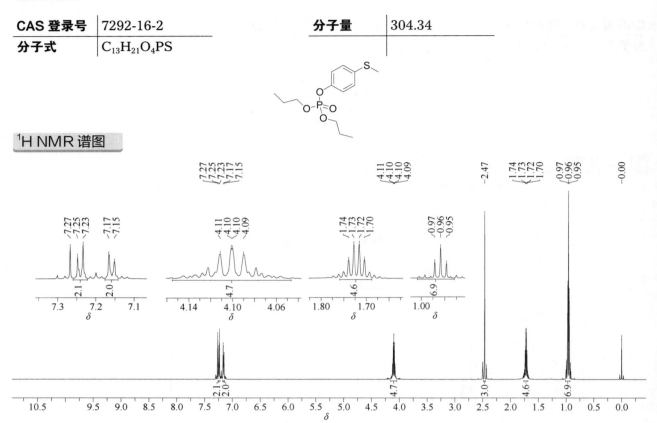

¹H NMR 谱图

¹H NMR (600 MHz, CDCl₃, δ) 7.24 (2H, 2ArH, d, J_{H-H} = 8.8 Hz), 7.16 (2H, 2ArH, d, J_{H-H} = 8.7 Hz), 4.15~4.05 (4H, 2OCH₂, m), 2.47 (3H, SCH₃, s), 1.77~1.68 (4H, 2C$\underline{H}$₂CH₃, m), 0.96 (6H, 2CH₂C$\underline{H}$₃, t, J_{H-H} = 7.4 Hz)

¹³C NMR 谱图

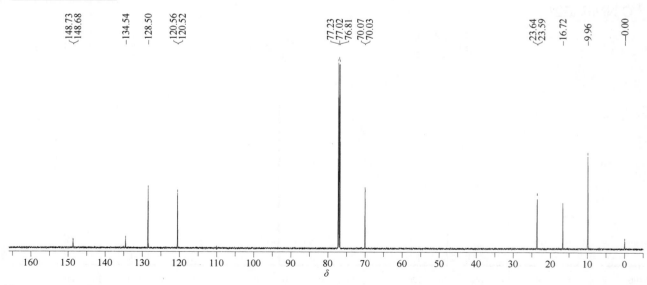

¹³C NMR (151 MHz, CDCl₃, δ) 148.70 (d, $^2J_{C-P}$ = 6.8 Hz), 134.54, 128.50, 120.54 (d, $^3J_{C-P}$ = 5.0 Hz), 70.05 (d, $^2J_{C-P}$ = 6.3 Hz), 23.62 (d, $^3J_{C-P}$ = 6.9 Hz), 16.72, 9.96

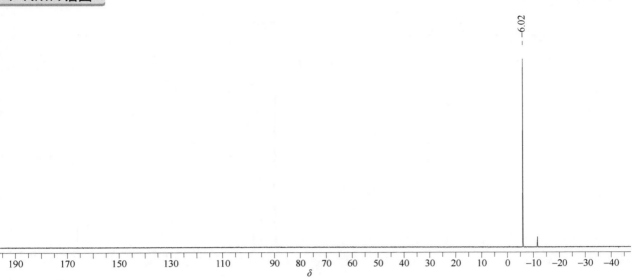

³¹P NMR (243 MHz, CDCl₃, δ) −6.02

propaquizafop（喔草酸）

基本信息

CAS 登录号	111479-05-1	分子量	443.88
分子式	C₂₂H₂₂ClN₃O₅		

¹H NMR 谱图

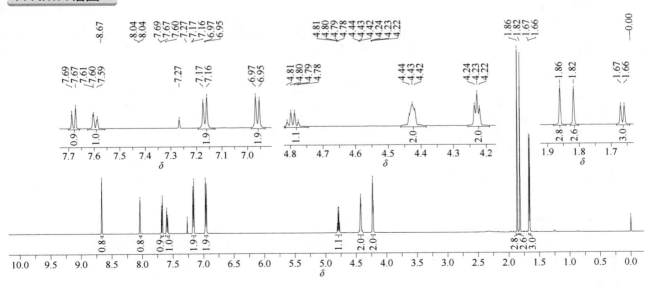

¹H NMR (600 MHz, CDCl₃, δ) 8.67 (1H, ArH, s), 8.04 (1H, ArH, d, J_{H-H} = 1.6 Hz), 7.68 (1H, ArH, d, J_{H-H} = 8.8 Hz), 7.59 (1H, ArH, dd, J_{H-H} = 8.8 Hz, J_{H-H} = 1.6 Hz), 7.16 (2H, 2ArH, d, J_{H-H} = 8.8 Hz), 6.96 (2H, 2ArH, d, J_{H-H} = 8.8 Hz), 4.80 (1H, CH, q, J_{H-H} = 6.8 Hz), 4.43 (2H, OCH₂, t, J_{H-H} = 4.7 Hz), 4.23 (2H, OCH₂, t, J_{H-H} = 4.7 Hz), 1.86 (3H, CH₃, s), 1.82 (3H, CH₃, s), 1.66 (3H, CH₃, d, J_{H-H} = 6.8 Hz)

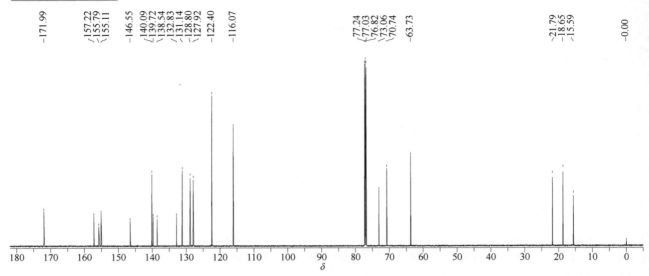

propargite（炔螨特）

基本信息

CAS 登录号	2312-35-8	分子量	350.47
分子式	C₁₉H₂₆O₄S		

¹H NMR 谱图

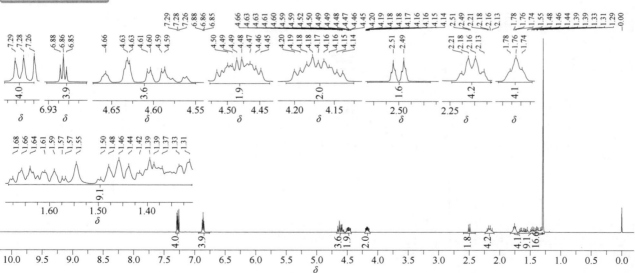

¹H NMR (600 MHz, CDCl₃, δ) 1∶1 异构体混合物。7.28 (4H, 4ArH, d, J_{H-H} = 8.7 Hz), 6.87 (2H, 2ArH, d, J_{H-H} = 8.4 Hz), 6.86 (2H, ArH, d, J_{H-H} = 8.4 Hz), 4.67~4.55 (4H, OCH/OCH₂, m), 4.53~4.44 (2H, OCH/OCH₂, m), 4.21~4.13 (2H, OCH/OCH₂, m), 2.53~2.47 (2H, OCH₂CC*H*, m), 2.24~2.09 (4H, OCHC*H₂*, m), 1.78~1.70 (4H, OCHC*H₂*, m), 1.69~1.23 (8H, CH₂CH₂, m), 1.29 (18H, C(CH₃)₃, s)

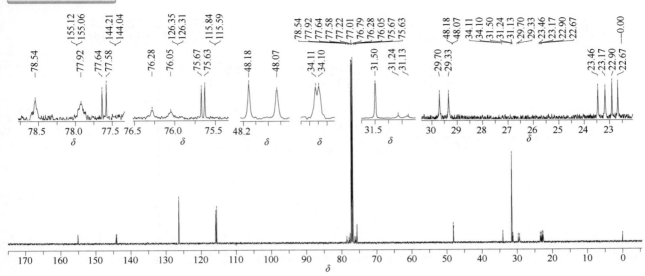

¹³C NMR (151 MHz, CDCl₃, δ) 155.12, 155.06, 144.21, 144.04, 126.35, 126.31, 115.84, 115.59, 78.54, 77.92, 77.64, 77.58, 76.28, 76.05, 75.67, 75.63, 48.18, 48.07, 34.11, 34.10, 31.50, 31.24, 31.13, 29.70, 29.33, 23.46, 23.17, 22.90, 22.67

propazine（扑灭津）

基本信息

CAS 登录号	139-40-2	分子量	229.71
分子式	C₉H₁₆ClN₅		

¹H NMR 谱图

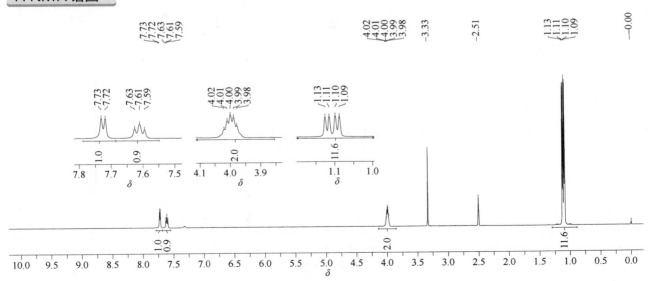

¹H NMR (600 MHz, DMSO-d₆, δ) 异构体混合物。7.72 (1H, NH, d, J_{H-H} = 7.5 Hz), 7.65~7.55 (1H, NH, m), 4.14~3.85 (2H, 2C<u>H</u>(CH₃)₂, m), 1.12 (6H, CH(C<u>H</u>₃)₂, d, J_{H-H} = 6.4 Hz), 1.09 (6H, CH(C<u>H</u>₃)₂, d, J_{H-H} = 6.4 Hz)

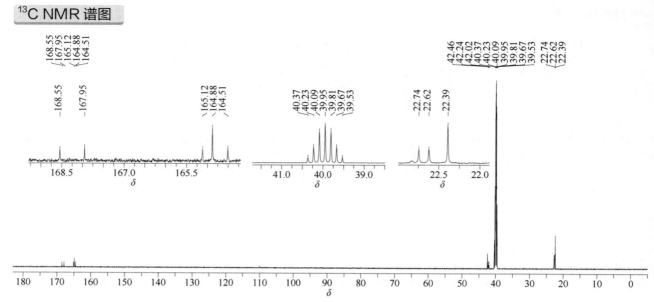

¹³C NMR (151 MHz, DMSO-d₆, δ) 异构体混合物。168.55, 167.95, 165.12, 164.88, 164.51, 42.46, 42.24, 42.02, 22.74, 22.62, 22.39

propetamphos（烯虫磷）

基本信息

CAS 登录号	31218-83-4	分子量	281.31
分子式	C₁₀H₂₀NO₄PS		

¹H NMR 谱图

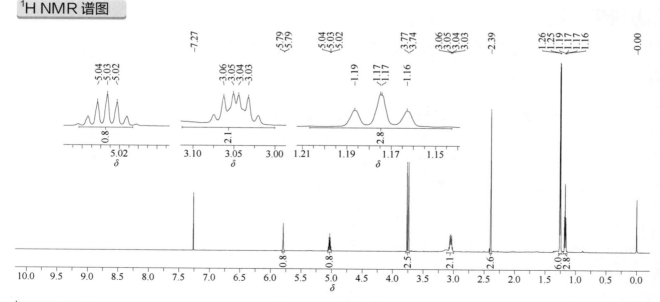

¹H NMR (600 MHz, CDCl₃, δ) 5.78 (1H, C=CH, d, ⁴$J_{\text{H-P}}$ = 0.8 Hz), 5.06~5.01 (1H, OCH, m), 3.74 (3H, OCH₃, d, ³$J_{\text{H-P}}$ = 14.1 Hz), 3.07~3.02 (2H, CH₂, m), 2.38 (3H, CH₃, s), 1.24 (6H, CH(C$\underline{H}$₃)₂, d, $J_{\text{H-H}}$ = 6.2 Hz), 1.16 (3H, CH₂C$\underline{H}$₃, t, $J_{\text{H-H}}$ = 7.1 Hz)

¹³C NMR 谱图

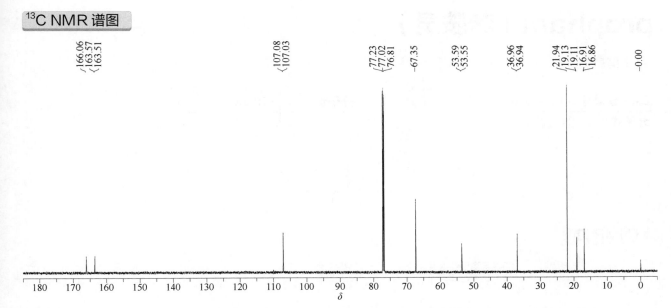

¹³C NMR (151 MHz, CDCl$_3$, δ) 166.06, 163.54 (d, $^2J_{C-P}$ = 8.9 Hz), 107.05 (d, $^3J_{C-P}$ = 6.4 Hz), 67.35, 53.57 (d, $^2J_{C-P}$ = 4.9 Hz), 36.95 (d, $^2J_{C-P}$ = 3.7 Hz), 21.94, 19.12 (d, $^3J_{C-P}$ = 4.3 Hz), 16.88 (d, $^3J_{C-P}$ = 6.7 Hz)

³¹P NMR 谱图

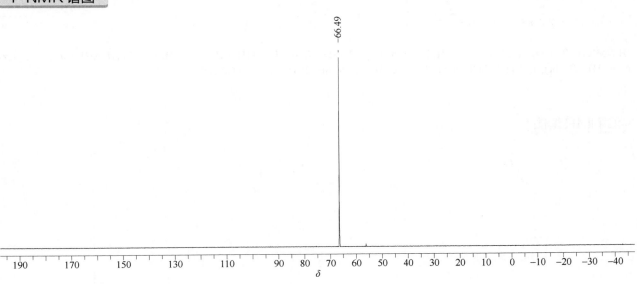

³¹P NMR (243 MHz, CDCl$_3$, δ) 66.49

propham（苯胺灵）

基本信息

CAS 登录号	122-42-9	分子量	179.22
分子式	C$_{10}$H$_{13}$NO$_2$		

^{1}H NMR 谱图

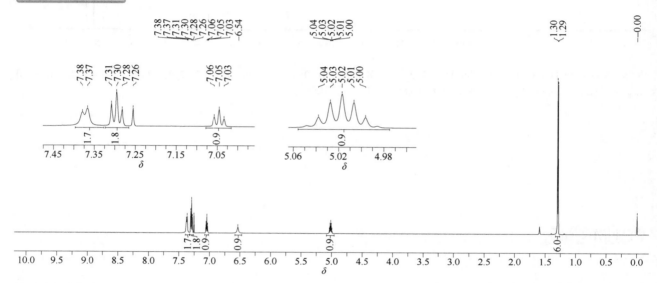

^{1}H NMR (600 MHz, CDCl$_3$, δ) 7.37 (2H, 2ArH, d, J_{H-H} = 7.6 Hz), 7.30 (2H, 2ArH, t, J_{H-H} = 7.6 Hz), 7.05 (1H, ArH, t, J_{H-H} = 7.4 Hz), 6.54 (1H, NH, br), 5.02 (1H, OCH, hept, J_{H-H} = 6.2 Hz), 1.29 (6H, 2CH$_3$, d, J_{H-H} = 6.2 Hz)

^{13}C NMR 谱图

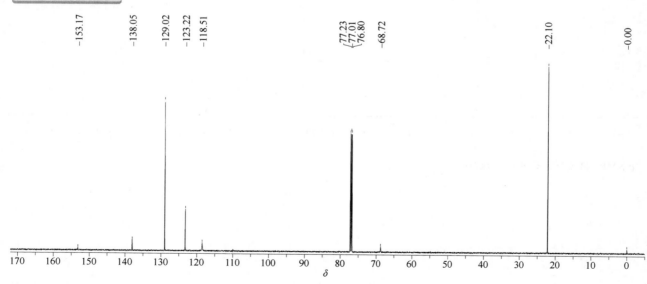

^{13}C NMR (151 MHz, CDCl$_3$, δ) 153.17, 138.05, 129.02, 123.22, 118.51, 68.72, 22.10

propiconazole（丙环唑）

基本信息

CAS 登录号	60207-90-1	分子量	342.22
分子式	$C_{15}H_{17}Cl_2N_3O_2$		

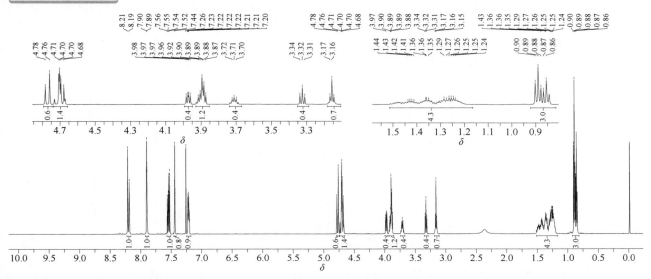

^{1}H NMR 谱图

^{1}H NMR (600 MHz, CDCl$_3$, δ) 异构体混合物。8.21~8.19 (1H, ArH, m), 7.90~7.89 (1H, ArH, s), 7.56~7.52 (1H, ArH, d, J_{H-H} = 8.4 Hz), 7.44 (1H, ArH, s), 7.23~7.20 (1H, ArH, m), 4.80~4.66 (2H, NCH$_2$, m), 4.00~3.65 (2H, 2OCH, m), 3.34~3.15 (1H, OCH, m), 1.50~1.18 (4H, 2CH$_2$, m), 0.90~0.84 (3H, CH$_3$, t, J_{H-H} = 7.3 Hz)

^{13}C NMR 谱图

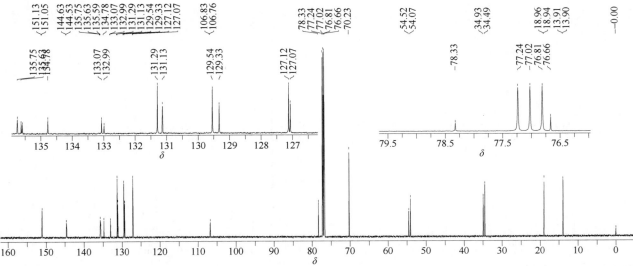

^{13}C NMR (151 MHz, CDCl$_3$, δ) 151.13, 151.05, 144.63, 144.53, 135.75, 135.63, 135.59, 134.78, 133.07, 132.99, 131.29, 131.13, 129.54, 129.33, 127.12, 127.07, 106.83, 106.76, 78.33, 76.66, 70.23, 54.52, 54.07, 34.93, 34.49, 18.96, 18.94, 13.91, 13.90

propisochlor（异丙草胺）

基本信息

CAS 登录号	86763-47-5	分子量	283.79
分子式	C₁₅H₂₂ClNO₂		

¹H NMR 谱图

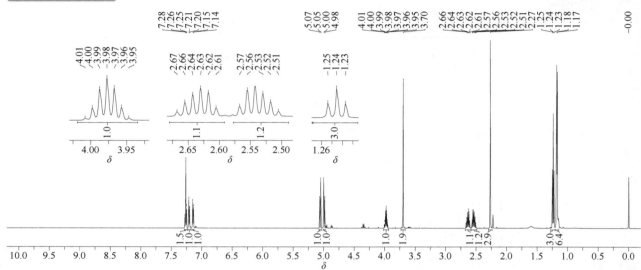

¹H NMR (600 MHz, CDCl₃, δ) 7.29~7.24 (1H, ArH, m), 7.21 (1H, ArH, d, J_{H-H} = 7.6 Hz), 7.15 (1H, ArH, d, J_{H-H} = 7.4 Hz), 5.06 (1H, NC$\underline{H}$H, d, J_{H-H} = 9.9 Hz), 4.99 (1H, NC$\underline{H}$H, d, J_{H-H} = 9.9 Hz), 3.98 (1H, OCH, hept, J_{H-H} = 6.0 Hz), 3.70 (2H, ClCH₂, s), 2.64 (1H, ArC$\underline{H}$H, dq, J_{H-H} = 15.1 Hz, J_{H-H} = 7.6 Hz), 2.54 (1H, ArC$\underline{H}$H, dq, J_{H-H} = 15.1 Hz, J_{H-H} = 7.6 Hz), 2.27 (3H, ArCH₃, s), 1.24 (3H, CH₂C$\underline{H}$₃, t, J_{H-H} = 7.6 Hz), 1.18 (6H, CH(C$\underline{H}$₃)₂, d, J_{H-H} = 6.1 Hz)

¹³C NMR 谱图

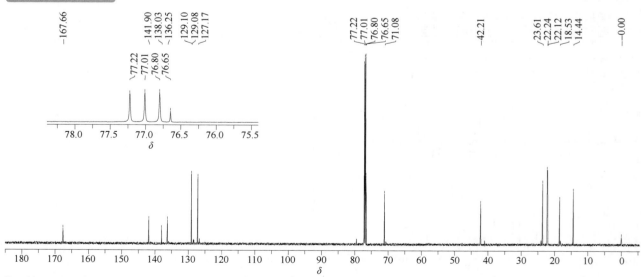

¹³C NMR (151 MHz, CDCl₃, δ) 167.66, 141.90, 138.03, 136.25, 129.10, 129.08, 127.17, 76.65, 71.08, 42.21, 23.61, 22.24, 22.12, 18.53, 14.44

propoxur（残杀威）

基本信息

CAS 登录号	114-26-1	分子量	209.24
分子式	C₁₁H₁₅NO₃		

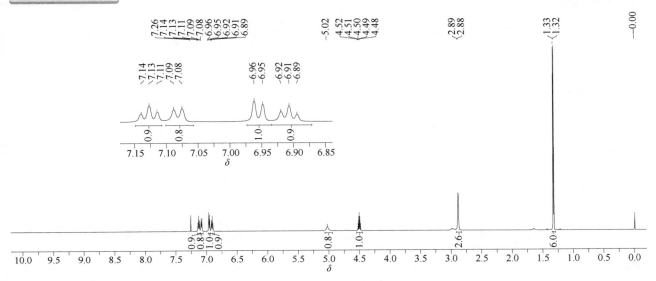

¹H NMR 谱图

¹H NMR (600 MHz, CDCl₃, δ) 7.13 (1H, ArH, t, J_{H-H} = 7.4 Hz), 7.08 (1H, ArH, d, J_{H-H} = 7.8 Hz), 6.95 (1H, ArH, d, J_{H-H} = 8.1 Hz), 6.91 (1H, ArH, t, J_{H-H} = 7.6 Hz), 5.02 (1H, NH, br), 4.50 (1H, OCH, hept, J_{H-H} = 6.1 Hz), 2.89 (3H, NHCH₃, d, J_{H-H} = 3.9 Hz), 1.33 (6H, 2CH₃, d, J_{H-H} = 6.1 Hz)

¹³C NMR 谱图

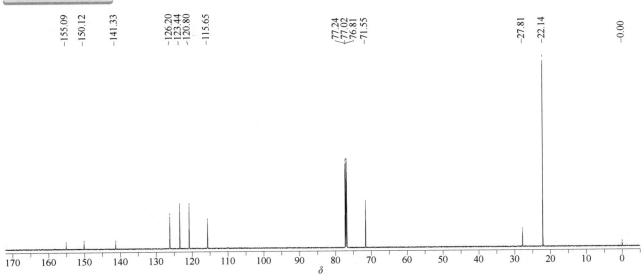

¹³C NMR (151 MHz, CDCl₃, δ) 155.09, 150.12, 141.33, 126.20, 123.44, 120.80, 115.65, 71.55, 27.81, 22.14

propoxycarbazone（丙苯磺隆）

基本信息

CAS 登录号	145026-81-9	分子量	398.39
分子式	$C_{15}H_{18}N_4O_7S$		

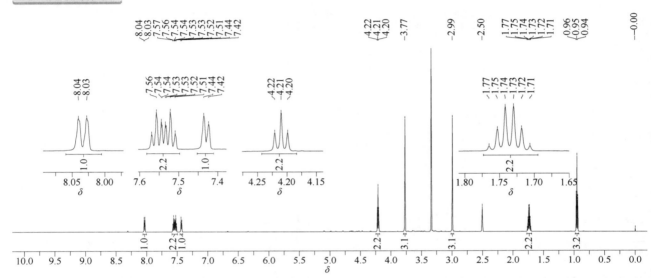

^{1}H NMR 谱图

^{1}H NMR (600 MHz, DMSO-d$_6$, δ) 8.03 (1H, ArH, d, J_{H-H} = 7.8 Hz), 7.56 (1H, ArH, t, J_{H-H} = 7.8 Hz), 7.52 (1H, ArH, t, J_{H-H} = 7.8 Hz), 7.43 (1H, ArH, d, J_{H-H} = 7.8 Hz), 4.21 (2H, OCH$_2$, t, J_{H-H} = 6.5 Hz), 3.77 (3H, OCH$_3$, s), 2.99 (3H, NCH$_3$, s), 1.73 (2H, C$\underline{H}_2$CH$_3$, hex, J_{H-H} = 7.0 Hz), 0.95 (3H, CH$_2$C$\underline{H}_3$, t, J_{H-H} = 7.4 Hz)

^{13}C NMR 谱图

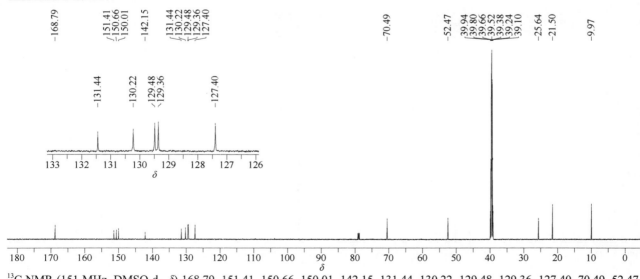

^{13}C NMR (151 MHz, DMSO-d$_6$, δ) 168.79, 151.41, 150.66, 150.01, 142.15, 131.44, 130.22, 129.48, 129.36, 127.40, 70.49, 52.47, 25.64, 21.50, 9.97

propylene thiourea（丙烯硫脲）

基本信息

CAS 登录号	2122-19-2	分子量	116.18
分子式	$C_4H_8N_2S$		

¹H NMR 谱图

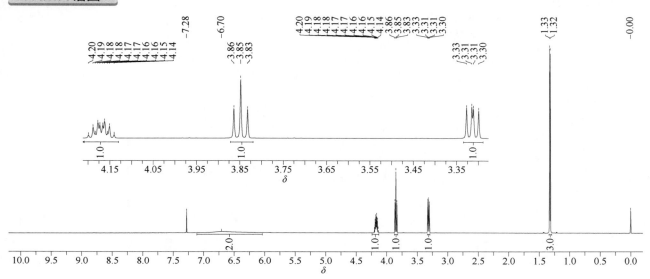

¹H NMR (600 MHz, CDCl₃, δ) 6.70 (2H, 2 NH, br), 4.17 (1H, CH, m), 3.85 (1H, CH, t, J_{H-H} = 9.5 Hz), 3.33 (1H, CH, dd, J_{H-H} = 9.4 Hz, J_{H-H} = 6.4 Hz), 1.33 (3H, CH₃, d, J_{H-H} = 6.2 Hz)

¹³C NMR 谱图

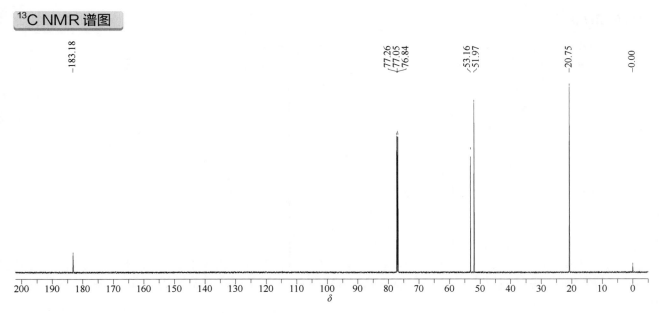

¹³C NMR (151 MHz, CDCl₃, δ) 183.18, 53.16, 51.97, 20.75

propyzamide（炔苯酰草胺）

基本信息

CAS 登录号	23950-58-5	分子量	256.13
分子式	$C_{12}H_{11}Cl_2NO$		

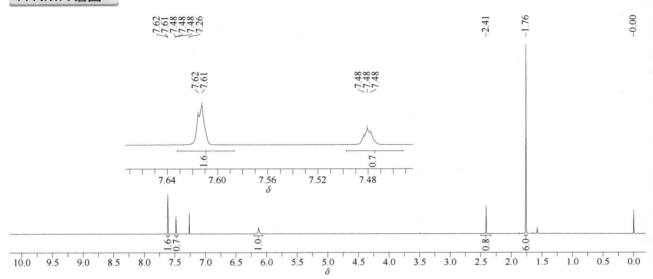

¹H NMR 谱图

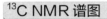

¹H NMR (600 MHz, CDCl₃, δ) 7.61 (2H, 2ArH, d, J_{H-H} = 1.7 Hz), 7.48 (1H, ArH, d, J_{H-H} = 1.6 Hz), 6.13 (1H, NH, br), 2.41 (1H, CH, s), 1.76 (6H, 2C$\underline{H}_3$, s)

¹³C NMR 谱图

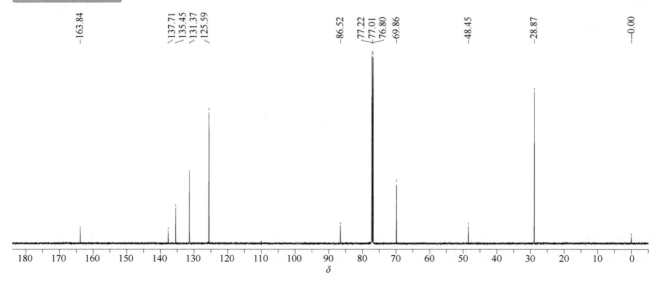

¹³C NMR (151 MHz, CDCl₃, δ) 163.84, 137.71, 135.45, 131.37, 125.59, 86.52, 69.86, 48.45, 28.87

proquinazid（丙氧喹唑啉）

CAS 登录号	189278-12-4	分子量	372.20
分子式	C$_{14}$H$_{17}$IN$_2$O$_2$		

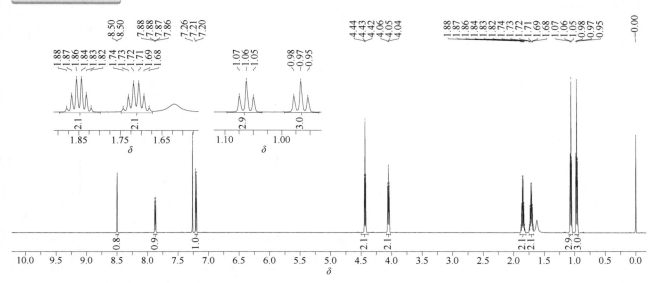

^{1}H NMR 谱图

^{1}H NMR (600 MHz, CDCl$_3$, δ) 8.50 (1H, ArH, d, J_{H-H} = 1.6 Hz), 7.87 (1H, ArH, dd, J_{H-H} = 8.6 Hz, J_{H-H} = 1.6 Hz), 7.20 (1H, ArH, d, J_{H-H} = 8.6 Hz), 4.43 (2H, OCH$_2$, t, J_{H-H} = 6.5 Hz), 4.09~4.02 (2H, NCH$_2$, m), 1.90~1.80 (2H, OCH$_2$C$\underline{H}_2$, m), 1.75~1.67 (2H, NCH$_2$C$\underline{H}_2$, m), 1.06 (3H, OCH$_2$CH$_2$C$\underline{H}_3$, t, J_{H-H} = 7.4 Hz), 0.97 (3H, NCH$_2$CH$_2$C$\underline{H}_3$, t, J_{H-H} = 7.4 Hz)

^{13}C NMR 谱图

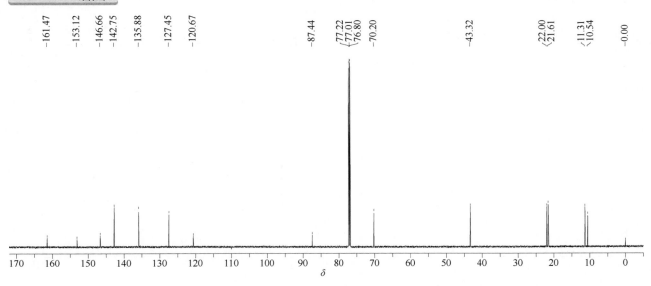

^{13}C NMR (151 MHz, CDCl$_3$, δ) 161.47, 153.12, 146.66, 142.75, 135.88, 127.45, 120.67, 87.44, 70.20, 43.32, 22.00, 21.61, 11.31, 10.54

prosulfocarb（苄草丹）

基本信息

CAS 登录号	52888-80-9	分子量	251.39
分子式	$C_{14}H_{21}NOS$		

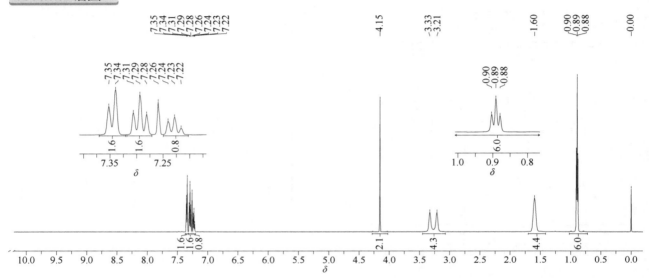

^{1}H NMR 谱图

^{1}H NMR (600 MHz, CDCl$_3$, δ) 7.35 (2H, 2ArH, d, J_{H-H} = 7.5 Hz), 7.29 (2H, 2ArH, t, J_{H-H} = 7.5 Hz), 7.23 (1H, ArH, t, J_{H-H} = 7.3 Hz), 4.15 (2H, SCH$_2$, s), 3.33 (2H, NCH$_2$, br), 3.21 (2H, NCH$_2$, br), 1.60 (4H, 2C$\underline{H}_2$CH$_3$, br), 0.89 (6H, 2CH$_3$, t, J_{H-H} = 7.4 Hz)

^{13}C NMR 谱图

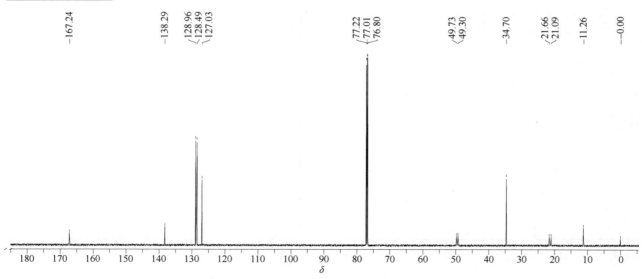

^{13}C NMR (151 MHz, CDCl$_3$, δ) 167.24, 138.29, 128.96, 128.49, 127.03, 49.73, 49.30, 34.70, 21.66, 21.09, 11.26

prosulfuron（氟磺隆）

基本信息

CAS 登录号	94125-34-5	分子量	419.38
分子式	$C_{15}H_{16}F_3N_5O_4S$		

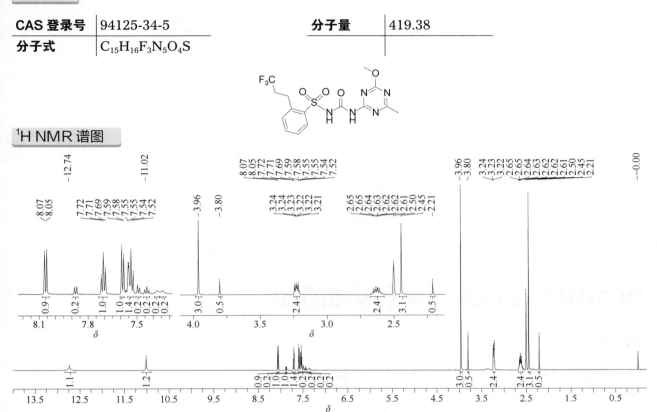

¹H NMR 谱图

¹H NMR (600 MHz, DMSO-d_6, δ) 异构体混合物，比例约为 6：1。异构体 A：12.74 (1H, NH, br), 11.02 (1H, NH, br), 8.06 (1H, ArH, d, J_{H-H} = 8.0 Hz), 7.71 (1H, ArH, t, J_{H-H} = 7.5 Hz), 7.59 (1H, ArH, d, J_{H-H} = 7.7 Hz), 7.57~7.52 (1H, ArH, m), 3.96 (3H, OCH₃, s), 3.26~3.20 (2H, CF₃CH₂, m), 2.67~2.57 (2H, ArCH₂, m), 2.45 (3H, Ar CH₃, s). 异构体 B：7.88 (1H, ArH, d, J_{H-H} = 8.0 Hz), 7.57~7.52 (1H, ArH, m), 7.49 (1H, ArH, d, J_{H-H} = 7.6 Hz), 7.44 (1H, ArH, t, J_{H-H} = 7.5 Hz), 7.38 (1H, NH, br), 7.34 (1H, NH, br), 3.80 (3H, OCH₃, s), 3.26~3.20 (2H, CF₃CH₂, m), 2.67~2.57 (2H, ArCH₂, m), 2.21 (3H, ArCH₃, s)

¹³C NMR 谱图

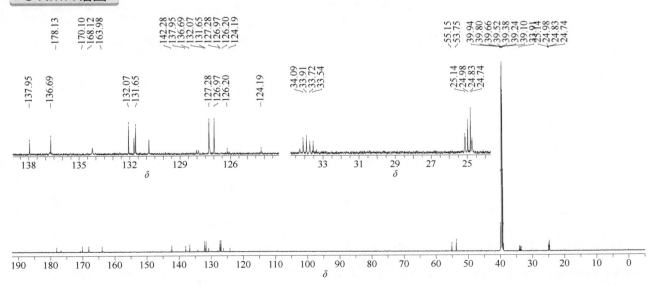

¹³C NMR (151 MHz, DMSO-d_6, δ) 异构体 A：178.13, 170.10, 168.12, 163.98, 137.95, 136.69, 132.07, 131.65, 127.28, 126.97, 125.20 (q, J_{C-F} = 303.5 Hz), 53.75, 34.00 (q, $^2J_{C-F}$ = 27.2 Hz), 25.13 (q, $^3J_{C-F}$ = 3.4 Hz), 24.83. (部分异构体 B 的峰显现，但未列出)

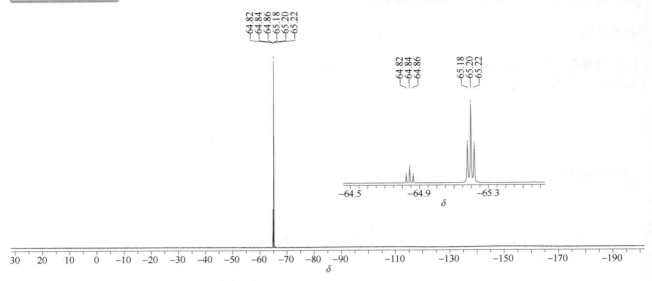

^{19}F NMR (564 MHz, DMSO-d$_6$, δ) 异构体 A: −65.20 (t, $^3J_{\text{H-F}}$ = 11.1 Hz). 异构体 B: −64.84 (t, $^3J_{\text{H-F}}$ = 11.3 Hz)

prothioconazole（丙硫菌唑）

基本信息

CAS 登录号	178928-70-6	分子量	344.25
分子式	C$_{14}$H$_{15}$Cl$_2$N$_3$OS		

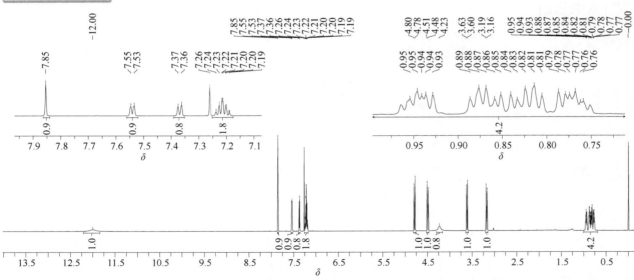

^{1}H NMR (600 MHz, CDCl$_3$, δ) 12.00 (1H, NH, br), 7.85 (1H, ArH, s), 7.54 (1H, ArH, d, $J_{\text{H-H}}$ = 7.3 Hz), 7.37 (1H, ArH, d, $J_{\text{H-H}}$ = 7.7 Hz), 7.25~7.18 (2H, 2ArH, m), 4.79 (1H, NCH$\underline{H}$, d, $J_{\text{H-H}}$ = 14.6 Hz), 4.50 (1H, NCH$\underline{H}$, d, $J_{\text{H-H}}$ = 14.6 Hz), 4.23 (1H, OH, br), 3.61 (1H, ArCH$\underline{H}$, d, $J_{\text{H-H}}$ = 14.1 Hz), 3.18 (1H, ArCH$\underline{H}$, d, $J_{\text{H-H}}$ = 14.1 Hz), 1.00~0.69 (4H, C$\underline{H}_2$C$\underline{H}_2$, m)

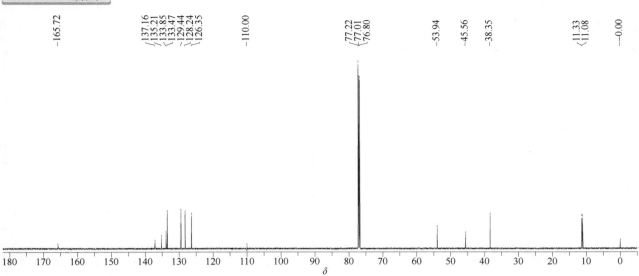

¹³C NMR (151 MHz, CDCl₃, δ) 165.72, 137.16, 135.21, 133.85, 133.47, 129.44, 128.24, 126.35, 77.22, 53.94, 45.56, 38.35, 11.33, 11.08

prothioconazole-desthio（脱硫丙硫菌唑）

基本信息

CAS 登录号	120983-64-4	分子量	312.19
分子式	C₁₄H₁₅Cl₂N₃O		

¹H NMR 谱图

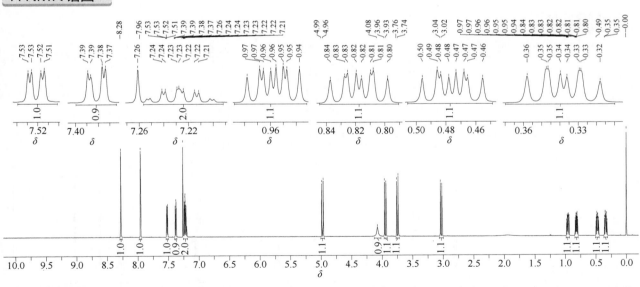

¹H NMR (600 MHz, CDCl₃, δ) 8.28 (1H, ArH, s), 7.96 (1H, ArH, s), 7.52 (1H, ArH, dd, J_H-H = 7.3 Hz, J_H-H = 2.0 Hz), 7.38 (1H, ArH, dd, J_H-H = 7.6 Hz, J_H-H = 1.6 Hz), 7.26~7.19 (2H, 2ArH, m), 4.98 (1H, ArCH, d, J_H-H = 14.3 Hz), 4.08 (1H, OH, br), 3.95 (1H, ArCH, d, J_H-H = 14.2 Hz), 3.75 (1H, ArCH, d, J_H-H = 14.2 Hz), 3.03 (1H, ArCH, d, J_H-H = 14.2 Hz), 0.96 (1H, CH, ddd, J_H-H = 10.9 Hz, J_H-H = 7.5 Hz, J_H-H = 5.8 Hz), 0.82 (1H, CH, ddd, J_H-H = 10.7 Hz, J_H-H = 7.0 Hz, J_H-H = 5.9 Hz), 0.48 (1H, CH, ddd, J_H-H = 10.7 Hz, J_H-H = 7.5 Hz, J_H-H = 6.1 Hz), 0.34 (1H, CH, ddd, J_H-H = 10.9 Hz, J_H-H = 6.8 Hz, J_H-H = 6.3 Hz)

¹³C NMR 谱图

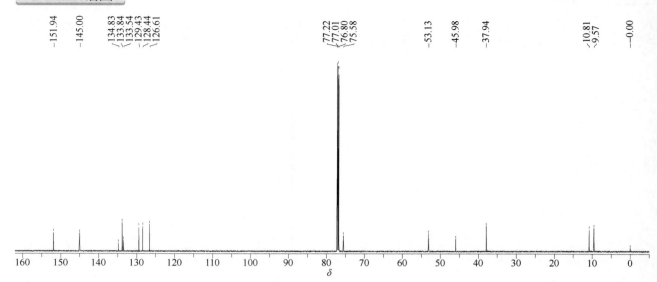

¹³C NMR (151 MHz, CDCl₃, δ) 151.94, 145.00, 134.83, 133.84, 133.54, 129.43, 128.44, 126.61, 75.58, 53.13, 45.98, 37.94, 10.81, 9.57

prothiofos（丙硫磷）

基本信息

CAS 登录号	34643-46-4	分子量	345.25
分子式	C₁₁H₁₅Cl₂O₂PS₂		

¹H NMR 谱图

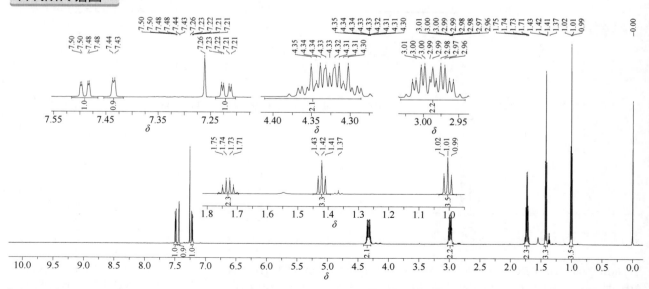

¹H NMR (600 MHz, CDCl₃, δ) 7.48 (1H, ArH, dd, J_{H-H} = 8.8 Hz, J_{H-H} = 1.5 Hz), 7.43 (1H, ArH, d, J_{H-H} = 2.4 Hz), 7.21 (1H, ArH, J_{H-H} = 8.8 Hz, J_{H-H} = 2.5 Hz), 4.41~4.29 (2H, OCH₂, m), 3.05~2.93 (2H, SCH₂, m), 1.72 (2H, SCH₂C$\underline{H}$₂, hex, J_{H-H} =7.3 Hz, J_{H-H} = 7.3 Hz), 1.42 (3H, OCH₂C$\underline{H}$₃, t, J_{H-H} = 7.1 Hz), 1.00 (3H, CH₂CH₂C$\underline{H}$₃, t, J_{H-H} = 7.3 Hz)

¹³C NMR 谱图

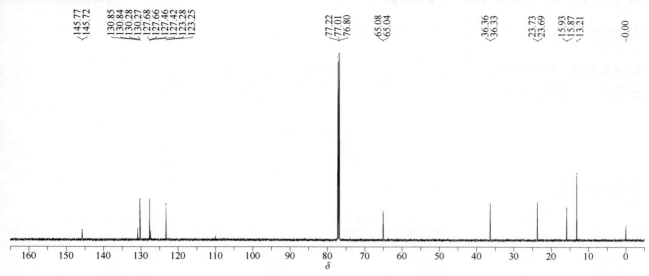

¹³C NMR (151 MHz, CDCl$_3$, δ) 145.74 (d, $^2J_{\text{C-P}}$ = 8.7 Hz), 130.85 (d, $^4J_{\text{C-P}}$ = 2.5 Hz), 130.28 (d, $^5J_{\text{C-P}}$ = 1.3 Hz), 127.67 (d, $^4J_{\text{C-P}}$ = 1.9 Hz), 127.44 (d, $^3J_{\text{C-P}}$ = 6.5 Hz), 123.26 (d, $^3J_{\text{C-P}}$ = 4.0 Hz), 65.06 (d, $^2J_{\text{C-P}}$ = 7.3 Hz), 36.35 (d, $^3J_{\text{C-P}}$ = 4.1 Hz), 23.71 (d, $^2J_{\text{C-P}}$ = 6.3 Hz), 15.90 (d, $^3J_{\text{C-P}}$ = 8.2 Hz), 13.21

³¹P NMR 谱图

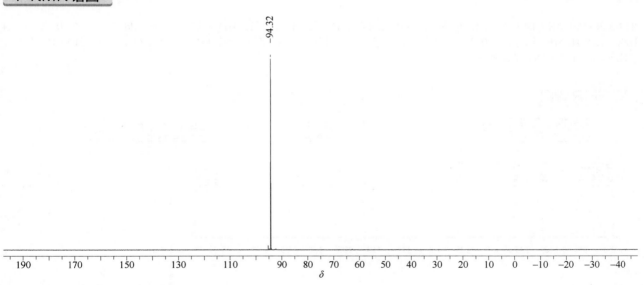

³¹P NMR (243 MHz, CDCl$_3$, δ) 94.32

pymetrozine（吡蚜酮）

基本信息

CAS 登录号	123312-89-0	分子量	217.23
分子式	$C_{10}H_{11}N_5O$		

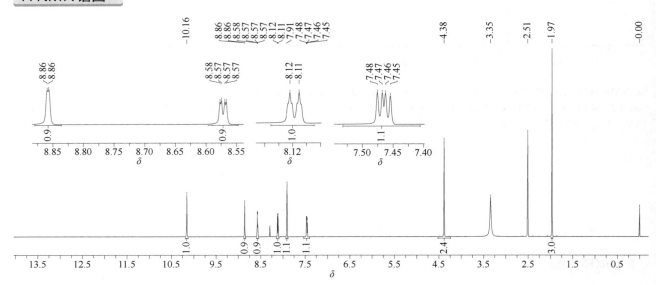

¹H NMR 谱图

¹H NMR (600 MHz, DMSO-d_6, δ) 10.16 (1H, NH, s), 8.86 (1H, ArH, d, J_{H-H} = 1.5 Hz), 8.57 (1H, ArH, dd, J_{H-H} = 4.7 Hz, J_{H-H} = 1.4 Hz), 8.12 (1H, ArH, d, J_{H-H} = 8.0 Hz), 7.91 (1H, N=CH, s), 7.47 (1H, ArH, dd, J_{H-H} = 7.9 Hz, J_{H-H} = 4.8 Hz), 4.38 (2H, CH₂, s), 1.97 (3H, CH₃, s)（含 CDCl₃ 溶剂残留）

¹³C NMR 谱图

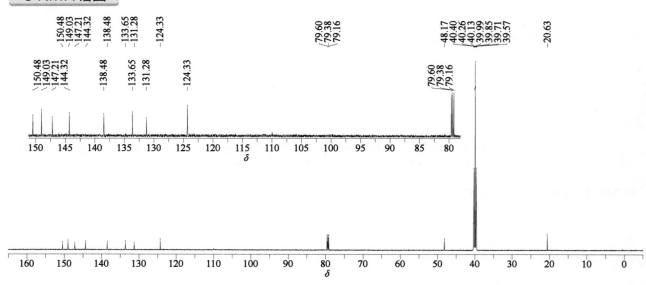

¹³C NMR (151 MHz, DMSO-d_6, δ) 150.48, 149.03, 147.21, 144.32, 138.48, 133.65, 131.28, 124.33, 48.17, 20.63（含 CDCl₃ 溶剂残留）

pyracarbolid（比锈灵）

基本信息

CAS 登录号	24691-76-7	**分子量**	217.26
分子式	$C_{13}H_{15}NO_2$		

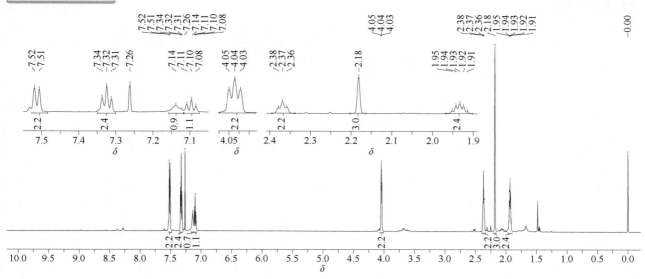

¹H NMR 谱图

¹H NMR (600 MHz, CDCl₃, δ) 7.51 (2H, 2ArH, d, J_{H-H} = 7.8 Hz), 7.32 (2H, 2ArH, t, J_{H-H} = 7.3 Hz), 7.14 (1H, NH, br), 7.10 (1H, ArH, t, J_{H-H} = 7.4 Hz), 4.04 (2H, OCH₂, t, J_{H-H} = 5.0 Hz), 2.37 (2H, CH₂, t, J_{H-H} = 6.3 Hz), 2.18 (3H, CH₃, s), 1.93 (2H, CH₂, quin, J_{H-H} = 5.6 Hz)

¹³C NMR 谱图

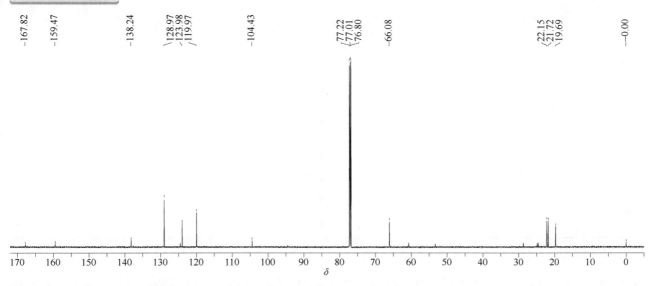

¹³C NMR (151 MHz, CDCl₃, δ) 167.82, 159.47, 138.24, 128.97, 123.98, 119.97, 104.43, 66.08, 22.15, 21.72, 19.69

pyraclofos（吡唑硫磷）

基本信息

CAS 登录号	89784-60-1	分子量	360.80
分子式	C₁₄H₁₈ClN₂O₃PS		

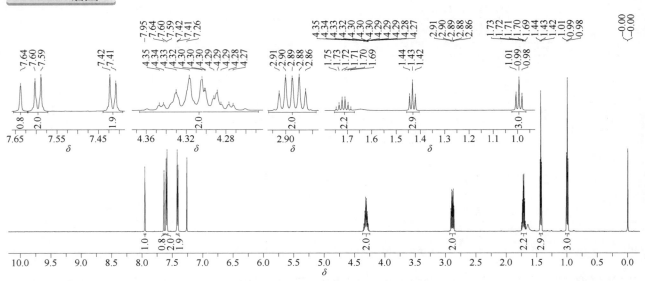

¹H NMR 谱图

¹H NMR (600 MHz, CDCl₃, δ) 7.95 (1H, ArH, s), 7.64 (1H, ArH, s), 7.60 (2H, 2ArH, d, J_{H-H} = 8.6 Hz), 7.43 (2H, 2ArH, d, J_{H-H} = 8.5 Hz), 4.37~4.25 (2H, OC$\underline{H}_2$CH₃, m), 2.93~2.84 (2H, SC$\underline{H}_2$CH₂CH₃, m), 1.75~1,67 (2H, SCH₂C$\underline{H}_2$CH₃, m), 1.43 (3H, OCH₂C$\underline{H}_3$, t, J_{H-H} = 7.1 Hz), 1.01 (3H, SCH₂CH₂C$\underline{H}_3$, t, J_{H-H} = 7.3 Hz)

¹³C NMR 谱图

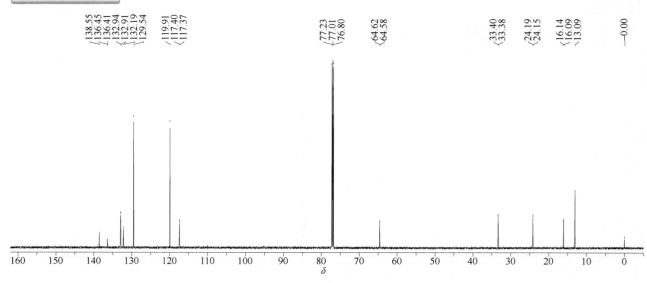

¹³C NMR (151 MHz, CDCl₃, δ) 138.55, 136.45 (d, $^2J_{C-P}$ = 6.9 Hz), 132.94 (d, $^3J_{C-P}$ = 4.9 Hz), 132.19, 129.54, 119.91, 117.40 (d, $^3J_{C-P}$ = 4.6 Hz), 64.62 (d, $^2J_{C-P}$ = 6.4 Hz), 33.40 (d, $^3J_{C-P}$ = 4.1 Hz), 24.19 (d, $^2J_{C-P}$ = 6.0 Hz), 16.14 (d, $^3J_{C-P}$ = 7.1 Hz), 13.09

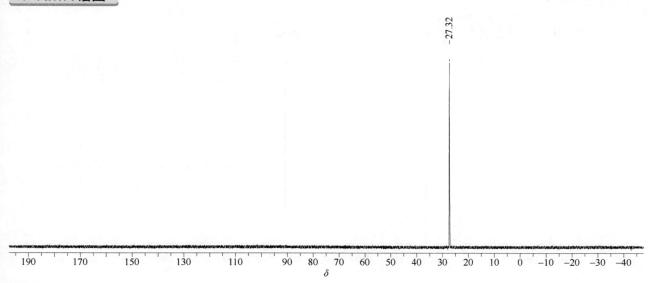

−27.32

³¹P NMR (243M Hz, CDCl₃, δ) 27.32

pyraclostrobin（吡唑醚菌酯）

基本信息

CAS 登录号	175013-18-0	分子量	387.82
分子式	$C_{19}H_{18}ClN_3O_4$		

¹H NMR 谱图

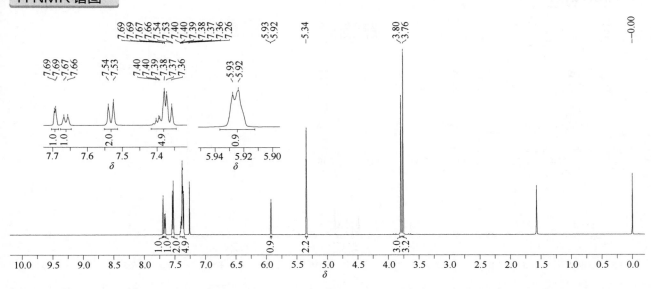

¹H NMR (600 MHz, CDCl₃, δ) 7.70~7.68 (1H, NCH, m), 7.66 (1H, ArH, d, J_{H-H} = 6.6 Hz), 7.53 (2H, 2ArH, d, J_{H-H} = 8.8 Hz), 7.42~7.34 (5H, 5ArH, m), 5.94~5.91 (1H, CH, m), 5.34 (2H, OCH₂, s), 3.80 (3H, OCH₃, s), 3.76 (3H, OCH₃, s)

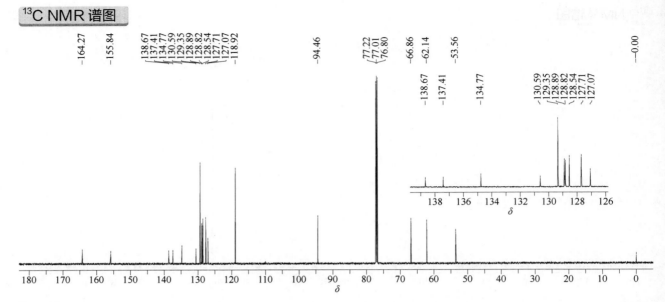

¹³C NMR (151 MHz, CDCl₃, δ) 164.27, 155.84, 138.67, 137.41, 134.77, 130.59, 129.35, 128.89, 128.82, 128.54, 127.71, 127.07, 118.92, 94.46, 66.86, 62.14, 53.56

pyraflufen (free acid)（吡草醚（自由酸））

基本信息

CAS 登录号	129630-17-7	分子量	385.12
分子式	C$_{13}$H$_{13}$Cl$_9$F$_3$N$_2$O$_4$		

¹H NMR 谱图

¹H NMR (600 MHz, DMSO-d$_6$, δ) 13.17 (1H, OH, br), 7.63 (1H, ArH, d, $^3J_{\text{H-F}}$ = 9.2 Hz), 7.37 (1H, CHF$_2$, t, $^2J_{\text{H-F}}$ = 71.1 Hz), 7.10 (1H, ArH, d, $^4J_{\text{H-F}}$ = 5.6 Hz), 4.86 (2H, CH$_2$, s), 3.80 (3H, CH$_3$, s)

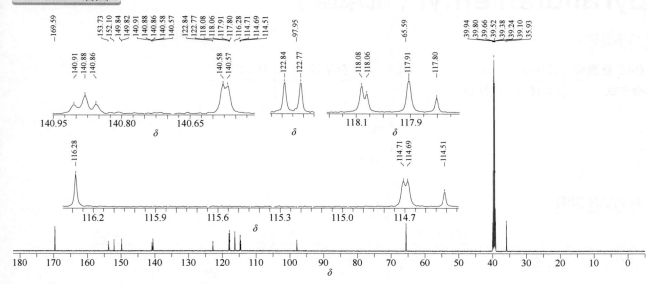

¹³C NMR (151 MHz, DMSO-d₆, δ) 169.59, 153.92 (d, J_{C-F} = 246.1 Hz), 149.83 (d, $^3J_{C-F}$ = 2.5 Hz), 140.88 (t, $^3J_{C-F}$ = 3.8 Hz), 140.58 (d, $^4J_{C-F}$ = 1.5 Hz), 122.81 (d, $^3J_{C-F}$ = 10.3 Hz), 118.00 (d, $^2J_{C-F}$ = 25.7 Hz), 117.93 (d, $^2J_{C-F}$ = 39.3 Hz), 116.28 (t, J_{C-F} = 267.3 Hz), 114.70 (d, $^4J_{C-F}$ = 3.0 Hz), 97.95, 65.59, 35.93

¹⁹F NMR 谱图

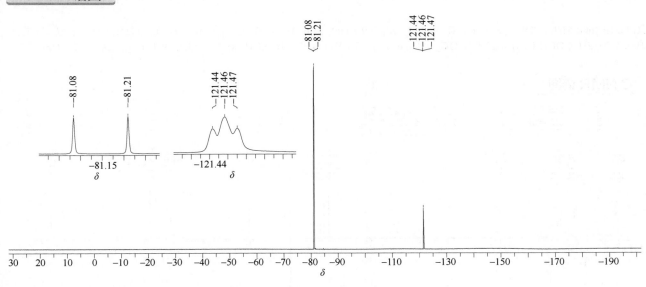

¹⁹F NMR (564 MHz, DMSO-d₆, δ) −81.11 (d, $^2J_{H-F}$ = 71.1 Hz), −121.46 (dd, $^3J_{H-F}$ = 9.2 Hz, $^4J_{H-F}$ = 5.6 Hz)

pyraflufen ethyl（吡草醚）

基本信息

CAS 登录号	129630-19-9	**分子量**	413.17
分子式	$C_{15}H_{13}Cl_2F_3N_2O_4$		

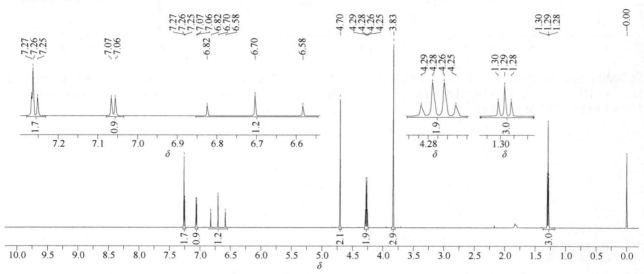

^{1}H NMR 谱图

^{1}H NMR (600 MHz, CDCl$_3$, δ) 7.26 (1H, ArH, d, $^3J_{H\text{-}F}$ = 9.1 Hz), 7.06 (1H, ArH, d, $^4J_{H\text{-}F}$ = 6.1 Hz), 6.70 (1H, CHF$_2$, t, $^2J_{H\text{-}F}$ = 72.4 Hz), 4.70 (2H, COCH$_2$O, s), 4.27 (2H, OC$\underline{H}_2$CH$_3$, q, $J_{H\text{-}H}$ = 7.1 Hz), 3.83 (3H, NCH$_3$, s), 1.29 (3H, OCH$_2$C$\underline{H}_3$, t, $J_{H\text{-}H}$ = 7.1 Hz)

^{13}C NMR 谱图

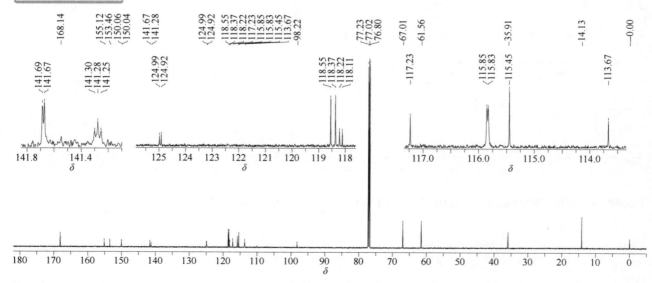

^{13}C NMR (151 MHz, CDCl$_3$, δ) 168.14, 154.28 (d, $J_{C\text{-}F}$ = 250.7 Hz), 150.05 (d, $^4J_{C\text{-}F}$ = 2.9 Hz), 141.68 (d, $^3J_{C\text{-}F}$ = 3.0 Hz), 141.28 (t, $^3J_{C\text{-}F}$ = 3.8 Hz), 124.95 (d, $^3J_{C\text{-}F}$ = 10.2 Hz), 118.46 (d, $^2J_{C\text{-}F}$ = 27.2 Hz), 118.16 (d, $^2J_{C\text{-}F}$ = 16.1 Hz), 115.84 (d, $^4J_{C\text{-}F}$ = 3.8 Hz), 115.45 (t, $J_{C\text{-}F}$ = 268.8 Hz), 98.22, 67.01, 61.56, 35.91, 14.13

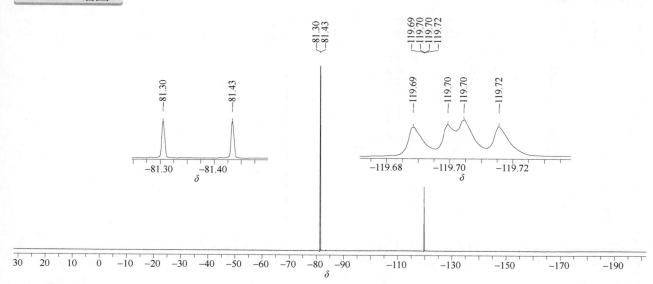

¹⁹F NMR (564 MHz, CDCl₃, δ) −81.36 (d, $^2J_{\text{H-F}}$ = 73.3 Hz), −119.70 (dd, $^3J_{\text{H-F}}$ = 9.1 Hz, $^4J_{\text{H-F}}$ = 6.2 Hz)

pyraoxystrobin（唑菌酯）

基本信息

CAS 登录号	862588-11-2	分子量	412.87
分子式	C₂₂H₂₁ClN₂O₄		

¹H NMR 谱图

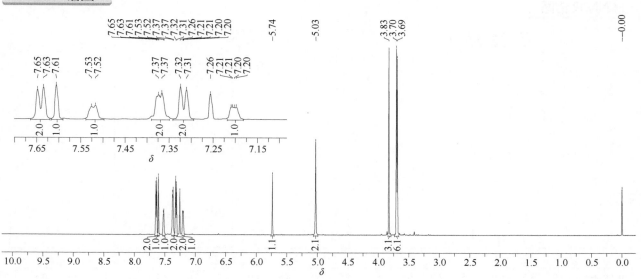

¹H NMR (600 MHz, CDCl₃, δ) 7.64 (2H, 2ArH, d, $J_{\text{H-H}}$ = 8.1 Hz), 7.61 (1H, ArH, s), 7.52 (1H, ArH, d, $J_{\text{H-H}}$ = 5.2 Hz), 7.37 (2H, 2ArH, d, $J_{\text{H-H}}$ = 4.6 Hz), 7.31 (2H, 2ArH, d, $J_{\text{H-H}}$ = 8.2 Hz), 7.20 (1H, ArH, dd, $J_{\text{H-H}}$ = 1.7 Hz, $J_{\text{H-H}}$ = 4.2 Hz), 5.74 (1H, =CH, s), 5.03 (2H, OCH₂, s), 3.83 (3H, CH₃, s), 3.70 (3H, CH₃, s), 3.69 (3H, CH₃, s)

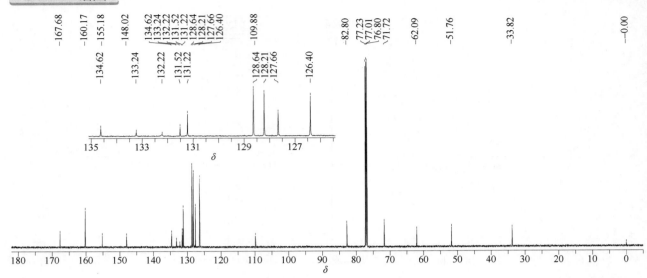

¹³C NMR (151 MHz, CDCl₃, δ) 167.68, 160.17, 155.18, 148.02, 134.62, 133.24, 132.22, 131.52, 131.22, 128.64, 128.21, 127.66, 126.40, 109.88, 82.80, 71.12, 62.09, 51.76, 33.82

pyrasulfotole（吡唑氟磺草胺）

基本信息

CAS 登录号	365400-11-9	分子量	362.33
分子式	C₁₄H₁₃F₃N₂O₄S		

¹H NMR 谱图

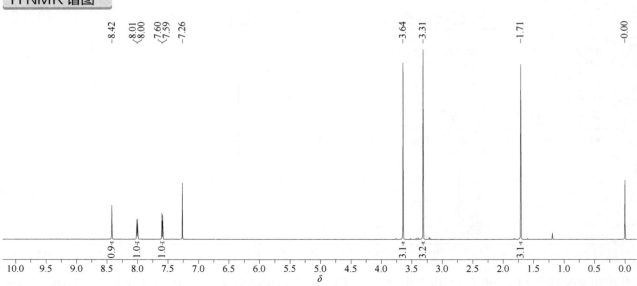

¹H NMR (600 MHz, CDCl₃, δ) 8.42 (1H, ArH, s), 8.01 (1H, ArH, d, J_{H-H} = 7.9 Hz), 7.59 (1H, ArH, d, J_{H-H} = 7.9 Hz), 3.64 (3H, NCH₃, s), 3.31 (3H, SCH₃, s), 1.71 (3H, ArCH₃, s)

¹³C NMR 谱图

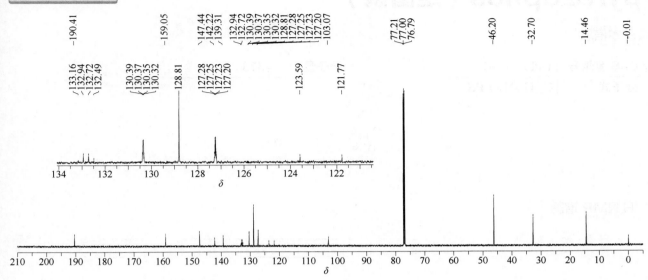

¹³C NMR (151 MHz, CDCl₃, δ) 190.41, 159.05, 147.44, 142.22, 139.31, 132.83 (q, $^2J_{C\text{-}F}$ = 34.1 Hz), 130.36 (q, $^3J_{C\text{-}F}$ = 3.4 Hz), 128.81, 127.24 (q, $^3J_{C\text{-}F}$ = 3.7 Hz), 122.68 (q, $J_{C\text{-}F}$ = 273.3 Hz), 103.07, 46.20, 32.70, 14.46

¹⁹F NMR 谱图

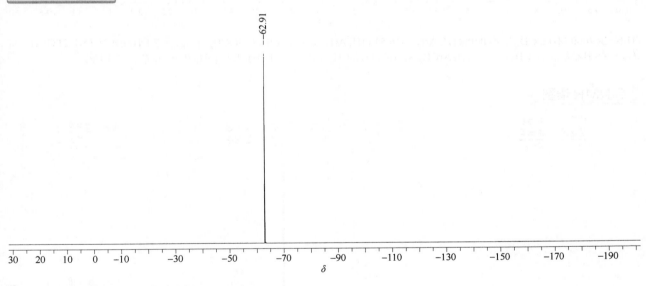

¹⁹F NMR (564 MHz, CDCl₃, δ) −62.91

pyrazophos（定菌磷）

基本信息

CAS 登录号	13457-18-6	分子量	373.36
分子式	$C_{14}H_{20}N_3O_5PS$		

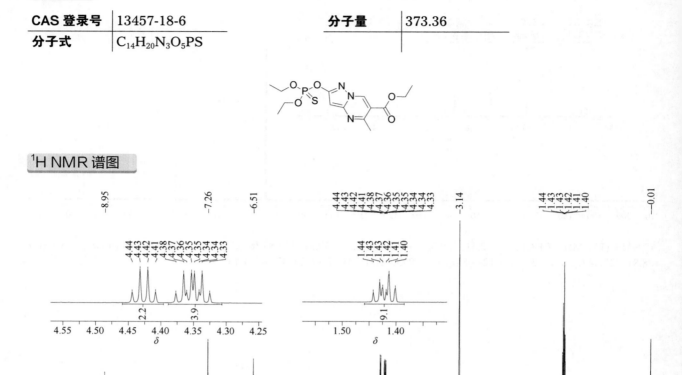

¹H NMR 谱图

¹H NMR (600 MHz, CDCl₃, δ) 8.95 (1H, ArH, s), 6.51 (1H, ArH, s), 4.43 (2H, COOCH₂, q, J_{H-H} = 7.1 Hz), 4.35 (4H, 2POCH₂, dq, J_{H-P} = 9.8 Hz, J_{H-H} = 7.1 Hz), 3.14 (3H, ArCH₃, s), 1.42 (3H, CH₃, t, J_{H-H} = 7.1 Hz), 1.41 (6H, 2CH₃, t, J_{H-H} = 7.1 Hz)

¹³C NMR 谱图

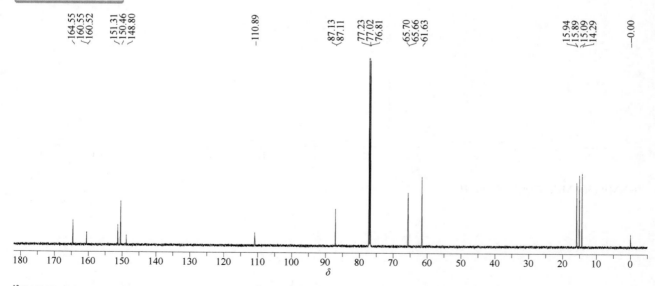

¹³C NMR (151 MHz, CDCl₃, δ) 164.55, 160.53 (d, $^2J_{C-P}$ = 4.1 Hz), 151.31, 150.46, 148.80, 110.89, 87.12 (d, $^3J_{C-P}$ = 3.5 Hz), 65.68 (d, $^2J_{C-P}$ = 5.7 Hz), 61.63, 15.91 (d, $^3J_{C-P}$ = 7.7 Hz), 15.09, 14.29

³¹P NMR 谱图

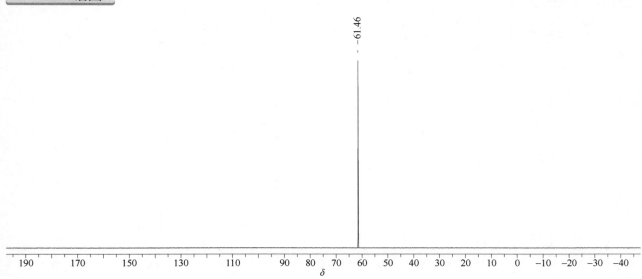

³¹P NMR (243 MHz, CDCl₃, δ) 61.46

pyrazosulfuron-ethyl（吡嘧磺隆）

基本信息

CAS 登录号	93697-74-6	分子量	414.39
分子式	C₁₄H₁₈N₆O₇S		

¹H NMR 谱图

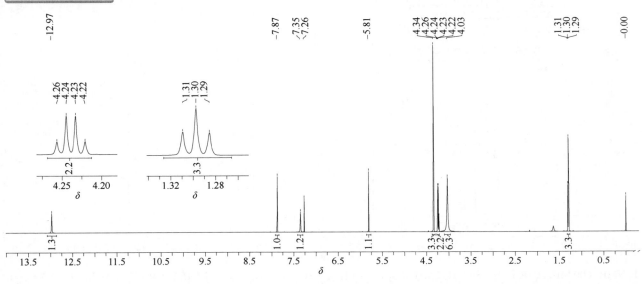

¹H NMR (600 MHz, CDCl₃, δ) 12.97 (1H, NH, br), 7.87 (1H, ArH, s), 7.35 (1H, NH, br), 5.81 (1H, ArH, s), 4.34 (3H, NCH₃, s), 4.24 (2H, C*H*₂CH₃, q, *J*_{H-H} = 7.1 Hz), 4.03 (6H, 2OCH₃, s), 1.30 (3H, CH₂C*H*₃, t, *J*_{H-H} = 7.1 Hz)

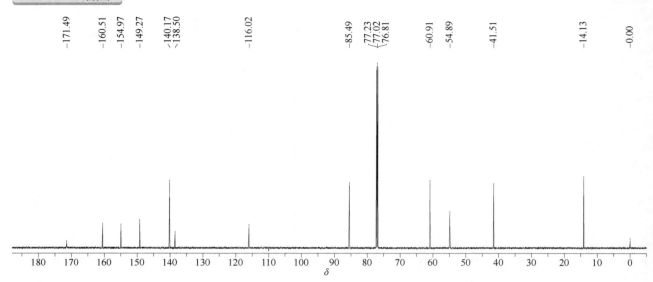

^{13}C NMR (151 MHz, CDCl$_3$, δ) 171.49, 160.51, 154.97, 149.27, 140.17, 138.50, 116.02, 85.49, 60.91, 54.89, 41.51, 14.13

pyrazoxyfen（苄草唑）

基本信息

CAS 登录号	71561-11-0	分子量	403.26
分子式	C$_{20}$H$_{16}$Cl$_2$N$_2$O$_3$		

^{1}H NMR 谱图

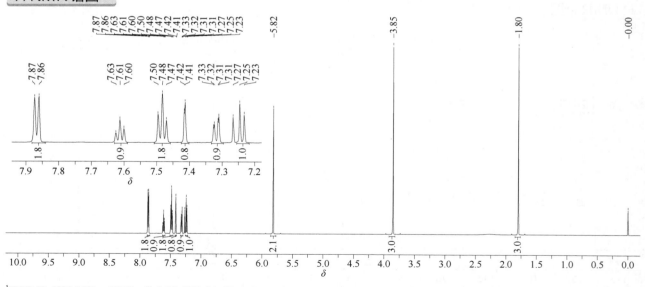

^{1}H NMR (600 MHz, CDCl$_3$, δ) 7.86 (2H, 2ArH, d, J_{H-H} = 8.1 Hz), 7.61 (1H, ArH, t, J_{H-H} = 7.5 Hz), 7.48 (2H, 2ArH, t, J_{H-H} = 7.6 Hz), 7.41 (1H, ArH, d, J_{H-H} = 1.6 Hz), 7.31 (1H, ArH, dd, J_{H-H} = 1.6 Hz, J_{H-H} = 8.2 Hz), 7.24 (1H, ArH, d, J_{H-H} = 8.2 Hz), 5.82 (2H, OCH$_2$, s), 3.85 (3H, NCH$_3$, s), 1.80 (3H, CH$_3$, s)

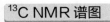

^{13}C NMR 谱图

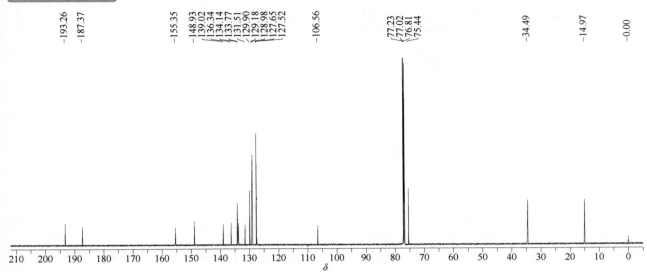

^{13}C NMR (151 MHz, CDCl$_3$, δ) 193.26, 187.37, 155.35, 148.93, 139.02, 136.34, 134.14, 133.77, 131.51, 129.90, 129.18, 128.98, 127.65, 127.52, 106.56, 75.44, 34.49, 14.97

pyribenzoxim（嘧啶肟草醚）

基本信息

CAS 登录号	168088-61-7	分子量	609.60
分子式	C$_{32}$H$_{27}$N$_5$O$_8$		

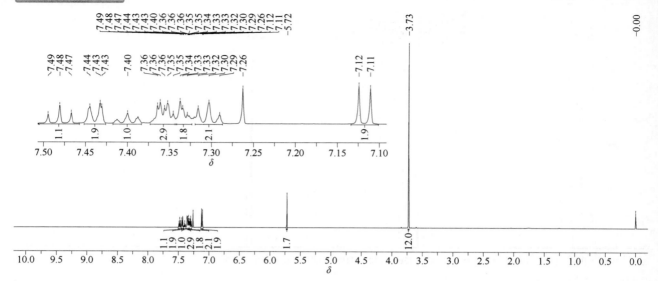

¹H NMR (600 MHz, CDCl₃, δ) 7.48 (1H, ArH, t, J_{H-H} = 8.3 Hz), 7.45~7.43 (2H, 2ArH, m), 7.42~7.38 (1H, ArH, m), 7.37~7.34 (3H, 3ArH, m), 7.34~7.32 (2H, 2ArH, m), 7.30 (2H, 2ArH, t, J_{H-H} = 7.7 Hz), 7.12 (2H, 2ArH, d, J_{H-H} = 8.2 Hz), 5.72 (2H, 2ArH, s), 3.73 (12H, 4 OCH₃, s)

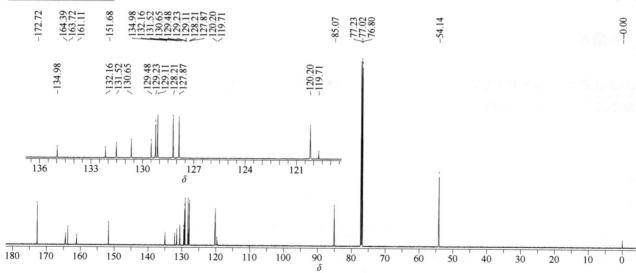

¹³C NMR (151 MHz, CDCl₃, δ) 172.72, 164.39, 163.72, 161.11, 151.68, 134.98, 132.16, 131.52, 130.65, 129.48, 129.23, 129.11, 128.21, 127.87, 120.20, 119.71, 85.07, 54.14

pyridaben（哒螨灵）

基本信息

| **CAS 登录号** | 96489-71-3 | **分子量** | 364.93 |
| **分子式** | $C_{19}H_{25}ClN_2OS$ | | |

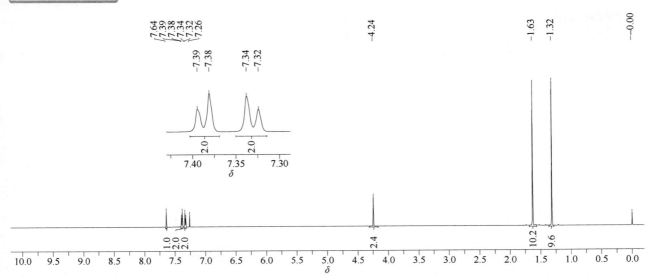

¹H NMR 谱图

¹H NMR (600 MHz, CDCl₃, δ) 7.64 (1H, N=CH, s), 7.39 (2H, 2ArH, d, J_{H-H} = 8.2 Hz), 7.33 (2H, 2ArH, d, J_{H-H} = 8.2 Hz), 4.24 (2H, SCH₂, s), 1.63 (9H, C(CH₃)₃, s), 1.32 (9H, C(CH₃)₃, s)

¹³C NMR 谱图

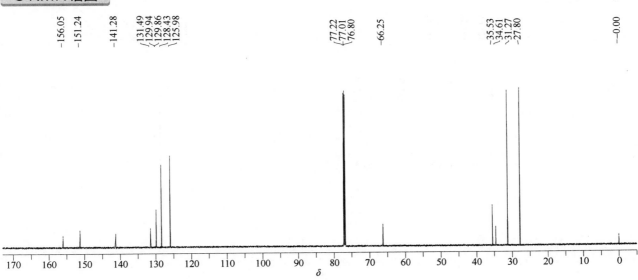

¹³C NMR (151 MHz, CDCl₃, δ) 156.05, 151.24, 141.28, 131.49, 129.94, 129.86, 128.43, 125.98, 66.25, 35.53, 34.61, 31.27, 27.80

pyridafol（达嗪草醇）

基本信息

CAS 登录号	40020-01-7	分子量	206.63
分子式	$C_{10}H_7ClN_2O$		

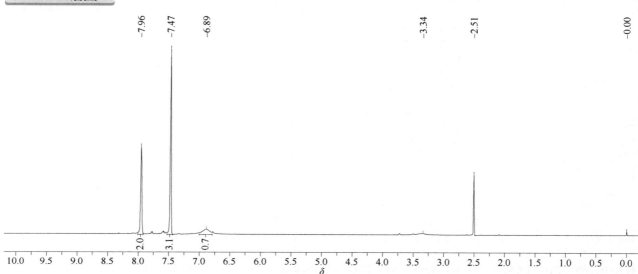

¹H NMR 谱图

¹H NMR (600 MHz, DMSO-d₆, δ) 7.96 (2H, 2ArH, s), 7.47 (3H, 3ArH, s), 6.89 (1H, ArH, br)

¹³C NMR 谱图

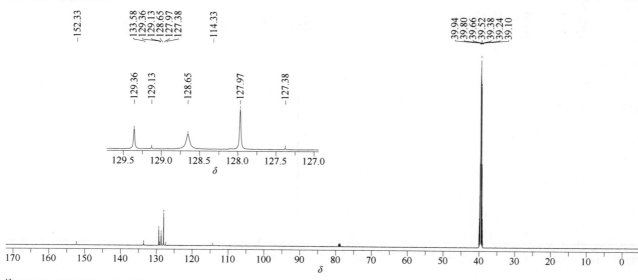

¹³C NMR (151 MHz, DMSO-d₆, δ) 152.33, 133.58, 129.36, 129.13, 128.65, 127.97, 127.38, 114.33

pyridaly（三氟甲吡醚）

基本信息

CAS 登录号	179101-81-6	分子量	491.11
分子式	$C_{18}H_{14}Cl_4F_3NO_3$		

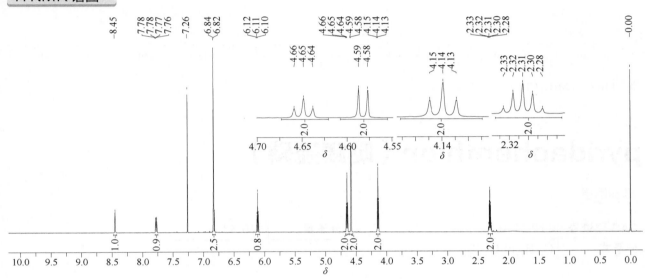

¹H NMR 谱图

¹H NMR (600 MHz, CDCl₃, δ) 8.45 (1H, ArH, s), 7.77 (1H, ArH, dd, J_{H-H} = 8.7 Hz, J_{H-F} = 2.4 Hz), 6.84 (2H, 2ArH, s), 6.83 (1H, ArH, d, J_{H-H} = 8.3 Hz), 6.11 (1H, CH=CCl₂, t, J_{H-H} = 6.3 Hz), 4.66 (2H, OCH₂, t, J_{H-H} = 6.3 Hz), 4.58 (2H, OCH₂, d, J_{H-H} = 6.3 Hz), 4.14 (2H, OCH₂, t, J_{H-H} = 6.0 Hz), 2.31 (2H, OCH₂C$\underline{H}$₂, q, J_{H-H} = 6.2 Hz)

¹³C NMR 谱图

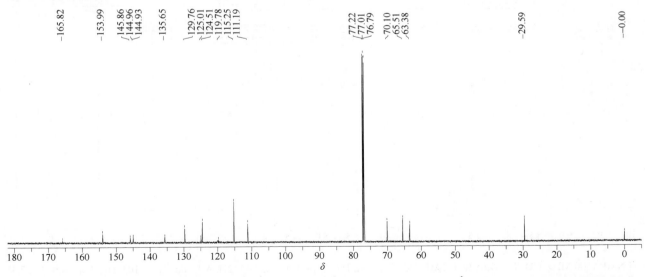

¹³C NMR (151 MHz, CDCl₃, δ) 165.82, 153.99, 145.86, 144.94 (q, $^3J_{C-F}$ = 4.4 Hz), 135.64 (q, $^3J_{C-F}$ = 3.0 Hz), 129.76, 125.01 (q, J_{C-F} = 246.3 Hz), 124.51, 119.78 (q, $^2J_{C-F}$ = 33.2 Hz), 115.25, 111.19, 70.10, 65.51, 63.38, 29.59.

¹⁹F NMR 谱图

−61.52

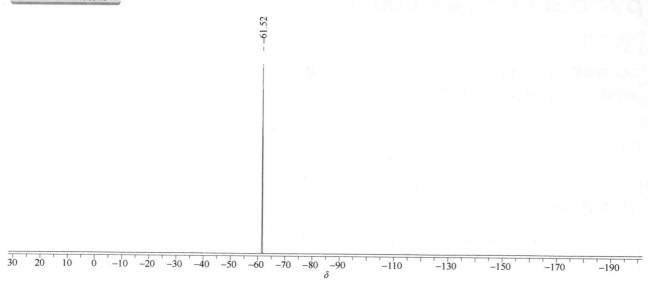

¹⁹F NMR (564 MHz, CDCl₃, δ) −61.52

pyridaphenthion（哒嗪硫磷）

基本信息

CAS 登录号	119-12-0	分子量	340.33
分子式	$C_{14}H_{17}N_2O_4PS$		

¹H NMR 谱图

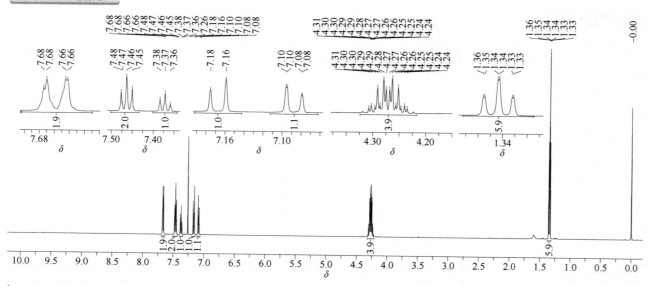

¹H NMR (600 MHz, CDCl₃, δ)7.68 (2H, 2ArH, dd, J_{H-H} = 8.5 Hz, J_{H-H} = 1.0 Hz), 7.47 (2H, ArH, dd, J_{H-H} = 10.9 Hz, J_{H-H} = 4.9 Hz), 7.38 (1H, ArH, t, J_{H-H} = 7.4 Hz), 7.17 (1H, ArH, d, J_{H-H} = 9.8 Hz), 7.09 (1H, ArH, dd, J_{H-H} = 9.8 Hz, J_{H-H} = 0.6 Hz), 4.32~4.22 (4H, 2CH₂, m), 1.34 (6H, 2CH₃, td, J_{H-H} = 7.1 Hz, $^4J_{H-P}$ = 0.6 Hz)

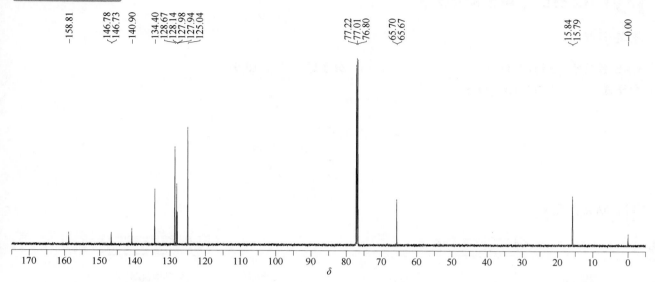

¹³C NMR (151 MHz, CDCl$_3$, δ) 158.81, 146.76 (d, $^2J_{\text{C-P}}$ = 6.1 Hz), 140.90, 134.40, 128.67, 128.14, 127.96 (d, $^3J_{\text{C-P}}$ = 4.7 Hz), 125.04, 65.68 (d, $^2J_{\text{C-P}}$ = 5.6 Hz), 15.81 (d, $^3J_{\text{C-P}}$ = 7.8 Hz)

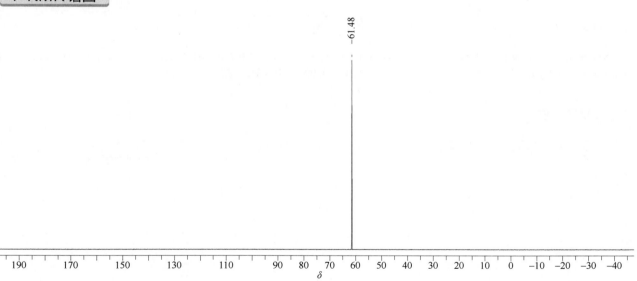

³¹P NMR (243 MHz, CDCl$_3$, δ) 61.48

pyridat（哒草特）

基本信息

CAS 登录号	55512-33-9	分子量	378.92
分子式	C$_{19}$H$_{23}$ClN$_2$O$_2$S		

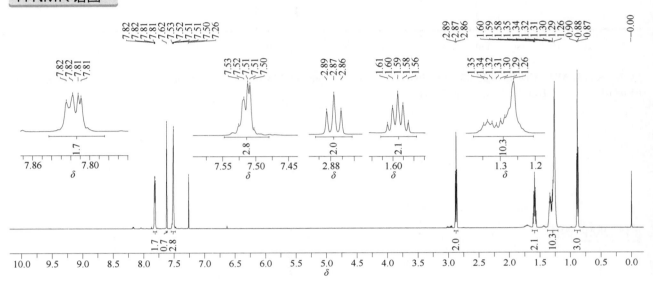

^{1}H NMR 谱图

^{1}H NMR (600 MHz, CDCl$_3$, δ) 7.84~7.79 (2H, 2ArH, m), 7.62 (1H, ArH, s), 7.55~7.48 (3H, 3ArH, m), 2.87 (2H, SCH$_2$, t, J_{H-H} = 7.4 Hz), 1.59 (2H, CH$_2$, q, J_{H-H} = 7.4 Hz), 1.38~1.21 (10H, 5CH$_2$, m), 0.88 (3H, CH$_3$, t, J_{H-H} = 7.0 Hz)

^{13}C NMR 谱图

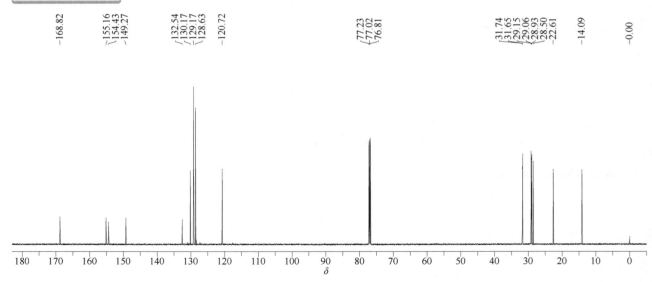

^{13}C NMR (151 MHz, CDCl$_3$, δ) 168.82, 155.16, 154.43, 149.27, 132.54, 130.17, 129.17, 128.63, 120.72, 31.74, 31.65, 29.15, 29.06, 28.93, 28.50, 22.61, 14.09

pyrifenox（啶斑肟）

基本信息

CAS 登录号	88283-41-4	分子量	295.16
分子式	$C_{14}H_{12}Cl_2N_2O$		

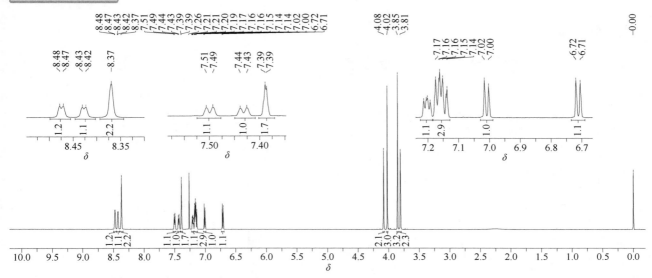

¹H NMR 谱图

¹H NMR (600 MHz, CDCl₃, δ) 顺反异构体混合物 (1:1)。8.47 (1H, ArH, d, J_{H-H} = 4.5 Hz), 8.43 (1H, ArH, d, J_{H-H} = 4.5 Hz), 8.37 (2H, 2ArH, s), 7.50 (1H, ArH, d, J_{H-H} = 7.7 Hz), 7.43 (1H, ArH, d, J_{H-H} = 7.7 Hz), 7.40~7.37 (2H, 2ArH, m), 7.20 (1H, ArH, dd, J_{H-H} = 7.4 Hz, J_{H-H} = 5.1 Hz), 7.19~7.12 (3H, 3ArH, m), 7.01 (1H, ArH, d, J_{H-H} = 8.2 Hz), 6.71 (1H, ArH, d, J_{H-H} = 8.2 Hz), 4.08 (2H, ArCH₂, s), 4.02 (3H, OCH₃, s), 3.85 (3H, OCH₃, s), 3.81 (2H, ArCH₂, s)

¹³C NMR 谱图

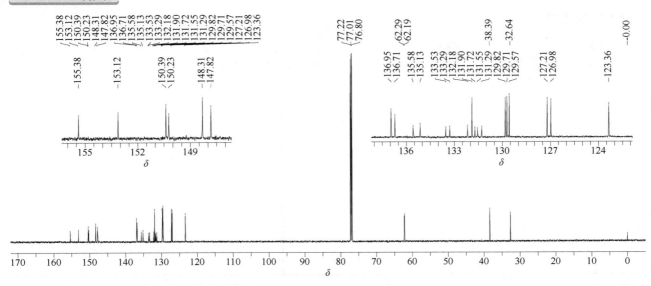

¹³C NMR (151 MHz, CDCl₃, δ) 顺反异构体混合物 (1:1)。155.38, 153.12, 150.39, 150.23, 148.31, 147.82, 136.95, 136.71, 135.58, 135.13, 133.53, 133.29, 132.18, 131.90, 131.72, 131.55, 131.29, 129.82, 129.71, 129.57, 127.21, 126.98, 123.36, 62.29, 62.19, 38.39, 32.64

pyriftalid（环酯草醚）

基本信息

CAS 登录号	135186-78-6	分子量	318.35
分子式	C₁₅H₁₄N₂O₄S		

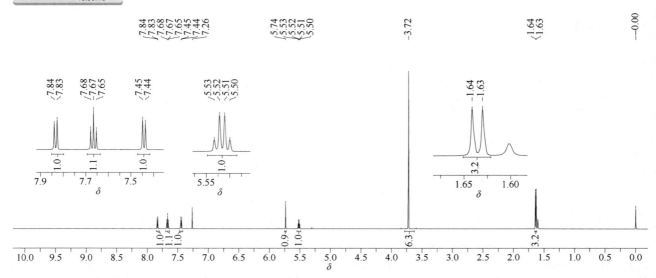

¹H NMR 谱图

¹H NMR (600 MHz, CDCl₃, δ) 7.83 (1H, ArH, d, J_{H-H} = 7.6 Hz), 7.67 (1H, ArH, t, J_{H-H} = 7.6 Hz), 7.44 (1H, ArH, d, J_{H-H} = 7.6 Hz), 5.74 (1H, ArH, s), 5.52 (1H, CH₃C$\underline{H}$, q, J_{H-H} = 6.7 Hz), 3.72 (6H, 2 OCH₃, s), 1.64 (3H, C$\underline{H}$₃CH, d, J_{H-H} = 6.7 Hz)

¹³C NMR 谱图

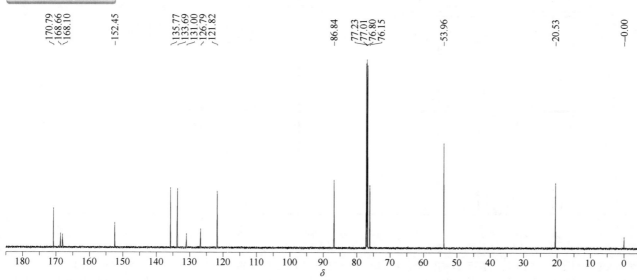

¹³C NMR (151 MHz, CDCl₃, δ) 170.79, 168.66, 168.10, 152.45, 135.77, 133.69, 131.00, 126.79, 121.82, 86.84, 76.15, 53.96, 20.53

986

pyrimethanil（嘧霉胺）

基本信息

CAS 登录号	53112-28-0	**分子量**	199.26
分子式	C₁₂H₁₃N₃		

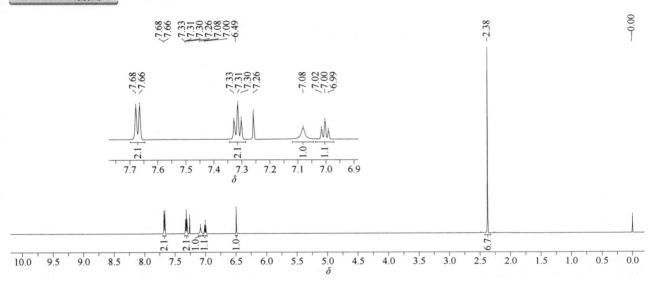

¹H NMR 谱图

¹H NMR (600 MHz, CDCl₃, δ) 7.67 (2H, 2ArH, d, $J_{\text{H-H}}$ = 8.3 Hz), 7.31 (2H, 2ArH, t, $J_{\text{H-H}}$ = 7.9 Hz), 7.08 (1H, NH, br), 7.31 (1H, ArH, t, $J_{\text{H-H}}$ = 7.4 Hz), 6.49 (1H, ArH, s), 2.38 (6H, 2ArCH₃, s)

¹³C NMR 谱图

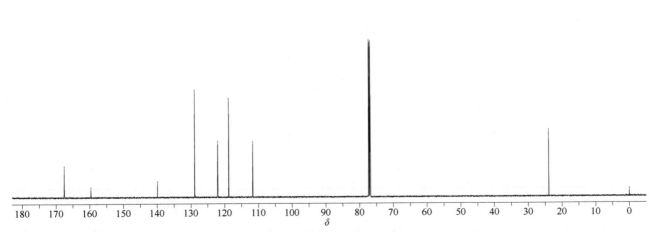

¹³C NMR (151 MHz, CDCl₃, δ) 167.54, 159.65, 139.89, 128.84, 121.99, 118.73, 111.66, 23.94

pyrimidifen（嘧螨醚）

基本信息

CAS 登录号	105779-78-0	分子量	377.91
分子式	$C_{20}H_{28}ClN_3O_2$		

¹H NMR 谱图

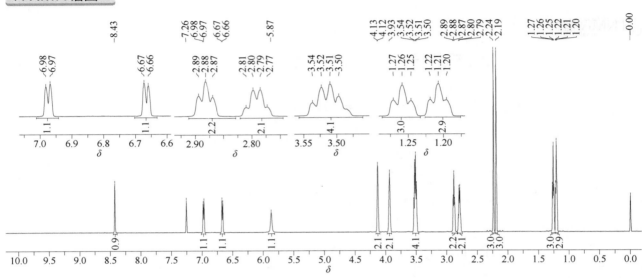

¹H NMR (600 MHz, CDCl₃, δ) 8.43 (1H, ArH, s), 6.97 (1H, ArH, d, J_{H-H} = 8.2 Hz), 6.66 (1H, ArH, d, J_{H-H} = 8.2 Hz), 5.87 (1H, NH, br), 4.12 (2H, OCH_2CH₂NH, t, J_{H-H} = 4.0 Hz), 3.93 (2H, OCH₂CH_2NH, t, J_{H-H} = 4.0 Hz), 3.52 (2H, OCH_2CH₂, t, J_{H-H} = 7.4 Hz), 3.51 (2H, OCH_2CH₃, q, J_{H-H} = 7.5 Hz), 2.88 (2H, OCH₂CH_2, t, J_{H-H} = 7.4 Hz), 2.80 (2H, CH_2CH₃, q, J_{H-H} = 7.6 Hz), 2.24 (3H, CH₃, s), 2.19 (3H, CH₃, s), 1.26 (3H, OCH₂CH_3, t, J_{H-H} = 7.5 Hz), 1.21 (3H, CH₂CH_3, t, J_{H-H} = 6.9 Hz)

¹³C NMR 谱图

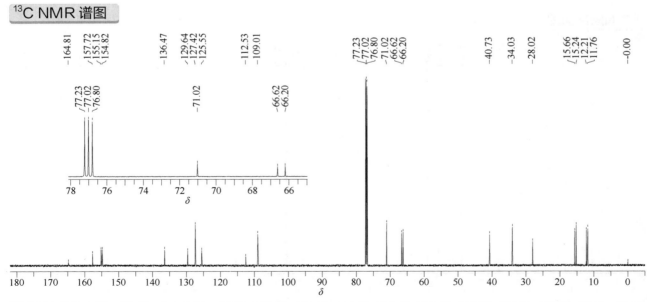

¹³C NMR (151 MHz, CDCl₃, δ) 164.81, 157.72, 155.15, 154.82, 136.47, 129.64, 127.42, 125.55, 112.53, 109.01, 71.02, 66.62, 66.20, 40.73, 34.03, 28.02, 15.66, 15.24, 12.21, 11.76

pyriminobac-methyl（嘧草醚）

基本信息

CAS 登录号	136191-64-5（顺反异构体混合物）	分子量	361.35
分子式	$C_{17}H_{19}N_3O_6$		

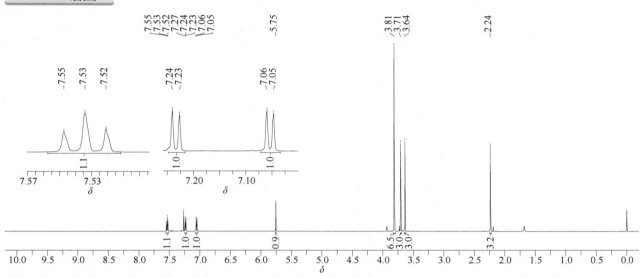

¹H NMR 谱图

¹H NMR (600 MHz, CDCl₃, δ) 7.53 (1H, ArH, t, J_{H-H} = 7.9 Hz), 7.23 (1H, ArH, d, J_{H-H} = 8.2 Hz), 7.05 (1H, ArH, d, J_{H-H} = 7.6 Hz), 5.75 (1H, ArH, s), 3.81 (6H, 2 ArOCH₃, s), 3.71 (3H, OCH₃, s), 3.64 (3H, OCH₃, s), 2.24 (3H, =CCH₃, s)

¹³C NMR 谱图

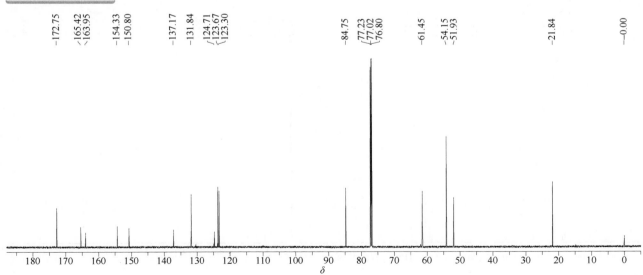

¹³C NMR (151 MHz, CDCl₃, δ) 172.75, 165.42, 163.95, 154.33, 150.80, 137.17, 131.84, 124.71, 123.67, 123.30, 84.75, 61.45, 54.15, 51.93, 21.84

pyriproxyfen（吡丙醚）

基本信息

CAS 登录号	95737-68-1	分子量	321.37
分子式	$C_{20}H_{19}NO_3$		

¹H NMR 谱图

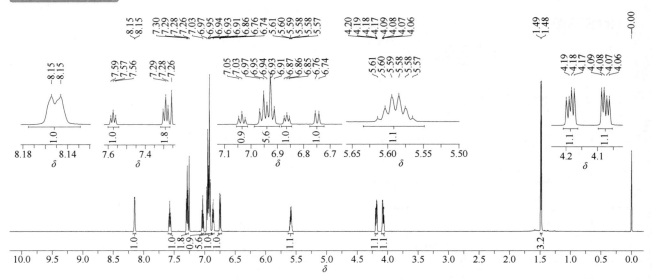

¹H NMR (600 MHz, CDCl₃, δ) 8.15 (1H, ArH, d, J_{H-H} = 5.0 Hz), 7.57 (1H, ArH, t, J_{H-H} = 7.7 Hz), 7.29 (2H, 2ArH, t, J_{H-H} = 8.0 Hz), 7.03 (1H, ArH, t, J_{H-H} = 7.4 Hz), 6.99~6.89 (6H, 6ArH, m), 6.86 (1H, ArH, t, J_{H-H} = 6.0 Hz), 6.75 (1H, ArH, d, J_{H-H} = 8.3 Hz), 5.62~5.55 (1H, OCH, m), 4.19 (1H, OCH₂, dd, J_{H-H} = 9.9 Hz, J_{H-H} = 5.3 Hz), 4.07 (1H, OCH₂, dd, J_{H-H} = 9.9 Hz, J_{H-H} = 4.8 Hz), 1.48 (3H, CH₃, d, J_{H-H} = 6.4 Hz)

¹³C NMR 谱图

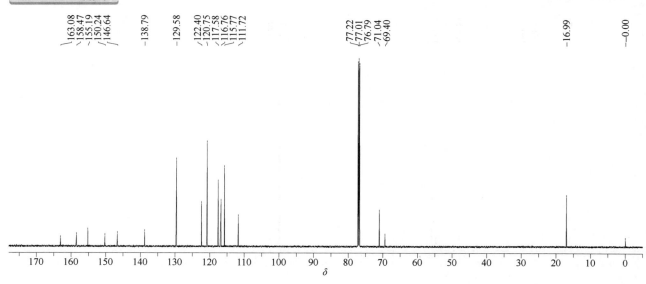

¹³C NMR (151 MHz, CDCl₃, δ) 163.08, 158.47, 155.19, 150.24, 146.64, 138.79, 129.58, 122.40, 120.75, 117.58, 116.76, 115.77, 111.72, 71.04, 69.40, 16.99

pyrithiobac sodium（嘧草硫醚）

基本信息

CAS 登录号	123343-16-8	分子量	348.74
分子式	C₁₃H₁₀ClN₂NaO₄S		

¹H NMR 谱图

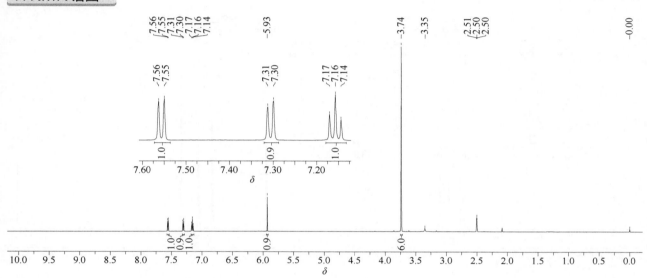

¹H NMR (600 MHz, DMSO-d₆, δ) 7.56 (1H, ArH, d, J_{H-H} = 7.9 Hz), 7.31 (1H, ArH, d, J_{H-H} = 7.9 Hz), 7.16 (1H, ArH, t, J_{H-H} = 7.9 Hz), 5.93 (1H, ArH, s), 3.74 (6H, 2CH₃, s)

¹³C NMR 谱图

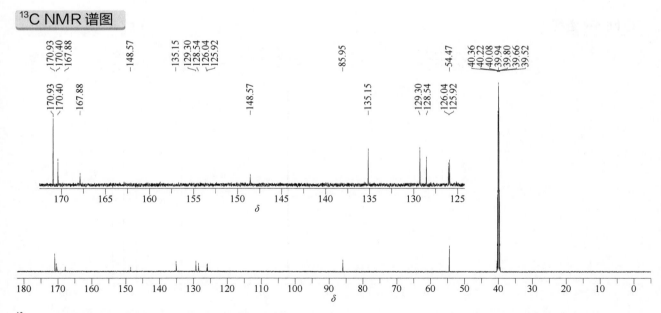

¹³C NMR (151 MHz, DMSO-d₆, δ) 170.93, 170.40, 167.88, 148.57, 135.15, 129.30, 128.54, 126.04, 125.92, 85.95, 54.47

pyroquilon（咯喹酮）

基本信息

CAS 登录号	57369-32-1	分子量	173.22
分子式	$C_{11}H_{11}NO$		

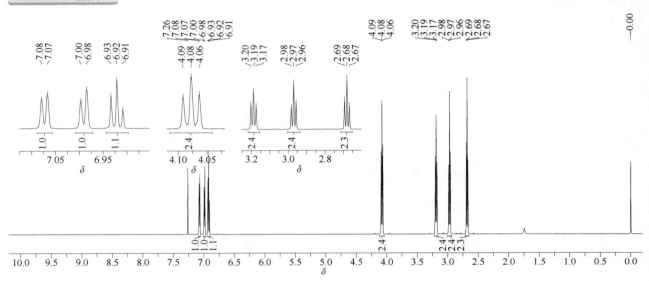

¹H NMR 谱图

¹H NMR (600 MHz, CDCl₃, δ) 7.07 (1H, NCH, d, J_{H-H} = 7.4 Hz), 6.99 (1H, NCHC$\underline{H}$, d, J_{H-H} = 7.4 Hz), 6.92 (1H, COC=CH, t, J_{H-H} = 7.5 Hz), 4.08 (2H, NCH₂, t, J_{H-H} = 8.4 Hz), 3.19 (2H, COCH₂, t, J_{H-H} = 8.4 Hz), 2.97 (2H, CH₂, t, J_{H-H} = 7.7 Hz), 2.68 (2H, C=CHC$\underline{H}$₂, t, J_{H-H} = 7.7 Hz)

¹³C NMR 谱图

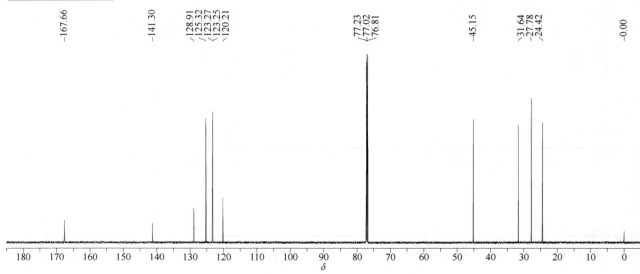

¹³C NMR (151 MHz, CDCl₃, δ) 167.66, 141.30, 128.91, 125.32, 123.27, 123.25, 120.21, 45.15, 31.64, 27.78, 24.42

pyroxasulfone（杀草砜）

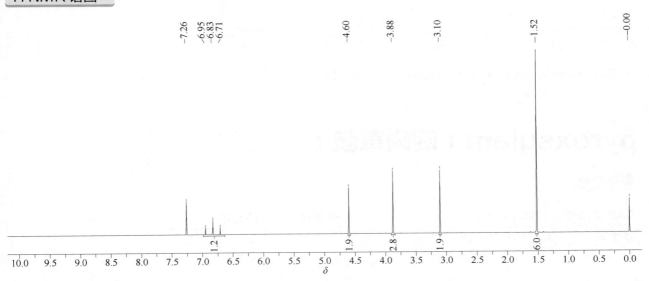

基本信息

CAS 登录号	447399-55-5	分子量	391.31
分子式	$C_{12}H_{14}F_5N_3O_4S$		

¹H NMR 谱图

¹H NMR (600 MHz, CDCl₃, δ) 6.83 (1H, CHF₂, t, $^2J_{H-F}$ = 71.9 Hz), 4.60 (2H, SCH₂, s), 3.88 (3H, NCH₃, s), 3.10 (2H, CH₂, s), 1.52 (6H, C(CH₃)₂, s)

¹³C NMR 谱图

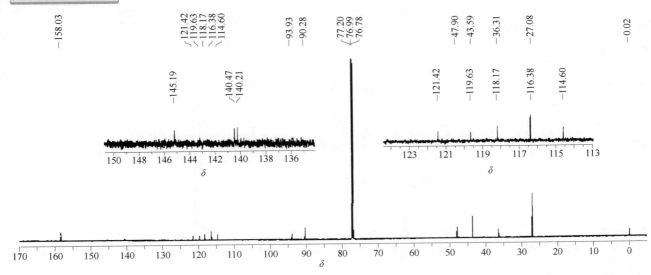

¹³C NMR (151 MHz, CDCl₃, δ) 158.05, 145.19, 140.34 (q, $^2J_{C-F}$ = 39.3 Hz), 120.55 (q, J_{C-F} = 270.3 Hz), 116.40 (t, J_{C-F} = 269.5 Hz), 93.95, 90.30, 47.92, 43.61, 36.33, 27.10

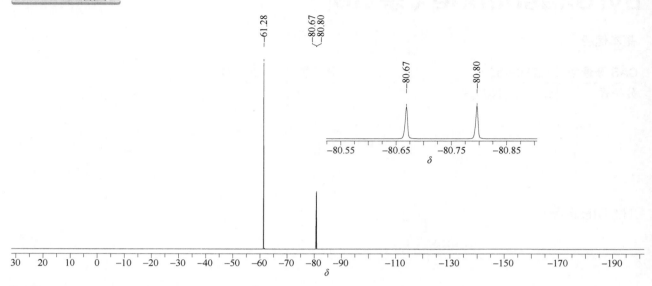

−61.28
−80.67
−80.80

−80.67
−80.80

¹⁹F NMR (564 MHz, CDCl₃, δ) −61.28, −80.73 (d, $^2J_{H-F}$ = 71.9 Hz)

pyroxsulam（啶磺草胺）

基本信息

CAS 登录号	422556-08-9	分子量	434.35
分子式	C₁₄H₁₃F₃N₆O₅S		

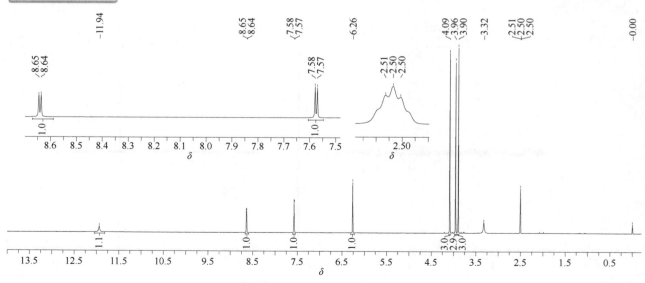

¹H NMR 谱图

¹H NMR (600 MHz, DMSO-d₆, δ) 11.94 (1H, NH, br), 8.64 (1H, ArH, d, J_{H-H} = 5.2 Hz), 7.58 (1H, ArH, d, J_{H-H} = 5.3 Hz), 6.26 (1H, ArH, s), 4.09 (3H, OCH₃, s), 3.96 (3H, OCH₃, s), 3.90 (3H, OCH₃, s)

^{13}C NMR 谱图

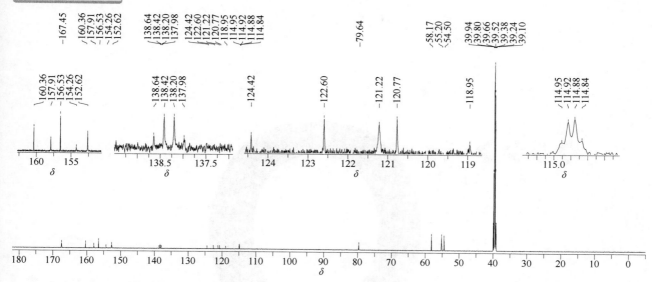

^{13}C NMR (151 MHz, DMSO-d$_6$, δ) 167.45, 160.36, 157.91, 156.53, 154.26, 152.62, 138.31 (q, $^2J_{C\text{-}F}$ = 33.2 Hz), 121.68 (q, $J_{C\text{-}F}$ = 274.8 Hz), 121.22, 114.90 (q, $^3J_{C\text{-}F}$ = 6.0 Hz), 79.64, 58.17, 55.20, 54.50

^{19}F NMR 谱图

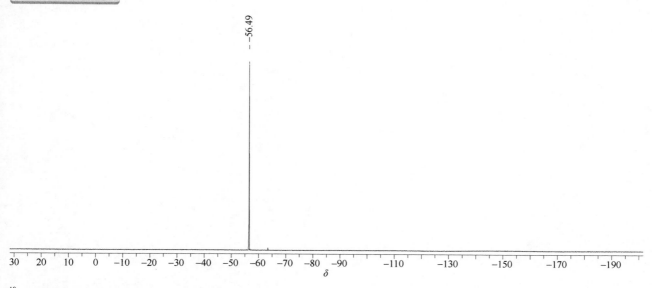

^{19}F NMR (564 MHz, DMSO-d$_6$, δ) −56.49

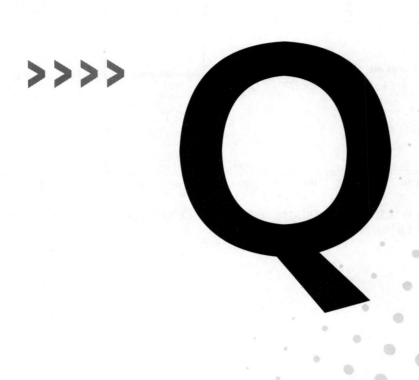

quinalphos（喹硫磷）

基本信息

CAS 登录号	13593-03-8	**分子量**	298.30
分子式	$C_{12}H_{15}N_2O_3PS$		

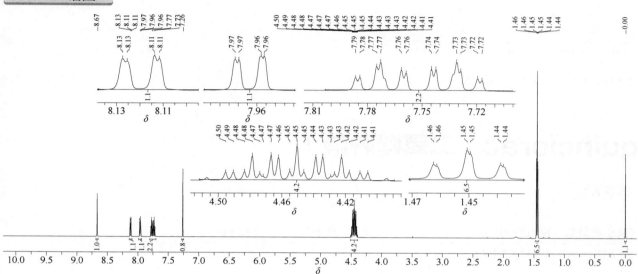

¹H NMR 谱图

¹H NMR (600 MHz, CDCl₃, δ) 8.67 (1H, ArH, s), 8.12 (1H, ArH, dd, J_{H-H} = 8.2 Hz, J_{H-H} = 1.2 Hz), 7.96 (1H, ArH, dd, J_{H-H} = 8.3 Hz, J_{H-H} = 1.1 Hz), 7.81~7.67 (2H, 2ArH, m), 4.51~4.39 (4H, 2CH₂, m), 1.45 (6H, 2CH₃, td, J = 7.1 Hz, $^4J_{H-P}$ = 0.6 Hz)

¹³C NMR 谱图

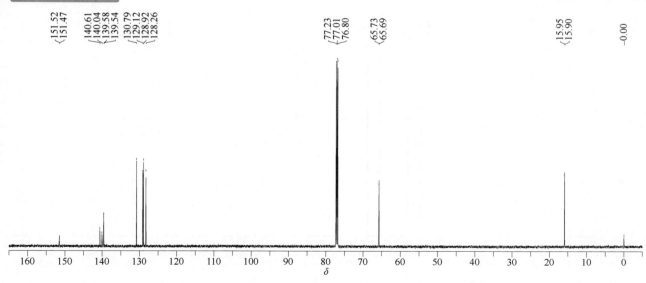

¹³C NMR (151 MHz, CDCl₃, δ) 151.49 (d, $^2J_{C-P}$ = 6.6 Hz), 140.61, 140.04, 139.56 (d, $^3J_{C-P}$ = 6.0 Hz), 130.79, 129.12, 128.92, 128.26, 65.71 (d, $^2J_{C-P}$ = 5.5 Hz), 15.93 (d, $^3J_{C-P}$ = 7.9 Hz)

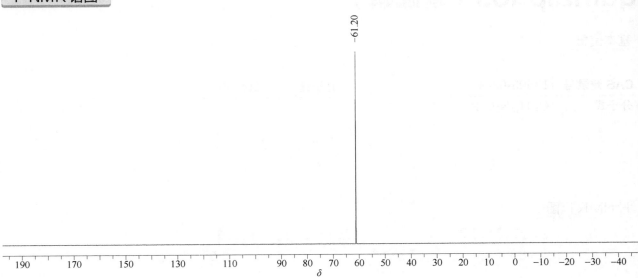

³¹P NMR (243 MHz, CDCl₃, δ) 61.20

quinclorac（二氧喹啉酸）

基本信息

CAS 登录号	84087-01-4	分子量	242.06
分子式	C₁₀H₅Cl₂NO₂		

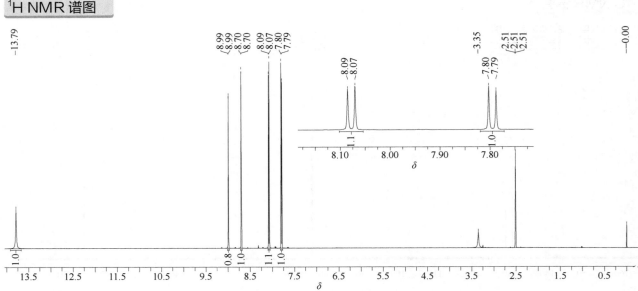

¹H NMR (600 MHz, DMSO-d₆, δ) 13.79 (1H, OH, br), 8.99 (1H, ArH, d, J_{H-H} = 2.4 Hz), 8.70 (1H, ArH, d, J_{H-H} = 2.4 Hz), 8.08 (1H, ArH, d, J_{H-H} = 8.9 Hz), 7.80 (1H, ArH, d, J_{H-H} = 8.8 Hz)

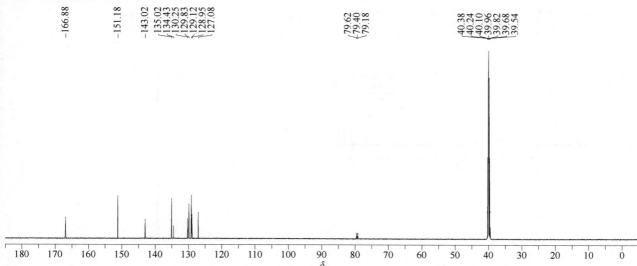

¹³C NMR (151 MHz, DMSO-d₆, δ) 166.88, 151.18, 143.02, 135.02, 134.43, 130.25, 129.83, 129.12, 128.95, 127.08（含 CDCl₃ 溶剂残留）

quinmerac（氯甲喹啉酸）

基本信息

CAS 登录号	90717-03-6	分子量	221.64
分子式	C₁₁H₈ClNO₂		

¹H NMR 谱图

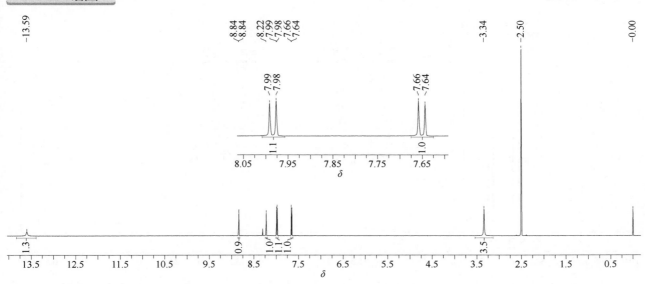

¹H NMR (600 MHz, DMSO-d₆, δ) 13.59 (1H, OH, br), 8.84 (1H, ArH, d, J_{H-H} = 1.9 Hz), 8.22 (1H, ArH, s), 7.98 (1H, ArH, d, J_{H-H} = 8.8 Hz), 7.65 (1H, ArH, d, J_{H-H} = 8.8 Hz), 3.34 (3H, CH₃, s)

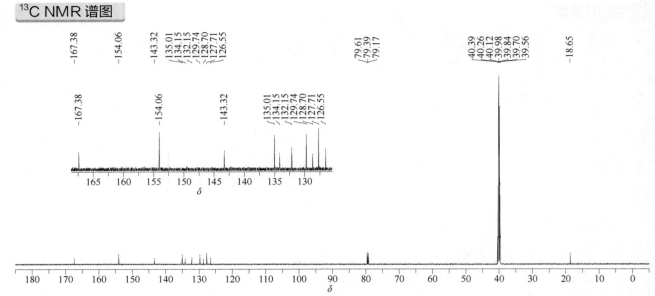

¹³C NMR (151 MHz, DMSO-d₆, δ) 167.38, 154.06, 143.32, 135.01, 134.15, 132.15, 129.74, 128.70, 127.71, 126.55, 18.65（含 CDCl₃ 溶剂残留）

quinoclamine（灭藻醌）

基本信息

CAS 登录号	2797-51-5	分子量	207.61
分子式	C₁₀H₆ClNO₂		

¹H NMR 谱图

¹H NMR (600 MHz, CDCl₃, δ) 8.16 (1H, ArH, d, J_{H-H} = 7.7 Hz), 8.07 (1H, ArH, d, J_{H-H} = 7.7 Hz), 7.74 (1H, ArH, t, J_{H-H} = 7.5 Hz), 7.66 (1H, ArH, t, J_{H-H} = 7.5 Hz), 5.52 (2H, NH₂, br)

¹³C NMR 谱图

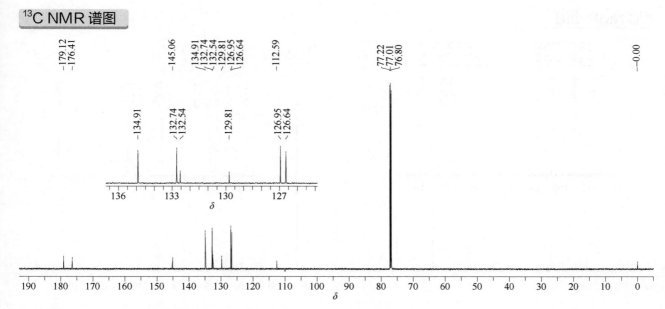

¹³C NMR (151 MHz, CDCl₃, δ) 179.12, 176.41, 145.06, 134.91, 132.74, 132.54, 129.81, 126.95, 126.64, 112.59

quinoxyfen（喹氧灵）

基本信息

CAS 登录号	124495-18-7	分子量	308.13
分子式	C₁₅H₈Cl₂FNO		

¹H NMR 谱图

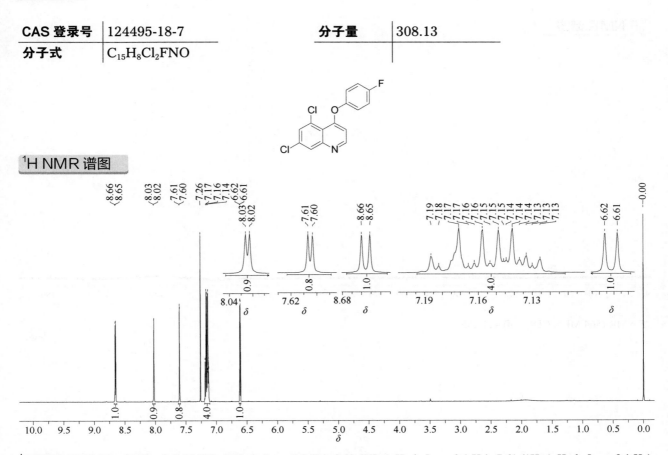

¹H NMR (600 MHz, CDCl₃, δ) 8.66 (1H, ArH, d, J_{H-H} = 5.2 Hz), 8.02 (1H, ArH, d, J_{H-H} = 2.1 Hz), 7.61 (1H, ArH, d, J_{H-H} = 2.1 Hz), 7.19~7.11 (4H, 4ArH, m), 6.62 (1H, ArH, d, J_{H-H} = 5.2 Hz)

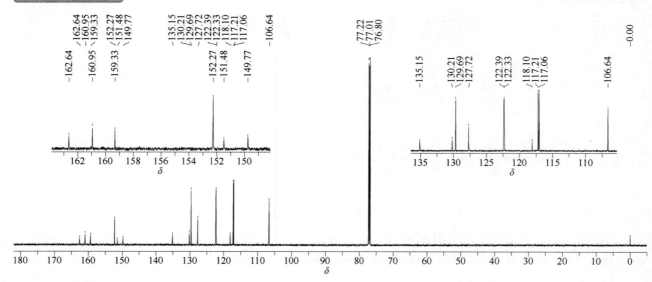

¹³C NMR (151 MHz, CDCl₃, δ) 162.64, 160.14 (d, J_{C-F} = 244.6 Hz), 152.27, 151.48, 149.77, 135.15, 130.21, 129.69, 127.72, 122.39 (d, $^3J_{C-F}$ = 8.5 Hz), 118.10, 117.21 (d, $^2J_{C-F}$ = 23.6 Hz), 106.64

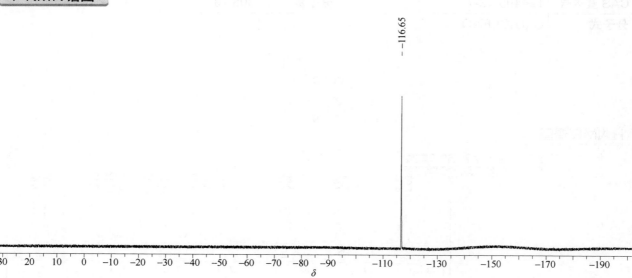

¹⁹F NMR (564 MHz, CDCl₃, δ) –116.65

quintozene（五氯硝基苯）

CAS 登录号	82-68-8	分子量	295.33
分子式	$C_6Cl_5NO_2$		

^{13}C NMR 谱图

^{13}C NMR (151 MHz, CDCl$_3$, δ) 147.64, 136.17, 133.36, 124.64

quizalofop（喹禾灵）

基本信息

CAS 登录号	76578-12-6	分子量	344.75
分子式	$C_{17}H_{13}ClN_2O_4$		

¹H NMR 谱图

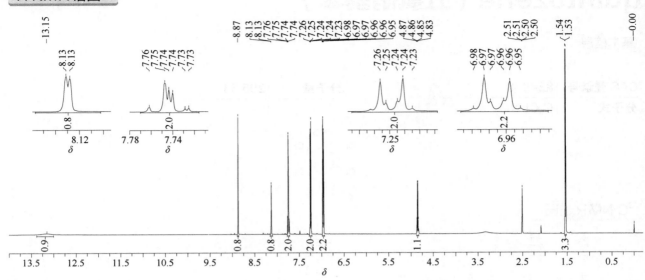

¹H NMR (600 MHz, DMSO-d₆, δ) 13.15 (1H, OH, br), 8.87 (1H, ArH, s), 8.13 (1H, ArH, d, J_{H-H} = 1.9 Hz), 7.77~7.72 (2H, 2ArH, m), 7.28~7.22 (2H, 2ArH, m), 6.99~6.94 (2H, 2ArH, m), 4.85 (1H, CH, q, J_{H-H} = 6.8 Hz), 1.54 (3H, CH₃, d, J_{H-H} = 6.8 Hz)

¹³C NMR 谱图

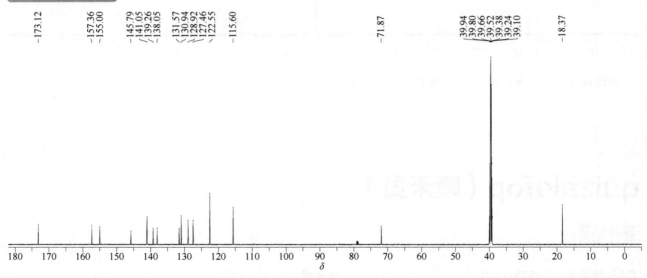

¹³C NMR (151 MHz, DMSO-d₆, δ) 173.12, 157.36, 155.00, 145.79, 141.05, 139.26, 138.05, 131.57, 130.94, 128.92, 127.46, 122.55, 115.60, 71.87, 18.37（含 CDCl₃ 溶剂残留）

quizalofop ethyl（喹禾灵乙酯）

基本信息

CAS 登录号	76578-14-8	分子量	372.80
分子式	C$_{19}$H$_{17}$ClN$_2$O$_4$		

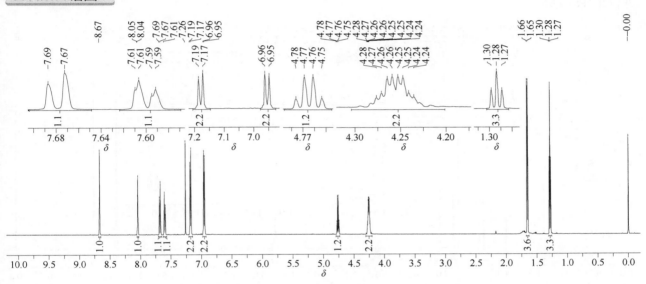

¹H NMR 谱图

¹H NMR (600 MHz, CDCl₃, δ) 8.67 (1H, NCH, s), 8.04 (1H, ArH, d, J_{H-H} = 2.0 Hz), 7.68 (1H, ArH, d, J_{H-H} = 8.9 Hz), 7.60 (1H, ArH, dd, J_{H-H} = 8.9 Hz, J_{H-H} = 2.0 Hz), 7.18 (2H, 2ArH, d, J_{H-H} = 8.7 Hz), 6.96 (2H, 2ArH, d, J_{H-H} = 8.7 Hz), 4.76 (1H, OCH, q, J_{H-H} = 6.8 Hz), 4.30~4.21 (2H, OCH₂, m), 1.65 (3H, CHC$\underline{H}$₃, d, J_{H-H} = 6.8 Hz), 1.28 (3H, CH₂C$\underline{H}$₃, t, J_{H-H} = 7.0 Hz)

¹³C NMR 谱图

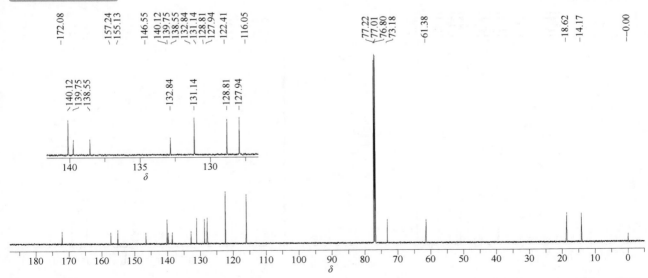

¹³C NMR (151 MHz, CDCl₃, δ) 172.08, 157.24, 155.13, 146.55, 140.12, 139.75, 138.55, 132.84, 131.14, 128.81, 127.94, 122.41, 116.05, 73.18, 61.38, 18.62, 14.17

quizalofop–P–ethyl（精喹禾灵乙酯）

基本信息

CAS 登录号	100646-51-3	分子量	372.81
分子式	$C_{19}H_{17}ClN_2O_4$		

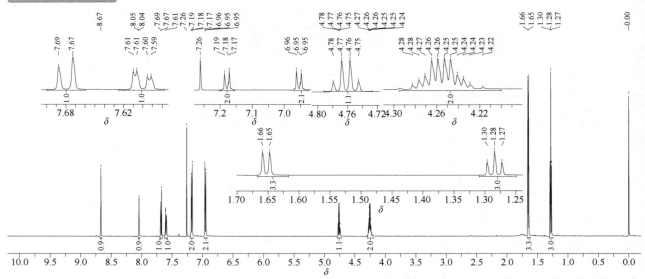

¹H NMR 谱图

¹H NMR (600 MHz, CDCl₃, δ) 8.67 (1H, ArH, s), 8.05 (1H, ArH, d, J_{H-H} = 2.1 Hz), 7.68 (1H, ArH, d, J_{H-H} = 8.9 Hz), 7.60 (1H, ArH, dd, J_{H-H} = 8.9 Hz, J_{H-H} = 2.2 Hz), 7.20~7.15 (2H, 2ArH, m), 6.97~6.93 (2H, 2ArH, m), 4.76 (1H, C$\underline{H}$CH₃,q, J_{H-H} = 6.8 Hz), 4.26 (2H, C$\underline{H}_2$CH₃, dt, J_{H-H} = 10.8 Hz, J_{H-H} = 3.7 Hz), 1.65 (3H, CHC$\underline{H}_3$, d, J_{H-H} = 6.8 Hz), 1.28 (3H, CH₂C$\underline{H}_3$, t, J_{H-H} = 7.1 Hz)

¹³C NMR 谱图

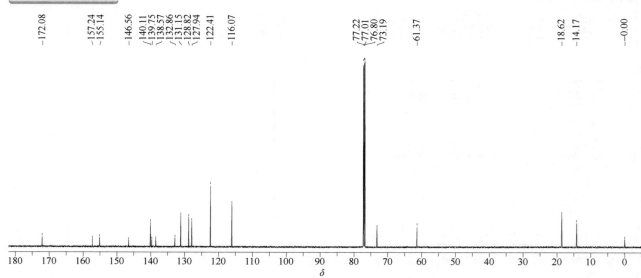

¹³C NMR (151 MHz, CDCl₃, δ) 172.08, 157.24, 155.14, 146.56, 140.11, 139.75, 138.57, 132.86, 131.15, 128.82, 127.94, 122.41, 116.07, 73.19, 61.37, 18.62, 14.17

quizalofop-P-tefuryl（喹禾糠酯）

基本信息

CAS 登录号	119738-06-6	分子量	428.87
分子式	C$_{22}$H$_{21}$ClN$_2$O$_5$		

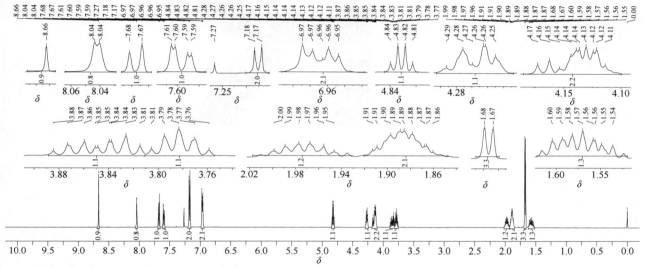

^{1}H NMR 谱图

^{1}H NMR (600 MHz, CDCl$_3$, δ) 两组异构体重叠。8.66 (1H, ArH, s), 8.04 (1H, ArH, d, J_{H-H} = 1.9 Hz), 7.68 (1H, ArH, d, J_{H-H} = 8.9 Hz), 7.60 (1H, ArH, dd, J_{H-H} = 8.9 Hz, J_{H-H} = 1.9 Hz), 7.18 (2H, 2ArH, d, J_{H-H} = 8.9 Hz), 6.99~6.94 (2H, 2ArH, m), 4.82 (1H, CHCH$_3$, q, J_{H-H} = 6.8 Hz), 4.29~4.24 (1H, OCH, m), 4.19~4.10 (2H, 2OCH, m), 3.89~3.81 (1H, OCH, m), 3.81~3.75 (1H, OCH, m), 1.97 (1H, CH, dt, J_{H-H} = 12.6 Hz, J_{H-H} = 5.6 Hz), 1.92~1.85 (2H, 2CH, m), 1.67 (3H, CHCH_3, d, J_{H-H} = 6.8 Hz), 1.63~1.53 (1H, CH, m)

^{13}C NMR 谱图

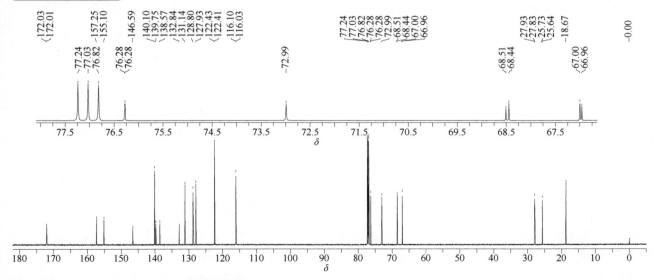

^{13}C NMR (151 MHz, CDCl$_3$, δ) 两组异构体重叠。172.03, 172.01, 157.25, 155.10, 146.59, 140.10, 139.75, 138.57, 132.84, 131.14, 128.80, 127.93, 122.43, 122.41, 116.10, 116.03, 76.28, 76.28, 72.99, 68.51, 68.44, 67.00, 66.96, 27.93, 27.83, 25.73, 25.64, 18.67

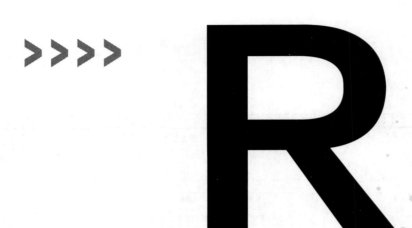

rabenzazole（吡咪唑菌）

基本信息

CAS 登录号	40341-04-6	分子量	212.25
分子式	$C_{12}H_{12}N_3$		

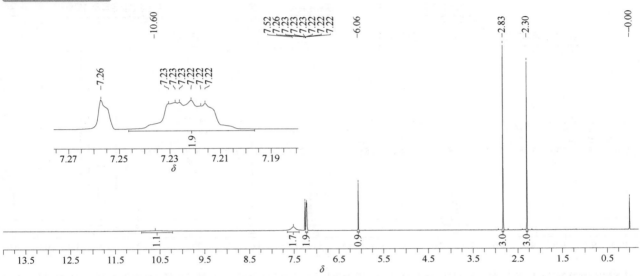

¹H NMR 谱图

¹H NMR (600 MHz, CDCl₃, δ) 10.60 (1H, NH, br), 7.52 (2H, 2ArH, br), 7.25~7.22 (2H, 2ArH, m), 6.06 (1H, ArH, s), 2.83 (3H, CH₃, s), 2.30 (3H, CH₃, s)

¹³C NMR 谱图

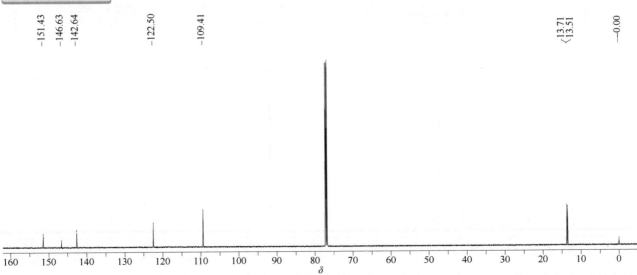

¹³C NMR (151 MHz, CDCl₃, δ) 151.43, 146.63, 142.64, 122.50, 109.41, 13.71, 13.51

resmethrin（苄呋菊酯）

基本信息

CAS 登录号	10453-86-8	分子量	338.45
分子式	$C_{22}H_{26}O_3$		

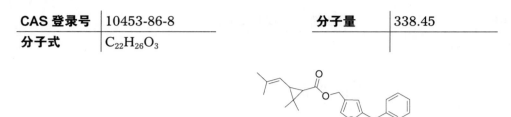

^{1}H NMR 谱图

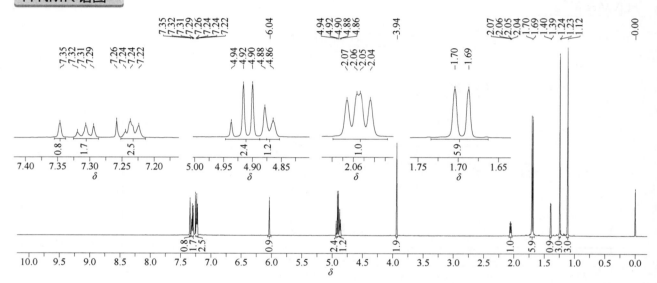

^{1}H NMR (600 MHz, CDCl$_3$, δ) 7.35 (1H, ArH, s), 7.33~7.29 (2H, 2ArH, m), 7.25~7.21 (3H, 3ArH, m), 6.04 (1H, ArH, s), 4.94~4.85 (3H, CH$_2$, CH, m), 3.94 (2H, CH$_2$, s), 2.06 (1H, CH, dd, J_{H-H} = 7.6 Hz, J_{H-H} = 5.7 Hz), 1.70 (3H, =CCH$_3$, s), 1.69 (3H, =CCH$_3$, s), 1.40 (1H, CH, d, J_{H-H} = 5.4 Hz), 1.24 (3H, CCH$_3$, s), 1.12 (3H, CCH$_3$, s)

^{13}C NMR 谱图

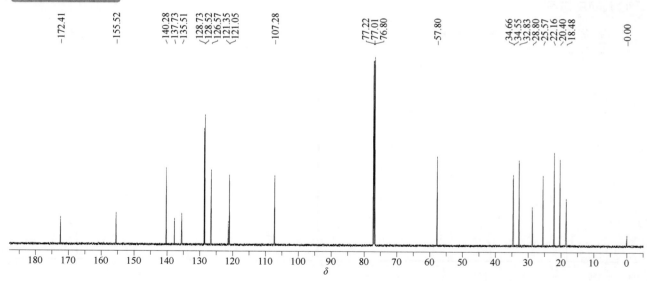

^{13}C NMR (151 MHz, CDCl$_3$, δ) 172.41, 155.52, 140.28, 137.73, 135.51, 128.73, 128.52, 126.57, 121.35, 121.05, 107.28, 57.80, 34.66, 34.55, 32.83, 28.80, 25.57, 22.16, 20.40, 18.48

RH5849（抑食肼）

基本信息

CAS 登录号	112225-87-3	分子量	296.37
分子式	$C_{18}H_{20}N_2O_2$		

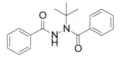

¹H NMR 谱图

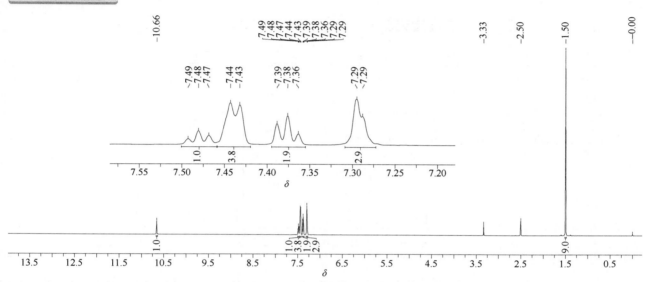

¹H NMR (600 MHz, DMSO-d₆, δ) 10.66 (1H, NH, br), 7.48 (1H, ArH, t, J_{H-H} = 7.3 Hz), 7.43 (4H, 4ArH, d, J_{H-H} = 6.5 Hz), 7.38 (2H, 2ArH, t, J_{H-H} = 7.5 Hz), 7.32~7.26 (3H, 3ArH, m), 1.50 (9H, 3CH₃, s)

¹³C NMR 谱图

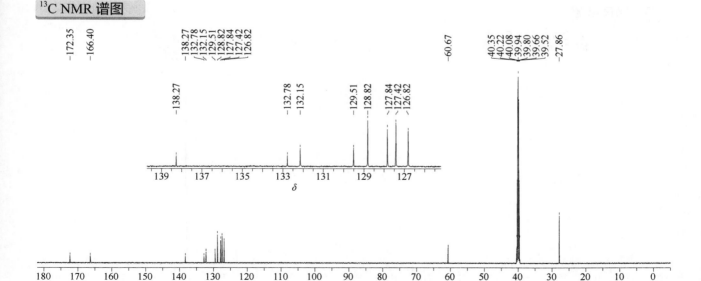

¹³C NMR (151 MHz, DMSO-d₆, δ) 172.35, 166.40, 138.27, 132.78, 132.15, 129.51, 128.82, 127.84, 127.42, 126.82, 60.67, 27.86

rimsulfuron（砜嘧磺隆）

基本信息

CAS 登录号	122931-48-0	分子量	431.44
分子式	C$_{14}$H$_{17}$N$_5$O$_7$S$_2$		

^{1}H NMR 谱图

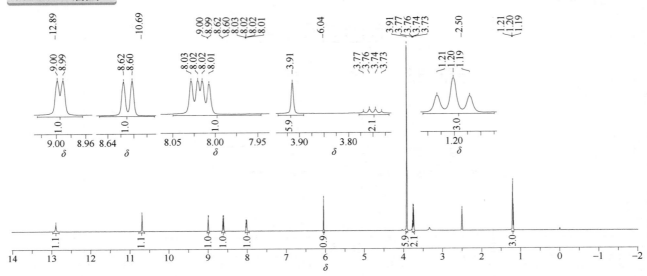

^{1}H NMR (600 MHz, DMSO-d$_6$, δ) 12.89 (1H, NH, s), 10.69 (1H, NH, s), 8.99 (1H, ArH, d, J_{H-H} = 4.6 Hz), 8.61 (1H, ArH, d, J_{H-H} = 8.0 Hz), 8.02 (1H, ArH, dd, J_{H-H} = 7.9 Hz, J_{H-H} = 4.7 Hz), 6.04 (1H, ArH, s), 3.91 (6H, OCH$_3$, s), 3.75 (2H, CH$_2$, dq, J_{H-H} = 7.4 Hz), 1.20 (3H, CH$_3$, t, J_{H-H} = 7.4 Hz)

^{13}C NMR 谱图

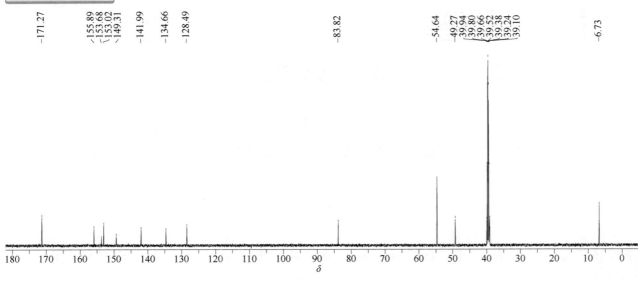

^{13}C NMR (151 MHz, DMSO-d$_6$, δ) 171.27, 155.89, 153.68, 153.02, 149.31, 141.99, 134.66, 128.49, 83.82, 54.64, 49.27, 6.73

rotenone（鱼藤酮）

基本信息

CAS 登录号	83-79-4	**分子量**	394.42
分子式	$C_{23}H_{22}O_6$		

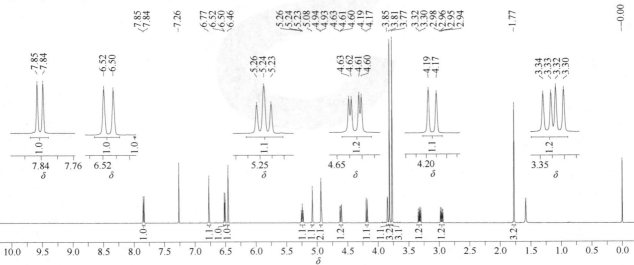

¹H NMR 谱图

¹H NMR (600 MHz, CDCl₃, δ) 7.84 (1H, ArH, d, J_{H-H} = 8.6 Hz), 6.77 (1H, ArH, s), 6.51 (1H, ArH, d, J_{H-H} = 8.6 Hz), 6.46 (1H, ArH, s), 5.24 (1H, H₂C═CC*H*O, t, J_{H-H} = 9.0 Hz), 5.08 (1H, CHC═O, s), 4.95~4.91 (2H, C═CH₂, m), 4.61 (1H, CH₂/CH, dd, J_{H-H} = 12.1 Hz, J_{H-H} = 3.1 Hz), 4.18 (1H, CH₂/CH, d, J_{H-H} = 12.0 Hz), 3.85 (1H, CH₂/CH, d, J_{H-H} = 4.0 Hz), 3.81 (3H, OCH₃, s), 3.77 (3H, OCH₃, s), 3.32 (1H, ArC*H*H, dd, J_{H-H} = 15.7 Hz, J_{H-H} = 9.8 Hz), 2.96 (1H, ArC*H*H, dd, J_{H-H} = 15.7 Hz, J_{H-H} = 8.2 Hz), 1.77 (3H, CCH₃, s)

¹³C NMR 谱图

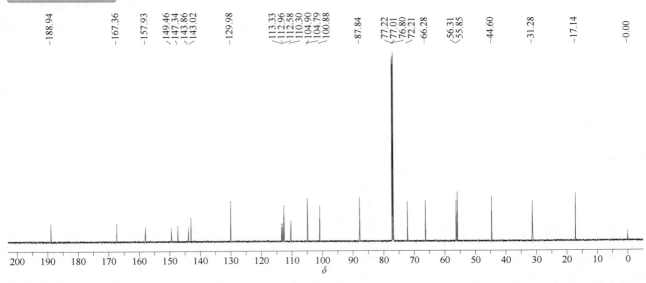

¹³C NMR (151 MHz, CDCl₃, δ) 188.94, 167.36, 157.93, 149.46, 147.34, 143.86, 143.02, 129.98, 113.33, 112.96, 112.58, 110.30, 104.90, 104.79, 100.88, 87.84, 72.21, 66.28, 56.31, 55.85, 44.60, 31.28, 17.14

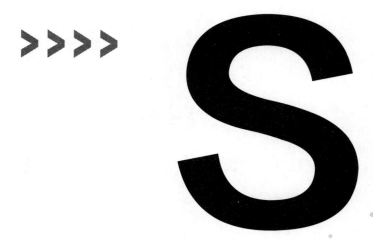

S421（八氯二丙醚）

基本信息

CAS 登录号	127-90-2	分子量	377.74
分子式	$C_6H_6Cl_8O$		

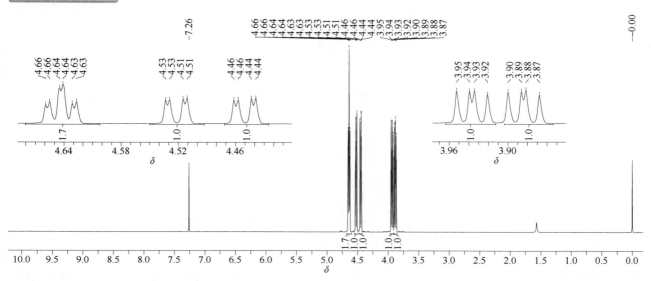

¹H NMR 谱图

¹H NMR (600 MHz, CDCl₃, δ) 异构体化合物。4.64 (2H, 2CHCl, dt, J_{H-H} = 8.3 Hz, J_{H-H} = 2.5 Hz), 4.52 (1H, OCH, dd, J_{H-H} = 11.0 Hz, J_{H-H} = 2.5 Hz), 4.45 (1H, OCH, dd, J_{H-H} = 11.0 Hz, J_{H-H} = 2.5 Hz), 3.93 (1H, OCH, dd, J_{H-H} = 10.9 Hz, J_{H-H} = 7.9 Hz), 3.88 (1H, OCH, dd, J_{H-H} = 10.9 Hz, J_{H-H} = 8.1 Hz)

¹³C NMR 谱图

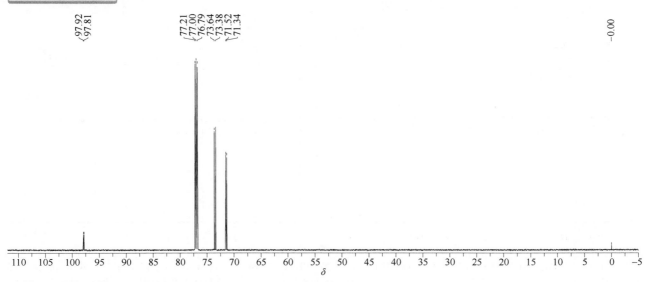

¹³C NMR (151 MHz, CDCl₃, δ) 异构体化合物。97.92, 97.81, 73.64, 73.38, 71.52, 71.34

saflufenacil（苯嘧磺草胺）

基本信息

CAS 登录号	372137-35-4	分子量	500.85
分子式	C$_{17}$H$_{17}$ClF$_4$N$_4$O$_5$S		

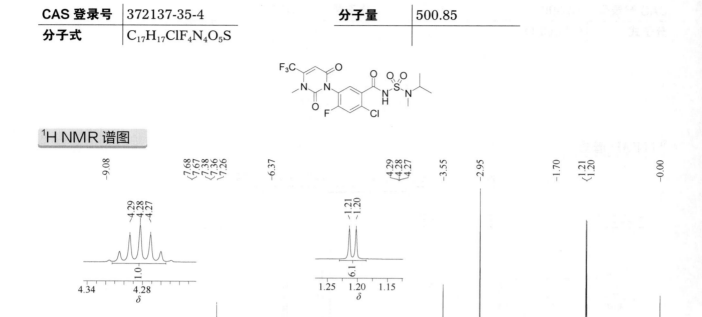

^{1}H NMR 谱图

^{1}H NMR (600 MHz, CDCl$_3$, δ) 9.08 (1H, NH, s), 7.68 (1H, ArH, d, $^4J_{H-F}$ = 7.5 Hz), 7.37 (1H, ArH, d, $^3J_{H-F}$ = 8.9 Hz), 6.37 (1H, COCH, s), 4.28 (1H, NCH, hept, J_{H-H} = 6.7 Hz), 3.55 (3H, NCH$_3$, s), 2.95 (3H, NCH$_3$, s), 1.21 (6H, CH(C$\underline{H}_3$)$_2$, d, J_{H-H} = 6.7 Hz)

^{13}C NMR 谱图

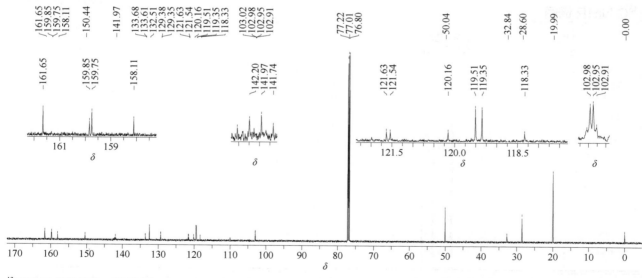

^{13}C NMR (151 MHz, CDCl$_3$, δ) 161.65, 159.75, 158.98 (d, J_{C-F} = 262.7 Hz), 150.44, 142.08 (q, $^2J_{C-F}$ = 34.7 Hz), 133.64 (d, $^3J_{C-F}$ = 10.3 Hz), 132.51, 129.36 (d, $^4J_{C-F}$ = 3.7 Hz), 121.59 (d, $^2J_{C-F}$ = 13.9 Hz), 119.43 (d, $^2J_{C-F}$ = 27.2 Hz), 119.25 (d, J_{C-F} = 273.3 Hz), 102.96 (q, $^3J_{C-F}$ = 5.8 Hz), 50.04, 32.84, 28.60, 19.99

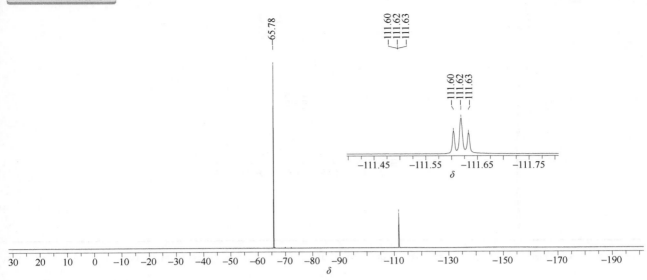

^{19}F NMR (564 MHz, CDCl$_3$, δ) −65.78, −111.62 (dd, $^3J_{\text{H-F}}$ = 8.9 Hz, $^4J_{\text{H-F}}$ = 7.5 Hz)

schradan（八甲磷）

基本信息

CAS 登录号	152-16-9	分子量	286.25
分子式	C$_8$H$_{24}$N$_4$O$_3$P$_2$		

^{1}H NMR 谱图

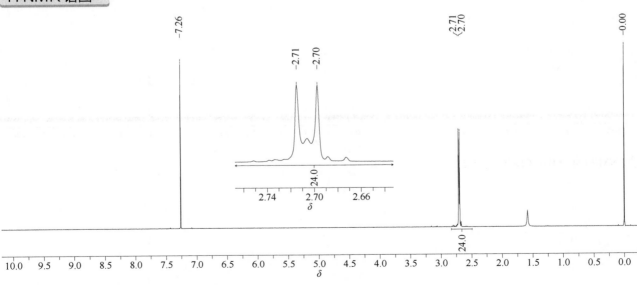

^{1}H NMR (600 MHz, CDCl$_3$, δ) 2.72~2.68 (24H, 8CH$_3$, m)

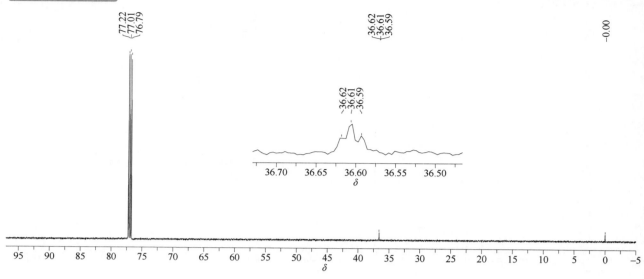

¹³C NMR (151 MHz, CDCl₃, δ) 36.61 (m)

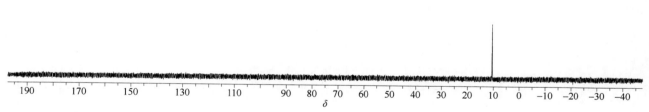

³¹P NMR (243 MHz, CDCl₃, δ) 10.52

sebuthylazine（另丁津）

基本信息

CAS 登录号	7286-69-3	**分子量**	229.71
分子式	C₉H₁₆N₅Cl		

¹H NMR 谱图

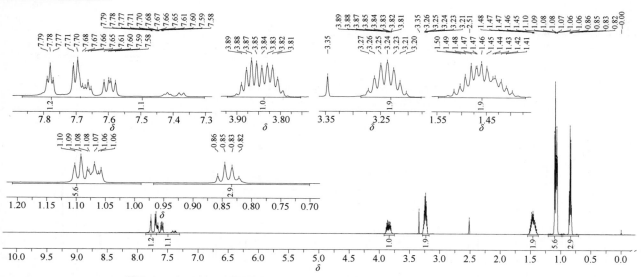

¹H NMR (600 MHz, DMSO-d₆, δ) 异构体混合物。7.85~7.68 (1H, NH, m), 7.68~7.32(1H, NH, m), 3.92~3.75 (1H, NCH, m), 3.29~3.18 (2H, NCH₂, m), 1.55~1.35 (2H, CHC$\underline{H}$₂CH₃, m), 1.13~1.04 (6H, 2CH₃, m), 0.88~0.76 (3H, CH₃, m)

¹³C NMR 谱图

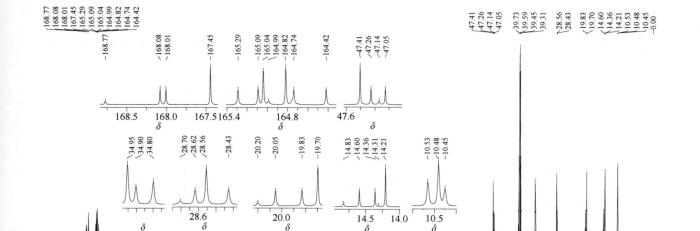

¹³C NMR (151 MHz, DMSO-d₆, δ) 异构体混合物。168.77, 168.08, 168.01, 167.45, 165.29, 165.09, 165.04, 164.99, 164.82, 164.74, 164.42, 47.41, 47.26, 47.14, 47.05, 34.95, 34.90, 34.80, 28.70, 28.62, 28.56, 28.43, 20.20, 20.05, 19.83, 19.70, 14.83, 14.60, 14.36, 14.31, 14.21, 10.53, 10.48, 10.45

sebuthylazine-desethyl（脱乙基另丁津）

基本信息

CAS 登录号	37019-18-4	分子量	201.66
分子式	$C_7H_{12}ClN_5$		

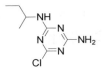

^{1}H NMR 谱图

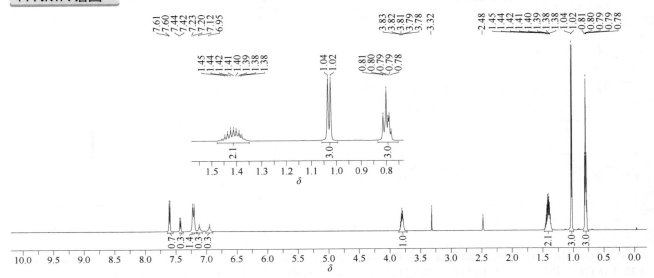

^{1}H NMR (600 MHz, DMSO-d_6, δ) 异构体混合物。7.65~6.90 (3H, NH, NH$_2$, m), 3.83~3.78 (1H, CH, m), 1.45~1.38 (2H, CH$_2$, m), 1.03 (3H, CH$_3$, d, J_{H-H} = 6.6 Hz), 0.83~0.76 (3H, CH$_2$C$\underline{H}_3$, m)

^{13}C NMR 谱图

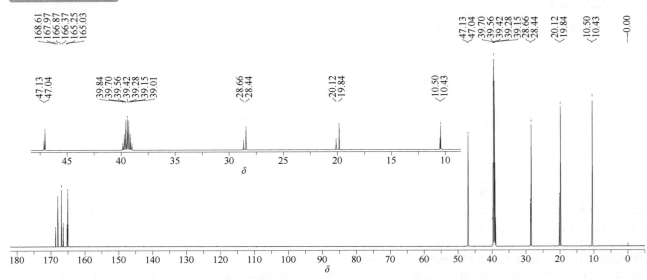

^{13}C NMR (151 MHz, DMSO-d_6, δ) 主要异构体：167.97, 166.87, 165.03, 47.04, 28.44, 19.84, 10.43

secbumeton（仲丁通）

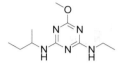

基本信息

CAS 登录号	26259-45-0	分子量	225.29
分子式	$C_{10}H_{19}N_5O$		

¹H NMR 谱图

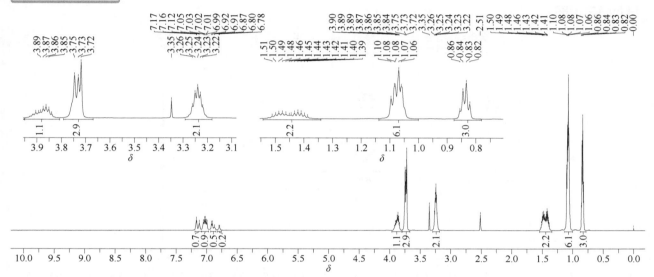

¹H NMR (600 MHz, DMSO-d₆, δ) 异构体混合物。7.17~6.78 (2H, 2 NH, m), 3.90~3.84 (1H, NHC*H*, m), 3.75~3.72 (3H, OCH₃, m), 3.26~3.22 (2H, NHCH₂, m), 1.51~1.39 (2H, NHCHC*H*₂, m), 1.10~1.06 (6H, 2CH₃, m), 0.86~0.82 (3H, CH₃, m)

¹³C NMR 谱图

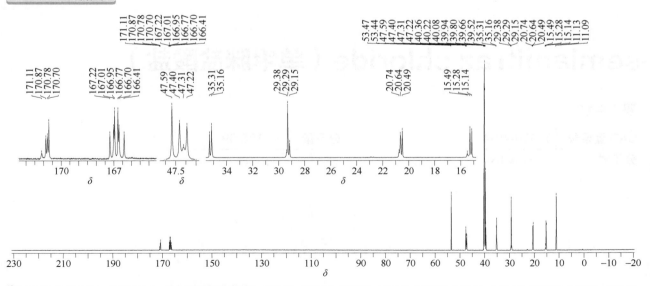

¹³C NMR (151 MHz, DMSO-d₆, δ) 异构体混合物。171.11, 170.87, 170.78, 170.70, 167.22, 167.01, 166.95, 166.77, 166.70, 166.41, 53.47, 53.44, 47.59, 47.40, 47.31, 47.22, 35.31, 35.16, 29.38, 29.29, 29.15, 20.74, 20.64, 20.49, 15.49, 15.28, 15.14, 11.13, 11.09

semiamitraz（单甲脒）

CAS 登录号	33089-74-6	分子量	162.23
分子式	$C_{10}H_{14}N_2$		

¹H NMR 谱图

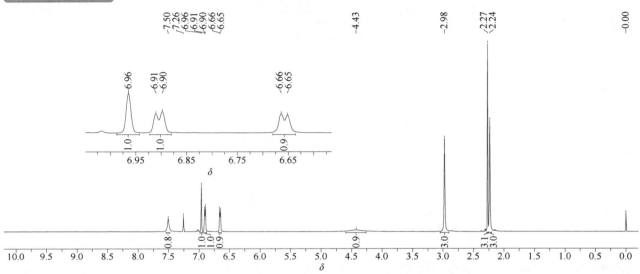

¹H NMR (600 MHz, CDCl₃, δ) 7.50 (1H, ArH/═CH, s), 6.96 (1H, ArH/═CH, s), 6.90 (1H, ArH, d, J_{H-H} = 7.6 Hz), 6.65 (1H, ArH, d, J_{H-H} = 7.4 Hz), 4.43 (1H, NH, br), 2.98 (3H, CH₃, s), 2.27 (3H, CH₃, s), 2.24 (3H, CH₃, s)

semiamitraz chloride（单甲脒盐酸盐）

CAS 登录号	51550-40-4	分子量	198.69
分子式	$C_{10}H_{15}ClN_2$		

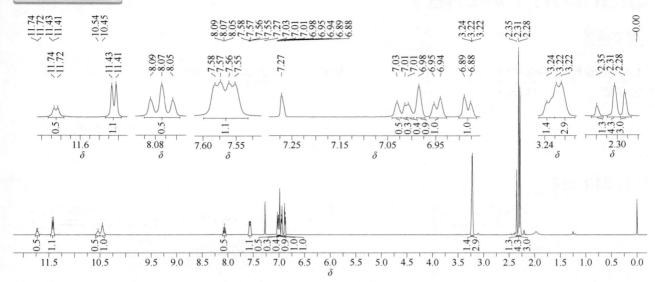

¹H NMR (600 MHz, CDCl₃, δ) 异构体混合物，比例约为 2:1。异构体 A: 11.42 (1H, NH, d, J_{H-H} = 13.4 Hz), 10.45 (1H, NH, s), 7.57 (1H, =CH, dd, J_{H-H} = 13.0 Hz, J_{H-H} = 5.3 Hz), 6.98 (1H, ArH, s), 6.95 (1H, ArH, d, J_{H-H} = 7.9 Hz), 6.88 (1H, ArH, d, J_{H-H} = 7.8 Hz), 3.22 (3H, NCH₃, d, J_{H-H} = 4.4 Hz), 2.31 (3H, CH₃, s), 2.28 (3H, CH₃, s). 异构体 B: 11.73 (1H, NH, d, J_{H-H} = 11.3 Hz), 10.54 (1H, NH, s), 8.07 (1H, =CH, t, J_{H-H} = 12.6 Hz), 7.03 (1H, ArH, s), 7.01 (2H, 2ArH, d, J_{H-H} = 4.1 Hz), 3.24 (3H, NCH₃, d, J_{H-H} = 4.4 Hz), 2.35 (3H, CH₃, s), 2.31 (3H, CH₃, s)

¹³C NMR 谱图

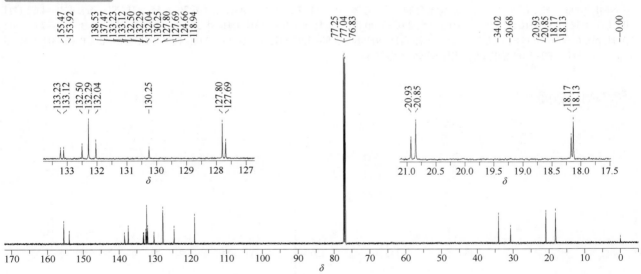

¹³C NMR (151 MHz, CDCl₃, δ) 异构体混合物（约 2:1）。异构体 A: 155.47, 137.47, 132.50, 132.29, 132.04, 127.80, 118.94, 34.02, 20.85, 18.13. 异构体 B: 153.92, 138.53, 133.23, 133.12, 130.25, 127.69, 124.66, 30.68, 20.93, 18.17

siduron（环草隆）

基本信息

CAS 登录号	1982-49-6	分子量	232.32
分子式	$C_{14}H_{20}N_2O$		

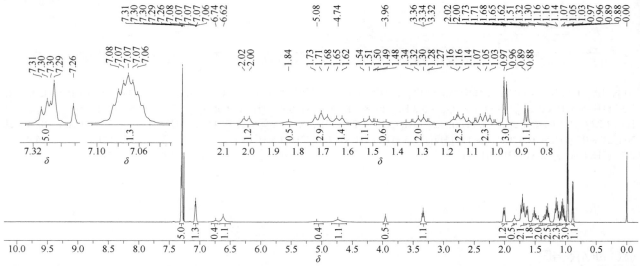

¹H NMR 谱图

¹H NMR (600 MHz, CDCl₃, δ) 异构体混合物。异构体 A: 7.34~7.27 (5H, 5ArH, m), 6.70~6.55 (1H, NH, br), 4.85~4.62 (1H, NH, br), 3.34 (1H, NHCH, t, J_{H-H} = 10.3 Hz), 2.02~1.00 (9H, 9CH, m), 0.97 (3H, CH₃, d, J_{H-H} = 6.4 Hz). 异构体 B: 7.10~7.05 (5H, 5ArH, m), 6.80~6.70 (1H, NH, br), 5.15~4.95 (1H, NH, br), 3.98~3.92 (1H, NCH, br), 2.02~1.00 (9H, 9CH, m), 0.89 (3H, CH₃, d, J_{H-H} = 6.4 Hz) (2.02~1.00 异构体 A 和异构体 B 叠加)

¹³C NMR 谱图

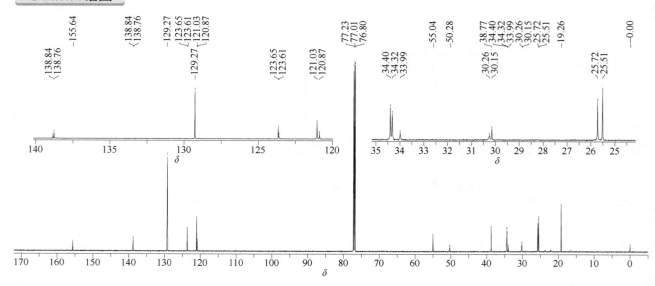

¹³C NMR (151 MHz, CDCl₃, δ) 异构体混合物。155.64, 138.84, 138.76, 129.27, 123.65, 123.61, 121.03, 120.87, 55.04, 50.28, 38.77, 34.40, 34.32, 33.99, 30.26, 30.15, 25.72, 25.51, 19.26

silafluofen（氟硅菊酯）

基本信息

CAS 登录号	105024-66-6	分子量	408.58
分子式	$C_{25}H_{29}FO_2Si$		

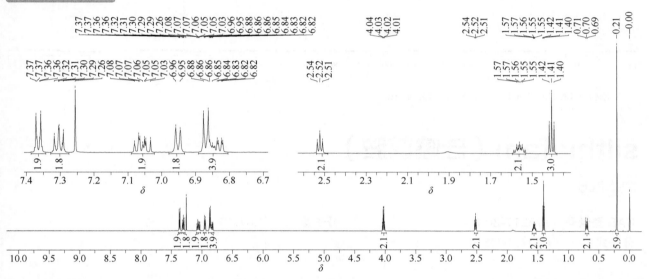

^{1}H NMR 谱图

^{1}H NMR (600 MHz, CDCl$_3$, δ) 7.39~7.34 (2H, 2ArH, m), 7.33~7.27 (2H, 2ArH, m), 7.09~7.02 (2H, 2ArH, m), 6.95 (2H, 2ArH, d, J_{H-H} = 7.9 Hz), 6.89~6.80 (4H, 4ArH, m), 4.03 (2H, OC$\underline{H}_2$CH$_3$, q, J_{H-H} = 7.0 Hz), 2.52 (2H, ArCH$_2$, t, J_{H-H} = 7.5 Hz), 1.60~1.53 (2H, CH$_2$, m), 1.41 (3H, OCH$_2$C$\underline{H}_3$, t, J_{H-H} = 7.0 Hz), 0.72~0.67 (2H, SiCH$_2$, m), 0.21 (6H, Si(CH$_3$)$_2$, s)

^{13}C NMR 谱图

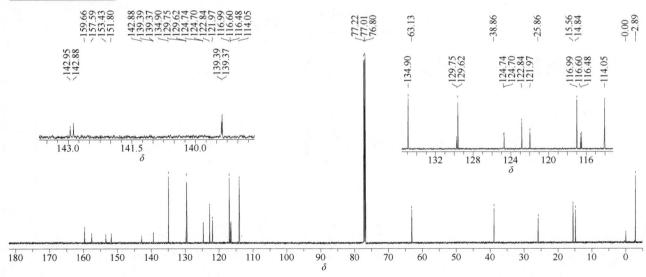

^{13}C NMR (151 MHz, CDCl$_3$, δ) 159.66, 157.59, 152.61 (d, J_{C-F} = 246.1 Hz), 142.92 (d, $^2J_{C-F}$ = 10.6 Hz), 139.39 (d, $^3J_{C-F}$ = 3.7 Hz), 134.90, 129.75, 129.62, 124.74 (d, $^3J_{C-F}$ = 6.6 Hz), 122.84, 121.97, 116.99, 116.60 (d, $^2J_{C-F}$ = 18.1 Hz), 114.05, 63.13, 38.86, 25.86, 15.56, 14.84, −2.89

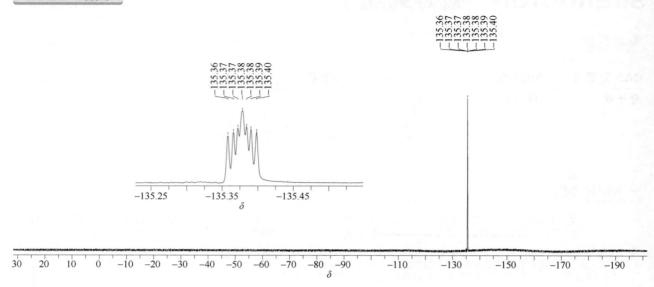

¹⁹F NMR (564 MHz, CDCl₃, δ) −135.35∼−135.41 (m)

silthiofam（硅噻菌胺）

基本信息

CAS 登录号	175217-20-6	分子量	267.46
分子式	$C_{13}H_{21}NOSSi$		

¹H NMR 谱图

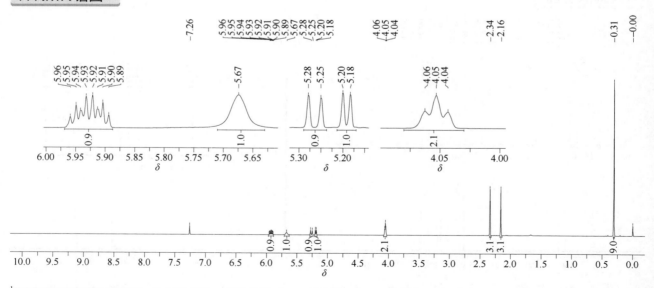

¹H NMR (600 MHz, CDCl₃, δ) 5.93 (1H, ＝CH, ddd, J_{H-H} = 17.0 Hz, J_{H-H} = 10.4 Hz, J_{H-H} = 5.8 Hz), 5.67 (1H, NH, br), 5.26 (1H, ＝CH, d, J_{H-H} = 17.1 Hz), 5.19 (1H, ＝CH, d, J_{H-H} = 10.2 Hz), 4.05 (2H, NCH₂, t, J_{H-H} = 5.8 Hz), 2.34 (3H, CH₃, s), 2.16 (3H, CH₃, s), 0.31 (9H, C(CH₃)₃, s)

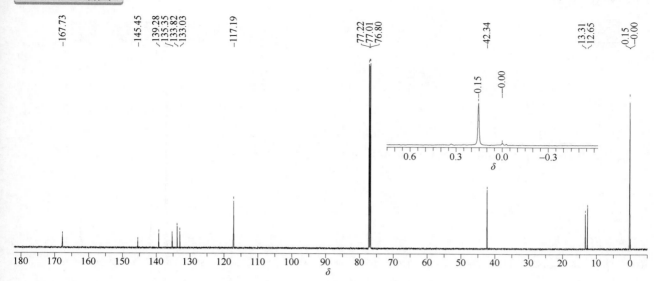

¹³C NMR (151 MHz, CDCl₃, δ) 167.73, 145.45, 139.28, 135.35, 133.82, 133.03, 117.19, 42.34, 13.31, 12.65, 0.15

simazine（西玛津）

基本信息

CAS 登录号	122-34-9	分子量	201.66
分子式	C₇H₁₂ClN₅		

¹H NMR 谱图

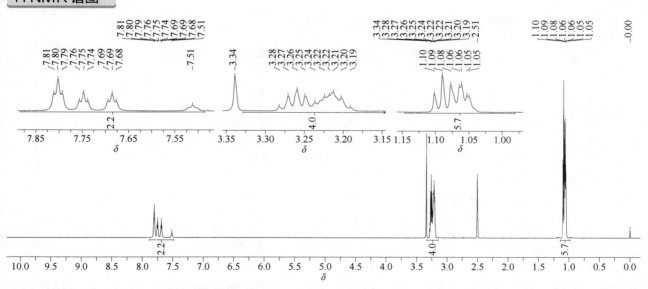

¹H NMR (600 MHz, DMSO-d₆, δ) 异构体混合物。7.86~7.47 (2H, 2NH, m), 3.29~3.16 (4H, 2CH₂, m), 1.13~1.01 (6H, 2CH₃, m)

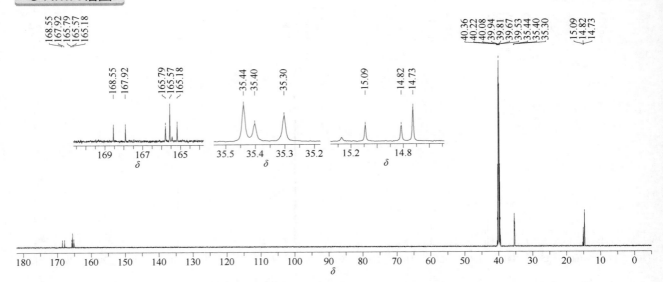

¹³C NMR (151 MHz, DMSO-d₆, δ) 异构体混合物。168.55, 167.92, 165.79, 165.57, 165.18, 35.44, 35.40, 35.30, 15.09, 14.82, 14.73

simeconazole（硅氟唑）

基本信息

CAS 登录号	149508-90-7	**分子量**	293.41
分子式	$C_{14}H_{20}FN_3OSi$		

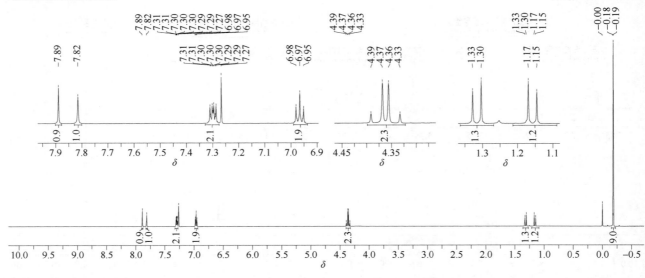

¹H NMR 谱图

¹H NMR (600 MHz, CDCl₃, δ) 7.89 (1H, ArH, s), 7.82 (1H, ArH, s), 7.33~7.27 (2H, 2ArH, m), 6.98 (2H, 2ArH, t, J_{H-H} = 8.6 Hz), 4.36 (2H, CH₂, q, J_{H-H} = 13.8 Hz), 1.32 (1H, SiC*H*H, d, J_{H-H} = 14.5 Hz), 1.16 (H, SiCH*H*, d, J_{H-H} = 14.5 Hz), −0.18 (9H, Si(CH₃)₃, s)

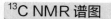

^{13}C NMR 谱图

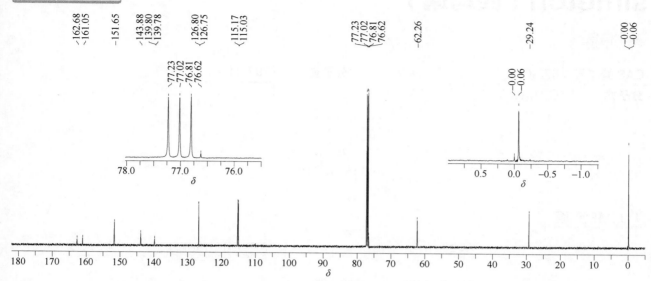

^{13}C NMR (151 MHz, CDCl$_3$, δ) 162.68 (d, $J_{C\text{-}F}$ = 246.2 Hz), 151.65, 143.88, 139.80 (d, $^4J_{C\text{-}F}$ = 3.1 Hz), 126.80 (d, $^3J_{C\text{-}F}$ = 8.1 Hz), 115.17 (d, $^2J_{C\text{-}F}$ = 21.4 Hz), 76.62, 62.26, 29.24, −0.06

^{19}F NMR 谱图

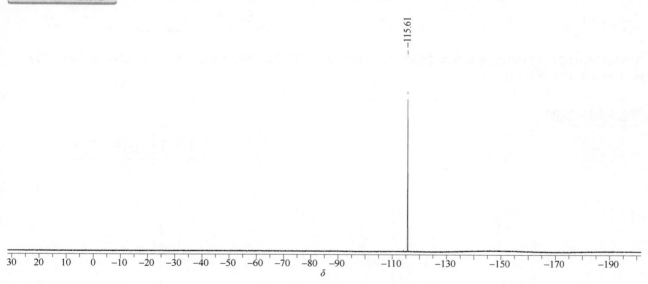

^{19}F NMR (564 MHz, CDCl$_3$, δ) −115.61

simeton（西玛通）

基本信息

CAS 登录号	673-04-1	分子量	197.24
分子式	C₈H₁₅N₅O		

¹H NMR 谱图

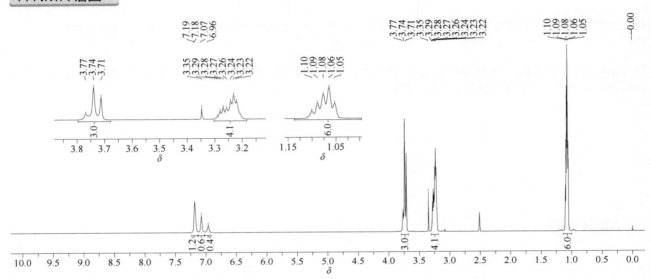

¹H NMR (600 MHz, DMSO-d₆, δ) 异构体混合物。7.19~6.96 (2H, 2 NH, br), 3.77~3.71 (3H, OCH₃, m), 3.29~3.22 (4H, 2C$\underline{H}_2$CH₃, m), 1.10~1.05 (6H, 2CH₂C$\underline{H}_3$, m)

¹³C NMR 谱图

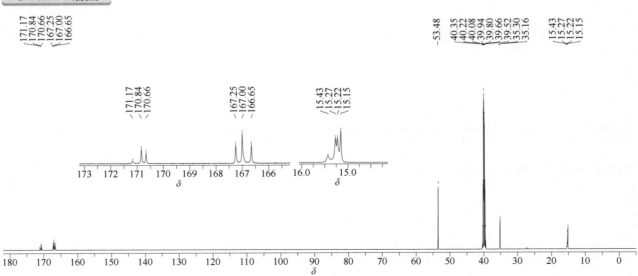

¹³C NMR (151 MHz, DMSO-d₆, δ) 异构体混合物。171.17, 170.84, 170.66, 167.25, 167.00, 166.65, 53.48, 35.30, 35.16, 15.43, 15.27, 15.22, 15.15

simetryn（西草净）

基本信息

CAS 登录号	1014-70-6	分子量	213.30
分子式	C$_8$H$_{15}$N$_5$S		

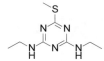

^{1}H NMR 谱图

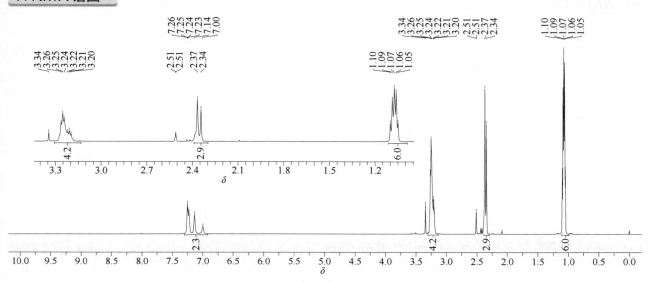

^{1}H NMR (600 MHz, DMSO-d$_6$, δ) 异构体混合物。7.26~7.00 (2H, 2 NH, br), 3.26~3.20 (4H, 2C$\underline{H}_2$CH$_3$, m), 2.37~2.34 (3H, SCH$_3$, m), 1.10~1.05 (6H, 2CH$_2$C$\underline{H}_3$, m)

^{13}C NMR 谱图

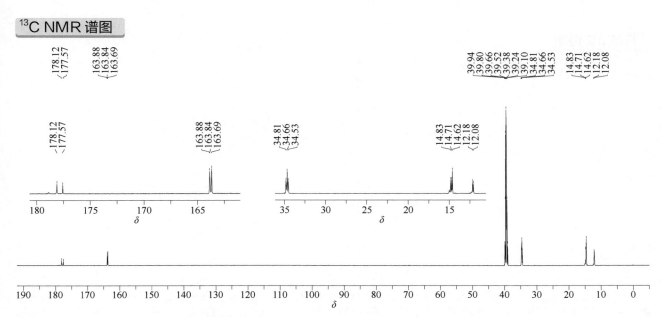

^{13}C NMR (151 MHz, DMSO-d$_6$, δ) 异构体混合物。178.12, 177.57, 163.88, 163.84, 163.69, 34.81, 34.66, 34.53, 14.83, 14.71, 14.62, 12.18, 12.08

sodium trifluoroacetate（三氟乙酸钠）

基本信息

CAS 登录号	2923-18-4	分子量	136.01
分子式	$C_2F_3NaO_2$		

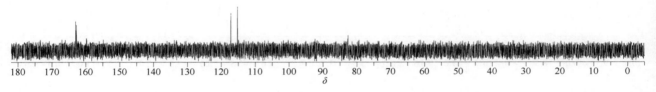

^{13}C NMR 谱图

^{13}C NMR (151 MHz, D$_2$O, δ) 163.05, 116.22 (q, J_{C-F} = 292.9 Hz)

^{19}F NMR 谱图

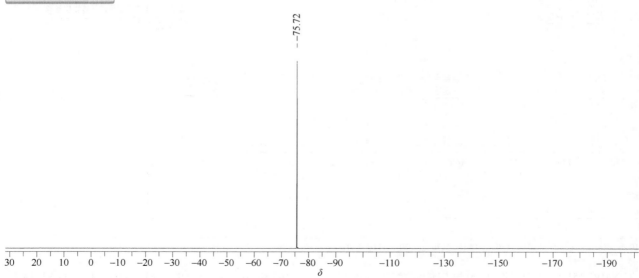

^{19}F NMR (564 MHz, D$_2$O, δ) −75.72

spinetoram（乙基多杀菌素）

基本信息

CAS 登录号	187166-40-1	分子量	748.01
分子式	$C_{42}H_{69}NO_{10}$		

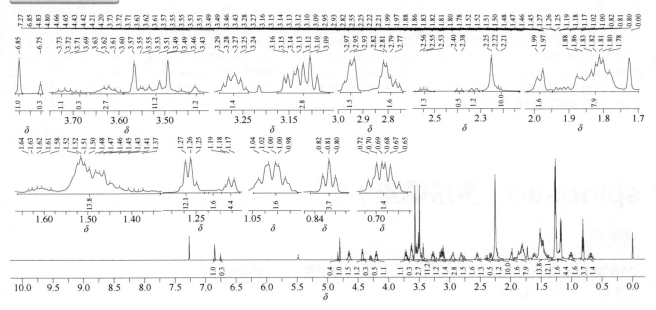

¹H NMR 谱图

¹H NMR (600 MHz, CDCl₃, δ) 异构体混合物，比例约为 3∶1。异构体 A: 6.85 (1H, ══CH, s), 4.80 (1H, OCH, s), 4.69~4.61 (1H, OCH, m), 4.43 (1H, OCH, d, J_{H-H} = 8.0 Hz), 4.20 (1H, OCH, dt, J_{H-H} = 6.7 Hz, J_{H-H} = 6.4 Hz), 3.72 (1H, OCH, t, J_{H-H} = 6.2 Hz), 3.61 (2H, 2OCH, dd, J_{H-H} = 7.4 Hz, J_{H-H} = 6.8 Hz), 3.58~3.48 (8H, 2OCH, 2OCH₃, m), 3.43 (1H, OCH, s), 3.30~3.24 (1H, OCH, m), 3.18~3.06 (2H, 2COCH, m), 2.96 (1H, ══CCH, d, J_{H-H} = 10.2 Hz), 2.84~2.78 (1H, ══CCH, m), 2.55 (1H, CH, dd, J_{H-H} = 9.0 Hz, J_{H-H} = 8.4 Hz), 2.33 (1H, CH, d, J_{H-H} = 12.8 Hz), 2.25 (6H, 2NCH₃, s), 2.22~2.12 (2H, 2CH, m), 2.02~1.95 (1H, CH, m), 1.94~1.70 (6H, 6CH, m), 1.66~1.33 (11H, 11CH, m), 1.29~1.24 (10H, 2CH₃, 4CH, m), 1.24~1.20 (1H, CH, m), 1.18 (3H, CH₃, d, J_{H-H} = 6.8 Hz), 1.05~0.96 (1H, CH, m), 0.81 (3H, CH₃, t, J_{H-H} = 7.4 Hz), 0.74~0.63 (1H, CH, m). 异构体 B: 6.75 (1H, ══CH, s), 4.83 (1H, OCH, s), 4.69~4.61 (1H, OCH, m), 4.39 (1H, OCH, d, J_{H-H} = 8.0 Hz), 4.29 (1H, OCH, dt, J_{H-H} = 6.7 Hz, J_{H-H} = 6.4 Hz), 3.69 (1H, OCH, t, J_{H-H} = 6.2 Hz), 3.61 (2H, 2OCH, dd, J_{H-H} = 7.4 Hz, J_{H-H} = 6.8 Hz), 3.58~3.48 (8H, 2OCH, 2OCH₃, m), 3.46 (1H, OCH, s), 3.30~3.24 (1H, OCH, m), 3.18~3.06 (2H, 2COCH, m), 2.94 (1H, ══CCH, d, J_{H-H} = 10.2 Hz), 2.78~2.74 (1H, ══CCH, m), 2.55 (1H, COCH, dd, J_{H-H} = 9.0 Hz, J_{H-H} = 8.4 Hz), 2.39 (1H, CH, d, J_{H-H} = 12.8 Hz), 2.23 (6H, 2NCH₃, s), 2.22~2.12 (2H, 2CH, m), 2.02~1.95 (1H, CH, m), 1.94~1.70 (6H, 6CH, m), 1.66~1.33 (11H, 11CH, m), 1.29~1.24 (10H, 2CH₃, 4CH, m), 1.24~1.20 (1H, CH, m), 1.19 (3H, CH₃, d, J_{H-H} = 6.8 Hz), 1.05~0.96 (1H, CH, m), 0.81 (3H, CH₃, t, J_{H-H} = 7.4 Hz), 0.74~0.63 (1H, CH, m)

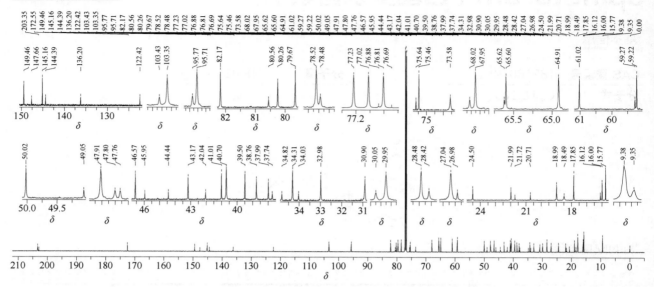

^{13}C NMR (151 MHz, CDCl$_3$, δ) 异构体混合物（约 3 : 1）。203.35, 202.91, 172.55, 149.46, 147.66, 145.16, 144.39, 136.20, 122.42, 103.43, 103.35, 95.77, 95.71, 82.17, 80.56, 80.26, 79.67, 78.52, 78.48, 76.88, 76.69, 75.64, 75.46, 73.58, 68.02, 67.95, 65.62, 65.60, 64.91, 61.02, 59.27, 59.22, 50.02, 49.05, 47.91, 47.80, 47.76, 46.57, 45.95, 44.44, 43.17, 42.04, 41.01, 40.70, 39.50, 38.76, 37.99, 37.74, 34.82, 34.31, 34.03, 32.98, 30.90, 30.05, 29.95, 28.48, 28.42, 27.04, 26.98, 24.50, 21.99, 21.72, 20.71, 18.99, 18.49, 17.85, 16.12, 16.00, 15.77, 9.38, 9.35

spinosad（多杀霉素）

基本信息

CAS 登录号	168316-95-8	分子量	731.96
分子式	C$_{41}$H$_{65}$NO$_{10}$		

¹H NMR 谱图

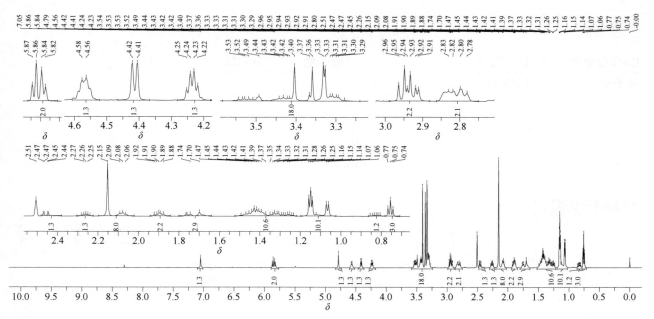

¹H NMR (600 MHz, CDCl₃, δ) 7.05 (1H, H-13, br), 5.96~5.74 (2H, H-5,H-6, m), 4.79 (1H, H-1′, s), 4.62~4.50 (1H, H-21, m), 4.41 (1H, H-1″, d, J_{H-H} = 9.3 Hz), 4.24 (1H, H-9, ddd, J_{H-H} = 6.8 Hz, J_{H-H} = 6.8 Hz, J_{H-H} = 6.9 Hz), 3.57~3.24 (5H, CH/CH₂, m), 3.40 (3H, OCH₃, s), 3.36 (3H, OCH₃, s), 3.33 (3H, OCH₃, s), 3.02~2.87 (2H, CH/CH₂, m), 2.86~2.76 (2H, CH/CH₂, m), 2.46 (1H, H-2, dd, J_{H-H} = 13.2, 2.9 Hz), 2.31~2.21 (1H, CH/CH₂, m), 2.15 (6H, 4″-N(CH₃)₂, s), 2.13~2.04 (2H, CH/CH₂, m), 1.96~1.84 (2H, CH/CH₂, m), 1.78~1.63 (3H, CH/CH₂, m), 1.53~1.20 (11H, CH₂, m), 1.20~1.00 (10H, H-6′/H-6″/H-24/CH₂, m), 0.88~0.79 (1H, H-11, m), 0.75 (3H, H-23, t, J_{H-H} = 7.4 Hz)

¹³C NMR 谱图

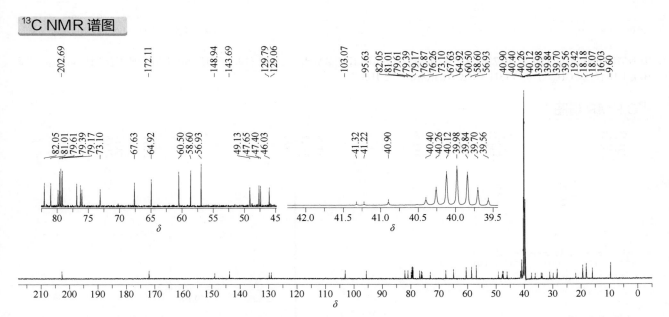

¹³C NMR (151 MHz, DMSO-d₆, δ) 202.69, 172.11, 148.94, 143.69, 129.79, 129.06, 103.07, 95.63, 82.05, 81.01, 79.85, 76.87, 76.26, 76.05, 73.10, 67.63, 64.92, 60.50, 58.60, 56.93, 49.13, 47.65, 47.40, 46.03, 41.32, 41.22, 40.90, 37.47, 36.22, 34.08, 33.76, 31.08, 29.89, 28.43, 21.85, 19.42, 18.18, 18.07, 16.03, 9.60

spirodiclofen（螺螨酯）

基本信息

CAS 登录号	148477-71-8	分子量	411.32
分子式	C$_{21}$H$_{24}$Cl$_2$O$_4$		

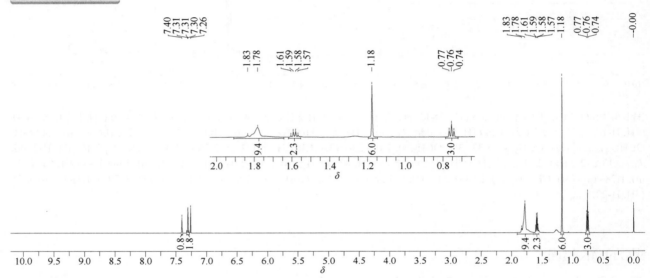

^{1}H NMR 谱图

^{1}H NMR (600 MHz, CDCl$_3$, δ) 7.40 (1H, ArH, s), 7.32~7.28 (2H, 2ArH, m), 1.83 (10H, 5CH$_2$, m), 1.61 (2H, C$\underline{H}_2$CH$_3$, q, $J_{\text{H-H}}$ = 7.5 Hz), 1.18 (6H, 2CH$_3$, s), 0.77 (3H, CH$_2$C$\underline{H}_3$, t, $J_{\text{H-H}}$ = 7.5 Hz)

^{13}C NMR 谱图

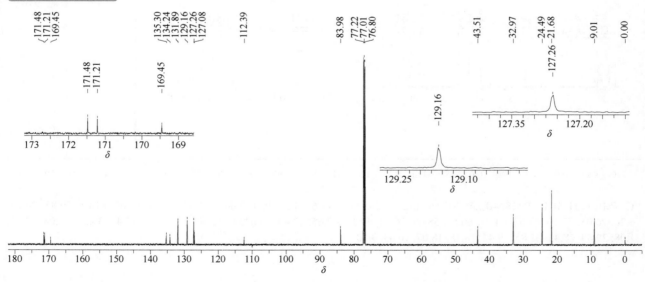

^{13}C NMR (151 MHz, CDCl$_3$, δ) 171.48, 171.21, 169.45, 135.30, 134.24, 131.89, 129.16, 127.26, 127.08, 112.39, 83.98, 43.51, 32.97, 24.49, 21.68, 9.01

spirotetramat（螺虫乙酯）

基本信息

CAS 登录号	203313-25-1	**分子量**	373.44
分子式	C$_{21}$H$_{27}$NO$_5$		

^{1}H NMR 谱图

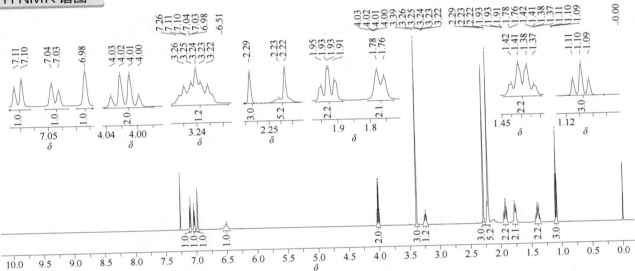

^{1}H NMR (600 MHz, CDCl$_3$, δ) 7.10 (1H, ArH, d, $J_{H\text{-}H}$ = 7.8 Hz), 7.03 (1H, ArH, d, $J_{H\text{-}H}$ = 7.8 Hz), 6.98 (1H, ArH, s), 6.51 (1H, NH, br), 4.01 (2H, OCH$_2$, t, $J_{H\text{-}H}$ = 7.1 Hz), 3.39 (3H, OCH$_3$, s), 3.24 (1H, OCH, q, $J_{H\text{-}H}$ = 4.2 Hz), 2.29 (3H, CH$_3$, s), 2.25~2.18 (2H, CH$_2$, m), 2.22 (3H, CH$_3$, s), 1.93 (2H, CH$_2$, dd, $J_{H\text{-}H}$ = 13.4 Hz, $J_{H\text{-}H}$ = 10.7 Hz), 1.77 (2H, CH$_2$, d, $J_{H\text{-}H}$ = 13.3 Hz), 1.40 (2H, CH$_2$, q, $J_{H\text{-}H}$ = 10.6 Hz), 1.10 (3H, CH$_2$C$\underline{H}_3$, t, $J_{H\text{-}H}$ = 7.1 Hz)

^{13}C NMR 谱图

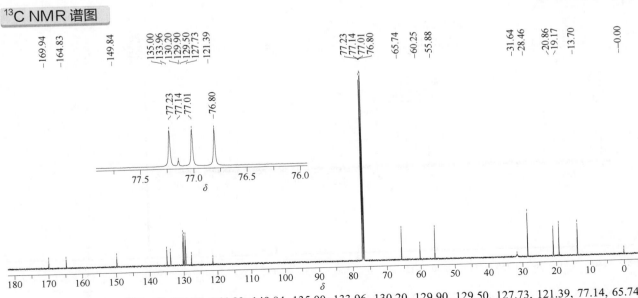

^{13}C NMR (151 MHz, CDCl$_3$, δ) 169.94, 164.83, 149.84, 135.00, 133.96, 130.20, 129.90, 129.50, 127.73, 121.39, 77.14, 65.74, 60.25, 55.88, 31.64, 28.46, 20.86, 19.17, 13.70

spirotetramat-enol（螺虫乙酯－烯醇）

CAS 登录号	203312-38-3	分子量	301.38
分子式	$C_{18}H_{23}NO_3$		

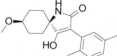

¹H NMR 谱图

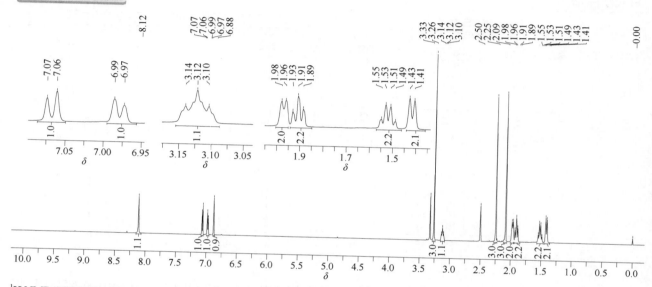

¹H NMR (600 MHz, DMSO-d₆, δ) 10.60 (1H, OH, br), 8.12 (1H, NH, br), 7.06 (1H, ArH, d, J_{H-H} = 7.7 Hz), 6.98 (1H, ArH, d, J_{H-H} = 7.7 Hz), 6.88 (1H, ArH, s), 3.26 (3H, OCH₃, s), 3.12 (1H, OCH, d, J_{H-H} = 10.9 Hz), 2.25 (3H, CH₃, s), 2.09 (3H, CH₃, s), 1.97 (2H, CH₂, d, J_{H-H} = 11.2 Hz), 1.91 (2H, CH₂, t, J_{H-H} = 13.7 Hz), 1.53 (2H, CH₂, q, J_{H-H} = 12.5 Hz), 1.42 (2H, CH₂, d, J_{H-H} = 12.5 Hz)

¹³C NMR 谱图

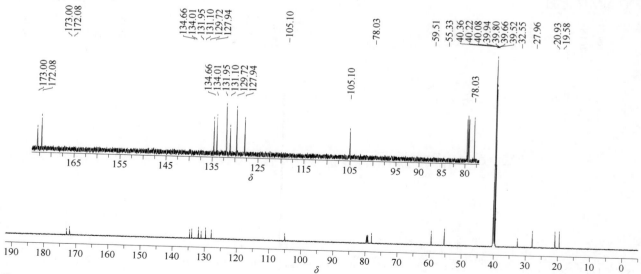

¹³C NMR (151 MHz, DMSO-d₆, δ) 173.00, 172.08, 134.66, 134.01, 131.95, 131.10, 129.72, 127.94, 105.10, 78.03, 59.51, 55.33, 32.55, 27.96, 20.93, 19.58（含 CDCl₃ 溶剂残留）

spirotetramat-enol-glucoside（螺虫乙酯 – 烯醇 – 葡萄糖苷）

基本信息

CAS 登录号	1172614-86-6	分子量	463.52
分子式	$C_{24}H_{33}NO_8$		

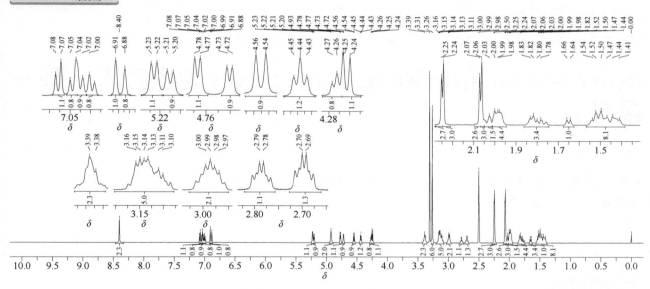

^{1}H NMR 谱图

^{1}H NMR (600 MHz, DMSO-d$_6$, δ) 异构体混合物，比例约为 1：1。8.40 (2H, 2ArH, s), 7.08 (1H, ArH, d, J_{H-H} = 7.7 Hz), 7.05 (1H, ArH, d, J_{H-H} = 7.7 Hz), 7.03 (1H, ArH, d, J_{H-H} = 7.7 Hz), 7.00 (1H, ArH, d, J_{H-H} = 7.6 Hz), 6.91 (1H, NH, s), 6.91 (1H, NH, s), 5.23 (1H, OH, d, J_{H-H} = 5.4 Hz), 5.20 (1H, OH, d, J_{H-H} = 5.1 Hz), 4.93 (2H, 2OH, br), 4.77 (1H, OH, d, J_{H-H} = 5.4 Hz), 4.72 (1H, OH, d, J_{H-H} = 5.3 Hz), 4.55 (1H, OCH, d, J_{H-H} = 7.9 Hz), 4.44 (1H, OCH, t, J_{H-H} = 5.6 Hz), 4.27 (1H, OCH, t, J_{H-H} = 5.6 Hz), 4.25 (1H, OCH, d, J_{H-H} = 8.0 Hz), 3.42~3.35 (2H. 2OCH, m), 3.26 (6H, 2OCH$_3$, s), 3.20~3.08 (6H, 6OCH, m), 3.03~2.94 (2H, 2OCH, m), 2.82~2.76 (1H, OCH, m), 2.73~2.66 (1H, OCH, m), 2.25 (3H, ArCH$_3$, s), 2.24 (3H, ArCH$_3$, s), 2.05~2.01 (2H, 2OH, m) 2.07 (3H, ArCH$_3$, s), 2.06 (3H, ArCH$_3$, s), 2.02~1.95 (4H, 4CH, m), 1.86~1.74 (3H, 3CH, m), 1.65 (1H, CH, d, J_{H-H} = 9.8 Hz), 1.57~1.36 (8H, 8CH, m)

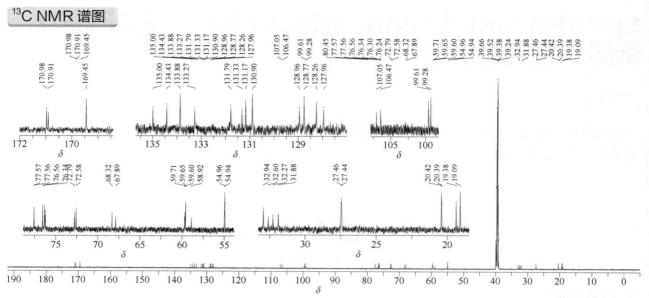

¹³C NMR (151 MHz, DMSO-d₆, δ) 170.98, 170.91, 169.45, 135.00, 134.43, 133.88, 133.27, 131.79, 131.33, 131.17, 130.90, 128.96, 128.77, 128.26, 127.96, 107.05, 106.47, 99.61, 99.28, 77.57, 77.56, 76.56, 76.34, 72.79, 72.58, 68.32, 67.89, 59.71, 59.65, 59.60, 58.92, 54.96, 54.94, 32.94, 32.60, 32.27, 31.88, 27.46, 27.44, 20.42, 20.39, 19.38, 19.09

spirotetramat-keto hydroxy（螺虫乙酯－酮－羟基）

基本信息

CAS 登录号	1172134-11-0	分子量	317.38
分子式	C₁₈H₂₃NO₄		

¹H NMR 谱图

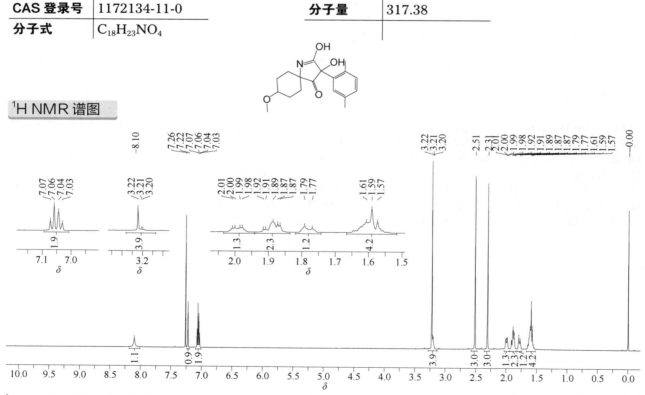

¹H NMR (600 MHz, CDCl₃, δ) 8.10 (1H, N=COH, br), 7.22 (1H, ArH, s), 7.08~7.03 (2H, 2ArH, m), 3.22 (3H, OCH₃, s), 3.21~3.17 (1H, OCH, m), 2.51 (3H, ArCH₃, s), 2.31 (3H, ArCH₃, s), 2.03~1.97 (1H, CH₂, m), 1.92~1.86 (2H, CH₂, m), 1.82~1.74 (1H, CH₂, m), 1.68~1.53 (4H, 2CH₂, m)

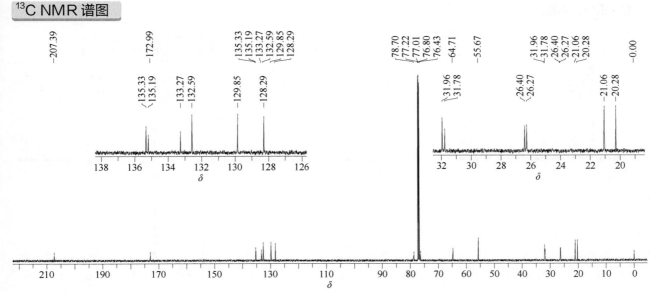

¹³C NMR (151 MHz, CDCl₃, δ) 207.39, 172.99, 135.33, 135.19, 133.27, 132.59, 129.85, 128.29, 78.70, 76.43, 64.71, 55.67, 31.96, 31.78, 26.40, 26.27, 21.06, 20.28

spirotetramat-mono hydroxy（螺虫乙酯 – 单 – 羟基）

基本信息

CAS 登录号	1172134-12-1	分子量	303.40
分子式	C₁₈H₂₅NO₃		

¹H NMR 谱图

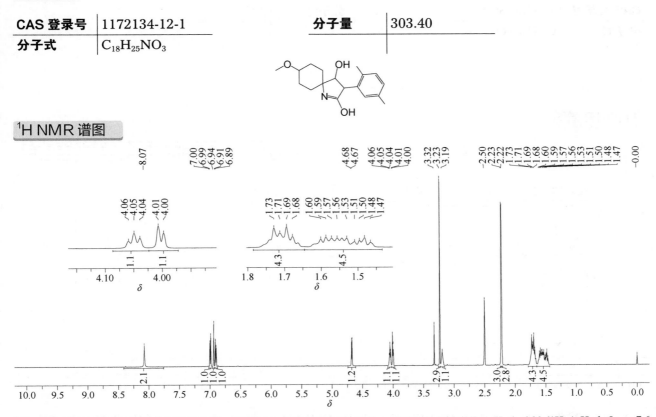

¹H NMR (600 MHz, DMSO, δ) 8.07 (1H, N═COH, br), 6.99 (1H, ArH, d, J_{H-H} = 7.6 Hz), 6.94 (1H, ArH, s), 6.90 (1H, ArH, d, J_{H-H} = 7.6 Hz), 4.66 (1H, CHO*H*, d, J_{H-H} = 5.6 Hz), 4.03 (1H, CHC*H*OH, dd, J_{H-H} = 5.6 Hz, J_{H-H} = 5.6 Hz), 3.98 (1H, d, C*H*CHOH, J_{H-H} = 5.6 Hz), 3.23 (3H, OCH₃, s), 3.22~3.15 (1H, CH₃OC*H*, m), 2.23 (3H, ArCH₃, s), 2.22 (3H, ArCH₃, s), 1.78~1.65 (4H, 2CH₂, m), 1.64~1.43 (4H, 2CH₂, m)

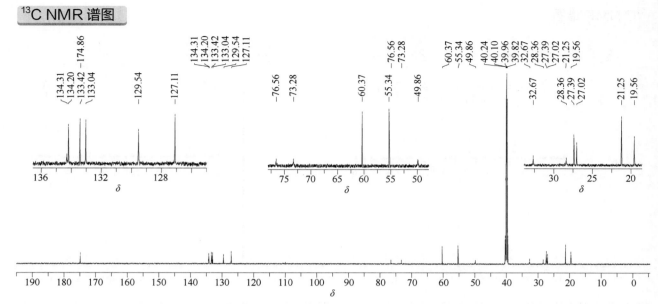

¹³C NMR (151 MHz, DMSO-d₆, δ) 174.86, 134.31, 134.20, 133.42, 133.04, 129.54, 127.11, 76.56, 73.28, 60.37, 55.34, 49.86, 32.67, 28.36, 27.39, 27.02, 21.25, 19.56

spiroxamine（螺环菌胺）

基本信息

CAS 登录号	118134-30-8	分子量	297.48
分子式	C₁₈H₃₅NO₂		

¹H NMR 谱图

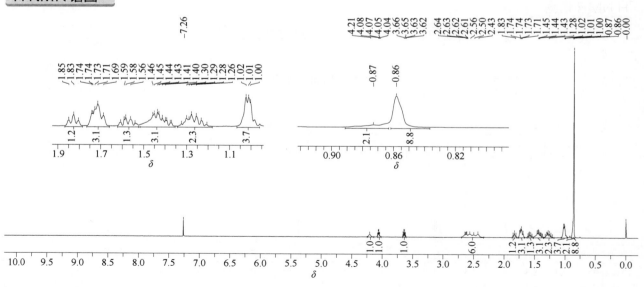

¹H NMR (600 MHz, CDCl₃, δ) 4.21 (1H, OCH, s), 4.06 (1H, OCH₂, dd, J_{H-H} = 13.7 Hz, J_{H-H} = 6.6 Hz), 3.66 (1H, OCH₂, dd, J_{H-H} = 16.6 Hz, J_{H-H} = 8.2 Hz), 2.64 (6H, 3NCH₂, m), 1.83 (1H, CH, t, J_{H-H} = 13.4 Hz), 1.77~1.66 (3H, 3CH, m), 1.62~1.52 (1H, CH, m), 1.52~1.35 (3H, 3CH, m), 1.34~1.18 (2H, 2CH, m), 1.07~0.96 (4H, 4CH, m), 0.89~0.86 (2H, 2CH, m), 0.86 (9H, 3CH₃, s)

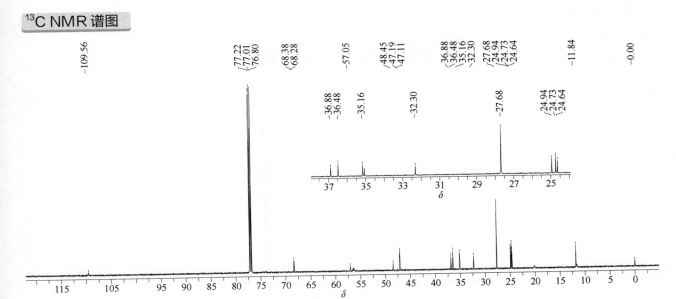

^13^C NMR (151 MHz, CDCl₃, δ) 109.56, 68.38, 68.28, 57.05, 48.45, 47.19, 47.11, 36.88, 36.48, 35.16, 32.30, 27.68, 24.94, 24.73, 24.64, 11.84

sulcotrione（磺草酮）

基本信息

CAS 登录号	99105-77-8	分子量	328.77
分子式	C₁₄H₁₃ClO₅S		

^1^H NMR 谱图

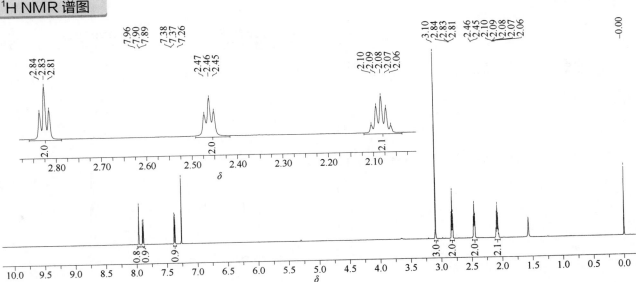

^1^H NMR (600 MHz, CDCl₃, δ) 7.96 (1H, ArH, s), 7.89 (1H, ArH, d, J_{H-H} = 8.0 Hz), 7.37 (1H, ArH, d, J_{H-H} = 8.0 Hz), 3.10 (3H, OCH₃, s), 2.83 (2H, CH₂, t, J_{H-H} = 6.4 Hz), 2.46 (2H, CH₂, t, J_{H-H} = 6.4 Hz), 2.08 (2H, CH₂, quin, J_{H-H} = 6.4 Hz)

^{13}C NMR 谱图

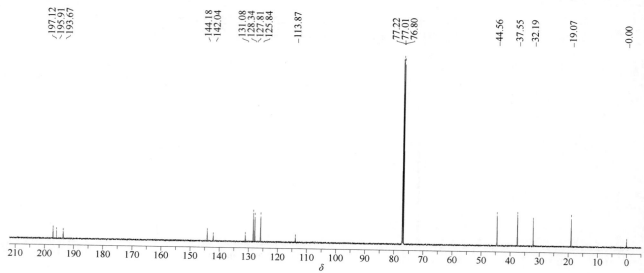

^{13}C NMR (151 MHz, CDCl$_3$, δ) 197.12, 195.91, 193.67, 144.18, 142.04, 131.08, 128.34, 127.81, 125.84, 113.87, 44.56, 37.55, 32.19, 19.07

sulfallate（草克死）

基本信息

CAS 登录号	95-06-7	分子量	223.79
分子式	C$_8$H$_{14}$ClNS$_2$		

^{1}H NMR 谱图

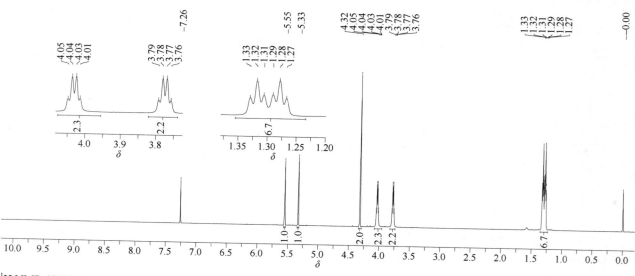

^{1}H NMR (600 MHz, CDCl$_3$, δ) 5.55 (1H, C=CH$_2$, s), 5.33 (1H, C=CH$_2$, s), 4.32 (2H, SCH$_2$, s), 4.03 (2H, NCH$_2$, q, $J_{H\text{-}H}$ = 6.9 Hz), 3.78 (2H, NCH$_2$, q, $J_{H\text{-}H}$ = 6.9 Hz), 1.32 (3H, CH$_3$, t, $J_{H\text{-}H}$ = 6.9 Hz), 1.28 (3H, CH$_3$, t, $J_{H\text{-}H}$ = 6.9 Hz)

¹³C NMR 谱图

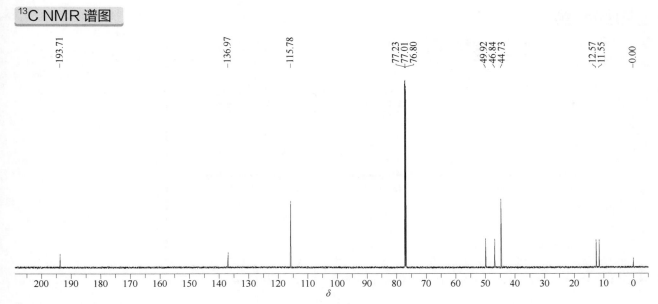

¹³C NMR (151 MHz, CDCl₃, δ) 193.71, 136.97, 115.78, 49.92, 46.84, 44.73, 12.57, 11.55

sulfanitran（磺胺硝苯）

基本信息

CAS 登录号	122-16-7		分子量	335.34
分子式	C₁₄H₁₃N₃O₅S			

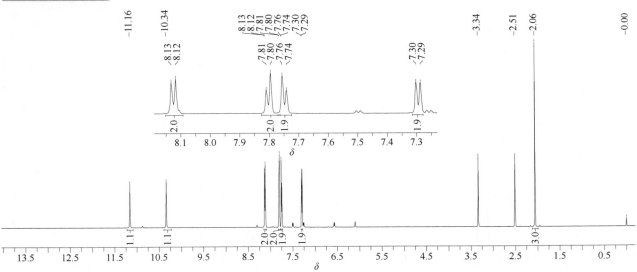

¹H NMR 谱图

¹H NMR (600 MHz, DMSO-d₆, δ) 11.16 (1H, NH, br), 10.34 (1H, NH, br), 8.12 (2H, 2ArH, d, J_{H-H} = 9.0 Hz), 7.80 (2H, 2ArH, d, J_{H-H} = 8.7 Hz), 7.75 (2H, 2ArH, d, J_{H-H} = 8.5 Hz), 7.29 (2H, 2ArH, d, J_{H-H} = 8.8 Hz), 2.06 (3H, CH₃, s)

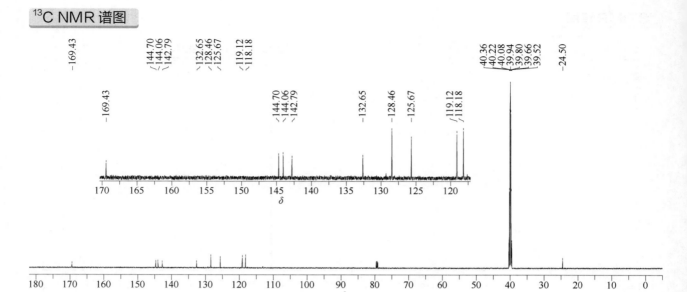

¹³C NMR (151 MHz, DMSO-d₆, δ) 169.43, 144.70, 144.06, 142.79, 132.65, 128.46, 125.67, 119.12, 118.18, 24.50（含 CDCl₃ 溶剂残留）

sulfentrazone（甲磺草胺）

基本信息

CAS 登录号	122836-35-5	分子量	387.19
分子式	C₁₁H₁₀Cl₂F₂N₄O₃S		

¹H NMR 谱图

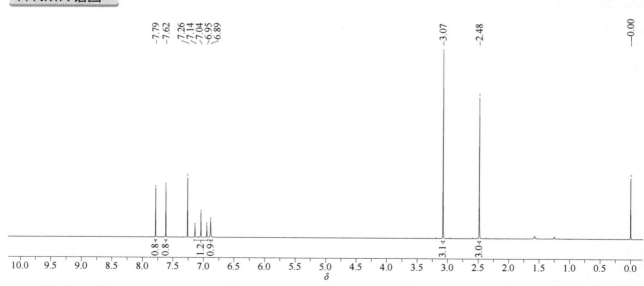

¹H NMR (600 MHz, CDCl₃, δ) 7.79 (1H, ArH, s), 7.62 (1H, ArH, s), 7.04 (H, CHF₂, t, $^2J_{H-F}$ = 58.1 Hz), 6.89 (1H, NH, s), 3.07 (3H, SCH₃, s), 2.48 (3H, ArCH₃, s)

^{13}C NMR 谱图

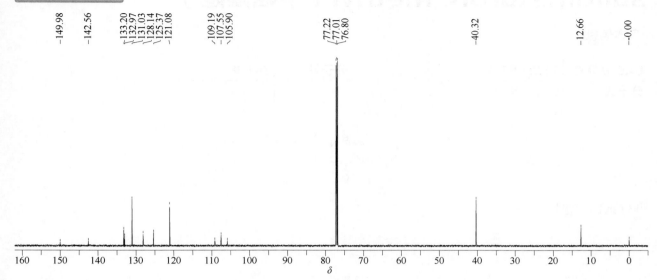

^{13}C NMR (151 MHz, CDCl$_3$, δ) 149.98, 142.56, 133.20, 132.97, 131.03, 128.14, 125.37, 121.08, 109.19(t, $J_{C\text{-}F}$ = 248.1 Hz), 40.32, 12.66

^{19}F NMR 谱图

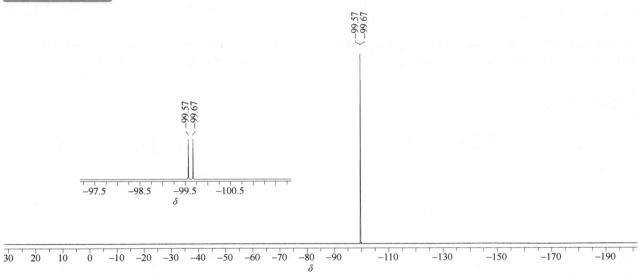

^{19}F NMR (564 MHz, CDCl$_3$, δ) −99.62 (d, $^2J_{H\text{-}F}$ = 58.1 Hz)

sulfometuron-methyl（甲嘧磺隆）

基本信息

CAS 登录号	74222-97-2	**分子量**	364.38
分子式	C$_{15}$H$_{16}$N$_4$O$_5$S		

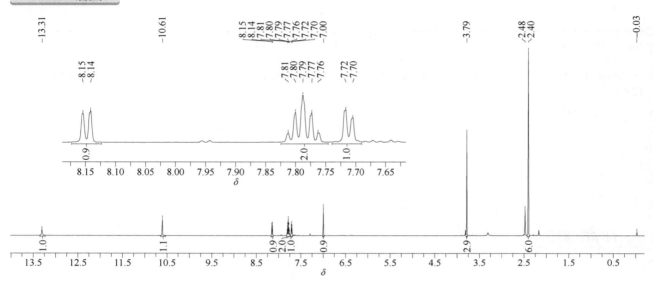

^{1}H NMR 谱图

^{1}H NMR (600 MHz, DMSO-d$_6$, δ) 含异构体，仅列出主要的。13.31 (1H, NH, s), 10.61 (1H, NH, s), 8.15 (1H, ArH, d, J_{H-H} = 7.7 Hz), 7.82~7.75 (2H, 2ArH, m), 7.71 (1H, ArH, d, J_{H-H} = 7.1 Hz), 7.00 (1H, ArH, s), 3.79 (3H, OCH$_3$, s), 2.40 (6H, 2 ArCH$_3$, s)

^{13}C NMR 谱图

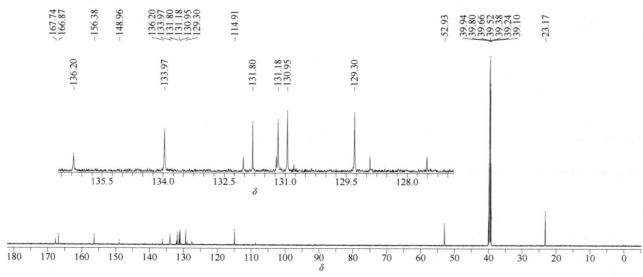

^{13}C NMR (151 MHz, DMSO-d$_6$, δ) 167.74, 166.87, 156.38, 148.96, 136.20, 133.97, 131.80, 131.18, 130.95, 129.30, 114.91, 52.93, 23.17（含异构体峰）

sulfotep（治螟磷）

基本信息

CAS 登录号	3689-24-5	分子量	322.32
分子式	$C_8H_{20}O_5P_2S_2$		

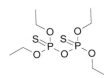

^1H NMR 谱图

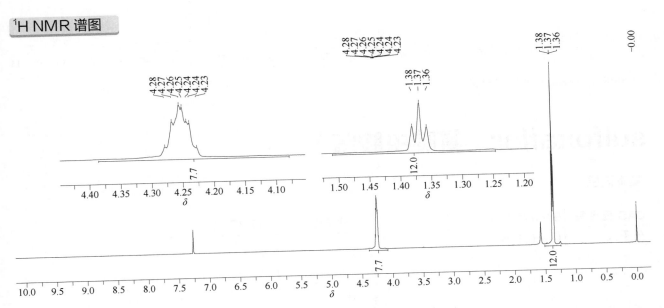

^1H NMR (600 MHz, CDCl$_3$, δ) 4.39~4.13 (8H, 4CH$_2$, m), 1.37 (12H, 4CH$_3$, t, J_{H-H} = 7.1 Hz)

^{13}C NMR 谱图

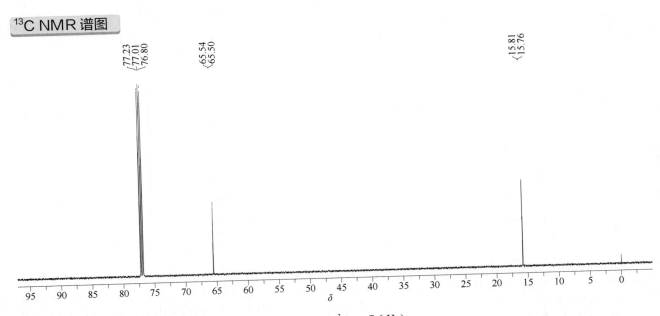

^{13}C NMR (151 MHz, CDCl$_3$, δ) 65.52 (d, $^2J_{C-P}$ = 6.0 Hz), 15.79 (d, $^3J_{C-P}$ = 7.6 Hz)

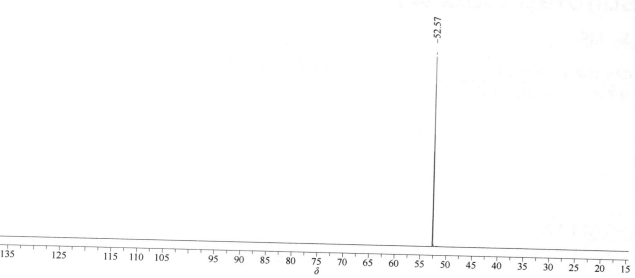

-52.57

³¹P NMR (243 MHz, CDCl₃, δ) 52.57

sulfoxaflor（氟啶虫胺腈）

基本信息

CAS 登录号	946578-00-3	分子量	277.27
分子式	$C_{10}H_{10}F_3N_3OS$		

¹H NMR 谱图

¹H NMR (600 MHz, CDCl₃, δ) 异构体混合物，比例约为 2∶1。异构体 A: 8.79 (1H, ArH, s), 8.11 (1H, ArH, d, J_{H-H} = 8.2 Hz), 7.83 (1H, ArH, d, J_{H-H} = 8.2 Hz), 4.69 (1H, C$\underline{H}$CH₃, q, J_{H-H} = 7.1 Hz), 3.08 (2H, SCH₃, s), 2.02 (3H, CHC$\underline{H}_3$, d, J_{H-H} = 7.1 Hz). 异构体 B: 8.79 (1H, ArH, s), 8.11 (1H, ArH, d, J_{H-H} = 8.2 Hz), 7.83 (1H, ArH, d, J_{H-H} = 8.2 Hz), 4.69 (1H, C$\underline{H}$CH₃, q, J_{H-H} = 7.1 Hz), 3.12 (3H, SCH₃, s), 2.02 (3H, CHC$\underline{H}_3$, d, J_{H-H} = 7.1 Hz)

¹³C NMR 谱图

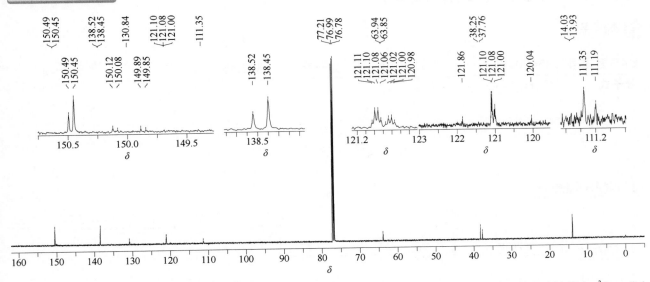

¹³C NMR (151 MHz, CDCl₃, δ) 异构体混合物。异构体 A: 150.45, 150.00 (q, $^2J_{C-F}$ = 34.7 Hz), 138.45, 130.84, 121.99 (q, $^3J_{C-F}$ = 3.4 Hz), 120.95 (q, J_{C-F} = 274.8 Hz), 111.35, 63.85, 37.76, 14.03. 异构体 B: 150.47, 149.96 (q, $^2J_{C-F}$ = 34.7 Hz), 138.52, 130.84, 121.01 (q, $^3J_{C-F}$ = 3.4 Hz), 120.95 (q, J_{C-F} = 274.8 Hz), 111.19, 63.94, 38.25, 13.93

¹⁹F NMR 谱图

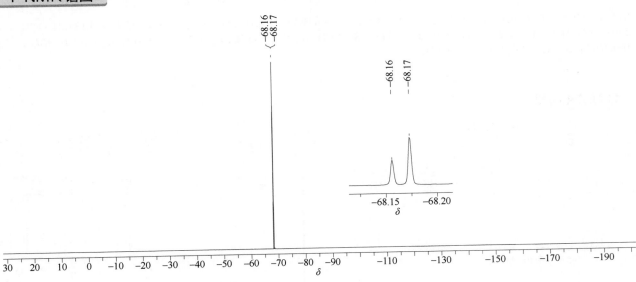

¹⁹F NMR (564 MHz, CDCl₃, δ) 异构体 A: −68.17. 异构体 B: −68.16

sulprofos（硫丙磷）

基本信息

CAS 登录号	35400-43-2	分子量	322.45
分子式	C$_{12}$H$_{19}$O$_2$PS$_3$		

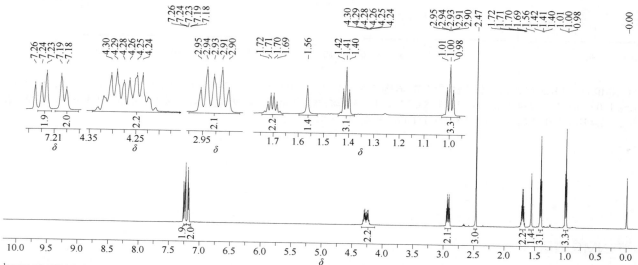

^{1}H NMR 谱图

^{1}H NMR (600 MHz, CDCl$_3$, δ) 7.29~7.22 (2H, 2ArH, d, J_{H-H} = 8.6 Hz), 7.18 (2H, 2ArH, d, J_{H-H} = 8.6 Hz), 4.34~4.13 (2H, OCH$_2$, m), 2.98~2.88 (2H, SCH$_2$, m), 2.47 (3H, SCH$_3$, s), 1.70 (3H, SCH$_2$CH$_2$, dt, J_{H-H} = 7.3 Hz, J_{H-H} = 7.3 Hz), 1.41 (3H, OCH$_2$C$\underline{H}_3$, t, J_{H-H} = 7.1 Hz), 0.99 (3H, CH$_2$CH$_2$C$\underline{H}_3$, t, J_{H-H} = 7.3 Hz)

^{13}C NMR 谱图

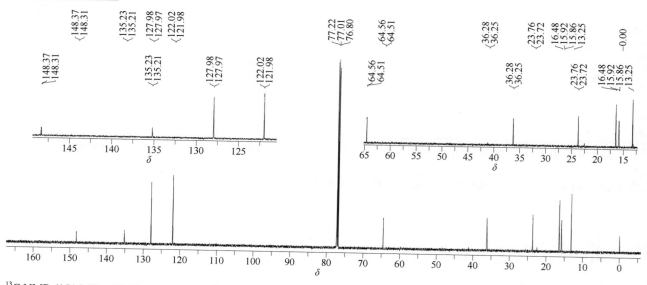

^{13}C NMR (151 MHz, CDCl$_3$, δ) 148.31 (d, $^2J_{C-P}$ = 9.1 Hz), 135.20 (d, $^5J_{C-P}$ = 2.4 Hz), 127.96 (d, $^4J_{C-P}$ = 1.7 Hz), 121.98 (d, $^3J_{C-P}$ = 5.0 Hz), 64.51 (d, $^2J_{C-P}$ = 6.5 Hz), 36.24 (d, $^3J_{C-P}$ = 4.2 Hz), 23.71 (d, $^2J_{C-P}$ = 5.9 Hz), 16.45, 15.86 (d, $^3J_{C-P}$ = 8.2 Hz), 13.23

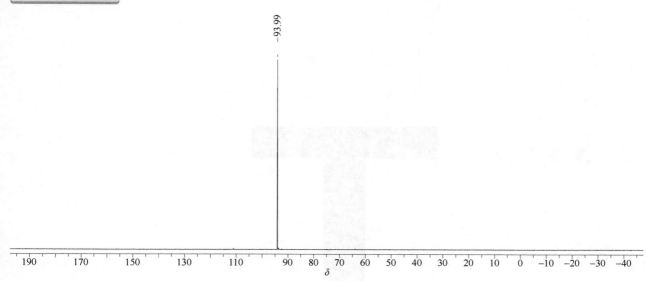

^{31}P NMR (243 MHz, CDCl$_3$, δ) 93.99

2,4,5-T（2,4,5- 涕）

基本信息

CAS 登录号	93-76-5	分子量	255.48
分子式	C$_8$H$_5$Cl$_3$O$_3$		

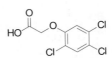

¹H NMR 谱图

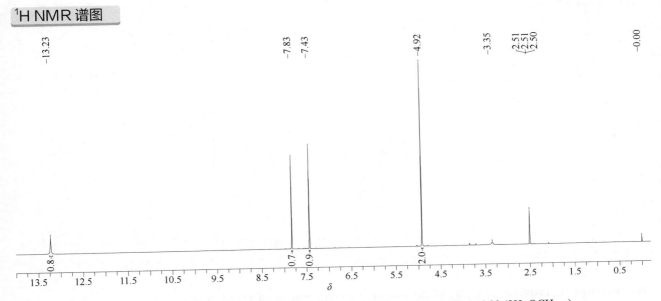

¹H NMR (600 MHz, DMSO-d$_6$, δ) 13.23 (1H, COOH, br), 7.83 (1H, ArH, s), 7.43 (1H, ArH, s), 4.92 (2H, OCH$_2$, s)

¹³C NMR 谱图

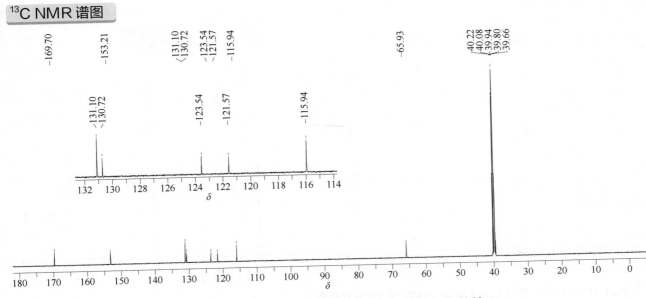

¹³C NMR (151 MHz, DMSO-d$_6$, δ) 169.70, 153.21, 131.10, 130.72, 123.54, 121.57, 115.94, 65.93

tartaric acid（酒石酸）

CAS 登录号	526-83-0	分子量	150.09
分子式	$C_4H_6O_6$		

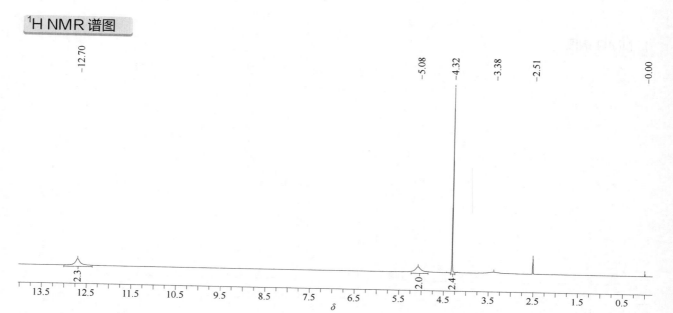

¹H NMR 谱图

¹H NMR (600 MHz, DMSO-d₆, δ) 12.70 (2H, 2COOH, br), 5.08 (2H, 2OH, br), 4.32 (2H, 2CH, s)

¹³C NMR 谱图

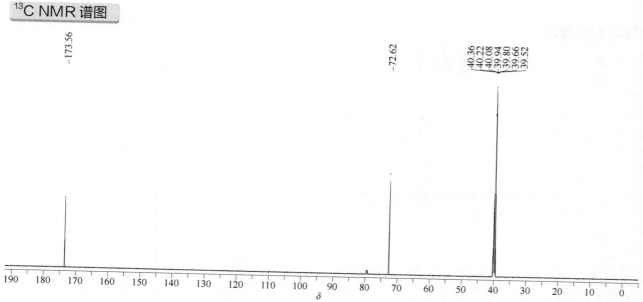

¹³C NMR (151 MHz, DMSO-d₆, δ) 173.56, 72.62（含氘代氯仿残留）

TCMTB（苯噻氰）

基本信息

CAS 登录号	21564-17-0	分子量	238.35
分子式	$C_9H_6N_2S_3$		

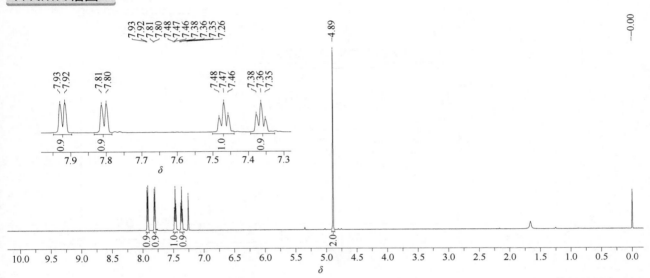

¹H NMR 谱图

¹H NMR (600 MHz, CDCl₃, δ) 7.92 (1H, ArH, d, J_{H-H} = 8.1 Hz), 7.80 (1H, ArH, d, J_{H-H} = 8.0 Hz), 7.47 (1H, ArH, t, J_{H-H} = 7.7 Hz), 7.36 (1H, ArH, t, J_{H-H} = 7.8 Hz), 4.89 (2H, SCH₂, s)

¹³C NMR 谱图

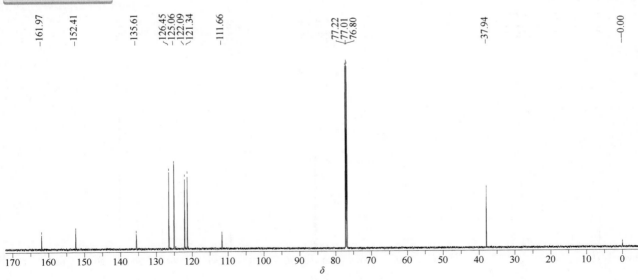

¹³C NMR (151 MHz, CDCl₃, δ) 161.97, 152.41, 135.61, 126.45, 125.06, 122.09, 121.34, 111.66, 37.94

tebuconazole（戊唑醇）

基本信息

CAS 登录号	107534-96-3	分子量	307.82
分子式	C₁₆H₂₂ClN₃O		

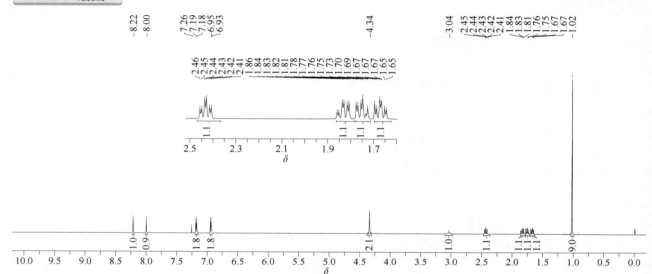

¹H NMR 谱图

¹H NMR (600 MHz, CDCl₃, δ) 8.22 (1H, ArH, s), 8.00 (1H, ArH, s), 7.19 (2H, 2ArH, d, J_{H-H} = 8.3 Hz), 6.95 (2H, 2ArH, d, J_{H-H} = 8.3 Hz), 4.34 (2H, NCH₂, s), 3.04 (1H, OH, br), 2.43 (1H, CH, dt, J_{H-H} = 12.6 Hz, J_{H-H} = 4.5 Hz), 1.86~1.79 (1H, CH, m), 1.78~1.71 (1H, CH, m), 1.67 (1H, CH, dt, J_{H-H} = 12.4 Hz, J_{H-H} = 4.5 Hz), 1.02 (9H, 3CH₃, s)

¹³C NMR 谱图

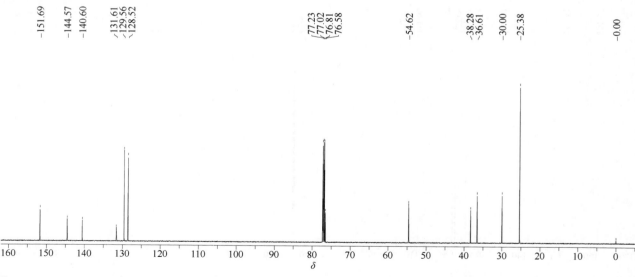

¹³C NMR (151 MHz, CDCl₃, δ) 151.69, 144.57, 140.60, 131.61, 129.56, 128.52, 76.58, 54.62, 38.28, 36.61, 30.00, 25.38

tebufenozide（虫酰肼）

基本信息

CAS 登录号	112410-23-8	分子量	352.48
分子式	C$_{22}$H$_{28}$N$_2$O$_2$		

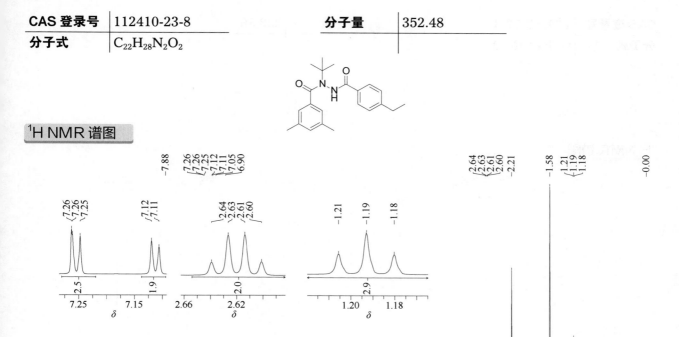

^{1}H NMR 谱图

^{1}H NMR (600 MHz, CDCl$_3$, δ) 7.88 (1H, ArH/NH, s), 7.25 (2H, 2ArH, d, J_{H-H} = 8.0 Hz), 7.11 (2H, 2ArH, d, J_{H-H} = 8.0 Hz), 7.05 (2H, 2ArH, s), 6.90 (1H, ArH/NH, s), 2.62 (2H, C$\underline{H}_2$CH$_3$, q, J_{H-H} = 7.6 Hz), 2.21 (6H, 2ArCH$_3$, s), 1.58 (9H, C(CH$_3$)$_3$, s), 1.19 (3H, CH$_2$C$\underline{H}_3$, t, J_{H-H} = 7.6 Hz)

^{13}C NMR 谱图

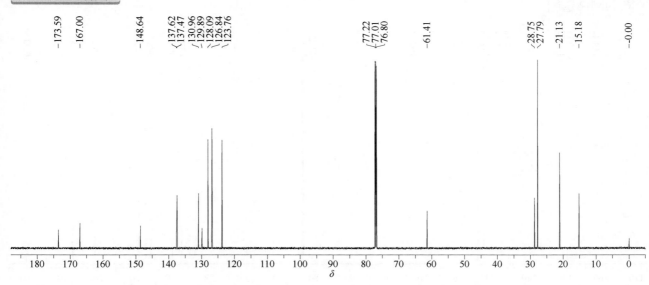

^{13}C NMR (151 MHz, CDCl$_3$, δ) 173.59, 167.00, 148.64, 137.62, 137.47, 130.96, 129.89, 128.09, 126.84, 123.76, 61.41, 28.75, 27.79, 21.13, 15.18

tebufenpyrad（吡螨胺）

基本信息

CAS 登录号	119168-77-3	分子量	333.86
分子式	C₁₈H₂₄ClN₃O		

分子式 $C_{18}H_{24}ClN_3O$ 分子量 333.86

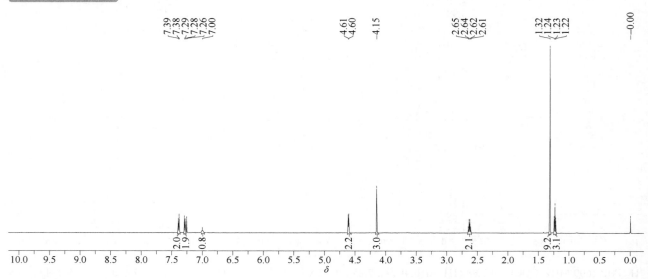

¹H NMR 谱图

¹H NMR (600 MHz, CDCl₃, δ) 7.39 (2H, 2ArH, d, J_{H-H} = 8.3 Hz), 7.29 (2H, 2ArH, d, J_{H-H} = 8.3 Hz), 7.00 (1H, NH, br), 4.61 (2H, NHC$\underline{H}_2$, d, J_{H-H} = 5.6 Hz), 4.15 (3H, NCH₃, s), 2.65 (2H, C$\underline{H}_2$CH₃, q, J_{H-H} = 7.5 Hz), 1.32 (9H, 3CH₃, s), 1.24 (3H, CH₂C$\underline{H}_3$, t, J_{H-H} = 7.5 Hz)

¹³C NMR 谱图

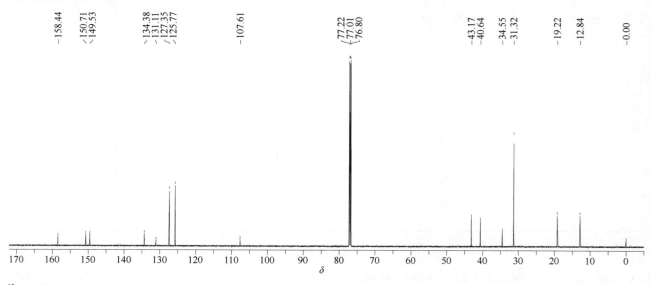

¹³C NMR (151 MHz, CDCl₃, δ) 158.44, 150.71, 149.53, 134.38, 131.11, 127.35, 125.77, 107.61, 43.17, 40.64, 34.55, 31.32, 19.22, 12.84

tebupirimfos（丁基嘧啶磷）

基本信息

CAS 登录号	96182-53-5	分子量	318.37
分子式	C$_{13}$H$_{23}$N$_2$O$_3$PS		

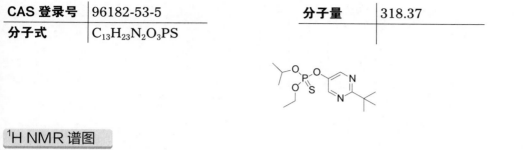

¹H NMR 谱图

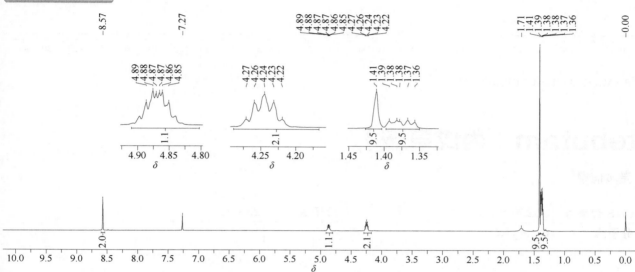

¹H NMR (600 MHz, CDCl₃, δ) 8.57 (2H, 2ArH, s), 4.91~4.80 (1H, CH, m), 4.29~4.17 (2H, CH₂, m), 1.41 (9H, 3CH₃, s), 1.40~1.33 (9H, CH(C*H*₃)₂, CH₃, m)

¹³C NMR 谱图

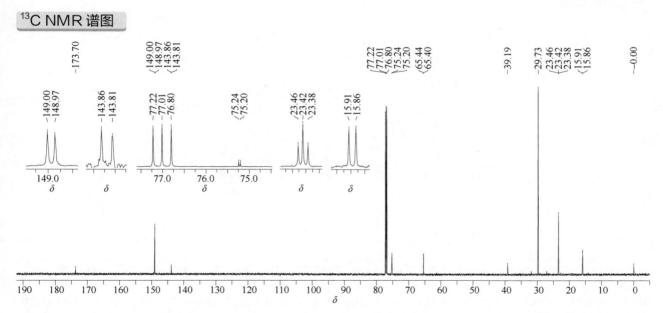

¹³C NMR (151 MHz, CDCl₃, δ) 173.70, 148.99 (d, ³*J*$_{C-P}$ = 4.7 Hz), 143.84 (d, ²*J*$_{C-P}$ = 7.7 Hz), 75.22 (d, ²*J*$_{C-P}$ = 5.9 Hz), 65.42 (d, ²*J*$_{C-P}$ = 5.8 Hz), 39.19, 29.73, 23.44 (d, ²*J*$_{C-P}$ = 6.0 Hz), 23.40 (d, ³*J*$_{C-P}$ = 6.0 Hz), 15.89 (d, ³*J*$_{C-P}$ = 7.6 Hz)

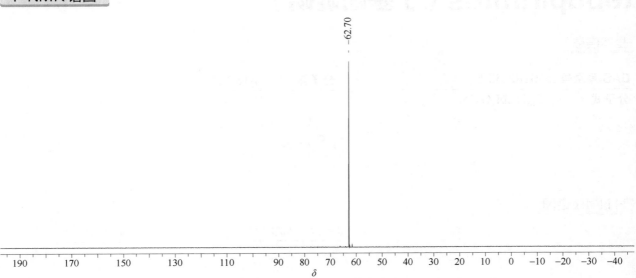

³¹P NMR (243 MHz, CDCl₃, δ) 62.70

tebutam（丙戊草胺）

基本信息

CAS 登录号	35256-85-0	分子量	233.35
分子式	$C_{15}H_{23}NO$		

¹H NMR 谱图

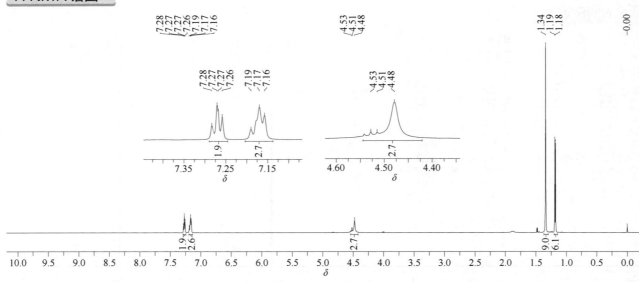

¹H NMR (600 MHz, CDCl₃, δ) 7.27 (2H, 2ArH, t, J_{H-H} = 7.6 Hz), 7.18 (2H, 2ArH, t, J_{H-H} = 7.6 Hz), 7.17 (1H, ArH, s), 4.58~4.43 (3H, NCH₂ & NCH, m), 1.34 (9H, 3CH₃, s), 1.19 (6H, CH(C$\underline{H}$₃)₂, d, J_{H-H} = 6.6 Hz)

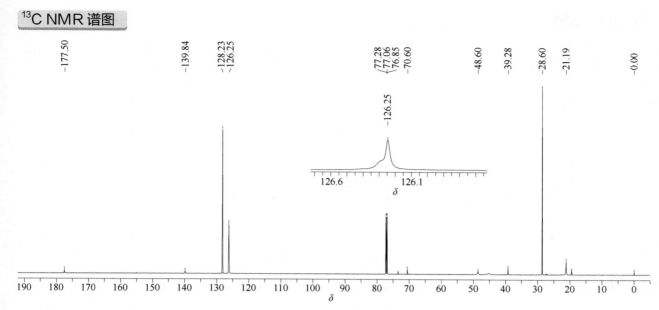

-177.50
-139.84
-128.23
-126.25
-77.28
-77.06
-76.85
-70.60
-48.60
-39.28
-28.60
-21.19
-0.00

-126.25

126.6 126.1
δ

190 180 170 160 150 140 130 120 110 100 90 80 70 60 50 40 30 20 10 0
δ

¹³C NMR (151 MHz, CDCl₃, δ) 177.50, 139.84, 128.23, 126.30, 126.25, 70.60, 48.60, 39.28, 28.60, 21.19

tebuthiuron（特丁噻草隆）

基本信息

CAS 登录号	34014-18-1	分子量	228.31
分子式	C₉H₁₆N₄OS		

¹H NMR 谱图

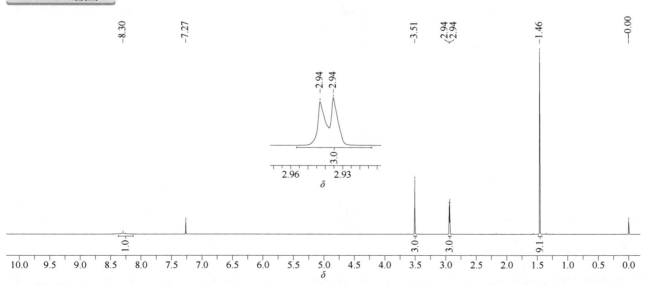

-8.30
-7.27
-3.51
-2.94
-2.94
-1.46
-0.00

-2.94
-2.94

2.96 2.93
δ

1.0
3.0
3.0
9.1

10.0 9.5 9.0 8.5 8.0 7.5 7.0 6.5 6.0 5.5 5.0 4.5 4.0 3.5 3.0 2.5 2.0 1.5 1.0 0.5 0.0
δ

¹H NMR (600 MHz, CDCl₃, δ) 8.30 (1H, NH, br), 3.51 (3H, NCH₃, s), 2.94 (3H, NHC$\underline{H}$₃, d, J_{H-H} = 4.6 Hz), 1.46 (9H, 3CH₃, s)

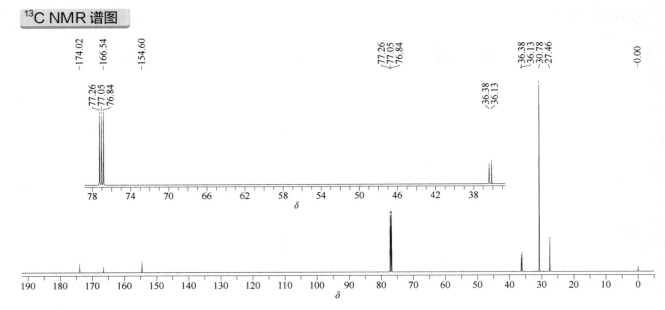

¹³C NMR (151 MHz, CDCl₃, δ) 174.02, 166.54, 154.60, 36.38, 36.13, 30.78, 27.46

tecloftalam（叶枯酞）

基本信息

CAS 登录号	76280-91-6	分子量	447.91
分子式	C₁₄H₅Cl₆NO₃		

¹H NMR 谱图

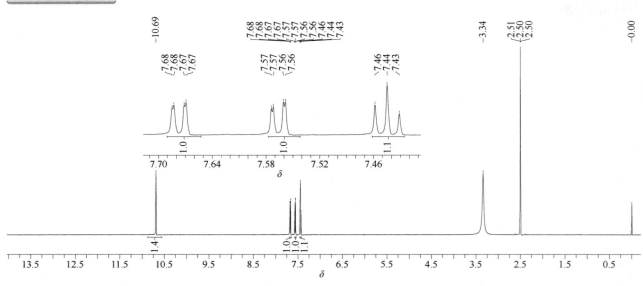

¹H NMR (600 MHz, DMSO-d₆, δ) 10.69 (1H, NH, s), 7.68 (1H, ArH, dd, J_{H-H} = 8.1 Hz, J_{H-H} = 1.2 Hz), 7.57 (1H, ArH, dd, J_{H-H} = 8.1 Hz, J_{H-H} = 1.3 Hz), 7.44 (1H, ArH, t, J_{H-H} = 8.1 Hz)

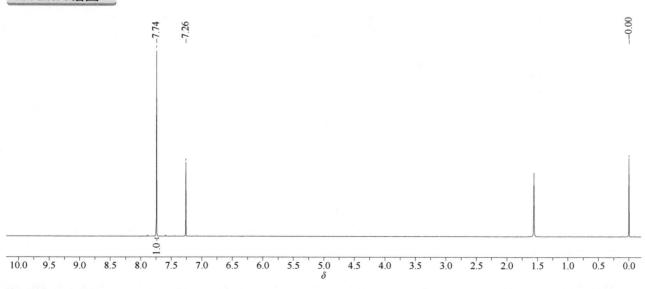

^{13}C NMR (151 MHz, DMSO-d$_6$, δ) 165.02, 162.61, 136.28, 135.58, 133.72, 132.63, 129.97, 129.15, 128.61, 128.15, 126.37, 125.35

tecnazene（四氯硝基苯）

基本信息

CAS 登录号	117-18-0	分子量	260.89
分子式	C$_6$HCl$_4$NO$_2$		

^{1}H NMR 谱图

^{1}H NMR (600 MHz, CDCl$_3$, δ) 7.74 (1H, ArH, s)

¹³C NMR 谱图

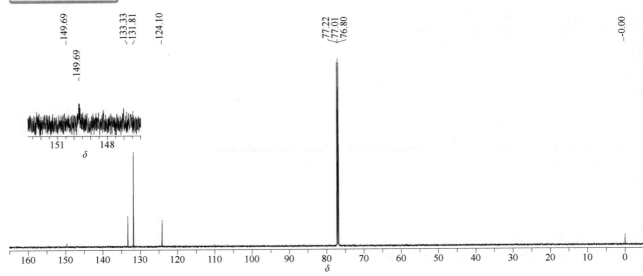

¹³C NMR (151 MHz, CDCl₃, δ) 149.69, 133.33, 131.81, 124.10

teflubenzuron（氟苯脲）

基本信息

CAS 登录号	83121-18-0	分子量	381.11
分子式	$C_{14}H_6Cl_2F_4N_2O_2$		

¹H NMR 谱图

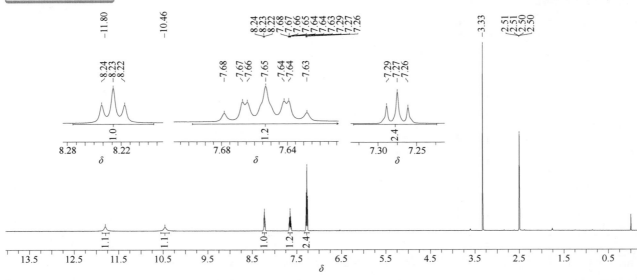

¹H NMR (600 MHz, DMSO-d₆, δ) 11.80 (1H, NH, br), 10.46 (1H, NH, br), 8.23 (1H, ArH, t, J_{H-H} = 7.6 Hz), 7.70~7.61 (1H, ArH, m), 7.27 (2H, 2ArH, t, J_{H-H} = 8.3 Hz)

¹³C NMR 谱图

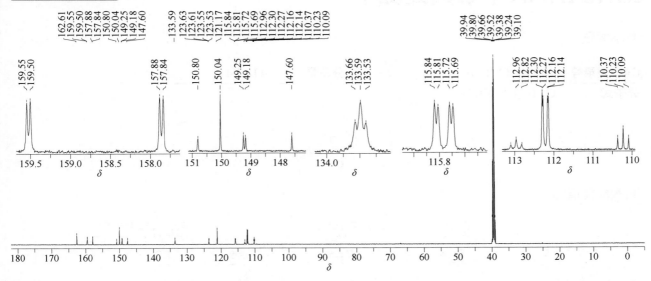

¹³C NMR (151 MHz, DMSO-d₆, δ) 162.61, 158.69 (dd, $J_{C\text{-}F}$ = 247.6 Hz, $^3J_{C\text{-}F}$ = 6.8 Hz), 150.04, 149.99 (d, $J_{C\text{-}F}$ = 244.6 Hz), 148.42 (d, $J_{C\text{-}F}$ = 249.2 Hz), 133.59 (t, d, $^3J_{C\text{-}F}$ = 10.6 Hz), 123.58 (dd, $^2J_{C\text{-}F}$ = 11.9 Hz, $^4J_{C\text{-}F}$ = 3.6 Hz), 121.17, 115.76 (dd, $^2J_{C\text{-}F}$ = 17.8 Hz, $^4J_{C\text{-}F}$ = 4.1 Hz), 112.96 (t, $^2J_{C\text{-}F}$ = 21.1 Hz), 112.22 (dd, $^2J_{C\text{-}F}$ = 20.7, $^4J_{C\text{-}F}$ = 3.2 Hz), 110.23 (t, $^2J_{C\text{-}F}$ = 21.1 Hz)

¹⁹F NMR 谱图

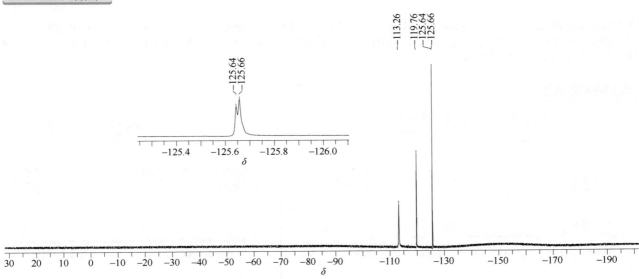

¹⁹F NMR (564 MHz, DMSO-d₆, δ) −113.26, −119.76, −125.65 (d, $^3J_{H\text{-}F}$ = 11.3 Hz)

tefluthrin（七氟菊酯）

基本信息

CAS 登录号	79538-32-2	分子量	418.74
分子式	$C_{17}H_{14}ClF_7O_2$		

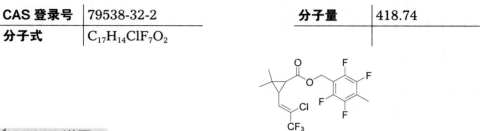

¹H NMR 谱图

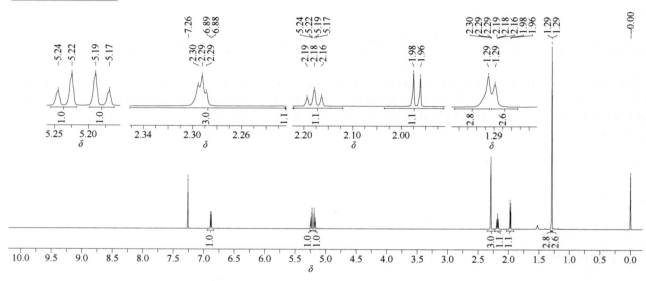

¹H NMR (600 MHz, CDCl₃, δ) 6.88 (1H, =CH, d, J_{H-H} = 9.4 Hz), 5.23 (1H, OC$\underline{H}$H, d, J_{H-H} = 12.1 Hz) 5.18 (1H, OC$\underline{H}$H, d, J_{H-H} = 12.1 Hz), 2.29 (3H, ArCH₃, t, $^4J_{H-F}$ = 2.0 Hz), 2.18 (1H, =CHC$\underline{H}$, dd, J_{H-H} = 9.0 Hz, J_{H-H} = 8.9 Hz), 1.97 (1H, COCH, d, J_{H-H} = 8.4 Hz), 1.29 (3H, CH₃, s), 1.29 (3H, CH₃, s)

¹³C NMR 谱图

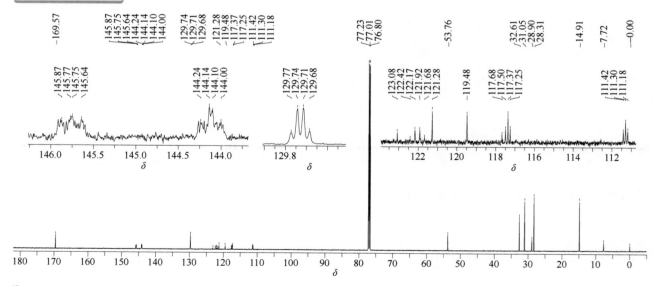

¹³C NMR (151 MHz, CDCl₃, δ) 169.57, 145.90~145.60 (m), 144.30~143.98 (m), 129.73 (q, $^3J_{C-F}$ = 4.4 Hz), 122.05 (q, $^2J_{C-F}$ = 37.8 Hz), 120.38 (q, J_{C-F} = 271.8 Hz), 117.37 (t, $^2J_{C-F}$ = 19.0 Hz), 111.30 (t, $^2J_{C-F}$ = 17.5 Hz), 53.76, 32.61, 31.05, 28.90, 28.31, 14.91, 7.72

¹⁹F NMR 谱图

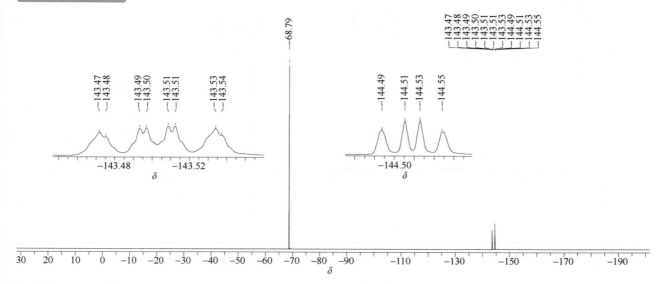

¹⁹F NMR (564 MHz, CDCl₃, δ) −68.79, −143.45~−143.56 (m), −144.52 (dd, $^3J_{F-F}$ = 21.4 Hz, $^4J_{F-F}$ = 12.8 Hz)

tembotrione（环磺酮）

基本信息

CAS 登录号	335104-84-2	分子量	440.82
分子式	C₁₇H₁₆ClF₃O₆S		

¹H NMR 谱图

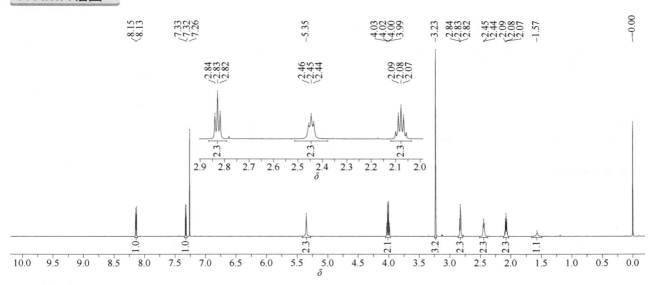

¹H NMR (600 MHz, CDCl₃, δ) 8.14 (1H, ArH, d, J_{H-H} = 8.1 Hz), 7.32 (1H, ArH, d, J_{H-H} = 8.1 Hz), 5.35 (2H, CCH₂O, s), 4.01 (2H, CF₃CH₂, q, $^3J_{H-F}$ = 8.6 Hz), 3.23 (3H, CH₃, s), 2.83 (2H, COCH₂, t, J_{H-H} = 6.4 Hz), 2.45 (2H, COCH₂, t, J_{H-H} = 6.3 Hz), 2.12~2.04 (2H, COCH₂C<u>H</u>₂, m)（由于烯醇化异构，C<u>H</u>(CO)₃ 未出峰）

¹³C NMR 谱图

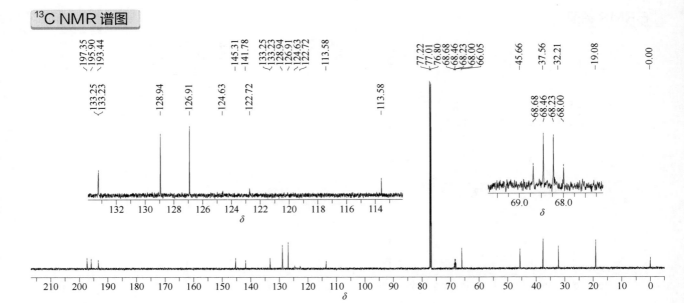

¹³C NMR (151 MHz, CDCl₃, δ) 197.35, 195.90, 193.44, 145.31, 141.78, 133.25, 133.23, 128.94, 126.91, 123.68 (q, J_{C-F} = 287.4 Hz), 113.58, 68.34 (q, $^2J_{C-F}$ = 34.6 Hz), 66.05, 45.66, 37.56, 32.21, 19.08

¹⁹F NMR 谱图

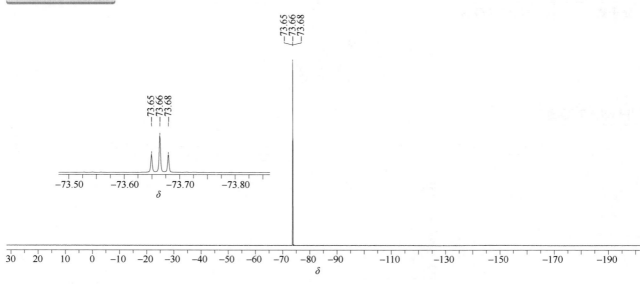

¹⁹F NMR (564 MHz, CDCl₃, δ) −73.66 (t, $^3J_{H-F}$ = 8.7 Hz)

temephos（双硫磷）

基本信息

CAS 登录号	3383-96-8	分子量	466.47
分子式	$C_{16}H_{20}O_6P_2S_3$		

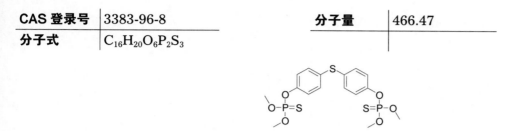

¹H NMR 谱图

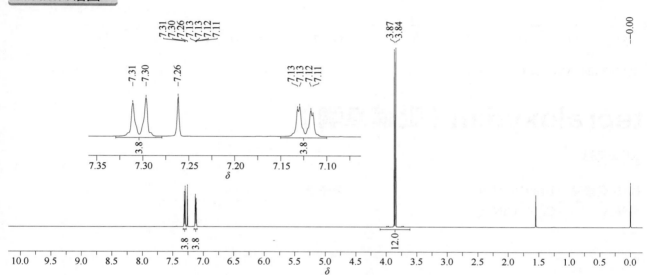

¹H NMR (600 MHz, CDCl₃, δ) 7.30 (4H, 4ArH, d, J_{H-H} = 8.6 Hz), 7.12 (4H, 4ArH, dd, J_{H-H} = 8.6 Hz, $^4J_{H-P}$ = 1.4 Hz), 3.86 (12H, 4CH₃, d, $^3J_{H-P}$ = 13.8 Hz)

¹³C NMR 谱图

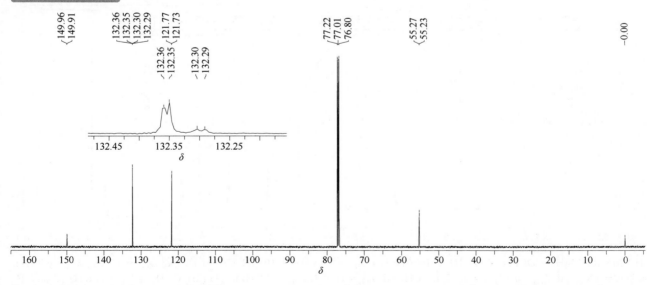

¹³C NMR (151 MHz, CDCl₃, δ) 149.93 (d, $^2J_{C-P}$ = 7.6 Hz), 132.35 (d, $^4J_{C-P}$ = 1.3 Hz), 132.30 (d, $^5J_{C-P}$ = 1.9 Hz), 121.75 (d, $^3J_{C-P}$ = 4.8 Hz), 55.25 (d, $^2J_{C-P}$ = 5.6 Hz)

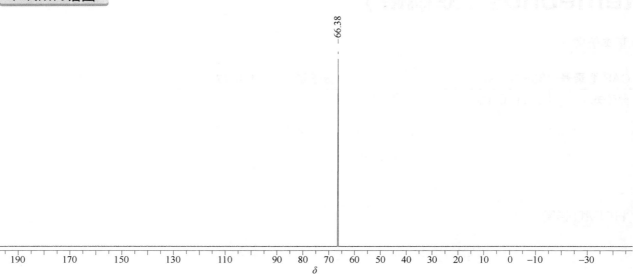

^{31}P NMR (243 MHz, CDCl$_3$, δ) 66.38

tepraloxydim（吡喃草酮）

基本信息

CAS 登录号	149979-41-9	分子量	341.83
分子式	C$_{17}$H$_{24}$ClNO$_4$		

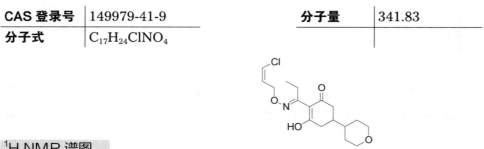

^{1}H NMR 谱图

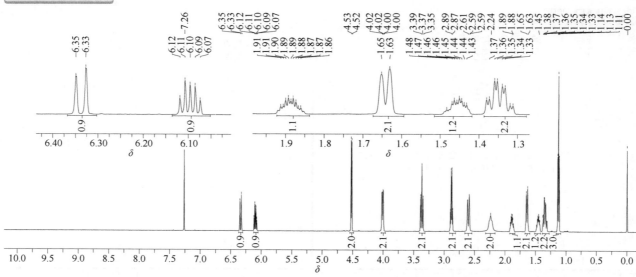

^{1}H NMR (600 MHz, CDCl$_3$, δ) 6.34 (1H, CH=C$\underline{H}$Cl, d, J_{H-H} = 13.4 Hz), 6.10 (1H, C$\underline{H}$=CHCl, dt, J_{H-H} = 6.7 Hz, J_{H-H} = 6.7 Hz), 4.52 (2H, OCH$_2$, d, J_{H-H} = 6.7 Hz), 4.01 (2H, OCH$_2$, dd, J_{H-H} = 11.4 Hz, J_{H-H} = 3.8 Hz), 3.37 (2H, OCH$_2$, t, J_{H-H} = 11.6 Hz), 2.88 (2H, COCH$_2$, q, J_{H-H} = 7.4 Hz), 2.60 (2H, CCH$_2$, dd, J_{H-H} = 16.9 Hz, J_{H-H} = 2.9 Hz), 2.24 (2H, 2CH, s), 1.92~1.84 (1H, CH, m), 1.64 (2H, CH$_2$, d, J_{H-H} = 12.7 Hz), 1.49~1.42 (1H, CH, m), 1.38~1.32 (2H, C$\underline{H}_2$CH$_3$, m), 1.14 (3H, CH$_2$C$\underline{H}_3$, t, J_{H-H} = 7.4 Hz)

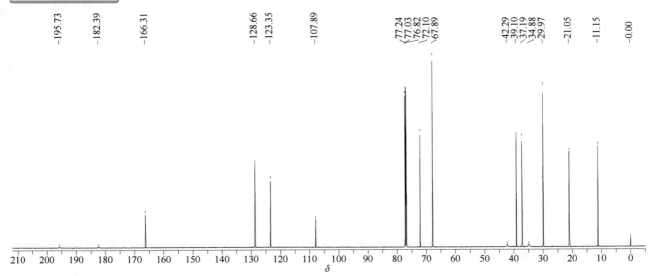

¹³C NMR (151 MHz, CDCl₃, δ) 195.73, 182.39, 166.31, 128.66, 123.35, 107.89, 72.10, 67.89, 42.29, 39.10, 37.19, 34.88, 29.97, 21.05, 11.15

terbacil（特草定）

基本信息

CAS 登录号	5902-51-2		分子量	216.66
分子式	C₉H₁₃ClN₂O₂			

¹H NMR 谱图

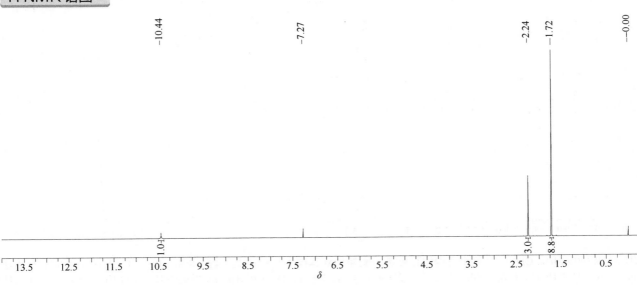

¹H NMR (600 MHz, CDCl₃, δ) 10.44 (1H, NH, s), 2.24 (3H, CH₃, s), 1.72 (9H, C(CH₃)₃, s)

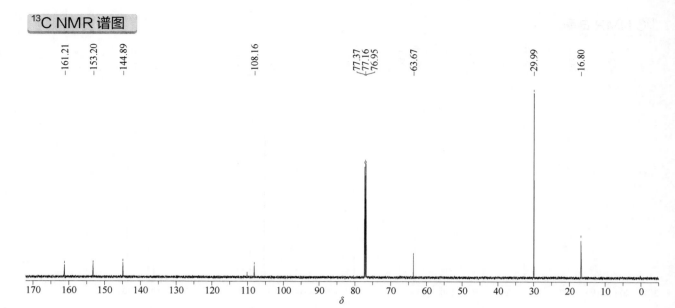

¹³C NMR (151 MHz, CDCl₃, δ) 161.21, 153.20, 144.89, 108.16, 63.67, 29.99, 16.80

terbucarb（特草灵）

基本信息

CAS 登录号	1918-11-2	分子量	277.41
分子式	C₁₇H₂₇NO₂		

¹H NMR 谱图

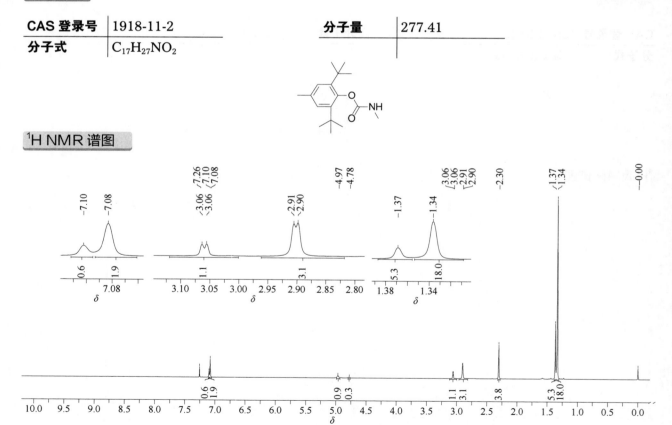

¹H NMR (600 MHz, CDCl₃, δ) 两个异构体混合物。异构体 A／异构体 B = 3：1。异构体 A: 7.08 (2H, 2ArH, s), 4.97 (1H, NH, br), 2.91 (3H, NHC*H*₃, d, J_{H-H} = 4.2 Hz), 2.30 (3H, ArCH₃, s), 1.34 (18H, 2C(CH₃)₃, s). 异构体 B: 7.10 (2H, 2ArH, s), 4.78 (1H, NH, br), 3.06 (3H, NHC*H*₃, d, J_{H-H} = 4.8 Hz), 2.30 (3H, ArCH₃, s), 1.37 (18H, 2 C(CH₃)₃, s)

¹³C NMR 谱图

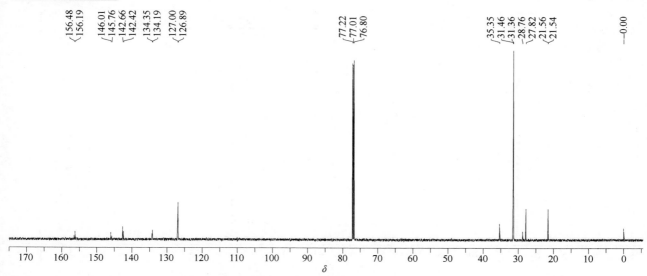

¹³C NMR (151 MHz, CDCl₃, δ) 两个异构体混合物。异构体 A: 156.19, 146.01, 142.66, 134.19, 126.89, 35.35, 31.36, 27.82, 21.54. 异构体 B: 156.48, 145.76, 142.42, 134.35, 127.00, 35.35, 31.46, 28.76, 21.56

terbufos（特丁硫磷）

基本信息

CAS 登录号	13071-79-9	分子量	288.42
分子式	C₉H₂₁O₂PS₃		

¹H NMR 谱图

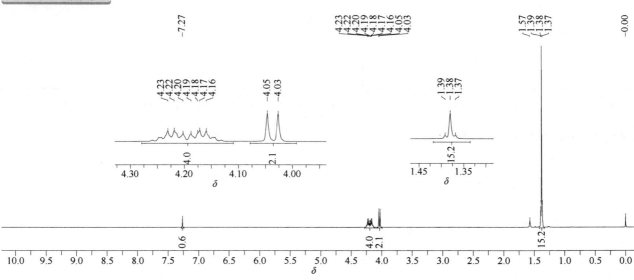

¹H NMR (600 MHz, CDCl₃, δ) 4.19 (4H, 2OCH₂, m), 4.04 (2H, SCH₂, d, ³J_{H-P} = 12.1 Hz), 1.38 (6H, 2CH₃, t, J_{H-H} = 7.1 Hz), 1.38 (9H, C(CH₃)₃, s)

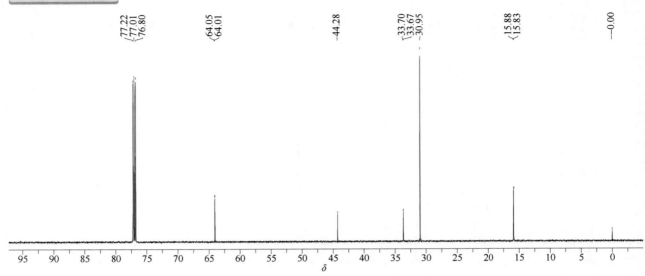

^{13}C NMR (151 MHz, CDCl$_3$, δ) 64.03 (d, $^2J_{\text{C-P}}$ = 5.8 Hz), 44.28, 33.68 (d, $^2J_{\text{C-P}}$ = 4.6 Hz), 30.95, 15.85 (d, $^3J_{\text{C-P}}$ = 8.5 Hz)

^{31}P NMR 谱图

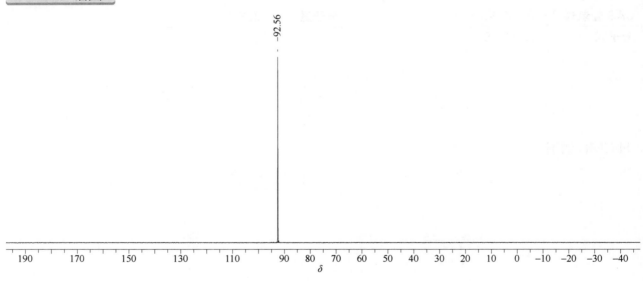

^{31}P NMR (243 MHz, CDCl$_3$, δ) 92.56

terbufos-sulfone（特丁硫磷砜）

基本信息

CAS 登录号	56070-16-7	分子量	320.43
分子式	$C_9H_{21}O_4PS_3$		

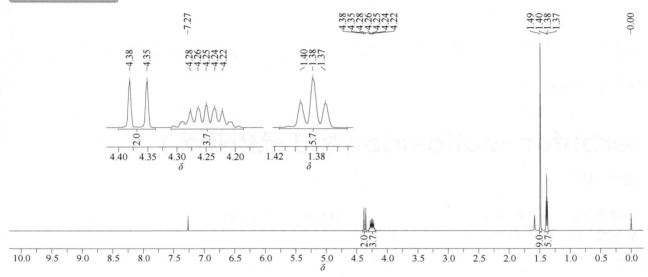

¹H NMR 谱图

¹H NMR (600 MHz, CDCl₃, δ) 4.36 (2H, SCH₂, d, $^3J_{H-P}$ = 17.7 Hz), 4.31~4.19 (4H, 2CH₂, m), 1.49 (9H, C(CH₃)₃, s), 1.38 (6H, 2CH₂C$\underline{H}$₃, t, J_{H-H} = 7.1 Hz)

¹³C NMR 谱图

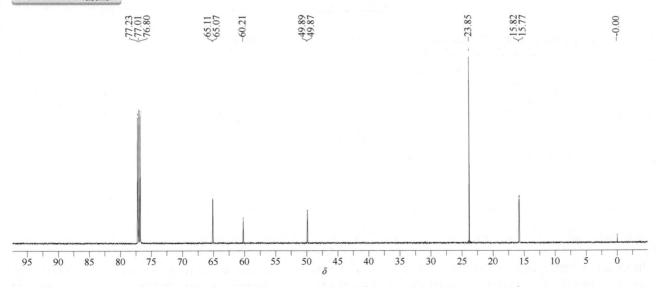

¹³C NMR (151 MHz, CDCl₃, δ) 65.09 (d, $^2J_{C-P}$ = 6.0 Hz), 60.21, 49.88 (d, $^2J_{C-P}$ = 3.5 Hz), 23.85, 15.80 (d, $^3J_{C-P}$ = 8.7 Hz)

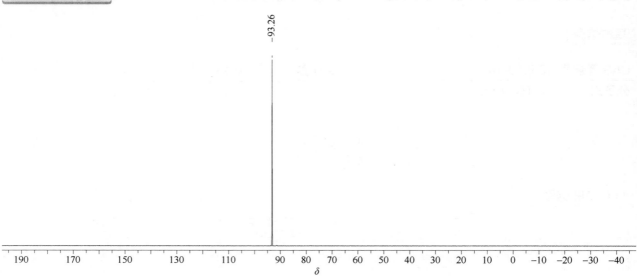

^{31}P NMR (243 MHz, CDCl$_3$, δ) 93.26

terbufos-sulfoxide（特丁硫磷亚砜）

基本信息

CAS 登录号	10548-10-4	分子量	304.42
分子式	C$_9$H$_{21}$O$_3$PS$_3$		

¹H NMR 谱图

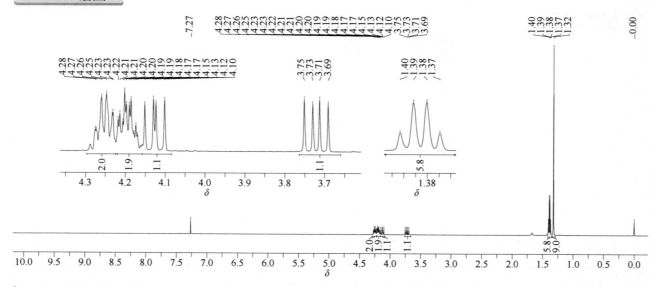

^{1}H NMR (600 MHz, CDCl$_3$, δ) 4.28 (2H, OC$\underline{H}_2$CH$_3$, td, J_{H-H} = 7.2 Hz, $^3J_{H-P}$ = 1.3 Hz), 4.22~4.16 (2H, OCH$_2$C$\underline{H}_2$, m), 4.13 (1H, CH, dd, $^3J_{H-P}$ = 16.3 Hz, J_{H-H} = 13.0 Hz), 3.72 (1H, CH, dd, $^3J_{H-P}$ = 23.1 Hz, J_{H-H} = 13.0 Hz), 1.39 (6H, 2OCH$_2$C$\underline{H}_3$, q, J_{H-H} = 6.7 Hz), 1.32 (9H, 3CH$_3$, s)

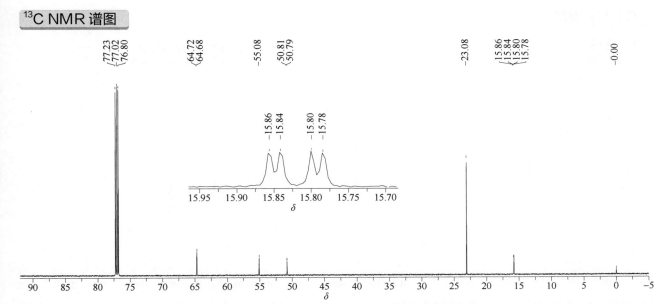

^{13}C NMR (151 MHz, CDCl$_3$, δ) 64.72 (d, $^2J_{\text{C-P}}$ = 6.2 Hz), 55.08, 50.81 (d, $^2J_{\text{C-P}}$ = 3.7 Hz), 23.08, 15.86 (d, $^2J_{\text{C-P}}$ = 2.3 Hz), 15.85 (d, $^3J_{\text{C-P}}$ = 2.3 Hz), 15.79 (d, $^3J_{\text{C-P}}$ = 2.3 Hz)

terbumeton（特丁通）

基本信息

CAS 登录号	33693-04-8	分子量	225.29
分子式	C$_{10}$H$_{19}$N$_5$O		

^{1}H NMR 谱图

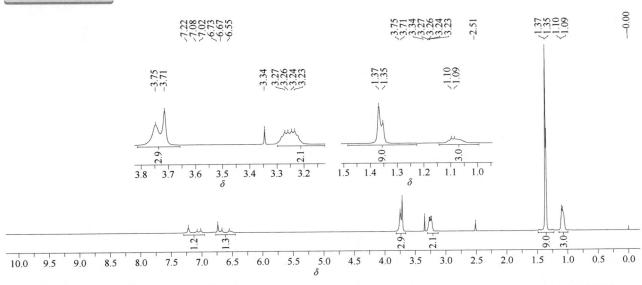

^{1}H NMR (600 MHz, DMSO-d$_6$, δ) 多个异构体混合物。7.22~6.55 (2H, 2NH, br), 3.75~3.71 (3H, OCH$_3$, m), 3.27~3.23 (2H, C$\underline{H}_2$CH$_3$, m), 1.37~1.35 (9H, 3CH$_3$, m), 1.10~1.09(3H, CH$_2$C$\underline{H}_3$, m)

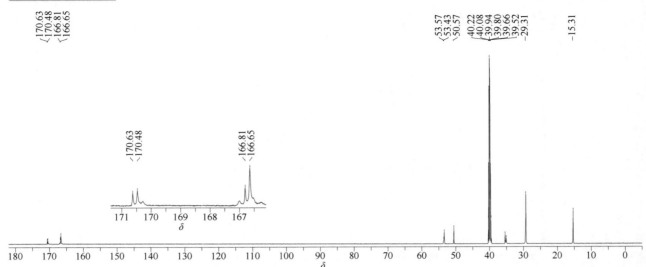

¹³C NMR (151 MHz, DMSO-d₆, δ) 多个异构体混合物。170.63, 170.48, 166.81, 166.65, 53.57, 53.43, 50.57, 35.41, 35.09, 29.31, 15.31

terbuthylazine（特丁津）

基本信息

CAS 登录号	5915-41-3	分子量	229.71
分子式	C₉H₁₆ClN₅		

¹H NMR 谱图

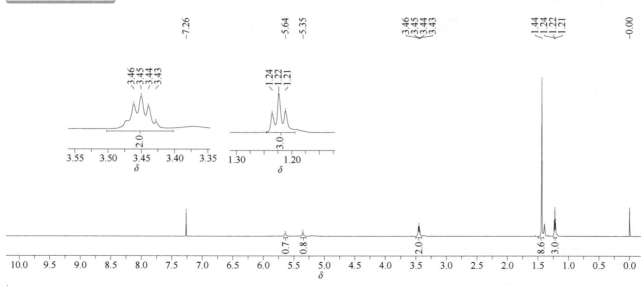

¹H NMR (600 MHz, CDCl₃, δ) 5.64 (1H, NH, br), 5.35 (1H, NH, br), 3.46 (2H, C$\underline{H}_2$CH₃, quin, $J_{\text{H-H}}$ = 6.8 Hz), 1.44 (9H, 3CH₃, s), 1.24 (3H, CH₂C$\underline{H}_3$, t, $J_{\text{H-H}}$ = 7.2 Hz)

¹³C NMR 谱图

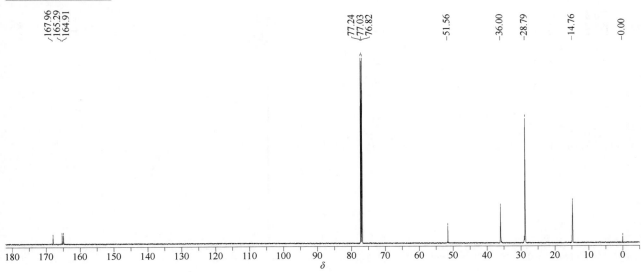

¹³C NMR (151 MHz, CDCl₃, δ) 167.96, 165.29, 164.91, 51.56, 36.00, 28.79, 14.76

terbutryn（特丁净）

基本信息

CAS 登录号	886-50-0	分子量	241.36
分子式	C₁₀H₁₉N₅S		

¹H NMR 谱图

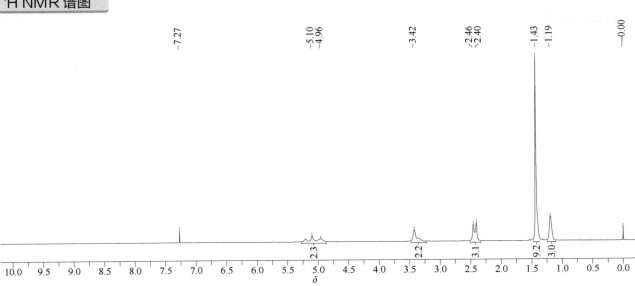

¹H NMR (600 MHz, CDCl₃, δ) 异构体混合物。5.27~4.87 (2H, 2NH, br), 3.48~3.22 (2H, CH₂, br), 2.51~2.34 (3H, SCH₃, s), 1.43 (9H, C(CH₃)₃, s), 1.24~1.11(3H, CH₂C$\underline{H}$₃, s)

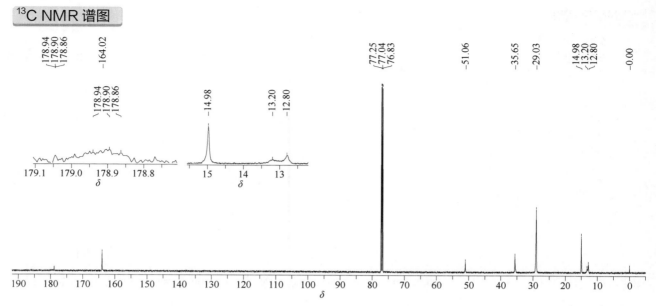

¹³C NMR (151 MHz, CDCl₃, δ) 异构体混合物。178.94, 178.90, 178.86, 164.02, 51.06, 35.65, 29.03, 14.98, 13.20, 12.80

2,3,5,6-tetrachloroaniline（2,3,5,6- 四氯苯胺）

基本信息

CAS 登录号	3481-20-7	分子量	230.91
分子式	C₆H₃Cl₄N		

¹H NMR 谱图

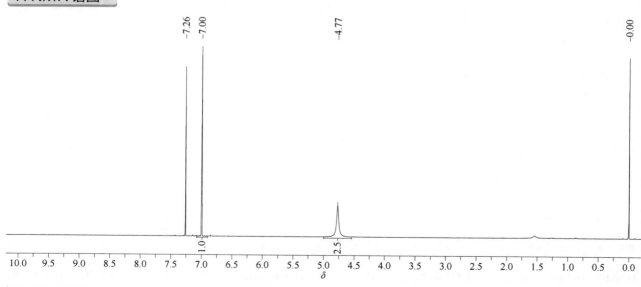

¹H NMR (600 MHz, CDCl₃, δ) 7.00 (1H, ArH, s), 4.77 (2H, NH₂, br)

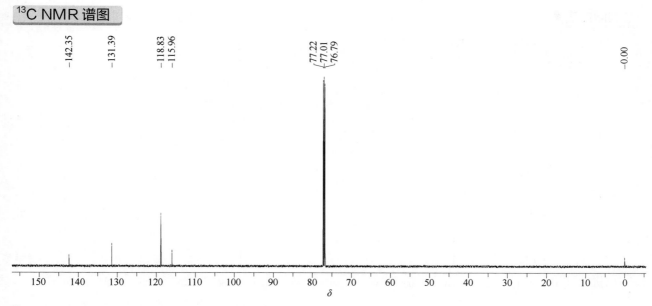

^{13}C NMR (151 MHz, CDCl$_3$, δ) 142.35, 131.39, 118.83, 115.96

tetrachlorvinphos（杀虫畏）

基本信息

CAS 登录号	22248-79-9	分子量	365.95
分子式	C$_{10}$H$_9$Cl$_4$O$_4$P		

^{1}H NMR 谱图

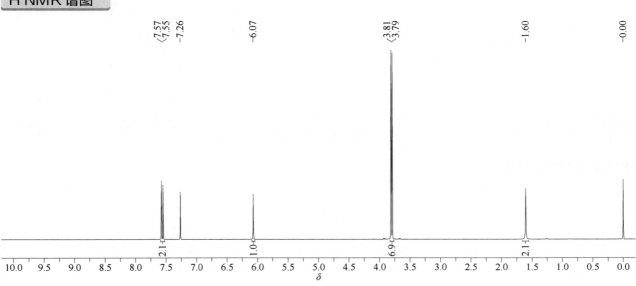

^{1}H NMR (600 MHz, CDCl$_3$, δ) 7.57 (1H, ArH, s), 7.55 (1H, ArH, s), 6.07 (1H, CH, s), 3.80 (6H, 2CH$_3$, d, $^3J_{H\text{-}P}$ = 11.5 Hz)

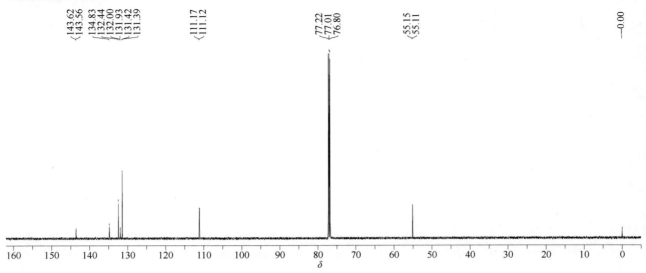

¹³C NMR (151 MHz, CDCl₃, δ) 143.59 (d, $^2J_{C-P}$ = 7.9 Hz), 134.83, 132.44, 132.00, 131.93, 131.42, 131.39, 111.14 (d, $^3J_{C-P}$ = 8.7 Hz), 55.13 (d, $^2J_{C-P}$ = 6.3 Hz)

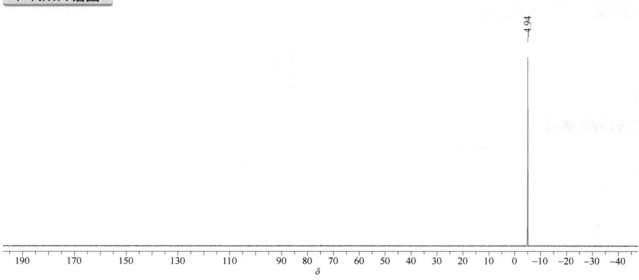

³¹P NMR (243 MHz, CDCl₃, δ) −4.94

tetraconazole（氟醚唑）

基本信息

CAS 登录号	112281-77-3	分子量	372.14
分子式	$C_{13}H_{11}Cl_2F_4N_3O$		

¹H NMR 谱图

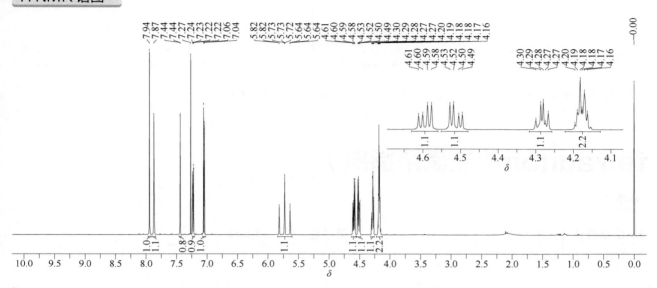

¹H NMR (600 MHz, CDCl₃, δ) 7.94 (1H, ArH, s), 7.87 (1H, ArH, s), 7.44 (1H, ArH, d, J_{H-H} = 2.2 Hz), 7.23 (1H, ArH, d, J_{H-H} = 8.4 Hz), 7.05 (1H, ArH, d, J_{H-H} = 8.5 Hz), 5.73 (1H, CHF₂, tt, $^2J_{H-F}$ = 53.1 Hz, $^4J_{H-F}$ = 2.2 Hz), 4.59 (1H, NCH, dd, J_{H-H} = 14.1 Hz, J_{H-H} = 6.6 Hz), 4.51 (1H, NCH, dd, J_{H-H} = 14.0 Hz, J_{H-H} = 5.8 Hz), 4.32~4.26 (1H, ArCH, m), 4.22~4.13 (2H, OCH₂, m)

¹³C NMR 谱图

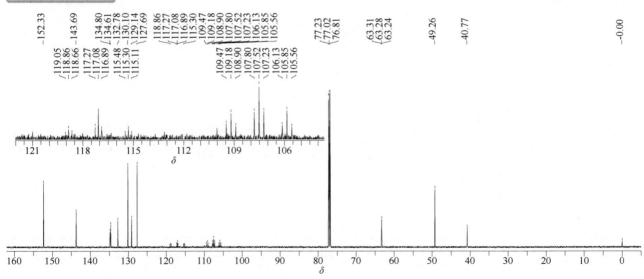

¹³C NMR (151 MHz, CDCl₃, δ) 152.33, 143.69, 134.80, 134.61, 132.78, 130.10, 129.14, 127.69, 117.08 (tt, J_{C-F} = 268.8 Hz, $^2J_{C-F}$ = 28.7 Hz), 107.52 (tt, J_{C-F} = 250.7 Hz, $^2J_{C-F}$ = 42.2 Hz), 63.28 (t, $^3J_{C-F}$ = 5.3 Hz), 49.26, 40.77

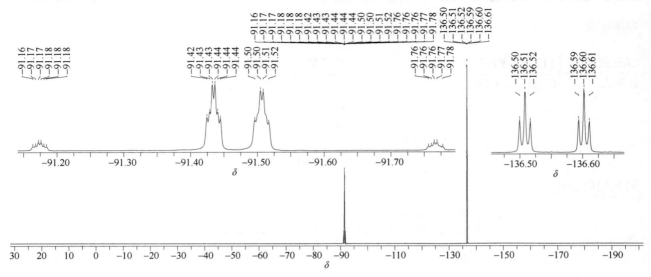

¹⁹F NMR (564 MHz, CDCl₃, δ) –91.47 (m), –136.52 (dt, $^2J_{F\text{-}F}$ = 50.8 Hz, $^3J_{H\text{-}F}$ = 4.8 Hz)

tetradifon（三氯杀螨砜）

基本信息

CAS 登录号	116-29-0	分子量	356.05
分子式	C₁₂H₆Cl₄O₂S		

$$C_{12}H_6Cl_4O_2S$$

¹H NMR 谱图

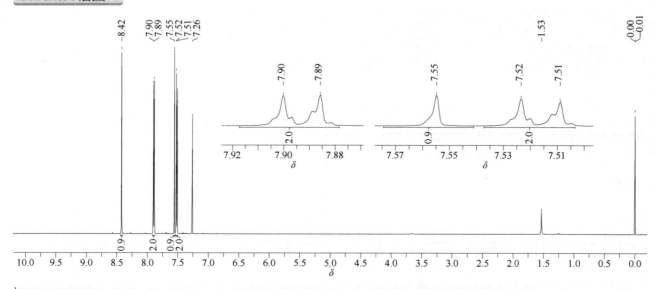

¹H NMR (600 MHz, CDCl₃, δ) 8.42 (1H, ArH, s), 7.91~7.88 (2H, 2ArH, m), 7.55 (1H, ArH, s), 7.53~7.50 (2H, 2ArH, m)

¹³C NMR 谱图

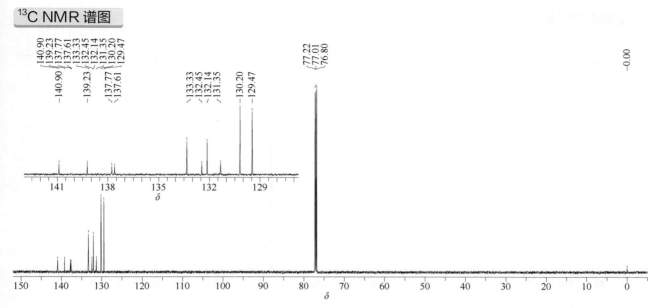

¹³C NMR (151 MHz, CDCl₃, δ) 140.90, 139.23, 137.77, 137.61, 133.33, 132.45, 132.14, 131.35, 130.20, 129.47

cis-1,2,3,6-tetrahydrophthalimide(四氢吩胺)

基本信息

CAS 登录号	1469-48-3	分子量	151.16
分子式	C₈H₉NO₂		

¹H NMR 谱图

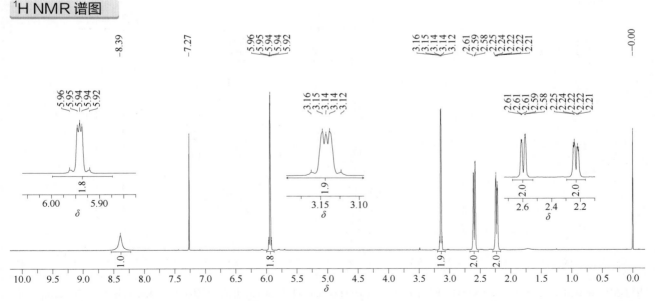

¹H NMR (600 MHz, CDCl₃, δ) 8.39 (1H, NH, br), 6.00~5.87 (2H, 2HC=C, m), 3.20~3.07 (2H, 2COCH, m), 2.67~2.53 (2H, 2C*H*H, m), 2.29~2.16 (2H, 2C*H*H, m)

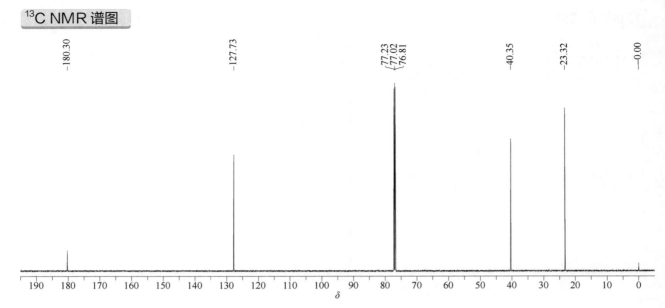

^{13}C NMR (151 MHz, CDCl$_3$, δ) 180.30, 127.73, 40.35, 23.32

tetramethrin（胺菊酯）

基本信息

CAS 登录号	7696-12-0	分子量	331.41
分子式	C$_{19}$H$_{25}$NO$_4$		

^{1}H NMR 谱图

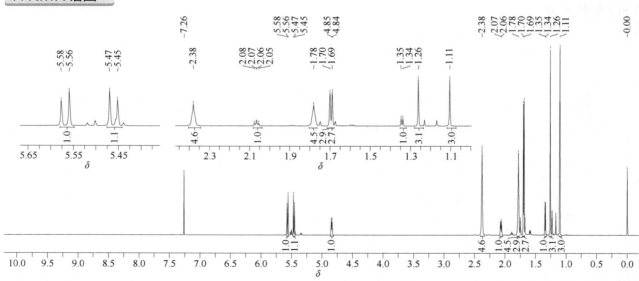

^{1}H NMR (600 MHz, CDCl$_3$, δ) 5.58 (1H, OCH$_2$, d, J_{H-H} = 10.6 Hz), 5.47 (1H, OCH$_2$, d, J_{H-H} = 10.6 Hz), 4.85 (1H, C=CH, d, J_{H-H} = 7.9 Hz), 2.38 (4H, 2CH$_2$, s), 2.08 (1H, CH, dd, J_{H-H} = 7.4 Hz, J_{H-H} = 5.8 Hz), 1.78 (4H, 2CH$_2$, s), 1.70 (3H, CH$_3$, s), 1.69 (3H, CH$_3$, s), 1.35 (1H, CH, d, J_{H-H} = 5.3 Hz), 1.26 (3H, CH$_3$, s), 1.11 (3H, CH$_3$, s)

¹³C NMR 谱图

¹³C NMR (151 MHz, CDCl₃, δ) 171.36, 169.43, 142.50, 135.72, 120.82, 60.33, 34.22, 33.22, 29.29, 25.55, 22.06, 21.20, 20.32, 20.08, 18.49

tetrasul（杀螨硫醚）

基本信息

CAS 登录号	2227-13-6	分子量	324.06
分子式	C₁₂H₆Cl₄S		

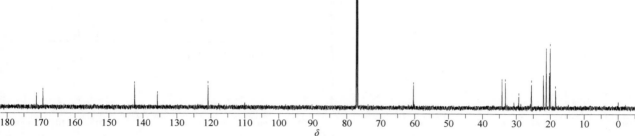

¹H NMR 谱图

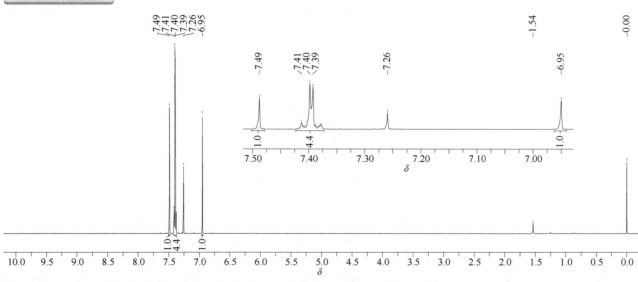

¹H NMR (600 MHz, CDCl₃, δ) 7.49 (1H, ArH, s), 7.42~7.37 (4H, 4ArH, m), 6.95 (1H, ArH, s)

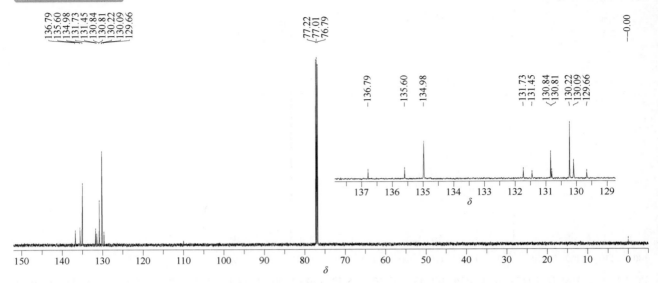

¹³C NMR (151 MHz, CDCl₃, δ) 136.79, 135.60, 134.98, 131.73, 131.45, 130.84, 130.81, 130.22, 130.09, 129.66

thiabendazole（噻菌灵）

基本信息

CAS 登录号	148-79-8	分子量	201.25
分子式	C₁₀H₇N₃S		

¹H NMR 谱图

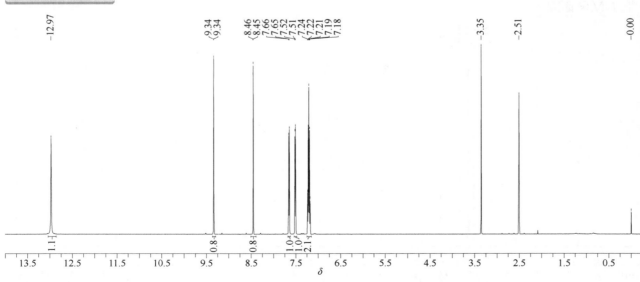

¹H NMR (600 MHz, DMSO-d₆, δ) 12.97 (1H, NH, s), 9.34 (1H, ArH, d, J_{H-H} = 1.8 Hz), 8.45 (1H, ArH, d, J_{H-H} = 1.8 Hz), 7.66 (1H, ArH, d, J_{H-H} = 7.7 Hz), 7.52 (1H, ArH, d, J_{H-H} = 7.5 Hz), 7.22 (1H, ArH, t, J_{H-H} = 7.1 Hz), 7.19 (1H, ArH, t, J_{H-H} = 7.1 Hz)

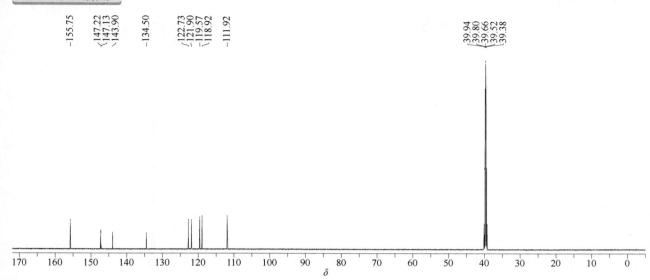

-155.75, 147.22, 147.13, 143.90, 134.50, 122.73, 121.90, 119.57, 118.92, 111.92, 39.94, 39.80, 39.66, 39.52, 39.38

¹³C NMR (151 MHz, DMSO-d₆, δ) 155.75, 147.22, 147.13, 143.90, 134.50, 122.73, 121.90, 119.57, 118.92, 111.92

thiacloprid（噻虫啉）

基本信息

CAS 登录号	111988-49-9	分子量	252.72
分子式	$C_{10}H_9ClN_4S$		

¹H NMR 谱图

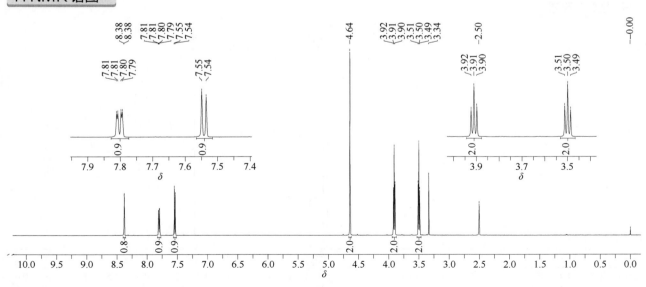

¹H NMR (600 MHz, DMSO-d₆, δ) 8.38 (1H, ArH, d, J_{H-H} = 2.1 Hz), 7.80 (1H, ArH, dd, J_{H-H} = 8.2 Hz, J_{H-H} = 2.3 Hz), 7.54 (1H, ArH, d, J_{H-H} = 8.2 Hz), 4.64 (2H, ArCH₂, s), 3.91 (2H, CH₂, t, J_{H-H} = 7.6 Hz), 3.50 (2H, CH₂, t, J_{H-H} = 7.6 Hz)

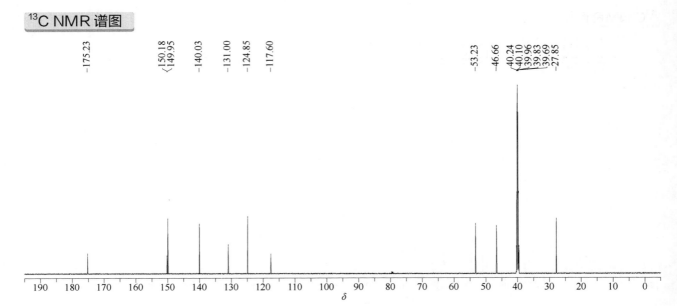

¹³C NMR (151 MHz, DMSO-d₆, δ) 175.23, 150.18, 149.95, 140.03, 131.00, 124.85, 117.60, 53.23, 46.66, 27.85

thiamethoxam（噻虫嗪）

基本信息

CAS 登录号	153719-23-4	分子量	291.71
分子式	C₈H₁₀ClN₅O₃S		

¹H NMR 谱图

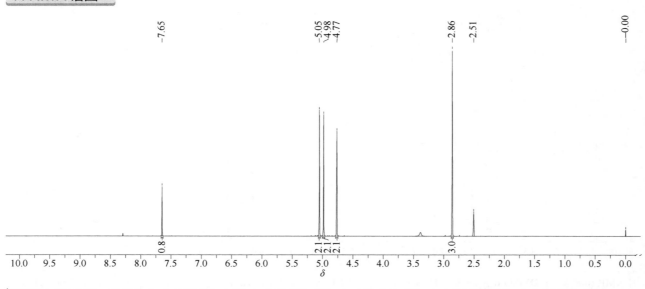

¹H NMR (600 MHz, DMSO-d₆, δ) 7.65 (1H, ArH, s), 5.05 (2H, CH₂, s), 4.98 (2H, CH₂, s), 4.77 (2H, CH₂, s), 2.86 (3H, CH₃, s)

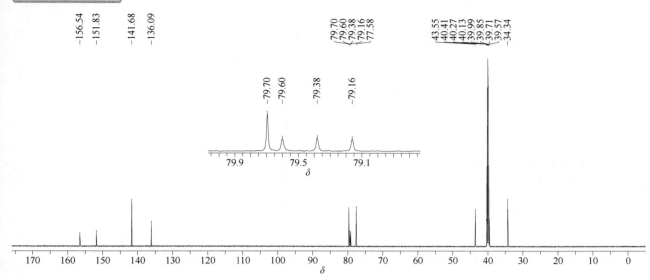

¹³C NMR (151 MHz, DMSO-d$_6$, δ) 156.54, 151.83, 141.68, 136.09, 79.70, 77.58, 43.55, 34.34（含 CDCl$_3$ 残留）

thiazafluron（噻氟隆）

基本信息

CAS 登录号	25366-23-8		分子量	240.21
分子式	C$_6$H$_7$F$_3$N$_4$OS			

¹H NMR 谱图

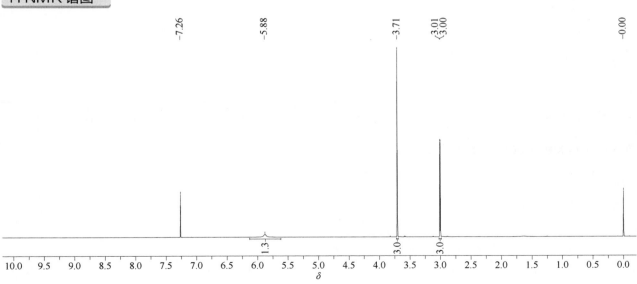

¹H NMR (600 MHz, CDCl$_3$, δ) 5.88 (1H, NH, br), 3.71 (3H, NCH$_3$, s), 3.00 (3H, NHC$\underline{H}_3$, d, $J_{\text{H-H}}$ = 4.7 Hz)

¹³C NMR 谱图

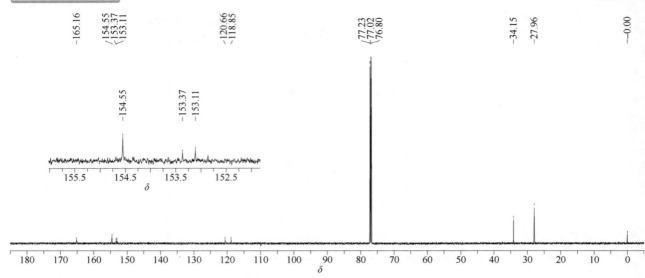

¹³C NMR (151 MHz, CDCl₃, δ) 165.16, 154.55, 153.24 (q, $^2J_{C\text{-}F}$ = 38.7 Hz), 119.75 (q, $J_{C\text{-}F}$ = 272.4 Hz), 34.15, 27.96

¹⁹F NMR 谱图

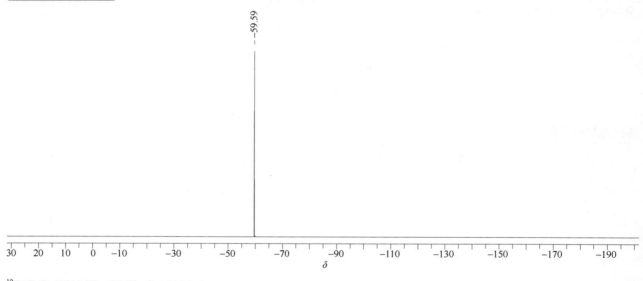

¹⁹F NMR (564 MHz, CDCl₃, δ) −59.59

thiazopyr（噻草啶）

基本信息

CAS 登录号	117718-60-2	分子量	396.38
分子式	$C_{16}H_{17}F_5N_2O_2S$		

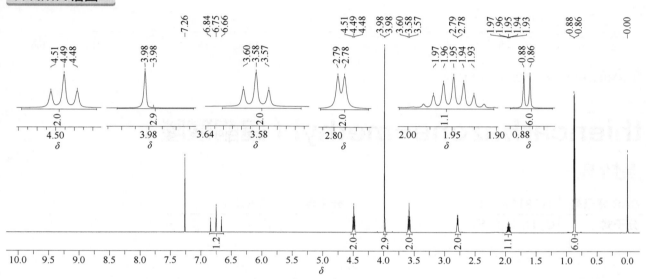

^{1}H NMR 谱图

^{1}H NMR (600 MHz, CDCl$_3$, δ) 6.84 (1H, CHF$_2$, t, J_{H-H} = 54.4 Hz), 4.51 (2H, CH$_2$, t, J_{H-H} = 8.5 Hz), 3.98 (3H, OCH$_3$, s), 3.60 (2H, CH$_2$, t, J_{H-H} = 8.2 Hz), 2.79 (2H, CH$_2$, d, J_{H-H} = 7.2 Hz), 1.95 (1H, C$\underline{H}$(CH$_3$)$_2$, hept, J_{H-H} = 6.9 Hz), 0.88 (6H, 2CH(C$\underline{H}_3$)$_2$, d, J_{H-H} = 6.7 Hz)

^{13}C NMR 谱图

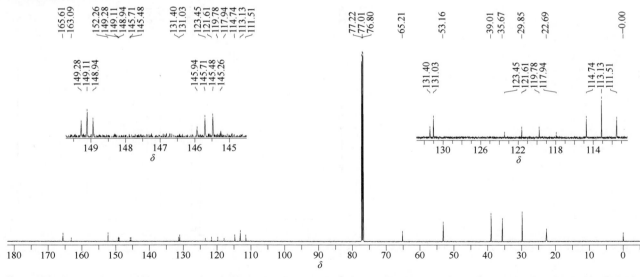

^{13}C NMR (151 MHz, CDCl$_3$, δ) 165.61, 163.09, 152.26, 149.11 (t, $^2J_{C-F}$ = 40.8 Hz), 145.60 (q, $^2J_{C-F}$ = 34.7 Hz), 131.40, 131.03, 120.74 (q, J_{C-F} = 276.3 Hz), 113.13 (t, J_{C-F} = 244.6 Hz), 65.21, 53.16, 39.01, 35.67, 29.85, 22.69

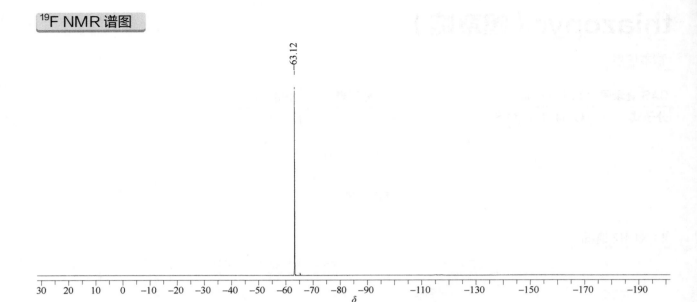

−63.12

thiencarbazone-methyl（噻酮磺隆）

基本信息

CAS 登录号	317815-83-1	分子量	390.39
分子式	C$_{12}$H$_{14}$N$_4$O$_7$S$_2$		

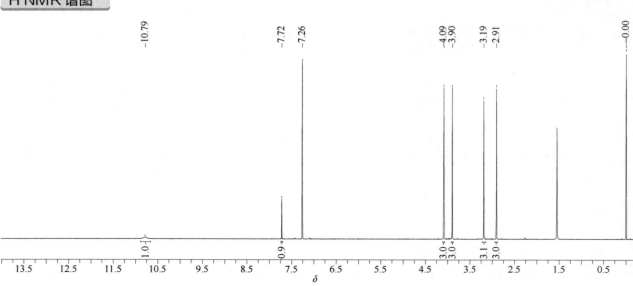

¹H NMR 谱图

^{1}H NMR (600 MHz, CDCl$_3$, δ) 10.79 (1H, NH, br), 7.72 (1H, ArH, s), 4.09 (3H, OCH$_3$, s), 3.90 (3H, OCH$_3$, s), 3.19 (3H, NCH$_3$, s), 2.91(3H, CH$_3$, s)

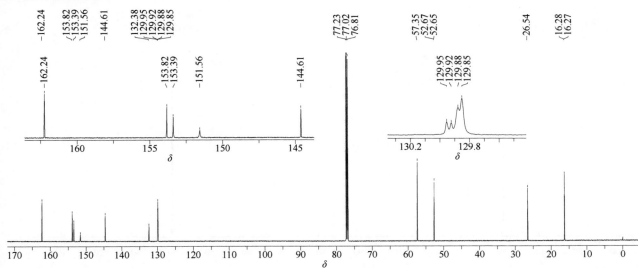

^{13}C NMR (151 MHz, CDCl$_3$, δ) 162.24, 153.82, 153.39, 151.56, 144.61, 132.38, 129.95, 129.92, 129.88, 129.85, 57.35, 52.67, 52.65, 26.54, 16.28, 16.27

thidiazuron（噻苯隆）

基本信息

CAS 登录号	51707-55-2		分子量	220.25
分子式	C$_9$H$_8$N$_4$OS			

^{1}H NMR 谱图

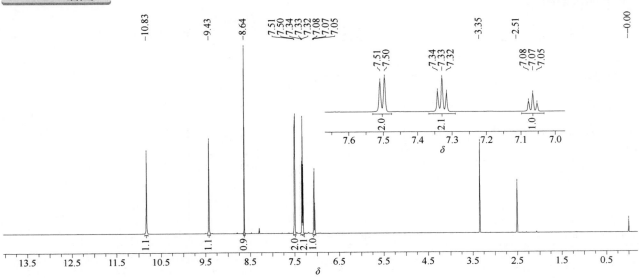

^{1}H NMR (600 MHz, DMSO-d$_6$, δ) 10.83 (1H, NH, s), 9.43 (1H, NH, s), 8.64 (1H, ArH, s), 7.50 (2H, 2ArH, d, J_{H-H} = 7.8 Hz), 7.33 (2H, 2ArH, t, J_{H-H} = 7.9 Hz), 7.07 (1H, ArH, t, J_{H-H} = 7.4 Hz)

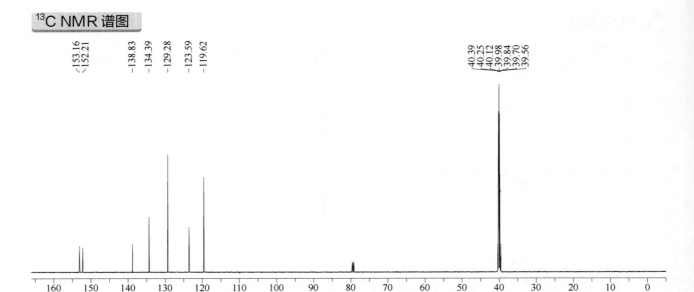

¹³C NMR (151 MHz, DMSO-d₆, δ) 153.16, 152.21, 138.83, 134.39, 129.28, 123.59, 119.62（含氯仿残留）

thifensulfuron（噻吩磺隆酸）

基本信息

CAS 登录号	79277-67-1	分子量	373.36
分子式	$C_{11}H_{11}N_5O_6S_2$		

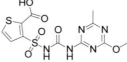

¹H NMR 谱图

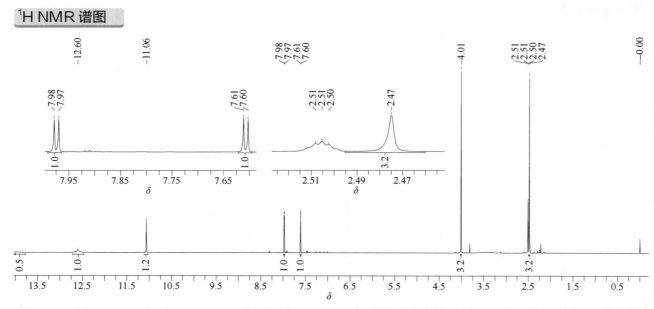

¹H NMR (600 MHz, DMSO-d₆, δ) 13.90 (1H, OH, br), 12.60 (1H, NH, br), 11.06 (1H, NH, s), 7.97 (1H, ArH, d, J_{H-H} = 5.3 Hz), 7.61 (1H, ArH, d, J_{H-H} = 5.3 Hz), 4.01 (3H, OCH₃, s), 2.47 (3H, ArCH₃, s)

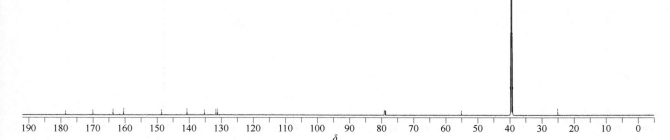

^{13}C NMR (151 MHz, DMSO-d$_6$, δ) 178.50, 170.04, 163.75, 160.40, 148.63, 140.70, 135.27, 131.67, 131.13, 55.15, 25.11 (含氯仿残留)

thifensulfuron methyl (噻吩磺隆)

基本信息

CAS 登录号	79277-27-3	分子量	387.39
分子式	C$_{12}$H$_{13}$N$_5$O$_6$S$_2$		

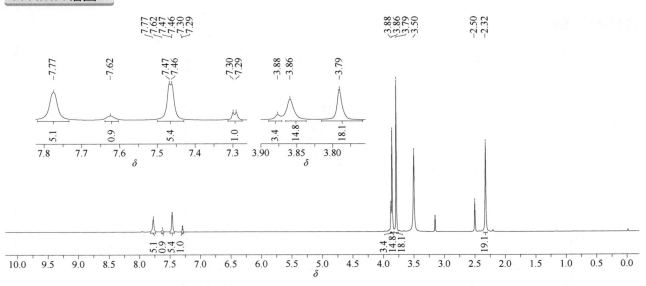

^{1}H NMR 谱图

^{1}H NMR (600 MHz, DMSO-d$_6$, δ) 异构体混合物，比例约为 5∶1。异构体 A: 7.77 (1H, ArH, s), 7. 46 (1H, ArH, d, J_{H-H} = 3.8 Hz), 3.86 (3H, OCH$_3$, s), 3.79 (3H, OCH$_3$, s), 2.32 (3H, CH$_3$, s). 异构体 B: 7.62 (1H, ArH, s), 7.29 (1H, ArH, d, J_{H-H} = 3.8 Hz), 3.88 (3H, OCH$_3$, s), 3.79 (3H, OCH$_3$, s), 2.32 (3H, CH$_3$, s)

¹³C NMR 谱图

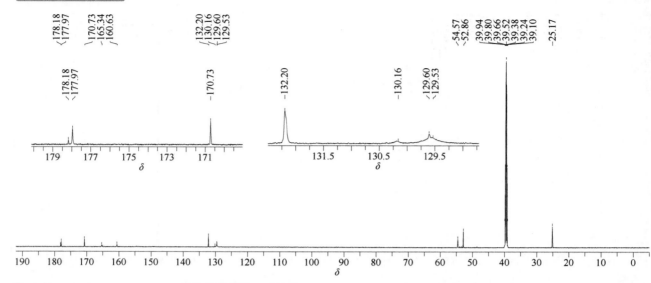

¹³C NMR (151 MHz, DMSO-d₆, δ) 异构体混合物。异构体 A: 178.18, 177.97, 170.73, 165.34, 160.63, 132.20, 130.16, 129.60, 129.53, 54.57, 52.86, 25.17（注：加入少量氢氧化钠重水溶液助溶）

thifluzamide（噻呋酰胺）

基本信息

CAS 登录号	130000-40-7	分子量	528.06
分子式	C₁₃H₆Br₂F₆N₂O₂S		

¹H NMR 谱图

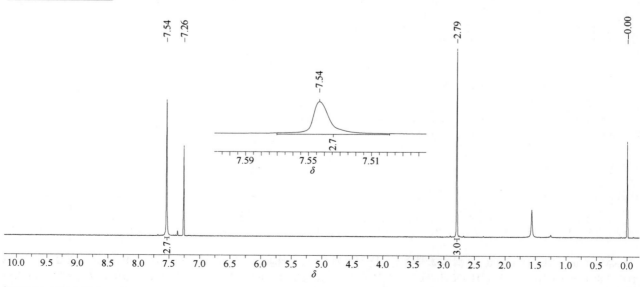

¹H NMR (600 MHz, CDCl₃, δ) 7.54 (2H, 2ArH, s), 7.54 (1H, NH, br), 2.79 (3H, CH₃, s)

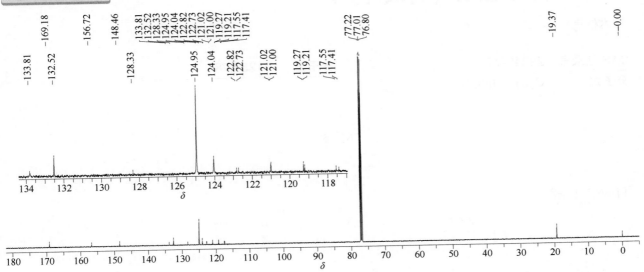

¹³C NMR (151 MHz, CDCl₃, δ) 169.18, 156.72, 148.46, 133.81, 132.52, 128.33, 124.95, 124.04, 120.12 (q, $J_{C\text{-}F}$ = 272.7 Hz), 120.09 (q, $J_{C\text{-}F}$ = 260.2 Hz), 19.37

¹⁹F NMR 谱图

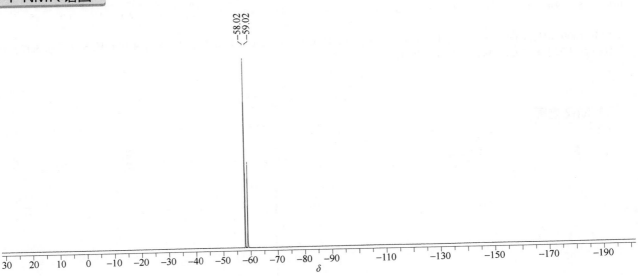

¹⁹F NMR (564 MHz, CDCl₃, δ) −58.02, −59.02

thiobencarb（禾草丹）

基本信息

CAS 登录号	28249-77-6	分子量	257.78
分子式	C$_{12}$H$_{16}$ClNOS		

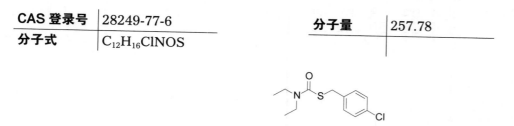

¹H NMR 谱图

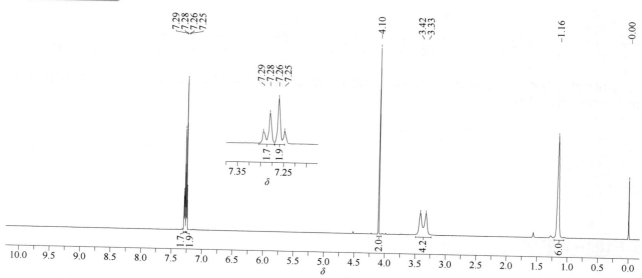

¹H NMR (600 MHz, CDCl₃, δ) 7.29 (2H, 2ArH, d, J_{H-H} = 8.3 Hz), 7.26 (2H, 2ArH, d, J_{H-H} = 8.9 Hz), 4.10 (2H, SCH₂, s), 3.42 (2H, NCH₂, br), 3.33 (2H, NCH₂, br), 1.16 (6H, 2CH₃, br)

¹³C NMR 谱图

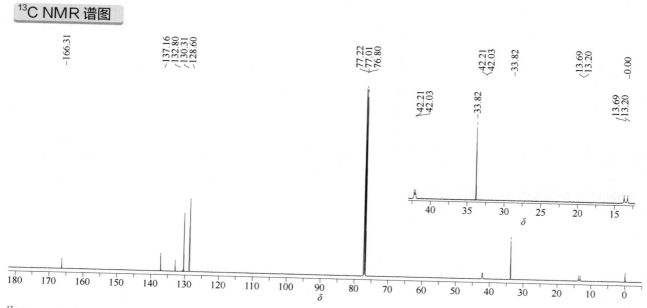

¹³C NMR (151 MHz, CDCl₃, δ) 166.31, 137.16, 132.80, 130.31, 128.60, 42.21, 42.03, 33.82, 13.69, 13.20

thiodaqual（敌枯双）

CAS 登录号	26907-37-9		分子量	214.27
分子式	$C_5H_6N_6S_2$			

¹H NMR 谱图

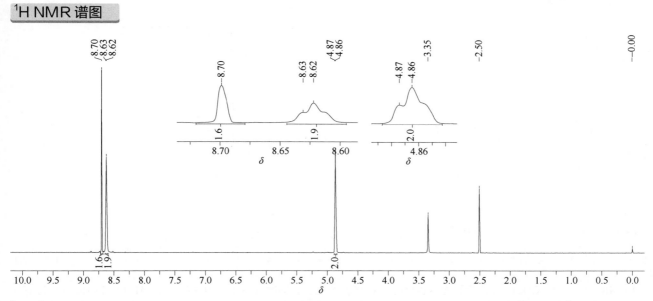

¹H NMR (600 MHz, DMSO-d_6, δ) 8.70 (2H, 2ArH, s), 8.62 (2H, 2 NH, t, J_{H-H} = 5.4 Hz), 4.87 (2H, CH$_2$, d, J_{H-H} = 5.6 Hz)

¹³C NMR 谱图

¹³C NMR (151 MHz, DMSO-d_6, δ) 167.86, 143.91, 54.02

thiodicarb（硫双威）

基本信息

CAS 登录号	59669-26-0	分子量	354.47
分子式	$C_{10}H_{18}N_4O_4S_3$		

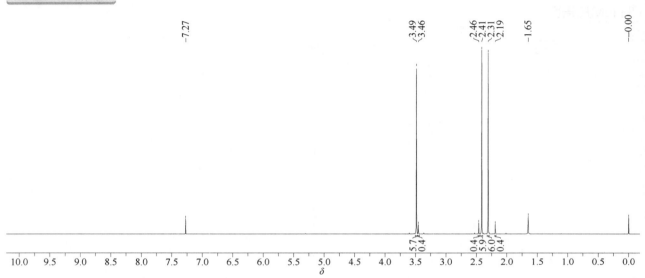

¹H NMR 谱图

¹H NMR (600 MHz, CDCl₃, δ) 两组异构体混合物，A/B 约 15∶1。异构体 A: 3.49 (6H, CH₃, s), 2.41 (6H, 2CH₃, s), 2.31 (6H, 2CH₃, s). 异构体 B: 3.46 (6H, 2CH₃, s), 2.46 (6H, 2CH₃, s), 2.19 (6H, 2CH₃, s)

¹³C NMR 谱图

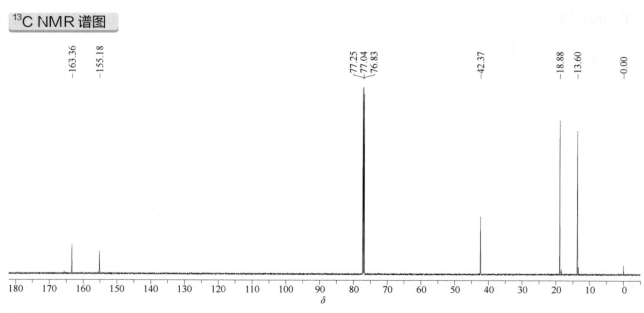

¹³C NMR (151 MHz, CDCl₃, δ) 两组异构体混合物。异构体 A: 163.36, 155.18, 42.37, 18.88, 13.60

thiofanox sulfoxide（久效威亚砜）

基本信息

CAS 登录号	39184-27-5	分子量	234.32
分子式	C₉H₁₈N₂O₃S		

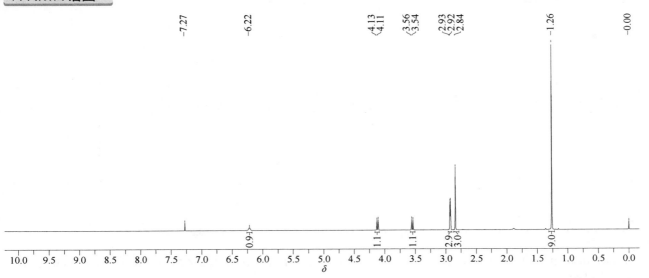

¹H NMR 谱图

¹H NMR (600 MHz, CDCl₃, δ) 6.22 (1H, NH, br), 4.12 (1H, SCH, d, J_{H-H} = 12.5 Hz), 3.55 (1H, SCH, d, J_{H-H} = 12.7 Hz), 2.92 (3H, NHC$\underline{H}$₃, d, J_{H-H} = 4.7 Hz), 2.84 (3H, SCH₃, s), 1.26 (9H, 3CH₃, s)

¹³C NMR 谱图

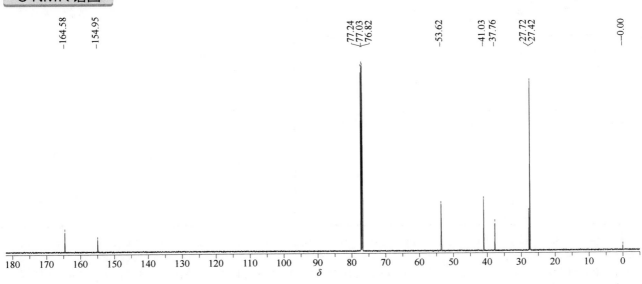

¹³C NMR (151 MHz, CDCl₃, δ) 164.58, 154.95, 53.62, 41.03, 37.76, 27.72, 27.42

thionazin（治线磷）

基本信息

CAS 登录号	297-97-2	分子量	248.24
分子式	C₈H₁₃N₂O₃PS		

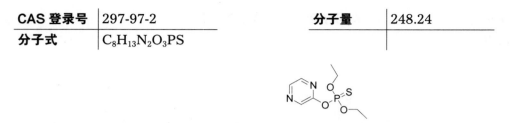

¹H NMR 谱图

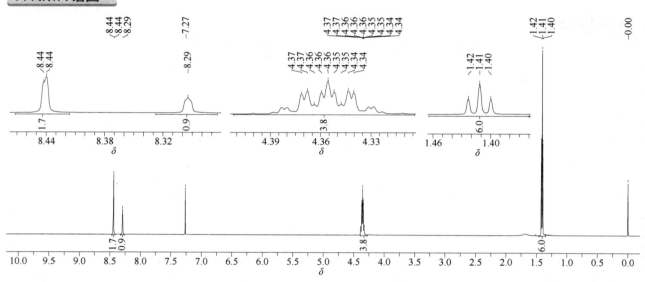

¹H NMR (600 MHz, CDCl₃, δ) 8.44 (2H, 2ArH, d, J_{H-H} = 1.8 Hz), 8.29 (1H, ArH, s), 4.38~4.28 (4H, 2CH₂, m), 1.42 (6H, 2CH₃, t, J_{H-H} = 7.1 Hz)

¹³C NMR 谱图

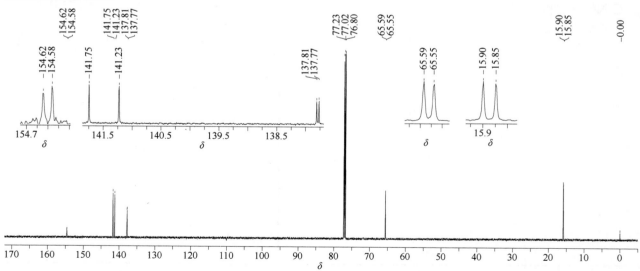

¹³C NMR (151 MHz, CDCl₃, δ) 154.62 (d, $^2J_{C-P}$ = 6.4 Hz), 141.75, 141.23, 137.81 (d, $^3J_{C-P}$ = 6.0 Hz), 65.59 (d, $^2J_{C-P}$ = 5.6 Hz) 15.90 (d, $^3J_{C-P}$ = 7.8 Hz)

³¹P NMR 谱图

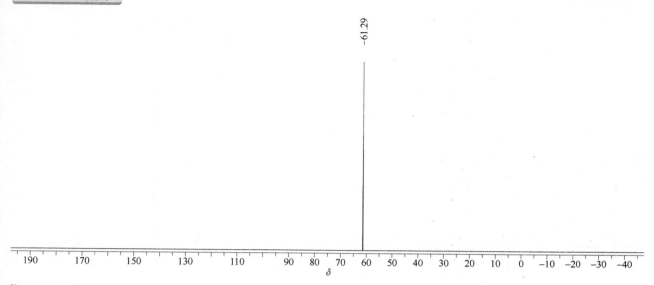

-61.29

³¹P NMR (243 MHz, CDCl₃, δ) 61.29

thiophanate（硫菌灵）

基本信息

CAS 登录号	23564-06-9	分子量	320.43
分子式	$C_{14}H_{18}N_4O_4S_2$		

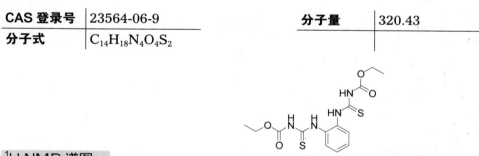

¹H NMR 谱图

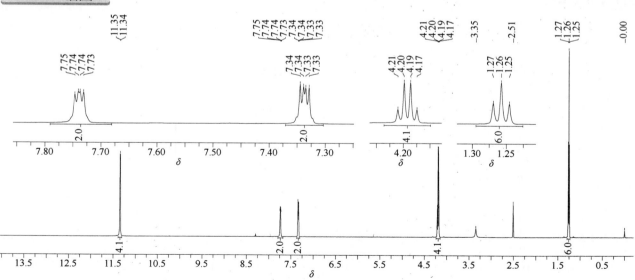

¹H NMR (600 MHz, DMSO-d₆, δ) 11.34 (4H, 4 NH, d, J_{H-H} = 5.1 Hz), 7.74 (2H, 2ArH, dd, J_{H-H} = 5.6 Hz, J_{H-H} = 3.7 Hz), 7.34 (2H, 2ArH, dd, J_{H-H} = 5.9 Hz, J_{H-H} = 3.6 Hz), 4.19 (4H, 2CH₂, q, J_{H-H} = 7.1 Hz), 1.26 (6H, 2CH₃, t, J_{H-H} = 7.1 Hz)

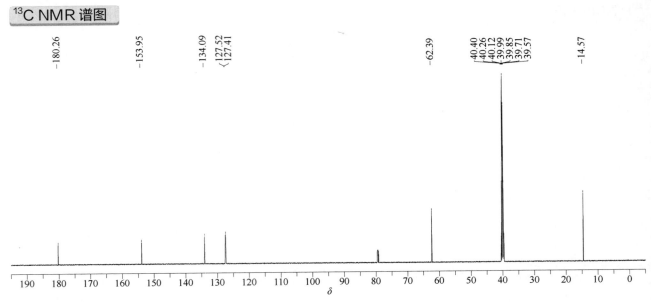

¹³C NMR (151 MHz, DMSO-d₆, δ) 180.26, 153.95, 134.09, 127.52, 127.41, 62.39, 14.57（含氯仿残留）

thiophanate-methyl（甲基硫菌灵）

基本信息

CAS 登录号	23564-05-8	分子量	342.39
分子式	C₁₂H₁₄N₄O₄S₂		

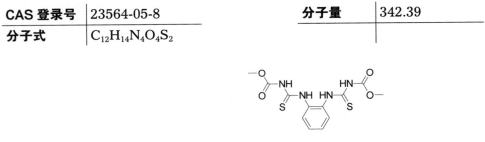

¹H NMR 谱图

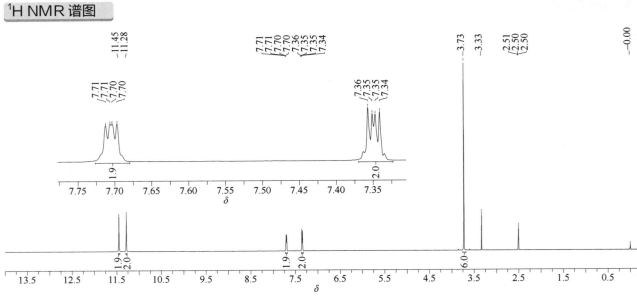

¹H NMR (600 MHz, DMSO-d₆, δ) 11.45 (2H, 2 NH, br), 11.28 (2H, 2 NH, br), 7.70 (2H, 2ArH, dd, J_{H-H} = 5.5 Hz, J_{H-H} = 3.8 Hz), 7.35 (2H, 2ArH, dd, J_{H-H} = 6.0 Hz, J_{H-H} = 3.5 Hz), 3.73 (6H, 2 OCH₃, s)

¹³C NMR 谱图

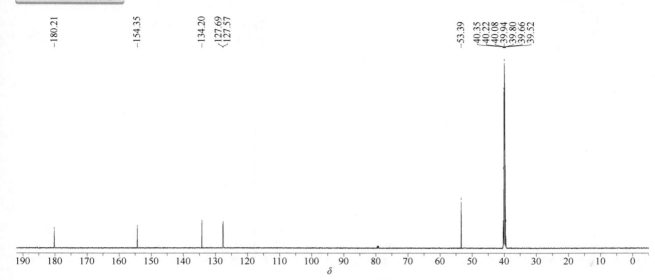

¹³C NMR (151 MHz, DMSO-d$_6$, δ) 180.21, 154.35, 134.20, 127.69, 127.57, 53.39

thiram（福美双）

基本信息

CAS 登录号	137-26-8	分子量	240.43
分子式	C$_6$H$_{12}$N$_2$S$_4$		

¹H NMR 谱图

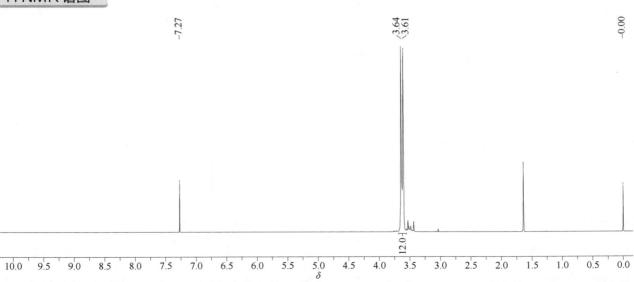

¹H NMR (600 MHz, CDCl$_3$, δ) 3.64 (6H, 2NCH$_3$, s), 3.61 (6H, 2NCH$_3$, s)

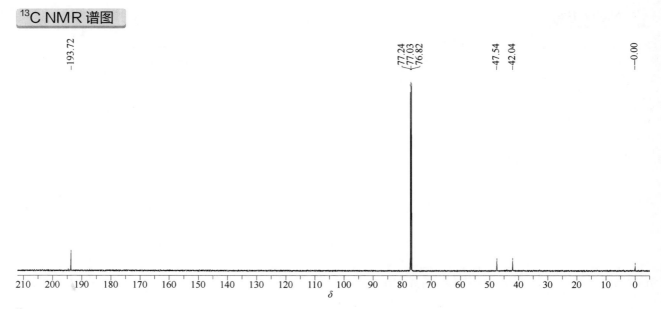

¹³C NMR (151 MHz, CDCl₃, δ) 193.72, 47.54, 42.04

thiosultap sodium（杀虫单钠）

基本信息

CAS 登录号	52207-48-4	分子量	332.94
分子式	C₅H₁₂NNaO₆S₄		

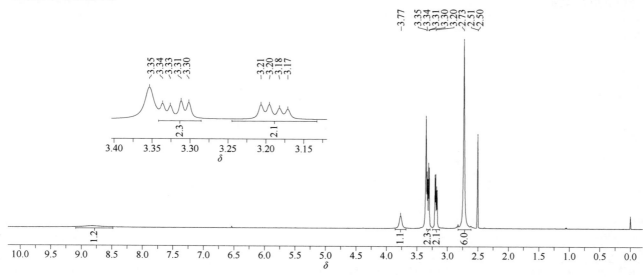

¹H NMR 谱图

¹H NMR (600 MHz, DMSO-d₆, δ) 8.74 (1H, SO₂H, br), 3.77 (1H, NCH, s), 3.35~3.28 (2H, CH₂, m), 3.23~3.15 (2H, CH₂, m), 2.73 (6H, 2NCH₃, s)

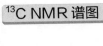

^{13}C NMR 谱图

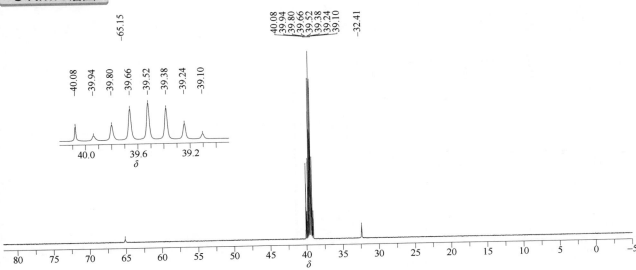

^{13}C NMR (151 MHz, DMSO-d$_6$, δ) 65.15, 40.08, 32.41

tiadinil（噻酰菌胺）

基本信息

CAS 登录号	223580-51-6	分子量	267.73
分子式	C$_{11}$H$_{10}$ClN$_3$OS		

^{1}H NMR 谱图

^{1}H NMR (600 MHz, CDCl$_3$, δ) 7.66 (1H, ArH, s), 7.62 (1H, NH, br), 7.32 (1H, ArH, d, $J_{H\text{-}H}$ = 7.0 Hz), 7.23 (1H, ArH, d, $J_{H\text{-}H}$ = 8.2 Hz), 2.96 (3H, CH$_3$, s), 2.37 (3H, CH$_3$, s)

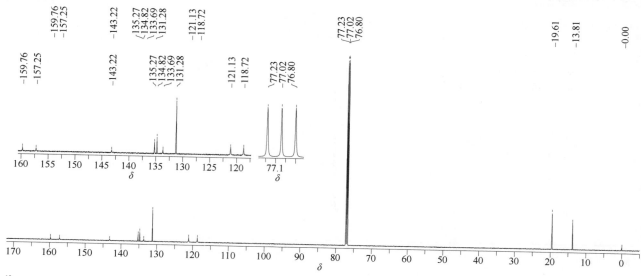

¹³C NMR (151 MHz, CDCl₃, δ) 159.76, 157.25, 143.22, 135.27, 134.82, 133.69, 131.28, 121.13, 118.72, 19.61, 13.81

tiamulin-fumerate（延胡索酸泰妙菌素）

基本信息

CAS 登录号	55297-96-6	分子量	1103.57
分子式	$C_{60}H_{98}N_2O_{12}S_2$		

¹H NMR 谱图

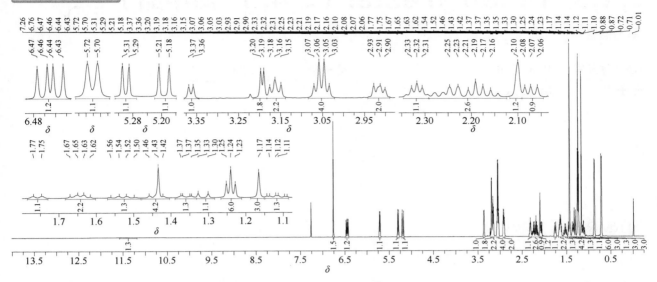

¹H NMR (600 MHz, CDCl₃, δ) 有效成分：琥珀酸 2：1. 11.38 (1H, COOH, br), 6.76 (1H, =C$\underline{H}$CO₂H, s), 6.45 (1H, =CH, dd, J_{H-H} = 17.4 Hz, J_{H-H} = 11.0 Hz), 5.71 (1H, OH, J_{H-H} = 8.6 Hz), 5.30 (1H, =CH, d, J_{H-H} = 11.1 Hz), 5.19 (1H, =CH, d, J_{H-H} = 17.4 Hz), 3.36 (1H, OCH, d, J_{H-H} = 6.4 Hz), 3.19 (2H, CH₂, d, J_{H-H} = 4.4 Hz), 3.18~3.14 (2H, 2CH, m), 3.05 (4H, 2NC$\underline{H}$₂CH₃, q, J_{H-H} = 7.2 Hz), 2.94~2.89 (2H, 2CH, m), 2.35~2.29 (1H, CH, m), 2.29~2.12 (3H, 3CH, m), 2.10 (1H, COCH s), 2.09~2.05 (1H, CH, m), 1.76 (1H, CH, d, J_{H-H} = 12.7 Hz), 1.68~1.60 (2H, 2CH, m), 1.57~1.48 (1H, CH, m), 1.48~1.40 (1H, CH, m), 1.43 (3H, CH₃, s), 1.36 (1H, CH, dd, J_{H-H} = 14.4 Hz, J_{H-H} = 2.4 Hz), 1.31 (1H, CH, d, J_{H-H} = 16.0 Hz), 1.24 (6H, 2 NCH₂C$\underline{H}$₃, t, J_{H-H} = 7.2 Hz), 1.17 (3H, CH₃, s), 1.12 (1H, CH, td, J_{H-H} = 7.1 Hz, J_{H-H} = 4.2 Hz), 0.87 (3H, CHC$\underline{H}$₃, d, J_{H-H} = 7.0 Hz), 0.72 (3H, CHC$\underline{H}$₃, d, J_{H-H} = 7.0 Hz)

¹³C NMR 谱图

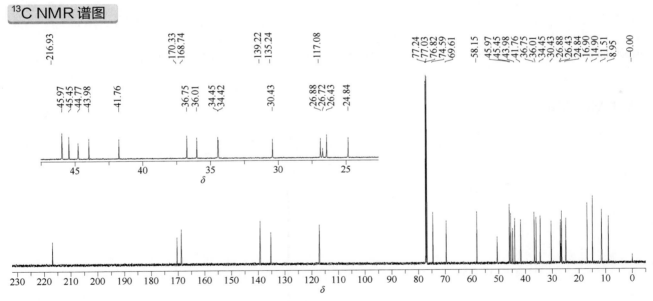

¹³C NMR (151 MHz, CDCl₃, δ) 216.93, 170.33, 168.74, 139.22, 135.24, 117.08, 74.59, 69.61, 58.15, 50.54, 45.97, 45.45, 44.77, 43.98, 41.76, 36.75, 36.01, 34.45, 33.42, 30.43, 26.88, 26.72, 26.43, 24.84, 16.90, 14.90, 11.51, 8.95

2,4,5-T methyl ester（2,4,5- 涕甲酯）

基本信息

CAS 登录号	1928-37-6	分子量	269.50
分子式	$C_9H_7Cl_3O_3$		

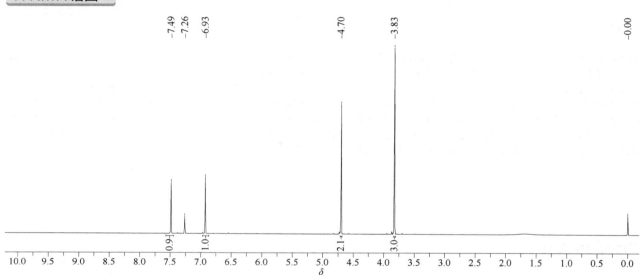

¹H NMR 谱图

^{1}H NMR (600 MHz, CDCl$_3$, δ) 7.49 (1H, ArH, s), 6.93 (1H, ArH, s), 4.70 (2H, CH$_2$, s), 3.83 (3H, CH$_3$, s)

¹³C NMR 谱图

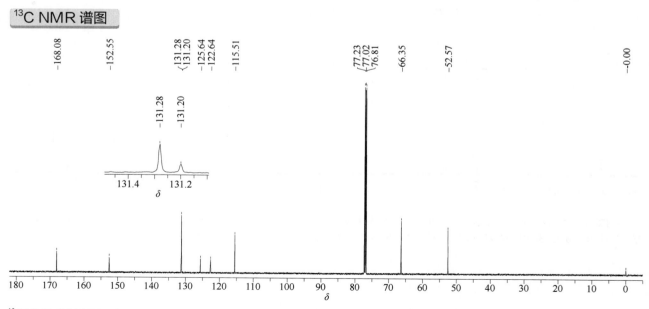

^{13}C NMR (151 MHz, CDCl$_3$, δ) 168.08, 152.55, 131.28, 131.20, 125.64, 122.64, 115.51, 66.35, 52.57

tolclofos-methyl（甲基立枯磷）

基本信息

CAS 登录号	57018-04-9	分子量	301.12
分子式	$C_9H_{11}Cl_2O_3PS$		

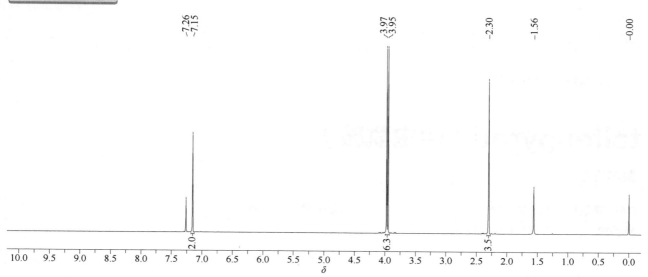

^1H NMR 谱图

^1H NMR (600 MHz, CDCl$_3$, δ) 7.15 (2H, 2ArH, s), 3.96 (6H, 2 OCH$_3$, d, $^3J_{H-P}$ = 14.0 Hz), 2.30 (3H, CCH$_3$, s)

^{13}C NMR 谱图

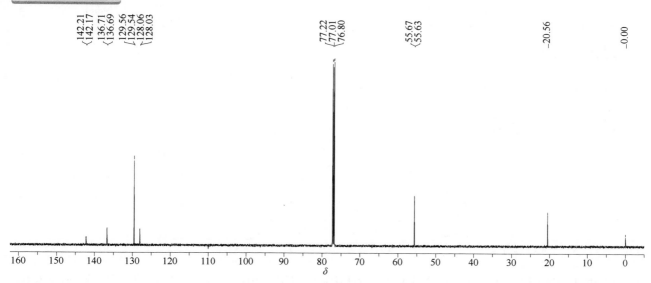

^{13}C NMR (151 MHz, CDCl$_3$, δ) 142.19 (d, $^2J_{C-P}$ = 6.8 Hz), 136.70 (d, $^5J_{C-P}$ = 2.6 Hz), 129.55 (d, $^4J_{C-P}$ = 2.3 Hz), 128.04 (d, $^3J_{C-P}$ = 4.5 Hz), 55.65 (d, $^2J_{C-P}$ =5.9 Hz), 20.56

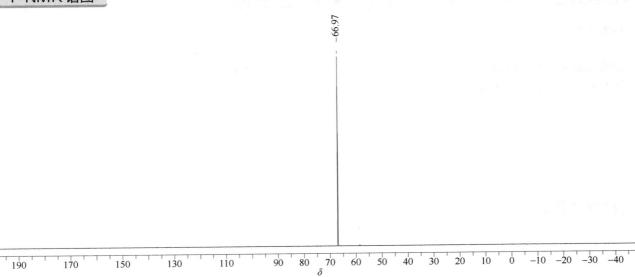

³¹P NMR (243 MHz, CDCl₃, δ) 66.97

tolfenpyrad（唑虫酰胺）

基本信息

CAS 登录号	129558-76-5	分子量	383.87
分子式	C₂₁H₂₂ClN₃O₂		

¹H NMR 谱图

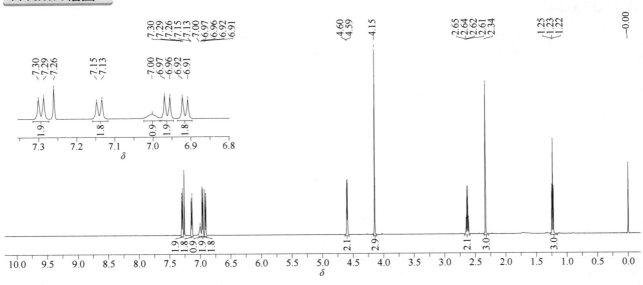

¹H NMR (600 MHz, CDCl₃, δ) 7.30 (2H, 2ArH, d, J_{H-H} = 8.4 Hz), 7.15 (2H, 2ArH, d, J_{H-H} = 8.5 Hz), 7.00 (1H, NH, br), 6.97 (2H, 2ArH, d, J_{H-H} = 8.5 Hz), 6.92 (2H, 2ArH, d, J_{H-H} = 8.4 Hz), 4.60 (2H, NHC$\underline{H}$₂, d, J_{H-H} = 5.7 Hz), 4.15 (3H, CH₃, s), 2.65 (2H, C$\underline{H}$₂CH₃, q, J_{H-H} = 7.6 Hz), 2.34 (3H, CH₃, s), 1.25 (3H, CH₂C$\underline{H}$₃, t, J_{H-H} = 7.6 Hz)

¹³C NMR 谱图

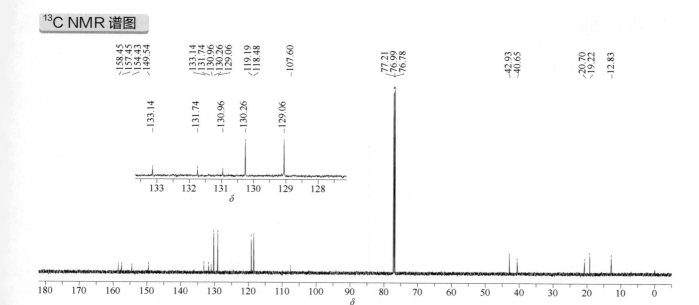

¹³C NMR (151 MHz, CDCl₃, δ) 158.45, 157.45, 154.43, 149.54, 133.14, 131.74, 130.96, 130.26, 129.06, 119.19, 118.48, 107.60, 42.93, 40.65, 20.70, 19.22, 12.83

tolylfluanid（甲苯氟磺胺）

基本信息

CAS 登录号	731-27-1	分子量	347.24
分子式	C₁₀H₁₃Cl₂FN₂O₂S₂		

¹H NMR 谱图

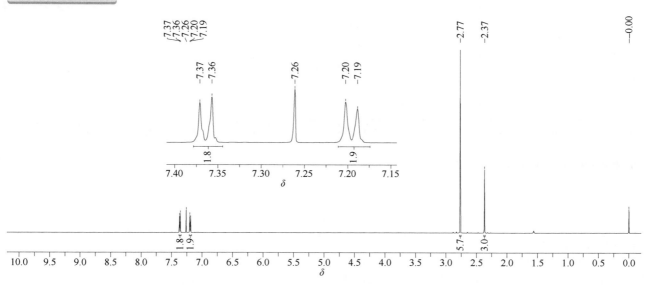

¹H NMR (600 MHz, CDCl₃, δ) 7.37 (2H, 2ArH, d, J_{H-H} = 8.3 Hz), 7.20 (2H, 2ArH, d, J_{H-H} = 8.3 Hz), 2.77 (6H, 2 NCH₃, s), 2.37 (3H, ArCH₃, s)

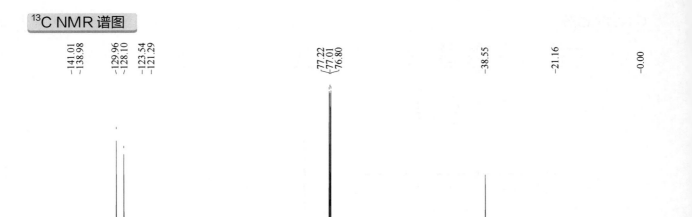

¹³C NMR (151 MHz, CDCl₃, δ) 141.01, 138.98, 129.96, 128.10, 122.42 (d, $J_{C\text{-}F}$ = 339.8 Hz), 38.55, 21.16

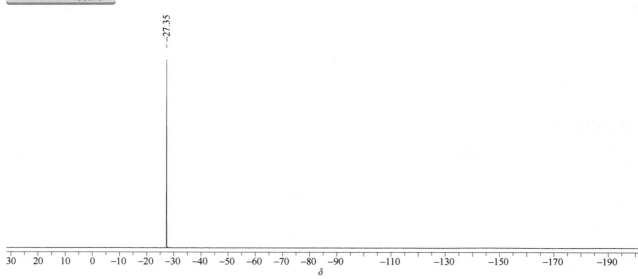

¹⁹F NMR (564 MHz, CDCl₃, δ) −27.35

topramezone（苯唑草酮）

基本信息

CAS 登录号	210631-68-8	分子量	363.39
分子式	$C_{16}H_{17}N_3O_5S$		

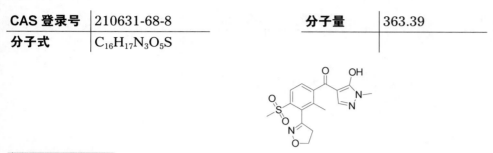

¹H NMR 谱图

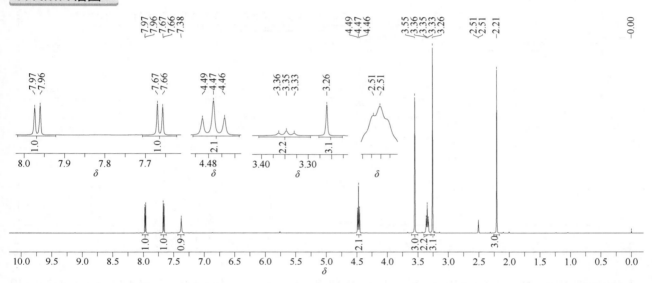

¹H NMR (600 MHz, DMSO-d₆, δ) 7.97 (1H, ArH, d, J_{H-H} = 8.1 Hz), 7.66 (1H, ArH, d, J_{H-H} = 8.1 Hz), 7.36 (1H, ArH, s), 4.47 (2H, OCH₂, t, J_{H-H} = 10.0 Hz), 3.55 (3H, NCH₃, s), 3.34 (2H, OCH₂, t, J_{H-H} = 10.0 Hz), 3.25 (3H, SCH₃, s), 2.20 (3H, CH₃, s)

¹³C NMR 谱图

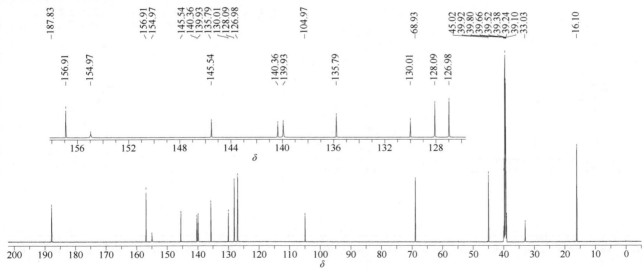

¹³C NMR (151 MHz, DMSO-d₆, δ) 187.83, 156.91, 154.97, 145.54, 140.36, 139.93, 135.79, 130.01, 128.09, 126.98, 104.97, 68.93, 45.02, 33.03, 16.10

tralkoxydim（肟草酮）

基本信息

CAS 登录号	87820-88-0	**分子量**	329.43
分子式	C₂₀H₂₇NO₃		

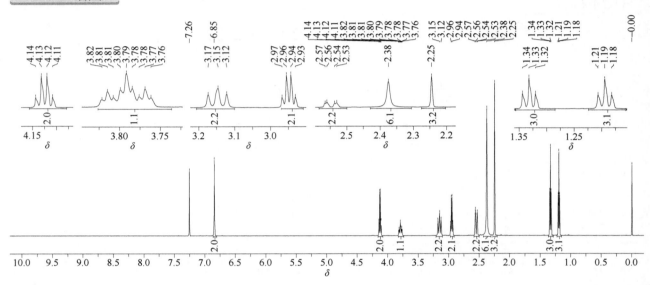

¹H NMR 谱图

¹H NMR (600 MHz, CDCl₃, δ) 6.85 (2H, 2ArH, s), 4.14 (2H, OC$\underline{H}_2$CH₃, q, J_{H-H} = 7.1 Hz), 3.83~3.74 (1H, CH, m), 3.21~3.10 (2H, CH₂, m), 2.97 (2H, C$\underline{H}_2$CH₃, q, J_{H-H} = 7.4 Hz), 2.55 (2H, CH₂, dd, J_{H-H} = 6.8 Hz), 2.38 (6H, 2CH₃, s), 2.25 (3H, CH₃, s), 1.33(3H, OCH₂C$\underline{H}_3$, t, J_{H-H} = 7.0 Hz), 1.19 (3H, CH₂C$\underline{H}_3$, t, J_{H-H} = 7.4 Hz)

¹³C NMR 谱图

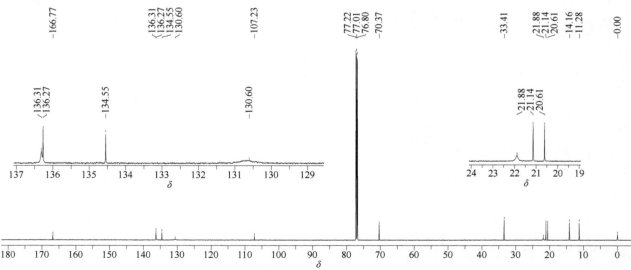

¹³C NMR (151 MHz, CDCl₃, δ) 166.77, 136.31, 136.27, 134.55, 130.60, 107.23, 70.37, 33.41, 21.88, 21.14, 20.61, 14.16, 11.28（碳谱仅供参考）

triadimefon（三唑酮）

基本信息

CAS 登录号	43121-43-3	分子量	293.75
分子式	$C_{14}H_{16}ClN_3O_2$		

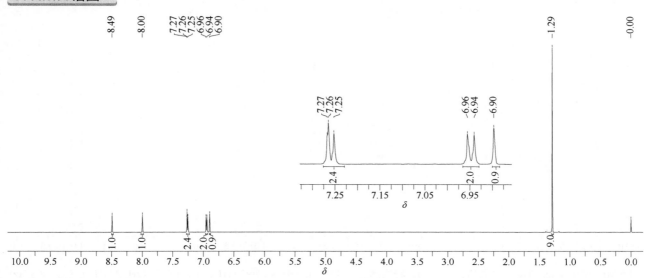

^{1}H NMR 谱图

^{1}H NMR (600 MHz, CDCl$_3$, δ) 8.49 (1H, ArH, s), 8.00 (1H, ArH, s), 7.26 (2H, 2ArH, d, $J_{H\text{-}H}$ = 9.0 Hz), 6.96 (2H, 2ArH, d, $J_{H\text{-}H}$ = 9.0 Hz), 6.90 (1H, OCH, s), 1.29 (9H, 3CH$_3$, s)

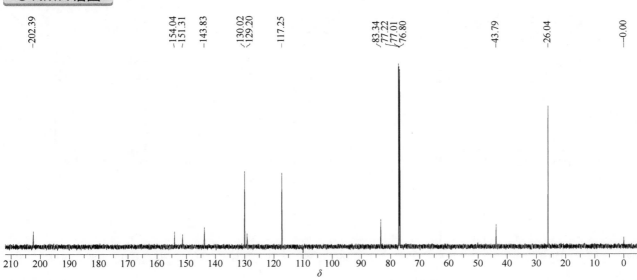

^{13}C NMR 谱图

^{13}C NMR (151 MHz, CDCl$_3$, δ) 202.39, 154.04, 151.31, 143.83, 130.02, 129.20, 117.25, 83.34, 43.79, 26.04

triadimenol（三唑醇）

基本信息

CAS 登录号	55219-65-3	分子量	295.76
分子式	$C_{14}H_{18}ClN_3O_2$		

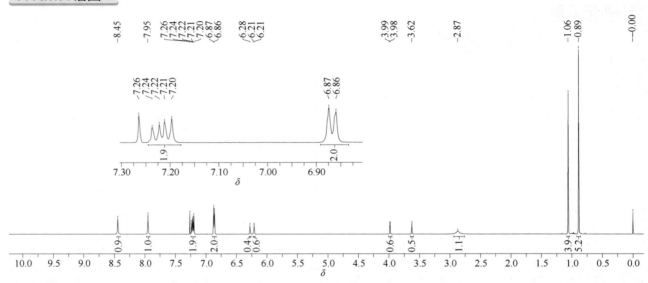

^{1}H NMR 谱图

^{1}H NMR (600 MHz, CDCl$_3$, δ) 异构体混合物。异构体 A: 8.45 (1H, ArH, s), 7.95 (1H, ArH, s), 7.23 (2H, 2ArH, d, J_{H-H} = 8.8 Hz), 6.87 (2H, 2ArH, d, J_{H-H} = 8.8 Hz), 6.28 (1H, CH, s), 3.62 (1H, CH, s), 2.87 (1H, OH, br), 0.89 (9H, 3CH$_3$, s). 异构体 B: 8.45 (1H, ArH, s), 7.95 (1H, ArH, s), 7.20 (2H, 2ArH, d, J_{H-H} = 8.8 Hz), 6.87 (2H, 2ArH, d, J_{H-H} = 8.8 Hz), 6.21 (1H, CH, d, J_{H-H} = 2.7 Hz), 3.98 (1H, CH, d, J_{H-H} = 3.1 Hz), 2.87 (1H, OH, br), 1.06 (9H, 3CH$_3$, s)

^{13}C NMR 谱图

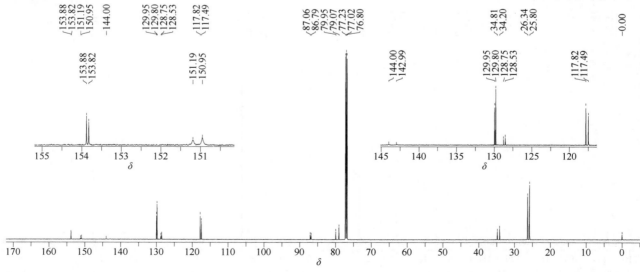

^{13}C NMR (151 MHz, CDCl$_3$, δ) 异构体混合物。异构体 A: 153.88, 151.12, 142.86, 129.95, 128.75, 117.49, 86.79, 79.95, 34.81, 26.34. 异构体 B: 153.82, 150.95, 144.00, 129.80, 128.53, 117.82, 87.06, 79.07, 34.20, 25.80

triadimenol isomer A（三唑醇 -1）

基本信息

CAS 登录号	89482-17-7	分子量	293.75
分子式	$C_{14}H_{18}ClN_3O_2$		

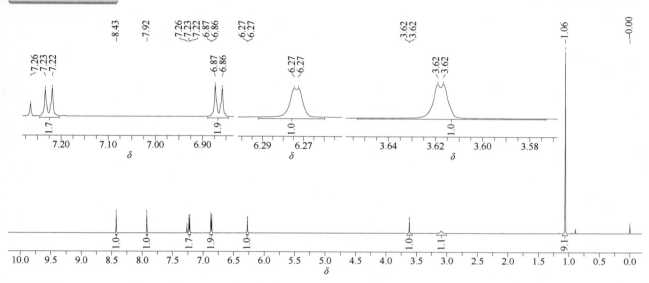

¹H NMR 谱图

¹H NMR (600 MHz, CDCl₃, δ) 8.43 (1H, ArH, s), 7.92 (1H, ArH, s), 7.23 (2H, 2ArH, d, J_{H-H} = 8.9 Hz), 6.87 (2H, 2ArH, d, J_{H-H} = 8.9 Hz), 6.27 (1H, NCH, d, J_{H-H} = 1.3 Hz), 3.62 (1H, CH, d, J_{H-H} = 1.4 Hz), 3.09 (1H, OH, br), 1.06 (9H, 3CH₃, s)

¹³C NMR 谱图

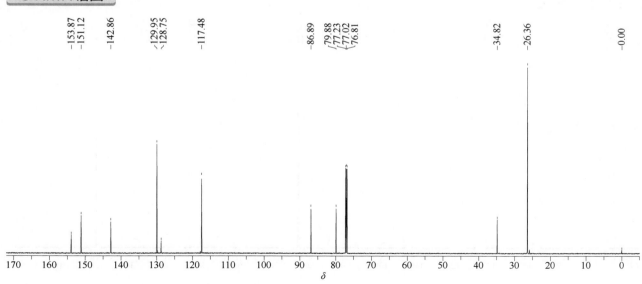

¹³C NMR (151 MHz, CDCl₃, δ) 153.87, 151.12, 142.86, 129.95, 128.75, 117.48, 86.89, 79.88, 34.82, 26.36

triallate（野麦畏）

基本信息

CAS 登录号	2303-17-5	分子量	304.66
分子式	$C_{10}H_{16}Cl_3NOS$		

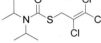

¹H NMR 谱图

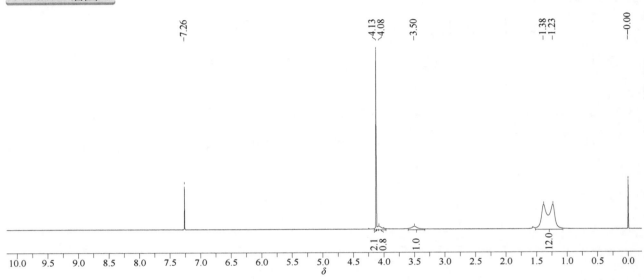

¹H NMR (600 MHz, CDCl₃, δ) 4.13 (2H, 2SC$\underline{H}_2$, s), 4.08 (1H, NC$\underline{H}$(CH₃)₂, br), 3.50 (1H, NC$\underline{H}$(CH₃)₂, br), 1.38 (6H, NCH(C$\underline{H}_3$)₂, br), 1.23 (6H, NCH(C$\underline{H}_3$)₂, br)

¹³C NMR 谱图

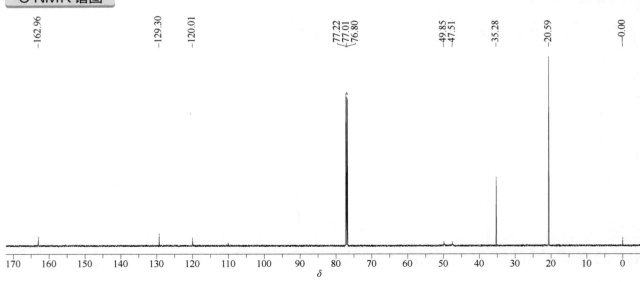

¹³C NMR (151 MHz, CDCl₃, δ) 162.96, 129.30, 120.01, 49.85, 47.51, 35.28, 20.59

triapenthenol（抑芽唑）

基本信息

CAS 登录号	76608-88-3	分子量	263.38
分子式	$C_{15}H_{25}N_3O$		

¹H NMR 谱图

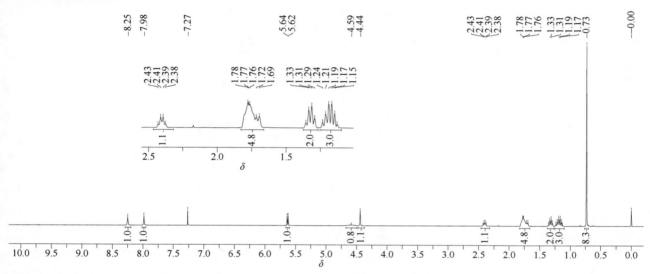

¹H NMR (600 MHz, CDCl₃, δ) 8.25 (1H, ArH, s), 7.98 (1H, ArH, s), 5.64 (1H, C═CH, d, J_{H-H} = 10.4 Hz), 4.59 (1H, OH, br), 4.44 (1H, C*H*OH, s), 2.40 (1H, CH, q, J_{H-H} = 10.9 Hz), 1.83~1.66 (5H, 5CH, m), 1.36 (2H, 2CH, q, J_{H-H} = 12.8 Hz), 1.25~1.10 (3H, 3CH, m), 0.73 (9H, 3CH₃, s)

¹³C NMR 谱图

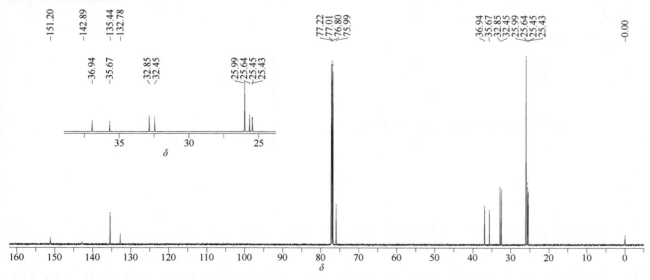

¹³C NMR (151 MHz, CDCl₃, δ) 151.20, 142.89, 135.44, 132.78, 75.99, 36.94, 35.67, 32.85, 32.45, 25.99, 25.64, 25.45, 25.43

triasulfuron（醚苯磺隆）

基本信息

CAS 登录号	82097-50-5	分子量	401.83
分子式	$C_{14}H_{16}ClN_5O_5S$		

¹H NMR 谱图

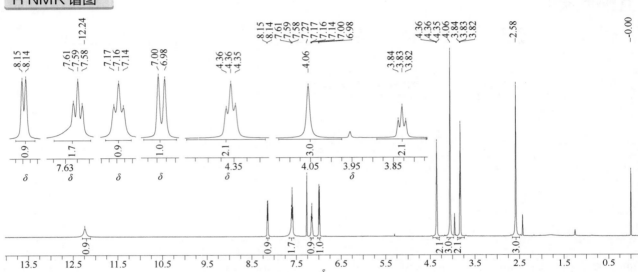

¹H NMR (600 MHz, CDCl₃, δ) 12.24 (1H, NH, br), 8.14 (1H, ArH, d, J_{H-H} = 7.7 Hz), 7.61 (1H, NH, br), 7.59 (1H, ArH, t, J_{H-H} = 7.9 Hz), 7.16 (1H, ArH, t, J_{H-H} = 7.4 Hz), 6.99 (1H, ArH, d, J_{H-H} = 8.3 Hz), 4.36 (2H, OCH₂, t, J_{H-H} = 5.3 Hz), 4.06 (3H, OCH₃, s), 3.83 (2H, CH₂Cl, t, J_{H-H} = 5.5 Hz), 2.58 (3H, CH₃, s)

¹³C NMR 谱图

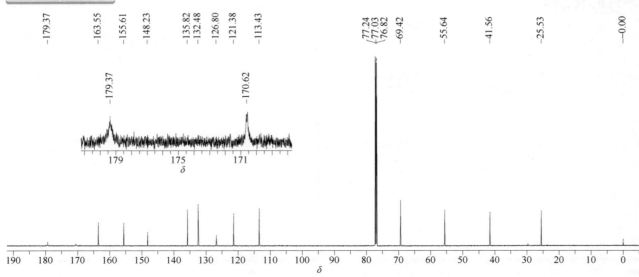

¹³C NMR (151 MHz, CDCl₃, δ) 179.37, 170.62, 163.55, 155.61, 148.23, 135.82, 132.48, 126.80, 121.38, 113.43, 69.42, 55.64, 41.56, 25.53

triazophos（三唑磷）

基本信息

CAS 登录号	24017-47-8	**分子量**	313.31
分子式	C$_{12}$H$_{16}$N$_3$O$_3$PS		

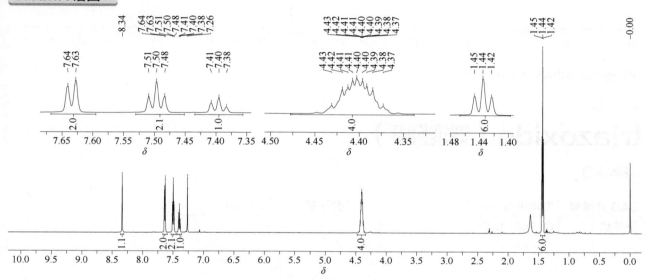

^{1}H NMR 谱图

^{1}H NMR (600 MHz, CDCl$_3$, δ) 8.34 (1H, ArH, s), 7.63 (2H, 2ArH, d, J_{H-H} = 7.6 Hz), 7.50 (2H, 2ArH, t, J_{H-H} = 7.9 Hz), 7.40 (1H, ArH, t, J_{H-H} = 7.4 Hz), 4.48~4.34 (4H, 2CH$_2$, m), 1.44 (6H, 2CH$_3$, t, J_{H-H} = 7.1 Hz)

^{13}C NMR 谱图

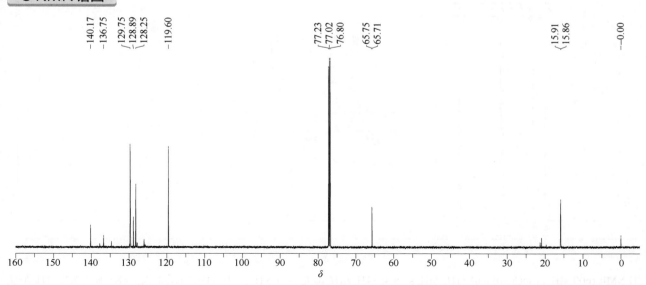

^{13}C NMR (151 MHz, CDCl$_3$, δ) 140.17, 136.75, 129.75, 128.89, 128.25, 119.60, 65.73 (d, $^2J_{C-P}$ = 5.5 Hz), 15.88 (d, $^3J_{C-P}$ = 7.9 Hz)

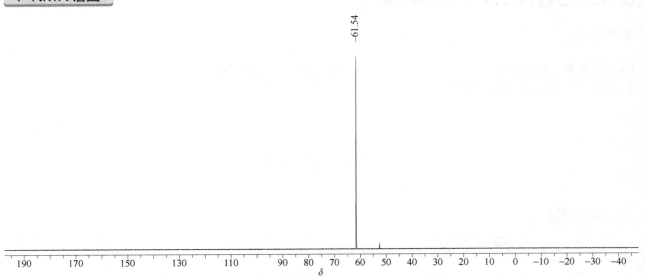

−61.54

³¹P NMR (243 MHz, CDCl₃, δ) 61.54

triazoxide（咪唑嗪）

基本信息

CAS 登录号	72459-58-6	分子量	247.64
分子式	$C_{10}H_6ClN_5O$		

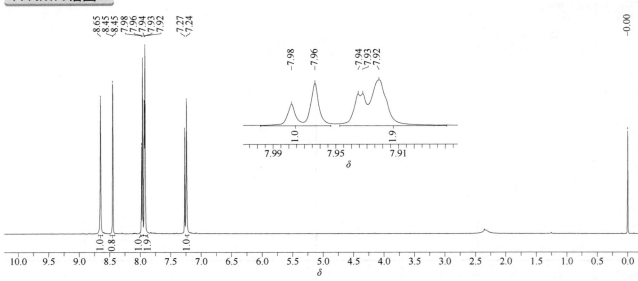

¹H NMR 谱图

¹H NMR (600 MHz, CDCl₃, δ) 8.65 (1H, ArH, s), 8.45 (1H, ArH, d, J_{H-H} = 1.5 Hz), 7.97 (1H, ArH, d, J_{H-H} = 8.9 Hz), 7.93 (1H, ArH, dd, J_{H-H} = 8.1 Hz, J_{H-H} = 1.9 Hz), 7.92 (1H, ArH, s), 7.24 (1H, ArH, s)

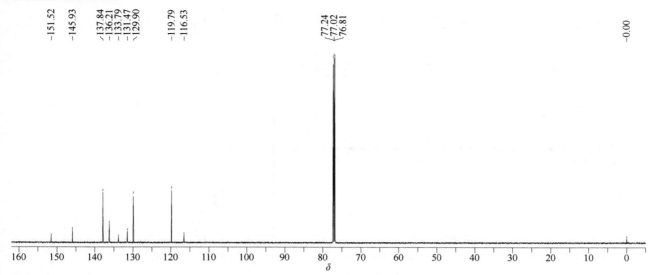

¹³C NMR (151 MHz, CDCl₃, δ) 151.52, 145.93, 137.84, 136.21, 133.79, 131.47, 129.90, 119.79, 116.53

tribenuron-methyl（苯磺隆）

基本信息

CAS 登录号	101200-48-0	分子量	395.39
分子式	C₁₅H₁₇N₅O₆S		

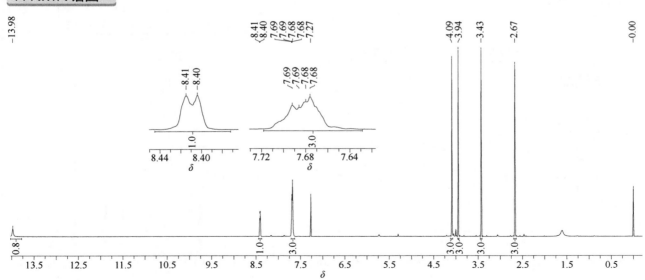

¹H NMR 谱图

¹H NMR (600 MHz, CDCl₃, δ) 13.98 (1H, NH, br), 8.40 (1H, ArH, d, J_H-H = 6.5 Hz), 7.68 (3H, 3ArH, m), 4.09 (3H, OCH₃, s), 3.94 (3H, OCH₃, s), 3.43 (3H, NCH₃, s), 2.67 (3H, CH₃, s)

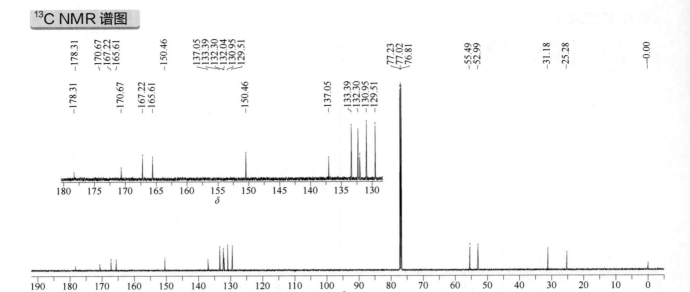

^{13}C NMR (151 MHz, CDCl$_3$, δ) 178.31, 170.67, 167.22, 165.61, 150.46, 137.05, 133.39, 132.30, 132.04, 130.95, 129.51, 55.49, 52.99, 31.18, 25.28

tribufos（脱叶磷）

基本信息

CAS 登录号	78-48-8	分子量	314.51
分子式	C$_{12}$H$_{27}$OPS$_3$		

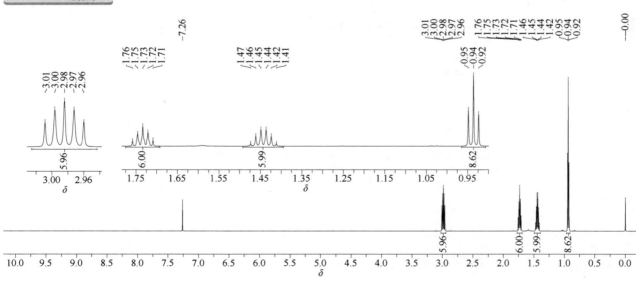

^{1}H NMR 谱图

^{1}H NMR (600 MHz, CDCl$_3$, δ) 2.98 (6H, 3 SCH$_2$, dt, $^3J_{H\text{-}P}$ = 14.6 Hz, $J_{H\text{-}H}$ = 7.4 Hz), 1.78~1.69 (6H, 3SCH$_2$C$\underline{H}_2$, m), 1.49~1.39 (6H, 3SCH$_2$CH$_2$C$\underline{H}_2$, m), 0.94 (9H, 3CH$_3$, t, $J_{H\text{-}H}$ = 7.4 Hz)

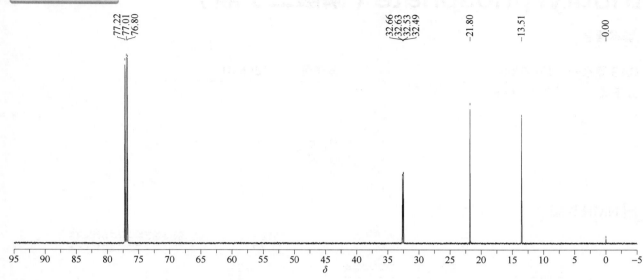

77.22
77.01
76.80

32.66
32.63
32.53
32.49

21.80

13.51

0.00

δ

95 90 85 80 75 70 65 60 55 50 45 40 35 30 25 20 15 10 5 0 -5

13C NMR (151 MHz, CDCl₃, δ)32.64 (d, $^3J_{\text{C-P}}$= 4.0 Hz), 32.51 (d, $^2J_{\text{C-P}}$= 5.2 Hz). 21.80, 13.51

31P NMR 谱图

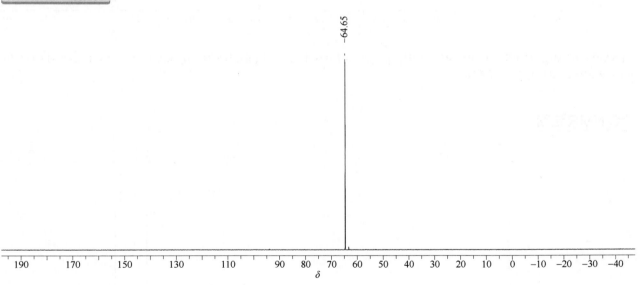

-64.65

δ

190 170 150 130 110 90 80 70 60 50 40 30 20 10 0 -10 -20 -30 -40

31P NMR (243 MHz, CDCl₃, δ) 64.65

tributyl phosphate（磷酸三丁酯）

基本信息

CAS 登录号	126-73-8	分子量	266.31
分子式	$C_{12}H_{27}O_4P$		

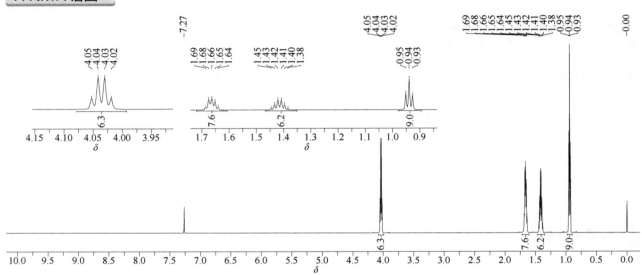

¹H NMR 谱图

¹H NMR (600 MHz, CDCl₃, δ) 4.03 (6H, 3OCH_2, q, J_{H-H} = 6.7 Hz), 1.72~1.61 (6H, 3OCH₂C$\underline{H}_2$, m), 1.47~1.35 (6H, 3OCH₂CH₂C$\underline{H}_2$, m), 0.95 (9H, 3CH₃, t, J_{H-H} = 7.4 Hz)

¹³C NMR 谱图

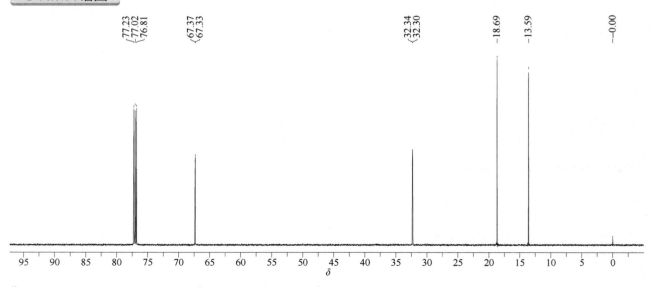

¹³C NMR (151 MHz, CDCl₃) 67.35 (d, $^2J_{C-P}$ = 6.0 Hz), 32.32 (d, $^3J_{C-P}$ = 6.9 Hz), 18.69, 13.59

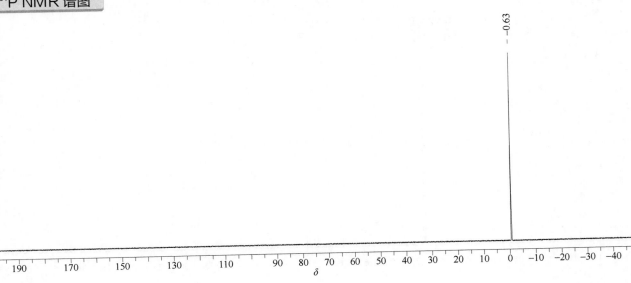

³¹P NMR (243 MHz, CDCl₃, δ) −0.63

trichlorfon（敌百虫）

基本信息

CAS 登录号	52-68-6	分子量	257.44
分子式	C₄H₈Cl₃O₄P		

¹H NMR 谱图

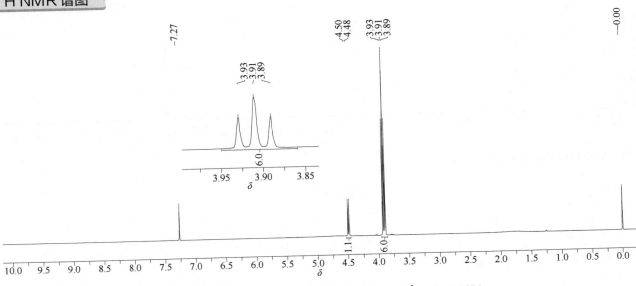

¹H NMR (600 MHz, CDCl₃, δ) 4.49 (1H, CH, d, ³J_{H-P} = 11.9 Hz), 3.91 (6H, 2OCH₃, d, ³J_{H-P} = 12.0 Hz)

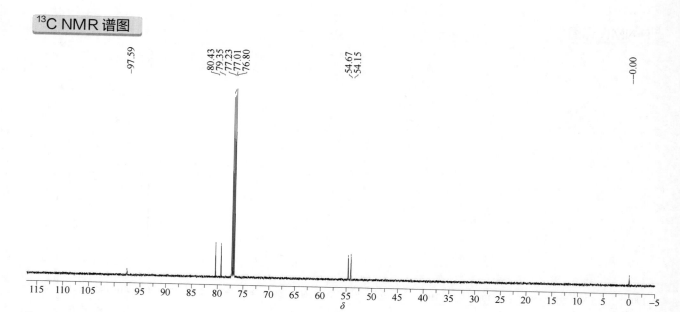

¹³C NMR 谱图

¹³C NMR (151 MHz, CDCl$_3$, δ) 97.56, 79.87 (d, $J_{C\text{-}P}$ = 161.6 Hz), 54.62, 54.41

³¹P NMR 谱图

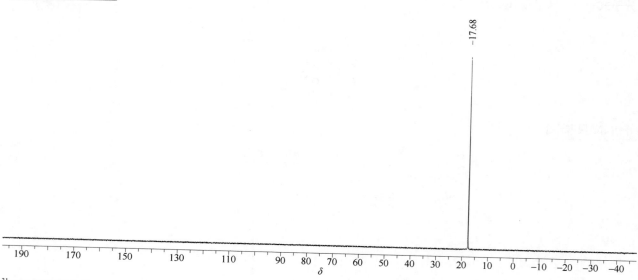

³¹P NMR (243 MHz, CDCl$_3$, δ) 17.68

2,4,5-trichloroaniline（2,4,5- 三氯苯胺）

基本信息

CAS 登录号	636-30-6	分子量	196.46
分子式	C₆H₄Cl₃N		

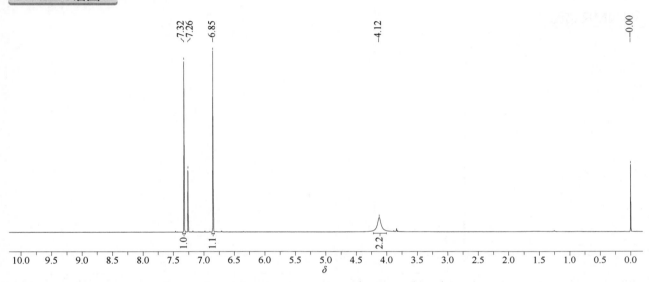

¹H NMR 谱图

¹H NMR (600 MHz, CDCl₃, δ) 7.32 (1H, ArH, s), 6.85 (1H, ArH, s), 4.12 (2H, NH₂, br)

¹³C NMR 谱图

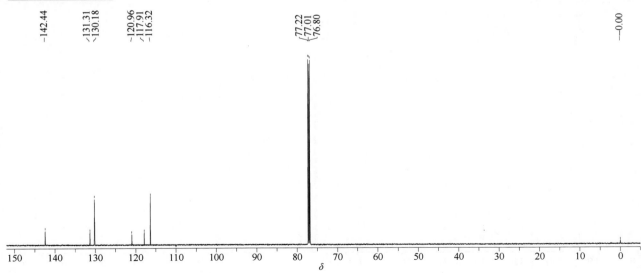

¹³C NMR (151 MHz, CDCl₃, δ) 142.44, 131.31, 130.18, 120.96, 117.91, 116.32

2,4,6-trichlorophenol（2,4,6- 三氯苯酚）

CAS 登录号	88-06-2	分子量	197.44
分子式	$C_6H_3Cl_3O$		

¹H NMR 谱图

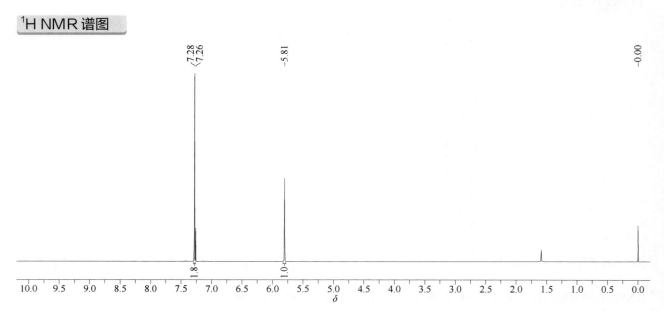

¹H NMR (600 MHz, CDCl₃, δ) 7.28 (2H, 2ArH, s), 5.81 (1H, OH, s)

¹³C NMR 谱图

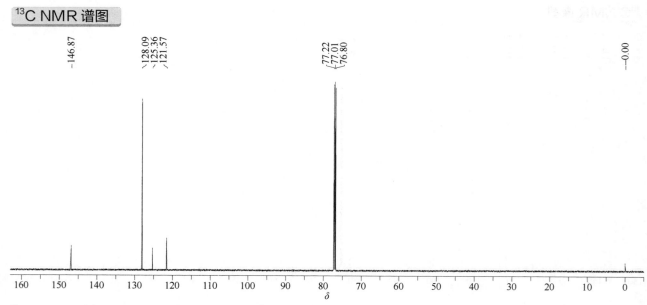

¹³C NMR (151 MHz, CDCl₃, δ) 146.87, 128.09, 125.36, 121.57

2,3,6-trichlorobenzoic acid（草芽畏）

基本信息

CAS 登录号	50-31-7	分子量	225.45
分子式	C₇H₃Cl₃O₂		

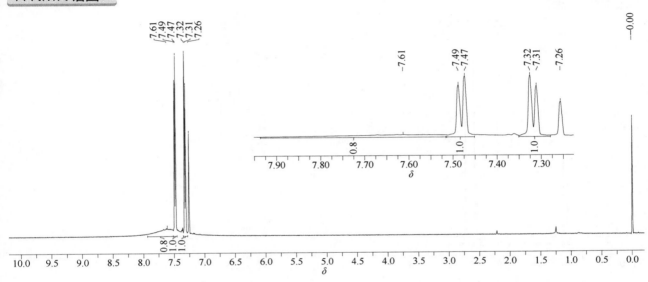

¹H NMR 谱图

¹H NMR (600 MHz, CDCl₃, δ) 7.61 (1H, COOH, br), 7.48 (1H, ArH, d, J_{H-H} = 8.7 Hz), 7.30 (1H, ArH, d, J_{H-H} = 8.7 Hz)

¹³C NMR 谱图

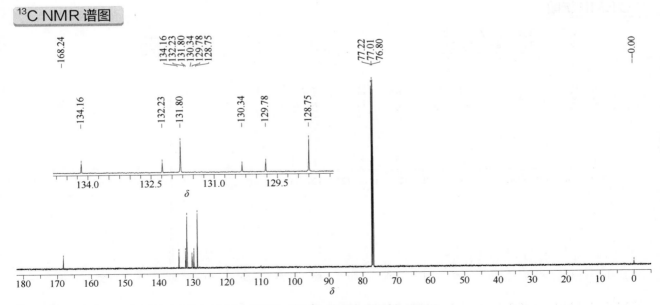

¹³C NMR (151 MHz, CDCl₃, δ) 168.24, 134.16, 132.23, 131.80, 130.34, 129.78, 128.75

triclocarban（三氯卡班）

基本信息

CAS 登录号	101-20-2	分子量	315.58
分子式	$C_{13}H_9Cl_3N_2O$		

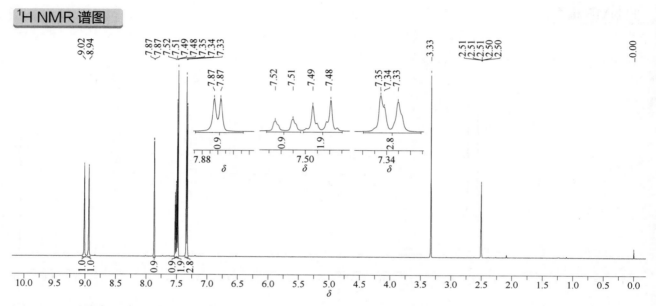

¹H NMR 谱图

¹H NMR (600 MHz, DMSO-d₆, δ) 9.02 (1H, ArH, s), 8.94 (1H, ArH, s), 7.87 (1H, ArH, d, J_{H-H} = 2.5 Hz), 7.52 (1H, ArH, d, J_{H-H} = 8.8 Hz), 7.49 (2H, 2ArH, d, J_{H-H} = 8.9 Hz), 7.36~7.31 (3H, 3ArH, m)

¹³C NMR 谱图

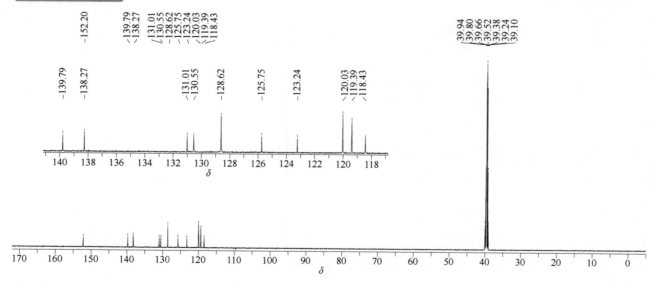

¹³C NMR (151 MHz, DMSO-d₆, δ) 152.20, 139.79, 138.27, 131.01, 130.55, 128.62, 125.75, 123.24, 120.03, 119.39, 118.43

triclopyr（三氯吡氧乙酸）

基本信息

CAS 登录号	55335-06-3	分子量	256.47
分子式	$C_7H_4Cl_3NO_3$		

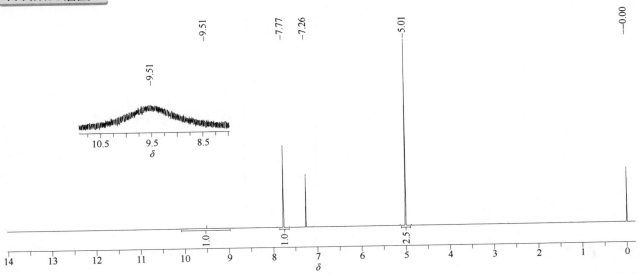

^{1}H NMR 谱图

^{1}H NMR (600 MHz, CDCl$_3$, δ) 9.51 (1H, OH, br), 7.77 (1H, ArH, s), 5.01 (2H, CH$_2$, s)

^{13}C NMR 谱图

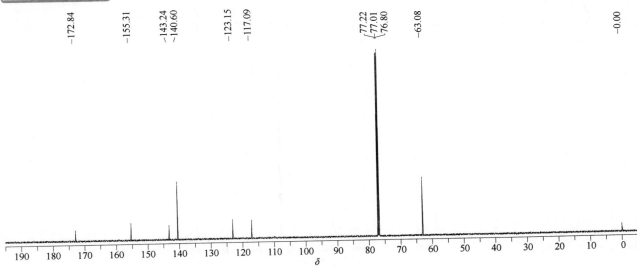

^{13}C NMR (151 MHz, CDCl$_3$, δ) 172.84, 155.31, 143.24, 140.60, 123.15, 117.09, 63.08

triclopyr-methyl（三氯吡氧乙酸甲酯）

基本信息

CAS 登录号	60825-26-5	分子量	270.49
分子式	$C_8H_6Cl_3NO_3$		

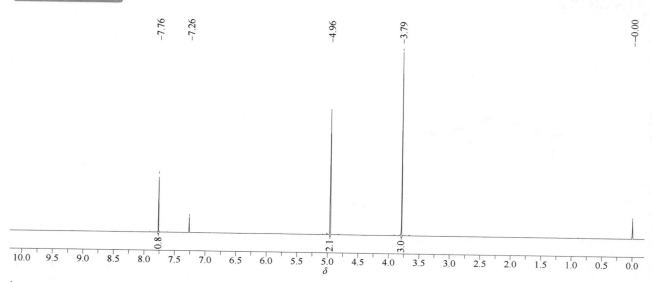

¹H NMR 谱图

^1H NMR (600 MHz, CDCl$_3$, δ) 7.76 (1H, ArH, s), 4.96 (2H, CH$_2$, s), 3.79 (3H, CH$_3$, s)

¹³C NMR 谱图

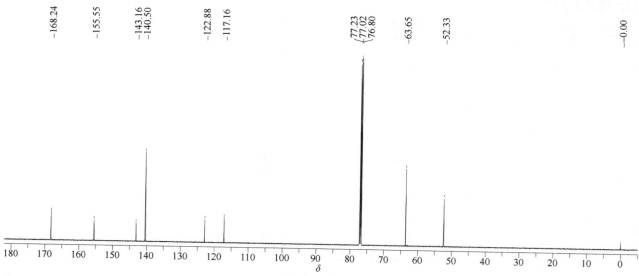

^{13}C NMR (151 MHz, CDCl$_3$, δ) 168.24, 155.55, 143.16, 140.50, 122.88, 117.16, 63.65, 52.33

triclopyricarb（氯啶菌酯）

CAS 登录号	902760-40-1	**分子量**	391.63
分子式	$C_{15}H_{13}Cl_3N_2O_4$		

¹H NMR 谱图

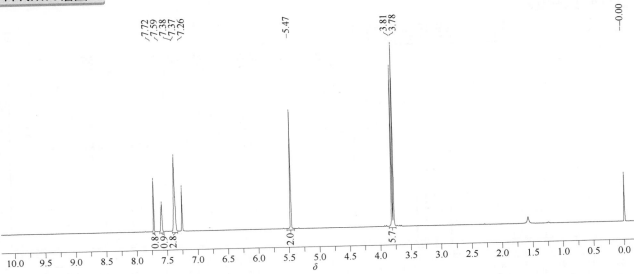

¹H NMR (600 MHz, CDCl₃, δ) 7.72 (1H, ArH, s), 7.59 (1H, ArH, s), 7.43~7.32 (3H, 3ArH, m), 5.47 (2H, OCH₂, s), 3.81(3H, OCH₃, s), 3.78 (3H, OCH₃, s)

¹³C NMR 谱图

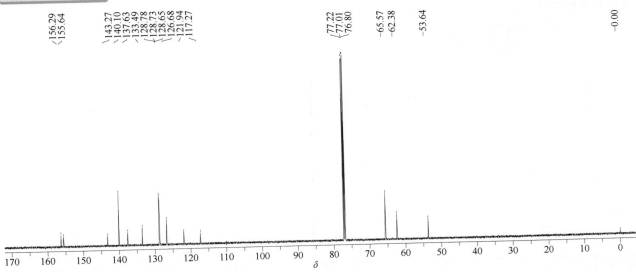

¹³C NMR (151 MHz, CDCl₃, δ) 156.29, 155.64, 143.27, 140.10, 137.63, 133.49, 128.78, 128.73, 128.65, 126.68, 121.94, 117.27, 65.57, 62.38, 53.64

triclosan（三氯生）

基本信息

CAS 登录号	3380-34-5	分子量	289.54
分子式	C₁₂H₇Cl₃O₂		

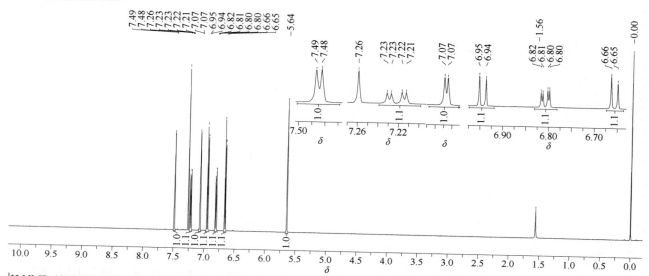

¹H NMR 谱图

¹H NMR (600 MHz, CDCl₃, δ) 7.48 (1H, ArH, d, J_{H-H} = 2.5 Hz), 7.22 (1H, ArH, dd, J_{H-H} = 8.8 Hz, J_{H-H} = 2.5 Hz), 7.07 (1H, ArH, d, J_{H-H} = 2.4 Hz), 6.95 (1H, ArH, d, J_{H-H} = 8.8 Hz), 6.81 (1H, ArH, dd, J_{H-H} = 8.7 Hz, J_{H-H} = 2.5 Hz), 6.66 (1H, ArH, d, J_{H-H} = 8.6 Hz), 5.64 (1H, OH, s)

¹³C NMR 谱图

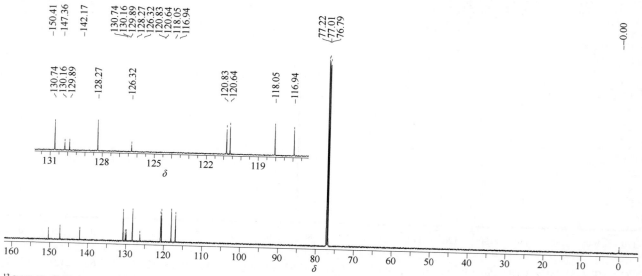

¹³C NMR (151 MHz, CDCl₃, δ) 150.41, 147.36, 142.17, 130.74, 130.16, 129.89, 128.27, 126.32, 120.83, 120.64, 118.05, 116.94

tricyclazole（三环唑）

基本信息

CAS 登录号	41814-78-2	**分子量**	189.24
分子式	C₉H₇N₃S		

¹H NMR 谱图

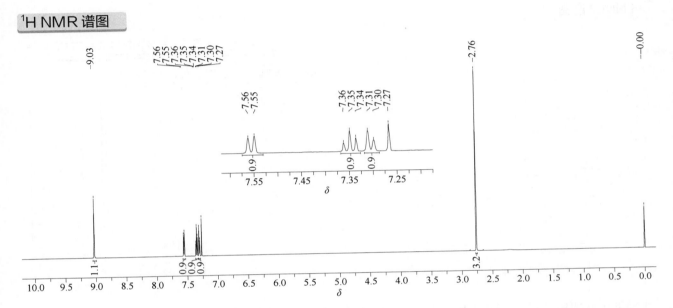

¹H NMR (600 MHz, CDCl₃, δ) 9.03 (1H, ArH, s), 7.56 (1H, ArH, d, J_{H-H} = 7.9 Hz), 7.36 (1H, ArH, t, J_{H-H} = 7.9 Hz), 7.31 (1H, ArH, d, J_{H-H} = 7.5 Hz), 2.76 (3H, CH₃, s)

¹³C NMR 谱图

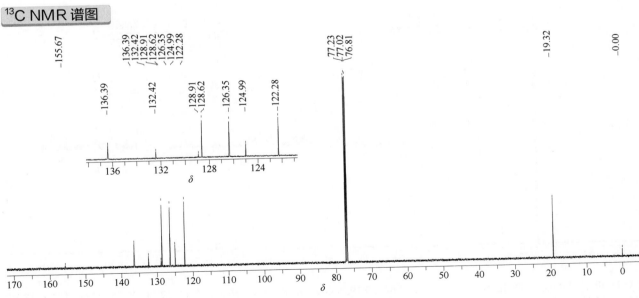

¹³C NMR (151 MHz, CDCl₃, δ) 155.67, 136.39, 132.42, 128.91, 128.62, 126.35, 124.99, 122.28, 19.32

tridemorph（十三吗啉）

基本信息

CAS 登录号	24602-86-6	分子量	297.53
分子式	C$_{19}$H$_{39}$NO		

^{1}H NMR 谱图

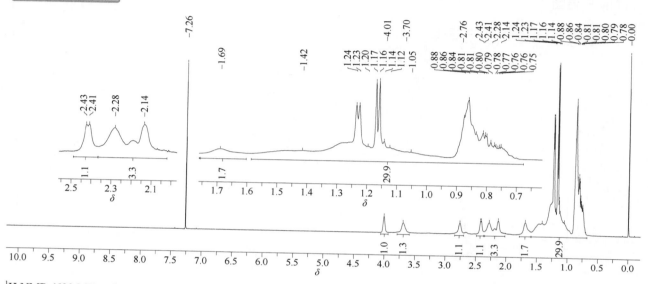

^{1}H NMR (600 MHz, CDCl$_3$, δ) 4.01 (1H, OCH, br), 3.70 (1H, OCH, br), 2.76 (1H, NCH, br), 2.42 (1H, NCH, d, J_{H-H} = 12.0 Hz), 2.36~2.02 (3H, NCH/NCH$_2$, m), 1.69 (2H, CH$_2$, br), 1.58~0.70 (30H, CH$_2$/CH$_3$, m)

^{13}C NMR 谱图

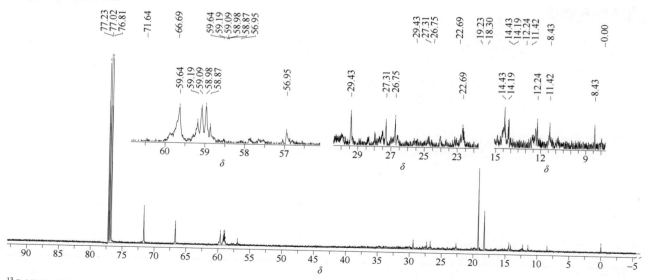

^{13}C NMR (151 MHz, CDCl$_3$, δ) 71.64, 66.69, 59.64, 59.19, 59.09, 58.98, 58.87, 56.95, 29.43, 27.31, 26.75, 22.69, 19.23, 18.30, 14.43, 14.19, 12.24, 11.42, 8.43

tridiphane（灭草环）

基本信息

CAS 登录号	58138-08-2	分子量	320.43
分子式	$C_{10}H_7Cl_5O$		

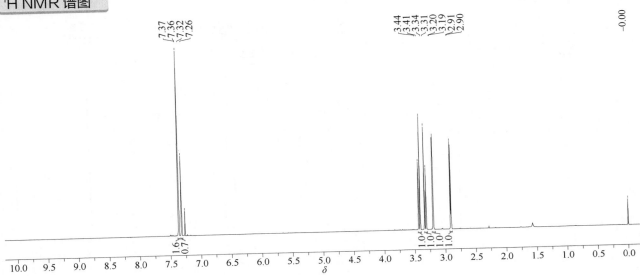

¹H NMR 谱图

¹H NMR (600 MHz, CDCl₃, δ) 7.37 (1H, ArH, s), 7.36 (1H, ArH, s), 7.32 (1H, ArH, s), 3.42 (1H, OCH, d, J_{H-H} = 15.3 Hz), 3.32 (1H, OCH, d, J_{H-H} = 15.3 Hz), 3.19 (1H, CH, d, J_{H-H} = 5.0 Hz), 2.90 (1H, CH, d, J_{H-H} = 5.0 Hz)

¹³C NMR 谱图

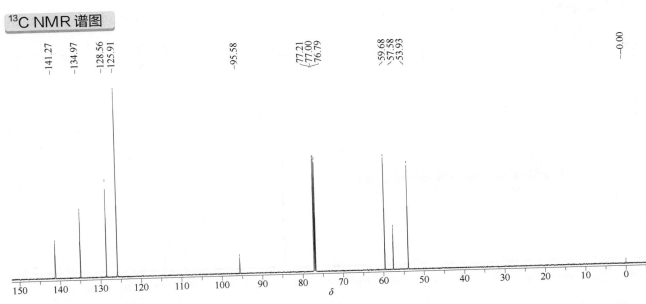

¹³C NMR (151 MHz, CDCl₃, δ) 141.27, 134.97, 128.56, 125.91, 95.58, 59.68, 57.58, 53.93

trietazine（草达津）

基本信息

CAS 登录号	1912-26-1	分子量	229.71
分子式	C$_9$H$_{16}$ClN$_5$		

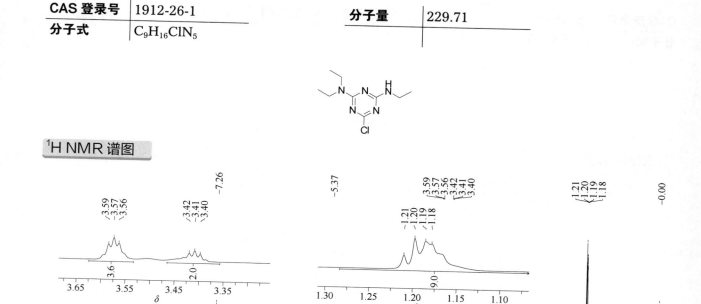

¹H NMR 谱图

¹H NMR (600 MHz, CDCl$_3$, δ) 5.37 (1H, NH, br), 3.62~3.53 (4H, N(CH$_2$CH$_3$)$_2$, m), 3.47~3.36 (2H, NHCH$_2$CH$_3$, m), 1.23~1.12 (9H, N(CH$_2$CH$_3$)$_2$, NHCH$_2$CH$_3$, m)

¹³C NMR 谱图

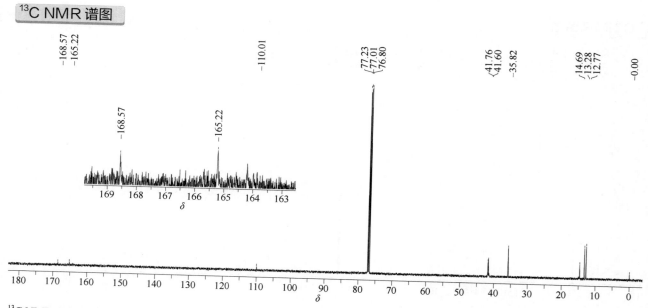

¹³C NMR (151 MHz, CDCl$_3$, δ) 168.57, 165.22, 110.01, 41.76, 41.60, 35.82, 14.69, 13.28, 12.77

trifenmorph（蜗螺杀）

基本信息

| CAS 登录号 | 1420-06-0 | 分子量 | 329.43 |
| 分子式 | $C_{23}H_{23}NO$ | | |

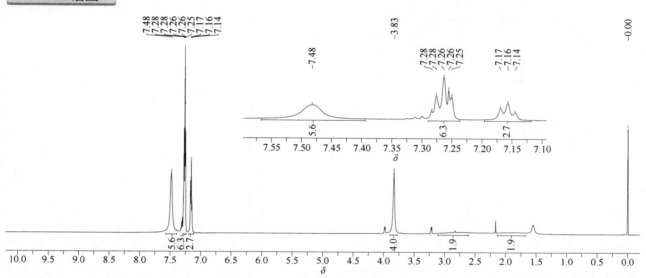

¹H NMR 谱图

^{1}H NMR (600 MHz, CDCl$_3$, δ) 7.48 (6H, 6ArH, br), 7.29~7.23 (6H, 6ArH, m), 7.16 (3H, 3ArH, t, J_{H-H} = 7.2 Hz), 3.83 (4H, 2OCH$_2$, s), 2.72 (2H, 2NCH, br), 1.85 (2H, 2NCH, br)

¹³C NMR 谱图

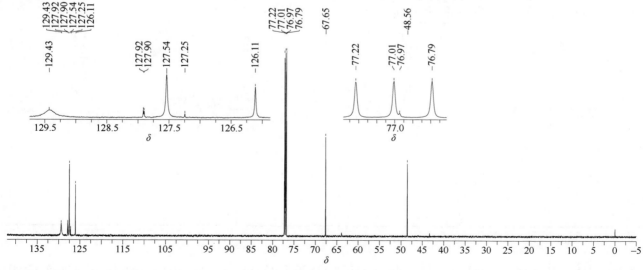

^{13}C NMR (151 MHz, CDCl$_3$, δ) 129.43, 127.92, 127.90, 127.54, 127.25, 126.11, 76.97, 67.65, 48.56

trifloxystrobin（肟菌酯）

基本信息

CAS 登录号	141517-21-7	分子量	408.37
分子式	C₂₀H₁₉F₃N₂O₄		

CAS 登录号 141517-21-7 分子量 408.37

分子式 $C_{20}H_{19}F_3N_2O_4$

¹H NMR 谱图

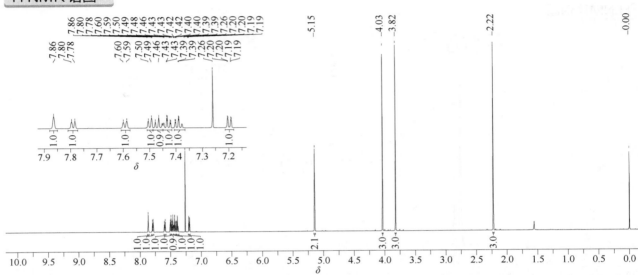

¹H NMR (600 MHz, CDCl₃, δ) 7.86 (1H, ArH, s), 7.80 (1H, ArH, d, J_{H-H} = 7.9 Hz), 7.60 (1H, ArH, d J_{H-H} = 7.8 Hz), 7.50 (1H, ArH, d, J_{H-H} = 7.1 Hz), 7.47 (1H, ArH, t, J_{H-H} = 7.8 Hz), 7.43 (1H, ArH, dd, J_{H-H} = 7.5 Hz, J_{H-H} = 1.4 Hz), 7.40 (1H, ArH, dd, J_{H-H} = 7.5 Hz, J_{H-H} = 1.2 Hz), 7.20 (1H, ArH, dd, J_{H-H} = 7.5 Hz, J_{H-H} = 1.2 Hz), 5.15 (2H, OCH₂, s), 4.03 (3H, OCH₃, s), 3.82 (3H, OCH₃, s), 2.22 (3H, CNCH₃, s)

¹³C NMR 谱图

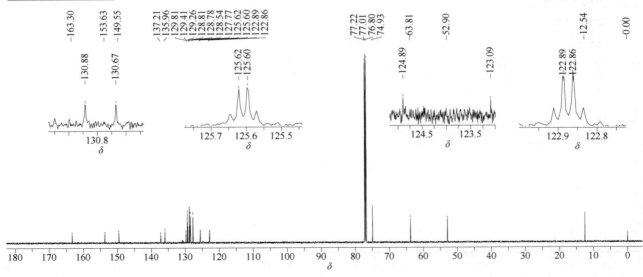

¹³C NMR (151 MHz, CDCl₃, δ) 163.30, 153.63, 149.55, 137.21, 135.96, 130.78 (q, $^2J_{C-F}$ = 33.2 Hz), 129.81, 129.41, 129.26, 128.81, 128.78, 128.54, 127.77, 125.61 (q, $^3J_{C-F}$ = 3.7 Hz), 123.99 (q, J_{C-F} = 271.8 Hz), 122.88 (q, $^3J_{C-F}$ = 3.9 Hz), 74.93, 63.81, 52.90, 12.54

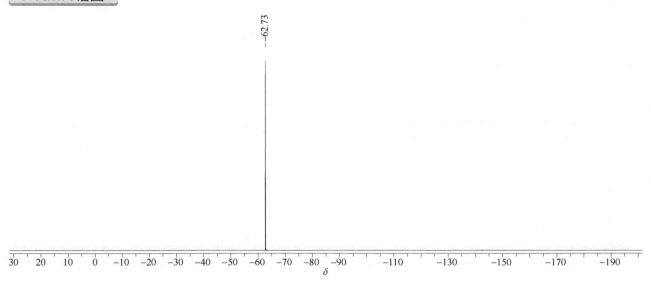

−62.73

¹⁹F NMR (564 MHz, CDCl₃, δ) −62.73

trifloxysulfuron sodium（三氟啶磺隆钠）

基本信息

CAS 登录号	199119-58-9	分子量	459.33
分子式	C₁₄H₁₃F₃N₅NaO₆S		

¹H NMR 谱图

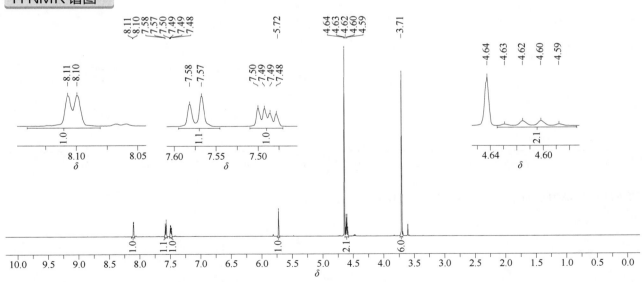

¹H NMR (600 MHz, D₂O, δ) 8.10 (1H, ArH, d, J_{H-H} = 4.5 Hz), 7.57 (1H, ArH, d, J_{H-H} = 9.5 Hz), 7.49 (1H, ArH, dd, J_{H-H} = 9.5 Hz, J_{H-H} = 4.5 Hz), 5.72 (1H, ArH, s), 4.62 (2H, OCH₂, q, $^3J_{H-F}$ = 8.2 Hz), 3.71 (6H, 2OCH₃, s)

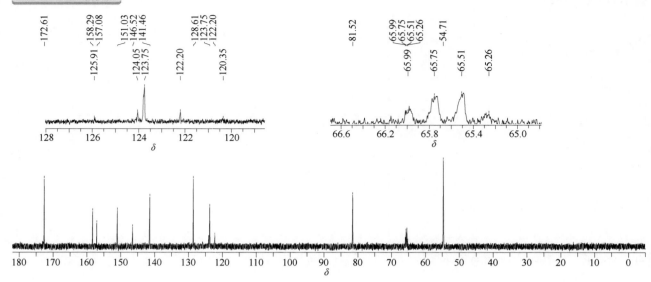

¹³C NMR (151 MHz, D$_2$O, δ) 172.61, 158.29, 157.08, 151.03, 146.52, 141.46, 128.61, 123.75, 123.12 (q, J_{C-F} = 279.4 Hz), 81.52, 65.63 (q, $^2J_{C-F}$ = 36.2 Hz), 54.71

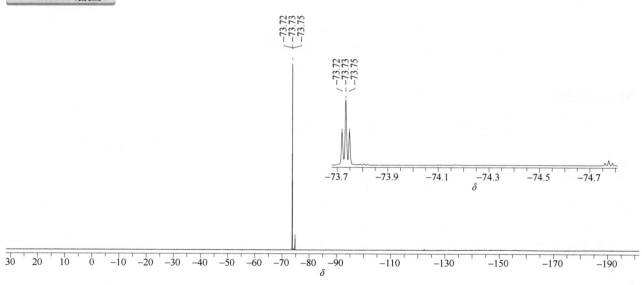

¹⁹F NMR (564 MHz, D$_2$O, δ) −73.73 (t, $^3J_{H-F}$ = 8.2 Hz)

triflumizole（氟菌唑）

基本信息

CAS 登录号	68694-11-1	分子量	345.75
分子式	$C_{15}H_{15}ClF_3N_3O$		

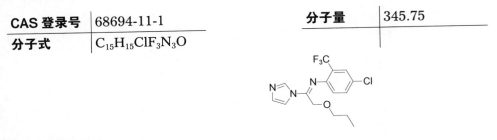

¹H NMR 谱图

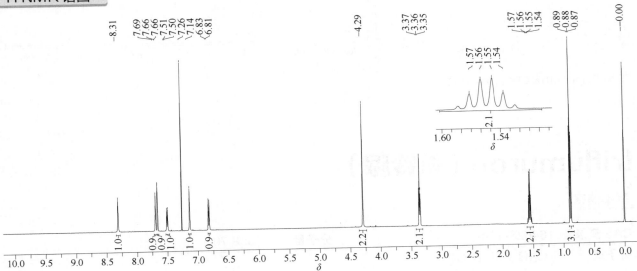

¹H NMR (600 MHz, CDCl₃, δ) 8.31 (1H, ArH, s), 7.69 (1H, ArH, s), 7.66 (1H, ArH, d, J_{H-H} = 3.9 Hz), 7.50 (1H, ArH, d, J_{H-H} = 8.4 Hz), 7.14 (1H, ArH, s), 6.83 (1H, ArH, d, J_{H-H} = 8.4 Hz), 4.29 (2H, C=N(CH₂), s), 3.37 (2H, OCH₂, d, J_{H-H} = 6.4 Hz), 1.57 (2H, OCH₂C$\underline{H}_2$CH₃, hex, J_{H-H} = 6.9 Hz), 0.89 (3H, CH₃, t, J_{H-H} = 7.4 Hz)

¹³C NMR 谱图

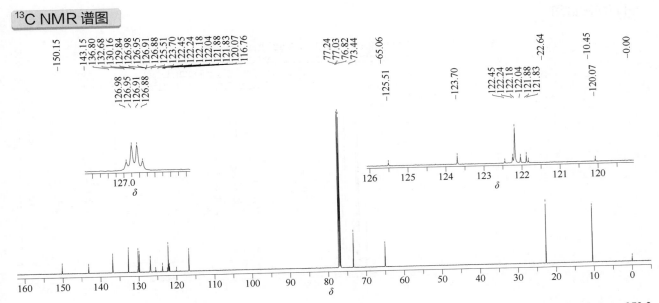

¹³C NMR (151 MHz, CDCl₃, δ) 150.15, 143.15, 136.80, 132.68, 130.16, 129.84, 126.93 (q, $^3J_{C-F}$ =5.2 Hz), 122.79 (q, J_{C-F} = 273.3 Hz), 122.18, 122.14 (q, $^2J_{C-F}$ =30.2 Hz), 116.76, 73.44, 65.06, 22.64, 10.45

¹⁹F NMR 谱图

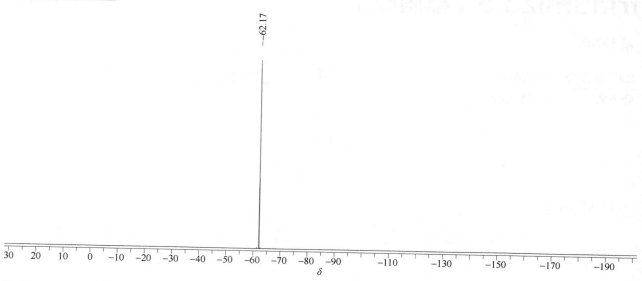

¹⁹F NMR (564 MHz, CDCl₃, δ) −62.17

triflumuron（杀铃脲）

基本信息

CAS 登录号	64628-44-0	分子量	358.70
分子式	C₁₅H₁₀ClF₃N₂O₃		

¹H NMR 谱图

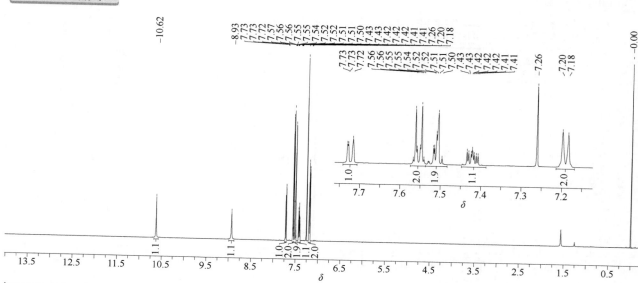

¹H NMR (600 MHz, CDCl₃, δ) 10.62 (1H, NH, br), 8.93 (1H, NH, br), 7.74~7.71 (1H, ArH, m), 7.58~7.54 (2H, 2ArH, m), 7.54~7.48 (2H, 2ArH, m), 7.45~7.39 (1H, ArH, m), 7.19 (2H, 2ArH, d, J_{H-H} = 8.7 Hz)

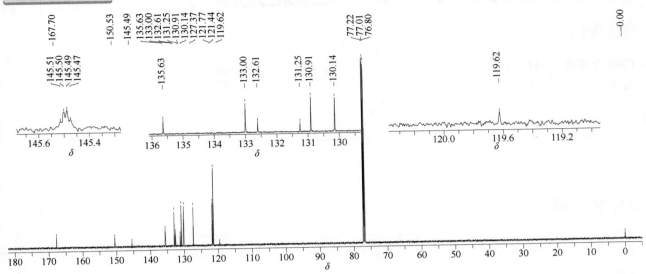

¹³C NMR (151 MHz, CDCl$_3$, δ) 167.70, 150.53, 145.49 (q, $^3J_{\text{C-F}}$=3.1 Hz), 135.63, 133.00, 132.61, 131.25, 130.91, 130.14, 127.37, 121.77, 121.44, 120.46 (d, $J_{\text{C-F}}$=258.2 Hz)

¹⁹F NMR 谱图

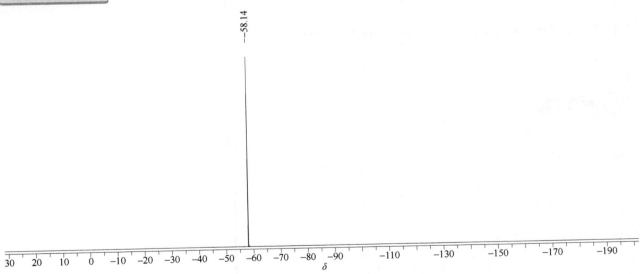

¹⁹F NMR (564 MHz, CDCl$_3$, δ) −58.14

trifluoroacetamide（三氟乙酰胺）

基本信息

CAS 登录号	354-38-1	分子量	113.04
分子式	$C_2H_2F_3NO$		

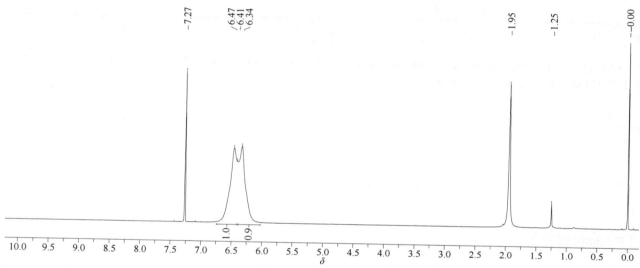

¹H NMR 谱图

¹H NMR (600 MHz, CDCl₃, δ) 6.47 (1H, NH, br), 6.34 (1H, NH, br)

¹³C NMR 谱图

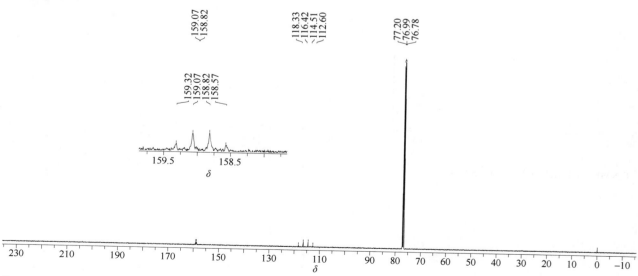

¹³C NMR (151 MHz, CDCl₃, δ) 158.95 (q, ²J_{C-F} = 37.8 Hz), 115.46 (q, J_{C-F} = 288.4 Hz)

¹⁹F NMR 谱图

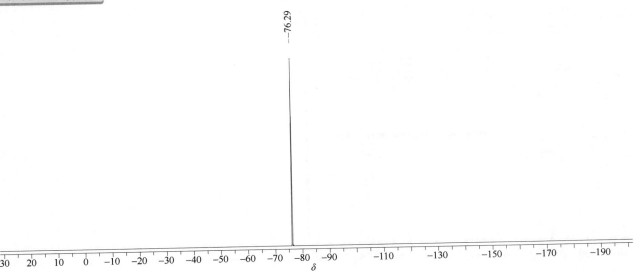

-76.29

¹⁹F NMR (564 MHz, CDCl₃, δ) -76.29

trifluralin（氟乐灵）

基本信息

CAS 登录号	1582-09-8	分子量	335.30
分子式	C₁₃H₁₆F₃N₃O₄		

¹H NMR 谱图

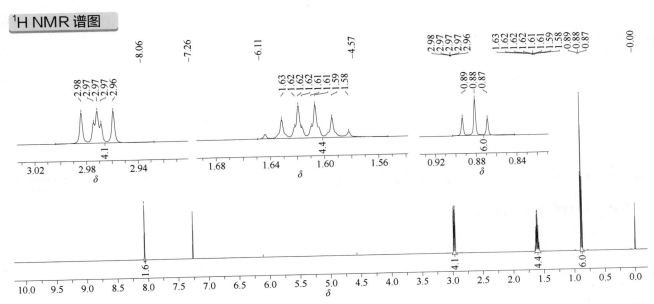

¹H NMR (600 MHz, CDCl₃, δ) 8.06 (2H, 2ArH, s), 3.00~2.93 (4H, 2C<u>H</u>₂CH₂CH₃, m), 1.65~1.55 (4H, 2CH₂C<u>H</u>₂CH₃, m), 0.88 (6H, 2CH₂CH₂C<u>H</u>₃, t, J_{H-H} = 7.4 Hz)

¹³C NMR 谱图

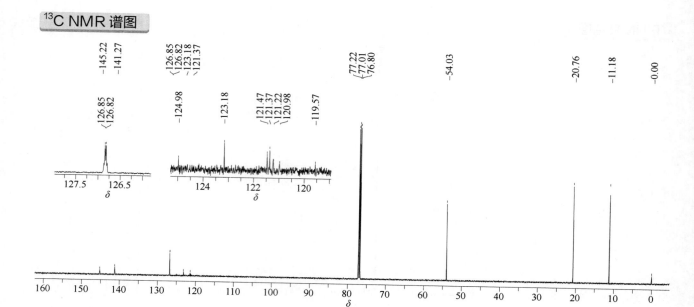

¹³C NMR (151 MHz, CDCl$_3$, δ) 145.22, 141.27, 126.84 (q, $^3J_{C\text{-}F}$ = 3.6 Hz), 122.47 (q, $J_{C\text{-}F}$ = 272.3 Hz), 121.35(q, $^2J_{C\text{-}F}$ = 37.8 Hz), 54.03, 20.76, 11.18

¹⁹F NMR 谱图

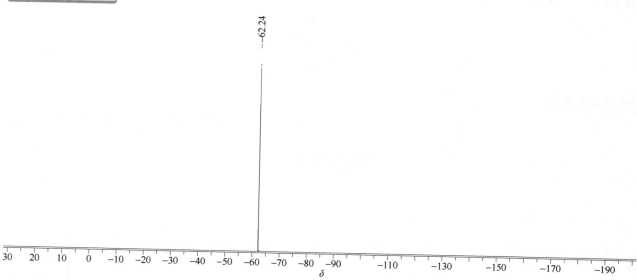

¹⁹F NMR (564 MHz, CDCl$_3$, δ) –62.24

triflusulfuron-methyl（氟胺磺隆）

基本信息

CAS 登录号	126535-15-7	**分子量**	492.43
分子式	C₁₇H₁₉F₃N₆O₆S		

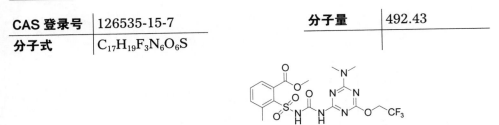

¹H NMR 谱图

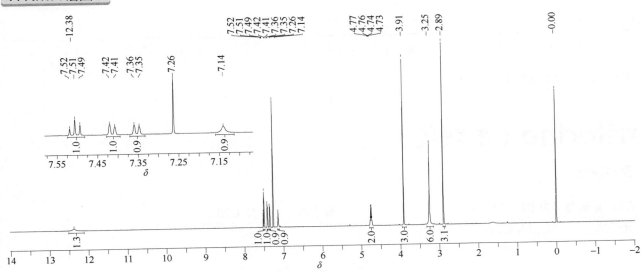

¹H NMR (600 MHz, CDCl₃, δ) 12.38 (1H, NH, br), 7.52 (1H, ArH, t, J_{H-H} = 7.6 Hz), 7.42 (1H, ArH, d, J_{H-H} = 7.5 Hz), 7.36 (1H, ArH, d, J_{H-H} = 7.5 Hz), 7.14 (1H, NH, br), 4.77 (2H, OCH₂, q, J_{H-F} = 8.2 Hz), 3.91 (3H, OCH₃, s), 3.25 (6H, 2NCH₃, s), 2.89 (3H, ArCH₃, s)

¹³C NMR 谱图

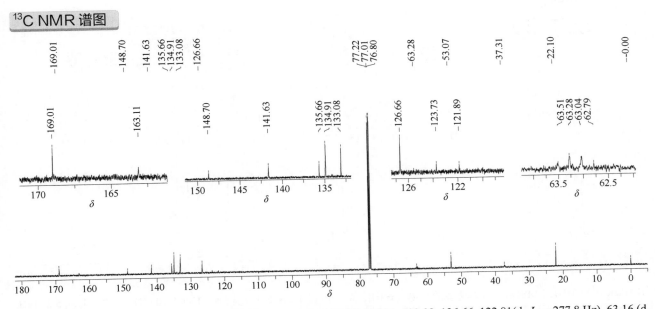

¹³C NMR (151 MHz, CDCl₃, δ) 169.01, 163.11, 148.70, 141.63, 135.66, 134.91, 133.08, 126.66, 122.81(d, J_{C-F} =277.8 Hz), 63.16 (d, $^2J_{C-F}$ =36.2 Hz), 53.07, 37.31, 22.10

−73.61

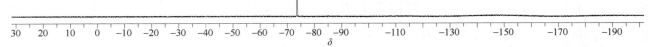

^{19}F NMR (564 MHz, CDCl$_3$, δ) −73.61

triforine（嗪氨灵）

基本信息

CAS 登录号	26644-46-2	分子量	434.95
分子式	C$_{10}$H$_{14}$Cl$_6$N$_4$O$_2$		

^{1}H NMR 谱图

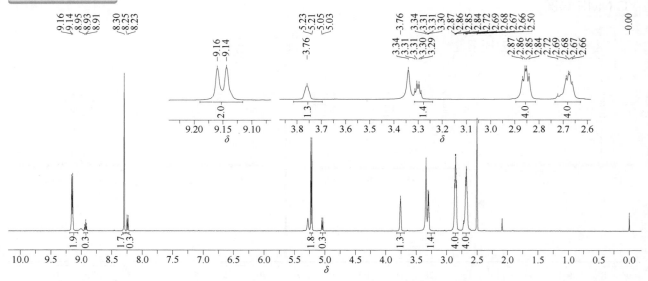

^{1}H NMR (600 MHz, DMSO-d$_6$, δ) 异构体混合物。异构体 A: 9.15 (2H, 2NH, d, J_{H-H} = 9.7 Hz), 8.30 (2H, 2O=CH, s), 5.22 (2H, 2NCH, d, J_{H-H} = 9.7 Hz), 2.92~2.80 (4H, 2CH$_2$, m), 2.74~2.62 (4H, 2CH$_2$, m)。异构体 B: 8.93 (2H, 2NH, dd, J_{H-H} = 10.4 Hz, J_{H-H} = 10.4 Hz), 8.24 (2H, 2O=CH, d, J_{H-H} = 10.4 Hz), 5.04 (2H, 2NCH, d, J_{H-H} = 9.7 Hz), 3.80~3.72 (4H, 2CH$_2$, m), 3.33~3.25 (4H, CH$_2$, m)

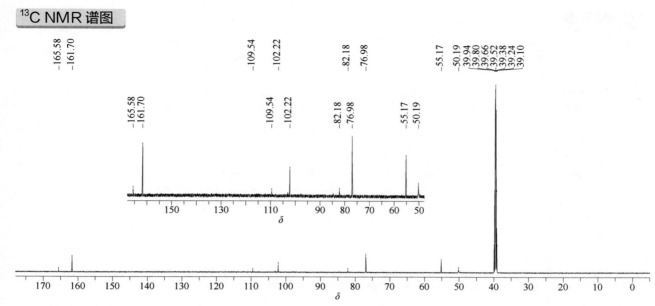

¹³C NMR (151 MHz, DMSO-d₆, δ) 异构体混合物。异构体 A: 161.70, 102.22, 76.98, 55.17. 异构体 B: 165.58, 109.54, 82.18, 50.19

triisobutyl phosphate（三异丁基磷酸酯）

基本信息

CAS 登录号	126-71-6	分子量	266.31
分子式	C₁₂H₂₇O₄P		

¹H NMR 谱图

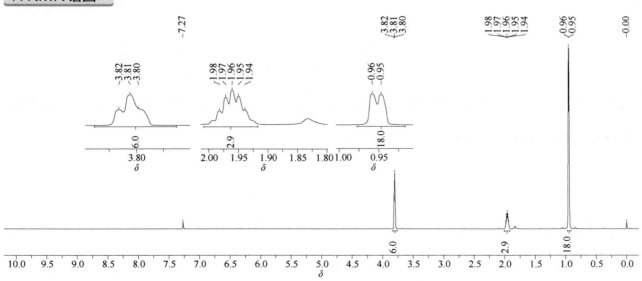

¹H NMR (600 MHz, CDCl₃, δ) 3.82~3.79 (6H, 3OC$\underline{H}_2$CH, m), 1.96 (3H, 3OCH₂C$\underline{H}$, dt, J_{H-H} = 6.4 Hz, J_{H-P} = 6.5 Hz), 0.95 (18H, 6CH₂C$\underline{H}_3$, d, J_{H-H} = 6.6 Hz)

^{13}C NMR 谱图

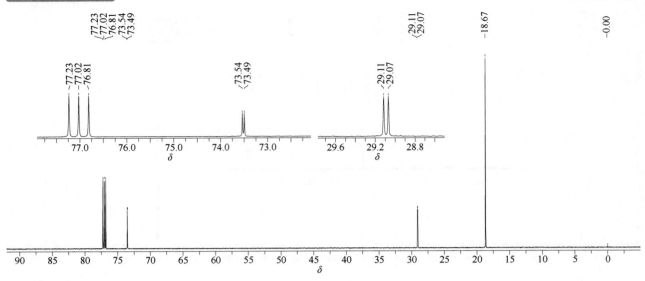

^{13}C NMR (151 MHz, CDCl$_3$, δ) 73.52 (d, $^2J_{C-P}$= 6.3 Hz), 29.10 (d, $^3J_{C-P}$= 7.1 Hz), 18.67

^{31}P NMR 谱图

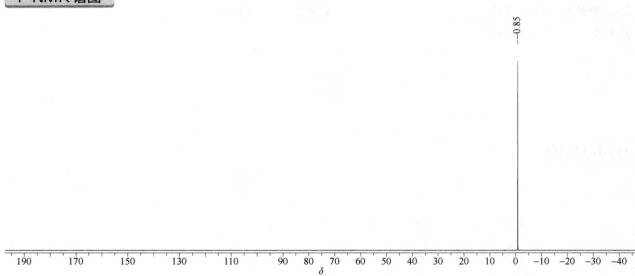

^{31}P NMR (243 MHz, CDCl$_3$, δ) −0.85

2,3,5-trimethacarb（2,3,5- 混杀威）

基本信息

CAS 登录号	2655-15-4	分子量	193.24
分子式	$C_{11}H_{15}NO_2$		

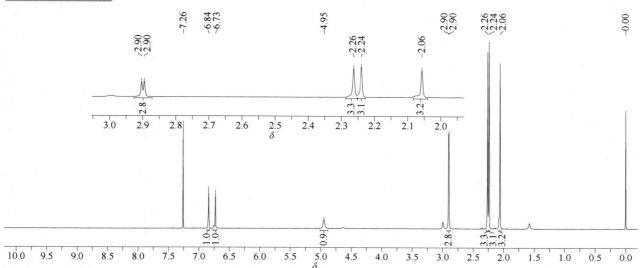

¹H NMR 谱图

¹H NMR (600 MHz, CDCl₃, δ) 6.84 (1H, ArH, s), 6.73 (1H, ArH, s), 4.95 (1H, NH, s), 2.90 (3H, NCH₃, d, J_{H-H} = 4.9 Hz), 2.26 (3H, ArCH₃, s), 2.24 (3H, ArCH₃, s), 2.06 (3H, ArCH₃, s)

¹³C NMR 谱图

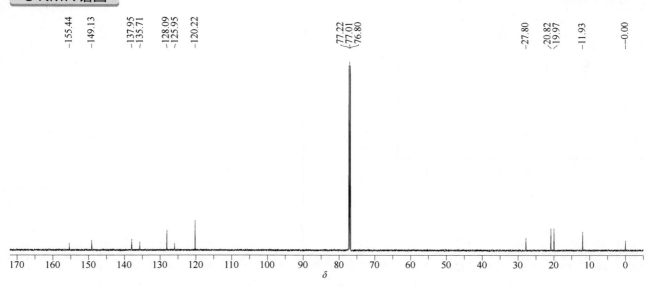

¹³C NMR (151 MHz, CDCl₃, δ) 155.44, 149.13, 137.95, 135.71, 128.09, 125.95, 120.22, 27.80, 20.82, 19.97, 11.93

3,4,5-trimethacarb（3,4,5- 混杀威）

CAS 登录号	2686-99-9	分子量	193.24
分子式	$C_{11}H_{15}NO_2$		

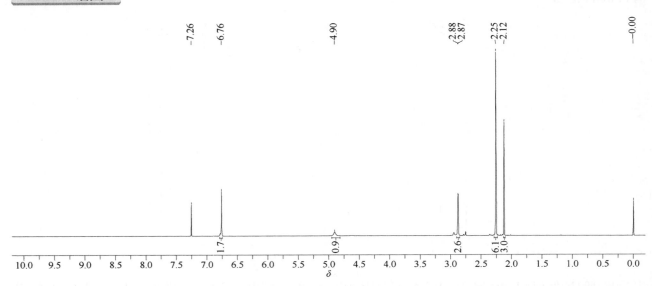

¹H NMR 谱图

¹H NMR (600 MHz, CDCl₃, δ) 6.76(2H, 2ArH, s), 4.90(1H, NH, br), 2.88(3H, NHC$\underline{H}_3$, d, J_{H-H}= 4.7Hz), 2.25(6H, 2CH₃, s), 2.12(3H, CH₃, s)

¹³C NMR 谱图

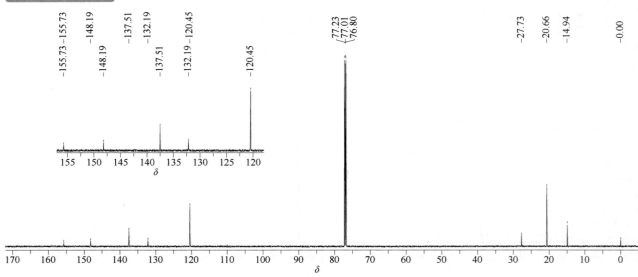

¹³C NMR (151 MHz, CDCl₃, δ) 155.73, 148.19, 137.51, 132.19, 120.45, 27.73, 20.66, 14.94

trimethylsulfonium iodide（三甲基碘化锍）

基本信息

CAS 登录号	2181-42-2	分子量	204.07
分子式	C₃H₉SI		

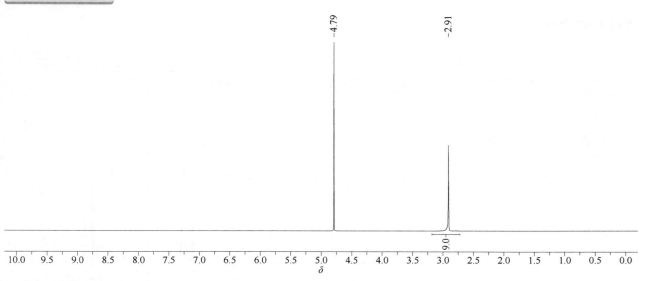

¹H NMR 谱图

¹H NMR (600 MHz, D₂O, δ) 2.91 (9H, CH₃, s)

¹³C NMR 谱图

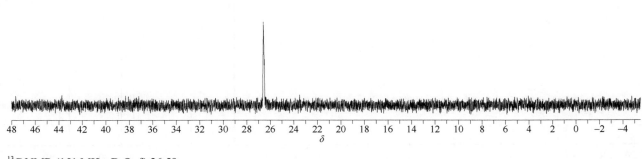

¹³C NMR (151 MHz, D₂O, δ) 26.59

trinexapac–ethyl（抗倒酯）

CAS 登录号	95266-40-3	分子量	252.26
分子式	C$_{13}$H$_{16}$O$_5$		

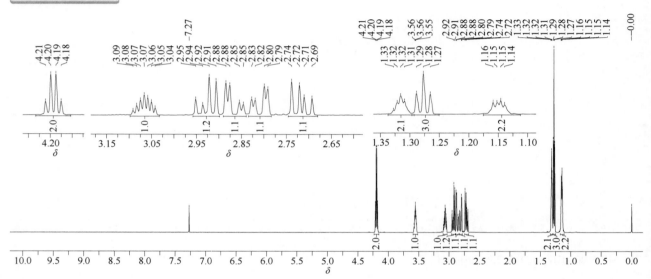

^{1}H NMR 谱图

^{1}H NMR (600 MHz, CDCl$_3$, δ) 4.19 (2H, OC$\underline{H}_2$CH$_3$, q, J_{H-H} = 7.2 Hz), 3.59~3.52 (1H, CH, m), 3.07 (1H, CH, dq, J_{H-H} = 14.7 Hz, J_{H-H} = 4.9 Hz), 2.92 (1H, CH, dd, J_{H-H} = 18.0 Hz, J_{H-H} = 9.4 Hz), 2.87 (1H, CH, dd, J_{H-H} = 18.0 Hz, J_{H-H} = 5.2 Hz), 2.81 (1H, CH, dd, J_{H-H} = 16.8 Hz, J_{H-H} = 4.6 Hz), 2.71 (1H, CH, dd, , J_{H-H} = 16.8 Hz, J_{H-H} = 10.4 Hz), 1.32 (2H, CH$_2$, q, J_{H-H} = 3.5 Hz), 1.27 (3H, OCH$_2$C$\underline{H}_3$, t, J_{H-H} = 7.1 Hz), 1.15 (2H, CH$_2$, dd, , J_{H-H} = 7.8 Hz, J_{H-H} = 4.0 Hz)

^{13}C NMR 谱图

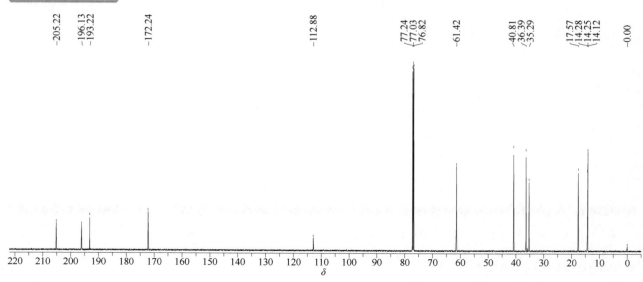

^{13}C NMR (151 MHz, CDCl$_3$, δ) 205.22, 196.13, 193.22, 172.24, 112.88, 61.42, 40.81, 36.39, 35.29, 17.57, 14.28, 14.25, 14.12

triphenylphosphate（磷酸三苯酯）

基本信息

CAS 登录号	115-86-6	分子量	326.28
分子式	$C_{18}H_{15}O_4P$		

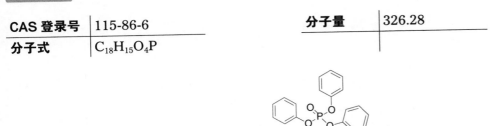

^1H NMR 谱图

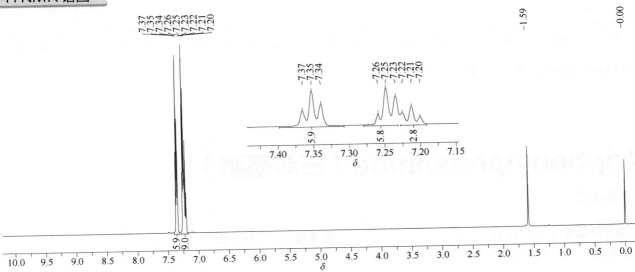

^1H NMR (600 MHz, CDCl$_3$, δ) 7.35 (6H, 6ArH, t, J_{H-H} = 7.8 Hz), 7.25 (6H, 6ArH, t, J_{H-H} = 7.4 Hz), 7.25 (3H, 3ArH, t, J_{H-H} = 7.5 Hz)

^{13}C NMR 谱图

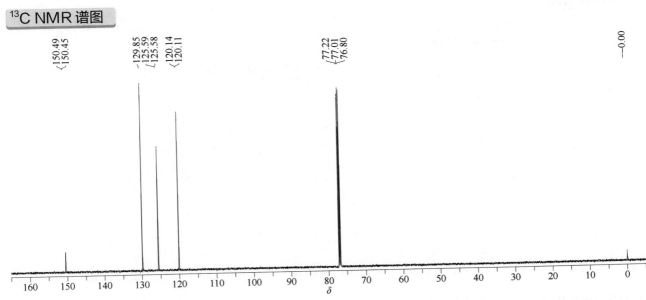

^{13}C NMR (151 MHz, CDCl$_3$, δ) 150.47 (d, $^2J_{C-P}$ = 7.3 Hz), 129.85, 125.59 (d, $^5J_{C-P}$ = 1.1 Hz), 120.13 (d, $^3J_{C-P}$ = 4.5 Hz)

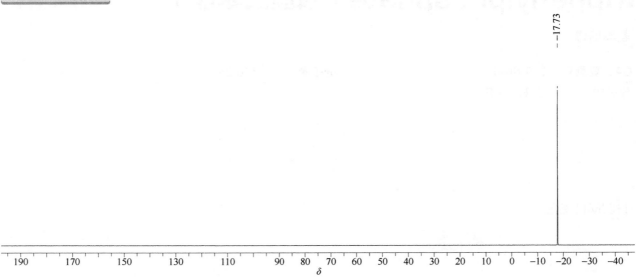

−17.73

³¹P NMR (243 MHz, CDCl₃, δ) −17.73

triphenylphosphine（三苯基膦）

基本信息

CAS 登录号	603-35-0	分子量	262.29
分子式	C₁₈H₁₅P		

¹H NMR 谱图

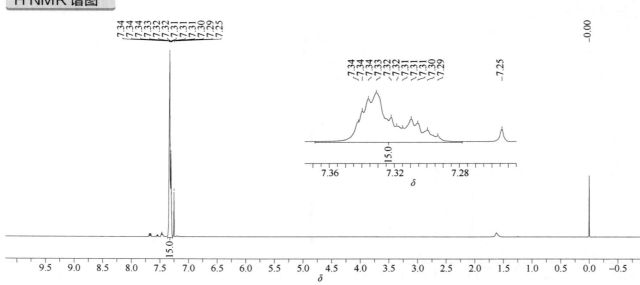

¹H NMR (600 MHz, CDCl₃, δ) 7.37~7.28 (15H, 15 ArH, m)

¹³C NMR 谱图

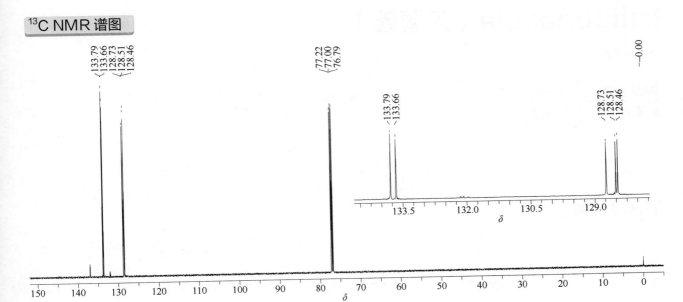

¹³C NMR (151 MHz, CDCl₃, δ) 133.79, 133.66, 127.62 (d, J_{C-P} = 33.2 Hz), 128.46

³¹P NMR 谱图

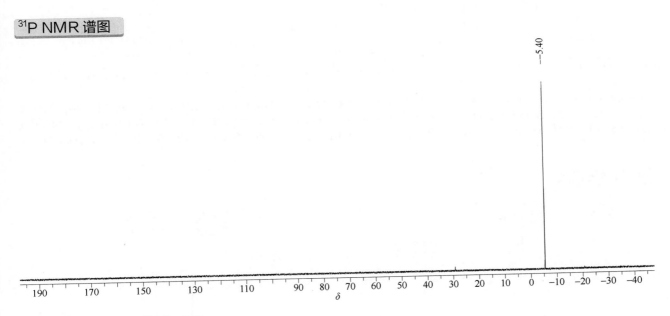

³¹P NMR (243 MHz, CDCl₃, δ) −5.40

triticonazole（灭菌唑）

基本信息

CAS 登录号	131983-72-7	分子量	317.81
分子式	C₁₇H₂₀ClN₃O		

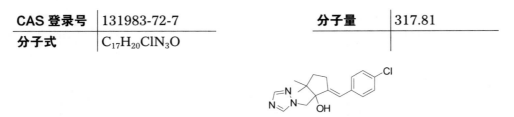

¹H NMR 谱图

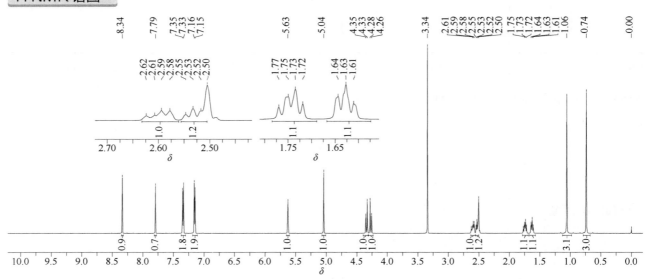

¹H NMR (600 MHz, DMSO-d₆, δ), 8.34 (1H, ArH, s), 7.79 (1H, ArH, s), 7.34 (2H, 2ArH, d, J_{H-H} = 8.3 Hz), 7.15 (2H, 2ArH, d, J_{H-H} = 8.3 Hz), 5.63 (1H, OH, br), 5.04 (1H, =CH, s), 4.34 (1H, NC*H*H, d, J_{H-H} = 14.3 Hz), 4.27 (1H, NCH*H*, d, J_{H-H} = 14.3 Hz), 2.64~2.56 (1H, C*H*H, m), 2.56~2.50 (1H, CH*H*, m), 1.78~1.70 (1H, C*H*H, m), 1.66~1.60 (1H, CH*H*, m), 1.06 (3H, CH₃, s), 0.74 (3H, CH₃, s)

¹³C NMR 谱图

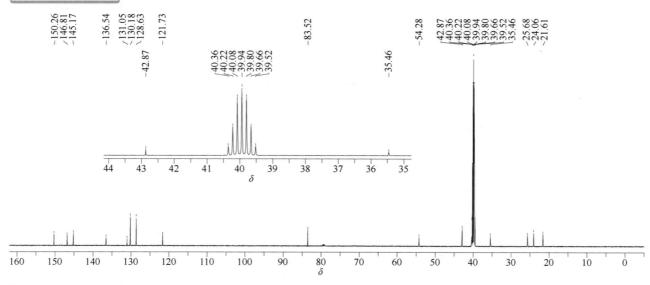

¹³C NMR (151 MHz, DMSO-d₆, δ) 150.26, 146.81, 145.17, 136.54, 131.05, 130.18, 128.63, 121.73, 83.52, 54.28, 42.87, 35.46, 25.68, 24.06, 21.61

tritosulfuron（三氟甲磺隆）

基本信息

CAS 登录号	142469-14-5	分子量	445.30
分子式	C$_{13}$H$_9$F$_6$N$_5$O$_4$S		

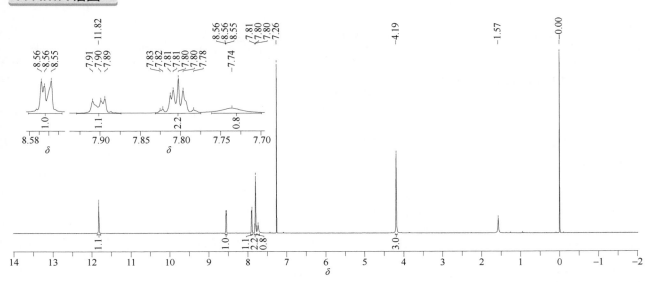

¹H NMR 谱图

¹H NMR (600 MHz, CDCl₃, δ) 11.82 (1H, NH, s), 8.58~8.53 (1H, ArH, m), 7.93~7.87 (2H, 2ArH, m), 7.83~7.77 (1H, ArH, m), 7.74 (1H, NH, br), 4.19 (3H, CH₃, s)

¹³C NMR 谱图

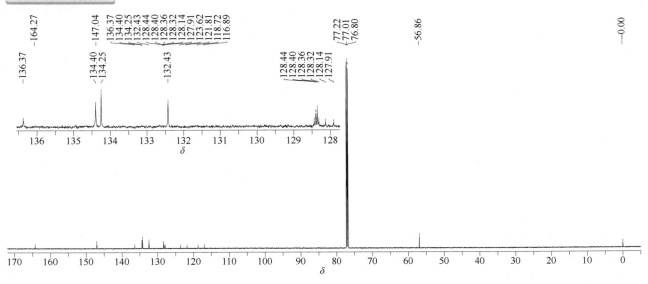

¹³C NMR (151 MHz, CDCl₃, δ) 164.27, 147.04, 136.37, 134.40, 134.25, 132.43, 128.38 (q, ³J_{C-F} = 6.3 Hz), 128.03 (q, ²J_{C-F} = 34.7 Hz), 122.72 (q, J_{C-F} = 273.3 Hz), 117.80 (q, J_{C-F} = 276.3 Hz), 56.86

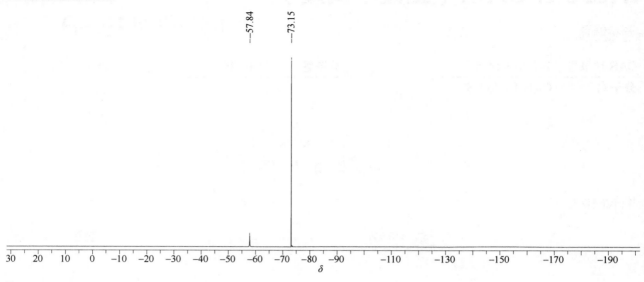

^{19}F NMR (564 MHz, CDCl$_3$, δ) –57.84, –73.15

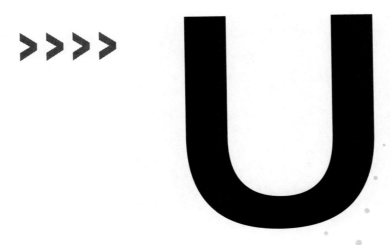

uniconazole（烯效唑）

基本信息

CAS 登录号	83657-22-1	分子量	291.78
分子式	C₁₅H₁₈ClN₃O		

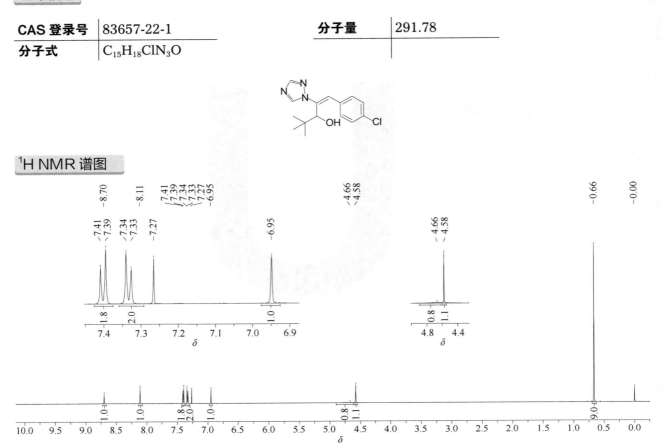

¹H NMR 谱图

¹H NMR (600 MHz, CDCl₃, δ) 8.70 (1H, ArH, s), 8.11 (1H, ArH, s), 7.40 (2H, 2ArH, d, J_{H-H} = 8.4 Hz), 7.33 (2H, 2ArH, d, J_{H-H} = 8.4 Hz), 6.95 (1H, =CH, s), 4.66 (1H, OH, br), 4.58 (1H, CH, s), 0.66 (9H, 3CH₃, s)

¹³C NMR 谱图

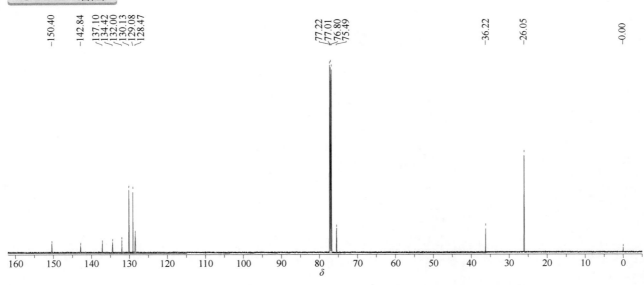

¹³C NMR (151 MHz, CDCl₃, δ) 150.40, 142.84, 137.10, 134.42, 132.00, 130.13, 129.08, 128.47, 75.49, 36.22, 26.05

urbacide（福美甲胂）

基本信息

CAS 登录号	2445-07-0	分子量	330.37
分子式	$C_7H_{15}AsN_2S_4$		

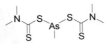

¹H NMR 谱图

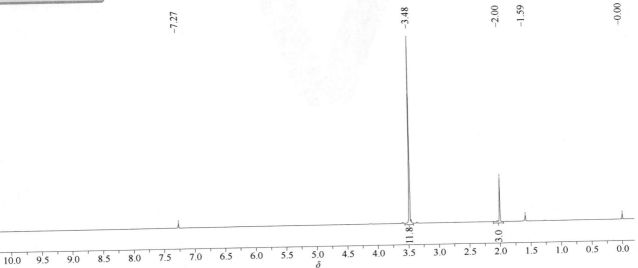

¹H NMR (600 MHz, CDCl₃, δ) 3.48 (12H, 4NCH₃, s), 2.00 (3H, CH₃, s)

¹³C NMR 谱图

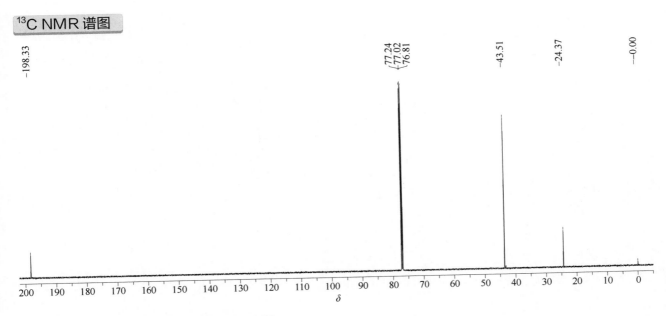

¹³C NMR (151 MHz, CDCl₃, δ) 198.33, 43.51, 24.37

valifenalate（缬氨菌酯）

基本信息

CAS 登录号	283159-90-0	**分子量**	398.88
分子式	$C_{19}H_{27}ClN_2O_5$		

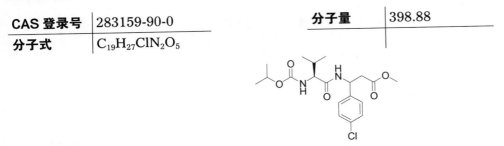

¹H NMR 谱图

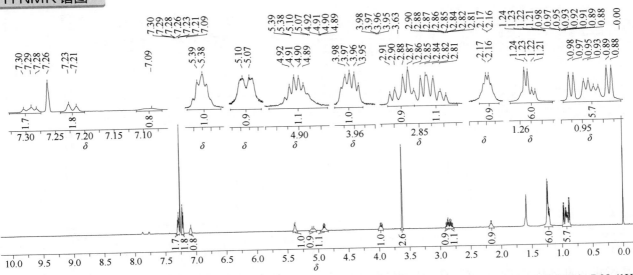

¹H NMR (600 MHz, CDCl₃, δ) 异构体混合物。7.29 (2H, 2ArH, d, J_{H-H} = 8.0 Hz), 7.22 (2H, 2ArH, d, J_{H-H} = 8.0 Hz), 7.09 (1H, NH, br), 5.44~5.31 (1H, OCH, m), 5.09 (1H, NH, d, J_{H-H} = 16.5 Hz), 4.90 (1H, NHC*H*, dd, J_{H-H} = 6.2 Hz, J_{H-H} = 6.1Hz), 4.05~3.90 (1H, ArCH, m), 3.63 (3H, OCH₃, s), 2.91~2.87 (1H, NHCH*H*, m), 2.86~2.77 (1H, NHC*H*H, m), 2.17~2.16 (1H, C*H*(CH₃)₂, m), 1.24~1.21 (6H, 2 CH₃, m), 0.99~0.85 (6H, 2CH₃, m)

¹³C NMR 谱图

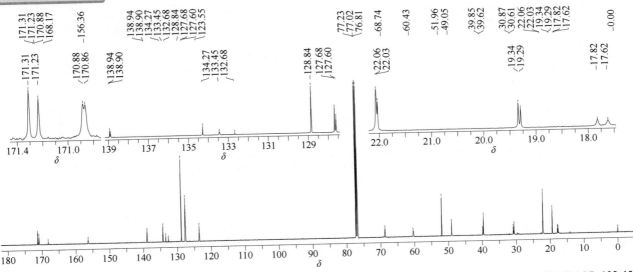

¹³C NMR (151 MHz, CDCl₃, δ) 异构体混合物。171.31, 171.23, 170.88, 170.86, 168.17, 156.36, 138.94, 138.90, 134.27, 133.45, 132.68, 128.84, 127.68, 127.60, 123.55, 68.74, 60.43, 51.96, 49.05, 39.85, 39.62, 30.87, 30.61, 22.06, 22.03, 19.34, 19.29, 17.82, 17.62

valsartan desvaleryl impurity 1（缬沙坦水解杂质 1）

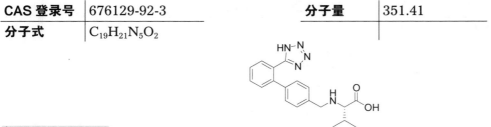

基本信息

CAS 登录号	676129-92-3	分子量	351.41
分子式	$C_{19}H_{21}N_5O_2$		

^{1}H NMR 谱图

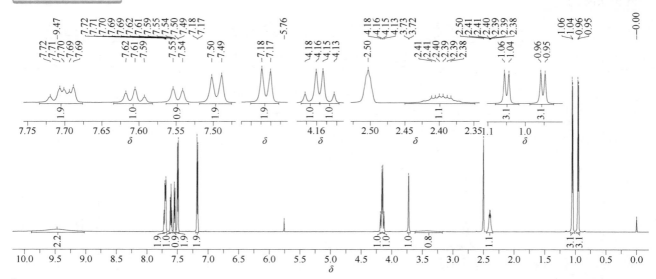

^{1}H NMR (600 MHz, DMSO-d$_6$, δ) 9.47 (2H, NH/OH, br), 7.73~7.68 (2H, 2ArH, m), 7.61 (1H, ArH, t, J_{H-H} = 7.4 Hz), 7.55 (1H, ArH, d, J_{H-H} = 7.6 Hz), 7.50 (2H, 2ArH, d, J_{H-H} = 8.0 Hz), 7.18 (2H, 2ArH, d, J_{H-H} = 8.0 Hz), 4.17 (1H, NCH, d, J_{H-H} = 13.2 Hz), 4.14 (1H, NCH, d, J_{H-H} = 13.2 Hz), 3.72 (1H, NCH, d, J_{H-H} = 3.0 Hz), 3.62~3.17 (1H, NH/OH, br), 2.45~2.35 (1H, C$\underline{H}$(CH$_3$)$_2$, m), 1.05 (3H, CH$_3$, d, J_{H-H} = 7.0 Hz), 0.95 (3H, CH$_3$, d, J_{H-H} = 6.8 Hz)

^{13}C NMR 谱图

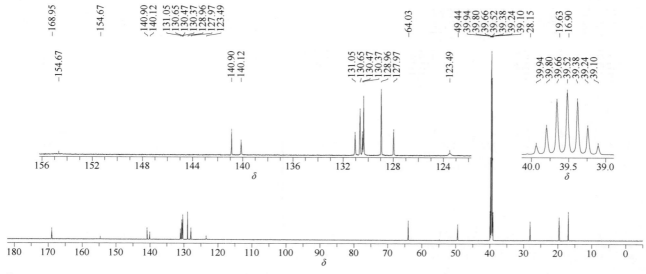

^{13}C NMR (151 MHz, DMSO-d$_6$, δ) 168.95, 154.67, 140.90, 140.12, 131.05, 130.65, 130.47, 130.37, 128.96, 127.97, 123.49, 64.03, 49.44, 28.15, 19.63, 16.90

vamidothion（蚜灭磷）

基本信息

CAS 登录号	2275-23-2	分子量	287.34
分子式	$C_8H_{18}NO_4PS_2$		

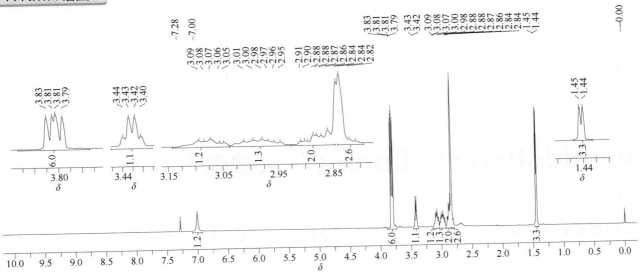

¹H NMR 谱图

¹H NMR (600 MHz, CDCl₃, δ) 7.00 (1H, NH, s), 3.82 (3H, OCH₃, d, $^3J_{H-P}$ = 8.1 Hz), 3.80 (3H, OCH₃, d, $^3J_{H-P}$ = 8.1 Hz), 3.42 (1H, C*H*CH₃, q, J_{H-H} = 7.0 Hz), 3.14~3.04 (1H, SCH, m), 3.04~2.93 (1H, SCH, m), 2.93~2.85 (2H, 2SCH, m), 2.84 (3H, NHC*H*₃, d, J_{H-H} = 3.4 Hz), 1.45 (3H, CHC*H*₃, d, J_{H-H} = 7.0 Hz)

¹³C NMR 谱图

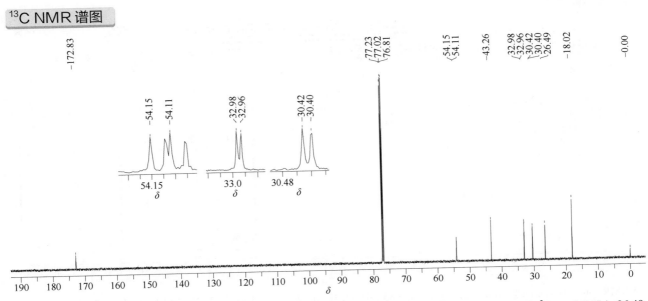

¹³C NMR (151 MHz, CDCl₃, δ) 172.83, 54.13 (d, $^2J_{C-P}$ = 6.0 Hz), 43.26, 32.97 (d, $^3J_{C-P}$ = 2.7 Hz), 30.41 (d, $^2J_{C-P}$ = 3.7 Hz), 26.49, 18.02

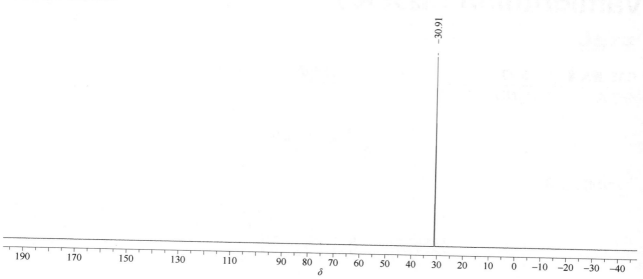

^31P NMR (243 MHz, CDCl$_3$, δ) 30.91

vamidothion sulfone（蚜灭磷砜）

基本信息

CAS 登录号	70898-34-9	分子量	319.34
分子式	C$_8$H$_{18}$NO$_6$PS$_2$		

^1H NMR 谱图

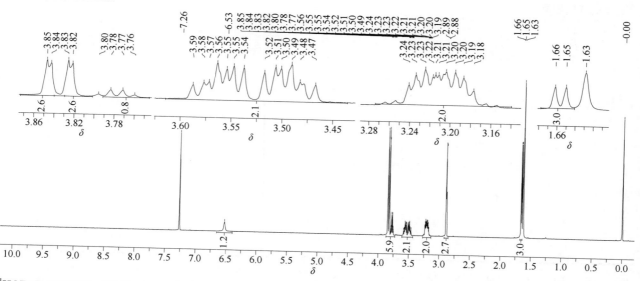

^1H NMR (600 MHz, CDCl$_3$, δ) 6.53 (H, NH, br), 3.85 (3H, OCH$_3$, d, $^3J_{\text{H-P}}$ = 2.5 Hz), 3.82 (3H, OCH$_3$, d, $^3J_{\text{H-P}}$ = 2.5 Hz), 3.78 (1H, CHCH$_3$, q, $J_{\text{H-H}}$ = 7.2 Hz), 3.61~3.44 (2H, CH$_2$, m), 3.27~3.14 (2H, CH$_2$, m), 2.89 (3H, CH$_3$, d, $J_{\text{H-H}}$ = 4.8 Hz), 1.66 (3H, CH$_3$, d, $J_{\text{H-H}}$ = 7.2 Hz)

¹³C NMR 谱图

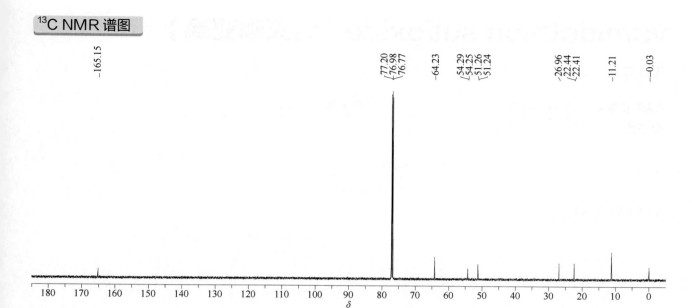

¹³C NMR (151 MHz, CDCl₃, δ) 165.15, 64.23, 54.27 (d, $^2J_{\text{C-P}}$ = 6.3 Hz), 51.25 (d, $^3J_{\text{C-P}}$ = 2.5 Hz), 26.96, 22.43 (d, $^2J_{\text{C-P}}$ = 4.2 Hz), 11.21

³¹P NMR 谱图

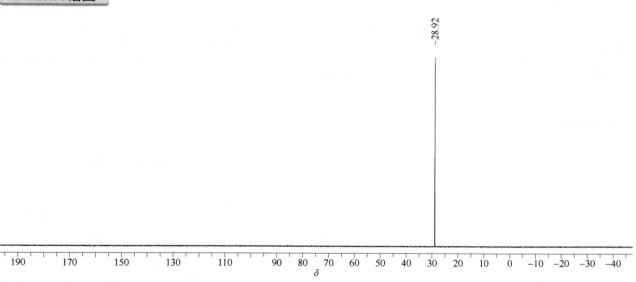

³¹P NMR (243 MHz, CDCl₃, δ) 28.92

vamidothion sulfoxide（蚜灭磷亚砜）

基本信息

CAS 登录号	20300-00-9	分子量	303.33
分子式	C$_8$H$_{18}$NO$_5$PS$_2$		

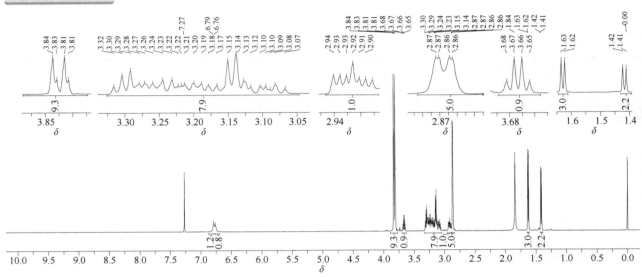

^{1}H NMR 谱图

^{1}H NMR (600 MHz, CDCl$_3$, δ) 异构体混合物，比例约为 3:2。异构体 A: 6.79 (1H, NH, br), 3.83 (6H, 2OCH$_3$, d, $^3J_{\text{H-P}}$ = 12.7 Hz), 3.67 (1H, C$\underline{H}$CH$_3$, q, $J_{\text{H-H}}$ = 7.2 Hz), 3.33~3.05 (4H, 2CH$_2$, m), 2.87 (3H, NCH$_3$, d, $J_{\text{H-H}}$ = 4.7 Hz), 1.63 (3H, CHC$\underline{H}_3$, d, $J_{\text{H-H}}$ = 7.4 Hz). 异构体 B: 6.76 (1H, NH, br), 3.82 (6H, 2OCH$_3$, d, $^3J_{\text{H-P}}$ = 12.7 Hz), 3.33~3.05 (4H, 2CH$_2$, m), 2.95~2.88 (1H, C$\underline{H}$CH$_3$, m), 2.86 (3H, NCH$_3$, d, $J_{\text{H-H}}$ = 4.7 Hz), 1.42 (3H, CHC$\underline{H}_3$, d, $J_{\text{H-H}}$ = 7.3 Hz)

^{13}C NMR 谱图

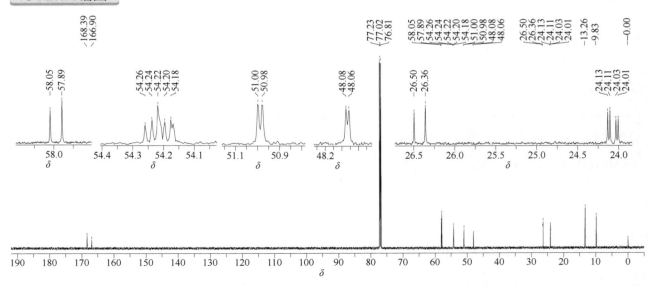

^{13}C NMR (151 MHz, CDCl$_3$, δ) 异构体混合物。异构体 A: 168.39, 57.89, 54.33~54.11 (m), 50.99 (d, $^3J_{\text{C-P}}$ = 2.9 Hz), 26.36, 24.12 (d, $^2J_{\text{C-P}}$ = 4.1 Hz), 13.26. 异构体 B: 166.90, 58.05, 54.33~54.11 (m), 48.07 (d, $^3J_{\text{C-P}}$ = 2.6 Hz), 26.50, 24.02 (d, $^2J_{\text{C-P}}$ = 4.1 Hz), 9.83

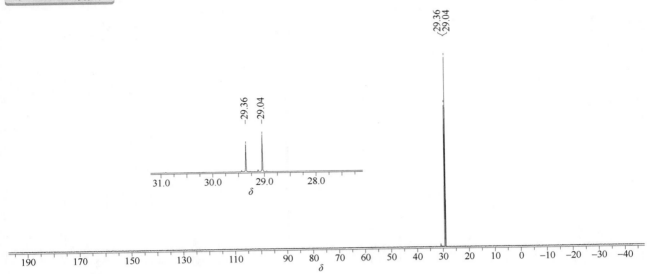

³¹P NMR (243 MHz, CDCl₃, δ) 异构体 A: 29.04. 异构体 B: 29.36

vernolate（灭草敌）

基本信息

CAS 登录号	1929-77-7	分子量	203.34
分子式	$C_{10}H_{21}NOS$		

¹H NMR 谱图

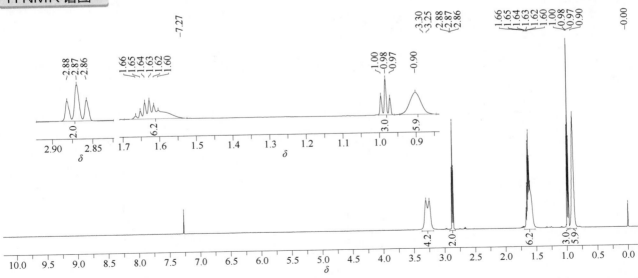

¹H NMR (600 MHz, CDCl₃, δ) 3.30 (2H, NCH₂, br), 3.25 (2H, NCH₂, br), 2.87 (2H, SCH₂, t, J_{H-H} = 7.4 Hz), 1.64 (2H, SCH₂C$\underline{H}_2$, hex, J_{H-H} = 7.3 Hz), 1.60 (4H, 2NCH₂C$\underline{H}_2$, br), 0.98 (3H, SCH₂CH₂C$\underline{H}_3$, t, J_{H-H} = 7.4 Hz), 0.90 (6H, 2NCH₂CH₂C$\underline{H}_3$, br)

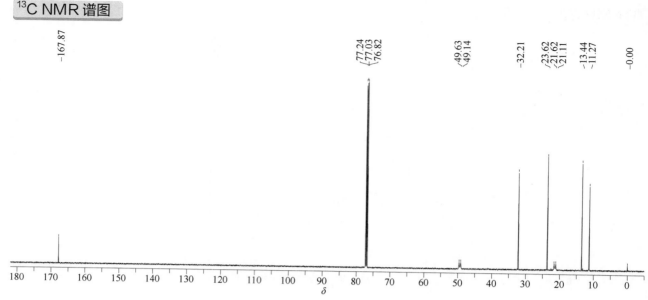

¹³C NMR (151 MHz, CDCl₃, δ) 167.87, 49.63, 49.14, 32.21, 23.62, 21.62, 21.11, 13.44, 11.27

vinclozolin（乙烯菌核利）

基本信息

CAS 登录号	50471-44-8	分子量	286.11
分子式	C₁₂H₉Cl₂NO₃		

¹H NMR 谱图

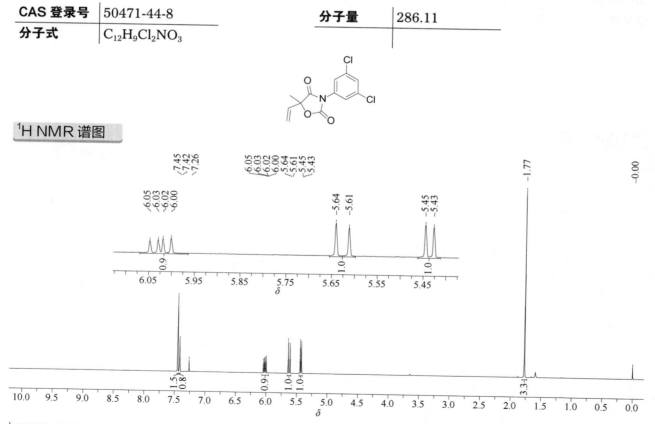

¹H NMR (600 MHz, CDCl₃, δ) 7.45 (2H, 2ArH, s), 7.42 (1H, ArH, s), 6.02 (1H, CH, dd, $J_{H\text{-}H}$ = 17.2 Hz, $J_{H\text{-}H}$ = 10.8 Hz), 5.62 (1H, CH, d, $J_{H\text{-}H}$ = 17.2 Hz), 5.44 (1H, CH, d, $J_{H\text{-}H}$ = 10.8 Hz), 1.77 (3H, CH₃, s)

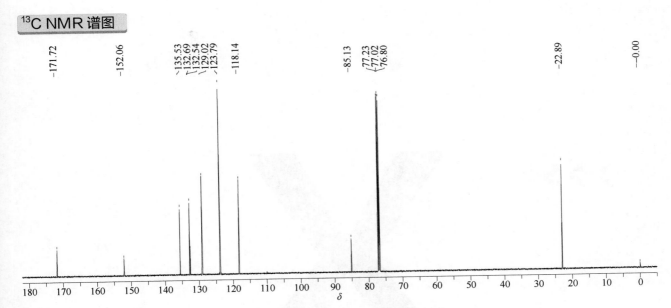

¹³C NMR (151 MHz, CDCl₃, δ) 171.72, 152.06, 135.53, 132.69, 132.54, 129.02, 123.79, 118.14, 85.13, 22.89

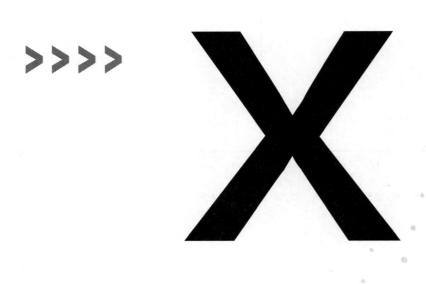

XMC（二甲威）

基本信息

CAS 登录号	2655-14-3	分子量	179.22
分子式	C$_{10}$H$_{13}$NO$_2$		

¹H NMR 谱图

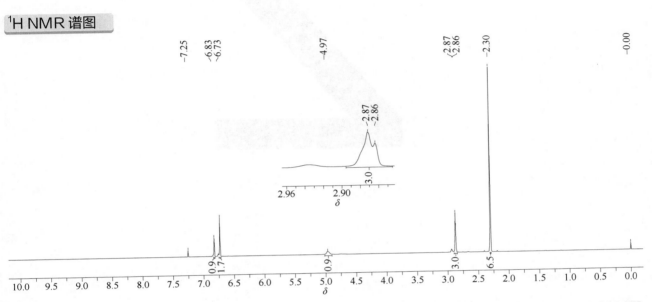

¹H NMR (600 MHz, CDCl₃, δ) 6.83 (1H, ArH, s), 6.73 (2H, 2ArH, s), 4.97 (1H, NH, br), 2.87 (3H, CH₃, d, J_{H-H} = 4.6 Hz), 2.30 (6H, 2CH₃, s)

¹³C NMR 谱图

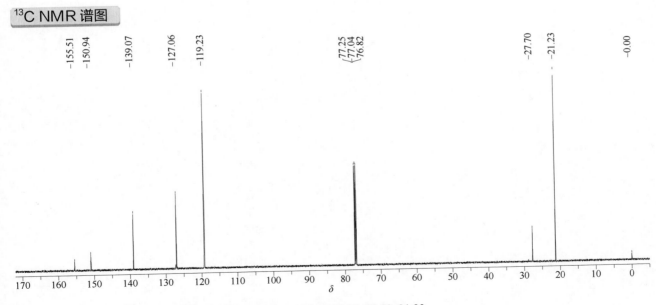

¹³C NMR (151 MHz, CDCl₃, δ) 155.51, 150.94, 139.07, 127.06, 119.23, 27.70, 21.23

>>>>> Z

ziram（福美锌）

基本信息

CAS 登录号	137-30-4	分子量	305.81
分子式	$C_6H_{12}N_2S_4Zn$		

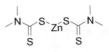

¹H NMR 谱图

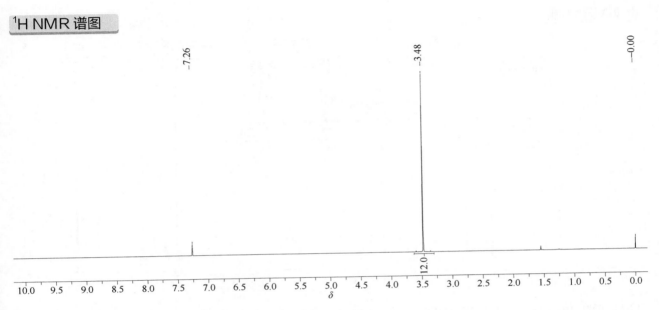

¹H NMR (600 MHz, CDCl₃, δ) 3.48 (12H, 4NCH₃, s)

¹³C NMR 谱图

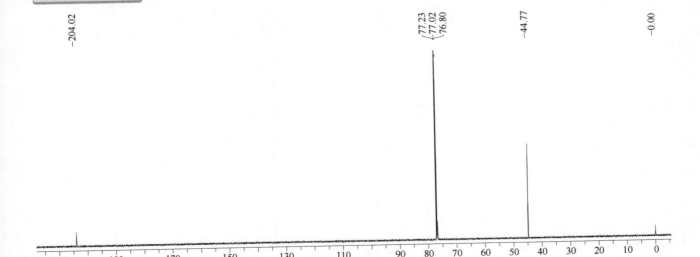

¹³C NMR (151 MHz, CDCl₃, δ) 204.02, 44.77

zoxamide（苯酰菌胺）

基本信息

CAS 登录号	156052-68-5	分子量	336.64
分子式	$C_{14}H_{16}Cl_3NO_2$		

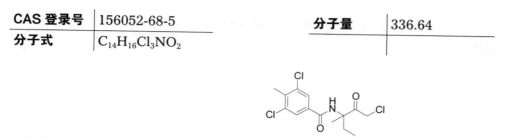

¹H NMR 谱图

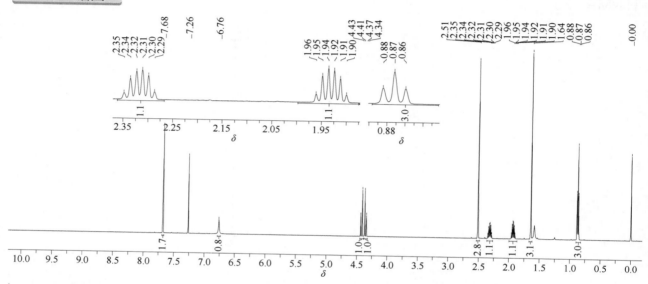

¹H NMR (600 MHz, CDCl₃, δ) 7.68 (2H, 2ArH, s), 6.76 (1H, NH, br), 4.42 (1H, CHCl, d, J_{H-H} = 15.5 Hz), 4.36 (1H, CHCl, d, J_{H-H} = 15.5 Hz), 2.51 (3H, CH₃, s), 2.31 (1H, C*H*HCH₃, hex, J_{H-H} = 7.0 Hz), 1.93 (1H, CH*H*CH₃, hex, J_{H-H} = 7.3 Hz), 1.64 (3H, CH₃, s), 0.87 (3H, CH₂C*H₃*, t, J_{H-H} = 7.3 Hz)

¹³C NMR 谱图

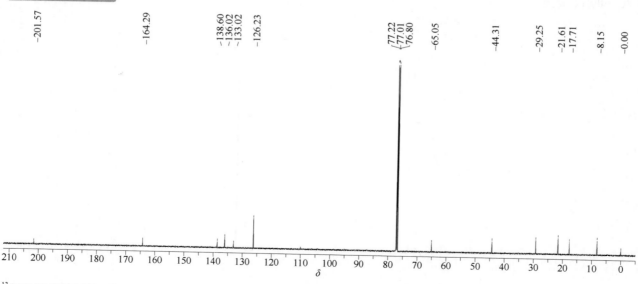

¹³C NMR (151 MHz, CDCl₃, δ) 201.57, 164.29, 138.60, 136.02, 133.02, 126.23, 65.05, 44.31, 29.25, 21.61, 17.71, 8.15

>>>> **另附**

56 种多氯联苯类化合物

PCB 1（2-chlorobiphenyl；2- 氯联苯）

CAS 登录号	2051-60-7	分子量	188.65
分子式	$C_{12}H_9Cl$		

^1H NMR 谱图

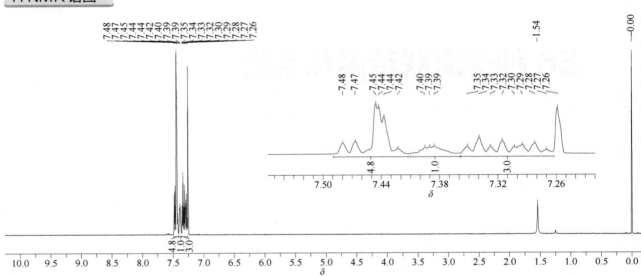

^1H NMR (600 MHz, CDCl$_3$, δ) 7.49~7.41 (5H, 5ArH, m), 7.41~7.36 (1H, ArH, m), 7.36~7.27 (3H, 3ArH, m)

^{13}C NMR 谱图

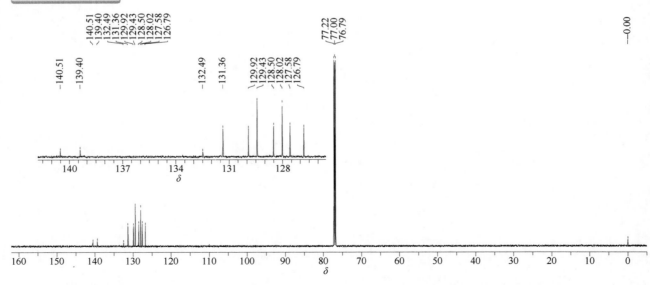

^{13}C NMR (151 MHz, CDCl$_3$, δ) 140.51, 139.40, 132.49, 131.36, 129.92, 129.43, 128.50, 128.02, 127.58, 126.79

PCB 3（4-chlorobiphenyl；4-氯联苯）

基本信息

CAS 登录号	2051-62-9	分子量	188.65
分子式	$C_{12}H_9Cl$		

¹H NMR 谱图

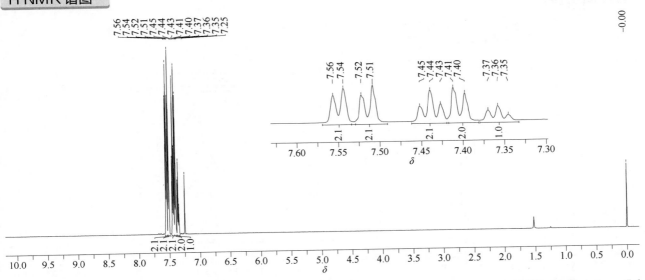

¹H NMR (600 MHz, CDCl₃, δ) 7.55 (2H, 2ArH, d, J_{H-H} = 7.4 Hz), 7.51 (2H, 2ArH, d, J_{H-H} = 7.4 Hz), 7.44 (2H, 2ArH, t, J_{H-H} = 7.6 Hz), 7.40 (2H, 2ArH, d, J_{H-H} = 8.3 Hz), 7.36 (1H, ArH, t, J_{H-H} = 7.6 Hz)

¹³C NMR 谱图

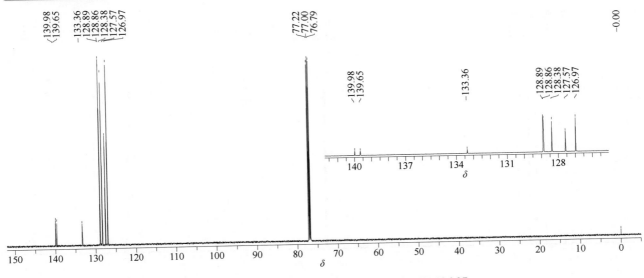

¹³C NMR (151 MHz, CDCl₃, δ) 139.98, 139.65, 133.36, 128.89, 128.86, 128.38, 127.57, 126.97

PCB 4（2,2'-dichlorobiphenyl; 2,2'- 二氯联苯）

基本信息

CAS 登录号	13029-08-8	分子量	223.10
分子式	$C_{12}H_8Cl_2$		

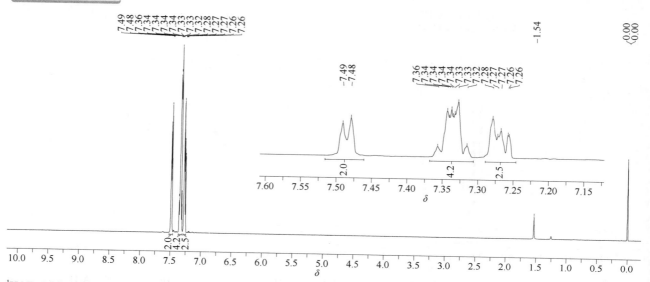

¹H NMR 谱图

¹H NMR (600 MHz, CDCl₃, δ) 7.49 (2H, 2ArH, d, J_{H-H} = 6.9 Hz), 7.37~7.31 (4H, 4ArH, m), 7.29~7.25 (2H, 2ArH, m)

¹³C NMR 谱图

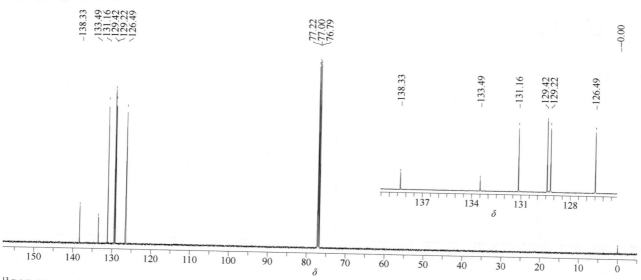

¹³C NMR (151 MHz, CDCl₃, δ) 138.33, 133.49, 131.16, 129.42, 129.22, 126.49

PCB 5（2,3-dichlorobiphenyl；2,3-二氯联苯）

基本信息

CAS 登录号	16605-91-7	分子量	223.10
分子式	$C_{12}H_8Cl_2$		

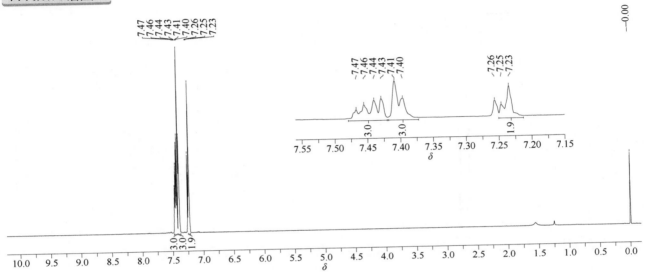

¹H NMR 谱图

^{1}H NMR (600 MHz, CDCl$_3$, δ) 7.48~7.38 (6H, 6ArH, m), 7.25~7.21 (2H, 2ArH, m)

¹³C NMR 谱图

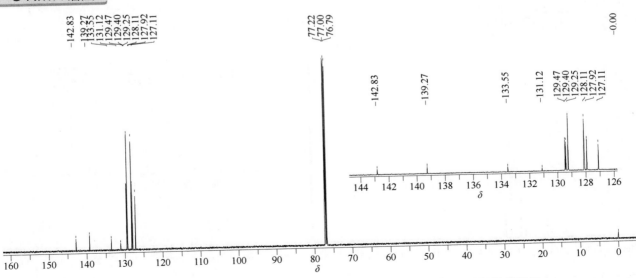

^{13}C NMR (151 MHz, CDCl$_3$, δ) 142.83, 139.27, 133.55, 131.12, 129.47, 129.40, 129.25, 128.11, 127.92, 127.11

PCB 7 (2,4-dichlorobiphenyl; 2,4-二氯联苯)

基本信息

| CAS 登录号 | 33284-50-3 | 分子量 | 223.10 |
| 分子式 | $C_{12}H_8Cl_2$ | | |

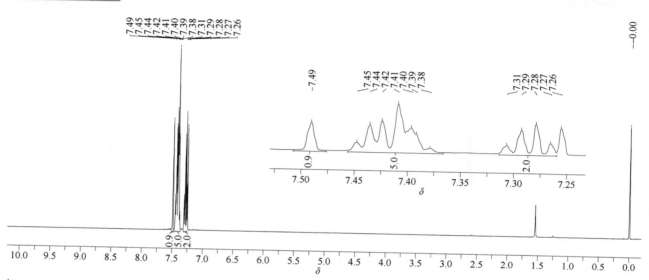

¹H NMR 谱图

¹H NMR (600 MHz, CDCl₃, δ) 7.49 (1H, ArH, s), 7.46~7.37 (5H, 5ArH, m), 7.32~7.25 (2H, 2ArH, m)

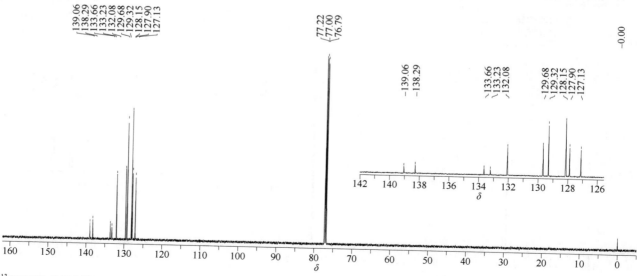

¹³C NMR 谱图

¹³C NMR (151 MHz, CDCl₃, δ) 139.06, 138.29, 133.66, 133.23, 132.08, 129.68, 129.32, 128.15, 127.90, 127.13

PCB 8（2,4'-dichlorobiphenyl；2,4'-二氯联苯）

基本信息

CAS 登录号	34883-43-7	分子量	223.10
分子式	C$_{12}$H$_8$Cl$_2$		

^{1}H NMR 谱图

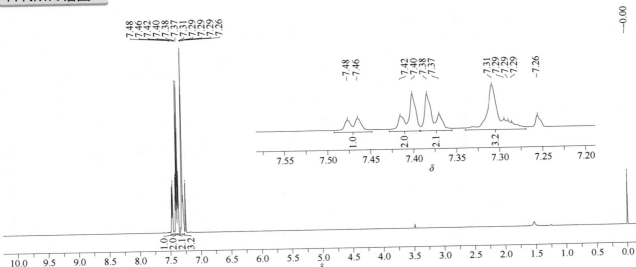

^{1}H NMR (600 MHz, CDCl$_3$, δ) 7.47 (1H, ArH, d, $J_{\text{H-H}}$ = 7.2 Hz), 7.42~7.36 (4H, 4ArH, m), 7.32~7.27 (3H, 3ArH, m)

^{13}C NMR 谱图

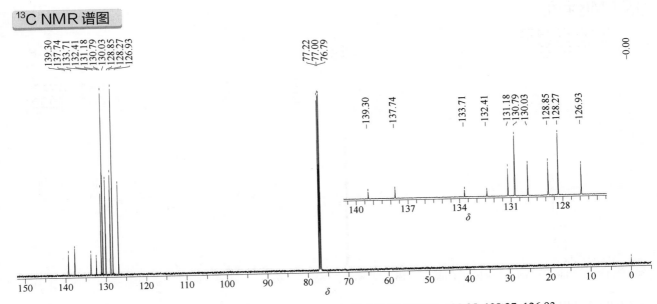

^{13}C NMR (151 MHz, CDCl$_3$, δ) 139.30, 137.74, 133.71, 132.41, 131.18, 130.79, 130.03, 128.85, 128.27, 126.93

PCB 9（2,5-dichlorobiphenyl；2,5-二氯联苯）

基本信息

CAS 登录号	34883-39-1	分子量	223.10
分子式	$C_{12}H_8Cl_2$		

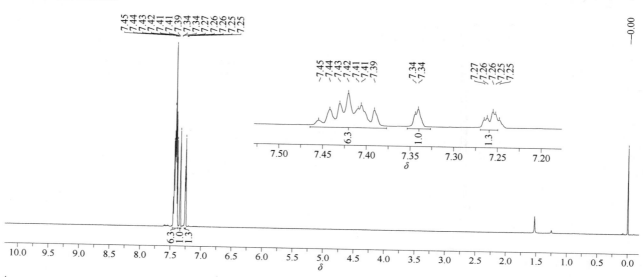

¹H NMR 谱图

¹H NMR (600 MHz, CDCl₃, δ) 7.46~7.38 (6H, 6ArH, m), 7.35~7.33 (1H, ArH, m), 7.27~7.24 (1H, ArH, m)

¹³C NMR 谱图

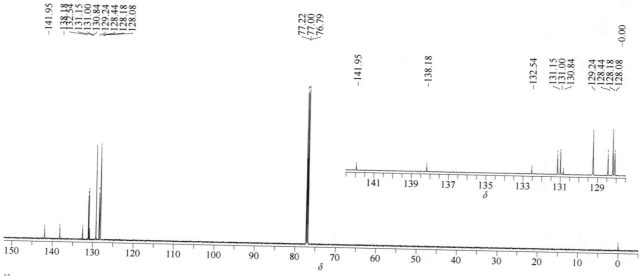

¹³C NMR (151 MHz, CDCl₃, δ) 141.95, 138.18, 132.54, 131.15, 131.00, 130.84, 129.24, 128.44, 128.18, 128.08

PCB 10（2,6-dichlorobiphenyl；2,6- 二氯联苯）

基本信息

CAS 登录号	33146-45-1	分子量	223.10
分子式	$C_{12}H_8Cl_2$		

¹H NMR 谱图

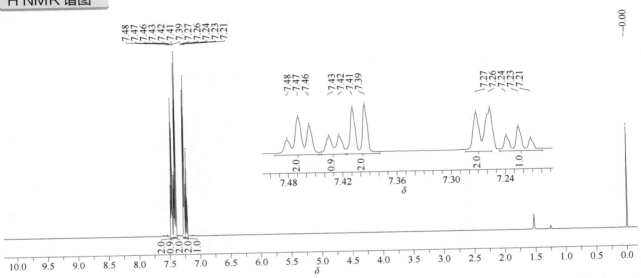

¹H NMR (600 MHz, CDCl₃, δ) 7.47 (2H, 2ArH, t, J_{H-H} = 7.4 Hz), 7.42 (1H, ArH, d, J_{H-H} = 6.8 Hz), 7.40 (2H, 2ArH, d, J_{H-H} = 8.1 Hz), 7.26 (2H, 2ArH, d, J_{H-H} = 9.0 Hz), 7.23 (1H, ArH, t, J_{H-H} = 8.1 Hz)

¹³C NMR 谱图

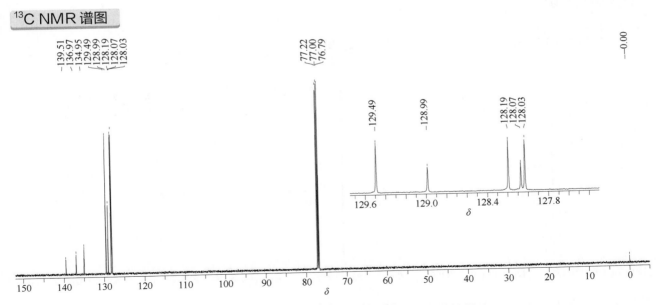

¹³C NMR (151 MHz, CDCl₃, δ) 139.51, 136.97, 134.95, 129.49, 128.99, 128.19, 128.07, 128.03

PCB 12（3,4-dichlorobiphenyl; 3,4-二氯联苯）

基本信息

| CAS 登录号 | 2974-92-7 | 分子量 | 223.10 |
| 分子式 | $C_{12}H_8Cl_2$ | | |

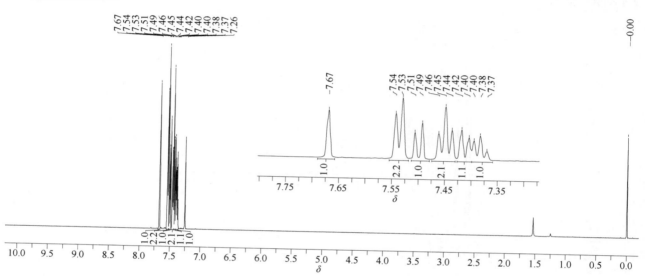

¹H NMR 谱图

¹H NMR (600 MHz, CDCl₃, δ) 7.67 (1H, ArH, s), 7.53 (2H, 2ArH, d, J_{H-H} = 7.5 Hz), 7.50 (1H, ArH, d, J_{H-H} = 8.2 Hz), 7.45 (2H, 2ArH, t, J_{H-H} = 7.5 Hz), 7.42~7.36 (2H, 2ArH, m)

¹³C NMR 谱图

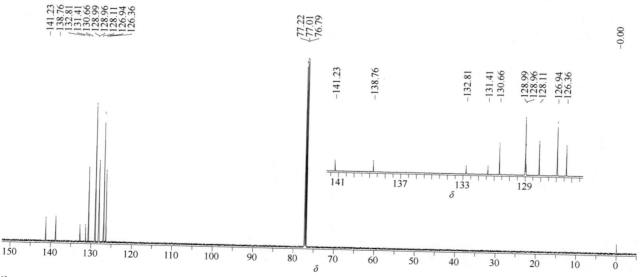

¹³C NMR (151 MHz, CDCl₃, δ) 141.23, 138.76, 132.81, 131.41, 130.66, 128.99, 128.96, 128.11, 126.94, 126.36

PCB 14（3,5-dichlorobiphenyl；3,5- 二氯联苯）

基本信息

CAS 登录号	34883-41-5	分子量	223.10
分子式	$C_{12}H_8Cl_2$		

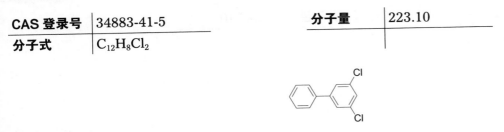

^1H NMR 谱图

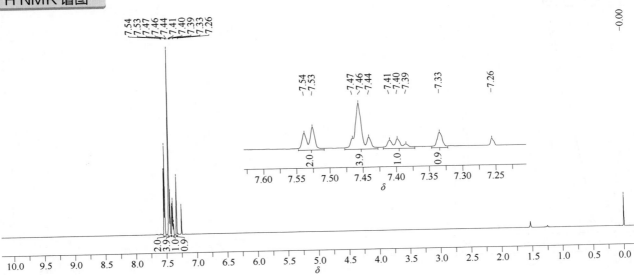

^1H NMR (600 MHz, CDCl$_3$, δ) 7.53 (2H, 2ArH, d, J_{H-H} = 7.5 Hz), 7.46 (2H, 2ArH, s), 7.45 (2H, 2ArH, t, J_{H-H} = 7.5 Hz), 7.40 (1H, ArH, t, J_{H-H} = 7.8 Hz), 7.33 (1H, ArH, s)

^{13}C NMR 谱图

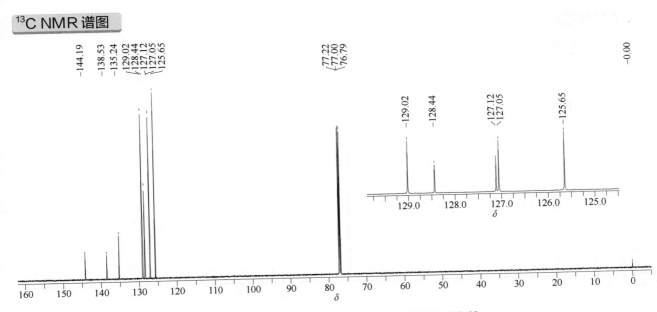

^{13}C NMR (151 MHz, CDCl$_3$, δ) 144.19, 138.53, 135.24, 129.02, 128.44, 127.12, 127.05, 125.65

PCB 15(4,4′-dichlorobiphenyl; 4,4′-二氯联苯)

CAS 登录号	2050-68-2	分子量	223.10
分子式	$C_{12}H_8Cl_2$		

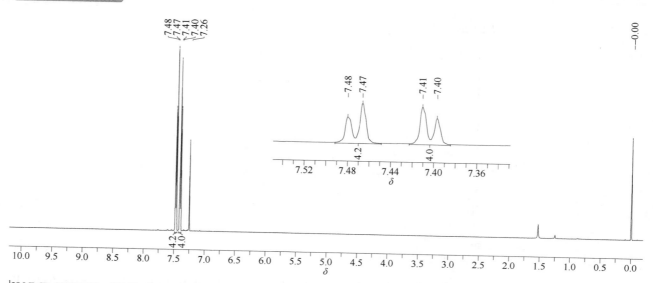

^1H NMR 谱图

^1H NMR (600 MHz, CDCl$_3$, δ) 7.47 (4H, 4ArH, d, J_{H-H} = 8.2 Hz), 7.40 (4H, 4ArH, d, J_{H-H} = 8.2 Hz)

^{13}C NMR 谱图

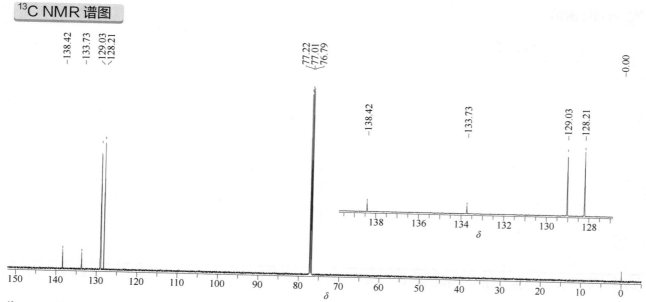

^{13}C NMR (151 MHz, CDCl$_3$, δ) 138.42, 133.73, 129.03, 128.21

PCB 18（2,2',5-trichlorobiphenyl；2,2',5- 三氯联苯）

基本信息

CAS 登录号	37680-65-2	分子量	257.54
分子式	$C_{12}H_7Cl_3$		

¹H NMR 谱图

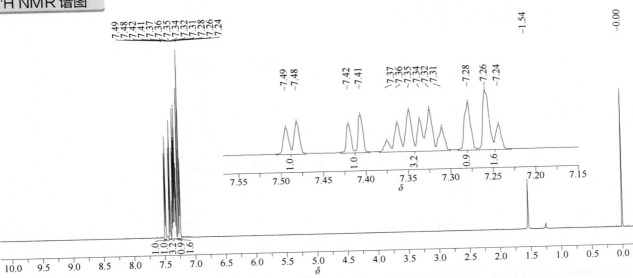

¹H NMR (600 MHz, CDCl₃, δ) 7.49 (1H, ArH, d, J_{H-H} = 7.7 Hz), 7.41 (1H, ArH, d, J_{H-H} = 8.5 Hz), 7.38~7.30 (3H, 3ArH, m), 7.28 (1H, ArH, s), 7.25 (1H, ArH, d, J_{H-H} = 9.3 Hz)

¹³C NMR 谱图

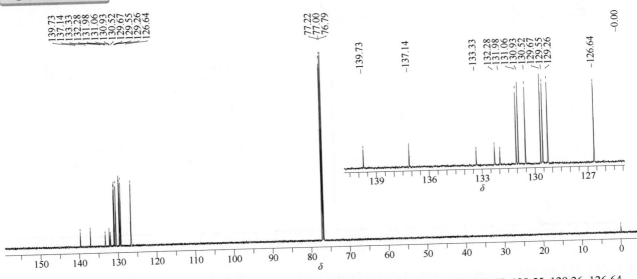

¹³C NMR (151 MHz, CDCl₃, δ) 139.73, 137.14, 133.33, 132.28, 131.98, 131.06, 130.93, 130.52, 129.67, 129.55, 129.26, 126.64

PCB 20（2,3,3′-trichlorobiphenyl; 2,3,3′- 三氯联苯）

基本信息

CAS 登录号	38444-84-7	分子量	257.54
分子式	$C_{12}H_7Cl_3$		

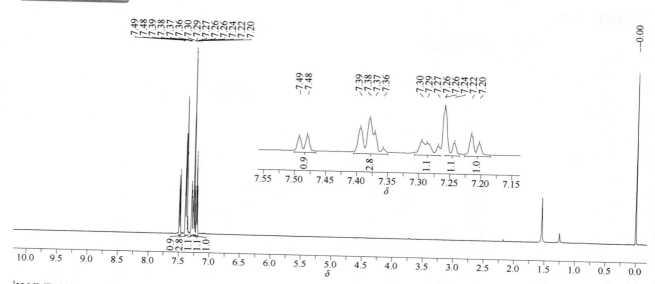

¹H NMR 谱图

¹H NMR (600 MHz, CDCl₃, δ) 7.48 (1H, ArH, d, J_{H-H} = 7.9 Hz), 7.38 (2H, 2ArH, d, J_{H-H} = 9.1 Hz), 7.37 (1H, ArH, t, J_{H-H} = 8.2 Hz), 7.30~7.24 (2H, 2ArH, m), 7.21 (1H, ArH, d, J_{H-H} = 7.5 Hz)

¹³C NMR 谱图

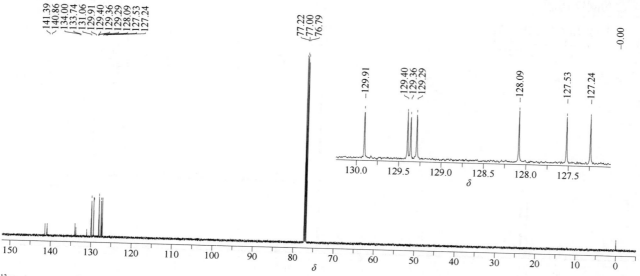

¹³C NMR (151 MHz, CDCl₃, δ) 141.39, 140.86, 134.00, 133.74, 131.06, 129.91, 129.40, 129.36, 129.29, 128.09, 127.53, 127.24

PCB 21（2,3,4-trichlorobiphenyl；2,3,4- 三氯联苯）

基本信息

CAS 登录号	55702-46-0	分子量	257.54
分子式	$C_{12}H_7Cl_3$		

¹H NMR 谱图

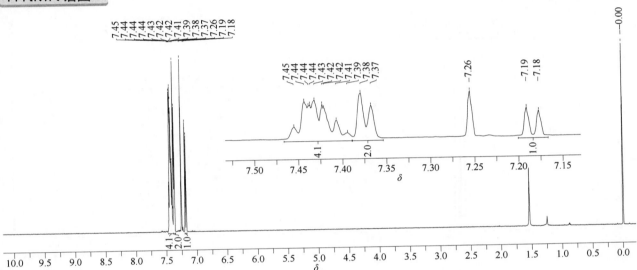

¹H NMR (600 MHz, CDCl₃, δ) 7.47~7.38 (4H, 4ArH, m), 7.37 (2H, 2ArH, d, J_{H-H} = 7.0 Hz), 7.18 (1H, ArH, d, J_{H-H} = 8.3 Hz)

¹³C NMR 谱图

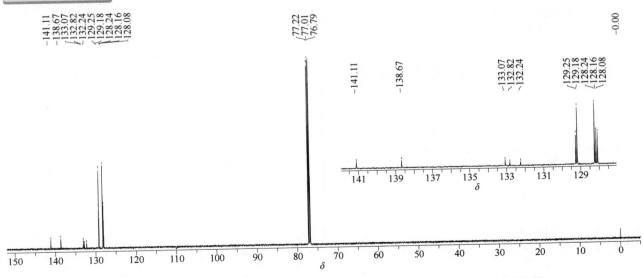

¹³C NMR (151 MHz, CDCl₃, δ) 141.11, 138.67, 133.07, 132.82, 132.24, 129.25, 129.18, 128.24, 128.16, 128.08

PCB 28（2,4,4′-trichlorobiphenyl; 2,4,4′-三氯联苯）

基本信息

CAS 登录号	7012-37-5	分子量	257.54
分子式	$C_{12}H_7Cl_3$		

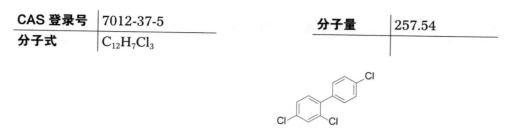

¹H NMR 谱图

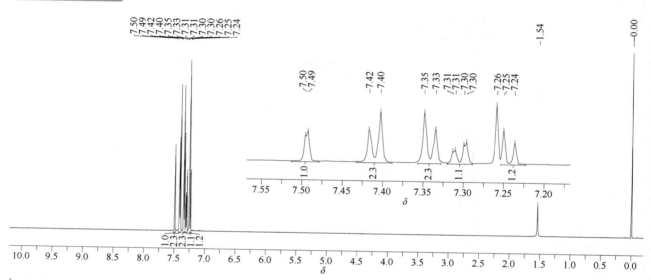

¹H NMR (600 MHz, CDCl₃, δ) 7.49 (1H, ArH, d, J_{H-H} = 1.9 Hz), 7.41 (2H, 2ArH, d, J_{H-H} = 8.4 Hz), 7.34 (2H, 2ArH, d, J_{H-H} = 8.5 Hz), 7.31 (1H, ArH, dd, J_{H-H} = 8.2 Hz, J_{H-H} = 1.9 Hz), 7.24 (1H, ArH, d, J_{H-H} = 8.2 Hz)

¹³C NMR 谱图

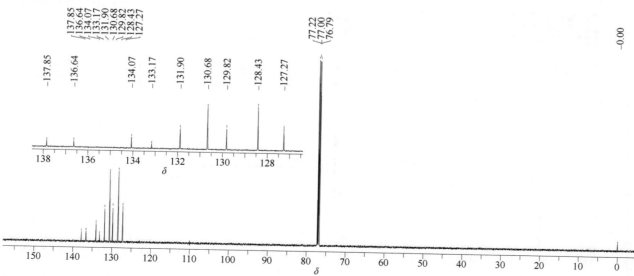

¹³C NMR (151 MHz, CDCl₃, δ) 137.85, 136.64, 134.07, 133.17, 131.90, 130.68, 129.82, 128.43, 127.27

PCB 29（2,4,5-trichlorobiphenyl；2,4,5- 三氯联苯）

基本信息

CAS 登录号	15862-07-4	分子量	257.54
分子式	$C_{12}H_7Cl_3$		

¹H NMR 谱图

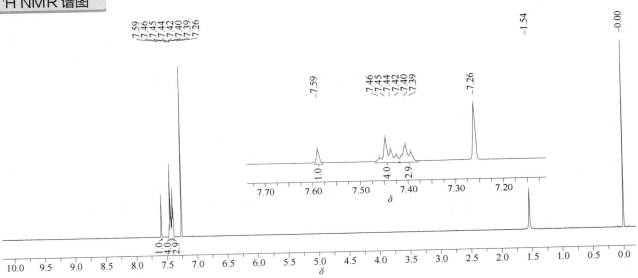

¹H NMR (600 MHz, CDCl₃, δ) 7.59 (1H, ArH, s), 7.47~7.33 (6H, 6ArH, m)

¹³C NMR 谱图

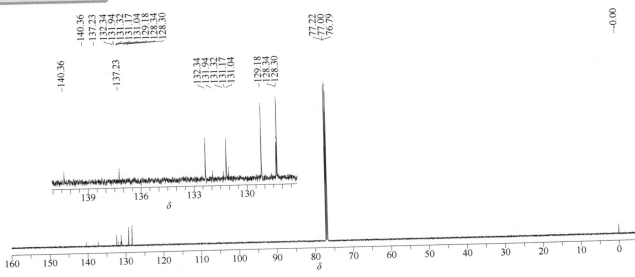

¹³C NMR (151 MHz, CDCl₃, δ) 140.36, 137.23, 132.34, 131.94, 131.32, 131.17, 131.04, 129.18, 128.34, 128.30

PCB 30（2,4,6-trichlorobiphenyl；2,4,6- 三氯联苯）

基本信息

CAS 登录号	35693-92-6	分子量	257.54
分子式	C$_{12}$H$_7$Cl$_3$		

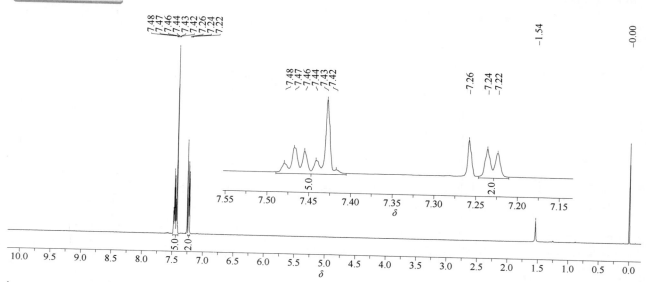

¹H NMR 谱图

¹H NMR (600 MHz, CDCl$_3$, δ) 7.49~7.41 (5H, 5ArH, m), 7.23 (2H, 2ArH, d, $J_{\text{H-H}}$ = 7.5 Hz)

¹³C NMR 谱图

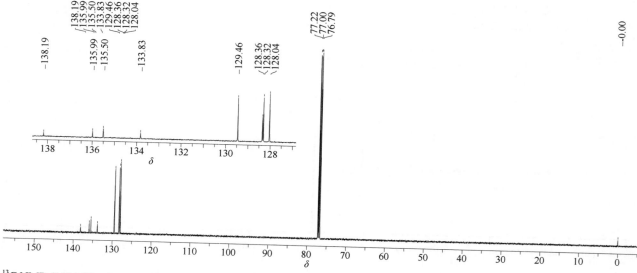

¹³C NMR (151 MHz, CDCl$_3$, δ) 138.19, 135.99, 135.50, 133.83, 129.46, 128.36, 128.32, 128.04

PCB 31（2,4',5-trichlorobiphenyl; 2,4',5- 三氯联苯）

CAS 登录号	16606-02-3	分子量	257.54
分子式	$C_{12}H_7Cl_3$		

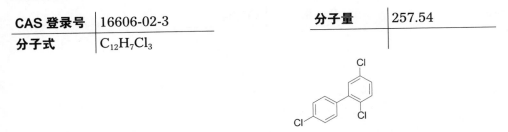

¹H NMR 谱图

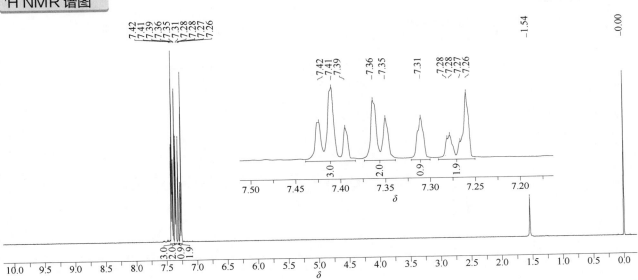

¹H NMR (600 MHz, CDCl₃, δ) 7.41 (3H, 3ArH, t, J_{H-H} = 8.7 Hz), 7.36 (2H, 2ArH, d, J_{H-H} = 8.3 Hz), 7.31 (1H, ArH, s), 7.29~7.25 (1H, 1ArH, m)

¹³C NMR 谱图

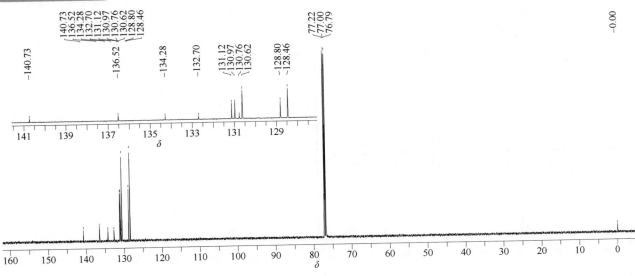

¹³C NMR (151 MHz, CDCl₃, δ) 140.73, 136.52, 134.28, 132.70, 131.12, 130.97, 130.76, 130.62, 128.80, 128.46

PCB 33（2′,3,4-trichlorobiphenyl; 2′,3,4- 三氯联苯）

基本信息

CAS 登录号	38444-86-9	分子量	257.54
分子式	$C_{12}H_7Cl_3$		

¹H NMR 谱图

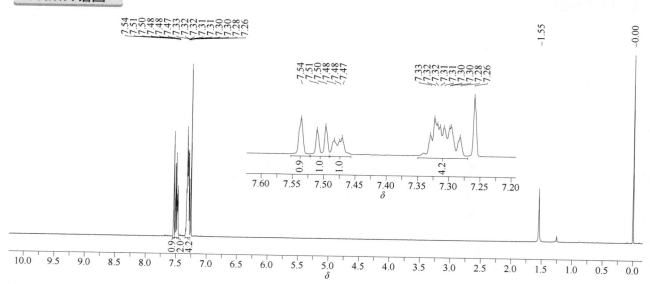

¹H NMR (600 MHz, CDCl₃, δ) 7.54 (1H, ArH, s), 7.50 (1H, ArH, td, J_{H-H} = 8.2 Hz), 7.49~7.46 (1H, ArH, m), 7.35~7.27 (4H, 4ArH, m)

¹³C NMR 谱图

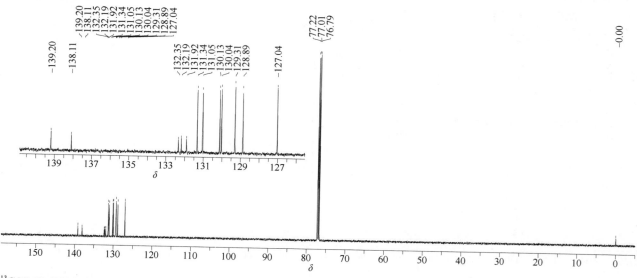

¹³C NMR (151 MHz, CDCl₃, δ) 139.20, 138.11, 132.35, 132.19, 131.92, 131.34, 131.05, 130.13, 130.04, 129.31, 128.89, 127.04

PCB 34 (2',3,5-trichlorobiphenyl; 2',3,5- 三氯联苯）

基本信息

CAS 登录号	37680-68-5	分子量	257.54
分子式	$C_{12}H_7Cl_3$		

^1H NMR 谱图

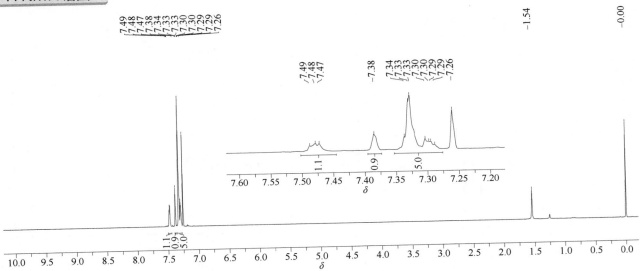

^1H NMR (600 MHz, CDCl$_3$, δ) 7.50~7.45 (1H, ArH, m), 7.38 (1H, ArH, s), 7.35~7.28 (5H, 5ArH, m)

^{13}C NMR 谱图

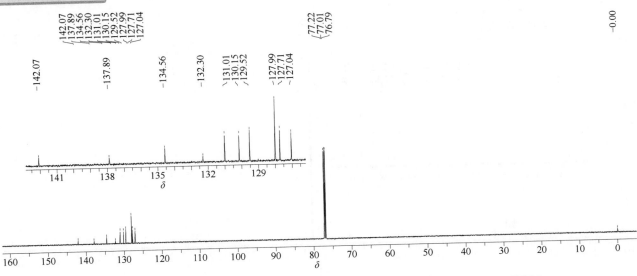

^{13}C NMR (151 MHz, CDCl$_3$, δ) 142.07, 137.89, 134.56, 132.30, 131.01, 130.15, 129.52, 127.99, 127.71, 127.04

PCB 35（3,3',4-trichlorobiphenyl;
3,3',4- 三氯联苯）

基本信息

CAS 登录号	37680-69-6	分子量	257.54
分子式	$C_{12}H_7Cl_3$		

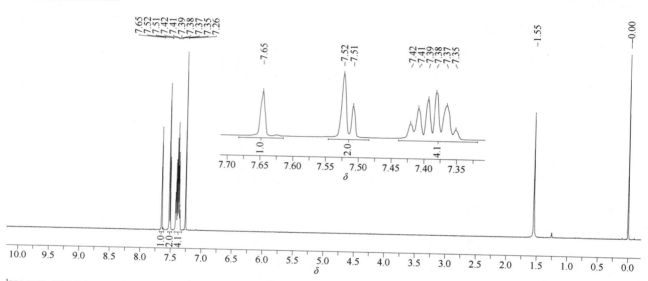

¹H NMR 谱图

¹H NMR (600 MHz, CDCl₃, δ) 7.65 (1H, ArH, s), 7.52 (1H, ArH, s), 7.51 (1H, ArH, d, J_{H-H} = 8.7 Hz), 7.44~7.32 (4H, 4ArH, m)

¹³C NMR 谱图

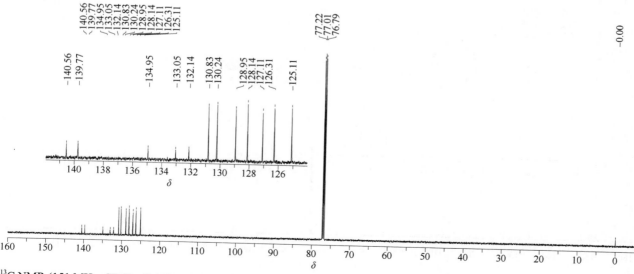

¹³C NMR (151 MHz, CDCl₃, δ) 140.56, 139.77, 134.95, 133.05, 132.14, 130.83, 130.24, 128.95, 128.14, 127.11, 126.31, 125.11

PCB 37（3,4,4′-trichlorobiphenyl；3,4,4′- 三氯联苯）

基本信息

CAS 登录号	38444-90-5	分子量	257.54
分子式	$C_{12}H_7Cl_3$		

¹H NMR 谱图

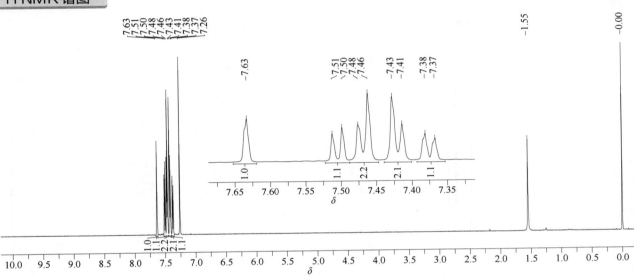

¹H NMR (600 MHz, CDCl₃, δ) 7.63 (1H, ArH, s), 7.51 (1H, ArH, d, J_{H-H} = 8.3 Hz), 7.47 (2H, 2ArH, d, J_{H-H} = 8.5 Hz), 7.42 (2H, 2ArH, d, J_{H-H} = 8.5 Hz), 7.37 (1H, ArH, d, J_{H-H} = 8.3 Hz)

¹³C NMR 谱图

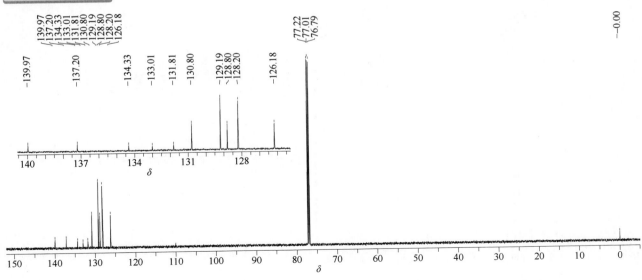

¹³C NMR (151 MHz, CDCl₃, δ) 139.97, 137.20, 134.33, 133.01, 131.81, 130.80, 129.19, 128.80, 128.20, 126.18

PCB 40（2,2′,3,3′-tetrachlorobiphenyl; 2,2′,3,3′- 四氯联苯）

基本信息

CAS 登录号	38444-93-8	分子量	291.99
分子式	$C_{12}H_6Cl_4$		

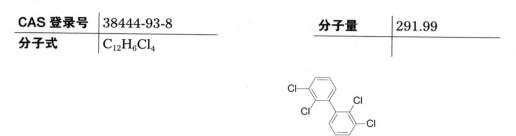

^{1}H NMR 谱图

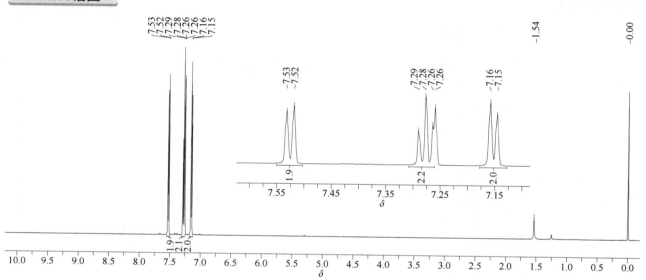

^{1}H NMR (600 MHz, CDCl$_3$, δ) 7.53 (2H, 2ArH, d, J_{H-H} = 8.0 Hz), 7.27 (2H, 2ArH, t, J_{H-H} = 7.8 Hz), 7.15 (2H, ArH, d, J_{H-H} = 7.6 Hz)

^{13}C NMR 谱图

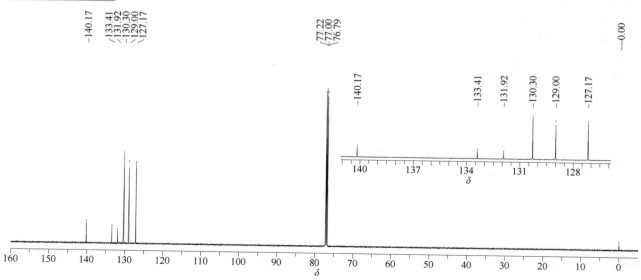

^{13}C NMR (151 MHz, CDCl$_3$, δ) 140.17, 133.41, 131.92, 130.30, 129.00, 127.17

PCB 44（2,2′,3,5′-tetrachlorobiphenyl；2,2′,3,5′- 四氯联苯）

基本信息

CAS 登录号	41464-39-5	分子量	291.99
分子式	$C_{12}H_6Cl_4$		

¹H NMR 谱图

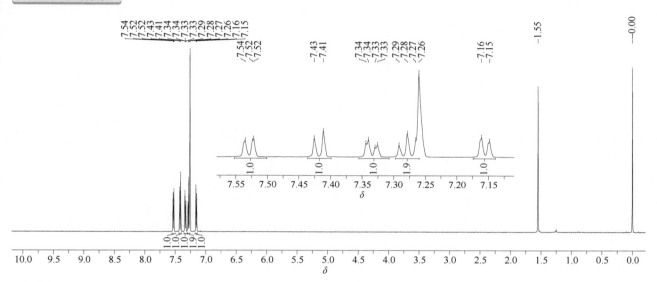

¹H NMR (600 MHz, CDCl₃, δ) 7.54~7.51 (1H, ArH, m), 7.42 (1H, ArH, d, J_{H-H} = 8.6 Hz), 7.33 (1H, ArH, dd, J_{H-H} = 8.6 Hz, J_{H-H} = 2.4 Hz), 7.30~7.26 (2H, 2ArH, m), 7.15 (1H, ArH, d, J_{H-H} = 7.6 Hz)

¹³C NMR 谱图

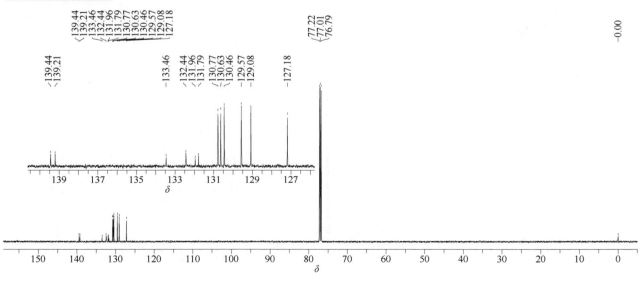

¹³C NMR (151 MHz, CDCl₃, δ) 139.44, 139.21, 133.46, 132.44, 131.96, 131.79, 130.77, 130.63, 130.46, 129.57, 129.08, 127.18

PCB 47（2,2',4,4'-tetrachlorobiphenyl；2,2',4,4'- 四氯联苯）

基本信息

CAS 登录号	2437-79-8	分子量	291.99
分子式	$C_{12}H_6Cl_4$		

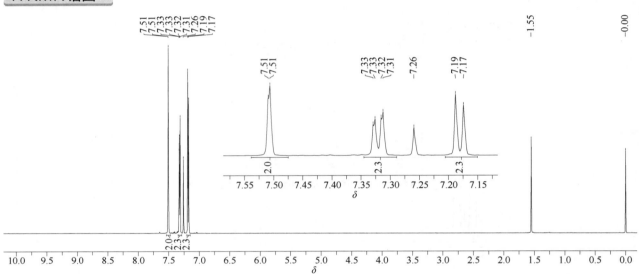

¹H NMR 谱图

¹H NMR (600 MHz, CDCl₃, δ) 7.51 (2H, 2ArH, d, J_{H-H} = 1.9 Hz), 7.32 (2H, 2ArH, dd, J_{H-H} = 8.2 Hz, J_{H-H} = 1.9 Hz), 7.18 (2H, 2ArH, d, J_{H-H} = 8.2 Hz)

¹³C NMR 谱图

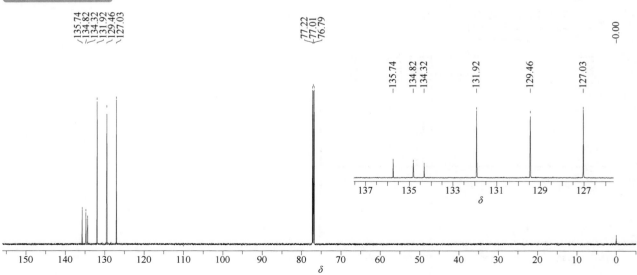

¹³C NMR (151 MHz, CDCl₃, δ) 135.74, 134.82, 134.32, 131.92, 129.46, 127.03

PCB 49 (2,2′,4,5′-tetrachlorobiphenyl; 2,2′,4,5′- 四氯联苯)

基本信息

CAS 登录号	41464-40-8	分子量	291.99
分子式	$C_{12}H_6Cl_4$		

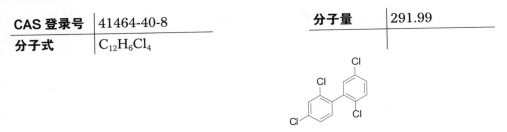

¹H NMR 谱图

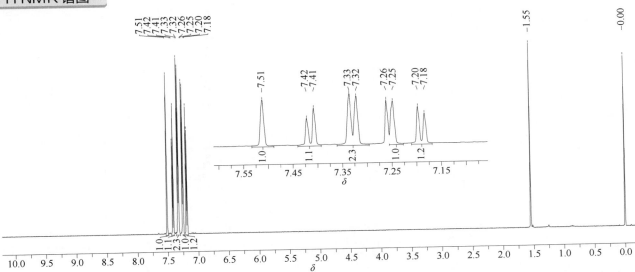

¹H NMR (600 MHz, CDCl₃, δ) 7.51 (1H, ArH, s), 7.41 (1H, ArH, d, J_{H-H} = 8.5 Hz), 7.33 (2H, 2ArH, d, J_{H-H} = 8.5 Hz), 7.25 (1H, ArH, s), 7.19 (1H, ArH, d, J_{H-H} = 8.2 Hz)

¹³C NMR 谱图

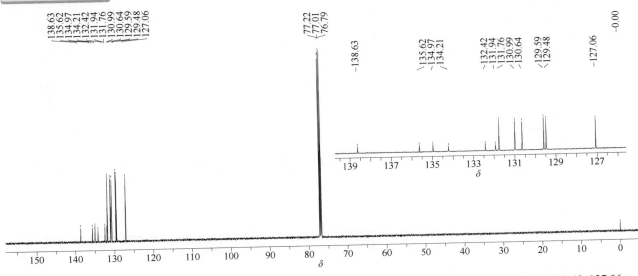

¹³C NMR (151 MHz, CDCl₃, δ) 138.63, 135.62, 134.97, 134.21, 132.42, 131.94, 131.76, 130.99, 130.64, 129.59, 129.48, 127.06

PCB 52（2,2',5,5'-tetrachlorobiphenyl；2,2',5,5'- 四氯联苯）

基本信息

CAS 登录号	35693-99-3	分子量	291.99
分子式	$C_{12}H_6Cl_4$		

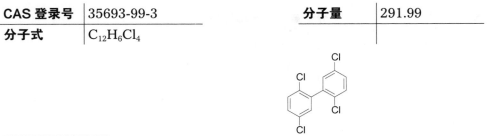

^{1}H NMR 谱图

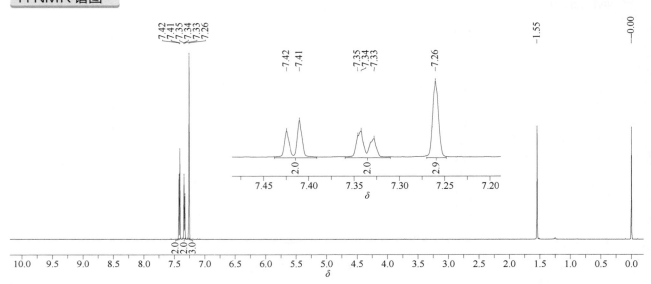

^{1}H NMR (600 MHz, CDCl$_3$, δ) 7.42 (2H, 2ArH, d, J_{H-H} = 8.6 Hz), 7.34 (2H, 2ArH, d, J_{H-H} = 8.6 Hz), 7.26 (2H, 2ArH, s)

^{13}C NMR 谱图

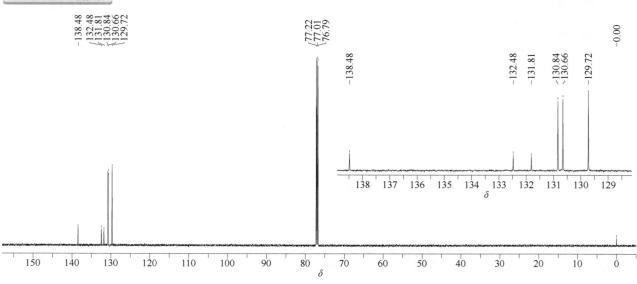

^{13}C NMR (151 MHz, CDCl$_3$, δ) 138.48, 132.48, 131.81, 130.84, 130.66, 129.72

PCB 53（2,2′,5,6′-tetrachlorobiphenyl；2,2′,5,6′- 四氯联苯）

基本信息

CAS 登录号	41464-41-9	分子量	291.99
分子式	$C_{12}H_6Cl_4$		

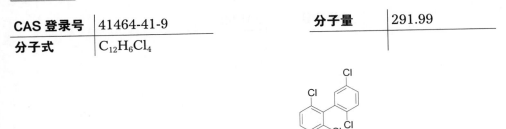

¹H NMR 谱图

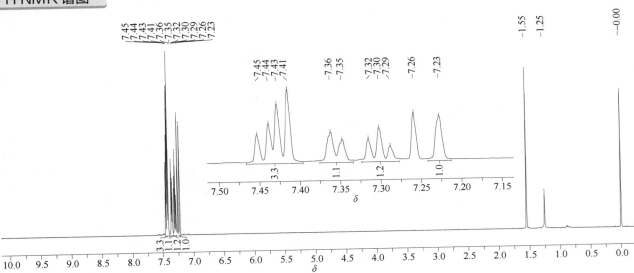

¹H NMR (600 MHz, CDCl₃, δ) 7.47~7.40 (3H, 3ArH, m), 7.35 (1H, ArH, d, J_{H-H} = 8.6 Hz), 7.30 (1H, ArH, t, J_{H-H} = 8.1 Hz), 7.23 (1H, ArH, s)

¹³C NMR 谱图

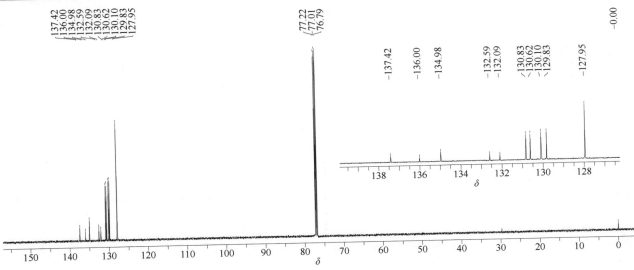

¹³C NMR (151 MHz, CDCl₃, δ) 137.42, 136.00, 134.98, 132.59, 132.09, 130.83, 130.62, 130.10, 129.83, 127.95

PCB 54（2,2',6,6'–tetrachlorobiphenyl；2,2',6,6'– 四氯联苯）

基本信息

CAS 登录号	15968-05-5	分子量	291.99
分子式	$C_{12}H_6Cl_4$		

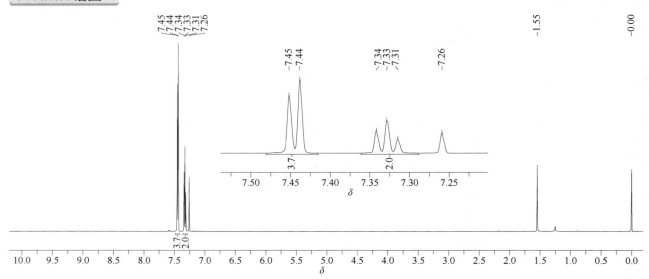

^{1}H NMR 谱图

^{1}H NMR (600 MHz, CDCl$_3$, δ) 7.45 (4H, 4ArH, d, J_{H-H} = 8.2 Hz), 7.33 (2H, 2ArH, t, J_{H-H} = 8.1 Hz)

 ## ^{13}C NMR 谱图

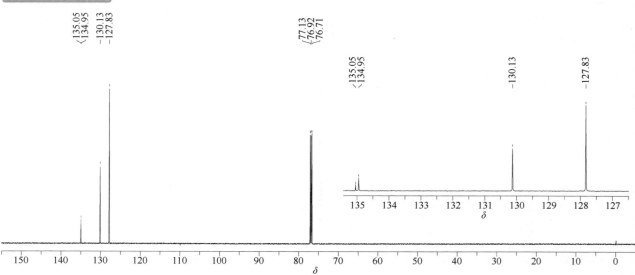

^{13}C NMR (151 MHz, CDCl$_3$, δ) 135.05, 134.95, 130.13, 127.83

PCB 60（2,3,4,4'-tetrachlorobiphenyl；2,3,4,4'- 四氯联苯）

基本信息

CAS 登录号	33025-41-1	**分子量**	291.99
分子式	$C_{12}H_6Cl_4$		

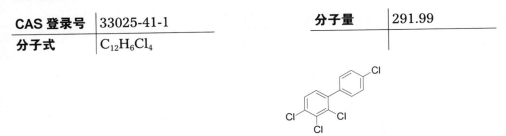

¹H NMR 谱图

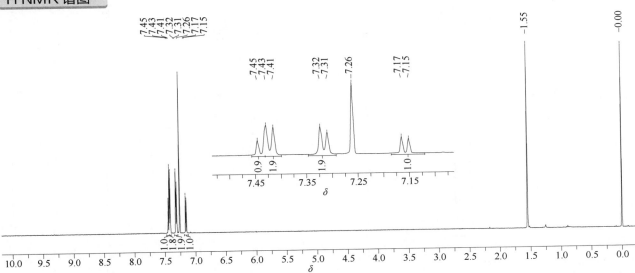

¹H NMR (600 MHz, CDCl₃, δ) 7.44 (1H, ArH, d, J_{H-H} = 8.3 Hz), 7.42 (2H, 2ArH, d, J_{H-H} = 8.6 Hz), 7.32 (2H, 2ArH, d, J_{H-H} = 8.3 Hz), 7.16 (1H, ArH, d, J_{H-H} = 8.3 Hz)

¹³C NMR 谱图

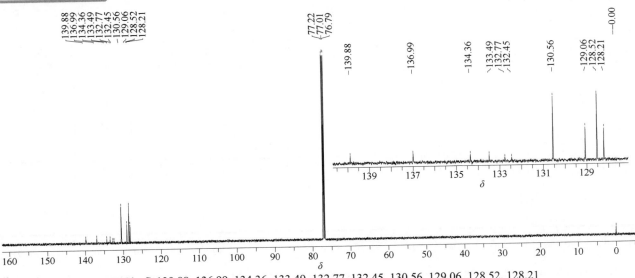

¹³C NMR (151 MHz, CDCl₃, δ) 139.88, 136.99, 134.36, 133.49, 132.77, 132.45, 130.56, 129.06, 128.52, 128.21

PCB 66（2,3',4,4'-tetrachlorobiphenyl; 2,3',4,4'- 四氯联苯）

基本信息

CAS 登录号	32598-10-0	分子量	291.99
分子式	C$_{12}$H$_6$Cl$_4$		

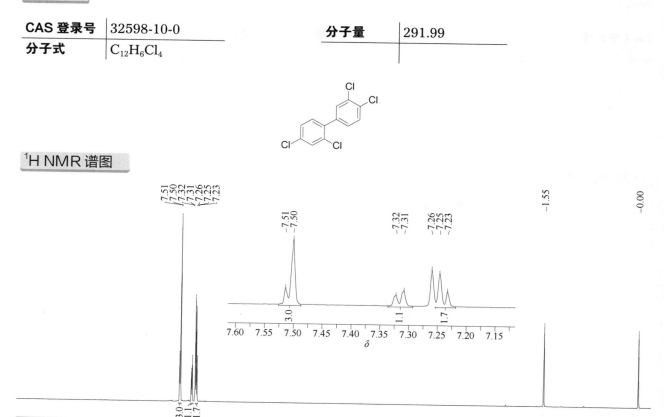

¹H NMR 谱图

¹H NMR (600 MHz, CDCl$_3$, δ) 7.52~7.48 (3H, 3ArH, m), 7.32 (1H, ArH, d, $J_{\text{H-H}}$ = 8.2 Hz), 7.24 (2H, 2ArH, d, $J_{\text{H-H}}$ = 8.2 Hz)

¹³C NMR 谱图

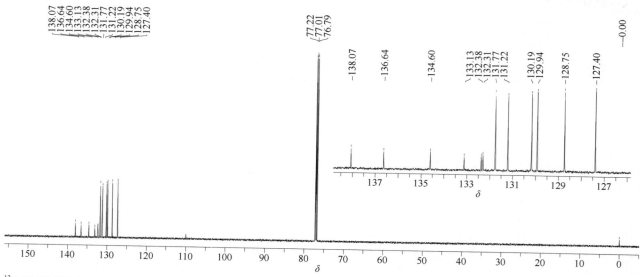

¹³C NMR (151 MHz, CDCl$_3$, δ) 138.07, 136.64, 134.60, 133.13, 132.38, 132.31, 131.77, 131.22, 130.19, 129.94, 128.75, 127.40

PCB 77（3,3',4,4'-tetrachlorobiphenyl；3,3',4,4'- 四氯联苯）

基本信息

CAS 登录号	32598-13-3	分子量	291.99
分子式	$C_{12}H_6Cl_4$		

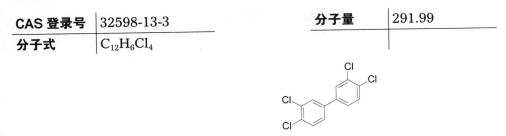

¹H NMR 谱图

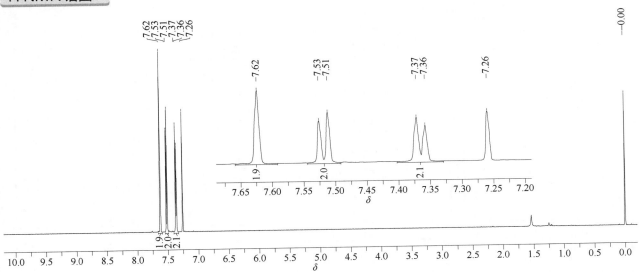

¹H NMR (600 MHz, CDCl₃, δ) 7.62 (2H, 2ArH, s), 7.52 (2H, 2ArH, d, J_{H-H} = 8.3 Hz), 7.36 (2H, 2ArH, d, J_{H-H} = 8.3 Hz)

¹³C NMR 谱图

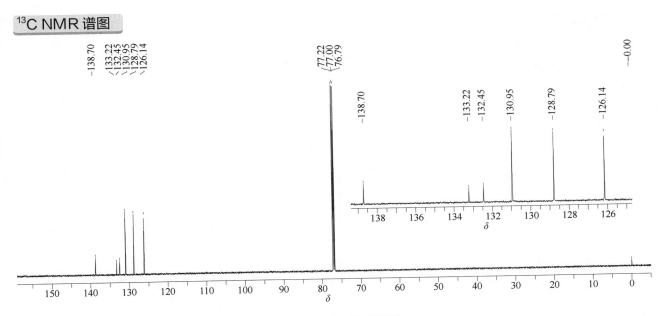

¹³C NMR (151 MHz, CDCl₃, δ) 138.70, 133.22, 132.45, 130.95, 128.79, 126.14

PCB 97（2,2′,3′,4,5-pentachlorobiphenyl; 2,2′,3′,4,5- 五氯联苯）

基本信息

CAS 登录号	41464-51-1	分子量	326.43
分子式	$C_{12}H_5Cl_5$		

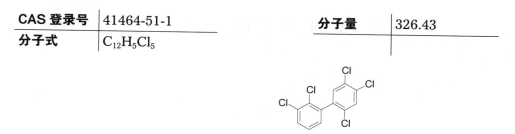

¹H NMR 谱图

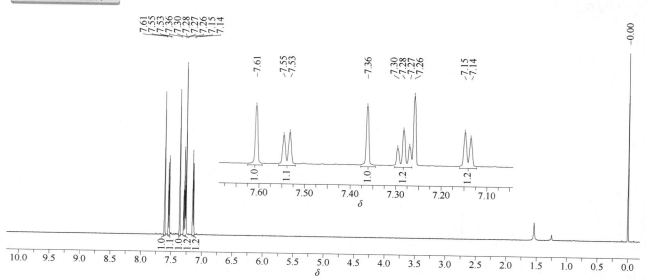

¹H NMR (600 MHz, CDCl₃, δ) 7.61 (1H, ArH, s), 7.54 (1H, ArH, d, J_{H-H} = 8.0 Hz), 7.36 (1H, ArH, s), 7.28 (1H, ArH, t, J_{H-H} = 7.8 Hz), 7.14 (1H, ArH, d, J_{H-H} = 7.6 Hz)

¹³C NMR 谱图

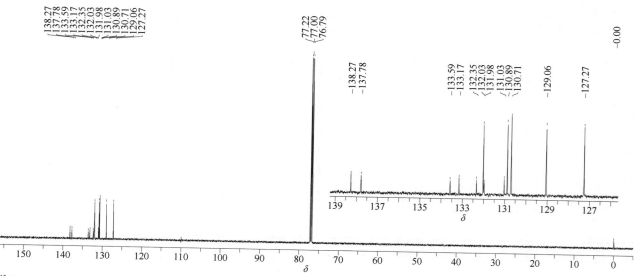

¹³C NMR (151 MHz, CDCl₃, δ) 138.27, 137.78, 133.59, 133.17, 132.35, 132.03, 131.98, 131.03, 130.89, 130.71, 129.06, 127.27

PCB 101（2,2′,4,5,5′-pentachlorobiphenyl；2,2′,4,5,5′- 五氯联苯）

基本信息

CAS 登录号	37680-73-2	分子量	326.43
分子式	$C_{12}H_5Cl_5$		

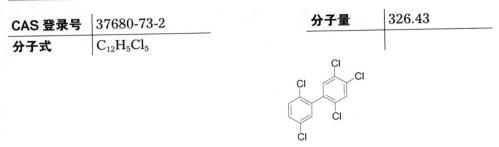

¹H NMR 谱图

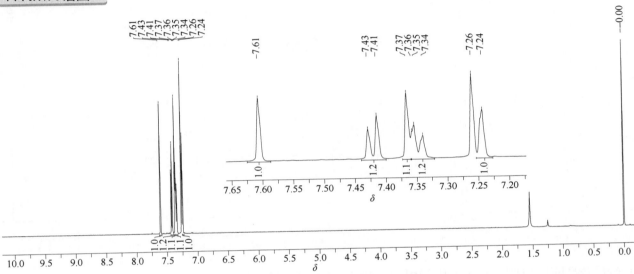

¹H NMR (600 MHz, CDCl₃, δ) 7.61 (1H, ArH, s), 7.42 (1H, ArH, d, J_{H-H} = 8.6 Hz), 7.37 (1H, ArH, s), 7.36~7.32 (1H, ArH, m), 7.24 (1H, ArH, s)

¹³C NMR 谱图

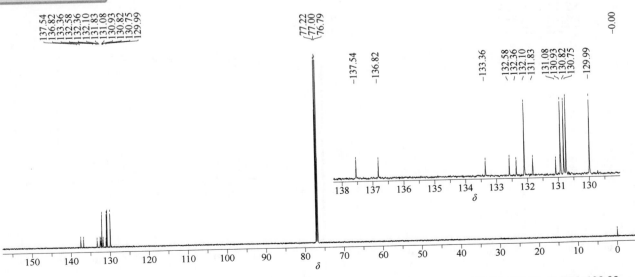

¹³C NMR (151 MHz, CDCl₃, δ) 137.54, 136.82, 133.36, 132.58, 132.36, 132.10, 131.83, 131.08, 130.93, 130.82, 130.75, 129.99

PCB 103（2,2',4,5',6-pentachlorobiphenyl; 2,2',4,5',6- 五氯联苯）

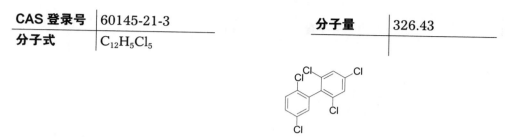

基本信息

CAS 登录号	60145-21-3	分子量	326.43
分子式	$C_{12}H_5Cl_5$		

¹H NMR 谱图

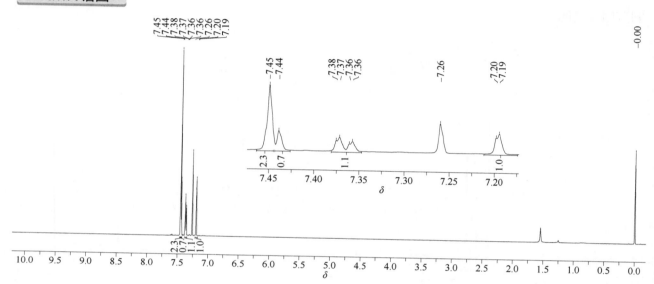

¹H NMR (600 MHz, CDCl₃, δ) 7.45 (2H, 2ArH, s), 7.45 (1H, ArH, s), 7.37 (1H, ArH, dd, J_{H-H} = 8.6 Hz, J_{H-H} = 2.1 Hz), 7.20 (1H, ArH, d, J_{H-H} = 2.1 Hz)

¹³C NMR 谱图

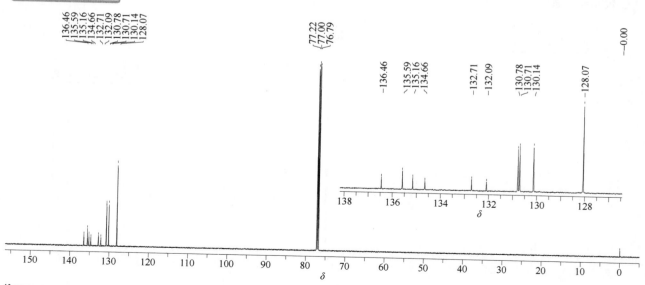

¹³C NMR (151 MHz, CDCl₃, δ) 136.46, 135.59, 135.16, 134.66, 132.71, 132.09, 130.78, 130.71, 130.14, 128.07

PCB 105（2,3,3',4,4'-pentachlorobiphenyl; 2,3,3',4,4'- 五氯联苯）

基本信息

CAS 登录号	32598-14-4	分子量	326.43
分子式	$C_{12}H_5Cl_5$		

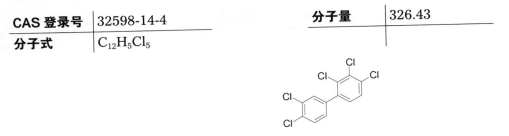

¹H NMR 谱图

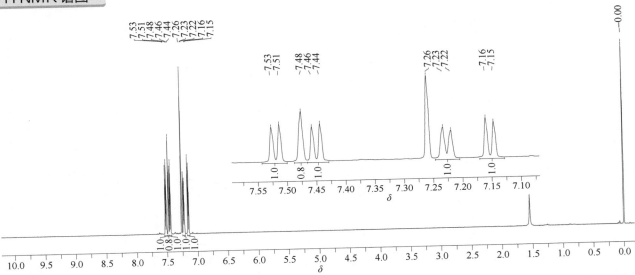

¹H NMR (600 MHz, CDCl₃, δ) 7.52 (1H, ArH, d, J_{H-H} = 8.3 Hz), 7.48 (1H, ArH, s), 7.45 (1H, ArH, d, J_{H-H} = 8.3 Hz), 7.23 (1H, ArH, d, J_{H-H} = 8.3 Hz), 7.15 (1H, ArH, d, J_{H-H} = 8.3 Hz)

¹³C NMR 谱图

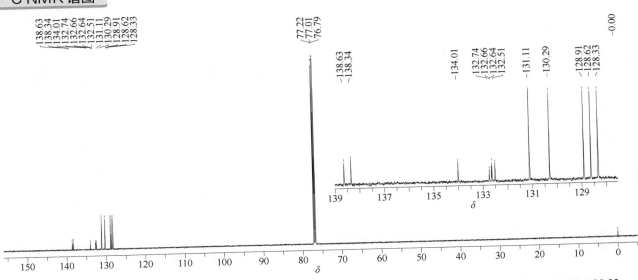

¹³C NMR (151 MHz, CDCl₃, δ) 138.63, 138.34, 134.01, 132.74, 132.66, 132.64, 132.51, 131.11, 130.29, 128.91, 128.62, 128.33

PCB 110（2,3,3′,4′,6-pentachlorobiphenyl；2,3,3′,4′,6- 五氯联苯）

基本信息

CAS 登录号	38380-03-9	分子量	326.43
分子式	$C_{12}H_5Cl_5$		

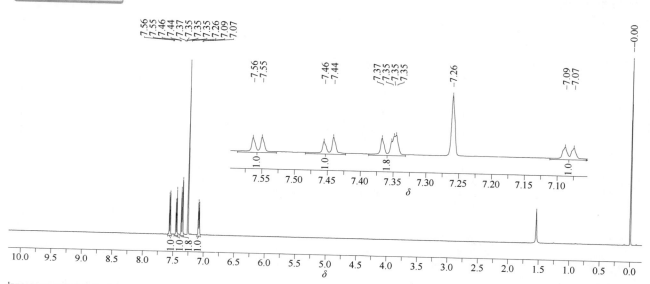

^{1}H NMR 谱图

^{1}H NMR (600 MHz, CDCl$_3$, δ) 7.56 (1H, ArH, d, J_{H-H} = 8.2 Hz), 7.45 (1H, ArH, d, J_{H-H} = 8.7 Hz), 7.39~7.33 (2H, 2ArH, m), 7.08 (1H, ArH, d, J_{H-H} = 8.2 Hz)

^{13}C NMR 谱图

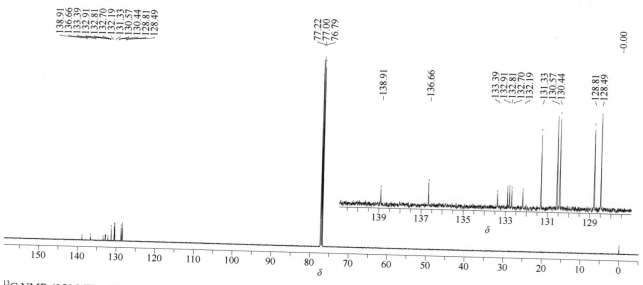

^{13}C NMR (151 MHz, CDCl$_3$, δ) 138.91, 136.66, 133.39, 132.91, 132.81, 132.70, 132.19, 131.33, 130.57, 130.44, 128.81, 128.49

PCB 112（2,3,3′,5,6-pentachlorobiphenyl；2,3,3′,5,6- 五氯联苯）

基本信息

CAS 登录号	74472-36-9	分子量	326.43
分子式	$C_{12}H_5Cl_5$		

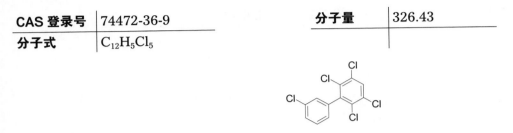

^{1}H NMR 谱图

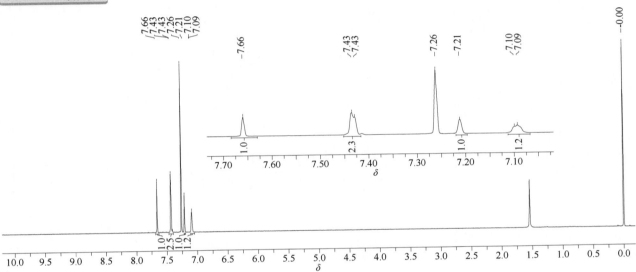

^{1}H NMR (600 MHz, CDCl$_3$, δ) 7.66 (1H, ArH, s), 7.47~7.39 (2H, 2ArH, m), 7.21 (1H, ArH, s), 7.11~7.05 (1H, ArH, m)

^{13}C NMR 谱图

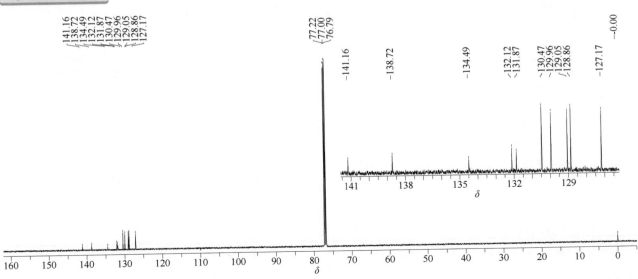

^{13}C NMR (151 MHz, CDCl$_3$, δ) 141.16, 138.72, 134.49, 132.12, 131.87, 130.47, 129.96, 129.05, 128.86, 127.17

PCB 114（2,3,4,4',5-pentachlorobiphenyl; 2,3,4,4',5- 五氯联苯）

基本信息

CAS 登录号	74472-37-0	分子量	326.43
分子式	$C_{12}H_5Cl_5$		

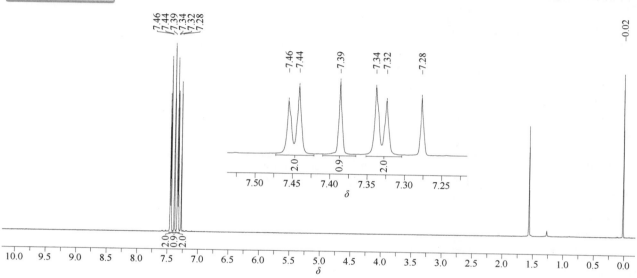

¹H NMR 谱图

¹H NMR (600 MHz, CDCl₃, δ) 7.45 (2H, 2ArH, d, J_{H-H} = 8.4 Hz), 7.39 (1H, ArH, s), 7.33 (2H, 2ArH, d, J_{H-H} = 8.4 Hz)

¹³C NMR 谱图

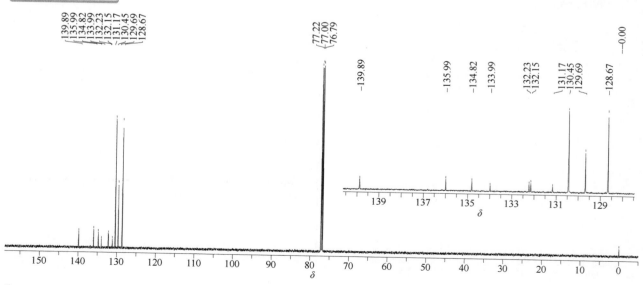

¹³C NMR (151 MHz, CDCl₃, δ) 139.89, 135.99, 134.82, 133.99, 132.23, 132.15, 131.17, 130.45, 129.69, 128.67

PCB 118 ﹙2,3′,4,4′,5-pentachlorobiphenyl; 2,3′,4,4′,5- 五氯联苯﹚

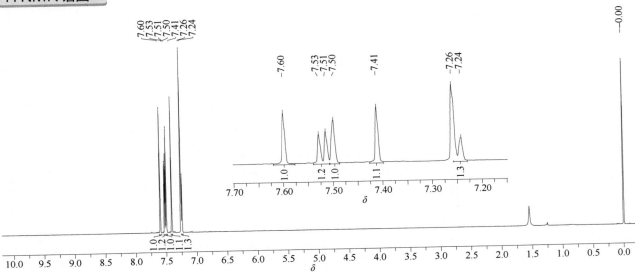

¹H NMR 谱图

¹H NMR (600 MHz, CDCl$_3$, δ) 7.60 (1H, ArH, s), 7.52 (1H, ArH, d, $J_{\text{H-H}}$ = 8.3 Hz), 7.50 (1H, ArH, s), 7.41 (1H, ArH, s), 7.25 (1H, ArH, d, $J_{\text{H-H}}$ = 8.3 Hz)

¹³C NMR 谱图

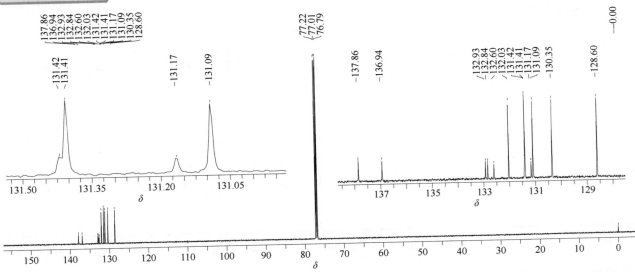

¹³C NMR (151 MHz, CDCl$_3$, δ) 137.86, 136.94, 132.93, 132.84, 132.60, 132.03, 131.42, 131.41, 131.17, 131.09, 130.35, 128.60

PCB 123（2',3,4,4',5-pentachlorobiphenyl; 2',3,4,4',5- 五氯联苯）

基本信息

CAS 登录号	65510-44-3	分子量	326.43
分子式	$C_{12}H_5Cl_5$		

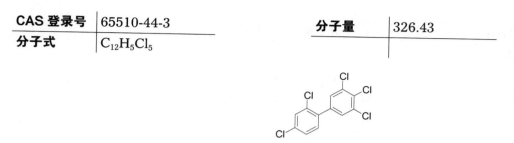

^1H NMR 谱图

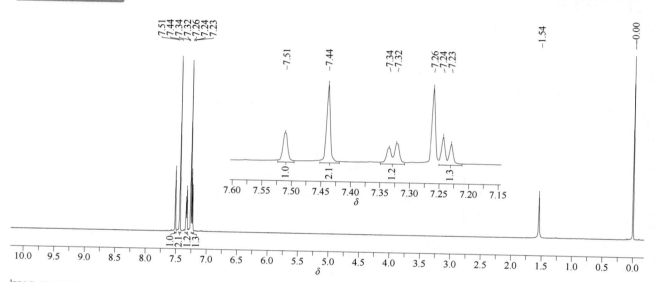

^1H NMR (600 MHz, CDCl$_3$, δ) 7.51 (1H, ArH, s), 7.44 (2H, 2ArH, s), 7.33 (1H, ArH, d, J_{H-H} = 7.5 Hz), 7.24 (1H, ArH, d, J_{H-H} = 8.2 Hz)

^{13}C NMR 谱图

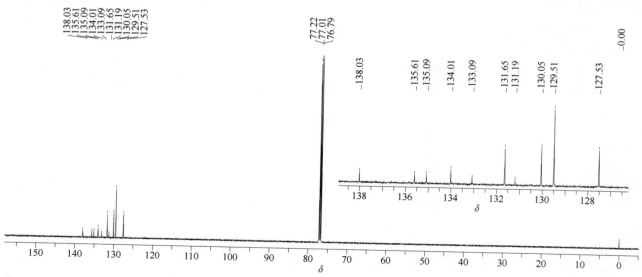

^{13}C NMR (151 MHz, CDCl$_3$, δ) 138.03, 135.61, 135.09, 134.01, 133.09, 131.65, 131.19, 130.05, 129.51, 127.53

PCB 126（3,3′,4,4′,5-pentachlorobiphenyl；3,3′,4,4′,5- 五氯联苯）

基本信息

CAS 登录号	57465-28-8	分子量	326.43
分子式	$C_{12}H_5Cl_5$		

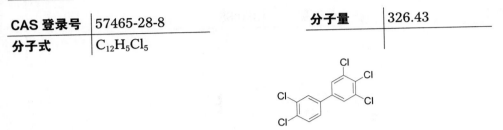

^{1}H NMR 谱图

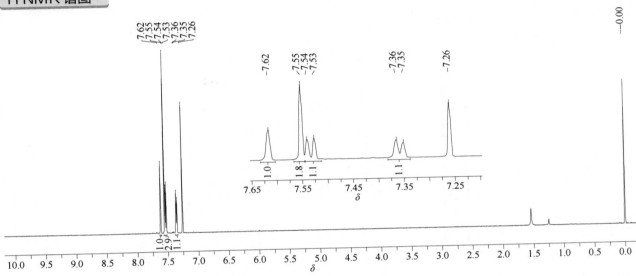

^{1}H NMR (600 MHz, CDCl$_3$, δ) 7.62 (1H, ArH, s), 7.55 (2H, 2ArH, s), 7.54 (1H, ArH, d, J_{H-H} = 8.3 Hz), 7.36 (1H, ArH, d, J_{H-H} = 8.3 Hz)

^{13}C NMR 谱图

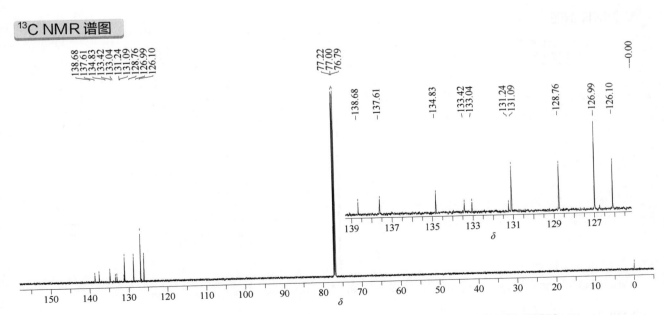

^{13}C NMR (151 MHz, CDCl$_3$, δ) 138.68, 137.61, 134.83, 133.42, 133.04, 131.24, 131.09, 128.76, 126.99, 126.10

PCB 128 (2,2',3,3',4,4'-hexachlorobiphenyl; 2,2',3,3',4,4'- 六氯联苯）

基本信息

CAS 登录号	38380-07-3	分子量	360.88
分子式	C$_{12}$H$_4$Cl$_6$		

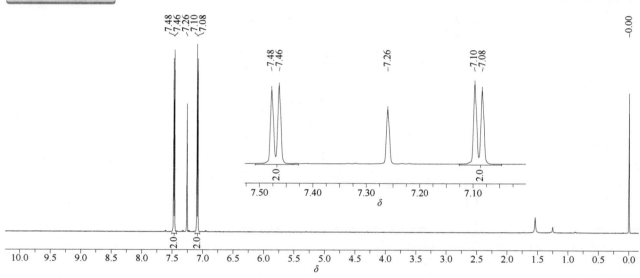

^{1}H NMR 谱图

^{1}H NMR (600 MHz, CDCl$_3$, δ) 7.47 (2H, 2ArH, d, J_{H-H} = 8.3 Hz), 7.09 (2H, 2ArH, d, J_{H-H} = 8.3 Hz)

^{13}C NMR 谱图

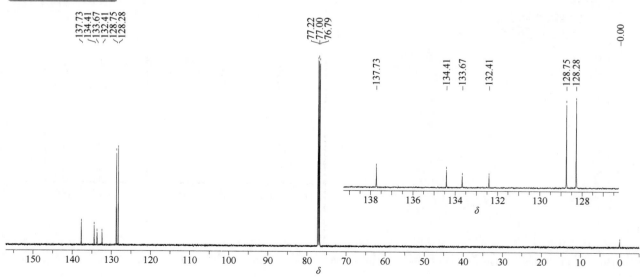

^{13}C NMR (151 MHz, CDCl$_3$, δ) 137.73, 134.41, 133.67, 132.41, 128.75, 128.28

PCB 137（2,2′,3,4,4′,5–hexachlorobiphenyl；2,2′,3,4,4′,5– 六氯联苯）

基本信息

CAS 登录号	35694-06-5	分子量	360.88
分子式	$C_{12}H_4Cl_6$		

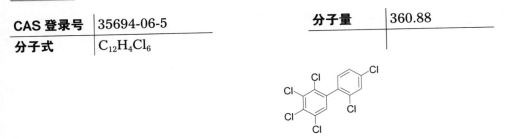

^{1}H NMR 谱图

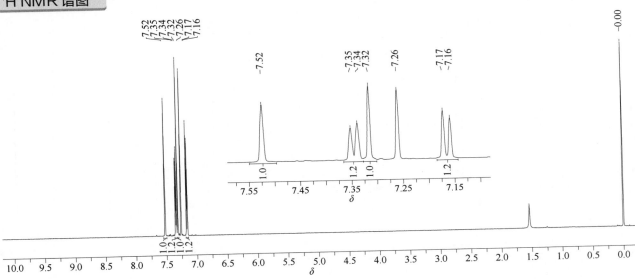

^{1}H NMR (600 MHz, CDCl$_3$, δ) 7.52 (1H, ArH, s), 7.35 (1H, Ar, d, $J_{\text{H-H}}$ = 8.2 Hz), 7.32 (1H, ArH, s), 7.17 (1H, ArH, d, $J_{\text{H-H}}$ = 8.2 Hz)

^{13}C NMR 谱图

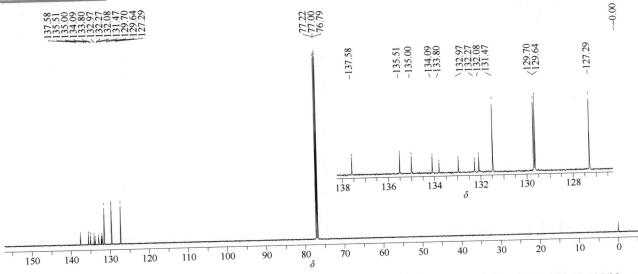

^{13}C NMR (151 MHz, CDCl$_3$, δ) 137.58, 135.51, 135.00, 134.09, 133.80, 132.97, 132.27, 132.08, 131.47, 129.70, 129.64, 127.29

1233

PCB 138 (2,2′,3,4,4′,5′-hexachlorobiphenyl; 2,2′,3,4,4′,5′- 六氯联苯)

基本信息

CAS 登录号	35065-28-2	分子量	360.88
分子式	$C_{12}H_4Cl_6$		

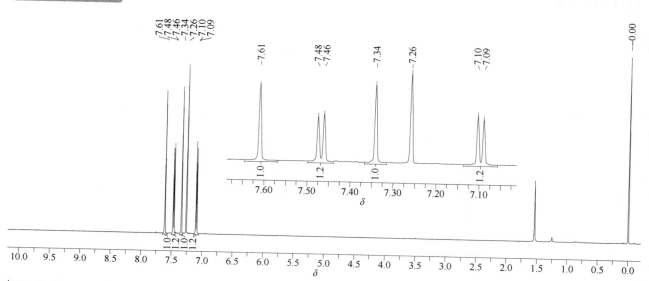

^1H NMR 谱图

^1H NMR (600 MHz, CDCl$_3$, δ) 7.61 (1H, ArH, s), 7.47 (1H, ArH, d, J_{H-H} = 8.3 Hz), 7.34 (1H, ArH, s), 7.10 (1H, ArH, d, J_{H-H} = 8.3 Hz)

^{13}C NMR 谱图

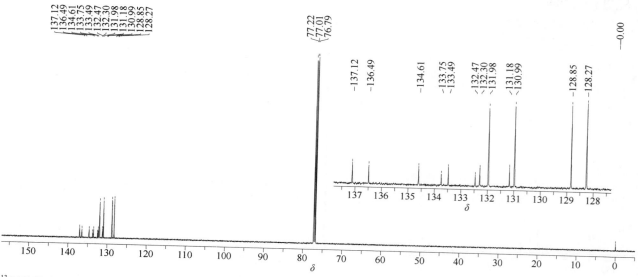

^{13}C NMR (151 MHz, CDCl$_3$, δ) 137.12, 136.49, 134.61, 133.75, 133.49, 132.47, 132.30, 131.98, 131.18, 130.99, 128.85, 128.27

PCB 146（2,2′,3,4′,5,5′-hexachlorobiphenyl；2,2′,3,4′,5,5′- 六氯联苯）

基本信息

CAS 登录号	51908-16-8	分子量	360.88
分子式	$C_{12}H_4Cl_6$		

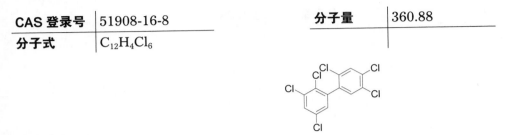

^{1}H NMR 谱图

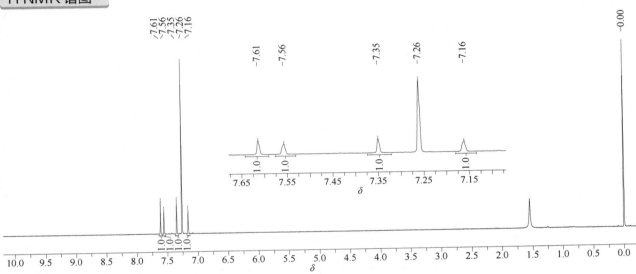

^{1}H NMR (600 MHz, CDCl$_3$, δ) 7.61 (1H, ArH, s), 7.56 (1H, ArH, s), 7.35 (1H, ArH, s), 7.16 (1H, ArH, s)

^{13}C NMR 谱图

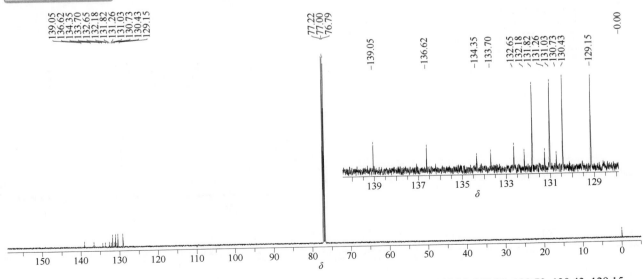

^{13}C NMR (151 MHz, CDCl$_3$, δ) 139.05, 136.62, 134.35, 133.70, 132.65, 132.18, 131.82, 131.26, 131.03, 130.73, 130.43, 129.15

PCB 149（2,2',3,4',5',6-hexachlorobiphenyl; 2,2',3,4',5',6- 六氯联苯）

基本信息

CAS 登录号	38380-04-0	分子量	360.88
分子式	$C_{12}H_4Cl_6$		

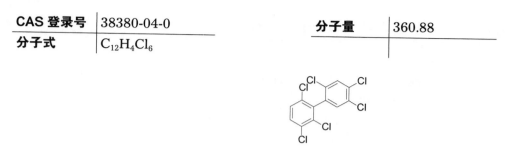

¹H NMR 谱图

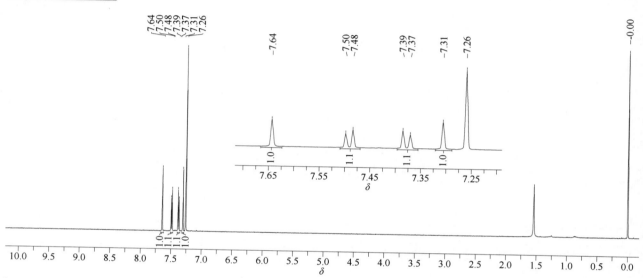

¹H NMR (600 MHz, CDCl₃, δ) 7.64 (1H, ArH, s), 7.49 (1H, ArH, d, J_{H-H} = 8.7 Hz), 7.38 (1H, ArH, d, J_{H-H} = 8.7 Hz), 7.31 (1H, ArH, s)

¹³C NMR 谱图

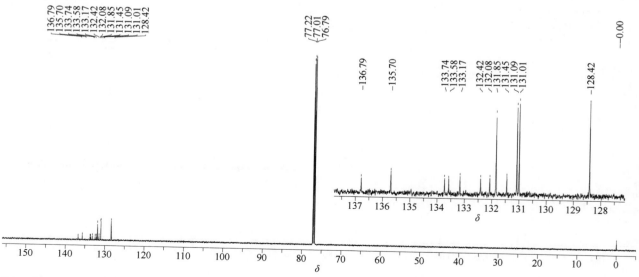

¹³C NMR (151 MHz, CDCl₃, δ) 136.79, 135.70, 133.74, 133.58, 133.17, 132.42, 132.08, 131.85, 131.45, 131.09, 131.01, 128.42

PCB 153 (2,2',4,4',5,5'-hexachlorobiphenyl; 2,2',4,4',5,5'- 六氯联苯)

基本信息

CAS 登录号	35065-27-1	**分子量**	360.88
分子式	$C_{12}H_4Cl_6$		

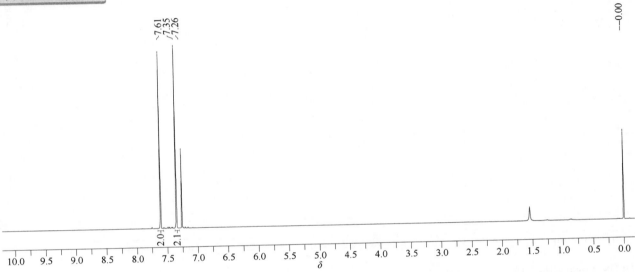

¹H NMR 谱图

¹H NMR (600 MHz, CDCl₃, δ) 7.61 (2H, 2ArH, s), 7.35 (2H, 2ArH, s)

¹³C NMR 谱图

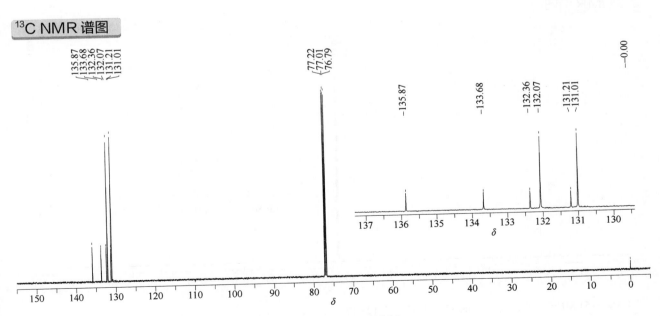

¹³C NMR (151 MHz, CDCl₃, δ) 135.87, 133.68, 132.36, 132.07, 131.21, 131.01

PCB 155 (2,2',4,4',6,6'-hexachlorobiphenyl; 2,2',4,4',6,6'- 六氯联苯)

基本信息

CAS 登录号	33979-03-2	分子量	360.88
分子式	C₁₂H₄Cl₆		

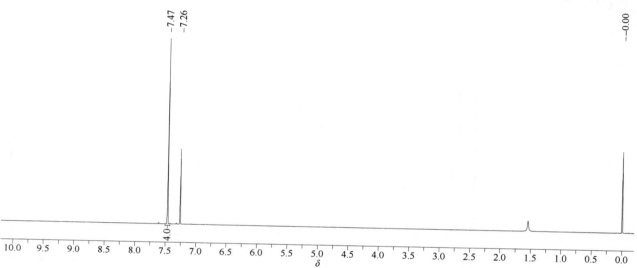

¹H NMR 谱图

¹H NMR (600 MHz, CDCl₃, δ) 7.47 (4H, 4ArH, s)

¹³C NMR 谱图

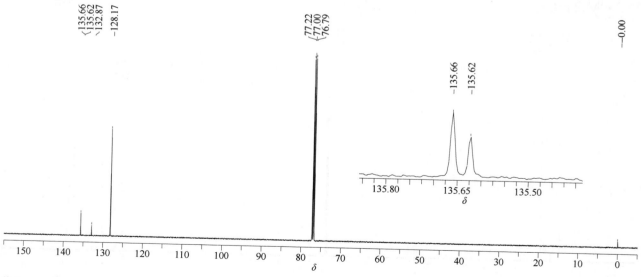

¹³C NMR (151 MHz, CDCl₃, δ) 135.66, 135.62, 132.87, 128.17

PCB 156(2,3,3′,4,4′,5-hexachlorobiphenyl; 2,3,3′,4,4′,5- 六氯联苯）

基本信息

CAS 登录号	38380-08-4	分子量	360.88
分子式	C$_{12}$H$_4$Cl$_6$		

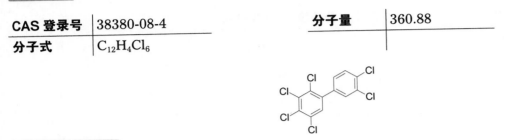

^{1}H NMR 谱图

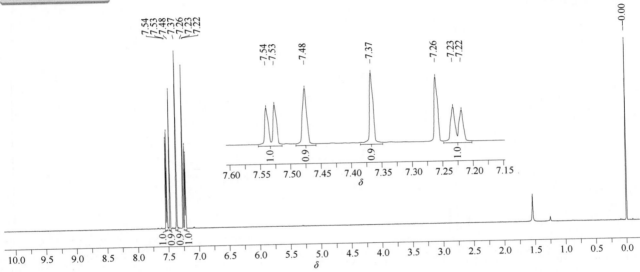

^{1}H NMR (600 MHz, CDCl$_3$, δ) 7.53 (1H, ArH, d, J_{H-H} = 8.3 Hz), 7.48 (1H, ArH, s), 7.37 (1H, ArH, s), 7.23 (1H, ArH, d, J_{H-H} = 8.2 Hz)

^{13}C NMR 谱图

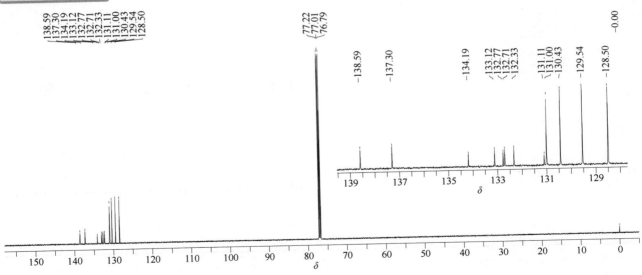

^{13}C NMR (151 MHz, CDCl$_3$, δ) 138.59, 137.30, 134.19, 133.12, 132.77, 132.71, 132.33, 131.11, 131.00, 130.43, 129.54, 128.50

PCB 157 (2,3,3',4,4',5'-hexachlorobiphenyl; 2,3,3',4,4',5'- 六氯联苯)

基本信息

CAS 登录号	69782-90-7	分子量	360.88
分子式	$C_{12}H_4Cl_6$		

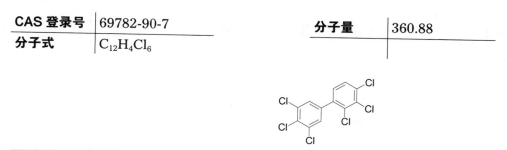

^{1}H NMR 谱图

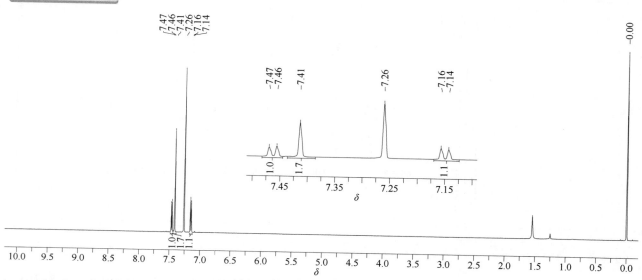

^{1}H NMR (600 MHz, CDCl$_3$, δ) 7.46 (1H, ArH, d, J_{H-H} = 8.3 Hz), 7.41 (2H, 2ArH, s), 7.15 (1H, ArH, d, J_{H-H} = 8.3 Hz)

^{13}C NMR 谱图

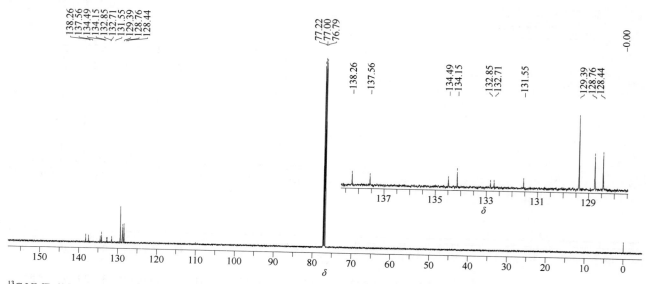

^{13}C NMR (151 MHz, CDCl$_3$, δ) 138.26, 137.56, 134.49, 134.15, 132.85, 132.71, 131.55, 129.39, 128.76, 128.44

PCB 167(2,3′,4,4′,5,5′–hexachlorobiphenyl; 2,3′,4,4′,5,5′– 六氯联苯)

基本信息

CAS 登录号	52663-72-6	分子量	360.88
分子式	$C_{12}H_4Cl_6$		

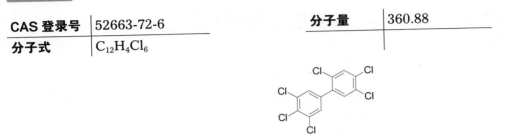

¹H NMR 谱图

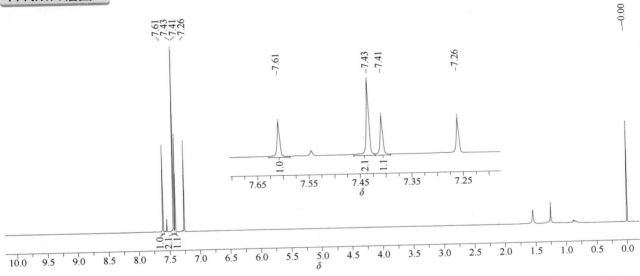

¹H NMR (600 MHz, CDCl₃, δ) 7.61 (1H, ArH, s), 7.43 (2H, 2ArH, s), 7.41 (1H, ArH, s)

¹³C NMR 谱图

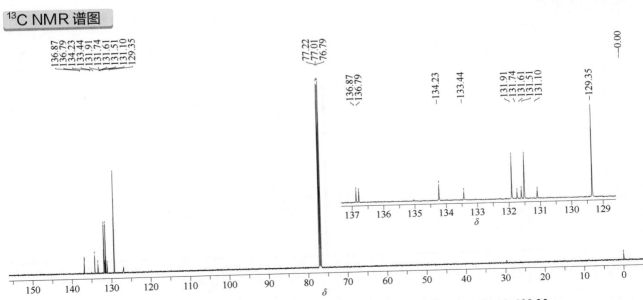

¹³C NMR (151 MHz, CDCl₃, δ) 136.87, 136.79, 134.23, 133.44, 131.91, 131.74, 131.61, 131.51, 131.10, 129.35

PCB 169 (3,3′,4,4′,5,5′-hexachlorobiphenyl; 3,3′,4,4′,5,5′- 六氯联苯)

CAS 登录号	32774-16-6	分子量	360.88
分子式	$C_{12}H_4Cl_6$		

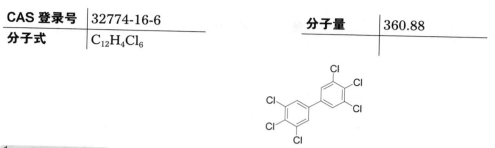

^1H NMR 谱图

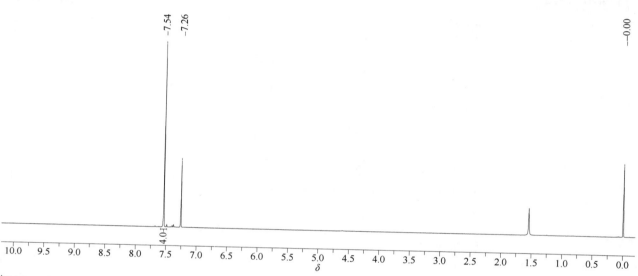

^1H NMR (600 MHz, CDCl$_3$, δ) 7.54 (4H, 4ArH, s)

^{13}C NMR 谱图

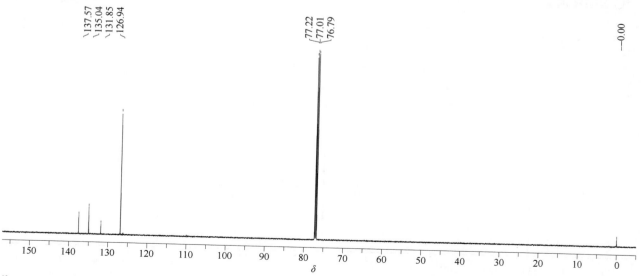

^{13}C NMR (151 MHz, CDCl$_3$, δ) 137.57, 135.04, 131.85, 126.94

PCB 170（2,2′,3,3′,4,4′,5–heptachlorobiphenyl；2,2′,3,3′,4,4′,5– 七氯联苯）

基本信息

CAS 登录号	35065-30-6	分子量	395.32
分子式	$C_{12}H_3Cl_7$		

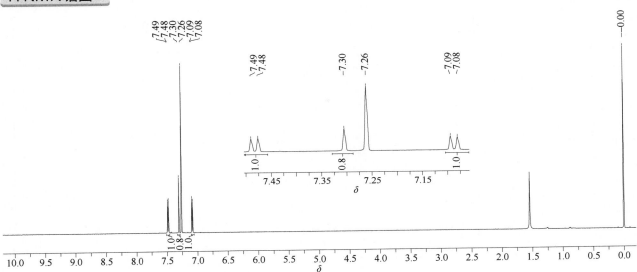

¹H NMR 谱图

¹H NMR (600 MHz, CDCl₃, δ) 7.48 (1H, ArH, d, J_{H-H} = 8.3 Hz), 7.30 (1H, ArH, s), 7.09 (1H, ArH, d, J_{H-H} = 8.3 Hz)

¹³C NMR 谱图

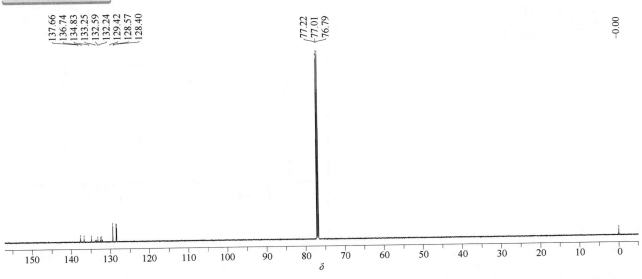

¹³C NMR (151 MHz, CDCl₃, δ) 137.66, 136.74, 134.83, 133.93, 133.61, 133.25, 132.59, 132.24, 132.09, 129.42, 128.57, 128.40

PCB 180 (2,2′,3,4,4′,5,5′-heptachlorobiphenyl; 2,2′, 3,4,4′,5,5′- 七氯联苯)

CAS 登录号	35065-29-3	分子量	395.32
分子式	$C_{12}H_3Cl_7$		

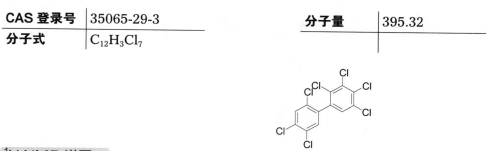

¹H NMR 谱图

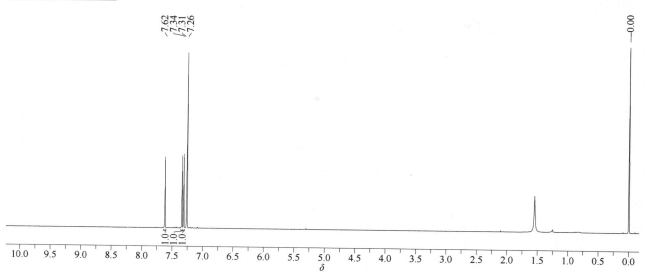

¹H NMR (600 MHz, CDCl₃, δ) 7.62 (1H, ArH, s), 7.34 (1H, ArH, s), 7.31 (1H, ArH, s)

¹³C NMR 谱图

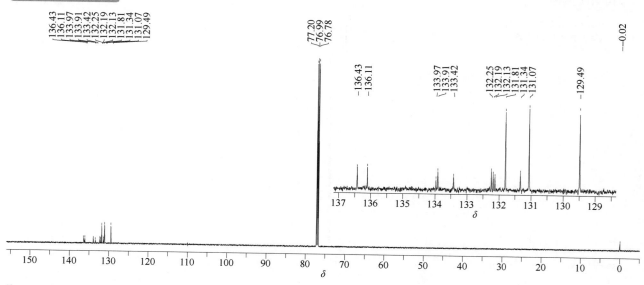

¹³C NMR (151 MHz, CDCl₃, δ) 136.43, 136.11, 133.97, 133.91, 133.42, 132.25, 132.19, 132.13, 131.81, 131.34, 131.07, 129.49

PCB 194 (2,2′,3,3′,4,4′,5,5′-octachlorobiphenyl; 2,2′,3,3′,4,4′,5,5′– 八氯联苯)

基本信息

CAS 登录号	35694-08-7	分子量	429.77
分子式	$C_{12}H_2Cl_8$		

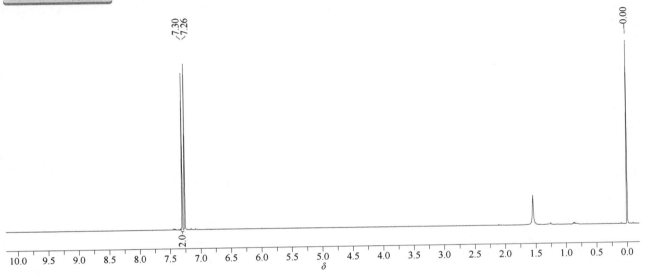

¹H NMR 谱图

¹H NMR (600 MHz, CDCl₃, δ) 7.30 (2H, 2ArH, s)

¹³C NMR 谱图

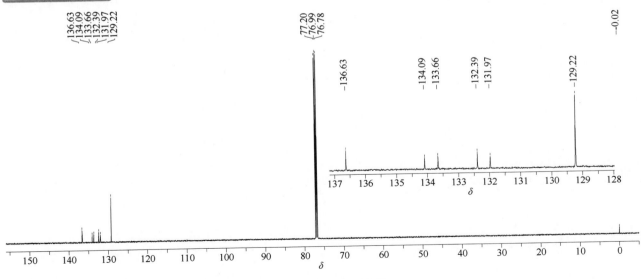

¹³C NMR (151 MHz, CDCl₃, δ) 136.63, 134.09, 133.66, 132.39, 131.97, 129.22

参考文献

[1] GB 2763—2016.

[2] MacBean C. 农药手册. 胡笑形等译. 北京：化学工业出版社，2015.

[3] Louis D Quin. A Guide to Organophosphorus Chemistry. New York: John Wiley & Sons, 2000.

[4] 卿凤翎等. 有机氟化学. 北京：科学出版社，2007.

[5] 宁永成. 有机化合物结构鉴定与有机波谱学. 北京：科学出版社，2014.

[6] 宋宝安. 新杂环农药：杀菌剂. 北京：化学工业出版社，2008.

[7] 宋宝安，金林红. 新杂环农药：杀虫剂. 北京：化学工业出版社，2009.

[8] 宋宝安，吴剑. 新杂环农药：除草剂. 北京：化学工业出版社，2011.

[9] 刘长令. 世界农药大全. 杀虫剂卷. 北京：化学工业出版社，2012.

[10] 杨华铮，邹小毛，朱有全等. 现代农药化学. 北京：化学工业出版社，2013.

[11] Pohanish R P. Sittig's Handbook of Pesticides and Agricultural Chemicals. 2nd Edition. Norwick：Elsevier, 2005.

[12] 周志强. 手性农药与农药残留分析新方法. 北京：科学出版社，2015.

>>>> **索引**

化合物中文名称索引
Index of Compound Chinese Name

分子式索引
Index of Molecular Formula

$C_8H_{18}O_2$ 456

$C_8H_{19}O_2PS_2$ 452

$C_8H_{19}O_2PS_3$ 406

$C_8H_{19}O_3PS_3$ 409

$C_8H_{19}O_4PS_2$ 305

$C_8H_{19}O_4PS_3$ 407

$C_8H_{20}O_5P_2S_2$ 1049

$C_8H_{24}N_4O_3P_2$ 1017

$C_9H_4Cl_3NO_2S$ 602

$C_9H_4Cl_6O_2$ 429

$C_9H_6ClNO_3S$ 70

$C_9H_6Cl_2N_2O_3$ 760

$C_9H_6Cl_6O$ 428

$C_9H_6Cl_6O_3S$ 425,426,427,430

$C_9H_6Cl_8$ 166

$C_9H_6F_3N_3O$ 529

$C_9H_6N_2S_3$ 1057

$C_9H_7Cl_3O_3$ 487,1114

C_9H_7NO 651

$C_9H_7N_3S$ 1143

$C_9H_8Cl_2O_3$ 333

$C_9H_8Cl_3NO_2S$ 143

$C_9H_8N_4OS$ 1097

$C_9H_9ClN_4$ 9

$C_9H_9ClO_3$ 230,730,731

$C_9H_9Cl_2NO$ 943

$C_9H_9N_3OS$ 91

$C_9H_9N_3O_2$ 146

$C_9H_{10}BrClN_2O_2$ 167

$C_9H_{10}Cl_2N_2O$ 414

$C_9H_{10}Cl_2N_2O_2$ 721

$C_9H_{10}ClN_2O_5PS$ 53

$C_9H_{10}ClN_3O$ 668

$C_9H_{10}ClN_5O_2$ 667

$C_9H_{10}NO_3PS$ 247

$C_9H_{11}BrN_2O_2$ 780

$C_9H_{11}Cl_2FN_2O_2S_2$ 325

$C_9H_{11}Cl_2O_3PS$ 1115

$C_9H_{11}Cl_3NO_3PS$ 203

$C_9H_{11}Cl_3NO_4P$ 204

$C_9H_{11}ClN_2O$ 798

$C_9H_{11}ClN_2O_2$ 795

$C_9H_{11}NO_2$ 783

$C_9H_{12}ClO_4P$ 641

$C_9H_{12}NO_5PS$ 484

$C_9H_{12}N_2O$ 517

$C_9H_{13}BrN_2O_2$ 105

$C_9H_{13}ClNR$ 85

$C_9H_{13}ClN_2O_2$ 1073

$C_9H_{14}ClN_5$ 275

$C_9H_{13}ClN_6$ 245

$C_9H_{14}N_2O_2S$ 415

$C_9H_{15}N_5O_7S_2$ 31

$C_9H_{16}ClN_5$ 947,1080,1146

$C_9H_{16}N_4OS$ 1063

$C_9H_{16}N_5Cl$ 1019

$C_9H_{17}ClN_3O_3PS$ 685

$C_9H_{17}NOS$ 792

$C_9H_{17}N_5O$ 47

$C_9H_{17}N_5S$ 29

$C_9H_{18}NO_3PS_2$ 609

$C_9H_{18}N_2O_3S$ 1105

$C_9H_{20}N_2O_2$ 942

$C_9H_{21}O_2PS_3$ 1075

$C_9H_{21}O_3PS_3$ 1078

$C_9H_{21}O_4PS_3$ 1077

$C_9H_{22}O_4P_2S_4$ 447

$C_{10}Cl_{10}$ 350

$C_{10}Cl_{10}O$ 171

$C_{10}Cl_{12}$ 791

$C_{10}H_4Cl_2FNO_2$ 573

$C_{10}H_4Cl_2O_2$ 326

$C_{10}H_5Cl_2NO_2$ 998

$C_{10}H_5Cl_7$ 638

$C_{10}H_5Cl_7O$ 639,640

$C_{10}H_5Cl_9$ 822

$C_{10}H_6Cl_2N_2$ 481

$C_{10}H_6Cl_4O_4$ 210

$C_{10}H_6Cl_6$ 172

$C_{10}H_6Cl_8$ 169,170

$C_{10}H_6ClNO_2$ 1000

$C_{10}H_6ClN_5O$ 1128

$C_{10}H_6N_2OS_2$ 159

$C_{10}H_7ClN_2O$ 980

$C_{10}H_7Cl_2NO_2$ 370

$C_{10}H_7Cl_5O$ 1145

$C_{10}H_7Cl_5O_2$ 924

$C_{10}H_7N_3S$ 1090

$C_{10}H_8BrN_3O$ 120

$C_{10}H_8ClN_3O$ 184

$C_{10}H_8ClN_3O_2$ 419

$C_{10}H_8Cl_2N_4O$ 665

$C_{10}H_8Cl_2N_4S$ 664

$C_{10}H_8O$ 806

$C_{10}H_9ClN_4S$ 1091

$C_{10}H_9Cl_2NO$ 162

$C_{10}H_9Cl_3O_3$ 488

$C_{10}H_9Cl_4NO_2S$ 142

$C_{10}H_9Cl_4O_4P$ 1083

$C_{10}H_9NO_2$ 675

$C_{10}H_9NO_3S$ 927

$C_{10}H_9N_3O$ 307

$C_{10}H_{10}BrCl_2O_4P$ 109

$C_{10}H_{10}CaO_5$ 937

$C_{10}H_{10}Cl_2O_2$ 178

$C_{10}H_{10}Cl_2O_3$ 286,292,334

$C_{10}H_{10}Cl_3O_4P$ 383

$C_{10}H_{10}F_3N_3OS$ 1050

C₁₆H₁₆N₂O₄ 309,882
C₁₆H₁₆O₂ 773
C₁₆H₁₇F₅N₂O₂S 1095
C₁₆H₁₇NO 400
C₁₆H₁₇N₃O₅S 1119
C₁₆H₁₈Cl₂N₂O₄ 740
C₁₆H₁₈N₂O₃ 355
C₁₆H₁₈N₄O₇S 79
C₁₆H₂₀ClN₅O₂ 516
C₁₆H₂₀FN₅ 673
C₁₆H₂₀F₃N₃OS 874
C₁₆H₂₀N₂O₃ 656
C₁₆H₂₀N₆O₆S 838
C₁₆H₂₀O₆P₂S₃ 1071
C₁₆H₂₂Cl₂O₃ 287
C₁₆H₂₂ClNO₃ 350
C₁₆H₂₂ClN₃O 1058
C₁₆H₂₂N₄O₃S 141
C₁₆H₂₂O₄ 318
C₁₆H₂₃N₃OS 124
C₁₆H₃₀N₂O₃ 923
C₁₇H₇Cl₂F₉N₂O₃ 826
C₁₇H₈Cl₂F₈N₂O₃ 722
C₁₇H₉ClF₈N₂O₄ 824
C₁₇H₁₀F₆N₄S 542
C₁₇H₁₂ClFN₂O 827
C₁₇H₁₂Cl₂N₂O 472
C₁₇H₁₂Cl₁₀O₄ 713
C₁₇H₁₃ClFNO₄ 224
C₁₇H₁₃ClFN₃O 436
C₁₇H₁₃ClN₂O₄ 1003
C₁₇H₁₃Cl₃N₄S 663
C₁₇H₁₄ClF₇O₂ 1068
C₁₇H₁₅ClFNO₃ 527
C₁₇H₁₆Br₂O₃ 116
C₁₇H₁₆ClF₃O₆S 1069
C₁₇H₁₆Cl₂O₃ 195
C₁₇H₁₆F₃NO₂ 596
C₁₇H₁₇ClFNO₄ 875
C₁₇H₁₇ClF₄N₄O₅S 1016
C₁₇H₁₇ClO₆ 623
C₁₇H₁₇N₃OS 465
C₁₇H₁₇N₃O₃ 660
C₁₇H₁₈N₄O₆S 845
C₁₇H₁₉ClN₂O 243
C₁₇H₁₉F₃N₆O₆S 1157
C₁₇H₁₉NO₂ 745
C₁₇H₁₉NO₄ 495,611
C₁₇H₁₉N₃O₆ 989
C₁₇H₁₉N₅O₆S 255
C₁₇H₂₀ClN₃O 1168
C₁₇H₂₀ClN₃O₂ 612
C₁₇H₂₀N₂O 288,776
C₁₇H₂₀N₂O₃ 93

C₁₇H₂₁ClN₂O₂S 649
C₁₇H₂₁NO₂ 813
C₁₇H₂₁NO₄S₄ 81
C₁₇H₂₁N₅O₉S₂ 747
C₁₇H₂₂ClN₃O 755
C₁₇H₂₂N₂O₄ 670
C₁₇H₂₄ClNO₄ 1072
C₁₇H₂₄NNaO₅ 27
C₁₇H₂₅NO₂ 434
C₁₇H₂₅N₃O₄S₂ 19
C₁₇H₂₆ClNO₂ 125,926
C₁₇H₂₆ClNO₃S 221
C₁₇H₂₆N₈S₅ 103
C₁₇H₂₇NO₂ 1074
C₁₇H₂₇NO₃S 256
C₁₇H₃₈BrN 158
C₁₈H₁₂ 217
C₁₈H₁₂Cl₂F₃N₃O 102
C₁₈H₁₂Cl₂N₂O 104
C₁₈H₁₂F₅N₃O 600
C₁₈H₁₃ClF₃NO₇ 572
C₁₈H₁₃NO₃ 814
C₁₈H₁₄BrCl₂N₅O₂ 163
C₁₈H₁₄Cl₄F₃NO₃ 981
C₁₈H₁₄F₃NO₂ 588
C₁₈H₁₅O₄P 1165
C₁₈H₁₅P 1166
C₁₈H₁₆ClNO₅ 492,494
C₁₈H₁₆F₃NO₄ 912
C₁₈H₁₆OSn 515
C₁₈H₁₇Cl₂NO₃ 90
C₁₈H₁₇F₄NO₂ 67
C₁₈H₁₇NO₃ 703
C₁₈H₁₈ClNO₅ 88
C₁₈H₁₈N₂O₅S 279
C₁₈H₁₉ClN₂O₂ 626
C₁₈H₁₉NO₄ 714
C₁₈H₂₀Cl₂ 880
C₁₈H₂₀N₂O₂ 1011
C₁₈H₂₀N₂O₄S 356
C₁₈H₂₀O₄ 396
C₁₈H₂₂ClNO₃ 232
C₁₈H₂₃NO₃ 1038
C₁₈H₂₃NO₄ 1040
C₁₈H₂₄ClN₃O 681,1060
C₁₈H₂₄FN₃O 865
C₁₈H₂₄FN₃O₃S 83
C₁₈H₂₄N₂O₄ 702
C₁₈H₂₄N₂O₆ 746
C₁₈H₂₅NO₃ 1041
C₁₈H₂₅N₅O₅ 839
C₁₈H₂₆N₂O₅S 613
C₁₈H₂₆O₂ 219
C₁₈H₂₈N₂O₃ 684

CAS 登录号索引
Index of CAS Number

94-75-7	284
94-80-4	300
94-81-5	734
94-82-6	292
94-96-2	456
95-06-7	1044
95-74-9	189
97-16-5	618
97-17-6	323
97-23-4	332
99-30-9	341
100-00-5	188
101-10-0	230
101-20-2	1138
101-21-3	202
101-27-9	64
101-42-8	517
102-07-8	401
103-17-3	164
103-33-3	60
105-67-9	381
106-46-7	330
108-39-4	778
108-60-1	293
108-95-2	883
113-48-4	434
114-26-1	953
115-26-4	366
115-29-7	425
115-31-1	687
115-32-2	343
115-78-6	199
115-86-6	1165
115-90-2	502
115-93-5	281
116-06-3	21
116-29-0	1086
117-18-0	1065
117-80-6	326
117-81-7	905
118-74-1	643
119-12-0	982
120-23-0	811
120-36-5	333
121-75-5	726
122-14-5	484
122-16-7	1045
122-34-9	1027
122-39-4	402
122-42-9	950
122-88-3	194
123-33-1	728
124-58-3	775
126-07-8	623

126-71-6	1159
126-73-8	1132
127-90-2	1015
131-11-3	382
131-72-6	746
132-66-1	814
133-06-2	143
133-07-3	602
133-32-4	676
133-90-4	160
134-62-3	353
136-45-8	404
137-26-8	1109
137-30-4	1187
139-40-2	947
140-56-7	466
140-57-8	44
141-03-7	319
141-66-2	344
143-50-0	171
145-73-3	431
148-24-3	651
148-79-8	1090
150-68-5	798
152-16-9	1017
218-01-9	217
297-97-2	1106
298-00-0	859
298-02-2	891
298-04-4	406
299-84-3	478
299-86-5	241
300-76-5	805
301-12-2	304
309-00-2	24
311-45-5	854
314-40-9	105
315-18-4	790
319-84-6	635
319-85-7	636
319-86-8	637
321-54-0	238
330-54-1	414
330-55-2	721
333-41-5	315
354-38-1	1154
385-00-2	362
420-04-2	244
470-90-6	180
485-31-4	98
500-28-7	212
510-15-6	190
526-83-0	1056
527-20-8	868

532-34-3	131		1214-39-7	92
533-23-3	286		1420-06-0	1147
533-74-4	291		1420-07-1	395
534-52-1	416		1469-48-3	1087
535-89-7	240		1491-41-4	807
548-62-9	65		1563-66-2	148
555-37-3	815		1582-09-8	1155
563-12-2	447		1593-77-7	417
571-58-4	380		1596-84-5	290
580-51-8	890		1610-17-9	47
584-79-2	25		1610-18-0	939
603-35-0	1166		1634-78-2	725
608-73-1	634		1646-87-3	23
608-93-5	870		1646-88-4	22
626-43-7	328		1689-83-4	680
636-30-6	1135		1689-84-5	118
644-64-4	385		1689-99-2	119
671-04-5	144		1698-60-8	184
672-99-1	66		1702-17-6	231
673-04-1	1030		1715-40-8	111
709-98-8	943		1746-81-2	795
731-27-1	1117		1757-18-2	16
732-11-6	900		1825-19-0	779
741-58-2	80		1825-21-4	869
786-19-6	151		1836-75-5	820
789-02-6	298		1836-77-7	187
834-12-8	29		1861-32-1	210
841-06-5	769		1861-40-1	73
886-50-0	1081		1897-45-6	196
900-95-8	514		1910-42-5	857
919-86-8	301		1912-24-9	48
934-32-7	32		1912-26-1	1146
944-22-9	604		1918-00-9	320
947-02-4	898		1918-02-1	909
950-10-7	742		1918-11-2	1074
950-35-6	855		1918-13-4	211
950-37-8	762		1918-16-7	941
957-51-7	400		1928-37-6	1114
959-98-8	426		1928-43-4	287
973-21-7	389		1929-77-7	1181
999-81-5	186		1929-82-4	819
1007-28-9	51		1929-88-0	91
1014-69-3	311		1967-16-4	168
1014-70-6	1031		1982-47-4	197
1024-57-3	640		1982-49-6	1024
1031-07-8	430		2008-39-1	285
1071-83-6	621		2008-41-5	135
1085-98-9	325		2008-58-4	329
1113-02-6	836		2032-59-9	33
1114-71-2	861		2032-65-7	764
1119-97-7	158		2050-68-2	1200
1129-41-5	783		2051-60-7	1190
1134-23-2	252		2051-62-9	1191
1194-65-6	322		2058-46-0	851

2079-00-7	103		3060-89-7	780
2104-64-5	435		3244-90-4	45
2104-96-3	115		3337-71-1	46
2122-19-2	955		3347-22-6	412
2163-69-1	257		3369-52-6	428
2164-08-1	717		3380-34-5	1142
2164-09-2	162		3383-96-8	1071
2164-17-2	565		3397-62-4	50
2179-25-1	765		3424-82-6	296
2181-42-2	1163		3481-20-7	1082
2212-67-1	792		3547-33-9	833
2227-13-6	1089		3689-24-5	1049
2227-17-0	350		3734-48-3	172
2275-23-2	1177		3740-92-9	481
2303-16-4	313		3761-41-9	512
2303-17-5	1124		3766-60-7	134
2307-68-8	873		3766-81-2	486
2310-17-0	897		3811-49-2	397
2312-35-8	946		3813-05-6	70
2385-85-5	791		3868-61-9	429
2425-06-1	142		3878-19-1	610
2437-79-8	1214		3983-45-7	480
2439-01-2	159		3988-03-2	317
2439-10-3	418		4147-51-7	403
2445-07-0	1173		4234-79-1	713
2463-84-5	321		4658-28-0	59
2496-92-6	305		4726-14-1	818
2497-06-5	407		4824-78-6	113
2497-07-6	409		4841-20-7	488
2536-31-4	183		4849-32-5	711
2550-75-6	166		5103-71-9	169
2588-03-6	895		5103-74-2	170
2588-04-7	894		5131-24-8	410
2593-15-9	461		5221-53-4	376
2595-54-2	737		5234-68-4	154
2597-03-7	887		5259-88-1	848
2600-69-3	892		5326-23-8	193
2631-37-0	938		5598-13-0	206
2631-40-5	695		5598-15-2	204
2634-33-5	86		5598-52-7	207
2635-10-1	766		5707-69-7	419
2636-26-2	247		5836-10-2	195
2642-71-9	56		5902-51-2	1073
2655-14-3	1185		5915-41-3	1080
2655-15-4	1161		6132-17-8	505
2675-77-6	192		6164-98-3	173
2686-99-9	1162		6190-65-4	49
2797-51-5	1000		6385-62-2	405
2813-95-8	391		6552-13-2	511
2876-78-0	777		6552-21-2	503
2921-88-2	203		6734-80-1	752
2923-18-4	1032		6923-22-4	794
2974-92-7	1198		7012-37-5	1204
3042-84-0	120		7082-99-7	165

7173-51-5	348	18181-70-9	678
7286-69-3	1019	18181-80-1	116
7287-19-6	940	18691-97-9	756
7287-36-7	793	18854-01-8	705
7292-16-2	944	19044-88-3	840
7696-12-0	1088	19408-46-9	712
7786-34-7	789	19480-43-4	732
10004-44-1	652	19937-59-8	785
10265-92-6	759	20300-00-9	1180
10311-84-9	314	20354-26-1	760
10453-86-8	1010	20925-85-3	871
10548-10-4	1078	21087-64-9	787
10552-74-6	821	21293-29-8	3
10605-21-7	146	21564-17-0	1057
12771-68-5	40	21609-90-5	718
13029-08-8	1192	21725-46-2	245
13067-93-1	246	21757-82-4	924
13071-79-9	1075	22212-55-1	90
13104-21-7	109	22212-56-2	89
13121-70-5	267	22224-92-6	467
13171-21-6	901	22248-79-9	1083
13181-17-4	112	22781-23-3	72
13194-48-4	452	22936-75-0	372
13356-08-6	476	22936-86-3	275
13360-45-7	167	23031-36-9	925
13457-18-6	974	23103-98-2	917
13593-03-8	997	23135-22-0	844
13684-56-5	309	23184-66-9	125
13684-63-4	882	23422-53-9	606
14086-35-2	509	23505-41-1	919
14214-32-5	355	23560-59-0	641
14255-72-2	506	23564-05-8	1108
14255-88-0	473	23564-06-9	1107
14437-17-3	178	23696-28-8	835
14816-18-3	903	23947-60-6	450
14816-20-7	200	23950-58-5	956
15299-99-7	813	24017-47-8	1127
15310-01-7	77	24096-53-5	370
15457-05-3	570	24151-93-7	915
15545-48-9	196	24307-26-4	744
15862-07-4	1205	24353-61-5	689
15968-05-5	1218	24579-73-5	942
15972-60-8	17	24602-86-6	1144
16118-49-3	147	24691-76-7	965
16605-91-7	1193	24691-80-3	482
16606-02-3	1207	25013-16-5	136
16655-82-6	149	25057-89-0	82
16672-87-0	443	25059-80-7	71
16709-30-1	150	25311-71-1	690
16752-77-5	767	25319-90-8	733
17040-19-6	302	25366-23-8	1093
17109-49-8	422	25954-13-6	607
17606-31-4	81	26002-80-2	885
17757-70-9	155	26046-85-5	886

26087-47-8	682		33820-53-0	696
26225-79-6	451		33979-03-2	1238
26259-45-0	1021		34014-18-1	1063
26399-36-0	934		34123-59-6	698
26530-20-1	832		34205-21-5	368
26644-46-2	1158		34256-82-1	10
26907-37-9	1103		34388-29-9	770
27218-04-8	918		34622-58-7	837
27314-13-2	823		34643-46-4	962
27355-22-2	906		34681-10-2	129
27512-72-7	455		34681-23-7	132
27519-02-4	799		34681-24-8	130
27605-76-1	927		34883-39-1	1196
28044-83-9	639		34883-41-5	1199
28249-77-6	1102		34883-43-7	1195
28434-00-6	99		35065-27-1	1237
28730-17-8	761		35065-28-2	1234
28772-56-7	106		35065-29-3	1244
28805-78-9	694		35065-30-6	1243
29082-74-4	830		35256-85-0	1062
29091-05-2	388		35367-38-5	357
29091-21-2	931		35400-43-2	1052
29104-30-1	88		35554-44-0	655
29232-93-7	920		35575-96-3	53
29547-00-0	797		35691-65-7	117
29973-13-5	445		35693-92-6	1206
30043-49-3	444		35693-99-3	1216
30125-63-4	308		35694-06-5	1233
30560-19-1	5		35694-08-7	1245
30614-22-3	310		36001-88-4	35
30979-48-7	688		36335-67-8	128
31120-85-1	692		36734-19-7	683
31218-83-4	948		36993-94-9	307
31251-03-3	575		37019-18-4	1020
31431-39-7	736		37680-65-2	1201
31508-00-6	1229		37680-68-5	1209
31972-43-7	470		37680-69-6	1210
31972-44-8	469		37680-73-2	1223
32598-10-0	1220		37764-25-3	327
32598-13-3	1221		37893-02-0	542
32598-14-4	1225		38083-17-9	222
32774-16-6	1242		38380-03-9	1226
32809-16-8	930		38380-04-0	1236
32889-48-8	929		38380-07-3	1232
33025-41-1	1219		38380-08-4	1239
33089-61-1	38		38444-84-7	1202
33089-74-6	1022		38444-86-9	1208
33146-45-1	1197		38444-90-5	1211
33213-65-9	427		38444-93-8	1212
33245-39-5	545		38727-55-8	350
33284-50-3	1194		39184-27-5	1105
33399-00-7	107		39515-40-7	273
33629-47-9	133		39515-41-8	497
33693-04-8	1079		39765-80-5	822

39807-15-3	842	55290-64-7	375
40020-01-7	980	55297-96-6	1112
40341-04-6	1009	55335-06-3	1139
40487-42-1	864	55512-33-9	984
40596-69-8	768	55635-13-7	27
41083-11-8	61	55702-46-0	1203
41198-08-7	933	55814-41-0	745
41205-21-4	573	55861-78-4	701
41295-28-7	773	56070-16-7	1077
41394-05-2	753	56425-91-3	587
41464-39-5	1213	57018-04-9	1115
41464-40-8	1215	57052-04-7	693
41464-41-9	1217	57153-17-0	334
41464-51-1	1222	57153-18-1	735
41483-43-6	123	57369-32-1	992
41814-78-2	1143	57465-28-8	1231
42509-80-8	685	57646-30-7	611
42576-02-3	94	57837-19-1	750
42609-52-9	288	57960-19-7	7
42609-73-4	776	57966-95-7	269
42835-25-6	559	58138-08-2	1145
42874-03-3	849	58667-63-3	526
43121-43-3	1121	58769-20-3	710
43222-48-6	356	58810-48-3	834
50471-44-8	1182	59669-26-0	1104
50512-35-1	697	59756-60-4	581
50563-36-5	371	60145-21-3	1224
50594-66-6	12	60168-88-9	472
51218-45-2	781	60207-31-0	52
51218-49-6	926	60207-90-1	951
51235-04-2	648	60207-93-4	440
51338-27-3	339	60238-56-4	213
51550-40-4	1022	60568-05-0	615
51630-58-1	518	60825-26-5	1140
51707-55-2	1097	61213-25-0	582
51908-16-8	1235	61432-55-1	369
52207-48-4	1110	61676-87-7	268
52315-07-8	270	61949-76-6	878
52570-16-8	812	61949-77-7	879
52645-53-1	877	62601-17-6	191
52663-72-6	1241	62610-77-9	757
52756-22-6	524	62850-32-2	489
52756-25-9	527	62865-36-5	340
52888-80-9	958	62924-70-3	556
52918-63-5	774	63284-71-9	827
53112-28-0	987	63449-41-2	85
53380-23-7	446	63837-33-2	396
53494-70-5	433	63935-38-6	254
54593-83-8	174	64249-01-0	41
54965-21-8	20	64628-44-0	1152
55179-31-2	101	64902-72-3	209
55219-65-3	1122	65510-44-3	1230
55283-68-6	441	65907-30-4	613
55285-14-8	153	66063-05-6	863

66215-27-8	280		74782-23-3	841
66230-04-4	438		75736-33-3	337
66246-88-6	862		76280-91-6	1064
66332-96-5	596		76578-12-6	1003
66441-23-4	492		76578-14-8	1005
66840-71-9	415		76608-88-3	1125
67018-59-1	922		76674-21-0	597
67129-08-2	754		76703-62-3	264
67306-00-7	498		76738-62-0	853
67375-30-8	271		77182-82-2	620
67485-29-4	650		77501-63-4	716
67564-91-4	499		77501-90-7	572
67628-93-7	383		77732-09-3	843
67747-09-5	928		78587-05-0	649
68157-60-8	605		79241-46-6	536
68505-69-1	76		79277-27-3	1099
68539-16-2	363		79277-67-1	1098
68694-11-1	1151		79538-32-2	1068
68890-66-4	923		79540-50-4	457
69327-76-0	124		79622-59-6	538
69335-91-7	533		79983-71-4	645
69377-81-7	585		80060-09-9	312
69581-33-5	278		80844-07-1	458
69770-45-2	554		81334-34-1	659
69782-90-7	1240		81335-37-7	660
69806-34-4	628		81335-77-5	661
69806-40-2	631		81405-85-8	656
69806-50-4	535		81406-37-3	584
70124-77-5	547		81777-89-1	228
70288-86-7	707		82097-50-5	1126
70630-17-0	751		82211-24-3	671
70898-34-9	1178		82558-50-7	702
71048-99-2	96		82560-54-1	75
71283-80-2	494		82657-04-3	95
71422-67-8	181		82692-44-2	87
71561-11-0	976		82697-71-0	226
71626-11-4	68		83055-99-6	79
71751-41-2	2		83121-18-0	1066
72178-02-0	603		83130-01-2	19
72459-58-6	1128		83164-33-4	359
72490-01-8	495		83657-22-1	1172
72619-32-0	633		83657-24-3	387
72963-72-5	670		84087-01-4	998
73250-68-7	739		84332-86-5	215
74070-46-5	13		84496-56-0	229
74115-24-5	227		85509-19-9	590
74222-97-2	1048		85785-20-2	439
74223-64-6	788		86479-06-3	646
74472-36-9	1227		86598-92-7	663
74472-37-0	1228		86763-47-5	952
74712-19-9	110		86811-58-7	539
74738-17-3	496		87130-20-9	352

87237-48-7	630		106917-52-6	591
87392-12-9	782		107534-96-3	1058
87546-18-7	560		109293-98-3	360
87674-68-8	373		110235-47-7	741
87818-31-3	219		110488-70-5	378
87820-88-0	1120		110956-75-7	875
88283-41-4	985		111479-05-1	945
88671-89-0	802		111872-58-3	625
89269-64-7	519		111988-49-9	1091
89482-17-7	1123		111991-09-4	816
89784-60-1	966		112225-87-3	1011
90717-03-6	999		112226-61-6	626
90982-32-4	185		112281-77-3	1085
91465-08-6	265		112410-23-8	1059
93697-74-6	975		112636-83-6	346
94125-34-5	959		113136-77-9	251
94361-06-5	276		113158-40-0	493
94593-91-6	220		113614-08-7	67
95266-40-3	1164		114311-32-9	657
95465-99-9	140		114369-43-6	475
95617-09-7	491		114420-56-3	223
95737-68-1	990		115852-48-7	490
96182-53-5	1061		116255-48-2	121
96489-71-3	979		116714-46-6	824
96525-23-4	588		117337-19-6	593
97780-06-8	442		117428-22-5	912
97886-45-8	413		117718-60-2	1095
98243-83-5	69		118134-30-8	1042
98730-04-2	78		118712-89-3	594
98886-44-3	609		119168-77-3	1060
98967-40-9	557		119446-68-3	354
99105-77-8	1043		119515-38-7	908
99129-21-2	221		119738-06-6	1007
99485-76-4	243		120067-83-6	521
99607-70-2	232		120068-36-2	523
100646-51-3	1006		120068-37-3	520
100784-20-1	627		120116-88-3	250
101007-06-1	14		120162-55-2	55
101200-48-0	1129		120868-66-8	668
101205-02-1	256		120923-37-7	31
101463-69-8	551		120928-09-8	474
102851-06-9	599		120983-64-4	961
103055-07-8	722		121451-02-3	826
103112-35-2	477		121552-61-2	277
103361-09-7	562		121776-33-8	614
104030-54-8	157		122008-78-0	261
104098-48-8	658		122008-85-9	262
104206-82-8	748		122453-73-0	175
105024-66-6	1025		122548-33-8	662
105512-06-9	224		122836-35-5	1046
105779-78-0	988		122931-48-0	1012
105843-36-5	669		123312-89-0	964

123343-16-8	991		149508-90-7	1028
123572-88-3	612		149877-41-8	93
124495-18-7	1001		149961-52-4	386
125116-23-6	755		149979-41-9	1072
125225-28-7	681		150114-71-9	34
125306-83-4	141		150824-47-8	817
126535-15-7	1157		153197-14-9	846
126801-58-9	454		153233-91-1	459
126833-17-8	483		153719-23-4	1092
127277-53-6	937		154221-27-9	665
128639-02-1	156		155569-91-8	423
129558-76-5	1116		155860-63-2	796
129630-17-7	968		156052-68-5	1188
129630-19-9	970		158062-67-0	529
129909-90-6	30		158237-07-1	516
130000-40-7	1100		161050-58-4	772
131341-86-1	548		161326-34-7	465
131807-57-3	463		163515-14-8	374
131860-33-8	62		163520-33-0	703
131983-72-7	1168		165252-70-0	392
133220-30-1	672		168088-61-7	977
134074-64-9	847		168316-95-8	1034
134098-61-6	500		171262-17-2	18
134605-64-4	126		173584-44-6	677
135158-54-2	11		175013-18-0	967
135186-78-6	986		175217-20-6	1026
135319-73-2	436		177406-68-7	83
135410-20-7	8		178928-70-6	960
135590-91-9	740		179101-81-6	981
136191-64-5	989		180409-60-3	258
136426-54-5	579		181274-17-9	544
136849-15-5	255		181587-01-9	448
137641-05-5	910		183675-82-3	874
138261-41-3	667		187166-40-1	1033
139528-85-1	784		188425-85-6	104
139920-32-4	338		188489-07-8	553
139968-49-3	749		189278-12-4	957
140163-89-9	666		190604-92-3	9
140923-17-7	684		193740-76-0	576
141112-29-0	704		199119-58-9	1149
141517-21-7	1148		199338-48-2	664
142459-58-3	550		203312-38-3	1038
142469-14-5	1169		203313-25-1	1037
142891-20-1	218		208465-21-8	747
143390-89-0	714		210631-68-8	1119
143807-66-3	216		210880-92-5	234
144651-06-9	845		211867-47-9	563
145026-81-9	954		213464-77-8	838
145701-21-9	342		219714-96-2	866
145701-23-1	530		220899-03-6	786
147150-35-4	233		221667-31-8	279
148477-71-8	1036		223580-51-6	1111

229977-93-9	532	500008-45-7	163
239110-15-7	566	581809-46-3	102
243973-20-8	913	658066-35-4	568
248593-16-0	839	676129-92-3	1176
271241-14-6	364	736994-63-1	249
272451-65-7	541	850881-70-8	239
281664-76-4	936	862588-11-2	971
283159-90-0	1175	865318-97-4	28
317815-83-1	1096	881685-58-1	699
335104-84-2	1069	902760-40-1	1141
348635-87-0	37	907204-31-3	600
365400-11-9	972	946578-00-3	1050
372137-35-4	1016	950782-86-2	673
374726-62-2	729	951659-40-8	578
400882-07-7	259	1172134-11-0	1040
422556-08-9	994	1172134-12-1	1041
447399-55-5	993	1172614-86-6	1039
494793-67-8	865	1224510-29-5	272